往复泵技术应用

薛胜雄 等 著

合肥工业大学出版社

图书在版编目(CIP)数据

往复泵技术应用/薛胜雄等著. —合肥:合肥工业大学出版社,2023.11
ISBN 978 - 7 - 5650 - 6515 - 6

Ⅰ.①往…　Ⅱ.①薛…　Ⅲ.①往复泵　Ⅳ.①TE926

中国国家版本馆 CIP 数据核字(2023)第 234506 号

往复泵技术应用

WANGFUBENG JISHU YINGYONG

薛胜雄　等 著

责任编辑	汪 钵 赵 娜
出版发行	合肥工业大学出版社
地　　址	(230009)合肥市屯溪路 193 号
网　　址	press. hfut. edu. cn
电　　话	理工图书出版中心:0551 - 62903004
	营销与储运管理中心:0551 - 62903198
开　　本	787 毫米×1092 毫米　1/16
印　　张	37.25
字　　数	838 千字
版　　次	2023 年 11 月第 1 版
印　　次	2023 年 11 月第 1 次印刷
印　　刷	安徽联众印刷有限公司
书　　号	ISBN 978 - 7 - 5650 - 6515 - 6
定　　价	216.00 元

序

转制科研院所是产业基础与共性技术研究的"国家队",应当发挥基础与核心作用,引领专业发展,促进行业技术进步。长期以来,合肥通用机械研究院有限公司(通用机械研究所,隶属于原机械工业部,简称"通用院")的往复泵与喷射技术团队坚持开拓进取、传承发展,为专业发展和行业技术进步做出了突出贡献。

20 世纪 70 年代,老一辈通用院人就为化肥、石化、石油生产研发了甲胺泵、计量泵、隔膜泵、煤浆泵和石油矿场泵。20 世纪 80 年代,通用院组织专家编著出版了国内唯一的《往复泵设计》技术专著,推动形成了我国的往复泵专业和行业。该书将设计理论、产品图库和经验数据相结合,成为业界不可多得的经典专业工具书,历久弥新,成色依旧。为了满足新时期行业发展的需要,当时的主要作者赵胜正高级工程师,虽高龄体弱,但矢志全面修订,历经十年终于使这部技术专著以崭新的面貌呈现于世。

擎旗自有后来人,赵胜的弟子薛胜雄带领更加年轻的陈正文、王永强等,在不断研发极端参数的高压、超高压往复泵机组的基础上,推动形成了喷射技术专业和全国喷射设备行业,实现了往复泵从低压到高压、从小功率到大功率、从单机到成套、从通用到专用的质和量的跨越。他们继承了老一辈通用院人精于专业、服务行业的传统,以国家重大需求为目标,以先进产品研发和标准化为抓手,凝聚行业、壮大自身、潜心创新、赶超领先。几十年来,往复泵与喷射设备行业同机械制造业一样,装备技术之花竞相绽放、欣欣向荣。他们敏感地抓住了产品发展与应用这一主题,重构篇目、续写辉煌,相继形成《往复泵设计理论》和《往复泵技术应用》姊妹篇。面对这厚重而又全面的技术总结,我作为薛胜雄的同事,在通用院工作了 35 年,为支撑这部技术专著的往复泵技术团队的不懈努力而动容,为一个规模并不大但特色鲜明的行业几十年坚持与时俱进、不断突破而感叹!

我们看到,有油田的地方就有各种石油矿场往复泵泵站在轰鸣,有基建的地方就有各种混凝土泵车在运转,有矿山的地方就有各种乳化液泵和隔膜泵站在支护和泵送,有现代生活的地方就有各种商用家用清洗机在保洁。几十年的宝剑磨砺,喷射设备已经从建材玻璃切割发展到大尺度曲面复合材料飞机蒙皮加工和海底沉船破拆应用；水射流除锈已成为绿色修船标准工艺，得到了全面、广泛的应用；7000 hp 特大压裂泵站、高浓度煤浆泵站实现了全面国产化和远程作业监测维保，作为国之重器真正将国外"卡脖子"高价装备拒之门外。

我国的往复泵技术与装备正在飞速发展，我国的往复泵行业依旧充满活力。

可以预见，下一个十年、再下一个十年，由通用院新生代续写的往复泵传奇定将更加辉煌灿烂！

中国工程院院士：

2022 年 3 月 11 日

前　言

《往复泵设计理论》和《往复泵技术应用》的出版发行,几十年的往复泵事业生涯,感慨、骄傲、自信和鼓舞,难以言表。20世纪80年代,出版了《往复泵设计》,合肥通用机械研究所推动形成了全国容积泵行业;20世纪90年代,出版了《高压水射流技术应用》,合肥通用机械研究院推动形成了全国喷射设备行业;如今出版《往复泵技术应用》,合肥通用机械研究院有限公司(简称"通用院")以标准化技术委员会名义管理的容积泵与喷射设备行业走向强大,以准确、先进的大块文章向世界宣示中国力量、中国水平,它不仅是点的突破,而且是面的拱卫。

不到长城非好汉——创新的坚守。推动行业成立,创新专业,只有如此坚守,才能以源源不断的科技应用成果引领和驾驭行业综合技术专著。纵观世界,中外技术专业出版过不少关于往复泵和高压水射流的技术专著,但都局限于某种产品或某类技术,而我们的这支团队有底气、有实力能够将往复泵技术应用全面铺开,我们能够做出千变万化的产品,就能写出丰富多彩的技术专著。这就是立意:让世界认识中国的往复泵世界。

风卷红旗过大关——专业的突破。滴水穿石在瞬间实现,这对于超高压泵来说已不再神秘。但这一技术放大到工程应用就会出现高精度水切割大型机床、海底破拆成套装备、水力辅助掘进机、用水除锈不返锈的绿色修船工艺与装备,这是超高压泵成套技术的全面开花,仅仅水力除锈,就使船厂彻底告别了重污染和人工作业的历史。我们利用行业优势不断复制着研发产品、量产应用、制定标准的环式效应,创造中国特色的知识产权保护形式。

虎踞龙盘今胜昔——时间的效应。在《往复泵设计》的时代,产品应用还是凤毛麟角,而且以引进为主。我国市场的强大磁力激发了制造业在各种类型产品中跟跑、并跑,甚至领跑。石油矿场往复泵不仅有7000 hp特大压裂泵站的国之重器,而且各种工质、工艺用的变型设备琳琅满目、缺一不可;煤矿用的乳化液泵站、矿山用的隔膜泵站、石化用的煤浆泵站等都经历了从"国产化首台(套)"到基本堵住欧美进口产品的全过程。几十年的往复泵产业发展,造就了国产泵成为应用主导的现状。

喜看稻菽千重浪——行业的智慧。如今的往复泵,小到掌间,大到重器,驱之千家万户,重之关键隘口。往复泵究其品种、产量、作用,已摆脱泵业"少数派"的历史阴影,既随处可见,又越来越占据流程地位;既可靠运行,又越来越高速、高端。在往复泵的大家族中,微小型泵的发展已成为智能化制造的典型案例,商用清洗机、家用清洗机和锂电清洗机已成为走向世界的机电出口名片,发达国家的贴牌产品首屈一指就是这个"台州制造"。凸轮式隔膜计量泵、电磁计量泵、伺服电机微量泵颠覆了传统计量泵的概念,新的产业、新的理念形成了本书新的特色。

从高压到超高压,从小功率到大功率,从单机到成套,从通用到专用,这是往复泵的嬗变。每一种产品都有它的极端参数,或者压力,或者流量,或者泵速,等等;每一种极端参数都以新的形式占据新的市场,或者泵站,或者成套,或者大型,或者微型,等等;往往一处关键技术的突破就带出了一类新的产品,比如材料、结构、泵部件等;往往一项高端应用就激发了一个新的泵种或成套技术。行业就是这样发展,技术就是这样进步。同样的道理,这部专著也是去发现产品、培育素材、揭示技术、彰显应用。

本书由薛胜雄策划、构思结构和提出写作纲要,由薛胜雄、陈正文、王永强组织实施并参与所有章节的写作、审核、修改和定稿。各章节对应作者:第1章为薛胜雄、韩彩红、鲁飞、刘广兵;第2章为王永强、刘海山、杨树东、陈道秋;第3章为薛胜雄、李欣、左胜红、寿满光、蒋西会、王超、郑上军、陈明海、王海柱、魏修亭、朱鹏、蒋青;第4章为薛胜雄、巴胜富、王永强、卢义玉、华钟麟、易李力、陈志超、鲁飞、王志中、李文、洪友谊;第5章为罗昌国、邹勇、陈宇波、王靖、鲍先启、陈吉明、李岳峰;第6章为李玉强、杨德正、凌学勤、罗建华;第7章为黄志遂、郝建旭、周小明、蒲容春、曾兴昌、陈明海、葛溪、陈英峰、章旭、陈铬;第8章为薛胜雄、李欣、朱华清、任启乐、寿满光;第9章为陈正文、薛胜雄、陈波、苏吉鑫、张的、王永强;第10章为薛胜雄、黄铁军、鲁飞、陆华、王振刚、苏宇、周巍、陈正文、陈波、瞿虹。全书由郭晨晨、李欣、韩彩红完成校对工作。

诚然,著书立说是一项复杂的系统工程,虽然我们倾力完成了这部技术专著,传承了通用院的往复泵与喷射技术基因,但难免存在疏漏和不足之处,敬请读者谅解。

薛胜雄

2023 年 9 月

目　　录

第1章 往复泵概述

本章介绍了往复泵产品的形成、发展,形象地阐述了往复泵产品的分类和特征。由单机到成套,是往复泵发展的一个显著特征,它们或者以泵为核心扩展为适应环境、方便应用、机电甚至智能一体化的成套设备,或者以应用目标为核心,将往复泵作为关键部件与其他多学科产品匹配构成新型的成套装备,新型的成套装备反过来又要求往复泵向极端参数工况发展。往复泵标准是 20 世纪 80 年代以来全国泵标准化技术委员会容积泵分技术委员会和全国喷射设备标准化技术委员会的群体智慧结晶。本章从名词术语、标准体系和标准化的共性与特性解读等方面系统阐述,使读者对往复泵标准有全面的了解,从而更好地去认知产品。本章对往复泵试验和往复泵试验装置的系统总结,对行业技术进步具有很好的促进作用。对产品而言,标准是感性辨识,试验则是理性辨识。从哪些方面去辨识产品,创造什么样的条件来公平公正地检测产品,这就是我们要回答的问题。

1.1 往复泵的前世今生

1.1.1 往复泵溯源

泵是输送液体或将原动机的机械能传送给液体使其能量增加的机械设备。"泵"字很形象地告诉人们,泵就是从石头下提取水。

的确,"提取水"是泵最初的功能。《墨子·备城门》中记载了一种利用杠杆原理的取水机械——颉皋。《庄子·天运》记载:"且子独不见夫桔槔者乎?引之则俯,舍之则仰。"桔槔,在井旁架设一杠杆,一端系汲器,一端悬绑石块等重物,用不大的力量即可将灌满水的汲器提起。桔槔取水如图 1-1 所示。

《后汉书·宦者列传》记载了倒虹吸一类的提水设施——翻车,渴乌,"渴乌,为曲筒,以气引水上也"。《通典》记载:"渴乌,隔山取水,以大竹筒去节,雄雌相接,勿令漏泄,以麻漆封裹,推过山外,就水置筒,入水五尺。即与筒尾取松桦干草,当筒放火,火气潜通水所,即应而上。"显然,渴乌进水口和出水口需要一定的高差,利用真空提水。

桔槔和渴乌揭示了往复泵的两大特点:往复运动与真空容积变化。集这两大特点于一体的往复泵经典产品有两种产品:诞生于我国宋朝的压水井和中世纪历经 400 余年逐渐在欧洲应用的玻璃管注射器。这两种产品又产生了往复泵的第三大特点:往复密封,前者靠皮碗,后者靠间隙。

辘轳在春秋战国时代已用于从竖井中提升铜矿石,1974 年在湖北铜绿山春秋战国铜矿遗址发现木质辘轳轴等残件。辘轳为古代的起重机械,常用于从井口汲水。《天工开物》中的辘轳汲水如图1-2所示,辘轳的几个木脚稳定地立在井口,辘轳头为中有轴孔的圆硬木,头上绕绳索,绳头系水斗,摇把与辘轳头呈偏心安装。这样,就可以用手转动摇把将辘轳头的旋转运动转变为井绳、水斗的往复运动,从而达到汲水目的。《物原》记载:"史佚始做辘轳。"也就是说,早在公元前1100多年前的周朝史官就已经发明了辘轳。

（a）山东嘉祥东汉石刻桔槔取水图　　　（b）《天工开物》中的桔槔模型

图1-1　桔槔取水

　　压水井又叫作手动压水泵,由铸铁制作筒体、水泥垒块支撑。井头是出水口,后粗前细,尾部是和井心连在一起的长为20～30 cm的压手柄,井心中央嵌皮碗(又叫作引水皮)。压水井靠的就是这个皮碗和井心杠杆的作用力将地下水压引上来。皮碗就是往复泵的活塞。压水井至今仍在世界各地广泛使用。手动压水泵如图1-3所示。

图1-2　《天工开物》中的辘轳汲水　　　图1-3　手动压水泵

1.1.2　蒸汽往复泵

　　蒸汽往复泵又叫作蒸汽直接作用泵。与机动往复泵不同,蒸汽往复泵没有曲柄连杆传动机构,其液缸活塞直接与气缸活塞连接在一起。活塞的运动没有固定不变的规律。其特点如下。

（1）蒸汽往复泵专门设有配汽机构,调节配汽机构可以灵活控制活塞行程。

（2）蒸汽往复泵的活塞运动规律取决于作用在活塞上的蒸汽推动力和各项阻力,其往复次数与泵的进汽量、进汽压力和各项阻力有关。进汽量越多,进汽压力越高,阻力越小,则泵的往复次数越高。通过简单的节流方法控制进汽量就可以灵活调节泵的流量。

（3）蒸汽往复泵的活塞在两端死点位置都有停顿的间歇期。吸入阀和排出阀均在间歇期落向阀座,不易出现泵阀的撞击现象。因此,该泵具有较高的容积效率。

（4）蒸汽往复泵的活塞在相当长一段行程中是等速运动的,活塞是靠可压缩的蒸汽推动的,泵所输送的介质在吸入管道和排出管道中的流动平缓,故压力波动不大。

（5）蒸汽往复泵运转安全可靠,可用来输送易燃、易爆介质。

（6）蒸汽往复泵是低速泵,与同等功能的机动往复泵相比,体量超大、耗汽量大、运转经济性较差。

1. 立式蒸汽往复泵

图 1-4 为 2QSL-20/20 型立式蒸汽往复泵,其是一款立式双缸双作用蒸汽泵,主要用于船舶的蒸汽锅炉给水,也可用来输送淡水、咸水或温度不超过 100 ℃ 的黏性原油。

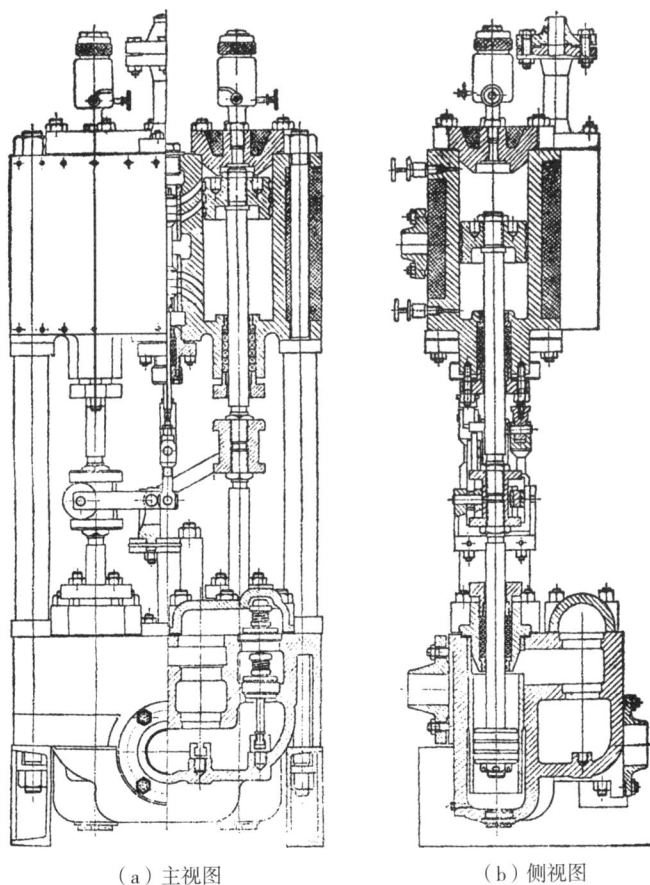

（a）主视图　　　　　（b）侧视图

图 1-4　2 QSL-20/20 型立式蒸汽往复泵

液力端活塞(柱塞)与动力端活塞直接用一根活塞杆连接的泵,统称为直接作用泵。它无须设置将旋转运动转化为活塞(柱塞)往复运动的动力端,只需改变工作介质(如蒸汽)的流量就可达到调节泵流量的目的。这种泵有双联(缸)双作用、双联(缸)单作用、单联(缸)双作用和单联(缸)单作用几种形式。双作用泵主要用于活塞泵,它可在活塞两端排出流量,它的一个活塞就有两套进液阀组和排液阀组。

泵的上方为双联蒸汽动力端,两缸之间为配气调节机构,动力活塞直接驱动液力活塞做功,两个活塞杆中间部件为摇杆联动。立式蒸汽往复泵虽然占地少,但是重心高,显得头重脚轻。应用最普遍的是卧式蒸汽往复泵,它虽然占地大,但布局均衡、运行平稳,多年来几乎以不变的结构应对着多变的应用。

2. 卧式蒸汽往复泵

由于卧式蒸汽泵已成为蒸汽往复泵的普遍类型和样式(简称"型式"),故不再强调卧式,而统称为蒸汽往复泵。

图1-5为2QYR-26/12型蒸汽往复泵,其是一款卧式双缸双作用的高温蒸汽泵,主要用于输送温度不超过400 ℃的高黏度石油产品,其输送温度(250 ~ 350 ℃)是由人为控制的。

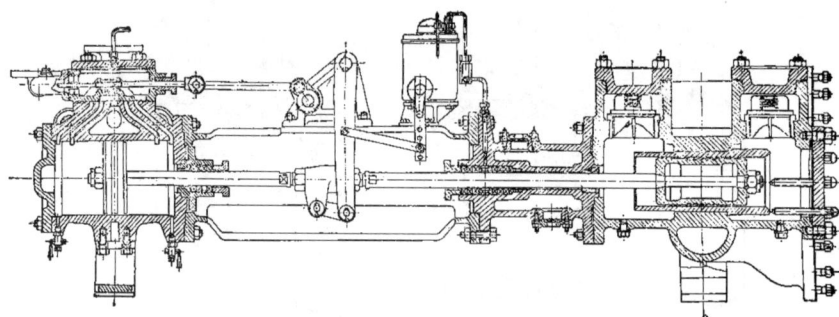

图1-5　2QYR-26/12型蒸汽往复泵

由于石蜡、沥青的黏度较高,因此对该种类型泵有较高的吸入性能要求。在泵的结构方面,通过增大泵阀升程,达到减少泵阀负荷的目的;采用较大的行程和缸径比,即 $\varphi = \dfrac{S}{D} = 2$;选取较低的往复次数,即 n 为 $10 \sim 30 \ min^{-1}$。

对于大型蒸汽直接作用泵,双缸双作用的型式有利于缩小体积、减轻重量。为便于液力端大型液缸体的铸造和加工,可将其设计成组合式的结构,并由吸入管和排出管将其连成一个整体。

图1-6为1QY-7.5/40型单缸蒸汽往复泵,其是一款卧式单缸双作用蒸汽泵,主要用于为石化厂输送温度在±40 ℃范围内的乙烷、丁烷或丙烷、丁烷混合液。由于输送的介质为易挥发的物质,因此对该泵有较高的吸入性能要求。

图1-7为2QS型蒸汽往复泵,其是一款卧式双缸蒸汽直接作用泵,主要用于锅炉给水,也可用它输送温度不超过60 ℃的石油产品和其他中性介质。

　　图 1-8 为化工用蒸汽往复泵,其是一款卧式双缸双作用蒸汽泵,主要用于输送焦化产品,如苯的碳氢化合物、二硫化碳和其他液体。

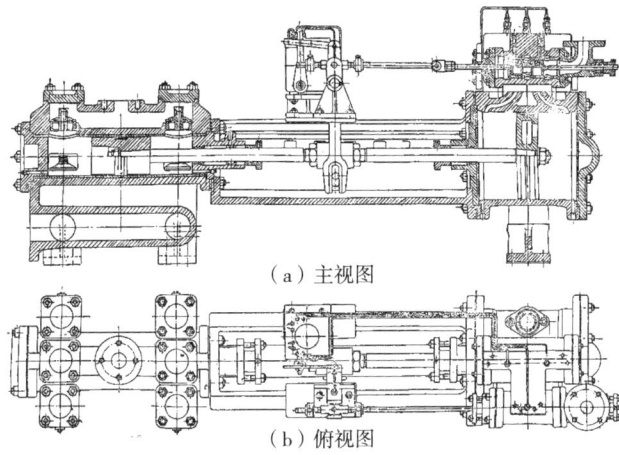

（a）主视图

（b）俯视图

图 1-6　1QY-7.5/40 型单缸蒸汽往复泵

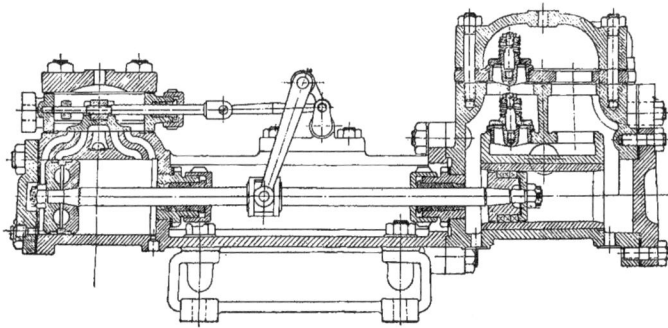

图 1-7　2QS 型蒸汽往复泵

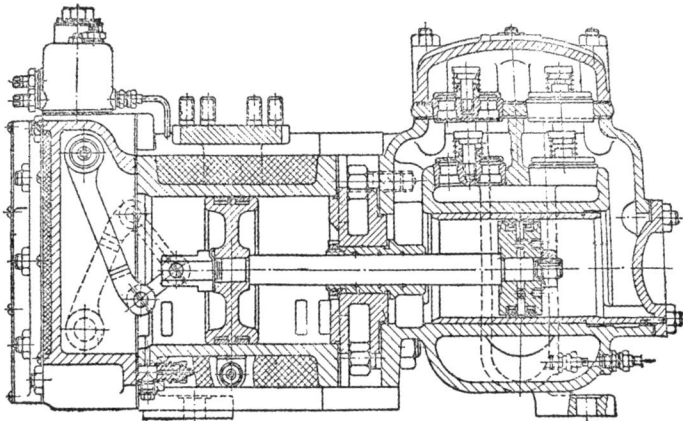

图 1-8　化工用蒸汽往复泵

该化工用蒸汽往复泵由汽缸体、液缸体和配汽机构等组成。位于汽缸体和液缸体之间的两个连接体的内孔套有活塞杆导套,它与活塞杆事先要进行配研。该泵的活塞杆处设有密封填料,液缸内装有不锈钢材料制的缸套,用缸盖固定,汽缸内的活塞和活塞环均采用铸铁材料,液缸活塞和活塞杆均采用不锈钢材料。液缸活塞改进用夹布胶木材料,并配有铸铁弹性圈。注油器排出冷凝水用来润滑汽缸光滑的镜面。

3. 蒸汽往复泵的量化特征

除了前文介绍的特点外,蒸汽往复泵还具有以下量化特征:

(1) 泵的技术参数普遍是低压、大流量,压力在 5 MPa 以内;

(2) 泵多采用双缸双作用型式,普遍行程较长,φ 多为 2 ~ 2.5;

(3) 采用单排出阀和双吸入阀的结构,从而减小吸入阀的压力损失;

(4) 采用较高的泵阀升程,降低泵阀的负荷;

(5) 选用极低的往复次数,n 为 10 ~ 25 min^{-1},最高也在 60 min^{-1} 以下。

因此,蒸汽往复泵体量庞大,结构复杂,工作压力小,效率低。在蒸汽机时代,蒸汽往复泵以蒸汽动力有压输送液体,成为工业革命的动设备。虽然电力革命催生了新的往复泵不断问世,但蒸汽的伴生和廉价,加之蒸汽往复泵的低速运行可靠,使得蒸汽往复泵一直被采用,直至 21 世纪才逐渐退出工业舞台。在蒸汽往复泵的使用过程中,人们总结出了往复泵的诸多特点:高压力输送、往复式密封等。这些特点大多是离心泵没有的,因此,往复泵就成了泵专业的一大分支。

1.1.3 往复泵及其成套应用

泵与原动机通过联轴器装配成整体机组,再配以供水系统、冷却水系统、压缩空气系统(或液压驱动系统)、电气控制系统和支撑防护结构等,可形成一个可手动或自动运行的单元,该单元称为泵站。泵站的组成根据用户的要求和系统的需要可以简化或增加配置。泵站作为核心单元可以形成高压水射流破拆设备,运用于相应领域的工程中。当然,若干个泵单元(机组)的组合也叫作"泵站"。

泵站的典型成套设备是超高压水射流破拆设备,其利用大流量的超高压水射流打击力对路面、桥梁、水坝等建筑物的混凝土结构表面进行破拆作业。泵站输出的高压水压力达到 140 MPa、流量为 160~200 L/min,额定功率为 460 kW 左右。超高压水射流破拆设备的组成与布置如图 1-9 所示。

超高压水射流破拆设备用于破碎路桥的混凝土有其独特的优势。因为超高压水射流破拆是非刚性接触作业,所以可以实现逐层破碎。这不但极大地减少了工作量,而且可以随心所欲地控制破碎层深度,彻底消除传统工艺中剧烈的高频机械振动。

摆振水射流是混凝土破碎作业的有效形式,由能够产生摆动和振动复合运动的执行机构来实现。喷头被摆振执行机构夹持,其喷出的水射流在执行机构的带动下形成摆振水射流。自行走摆振水射流破碎机器人如图 1-10 所示,喷头被夹持在摆振机械手上,摆振机械手通过液压驱动使喷头振动起来;回转工作台通过回转机构带动俯仰大臂、摆振机械手和喷头左右来回摆动,从而形成摆振水射流。该机器人可高效完成平面、立面、顶面的混凝土破碎作业,经工程应用测得破碎效率可达 $1.8\ \mathrm{m^3/h}$,也可用于煤矿、岩石等脆性材料的破碎,具有广阔的应用前景。

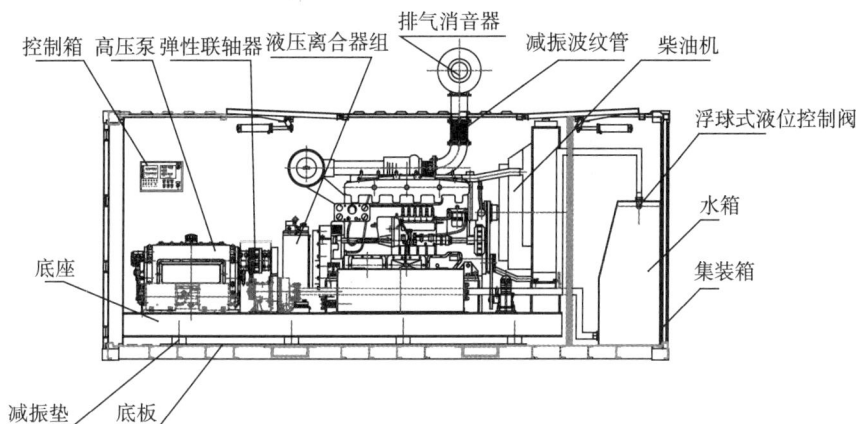

图 1-9　超高压水射流破拆设备的组成与布置

图 1-10　自行走摆振水射流破碎机器人

不难看出,以泵站为核心单元组的成套设备可以应对高难度工程作业。本章仅对超高压水射流破拆设备做简要描述,其他章对船舶除锈、水切割装备等进行详细阐述,以体现泵站的不同功效。这些泵站都是以往复泵作为主机,都应用于当前最具技术水平的典型高端工程。

泵站一般由泵-原动机组、供水系统、冷却水系统、压缩空气系统(或液压驱动系统)、电气控制系统、支撑防护结构等组成。泵站的组成如图1-11所示。

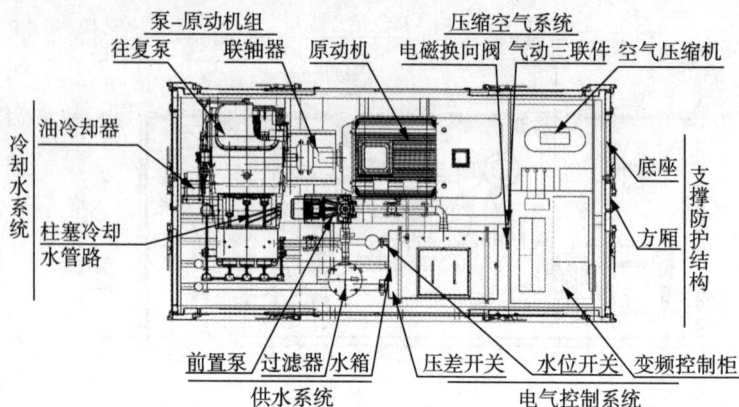

图 1-11 泵站的组成

1. 泵-原动机组

泵-原动机组由往复泵、原动机、联轴器组成,是泵站的主要功能单元,其他辅助功能单元是为泵-原动机组的可靠运行而服务的。泵-原动机组的主要技术要求如下。

(1)原动机需要有足够的动力,以满足泵在最高工作参数下可靠运行而不会发生超载。一般情况下,原动机的额定功率应为泵的额定轴功率的 1.1 ~ 1.2 倍。

(2)联轴器的公称转矩应大于泵轴的最大转矩,其许用转速应大于泵的最大转速。应选用弹性联轴器,采用加热联轴器或冷却泵轴和原动机轴的方式进行装配。联轴器安装好后,使泵轴有一定的轴向窜动余量,由泵自身的轴承进行定位。当泵和原动机对中安装时,应检查两半联轴器的轴向和径向跳动,允许在原动机和泵底脚垫薄金属垫片进行调整。

2. 供水系统

供水系统由水箱、前置泵、过滤器、管路及接头等组成。供水系统是保证往复泵获得水质满足要求、有一定供水压力和较低流速的稳定进水的重要设施。供水系统的主要技术要求如下。

(1)水箱及供水管路用不锈钢或非金属等防腐防锈材质制作,保证泵站长期运行中不会因材料生锈而影响水质。

(2)水箱进水口应设置浮球式液位控制器,自动补水和控制液位,并设置液位计和液位开关,可进行低液位报警。

(3)前置泵应满足往复泵对最低进水压力的要求,流量应不小于往复泵本身的最大流量、冷却水系统总流量和可能的泄漏量的总和。

(4)过滤器的过滤精度应满足往复泵对最大固体含量和粒径的要求,必要时可设置两级过滤器。不同压力等级往复泵对应过滤精度的参考值见表1-1所列。

表 1-1　不同压力等级往复泵对应过滤精度的参考值

额定排出压力 / MPa	0 ～ 30	30 ～ 100	100 ～ 150
过滤精度 / μm	75	50	10

(5) 过滤器的出口与往复泵进口采用橡胶软管或挠性接管,以隔离往复泵与过滤器之间的振动。

(6) 进水管路的通径应满足往复泵对最大进水流速的要求,一般进水流速为 0.5～1 m/s。

(7) 对于超高压泵和高速泵,进水压力应不低于 0.3 MPa。

3. 冷却水系统

冷却水系统由油冷却器、柱塞冷却水管路等组成。采用强制润滑方式的往复泵,动力端各摩擦副产生的热量由润滑油带出,在油冷却器与冷却水进行热交换,由冷却水将热量带走,使油温不至于过高,保证泵安全、可靠地运行。超高压往复泵一般需要设置高压密封和低压密封两级密封装置,在两级密封装置间设置冷却水腔,通入冷却水使其带走密封副摩擦产生的热量,保护密封元件不至于因发热而损坏,延长密封装置的使用寿命。冷却水系统的主要技术要求如下。

(1) 油冷却器的换热面积应满足泵动力端润滑油散热的最小面积要求。

(2) 柱塞密封冷却水应从泵进液箱孔道或从供水管路分别给每个柱塞密封装置供水,回水通过集液器汇总后返回水箱。

(3) 油冷却水、柱塞冷却水回水的总流量与往复泵额定流量之和不得超过前置泵额定功率时对应的最大流量,可以通过控制油冷却水和柱塞冷却水回水管路接头的通径控制供水流量。

4. 压缩空气系统

压缩空气系统一般情况下是为往复泵上安装的气动卸荷阀供气而设置的,由空气压缩机、气动三联件、压力表、电磁换向阀、气体管路等组成。压缩空气系统的主要技术要求如下。

(1) 空气压缩机的额定排出压力应能满足气动卸荷阀动作对气体压力的要求。

(2) 选用弹簧复位式气动卸荷阀时,可配合选用二位三通电磁阀;选用空气复位式气动卸荷阀时,需选用二位五通电磁阀。

(3) 气体管路可选用 PU 空压软管或紫铜管。

5. 电气控制系统

电气控制系统为泵站内的各动力设备提供电源和操作开关,对各个设备和系统的运行状态进行监测,提供报警和保护功能,同时为操作人员提供方便的手动或自动操作功能。电气控制系统包括变频控制柜、各类变送器、水位开关、压差开关、控制电缆等。电气控制系统的主要技术要求如下。

(1) 电动机驱动泵站最好配置变频器,通过调节电源频率控制电动机转速,从而实现对往复泵排出压力和流量的调节。

（2）柴油机驱动泵站或汽油机驱动泵站最好配置可以自动调节油门的机构，通过调节油门开度控制转速，从而实现对往复泵排出压力和流量的调节。

（3）对于排出压力和流量不是很高或对自动化操作要求不高的泵站，往复泵的压力也可通过手动或气动高压阀进行调节，但这种调节方式有流量损失大、效率低、调压阀寿命低等缺点。

（4）可以配置润滑油温度变送器、润滑油压力变送器、进水压力变送器、排出压力变送器、进水温度变送器、过滤器进出水压差开关、液位开关等检测元件。

（5）变频控制柜最好配置触摸屏电脑，以方便操作人员观察和操作，应具有手动和自动控制模式。

6. 支撑防护结构

支撑防护结构主要由底座和方厢组成。底座是泵站内所有设备的安装基础；方厢起到防护作用，将所有设备封装成一体，也具有集成和美观作用。支撑防护结构的主要技术要求如下。

（1）底座应具有足够的强度和刚度。

（2）底座上应设置叉车孔，叉车孔尺寸应适合泵站整体的尺寸和相应吨位叉车叉脚的要求。

（3）底座上安装往复泵和原动机的平面应机械加工，高度差、平面度、平行度满足设备安装的要求。

（4）方厢应具有足够的强度和刚度，并在顶部的四角设置角件或吊耳，满足泵站从顶部吊装的要求。方厢门的大小和数量应满足设备安装、检修、操作的要求。

1.2　往复泵型谱

1.2.1　往复泵的变异

活塞变为柱塞，柱塞泵成为往复泵的主流型式。

蒸汽往复泵虽然完成了高压输送工质的使命，但输送压力太低、体重过大，它的压力现在看来也就是"低压"。往复泵区别于离心泵的明显标志就是实现高压工况，如何能更好地发挥这一优势，是往复泵的关键转折点。蒸汽往复泵给我们的启示就是以蒸汽动力大直径活塞直接驱动液力端小直径活塞，由此产生了高压工况。那么，减小液力端活塞直径就成了进一步创造高压工况的必由之路。

这是一个显而易见的道理，但实现它却经历了漫长的岁月。注射器的发明推动了这一进程。创造一个直杆的柱塞来取代变径的活塞，从根本上为产生高压工况打开了几乎是无限的空间 —— 柱塞泵诞生了！针对泵的动力端，同样的受力，因为活塞变为柱塞，所以产生了很大的工作压力。柱塞力为压力与柱塞面积之积，也就是说，柱塞力不变，压力与柱塞面积成反比，即与柱塞半径平方成反比。由此，往复泵高压力、小流量的特征得以确立。

当然，高压力、小流量是相对的，由于小流量不能没流量，因此高压力就有了局限。理论和实践推动了往复泵的飞速发展，在高压力基础上追求更高压力，在小流量基础上实现更大流量,因此就有了超高压泵、大功率泵。现代工业的需求总是激励着人们突破局限,不断创造和刷新时代的极端工况参数产品。于是,在柱塞泵这棵大树上分出以压力、流量、泵速、工质、传动型式、液力端型式、柱塞个数、环境工况等为依据的新的枝节,形成了往复泵的型谱,但万变不离其宗,它们都叫柱塞式往复泵。

泵的主流是离心泵,它的特点就是低压力、大流量,所以,它的压力叫作扬程。随着蒸汽往复泵的淘汰,柱塞几乎全面替代了活塞,这种变异使得往复泵固守且凸显了高压力、小流量特色。高压、超高压等极端压力的实现,从数百千瓦到数千千瓦功率的动力匹配实现了大流量输送,不同尺寸、不同材料和工艺的柱塞创造出了形形色色的高压、超高压流体工况。可以说,简单而又不简单的柱塞使得往复泵实现了转型,成为现代工业离不开的古老而崭新的泵家族,创造着不可思议的种种奇迹。

柱塞的特点如下:

(1) 柱塞是等直径的细长杆,容易进行机械加工和热涂层、瓷套处理;

(2) 柱塞可通过直径变化形成公制或英制系列产品,继而形成泵的系列产品;

(3) 柱塞和往复密封呈内外同轴形式,可以通用互换,因此,密封问题可得到解决;

(4) 相同直径的柱塞在等功率条件下形成相同的流量和系列压力;

(5) 不同直径的柱塞在等功率条件下形成相同压力的系列流量;

(6) 相同直径的柱塞在不同功率条件下可形成相同压力的系列流量;

(7) 相同的压力,柱塞直径越小,越易实现往复密封;

(8) 相同的柱塞直径,压力越小,越易实现往复密封;

(9) 相同的流量,压力越小,越易实现往复密封,此时柱塞直径较大;

(10) 相同的压力,流量越小,越易实现往复密封,此时柱塞直径较小;

(11) 柱塞直径、柱塞往复次数、柱塞行程是泵整体设计和实现设计工况目标的基本变量;

(12) 柱塞直径面积和工作压力的乘积是曲轴设计的重要依据;

(13) 改变柱塞直径,是对压力和流量一止一变可逆调节的有效方法。

1.2.2　曲轴式往复泵

随着电动机的发明应用,以电力为动力,将机械的旋转运动转变为往复运动,出现了多种型式的电动往复泵,如曲轴式、斜盘式、偏心轴式、N 型轴式、对置式等。电动往复泵的动力传动直接改变了蒸汽驱动往复泵的低效、笨重、复杂的落后状态,极大地提升了往复泵的多样化和技术水平。曲轴式往复泵是最常见的型式,因而成为往复泵产品主流。

1. 奇数曲拐

由曲轴、连杆、十字头、滑履组成的机械机构将原动机的旋转运动转变为带动柱塞的往复运动,成为往复泵的经典。这种曲柄式往复泵来源于蒸汽机,但与其延伸的往复式气体压缩机有很大区别。这种区别主要在于压缩机的曲轴为偶数曲拐曲轴,往复泵的曲轴为奇数曲拐曲轴。这是因为作为牛顿体的工质 —— 水是不可压缩的(在超高压工况下才考虑其压缩性),其三缸单作用泵的无因次流量曲线所显示的脉动值远远低于四缸单作用泵,而五缸单作用泵优于六缸单作用泵,以此类推。奇数缸泵的缸数越多,压力、流量脉动(排出和吸入)越小;而比较奇数缸泵和偶数缸泵,奇数缸泵的脉动值都小于较大偶数缸泵的脉动值。由于结构上的简单化和进出水阀组数量的约束,因此往复泵的最基本型式就是三曲拐曲轴式(见图 1-12)。

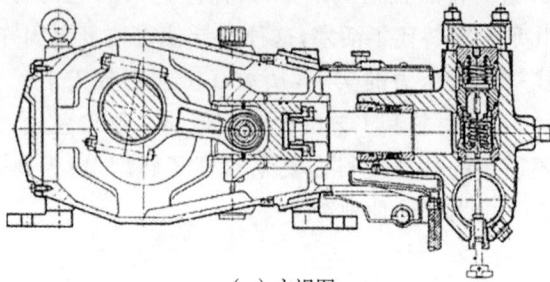

(a)主视图

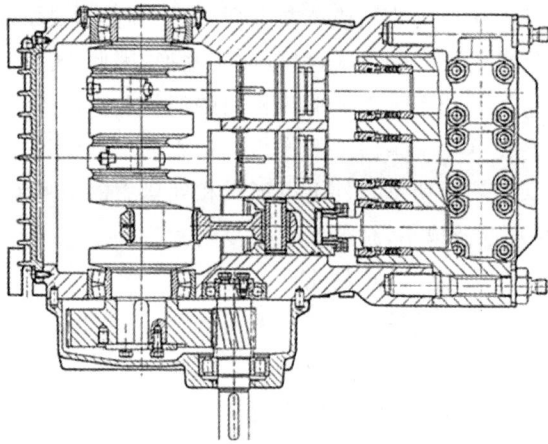

(b)俯视图

图 1-12 三曲拐曲轴式往复泵

2. 泵速变化

曲轴式往复泵的一个重要特征是能为泵提供较大范围的泵速(往复次数)。提高泵速是往复泵技术进步的一个明显特征,21 世纪初期的往复泵泵速多在 300 min^{-1} 上下,现在多在 400~500 min^{-1},有的甚至高达 600 min^{-1}。机加工水平、对中度、加工精度和耐磨(腐蚀)度的提高,使得往复泵泵速可以在大范围内运行,这就使在曲轴曲拐中心距(柱塞行程)和柱塞直径不变的前提下发展大范围参数系列产品成为可能。也正是因为泵的高速化,往复泵向着体量小、轻量化快速发展。

我们不难发现这样一个规律:以泵速(n)为横坐标展示泵速变化与工况参数的关系时,它的纵坐标可以是充满变化的各种工况参数,如工作压力(P)、排出流量(Q)、介质温度(T)、介质浓度(μ)、介质颗粒度(ϕ)、运行连续时间(t)。泵速变化与工况参数的关系如图 1-13 所示,由图可见,只有 Q 与众参数是逆向的。

泵速的应用呈高斯曲线规律,即低速和高速应用均偏少,而优化区域偏大,近 20 年来往复泵应用最多的泵速范围向高速化偏移(见图 1-14)。

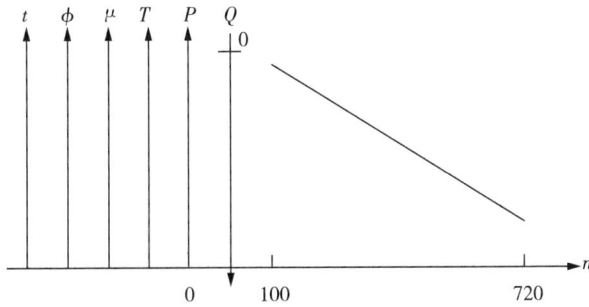

图 1-13　泵速变化与工况参数的关系

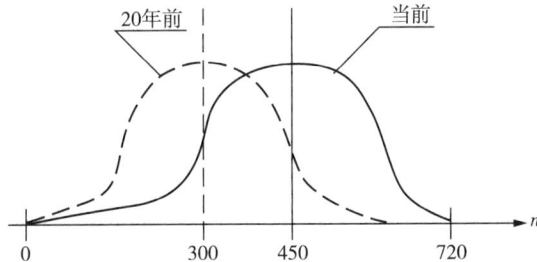

图 1-14　20 年来往复泵泵速发展变化

3. 柱塞力

众所周知,曲轴的载荷是来自柱塞的柱塞力,而柱塞力则是泵工作压力与柱塞面积的乘积。柱塞力影响着曲轴的各段轴径、偏心、中心距、跨度、材料及工艺等。随着柱塞力的增大,流量增大,曲轴轴径也增大。然而,曲轴轴径是不能一直成正比增大下去的,为追求更大的流量,就派生出了五柱塞泵甚至七柱塞泵。柱塞数的增加,使曲轴曲拐相位由 120°变为 72°,柱塞行程、往复次数和柱塞直径更为协调。由此,又多了两组进出水阀组。最大的问题在于曲轴跨度的增加,若按经典理论,中间有支撑就成了静不定问题;中间没支撑则跨度太大,曲轴设计就不尽合理。现代高精度的加工手段解决了这一问题,五曲拐四支点的曲轴成了当今五柱塞泵的主流。立式和卧式的大流量、大功率的五柱塞泵成为高压、超高压往复泵高端应用的标志。试验中的五柱塞高压往复式注水泵如图 1-15 所示。

图 1-15　试验中的五柱塞高压往复式注水泵

1.2.3 斜盘式往复泵

斜盘式往复泵又叫作轴向柱塞泵,即它的柱塞运动方向与动力轴线方向一致。它是一种由液压泵演变过来的,介质由液压油变为清水的往复泵。由于其与电机直连,因此又为高速泵。电机输出动力端直连斜盘旋转,带动三个柱塞周向呈 120°相位的往复运动,直接、高速是其主要特点。斜盘式往复泵主要用于 10 MPa 以下的农用喷雾机和微小型清洗机。斜盘式往复泵如图 1-16 所示。

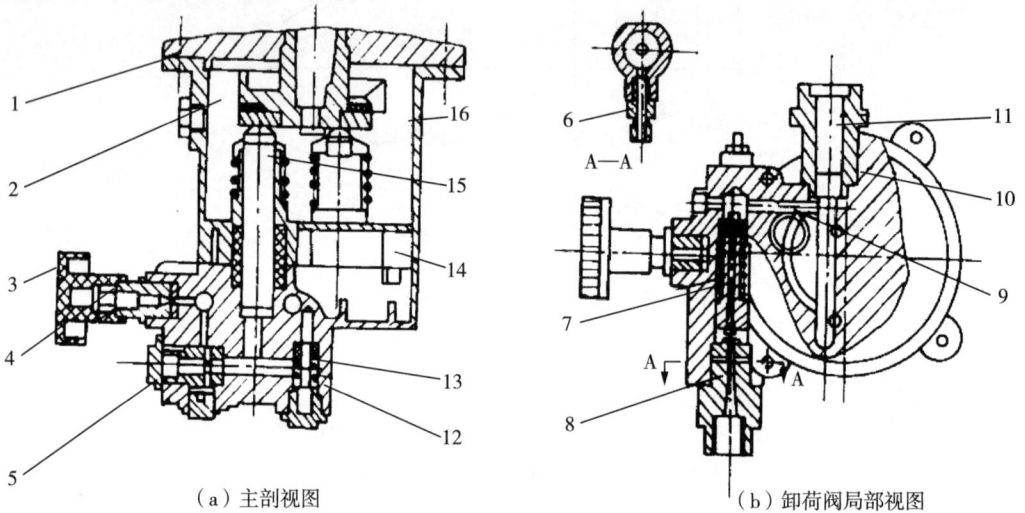

（a）主剖视图　　　　　　　　　　（b）卸荷阀局部视图

1—电动机;2—斜盘;3—调压手轮;4—调压阀;5—出水阀;6—清洗剂止回阀;7—卸荷阀;
8—出水接头;9—卸荷孔;10—进水接头;11—滤网;12—缸体;13—进水阀;14—泄水孔;15—柱塞;16—缸座。

图 1-16　斜盘式往复泵

轴向柱塞泵的斜盘旋转运动造成了柱塞的往复运动,为了保证柱塞的及时强制回位,斜盘与柱塞的点接触可改为斜盘开槽与柱塞镶嵌结构。受斜盘偏角限制,这类泵的柱塞行程都很短,而高压下柱塞直径也受到限制,因而它的设计参数普遍很小,适用范围也很窄。尽管如此,这类泵也曾有过作为特殊用途的 150 MPa 超高压产品,此时,泵的介质往往有一定的限制:泵的进出水阀均采用工程塑料,液力端则采用压铸铝,这就更凸显出微型泵轻巧、美观的特点。高速造成的轴向柱塞泵的缺点主要是温升、密封寿命短和间断运行等。

1.2.4 偏心轴式往复泵

偏心轴式往复泵又叫作径向柱塞泵,即它的柱塞运动方向与动力轴线呈径向布置。径向运动的柱塞往往是由主轴旋转的偏心轴引起的,所以,柱塞运动的特点也是高频次、小行程。

图 1-17 为径向柱塞隔膜泵,泵轴旋转带动偏心轴同轴转动,实现 4 个柱塞(也可以是 6个柱塞、8 个柱塞)的往复运动。柱塞前移,液缸容积变小,缸内液压油自径向挤压轴外围管状隔膜,从而使隔膜内的水由出水球阀压出;柱塞后移,隔膜恢复管状,出水球阀关闭,进水

阀打开吸水。液缸内油的泄漏通过柱塞口由曲轴箱内油补充,泵正常工作时,隔膜护阀处于常开状态;当水路发生意外(如阀出故障)时,隔膜在高压水作用下膨胀,触及腔壁及护阀,使其关闭,从而隔断油路,保护隔膜。

图 1-18 为径向柱塞隔膜泵外形。由图可见,该泵的机械传动机构和数个液缸全部置于铝质曲轴箱内,箱内注满油,保证了泵的高速运转。该泵的特点在于管状隔膜将油、水分开,柱塞不接触高压水,无须复杂的高压密封。该泵因多缸、高速,排出压力无脉动,在大参数下(80 MPa、120 kW)质量比很小。由于管状隔膜泵吸排水的动力是柱塞往复运动形成的油压,加之多缸连接,因此该泵的结构比较复杂,且拆卸也不太方便。另外,该泵改变型式(压力、流量)能力较差。偏心轴式往复泵的变异——凸轮式往复泵,多用于计量泵设计,这一点将在后文专门论述。

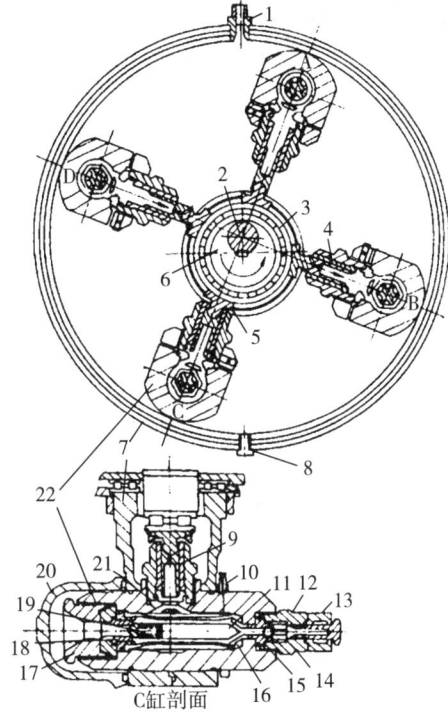

1—膨胀室口;2—轴;3—主轴承;4—柱塞口;5—轴瓦;
6—偏心轴;7—曲轴箱;8—泄水塞;9—柱塞;10—溢流接头;
11—心轴;12—出水螺母;13—出水接头;14—出水阀;
15—出水阀座;16—管状膜片;17—进水螺母;18—进水阀座;
19—进水阀芯;20—进水腔;21—隔膜护阀;22—液缸。

图 1-17　径向柱塞隔膜泵

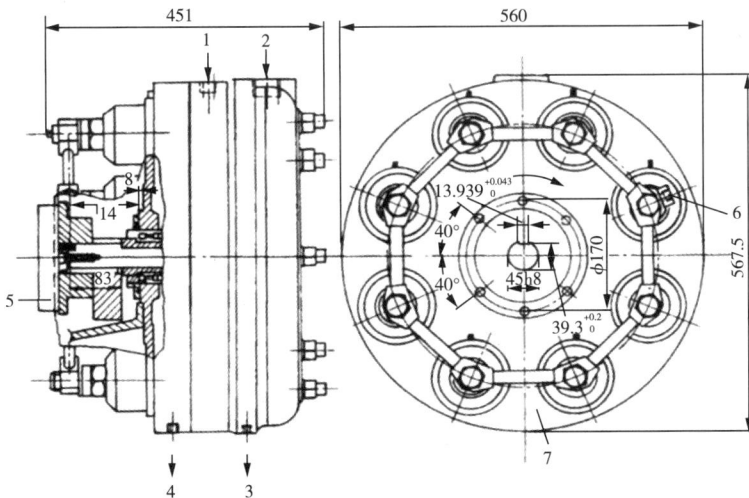

1—滤油器;2—进水口;3—排出口;4—排油口;5—联轴器;6—排水口;7—泵壳。

图 1-18　径向柱塞隔膜泵外形

1.2.5 N型轴式往复泵

N型轴式往复泵结构如图1-19所示。

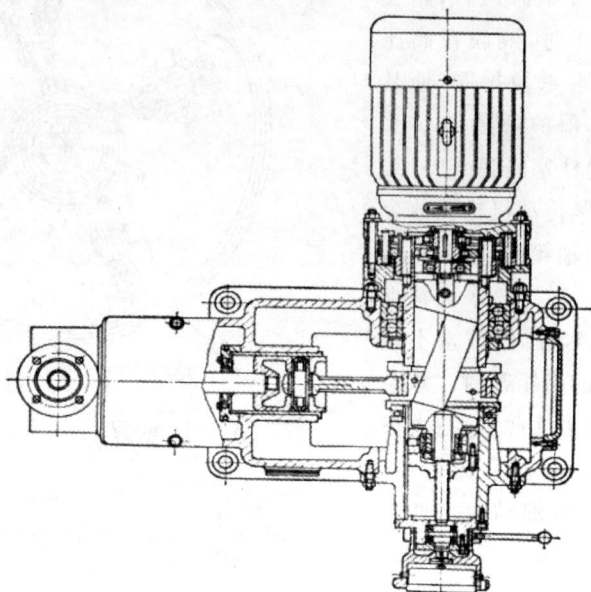

图1-19 N型轴式往复泵结构

N型轴又叫作N型曲轴,它只有一节曲拐,而且是与主轴线呈一角度设计的,它是专门用作单柱塞计量泵的一种常用机构。N型轴式往复泵的特点是用N型轴代替偏心滑块,即通过转动调节螺杆移动N型曲轴,改变偏心轮的偏心距,从而达到调节柱塞行程的计量目的。显然,调节N型轴与连杆大头的相对位置,就是实现柱塞行程的0至100%的调节,也就是流量全范围的调节,这就是N型轴的作用。N型轴式往复泵的缺点是只能用于小参数计量。但N型轴结构既巧妙又经典,仍成为计量泵的典型特征。

1.2.6 对置式往复泵

对置式往复泵是曲轴式往复泵将增大流量做到极致的一种表现形式。简单地说,由三柱塞对置成六柱塞或由五柱塞对置成十柱塞的往复泵就是对置式往复泵。当然,增压器、试压泵也都是单柱塞或双柱塞的对置式往复泵。

图1-20为六柱塞高压对置式往复泵,这种泵的特点是电机直接驱动,高速,流量脉动小,排出压力仅为10~20 MPa。由于柱塞行程小,因此这种泵可依靠导向套承受轴向载荷。这种泵的传动端由泵体、曲轴、回程环、传动块和球头等组成。当曲轴旋转时,通过传动块、回程环使柱塞在泵头内的导向套中做往复运动。曲轴曲拐的外圆上夹着两个镶有轴瓦的传动块,传动块另一面与球头相配合,通过回程环,两边的传动块相连接。曲轴运转后,润滑油强制注入曲轴与轴瓦的间隙中形成油膜,使铝合金轴瓦在油膜状态下工作。当柱塞做往复运动时,传动块在做往复运动的同时不停地摆动着,球头在球头垫与球头压板之间灵活地转动。球头与球头垫之间的间隙量调整为0.20~0.25 mm。由此可见,泵的对

置设置造成两大变化:曲轴的偏心减小;连杆与曲轴呈小半圆相对转动。这引发了结构上的变化,尤其是回程环和球头点接触设计。

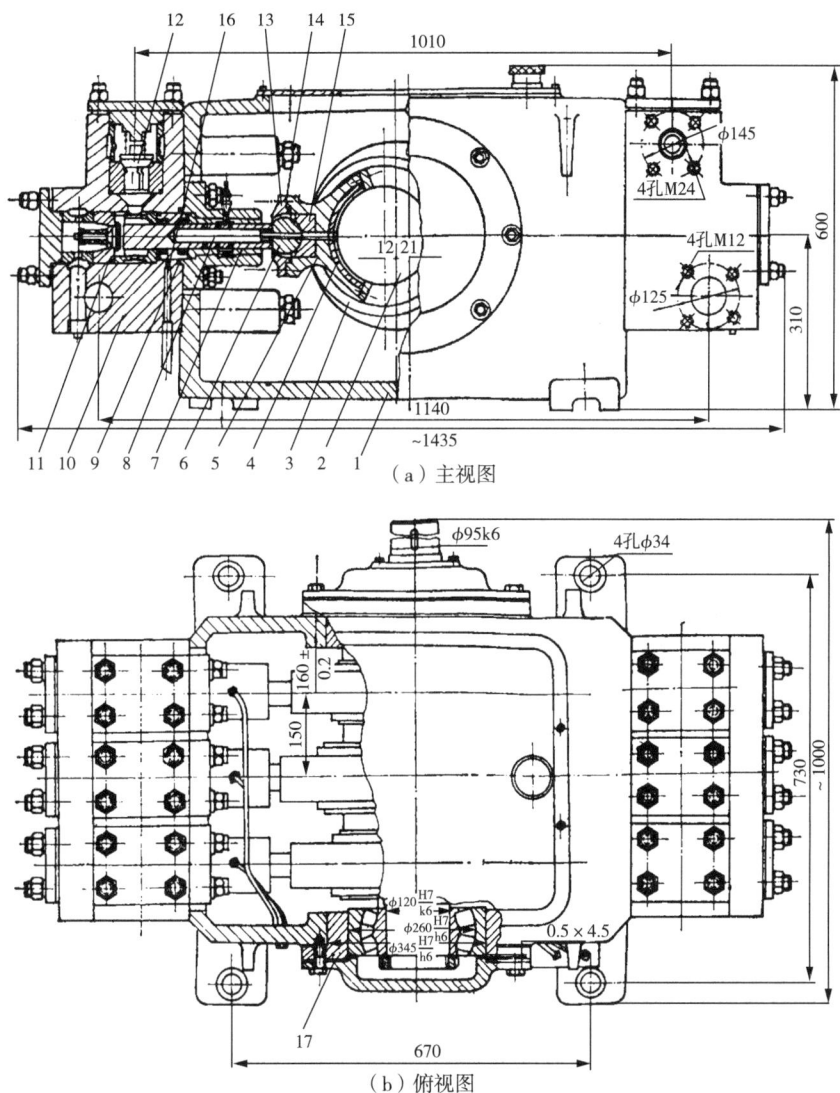

（a）主视图

（b）俯视图

1—泵体;2—曲轴;3—回程环;4—轴瓦;5—传动块;6—球头;7—导向套;8—柱塞;9—密封函;10—泵头;
11—进液阀;12—排液阀;13—球头压板;14—调整垫片;15—球头垫;16—泄漏孔;17—调整垫片。

图 1-20　六柱塞高压对置式往复泵

十柱塞对置式往复泵是一种低压、大流量的往复泵。在工业流程中有着广泛的应用,在泵的型谱上也与高扬程离心泵相互重叠,是各自的边界产品。

1.2.7　往复泵与离心泵

泵分为容积泵和离心泵两大类,而容积泵又包括往复泵、转子泵、螺杆泵等。往复泵在容积泵中占比较大,所以往复泵几乎是容积泵的代名词。

往复泵的参数特点是高压、小流量,离心泵的参数特点是低压(扬程)、大流量。以压力为纵坐标、以流量为横坐标作泵型谱示意图(见图1-21),不难看出:往复泵在泵型谱的左上部,离心泵在泵型谱的右下部,它们有着少量的交叉区。在这个交叉区里,往复泵呈现出低压、大流量的特征,而离心泵呈现出高压、小流量的特征,当然这些都是相对的。因此,该交叉区内往复泵的应用取决于往复泵的相对价位、运行成本而非结构型式。

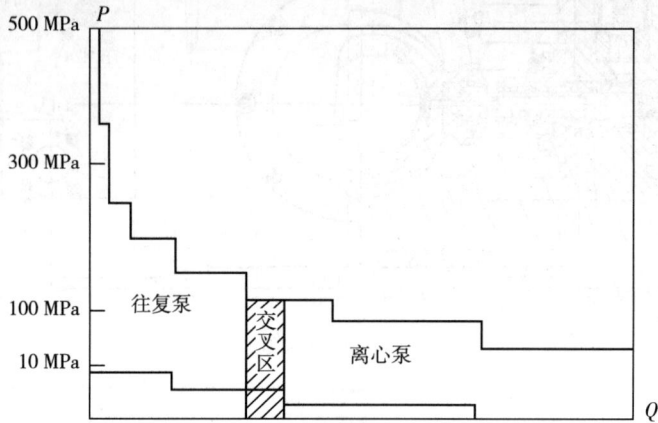

图1-21　泵型谱示意图

往复泵的压力级差很大,离心泵的流量级差很大。因此,往复泵的各种型式主要是为适应不同的压力级。虽然往复泵的型式不同,但由常压产生高压乃至超高压工况都是一次增压完成的。这样,随着压力的越来越高,柱塞直径越来越小,驱动它的往复运动由曲柄连杆转变为液压活塞直接驱动(压力取决于活塞与柱塞面积的比值),往复密封、往复次数、阀组型式和泵承压缸体等也都会相应地发生大的变化。

在泵型谱中,虽然往复泵的占比远小于离心泵,但是往复泵极大地扩展了泵型谱的另一半。所以,往复泵只会发展,不会消失,尤其是极端参数的往复泵有着很大的发展空间,已成为泵型谱的活力所在。

离心泵的依据是叶轮理论,往复泵的依据是容积变化理论,它们的型式与基本参数难有实质变化。但是,泵的发展已经不再受制于这些因素,一种新型的泵要实现其特殊功能,必须跳出基础理论和基本型式,或许它取决于某种材料、某种工艺、某种辅助技术、某种应用环境等。总之,随着泵与多学科的融合,多学科也改变了泵本身,诞生了新的泵,扩展了泵型谱的空间。

1.2.8　往复泵型谱

往复泵型谱是往复泵或某一类往复泵的压力、流量参数平面表达的一种方式。从这个型谱上可以看到往复泵或某一类往复泵的参数范围,由此,就不难知道某一种特定的泵在同类泵型谱上的产品地位和技术难度。每一个制造商都可以绘制自己的产品型谱,从而知道自己的产品种类和在行业同类产品中的份额等。往复泵型谱表述的产品种类越多,差异越大,型谱的绘制越趋于定性、不定量。这就是说,对于往复泵家族来说,分支多,型谱表达的就是一种意象。但这种意象很有用,任何一个制造商都能从中看到自己的"左邻右舍",对以自己的产品为基础开拓新的产品、新的应用、新的边界很有指导意义。所以,我们要用型谱的概念来"认亲",每隔一个时期就能感悟到行业的能量所在,方向所在。往复泵型谱示意图如图1-22所示。

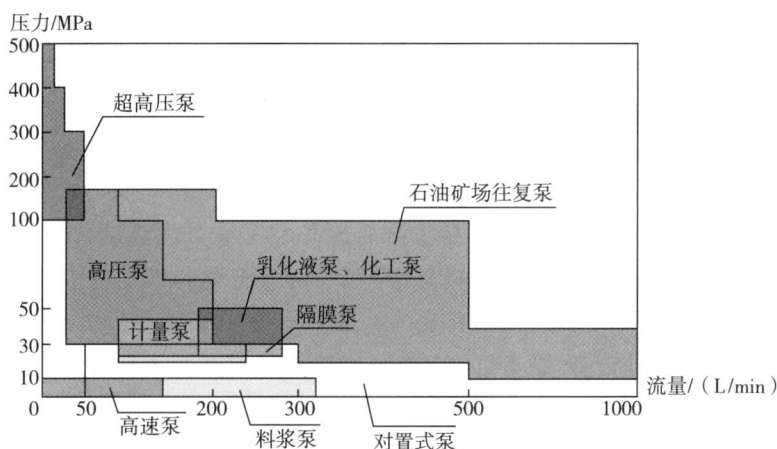

图 1-22　往复泵型谱示意图

产品都是从特定参数和需求发展起来的。以成功的首个产品为基础,同一基座、同一配带电机功率,就形成了一个系列产品,从而能够应对不同的市场需求。然后,在横向发展的基础上以这一个系列产品纵向发展,改变机座、改变配带电机功率、改变型式,就可以形成若干个系列产品。将这些系列产品按压力、流量有规律的排列,就成了家族的集合,也就是型谱。每个制造商都习惯于"近亲繁殖",这样就很容易形成产品系列、产品类型,继而形成自己独特的产品型谱。当然,制造商可能研发出几个产品类别,这样就形成几个产品型谱。

往复泵型谱是这样绘制的,对每一类别产品,以压力为纵坐标,以流量为横坐标,将同一压力级不同流量的产品连成一条线,再将每一压力级不同流量的产品连接,它们整体的包络就是这个类别产品的型谱。产品类别在型谱上会有交叉,这说明一类产品很容易从参数上转为另一类产品。

在往复泵型谱的基础上,每个制造商都可以用自己的产品去填充它、丰富它,使它"长高长胖",与其他类别产品交叉。这种交叉越多、重叠越多,说明往复泵产品的通用性越强,类别壁垒作用就越模糊,这是设计者最乐于见到的结果。当然,交叉重叠仅仅是参数方面,要能触类旁通,还需要做其他方面的设计工作。

在两个类别产品的交叉区域,必定有互为取代的竞争关系,如往复泵和离心泵的交叉区域,用于热轧钢材表面工程的除鳞泵,有低压、大流量等特征,多级离心泵可以将成本、体量大幅度降低,尽管有往复泵供选用,但往复泵已失去优势;而用于冷轧钢材的除鳞泵,即使用多级离心泵,也无法达到所需要的压力门限值,所以这一领域又成为高压往复泵的阵地。

1.3 往复泵相关的标准

1.3.1 行业与标准化组织

标准是产品设计、制造、测试与使用的依据,是当代先进制造业的标志。同时,标准与产品又是相辅相成、相互促进的,产品是标准的基础,标准是产品的体现。标准是由标准化组织提出、编制、审查、报批,并由国家管理机构批准、发布、实施的;而标准化组织则是在行业基础上产生的民间组织,国内外大致如此。

国际标准化组织(International Organization for Standardization,ISO)中泵专业委员会的标志是"ISO/TC115",由于作为产品主流的离心泵占绝对优势,因此"ISO/TC115"的标准文献也以离心泵为主,偶有往复泵类标准,如《石油、石化和天然气工业用往复式容积泵》(ISO 13710:2004)、《往复式容积泵和泵机组-技术要求》(ISO 16330:2003)等。往复泵市场庞杂、量产不大、品种很多,必不可少又难成强势。虽然微小型清洗机的产量和市场都有着惊人的业绩,已成为我国机电产品国际化的一张名片,但国外的标准化工作都由国际电工委员会(International Electrotechnical Commission,IEC)牵头完成,其标准化文献也就成了"电器"的翻版,失去了水射流的"机械"本质特色。

往复泵标准化工作的薄弱导致了产品、标准分散的窘境,如石油矿场往复泵被石油机械囊括,乳化液泵站被煤矿机械涵盖,混凝土输送泵则随建筑机械运作等,这些行业的"往复泵标准"又因其产品的边缘化、标准审查依赖制造商的单一性而缺乏专业性。全国泵标准化技术委员会容积泵分技术委员会致力于往复泵发展且卓有成效,但特色往复泵产品标准化难以形成专业影响力,而且已形成的标准往往在其从属的应用行业也容易被边缘化,缺乏专业导向力。标准化工作依赖于行业,只有行业凝聚做大,才有标准化的"春天"。

我国的往复泵标准化工作迎来了新的机遇,那就是全国喷射设备标准化技术委员会的诞生。高压水射流技术以水射流为中心,集泵、阀、密封、液压、自动化控制等为一体,广泛应用于各工业部门的清洗、除锈、切割、破碎等作业。这里所用的泵就是高压往复泵、超高压往复泵和增压器等,它们将常压水一次性增压至高压、超高压工况,以实现许多工程目标。这些泵都是往复泵,往复泵的发展催生了喷射技术新专业;反之,喷射技术新专业的需求壮大了往复泵产品的高端发展。但是,喷射设备行业是夹缝中发展起来的,全国喷射设备标准化技术委员会的成立表明了国家的认可,却因国际标准化组织中没有相应的"TC"号,即没有同类组织,造成了挑战:我们在填补该领域的空白的同时,面临着生存发展的合法性危机。诚然,喷射技术(又叫作水射流技术)是国际上的创新和发展,也是我国同步跟进的崭新产业。当然,也可以说它是新兴的往复泵技术。可以准确地说,我国喷射设备行业标准化工作是国际先驱,但它的国际化有相当一段时期还需要在"TC211"下寻求国际支持,有了国际标准化的工作基础,才能继续团结国际同行企业与专家队伍,创建新的"TC"号。

国际上的喷射设备行业暨水射流技术是以国际会议的形式发展并壮大的。1972年,英国流体研究集团有限公司发起组织了首届国际水射流技术会议,两年一次,逢双举办,延续至今。该公司组织了很多流体机械专业的国际会议,为团结凝聚流体机械各专业做出了重大贡献。1983 年,美国的水射流技术协会(Water Jet Technology Association,WJTA)成立并举办美国国际水射流会议,两年一次,逢单举办,延续至今。WJTA 的会议特点是注重应用,扶植超高压泵制造企业,与会议并行的产品展会是其亮点,引领着泵和水射流技术结合的高端成果。WJTA 组织专家编写出版了行业内部标准《工业用高压水射流设备操作规程》,虽然它不是正式标准,没有标准号和政府色彩,但深受国际同行的推崇应用。上述两个负有盛名的国际性水射流机构的起伏兴衰,也反映了水射流这一新兴技术的发展脉络。尽管法国、日本、韩国和我国也有同类机构,但英国、美国机构的工作是行业的风向标。

我国 1982 年引进首台德国制造的高压清洗机。其虽然参数很小、功能一般,但极大地激发了往复泵行业对其成套方向的认识和泵功能的观念突破,高压、超高压工况不再是禁区。1985 年,合肥通用机械研究所牵头组建“机械工业泵标准化技术委员会容积泵分技术委员会”,以此为基础,1996 年,经中国机械联合会报国家标准化管理委员会批准组建成立“全国泵标准化技术委员会容积泵分技术委员会”。这期间的往复泵虽然主要包括机动往复泵、蒸汽往复泵、计量泵和试压泵,但机动往复泵的范围很大,几乎承载着所有新型泵的发展愿景。1993 年,合肥通用机械研究所适时组建“机械工业喷射设备标准化技术委员会”,2009 年升格为“全国喷射设备标准化技术委员会”。一方面喷射设备围绕着射流打击力做功趋于新的应用使命,另一方面多专业的融合已是单一往复泵难以承载的,更重要的是囿于泵专业的束缚,喷射设备这一新兴专业难以发展。新的机遇、新的机构形式,更有改革开放、国门打开的有利条件,新的行业和一级标准委员会直接与国际性行业组织接轨合作,极大地促进了自身发展和往复泵行业标准委员会的发展。两个专业的标准体系共性互鉴,个性自扬,催生了许多新的往复泵产品种类及其成套设备与大型装备。往复泵的应用市场涉及国民经济各个门类。以高压、小流量为主要特征的往复泵,其型谱在壮大,种类在增多,技术在提升,它是工业流程的关键设备、成套装备的关键主机,甚至是商用、家用清洗的灵巧工具。高压、高速、高温、高浓度、高可靠性等特点始终是往复泵的发展方向,每一个时期有其特点的极端参数,这些极端参数是往复泵的标志,也预示着新装备、新工艺的到来。

我国的往复泵专业及其发展,经历与国际先进水平的跟跑、并跑阶段,现已有很多种类产品进入领跑阶段,这是市场需求、专业发展和工业基础提升的综合结果。其中,我国的制度优势,尤其是中国特色的专业标准化管理和行业标准化工作在其中发挥着重要作用。标准化的直接效果是跟踪先进,扶植优异,以产品为抓手促进民族产业的创新和发展。纵观标准委员会的发展史和标准的制定、修订史,不难看到行业实力今非昔比,行业产品推陈出新,我国目前已经进入与国际同行竞争的前列,标准委员会也势必将作为行业的代言人活跃于国际专业标准舞台,为行业标准的国际化、行业产品的国际化做出无以替代的更大的贡献。

1.3.2 往复泵标准体系

ISO 设有泵技术委员会,编号为 ISO/TC115,其下有三个分会和一个工作组,分别是

SC1(泵的尺寸及技术指标)、SC2(测量和测试方法)、SC3(安装和特殊应用)、AHG1(泵的延伸产品)。国际泵标准委员会制定、修订的国际标准基本均为术语类和产品性能及测试方法类标准,现有各类标准 22 项,其中关于术语、符号的基础通用标准 2 项。关于泵的振动、噪声、性能检测的方法标准 6 项,其余均为技术规范的产品标准(其中往复泵标准仅 2 项)。由此可见,往复泵专业在 ISO/TC115 中力量非常薄弱,这是危,也是机,我国制造的往复泵及其喷射设备登上国际标准舞台大有可为。

我国根据泵水力部件的结构特点、工作原理和 ISO/TC115 标准的划分原则,将全国泵专业领域标准体系划分为回转式动力泵、往复式容积泵和回转式容积泵。回转式动力泵包括离心泵、混流泵(斜流泵)、轴流泵和旋涡泵等叶片式泵;往复式容积泵包括机动往复泵、计量泵、试压泵、蒸汽往复泵和隔膜泵;回转式容积泵包括螺杆泵、齿轮泵、滑片泵、液环泵和其他转子泵。全国泵标准化技术委员会主要负责回转式动力泵,全国泵标准化技术委员会容积泵分技术委员会主要负责除螺杆泵之外的所有容积泵标准,全国泵标准化技术委员会螺杆泵分技术委员会主要负责螺杆泵的相关标准。泵的标准体系框架如图 1-23 所示。

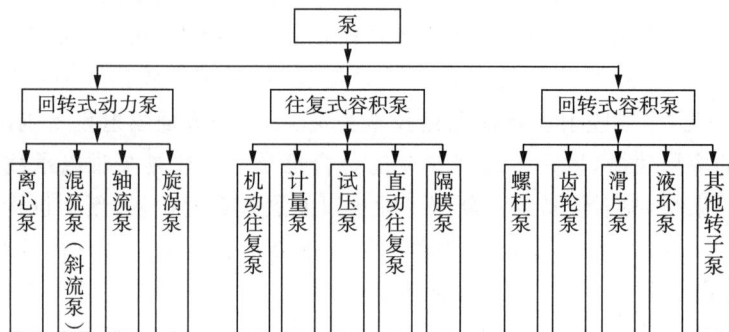

图 1-23　泵的标准体系框架

全国泵标准化技术委员会的标准体系是按照三层结构即大类、小类、系列来设置的。第一层大类按照《国民经济行业分类》(GB/T 4754—2017)中的小行业子行业分类;第二层按照工作原理和结构的大类来分,主要包含安全、术语、通用测试方法、无损检测、材料等基础通用标准;第三层根据原理、结构和用途不同划分。

20 世纪 80 年代,往复式容积泵划分为机动往复泵、计量泵、试压泵、蒸汽往复泵、隔膜泵。经过几十年的发展,往复泵的型式变化很大,机动往复泵按型式与用途发展成为很多类型泵,试压泵已成为高压泵的一种通用泵,蒸汽往复泵逐渐被淘汰。虽然新的标准体系框架尚未形成,但本书的目录给出了当今往复泵的产品基本类型。

根据输送介质不同,机动往复泵包括清水泵(成套设备)、工矿介质泵、杂质泵等。其中,成套设备中突出的代表是以高压水射流技术近 30 年的发展形成的具有专业特色的集泵、阀、密封、液压、自动化控制等为一体的成套装备,其广泛应用于各工业部门的清洗、除锈、切割、破碎等作业,如超高压水切割机、危化品移动式水切割机、高压清洗机、船舶除锈成套设备、超高压水射流破拆设备、机场跑道除胶车、弹药破拆装备、无纺布水刺泵装置、储油罐清洗设备等。同时,随着小型清洗机的迅速发展,小型柱塞泵和高速柱塞泵在国内外也形成了巨大的市场。全国泵标准化技术委员会容积泵分技术委员会和全国喷射设备标准化技术委员会根据市场需求,制定了一系列标准,以满足标准化规范行业市场、指导产品技术发展的需求,同时结合《装备制造业标准化和质量提升规划》《国家工业基础标准体系建设指南》《国家智能制造标准体系建设指南》提出的重点领域和重点任务,配合国家相关领域科技发展规划,提出产品技术成熟、市场应用广泛的标准项目,以进一步推动行业的标准发展。表 1-2 为往复泵及其成套设备现有的主要标准。

表 1-2　往复泵及其成套设备现有的主要标准

序　号	标准名称	标准编号
1	往复泵噪声声功率级的测定　工程法	GB/T 9069—2008
2	往复泵机械振动测试方法	GB/T 13364—2008
3	往复泵分类和名词术语	GB/T 7785—2013
4	机动往复泵试验方法	GB/T 7784—2018
5	往复式容积泵和泵机组-技术要求	GB/T 40077—2021/ISO 16330:2003
6	泵产品清洁度	JB/T 6913—2008
7	泵产品零件无损检测　泵受压铸钢件射线检测	JB/T 8543—2015
8	容积泵零部件液压与渗漏试验	JB/T 9090—2014
9	泵产品零件无损检测　渗透检测	JB/T 12582—2015
10	泵产品零件无损检测　磁粉检测	JB/T 6912—2019
11	蒸汽往复泵	GB/T 14794—2016
12	机动往复泵	GB/T 9234—2018
13	石油、石化和天然气工业用往复泵	GB/T 34391—2017/ISO 13710:2004
14	计量泵	GB/T 7782—2020
15	转子式稠油泵	JB/T 8099—2013
16	往复式杂质泵	JB/T 9088—2013
17	超高压泵	JB/T 6909—2014
18	隔膜泵	JB/T 8697—2014
19	油田用往复式油泵、注水泵	JB/T 9087—2014
20	试压泵	JB/T 9089—2014
21	自控试压机	JB/T 12013—2014
22	微量计量泵	JB/T 6910—2015
23	液态二氧化碳往复泵	JB/T 12917—2016
24	矿浆隔膜泵机组	JB/T 12918—2016

序 号	标准名称	标准编号
25	往复式增压泵	JB/T 6538—2018
26	无纺布水刺泵装置	JB/T 13976—2020
27	电磁隔膜计量泵	JB/T 14425—2023
28	往复式气液混输泵装置	JB/T 14426—2023
29	喷射设备名词术语	JB/T 12491—2015
30	高压水射流清洗作业安全规范	GB 26148—2010
31	小型电动高压清洗机安全规范	GB/T 37916—2019
32	超高压水切割机	GB/T 26136—2010
33	高压清洗机	GB/T 26135—2020
34	高温、热水清洗机	JB/T 6442—2013
35	微、小型清洗机	JB/T 9091—2012
36	机场跑道除胶设备	JB/T 11366—2013
37	储油罐清洗设备	JB/T 13138—2017
38	机器人超高压水切割机	JB/T 13245—2017
39	移动式水切割机	JB/T 14046—2020
40	大型曲面构件超高压水切割装备	JB/T 14045—2020

1.3.3 往复泵产品标准解读

往复泵产品往往是随着某一生产工艺的需要而产生并发展的,当这种工艺长期稳定时,该产品就会成为这一工艺需要的定型产品。为了保证市场上这些产品能适应经济社会发展,保证其技术先进性和经济合理性,同时满足安全、环保和节能的要求,根据往复泵自身结构的特点和优势,将往复泵产品标准划分为三大类。

第一类:介质决定应用。除了腐蚀性特殊介质外,往复泵原则上不受输送介质的物理和化学性能的限制,其根据输送介质的不同,可以分为众多产品标准。比如为应对石油化工行业需求,制定了《油田用往复式油泵、注水泵》(JB/T 9087—2014)、《石油、石化和天然气工业用往复泵》(GB/T 34391—2017)、《往复式杂质泵》(JB/T 9088—2013)、《转子式稠油泵》(JB/T 8099—2013)、《液态二氧化碳往复泵》(JB/T 12917—2016)、《往复式增压泵》(JB/T 6538—2018)等标准。

第二类:高压小流量。往复泵在排出压力高、流量小的应用场合,其整机效率高,运转经济性好的优势在市场中形成了很多应用产品。以参数特点规定泵产品的标准有《机动往复泵》(GB/T 9234—2018)、《机动往复泵试验方法》(GB/T 7784—2018)、《蒸汽往复泵》

（GB/T 14794—2016）、《超高压泵》（JB/T 6909—2014）、《试压泵》（JB/T 9089—2014）等。同时，以高压、超高压泵为核心，由管路连接执行机构等周边设备构成的具有特殊功能的众多成套设备形成了相应的产品标准，比如《高压清洗机》（GB/T 26135—2020）、《超高压水切割机》（GB/T 26136—2010）、《机场跑道除胶设备》（JB/T 11366—2013）、《储油罐清洗设备》（JB/T 13138—2017）、《自控试压机》（JB/T 12013—2014）、《微、小型清洗机》（JB/T 9091—2012）等。随着成套设备的发展和多学科技术的融合，将会出现更多的新标准。总之，产品造就了标准，工程应用是标准的孵化器。

第三类：流量恒定。往复泵在工作过程中，其流量恒定，与排出压力无关。这一特点在相关计量泵产品中特别突出，形成的相关标准有《计量泵》（GB/T 7782—2020）、《微量计量泵》（JB/T 6910—2015）等。

随着往复泵的不断发展，在充分发挥其优势的应用场合，还会产生很多特定的新产品，当这些产品的应用经过工程验证，能很好地满足工艺需求，就会形成固定应用，继而催生新的产品标准。

下面对一些主要产品标准的修订历史、规定的具体内容和适用范围进行简单的介绍。

根据20世纪80年代蒸汽往复泵的发展和使用情况，2002年《蒸汽往复泵试验方法》（GB/T 9235—88）、《蒸汽往复泵》（GB/T 14794—1993）和《蒸汽往复热油泵技术条件》（JB 1052—1985）三个标准合并修订为《蒸汽往复泵》（GB/T 14794—2002），并于2016年又重新修订。修订后的标准规定了一般蒸汽往复泵、蒸汽往复热油泵的型式与基本参数、技术要求、试验方法和检验规则、铭牌和包装。该标准适用于输送温度不高于130 ℃的清水及运动黏度不超过850 mm²/s的石油制品及化学性质类似的其他液体的一般蒸汽往复泵；该标准还适用于输送温度不高于450 ℃的石油制品的蒸汽往复热油泵，输送温度不低于−40 ℃的液化气泵也可参照该标准。虽然蒸汽往复泵面临淘汰，但这一标准造就了一个经典范本。

机动往复泵一直是往复泵的主体产品，但这一名称涵盖范围太大。几十年的标准工作证明，它以一个庞大的体量既为往复泵立足于泵行业发挥着无以替代的作用和影响力，但也阻碍了形式多样的往复泵产品标准的规划和立项。1997年，《机动往复泵技术条件》（GB 9234—88）、《化工用往复泵 技术条件》（GB/T 13363—92）、《一般机动往复泵基本参数》（GB 9233—1988）三个标准合并修订为《机动往复泵》（GB/T 9234—1997），并于2008年和2018年进行了修订。在历次修订过程中，该标准在兼顾我国实际情况下参考了其他国家的有关标准。目前该标准规定了机动往复泵的信息确认、要求、试验和检验、交付准备、标志、包装和贮存。该标准适用于输送介质为不含颗粒的清水、含油污水、乳化液、原油及其石油制品、煤制油品、化工液体，额定排出压力为100 MPa，流量为630 m³/h，温度为5～160 ℃，运动黏度不超过850 mm²/s的机动往复泵。

20世纪90年代到21世纪初是往复泵产品和标准相辅相成的年代。20世纪90年代创造了产品与市场，继而产生耳目一新的产品标准，填补了许多产品标准的空白；21世纪初创造了产品跨越发展的时机和成果，使得相应产品在基本性能参数和连续运行时间（寿命指标）这两个显著特征上都有了重大突破，产品与标准历经发展、淘汰、定型，显示出坚实而强韧的生命力。这一时期，产品与标准的行业贡献主要表现在计量泵、隔膜泵、油田用往复泵、注水泵、往复式杂质泵、试压泵、高压清洗机、微型清洗机、小型清洗机等。

1996年,根据当时计量泵的生产和发展需要,合肥通用机械研究所牵头将《计量泵基本参数》(GB 7782—87)、《计量泵试验方法》(GB 7783—87)和《计量泵技术条件》(GB 9236—88)三个标准整合为《计量泵》(GB/T 7782—1996),并于2008年和2020年进行了修订。目前,该标准规定了计量泵的信息确认、要求、试验和检验、交付准备、标志、包装及贮存。该标准适用于输送温度为−30~150 ℃、黏度为0.3~2000 mm²/s的液体的柱塞计量泵和隔膜计量泵。

《隔膜泵》(JB/T 8697—1998)于2014年修订。该标准规定了隔膜泵的型号与基本参数、要求、试验方法、检验规则等。该标准适用于输送温度为5~120 ℃、黏度为0.3~850 mm²/s、粒度不大于8 mm、浓度不大于75%介质的机动液压式、气动式及机械式隔膜泵,其额定流量不大于630 m³/h,额定排出压力不大于25 MPa。

《油田用往复式油泵、注水泵》(JB/T 9087—1999)于2014年修订,该标准规定了油田用往复式油泵、注水泵的型号与基本参数、要求、试验方法、检验规则等。该标准适用于输送温度不高于95 ℃、运动黏度不超过0.850 Pa·s、机械杂质含量不超过30 mg/L、固体颗粒粒径不大于15 μm、含水量不大于2%的原油,以及输送温度不高于95 ℃、总矿化度不大于30000 mg/L的油田污水或清水的往复式油泵或注水泵。泵的额定排出压力范围为10~50 MPa,额定流量范围为0.5~250 m³/h,该标准不适用于固井、压裂用往复泵。

《试压泵》(JB/T 9089—1999)于2014年修订,该标准规定了电动、手动试压泵的基本参数、技术条件、试验方法、检验规则等。该标准适用于额定排出压力至200 MPa、工作介质为温度5~60 ℃的清水、乳化液或运动黏度不超过45 mm²/s的油品的电动、手动试压泵。试压泵产品分跨高压、超高压区域,流量很小,间断使用,可靠性也不好考核。该标准针对这些特点,以压力为主参数来制定标准,为试压泵向通用型往复泵过渡做了长期工作。

1999年,根据当时高压水射流设备技术发展现状和趋势,合肥通用机械研究所牵头将《清洗机用往复式高压泵 型式与基本参数》(JB/T 8094.1—95)、《往复式高压清洗机 技术条件》(ZB J71 001—87)和《往复式高压清洗机试验方法》(JB/T 8093—95)三个标准整合成《高压水射流设备》(JB/T 8093—1999)。高压水射流技术最初的广泛应用即是清洗领域,其产品也是以清洗机的形式出现。其随着技术的发展,逐渐被认识,应用领域不断拓展,如混凝土冲毛、破碎,跑道除胶,材料除锈、除漆等。这一阶段,高压清洗机的基本型式并无实质性改变,只是出现了一些新的名称(如"冲毛机")等,且主流产品仍为清洗机。为适应产品发展的需要,增加标准的广泛适用性,1999年对相关标准做了修订。随后水射流设备快速发展,一些边缘产品如冲毛机、除胶车、除锈除漆设备、除鳞设备等,其形式已远不是清洗机的拓展应用,而是逐渐发展成具有一定规模的专用特色产品。《高压水射流设备》(JB/T 8093—1999)虽然通用性很强、涵盖面广,但实质内容已不适用于多学科融合的新型水射流产品,对高压清洗机产品而言,标准也显得语焉不详;同时,由于将"高压清洗机"这一量大、面广的水射流产品标准名称形式隐去,使得微小型清洗机产品也混同于高压清洗机产品,引起了市场混乱。因此,2010年合肥通用机械研究院牵头制定了国家标准《高压清洗机》(GB/T 26135—2010),以满足市场发展需求,该标准于2020年修订。《高压清洗机》

(GB/T 26135—2020)规定了高压清洗机的型式与基本参数、技术要求、试验方法、检验规则等。该标准适用于额定排出压力为 10～300 MPa,机组功率为 15～800 kW,输送介质为常温清水,由电动机或其他原动机驱动的高压清洗机。高压清洗机标准的脉络一是随产品的高端化发展而不断增改新内容,二是在主导产品基础上分蘗,指导不同应用部门"对号入座"。

1.3.4　往复泵共性标准解读

两个标准委员会制定的往复泵相关基础共性标准 13 项,其中国家标准 7 项,行业标准 6 项,主要涉及分类和名词术语、试验方法、测试方法、技术要求和安全规范,下面将对其中重要的几个标准进行介绍。

往复泵作为液体输送装置,在国民经济中具有广泛的应用,因其复杂性和广泛性,需要一个标准对其分类和命名方法进行统一和规范,以促进往复泵在各行业的使用和沟通。1987 年,根据当时市场情况,合肥通用机械研究所牵头编制了往复泵基础性标准——《往复泵分类和名词术语》(GB 7785—87),该标准囊括了往复泵按照活塞(柱塞)数目、工作原理及液力端结构特点、活塞(柱塞)轴线布置、传动端结构、驱动方式、主要用途、输送介质、泵的排出压力等分类方式的所有名词、设计和性能术语。该标准适用于往复泵的设计、制造、制定其他相关标准,编写有关技术文件与报告,编写和翻译书籍、文献,进行技术交流,等等。该标准于 2013 年对一些名词和术语进行了局部修订,以满足发展过程中出现的新名词和术语。

《机动往复泵试验方法》(GB 7784—87)是 1987 年合肥通用机械研究所在《往复泵试验方法》(JB 1054—1981)的基础上牵头制定的,2006 年和 2018 年在产品测试技术的发展基础上分别进行了修订。GB/T 7784—2018 规定了机动往复泵的试验的实施、参数测量、数据处理、性能曲线的绘制、试验报告。该标准包括了两种测量精度等级:1 级适用于较高精度的试验,2 级适用于一般精度的试验,两种测量精度等级包含不同的容差系数值、容许波动值和测量误差限。该标准既适用于不带任何管路附件的泵本身,也适用于带有管路附件的泵组合体。

往复泵的噪声是衡量泵运转性能指标的一个重要参数。1988 年,根据当时实际测试条件和产品情况,合肥通用机械研究所牵头制定了《往复泵噪声声功率级的测定　工程法》(GB 9069—88),该标准适用于包括原动机在内的机动、计量、试压、船用等往复泵机组和蒸汽往复泵噪声声功率级的测定。该标准规定了一个反射平面上自由声场条件下噪声声功率级的工程测定法。该标准在 2008 年进行了修订,在声功率的标准声源的测试方法(比较法)中,增加了移动传声器测试方法进行混响室内噪声声功率级的测定。

往复泵会因自身工作原理、工作过程、本身结构、加工制造、使用管理等产生振动,振动过大会严重降低泵的使用寿命和可靠性,尤其对一些特殊用途的往复泵,振动是约束性指标。所以,根据产品特点和现状水平,1992 年制定了《往复泵机械振动测试方法》(GB/T 13364—92),该标准适用于从泵体表面测得的振动,其频率范围为 2～1000 Hz。该标准在 2008 年进行了修订,增加了测点选择的内容。

《泵产品清洁度》(JB/T 6913—93)、《泵产品零件无损检测　泵受压铸钢件射线检测方法及底片的等级分类》(JB/T 8543.1—1997)、《泵产品零件无损检测　渗透检测》(JB/T 8543.2—1997)、《泵产品零件无损检测　磁粉探伤》(JB/T 6912—93)和《容积泵零部件液压与渗漏试验》(JB/T 9090—1999)等都是在 20 世纪 90 年代制定的标准,用于泵生产过程中对零部件的检测和判定,这些标准有利于保证往复泵在生产制造过程中的关键点控制和加工质量。这些标准是基于行业质量管理制定的,随着制造水平的提高和制造工艺的个性化,这些标准已经成为企业自行控制的个性文件。

综上所述,《往复泵分类和名词术语》(GB/T 7785—2013)、《机动往复泵试验方法》(GB/T 7784—2018)、《往复泵噪声声功率级的测定　工程法》(GB/T 9069—2008)、《往复泵机械振动测试方法》(GB/T 13364—2008)作为基础和共性标准,是行业技术进步的指导性文件,必须及时更新以保持其技术的先进性和全面性。另外,产品的安全性也是这类标准的新方向。

1.4　往复泵试验

泵试验是精确获取泵水力性能等特性的唯一手段,也是精准评价泵设计、生产、装配质量的唯一途径,是泵能否使用的有效评判依据,因此具有十分重要的意义。

往复泵试验主要是指在试验室的标准条件下,通过模拟泵运行工况和系列标准规定条件,对泵性能参数进行测量、采集、分析、计算并给出试验结果,同时判定试验结果是否满足标准或设计要求。运行工况模拟、标准条件保障、标准化计算分析是泵试验的基本保障要素,并在此基础上衍生了一系列诸如安全保障、循环回路、动力驱动、控制采集、辅助系统等系统,由其组成完整的试验体系。随着技术进步和生产工艺需求的进一步提高,泵试验又被赋予自动化、智能化、可视化、网络化、节能、环保、绿色等时代主题。

往复泵作为一种容积式泵,与大部分叶片泵试验有着本质的区别,如试验前出水管路必须全开,试验自变调节变量为排出压力,汽蚀试验性能下降判别项目为压力(差),试验管路除了静压头、速度头外还有加速度头等。

目前国内已经制定了较为完备的往复泵试验标准体系,对往复泵生产过程检验、整机试验进行了规范性的要求。《机动往复泵试验方法》(GB/T 7784—2018)是所有往复泵试验的基础,《往复泵噪声声功率级的测定　工程法》(GB/T 9069—2008)、《往复泵机械振动测试方法》(GB/T 13364—2008)对往复泵的振动噪声试验进行规范性要求,《泵产品零件无损检测　泵受压铸钢件射线检测》(JB/T 8543—2015)、《容积泵零部件液压与渗漏试验》(JB/T 9090—2014)、《泵产品零件无损检测　渗透检测》(JB/T 12582—2015)、《泵产品清洁度》(JB/T 6913—2008)对往复泵零部件的关键生产过程检验进行了规范性要求。

1.4.1　往复泵试验方法

1. 试验项目及其试验原理

一般情况下,往复泵通过运转试验、性能试验等基本可以完成性能和可靠性考核。特殊情况或特殊使用条件下,除以下的试验项目外,还需要进行环境适应性(如高低温、倾斜、摇摆、振动、冲击)、脉动、自吸、启动力矩等试验,这些试验结合具体应用环境会有相应的实施要求和方法。

1) 运转试验

运转试验主要是通过将往复泵调节至特定运行工况,并按不同试验项目运转特定时长。该试验可以检查泵的设计或装配质量、可靠性等指标。该试验主要关注温度、温升、泄漏量、有无异常振动、噪声等。试验过程中应记录泵的流量、吸入压力、排出压力、功率、转速、噪声、振动、润滑油温、填料函泄漏量和所有保护装置等,上述参数、功能应为正常。试验方法与试验原理如下。

(1) 试运转。试运转主要为检查装配质量并对泵进行跑合。试运转包括空载试验和升载试验。

空载试验是在额定泵速及进出口管路调节装置全开的工况下进行,试验时间一般情况下不少于 0.5 h。

升载试验是在额定泵速及排出压力从常压逐渐上升到额定排出压力的过程中进行。可根据额定排出压力均匀分为四个压力等级进行升载试验,每个压力等级下运转时间不少于 15 min。

(2) 负荷运转试验。负荷运转试验需在试运转合格后进行,且试验时保持被测试泵在额定压差和额定泵速下连续运转时间不少于 2 h。

(3) 连续运转试验。连续运转试验属于泵的可靠性考核试验,一般是在型式试验或有要求的情况下进行。

连续运转试验一般是在性能试验合格后进行,试验时保持被测试泵在额定工况下累计运转时间不少于 500 h。试验期间允许中途停机,以便检查运行情况。若遇到主要零部件损坏需要更换,则已完成的试验无效。

试验过程中应记录易损件的寿命、修复次数和停车时间。试验后应对泵进行检查,并记录泵零部件的磨损和损坏情况。

试验过程中定时(一般 4 ~ 8 h)记录泵的流量、吸入压力、排出压力、功率、转速、噪声、振动、润滑油温、试验介质温度、填料函泄漏量和所有保护装置等,上述参数、功能应为正常。

2) 性能试验

性能试验是为了确定泵的流量、功率、泵速、容积系数、效率与压差之间的关系。在非汽蚀条件下,测量泵的吸入压力、排出压力、流量、功率、泵速等基本性能参数,经过标准化计算处理后,分别绘制出流量、功率、容积系数、效率、转速与压差之间的关系曲线图,得出泵在额定工况点的流量、功率、容积系数和效率。

试验方法与原理如下。

一般情况下,性能试验在额定吸入压力和额定泵速下进行,并且保证在试验过程中不发生汽蚀。排出压力从最小值开始(排出管路调节装置处于最大开度时),按额定压差值分为 5 个或 6 个均等分升压,在每一个排出压力工况点,均测量并记录泵流量、吸入压力、排出压力、功率、转速、润滑油温度、介质温度。每个被测参数的测量次数应不少于 3 次,取算术平均值为测量值。一般情况下,额定排出压力应调节至略高于额定值。

按泵流量定义,应测试泵的排出流量。在确认泵的吸入端流量不影响试验结果时,可以在泵的吸入端测量。

当受到试验条件限制时,可以通过在额定转速下降低排出压力或在额定排出压力下降低转速的方式进行试验。这只能作为成熟产品出厂试验的状态参考。

当测量吸入压力和排出压力时,应按标准要求进行测点位置和方式的确认,主要需要考虑试验介质流动稳定性和测量值对试验结果的影响,必要时需进行测量值波动分析和位置对测量结果的误差分析。

受配电等因素影响,多数情况下,试验泵速与设计泵速不一致。试验结束后,需将数据转换成设计转速下的数据。

性能试验结束后,根据计算结果绘制性能曲线(见图 1-24)。

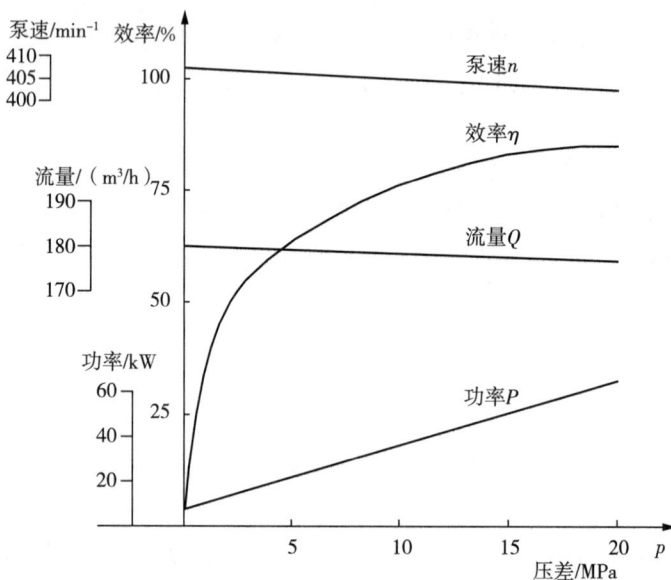

图 1-24 性能曲线

3)汽蚀性能试验

汽蚀性能试验是为了确定泵流量与净正吸入压头(Net Postitive Suction Head,NPSH)的关系,并得出泵的所需净正吸入压头(Net Postitive Suction Head Required,NPSHR)。

试验方法与原理如下。

一般情况下,汽蚀性能试验应在额定泵速和额定排出压力下进行。由 NPSH 最大值开始测试,逐渐降低泵吸入压力,直至泵流量下降到正常流量的 5% ~ 10%。试验测点应不少于 8 组,在泵接近汽蚀时,试验点的间隔应适当减小。在每个吸入压力试验工况点,同时测量并记录泵的流量、吸入压力、排出压力、速度、介质温度、大气压力等。

试验过程中压差应保持相对恒定,试验过程中试验介质温度变化应满足不超过 ±2 ℃的要求。

数据采集与性能试验基本一致,当进行汽蚀性能试验时必须对吸入压力测量保持足够的谨慎。吸入压力测点位置、高度、测压管充满度、基准差值等必须确认无误。

泵的流量下降 3% 时的净正吸入压头即为泵必需的净正吸入压头。

汽蚀试验结束后,根据计算结果绘制汽蚀性能曲线(见图 1-25)。

4)调节性能试验

进行调节性能试验是为了确定在不同转速下泵的流量、功率、效率与泵速的关系。只有泵有调节功能和实际应用过程中有调节需求时,才对泵进行调节性能试验。

试验方法与原理如下。

一般情况下,调节性能试验在泵的额定吸入压力和额定排出压力下进行。泵速从额定最小值开始升至最大值,对 5 种泵速(包括最小值和最大值)进行试验。试验点应均匀分布,同时测量和记录流量、吸入压力、排出压力、功率、泵速等。

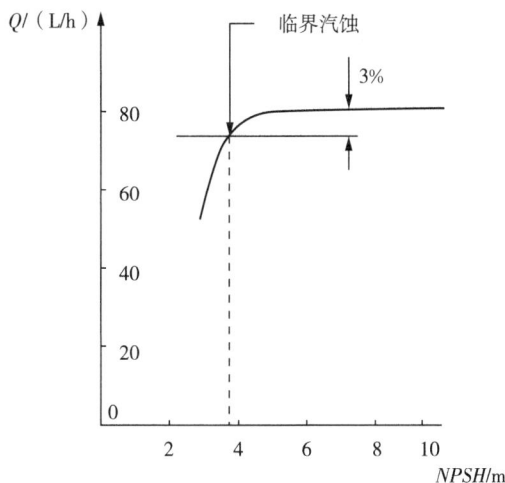

图 1-25　汽蚀性能曲线

推荐采用泵速从额定最大值开始降至最小值进行试验。实际试验过程中,除了调节转速,还需要对排出压力进行相应调节,以满足在额定排出压力下进行试验的要求。

5)安全泄压装置试验

进行安全泄压装置试验是为了测试泵配机械式安全泄压装置的保护功能和保护值是否符合设计及标准要求。

试验方法与原理如下。

安全泄压装置需要在泵运转的情况下进行试验和调整,合格后应加铅封或锁定。

试验过程中,逐渐调小排出管路压力调节装置开度,提高排出压力,在《机动往复泵》(GB/T 9234—2018)规定的起跳压力下,安全泄压装置应正确动作,试验应不少于 3 次。起跳压力值为 3 次测试数值的算术平均值。

对具有全排放功能的安全泄压装置,关闭排出管路压力调节装置,检查并记录此时的排出压力(即安全阀、溢流阀或调压阀等的排放压力),压力值应符合《机动往复泵》(GB/T 9234—2018)的规定。

6)噪声试验

噪声试验结果可用于确定往复泵噪声值是否符合标准或设计要求。有时也可以通过更为复杂和更为精密的噪声试验,以诊断被试泵结构或产品是否存在某种缺陷,对测试的典型特征进行分析并加以解决。

(1)试验方法与试验原理。 一般情况下,噪声试验是在额定工况下测量泵的 A 计权声压级空气噪声。主要的适用标准是《机动往复泵试验方法》(GB/T 7784—2018)和《往复泵噪声声功率级的测定 工程法》(GB/T 9069—2008),特殊产品测试可依据专门标准进行,回转式泵噪声测试标准不适用往复泵。

在额定工况且未发生汽蚀情况下,对泵噪声进行测试即噪声试验时,泵排出压力不低于额定压力,试验泵速偏差为额定泵速的±5%,试验全程泵没有发生汽蚀。

噪声测试需要在安静的环境中进行,一般情况下,测试环境的背景噪声应比泵噪声的声压级低 10 dB(A)以上。当泵噪声与背景噪声的声压级差为 6～10 dB(A)时,按表 1-3 进行修正;当泵噪声与背景噪声的声压级差小于 6 dB(A)时,应停止测量。

表 1-3　噪声测量修正表　　　　　　　　　　　单位:dB(A)

泵噪声与背景噪声的声压级差	<6	6	7	8	9	10	>10
修正值	测量无效		−1.0		−0.5		0

测试时,测点附近的风速应小于 6 m/s(相当于四级风)。当测点附近的风速大于 1 m/s 时,测量仪表上应增加防风罩。

测试仪器使用《电声学 声级计 第 1 部分:规范》(GB/T 3785.1—2023)和《电声学 声级计 第 2 部分:型式评价试验》(GB/T 3785.2—2023)中规定的 2 级和 2 级以上的声级计以及精度相当的其他测量仪器或满足标准要求的仪器。声级计或其他测量仪器与传声器之间应使用延长电缆或延伸杆。倍频程滤波器应符合《电声学 倍频程和分数倍频程滤波器》(GB/T 3241—2010)中有关条款的规定。测量的频率范围至少为包括中心频率 125～8000 Hz 倍频程带。

噪声测量前,需要使用精度高于 ±0.5 dB(A)的声级校准器对声级计等传感器进行校准。

当在混响室内测量时,泵机组应置于地面,且离任何墙面至少 1.5 m。典型机动往复泵噪声测点布置如图1-26所示。

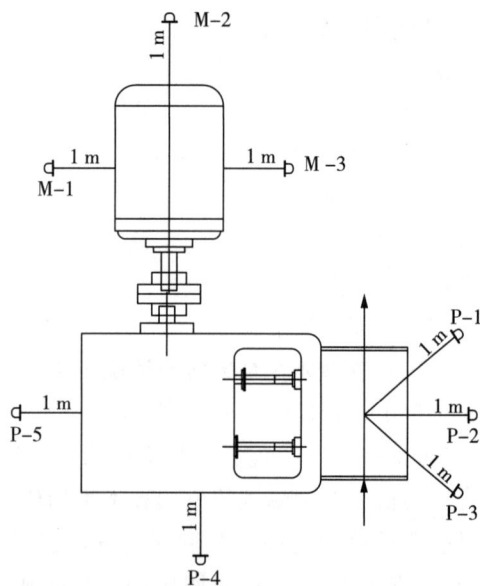

图 1-26　典型机动往复泵噪声测点布置

(2)数值处理。按上述要求测得的各测点的 A 声级读数值,对照各测点的背景噪声按表 1-3 进行修正,各测点的 A 声级测定值 L_{pAi} 按式(1-1)计算。

$$L_{pA} = 10\log\left(\frac{1}{N}\sum_{i=1}^{N}10^{0.1 L_{pAi}}\right) \qquad (1-1)$$

分别对泵周围和电动机周围进行平均计算,并把计算结果填入 A 声级测量记录单中。

当各测点的测定值 $L_{\mathrm{pA}i}(i=1,2,\cdots,N)$ 之间的最大声压级差不大于 5 dB(A) 时,可以用算术平均值代替式(1 - 1),其误差不大于 0.7 dB(A)。

7) 振动试验

振动试验结果可以用于确定往复泵振动值是否符合标准或设计要求。

(1) 试验方法与试验原理。一般情况下,振动试验是在额定工况下测量泵的振动烈度,主要的适用标准是《往复泵机械振动测试方法》(GB/T 13364—2008)。

描述振动大小的量有位移、速度、加速度。根据 ISO 标准定义,频率为 $10\sim1000$ Hz 的振动速度均方根的值称为振动烈度。根据速度-时间曲线,对一个完整周期的振动速度求均方根值,即

$$V_{\mathrm{rms}}=\sqrt{\frac{1}{T}\int_0^T V^2(t)\mathrm{d}t} \tag{1-2}$$

往复泵振动测量频率响应范围为 $2\sim1000$ Hz。

一般情况下,振动测量多为振动烈度,在测试实践中,有时也测量振动位移和振动加速度。

在额定工况且未发生汽蚀情况下对泵振动进行测试,即振动试验时泵的排出压力不低于额定压力,试验泵速偏差为额定泵速的 $\pm5\%$。

振动测试仪器频率应为 $2\sim1000$ Hz,能够直接显示被测泵的机械振动速度均方根的值。

被测泵应安装在泵设计要求的基础之上,并保证被测泵与基础之间联结紧固。其试验装置还应满足《机动往复泵试验方法》(GB/T 7784—2018)的规定。

振动的测点应选在振动能量向弹性基础或系统其他部件进行传递的地方,通常选在轴承座、底座和出口法兰等处。在泵体表面的 3 个互相垂直的方向上进行测量。

(2) 数值处理。在泵的振动烈度的测试过程中,当测量指针出现摆动(或读数波动)时,应分别记录指针指示(或读数)的最大值($R_{\max}$)和最小值($R_{\min}$),并根据式(1-3)确定振动速度均方根。

$$V_{\mathrm{rms}}=\sqrt{\frac{1}{2}(R_{\max}^2+R_{\min}^2)} \tag{1-3}$$

《往复泵机械振动测试方法》(GB/T 13364—2008)以被测泵表面的不同测点位置上测得的最大振动烈度作为被测泵的振动烈度有效值参数。

2. 往复泵试验工况调节技术

往复泵试验工况调节主要有排出压力调节、吸入压力调节、转速调节、温度调节等。

1) 排出压力调节

(1) 调节原理与难度分析。通过调整试验管路系统中压力调节装置的液体流通面积的大小,改变流体流速,形成管路系统压力势能与速度动能间转换,从而达到改变泵排出压力的目的。随着过流面积减小,流速变大,泵的出口压力升高。过流面积与排出压力之间呈负二次方关系。

(2) 调节方式主要如下。

按调节元件组合方式分,往复泵排出压力的调节方式有单阀调节、多阀串联调节、多阀并联调节、串并联组合调节等。

按排出压力输出方式分,往复泵排出压力的调节方式有压力无级调节、压力跳跃式的阶梯状调节。压力无级调节就是调节过程中压力的变化是渐进式的缓慢变化过程的调节方式。压力跳跃式的阶梯状调节就是调节过程中压力的变化呈跳跃式的阶梯状突变的调节方式。压力跳跃式的阶梯状调节方式在调节压力场合下一般不单独使用,只有与压力无级调节组合使用才有实际意义。

按自动调节信号方式分,往复泵排出压力调节方式主要有 PID 调节、指令调节等。PID调节就是调节过程中将偏差的比例、积分和微分通过线性组合构成控制量,用该控制量对受控对象进行控制的调节方式。往复泵排出压力调节慎用此法。指令调节就是调节过程中通过人工指令的方式渐进式地对受控对象进行控制的调节方式。往复泵排出压力采用远程自动调节时以此法为主。

2) 吸入压力调节

往复泵吸入压力调节主要是为汽蚀试验提供真空环境,其主要有真空泵法和调节阀法两种方式。

(1) 真空泵法。真空泵法利用真空泵将试验系统抽真空,以实现泵的进口处于真空状态的目的,该方法适用于闭式试验系统。

(2) 调节阀法。调节阀法调节往复泵吸入压力同样也是利用阀的开度变化来实现。减少入口阀流体通过面积,阀后压力将会随之下降,以实现泵的进口处于真空状态的目的。该方法一般用于开式试验系统,也可以用于闭式试验系统。调节阀法调节吸入压力时要求阀后直管段应足够长,一般要求阀后直管段不小于管路通径的 12 倍。

3) 转速调节

转速调节就是在试验过程中将原动机转速调节至试验需要的转速。往复泵试验中涉及转速调节的有调节性能试验、额定转速与原动机额定转速有差异的试验、流量调节试验、试验条件有限需降速的试验、用户要求的其他调速试验等。

转速调节一般通过变频调节的方式进行。试验室配备变频调速装置就应兼顾变频调速和变频启动的双重功能,以减少不必要的启动设备。往复泵试验功率测试多采用电测法,如果功率测量设备与变频装置组合,那么就需要充分考虑变频器使用过程中对功率测量甚至其他参数测量的干扰,并采取相应的措施。

往复泵启动属于重载启动,配备试验变频装置至少按高一档功率选配。

4) 温度调节

(1) 试验的目的。在试验过程中,尤其是在汽蚀试验过程中,保持试验介质温度稳定在规定范围内是保证试验精度和可靠性的一个必要条件。在试验过程中,根据能量守恒原理和转换原则,原动机耗能的 90% 左右会转化成试验介质的内能,从而使试验介质的温度不断升高,因此在试验过程中,尤其大功率泵试验时,需要对试验介质进行冷却,以维持试验介质温度的相对稳定。

往复泵试验过程中,有时不仅需要对试验介质降温,还需要对试验介质进行加热,以保证试验介质温度满足试验需要(如高温介质试验)。

(2)调节方法与调节原理。往复泵试验温度调节一般有降温和升温两种工况。试验介质降温主要有自然冷却和强制置换冷却两种方式。试验介质升温主要有试验泵能量转换升温和强制置换升温两种方式。

① 自然冷却。自然冷却是通过试验管路系统与外界自然对流或自然热交换的方式达到冷却的效果。这种冷却方式只有在试验功率足够小的情况下使用。

② 强制置换冷却。强制置换冷却是通过与外界热量或介质直接交换的形式达到冷却的效果。其主要有介质直接置换和热量置换两种不同的方式。介质直接置换是指用外界冷介质直接置换高温试验介质。热量置换是通过与外界冷介质进行热量交换实现降温的方法,是泵试验介质冷却的最常用方法,一般有冷却塔法、水冷散热器法、风冷散热器法等,最常用的是冷却塔法。

③ 试验泵能量转换升温。泵试验过程中,其自身驱动能量转换成试验介质使试验介质温度升高。这种温升足以通过试验介质边界自然冷却散发,因而不会造成能量集聚,温度基本处于一个恒定状态。

④ 强制置换升温。强制置换升温是通过外界干预,与外界热量或介质直接交换的形式达到升温的效果。其主要有介质直接加热和热量置换两种不同的方式。介质直接加热是通过加热装置直接对试验介质进行加热,使其温度升高的方式。热量置换是通过与外界热源进行热量交换实现升温的方法,该方法加热相对均匀,不会对试验介质造成不良影响,但其加热效率低下。

1.4.2　试验条件保证

试验方法适当、计算方法正确、硬件条件(如管路布置)完好是试验进行的显性必要条件,但仍不能保证试验结果的正确性与有效性。因此,在对精度、稳定性等隐性条件进行必要关注、评估和充分保障,才可进行试验。

1. 精度保证

测量参数的仪器仪表必须符合相关标准规定的系统不确定度的要求,测试系统总的不确定度及泵效率总的不确定度应分别满足相关的要求。

测量参数的系统不确定度和随机不确定度均应不低于表 1-4 ~ 表 1-6 中相应精度等级或标准规定的最低要求。

表 1-4　测量系统的不确定度容许值

测定量	最大容许值 /%	
	1 级	2 级
流量	±1.0	±1.5
压力	±0.5	±1.5
温度	±1.0	±1.5

（续表）

测定量	最大容许值 /%	
	1 级	2 级
转速 / 泵速	±0.2	±0.5
转矩	±1.0	±2.0
驱动机输入功率	±1.0	±2.0

(1) 计量泵试验系统流量测量总误差应不大于被测泵计量精度的 1/4。

(2) 容积法测量流量时，测量系统的不确定度应不大于 ±0.5%，测量时高液位与低液位之差不小于 200 mm；计量泵测量系统的量器检定的绝对误差与测量容积之比应不大于 0.05%。

(3) 质量法测量流量时，衡器的感量应小于被测质量的 0.5%；计量泵试验时，衡器的感量与量程之比应不大于 0.05%。

(4) 用容积法、质量法和数字流量计测量流量时，时间间隔应不少于 20 s；计量泵试验时间间隔应不少于 30 s。

表 1-5　电测法功率仪表测量不确定度容许值

名　　称	测量不确定度最小值/%	
	1 级	2 级
电流表	±0.2	±0.5
电压表		
功率表	±0.5	±1.0
数字功率表	±0.2	±0.5
互感器	±0.2	

表 1-6　测定量的总不确定度容许值

测定量	最大容许值 /%	
	1 级	2 级
流量	±2.0	±3.0
计量泵流量	±0.25	±0.5
转速	±1.0	±2.0
温度	±2.0	±3.0
压力	±1.5	±3.5
泵输入功率	±2.0	±3.5
泵效率	±3.0	±5.0

　　试验前，需对测量仪器仪表的系统不确定度进行校核，确定所用仪器仪表是否进行过

校准或检定,确保校准或检定合格后的仪器仪表保持良好状态,还需要定期进行自校验,确保误差范围合适、量程符合、状态良好。

试验结束后,需要对测试数据进行随机不确定分析,以确定每个单项测量的随机不确定度和各测试数据的测量总不确定度是否满足标准的要求。

2. 稳定性(波动)保证

通常从试验数据的波动和变化两种情况考虑泵运转是否稳定,所谓数据波动是指在取一次读数的时间内,一个物理量的测量值相对其平均值的短周期变动,而数据变化是指相邻两次读数之间发生的数值改变。

每个要测量的量的容许波动幅度应满足表1-7或标准的要求。若泵的结构或运转使数据出现大幅度的波动,则可以在测量仪表中或其连接管线中设置缓冲器。

(1)稳定条件。若所有要测量的量的平均值均不随时间而变化,则称该试验条件为稳定条件。

(2)不稳定条件。若测量的量的最大波动幅度及同一量以随机的时间间隔(但不少于10 s)多次重复读数的变化值超过规定时,则称该试验条件为不稳定条件。

表 1-7　被测参数的测量仪器、仪表指示值的容许波动范围

被测参数	容许波动范围		被测参数	容许波动范围	
	1 级	2 级		1 级	2 级
排出压力 P_d	±5%	±10%	泵速或转速 n_a	±1%	±2%
吸入压力 P_s	±6%	±12%	泵的输入功率 P_{in}	±2%	±4%
流量 Q	±1%	±2%	原动机的输入功率 P_{dr}		
若采用测量累计往复次数或旋转次数计算泵速或转速,则不受此限。					

必须有稳定保障措施来保证稳定性。影响稳定性最具有代表性的因素就是脉动引起的波动,通过源头消减、测量消减的方式可以解决该问题,但测量消减一定程度上会降低测试精度。

3. 测量条件保证

往复泵试验时,主要测量参数的测量条件至少应满足以下要求。

(1)测量截面条件。若测量截面处的液流具有如下特征,则可获得最佳的测量条件:①轴对称速度分布;②等静压分布;③无装置引起的旋涡。

但是若避免在测量截面附近出现弯头、弯头组合及横断面的扩大或者不连续,则有可能防止速度非均匀分布和旋涡的出现。可以采取以下措施来避免明显的旋涡:①精心设计测量截面上游的试验回路;②合理地使用整流装置;③恰当地设置取压孔,使其对测量的影响减至最小。

建议不在吸入管路中安装节流阀。若必须安装节流阀,则可以通过在泵入口处使用合适的整流装置和(或)一个长度至少为12D的长直管段来实现安装节流阀,有时也可以通过多个阀串联来实现安装节流阀。

（2）安装位置条件。为保障各测量参数的准确性,一般应至少达到如下要求。

① 流量测量。流量传感器前端应有足够的直管段或整流装置,前端应无涡流、无气泡发生装置。流量传感器安装位置应能保证测量值与泵实际通过流量等效。

② 压力测量。由压力传感器安装位置造成的阻力损失应不大于测试精度等级容差;应充分重视压力传感器安装位置液柱对实际测量读数造成的误差。

③ 功率测量。电测法应保证将谐波干扰降至最低;保证电流、电压、功率等参数测量范围耦合良好;电流、电压取点没有由压降造成的误差。

④ 转速测量。尽可能避免间接测量、传动滑差带来的测量隐蔽错误。

⑤ 温度测量。汽蚀性能试验温度测量应采集进口管路介质温度,传感器安装方向应与来流呈 $45°$ 角。

4. 工况条件保证

往复泵试验时,运行工况条件至少应满足以下要求。

（1）转速。对性能试验,试验泵速在额定泵速的 $65\%\sim107\%$ 均可实施。当试验泵速与额定泵速有偏差时可以通过公式换算至额定工况。对调节性能试验,试验泵速按要求在对应转速下进行。对汽蚀、噪声、振动试验,试验泵速的偏差范围均为额定泵速的 $\pm5\%$。当试验能力受限,需要通过降速试验时,试验泵速可不受此限制。

（2）压力。压力包括吸入压力和排出压力。

吸入压力。试验时泵的吸入压力最好在倒灌的条件下,至少应在不会发生汽蚀的入口压力条件下进行试验。振动噪声试验时,此要求尤为重要。

排出压力。试验时泵的排出压力应调节并控制在大于额定压力下进行试验。超过额定压力范围的程度至能调节的幅度精度即可。

5. 试验介质保证

（1）介质类型。泵的性能可以随输送液体性质的不同而有显著变化。通常使用"清洁冷水"作为泵的试验介质。一般情况下,应以 $0\sim50℃$ 的清水或乳化液为试验介质,也可按设计要求采用相应的介质或矿物油或用实际泵输送介质作为试验介质。不同试验介质得到的泵汽蚀余量不可能通过理论换算得到令人满意的结果。

（2）介质温度。为保障测量精度,在往复泵的测试过程中,同一台泵的同一个试验项目其试验介质温差应不超过 $\pm2℃$。

6. 数据采集有效性保证

（1）数据采集时效性。泵试验过程中,数据记录与采集必须保证泵是在稳定运行工况下进行,且所有相关性能数据记录同时、同步采集。

（2）数据传输保真性。当采用传统的手工记录数据的方式采集数据时,仪器设备显示值即为测量值。一般情况下,当采用数据自动采集技术时,除了需要对仪器仪表进行校准外,还需要对终端数据进行校准。总误差应能满足系统不确定度的要求。

（3）数据处理科学标准性。往复泵外特性输出性能参数都会存在一定的脉动,在试验室工况模拟条件下脉动会更明显。在运行数据自动采集情况下,会通过软件对采集的数据进行各种均值处理。一般情况下,这种均值不是简单的算术平均值。

7. 试验环境保证

(1) 无干扰保证。泵试验室数据多数采用自动采集方式,必须充分考虑电磁干扰问题,应避免电磁干扰源。当不可避免时应采取必要的措施以保证测试数据采集的可靠性。例如,变频器滤波、设备充分接地,动力电缆、信号电缆保持必要距离,等等。

(2) 背景保证。往复泵噪声测试时,背景噪声应小于被测声源 10 dB(A)。若背景噪声小于被测声源 $6 \sim 10$ dB(A),则测量值需要按标准进行修正;若背景噪声小于被测声源 6 dB(A),则测量终止。往复泵振动测试时,泵的安装基础重量应大于泵重量的 10 倍。

1.4.3　往复泵试验测量与数据处理技术

1. 流量测量与数据处理

单位时间内在泵出口处实际测得的液体体积(包括其中的气体和固体体积并折算成泵进口状态下的体积)为泵的流量,因此往复泵的流量一般是指体积流量。流量测量一般采用的方法有原级法和流量计法。

1) 原级法测量

(1) 主要分类。原级法可分为容积法和质量法。原级法一般是指在测量间隔时间内,根据分别测得换向前容器的质量(容积)和换向后容器的质量(容积),从而计算出所收集的液体的质量(容积)的方法。

(2) 测量原理。容积法原理如图 1-27 所示。当采用质量法测量时,将计量容器切换为称重衡器。

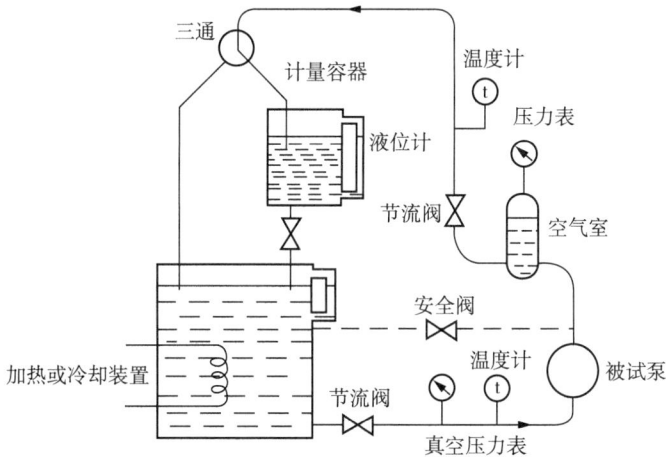

图 1-27　容积法原理

(3) 主要特点。原级法建立在直接测量的基础上,因此测量精度高,可达 $\pm 0.1\% \sim \pm 0.3\%$。原级法是基于原始累计法的一种测量方法,其不受液体流动状态的影响,对流动状态的适应性强。

(4) 应用范围。基于上述特点,原级法一般用于流量较小、压力脉动较大的单缸泵或部分双缸泵,如计量泵、潜液柱塞泵等。

(5) 数据处理与分析。容积法和质量法测得的数据可进行以下处理。

容积法：

$$Q = \frac{3600V}{t} \tag{1-4}$$

式中，Q 为试验泵速下的流量（m³/h）；V 为时间间隔 t 内注入容器的液体体积（m³）；t 为测量的时间间隔或与测量的往复次数对应的时间间隔（s）。

质量法：

$$Q = \frac{3600m}{\rho t} \tag{1-5}$$

式中，Q 为试验泵速下的流量（m³/h）；m 为在时间间隔 t 内注入容器的液体质量（kg）；ρ 为输送介质在试验温度下的密度（kg/m³）；t 为测量的时间间隔或与测量的往复次数对应的时间间隔（s）。

2）流量计法测量

(1) 主要分类及特点。流量计法测流量是一种直接测得流量的方法。其简单方便，在泵测试中应用广泛。流量计法包括电磁流量计法、质量流量计法和超声波流量计法等。电磁流量计法通过切割磁力线的方法来测得通过的流量，但要求测量介质能导电，适用于压力较小的场合。质量流量计法用于计量泵等测量精度要求高的场合。超声波流量计法通过超声波在流动液体中的传播速度差来测量流量，基本不受压力限制，但精度稍显欠缺。

(2) 数据处理与分析。数据处理包括对流量和容积系数进行处理。

由于在测量过程中，往复泵受负载、电压等因素影响，泵速始终处于变化中，因此必须对流量进行转速换算：

$$Q_r = Q \frac{n_r}{n} \tag{1-6}$$

式中，Q 为在试验泵速下的流量（m³/h）；Q_r 为换算到额定泵速下的流量（m³/h）；n_r 为额定泵速（min⁻¹）；n 为试验泵速（min⁻¹）。

容积系数指泵的流量与理论流量之比，按下式计算：

$$K_v = \frac{Q}{Q_t} \times 100\% \tag{1-7}$$

式中，K_v 为容积系数；Q_t 为在试验泵速下的理论流量（m³/h）。

单作用泵：

$$Q_t = 15\pi D^2 SnZ$$

双作用泵：

$$Q_t = 15\pi(2D^2 - d^2)SnZ$$

式中,D 为活塞或柱塞直径(m);d 为活塞杆直径(m);S 为行程长度(m);Z 为缸数。

　　2. 压力和真空度测量

　　1) 范围与分类

　　往复泵试验时一般都要测量吸入压力和排出压力。泵的排出压力是指泵出口轴线与出口截面交点处的流体静压力的积分平均值,泵的排出压力为正值。泵的吸入压力是指泵入口轴线与入口截面交点处的流体静压力的积分平均值,泵的吸入压力既有正值也有负值。因此,泵的压力测量既有正压力测量,也有真空度测量。

　　压力和真空度的测量采用弹簧式压力表、真空表、压力传感器或其他类型压力计。

　　2) 测量条件与方法

　　测压孔的位置通常设置在泵的排出侧和吸入侧,连接在大于各自通径 4 倍的直管且距离泵排出(或吸入)侧法兰面 2 倍通径处的圆周上,当通径较小而不能满足这一条件时,可适当增加这一距离。测压孔的位置与排出、吸入管路阀门的距离应大于排出(或吸入)管径的 6 倍,并不应小于 300 mm。在有空气室的场合,允许在空气室上测量压力。

　　测压孔轴线应垂直于管的内壁面,边缘不应有毛刺、飞边,周围光滑齐平,与管子内壁相交处应保持棱角。测压孔的直径为 2～6 mm 或等于测压管通径的 1/10,取两者中的小者。孔深应不小于孔径的 2.5 倍。

　　当压力高于大气压时,仪表和测压孔之间的连接管内的空气应排净,充满试验介质,并读取仪表指示值。当压力低于大气压时,仪表和测压孔之间的连接管内应注入空气,排净试验介质,并读取仪表指示值。排出压力测量如图 1-28 所示。

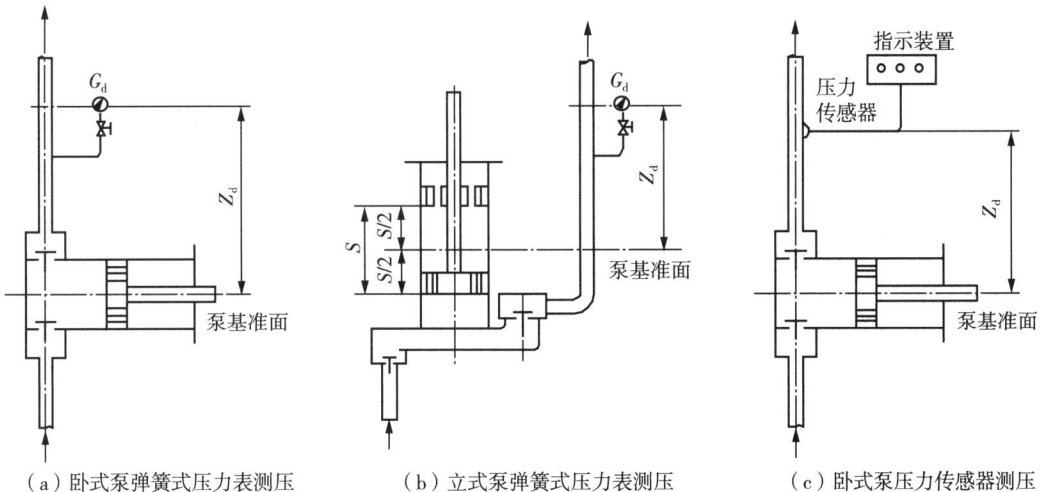

（a）卧式泵弹簧式压力表测压　　（b）立式泵弹簧式压力表测压　　（c）卧式泵压力传感器测压

图 1-28　排出压力测量

　　为降低压力(或真空)在测量时的脉动,应在仪表前装设脉动阻尼抑制装置,并朝绝对值大的方向取指针摆动范围 2/3 处的指示值为测量值。

压力表量程的选择应使被测额定压力的指示平均值为满量程的 $1/3 \sim 2/3$。

3) 数据处理与分析

(1) 排出压力计算如下：

$$P_d = G_d + 10^{-6}\rho g Z_d + 10^{-6}\rho g h_{ad} + 10^{-6}\rho g h_{fd} + 10^{-6}\rho \frac{v_2^2}{2} \qquad (1-8)$$

式中，P_d 为排出压力（MPa）；G_d 为泵出口测压点处压力表或传感器读数（MPa）；Z_d 为压力表中心至泵基准面的垂直距离（m），当用传感器时，Z_d 为测压点至泵基准面的垂直距离，当压力表中心或传感器测压点低于基准面时，Z_d 为负值；g 为重力加速度（m/s²）；h_{ad} 为泵出口至压力表中心加速度头（m）；h_{fd} 为泵出口至压力表中心摩擦水头（m）；v_2 为排出管路内取压点处液体的流速（m/s）。

卧式泵基准面包含液缸轴线的水平面。立式泵基准面包含柱塞（活塞）行程中点的水平面。

(2) 吸入压力按以下方法计算。

用弹簧式压力表测量时（见图 1-29）：

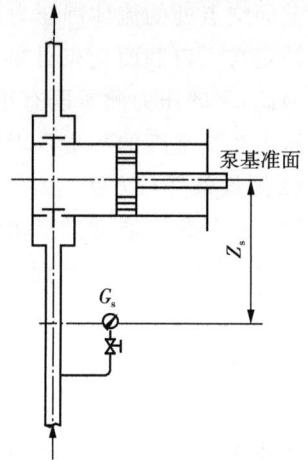

图 1-29 弹簧式压力表测量

$$P_s = G_s + 10^{-6}\rho g Z_s - 10^{-6}\rho g h_{as} - 10^{-6}\rho g h_{fs} + 10^{-6}\rho \frac{v_1^2}{2} \qquad (1-9)$$

式中，P_s 为吸入压力（MPa）；G_s 为泵进口处压力表读数（MPa）；Z_s 为压力表中心至泵基准面的垂直距离（m），当压力表中心低于基准面时，Z_s 为负值；h_{as} 为泵入口至压力表中心加速度头（m）；h_{fs} 为泵入口至压力表中心摩擦水头（m）；v_1 为吸入管路内取压点处液体的流速（m/s）。

用弹簧式真空表测量时（见图 1-30）：

$$P_s = -G_s + 10^{-6}\rho g Z_s - 10^{-6}\rho g h_{as} - 10^{-6}\rho g h_{fs} + 10^{-6}\rho \frac{v_1^2}{2} \qquad (1-10)$$

式中，G_s 为泵进口处真空表读数（MPa）；Z_s 为测压点至泵基准面的垂直距离（m），当测压点低于基准面时，Z_s 为负值。

用水银差压计测量时（见图 1-31）：

$$P_s = -10^{-6}\rho_{Hg} g h + 10^{-6}\rho g Z_s - 10^{-6}\rho g h_{as} - 10^{-6}\rho g h_{fs} + 10^{-6}\rho \frac{v_1^2}{2} \qquad (1-11)$$

式中，h 为水银差压计读数（m）；ρ_{Hg} 为水银的密度（kg/m³）；Z_s 为测压点至泵基准面的垂直距离（m），当测压点低于泵基准面时，Z_s 为负值。

(3) 净正吸入压头计算如下：

$$NPSH = \frac{G_s - P_v}{\rho g} \times 10^6 - h_{as} - h_{fs} + Z_s + \frac{v_1^2}{2g} \qquad (1-12)$$

式中，$NPSH$ 为净正吸入压头（m）；P_v 为流体在试验温度下的饱和蒸汽压力（MPa）。

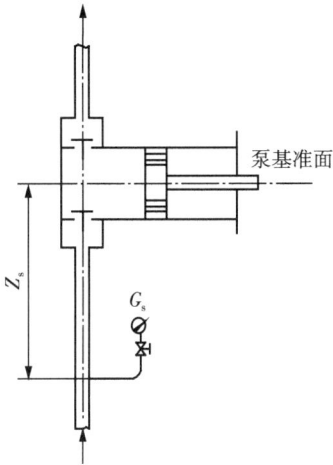

图 1-30　弹簧式真空表测量　　　　图 1-31　水银差压计测量

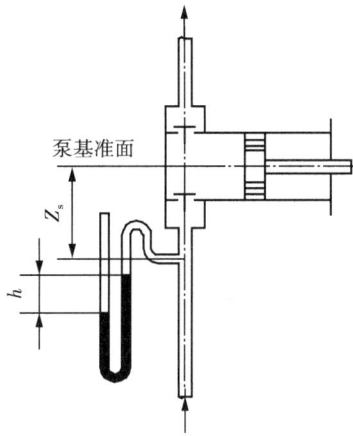

3. 功率测量

1）范围与分类

往复泵功率的主流测量方法有两种：电测法和扭矩仪法。电测法是普遍使用的方法，多数场合此方法可以满足要求；扭矩仪法只有在精度要求高或用户有特殊要求的情况下才使用。

因为独立的传动部分（如减速箱、皮带轮、液力变矩器等）包括在泵的范围内，所以原动机输出功率可以看作泵的输入功率（轴功率）。

2）测量方法

泵的输入功率应通过测定转速和扭矩得出，或由测量与泵直联的已知效率的电动机的输入功率来确定。泵输入功率可采用以下方法测量。

（1）直接测量泵轴的输入扭矩和转速，也可采用转矩转速仪或直流测功机。额定转矩应在转矩转速仪满量程的 1/3～2/3；转矩转速仪应在扭转轴不承受弯矩的情况下测定扭转力矩。

（2）用损耗分析法间接测量电动机输出功率。电动机输入功率应在电动机入线端测量。三相交流电动机可用二瓦特计、三瓦特计、数字功率计来测量功率。试验时仪表的指示值应在全量程的 1/3 以上。用二瓦特计测量三相功率时，其指示的电流、电压值不低于瓦特表额定电流、电压值的 60%；数字功率计应保证测量值在其保证精度范围内。

3）数据处理与分析

（1）用扭转力矩法计算泵输入功率（轴功率），按式（1-13）计算：

$$P_{in}=\frac{\pi}{30000}Mn_{dr} \tag{1-13}$$

式中，P_{in} 为泵的输入功率（kW）；M 为转矩（N·m）；n_{dr} 为原动机转速。

（2）已知原动机效率计算泵输入功率，按式（1-14）计算：

$$P_{in} = P_{dr} \times \eta_{mot} \qquad (1-14)$$

式中，P_{dr} 为原动机输入功率（kW）；η_{mot} 为原动机效率。

（3）当试验泵速与额定泵速不同时，应按式（1-15）计算：

$$P_{ir} = P_{in} \frac{n_r}{n} \qquad (1-15)$$

式中，P_{ir} 为额定泵速下的输入功率（kW）；n_r 为额定泵速（min^{-1}）。

（4）泵效率计算。泵的效率指泵的输出功率与输入功率之比，按式（1-16）计算：

$$\eta = \frac{P_{ou}}{P_{in}} \times 100\% \qquad (1-16)$$

式中，η 为泵的效率；P_{ou} 为泵的输出功率（kW）。

泵的输出功率可由式（1-17）计算：

$$P_{ou} = \frac{5}{18} pQ \qquad (1-17)$$

式中，p 为泵排出压力与吸入压力的压差（MPa）；Q 为泵流量（m^3/h）。

（5）泵机组效率计算。泵机组效率指泵的输出功率与泵原动机输入功率之比，按式（1-18）计算：

$$\eta_{ov} = \frac{P_{ou}}{P_{dr}} \times 100\% \qquad (1-18)$$

式中，η_{ov} 为泵机组效率。

4. 转速（泵速）测量

往复泵泵速测量有直接测量法和间接测量法。

直接测量法可以直接测量低速端的旋转转速，也可以直接测量柱塞的往复次数。间接测量法主要是测量高速端转速，再通过速比来换算成泵速。

测量泵速按式（1-19）计算：

$$n = \frac{60k}{t} \qquad (1-19)$$

式中，n 为试验泵速（min^{-1}）；k 为累计往复次数；t 为测量的时间间隔（s）。

5. 温度测量

1）测试范围

往复泵试验时温度测量主要指介质温度测量、润滑油温度测量、泵或电机轴承温度测量。温度数据一般不直接参与计算。

汽蚀性能试验时，通过温度测量准确获得试验介质饱和蒸气压。正常试验时，通过温度测量准确获得试验过程中试验介质的温升,若温升超过允许值,则必须通过相应手段使得温升保持在允许范围之内。通过进出口温差计算泵的能量转换。

润滑油温度测量主要是考查动力端的设计与装配质量,在一定程度上比性能更重要。型式试验时该项目必须测量,出厂试验时也应对其保持足够的重视程度。

泵或电机轴承温度测量主要用于检测泵或电机轴承处温升。

2)测试方法

液体温度及泵零部件温度的测量采用玻璃水银温度计、热电偶、电阻温度计、半导体温度计或其他温度测量仪器。

测温点应设在温度场扰动最小、传热最好、散热最少的地方。

介质温度在泵吸入(或排出)管路内测量,温度计的感温部分插入管中的深度应不少于管径的1/8。测量管路介质温度时,温度计应逆流安装且与逆流方向夹角不大于45°。

1.4.4　往复泵试验的测量不确定度分析与评定

任何一种测量(如泵的流量)的不确定度只有在分析使用的试验装置和设备中误差的各种来源和影响因素,分析测量参数的波动和变化后才能准确地获知。需要的是这样一个结论:测量指示的值与真值相差不大,可能大于某一确定的数值。

1. 测量不确定度的定义

测量不确定度是与测量结果关联的一个参数,用于表征合理赋予被测量的值的分散性。它可以是一个标准偏差(或其给定的倍数)或给定置信区间的半宽度。

2. 置信水平

单一量的一组测量结果的不确定度取决于与该不确定度相关联的置信水平。置信水平越高,不确定度的绝对值就越高。按往复泵标准或行业习惯,不确定度具有95%置信水平,即读数落在测量不确定度带宽外的可能性有1/20。

3. 不确定度估计与分析

1)与随机误差有关的不确定度的估计

如果同一量的重复观测值围绕一个平均值的分散真正是以随机方式出现,那么就会有足够多的值按照一种称为误差的正态分布或高斯分布形式集聚。

随机不确定度(由随机效应引起的测量不确定度)用不确定度A类评定的方法进行评定,也就是用对观测列进行统计分析的方法进行评定,所得到的相应标准不确定度称为A类不确定度分量,它用试验标准偏差来表征。

用贝塞尔公式求出对同一被测量做 n 次测量时的标准偏差,以 S_{q_k} 表示观测列的标准偏差:

$$S_{q_k} = \sqrt{\frac{\sum_{k=1}^{n}(q_k - \overline{q})^2}{n-1}} \tag{1-20}$$

按《机动往复泵试验方法》(GB/T 7784—2018)的规定,置信水平为95%,故一个变量的测量随机不确定度(e_r)取为变量标准偏差的两倍,即$(e_r)_{95} = \pm 2S_{q_k}$。

2）与系统误差有关的不确定度的估计

由系统效应引起的测量不确定度称为系统不确定度，用不确定度 B 类评定的方法进行评定，主要是根据有关信息来评定。所指的有关信息是指测量仪表的有关信息，如测量仪表的精度等级或检定的不确定度值。

（1）在测量仪表的测量范围内，以同一精度表示方法的仪表（如流量测量仪表），只要测量示值在该仪表的测量范围内，示值精度都是一样的，即所有示值精度就是该仪表的精度。

（2）以该测量仪表的最大示值（满量程或满刻度）精度为仪表精度的仪表（如测量压力、差压、转矩、电流、电压、电功率等的仪表），测量示值精度应按下列公式计算：

$$测量示值精度 = \frac{最大示值}{测量时的示值} \times 仪表精度$$

这时，其测量系统不确定度 e_s 用示值精度来代入，即 $e_s =$ 测量仪表的测量示值精度。

3）随机不确定度和系统不确定度的总和

任何一个量的总误差按式（1-21）计算：

$$e = \sqrt{e_s^2 + e_r^2} \tag{1-21}$$

1.4.5 试验问题与对策

1. 脉动工况的控制与测量问题

1）脉动原因及危害简述

往复泵的脉动是由其结构特点和运行方式决定的，完全是先天的且不可避免的。典型的单缸单作用泵的脉动率可以达到 220% 以上；五缸泵脉动率相对平缓，但也可达到 6% 左右；三缸泵脉动率可达到 20% 左右。由此可见，大部分往复泵自身脉动造成的波动已经超过标准规定的稳定性要求，这会产生额定试验工况点难以精准确定，工况调节或控制精度低，参数测量的准确性、稳定性低，试验装置和仪器仪表易损坏等问题。因此，必须对往复泵运行时的脉动进行必要的消减或抑制。

2）脉动问题解决对策

（1）管路脉动源的抑制与消减。消减或抑制试验时参数的脉动性最有效的办法是在管路中设置蓄能器（又称为缓冲器）。

往复泵试验管路独立使用蓄能器的设定压力最好为试验压力的 70% ～ 80%。大值稳定效果好、小值适用范围广。联合使用时，单个独立蓄能器设定参数按分解后的压力进行选择。蓄能器应保证高压试验管路设计满足短管理论要求，且与试验精度、试验泵型、试验要求相适应。蓄能器应配置在调压阀上游。

（2）数据采集与分析。往复泵流量是测试中的恒态量。使用稳流罐等稳流装置可使介质流动更稳定。当工况发生变化时，应有足够的稳定时长。采取容积法或质量法的最原始的累计测量法，可以从根本上解决测量误差问题。

往复泵压力测试数据始终处于变化状态，属于测试中的瞬态量，变化后不再复现，通常采取耐震表测量、增加测点阻尼、将测量仪器与管路分离等措施实现压力数据的有效采集。

为了最大程度减小随机误差,在上述措施均得到充分实施的前提下,每个稳定工况均采集记录三组数据,然后取三组数据的算术平均值作为该工况点的有效值。

2. 极端参数测试问题

1) 高压、超高压下测试时管路安装问题

通常情况下,靠近泵出口处都会有一段适当长度的软管,方便管路与泵的连接,但当压力超过 50 MPa、流量较大时,已无合适软管可用。采用硬管连接隔振效果差、连接不便,不同泵(即使是相同规格型号)间硬管连接的通用性极差,使用极其不便。这个问题采用多自由度管汇可以解决。这种管汇采用弯头加直管的组合形式,连接处采用特殊的旋转连接,可以实现硬管 360° 多维度转动。超高压多自由度管汇如图 1 - 32 所示。

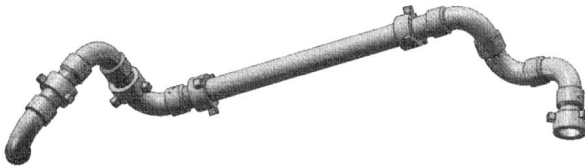

图 1 - 32　超高压多自由度管汇

2) 高压、超高压下测试时压力调节元件寿命问题

往复泵试验时,排出压力越高,调节元件液体流动速度越高。由经验公式可以计算,当压差达到 140 MPa 时,流体流速可达到 510 m/s。超高速流体流过压力调节元件,会对元件及元件后端的管道造成磨蚀和冲蚀,这大大缩短了其使用寿命。可通过多组调节元件串联组合使用、在调压元件后端管路设置特殊结构等方式降低流速,从而延长调压元件和管路的使用寿命。

3) 高压、超高压下小流量测试时发热问题

超高压、小流量时,泵轴功率大,但用于能量交换的试验介质少,其排出管试验介质温升必然高。140 MPa 压裂泵小流量测试时,排出吸入管道最高温差接近 40 ℃。若入口温度控制不当,则会导致泵排出口液体直接汽化的严重后果。

应总体充分考虑冷却方式,进行系统冷却设计,综合排出管路液体温升,恰当选择排出管路中各测试仪器仪表以满足温升后需求。

特别说明,采用排出管路的温升现象与能量转换原理,正逐步演绎发展成一种新的往复泵轴功率测试方法。

4) 超高压下测试时大流量范围工况调节问题

超高压下测试时,排出压力调节对调节元件过流面积变化尤为敏感,微小的变化都可能会带来较大的压力变化。因此,从提高压力调节精度角度来考虑,期望调节元件过流面积越小越好。大流量试验时,若使用较小过流面积的调节元件,则会造成排放管路集聚较大压力,不利于安全试验,此时期望调节元件过流面积越大越好。这样,就会存在精度和安全的矛盾。解决方法是多组调节元件并联组合使用,且要合理分配大小。从提高调节精度出发,调节元件串联使用的解决能力有限,而调节元件并联使用能更高效地解决该问题,因

此在实际应用时一般采用串并联组合的方法。

5）高压、超高压下测试时流量测量问题

高压、超高压泵调节元件及其后端流体流速极快,高速流体除了带来磨蚀、冲蚀等影响寿命的问题外,还会在管路中形成各种紊流、空化、雾化等异常流动,导致流量计难以准确测量流量。

在流量计前端充分设置降速、稳流、整流、消气装置可使流体流动状态正常、无裹挟气体,能基本保证测试精度。

流量计安装在吸入管道也能避免上述的各种问题,但要注意流量计后端及泵内部存在泄漏时,流量测量值偏大,应注意扣除泄漏流量。

3. 特殊试验问题

1）现场试验

有时需要在使用现场对泵进行试验,由于使用现场注重的是工艺流程,其管路布置、仪器设备一般不能满足标准要求,因此测试结果精度较差。但如果经过各方的充分讨论及测试条件的必要完善,那么各方对由此产生的误差均能接受,现场试验也具有现实意义。

2）零部件试验

本节主要介绍往复泵整机试验,但其主要零部件(诸如柱塞密封副、高压缸体、进排液阀组等)试验对泵的设计、制造和使用同样也具有重要意义。对于大功率泵而言,整机长时间运行测试对零部件、水电、人力等的消耗很大,因此设计专用的零部件试验装置更为合理。为了模拟零部件在整机中的实际运行工况,专用试验装置的设计十分讲究。通用院依托国家通用机械基础件创新中心,自行设计建设大功率泵柱塞密封副、高压缸体等试验系统,旨在开展零部件寿命研究。

3）增压泵试验

增压泵试验要解决的问题是保证试验泵的进口有稳定压力,且试验过程中进口压力不随出口压力的变化而变化。一般情况下,会在试验泵前端安装一个相同流量的前置泵(往复式),通过该前置泵可以对试验泵加压,但试验过程中需要注意两个方面:一是通过变频调速或旁路来调节由两泵流量差异造成的压力波动;二是进口压力要通过试验泵调节阀来实现。

4）气液混输泵试验

气液混输泵试验与普通往复泵试验相比,其主要解决增加气相试验介质、分离气相介质、保证气液两相按一定比例混输进入泵内三个问题。

气液混输泵试验既要准确测量液体流量与压力,也要准确测量气体流量与压力,从而保证气液系统稳定运行,准确进行泵的效率计算。

5）清洗机试验

清洗机试验除了需要考虑往复泵试验外,还需要考虑其成套装置(如特殊设计的射流部件)试验。试验驱动的形式多样,如电机驱动、汽油机驱动和柴油机驱动等。清洗机试验应考虑高速传动特性对装置的适应性需求。

1.5　往复泵试验装置

1.5.1　往复泵测试关键技术

对泵的测试装置来说,测试精度是灵魂,工况调节是主线,自动与智能化是精华,安全性是保证,经济适用性是基础,推广应用是目的。基于上述理念并在对国内泵测试装置现状和需求调研的基础上,通用院联合国内往复泵制造企业在提高安全性、测试精度、稳定性的基础上,全面攻关各型式往复泵自动化测试装置。

1. 测试精度

如何通过管路设计和自动化采集的有机融合来提高装置的测试精度,是往复泵试验装置设计和技术研究所面临的首要任务。这是因为测试精度不仅是测试装置的根本所在,还是展示综合测试能力与测试装备实力的关键。测试精度绝不仅仅是通过选用高精度仪器仪表就能得到保证的,它是优化设计、测试及计算要素分析、安装工艺优化、仪表选用与设置、介质流动状态干预、参数脉动消减、环境影响隔断、测点状态判断、信号类型选择、软件开发等一系列综合因素叠加优化分析的结果。

具体来说,保证精度就是通过采用正确的测试方法、适宜的装置措施,使得到的数据尽可能接近泵性能的真实值。组合式脉动消减装置能极大地消减往复泵输出输入脉动,综合整流、稳流、隔离、单相流等技术的流量稳定装置能使流量测量更稳定,仪表阻断安装技术能使压力测量更稳定,组合式宽程计量泵流量自动测量装置能使高精度测量更快捷,往复泵专用参数测量与处理软件能从更专业的角度实现更高的数据处理精度。上述技术在大功率油田注水泵测试装置中成功应用。经过实际测试计算,往复泵试验台的流量、压力、泵速、功率、效率的总测量不确定度分别为 0.62%、0.83%、0.26%、1.04%、1.49%,均低于国家标准规定值。

2. 工况自动精确调节

工况自动精确调节贯穿泵试验的全过程,是测试装置技术水平的象征。该技术在离心泵领域的应用相对成熟,但在高压力的往复泵测试领域却是一个较大的技术难题。往复泵排出压力高,超压极其危险;脉动性大,精度不易控制、易超压;调节力矩大、调节行程死区长,调节精度不易稳定。因此,自动调节难度极大。随着往复泵试验压力调节理论、模拟分析技术的不断进步,往复泵排出压力自动调节装置的设计水平、配套能力已有很大进步,并逐步得到应用。

3. 互联网与大数据技术运用

将泵测试技术与智能控制深度融合,是泵自动化测试装置的一大特色和亮点。除了将常规的试验数据自动采集、工况自动调节、误差自动分析、结论自动判定、结果自动输出、故障自动诊断识别与故障信息输出等运用在测试装置中外,还将"互联网+"、App 终端监控、数据远端监测、现场视频远程监控运用在测试装置中。泵测试技术与智能控制深度融合这一技术应用在清洗机寿命测试装置中,实现了试验全程不间断、工况自动调节等功能。通过网络传输至控制室或手机 App 终端，真正实现长周期无人值守试验和全寿命连续运转，极大地提高了试验效率和企业智能制造水平。同时，开发建立的测试数据库，能为长寿命和故障诊断做数据积累。今后将结合已成熟的测试技术、设备失效分析技术、能效在线评估技术，借助国内已有的大数据平台，为泵制造企业搭建并开展远程监控、故障诊断、运维、能效评估等服务，从而提升企业产品质量和盈利能力。

1.5.2　总体工艺布局设计

往复泵试验装置一般由水力循环回路系统、动力与拖动系统、控制与采集处理系统、辅助系统等组成。

往复泵试验台具有高压力、大排量、高耗能、高频率使用、高精度、高规格、节能、低碳、环保等特性和要求，因此必须合理、科学地进行工艺布局，以满足上述功能需求。

1. 安全工艺布局

往复泵的超高压力和高低压电配备特征要求在工艺布局上应首先考虑使用的安全性。通过加大空间距离的布置，实现高压区远离操作人员和重要设备。电控集中安装、密闭处理，电接线终端无中间过渡，一次性密封连接，能够保证无交叉用电，从而保证高压用电安全。

2. 测试安装性工艺布局

测试过程中保障设备（如泵、电机、电控柜等）安全，保证高效吊装、搬运、安装、调节、连接等功能的实现，是在工艺布置时重点考虑的要素。

设计时应充分考虑被试验泵的重量、尺寸及试验室的结构，在保障安全吊装、搬运的情况下，合理考虑吊运的顺序、可行性和劳动量，保证吊运科学合理、劳动强度适当，尽可能实现一次性吊装成功。

以满足最大泵的安装为基准，将其他泵型与最大泵安装时最便利尺寸相结合进行安装底座设计，保证不同泵型在名义尺寸的范围内快速安装。由于制造误差，试验泵即使是同一规格、同一批次也不可能实现安装尺寸完全一致，因此有必要进行微调对中的工艺设计，能方便、快速地实现泵与电机对中安装，保证安装精度，减少运行振动。

进口管路连接应采用扰性管设计，方便操作。出口管路设计为固定不动，连接安装并固定试验泵，并以此为基础使用具有扰性特点的入口管将管路与泵连接完毕。出口管路设计为高压软管或多自由度扰性金属管连接，具有硬管路连接外观整齐性和软管连接挠性的特点，快捷、美观。

3. 测试功能性

往复泵试验的测量准确与否除了与仪器设备、安装方式有关外，还与工艺布局密切相关。这种关联造成的后果不仅仅反映在测量数据本身，更重要的是其对测试造成的错误具有隐蔽性，从而导致将不准确的数据或结果作为判断依据。

若在管汇工艺布局上消除共振、气堵、气穴等隐藏的潜在不确定性，则根据标准规范的要求，往复泵本体噪声要比其环境噪声高出至少6 dB(A)测试结果才能有效。因此，在工艺布局上应尽量将泵远离电机和调压装置，或进行隔音、消声工艺处理。由于往复泵试验台多数采用的是变频驱动,因此存在电磁干扰,影响测试的准确性。传感器信号应采用有线传输形式布局,并将信号和控制电缆远离高压变频柜,且充分接地。

4. 建造工艺布局

试验台方案设计时,应合理利用现有的有限空间尺寸,做到最大的空间利用率。

(1)管路规格兼容性台阶式设计,综合考虑试验泵数量与试验频次等因素,避免不必要的冗余系数。空间布置优化,以满足安装、维护设备必要空间为基本要求,节约占用面积。

(2)采用整流、稳流、消振一体化设计思路,避免长管和大型稳流罐布局。

(3)采用共用、切换等设计思路,减少大量独立设备占用空间。

5. 节能环保的管线工艺布局

为增强往复泵试验台管线与管汇运行经济合理性,实现绿色、节能、环保运行,应对其进行节能、环保管线工艺布局设计。

(1)辅助管路应进行经济性设计,实现局部阻力与总体最小化,减少流动损失,提高运行效率。

(2)对系统总有效容积、自然散热进行优化设计,减少强制冷却量。

(3)有效利用泵循环回水,自主进入冷却设备,减少外部能量输送。

(4)供油、供水管路的实用性、密封性设计,保证使用过程无泄漏、无污染,节能环保。

6. 外观美化工艺布局

(1)非重要性、非维修性强的管路布置于地下,保证整体的美观性。

(2)试验室一致性工艺布局,在外观上与整体保持协调一致。

(3)对所有固定传感器进行美观化工艺布局;移动式传感器采用终端统一接收的方式进行集中管理,增强美观。

(4)所有强电电缆、信号电缆、控制电缆采用地下或暗盒的工艺布置方式,保证现场的美观性。

1.5.3　试验水力循环回路系统设计

1. 设计要素

泵试验的水力循环回路系统是在试验过程中模拟泵的运行及工况变化而获取水力性能的管路回路系统。系统根据建造目的、试验泵型、试验项目、测量参数、测试内容等进行设计、制造和安装。

图1-33为典型往复泵试验装置的水力循环回路系统。它是一个开式试验回路,主要由水箱(高温水箱、低温水箱)、试验回路总吸入管路、试验回路各分吸入管路、吸入压力调节装置、试验回路各分排出管路、排出压力调节装置、试验回路总排出管路、流量测量精度保证装置(稳流、整流、消振、排气装置等)、超高压消能装置、冷却(加热)系统、测量系统等组成。

系统各组成部分的数量、规格、功能设置按试验需求进行设计。设计时主要考虑试验的安全性、功能性、准确性、经济性、便捷性等。

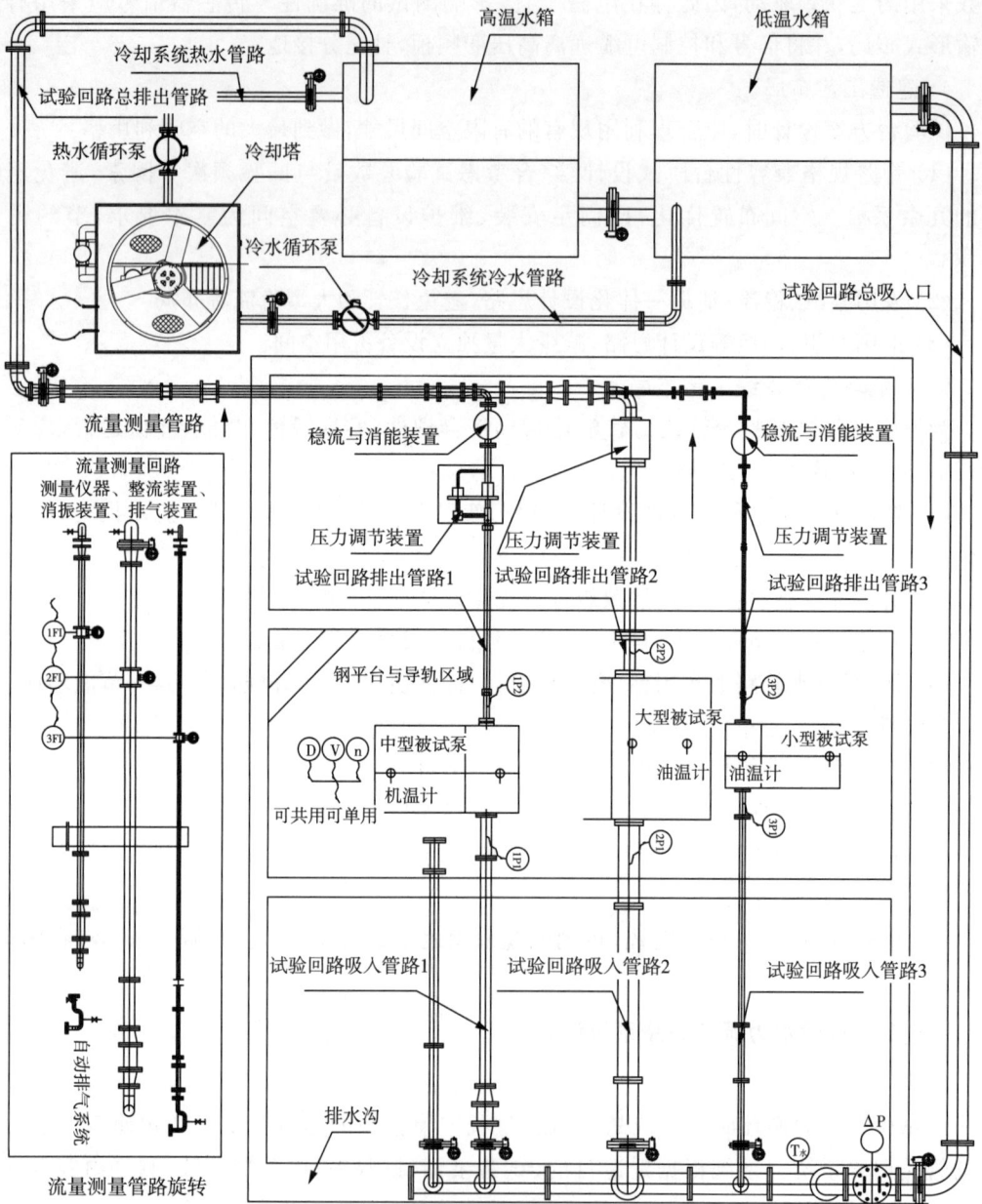

图 1-33 典型往复泵试验装置的水力循环回路系统

循环回路系统的分类与特点如下。

(1)按系统形式分类,循环回路系统可分为开式试验系统和闭式试验系统。

开式试验系统是指系统与外界大气相通的试验系统。其一般有如下特点:系统简单,安装自由,适应多泵型安装;有效容积大,散热效果好,一般不需要配冷却系统;适用于做大流量泵试验;流动阻力小,流动平稳;可以用质量法和容积法测量流量;汽蚀性能试验精度低;不适用于高温、低温、系统有压等特殊试验。

闭式试验系统是指系统与外界大气隔离、自成体系的试验系统,可对其系统进行加压、抽真空、加热、冷却等操作。其一般有如下特点:可进行高温、低温、系统有压等特殊试验;汽蚀性能试验精度高;占地面积小;适用的试验项目多;管路复杂,流动阻力大;安装等操作复杂。

(2)按试验介质分类,循环回路系统可分为清水试验系统、乳化液试验系统、气液混输试验系统等。

清水试验系统是指试验介质为符合标准要求的清水。

乳化液试验系统的试验介质为乳化液,使用不多,主要为满足用户实际介质测试需求。

气液混输试验系统是指试验介质有液体也有气体的试验系统。一般用于气液混输泵试验,试验系统中需要有加气装置、加液装置、气液分离装置。液体有清水介质也有油介质,其选取根据被试泵实际输送介质而定。

(3)按试验介质温度分类,循环回路系统可分为高温试验系统、低温试验系统和常温试验系统。

高温试验系统是指试验介质为高温的试验系统。系统中需要增加加热装置、循环装置、保温装置、安全泄压装置、辅助冷却装置等。高温试验系统是以解决高温条件的可靠性试验为主要目标,其水力性能不是主要考核对象,因此高温试验系统以满足高温下的可靠、安全运行为主,不必过分追求高温试验系统的流动稳定性等常规设计目标。高温试验系统中的仪器仪表应能够满足高温工况要求。

低温试验系统是指试验介质为低温的试验系统。系统中需要增加保温装置、安全泄压装置、低温储罐等。保温措施非常关键,通过保温层热交换或试验热交换后,介质温度会缓慢升高,压力也会升高,此时安全泄压装置要起保护作用,同时应及时补充低温介质。低温试验系统中的仪器仪表应至少能满足设计温度下可靠、准确测量的要求。

常温试验系统是指试验介质为常温的试验系统。这是最常用的试验系统。

(4)按安装形式分类,循环回路系统可分为潜液安装试验系统、湿式安装试验系统和干式安装试验系统。

潜液安装试验系统是指泵下潜安装至一定液面深度的试验系统,此系统一般适用于往复式潜液泵的试验。湿式安装试验系统是指泵潜在水下安装的试验系统,此系统一般适用于往复式潜水泵或在水下工作的泵的试验。干式安装试验系统是常用的泵试验系统。

2. 水力循环回路系统设计

往复泵试验水力循环回路系统设计时主要考虑有效容积、温升、管路配置、水力阻力、测量有效性(超高压与脉动流体)等因素。

1)循环回路系统有效容积设计

循环回路系统有效容积是指循环回路系统能储存试验介质的有效容积,其与循环回路系统设计容积有区别。有效容积太小,试验介质在其中流动不稳定,不利于测量截面数据;过小的有效容积将会使试验介质的温度升高迅速,进而引起试验介质的物理性质(如密度、黏度、汽化压力等)产生波动和变化,从而严重影响测量精度。有效容积过大又会造成材料、资金和占地的浪费。一般情况下,偏大的有效容积比偏小的有效容积更有利于精确测试,但会增加建设成本。

一般情况下,往复泵试验循环回路系统有效容积计算有下述两种方法。

(1)循环时间法。利用试验介质在系统中循环一个周期时间进行有效容积设计计算的方法称为循环时间法。这种方法主要是从试验介质流动稳定性角度考虑,并以此进行设计、计算和衡量有效容积是否可靠。该方法主要依据已有成功试验台的数据统计和设计实践,相对可靠。一般循环时间取值为 $60 \sim 360$ s,小泵取大值、大泵取小值。

(2)温升法。将循环回路系统中试验介质由试验而形成的温升控制在一定范围之内的方法称为温升法。一般情况下,针对性能试验和汽蚀性能试验有不同的计算边界条件。性能试验一般设计计算依据是要满足试验结束后试验介质温度不高于 40 ℃;汽蚀性能试验一般设计计算依据是要满足试验结束后试验介质温升不高于 2 ℃。

2)循环回路系统温升设计

温升法计算系统有效容积忽略了试验台中泵体、管路、容器或水池外表面的散热问题。实际上,在试验过程中,无论是闭式循环系统还是开式循环系统,试验介质边界均会通过各种方式与外界进行热交换,从而有一个降温的过程,因此需要对降温过程进行计算,以校核上述有效容积是否满足设计要求。

泵试验水力循环回路系统设计过程中,温升与回路系统设计的合理性有很大的关系,不合理的系统设计会大大增加流动死区,此种情况下计算误差较大。

3)循环回路系统管路配置设计

循环回路系统中的管路配置主要涉及循环回路线路设计、分管路的组合配置等。

循环回路系统中管路有效容积不同于管路中实际容积。相同的系统容积,不同的回路线路设计,参与循环流动的介质量就不相同。一般情况下,按距离最远、方位错落、连续进出的原则进行循环回路线路设计与配置,以将系统容积利用最大化。

分管路的组合配置主要综合考虑如下因素:以流量压力的全量程精准分级为设计第一保证要素,优先保证所有试验泵的测量参数的精确不确定度;以产品类型和造价为确定测量项目次级保证优先级,尽可能减少重复配置;同时测试泵数量和压力保护功能,以确保流量和功率测量无重叠交叉为主、压力测量为辅进行管路优化配置;以软件为引线,将管路系统、仪表和传感器、电气系统等串联成一个有机组合体,进行一体化设计,保证试验的统一性和完整性。

4)循环回路系统水力阻力设计

试验介质在回路系统中流动会产生水力损失,因此有必要对其进行计算,并用以确定管径大小及管路长度是否合适。往复泵流动脉动性大,与离心泵相比,除了常规的摩擦水头外,还需要考虑加速度头。不同泵型的加速头差距较大。

一般情况下,管路里的摩擦阻力由沿程阻力和局部阻力组成,故摩擦水头的计算公式为

$$h_w = \left(\lambda \frac{L}{d} + \sum_{i=1}^{n} \zeta_i \right) \frac{v^2}{2g} \qquad (1-22)$$

式中,λ 为沿程阻力系数;L 为管道长度;d 为管道内径;ζ_i 为局部阻力;v 为管道里试验介质流速;g 为重力加速度。

在有脉动工况下,计算时应求其最大值。

加速度头水头损失按式(1-23)计算。

$$h_a = \frac{1}{g} \sum_{i=1}^{n} L_i a_i \qquad (1-23)$$

式中,L_i 为第 i 段管道长度;a_i 为第 i 段管道内液体加速度。

需要注意的是,单缸泵和双缸泵流动脉动非常大,管道内介质加速度头非常大,因此设计管道时尤其需要根据计算结果适当加大管道通径和增加消减脉动措施。

5)循环回路系统测量有效性(超高压与脉动流体)设计

往复泵的超高压力和高脉动特性对试验管路有更高的需求。

超高压释放后会有高速流,若不对高速流进行适当干预,则会使仪器设备严重偏离正常测量状态,从而使测量数据失真。在超高压泵试验管路泄压区后端配置消能装置,以保证后端测量流体为常压稳态。

若按常规管路配置,则脉动特征大的泵(如单缸泵、双缸泵等)试验时管路脉动大、管路集聚压力大。在这种情况下,泵吸入管路真空度偏大,会使泵在汽蚀工况下运行,造成测量数据失真;泵排出管路压力集聚大,当排出管路全开时,压力偏大,测试工况不符合标准要求。

3. 管路设计

1)泵吸入管路设计

(1)实现功能性要求。吸入管路根据试验泵型的脉动情况,进行脉动波动核算,确定是否配置脉动消减装置或采取其他措施。吸入管路应设计成能在汽蚀性能试验时承受负压。对于固有泵型进行试验的试验室,应校核整个吸入管路的固有频率、运行时振动频率;对不确定泵型进行试验的试验室,除必要的共振校核外,还应增加必要的防振、减振措施。典型回路为三缸泵和五缸泵提供试验条件,经过脉动波动核算配管应符合要求。

(2)保证准确性要求。分吸入管路系列化组合设计时应考虑汽蚀试验的吸入压力的调节精度,还应结合排出管路的组合数量综合考虑。分吸入管路直管长度应不小于通径的 12倍。必要时,需要进行稳流、整流处理。吸入管路平均流速设计不大于 1 m/s。

(3)提升经济性要求。吸入管路设计的经济性无须考虑运行成本,只考虑初期投入成本。在满足功能、精度的前提下,尽可能设计成小口径管路。

(4)增强便捷性要求。吸入管路应配置便于安装连接的挠性接管。吸入管路连接方式设计成快接或其他便于安装连接的方式。管路连接、压力调节自动化,以减少人力运行成本。

2)泵排出管路设计

(1)保障安全性要求。排出管路应能承受试验最大压力。排出管路应设置多重安全保障措施。

（2）实现功能性要求。排出管路平均流速按经济流速设计,根据试验泵型的脉动情况,进行脉动核算全开路时排出管路的最大集聚压力是否满足标准要求,确定管径规格及是否配置脉动消减装置或其他措施。

（3）保证准确性要求。流量传感器应安装在出口管路上。数据测量前端应进行稳流、整流、减振、消气等处理,必要时配置消能装置。排出管路直管长度应满足流量、压力测量最低要求。核算脉动波动是否满足相应级别的脉动或波动的测量精度的要求,必要时需要配置脉动抑制装置。

（4）增强便捷性要求。排出管路可视需要配置高压多自由度管汇、高压软管等措施以方便高压端连接,也可在低压区配置软管便于安装连接。排出管路连接方式设计成快接或其他便于安装连接的方式。

3）测压管设计

测压管用于测量泵吸入、排出口静压力的管段。1级精度试验测压管测压截面应满足以下要求（对于2级精度,因为实际上不可能完全满足这些要求,所以不需要加以验证）。

（1）所选截面处水流的扰动应最小,且速度分布均匀,不应受到弯管、压力调整装置及上游处其他因素的严重干扰。

（2）介质流动必须是无旋的,以免引起平均静压误差。

（3）所选截面的过流面积必须易于测量,以便考虑加速度头的计算。

吸入、排出压力测压管一般为管路通径的4～6倍,且以4倍为主;测压点一般布置在管中部。由于往复泵吸入压力和排出压力相差巨大,因此吸入压力与排出压力测压管不采用通用互换性设计。

4）排出压力调节装置设计

往复泵试验时需要进行吸入压力调节和排出压力调节。往复泵试验吸入压力低、调节范围小,相对简单。往复泵试验排出压力高、压力脉动大、调节范围广,其排出压力调节装置设计十分重要。

往复泵试验中主要有无级渐进调节、阶梯式调节两种排出压力调节方式。无级渐进调节是逐渐改变调节装置的过流面积,以增加泵后压力的方式,一般用于性能试验;阶梯式调节是跳跃式改变调节装置的过流面积,以增加泵后压力的方式,一般用于可靠性试验,少数情况下也用于超高压泵性能试验。

一般情况下往复泵压力调节采用调节阀门及其组合、喷嘴及其组合、调节阀门与喷嘴组合等设备组合方式。

调节阀门是往复泵试验中最常用的调节设备,由于其连续渐进可调,因此所有试验均可使用,仅在某些特殊场合（如工况不变的连续试验等）,可被喷嘴调节替代使用。

高压阀门结构形式较多,往复泵试验调节阀门结构上要保证调节过程中阀芯的稳定性和对中性,使阀芯受力均匀、调节均匀,保证调节精度。阀芯多要求锥形,锥形有利于提高调节精度和刚度。由于高压调节时阀隙流速极高,最高超过400 m/s,对阀芯、阀座冲蚀极大,因此高压阀门对材质要求高,以保持其使用寿命。

调节阀流量特性选择对试验压力调节十分重要。一般情况下,调节阀流量特性有如下四种。

(1) 直线流量特性:调节阀的相对流量与相对开度成直线关系,即单位行程变化引起的流量变化是常数,如图 1-34 中曲线 1 所示。直线流量特性的调节阀在小开度工作时,流量相对变化太大,调节作用太强,易产生超载,引起震荡;而调节阀在大开度工作时,流量相对变化小,调节太弱,不够及时。对于往复泵试验来说,直线流量不易于调节。

(2) 对数流量特性:单位行程的变化与引起相对流量的变化成对数关系,如图 1-34 中曲线 2 所示。在开度较小时,流量小,流量变化也小,调节平稳缓和;在开度较大时,流量大,流量的变化也大,调节灵敏有效。对于往复泵试验来说,对数流量易于调节。

(3) 快开流量特性:阀的行程比较小时,流量就比较大。随着行程的增大,流量很快就达到最大,故称为快开特性,如图 1-34 中曲线 3 所示。在开度较小时,就有较大的流量。快开流量是往复泵试验中最不易调节的一种特性,往往易引起超载,但作为并联组合切断阀确实是最理想的特性。

(4) 抛物线流量特性:单位相对行程所引起相对流量的变化与此点的相对流量的平方根成正比关系,如图 1-34 中曲线 4 所示。往复泵试验中,抛物线流量也不利于压力调节。

喷嘴调节在超高压泵试验及可靠性试验中是较为常用的一种方式,其是通过喷嘴直接节流的方式实现速度势能与压力能的转换。喷嘴调节是跳跃式改变调节装置过流面积的一种方式。一般情况下其需要与调速、调节阀组合等配合使用,否则会造成较大的冲击,不利于试验顺利进行。

调节阀门及喷嘴调节的组合主要有串联组合和并联组合两种方式。串联组合多是为提高节流元件的寿命,并联组合多是为提高调节精度。

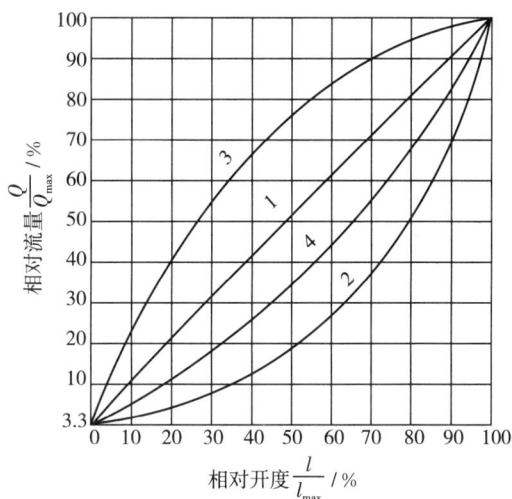

图 1-34　调节阀流量特性曲线

1.5.4　动力与拖动系统

试验室常见的动力与拖动系统以电力驱动为主,主要包括变压器、配电柜、启动柜、接线柜、电压互感器、电流互感器、低压电气、电缆、保护装置等设备或元器件。

配电柜也叫作电源柜,主要为试验提供电源。一般往复泵试验室中,配电柜属于一级配电设备,其将上游变压器电能分配给不同地点的下级配电设备。配电柜也有属于二级配电设备的,这种配电柜把上一级配电设备某一电路的电能分配给就近的负荷。

由于当前试验室功率采集较少采用扭矩仪法,因此一般动力与拖动系统按功率电测法进行设计。异步电机的启动方式可选全压直接启动、星三角减压启动、自耦减压启动、软启动器启动、变频器启动等方式。

采用电测法采集功率时,需要准确测量电动机的输入功率、电流、电压等。试验时,电动机的输入电压应保持在额定电压(负载试验时)或可调(空载试验时),为了更准确选取电压,应尽可能减少电压压降对测量的影响。电流可通过电流互感器采集。采用变频器启动时应选取防谐波干扰功率分析仪和互感器。

接线柜是启动柜和电机间的枢纽,用于电机连接动力电缆。接线柜应设计开柜断电、来电警示等安全配置。为提高功率测量精度和测量便捷程度,电功率测量接点端口可以布置在接线柜中。

1.5.5 数据采集处理与控制系统

数据采集处理与控制系统是往复泵试验台的神经中枢,负责整个试验系统的自动控制、数据采集、分析、计算。该系统主要功能包括试验泵的启停、参数调节、运行,模拟信号的输入、输出、采集数据计算,试验结果合格判定,试验报告生成及试验过程检测与保护等,所涉及的仪器仪表如下。

往复泵试验常用的流量传感器有如下几种:电磁流量传感器、质量流量传感器、超声波流量传感器,其中最常用的是电磁流量传感器。电磁流量传感器适用于管径为 6 ~ 3000 mm;测量介质广泛,可测量腐蚀性、磨损性、高温介质等,但电磁流量传感器不能测量导电率低于5 μs/cm 的液体。

弹性式压力表应用极为普遍。测量稳定压力时,最大工作压力不应超过测量上限值的 2/3;测量脉动压力时,最大工作压力不应超过测量上限值的 1/2。综合精度和经济实用度考虑,往复泵试验时压力表选 0.4 级为宜。

压力表前端应安装有缓冲器。为便于检验,在仪表下方应装有切断阀。当介质较脏或有脉冲压力时,可采用过滤器、缓冲器和稳压器等。

压力变送器是一种将压力转换成气动信号或电动信号进行控制和远传的设备。一般情况下,按实际测量压力为测量范围的 80% 选取。综合精度和经济实用度考虑,往复泵试验时压力变送器选 0.5 级为宜。压力变送器可以直接安装在所测试的管道中,也可以通过引线安装在统一的支架上,从使用实践来看,后者更有利于精确测量。

目前,往复泵试验测量功率常用的方法有扭矩仪法和电测法。扭矩仪法用到的传感器主要是转矩转速传感器,电测法用到的传感器主要是数字功率分析仪。转矩转速传感器是一种精密测量扭矩、转速和功率的设备。一般情况下,被测试的扭矩范围应为传感器额定转矩的30% ~ 100%,应尽可能避免因频繁更换测试设备而造成安装同轴度的变化,由此引起测试数据的变化。

数字功率分析仪是能同时精确测量电压、电流、视在功率、功率因数、有效功率、无功功率、频率和谐波的仪器,具有测量精度高、适用范围广、测量数据能实现远传至终端进行数据处理和共享等优点。综合精度和经济实用度考虑,往复泵试验时数字功率分析仪选 0.2 级为宜。

泵试验转速测量仪表类型比较多,但适合往复泵测试的主要是光电转速传感器。目前,广泛使用的是以光电测速为原理做成的手持非接触式光电转速表。使用时,只要在被测旋转物体上贴一块反射片,将转速表射出的红光或激光对准反射片即可进行测量。综合精度和经济实用度考虑,往复泵试验时光电转速传感器选 0.2 级为宜。

1.5.6　往复泵试验装置辅助系统

往复泵试验装置辅助系统主要由控制室、安装基础、冷却系统、加热系统、给水排水、润滑系统、增压系统、通风系统、降噪系统、起吊系统、视频监控系统等组成,这些系统一般不会同时存在,除非是超大型且复杂的往复泵试验装置。

安装基础应永久铺设导轨或钢平台,基础的重量一般不低于最大试验泵重量的 10 倍。对被测泵振动指标要求比较高时,泵试验装置地基四周应设置减振沟以防止外围振动传递给被测泵。

为了维持试验介质温度相对恒定,保证试验精度和准确性,需要对试验介质进行冷却或加温。开式台直接置换系统是直接用冷介质置换试验热介质的系统,但该系统要求试验地水源充足。冷却塔直接冷却介质形式是通过冷却塔对试验介质进行冷却,其工艺路线为从被加热的试验介质引出一部分到冷却塔,通过冷却塔冷却后再通过循环泵输送至试验系统继续参与试验。冷却塔换热器冷却形式是在闭式试验台试验时,通过冷却塔冷源对换热器内已升温的试验介质进行冷却,这是一种间接冷却方式。

1.5.7　安全防护措施和安全防护装置

往复泵试验因压力高、脉动大,在试验过程中可能存在排出管路被堵、关闭排出管路启动、调节阀失灵或性能不稳定等危险因素,容易造成超压。为消除以上危险因素,试验装置一般采取以下安全防护装置或措施:

(1) 管路上设置机械式自动泄压装置保护;

(2) 系统软件保护;

(3) 电气参数保护;

(4) 管路压力与电气设备联动保护;

(5) 手动急停保护。

上述多种保护方式可同步实施,形成多重防护方式。自动保护需要采用两种或两种以上非同源信号。

第 2 章　计量泵

2.1　精准调节流量的计量泵

计量泵是能够通过流量(或行程长度)调节机构(或设备),按流量(或相对行程长度)指示机构(或设备)上的指示值精确地进行调节和流量输送的泵,是往复泵的一种特殊形式。一般情况下,计量泵都是通过调节行程长度实现流量调节的目的。因此,它除了具有一般往复泵的特性外,还具有以下特点。

(1)泵的行程长度在运转或停机过程中,可在 $0 \sim 100\%$ 无级调节。

(2)可按需求计量输送液体,且能满足一定的计量精度要求。一般精度为 $\pm 1\%$,设计制造优良者,精度可达 $\pm 0.3\%$。

由于具备上述突出特点,计量泵在石油、化工、制药、水处理和精细化工等领域应用十分广泛,是精密定量投加催化剂、添加剂和酸度调节剂等物料的理想设备。

计量泵的流量最小可至 0.2 L/h,最大可达到数十立方米每小时;排出压力最大可至 40 MPa(柱塞式计量泵);一般用于输送温度为 $-30 \sim 150$ ℃、黏度为 $0.3 \sim 2000$ mm²/s 的无颗粒液体(超出这一参数范围的介质需要特殊设计)。

我国已制定了计量泵国家标准《计量泵》(GB/T 7782—2020),并根据流量和排出压力的不同,对计量泵进行了系列化 —— 按柱塞力的不同,划分为六个机座,见表 2 - 1 所列。

计量泵按液力端结构形式的不同,通常可分为柱塞式和隔膜式两种,而隔膜式又因驱动力的不同而分为液压隔膜式和机械隔膜式。

柱塞计量泵的特点是结构简单、维护方便、制造成本低、计量精度高、可靠性好、调节范围宽,适用于高压的场合。但是,由于柱塞和密封件都与所输送介质接触,在正常工作时会有微量的泄漏,因此只能输送对环境没有污染的物料。柱塞计量泵如图 2 - 1 所示。隔膜计量泵的特点是隔膜、吸入单向阀、排出单向阀和缸盖将输送介质完成封闭,其在工作过程中不与其他零件有接触,具有正常工作过程中完全无泄漏的优点。因此,隔膜计量泵特别适合用来输送有毒、危险、有放射性或有强刺激气味的介质。隔膜计量泵虽然具有上述优点,但其计量精度较柱塞计量泵低,维护和制造成本较高,且运转可靠性不如柱塞计量泵。其中,机械隔膜计量泵因其结构原因,只能用于小流量、低压力和精度要求低的工艺流程中。液压隔膜计量泵如图 2 - 2 所示,机械隔膜计量泵如图 2 - 3 所示。

表 2 - 1　计量泵基本参数

0.4机座		1.6机座		5.0机座		12.5机座		25机座		50机座	
额定流量 Q_r/(L/h)	额定排出压力 P_{dr}/MPa	额定流量 Q_r/(L/h)	额定排出压力 P_{dr}/MPa	额定流量 Q_r/(L/h)	额定排出压力 P_{dr}/MPa	额定流量 Q_r/(L/h)	额定排出压力 P_{dr}/MPa	额定流量 Q_r/(L/h)	额定排出压力 P_{dr}/MPa	额定流量 Q_r/(L/h)	额定排出压力 P_{dr}/MPa
—	—	—	—	—	—	32	50.0	160	50.0	500	50.0
—	—	—	—	8	40.0	40	40.0	200	40.0	630	40.0
—	—	0.8	32.0	10	32.0	50	32.0	250	32.0	800	32.0
—	—	1.0	25.0	12.5	25.0	63	25.0	320	25.0	1000	25.0
—	—	1.3	20.0	16	20.0	80	20.0	400	20.0	1250	20.0
—	—	1.6	16.0	19	16.0	100	16.0	500	16.0	1600	16.0
—	—	2.0	12.5	24	12.5	125	12.5	630	12.5	2000	12.5
0.2	10.0	2.5	10.0	32	10.0	160	10.0	800	10.0	2500	10.0
0.25	8.0	3.8	8.0	40	8.0	200	8.0	1000	8.0	3200	8.0
0.32	6.3	5.0	6.3	50	6.3	250	6.3	1250	6.3	4000	6.3
0.4	5.0	6.3	5.0	63	5.0	320	5.0	1600	5.0	5000	5.0
0.5	4.0	8.0	4.0	80	4.0	400	4.0	2000	4.0	6300	4.0
0.63	3.2	10	3.2	100	3.2	500	3.2	2500	3.2	8000	3.2
0.8	2.5	12.5	2.5	125	2.5	630	2.5	—	—	10000	2.5
1.0	2.0	16	2.0	160	2.0	—	—	—	—	12500	2.0
1.3	1.6	20	1.6	200	1.6	—	—	—	—	—	—
1.6	1.3	25	1.3	—	—	—	—	—	—	—	—
2	1.0	—	—	—	—	—	—	—	—	—	—

（续表）

0.4机座			1.6机座			5.0机座			12.5机座			25机座			50机座		
额定流量 Q_r/(L/h)	额定排出压力 P_{dr}/MPa		额定流量 Q_r/(L/h)	额定排出压力 P_{dr}/MPa		额定流量 Q_r/(L/h)	额定排出压力 P_{dr}/MPa		额定流量 Q_r/(L/h)	额定排出压力 P_{dr}/MPa		额定流量 Q_r/(L/h)	额定排出压力 P_{dr}/MPa		额定流量 Q_r/(L/h)	额定排出压力 P_{dr}/MPa	
2.5	0.8	4.0	32	1.0	4.0	250	1.3	3.2	800	2.0	4.0	3200	2.5	5.0	16000	1.6	2.5
3.2	0.63	3.2	40	0.8	3.2	320	1.0	2.5	1000	1.6	3.2	4000	2.0	4.0	20000	1.3	2.0
4.5	0.5	2.5	50	0.63	2.5	400	0.8	2.0	1250	1.3	2.5	5000	1.6	3.2	25000	1.0	1.6
6.3	0.4	2.0	63	0.5	2.0	500	0.63	1.6	1600	1.0	2.0	6300	1.3	2.5	32000	0.8	1.3
8	0.32	1.6	80	0.4	1.6	630	0.5	1.3	2000	0.8	1.6	8000	1.0	2.0	40000	0.63	1.0
10	0.25	1.3	100	0.32	1.3	800	0.4	1.0	2500	0.63	1.3	10000	0.8	1.6	50000	0.5	0.8
12	0.2	1.0	125	0.25	1.0	1000	0.32	0.8	3200	0.5	1.0	12500	0.63	1.3			
16	—	0.8	160	—	0.8	1250	0.25	0.63	4000	0.4	0.8	16000	0.5	1.0		—	
20		0.63	200		0.63	1600	0.2	0.5	5000	0.32	0.63	20000	0.4	0.8			

(1) 泵的机座代号均用其额定柱塞力值（kN）表示。

(2) 表中粗黑线以下的数值为柱塞泵与隔膜泵的通用参数，而粗黑线以上数值为柱塞泵参数。

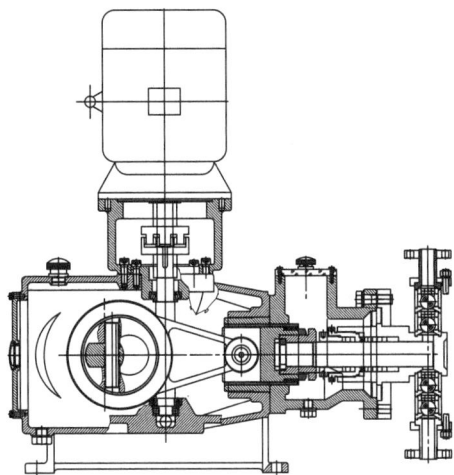

图 2-1　柱塞计量泵

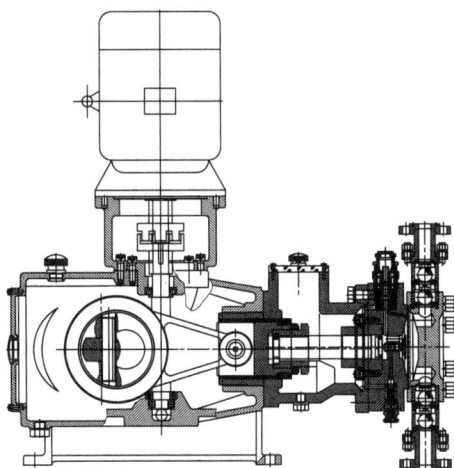

图 2-2　液压隔膜计量泵

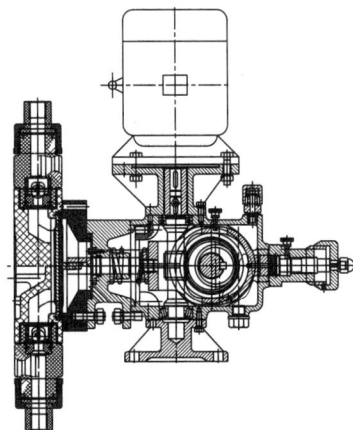

图 2-3　机械隔膜计量泵

计量泵根据工艺需要,也可以同机座或不同机座间组合成双联泵、三联泵或多联泵,以满足高精度按比例输送多种物料或更大参数范围的工艺流程需要。流量的调节方式有手动、电动和气动自动控制几种,系列产品的精度均在±1%以内。

2.2 计量精度

2.2.1 计量精度相关标准术语

《往复泵分类和名词术语》(GB/T 7785—2013)规定计量精度表示在额定条件下所测得的线性度、稳定性精度和复现性精度的总称,用百分数表示。

1. 线性度

线性度 E_L 为根据流量标定试验,在已测量过的某一相对行程长度处测得的任何一个单个流量测量值和对应的标定流量值之差相对最大流量的比值,按式(2-1)计算,用百分数表示。

$$E_L = \frac{Q_{ic} - Q_c}{Q_{max}} \times 100\% \qquad (2-1)$$

式中,Q_{ic} 为稳定性精度和复现性精度试验中在同一 S_{re} 行程处测得的一组单个流量的某一测量值,在计算时,取偏离 Q_c 最远的值,单位为 L/h。

2. 稳定性精度

稳定性精度 E_S 为在某一相对行程位置连续测得一组流量测量值对最大流量的相对极限误差,按式(2-2)计算,用百分数表示。

$$E_S = \frac{Q_{smax} - Q_{smin}}{2Q_{max}} \times 100\% \qquad (2-2)$$

式中,Q_{smax} 为一组流量数据的最大值(L/h);Q_{smin} 为一组流量数据的最小值(L/h);Q_{max} 为泵的最大流量,是指泵在最大相对行程长度处所测得的单个流量测量值的算术平均值,按式(2-3)计算:

$$Q_{max} = \frac{1}{K} \sum_{i=1}^{K} Q_{Lmi} \qquad (2-3)$$

式中,K 为单个流量测量值的次数;Q_{Lmi} 为在额定条件下,最大行程长度处测得的单个流量测量值(L/h)。

3. 复现性精度

复现性精度 E_{ra} 为根据流量标定试验,间断测得的一组流量测量值,连同稳定性精度试验测得的一组流量值,同时对最大流量的相对极限误差值,按式(2-4)计算,用百分数表示。

$$E_{ra} = \frac{Q_{Rmax} - Q_{Rmin}}{2Q_{max}} \times 100\% \tag{2-4}$$

式中，Q_{Rmax} 为同一行程位置不连续测得的一组包括稳定性精度测得的单个流量测量值的最大值（L/h）；Q_{Rmin} 为同一行程位置不连续测得的一组包括稳定性精度测得的单个流量测量值的最小值（L/h）。

根据上述三个计量精度的定义可知，稳定性精度是指计量泵在某一行程处连续工作时，测试流量最大差值相对泵最大流量的比值；复现性精度是指计量泵在某一行程处，多次调节非连续测量时，测试流量最大差值相对泵最大流量的比值；线性度是指根据标定流量直线的计算值，在某一行程处与实际流量间的最大差值相对泵最大流量的比值。

值得注意的是，稳定性精度和复现性精度取的是最大流量与最小流量差值的平均值，而线性度则非平均值；稳定性精度和复现性精度为正值，而线性度则存在负值的可能性；线性度的正负值反映的是实际流量与标定流量的最大偏差较标定流量值偏大还是偏小。

4. 额定计量精度

额定计量精度 E_r 是指设计规定在额定条件下和最大行程长度处该泵正常运行时应达到的计量精度最低公称值，用百分数表示。

5. 调节范围

调节范围 C_R 是指在额定条件下，并在保证各组相对行程长度处测得的线性度、复线性精度和稳定性精度不低于额定计量精度的前提下，该计量泵的流量（或相对行程长度）可调节的最大范围，用百分数表示。

6. 额定调节范围

额定调节范围 C_{Rr} 是指设计规定在额定条件下，泵正常运行时可达到的最大调节范围的公称值，用百分数表示。

7. 标定曲线

标定曲线是指在额定条件下，泵正常运行时把流量标定曲线和计量精度与相对行程长度的关系曲线画在同一个图上的综合曲线图。

计量泵在输送各种液体的过程中，除了要求像一般的往复泵那样进行液体输送之外，还需要根据工艺要求，随时能通过手动或自动调节其流量大小，并且每次调节后的流量保持在某一要求的误差范围之内。

计量泵在输送液体时，泵的流量要受到各种参数的影响，例如，排出压力，吸入压力，行程长度，每分钟的往复次数，液体的黏度、密度和温度等。但是，若排出压力和吸入压力波动不大，输送介质又是较为干净的液体，而且其他所有的影响因素均控制在某一较小的范围内时，即输送物料的物理性质变化很小时，则计量泵能够在相当宽的调节范围内保证精确计量输送。

2.2.2　流量标定

流量标定，即是针对某特定计量泵，按《计量泵》（GB/T 7782—2020）的相关要求，通过试验测得多个不同行程长度下的流量值，根据要求，计算出标定曲线的过程。

计量泵具有往复泵的所有优点,在额定工况下,不同行程长度所测得的计量泵的流量数据表明,其流量与行程长度间基本符合线性关系(见图 2-4),拟合直线(即标定曲线)可以用式(2-5)表示:

$$Q_c = K_c S_{re} + Q_{cs} \tag{2-5}$$

式中,Q_c 为泵的计算流量(L/h);S_{re} 为行程长度(%);K_c 为直线斜率;Q_{cs} 为拟合直线在纵坐标上的截距(L/h)。

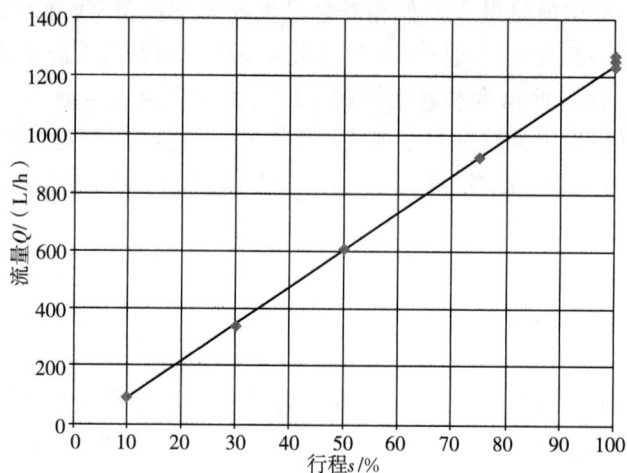

图 2-4　计量泵流量行程测试数据及拟合直线

这条根据在额定工况、不同行程下测量的流量值所拟合出的直线,即是计量泵的标定流量直线。

在实际工程应用中,计量泵用户可根据供应商给出的标定流量直线公式,依据工艺需求流量计算出对应的行程并进行调节。

但依据拟标定流量和流量的对应关系,不同行程计算的理论流量与实际流量有一定的偏差,即

$$\varepsilon_i = |Q_{ci} - Q_i| \tag{2-6}$$

式中,ε_i 为标定流量和测量流量间的偏差;Q_{ci} 为 i 相对行程长度计算的标定流量数据(L/h);Q_i 为 i 相对行程长度测量的流量数据(L/h)。

在数学领域,为处理取绝对值的问题,通常采用平方的形式来代替,即

$$\varepsilon_i^2 = (Q_{ci} - Q_i)^2 \tag{2-7}$$

因存在计时、压力、机械间隙和仪表精度等多方面因素,测试流量总是围绕着理想流量上下波动,为使标定流量更加准确,根据最小二乘法推导规则,当总误差平方最小时,标定流量即为理想流量。

总误差平方为

$$S_{\varepsilon}^2 = \sum_{i=1}^{N}(Q_{ci} - Q_i)^2 = \sum_{i=1}^{N}(K_c S_{rei} + Q_{cs} - Q_i)^2 \qquad (2-8)$$

式中，S_{rei} 为 i 相对行程长度；K_c 和 Q_{cs} 是标定流量直线的两个需要确定的系数，根据多元微积分的知识可知，对 K_c 和 Q_{cs} 分别求导且使公式为 0 时，总误差最小，即

$$\begin{cases} \dfrac{\partial S_{\varepsilon}^2}{\partial K_c} = 0 \\[3mm] \dfrac{\partial S_{\varepsilon}^2}{\partial Q_{cs}} = 0 \end{cases} \qquad (2-9)$$

对式（2-9）展开并计算可得

$$\begin{cases} Q_{cs} = \overline{Q} - K_c \overline{S}_{re} \\[4mm] K_c = \dfrac{\displaystyle\sum_{i=1}^{N} S_{rei} Q_i - \overline{S}_{re} \sum_{i=1}^{N} Q_i}{\displaystyle\sum_{i=1}^{N} S_{rei}^2 - \overline{S}_{re} \sum_{i=1}^{N} S_{rei}} \end{cases} \qquad (2-10)$$

式中，$\overline{S}_{re}$ 为 N 个相对行程长度平均值；$\overline{Q}$ 为 N 个相对行程长度单个流量测量值的算术平均值（L/h）；N 为所测相对行程长度的个数。

上述参数确定后，计量泵的标定流量直线公式亦已确定。

2.2.3　流量标定与计量精度的应用

根据《计量泵》（GB/T 7782—2020）的相关规定，计量泵进行流量标定时，流量稳定性精度试验应在额定条件下测定，相对行程长度在 100%、75%、50%、30%、10% 处，依次测定 5 组流量数据，各相对行程长度处取单个流量测量值应不小于 3 个。复现性精度试验还应分别在以下行程长度时非连续测取流量值：

(1) 在行程长度的 100% 处，测量不少于 3 个流量值；

(2) 在行程长度的 75% 和 50% 处，测量不少于 2 个流量值；

(3) 在行程长度的 30% 和 10% 处，测量不少于 1 个流量值。

根据上述测试结果，依据式（2-10）即可得出流量标定曲线公式。并可根据式（2-1）、式（2-2）、式（2-4）分别计算出计量泵的线性度、稳定性精度和复现性精度。

根据《计量泵》（GB/T 7782—2020）的相关要求，计量泵计量精度指标实际考核点为最大行程或额定流量处，计量精度应在 [-1%，+1%] 这一区间内。

由于计量泵的机械零部件的机械加工和装配误差各不相同，因此每台计量泵皆应有自身的流量标定曲线。当计量泵液力端进行维修或更换零件后，且工艺所需流量精度较高时，亦推荐重新进行流量标定。

2.3　计量泵的动力端

2.3.1　动力端的特点

计量泵的动力端一般是指将原动机的旋转运动转化为柱塞往复运动的部分,一般由减速机构、调节机构和曲柄连杆机构等组成。

减速机构:通常采用一级蜗杆、蜗轮减速机构,也有采用摆线针轮减速器或减速轴承减速的计量泵,某些微型计量泵甚至会采用减速电机直接驱动的结构。

调节机构:计量泵的调节机构是保证泵在运转或停止时能够任意改变泵的流量的一种机构。对调节机构的要求是调节灵活、指示精确,一般要求可在 $0 \sim 100\%$ 对计量泵流量进行无级调节。大多数计量泵调节机构设计在动力端,但也有产品设计在液力端。

曲柄连杆机构:曲柄连杆机构是指将旋转运动转化为往复运动的机构,一般由偏心轮／轴、连杆和十字头组成。

由于计量泵一般功率较小、结构紧凑,因此通常情况下调节机构和曲柄连杆机构需要根据结构型式进行一体化设计。

除上述计量泵动力端外,还存在一种电磁驱动的计量泵动力端型式——电磁计量泵。电磁计量泵无须曲柄连杆机构和减速机构,其直接利用通电螺旋管线圈产生的电磁力来驱动柱塞做往复运动,因此可通过编写程序直接控制泵的往复速度,亦可增加机械机构来调节泵的行程长度。电磁计量泵是一种结构简单、便于维护保养的计量泵,但受制于电磁驱动机构的特点,其一般与机械隔膜液力端配套使用,用于小功率、低排出压力场合,其中又以水处理场所应用较为典型。电磁计量泵剖面图如图 2-5 所示。

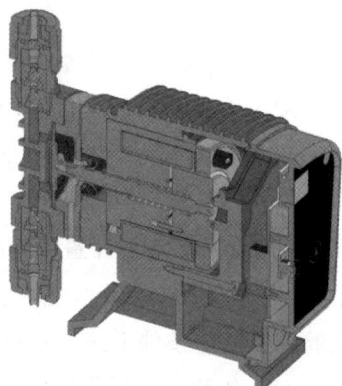

图 2-5　电磁计量泵剖面图

2.3.2　流量调节

1. 分类

计量泵是容积泵的特殊形式,其流量与活塞面积、行程长度和泵速皆为线性关系。因活塞面积难以变化,计量泵的流量调节主要以改变行程长度和泵速两个参数为主。

计量泵流量调节可分为远程信号调节和现场手动行程调节,常用的计量泵流量调节方式如图 2-6 所示。

图 2-6 虽然列举了各种调节方式,但最常用的还是现场手动行程调节与变频电机调节的组合形式。远程信号行程调节一般用在少数自动化程度要求较高或危险的工艺条件中。

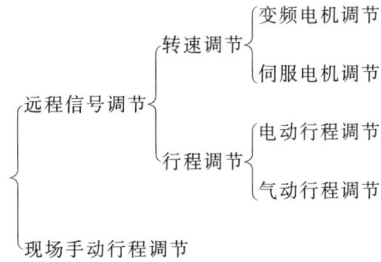

图 2-6　常用的计量泵流量调节方式

2. 调节方式的特点

调节方式的选取应考虑各类调节方式的特点与应用场所工艺条件相匹配,各类调节方式的特点如下。

变频电机调节 —— 变频电机是一种非常成熟的驱动设备,可以通过变频器在较宽的范围内调节转速(一般调节范围为 $5 \sim 60$ Hz,即对应转速的 $10\% \sim 120\%$)。由于变频电机调节时柱塞后死点不变,而泵容积效率与行程长度有直接关系,因此一般变频调节时,泵的容积效率变化较小。

伺服电机调节 —— 伺服电机是一种可控制速度和位置的动力设备,常用于精确控制的场所,一般在科研、军工和试验室等具有特殊要求的场所使用。

电动行程调节 —— 电动行程调节是通过远程信号控制计量泵的电动行程调节装置工作,使之按要求调节行程至指定位置。电动行程调节需配备伺服电机或步进电机、驱动器、编码器和调节减速装置等,系统结构复杂、成本较高,因此仅在一些需要频繁调节计量泵行程或人员不适宜经常到达的工艺场所使用。

气动行程调节 —— 气动行程调节是通过远程信号控制气动行程调节装置工作,使之按要求调节行程至指定位置。气动行程调节需配备缸体、活塞和定位器等,系统结构复杂、成本较高。与电动行程调节相比,气动行程调节具有安全的特点,适合在具有防爆要求的场所使用。

现场手动行程调节 —— 现场手动行程调节是一种较为简单、可靠的行程调节方式,操作人员通过旋转计量泵上的调节手轮或手柄,对照泵上的行程刻度指示,将泵的行程调节至指定位置。现场手动行程调节结构简单可靠、成本低廉,是应用最广的一种调节方式。

考虑到结构的统一性和零件的通用性,远程行程调节的设计,一般是将调节手轮以其他动力代替,变速调节则主要通过变频器和变频电机的配合来实现,而调节机构一般需与泵的动力端进行一体化设计。因此,动力端的结构特别重要,不仅影响整个泵的外形,而且对泵的调节机构设计、输出流量等都有决定性的影响。

2.3.3　动力端机构

因行程调节机构与曲柄连杆机构的一体化设计,动力端结构一般较为复杂。根据行程调节类型的不同,动力端机构主要分为改变曲柄半径、改变连杆支点、改变空行程、改变蜗轮倾角和改变柱塞有效行程容积等形式,其中改变曲柄半径的调节机构最为常见。

1. 改变曲柄半径

通过转动调节螺杆、轴向移动偏心滑块(斜块或斜轴)的方式改变偏心轮与驱动轴的相对位置,间接地调节曲柄半径即柱塞的行程长度。利用这种原理设计了以下几种调节机构。

1)"N"形曲轴调节机构

"N"形曲轴调节机构是 20 世纪中后期采用较多的一种结构,该机构的特点是用"N"形曲轴代替偏心滑块。这样一来,通过转动调节螺杆可移动"N"形曲轴,改变偏心轮的偏心距,从而达到调节行程的目的。"N"形曲轴如图 2-7 所示,"N"型曲轴的动力端如图 2-8、图 2-9 所示。

图 2-7 "N"形曲轴

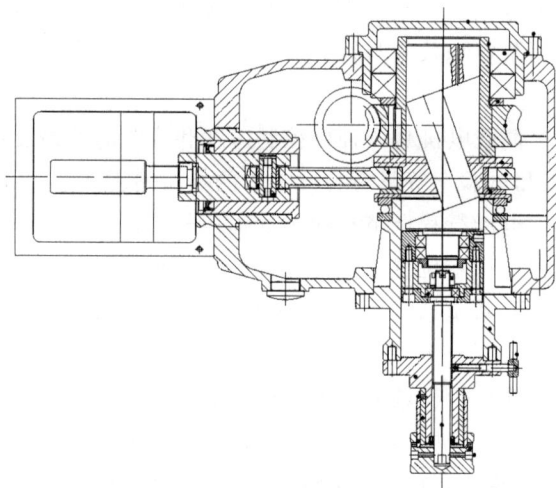

图 2-8 "N"形曲轴的动力端(1)

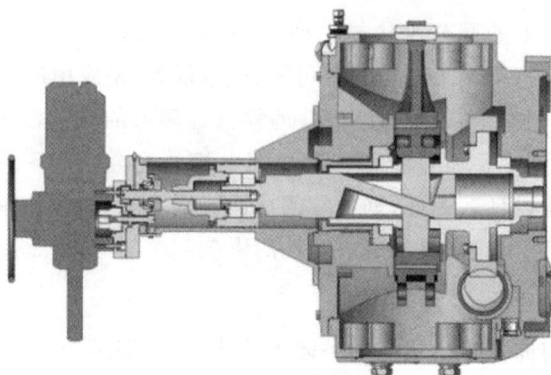

图 2-9 "N"形曲轴的动力端(2)

"N"形曲轴调节机构的特点：① 结构简单、紧凑；② 前死点变化，容积效率在调节过程中变化；③ 受力复杂，"N"形曲轴加工难度大。

2）"L"形曲轴调节机构

"L"形曲轴调节机构和"N"形曲轴调节机构原理基本相同，不同之处为"N"形曲轴由"L"形曲轴所代替。"L"形曲轴调节机构是目前采用较多的一种结构。"L"形曲轴的动力端如图 2-10、图 2-11 所示。

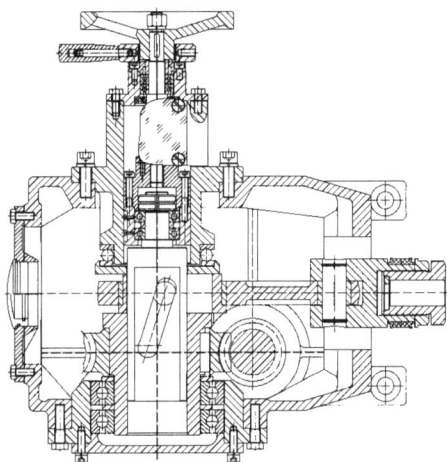

图 2-10　"L"形曲轴的动力端(1)

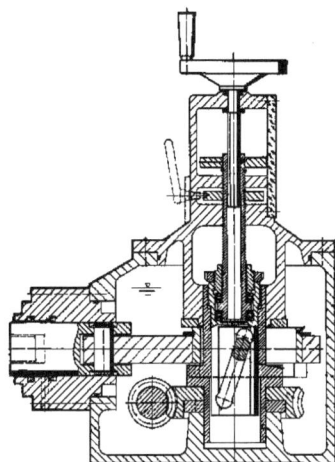

图 2-11　"L"形曲轴的动力端(2)

"L"形曲轴调节机构的特点：①"L"形曲轴的轴向尺寸小，结构紧凑；② 承受活塞力大；③ 曲轴零件加工工艺性好，生产成本低；④ 前死点变化，容积效率在调节过程中变化。

3）斜槽销动式调节机构

斜槽销动式调节机构是利用调节轴表面上的销槽与柱销的配合，改变曲轴旋转偏心半径的机构，其在机械隔膜泵中应用较广。斜槽销动式调节机构如图 2-12 所示。

斜槽销动式调节机构的特点：① 结构简单、紧凑；② 承受活塞力较小；③ 前死点变化，容积效率在调节过程中变化。

2. 改变连杆支点

改变连杆支点调节机构是指借助改变某一连杆支点的位置来改变柱塞的行程。改变连杆支点调节机构的动力端如图 2-13 所示。

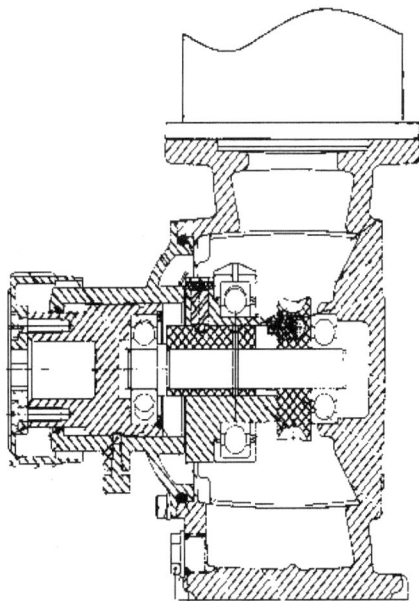

图 2-12　斜槽销动式调节机构

改变连杆支点调节机构的特点：①结构紧凑；②前死点变化较小，容积效率在行程调节过程中变化小，计量精度高；③整机活塞轴向尺寸较大；④行程与指示仪表刻度不是线性关系；⑤制造工艺复杂。

图 2-13　改变连杆支点调节机构的动力端

3. 改变空行程

1）弓形凸轮式

弓形凸轮式调节机构是指将偏心凸轮置于弓形架内，通过调节手柄限制弓形架后死点位置，从而达到改变行程的目的。该类调节机构一般用于小型泵。弓形凸轮式调节机构的动力端如图 2-14 所示。

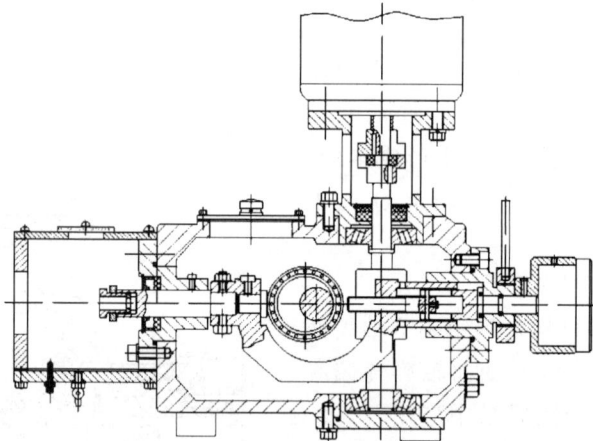

图 2-14　弓形凸轮式调节机构的动力端

弓形凸轮式调节机构的特点：①结构简单；②前死点不变；③吸入行程结束和排出行程开始会产生冲击（100％流量和零流量除外）。

2）弹簧凸轮式

弹簧凸轮式调节机构与弓形凸轮式调节机构原理类似，但柱塞回程主要由弹簧完成。弹簧凸轮式调节机构的动力端如图 2-15 所示。

弹簧凸轮式调节机构的特点：①结构简单；②前死点不变；③吸入行程结束和排出行程

开始会产生冲击(100％流量和零流量除外);④ 泵运转中需要克服回程弹簧力做功,配带功率较大,排出压力越小,用于弹簧消耗的功占比越大。

图 2-15　弹簧凸轮式调节机构的动力端

4. 改变蜗轮倾角

图 2-16 为改变蜗轮倾角调节机构示意。电机经过蜗杆、蜗轮减速后至蜗轮架,再带动球形铰链,并使柱塞做往复运动。行程调节靠调节螺杆推动蜗轮绕蜗杆轴旋转至不同的位置,达到调节柱塞行程的目的。

改变蜗轮倾角调节机构的特点如下:① 结构简单;② 柱塞既做往复运动,又做旋转运动,磨损均匀;③ 调节灵活可靠;④ 加工容易。

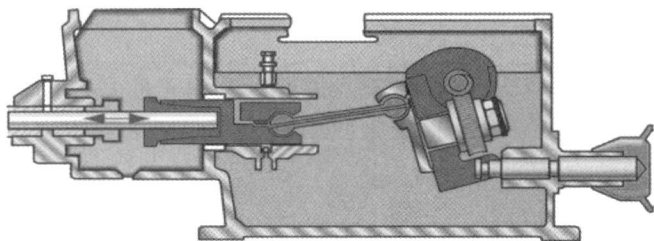

图 2-16　改变蜗轮倾角调节机构示意

5. 改变柱塞有效行程容积

改变柱塞有效行程容积特指一种特殊的液压隔膜计量泵流量调节方式。其传动曲轴偏心半径固定,通过布置在液力端的旋转手柄改变液压腔液压油的做功行程,从而达到调节流量的目的,其本质是改变有效行程长度。改变柱塞有效行程容积调节机构的动力端如图 2-17 所示。

改变柱塞有效行程容积调节机构的特点:① 结构简单、紧凑、可靠,传动端零件少;② 前死点不变;③ 吸入行程结束和排出行程开始会产生冲击(100％流量和零流量除外)。

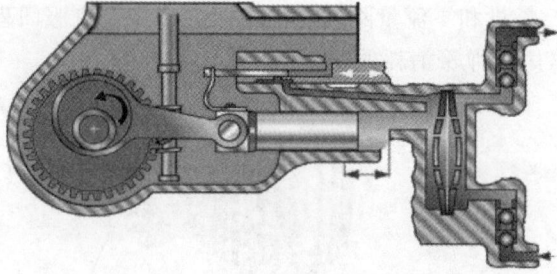

图 2-17　改变柱塞有效行程容积调节机构的动力端

2.4　计量泵的液力端

计量泵的液力端一般分为柱塞式和隔膜式,隔膜式液力端根据驱动力的方式不同又分为液压隔膜式和机械隔膜式。

2.4.1　柱塞式液力端

柱塞式计量泵液力端与普通往复泵一样,由液缸体、柱塞、吸入单向阀、排出单向阀、柱塞密封圈等组成。柱塞的往复运动交替循环改变液缸体内容积,在吸入单向阀和排出单向阀的配合下,完成介质的吸入和排出过程。在工作过程中,柱塞与介质直接接触,柱塞密封圈在柱塞和液压缸之间实现密封作用。

由于计量泵有计量精度的要求,因此除了满足普通往复泵液力端的设计要求外,还应对计量精度有影响的液力端零部件进行精心设计与选择。液力端零部件对精度影响比较大的是吸入单向阀、排出单向阀、柱塞密封圈。除此之外,液力端余隙容积也是影响计量精度的重要因素。

1. 吸入单向阀和排出单向阀

1) 型式和要求

出于计量精度的需要,吸入单向阀和排出单向阀根据流量大小不同,一般选用自重式球阀和锥形阀。其中,自重式球阀一般采用双阀串联结构以提高可靠性(见图2-18),而锥形阀一般采用线密封结构(见图2-19)。

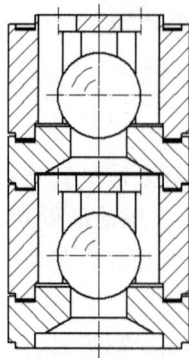

图 2-18　自重式球阀

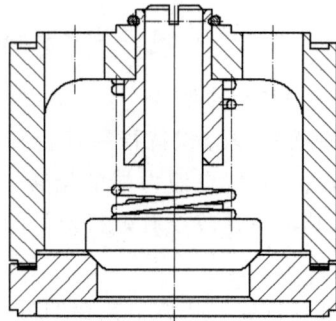

图 2-19　锥形阀

　　吸入单向阀和排出单向阀一般设计原则:① 当设计阀球直径大于 50 mm 时,一般改用锥形阀结构;② 阀球一般采用耐介质腐蚀的不锈钢、高镍合金、氧化铝或氧化锆陶瓷等材料,低压时可采用塑料或合成橡胶;③ 较小的吸入单向阀和排出单向阀滞后角有利于提高计量泵的计量精度;④ 阀球的球形误差至少满足球等级 G10 的规定。

　　2) 结构布置

　　吸入单向阀和排出单向阀一般在泵头垂直直通布置(见图 2-20)。这种布置结构紧凑、余隙容积小、制造简单,虽不方便拆装维修,但仍是最为常见的布置形式。吸入单向阀和排出单向阀阶梯式布置的柱塞计量泵的液力端(见图 2-21)常用于高黏度物料或可凝固物料的输送,其拆装方便,可在计量泵工作完毕后经常拆卸冲洗,但其结构复杂、制造成本高、余隙容积大、计量精度差。

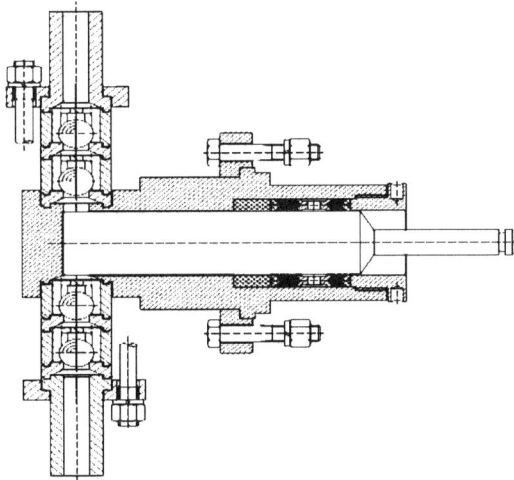

图 2-20　柱塞计量泵的液力端(吸入单向阀和排出单向阀垂直直通布置)

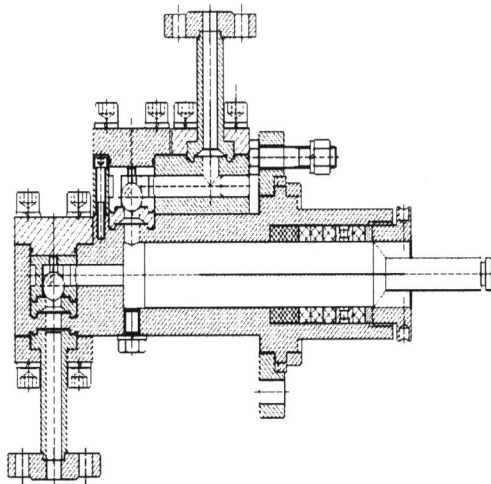

图 2-21　柱塞计量泵的液力端(吸入单向阀和排出单向阀阶梯式布置)

2. 柱塞的密封

计量泵柱塞密封设计与常规往复泵类似,但柱塞的密封效果不仅影响泵的容积效率,也直接影响泵的计量精度。因此,计量泵使用过程中应时刻关注柱塞密封的泄漏情况,做到及时维护与保养,使计量泵具有较高的容积效率和计量精度。

常用的柱塞密封有"V"形密封圈、方形填料和唇形圈等,在一些特殊场合也会用使用如车氏密封、泛塞封等特殊结构的密封圈,但最常用的还是可根据物料腐蚀特性调节密封圈材料的"V"形密封圈和方形填料。

在压力不高的情况下(≤10 MPa),采用单级密封一般可满足密封要求,但在高压场合下,为使多圈密封圈的受压更加均匀、密封性能更高,常采用双级密封结构(见图 2-22)。

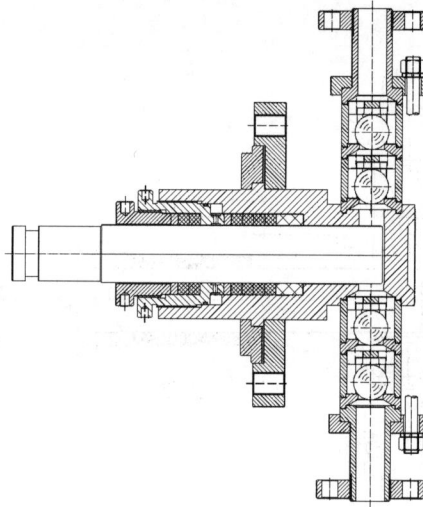

图 2-22 柱塞双级密封结构示意

2.4.2 液压隔膜式液力端

为实现零件的通用化,液压隔膜计量泵一般与柱塞计量泵具有统一的动力端、吸入单向阀和排出单向阀,不同之处主要是液压隔膜式液力端是通过活塞往复运动交替循环改变液压腔的容积。液压腔内的液压油驱动隔膜做往复挠曲变化,进而实现介质腔容积的规律性改变,最终在吸入单向阀和排出单向阀的配合下,完成介质的输送过程。为使液压系统可靠的持续工作,液压隔膜式液力端的液压腔一般带有安全阀、放气阀和补油阀,即"三阀系统"。液压隔膜式液力端如图 2-23 所示。

液压隔膜计量泵根据需要和隔膜数量,一般可分为单隔膜结构和双隔膜结构。

1. "三阀系统"

隔膜和柱塞之间的液压腔内的液压油是传递柱塞做功的媒介。因此,为保证计量泵的输送精度和可持续性,要求液压腔内液压油的体积保持不变且为纯液体状态。但在计量泵实际工作过程中,柱塞的轻微泄漏会造成液压油的减少,且补油过程中会将气体带入液压腔内。"三阀系统"中的补偿阀和放气阀即为解决上述问题而设置,安全阀则是为防止计量泵意外超压工作而采取的安全措施。

含"三阀系统"的液压隔膜式液力端是目前市场上的主要结构型式(以改变柱塞有效行程容积实现流量调节的除外)。传统的集装式"三阀盒"(见图2-24)结构因空间布置问题已经较少使用,目前常见的是分开布置的"三阀结构",这种结构的柱塞完全浸没于润滑油内(托架空间作为液压油储存池使用),有利于延长柱塞密封圈的寿命。另外,此类结构的液压隔膜计量泵液力端一般还会存在一个限位阀(见图2-25),当隔膜向后挠曲时,隔膜推动限位阀向后运动,当限位阀板运动至一定位置时,液压腔和润滑油腔通过补偿阀连通,实现补油过程。

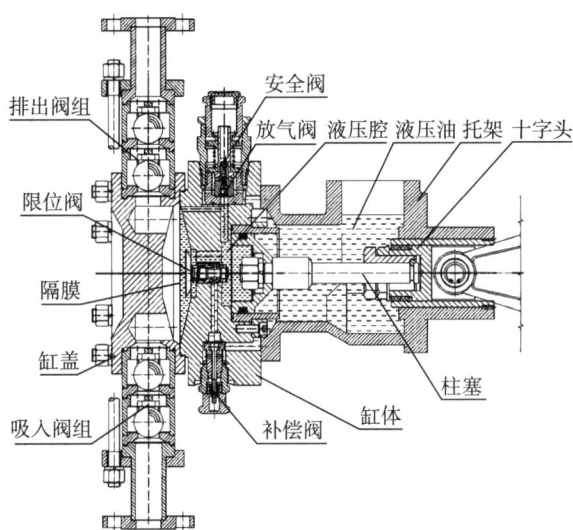

图 2-23　液压隔膜式液力端

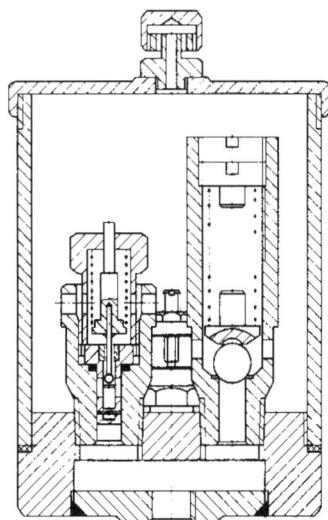

图 2-24　集装式"三阀盒"

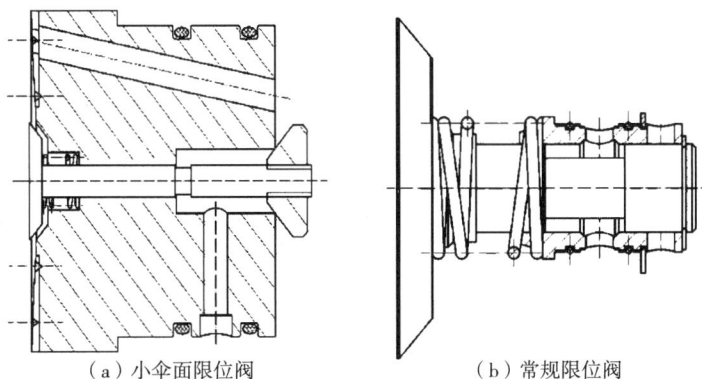

(a)小伞面限位阀

(b)常规限位阀

图 2-25　限位阀

"三阀系统"的作用如下。

(1)放气阀(见图2-26):排出液压腔内的气体。由于柱塞搅动、液压油加注等因素,液压腔内的液压油一般不是纯液体,其内部含有大量微小气泡。若气泡长时间积累,则气体的可压缩性将极大地影响液压系统的正常工作,从而造成计量泵容积效率大幅度下降。放气阀一般布置在液力端的顶部。

(2)补偿阀(见图2-27):向液压腔内补充液压油。放气阀在排放液压油内气体时,其排出的流体是油气混合物,气体中有微量液压油附带喷出,这会造成液压腔内液压油量的减少。为维持合理的液压油量,必须进行适当的补充。

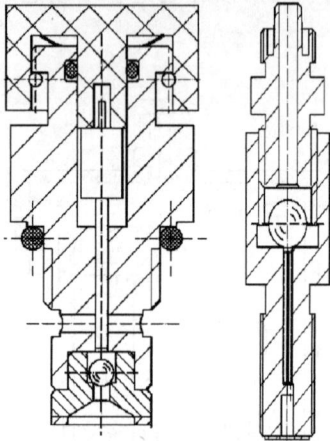

（a）手动放气阀 （b）自动放气阀

图2-26 放气阀

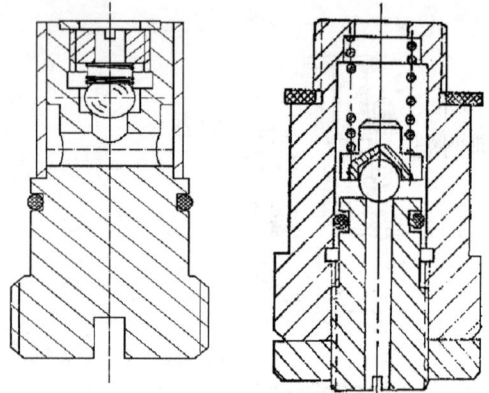

（a）上调式补偿阀 （b）下调式补偿阀

图2-27 补偿阀

(3)安全阀(见图2-28):超压时泄放液压腔内的液压油。当计量泵系统出现瞬时非正常超压时(如泵排出管路堵塞或隔膜到达前限制板而柱塞未完成排出行程时),安全阀可泄放液压腔内液压油,保护计量泵不出现超负荷工作。由于放气阀较小,因此部分结构将放气阀集成于安全阀内(简称为放气安全阀,见图2-29),这有利于节约空间和布置,但会增加缸体的尺寸。

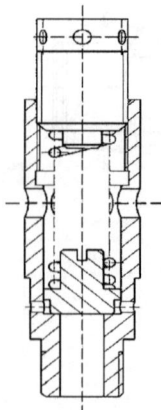

图2-28 安全阀

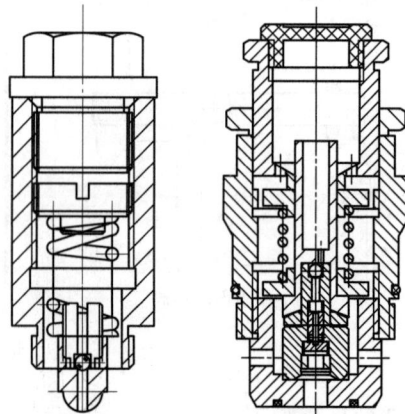

（a）外露式放气安全阀 （b）一体式放气安全阀

图2-29 放气安全阀

2. 单隔膜结构

单隔膜结构的液力端一般采用锻制缸体和缸盖,能够承受较高的压力。其中,与液压油接触的缸体、液压缸、柱塞和"三阀系统"等零部件常采用碳钢材质,以期具有较高的强度和较长的寿命;而与物料接触的缸盖、吸入单向阀和排出单向阀等零部件一般采用不锈钢材质,以期具有较好的耐腐蚀性能。

图 2-30 为高温液压隔膜式液力端,输送物料的泵头部分远离作为动力源的液压部分,中间以管路连接,并设置冷却机构,使高温物料的温度不会传递至液压部分,进而保证传动端的正常运转。

3. 双隔膜结构

单隔膜计量泵广泛应用于石油、化工和医药等

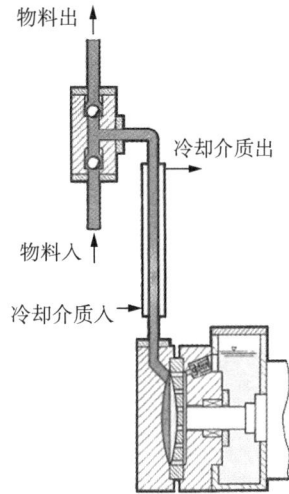

图 2-30　高温液压隔膜式液力端

领域,但单隔膜计量泵的隔膜一旦破裂,液压油将进入输送的物料系统,物料亦会进入液压系统,导致互相污染,甚至会发生严重的事故。为此,在输送危险物料时,为了增加可靠性,往往采用双隔膜式液力端(见图 2-31)。

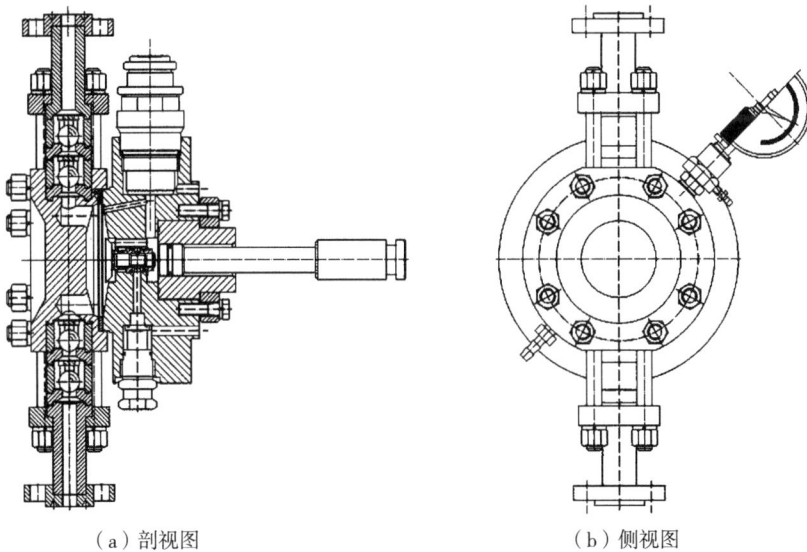

(a) 剖视图　　　　　　　　　　　(b) 侧视图

图 2-31　双隔膜式液力端

双隔膜计量泵设计的主要意图:当其中一个隔膜破裂后,另一个隔膜仍然可以承担工作任务,在此期间,液压油和物料不会产生交叉污染。双隔膜进一步的设计理念是尽早发现隔膜的破损:通过在双隔膜之间布置传感器,当任何一个隔膜破损后,液压油或物料将进入双隔膜之间的区域,进而改变这一区域的压力或液体属性,传感器提取到压力或电阻等

信号后,可以进行报警或停机等动作。双隔膜破裂报警示意如图2-32所示。一般情况下,布置有电阻类传感器时,需要在双隔膜之间充填一些与物料和液压油相适宜的液体,而布置有压力传感器或压力开关时,则需要双隔膜之间排空所有液体和空气,以保证正常工作时无压力传出。

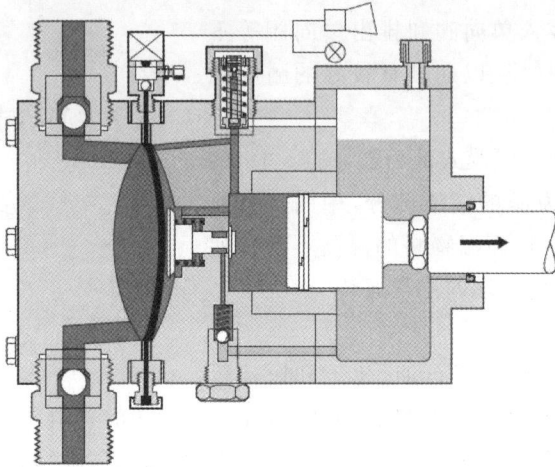

图2-32　双隔膜破裂报警示意

4. 隔膜的计算

1) 隔膜的工作过程

液压隔膜计量泵柱塞的往复运动经液压油的传递,转变为隔膜的周期变形。因此,理论上隔膜的变形容积与柱塞行程容积是完全对应的关系。液压隔膜运动示意如图2-33所示。当柱塞做吸程运动时,柱塞行程容积逐渐加大,压力逐渐降低,隔膜向后挠曲变形,介质被吸入;当柱塞做排程运动时,柱塞行程容积逐渐减小,压缩液压油,隔膜向前挠曲变形,介质被排出。

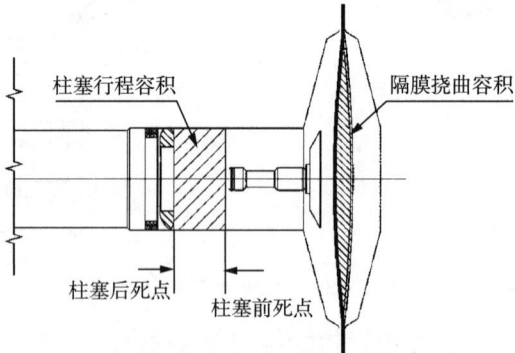

图2-33　液压隔膜运动示意

隔膜是在规定的弹性变形范围内工作的,因此,膜腔曲面的设计就成了隔膜计量泵的关键问题之一。

2) 隔膜膜腔曲面形状的选择与计算

隔膜在周界上呈夹紧固定,并且在交变均布载荷作用下发生周期挠曲变形。其最大挠度通常是隔膜厚度的几倍甚至十几倍,因而,隔膜的计算已属于大挠度圆薄板的计算范畴。关于圆形隔膜的大挠度问题曾有许多学者做过研究,所得结果没有多大差别。目前常用的主要包括有矩理论和膜理论。

(1) 有矩理论。给定隔膜弹性曲面方程:

$$W = W_0 \frac{1}{q-1}\left[2\left(\frac{r}{R}\right)^{q+1} - (q+1)\left(\frac{r}{R}\right)^2 + q - 1\right] \quad (2-11)$$

式中,W 为曲线纵坐标值;W_0 为曲线中心挠度;r 为从对称轴到曲线上计算点的距离;R 为 r 的极限值。

膜片曲面示意如图 2-34 所示。

隔膜离开其中间位置向两个方向弯曲时所包围的容积为

$$V = \pi R^2 W_0 \frac{q+1}{q+3} \quad (2-12)$$

图 2-34　膜片曲面示意

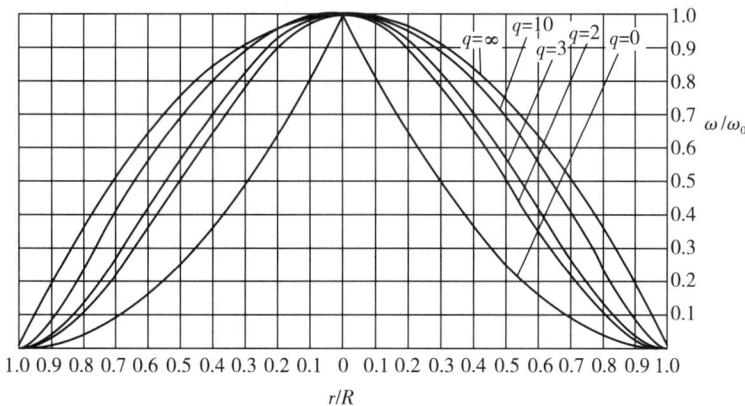

式中,V 为隔膜两个方向弯曲所包围的容积;q 为隔膜曲面转角指数。

从上面公式可以看出:如果 R、W_0 值一定,且 $0 < q < +\infty$ 时,那么可得到不同曲线的表面。随着 q 值的增加,隔膜弯曲时所包围的容积也增加。此时,隔膜的形变加大,内应力增加,对隔膜的寿命极为不利。当 q 值增大到一定程度时,其对隔膜所包围的容积增大的影响也将减弱。因此,设计隔膜挠曲曲线时要从容积和隔膜内应力两方面综合考虑。隔膜挠曲线如图 2-35 所示。

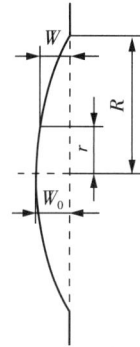

图 2-35　隔膜挠曲线

当泵工作时,隔膜承受双向弯曲,其弯曲循环次数等于曲轴的转数。在一转时间内,应力变化为一个完整的循环,其中拉伸应力从最大值到零,弯曲应力从正值(拉伸)到负值(压缩)。

隔膜上、下表面的最大（最小）正应力为

$$\sigma_{\max} = \frac{EW_0^2}{R^2}\left(\beta + |\alpha|\frac{h}{W_0}\right) \tag{2-13}$$

$$\sigma_{\min} = \frac{EW_0^2}{R^2}\left(\beta - |\alpha|\frac{h}{W_0}\right) \tag{2-14}$$

式中，E 为隔膜材料的弹性模量；h 为隔膜厚度。

正应力出现在两个主方向上——径向和周向，在第三个主方向上的应力因隔膜很薄而不考虑。切应力作用于径向方向上，在周向方向上由于隔膜是对称的，因此它是不存在的。

径向应力：

$$\sigma_r = \frac{EW_0^2}{R^2}\left(\beta_r \pm \alpha_r \frac{h}{W_0}\right) \tag{2-15}$$

式中，"$\pm$"与正应力的弯曲分量有关，取决于计算基元在隔膜上的位置。β_r 与 α_r 的计算如下：

$$\beta_r = 2\left(\frac{q+1}{q-1}\right)^2\left[\frac{3-\mu}{8(1-\mu)} - \frac{2(q+2-\mu)}{(1-\mu)(q+1)(q+3)} + \frac{2q+1-\mu}{4q(1-\mu)(q+1)}\right.$$
$$\left. - \frac{1}{8}\left(\frac{r}{R}\right)^2 + \frac{2}{(q+1)(q+3)}\left(\frac{r}{R}\right)^{q+1} - \frac{1}{4q(q+1)}\left(\frac{r}{R}\right)^{2q}\right] \tag{2-16}$$

$$\alpha_r = \frac{q+1}{(q-1)(1-\mu^2)}\left[(q+\mu)\left(\frac{r}{R}\right)^{q-1} - (1+\mu)\right] \tag{2-17}$$

式中，μ 为材料的泊松比。

周向应力：

$$\sigma_\tau = \frac{EW_0^2}{R^2}\left(\beta_\tau \pm \alpha_\tau \frac{h}{W_0}\right) \tag{2-18}$$

式中，β_τ 与 α_τ 的计算如下：

$$\beta_\tau = 2\left(\frac{q+1}{q-1}\right)^2\left[\frac{3-\mu}{8(1-\mu)} - \frac{2(q+2-\mu)}{(1-\mu)(q+1)(q+3)} + \frac{2q+1-\mu}{4q(1-\mu)(q+1)}\right.$$
$$\left. - \frac{3}{8}\left(\frac{r}{R}\right)^2 + \frac{2(q+2)}{(q+1)(q+3)}\left(\frac{r}{R}\right)^{q+1} - \frac{2q+1}{4q(q+1)}\left(\frac{r}{R}\right)^{2q}\right] \tag{2-19}$$

$$\alpha_\tau = \frac{q+1}{(q-1)(1-\mu^2)}\left[(1+\mu q)\left(\frac{r}{R}\right)^{q-1} - (1+\mu)\right] \tag{2-20}$$

当在中心处 $\left(\dfrac{r}{R}=0\right)$ 时，有 $\alpha_r = \alpha_\tau = \alpha, \beta_r = \beta_\tau = \beta$，由此可得

$$\sigma_r = \sigma_\tau = \frac{Eh^2}{R^2}\frac{W_0}{h}\frac{1+q}{1-\mu}\left\{\mp\frac{1}{q-1} + \frac{W_0}{h}\frac{1}{2(q+3)}\times\left[1+(1-\mu)\frac{q+6}{2q}\right]\right\} \tag{2-21}$$

在周界处 $\left(\dfrac{r}{R}=1\right)$ 时,有

$$\sigma_{\mathrm{r}}=\frac{Eh^2}{R^2}\frac{W_0}{h}\frac{1+q}{1-\mu}\left[\pm\frac{1}{1+\mu}+\frac{W_0}{h}\frac{1}{2(q+3)}\right] \tag{2-22}$$

$$\sigma_{\mathrm{r}}=\mu\sigma_{\mathrm{r}} \tag{2-23}$$

式(2-21)、式(2-22)中"±"的选取方法:贴紧限制板的隔膜表面的应力取下面的符号,反之取上面的符号。

切向应力:

$$\tau=\frac{3}{4}\frac{pR}{h} \tag{2-24}$$

式中,p 为隔膜挠曲时所必需的压力。

切向应力在隔膜周边的中性层上达到最大值,此值一般不高于法向应力的 10%。

隔膜变形时所需压力可由式(2-25)求出:

$$\frac{pR^4}{Eh^4}=\frac{A_1}{1-\mu^2}\frac{W_0}{h}+A_3\frac{W_0^3}{h^3} \tag{2-25}$$

式中,$A_1=\dfrac{2}{3q}(q+1)(q+3)$,$A_3=2\dfrac{q+1}{q+3}\left[\dfrac{1}{1-\mu}+\dfrac{2q^3+39q^2+167q+174}{6(2q+1)(q+2)(q+5)}\right]$

从式(2-21)、式(2-22)可以看出:在相对挠度 $\dfrac{W_0}{h}$ 一定时,q 值的变化将引起中心处和周界处之间应力的改变。当 q 值增加时,中心处和周界处之间应力的差值趋于增大;反之则趋于减小。因此,合理地选择 q 值可以使中心处和周界处同时达到最大许用应力值,这就是隔膜等强度设计的概念。

B. A. Mockasleb 研究了 1Cr18Ni9Ti 钢片制作的隔膜经受 $n=10^7$ 循环时的极限径向应力。当非对称循环系数 $i=-0.9$,并考虑安全系数时,中心部位的许用应力为 1580 kg/ cm²,周界处的许用应力为 1820 kg/ cm²。由此可得,中心部位:

$$\sigma_{\max}=\frac{EW_0^2}{R^2}\left(\beta+\mid\alpha\mid\frac{h}{W_0}\right)=1580(\mathrm{kg/\ cm^2}) \tag{2-26}$$

周界部位:

$$\sigma_{\max}=\frac{EW_0^2}{R^2}\left(\beta_{\mathrm{p}}+\mid\alpha_{\mathrm{p}}\mid\frac{h}{W_0}\right)=1280(\mathrm{kg/\ cm^2}) \tag{2-27}$$

根据等强度的概念可以得出下列关系式:

$$\frac{W_0}{h}=\frac{\mid\alpha_{\mathrm{p}}\mid-1.15\mid\alpha\mid}{1.5\beta-\beta_{\mathrm{p}}} \tag{2-28}$$

由式(2-28)可以得出 $\dfrac{W_0}{h}$ 与 q 的关系(见表 2-2)。

往复泵技术应用

表 2-2 $\frac{W_0}{h}$ 与 q 的关系

q	3	4	6	8	10	12	14	16	18
$\frac{W_0}{h}$	1.62	4.38	9.65	14.4	20.2	26.1	32.3	37.6	40.3

从表 2-2 可以看出，为使中心处和周界处的强度相等，必须在增加相对挠度 $\frac{W_0}{h}$ 时，增大 q 值。

由于在隔膜前后限制板上均开有小孔（或沟槽），因此当隔膜贴紧限制板时，隔膜将产生自由弯曲。这样将使隔膜产生附加的局部应力，隔膜的附加挠度应小于它的厚度的 $\frac{1}{4}$。

局部应力：

$$\sigma_0 = 0.69 \Delta p \left(\frac{a}{h}\right)^2 \qquad (2-29)$$

式中，a 为孔的半径；Δp 为隔膜两边最大允许压差。

若取局部应力值为

$$\sigma_0 = 0.1[\sigma] \qquad (2-30)$$

则小孔直径为

$$d = 0.76 h \sqrt{\frac{[\sigma]}{\Delta p}} \qquad (2-31)$$

式中，$[\sigma]$ 为隔膜的许用应力。

上述计算的前提是假设隔膜服从胡克定律，并且弹性常数 E 和 μ 已知。对于金属隔膜，这个假设是不言而喻的。对于非金属隔膜，采用胡克定律就需要很小心，如橡胶仅仅在变形不大的情况下，且远不超出允许弹性伸长的范围才服从胡克定律。塑料等材料由于物理机械性能数据尚不完全，且因加工工艺的不同，材料的性能差异较大，因此在使用胡克定律时更应注意。当计算由这类材料做成的隔膜时，在最接近隔膜工作条件的情况下预先确定其弹性常数才是最合理的。

（2）膜理论。若隔膜的厚度很薄，则可近似把弯曲刚度视为零，即在弹性变形时弯曲对隔膜的平衡影响忽略不计。外载荷由作用在曲面中拉力来维持平衡，如同薄膜一样。通常称这种隔膜为绝对柔韧的，如橡胶或塑料等制造的非金属隔膜。

绝对柔韧隔膜可以看作大挠度壳体计算问题的一般解的特殊情况。绝对柔韧隔膜的近似曲面方程为

$$W = W_0 \left[1 - \left(\frac{r}{R}\right)^2\right] \qquad (2-32)$$

压力差与最大挠度关系为

$$\frac{pR^4}{Eh^4} = \left(\frac{W_0}{h}\right)^3 \left(\frac{3-\mu}{1-\mu} - \frac{2}{3}\right) \tag{2-33}$$

式中，p 为隔膜两边的压力差；R 为隔膜半径；W_0 为隔膜中心的挠度。

隔膜离开中间位置向两个方向弯曲时所包围的容积为

$$V = \pi R^2 W_0 \tag{2-34}$$

径向应力：

$$\sigma_r = \frac{EW_0^2}{4R^2}\left[\frac{3-\mu}{1-\mu} - \left(\frac{r}{R}\right)^2\right] \tag{2-35}$$

周向应力：

$$\sigma_\tau = \frac{EW_0^2}{4R^2}\left[\frac{3-\mu}{1-\mu} - 3\left(\frac{r}{R}\right)^2\right] \tag{2-36}$$

3）隔膜的要求与结构

(1) 对隔膜的要求。由于隔膜在工作时要求有较大的挠度，因此材料应具有较低的弹性模量。同时，隔膜不允许产生塑性变形，故隔膜材料必须具有较高的弹性极限。隔膜材料的强度极限可不必很高，因为控制隔膜应力的是弹性极限。但隔膜材料在脉动循环的交变载荷作用下的持久极限，应不低于弹性极限，否则隔膜应力需由持久极限来控制，隔膜材料的弹性就不能被充分利用。通常弹性极限较高的隔膜材料的持久极限也较高，故材料的强度极限也不能太低。

隔膜表面不应有针孔、裂纹、划伤等缺陷。对于冷轧的金属隔膜，不应再进行热处理和磨削加工，否则去掉了由冷轧而形成的表面，反而不利。对于聚四氟乙烯隔膜，不仅要采用多向轧制，还要进行淬火处理。

(2) 隔膜结构。图 2-36 为隔膜结构。图 2-36(a) 为由耐油橡胶和聚四氟乙烯黏结而成的隔膜。橡胶部分接触液压油，聚四氟乙烯部分接触腐蚀性的介质。这种结构既能节省昂贵的聚四氟乙烯材料，又能增加整个隔膜的弹性，常用于大型隔膜泵上。

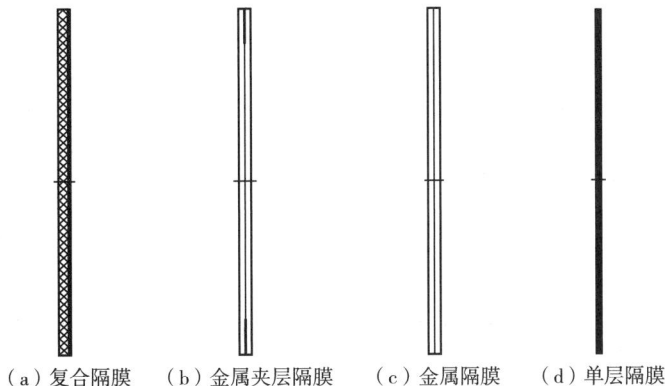

（a）复合隔膜　（b）金属夹层隔膜　（c）金属隔膜　（d）单层隔膜

图 2-36　隔膜结构

图 2-36(b)为周边黏夹不锈钢制作的波纹垫或平垫的隔膜。这种结构可以增加周边密封比压,改善密封性能,亦可延长隔膜的使用寿命。

图 2-36(c)为两层不须黏结的金属隔膜,在高温、高压状态下,隔膜仍具有良好的疲劳强度。

图 2-36(d)为单层的金属或非金属隔膜,常用于中小型隔膜泵。

2.4.3　机械隔膜式液力端

机械隔膜式液力端(见图 2-37)是指隔膜与柱塞之间直接连接。在工作过程中,柱塞直接带动隔膜做往复运动,并依靠隔膜自身强度改变物料腔的容积,进而对物料做功。

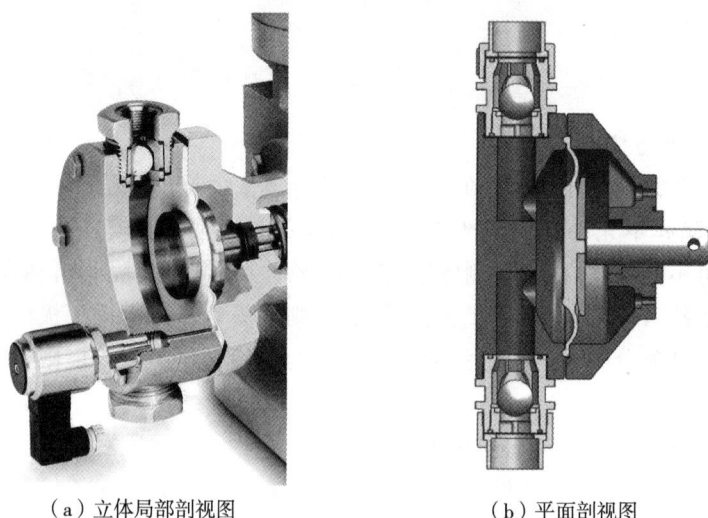

（a）立体局部剖视图　　　　　　　（b）平面剖视图

图 2-37　机械隔膜式液力端

机械隔膜式液力端与液压隔膜式液力端既有区别,也有相同之处。最大区别有两点:一是机械隔膜式液力端无液压系统,柱塞直接驱动隔膜运动,结构更加简单;二是机械隔膜式液力端对物料做功完全依靠隔膜自身强度,只能用于排出压力较低的场合。两者的相同之处在于,在工作过程中,物料为完全无泄漏状态,不会对环境造成污染。

机械隔膜计量泵的行程由于隔膜强度一般相对较小,且泵速正常也控制在 100 min^{-1}以内。因此,机械隔膜计量泵的流量一般在 2000 L/h 以内(部分计量泵制造商已推出流量最大至 4200 L/h 的机械隔膜计量泵),排出压力不超过 1.2 MPa。机械隔膜计量泵常用于流量小、压力低的场合,如污水处理中的絮凝剂加药装置、电厂的氨水加药装置、试验室或化验室中的小流量注药等。

机械隔膜泵的隔膜与液压隔膜泵的隔膜具有明显的不同,机械隔膜泵的隔膜组件与柱塞通过机械结构相连。图 2-38 所示的机械隔膜组件通过支撑件、压板等零件与柱塞连接,图 2-39 所示的机械隔膜包覆着连接芯,并通过连接芯与柱塞连接。隔膜的支撑件(如支撑体和连接芯)一般较大,隔膜的圆弧尺寸设计则需满足隔膜行程的需要(机械隔膜一般采用小行程设计)。

机械隔膜式液力端的特点:① 隔膜与柱塞连接,结构比较简单,使用也方便;② 由于最大排出压力完全依赖隔膜强度,因此排出压力一般不高,隔膜寿命也较低;③ 计量精度与液压隔膜计量泵、柱塞计量泵相比较低,适用于对计量精度要求相对不高的场合。

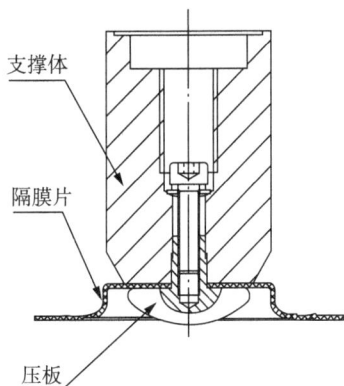

图 2-38　机械隔膜组件(1)

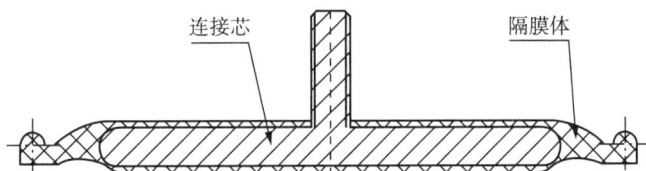

图 2-39　机械隔膜组件(2)

2.5　计量泵站

2.5.1　小成套泵站

以一台或多台计量泵为中心构成的成套设备叫作计量泵站,它的用途多是作为加药装置。

加药装置是一种集投加药物、搅拌溶解、计量输送和自动控制等功能于一体的成套设备,以计量泵作为核心设备,配以阀门、搅拌箱、搅拌器、液位计、管路、阀门、过滤器、底座、扶梯、仪表和控制系统等部件。

加药装置的计量泵参数一般以下游需求量为设计依据,根据注入点相关药物的流量需求(如调节 pH、添加絮凝剂药量、添加阻垢剂药量等参数)、压力需求等,提出计量泵的流量、排出压力等参数。根据注入点数量的多少,配以适当数量的备泵,即可提出一套加药装置中计量泵的数量。而加药装置搅拌箱容积和数量则需要根据计量泵的流量和药剂制备设计频率(如一天制备一次)综合确定。图 2-40 所示的磷酸盐加药装置采用三搅拌箱并联设计,其始终有一个搅

图 2-40　磷酸盐加药装置

拌箱处于药剂制备状态;图 2-41 所
示的污水处理 PAM 加药装置则采用
三箱串联设计,粉料通过料斗中的螺
旋给料器持续定量投加,进水口则根
据药剂制备浓度定量供水,药剂在第
一个搅拌箱中持续制备,引流管持续
将制备好的药剂流入第二溶药箱内,
再从第二溶药箱最终流至第三溶药
箱内,并由计量泵定量输送至药剂投
加点。

图 2-41　污水处理 PAM 加药装置

　　加药装置具有结构紧凑、安装简单、操作使用便捷等特点,可根据药剂配制特点和工艺需
求灵活地选择部件的组成或有针对性地进行设计,广泛应用于电厂的锅炉给水、循环水、污水
处理等系统,在石油、化工和环保领域也有应用,常用以投加絮凝剂、缓蚀剂、阻垢剂等药剂。

2.5.2　管道仪表流程

　　加药装置管道仪表流程图简称 PID 图,可详细表示撬装在一起的计量泵、管道、仪表和阀
门等设备之间的关系,描述了装置的结构和功能,是加药装置施工设计的基础。因此,加药装
置技术协议一般应带有 PID 图,并将其作为确认装置结构功能描述的重要组成部分。对于电
气设备较多、控制逻辑复杂的加药装置,还应补充"控制逻辑图",以完善技术条件组成。锅炉
给水加药装置 PID 图如图2-42所示,某 PAM 加药装置控制逻辑图如图 2-43 所示。

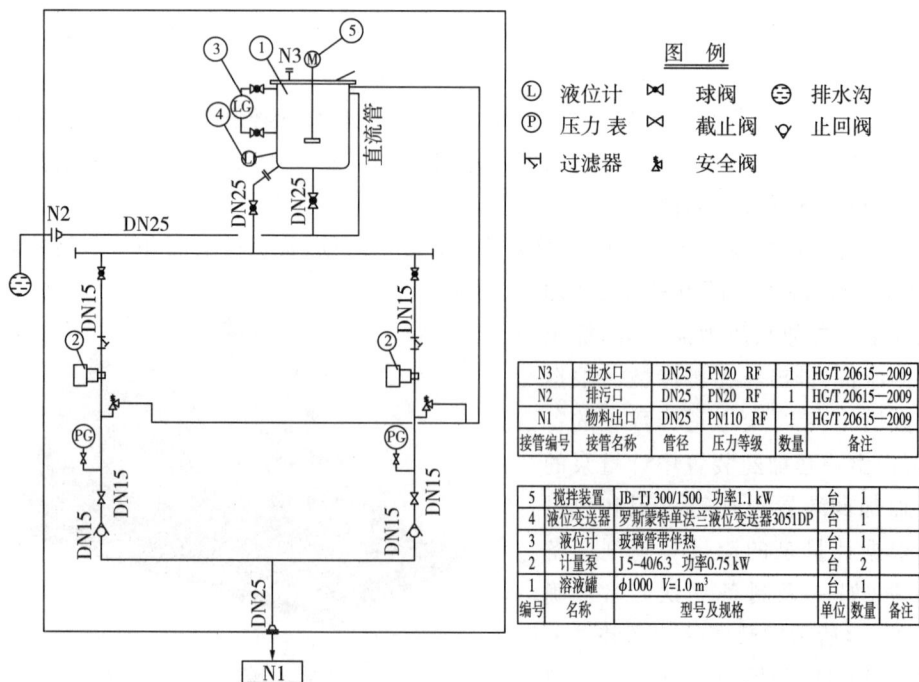

N3	进水口	DN25	PN20 RF	1	HG/T 20615—2009
N2	排污口	DN25	PN20 RF	1	HG/T 20615—2009
N1	物料出口	DN25	PN110 RF	1	HG/T 20615—2009
接管编号	接管名称	管径	压力等级	数量	备注

5	搅拌装置	JB-TJ 300/1500　功率1.1 kW	台	1	
4	液位变送器	罗斯蒙特单法兰液位变送器3051DP	台	1	
3	液位计	玻璃管带伴热	台	1	
2	计量泵	J 5-40/6.3　功率0.75 kW	台	2	
1	溶液罐	φ1000　V=1.0 m³	台	1	
编号	名称	型号及规格	单位	数量	备注

图 2-42　锅炉给水加药装置 PID 图

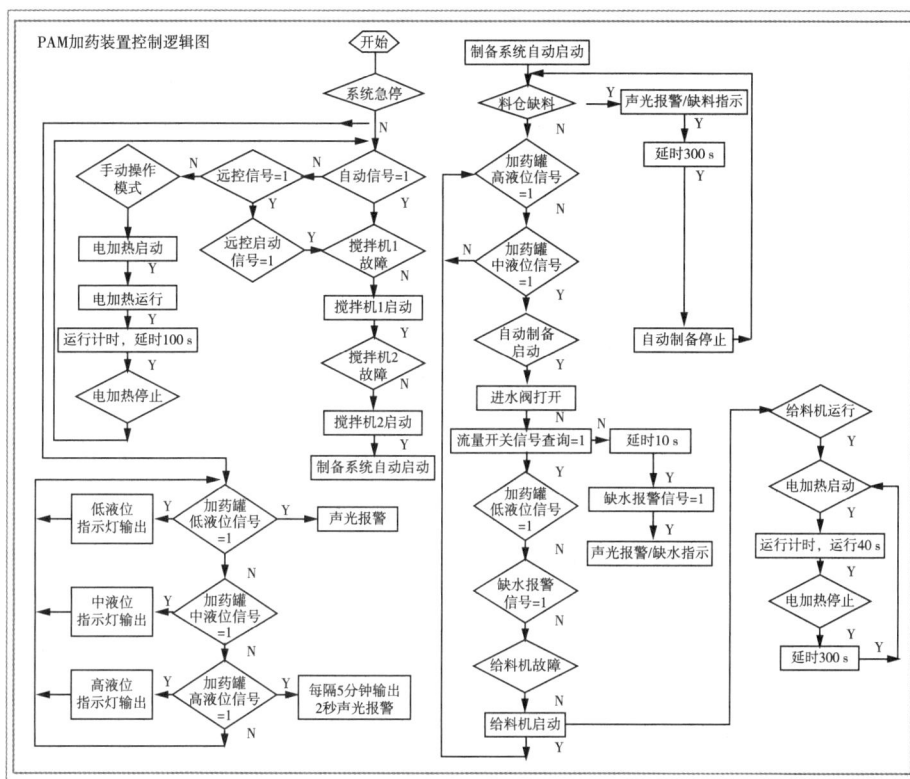

图 2-43　某 PAM 加药装置控制逻辑图

2.5.3　加药装置的组成和功能

搅拌箱是溶解、储存药剂的容器,也称为溶解箱,一般由常压容器、搅拌器、减速机、机架、电机等组成。搅拌箱如图 2-44 所示。

1. 常压容器

常压容器一般按《常压窗口　第 1 部分:钢制焊接常压容器》(NB/T 47003.1—2022)设计制造,常见的为圆形立式容器,污水处理的 PAM 加药装置常采用方箱式容器以方便整体布置,卧式容器一般用于无搅拌器的加药装置。卧式容器加药装置如图 2-45 所示。

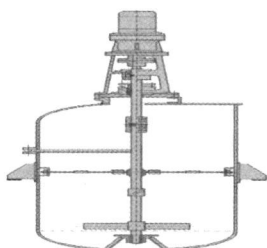

图 2-44　搅拌箱

图 2-45　卧式容器加药装置

2. 搅拌器

对于加药装置而言,搅拌器的功能是通过搅拌为流体提供必要的能量,使其形成必要的流动状态,以达到加速药剂溶解的目的。搅拌器设计可参考标准《搅拌器型式及基本参数》(HG/T 3796.1—2005)、《搅拌轴轴径系列》(HG/T 3796.2—2005)等,常用的搅拌器型式为浆式或推进式。

需要注意的是,加药装置搅拌器设计转速一般较低,特别是用于大分子量絮凝剂溶解的搅拌器,低转速可保持絮凝剂大分子量不被破坏,避免絮凝剂发生降解作用。加药装置搅拌器常用设计转速为 50 ～ 100 r/min。

当药剂黏度不高时,搅拌容器的中心部分易形成液体打旋现象,降低混合溶解效率。为消除液体的打旋现象,使被搅拌药剂能够上下轴向流动,形成全容器内均匀的混合,提高溶解效率,可在搅拌容器内壁加入若干块挡板。为防止固体药剂在底部沉积,可在搅拌容器底部设置挡板。另外,导流筒也可起到提高溶解效率的作用。

3. 控制系统

控制系统是指用于实现计量泵、搅拌器等设备动作控制、故障报警、信号传输等功能的系统,一般集成在一个控制柜中。

控制系统常用的功能有各计量泵和搅拌器设备的启停、故障报警等功能。当需要时,系统内的温度传感器、pH、药剂液位等其他信号可以按设定好的逻辑控制计量泵的流量和启停,以实现药剂的精确输送和设备的安全保护功能。

2.6 特殊型式的计量泵

传统型式的计量泵,一般动力端为 N 形轴连杆机构,通过这种机构将电机的旋转运动改变为十字头的往复运动;而液力端则为包含柱塞(活塞)和单向阀等零部件的分部件,柱塞往复运动引起的物料腔容积变化,在单向阀启闭的配合下,完成液体的输送过程。流量调节功能一般通过 N 形轴调节柱塞的行程长度实现。

随着技术的发展和市场需求的变化,计量泵也产生了各种各样的结构型式,下面着重介绍动力端为电磁力驱动的电磁计量泵和两种型式的单柱塞定量灌装泵。

2.6.1 电磁计量泵

电磁计量泵的液力端一般为机械隔膜式,因此也常称为电磁隔膜计量泵,广泛应用于水处理、食品和制药等领域,其功能特点是微量计量配比供液。

电磁计量泵主要由电磁驱动的动力端和机械隔膜式液力端组成,动力端主要由铁芯、线圈、弹簧等组成。电磁计量泵结构示意如图 2-46 所示,电磁计量泵外形如图 2-47 所示。

膜片:由于计量泵输送的一般都是强腐蚀性液体,所以对于直接和被输送液体接触的膜片有很高的防腐要求。

泵头:泵头为被计量流体的过流部分,其质量好坏一般表现在密封性、防腐性和结构稳定性。

电路板：对于电路板一般不存在工艺设计的问题，只是有数字电路和模拟电路之分，主要的质量表现在密封性，因为电路板绝对不能进入水汽。

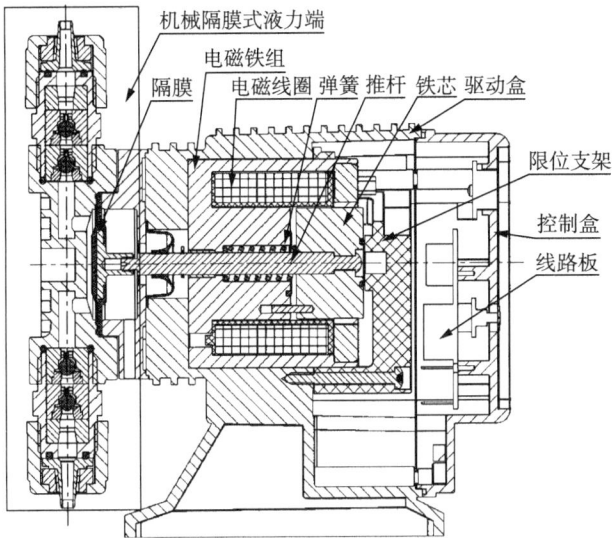

图 2-46　电磁计量泵结构示意

图 2-47　电磁计量泵外形

当电磁铁的线圈得电时，产生的电磁力吸引铁芯向前运动，压缩弹簧并推动推杆前进，进而推动隔膜产生变形，液体被定量排出；当电磁铁的线圈失电时，吸引铁芯的电磁力消失，在被压缩的弹簧力的作用下，铁芯向后运动，并拉动推杆后退，进而作用于隔膜而使液体被定量吸入。电磁计量泵是利用电磁推杆带动隔膜在泵头内往复运动，引起泵头腔腔体积和压力变化，压力的变化引起吸液阀门和排液阀门的开启和关闭，实现液体的定量吸入和排出。电磁计量泵是由电磁铁驱动，为输送小流量低压力管路液体而设计的一种定量泵，它以结构简单、能耗小、计量准确以及调节方便而在行业内受到欢迎。其设计原则为简单、实用，不过它的缺点就是计量流量小（常见小于 90 L/h），对管路压力要求比较低，这也从某些方面限制了它在工业上的应用。

这种微型计量泵之所以用途广泛，是因为它的泵送介质非常广泛。作为隔膜泵的一种，其适应介质的能力很强，腐蚀、磨损、高温和高黏度的介质都可以较好地泵送，所以，它有着较好的应用市场。

电磁计量泵一般由控制部分、驱动部分、传动部分及过流部分组成，电磁计量泵区别于其他计量泵的主要是驱动部分。

电磁计量泵具有以下特点：

（1）过压自动保护，无需安全阀；

（2）流量调节范围宽，可高达 1000∶1；

（3）便于外部自动控制，直接响应外部 4～20 mA 信号及脉冲控制信号；

（4）运动部件简单，无须润滑，无传动减速部件，高可靠性；

（5）模块式结构,部件便于更换,无须焊接;

（6）全密封外壳,IP65 防护等级,玻璃纤维增强 PP 材质;

（7）低功耗,可适应 25 ～ 60 Hz 电源;

（8）备有直流电源可选型(也可锂电池供电)。

2.6.2　定量灌装泵

同电磁计量泵类似,定量灌装泵也是微小流量、结构极为简单的一种单柱塞泵,它的特征参数也是能够较好地适应范围宽广的介质,尤其是对高黏度流体和腐蚀性流体的定量输送。这种定量灌装泵最初来源于工业流程生产线,由于生产流程对功能、连续运行甚至诸如卫生条件等的严格要求,它是生产线的关键部件,所以,将其单独专业批量生产,形成了产业化。定量灌装泵有两种结构,都是单柱塞型式,且柱塞副过流部件都是工业陶瓷材料,保证运行的可靠性。这两种结构为无阀定量灌装泵和有阀定量灌装泵。

1. 无阀定量灌装泵

无阀定量灌装泵一般由电机、联轴器、柱塞、液缸体、调节机构、进出口接管和公共底座组成(见图 2-48、图 2-49)。其中,带有缺口的柱塞和柱塞的往复旋转结构是其特殊结构(见图 2-50)。该泵大多应用在电池制造业灌装腐蚀性强的电解液。

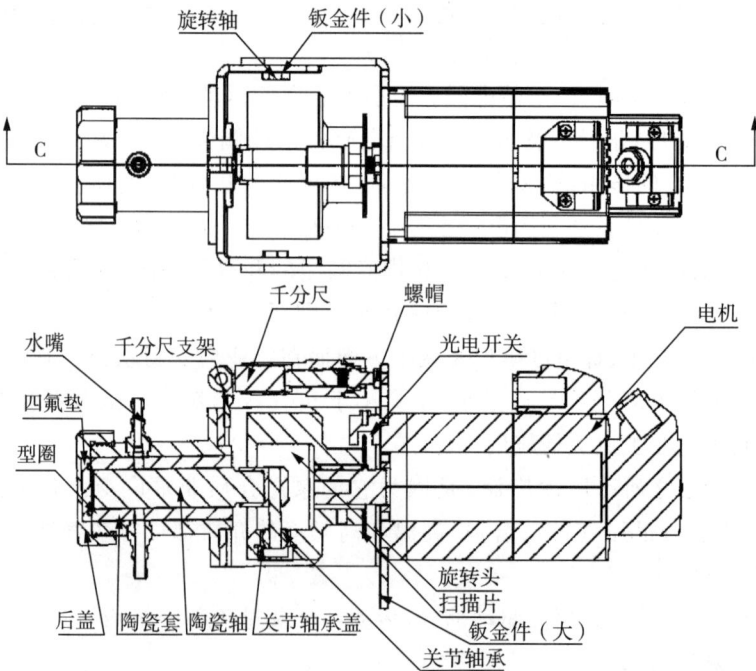

图 2-48　无阀定量灌装泵结构

无阀定量泵的电机一般为步进电机,可通过驱动控制程序调节电机转速。电机带动联轴器进而与柱塞同步旋转。调节机构可调节柱塞轴线与电机轴线夹角,以实现调节流量的目的。无阀定量罐装泵作业原理如图 2-51 所示。

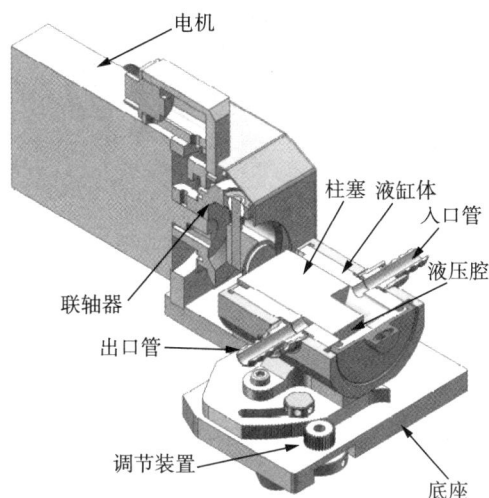

图 2-49　无阀定量灌装泵三维视图

图 2-50　无阀定量泵带缺口柱塞

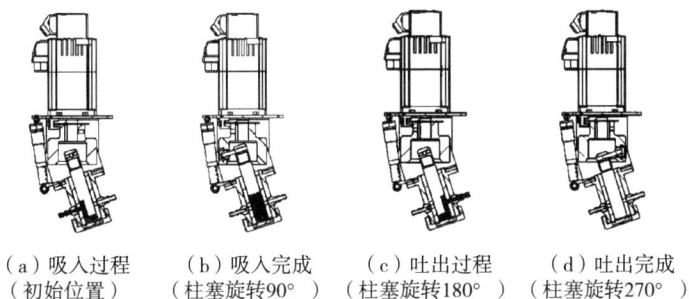

（a）吸入过程　　（b）吸入完成　　（c）吐出过程　　（d）吐出完成
（初始位置）　（柱塞旋转90°）　（柱塞旋转180°）　（柱塞旋转270°）

图 2-51　无阀定量罐装泵作业原理

当柱塞轴线与电机轴线在非重合状态时,电机与柱塞这种特殊的连接形式,使得柱塞在旋转运动的同时,也进行往复运动(柱塞轴线与电机轴线夹角的大小直接影响柱塞往复行程的长度)。

（1）在初始位置,柱塞位于液缸体的前死点,柱塞缺口与入口管和出口管都未连通。

（2）脱离初始位置后,柱塞开始旋转并轴向运动,柱塞缺口与入口管连通,柱塞与液缸体之间的腔体容积增大,液体通过入口管流入液压腔内。

（3）当柱塞旋转至180°时,柱塞位于后死点,液压腔内容积达到最大值,同时柱塞缺口与入口管不再连通。

（4）柱塞继续旋转,柱塞缺口与出口管连通,并开始向前死点运动,压缩液压腔内液体通过出口管排出,直至达到初始位置的状态,即完成一次吸入和排出液体的过程。

无阀泵可通过调节机构改变柱塞倾斜角进而改变柱塞的行程,实现流量调节的功能,亦可通过改变步进电机的转速,进一步的微调流量。柱塞上的缺口就是阀(流道),当阀旋转缺口对准进(出)口,流量就吸入(或排出)。

双联无阀定量灌装泵如图 2 - 52 所示，该泵可实现电机两端共轴的双联泵结构。

2. 有阀定量灌装泵

有阀定量灌装泵是最早应用的灌装泵型式，大多用于液体针剂安瓿的批量灌装，单柱塞泵工作以液滴形式出现，流量以毫升计但非常稳定，尤其适用于流程灌装的连续运行。该泵有两个伺服电机做动力，一个通过滚珠丝杠带动柱塞的往复运动，另一个直

图 2 - 52　双联无阀定量灌装泵

接驱动旋转阀转动，达到进出液的目的。旋转阀又分为两种：第一种是将柱塞铣出缺口，使其在往复运动的同时强制其旋转运动，起到阀与柱塞一体的作用（见图 2 - 53）；第二种是将柱塞与旋转阀分开，阀单独有伺服电机驱动启闭，柱塞只单纯做往复运动（见图 2 - 54）。这两种泵型都在医用安瓿灌装中广泛应用。

（1）泵的灌装运行。将泵安装在灌装机上，旋转阀与传动轴相连接，柱塞与连接座固定，泵体通过圆柱销固定不动，两个径向进出口（图中喷嘴）与硅胶管相连。

（2）吸入液体。升降伺服电机工作，滚珠丝杠正转带动升降轴下降，柱塞向下做线性运动，液体通过液嘴进入陶瓷泵内腔。

（3）转阀旋转。转阀伺服电机工作，传动轴带动转阀旋转，转阀旋转 180°，转阀过液孔对准另一个液嘴。

（4）排出液体。升降伺服电机工作，滚珠丝杠反转带动升降轴上升，柱塞向上做线性运动，液体通过液嘴向外流出。

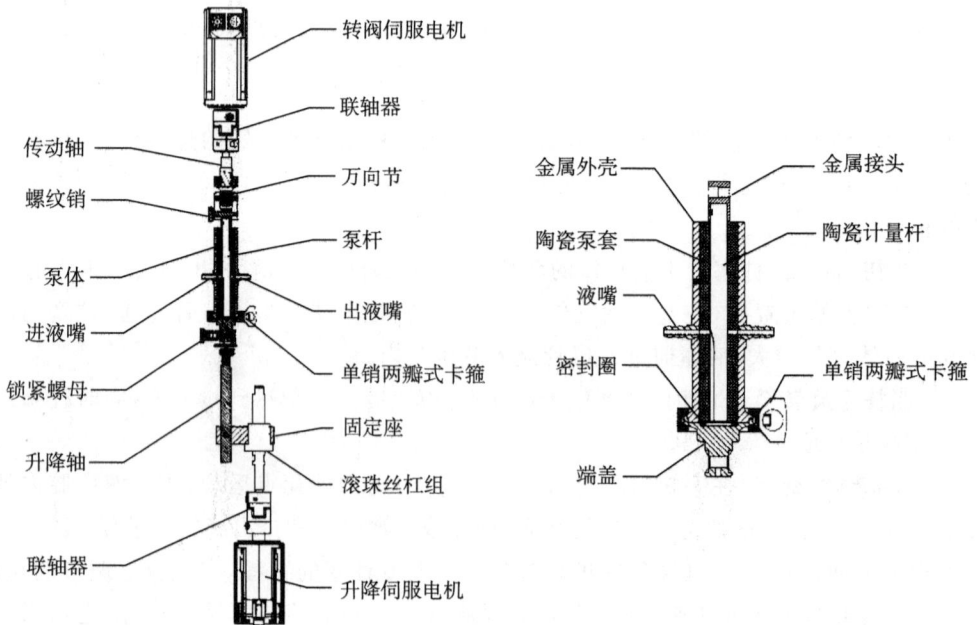

图 2 - 53　旋转阀与柱塞一体的有阀罐装泵结构

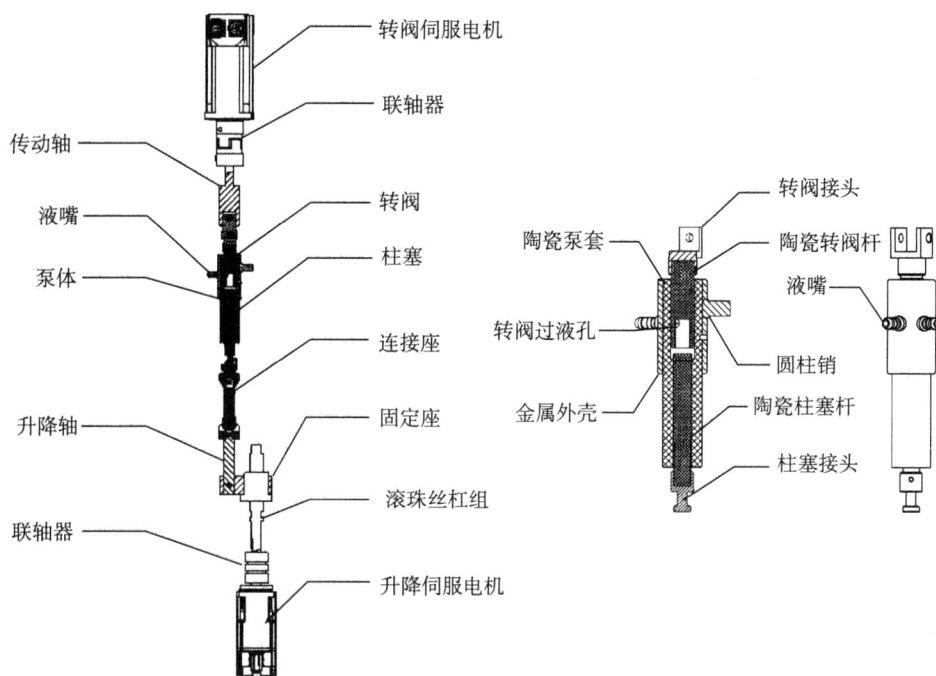

图 2-54　柱塞与旋转阀分开的有阀罐装泵结构

第3章　高压泵及其应用(上)

3.1　化工泵

化工泵自20世纪80年代以来一直备受重视,其作为通用机械的一类流程泵,虽以离心泵产品为主,但也有往复泵。化工泵采用耐腐蚀材质(如玻璃纤维、聚氯乙烯、氟塑料、不锈钢),适用于从罐、桶、缸、池或其他容器中抽取腐蚀性液体,具有性能稳定可靠、密封性好、使用检修方便等优点。

我国在高端技术上与国外存在较大的差距,因此调整产业结构,开发实用性强、技术含量高、抗腐蚀耐磨性能好、运行及密封性能可靠的化工泵,以满足国内市场需求至关重要。

3.1.1　化工泵质量控制的难度

化学(石化、化肥)工业用泵的较好特性如下:高质量、高可靠性和高环境保护性能;在完成化工介质输送任务的同时有利于工人的身体健康;预期使用寿命的运行费用最低;可以与整套化工设备有机结合成一个整体。然而,在化工生产过程中,各种具体的使用条件和使用目的又对化工泵的制造提出了不同的要求。

化学工业中使用的机械设备的突出特点是机械设备的性能、要求随着被输送化学介质的种类和性质而变化。这里提到的介质有时指的是水、油或者其他非有害物质,然而大多数情况下指的是一些非常"可怕"的化工原材料,如一些有着严重危害性的介质(有毒、腐蚀性和易燃性的介质),特别是一些易产生化学反应的、有腐蚀、糜烂作用的介质或者含有上述成分的固体或者气体介质。因此,常对介质的纯度提出特别严格的质量要求,而这些介质可以通过合适的化工泵来方便输送。

化工泵主要应用于化工、化肥、石油、冶金、轻工、合成纤维、环保、食品、医药等领域,而上述领域对产品材质、效率、环保等性能指标的要求很高。化工泵的生产工艺复杂,产品质量控制的难度高,在产品批量生产的过程中,需要对每一件产品进行严格的质量检测之后才能交付,这是化工泵行业的一个重大特点。

3.1.2　往复泵在化工行业的应用

1. 化工泵的分类

化工泵按输送介质可以分为水泵、耐腐蚀泵、杂质泵和油泵。

1)水泵

水泵包括清水泵、凝水泵、热水泵等,是一种量大、面广的通用型机械设备。水泵的选型主要涉及工作介质、工作介质特性、扬程(压力)、流量、环境温度等,合适的水泵不但工作平稳、寿命长,而且能最大程度地为用户节省成本。

2)耐腐蚀泵

耐腐蚀泵顾名思义是具有耐腐蚀性能的泵,主要用于具有腐蚀性液体的输送,是通用设备泵里面使用较为广泛的一种泵。腐蚀性液体输送使用最为广泛的为不锈钢材料制造的耐腐蚀泵,其具有耐腐蚀范围广、维修操作方便等优点。

耐腐蚀泵主要包括不锈钢泵、高硅铸铁泵、陶瓷耐酸泵、不透性石墨泵、衬硬胶泵、硬聚氯乙烯泵、隔膜泵、钛泵等,是工业生产较为广泛运用的泵类产品。其主要用于输送任意浓度的酸性介质、碱性介质、油类介质、毒性介质、挥发性介质等。

在设计装置设备时,所选耐腐蚀泵的型式和性能应符合装置流量、扬程、压力、温度、汽蚀余量、吸程等工艺参数的要求。同时,还应满足介质特性的要求,如输送腐蚀性介质的泵,其过流部件应采用耐腐蚀性材料。

3)杂质泵

杂质泵主要包括浆液泵、砂泵、污水泵、煤粉泵和灰渣泵等。杂质泵用于输送含有固体颗粒的浆体,泵的过流部件应有一定的耐腐蚀性。杂质泵过流部件可选用的材料较多,应根据输送浆体的物理性质(颗粒组成、粒径、形状、硬度、浓度等)和化学性质而定。研究表明,金属的磨损率与固体颗粒(磨粒)的尺寸成正比,金属的磨损率随磨粒尺寸的增加而增加,即磨粒越细,磨损率越低。金属的磨损率还随着磨粒硬度和浓度的增加而增加。

4)油泵

油泵主要包括冷油泵、热油泵、油浆泵和液态烃泵等,是一种既轻便又紧凑的泵。油泵有直列式、分列式和单体式三大类。油泵的数量、压力和流量需要非常精确,并且按照负荷自动调节。

2. 往复泵的适用范围

往复泵是利用柱塞的往复运动来输送液体的泵。柱塞的往复运动将能量直接以静压能的形式传送给液体。因为液体是不可压缩的,所以在柱塞压送液体时,液体承受很高的压强,从而获得很高的扬程。往复泵适用于高压力和小流量的场合,适宜输送清洁的液体或气液混合物,在化工行业的应用有如下特点。

(1)往复泵适用于输送流量较小、扬程较高的各种介质,尤其是特殊性介质,如高黏度、高腐蚀性、易燃、易爆、有毒等介质。

(2)合成橡胶、合成塑料、合成纤维、合成氨的生产中,往复泵的用处主要是加压输送液体原材料、催化剂及各种工艺介质。例如,尿素生产中需用往复式的高压甲铵泵、液氨泵,其排出压力为 21.6~34.3 MPa;合成氨生产中需用电动往复泵输送铜液;等等。

(3)在石油工业中,钻井泥浆泵和油井压裂用泵是钻探和采油工程方面的主要设备,高压注水泵、注聚合物泵是油田为提高石油产量而使用的二次采油工艺和三次采油工艺中的关键设备。随着石油工业的发展、近海和大洋油田的大开发、管道输送的增加,往复泵日益向高压、大功率方向发展。

(4)往复式杂质泵在大功率、大流量、长距离、输送悬浮固体物的过程中,起着非常关键的作用,其功率达 2200 kW。

（5）计量泵除了输送液体以外，还具备连续测量和控制器的功用，因此许多机构把计量泵作为一种精细工业仪器使用。

3.1.3 化工泵材料的选择

一直以来，腐蚀是化工设备的危害之一，轻则损坏设备，重则造成事故甚至引发事故。据有关统计，化工设备的破坏约有 60% 是由腐蚀引起的，因此在化工泵选型时首先要考虑选材的科学性。下面针对一些常用化工介质介绍选材的要点。

1. 硫酸

作为强腐蚀介质之一，硫酸是用途非常广泛的重要工业原料。不同浓度和温度的硫酸对材料的腐蚀差别较大，对于浓度在 80% 以上、温度小于 80 ℃ 的浓硫酸，碳钢和铸铁有较好的耐腐蚀性，但它们不适合输送高速流动的浓硫酸；普通不锈钢对输送浓硫酸介质的用途也有限。因此输送硫酸的泵通常采用高硅铸铁（铸造及加工难度大）、高合金不锈钢制造。氟塑料具有较好的耐硫酸性能，采用衬氟泵是一种为经济的选择。

2. 盐酸

绝大多数金属材料都不耐盐酸腐蚀（包括各种不锈钢材料），含钼高硅铁也仅可用于温度小 50 ℃、浓度低于 30% 的盐酸。和金属材料相反，绝大多数非金属材料对盐酸都有良好的耐腐蚀性，所以内衬橡胶泵和塑料泵（如聚丙烯、氟塑料等）是输送盐酸的最佳选择。

3. 硝酸

一般金属在硝酸中会被迅速腐蚀、破坏，不锈钢是应用最广的耐硝酸材料。不锈钢对常温下一切浓度的硝酸都有良好的耐腐蚀性。值得一提的是，含钼的不锈钢对硝酸的耐腐蚀性并不优于普通不锈钢，有时甚至不如。对于高温硝酸的输送，通常采用钛及钛合金材料。

4. 醋酸

醋酸是有机酸中腐蚀性较强的物质之一，普通钢铁在一切浓度和温度的醋酸中都会被严重腐蚀，不锈钢是优良的耐醋酸材料，含钼的 316 不锈钢还适用于高温和稀醋酸蒸气。对于高温、高浓度醋酸的输送，可选用高合金不锈钢或氟塑料。

5. 碱（氢氧化钠）

钢铁可广泛用于输送温度低于 80 ℃、浓度低于 30% 的氢氧化钠溶液，也有许多工厂在输送温度低于 100 ℃、浓度低于 75% 的氢氧化钠溶液时仍采用钢铁，这时虽然腐蚀增加，但经济性好。普通不锈钢对碱液的耐腐蚀性与铸铁相比没有明显的优点，若介质中容许少量铁粉掺入则不推荐采用不锈钢。对于高温碱液的输送，多采用钛及钛合金或者高合金不锈钢。

6. 氨（氢氧化铵）

大多数金属和非金属在液氨及氨水（氢氧化铵）中的腐蚀都很轻微，只有铜和铜合金不宜使用。

7. 盐水（海水）

普通钢铁在应对氯化钠溶液和海水等的腐蚀时，一般采用涂料保护；各类不锈钢会有很低的均匀腐蚀率，但可能因氯离子而引起局部性腐蚀，因此通常采用 0Cr17Ni12Mo2 不锈钢输送盐水（海水）。

8. 醇类、酮类、酯类、醚类

常见的醇类介质有甲醇、乙醇、乙二醇、丙醇等,酮类介质有丙酮、丁酮等,酯类介质有甲酯、乙酯等,醚类介质有甲醚、丁醚等,它们基本没有腐蚀性,常用材料均可适用,具体选用时还应根据介质的属性和相关要求做出合理选择。值得注意的是,酮类、酯类、醚类对多种橡胶有溶解性,在选择密封材料时应避免出错。

3.2　化肥泵

我国是农业大国,20 世纪 60 年代的“吃和穿”问题造就了往复泵的大发展。自尿素生产工业化以来,各种工艺日臻成熟,设备结构和配套方案不断改进,生产规模也向大型化方向发展。典型的尿素工艺有水溶液全循环法、二氧化碳汽提法和氨汽提法。无论采取哪种工艺,化肥泵(如高压甲铵泵、高压液氨泵和二甲泵等往复泵)均是尿素生产中的关键设备。引进和发展化肥泵,也是往复泵最早的市场应用典范。

高压甲铵泵用于将中压吸收塔底回收的甲铵溶液从大约 1.7 MPa(G)升压到约 15.4 MPa(G),经甲铵预热器后送至高压甲铵冷凝器。高压液氨泵用来将液氨从大约 2.3 MPa(G)升压到约 22 MPa(G),然后高压的液氨进入高压甲铵喷射器作为甲铵喷射器的动力液,引射高压高温强腐蚀的甲铵液,两者混合后一起进入尿素合成塔。

往复式柱塞泵的缺点是适用工况流量小、结构复杂、易损件多、填料密封容易泄漏、维修工作量大、使用成本高、无故障运行时间短。这与大流量、长周期、高安全性与环保性的要求有一定的差距。

尿素生产工艺中,最主要的是尿素合成工段。在尿素合成条件下,氨(NH_3)与二氧化碳(CO_2)在液相中合成尿素[$CO(NH_2)_2$]的反应通常分两步完成:

$$2NH_3 + CO_2 = NH_2COONH_4$$

$$NH_4COONH_2 = CO(NH_2)_2 + H_2O$$

第一步反应是强烈的放热反应,且反应速度很快,几乎所有氨和二氧化碳都能转换成氨基甲酸铵(NH_2COONH_4);第二步反应是吸热反应,反应速度很慢,是需要控制反应速度的过程,这一步只有 65%~70% 的氨基甲酸铵脱水生成尿素。尿素合成塔排出的反应液实际上是尿素和氨基甲酸铵的混合液。在后续的工艺流程中大部分氨基甲酸铵通过汽提塔被分离出来,再经冷凝器返回尿素合成塔循环利用。这部分氨基甲酸铵经过进一步分解和吸收后用高压甲铵泵将来自中压吸收塔底回收的氨基甲酸铵升压至大约 15.4 MPa,送回尿素合成塔。

目前,我国大型化肥项目中尿素装置用的高压甲铵泵、高压液氨泵采用的离心泵,主要依赖进口。本节介绍的往复式化肥泵则是用于中小化肥装置。

3.2.1　甲铵泵

1. 发展历程

我国从 1965 年开始设计并制造尿素生产配套用的甲铵泵。泵所输送的氨基甲酸铵溶液在高温高压下具有强烈的腐蚀性及易汽化或结晶的特征,因此,泵的流量要求在一定范围内能无级调节。

甲铵泵研制后虽做了多次改型设计和技术改进,但该产品仍然存在不少缺点,其主要表现为泵体开裂和密封使用寿命短两个方面。为此,1972年,中华人民共和国第一机械工业部(简称一机部,现已撤销)、中华人民共和国燃料化学工业部(简称燃化部,现已撤销)为解决甲铵泵存在的两大关键问题,组织了技术攻关工作组,开展技术攻关工作。1984年,一机部、燃化部联合召开了甲铵泵技术攻关鉴定会,鉴定结果表明,泵体开裂和密封使用寿命短两个关键问题得到了很好的解决,其技术接近国外同类产品水平。

20世纪80年代,国家根据市场的需要,大力发展中、小化肥厂的生产能力,合肥通用机械研究所受有关部门的委托,承担了新一代甲铵泵、液氨泵产品的开发任务。随着科学技术的发展,新技术、新材料的推广应用,合肥通用机械研究所根据市场需要,吸取国内高压往复泵的成熟经验,设计了新一代甲铵泵、液氨泵。这类泵具有大推力、低泵速等特点,大大地改善了曲轴受力状态,大幅度减小了曲轴和整机尺寸,从而使泵净重减轻了1/3~1/2。铸造机座设计呈剖分式,机座大盖与机座从主轴承中心线斜分开,便于曲轴连杆机构的拆装和维护。采用高承载能力的硬齿面减速器(减速器效率高达96%~98%),去除了比较庞大的液力变矩器和二级行星减速器,以及与之相匹配的循环油泵和冷却水系统,因此结构简单紧凑。液缸体采用我国自行研制的双相超低碳不锈钢00Cr18Ni5Mo3Si2,组合阀使用钛合金材料,通过改进结构设计和优选材料,提高材料性能及改善制造加工工艺等措施,甲铵泵的使用寿命得到了延长。产品在工厂进行了500 h型式试验,并取得了满意的结果。

国内外用于制造甲铵泵的材料主要有两类不锈钢:一类是奥氏体不锈钢,如 Mo3Ti 316、316L和316LH等;另一类是奥氏体+铁素体双相不锈钢,如329、329J1、3RE60等。已进行过的试验研究和多年的使用结果表明,00Cr18Ni5Mo3Si2兼有奥氏体不锈钢和铁素体不锈钢的力学性能及耐腐蚀性能特征,既有良好的综合机械性能,又有令人满意的耐腐蚀性能。国产的00Cr18Ni5Mo3Si2对化学成分做了某些调整,加入了一定量的氮,进一步提高了强度、改善了工艺性能。试验结果表明,钢中的碳化物、氧化物及硫化物等非金属类杂质可能是液缸体腐蚀疲劳开裂的主要原因,应尽可能降低它们的含量。因此,液缸体用00Cr18Ni5Mo3Si2必须采用AOD或VOD方法进行精炼。由于00Cr18Ni5Mo3Si2对热处理比较敏感,因此热处理工艺的选择是否正确对材料的最后性能产生重要影响。实践证明,采用国产双相不锈钢制造甲铵泵液缸体,只要正确掌握制造工艺过程中的关键技术,就能保证液缸体具有较长的使用寿命。

甲铵泵采用变频调速是一大创新,不但有效地提高了泵的整机效率,大大降低了能耗,而且使泵调节灵活、操作方便、使用可靠。

由于工艺流程上氨基甲酸铵被加压打进尿素合成塔,并要求一吸塔的液位保持一定水平,因此要求甲铵泵能无级变速。在此之前甲铵泵曾有三种调速方式。第一种是20世纪60年代用整流子电机调速。这种电机有整流子,平时有电弧,无防爆产品,生产环境有氨,且钢质整流子腐蚀严重,经常要检修。第二种是20世纪70年代以后多数采用的液力变矩器调速。液力变矩器虽然解决了防爆问题,但这是一种附加的机械调速装置,其能耗大、结构复杂、调试困难、容易损坏。第三种是少数厂采用的滑差电机调速。滑差电机的噪声大、无防爆产品,不宜用在防爆场所,且大型滑差电机往往因励磁绕组的发热难以解决而经常损坏。1988 年,为了改进甲铵泵的调速方式,采用变频调速技术。其特点如下:变频调速是通过改变输入电动机电源的频率及电压来改变电动机转速的,可选用鼠笼式电动机,电动机可根据环境选用防爆型或防腐型;变频器可放在远离现场的控制室,不受现场环境的影响;调速方便、灵活,易于实现远方调速和自动调速;变频调速器效率高,节能效果显著。由于当时国产变频器可靠性不高,因此试制了采用日本变频调速器的甲铵泵,并于 1991 年 9 月 24 日在明水化肥厂(现为山东明水大化集团)投入运行,这是正式用于尿素生产的第一套带变频调速的甲铵泵。

新一代甲铵泵变频器能适应低速、大功率往复泵的恒力矩脉动负荷。原始开车时,因甲铵泵输送的介质为水,流量为 $3\sim4$ m³/h,泵运行在 $15\sim16$ Hz、$27\sim30$ min^{-1} 的工况下,输出电流表指针略有波动,但运行正常。正常生产时,泵运行在 $29\sim41$ Hz、$54\sim76$ min^{-1} 的工况下,日产 200 t、班产 68 t 尿素高负荷生产时,泵的转速不到 80 min^{-1}(泵最高转速为 92.5 min^{-1}),仍有 10% 的富余量,因此变频器对泵的开停及负荷加减量能够适应。

新一代甲铵泵、液氨泵各项技术性能指标已达到同期国外先进产品的技术水平,其中甲铵泵的液缸体材料已国产化,开裂问题已解决,填料的纺织材料已解决,寿命也有很大的提高。

2. 结构原理及主要性能参数

甲铵泵的工作原理是利用液体的不可压缩性,通过柱塞的往复运动,实现液缸体压力和体积的变化,从而加压和输送氨基甲酸铵溶液。甲铵泵的工作压力达 20 MPa,所输送的氨基甲酸铵溶液对金属材料有很强的腐蚀性,氨基甲酸铵溶液在低温时容易析出结晶,从而引起管路堵塞,因此必须在高温下工作。甲铵泵运行状况的好坏对系统稳定性至关重要。甲铵泵排量小将直接导致一段吸收塔液位上升、满液,氨冷器结晶堵塞,尿素生成率低,加重中、低压系统的吸收负荷,系统必须减负荷甚至造成停车。甲铵泵机组如图 3-1 所示。

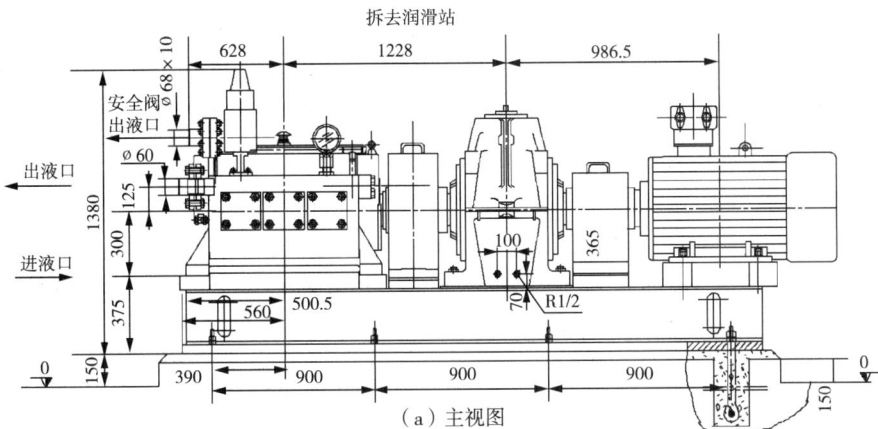

(a) 主视图

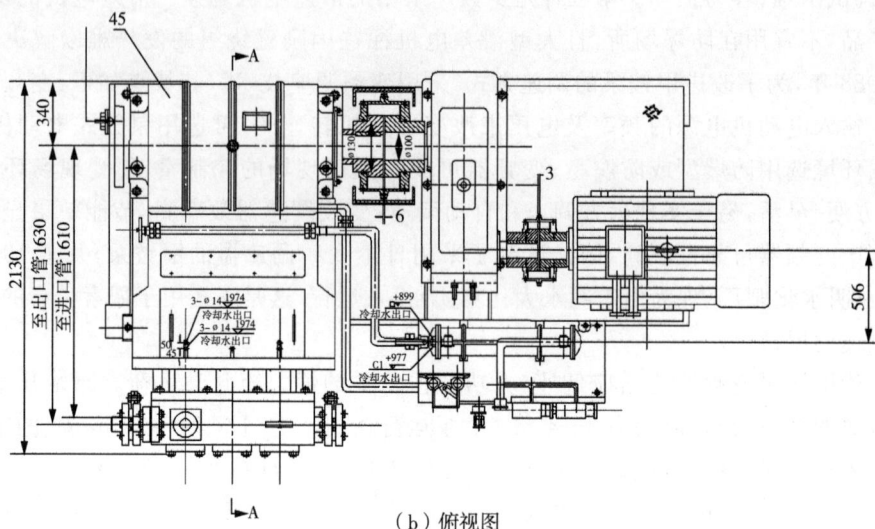

（b）俯视图

图 3-1　甲铵泵机组

甲铵泵主要有以下几个方面的工况特点。

（1）甲铵泵输送介质为氨基甲酸铵溶液，不同工艺流程的组分不同。对于氨汽提法工艺来说，氨基甲酸铵溶液的组分为 NH_3（48.5%）、CO_2（19%）、H_2O（32.5%），温度为 75 ～ 100 ℃，密度为（0.9 ～ 1）× 10^3 kg/m^3，黏度小于 3 MPa·s，蒸气压力在 80 ℃ 时达到 1.57 MPa。

（2）氨基甲酸铵溶液对大多数金属材料具有很强的腐蚀能力，与介质接触的泵过流部件需采用具有优良的抗疲劳强度、耐腐蚀性能和机械强度的材质。一般国外制造商都采用双相不锈钢或 CD4MCu 等材料。

（3）甲铵泵属小流量高扬程高压泵，流量取决于装置生产能力和工艺流程。800 kt/a 规模的尿素装置，根据工艺流程不同甲铵泵流量为 60 ～ 104 m^3/h，扬程为 1100 ～ 2000 m。

以 3JA-16/16.6-TB 甲铵泵为例，简要介绍其结构原理和主要性能参数。

结构原理：3JA-16/16.6-TB 甲铵泵采用卧式三柱塞往复泵，该泵由动力端和液力端组成。泵液力端的过流元件用耐酸不锈钢制造而成。泵设计为连续运转型，且电动机通过变频器来实现变频调速，从而带动齿轮减速器传动使泵的流量进行无级调速。

主要性能参数：输送介质为氨基甲酸铵溶液；介质设计温度为 74 ～ 80 ℃；介质特性为易结晶；流量为 14 ～ 16 m^3/h；电动机功率为 110 kW；吸入压力为 0.415 MPa（G）；排出压力为 16.6 MPa（G）；缸数为 3；柱塞直径为 92 mm；柱塞行程为 160 mm；容积系数为不大于 90%；泵效率为不大于 83%；泵速为 79 ～ 90 min^{-1}；柱塞采用 A4 钢材质；柱塞填料采用四氟芳纶材质；组合阀密封垫片采用尼龙材质。

3. 主要组成部件

1）动力端

动力端如图 3-2 所示。

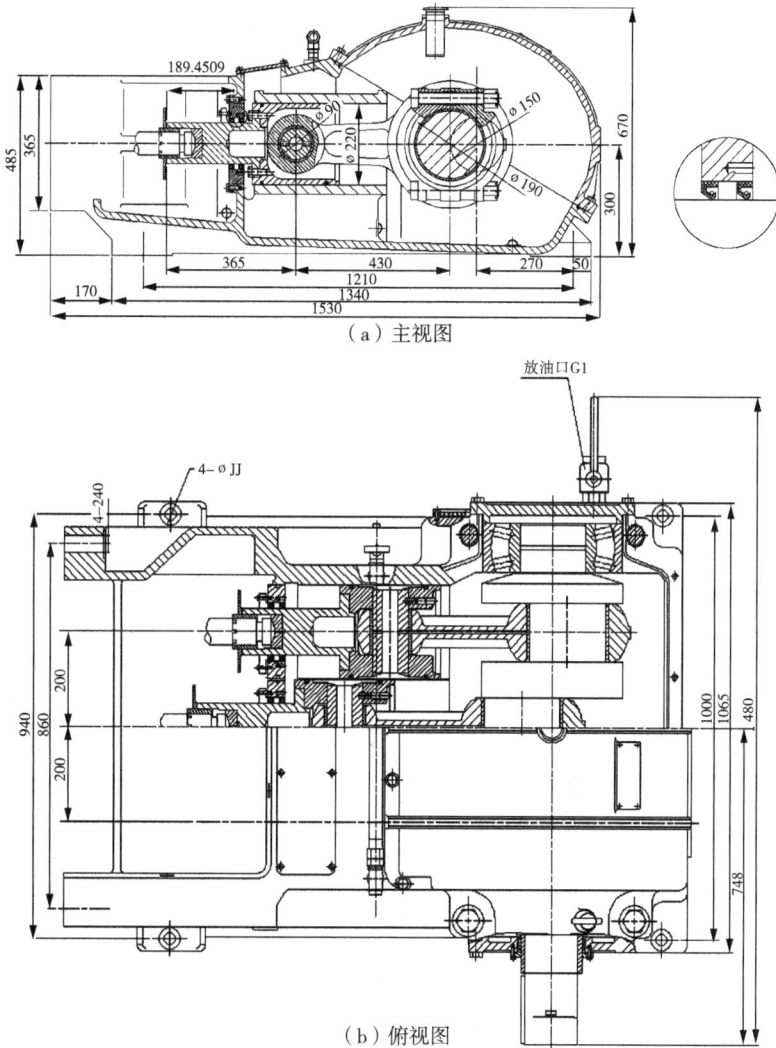

(a) 主视图

(b) 俯视图

图 3-2   动力端

动力端由曲轴、连杆、十字头、浮动套和机座等组成。

(1) 曲轴:曲轴为泵关键部件之一,采用曲拐轴整体型式,材料为 35CrMo。它是将旋转运动转变为往复直线运动的关键一步,为了使其平衡,各曲柄销与中心互成120°。

(2) 连杆:连杆将柱塞上的推力传递给曲轴,又将曲轴的旋转运动转换为柱塞的往复运动,材料为 QT600-3,截面采取"工"字形,大头为剖分式,轴瓦采用对分薄壁瓦形式,小头瓦采用轴套式,并以其定位。

(3) 十字头:十字头连接摇摆运动的连杆和往复运动的柱塞。它具有导向作用,材料为 QT600-3。它与连杆为闭式连接,与柱塞卡箍或螺帽相连。

(4) 浮动套:浮动套固定在机座上,一方面起隔绝油箱与污油池的作用,另一方面对十字头接杆起浮动支承的作用,能提高运动密封部分的使用寿命。

(5) 机座:机座是安装动力端和连接液力端的受力构件,故采用 HT250 铸铁铸成箱形结构。机座具有优良的刚性和机械性能。机座后部两侧设有轴承孔;前部设有与液力端连接的定位销孔,保证滑道中心与泵头中心的对中性;机座的前部一侧设有放液孔,以备放渗漏的液体之用。

　　2)液力端

　　液力端由组合阀、填料、缸头、柱塞及附属配套件等组成。液力端如图3-3所示。

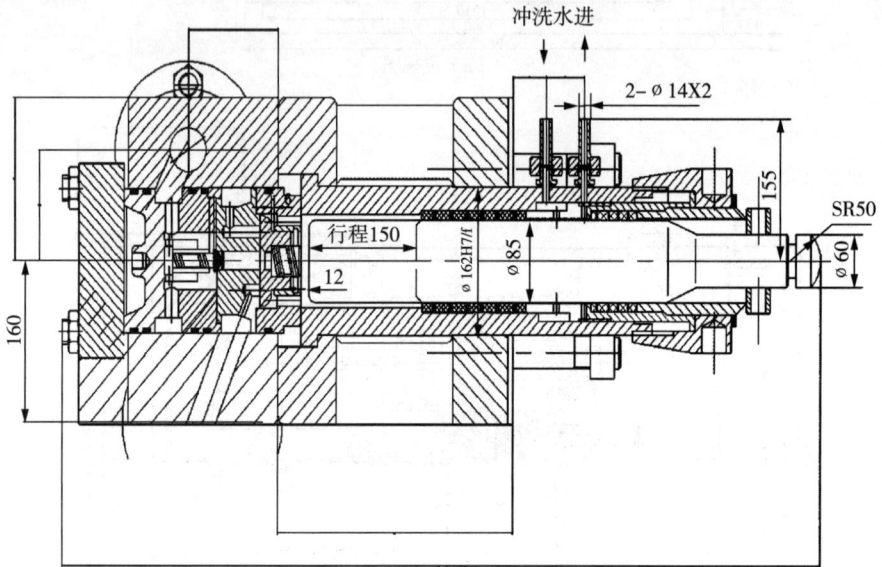

（a）主视图

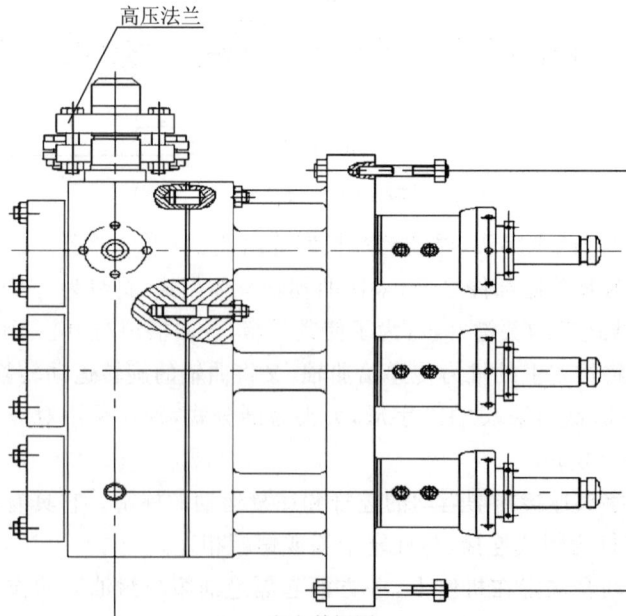

（b）俯视图

图3-3　液力端

(1) 组合阀。进排液阀(也称为组合阀)作为甲铵泵液力端的核心部件,其性能优劣将直接决定甲铵泵运行的好坏。进排液阀在运行过程中要承受高频($70 \sim 150$ min^{-1})、中高压($1.7 \sim 20$ MPa)交变应力,阀体必须具有足够的强度,否则易因应力集中部位产生疲劳裂纹而损坏。另外,由于氨基甲酸铵混合液的腐蚀性强,组合阀必须选用超低碳(含碳量不超过 0.03%)奥氏体不锈钢材料才能满足使用要求。

由于氨基甲酸铵溶液具有易汽化、分解、结晶,物态极不稳定,运动黏度较高等物化特性,因此组合阀将从以下几个方面进行优化设计。

① 合理的阀体结构。便于查找故障原因,检修时拆装方便,局部设计不影响其整体使用性能。

② 足够的阀体强度。在满足排量要求的前提下最大限度地减小阀体上的开孔数量及面积,避免应力集中部位出现。这样可延长其在高频、中高压交变应力作用下的使用寿命。

③ 阀体及阀板密封面用硬质合金堆焊焊条(堆焊焊条要求耐氨基甲酸铵介质腐蚀,目前使用效果较好的是 D547MoA 焊条)堆焊处理。通过处理,其密封面硬度可达 HRC 38 ~ 40,提高了抗冲蚀、抗撞击能力,避免了密封面因出现麻点、凹坑、撞痕而引起的泄漏。

④ 阀板具有良好的导向性,足够的导向长度,适宜的导向间隙,导向面光洁度高。这对阀板的良好运行至关重要,只有阀板在运行中阻力小、周向受力均匀,才能保证其长周期运行。

⑤ 采用新型阀体材料。随着材料、机加工、热处理等技术的不断发展,一些新型尿素级不锈钢材料在生产中的耐腐蚀性和机械性能显示出巨大的优越性,但选材时必须同时考虑耐腐蚀性及机械性能两方面的参数。

⑥ 用新型密封材料。密封圈尽可能采用纯聚四氟乙烯材料,密封平垫采用聚醚醚酮(PEEK)材料,可有效提高密封件抗老化性能,保证在一甲液 98 ℃ 左右温度下长时间使用。

⑦ 阀体及阀板需经固溶处理(加热至 $1050 \sim 1100$ ℃,水冷),可有效防止晶间腐蚀及应力腐蚀倾向。

⑧ 适宜的阀板开启度及弹簧弹力。弹簧弹力是保证阀板开启或关闭无提前或滞后现象的关键因素,也是阀头、阀体密封面撞击力的来源。

⑨ 阀体零部件的形位公差应全面,保证组装后密封面贴合良好,阀体与缸体之间间隙满足要求(在 22 MPa 压力下,其间隙值要求小于 0.18 mm,但间隙太小会造成拆装阀困难),所以必须科学、合理地选择缸体阀腔内径公差及阀体外径公差。

(2) 填料。主填料箱位于泵的上部。主填料箱装配示意如图 3-4 所示。密封填料一般采用耐热性好、耐蚀性强、润滑性良好的聚四氟芳纶或四氟乙烯纤维等材料。

实际生产中甲铵泵的操作工况较为苛刻,填料质量达不到要求会导致耐腐蚀性、耐磨性、抗氧化性不强,从而导致填料的密封能力和使用寿命下降。影响甲铵泵填料使用寿命的主要因素如下。

① 密封液。高压柱塞泵都采用主副两段填料密封。当介质从主填料函泄漏时,除了由

密封液带走外,还可由副填料函来密封。密封液可以使柱塞表面润滑,还可以使填料保持一定温度(柱塞与填料摩擦发热或液氨泄漏致冷,使填料变形冷缩)。密封液一般用脱盐水,也有中型厂用油作为密封液的。

② 导向套的材质。卧式柱塞泵设置有导向套。导向套主要是起支承和导向柱塞的作用,也使柱塞在往复运动时不因柱塞的重力而偏磨填料。因此,导向套需要有一定的强度、耐磨性和耐腐蚀性,一般采用填充石墨、二硫化钼的聚四氟乙烯,钢环内衬石墨环、浸渍铝石墨环等。

③ 填料形式和材料。填料形式和材料直接影响填料的使用寿命,因此填料应选用耐磨、耐低温、强度高、自润滑性能好的材料。现在较成熟的填料是压制成型的碳纤维编织方型 TFA 填料。

④ 柱塞镀铬质量及连接。柱塞一般采用表面镀铬,经精加工后镀铬层具有较高的硬度和光洁度。若镀铬层质量不好,则易剥落,直接磨损填料。镀铬层厚度不宜超过 0.15 mm,表面不得有任何缺陷。柱塞与十字头采用平垫或球垫连接。采用球垫连接可自动和柱塞对中,从而改善填料的偏磨。

⑤ 安装质量。未成型填料在安装前应预压(预压可用液压装置,剪切填料放在模具中,填料上预压力应比泵的排出压力高 15% ~ 25%),预压的主要目的是使填料成型,能充满填料函,防止柱塞运动时因填料松动而加快磨损。填料装入填料函应采用组装法,尽量使填料中心和柱塞中心对中。

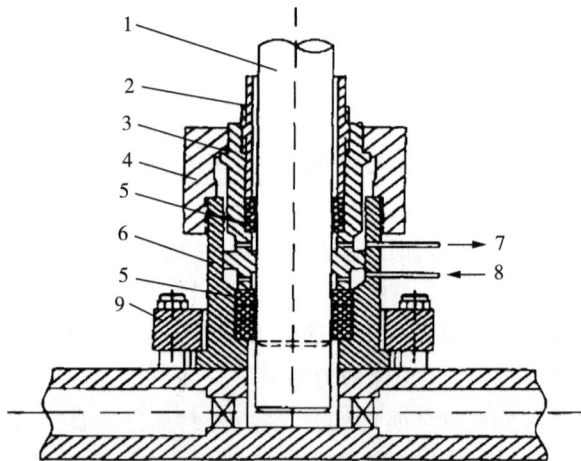

1—柱塞;2—副填料箱调节螺母;3—副填料箱;4—主填料箱调节螺母;5—聚四氟填充物;
6—主填料箱;7—冷凝液出口;8—冷凝液进口;9—填料法兰。

图 3-4 主填料箱装配示意

(3)缸头。缸头采用 00Cr18Ni5Mo3Si2 整体锻造,兼有奥氏体不锈钢和铁素体不锈钢的力学性能及耐腐蚀性能的特征,既有良好的综合机械性能,又有令人满意的耐腐蚀性能。

缸头,俗称"大方块",其结构设计、无损检测、加工工艺与精加工检测都非常讲究。相贯孔一定要以较大的角倒圆,以免在相贯位置出现尖点。尖点极易形成应力集中而成为最先腐蚀点。因为缸头多为三缸一体设计,所以相贯孔非常多,每一个相贯位置都要小心过渡。另外,所有通道都必须采用高压水射流进行去毛刺工序,确保不得有极小的残渣在孔道积存。

(4)柱塞。柱塞采用00Cr19Ni5MoSi2喷焊,耐磨性好。氨基甲酸铵溶液一般采用密封水密封。密封水相对泵腔内的氨基甲酸铵溶液应保持0.3 MPa以上的压差,密封水由密封水泵提供。

(5)附属配套件。稳压器:泵头排出的高压脉动液体经过稳压器后,变为较平稳的高压液体流动。安全阀:安全阀采用的是弹簧微启式结构,安装在排出管路上。安全阀保证泵在额定工作压力时的密封,超压时自行开启,起泄压保护作用,但不允许作为经常工作的旁路措施。

3.2.2　液氨泵

1. 作用及工作特点

高压液氨泵用于提供将合成氨装置输送过来的液氨升至尿素合成塔所需的压力(液氨与氨基甲酸铵溶液混合进入尿素合成塔),是尿素生产中的关键设备。液氨泵主要有以下几个方面的特点。

(1)所输送的介质是液氨,液氨的相对密度小,根据温度的不同,液氨的相对密度为0.58～0.63。液氨蒸气压高,减压时极易汽化,因此机械密封选型时要特别注意。

(2)液氨有毒,并伴有强烈的刺激性气味,泄漏后的液氨迅速汽化为氨气。液氨是爆炸性气体,因此正常操作时不允许有液氨泄漏至大气当中。同时,液氨汽化时产生低温会使机械密封冲洗水结冰,造成密封环损坏。

(3)液氨泵属于小流量、高扬程泵的范畴。尽管采用汽提法工艺后,尿素合成压力从水溶液全循环法的20 MPa降至14～15 MPa,但是高压液氨泵要求的压差仍高达20 MPa,因液氨相对密度小,扬程高达3500 m。

(4)由于液氨腐蚀性相对较小,因此过流件材质可用碳钢。但当液氨减压到常压时,可能出现－33 ℃左右的低温,此时过流部件应考虑采用耐低温材料。

2. 常见密封失效原因

通过对液氨泵密封失效的统计,分析各密封部位存在的问题,得出主要部位密封特点,找出泄漏原因。常见的密封失效原因如下。

(1)受缸体结构限制,O形圈安装时要通过两个径向孔,且无法使用专用轴套等保护工具,这造成安装时O形圈易扭曲及轻度割伤。

(2)缸体内壁出现缺陷:缸体材质为35钢,从缸体中压来的液氨含有微量氨基甲酸铵溶液,其中含氢离子滞留在O形圈沟槽内,对缸壁产生电化学腐蚀。另外,经常拆检也造成缸内壁磨损、划伤。上述问题严重时,会造成O形圈沟槽失效,介质从高压侧向低压侧泄漏,刺伤缸壁,出现沟槽,造成缸体报废。

(3)泵体上下压盖的O形圈密封面出现划伤、腐蚀、蜂窝等缺陷,O形圈老化,产生永久性变形而泄漏。

（4）密封箱材质为45钢，密封圈为碳素纤维纺织填料，隔环为碳素石墨，柱塞为45钢表面镀铬，泵体与集液器为一面三垫密封，密封垫为四氟垫。由于缸体三个密封面凹槽加工尺寸深度有误差，因此密封垫之间的挤压力不相同，挤压力小的易发生泄漏。

（5）安装质量不高。更换填料时，密封箱未清理干净，有石墨环碎块；紧填料时，将导向管挤坏，造成填料泄漏。

（6）填料维护不当。填料过紧，造成永久变形，丧失弹性，且与柱塞抱紧，运行时产生的热量大，磨损加剧，短期使用后即发生泄漏。

（7）密封箱内壁损坏后填料泄漏未及时发现，高压氨泄漏到密封水系统，将密封箱内圆面刺坏，特别是靠近密封水接头的部位，破坏尤为严重。

3.3　高温高压油泵

3.3.1　煤制油工艺流程的"油泵"

煤化工与石化工业需要高温高压油泵，高温高压油泵是一种常见的化工泵。

我国是一个产煤大国，焦炭每年产量约5亿吨，其中副产品的煤焦油有1000多万吨，若仅提取苯、酚萘等物，其余作为低热值工业燃料，则燃烧后会产生大量污染物，污染环境。以"双碳"目标为牵引，煤制油是清洁能源利用的有效途径。

煤焦油、煤渣油中含有大量的烯烃、多环芳烃，将煤焦油、煤渣油通过高温高压油泵加压后从工艺流程管道输送到下游设备装置，再经过加氢精制和加氢裂化的煤化工工艺流程，可大大提高石脑油馏分、柴油馏化的品质，成为新油品或新化工产品，又可避免用作燃料而产生大量氮化物和一氧化硫等，符合环保的碳中和效应。

在煤液化流程中，必须配备大量的高温高压油泵，对工艺流程中管路阀门与仪表接口进行冲洗，以防结垢、淤堵。高温高压油泵用200～380 ℃高温、12～24 MPa高压的溶剂油与仪表冲洗油，对仪表阀门及管路进行冲洗，使管道畅通，确保阀门、仪表、管路接口不堵塞、不淤积，保证流程完好。

高温高压油泵的应用工况条件比较苛刻，如使用温度超过300 ℃、排出压力超过20 MPa；介质中含有硫化氢等腐蚀物；泵容易发生各种运行故障，如密封件耐高温性能不够，结构上的不足容易使密封泄漏；柱塞与填料在高温高压工况下易损件使用寿命短；等等。这些都会使泵的运行处于不稳定的状态。煤制油工艺中的高温高压油泵如图3-5所示。

高温高压油泵的主要参数范围如下。

介质：溶剂油、仪表冲洗油、煤焦油与煤

图3-5　煤制油工艺中的高温高压油泵

渣油等高温高压油;

介质温度:100 ~ 380 ℃,其中 200 ~ 380 ℃ 为高温,100 ~ 200 ℃ 为中高温;

进口压力:0.3 ~ 1 MPa;

出口压力:10 ~ 30 MPa;

排量:30 m³/h。

下面以 3CY-30/22-B 型高温高压油泵(最高油温 320 ℃、出口压力 22 MPa)为例对高温高压冲洗油泵的结构特征、关键技术予以介绍。

高温高压冲洗油泵由原动机(如电动机、内燃机等)、传动装置(如减速机、皮带轮、联轴器等)、泵主体(包括动力端和液力端)、底座、进出口集合管、进出口缓冲器及附件(如变频器、仪表等)等组成。高温高压冲洗油泵如图 3-6 所示,高温高压冲洗油泵技术参数见表 3-1 所列。

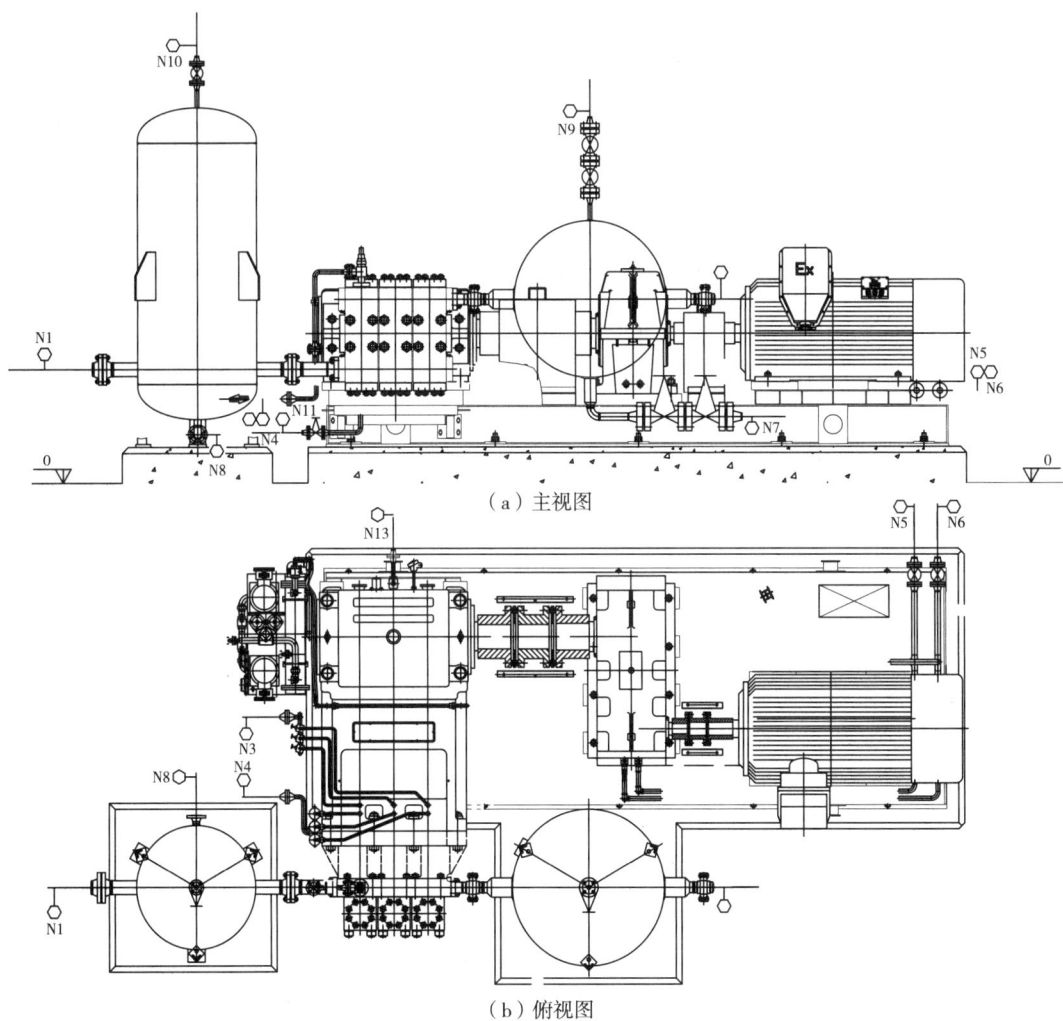

(a) 主视图

(b) 俯视图

图 3-6　高温高压冲洗油泵

表 3-1　高温高压冲洗油泵技术参数

型号		3CY-30/22-B
输送介质		高温冲洗油
介质温度/℃		正常 250 ℃,最高 320 ℃,最低 200 ℃
进口压力/MPa		0.27
出口压力/MPa		22
额定流量/(m³/h)		20(正常运行 15,最大 30)
柱塞行程/mm		200
柱塞直径/mm		108
泵速/min⁻¹		102
电动机	型号	YB3 4004-4(W)
	功率/kW	250
	电压/V	10000
	防爆等级	dⅡCT4
减速器	型号	ZLYS450-14-Ⅱ
	速比	15.15
动力端	润滑油牌号	150♯极压齿轮油
	润滑油压力/MPa	0.6
冷却水系统	介质	清水
	进水压力/MPa	0.1~0.2
进口法兰		4″ 2500lbs ASME B16.5 RJ
出口法兰		3″ 2500lbs ZY-LOC
重量/kg		20800

3.3.2　高温高压油泵的动力端

高温高压油泵的动力端由机座、曲轴、连杆、十字头销、中间杆等组成。动力端的设计与制造水平是油泵的重要标志之一。

采用大推力、长行程的动力端,工作稳定,许用推力富裕量大;采用成熟、结构可靠的动力端,结构刚度大,主泵工作运行平稳。

机身在额定负载下,应有足够的强度、刚度,以保证泵动力端在最大额定推力下工作正常,防止出现机身变形、泵异常振动等现象。机身是泵动力端主要部件之一,通常由机身主体、机盖、轴承盖等主要零件构成。机身的主要作用:液力端的支承;用于安装某些辅助设备的重要零件,不仅强度能够满足高负载使用工况,而且在使用时能确保机座与相关零件连接有较好的尺寸、位置精度,如液力端通过桁架与动力端的机座连接后,能确保机身的十字头孔与填料函体内孔的同轴度。

三拐大推力曲轴的关键技术:①曲轴采用高强度合金钢 42CrMo 锻件,符合《大型合金结构钢锻件　技术条件》(JB/T 6396—2006)的要求,锻件进行退火消应处理、调质处理、化学成分分析、低倍检查无白点和裂纹;②曲轴做超声波探伤,检查内部缺陷,做磁粉探伤,不得有裂缝;③曲轴做有限元分析,确认曲轴设计安全可靠。

主泵配置可靠的润滑系统。润滑系统如图 3-7 所示。

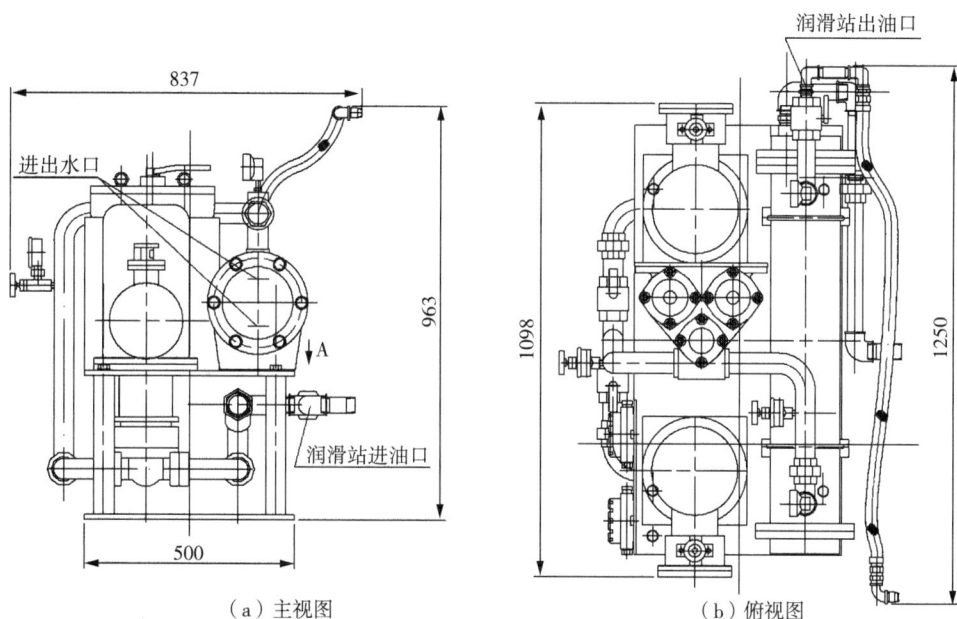

（a）主视图　　　　　　　　　　（b）俯视图

图 3-7　润滑系统

主泵动力端采用压力润滑方法,润滑系统采用双油泵确保安全、可靠,泵输出的压力油依次进入十字头、十字头销、连杆大小轴瓦、曲轴曲柄、销、各摩擦副,进入泵的主轴承,满足主泵曲轴双出轴的使用要求。运行时,润滑系统各性能参数处于监控状态,确保润滑可靠。

润滑系统配有冷却器,其散热面积足以确保润滑油的油温在许用范围内,润滑油采用极压齿轮油。

3.3.3　高温高压油泵的液力端

高温高压油泵的液力端(见图 3-8)由泵体、填料函、进液阀、排液阀、进口集合管、出口集合管、桁架等零部件组成,液力端是完成泵介质输送功能的关键部件。

1. 泵体

液力端包含 3 个分体式结构的泵体(见图 3-9),拆装和维护方便。泵体采用马氏体不锈钢锻件材质,具有耐高温和耐腐蚀等性能。泵体与填料函密封、泵体与进排液阀之间的密封、泵体与进出口集合管之间的密封采用金属垫,能确保在最高温度 320 ℃、压力22 MPa(G)的使用工况下密封可靠、无泄漏。同时,为了解决高温对泵体热变形的影响,泵体内设有蒸汽通道和接口,用于连接蒸汽,减少泵体热变形,在液力端还有一个蒸汽回路。

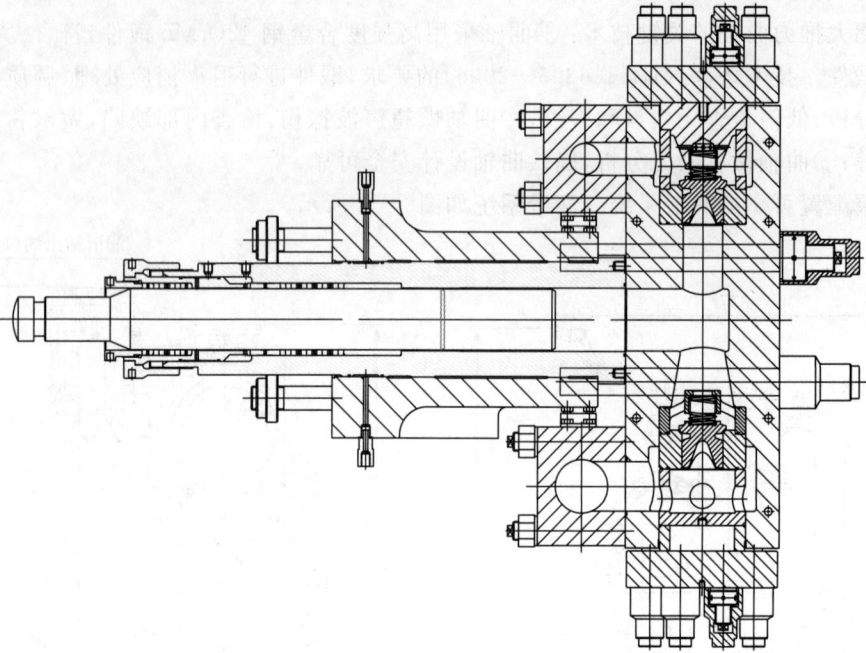

图 3-8　高温高压油泵的液力端

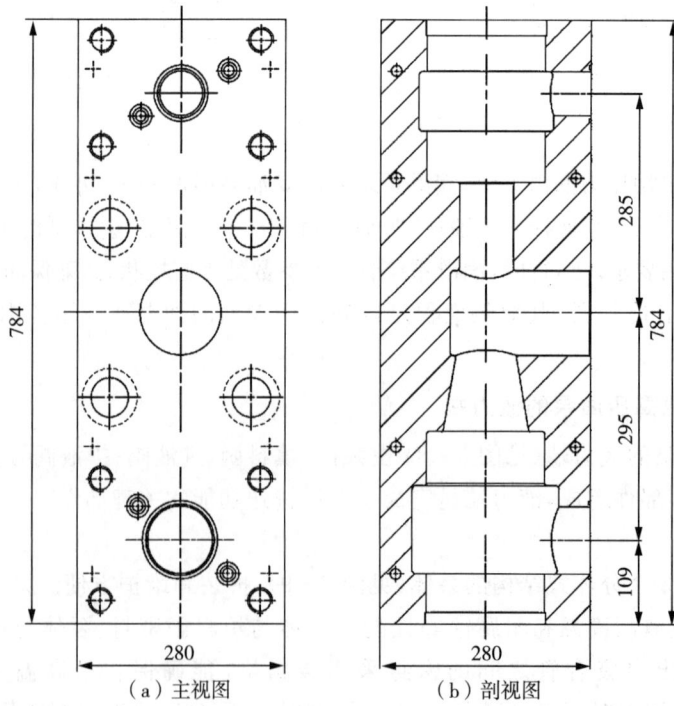

（a）主视图　　　　　（b）剖视图

图 3-9　泵体结构

承受高温高压的零部件,需设计配置蒸汽保温管路,通过蒸汽保温减少温差应力。若泵体内孔相贯线处 R 偏小,则泵体的开裂易从相贯线处产生。因此,对泵体保留蒸汽加热孔,同时相贯线处倒 R5 以上圆弧,可以使泵体寿命大大提高。

2. 填料函

填料函设计成双填料函结构(见图 3 - 10),由柱塞、主填料函体、副填料函体、隔圈、导向套、填料、主调节螺母、副调节螺母等组成。外供冲洗油为填料提供冷却、润滑。填料函的柱塞密封结构特点如下。

(1)柱塞设计采用在不锈钢基体表面超音速喷焊碳化钨硬质合金,表面硬度高,耐磨性好,柱塞使用寿命超过常规的颗粒介质泵。

(2)柱塞与中间杆之间为球面连接,在安装过程中可以较好地实现自动对中,有利于改善填料的密封性能,提高填料的使用寿命。

(3)柱塞填料密封圈采用进口芳纶与碳纤维混编,并进行特殊处理。该填料既有芳纶高强度、耐磨性等特点,又有碳纤维耐高温、自润滑、耐磨性等特点。同时,利用冲洗油对柱塞填料进行冷却、润滑,确保填料达到很高的使用寿命;冲洗油处密封圈采用耐油、耐腐蚀、耐高温的氟橡胶,确保此处无泄漏。

(4)桁架和填料函之间留有蒸汽保温腔,连接蒸汽,给填料函和桁架预热。

(5)要经常对填料函主、副填料进行适当调节,允许填料适当泄漏,以保证填料充分润滑。冲洗油返回管路配置流量指示器和温度计,以观察介质流动情况及温度变化情况,从而判断填料是否磨损。

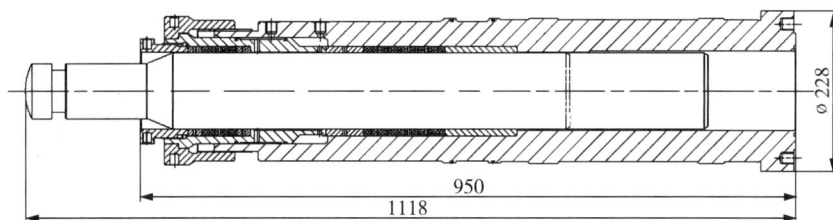

图 3 - 10   双填料函结构

柱塞与填料是泵液力端一对重要的摩擦副易损件。柱塞表面可进行超音速喷焊,碳化钨达 83% ~ 85%,硬度为 950 ~ 1050 HV;柱塞基体材料采用 022Cr22Ni5Mo3N,这是应对高温工况的柱塞设计。经过实践验证,以聚丙烯腈纤维为原料,经预氧化和碳化得到的填料材料具有较高抗拉强度、自润滑、耐高温、耐腐蚀、导热性好等优异性能。因此,柱塞与填料这对密封副的寿命得以提高。

3. 进排液阀

循环油进料泵的进排液阀(见图 3 - 11)由阀座、阀芯、阀套和阀弹簧组成。阀组采用锥形阀结构,该阀流道平滑、流量系数大、密封性能好,用以保证较高的容积效率。

进液阀和排液阀的阀座、阀芯、弹簧可以互换。

泵的进排液阀采用球阀,工作介质溶剂油在 329 ~ 350 ℃ 时黏度很小,使用时进排液阀组异响并有振动,使用寿命短。把进排液阀改成锥阀后,声音明显变轻、工作平稳,使用寿命变长。

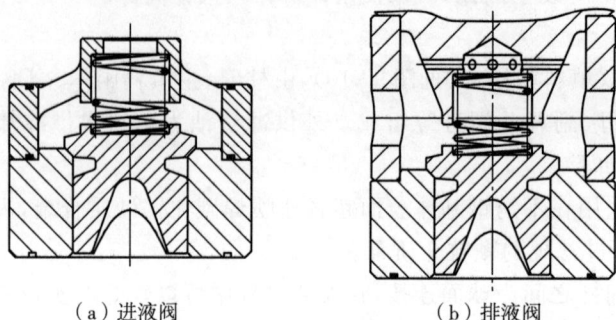

（a）进液阀　　　　　　　（b）排液阀

图 3-11　进排液阀

　　针对高温工况对螺柱伸长量的影响,若在泵运行预热后再扳紧,则扳紧量很难控制,仍然会出现螺母松动,使阀座的密封损坏,导致阀工作不稳定。针对上述问题,可采用液压拉伸器:根据 350 ℃ 油温设置液压缸的操作压力,使螺柱拉伸预紧量大于高温对螺柱的伸长量,这样在额定高温工作就不会松动。因此,液压拉伸器也是高温工况下填料函体对泵体连接的重要零件。采用液压拉伸器是确保螺柱螺母可靠连接的常用方式。

　　4. 进出口集合管

　　进口集合管的 3 个吸入口分别与主泵的 3 个分块式泵体的进液口相连,出口集合管的 3 个排出口分别与主泵的 3 个分块式泵体的排液口相连。进出口集合管内设蒸汽通道和接口连接蒸汽,以减少集合管热变形。

　　上方出口集合管的一侧端面的进出蒸汽接口通入蒸汽在液力端的上方形成蒸汽回路。下方进口集合管的一侧端面的进出蒸汽接口通入蒸汽在液力端的下方形成蒸汽回路。

　　5. 桁架

　　桁架(见图 3-12)是动力端和液力端的连接体,其定位精度直接影响柱塞及柱塞密封的使用寿命。通过采用合适的尺寸公差和位置公差,可以保证各零件安装达到所需精度。

　　桁架上开有蒸汽接口,蒸汽通过该接口对填料函进行蒸汽保温。

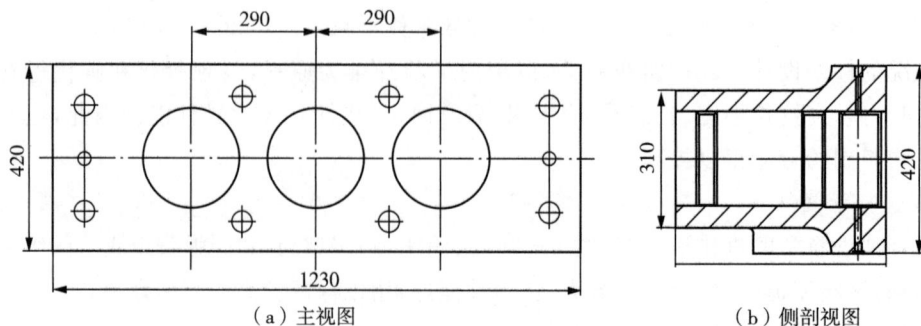

（a）主视图　　　　　　　（b）侧剖视图

图 3-12　桁架

6. 连接

按高温工况对螺柱伸长量配置专用的螺柱拉伸器予以预紧,使螺栓拉伸预紧量大于高温的伸长量,在额定高温工作时螺母不会松动。例如,预紧压紧进排液阀上下法兰的高强度螺柱,进排液阀就不会松动;液压预紧填料函体与泵体的高强度螺柱,在高温工况下螺母就不会松动,从而保护其中间的密封件不会因松动而出现失效。

7. 满足高温工况的密封结构、密封材料

(1)副填料函体上冲洗油 O 形圈、主填料函体与桁架间 O 形圈的密封件失效原因:煤液化循环供氧剂有着较强的腐蚀性,特别是在油温高于 300 ℃ 时密封件使用寿命较短,采用国外进口氟醚橡胶后使用寿命得以提高。

(2)进排液阀的密封垫改为齿形金属垫,石墨垫粘贴在金属垫两面,使用后寿命得以提高,泵体振动明显变小。

3.3.4　专用蒸汽管路

专用蒸汽管路一是冲入蒸汽加热保温,二是停车、检修时作为冷却水通道快速冷却。由于高温高压油泵运行时,高温使各承压件(泵体、进口集合管、出口集合管及各相关零件)增加了温差应力,大大降低了安全系数,因此为整个高温高压油泵设置较完整的蒸汽管路十分必要。

(1)桁架与主填料函体设置了蒸汽进出口。从桁架通入蒸汽对填料函体外圆进行充气保温;对三个填料函筒体进行预热,以减少应力,需冷却时通入冷却水快速冷却。

(2)泵体上方有蒸汽回路,出口集合管有蒸汽管路,泵体与出口集合管连接,形成泵液力端上方蒸汽回路。在出口集合管一端配有进出口接口。

(3)泵体下方设有蒸汽回路,进口集合管也有蒸汽管路,泵体与进口集合管连接后形成泵液力端下方的蒸汽回路。在泵正常运行时,上下蒸汽接口通蒸汽后,整个液力端形成上下两个独立蒸汽回路,大大减小了泵体进出口集合管的温差应力。在停车或检修时,蒸汽管路变成冷却水通道,大大缩短了停车降温的时间。

3.4　碱液泵及其采油应用

3.4.1　碱驱油

石油开采按照油田开发的不同程度采用不同的开采工艺,主要有以下三种。

一次采油工艺:利用油田地层自身的压力,实现原油的升举,即利用岩石和流体的弹性能量、液体的重力、气顶的压力、边水的压力等进行生产的阶段。

二次采油工艺:随着一次采油的进行,地层压力亏损导致能量损失较大,通过注水的方式来补充地层压力,以实现原油升举。

三次采油工艺:从地面注入各种驱油介质是以开采二次采油阶段剩余原油为目的所采取的各种增加原油产量的措施,包括各种物理和化学驱油措施。

以碱溶液为驱油剂的驱油法称为碱驱油,其是三次采油工艺多种措施中行之有效的工艺措施之一。碱驱油是一种提出最早、试验最早、化学剂便宜、操作简单,但驱油机理复杂、限制也多的提高采收率的方法。

1. 机理

碱驱的机理复杂,其能提高原油采收率的原因如下。

1)低界面张力

在低的碱质量分数和较佳的盐含量下,碱与原油中酸性成分反应生成不同化学特性的表面活性物质,能在油水界面上吸附,可使油水界面张力降至 10^{-2} MN/m 以下,能与外加的合成表面活性剂产生协同效应,增加活性,减少表面活性剂的用量,形成超低界面张力,并能拓宽表面活性剂的活性范围。

2)乳化-携带

几乎所有的碱水驱油试验研究中都能观察到原油的乳化现象。有时它是一种稳定的、细分散的乳状液,有时则是粗分散的很快被破坏的乳状液。碱驱可以形成水包油型乳状液,也可以形成油包水型乳状液。即乳化和携带,油和水间的界面被破坏,油随流动的水被带出地层。

3)乳化-捕集

在低的碱质量分数和低的盐含量下,低界面张力使油乳化在碱水相中,但油珠半径较大,因此当它向前移动时就被捕集,增加了水的流动阻力,即油滴聚并形成大油滴,进而形成可流动的连续油带,提高了油的流度,降低了水的流度,从而改善了流度比,提高了波及效率和采收率。

4)由油湿反转为水湿

在高的碱质量分数和低的盐含量下,碱可通过改变吸附在岩石表面的油溶性表面活性剂在水中的溶解度而解吸,恢复岩石表面原来的亲水性,使岩石表面由油湿反转为水湿,提高驱油效率,同时可使油水相对渗透率发生变化,形成有利的流度比,提高波及效率。

5)由水湿反转为油湿

在高的碱质量分数和高的盐含量下,碱与石油酸反应生成的表面活性剂主要分配到油相并吸附到岩石表面上,使岩石表面从水湿转变为油湿。这样,非连续的剩余油变成连续的油相,为原油流动提供通道。与此同时,在连续的油相中,低界面张力将导致油包水乳状液的形成,这些乳状液中的水珠将起到堵塞流通孔道的作用,并在有水珠堵塞的孔隙介质中产生高的压力梯度。高的压力梯度能克服被低界面张力所降低的毛管阻力。

不同碱驱机理的实现条件见表 3-2 所列。

表 3-2　不同碱驱机理的实现条件

机理	碱驱机理的实现条件	
	化学剂($\times 10^2$)	
	NaOH	NaCl
低界面张力	低,<1	低,$1 \sim 2$
乳化-携带	低,<1	低,$0.5 \sim 1.5$

(续表)

机理	碱驱机理的实现条件	
	化学剂($\times 10^2$)	
	NaOH	NaCl
乳化-捕集	低，< 1	低，< 0.5
由油湿反转为水湿	高，1 ~ 5	低，< 5
由水湿反转为油湿	高，1 ~ 5	高，5 ~ 15

2. 驱油用的碱剂

(1)NaOH：质量分数为 0.5% ~ 5%，50 ℃ 以下水中的溶解度为 146∶100；

(2)Na_2CO_3：在 50 ℃ 以下水中的溶解度为 32.2∶100；

(3)NH_4OH：水中离解为离子，遇空气爆炸；

(4)Na_3PO_4：改善润湿性；

(5)Na_2SiO_3：具有碱性反应。

驱油常用的碱剂是 NaOH 和 Na_2CO_3，依据在于原油的酸值和地层的水质。这里的碱除一般具备碱结构的物质外，还包括盐。由于这些盐均可在水中水解产生 OH^-，因此它们都可称为潜在碱。碱驱用碱溶液的 pH 一般为 11 ~ 13。

3. 存在的问题

1) 碱耗

矿物中石膏的碱耗非常严重，这是因为石膏可与碱产生离子交换。

因为蒙脱石易在碱水中膨胀，有利于与碱反应，所以它的碱耗大于高岭石和伊利石。因此，要求碱驱地层中石膏和黏土(特别是蒙脱石)的含量低。

二价金属离子含量高的地层水会引起可观的碱耗。在这种情况下，可用淡水预冲洗地层，使这部分地层水与后来注入的碱水隔开。

2) 结垢

配碱溶液用水中的 Ca^{2+}、Mg^{2+} 会引起注入系统和注入井近井地带结垢；碱与地层矿物反应产生的可溶性硅酸盐和可溶性铝酸盐可在油井产出时与其他方向来的水中的 Ca^{2+}、Mg^{2+} 反应，引起油井近井地带和生产系统结垢。可用氨基多磷酸盐和氨基多羧酸盐等进行防垢。在注入井中，防垢剂可加到配碱用水中使用；在油井中，防垢剂可注到结垢部位使用，但最好是将防垢剂挤入地层，让它吸附或沉积在地层表面，随后被产出水逐渐解吸或溶解而起防垢作用。

3) 乳化

乳化机理是碱驱的重要机理，碱驱的产出液为原油与水的乳状液。碱与石油酸反应生成的表面活性剂主要如下。

(1) 在低盐含量条件下为水溶性表面活性剂，可生成水包油乳状液。可用水包油乳状液破乳剂和(或) 高频高压交流电场破乳，如电解质(如氯化钠)、低分子醇(如乙醇)、阳离子型表面活性剂(如十四烷基三甲基氯化铵)和阳离子型聚合物(如聚季铵盐)。

(2) 在高盐含量条件下为油溶性表面活性剂,可生成油包水乳状液。可用油包水乳状液破乳剂和(或)高压交流电场或高压直流电场破乳。碱驱产出液也可能是多重乳状液,对多重乳状液,可按其类型先后用相应的破乳法破乳。

4) 流度控制

因为碱水的流度高、油的流度低,所以碱水很易因高渗透只进入油井而不起驱油作用。当碱驱用于开采黏度较高而碱驱机理又是按低界面张力和乳化-携带机理设计时,这个问题就显得特别突出。

因此在注入碱水后必须注入流度控制剂以控制碱水的流度,使它能平稳地通过地层,起驱油作用。可用的流度控制剂主要有以下两类:① 聚合物(如聚丙烯酰胺)溶液;② 泡沫(以磺酸盐型表面活性剂作起泡剂,以氮气为气相生成)。

3.4.2 碱液泵的技术要求

碱液是一种具有强腐蚀性的碱性化学品,对人体组织、橡胶制品、金属均有较强的腐蚀性。作为泵送介质,pH 不小于 10 的碱液占总流量的 30%。

1. 碱液泵的技术要求

碱液泵除满足《机动往复泵》(GB/T 9234—2018)、《机动往复泵试验方法》(GB/T 7784—2018)等相关国家标准要求之外,针对碱液的腐蚀性和碱液注入工艺低压、大流量的特点,碱液泵应满足下述技术要求:① 泵组性能稳定,流量、压力、噪声等主要性能指标满足国家标准及碱液注入工艺要求;② 液力端密封可靠,不可出现密封泄漏等不可控情况;③ 易损件使用寿命长;④ 检修方便快捷。

2. 碱液泵的设计思路

碱液泵的设计思路:① 根据碱液注入工艺要求,碱液泵采用皮带传动,在满足油田地面用泵对噪声、振动的要求下有效降低泵组成本;② 选用合适的材料,有效防止碱液对液缸体、密封填料、密封橡胶件的腐蚀;③ 碱液的物理性质类似于水,进液阀、排液阀采用立式结构,阀组件采用球面组合阀,保证液力端有较强的过流能力,满足低压大流量工况的需求,同时采用组合阀,液力端形式相对简单,阀组件整体更换,维修方便;④ 柱塞组合采用快换结构,便于现场维修更换柱塞及密封填料。

3.4.3 碱液泵及构成

碱液泵在碱液注入工艺中的作用是将按照工艺要求配比的碱液高压注入油井中,碱液在井下经一系列反应最终达到提升采油率的作用。

1. 碱液泵的主要配置及参数

碱液泵主要由底座、电机、皮带传动副(含防护罩)、泵总成(含动力端、液力端)、排出管路、回水管路、吸入管路、安全阀组件等部分组成(见图 3-13)。

驱动部分一般采用电机,作为动力源为碱液泵提供动力。电机根据工况及用户要求可选择普通电机、高效节能电机、变频电机、防爆电机、防爆变频电机、永磁电机等。

传动副一般分为皮带传动和减速机传动两类。皮带传动包括泵皮带轮、电机皮带轮、窄 V 带及防护罩组件等;减速机传动包括减速机、联轴器、防护罩组件等。

（a）主视图

（b）俯视图

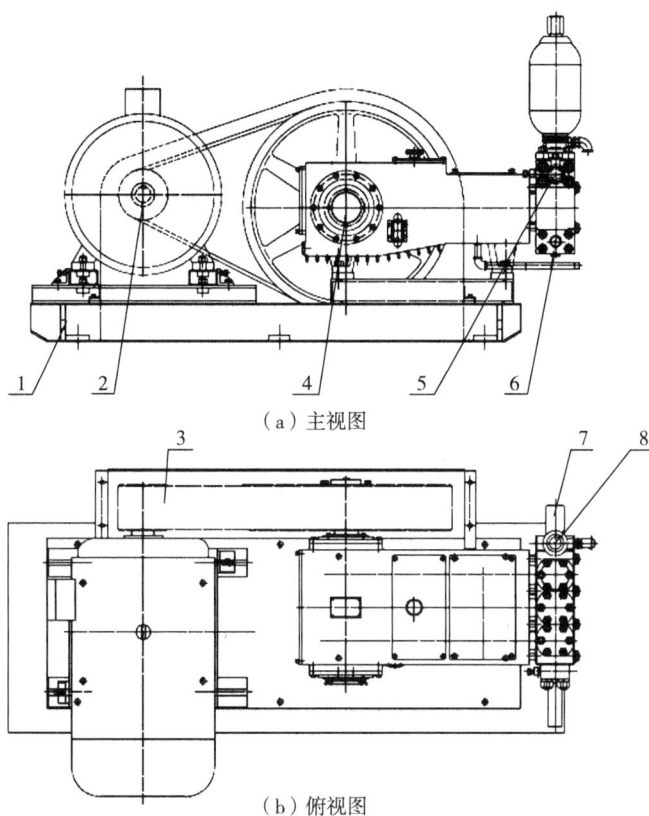

1—底座;2—电机;3—皮带传动副;4—泵总成;5—排出管路;6—回水管路;7—吸入管路;8—安全阀组件。

图 3 - 13　碱液泵

安全阀一般选用 A21Y/A41Y 系列弹簧微启式安全阀,作为碱液泵设备及管线的安全装置,超过设定压力后开启泄压,实现保护设备和管线的目的。

蓄能器一般选用 NXQA 系列囊式预压式蓄能器,主要用于消除压力脉动、降低泵组振动。5STH150 - 30/18 碱液泵的主要参数见表 3 - 3 所列。

表 3 - 3　5STH150 - 30/18 碱液泵的主要参数

型号	5STH150 - 30/18
额定流量 /(m³/h)	30
出口压力 /MPa	18
吸入压力 /MPa	0.1 ～ 0.5
行程长度 /mm	150
柱塞直径 /mm	ϕ65
泵速 /min⁻¹	212
输送介质	碱液(pH 为 11 ～ 13)
介质温度 /℃	≤80

传动方式		皮带传动（含防护罩）
电机	型号	YE3 – 355 M – 6
	功率 /kW	185
	防护等级	IP55
动力端	润滑油牌号	齿轮油 N220
	润滑油用量 /L	150
	润滑方式	飞溅润滑
排出口径		$\phi 114 \times 10$
吸入口径		$\phi 168 \times 4.5$

2. 动力端

动力端采用曲柄-连杆机构，曲轴采用三拐两支撑、三拐四支撑、五拐三支撑等结构。由于采用多缸泵，排出管内流量不均匀度减少，惯性水头减小，因此有效减小了管路振动。动力端主要由机架、曲轴、连杆、十字头、十字头销、连杆瓦、滚动轴承等组成，其结构简单、强度、刚度好，重量轻，寿命长，维修方便，运行可靠。

碱液泵动力端与注水泵动力端通用，本节不再过多赘述。

3. 液力端

碱液泵液力端主要由填料箱压板、定位套、矩形圈、压盖、阀组件、密封圈、液缸体、吸入管等组成（见图 3 - 14）。

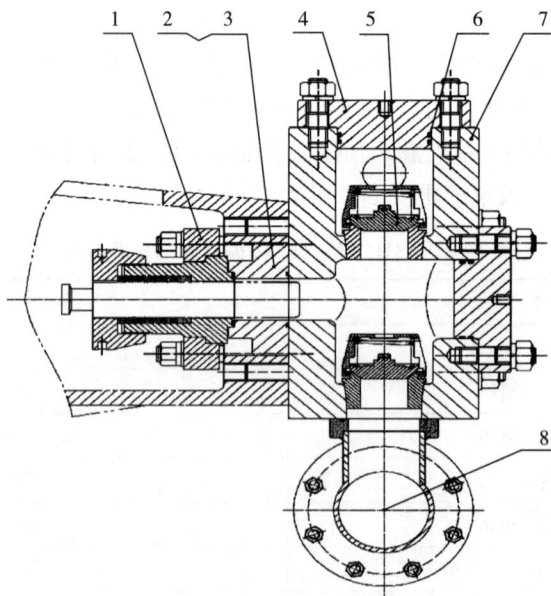

1—填料箱压板；2—定位套；3—矩形圈；4—压盖；5—阀组件；6—密封圈；7—液缸体；8—吸入管。

图 3 - 14　碱液泵液力端

碱液对金属有一定的腐蚀性,过流材质一般选用不锈钢,如 2Cr13 就能满足工艺要求;输送管线考虑到成本问题,一般选用碳钢材质管线;碱液对非金属密封件有较强的腐蚀性,三元乙丙橡胶对碱液有较好的耐腐蚀性能。

碱液泵具有低压、大流量的特点,故其阀组件选用球面组合阀结构。其具有如下特点:① 吸入阀组件与排出阀组件具有互换性,便于维修及备件的储备;② 无导向结构,阀座与阀芯通过球面结构自行找正,密封效果好,避免卡阀问题;③ 过流能力强,适应低压、大流量工况。

4. 柱塞密封组合

柱塞密封组合主要由柱塞、填料压紧螺母、导向套、隔环、填料、填料箱、密封圈、定位套等组成(见图 3 - 15)。

柱塞密封组合采用部件快换结构形式,能有效降低检修作业强度、难度,更换填料、柱塞简便。

柱塞采用合金钢喷涂镍基合金,硬度 HV大于 780,具有良好的耐磨性,且使用寿命长。

填料盘根为矩形组合结构,材质选用YM4030,具有耐磨性良好、寿命长等特点,适应碱液输送的工况。

虽然碱液泵是一种缺乏特色的高压往复泵,但是由于它具有可输送强碱液介质的特殊功能和批量应用的形式,因此应引起研究者重视并从技术上对其进行改进。碱液泵在运行可靠性、远程运维和轻量化等方面都有很大的技术发展空间。

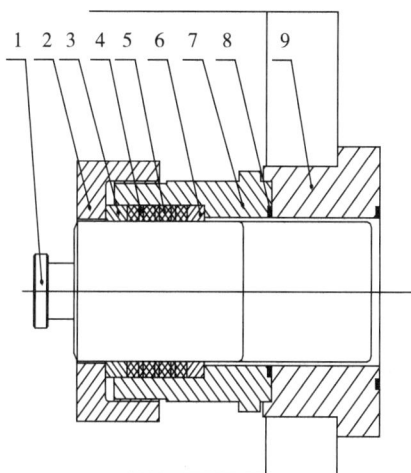

1—柱塞;2—填料压紧螺母;3、6—导向套;
4—隔环;5—填料;7—填料箱;
8—密封圈;9—定位套。

图 3 - 15　柱塞密封组合

3.5　二氧化碳泵

3.5.1　二氧化碳的驱油功效

1. 驱油功效

20 世纪 50 年代,美国开始了二氧化碳驱油技术的研究。二氧化碳驱油作为三次采油应用于油田,在国内各大油田都进行了针对性的研究、试验,并取得了一定的成果。对于低渗透油藏,该技术可以显著提高原油采收率。

将二氧化碳注入油层,能够从多孔介质中驱油的原因如下:使原油膨胀;降低原油黏度;改变原油密度;对岩石起酸化作用;可以将原油中的轻质馏分气化和提取;压力下降造成溶解气驱;降低界面张力;等等。二氧化碳驱油一般可提高原油采收率 7% ～ 15%,延长油井生产寿命 15 ~ 20 年。

图 3 - 16 为二氧化碳相态图,二氧化碳的三相点为 - 56.56 ℃、0.52 MPa,临界点为 31.1 ℃、7.38 MPa,也就是二氧化碳的温度和压力同时大于临界点温度和压力时达到超临界状态。

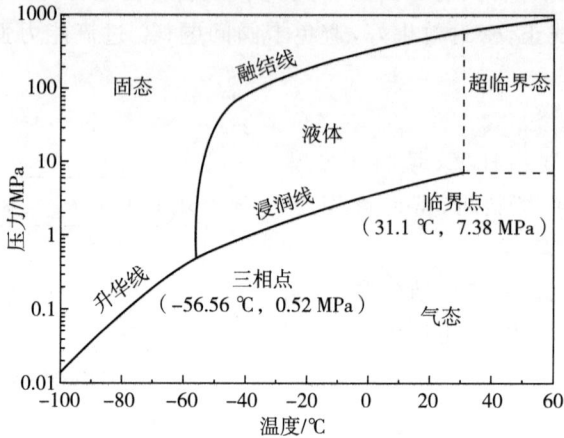

图 3 - 16 二氧化碳相态图

超临界二氧化碳流体既不同于气体,也不同于液体,具有许多独特的物理、化学性质。其密度较大,近似于液态,而且密度伴随着压力的增加而增大,既有气体的部分性质,又有液体的部分性质。其与液态二氧化碳相比有以下不同之处:液态二氧化碳具有表面张力,而超临界二氧化碳表面张力接近于零;液态二氧化碳温度低于临界温度时有气液界面存在,而超临界二氧化碳流体则没有;超临界二氧化碳流体的黏度与气体接近,扩散系数也比液体大,因此它的传热、传质能力较强。表 3 - 4 为超临界流体、气体及液体二氧化碳性质比较。

表 3 - 4　超临界流体、气体及液体二氧化碳性质比较

物理特性	超临界流体二氧化碳	气体二氧化碳(常温、常压)	液体二氧化碳(常温、常压)
密度 /(g/cm³)	0.2 ~ 0.9	0.0006 ~ 0.002	0.6 ~ 1.6
黏度 /(mPa·s)	0.03 ~ 0.1	10^{-2}	0.2 ~ 3.0
扩散系数 /(cm²/s)	10^{-4}	10^{-1}	10^{-5}

二氧化碳经过捕捉、净化、冷却液化、运输、增压、加热等环节注入油层,其中液体二氧化碳增压采用二氧化碳泵。借助于柱塞(活塞)在液缸工作腔内往复运行来使工作腔容积产生周期性变化,达到对液体二氧化碳进行增压的泵,称为二氧化碳泵。

二氧化碳泵主要用于油田三次采油二氧化碳驱油技术中对液体二氧化碳进行增压。二氧化碳在我国石油开采中有着巨大的应用潜力,随着技术的发展和应用范围的扩大,二氧化碳将成为我国改善油田开发效果、提高原油采收率的重要资源。

二氧化碳被注入油层后,有 50% ~ 60% 被永久封存于地下,剩余的则随着油田伴生气返

回地面,通过原油伴生气二氧化碳捕集纯化,将伴生气中的二氧化碳回收,并就地回注驱油。这进一步降低了二氧化碳驱油的成本,也使低渗透油藏这样的难动用储量变为优质储量。

工业尾气是二氧化碳排放的主要来源,把工业尾气中的二氧化碳收集用于驱油,是二氧化碳回收利用的新路径。这实现了生产发展与生态保护的持续平衡。若能把排放到空气中的二氧化碳部分或者全回收起来,用于驱油,则既能增油,又能减少碳排放,实现循环发展与持续稳产双赢。在当前和今后一段时期,二氧化碳减排必须走高效利用之路,二氧化碳驱油提高采收率和埋存技术必定具有广泛的应用前景。CO_2 在超临界状态下可压缩成高密度流体,其最佳输送设备就是往复式二氧化碳泵。

二氧化碳泵除了具有一般往复泵的特性外,还具有以下特点:适用于输送低温液体介质,工作介质温度为 $-35 \sim 25$ ℃;每缸柱塞液缸腔配有放气装置。

2. 萃取功效

二氧化碳萃取工艺是利用超临界状态下的二氧化碳流体作为萃取溶剂,从液体或固体物料中萃取出某种或某些成分,而进行物质分离的一种新型分离技术。国际上从二十世纪六十年代开始研究该技术,七十年代末在工业上得到应用。随着对其基础理论、应用技术和工程装备的深入研究与开发,与传统的蒸馏、萃取等分离技术相比,二氧化碳萃取技术显示出明显的先进性和经济上的竞争力。

按热力学原理,当物质所处的温度 T 大于其固有的临界温度 T_c,同时压力 P 大于其固有的临界压力 P_c 时,该物质即处于超临界状态。在此状态下,物质的气态和液态相界消失,故称为超临界状态。这是一种可压缩的高密度流体,通常所谓的气、液、固以外的第四态,它的分子间力很小,类似气体。它的密度可以很大,接近液体,所以这是一个气液不分的状态,没有相界面,也就没有相际效应,有助于提高萃取效率和大幅度节能。在实际应用中,作溶剂的超临界状态必须处于高压或高密度下,以具备是可分的萃取能力,故又称为稠密气体。

二氧化碳的超临界温度 $T_c=31.1$ ℃,超临界压力 $P_c=7.38$ MPa,处于超临界状态的二氧化碳即具有选择溶解其他物质的能力。通过调整适当的温度和压力可选择性地萃取物质,然后经减压、升温或吸附,使溶解在超临界二氧化碳中的被萃取的物质与二氧化碳分离,从而达到分离和提纯的目的。

3.5.2　二氧化碳泵的总体结构与参数

二氧化碳泵为卧式泵,主要由动力端、液力端、传动减速机构、原动机、公共底座及附属设备(润滑、冷却系统)等组成(见图 3 - 17)。

原动机提供动力,一般采用防爆变频电机,防爆等级 dIIBT4,防护等级 IP54,推荐采用二级能效电机。在满足动力端润滑的要求和工况要求下,二氧化碳泵出口流量可根据需要随意调整。对于功率大于 160 kW 的电机,因泵曲轴承受皮带拉力较大,建议轴伸加粗 10% 左右,变径处采用大圆弧过渡。

传动减速机构采用大小皮带轮传动减速。皮带轮轮槽截面采用窄 V 带轮(有效宽度制)。皮带采用单根或联组窄 V 带。窄 V 带除具有普通 V 带的特点外,还能承受较大的预紧力,速度和可挠曲次数提高,寿命长,传动功率大,单根可达 75 kW,带轮宽度和直径可减小。

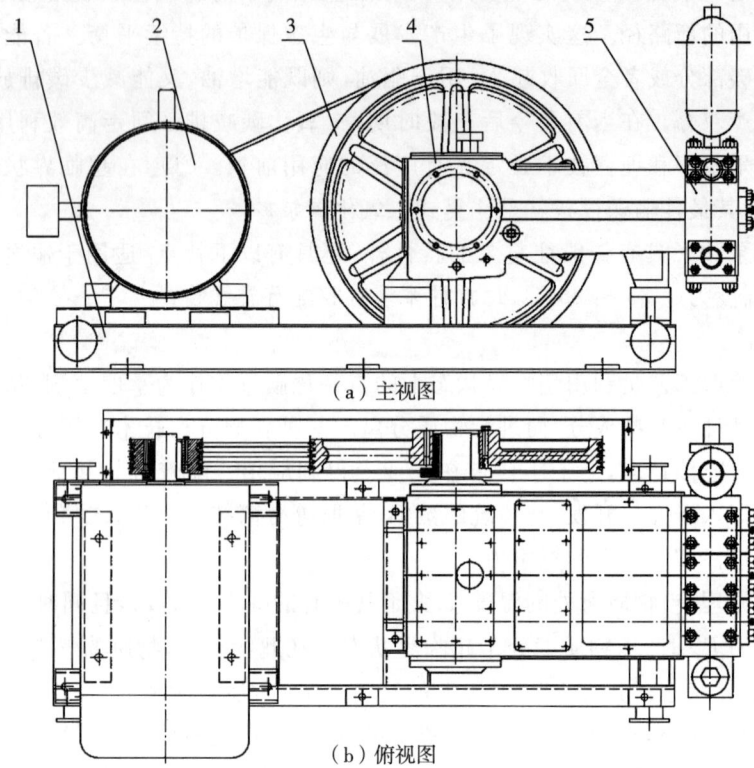

（a）主视图

（b）俯视图

1—公共底座;2—原动机;3—传动减速机构;4—动力端部件;5—液力端部件。

图 3-17　二氧化碳泵

公共底座采用钢制结构组焊而成。电机地脚下面配电机垫块,可以左右、前后进行调整。电机垫块固定好后,四周加防松固定垫块,防止电机垫块松动。底座配有吊装装置,配有现场安装螺孔。

二氧化碳介质一般都采用管道输送,输送的理想状态如下。

液态中:温度小于 $-20\ ℃$,压力大于 2 MPa;密态:液态中的温度为 $-20 \sim 31.1\ ℃$,压力大于 7.38 MPa;超临界态中:温度大于 31.1 ℃,压力大于 20 MPa。

二氧化碳泵的主要参数如下。

额定流量:0.25 ~ 100 m^3/h;

额定吸入压力:0.8 ~ 9.5 MPa;

排出压力:6 ~ 120 MPa;

介质温度:$-50 \sim 31\ ℃$。

上述参数均属于液态、密态、超临界态二氧化碳的输送范围。

二氧化碳泵的流量基本上通过变频手动、自动调节,在泵出口处安装压力变送器,可以根据出口压力实现出口恒压自动调节。

二氧化碳泵常用的额定排出压力为 25 MPa、31.5 MPa、40 MPa、50 MPa、63 MPa,泵速小于 200 min^{-1}。三柱塞泵流量为 $0.20 \sim 63\ m^3/h$,电机功率为 $5.5 \sim 200\ kW$;五柱塞泵流量为 $12 \sim 260\ m^3/h$,电机功率为 $200 \sim 1000\ kW$。

3.5.3　二氧化碳泵的动力端

动力端是把原动机能量转换成机械能,并把旋转运行通过曲轴偏心转化成往复运动的结构。根据流量、压力大小,二氧化碳泵主要两种结构 —— 三缸泵和五缸泵,主要结构与常规往复泵类似。

三缸泵动力端(见图 3-18)采用双支撑,两端轴承采用圆锥滚子轴承,既可以承受径向力,也可以承受轴向力,还便于调节曲轴两端轴承窜动间隙。

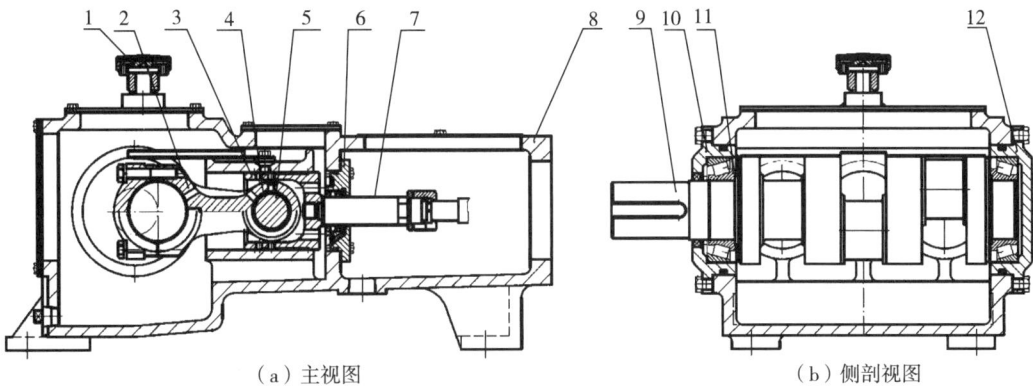

（a）主视图　　　　　　　　　　　　（b）侧剖视图

1—透气帽;2—连杆;3—十字头;4—轴套;5—十字头销;6—密封盒;7—中间杆;8—机身;
9—曲轴;10—轴承通盖;11—轴承;12—轴承闷盖。

图 3-18　三缸泵动力端

五缸泵动力端(见图 3-19)采用四支撑,两端轴承采用圆锥滚子轴承,中间轴承采用圆柱滚子轴承。从皮带轮端数过来,第二缸与第三缸之间有一个中间轴承,第三缸与第四缸之间有一个中间轴承,这样整个曲轴支撑是“212”模式,整体平衡性好,受力均匀。

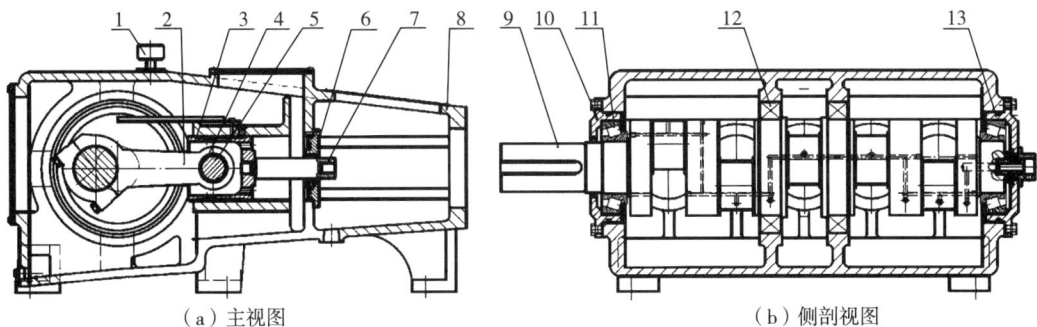

（a）主视图　　　　　　　　　　　　（b）侧剖视图

1—透气帽;2—连杆;3—十字头;4—轴套;5—十字头销;6—密封盒;7—中间杆;8—机身;
9—曲轴;10—轴承通盖;11—两端轴承;12—中间轴承;13—轴承闷盖。

图 3-19　五缸泵动力端

3.5.4 二氧化碳泵的液力端

一般情况下,输送介质为低温液体二氧化碳,过流部件材质采用低温钢,密封件材料选用氟橡胶、尼龙 1010、聚四氟乙烯等。液体二氧化碳容易气化,液力端设计时应考虑如何避免介质气化。从结构设计来看,减少余隙容积,降低进口阀弹簧有效载荷,泵体进行有效保温,每个柱塞液缸腔配有放气装置,可达到防介质气化的目的。

二氧化碳泵的液力端通常由液缸体、吸入阀、进液阀套、排出阀、排出阀套、塞头、法兰、密封函体、柱塞(基本上采用柱塞)、密封件、放气装置、吸入法兰和排出法兰等组成。二氧化碳泵输送液体二氧化碳,出口压力较高,流量较小,一般不是连续工作,常用有两种液缸体结构:立式和卧式。立式液力端如图 3-20(a)(b) 所示,进出液阀组采用上下分别安装,拆装柱塞孔小,余隙容积小,边塞头处有放气装置;卧式液力端如图 3-20(c)(d)所示,采用卧式组合阀结构,液缸体上与柱塞腔之间有放气装置,整体结构紧凑,余隙容积小。

整体式单作用泵液缸体,整体锻件,材料采用 304 不锈钢,适合输送低温液体二氧化碳。这种液缸体刚性好、间距小、机加工量少。采用若干个垂直相交的"十"字形圆柱面交叉孔组成一个多工作腔缸体。缸体中装阀的孔采用阶梯尺寸设计,吸入阀座孔、中间阀套孔、排出阀座孔、排出阀套孔,尺寸依次增大,减小加工难度,方便零部件拆装。

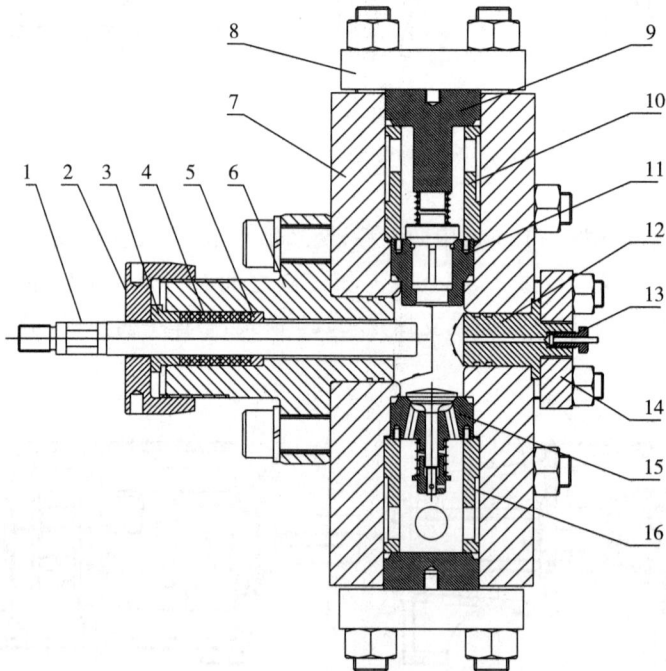

1—柱塞;2—调节螺母;3—前导向套;4—盘根;5—后导向套;6—密封函体;7—泵体;8—上法兰;
9—上塞头;10—排液阀套;11—排液阀组;12—边塞头;13—放气装置;14—边法兰;
15—进液阀组;16—进液阀套。

(a)立式液力端(适合液态二氧化碳输送)

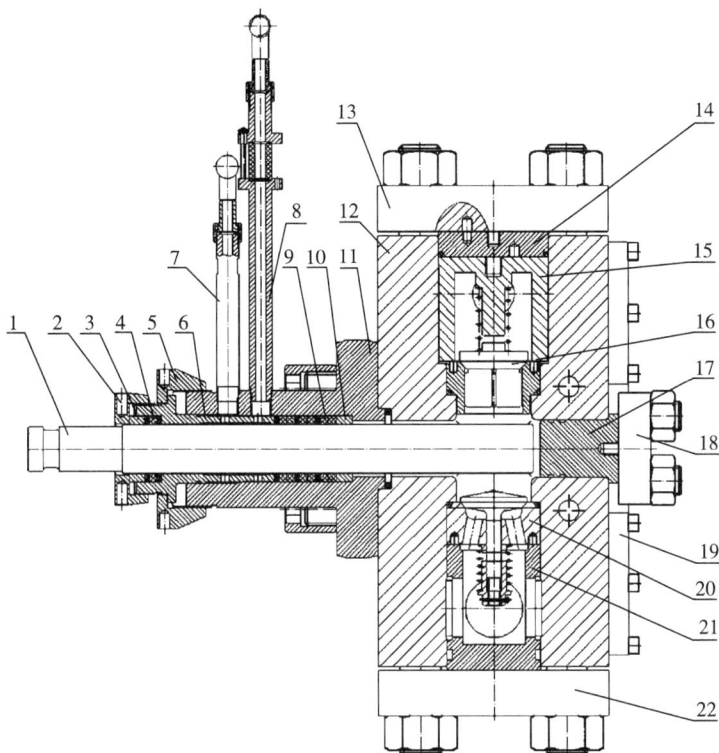

1—柱塞；2—副调节螺母；3—副导向套；4—副填料；5—主调节螺帽；6—副密封函体；7—柱塞润滑进液管；
8—柱塞润滑排液管；9—主填料；10—主导向套；11—密封函体；12—泵体；13—上法兰；14—上塞头；15—排液阀套；
16—排出阀组；17—边塞头；18—边法兰；19—保温套；20—进液阀组；21—进液阀套；22—下法兰。

(b)立式液力端(适合超临界二氧化碳萃取工艺输送)

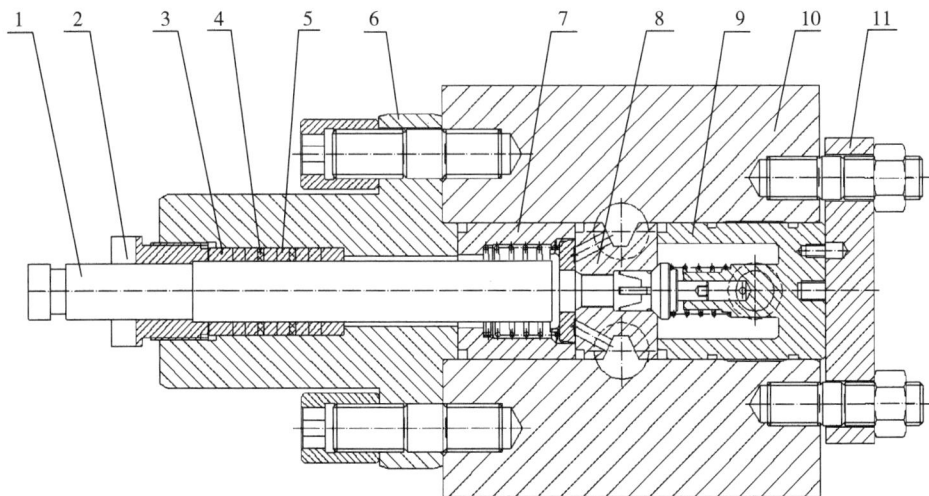

1—柱塞；2—调节螺母；3—导向套；4—阻流隔环；5—填料；6—密封函体；7—副密封函体；
8—卧式阀组；9—阀压套；10—泵体；11—边法兰。

(c)卧式液力端(适合不小于 30 MPa 二氧化碳输送)

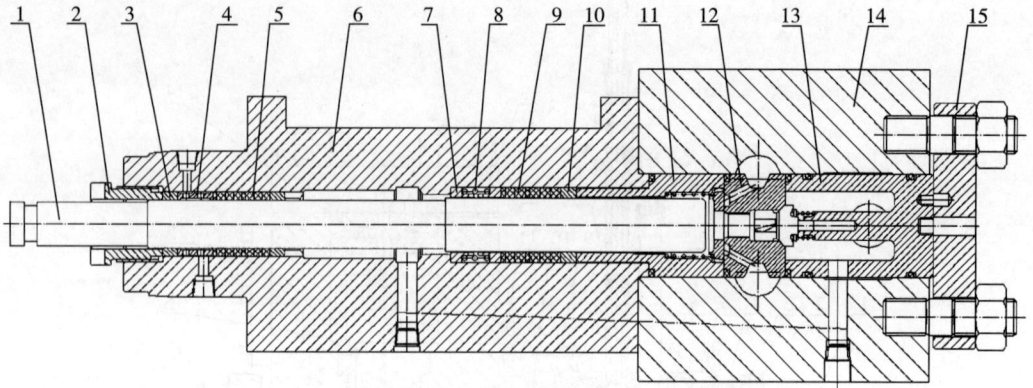

1—柱塞；2—调节螺母；3—副导向套；4—油环；5—副填料；6—密封函体；7—弹簧座；8—补偿弹簧；
9—主填料；10—主导向套；11—副密封函体；12—卧式阀组；13—阀压套；14—泵体；15—边法兰。

(d)卧式液力端(适合密态二氧化碳输送)

图 3-20　二氧化碳泵的液力端

　　立式结构液缸体进排液口在泵体内,进排液阀各自从泵体一端安装,中间留一小孔,供柱塞拆装使用。卧式结构液缸体进排液口在泵体内,过流部分承受液体交变载荷的零件为密封函体和小密封函体,泵体不承受交变载荷,泵体不易开裂,组件在泵体下面独立安装,这种结构可以减少泵体尺寸、降低成本。

　　根据液体二氧化碳的特性,立式液体缸多采用锥形阀,角度为90°。锥形阀流道平滑、水力阻力小、过流能力强、密封性能好。排液阀组零件分开安装,进液阀组在外组装后成一组件,方便安装。排液阀组与进液阀组如图3-21所示。卧式液体缸多采用组合阀,组合阀结构余隙容积低,容积效率高,泵效高,进排液阀共用一个阀座,整体结构紧凑,拆装方便。组合阀如图3-22所示。

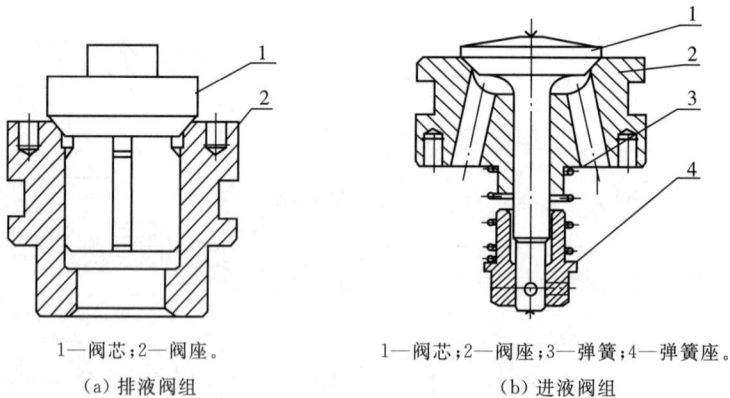

1—阀芯；2—阀座。
(a)排液阀组

1—阀芯；2—阀座；3—弹簧；4—弹簧座。
(b)进液阀组

图 3-21　排液阀组与进液阀组

　　二氧化碳泵液力端放气有两处:一处在出口管安装安全阀的接头座上,另一处在每个柱塞液缸腔上。启泵前,把这两处的放气装置都打开,排净液缸腔内的所有气体,并让低温二氧化碳经过的地方结霜,保证过流通道为液体介质,关闭放气装置。泵开始工作后,因为多种因素影响,部分柱塞工作腔内有介质气化积聚,造成汽蚀现象,此时打开该液缸对应的放气装置,放净气体,设备即可恢复正常工作。

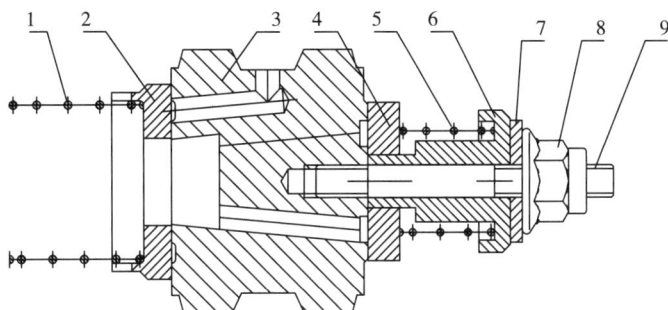

1—吸入弹簧;2—吸入阀板;3—阀座;4—排出阀板;5—排出弹簧;6—弹簧座;7—垫片;8—自锁螺母;9—螺柱。

图 3 - 22　组合阀

3.5.5　二氧化碳泵的设计与选用

1. 设计参数允许值

根据液体二氧化碳易气化的特点,二氧化碳泵的部分设计参数允许值推荐如下。

(1) 往复次数控制在 $160 \sim 200 \ min^{-1}$,长行程取小值,短行程取大值,长行程时柱塞平均速度不大于 $1.25 \ m/s$。由此可见,该泵属于低速泵,由于油田的苛刻环境和连续运行要求,运行可靠性是二氧化碳泵的首要目标。

(2) 进口流速控制在 $0.7 \sim 1 \ m/s$,出口流速控制在 $2.0 \sim 3.5 \ m/s$;对于小流量的泵,进出口流速可以取同一值。

(3) 阀孔最大流速控制在 $1.0 \sim 3.0 \ m/s$。

2. 二氧化碳泵的选用要点

(1) 介质特性:主要包括介质温度、进口压力、最大最小流量;

(2) 现场输送条件:液态、密态、超临界二氧化碳,储罐或管道输送;

(3) 介质到泵进口所具有的压力,推荐值高于该温度下气化压 $0.3 \sim 0.5 \ MPa$,不大于 $1 \ MPa$,这是保证二氧化碳泵能正常运行的必要条件。

(4) 采用防爆变频电机或变频电机、变频柜,方便调节出口流量。

(5) 拆装、使用、检修、保养简单。

3. 二氧化碳的物理特性对泵的影响

处于过冷状态下的液体二氧化碳经过装卸、运输后逐渐变为饱和状态,在进入二氧化碳泵前,部分液体二氧化碳在管道中气化并在管道上部聚集,在 $2.0 \ MPa$ 下气化后的二氧化碳体积是液体的 18.5 倍,若管道设计不合理,进口压力不足,管线保温和压力损失,造成大量气相二氧化碳进入二氧化碳泵即导致二氧化碳加压介质变成气体,由于气体属于易压缩介质,故液体泵出口无压力、无流量,且气体在压缩过程中产生热量,使更多液体二氧化碳变成气体,形成恶性循环导致二氧化碳泵无法正常工作。

液体属于不可压缩流体,压缩过程中几乎不产生热量,气体属于易压缩介质,绝热系数较大,压缩过程中产生热量较多。液体二氧化碳注采过程中若由于管道设计或保温厚度不合理,进口压力不足,会导致部分气相进入压缩腔,气体在持续压缩过程产生的热量使更多液体二氧化碳气化,气相占据整个压缩腔,泵无法正常工作,每个压缩腔设置放空阀,需要定时放空。

正常情况下,二氧化碳泵与进出口阀门管线以撬装形式在用户现场使用。二氧化碳储罐和管道加装保温层,确保绝热效果,进口管线增加屏蔽泵提升进口压力,确保进入二氧化碳泵前的二氧化碳不会形成气体。二氧化碳泵液力部分设计以降低压力损耗和余隙容积为重点。

3.5.6　超临界二氧化碳射流技术的应用

超临界二氧化碳流体的特殊性质,使得超临界二氧化碳射流破岩钻井具有其他钻井方式无可比拟的技术优势,如破岩门限压力低、破岩速度快、清岩效果好、无污染等,因此它是一种极具发展前景的新型钻井技术。超临界二氧化碳射流破岩钻井就是利用超临界二氧化碳流体作为钻井液的一种新型钻井方式,它利用高压泵将低温液态二氧化碳泵送到钻杆中,液态二氧化碳下行到一定深度后达到超临界态,利用超临界二氧化碳射流辅助破岩来达到快速钻井的目的。

1. 超临界二氧化碳射流破岩钻井的流程

图 3 - 23 为超临界二氧化碳连续油管钻井示意。液态二氧化碳存储在高压储罐中,为保证进入高压泵前的二氧化碳均为液态,高压储罐内一般将温度控制为 $-15 \sim 5$ ℃、压力控制为 $4 \sim 8$ MPa,从而保证安全作业与泵的正常工作。为了保持罐内温度,需要配置制冷机组,储罐外壁也应加保温层。

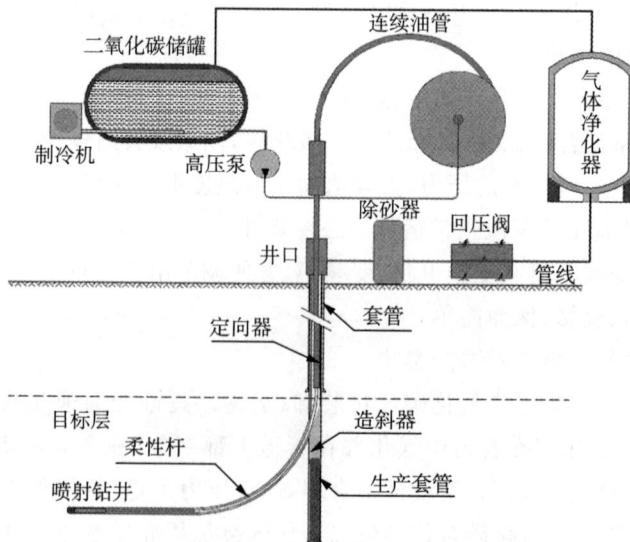

图 3 - 23　超临界二氧化碳连续油管钻井示意

液态二氧化碳经过高压泵泵送,通过连续油管输送到井底。在井口处,连续油管中的二氧化碳为低温高压液态,随着液态二氧化碳逐渐向深部流动,其温度和压力随着地层环境而逐渐升高。当温度和压力均超过临界点时,二氧化碳转变为超临界态。在常规地层温度和压力梯度条件下,井深超过 750 m 后二氧化碳即转变为超临界态。超临界二氧化碳流体经过喷射钻头产生超临界二氧化碳射流进行破碎岩石与喷射钻井作业。

井底破碎的岩屑随着上返的超临界二氧化碳流体经过环空被携带出井口,由于钻井过程中会有少量的水及烃类物质混入钻井液中,因此到达井口后先要分离固体岩屑,随后进入气液分离器、气体净化器,将二氧化碳提纯后输送到二氧化碳储罐,达到冷却、循环利用的目的。

在老井中进行储层水平段钻进时,如果口袋足够深,那么岩屑可以不必携带出井口,将其留在口袋中即可。钻井完成,打开储层后,可将输送到井场的二氧化碳直接注入储层,提高储层能量及采收率。

2. 超临界二氧化碳喷射压裂的流程

图 3-24 为超临界二氧化碳喷射压裂示意。二氧化碳存储在带有制冷机组的储罐中,以保持其为液态。超临界二氧化碳喷射压裂的流程如下。首先进行喷砂射孔作业,将液态二氧化碳泵入密闭混砂车,与 60 ~ 80 目磨料混合,经过连续油管泵入井下,到达喷射压裂工具喷嘴处形成超临界二氧化碳磨料射流,对套管实施射孔作业,作业时间为 5 ~ 10 min。喷砂射孔作业结束后停止混入磨料,持续泵入二氧化碳将管路中的磨料循环出井口,防止砂埋管柱。随后进行地层压裂作业,持续大排量泵入纯净二氧化碳,当井底压力超过地层破裂压力时产生裂缝,此时向二氧化碳中混入支撑剂,通过连续油管泵送到井底,也可通过环空和连续油管同时泵送,以减小对连续油管的磨损。

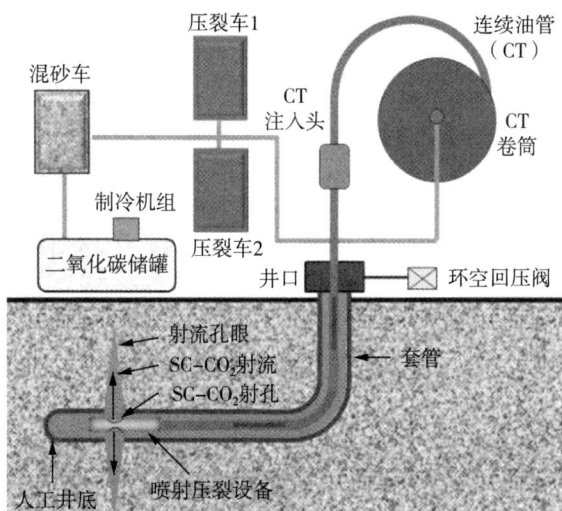

图 3-24　超临界二氧化碳喷射压裂示意

支撑剂泵注完毕后,持续泵入纯净二氧化碳,将井筒和井底未进入裂缝的支撑剂循环出井口,以免造成砂埋。若需下一级压裂,则将连续油管与喷射工具上提至目标层位,进行第二级压裂施工,以此类推进行多级压裂。所有压裂施工结束后可选择闷井处理,5～10天后可开井直接生产无须放喷,从而进一步提高产量和采收率。如果生产任务紧迫,那么可压裂完毕后将井下压力缓慢释放后,直接投产。

3. 超临界二氧化碳射流冲砂洗井和油套管除垢

1) 超临界二氧化碳射流冲砂洗井

油气井出砂、压裂砂残留、井壁污染等问题一直是大家普遍关注的问题。目前,国内外均采用水(必要时加入一些添加剂)进行洗井作业;在遇到压力衰竭储层时,常采用氮气泡沫、二氧化碳泡沫或者空气泡沫进行欠平衡洗井。这在一定程度上缓解了因井筒堵塞而造成的产量递减的问题。然而这类洗井方式却没有从根本上解决井筒堵塞的问题。例如,水进入储层后,对水敏性油气藏会造成较大伤害,尽管采用泡沫洗井能够降低井底压力,但泡沫质量难以控制,很容易造成井底压力波动伤害储层。此外,沥青等高分子有机物夹杂沙粒、黏土等形成的堵塞物具有很强的黏弹性,水射流很难破碎这类物质,也很难将这类物质彻底清除。利用超临界二氧化碳射流进行洗井作业,将使上述问题得到彻底解决。超临界二氧化碳射流洗井原理示意如图3-25所示。

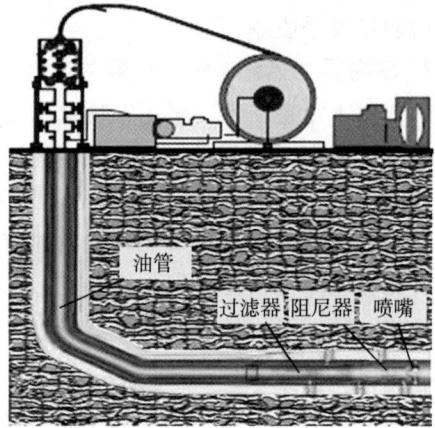

图3-25 超临界二氧化碳射流洗井原理示意

首先,超临界二氧化碳射流破岩门限压力较低,同时具有较强的溶剂化能力,能以较低的喷射压力破碎并溶解这些高分子有机物,并轻易地携带出井筒。其次,超临界二氧化碳流体黏度低、表面张力接近于零、扩散系数大,这些特点使得它在洗井过程中很容易进入微小孔隙及裂缝中,溶解高分子有机物及其他杂质,从而使清洗更彻底。此外,超临界二氧化碳流体密度可调范围较宽,在井筒温度和压力条件下,调节井口回压便可控制井底压力,实现欠平衡、平衡或者过平衡洗井作业。

2) 超临界二氧化碳射流油套管除垢

在油气井长时间生产过程中,由于地层水矿化度较高,很容易在油套管上结垢,结垢厚度过大将导致无法正常生产。传统除垢方式有机械除垢、化学药剂除垢、水射流除垢、磨料射流除垢等。机械除垢很容易对油套管造成损伤;化学药剂除垢也会对油套管造成腐蚀;水射流除垢虽然对油套管损伤小,但是遇到坚硬水垢却无法彻底清除,同时它要求的泵压也较高;采用磨料射流除垢,若压力控制不好则会射穿油套管。

由于超临界二氧化碳射流破岩门限压力低,破岩速度快,因此它不但降低了除垢所需的泵压,而且除垢速度快、效率高,同时对油套管本身不会造成任何伤害。

3.6　输 油 泵

往复式输油泵主要用于油田油井产物气液分离后液体的转接增压,原油集输,长距离管道原油输送。油井产物中,气容积比不超过 15%,可以直接采用往复式输油泵输送。

3.6.1　往复式输油泵的应用背景

国内油田早期基本上都采用单螺杆泵、多级离心泵进行输油。单螺杆泵扬程低,排量小,只适合于小型转油站使用。多级离心泵输油又存在诸多问题:① 排量调节复杂,无法适应输油量不断变化的场合;② 在运行过程中需要冷却水;③ 管壁、流道、叶轮容易结垢,造成管径变小、阻力增大、排量下降;④ 当原油黏度增大时,泵效下降较快,无法满足使用要求;⑤ 原油中的硫酸钡往往会堵塞离心泵叶轮,使泵效率急剧下降,从而使本来匹配功率就大的离心泵做虚工,电力资源浪费严重。

鉴于在输送原油过程中多级离心泵的不足,油田需要一种高扬程、高效率、高寿命、能输送各类液体介质、适应参数多变的输油设备来解决这些问题。1992 年,长庆油田采油三厂经过多方认证,对 4 台 350P - A10 电动往复泵进行局部改造用于输油,其流量、压力均能满足生产需要,而且可靠耐用,试用两年多基本上没有维修和配件更换,得到了厂内工人和基层管理者的认可。1995 年 6 月,3DY54 - 6.3 型输油泵投产运转,各项性能指标达到了设计要求,配件使用寿命长,更换方便,操作简单,故障率低,平均能耗与离心泵相比下降了26.3% 左右,节能效果明显。

长庆油田采油二厂对使用数量相对较多的各类输油泵进行统计,其中 DY 系列往复式输油泵 17 台,YD 系列多级离心油泵 75 台,Y 系列单级离心油泵 29 台,DWYK 系列液下泵58 台,QGB 系列曲杆泵 53 台,并对各类输油泵从技术性能、故障率、维修费用等方面进行综合分析比较。输油泵性能对比见表 3 - 5 所列。

表 3 - 5　输油泵性能对比

泵型号	结构类型	技术性能	在用数量 /台	维修数量 /台	故障率 /%	维修费用 /($\times 10^4$ 元/年)
Y 系列	叶片式	差	29	13	44.83	14.95
YD 系列	叶片式	较好	75	15	20.00	12.00
DWYK 系列	叶片式	一般	58	4	6.90	1.39
DY 系列	容积式	良好	17	5	29.41	6.8
QGB 系列	容积式	良好	53	10	18.87	3.6

Y 系列单级离心油泵、YD 系列多级离心油泵故障率相对较高,不耐腐蚀,原油对叶轮、流道腐蚀严重。因其结构复杂,出现故障后,自身维修力量达不到技术要求,依靠专业维修厂点恢复,维修费用高,其维修费用占输油泵全年维修费用的 80%。DY 系列往复式输油泵大修周期为 25000 h,输出流量稳定,流量调节方便,易损件寿命长,故障率低,维修技术要

求相对较低,可通过自我维修更换配件,后期管理方便,其维修费用占输油泵全年维修费用的 13.33%。往复式输油泵大修周期长,不需要冷却水,适用于原油黏度、流量、压力多变场合的输送,易损件寿命长,维修简单,泵效高,得到了用户的认可。在随后的几年里,研究者对一些离心泵分期进行了改造,在新建的项目中,采用往复式输油泵输油,一步到位,因此往复式输油泵在国内各大油田得到了推广使用。

输油泵主要用途有两类:① 当油井产物不能靠自身压力继续输送时,经气、液分离后对液体部分进行增压,再输送到集中处理站、原油脱水站;② 对原油外输站或矿场油库的原油进行增压,再通过管道向外输送。管道输送原油具有输油成本低、密闭连续运行等优点,是主要的原油外输方法。

目前油田使用较多的往复式输油泵的出口压力为 5 MPa 和 6.3 MPa,部分油田输油压力达到了 25 MPa。往复式输油泵整体结构与常规往复泵类似,其输送压力低,相对流量较大,液力端部分一般采用立式锥阀结构,泵速控制在 280 min^{-1} 以内。

3.6.2　往复式输油泵的总体结构

往复式输油泵为卧式泵,主要由动力端、液力端、传动减速机构、原动机、公共底座及附属设备(润滑、冷却系统)组成。

图 3 - 26 为五缸往复式输油泵,主要参数:额定排出压力为 6.3 MPa,额定流量为 180 m³/h,匹配电机功率为 400 kW。传动减速机构采用大、小皮带轮,过流部件采用 2Cr13 材料,液力端采用立式锥阀结构,阀芯阀面处镶嵌非金属密封垫。

图 3 - 26　五缸往复式输油泵

1. 动力端

根据流量、压力大小,往复式输油泵主要两种结构型式,即三缸泵和五缸泵,其主要结构与常规往复泵一样。

2. 液力端

液力端通过柱塞把机械能转化为液体的压力能。往复式输油泵的液力端通常由柱塞、调节螺母、前导向套、盘根、阻流隔环、后导向套、密封函体、泵体、上塞头、上法兰等组成(见图 3 - 27)。输油泵输送原油,一般情况下出口压力不高,流量较大,通常液缸体采用立式锥阀结构。

1) 液缸体

采用整体式单作用泵液缸体,整体锻件,材料采用 2Cr13。这种液缸体刚性好、间距小、机加工量少。采用若干个垂直相交的"十"字形圆柱面交叉孔组成一个多工作腔缸体。缸体中装阀的孔采用阶梯尺寸设计:吸入阀座孔、中间阀套孔、排出阀座孔、排出阀套孔的尺寸依次增大,这样可以减小加工难度,方便零部件拆装。图 3 - 28(a)为小流量输油泵液缸体剖视图,进液口在泵体内;图 3 - 28(b)为大流量输油泵液缸体剖视图,进液管组件在泵体下面独立安装,这种结构可以减小泵体尺寸,降低成本。

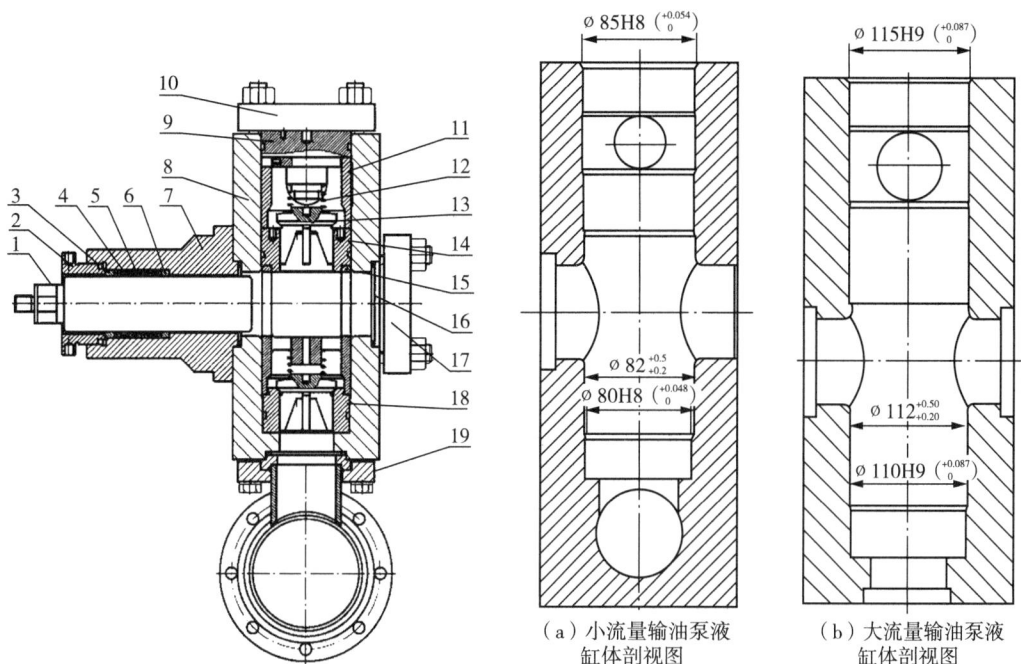

1—柱塞；2—调节螺母；3—前导向套；4—盘根；
5—阻流隔环；6—后导向套；7—密封函体；
8—泵体；9—上塞头；10—上法兰；
11—排液阀套；12—阀弹簧；13—阀芯；
14—排出阀座；15—中间阀套；16—边塞头；
17—边法兰；18—进液阀座；19—吸入管组件。

图 3 - 27　液 力 端

（a）小流量输油泵液　　（b）大流量输油泵液
　缸体剖视图　　　　　　缸体剖视图

图 3 - 28　液缸体

2）泵阀

根据原油的特性，泵阀采用锥形阀(见图 3-29)。锥形阀流道平滑、水力阻力小、过流能力强、密封性能好，适用于黏度较高或较低的介质。一般情况下，单缸阀腔里有一个进液阀组和一个排液阀组，这两个阀交替工作，一个开启，一个关闭。

对于单阀流量大于 20 m³/h 的锥形阀，建议阀弹簧采用双弹簧结构。弹簧设计在保证阀弹簧寿命的同时，能保证阀的预压力和回位压力，保证阀关闭及时。

对于单阀流量大于 30 m³/h 的锥形阀，阀孔较大，阀关闭时声音较大，可采用锥形阀改进型，阀面镶嵌非金属密封圈(见图 3-30)，其主要作用如下。

(1)在保证金属阀芯强度和刚度的条件下，减少了阀金属间的接触面积，增加了非金属与阀座面的接触面积，降低了阀起闭噪声。

(2)可有效降低原油中含有的硬颗粒物磕碰阀面的概率。硬颗粒碰撞阀橡胶会被弹开；非金属密封圈阀面部分安装高于金属阀面 0.3 ～ 0.6 mm，阀面金属接触有一定的延迟，该部分硬颗粒可以流走或落下；阀面金属接触面积减小；立式锥阀阀孔大。

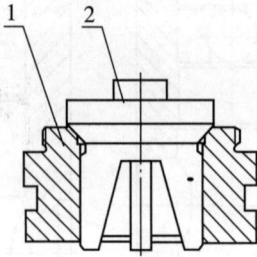

1—阀座;2—阀芯。

图 3-29　锥形阀

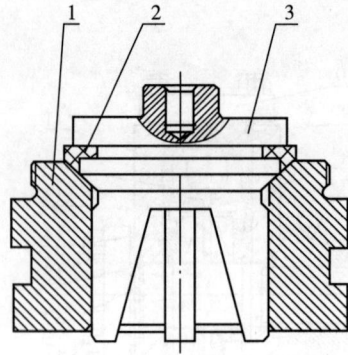

1—阀座;2—非金属密封圈;3—阀芯。

图 3-30　橡胶锥形阀

3.6.3　往复式输油泵的型谱

往复式输油泵经过多年的使用,已形成系列化,较常用的额定排出压力为 5 MPa、6.3 MPa。三柱塞往复式输油泵的基本参数见表 3-6 所列,五柱塞往复式输油泵的基本参数见表 3-7 所列。

表 3-6　三柱塞往复式输油泵的基本参数

额定排出压力 /MPa	额定流量 /(m³/h)	电机功 /kW	柱塞直径 /mm	泵速 /min⁻¹
6.3	0.49	1.1	25	166
5	0.61	1.1	25	209
6.3	0.67	1.5	25	227
5	0.84	1.5	28	228
6.3	0.98	2.2	28	265
5	1.23	2.2	32	256
6.3	1.33	3	32	277
5	1.68	3	36	275
6.3	1.77	4	40	236
5	2.24	4	45	270
6.3	2.44	5.5	45	256
5	3.07	5.5	50	262
6.3	3.33	7.5	45	235
5	4.19	7.5	50	250
6.3	4.88	11	56	232

(续表)

额定排出压力 /MPa	额定流量 /(m³/h)	电机功 /kW	柱塞直径 /mm	泵速 /min⁻¹
5	6.15	11	60	254
6.3	6.65	15	63	250
5	8.38	15	67	231
6.3	8.20	18.5	67	226
5	10.34	18.5	63	259
6.3	9.76	22	63	244
5	12.29	22	63	308
6.3	13.31	30	63	333
5	16.76	30	71	248
6.3	16.41	37	71	243
5	20.68	37	75	274
6.3	19.96	45	75	264
5	25.15	45	85	266
6.3	24.39	55	75	258
5	30.74	55	85	254
6.3	33.26	75	85	274
5	41.91	75	95	277
6.3	39.92	90	95	264
5	50.29	90	100	237
6.3	48.79	110	95	230
5	61.47	110	110	216
6.3	58.54	132	110	206
5	73.76	132	120	218

注:往复式输油泵在额定出口压力为 5 MPa、6.3 MPa 时,容积效率为 95% 左右。

表 3-7　五柱塞往复式输油泵的基本参数

额定排出压力 /MPa	额定流量 /(m³/h)	电机功 /kW	柱塞直径 /mm	泵速 /min⁻¹
6.3	70.96	160	95	201
5	89.41	160	100	228
6.3	82.05	185	100	210

（续表）

额定排出压力 /MPa	额定流量 /(m³/h)	电机功 /kW	柱塞直径 /mm	泵速 /min⁻¹
5	103.38	185	110	218
6.3	88.70	200	100	227
5	111.76	200	110	236
6.3	97.57	220	110	206
5	122.94	220	120	218
6.3	110.88	250	110	234
5	139.71	250	130	211
6.3	124.18	280	120	220
5	156.47	280	130	236
6.3	139.71	315	120	248
5	176.03	315	140	201
6.3	157.45	355	130	208
5	198.38	355	150	197
6.3	177.40	400	140	202
5	223.53	400	160	195
6.3	199.58	450	150	198
5	251.47	450	170	194
6.3	221.76	500	160	194
5	279.41	500	170	173
6.3	248.37	560	160	173
5	312.94	560	180	173
6.3	279.41	630	170	173
5	314.89	710	180	174

注:往复式输油泵在额定出口压力为 5 MPa、6.3 MPa 时,容积效率为 95% 左右。

3.6.4 往复式输油泵的设计、选用、使用要点

往复式输油泵的部分设计参数允许值推荐:① 往复次数控制为 $200 \sim 290$ min⁻¹,长行程取小值,短行程取大值,长行程时柱塞平均速度不大于 1.4 m/s;② 进口流速控制为 $0.5 \sim 1$ m/s,出口流速控制为 $1.5 \sim 3.5$ m/s;对于小流量的泵,进出口流速可以取同一值;③ 阀孔最大流速控制为 $0.8 \sim 2.5$ m/s。

往复式输油泵的选用要点:① 了解介质特性,主要包括介质温度、黏度、每小时最大流量、每小时最小流量;② 了解现场输送条件,确认是大罐存储的原油,还是管道内原油;③ 介质到泵进口所具有的压力推荐值不小于 0.005 MPa、不大于 1 MPa;④ 采用防爆变频电机、变频柜,方便调节出口流量;⑤ 拆装、使用、检修、保养简单。

3.7　对置式机动往复泵

3.7.1　对置式机动往复泵产生的背景

注水是油田开发中后期广泛应用的开采方式,通过注水泵将水注入油藏,以保持或恢复油层压力,从而提高油气的开采速度和采收率,对油田稳产、高产具有举足轻重的作用。注水系统的耗电量巨大,约占油田生产用电的 33% ～ 56%。

为解决油田高压、大流量、高效率注水的需求,研发对置式机动往复泵就成了一个新的技术方向。将两套传统柱塞泵的动力机构对称连接在曲柄销上,用一根曲轴带动两边水平对称布置的液力端,可实现任意对柱塞的多联和对置,流量得以大幅度提升。

对置式机动往复泵(简称"对置泵")是往复泵中的特色产品,通过成倍柱塞对置实现了成倍大流量,通过对称布置减小了占地面积、抵消了部分曲轴受力和挠力(扰力矩)。

目前的对置泵有三对置、五对置、七对置、九对置等系列产品,额定排出压力不超过 55 MPa,额定流量不超过 350 m³/h,使用环境温度为 0 ～ 50 ℃、相对湿度不大于 80%。输送介质为清水、乳化液、总矿化度不大于 5000 mg/L 的油气田采出水,温度为 5 ～ 95 ℃,运动黏度不超过 850 mm²/s。

对置泵在往复泵型谱中处于离心泵和往复泵的结合区域,这种极为特殊的地位就决定了它兼具两者的特性,相对于离心泵它具有高压力特性,相对于往复泵它具有大流量特性。它不局限于油田注水,而是具有独特作用的通用型泵,比如可用于钢板除鳞等要求高压、大流量的工业场合。

3.7.2　对置泵的结构特点

对置泵的主运动部件与传统往复泵相同,都是曲柄滑块机构,不同的是其主运动部件对称布置在曲轴两边及由此带来的动力端特殊结构。

1. 分类与机构组成

对置泵按柱塞(活塞)数量可以分为单联泵和多联泵。单联对置泵只有一对柱塞(活塞),多联对置泵具有两对及以上柱塞(活塞)。柱塞(活塞)对数一般为奇数。

现场应用的对置泵的注水装置由主箱体、连接段、液力端、电动机、减速器、联轴器等组成。对置泵的注水装置如图 3-31 所示。对置泵的动力机构如图 3-32 所示。

2. 主运动部件

对置泵的动力机构是对称连接在曲轴上的曲柄滑块机构,主运动部件由对置连接的连杆、十字头、接杆、挡水环和柱塞组成,通过曲柄销(连杆轴颈)驱动在曲轴两边做往复运动。对置泵的主运动部件如图 3-33 所示。

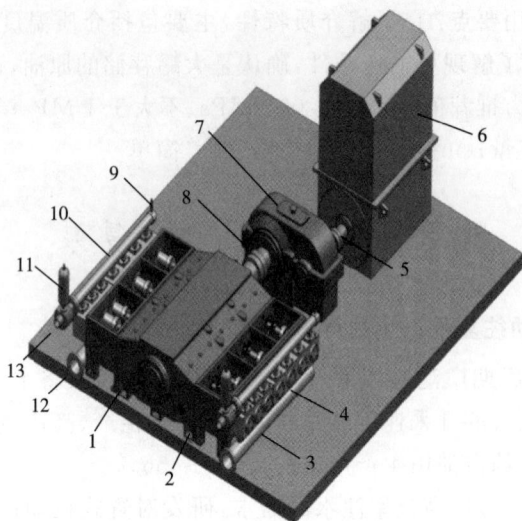

1—主箱体;2—连接段(左、右);3—进液汇管(左、右);4—液力端(左、右);5—电机联轴器;

6—电动机;7—减速器;8—联轴器;9—减压阀(左、右);10—排液汇管(左、右);11—蓄能器(左、右);

12—进液口(左、右);13—出液口(左、右)。

图 3 - 31 　对置泵的注水装置

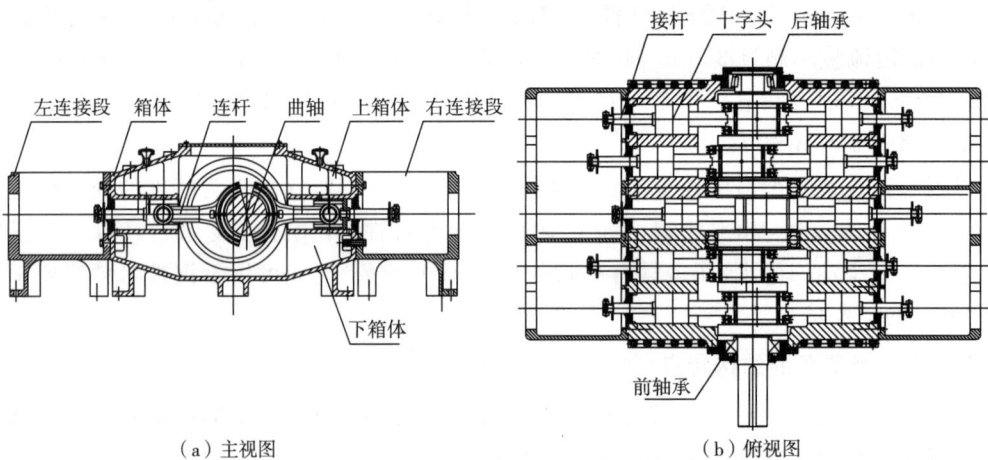

（a）主视图　　　　　　　　　　　（b）俯视图

图 3 - 32 　对置泵的动力机构

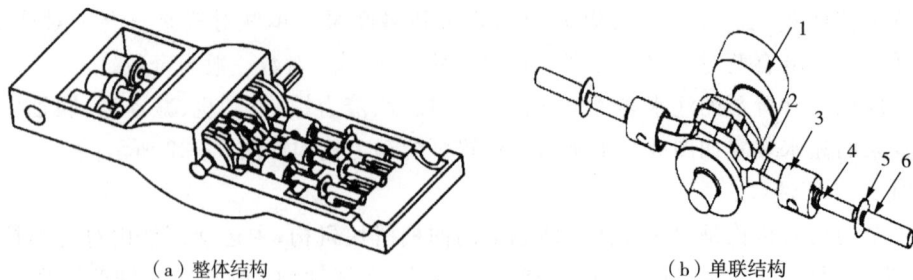

（a）整体结构　　　　　　　　　　（b）单联结构

1—曲柄;2—连杆;3—十字头;4—接杆;5—挡水环;6—柱塞。

图 3 - 33 　对置泵的主运动部件

对置泵有两个液力端,曲柄旋转带动两侧的柱塞进行往复式直线运动,这使得对置泵与传统往复泵的工作状态不同。在曲轴旋转一周的循环周期内,传统往复泵单侧柱塞完成吸液、排液工作,泵在半个周期内无排液过程;而对置泵两侧柱塞交替完成吸液、排液过程,泵在整个周期内都有排液过程。对置泵的工作原理如图 3 - 34 所示。

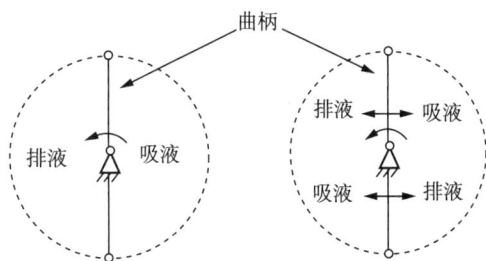

图 3 - 34　对置泵的工作原理

3. 连接结构

传统往复式柱塞泵的曲轴只有一侧安装连杆,而对置泵的曲轴两侧均需要安装连杆,且两个连杆要求必须对称分布在曲柄销的两侧。对置泵的连接结构如图 3 - 35 所示。

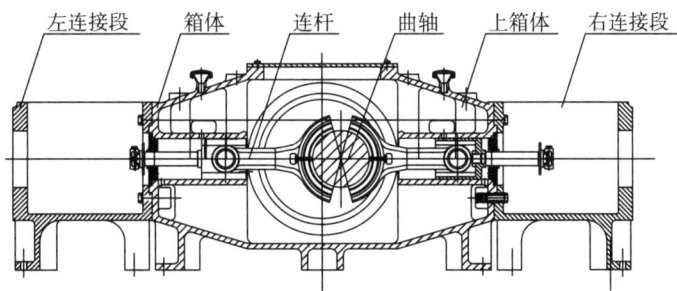

图 3 - 35　对置泵的连接结构

对置泵曲轴两边的主运动部件在曲柄销处的对置联接方式主要有三种:偏置连接、叉形连接和回程环连接。叉形连接结构和回程环连接结构能够保证两边的主运动部件完全对中,有利于平衡曲轴受力和泵扰力(扰力矩)。在回程环连接结构中,对置连杆的大端是两个小于 180° 的圆弧,这样的连杆大端结构不仅方便了连杆安装,还增大了连杆与曲柄的接触面积,提高了运行平稳性。为提高润滑性能,连杆大端圆弧和回程环的内侧应嵌装锡基巴氏合金层。

4. 曲轴支承与曲拐布置

为解决对置泵因多对置而导致的曲轴跨度大、刚度低的问题,曲轴可以采用全支承或多支承结构,以提高其刚度和疲劳寿命的要求。全支承结构是指所有曲拐间都有轴承支承(见图3-36),这样曲轴刚度最好,但也增加了制造成本。若采用多支承结构,则应在曲轴两端轴承之间对称设置支承。

对置泵曲拐布置主要考虑有利于降低流量不均匀度、平衡惯性力(矩),根据柱塞对数合理分配曲拐的相位角。经过计算分析得出不同结构型式对置泵的相位角分配,第一个曲拐靠近曲轴动力输入端,且相位角从输入端看按逆时针计。曲拐相位角分配见表 3 - 8 所列。

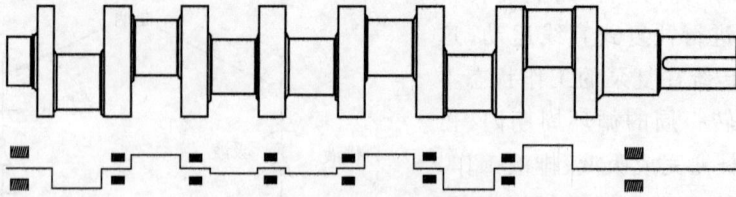

图 3-36　曲轴支承(七对置八支承结构)

表 3-8　曲拐相位角分配

结构型式	曲拐数	曲拐相位角	相邻曲拐错角	曲拐相位图
三对置	3	0°,120°,240°	$4\pi/3$	
五对置	5	0°,216°,72°,288°,144°	$6\pi/5$	
七对置	7	0°,205°,51°,257°,102°,308°,154°	$8\pi/7$	
九对置	9	0°,200°,40°,240°,80°,280°,120°,320°,160°	$10\pi/9$	

3.7.3　对置泵的分析

对置泵的最基本分支仍然是曲柄滑块机构,但由于多组曲柄滑块机构被对称布置在曲轴两边,因此其流量、运动、动力、扰力(扰力矩)的分析计算要比传统往复泵复杂得多,其性能也具有更多的优化提升空间。

1. 对置泵机构运动简图

1) 坐标系

为便于分析,在对置泵上建立右手笛卡尔坐标系。将坐标系的原点置于曲轴动力输入端中心点,以两边柱塞的轴向为 x 轴,以曲轴的轴向为 y 轴,以垂直于面 xoy 方向为 z 轴。对置泵分析坐标系如图 3-37 所示。

人们习惯性地将朝 y 轴正向看过去,以曲轴为界,x 轴负方向上的构件称为左边构件,x 轴正方向上的构件称为右边构件,并将对置连接在每个曲柄销上的左右所有构件组成的一个结构单元称为一列。可以发现,沿 y 轴正方向列数依次增加,不同列之间的运动状态相差一个固定的相位角。

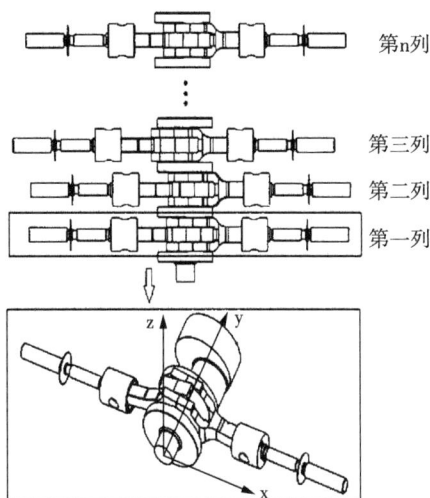

图 3 - 37　对置泵分析坐标系

2) 机构运动简图

对置泵各列的结构一致,只存在相位的差异,为简化分析过程,按每个连杆轴颈为单元对曲轴进行"切分",将对置泵分成多列对置单元,每列对置单元都是两个对置的曲柄滑块结构。图 3 - 38 为单列对置单元的机构运动简图,从图中能清楚地看出此柱塞泵的构件结构、位姿及各构件间的连接关系。

为方便任意列结构的对置泵分析,基于图 3 - 38 建立对置泵的符号说明,具体见表3 - 9所列。

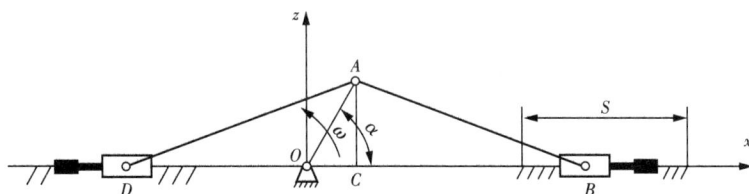

图 3 - 38　单列对置单元的机构运动简图

表 3 - 9　对置泵的符号说明

序号	符号	名称	单位	序号	符号	名称	单位
1	R	曲柄长度	m	4	D	柱塞直径	m
2	L	连杆长度	m	5	γ	曲柄初相角	rad
3	$\lambda = R/L$	连杆比	—	6	φ_j	曲柄错角(第 j 列)	rad

序号	符号	名称	单位	序号	符号	名称	单位
7	i	柱塞个数	个	20	m_s	单缸往复运动质量	kg
8	m	柱塞对数	对	21	m_p	柱塞单元质量	kg
9	α	曲柄转角	°	22	m_c	连杆质量	kg
10	ω	曲柄角速度	rad/s	23	m_b	曲柄质量	kg
11	x	柱塞位移	m	24	m_r	单缸旋转运动质量	kg
12	v	柱塞速度	m/s	25	M_s	右侧对置单元往复运动质量	kg
13	a	柱塞加速度	m/s²	26	M'_s	左侧对置单元往复运动质量	kg
14	Q_{out}	整泵瞬时排出流量	m³/min	27	M_r	单列对置单元旋转运动质量	kg
15	Q_s	单柱塞理论瞬时流量	m³/min	28	P_{ns}	第 n 列往复扰力	N
16	Q_{sn}	右侧柱塞排出流量	m³/min	29	P_{nr}	第 n 列旋转扰力	N
17	Q'_{sn}	左侧柱塞排出流量	m³/min	30	M_{ir}	整泵回转扰力矩	N·m
18	Q_{aver}	往复泵平均流量	m³/min	31	M_{ir}	整泵扭转扰力矩	N·m
19	δ_Q	流量脉动系数	—	32	C_i	第 i 列到原点距离	m

2. 对置泵运动分析

第 j 列柱塞位移公式如下（距离左死点距离）：

$$x(\alpha) = R\cos(\alpha + \varphi_j) + \sqrt{L^2 - [R\sin(\alpha + \varphi_j)]^2} - (L - R) \qquad (3-1)$$

第 j 列柱塞速度公式如下：

$$v(\alpha) = -R\omega\left[\sin(\alpha + \varphi_j) + \frac{\lambda}{2}\sin2(\alpha + \varphi_j)\right] \qquad (3-2)$$

第 j 列柱塞加速度公式如下：

$$a(\alpha) = -R\omega^2\left[\cos(\alpha + \varphi_j) + \lambda\cos2(\alpha + \varphi_j)\right] \qquad (3-3)$$

3. 对置泵流量分析

对置泵单柱塞的理论瞬时流量 Q_s 为

$$Q_s(\alpha) = -AR\omega\left(\sin\alpha + \frac{\lambda}{2}\sin2\alpha\right) \qquad (3-4)$$

式中，A 为柱塞截面积 $A = \frac{1}{4}\pi D^2$。

对置泵的瞬时流量 Q_{out} 为

$$Q_{out}(\alpha) = -AR\omega \sum_{j=1}^{i} \left[\sin(\alpha + \varphi_j) + \frac{\lambda}{2} \sin 2(\alpha + \varphi_j) \right] \qquad (3-5)$$

对置泵的平均流量 Q_{aver} 为

$$Q_{aver} = \frac{mAR\omega}{2\pi} \qquad (3-6)$$

以对置泵 3DW/80/16 为例,若单侧液力端的曲柄存在 $2\pi/3$ 的相位差,则当曲轴转过 α 时,右侧液力端的理论瞬时流量公式为

$$\begin{cases} Q_{s1}(\alpha) = -AR\omega\left(\sin\alpha + \frac{1}{2}\lambda\sin 2\alpha\right), \alpha \in \left[\pi, 2\pi\right] \\[2mm] Q_{s2}(\alpha) = -AR\omega\left[\sin\left(\alpha - \frac{2}{3}\pi\right) + \frac{1}{2}\lambda\sin 2\left(\alpha - \frac{2}{3}\pi\right)\right], \alpha \in \left[\frac{5}{3}\pi, 2\pi\right] \cup \left[0, \frac{2}{3}\pi\right] \\[2mm] Q_{s3}(\alpha) = -AR\omega\left[\sin\left(\alpha + \frac{2}{3}\pi\right) + \frac{1}{2}\lambda\sin 2\left(\alpha + \frac{2}{3}\pi\right)\right], \alpha \in \left[\frac{\pi}{3}, \frac{4}{3}\pi\right] \end{cases}$$

$$(3-7)$$

对置泵的两侧液力端呈水平对置排列,两侧液力端的相位差为 π,当曲轴转过 α 时左侧液力端的理论瞬时流量公式为

$$\begin{cases} Q'_{s1}(\alpha) = -AR\omega\left[\sin(\alpha + \pi) + \frac{1}{2}\lambda\sin 2(\alpha + \pi)\right], \alpha \in \left[0, \pi\right] \\[2mm] Q'_{s2}(\alpha) = -AR\omega\left[\sin\left(\alpha + \frac{\pi}{3}\right) + \frac{1}{2}\lambda\sin 2\left(\alpha + \frac{\pi}{3}\right)\right], \alpha \in \left[\frac{2}{3}\pi, \frac{5}{3}\pi\right] \\[2mm] Q'_{s3}(\alpha) = -AR\omega\left[\sin\left(\alpha + \frac{5\pi}{3}\right) + \frac{1}{2}\lambda\sin 2\left(\alpha + \frac{5\pi}{3}\right)\right], \alpha \in \left[\frac{4}{3}\pi, 2\pi\right] \cup \left[0, \frac{\pi}{3}\right] \end{cases}$$

$$(3-8)$$

对置泵处于排液、吸液状态的柱塞数目为 $i/2$,单侧液力端的瞬时流量周期为 $2\pi/m$,整泵瞬时流量周期为 π/m。例如,3DW/80/16 泵的柱塞数 i 为 6,工作时有 3 个柱塞进行排液工作,单侧液力端曲柄相位差为 $2\pi/3$,Q_{out} 是以 $\pi/3$ 为周期的周期性函数。3DW/80/16 泵的瞬时流量表达式见表 3-10 所列。

表 3-10　3DW/80/16 泵的瞬时流量表达式

曲柄转角	工作状态	瞬时流量表达式
$0 \leqslant \alpha \leqslant \pi/3$	2、1′、3′ 排液	$Q_{out} = Q_{s2} + Q'_{s1} + Q'_{s3}$
$\pi/3 \leqslant \alpha \leqslant 2\pi/3$	2、3、1′ 排液	$Q_{out} = Q_{s2} + Q_{s3} + Q'_{s1}$
$2\pi/3 \leqslant \alpha \leqslant \pi$	3、1′、2′ 排液	$Q_{out} = Q_{s3} + Q'_{s1} + Q'_{s2}$

（续表）

曲柄转角	工作状态	瞬时流量表达式
$\pi \leqslant \alpha \leqslant 4\pi/3$	1、3、2' 排液	$Q_{out} = Q_{s1} + Q_{s3} + Q'_{s2}$
$4\pi/3 \leqslant \alpha \leqslant 5\pi/3$	1、2'、3' 排液	$Q_{out} = Q_{s1} + Q'_{s2} + Q'_{s3}$
$5\pi/3 \leqslant \alpha \leqslant 2\pi$	1、3' 排液	$Q_{out} = Q_{s1} + Q_{s2} + Q'_{s3}$

为了更好地衡量对置泵的流量脉动，引入流量脉动率 δ_Q，其公式为

$$\delta_Q = \frac{\max Q_{out} - \min Q_{out}}{Q_{aver}} \times 100\% \tag{3-9}$$

流量脉动率 δ_Q 为

$$\delta_Q = \frac{2\pi}{m}\left[\max \sum F(\varphi_j, \lambda, \alpha) - \min \sum F(\varphi_j, \lambda, \alpha)\right] \tag{3-10}$$

由上式可知，对置泵的流量脉动率 δ_Q 是与柱塞对数 m、连杆比 λ 和曲柄错角 φ_j 相关的函数。

柱塞泵瞬时流量如图 3-39 所示。3DW/80/16 泵的单侧瞬时流量脉动周期为 $2\pi/3$，在一个流量周期内，存在两个波峰和一个波谷，参与排液柱塞数目在波谷处发生变化，所以单个流量周期内的流量曲线为"m"形。最大瞬时流量 $q_{max} = 0.5044 \ \text{m}^3/\text{min}$，最小瞬时流量 $q_{min} = 0.4025 \ \text{m}^3/\text{min}$，平均瞬时流量 $q_{aver} = 0.4771 \ \text{m}^3/\text{min}$，$\Delta q = 0.1019 \ \text{m}^3/\text{min}$。

3DW/80/16 泵的整体瞬时流量脉动周期为 $\pi/3$，在单个流量周期内只存在一个波峰，其排液柱塞的数目不随脉动周期而变化。最大瞬时流量 $Q_{max} = 0.9992 \ \text{m}^3/\text{min}$，最小瞬时流量 $Q_{min} = 0.8654 \ \text{m}^3/\text{min}$，平均瞬时流量 $Q_{aver} = 0.9542 \ \text{m}^3/\text{min}$。由于 3DW/80/16 泵的瞬时流量是类正弦函数，因此流量脉动波峰变量 $\Delta Q_{up} = 0.045 \ \text{m}^3/\text{min}$，流量脉动波谷变量 $\Delta Q_{down} = 0.0882 \ \text{m}^3/\text{min}$，$\Delta Q_{up} < \Delta Q_{down}$。

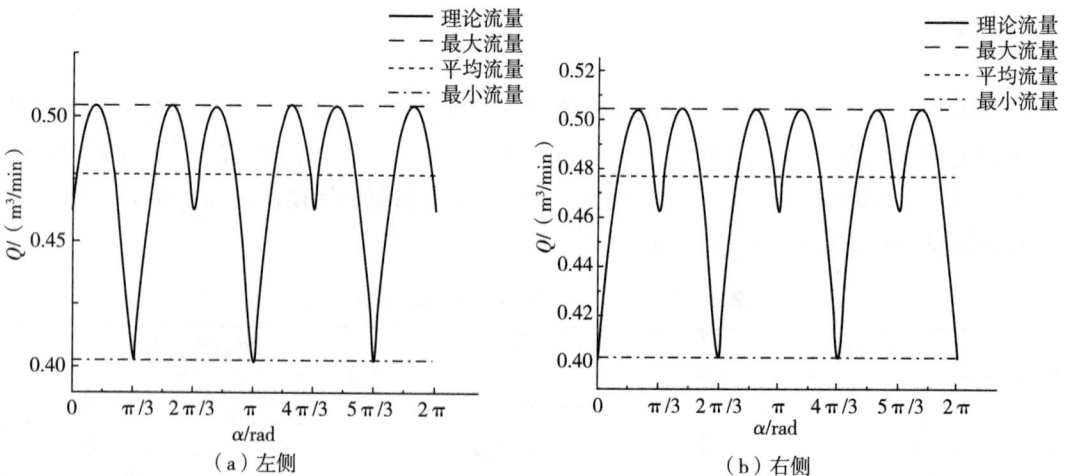

（a）左侧

（b）右侧

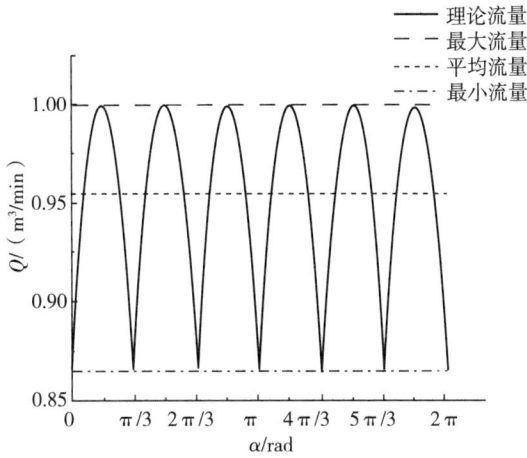

（c）整体

图 3 - 39　柱塞泵瞬时流量

4. 对置泵扰力及扰力矩分析

扰力又称为干扰力和动力荷载,它是运动设备的不平衡质量在运动时产生的惯性力,是随着时间而变化的力。扰力和扰力矩是导致运动设备出现振动的主要原因,因此应分析对置泵的扰力,寻找扰力及扰力矩优化的方法,从而减小运动部件的振动,提高设备的使用寿命。

根据对置泵的结构及工作原理可知,该类泵在 y 轴上的扰力 $P_y = 0$。因此,只需在 xoz 平面内对扰力进行分析,图 3 - 40 为第 n 列对置单元扰力分析。

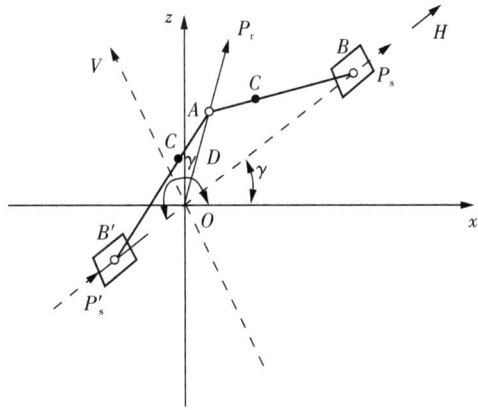

图 3 - 40　第 n 列对置单元扰力分析

对置泵单列对置单元分别受到 P_r、P_s、P'_s 三个扰力的影响,P'_s、P_s、P_r 分别为左侧往复扰力、右侧往复扰力和旋转扰力,则有

$$P'_{ns} = -M'_s a'_s = M'_s R\omega^2 \left[\lambda\cos2(\alpha + \varphi_i) - \cos(\alpha + \varphi_i) \right] \qquad (3-11)$$

$$P_{ns} = -M_s a_s = M_s R\omega^2 \left[\cos(\alpha + \varphi_i) + \lambda\cos2(\alpha + \varphi_i) \right] \qquad (3-12)$$

$$P_{nr} = M_r R\omega^2 = R\omega^2 \left[m_b + 2\left(1 - \frac{l_c}{l}\right) m_c \right] \qquad (3-13)$$

式中,M'_s、M_s 和 M_r 分别为左侧往复质量、右侧往复质量和旋转质量,公式分别为

$$M'_s = m'_p + \frac{l'_c}{l'} m'_c \qquad (3-14)$$

$$M_s = m_p + \frac{l_c}{l} m_c \qquad\qquad (3-15)$$

$$M_r = m_b + \left(1 - \frac{l_c}{l}\right) m_c + \left(1 - \frac{l'_c}{l'}\right) m'_c \qquad\qquad (3-16)$$

为了更好地对扰力进行分析,将第 n 列的单列对置单元扰力转换到 x 轴、z 轴,则 x 轴扰力 P_x、z 轴扰力 P_z 分别为

$$P_{nx} = 2m_s R\omega^2 \lambda \cos 2(\alpha + \varphi_i) \cos\gamma + R\omega^2 \cos(\alpha + \varphi_i) \cos\gamma \left[m_b + 2\left(1 - \frac{l_c}{l}\right) m_c \right]$$

$$- R\omega^2 \sin(\alpha + \varphi_i) \sin\gamma \left[m_b + 2\left(1 - \frac{l_c}{l}\right) m_c \right]$$

$$= R\omega^2 f(\alpha, \varphi_i, \gamma_i, \lambda) \qquad\qquad (3-17)$$

$$P_{nz} = 2m_s R\omega^2 \lambda \cos 2\alpha(\alpha + \varphi_i) \sin\gamma + R\omega^2 \cos(\alpha + \varphi_i) \sin\gamma \left[m_b + 2\left(1 - \frac{l_c}{l}\right) m_c \right]$$

$$+ R\omega^2 \sin\alpha(\alpha + \varphi_i) \cos\gamma \left[m_b + 2\left(1 - \frac{l_c}{l}\right) m_c \right]$$

$$= R\omega^2 g(\alpha, \varphi_i, \gamma_i, \lambda) \qquad\qquad (3-18)$$

由式(3-17)、式(3-18)得对置泵的整体扰力公式为

$$P_x = \sum P_{nx} = \sum R\omega^2 f(\alpha, \varphi_i, \gamma_i, \lambda) \qquad\qquad (3-19)$$

$$P_z = \sum P_{nz} = \sum R\omega^2 g(\alpha, \varphi_i, \gamma_i, \lambda) \qquad\qquad (3-20)$$

由式(3-19)、式(3-20)可知,对置泵的整体扰力公式是与曲柄长度 R、曲柄角速度 ω、曲柄初始角 γ、连杆比 λ 等相关的多元函数。

对置泵的运动会使扰力形成扰力矩,作用在 z 轴上的扰力 P_z 在 yoz 坐标系内形成回转力矩 M_r,作用在 x 轴上扰力 P_x 在 xoy 坐标系内形成扭转力矩 M_t。设第 n 列原点 o 的距离为 C_n,第 n 列对置单元扰力在 z 轴、x 轴的扰力 P_{nz}、P_{nx} 对于原点 o 分别产生回转扰力和扭转扰力,则整泵的扰力矩 M_{nr}、M_{nt} 分别为

$$M_{nr} = C_n P_{nz} \qquad\qquad (3-21)$$

$$M_{nt} = C_n P_{nx} \qquad\qquad (3-22)$$

3.7.4　对置泵的应用场景

我国各大油田的注水用电已经占油田总用电量的三成以上,注水泵作为注水开采的关键设备,其能量转化效率对油田节能降耗关系重大。用对置泵替代多级离心泵注水,可以节电 15% 左右,节能降耗十分显著。根据前期泵应用情况和节电效果分析(与多级离心泵

相比),一般3年左右即可收回注水设备投资,推广应用前景非常好。图3-41为七对置注水泵应用现场。

图 3-41　七对置注水泵应用现场

对置泵在油田注水站的应用模式主要有纯对置泵应用模式、对置泵与离心泵组合应用模式两种。

1. 纯对置泵应用模式

某注水站改造前,安装有 3 台多级离心泵(2 台 DF140-150×11,1 台 KGF80-150×11),设计注水压力为 16 MPa,注水量为 5500 m³/d。日开 2 台多级离心泵,平均效率为 61.45%。

2010 年该注水站进行了对置泵替代离心泵的技术改造,采用纯对置泵应用模式。改造后安装有 3 台对置泵(2 台 5DW150/16 型,1 台 3DW80/16 型),1 台工频运行,1 台变频运行,1 台备用,注水压力和注水量不变。改造后平均效率提高到 85.96%,节能降耗效果显著。

2. 对置泵与离心泵组合应用模式

某注水站改造前,安装有 3 台多级离心泵(DF160-150×10),设计注水压力为 14.5 MPa,注水量为 4100 m³/d。日开 2 台多级离心泵,1 台工频运行,1 台变频运行,1 台备用。变频泵平均效率不到 60%,注水单耗为 6.42 kW·h/m³。

2020 年该注水站进行了技术改造,采用对置泵与离心泵组合应用模式。改造后增加 1 台对置泵(5DW150/16),采用变频运行,平均供水量为 2880 m³/d;原来 3 台多级离心泵保留,1 台工频运行,2 台备用。对置泵变频运行效率远大于原来的离心泵,平均效率达 93.8%,注水单耗降为 4.6 kW·h/m³。

3.8　船用往复泵

3.8.1　船用往复泵的特征

船用往复泵属于各类船舶的舱底设备之一。对于船用往复泵而言,船舶航行的工况复杂多样,泵所属的系统或装置对泵排出压力的参数要求经常发生变化。往复泵作为容积式泵的一种,正适应于船用条件的变工况需求。

　　船用往复泵的主要功能是输送舱底水、压载水或者消防水,对于一些特定的船用往复泵,还需要输送药剂、浓盐水、油污水等介质。

　　船舶设备的应用环境条件比较苛刻,系统复杂,舱室空间紧凑。受到船用舱室条件、空间的限制,船用往复泵常设计为立式结构。这种立式结构,不仅节省空间,还避免了柱塞副的运动偏磨,非常有利于提高泵的运行可靠性。立式泵的进出水阀组结构自成一体,独立于机身前下方,这也是作为船用往复泵独有的布置。

　　相对于其他应用领域而言,船用往复泵的安装和运行环境比较特殊,在满足基本参数的基础上,某些场合对振动、噪声指标更为关注。另外,由于船用往复泵受到安装空间的限制,因此对维护、保养、修理及运行可靠性等方面也有其特殊的需求。

　　船用泵型式多样,而且因船用周期的特殊性,其更新换代的惰性较大。尽管如此,重要作用的泵(如舱底泵、排盐泵等)虽然囿于传统结构,但一直在提高功能和轻量化上推陈出新。

3.8.2　船用往复泵的技术要求

1. 环境要求

船用往复泵的使用环境较为特殊,特别是倾斜、摇摆的使用环境条件。

根据《船用电动往复泵》(GB/T 11034—2008)的规定,对于船用往复泵的环境条件有如下的规定:环境温度为 5 ~ 60 ℃;输送介质温度(最高)为 85 ℃;倾斜角为横倾 15°、纵倾 5°;摇摆角为横摇 22.5°、纵摇 7.5°。

舰船往复泵的使用环境要求则更高,《舰船往复泵通用规范》(GJB 3034A—2021)中对水面舰艇和潜艇的倾斜摇摆条件做出了更为严苛的规定(见表 3-11)。

表 3-11　船用往复泵倾斜摇摆环境要求

舰船类型	横倾 /°	纵倾 /°	横摇		纵摇	
			角度 /°	周期 /s	角度 /°	周期 /s
水面舰艇	±15	±5	±45	3 ~ 14	±10	4 ~ 10
潜艇	±15	±10	±45	3 ~ 14	±15	4 ~ 8

船用条件下的往复泵还需要具有抗冲击的设计要求。

在舱室内使用,潮湿的环境也是设计制造船用往复泵时需要特别关注的因素。《舰船往复泵通用规范》(GJB 3034A—2021)中规定,往复泵使用环境的空气相对湿度应大于95%(有凝露)。

2. 材料要求

结合船用往复泵的特殊使用环境及输送介质的理化特性,船用往复泵与陆用往复泵选材的主要区别在于液力端。

表 3-12 列出了《船用电动往复泵》(GB/T 11034—2008)中规定的船用往复泵主要零部件材料要求。

表 3 - 12　船用往复泵主要零件材料要求

零件名称	材料	
	牌号	标准号
曲轴(或输出轴)	40、45	GB/T 699—1999
	QT700 - 2	GB/T 1348—88
连杆	35,40,45	GB/T 699—1999
	QT500 - 7,QT600 - 3	GB/T 1348—88
十字头销	45	GB/T 699—1999
	2Cr,40Cr	GB/T 3077—1999
液缸、阀体和盖	HT200	GB 9439—88
	ZCuZn16Si4	GB 1176—87
液缸套	ZCuSn5Pb5Zn5	GB 1176—87
	1Cr18Ni9Ti	GB/T 1220—2007
阀、阀座	ZCuZn16Si4,ZCuSn5Pb5Zn5	GB 1176—87
阀弹簧	ZCuSn10Pb1	GB 1176—87
	1Cr18Ni9Ti	GB/T 1220—2007
活塞	ZCuSn5Pb5Zn5	GB 1176—87
	1Cr13	GB/T 1220—2007
活塞杆	2Cr13,1Cr18Ni9Ti	GB/T 1220—2007
齿轮	45,35	GB/T 699—1999
	QT500 - 7	GB/T 1348—88

从表 3 - 12 可以看出,船用往复泵的液力端材料以铜合金为主,对于海水介质的适应性比较适宜。随着技术的发展和要求的提高,双向不锈钢、钛合金等新型材料也逐渐应用于船用往复泵之中。

3. 可靠性要求

由于船舶设备的试验环境严苛,舱室空间较小,提供给泵的维护的操作空间较为有限,因此对船用往复泵的可靠性和维修性都提出了更高的要求。

《船用电动往复泵》(GB/T 11034—2008)中规定,泵出厂时应进行额定工况下连续运行 200 h 以上的运转考核,期间不得更换零件和停机。而在《舰船往复泵通用规范》(GJB 3034A—2021)中则提出了更高、更明确的要求,规定船用电动往复泵的平均故障间隔时间(MTBF)不低于 500 h,累计工作寿命不低于 12000 h;船用手动往复泵的平均故障间隔时间不低于 300 h,累计工作寿命不低于 3000 h。同时提出了维修性指标,即船用电动往复泵平均维修时间(MTTR)不大于 8 h(活塞泵)和 4 h(柱塞泵),船用手动往复泵的平均维修时间不大于 2 h。

3.8.3　船用往复泵的技术发展趋势

1. 新结构、新材料、新工艺

随着船舶对配套机械设备的要求日渐提升,船用往复泵的结构设计也需要突破,特别是在应对可靠性、减振降噪等方面更需要新结构的出现。

新型材料的使用已经越来越广泛,如液力端阀组选用非金属复合材料,液力端承压件选用钛合金、超低碳不锈钢等材料,可以更适应船用往复泵的减振、防腐的需求。

往复泵的结构特点注定了其零件结构的复杂性,特别是传动箱体和液缸体结构复杂、工艺难度大。精密铸造成形工艺、多轴联动加工中心等新工艺、新设备的应用,可提升泵零部件的制造精度。

2. 减振降噪技术

各型船舶对机械设备的关注重点,已经由排出压力、流量、效率等基本参数转向振动噪声等参数。一方面可以改善舱室环境,提高人居质量;另一方面,舰船设备等有隐身要求,需求关注振动噪声。总体来说,因结构原因往复式泵比回转式泵的振动大,且低振动设计基础薄弱,这是船用往复泵亟待解决的技术难题。

泵的噪声主要来自动力端和液力端。因此,一方面可以从动力端总体结构上进行改进,如改变动力端的传动方式,采用新的驱动方式;另一方面,液力端采用多缸结构以降低脉动。另外,阀组选用新材料(如多孔吸声材料、带夹层的特种吸声钢材)或选用非金属材料等,都可在一定程度上降低泵的噪声。

3. 高参数设计技术

随着船舶整体的大型化发展,配套的泵产品的流量、压力、功率等要求也大幅度提高,但受到空间、重量等限制,往复泵需要在高速、高功率密度、高压等方向实现技术突破和创新。也就是说,同类产品的技术进步体现在两个方面:参数不变,体量减小;体量不变,参数提高。

3.8.4　船用往复泵的常见型式

图 3-42 为 CDSL 型立式船用电动往复泵,其采取的是立式双缸双作用泵结构,适用于船舶输送海水、淡水、油类制品等。

图 3-43 为 2DSL 型船用往复泵,其结构、功能与 CDSL 型立式船用电动往复泵基本相同,两者的主要区别是安全阀的设计。

从两种泵的结构图可以看出,其减速机构为齿轮传动,相对而言,泵组的振动噪声较大。因此,可对图 3-42 所示的泵进行改进,电机由卧式改为立式,并将减速机构由外减速改为内减速,减速机构选取蜗轮蜗杆减速机构,这样泵组的结构更为紧凑(见图3-44)。

图 3-42 至图 3-44 所示的船用往复泵为双缸泵,其流量的脉动较大,在某些对于振动噪声要求较高的场合并不适用。为此,有研究者提出了三缸泵的结构(见图 3-45),其流量的脉动幅度明显降低,动力学性能优于传统的双缸泵,有利于降低机组的整体振动。

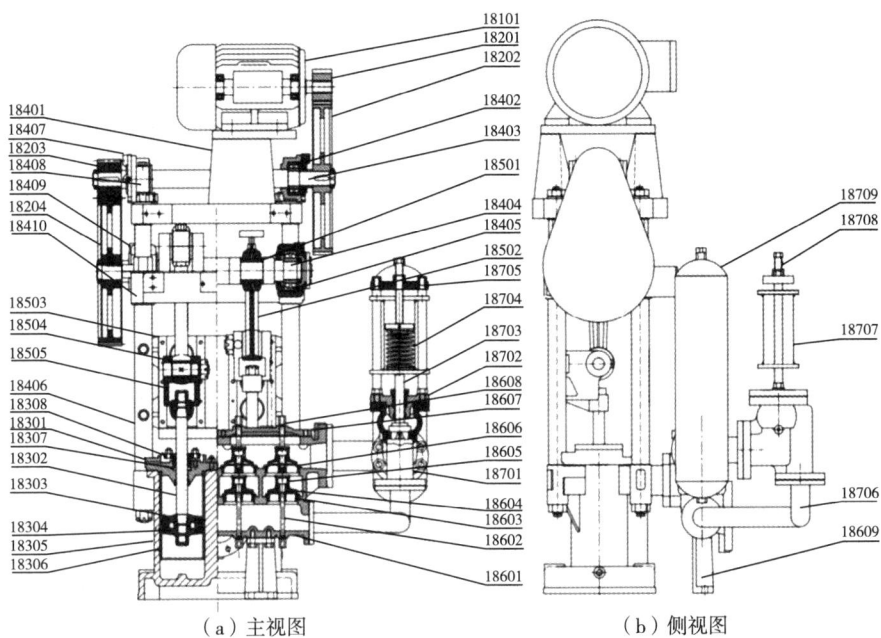

（a）主视图　　　　　　　（b）侧视图

图 3 - 42　CDSL 型立式船用电动往复泵

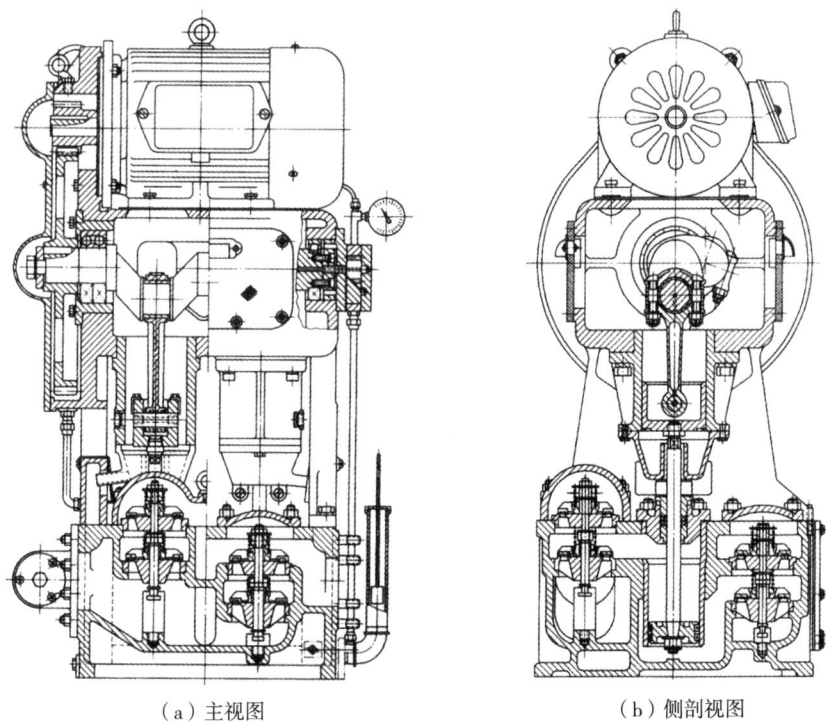

（a）主视图　　　　　　　（b）侧剖视图

图 3 - 43　2DSL 型船用往复泵

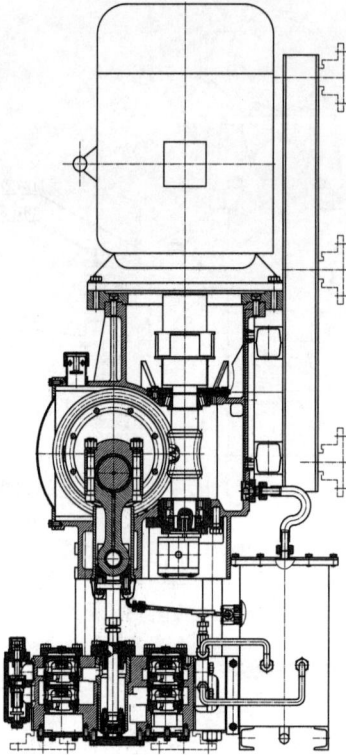

图 3-44　立式船用往复泵蜗轮
蜗杆减速结构

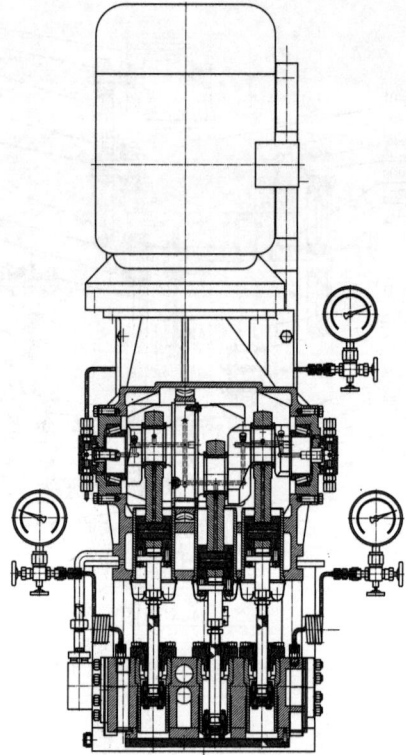

图 3-45　立式船用往复泵
三缸泵结构

在某些船用造水系统中,排盐泵作为其中重要的设备之一,也采用了往复式结构泵。其功能是将海水蒸发器浓缩后的盐水排至舷外。其结构与传统的电动往复泵基本相同,缺点是高温浓盐水在泵停止运行时可能在柱塞处形成结晶,造成柱塞等损坏加速。3Dyan-4.6/3 型往复式排盐泵如图 3-46 所示。

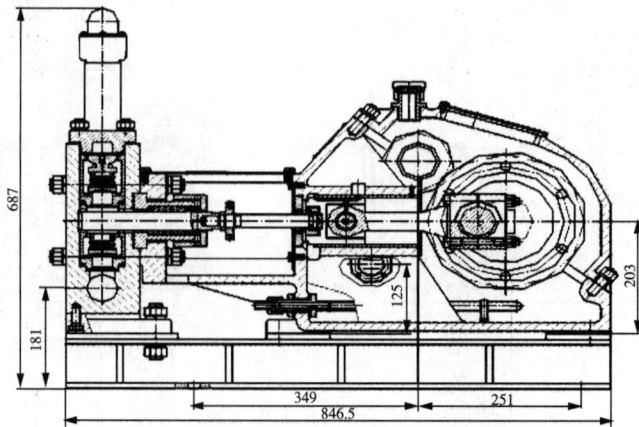

（a）主视图

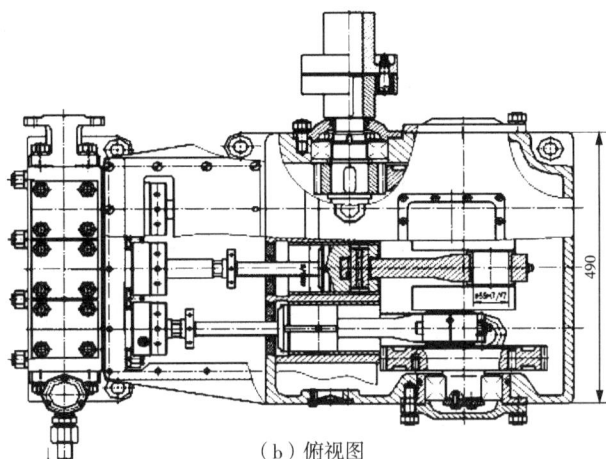

（b）俯视图

图 3-46　3Dyan-4.6/3 型往复式排盐泵

随着技术的发展,船用往复泵的一个发展趋势是高速小型化,其泵速可达 800 min⁻¹。当然,船用泵的工作环境复杂,此类泵还必须经过验证。也就是说,其应用的道路是漫长的。

在一些船舶设备中,往往还配备手摇式往复泵。手摇式往复泵结构简单、操作方便、体积小、重量轻,但排出压力较低。手摇式往复泵主要用于抽送少量的油品或清扫少量的舱底积水,其工作原理与电动往复泵类似,只是采用手柄驱动活塞做往复运动。船用高压细水雾灭火泵也是柱塞泵的一种,其动力端采用的是液压泵的斜盘柱塞泵结构,该泵结构紧凑、体积小,已经应用于船舶灭火系统中。船用高压细水雾灭火泵如图 3-47 所示。

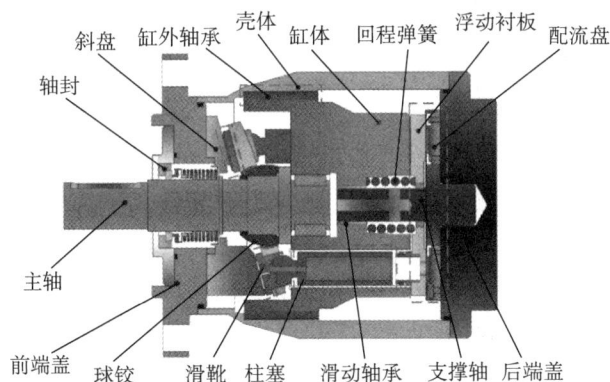

图 3-47　船用高压细水雾灭火泵

3.8.5　船用往复泵的阀组结构

往复泵液力端的阀是泵工作过程的直接组成件,是往复泵中重要的易损件之一。由于船用往复泵的使用环境特殊,运行过程中可能存在摇摆的情形,若使用自重阀,则阀在关闭时可能偏离阀座中心,影响单向阀的关闭速度,甚至会出现卡滞,从而影响泵的使用,因此自重阀的结构往往不适用于这种环境。

另外,因船用往复泵的操作空间较为狭窄,很多船用往复泵位于舱室的底部,不便于维护。为了便于操作人员对阀组进行维修,进口单向阀和出口单向阀往往设计为一体式阀组结构(见图3-48)。在阀的拆卸时,可将进出口阀同时从泵体内取出,特别是更换下层阀将更为便捷。

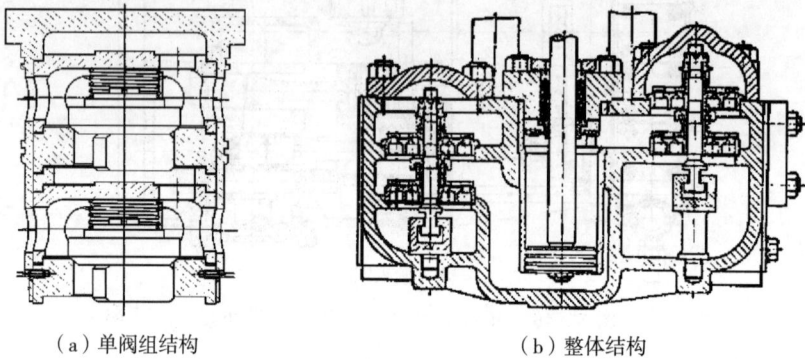

（a）单阀组结构   （b）整体结构

图3-48 一体式阀组结构

船用泵经常输送含有固体颗粒等不纯净的介质,为了提高其适应性,较多地采用了锥形阀(见图3-49)。虽然这种泵的结构略复杂,但其具有流道较为平滑、过流能力较强、密封性能较好等优点。同时,为了降低阀板关闭时与阀座的冲击噪声,部分场合在阀板上配有非金属密封结构,这样在关闭时还可以增加密封接触面,从而改善密封性能。

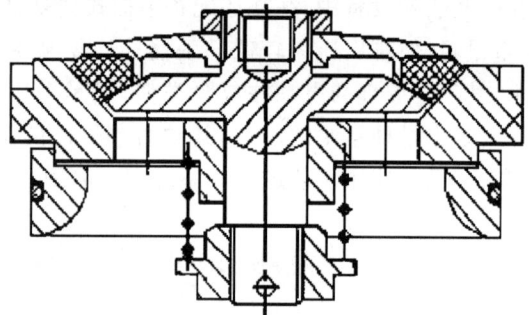

图3-49 锥形阀

3.8.6 排盐泵新设计

往复式排盐泵负责将海水蒸发装置内部的浓缩海水排出舷外,以维持海水蒸发装置的正常运行。该类泵采取永磁电机低速驱动,为振动噪声的控制提供支撑。其液力端采用了钛合金材料,以适应输送腐蚀性强的浓盐水的需要。

振动、噪声指标是排盐泵的核心关键指标,是排盐泵换代产品能否成功的关键。只有完成这些指标,才能真正解决排盐泵"卡脖子"问题。研究应从优化结构及几何参数入手,在一体化结构设计、轻量化攻关、关键零部件设计、材质选用、工艺保障等方面进行科研攻关,最终在核心性能指标上取得突破性进展,实现对国外产品的超越。

排盐泵的振动、噪声指标按额定工况和极限工况两种情况进行考核。两种工况的振动噪声指标项目是振动烈度2.8 mm/s、机脚加速度125 dB、空气噪声70 dB(A)。

图3-50为TY-3D型排盐泵。

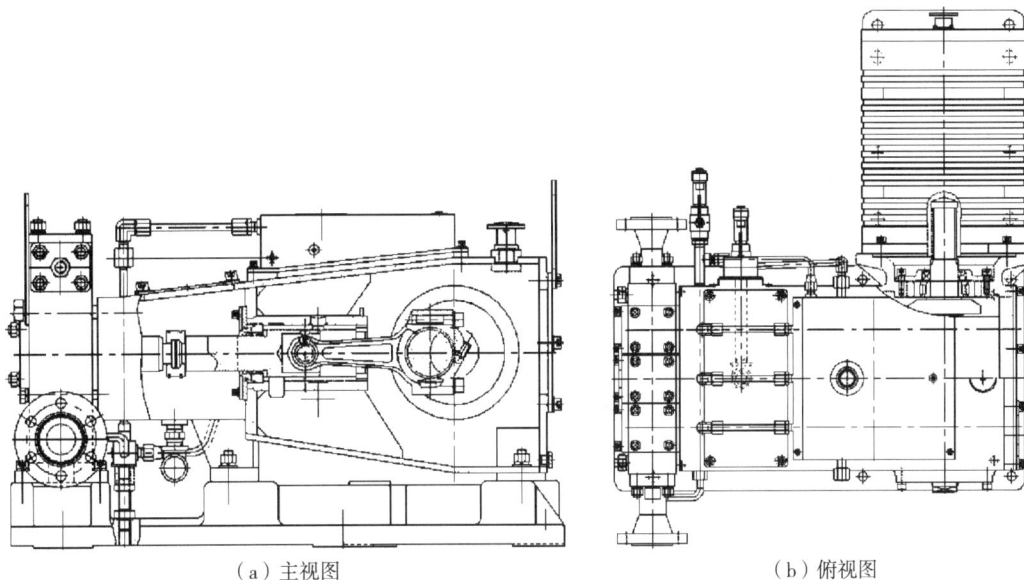

（a）主视图　　　　　　　　　　　（b）俯视图

图 3-50　TY-3D 型排盐泵

1. 低噪声低振动技术

（1）低速泵设计。泵速是影响泵振动、噪声指标的重要因素之一。在役排盐泵采用高速直驱设计,因此其噪声、振动源头难以实现根本性的改善。降低泵转速是解决这一问题必要而有效的解决办法。

（2）低噪声振动永磁电机。永磁电机具有效率高、振动小、散热少等特点。排盐泵配带永磁电机由于无风扇这一旋转部件,因此可以减少噪声发生源和振动源。永磁电机噪声值低于相同功率普通电机噪声 4 ～ 9 dB(A),有利于泵机组的减振降噪。

（3）结构优化设计。结构优化设计主要包括直驱无减速措施的结构设计、电机与泵轴向刚性定位连接。

① 直驱无减速措施的结构设计。采用低速永磁电机直驱的结构方案,以减少传统结构带来的噪声振动的源头、减少安装误差等附加噪声因素。低速直驱排盐泵如图3-51所示。

② 电机与泵轴向刚性定位连接。在电机和泵动力端之间增加刚性连接架,以保证机泵同轴度,提高泵组的噪声、振动性能。电机与泵法兰连接定位和同中心高设计如图3-52所示。

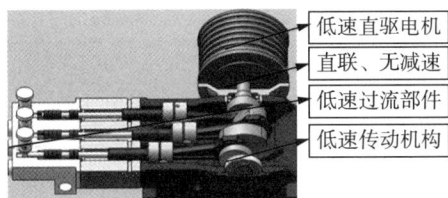

图 3-51　低速直驱排盐泵

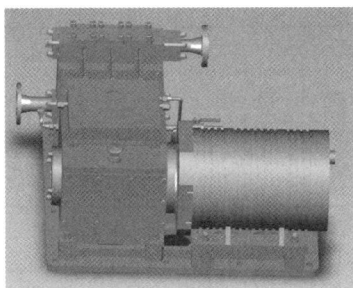

图 3-52　电机与泵法兰连接定位和同中心高设计

2. 长寿命技术攻关

(1) 低速组合设计。

(2) 密封冲洗结构设计。为避免出现结晶盐磨损填料的情况,向填料密封腔内注入洁净介质,以达到阻断海水外泄、清洁润滑柱塞和填料密封的目的。

(3) 高压密封结构设计。密封腔中部设置隔环,通过隔环增压储存洁净介质以实现润滑、洁净密封副和阻隔浓盐水外漏的效果,提高密封副寿命。采用柱塞和进出口单向阀同轴式设计,进一步提高密封组件的使用寿命。排盐泵往复密封副如图 3-53 所示。

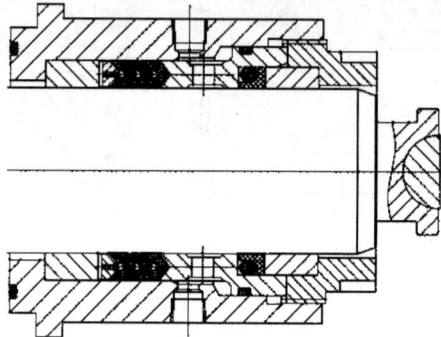

图 3-53　排盐泵往复密封副

(4) 自对中、双导向、微重量偏磨的组合结构设计方案。通过柱塞自对中结构设计,使得柱塞始终处于中心位置。采用双导向支撑设计,在密封组件两端各设置一个导向套,减小柱塞自重对密封件的影响。柱塞采用陶瓷柱塞,重量轻,重力方向负荷小。

3. 轻量化技术攻关

排盐泵转速以 $200 \sim 300 \ min^{-1}$ 较优,此范围转速下的往复泵一般具有体量大的缺点。转速在 $200 \ min^{-1}$ 左右传统结构往复泵的质量是目标泵质量参数的 $2 \sim 2.5$ 倍,因此必须进行轻量化设计。

轻量化设计措施主要如下。

(1) 低速电机的选择。与异步电动机相比,永磁同步电动机具有以下优点:高效节能、温升低、启动性能好、功率因数高、功率密度高。永磁同步电动机与异步电动机参数对比见表 3-13 所列。

表 3-13　永磁同步电动机与异步电动机参数对比

序号	类型	型号	转速 /(r/min)	功率 /kW	质量 /kg
1	永磁同步电动机	TYD027-025	200	7.0	110
2	异步电动机	YBP-160 L-8	730	7.5	151
3		YBP-250 M-20	300	7.5	560(非标)

(2) 材料优化选用方案。基于排盐泵参数有严格的质量限制,并考虑输送浓盐水介质的腐蚀性,液力端采用钛合金材料。液力端不同材料参数对比见表 3-14 所列。

表 3 - 14　液力端不同材料参数对比

序号	名称	密度 /(t/m³)	质量 /kg
1	黄铜	8.9	89.0
2	不锈钢	7.9	79.0
3	钛合金	4.5	45.0

根据模拟计算,采用钛合金材料的液力端与采用不锈钢的液力端相比,质量可节约 48.5 kg。

（3）结构优化设计方案。通过结构优化设计,亦可有效减轻零部件质量。例如,使用陶瓷柱塞,单向阀采用下导向结构以减少零部件,进出口直联以减少外设管路,等等。

（4）功能优化设计方案。功能优化设计主要是通过数值模拟,在考虑满足功能要求的基础上,对系统质量占比较大的结构件(如传动箱体、电机、液力端缸体和填料函等零部件)进行减重设计,即在不影响结构强度的基础上,尽可能减小尺寸或厚度,以实现设备的轻量化。主要可采取如下措施。

① 无强度要求的地方减薄:减少十字头、机架、柱塞轴向尺寸等。

② 电机按要求进行针对性设计,如减小功率富裕系数、壳体材料优化等。

③ 液力端异形设计:普通的液力端因考虑承压、加工成本、批量加工等因素,基本都是在锻造的方块上加工交叉垂直孔。本设计在保障承压的基础上,对方块规则液缸体进行异形化设计和加工,可以大幅度降低液缸体的相对质量。

4. 排盐泵的连续运行试验

排盐泵经过了严格的第三方检验和 1000 h 后的两段连续运行试验,得到了预期结果。

首先对排盐泵样机的干重、湿重、外形尺寸进行自检,检验结果符合项目指标要求。开展排盐泵基本性能试验,主要测试泵的流量、吸入压力、排出压力、输入功率、转速、容积系数、效率等进行测试,以验证基本性能是否满足设计要求。性能测试结果满足泵的指标要求。在性能测试满足要求的基础上,进行 200 h 连续运转考核试验,以验证动力端强度的可靠性,200 h 运转试验在额定泵速、最大设计压力(4.8 MPa)下进行,在试验过程中,进行不少于 10 次的主动启停和不少于 48 h 的连续运行。最终通过试验动力端油温为:36.3 ～ 47.4 ℃,环境温度9～15 ℃,满足设计要求。开展排盐泵样机振动、噪声等测试。测试结果满足指标要求。

委托第三方检验。委托第三方开展对排盐泵正样机的重量、外形尺寸、性能、300 h 连续运转、振动、噪声等试验考核。继续 1000 h 连续试验,完成全部考核项目。

第4章　高压泵及其应用(下)

4.1　高压泵的多样性

容积泵输送液体是不连续的。容积泵是一种加压设备,可以把液体的压力升高到几百兆帕,也可以是 10 MPa 以下。这么低的压力为什么还要用容积泵呢? 这主要是因为容积泵的能量转换率很高,可以达到 90% 以上,并能输送不同理化性能的液体。

容积泵的流量范围很大,流量可以达到每分钟几千升,如在油田平台上的应用;每分钟仅几升流量却产生几百兆帕压力的水切割应用。

容积泵一大构成类型就是往复泵。往复泵和汽车发动机一样,柱塞在缸体中往复运动,进排液阀使缸体吸入和排出液体。这种类型的泵有很多不同的设计,不仅缸体的数目可以从一个变化到多个,而且驱动的机械结构也不同,如曲轴式、凸轮式、斜盘式,这些驱动结构将旋转运动转化为柱塞的往复运动。曲轴式柱塞泵转换的压力可以从 10 MPa 到 300 MPa 不等,几乎覆盖了所有的应用,甚至开始替代超过 300 MPa 的增压器。

4.1.1　泵头的区别

因为往复泵的应用非常广泛,所以演化出了许多种不同的型号参数。对于同样的输入功率、同一种动力端,但不同的压力或流量比,会使用不同的泵头设计。 比如,压力为 100 MPa、流量为 100 L/min 和压力为 10 MPa、流量为 1000 L/min 的泵头设计完全不同。同样,不同的输送介质,泵头设计也是不一样的。

为了使泵头设计的描述简单化,我们把泵头的应用分为以下三种,每一种都包含很多不同的设计。

1. 低压、大流量

大流量的泵不需要高强度的泵头,因为它们运行压力很低,泵的最高压力是 25 MPa。这种泵头一定要有大的内腔作为吸入流道和排出流道,因为柱塞直径大,缸体孔径也要很大,这样的设计就会使泵头的强度变弱。针对这种压力范围的泵头,多使用铸件制作。低压、大流量泵头如图 4-1 所示。

锻件在材料的选择上具有更高的灵活性,受疲劳效应影响较小,但是加工量较大,成本较高。在许多情形下,具有软密封的阀组可以处理含有大量磨砺性颗粒的液体。对于泵的使用者来说,阀组容易拆装是泵头的一大优点。与其他泵头设计一样,柱塞密封的更换无须拆卸泵头,这对于泵的使用者来说是一大优点。

2. 中压、中等流量

中等压力的泵头在用高强度的材料处理后,压力可以达到 100 MPa,即使不经过特殊处理,泵头的设计也可以达到 50 MPa。中压、中流量泵头如图 4-2 所示。

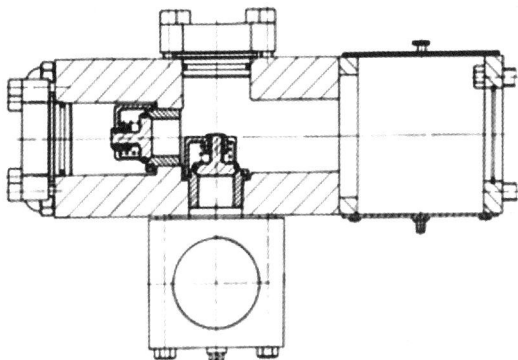

图 4-1　低压、大流量泵头

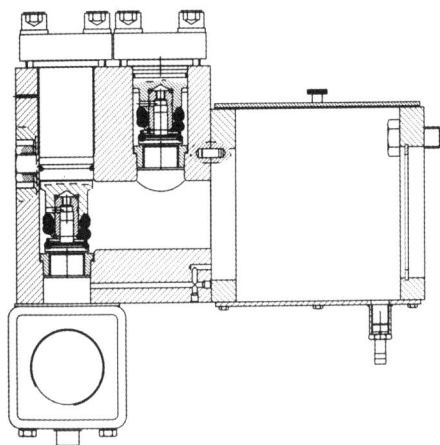

图 4-2　中压、中流量泵头

这类泵头的典型设计就是泵头上带有垂直弹簧加载的板阀。中等压力范围内,多用锻造泵头,以防开裂。中等压力的泵多用于热轧钢除鳞。出于环境和经济效益的考虑,钢铁厂除鳞用水都是循环使用的,这意味着水中通常会有许多硬质颗粒,因此,除鳞泵头采用了特殊的耐磨阀组。输送磨料的中压、中流量泵头如图 4-3 所示。

3. 高压、小流量

高压力工况下,泵头容易受柱塞吸程和排程循环负荷的影响。缸体的内腔和进出水阀组内腔相互交错,所交错的区域存在因应力集中而出现疲劳裂纹的可能性。

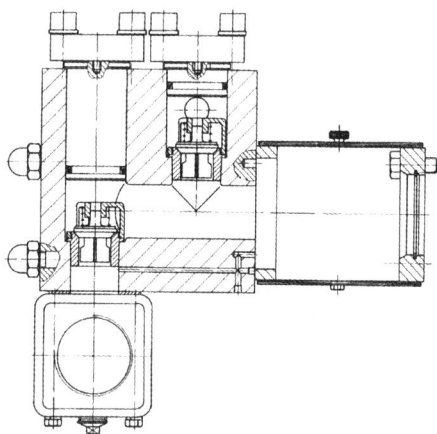

图 4-3　输送磨料的中压、中流量泵头

泵头内部的部件旋转对称,这样可以很好地避免疲劳裂纹的出现。中心阀座具有径向空腔,它连接着进水阀,从阀座底部使吸入端进水。在出水阀打开之前,缸体内的压力会升高,液体会通过进水阀和阀座到达中心腔,泵头中的出水腔会从所有缸体内收集液体。在此过程中,只有进出水阀组处在循环负荷中,但这个部件非常小,且形状简单。

在 250 MPa 工况下液体会被压缩 12%,这就意味着柱塞的部分行程中根本没有输送液体,导致泵的容积效率下降,脉动量增加。因此,高压泵头的设计要尽量减小余隙容积。余隙容积不同于缸体容积和柱塞行程的排出容积。

4.1.2 泵性能参数与结构设计的关系

填料函是安装在柱塞泵泵头上的填料总成。通过不改变泵头而改变这些总成就可以转换泵的运行参数,使压力、流量比至很宽的范围。

传动端的设计决定了柱塞泵的最大输入功率。传动端的设计应满足在一定的曲轴转速下能承受住一定的扭矩,更重要的是,能承受住一定的连杆力。

绝大多数的泵都会为不同的压力、流量比提供不同的泵头,但是为了节约成本,传动端仅有少数设计。为了更好地满足顾客对流量、压力比的要求,可以变化柱塞的尺寸。250 kW柱塞泵系列参数见表4-1所列。

表4-1　250 kW柱塞泵系列参数

泵特征		泵头型式			输入功率对应的排出压力 /MPa			
柱塞直径 / mm	流量 / (L/min)	高压	中压	低压	132 kW	160 kW	200 kW	250 kW
22	62	●			113.5	138	172	213
24	73	●			95.5	116	145	180
26	86	●			81.5	99	123.5	150
28	100	●			70	85	106	131.5
30	114	●			61	74	92.5	114.5
32	130	●			53.5	65	81.5	101
36	165	●			42.5	51.5	64.5	80
40	203	●			34.5	41.5	52	64.5
45	258	●			27	33	41	51
50	318	●	●		22	26.5	33.5	41.5
55	385		●		18	22	27.5	34
60	458		●	●	15.5	18.5	23	28.5
65	537		●	●	13	16	20	24.5
70	623			●	11	13.5	17	21
75	715			●	10	12	15	18.5
85	919			●	7.5	9	11.5	14.5
95	1148			●	6	7.5	9	11.5

注:● 表示常规已有泵型。

柱塞行程和柱塞直径决定了泵的最大流量,曲轴连杆的载荷和柱塞尺寸决定了泵的最大压力。通过更改柱塞直径,柱塞泵的参数可以设置在一定范围内,但会受到传动端最大输入功率、最大连杆承载和最大曲轴转速的限制。

需要注意的是,柱塞泵最小转速取决于泵传动端的润滑能力。特别是十字头,当曲轴转速较低时,溅起的润滑油较少,十字头的润滑能力较差,这意味着十字头的承受能力降低,甚至会抱死。采用强制润滑形式可使曲轴转速很低。

柱塞的密封形式有两种,最常用的一种是在柱塞上使用滑动的动密封。这些密封是安装到填料函里的,不随柱塞运动,柱塞从密封函里通过。密封被一个止推环固定住,防止密封被挤出,同时有一个压力环,防止密封向泵头移动。还有一些填料密封里加入了一个弹簧,给密封预紧,这样可以弥补密封在使用过程中的磨损。

现在普遍使用的是由特殊纤维压制而成的填料密封圈。这种填料密封圈可以承受液体中的颗粒杂物,但需要柱塞拥有足够的硬度,所以陶瓷成为制造柱塞的首选材料。整体陶瓷柱塞是现在的应用趋势。

填料总是会有泄漏的,它们会在低压端因没水而干磨,因此直接集成在泵头上的泄漏回流系统十分常见,这种系统也阻止了空气从低压端进入产生的汽蚀。

另一种柱塞密封形式是间隙密封(见图4-4),柱塞在套筒里往复运动,形成一个非常小的间隙,间隙确保柱塞不接触套筒。加压的液体几乎不能通过这个空隙,但会有泄漏,间隙越大,泄漏越多。间隙密封要求输送的液体极其干净、柱塞运动流畅,否则会磨损套筒,使密封效果降低。如果固体杂质的混入或柱塞的无润滑运行损坏了套筒和柱塞,那么维修费用会非常昂贵。

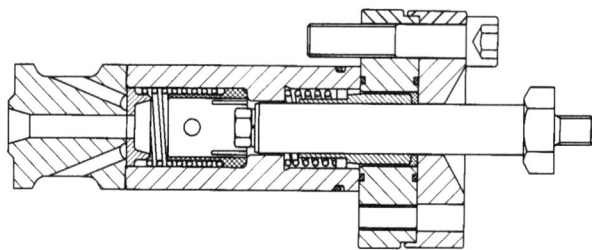

图 4-4 高压力填料函的无接触密封

4.1.3 泵的吸入端

进水管路(和所有其他管路)中的脉动可以看作压力脉动。在吸入端,流量降低,压力就会上升;流量上升,压力就会下降。这个压力下降就叫作加速度损失。由于流体仅能经得起很小的拉力,因此压力在一个临界值后会下降,这个临界值就叫作蒸汽压力值。出现这种情况,液体就会蒸发,就会有蒸汽气泡产生,在流体被减速时,气泡在更高的压力脉冲下会爆破,甚至在泵的排出行程时被压缩,造成汽蚀。如果汽蚀发生在泵头,那么会给整个泵的零部件造成损伤。如果汽蚀发生在出水管路上,那么脉动会明显增加,可能会把柱塞泵整个下游系统损坏。除此之外,泵的容积效率将会下降,泵在抽取液体时会产生巨大的噪声和振动,甚至驱动设备和联轴器都会被损坏。

泵的两个特性值必须限定:必需汽蚀余量(NPSHr)和有效汽蚀余量(NPSHa)。泵制造商必须把这些数据提供给用户,否则,用户不能恰当地安装泵。NPSHr是经常计算的参数,但其受太多参数的影响。为了校准受任何可能的速度、流量、温度等影响NPSHr的计算值,泵仍然需要做一些试验来验证NPSHr。

根据已知的 NPSHr,泵使用者就可以开始设计泵的进水系统。此系统的液体供给属性称为 NPSHa。在所有工况下,NPSHa 都应该大于 NPSHr,否则,液体供给就会在泵中引起汽蚀。

如果进水量少,进水速度低,那么进水加速能量就低。这样就可以推出柱塞泵进水端设计的最主要的两个原则:保持进水线路短和保持进水线路直径大。这样可以使进水速度降低,进水线路的最大速度不得大于 1 m/s,此时由摩擦而引起的压力损失可以忽略不计。另外,进水线路尽量是直线,线路中尽量少有弯头,液体通过直管要比通过 90° 弯头流动更平稳。

进水管路是指从泵端到最近的露出液面的管路。其可以是一个水箱或是一个简单的脉动缓冲器。有时候在实际应用中,液体供给并不能遵守"保持进水线路短"的规定,因此需在离泵进水端尽可能近的地方安装一个脉动缓冲器,用以减小脉动。当多泵组成泵站并联工作时,消除脉动进而避免汽蚀尤为重要。

泵系统中气泡引起的损害和汽蚀是一样的,但它不是汽蚀。同样,液体中溶解的气体在压力下降时会产生气泡。水箱的设计使进入水箱的液体不与空气混合,在供给泵之前液体是静止的,这就意味着所有进口都必须深埋在液面以下,水箱要分成几个静水箱,液体应穿过所有的静水箱,静水箱之间的连接管道也应埋在液面以下。需要注意的是,为防止出水过程中产生漩涡而使气体进入液体,需把水箱的出口盖住或是深埋在液体下方。水箱应一直是完全封闭的,以防外界杂物进入液体。密闭的水箱中的水会给水箱产生压力,因此,需要一个尺寸充分、带过滤器的水箱通气口。水箱应有人孔,用以清理水箱,也应有放水阀。水箱示意如图 4-5 所示。

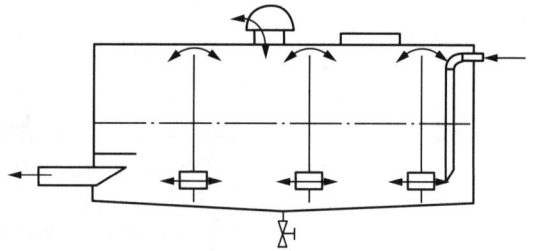

图 4-5　水箱示意

4.1.4　泵的排出端

柱塞泵的一大特点就是稳定的输出流量。当关闭柱塞泵的出水端时,压力就会一直上升,直到泵系统中最薄弱的部分爆破,出现这种情况是非常危险的。基于这个原因,一般会在出水端安装安全阀。安全阀最好的设计形式是弹簧压力式,其可以精确设置到某一个卸压值,而且卸压后可以重新复位。安全阀要尽可能地靠近泵头安装,而截止阀绝对不能安装在安全阀和柱塞泵之间。电控安全阀往往反应速度过慢,不能保护泵机组和操作人员。爆破膜的精确度太低,不能设置准确的卸荷压力。

除了安装安全阀以外,压力调节阀也需要安装。压力调节阀用于分流因喷嘴孔径较小而不能完全排出的流量。压力调节阀可以看作自动调节的节流阀,把多余的液体排回水箱中。典型的压力调节阀设计是弹簧压力式或气动式,它们被设定所需的最大工作压力值上,当出水管路压力上升时,该阀会按比例打开旁通的阀隙,把多余的流量排回水箱中。

压力调节阀必须耐磨、耐高温,因为系统压力越高,液体的温度就会越高。柱塞泵的泵速调节也可以调节压力。喷嘴磨损会使压力下降,系统可通过增加泵速以达到设定的压力。系统唯一的缺点是反应慢,当需要迅速降压时,由于惯性力系统不能迅速做出反应,因此需要安装一个快速反应的卸压阀。

在水液压系统中,液体会被加热至很高的温度,只有卸压阀可以使用。卸压阀要么是弹簧力控制的,要么是电控的,当其达到设定压力时,泵机组卸压,液体流回水箱,而泵速依然不变,卸压阀会在系统达到最低压力后再次给系统加压。为了简化加压和卸压过程,经常会在系统中安装一个蓄能器。对于煤矿系统,只需要几升的蓄能器,而对于大型钢铁厂,需要几千升的蓄能器。

4.1.5　旁路管路

旁路管路的设计目的是回收所有从泵体回流的液体或是液压系统回流的液体。许多旁路管路从调节阀和安全阀收集回流液体。也就是说,如果旁路管路被堵住,那么系统和操作者都会处在危险中,所以这些管路中的截止设施要尽量少,最好是没有。考虑到维修的方便,经常要求设置截止阀。但当这些截止阀关闭时,泵机组不应再启动。

旁路中液体流速不能超过 5 m/s。安装了卸压阀,旁路管路中就需要设置补偿阀。当管路中的压力小于大气压力时,补偿阀将吸入空气。使用了压力调节器,回流的液体压力就一般不应当超过 0.2 MPa。

4.2　高压清洗机

4.2.1　工业清洗方法

在工业生产领域,尽管各种工业设备接触的介质有所不同,但在不同温度、压力、介质的作用下都会在设备中产生高温聚合物、结焦、水垢、油垢、沉积物、腐蚀物等污垢。这些污垢的产生严重影响了设备运行的效率和安全。因此,采用正确的方法进行清洗就成为工业生产中不可缺少的环节。因环境污染问题,作为物理清洗的高压水射流工艺已经基本取代了化学清洗。工业清洗的主要对象是管道、管束(管程与壳程)、容器和钢结构。但由于同类型的清洗对象尺寸差异较大,结垢形式和工况环境也迥然不同,因此产生了不同参数、不同型式、不同配置的清洗设备,这些清洗设备统称为高压清洗机。例如,反应釜和 10 万方的储油罐都是容器,但它们所用的清洗工艺及设备的参数、型式和配置却截然不同。

1. 工业清洗的主要作用

(1) 恢复生产。在生产过程中,有时会因突发情况或操作不当造成设备的堵塞,而且有些装置的生产是间断性的需要定期进行清洗。此时,清洗的主要作用是恢复生产,这种周期性的定期清洗在工业清洗中占比较大。

(2) 恢复装置的生产效率。在正常情况下,几乎所有工业装置中的污垢都会随着开工时间的延长而逐渐增加,尽管这时生产还可以维持,但能耗、物耗会增加,生产效率会下降。此时,清洗的主要作用是恢复装置的生产效率。

2. 工业清洗的主要方法

(1) 人工清洗。人工清洗是指依靠人工采用简单的工具对工业设备进行清洗。采用人工清洗的弊端是显而易见的 —— 清洗质量差、效率低。特别是在企业大检修期间,同时会有大量的设备需要清洗,这时往往要进行长时间、高劳动强度的清洗工作。人工清洗已经成为工业清洗的历史,现在物理清洗可以模拟人工动作进行各种各样的作业,人工仅仅局限于操作设备。

(2)化学清洗。化学清洗的历史比较悠久,对于工业管路、设备、系统,人们早就采用一些化学药剂加上相应的温度、压力和条件,通过化学反应、水力冲刷或单纯化学浸泡的方法来清除工业垢层。化学清洗常用的方法有酸洗、碱洗等。

化学清洗相对于人工清洗来说简便、易行,这无疑在工业清洗技术方面前进了一步。但是,化学清洗的严重不足在于:一是在化学清洗过程中,许多类型的化学清洗剂对工业设备的金属材料有一定的腐蚀作用,这在一定程度上使设备的使用寿命受到影响;二是影响是环境污染,大多化学清洗液都是难以再次回收利用的。由于世界各国对环境保护日益重视,因此化学清洗的发展受到了越来越多的限制。目前化学清洗主要用于其他清洗方法难以奏效的设备和系统中,如循环系统。

(3)气体喷砂。气体喷砂除应用于设备制造业作为金属材料的表面处理外,也用于工业设备表面的除垢作业,其可快速清除设备表面的积垢、锈斑等。但因噪声、粉尘影响作业人员的健康,喷砂材料(铜矿渣)成本较高,废渣的处理存在问题等,限制了其应用。

(4)超声波清洗。超声波清洗是近年发展起来的一项工业清洗技术,并得到了推广应用。受机组功率所限,超声波清洗的主要应用范围为小型物件的浸泡清洗,而难于应用到大型设备的清洗上。

(5)高压水射流清洗。高压水射流的主要用途之一是进行工业清洗,其实质就是由高压泵(或增压器)产生的高压水流经喷头喷射出一束或多束不同方向的高速水流,以其射流打击力对清洗对象进行冲蚀、剥层、切除、打击,从而达到清洗的目的。该清洗方法广泛应用于石油、化工、船舶、电力、民航、轻工、建筑等领域。

水射流应用之所以如此广泛,主要是因为其通用性及快速、高质量的作业能力。由于采用清水作为清洗介质,一般不添加化学药剂,因此对废水进行简单处理、过滤后可循环使用。这大大减少了废水的排放量,降低了清洗成本,减轻了对环境的危害。现在,大规模的专业化工业清洗承包业已发展起来,这更加促进了清洗设备向更大功率、更高压力、更完善的成套功能方向发展,使作业效率和操作者的安全性均得到大幅度提高。随着清洗技术和设备的不断完善和推广应用,水射流的应用也在不断地推向深入。

自从水射流成为工业清洗的有效手段之后,高压往复泵作为动力源催生了水射流技术,使得往复泵有了新的应用市场和技术目标。我国从20世纪80年代初引进德国的高压清洗机(也就是一泵一枪的配置,压力为30 MPa、功率为37 kW),由此开始了高压水射流技术的应用与研发。经过了学习阶段,更高压力的实现、更大流量的作用、更复杂执行机构的研发成就了高压水射流行业的发展。正是因为高压清洗机的成功应用,才有了后来的水切割、水除锈、水破碎等。应用造就技术,量变赢得质变,如今的行业已成为各类产品齐全、各级标准跟进、创造极端参数、引领国内外市场的国际型制造力量,可以说高压清洗机是引发水射流技术和助推往复泵发展的催化剂。

4.2.2　高压清洗机的构成

高压清洗机由20世纪70年代初兴起,20世纪90年代已成为水射流成套设备中具有代表性、应用面较广的一类产品。它的发展历经了由低压到高压（如我国 80 年代初期为 30 MPa、37 kW，90 年代末期为 150 MPa、250 kW）、由单机到成套（周边设备的扩展）、由小功率到大功率、由通用性到专用性、由单一进口到全面国产化的过程。

高压清洗机的发展从泵的可靠性和系列化到重视射流附件和执行机构，技术的成熟性使这类产品的市场有增无减，用途也层出不穷。柴油机组使清洗机越来越机动、灵活，适应的功率越来越大。

在现有应用的良好基础上，作为清洗机用高压泵应当在重视进水水质处理的基础上，开发泵速更高的机型，中小功率机组应突破 500 min^{-1} 泵速的限制，往 500～600 min^{-1} 泵速甚至更高泵速开发。这样，机型将更小，成本也就更低。泵速的提高要注意解决润滑和温升问题。

1. 高压清洗机的组成

高压清洗机的组成如图 4-6 所示。

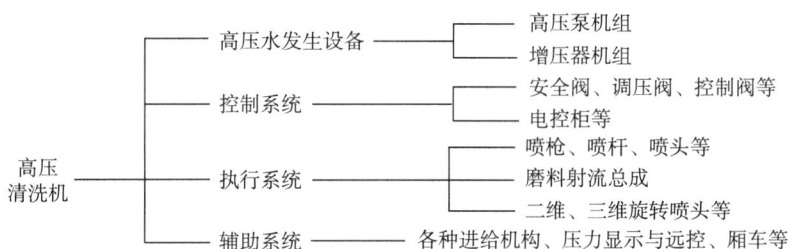

图 4-6   高压清洗机的组成

图 4-7 为高压清洗机成套设备示意，图中主要部件标号说明见表 4-2 所列。

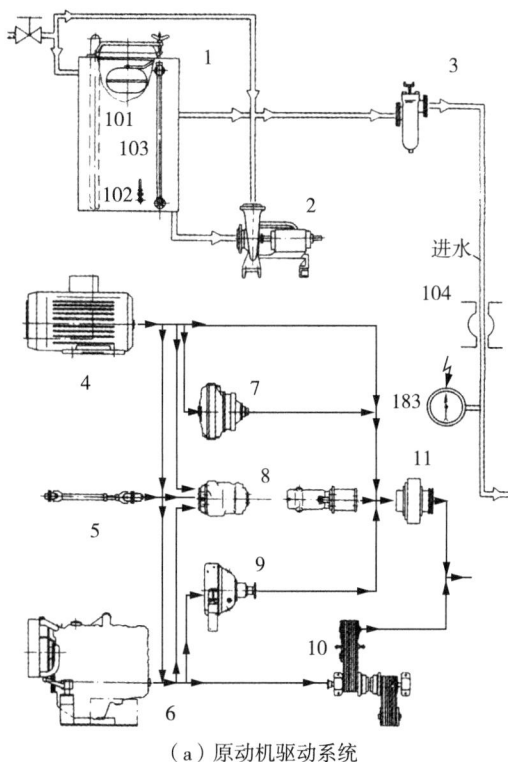

（a）原动机驱动系统

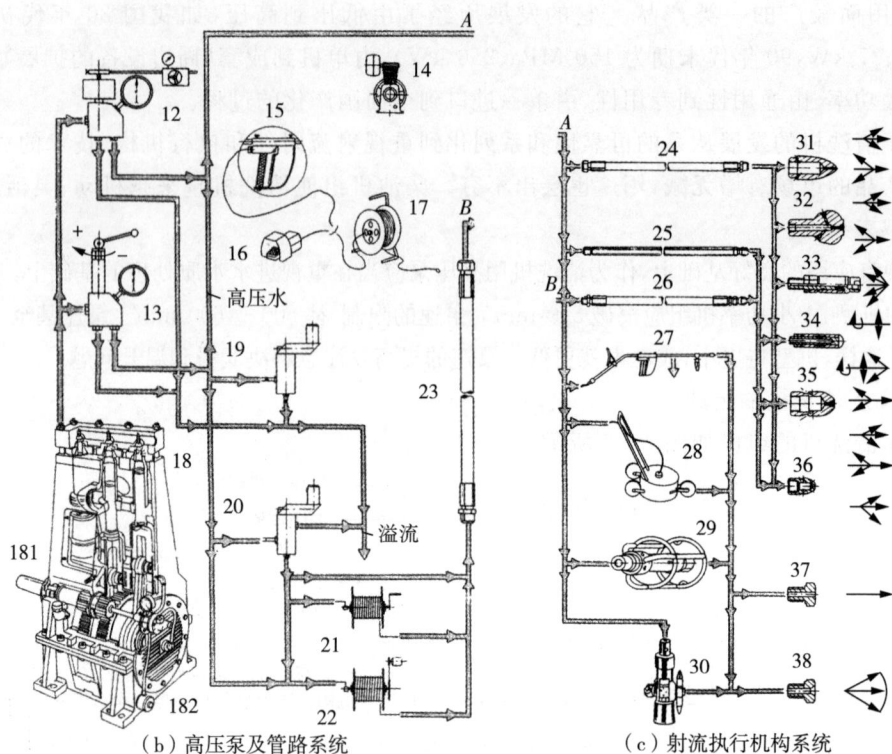

图 4 - 7 高压清洗机成套设备示意

表 4 - 2 高压清洗机成套设备主要部件标号说明

用途	进水系统	动力系统	操作系统	配管与工具	系列喷头
部件	1 进水箱 101 水位浮子阀 102 温度计 103 水位计 104 橡胶护套 2 前置泵 3 过滤器 18 高压泵 181 油压表 182 油温表 183 进口压力表	4 电动机 5 动力传动轴 6 内燃机 7 液压离合器 8 静液离合器 9 机械离合器 10 带轮 11 联轴器	12 气动调压阀 13 手动调压阀 14 压缩机 15 喷枪 16 脚踏控制阀 17 绞盘 19 单向阀 20 卸荷阀	21 手动绞盘 22 液压绞盘 23 高压软管 24 高压加长管 25 刚性枪 26 柔性枪 27 喷枪 28 平面清洗器 29 旋转喷头 30 容器清洗器	31 子弹型 32 大头型 33 调节型 34 自转型 35 大束射流 36 小束射流 37 圆柱射流 38 扇形射流

因工业清洗的复杂性,执行机构的研发是无穷无尽的,但目标只有一个,那就是摆脱人工、更加智能化,如气动马达的应用使得软管和多管进给系统丰富多彩,旋转接头的应用使得旋转射流层出不穷,机器人的应用使得水射流参数范围突破局限实现难度更大的功能。

2. 高压清洗机的主要参数

随着技术的发展,清洗的概念已包含钻孔(如清洗数米长的全程堵塞管)、切削(如清洗特硬厚垢层)、除锈和破碎(如路面破碎)等,高压清洗机的压力也达到了 200 ~ 250 MPa。工业清洗常用的机组参数还是压力为 70 MPa、功率为 55 kW、流量为 40 L/min,这种机组适用于单人作业,方便、经济。如果将机组功率扩大到 110 kW,流量则为 80 L/min,那么可以单枪大流量作业,也可以双喷枪同时作业,还可以采用多孔喷头或非手持喷枪作业,这种高压清洗机可以应对大部分工业清洗人工作业问题。

高压清洗机在以压力和流量为坐标系的平面型谱中,每一个功率级(每一个机座)为一个系列产品,如 55 kW 这个系列,它的压力从 30 MPa 至 100 MPa,流量则从 100 L/min 降至 30 L/min。

清洗机(泵)的有效功率其实是压力与流量的乘积,表示为

$$P_e = \frac{p q_v}{60} \tag{4-1}$$

式中,P_e 为有效功率(kW);p 为压力(MPa);q_v 为体积流量(L/min)。

压力是实现功能的标志,流量是实现效率的标志。

泵的有效功率与原动机输入功率之比称为泵机组的总效率,表示为

$$\eta_t = P_e / P_d \tag{4-2}$$

式中,η_t 为总效率,包括泵效率、传动效率和原动机效率,泵效率与压力成反比;P_d 为原动机所需的功率(kW)。

这就是说,当知道了清洗机(泵)的压力和流量时,也就知道了该机组原动机的功率。

反冲力是高压清洗机又一个重要参数。尽管清洗机功率越大,作业效率越高,但是对手持喷枪作业来说,人对射流作用(反冲)的承受能力限制了机组的功率。射流作用力(反冲力)为

$$F = 0.745 q_v \sqrt{p} \tag{4-3}$$

式中,F 为反冲力(N);q_v 为流量(L/min);p 为压力(MPa)。

3. 主要部件的功能

高压清洗机各主要部件的功能如下。

(1)高压泵:高压泵用于增加水压,并将高压水输送到喷枪或喷头。这类泵可以是移动的,也可以是固定的,常采用正排量柱塞泵型式,以保证给定泵速下流量的恒定。

(2)安全阀:安全阀安装在泵的排出端,阀内设有弹簧与阀组机构,通常由弹簧将阀芯预置在关死位置。当泵压力超过预定值时,阀打开。

(3)调压阀:调压阀安装在泵的排出端,凭借控制旁通水流来达到自动控制高压水射流设备工作压力的目的。当系统中的压力超过预置值时,阀将部分开启。阀开启升程越高,旁通的水就越多,喷嘴处流量就越小。经阀溢流的水可以直接返回泵进口管路或前置水箱中。

(4)调压溢流阀:调压溢流阀用于取代调压阀,即在预置压力下保证泵的全流量使用。关闭喷枪瞬间,系统压力超过预置压力,该阀保证泵的全流量溢流。它同调压阀手动部分溢流是两个概念。

(5)喷枪:喷枪通过高压软管总成连接到高压泵排出端,是清洗作业较为常用的执行机构。喷枪可以按排放压力的控制阀型式进一步定义:如果阀关闭时,高压水排放到大气,则为溢流型喷枪;如果阀关闭时,高压水仍保留在系统中,则为截流型喷枪。

(6)脚踏控制阀:脚踏控制阀的作用类似于喷枪,其特点是操作者能够用脚动作来控制喷头。

(7)喷头:有一个或多个喷嘴并由此形成水射流的部件。喷头限制了水的过流面积,加速了水流速度,并形成了所要求的射流形状。喷头与喷嘴都属于一个庞大的家族,它们也是高压清洗机研究的重点。

(8)压力表:高压水射流设备应设置压力表以显示压力变化。压力表的刻度范围至少要比设备的最大工作压力高50%。当压力脉动较大时,应设置稳压容器以精确显示压力读数。

4.2.3 工业清洗压力的选择

针对不同的工业清洗对象,清洗机制造厂商生产了各种规格的水射流清洗设备。但不论其具体用途和周边设备如何变化,所有水射流清洗系统都是由高压泵(或增压器)及配套的控制机构、执行机构和辅助机构等组成的。根据使用场合的不同,水射流清洗系统分为移动式和固定式两种。

一般工业清洗压力参数的选择见表4-3所列。

表4-3 一般工业清洗压力参数的选择

工业部门	用途	工作压力/MPa
航空	跑道除油、除胶,飞机表面除漆	70～140
制铝	清除罐槽、滤网、磨机和污水池内坚硬的铝矾土垢层	70～140
汽车	车身除漆、除焊渣,底盘、罐槽涂装前预处理	70～120
酿造	清洗发酵罐、管道内的发酵物和沉淀物,清洗锅炉、管汇等	35～70
水泥	清除栅栏、楼板、管道外壁和生产设备的油脂、水泥垢层,清洗炉床、预热器、旋转窑等的垢层	50～70
化工、制药	锅炉、换热器、罐槽、阀门、管道、蒸发器、反应釜、电解槽、过滤器的清洗去污	35～100
建筑业	清除车辆、混合罐、铺路机、沥青洒布机、沥青炉上的污物、沥青、油渍焦油、水泥、胶合剂	35～70
食品加工	清除桶釜、混合罐、输送带、蒸发器、换热器上的油脂、污垢和残渣	35～70
铸造	铸件清砂,清除金属氧化皮	70～100
高速公路	清除修路设备上的油脂、水泥和沥青,桥梁和路面标志,色污、焦油等;路面破碎	70～200

工业部门	用途	工作压力 /MPa
船舶	清除船体、钻井平台、码头、贮罐、锅炉、换热器上的污垢,海生物附着物,锈垢等	35 ～ 280
肉类加工	清除烤箱、搅拌机、桶和罐的油脂、血污和烟垢	30 ～ 50
机械制造	去除容器、管道、罐槽上的轧皮、锈层、焊渣和毛刺等	70 ～ 140
采矿	清洗矿车、输送带、地下作业线和竖井,疏通由煤、石块、污泥、油垢造成的设备堵塞	50 ～ 70
市政工程	下水道疏通,公共卫生设施和楼宇清洗,水处理厂的钙碳垢层清除	35 ～ 50
油田	清洗钻井平台和贮罐的石蜡、原油残渣、钻井套管的泥垢,管道疏通	35 ～ 140
石油化工、橡胶	清洗各种设备、容器内外壁的污垢,换热器、冷却塔、炼焦炉中的原油残渣、焦油污垢,各种沉淀物、橡胶、乳胶等	70 ～ 140
电站	清洗核燃料室的放射性污垢,锅炉、换热器、过热器、蒸发器的水垢,汽轮机叶片的除垢等	70 ～ 140
轻工	清除换热器、管道、造纸机、贮罐、蒸发器等设备的油脂、树脂、污垢、木浆和糖垢	50 ～ 140
冶金	清除换热器、锅炉、加料槽、贮仓的污垢,且轧材表面除鳞	70 ～ 140

超高压水射流进行工业清洗具有许多优势。随着超高压技术的迅速发展,采用 280 MPa 增压器并联组成超高压清洗系统也得到了广泛应用。此类系统的流量一般为 7 ～ 20 L/min,流量较小,却能在很小的反冲力下,形成穿透力很强的水射流,用于清除一些难以清除的污垢(如环氧树脂等)效果较好。并且,加入磨料后具有一定的切割能力,可用于切割管线、水泥柱、钢筋混凝土等。

高压清洗机是耗能设备,为了实现射流打击力,必须保证有效靶距,因此需要研发各种执行机构将射流送到被作业的工件表面,从而在提高功效的同时,保障工人的作业安全。

4.2.4　管束的清洗

工业领域的诸多行业都要用到大量的保温冷却、换热设备,设备结构型式、外形尺寸各异,但量大面广的有列管式、U 型管式、浮头式等。这类换热器的共性在于:换热器分为管程和壳程两个不同的工作区间,不同工作区间的介质(可能相同,也可能不同)在流动过程中通过与管道内外壁的接触达到传热的目的。这样,在工作时的温度、压力、介质的物理与化学作用下,往往在换热器管道内外壁产生污垢,使设备的传热系数降低,物料流通面积变小,增大设备运行时的能耗与物耗,严重时使设备不能正常工作。因此,在平时正常运行期间和检修期间都需要经常对其污垢进行清洗,以恢复设备的性能,达到生产工艺的要求。

管壳式换热器材的清洗分为换热器管程的清洗和换热器壳程的清洗两部分,现分别予以讨论。

1. 换热器管程的清洗

通常用高压水射流清洗管程的污垢,所采用的方法主要如下。

（1）人工手持刚性喷杆作业。用一个外径小于换热器管内径的刚性管（一般控制单边间隙在 2 mm 左右）连接于软管上，另一端连接相应的固定喷头或旋转喷头（或采用液压、气动方式使喷杆本身旋转），由人工将喷头递进管道内进行清洗，并用脚踏控制阀控制高压水的开启和关闭。这种方法简便易行，但由于刚性喷杆的进给作业需要一定的距离和空间，对于较长的换热器需要多人手持喷杆协同作业，劳动强度较大。

（2）人工手持柔性软管作业。有些换热器的管道不是直管，而是有一定曲率半径的弯管，如 U 型管式换热器、立式锅炉水管等，这种情况采用刚性喷杆作业就难以适应，此时可采用柔性软管作业。柔性软管的种类有金属制造的小直径柔性管和外包敷有橡胶或塑料的多层钢丝缠绕软管。为了保证安全，软管的一端应连接适当长度的一段硬管后再与喷头相连，硬管的长度应保证在清洗时软管在管道内不会突然反向冲出管道而使作业人员受到伤害。

用软管清洗管道内壁时，同样由操作人员通过脚踏控制阀来控制高压水的开启和关闭。此时所采用的喷头可为力平衡型（多孔喷头的前后向喷射射流反冲力相互平衡），由人工递进进行清洗；也可采用具有自进性能的喷头（依靠喷头向后喷射时所产生的反冲力推动喷头沿管道前进）进行清洗。为了保证安全，不宜采用前向喷头，并应采用喷头护套以免因射流反冲力而使喷头突然由管路内退出伤人。

上述两种作业方法的优点是简便易行，适应性广，特别是可使换热器进行在线清洗，适应运行中设备抢修的需要；缺点是劳动强度大，作业效率较低。

（3）机械化清洗作业。近几年，随着射流技术的进步，特别是旋转密封技术的进步，清洗作业的机械化开始普及应用。图 4－8 为清洗管程的机械化装置（刚性喷杆）。其工作原理为被清洗的管束在液压驱动的滚轴组上和清洗设备台架上的喷杆成一条直线，在台架上可同时安装单根或多根刚性喷杆，喷嘴安装在喷杆的前端，喷杆在液压装置的驱动下进行旋转，并通过液压驱动直接伸入管内，在管内进行旋转并喷射高压水射流。在喷杆支架下安装一个升降平台，以使钻枪能够进入每根管内，确保每根管均得到彻底清洗。这样的清洗装置需要建立大功率的清洗站。

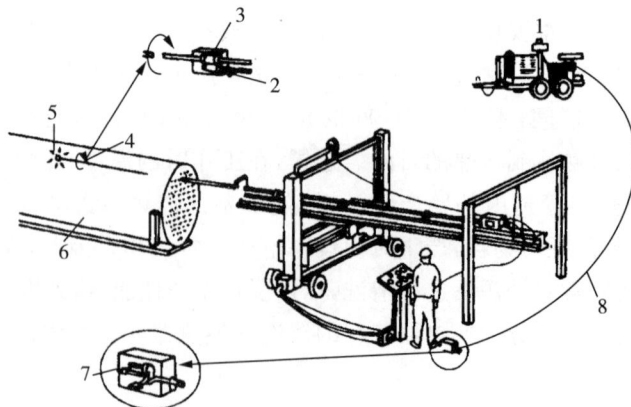

1—高压泵机组；2—气控阀；3—气动旋转装置；4—喷杆；5—多孔喷头；6—换热器；7—脚踏阀；8—高压软管。

图 4－8　清洗管程的机械化装置（刚性喷杆）

柔性喷杆的机械化清洗装置除了相应的工作台架具有垂直和水平进给以保证连接于柔性软管上的喷头能通过导向段与所需清洗的管道对中外,还采用相应直径的绞盘(需保证高压软管的允许弯曲半径)执行回卷和进给软管的功能。此时应选用自进喷头进行清洗作业。气动软管进给装置如图 4-9 所示,其为一种手工操作柔性软管清洗管程的设备。作业时,人工手持喷枪对准所需清洗的管道,打开扳机,在气动装置驱动下转盘放出并进给软管,加之喷头的射流反冲力使之沿管束前进;回程时由气动装置驱动转盘转动收回软管,以便清洗下一根管程。这一装置的特点是可快速清洗大量的小直径管束,较好地解决了小直径软管的动力进给问题。

采用机械化清洗装置进行作业,不论是单喷杆装置还是多喷杆系统,一般都具有比较完善的自动化控制系统。除了简化操作程序、降低作业人员的劳动强度、加强工作现场的安全性外,还因喷杆、喷头由机械装置牢固地支撑递进而消除了人工操作时反冲力大对操作人员的限制,所以可直接使用大功率机组进行清洗作业,这也避免了反溅水及污垢残渣对作业人员的不利影响,大大提高了清洗作业的效率和质量。

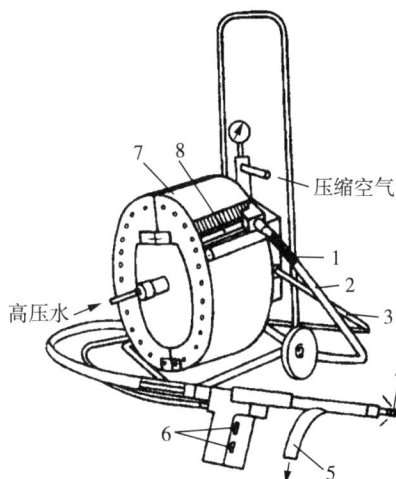

1—高压软管;2—套管;3—压缩空气软管;
4—喷嘴总成;5—溢流管;6—控制扳机;
7—护罩;8—滚子。

图 4-9　气动软管进给装置

2. 换热器壳程的清洗

同换热器管程的清洗相比,彻底地清洗换热器壳程的难度则相对大一些。因为一般工业用管壳式换热器列管数目庞大,管子之间相隔距离较小,此外在管束上还布置有若干导流板,使得一般的喷枪及清洗喷头难以接近内层管壁进行清洗。对壳程的清洗和对管程的清洗一样,正由初期的人工清洗逐渐转变为机械化清洗。

通常情况下人工手持喷枪可以清除壳程的大部分污垢,但对于管间距较小的换热器则只能对壳程外边的几层管壁进行较好的清洗,或者采用较细的喷杆、扁平状的喷头伸入管间距内进行清洗。

对有大量换热器需清洗的场合,最佳方式是采用机械化作业清洗。图 4-10 为机械化清洗换热器壳程。这种装置一般将被清洗管束放于两个液压驱动的滚轴组上,使被清洗管束在作业中能按要求旋转,而喷嘴及其支架则通过液压、气动或电动方式完成所需要的进给运动。清洗时管束在滚轴组上旋转,喷嘴系统在支架上或上下、或左右进给,支架在导轨上沿管束平行移动,同时喷嘴在其运动机构的驱动下做弧形摆动,保证管束外部的所有部位均被彻底清洗。机械化清洗装置可采用大功率水射流设备以带动多个喷嘴进行清洗,从而使清洗作业效率成倍提高。

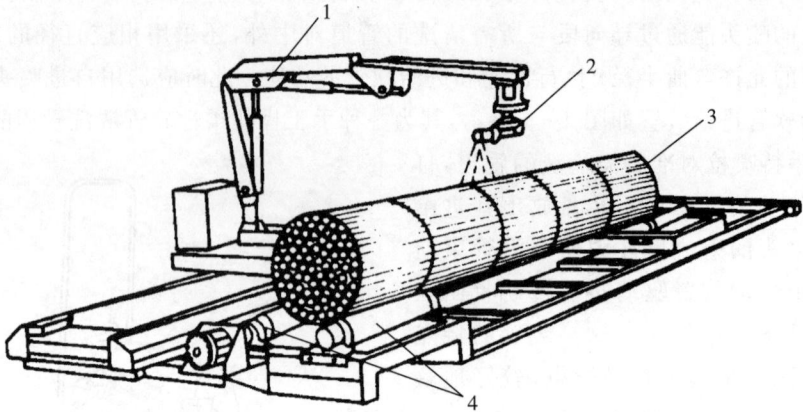

1—支架；2—喷嘴系统；3—换热器；4—滚轴。

图 4-10　机械化清洗换热器壳程

4.2.5　跟踪管道自进清洗

管道清洗，特别是管道内壁的清洗是工业清洗应用的一个重要领域。对于管道内壁清洗，一般采用固定喷头或旋转喷头，利用射流反冲力沿管道前进并清洗内壁的污垢。对于复杂管路系统来说，若其中沉积的污垢比较牢固，利用射流反冲力作为喷头前进的动力，则射流能量的分散使打击力下降、清洗质量下降。另外，管路过长或弯头多时喷头旋转和进给速度也难以保证。所以，理想的方法是选用软管旋转推进器强制软管进给（见图 4-11）。

软管旋转推进器的工作原理：由高压泵机组产生的高压水经软管接到旋动车上的旋转接头固定端，再从其旋转端沿一根可以转动的高压软管经推进器进入被清洗管路内孔，从喷头上的喷嘴喷出。旋转接头固定端与旋动车固定在一起，旋转端由液压马达驱动旋转，带动高压软管转动。推进器是固定的，它把装有喷头的软管的旋转运动转化为边旋转边进给的复合运动。动力车由小型内燃机组驱动液压系统，通过液压胶管给旋动车提供动力源。通过液压系统的节流阀来实现喷头的无级调速。因为工作中对转速稳定性的要求不高，所以利用节流阀双向节流的特点，在液压马达正转时构成进油口节流调速回路，使软管在管道中向前进给；在液压马达反转时又构成回油口节流调速回路，使软管在管道中向后进给，简化了回路设计。推进器是推动软管进给和牵引旋动车前进的支座，它工作时放置在管路入口附近。工作原理为用三个胶轮夹持住胶管，胶轮轴线与软管轴线呈一定角度。当软管旋转时，胶轮与软管形成一对摩擦传动的螺旋运动副。为了保持胶轮对软管适当的正压力，除了合理地选择胶轮材料外，还采用一套调整胶轮位置的装置。每个喷头在圆周方向均匀布置三个喷嘴，喷嘴与轴线夹角为 30°，一个前喷，两个后喷，以保持一个向前的反作用合力，使胶管在管道内拉直。喷嘴采用硬质合金特制，用机械连接方式固定在喷头上，磨损后可方便地进行更换。软管旋转推进器的技术指标：工作压力为 100 MPa，喷头旋转速度为 4～25 r/min，清洗管路最大直径为 1.5 m。它主要用来配合高压清洗机清洗管道内壁，能通过弯曲的管路和弯头，管路系统不需拆卸即可进行清洗，有利于缩短设备检修周期，清洗质量好，适用于化工、石油、电站、盐业等管路系统的清洗除垢作业。

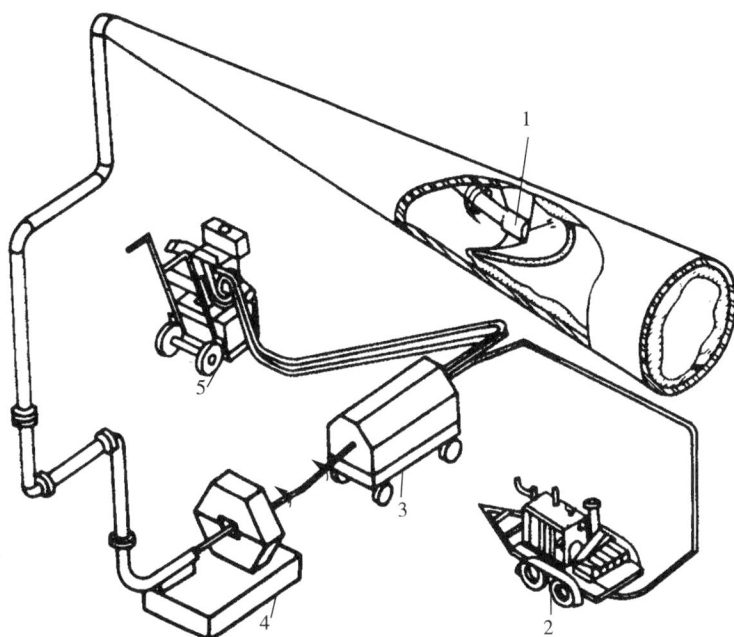

1—喷头；2—高压泵机组；3—旋动车；4—推进器；5—动力车。

图 4－11　用软管旋转推进器清洗管道

4.2.6　容器的清洗

容器(包括塔、釜、罐、槽、舱等)的内外壁除垢、清洗对容器的制造、检验、安全评定与使用维护极为重要。多年来,容器的清洗除垢技术和工艺有手工刮铲、机械清除、气体喷砂、涂刷化学清洗剂等,但都不同程度地存在着工作环境恶劣、劳动强度大、作业效率低下、清洗效果不尽如人意等弊病。若将高压水射流技术引入这一领域则在一定程度上解决了上述问题。

1. 大型容器内壁清洗装置

对大型容器内壁清洗装置的主要要求是容器外控制,并保证 35 ～ 70 MPa 的高压水射流能冲洗到容器内壁的每一点。该装置是在通用高压清洗机的基础上配备了专门的进给机构和三维旋转喷头。

三维旋转喷头工作时,其水射流喷头可沿两个互相垂直的轴旋转,转速调节范围为 5 ～ 100 r/min,通常最佳工作转速为 20 ～ 40 r/min。喷嘴的旋转可利用水射流反冲力通过喷嘴的偏心配置所产生的水力旋转力矩,并通过一对伞齿轮实现喷嘴自身的自转和喷头体对主轴的公转,也可以通过气动、液动的方式使喷嘴产生所需要的自转和公转。重要的是,喷嘴的转速不能过高,以免射流雾化影响清洗效果。对三维旋转喷头射流轨迹的总体要求是不重复、不遗漏,无论是二维、三维旋转喷头都要求其转速可调可控且限制在一定范围内,只有这样,喷头运行中才不会出现啸声。

立式容器和卧式容器的进给装置不同。图 4－12 为立式容器清洗进给机构。图 4－12(a)所示进给机构具有垂直进给、倾斜、旋转和曲臂等功能。图 4－12(b)所示机构将喷头直接连接于高压软管,软管的伸缩控制喷头进给深度,而软管外套管的摆角则控制着喷头与容器壁的距离。图 4-12(c) 所示机构最为简单,绞盘转动带动软管伸缩控制着喷头的进给深度。

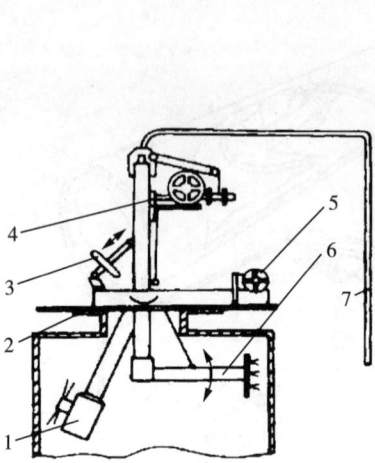

1—三维旋转喷头;2—底座;3—倾斜机构;
　　4—伸缩进给机构;5—旋转机构;
　6—曲臂机构与列式喷头;7—高压软管。

（a）钢丝牵引矩形套管进给式

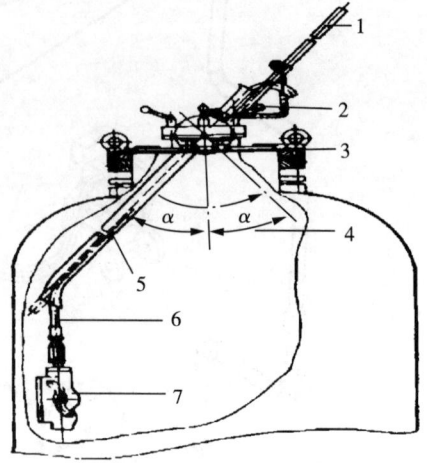

1—延长管;2—进给手柄;
　3—连接法兰;4—摆角;5—套管;
　6—高压软管;7—三维旋转喷头。

（b）套管摆动胶管伸缩进给式

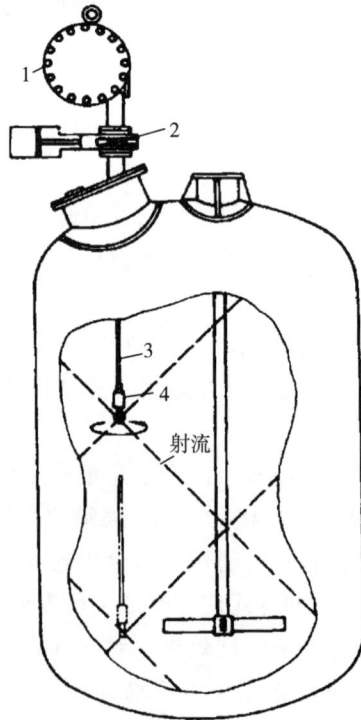

1—软管绞盘;2—控制阀;3—高压软管;4—喷头。

（c）绞盘带动胶管伸缩进给式

图 4-12　立式容器清洗进给机构

图 4-13 为卧式容器内壁清洗装置。图 4-13(a)所示装置通过可伸缩套管使喷头进给到所需清洗位置上;图 4-13(b)所示装置通过液压装置使安装有喷头的套管张开到所需角度和长度对壁面进行清洗;图 4-13(c)所示装置通过桁架的伸缩推进喷头进行清洗。清洗卧式容器同样使用三维旋转喷头。

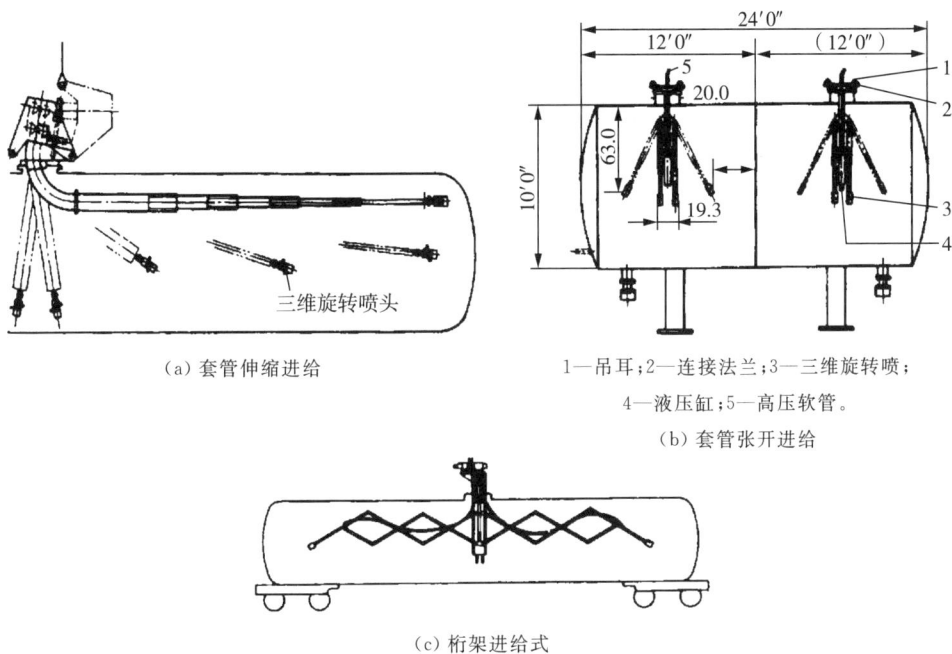

(a) 套管伸缩进给

1—吊耳;2—连接法兰;3—三维旋转喷;
4—液压缸;5—高压软管。

(b) 套管张开进给

(c) 桁架进给式

图 4-13 卧式容器内壁清洗装置

2. 小直径容器的清洗

小直径容器和大口径管道的清洗大多采用二维旋转喷头,其外形尺寸与所清洗内壁直径相适应。同三维旋转喷头一样,二维旋转喷头的旋转动力可以来自射流反冲力,也可采用气动或液动。旋转密封的结构也与三维旋转喷头相似。二维旋转喷头清洗作业的进给方式一般有喷杆直接递进与绳索牵引两种。前者用于较短的容器(如气瓶)与管道的清洗,后者则用于较长的容器(如塔器)与管道(烟囱、输送管)的清洗。图 4-14 为小直径容器内壁清洗装置,其是二维旋转喷头装置用于清洗塔器类较长容器及管道常见的作业方式。

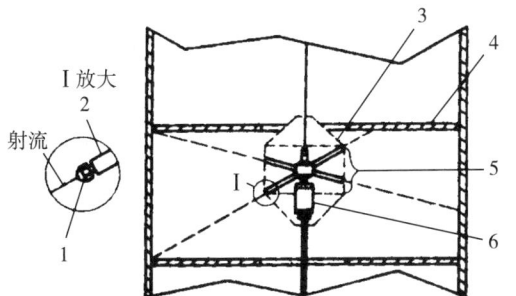

1—喷头;2—接管;3—罩;4—塔盘;5—旋转喷头;6—旋转体。

(a) 塔器清洗

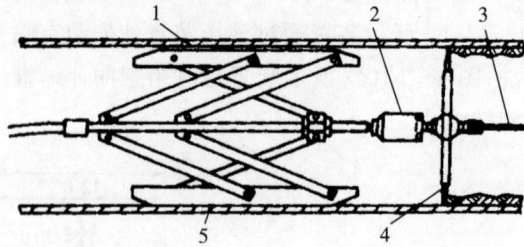

1—管道;2—旋转机构;3—牵引绳;4—喷嘴;5—中心定位滑履。

(b) 管道清洗

图 4-14　小直径容器内壁清洗装置

4.2.7　平面清洗

在平面清洗装置中,旋转射流应完全封闭。设备底部装有小轮,可很容易地用手推着走,有些还设置有液压或气压助动行走机构。产生旋转射流的旋转动力可以是水射流的反冲力,也可以是靠气动、液压装置驱动。平面清洗器可使水射流的功率得到更充分的发挥。

平面清洗器的典型应用有汽车制造厂喷漆车间地板格栅和地板的清洗。由于喷漆室的工作特点,地板格栅总是很快就沾满了漆垢,因此用水射流设备进行经常性的清洗对保证正常的工作环境是十分必要的。

另外,水射流在高速公路、市政建设中也得到了广泛应用。较小半径的平面旋转射流是用来除去道路上旧的交通标志线的有效工具。

在机场,因飞机频繁起降而造成的跑道挂胶过多使摩擦系数下降,严重影响飞机的起降安全。国内外机场都普遍应用水射流进行除胶作业。

4.2.8　轮毂清洗

轮毂清洗装置是设计用于客车和货车轮毂的全自动清洗装置(见图 4-15),可进行轮盘、轴颈和轴的清洗。轮毂组件在不添加任何化学剂的情况下用常温清水在 4 MPa 压力下进行射流清洗。清洗是在一个封闭的工作间内进行的,它的进入侧和出口侧都由升降门来开启和关闭。系统的操作全部在清洗间外控制进行。所需的清洗用水由两个安置于清洗间旁的水池提供。清洗水在一个封闭的循环系统中运行,从清洗间出来的污水经过排水沟进入第一个水池(粗滤池)进行初步的净化,污泥和固体杂质进入污物桶。漂浮在上层的油污被撇油器刮除,并由一个收集容器或类似的设备所收集。在第二个水池(精滤池)内进行进一步的净化后,再被泵加压经管路送到喷嘴。根据循环水的污染程度,间隔一定时期后循环清洗用水必须进行更换。清洗设备中所有与水相接触的部件都经过镀锌处理,以防生锈。

清洗间前后两扇升降门可以避免清洗过程中飞溅的水流和水雾的影响,在轮毂进入和离开时,这两扇门由一个电气装置控制自动上升和下降。在每扇门上还设有两个用厚安全玻璃制成的观察窗。由于该装置的门架式结构,轮毂组件可以从其前面滚入清洗间,清洗结束后再从后面滚出。为了固定和松开轮毂,采用了一个固定升降装置,该装置可扣紧轮毂的边缘将其固定。与升降装置配套的自动定位系统可自动将轮毂的高度同喷嘴的工作区域相吻合。在升降装置升起轮毂后,有一个旋转机构使轮毂旋转,它采用可调节速度的液压马达驱动,速度一经设定后,在工作期间则保持一定。升降装置上的固定和释放机构能将轮毂精确地定位在升降装置上,清洗结束后升降装置下降且能自动释放轮毂使其滚出。在清洗间内设置有用于清洗轮轴的固定喷嘴组和通过进给运动用于清洗轮盘表面的活动喷嘴组,活动喷嘴组的进给速度可根据所需的清洗时间进行调节。清洗装置用水泵的额定工作压力为 4 MPa。为了防止水泵空运转,在水池中设置了两个水位开关,当水位到达一半时给出灯光报警信号,到达最低水位时切断泵的运行。此外设有压力表和流量计来显示泵的工作状态。

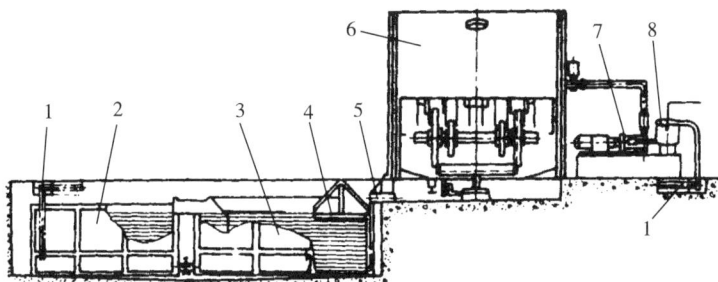

1—进水管;2—精滤池;3—粗滤池;4—污物桶;5—泄流口;6—清洗间;7—水泵;8—稳压容器。

图 4 - 15　轮毂清洗装置

4.2.9　危险场合的清洗

1. 爆炸性材料的清洗

在对各种爆炸性材料进行分析的基础上,利用水射流切割、清洗时不产生火花和显著的切削热的特性,在选择合理的工况参数后,水射流清洗爆炸性材料不仅安全可靠、提高清洗效率几倍到几十倍,还可根据爆炸性材料的特性任意调节水压、靶距、进给速度和喷射角等参数。

由于一般弹药壳体和火箭发动机壳体大多是圆柱体或变截面回转体,因此对其内部装药的清洗类似于小直径容器类的清洗。充分考虑安全措施,在喷杆的前端装有合适的喷头,喷杆在进给机构的作用下具有前后、左右、上下三个位移自由度,此外可以通过进给机构、旋转喷头或使工件产生旋转来提供正反两个方向的旋转自由度。在 $70 \sim 100$ MPa 的压力范围内,不仅彻底清除装药,容器壁面还可达到金属发白的清洁程度。

采用倒药工作原理,水射流还可对固体火箭发动机燃烧室内壁表面上粘贴的隔热贴片进行清除。隔热贴片是一种特制胶片,经加温加压固化形成的厚度不等、形状各异的隔热层被牢牢粘贴在内壁上。在贴片过程中有时会遇到质量问题而需重新贴片,或是发动机进行地面热试车后需将贴在燃烧室内腔的贴片层和贴片烧蚀后的残留物(包括碳化层和熔融橡胶层)清除干净重新贴片。

在大批量的弹药处废作业中,有必要建立相应的清洗工作站,并解决不同于小规模试验和小批量清洗作业中的特殊问题。首先,规模清洗作业时,为了满足环保法规和降低消耗,整个清洗用水应是可循环使用的,并需考虑可以及时移走清洗工位的废水和爆炸物碎屑。通过分离、过滤系统使固液分离,将固体爆炸物碎屑收集后回收或进一步处理,液体则可循环使用。由于水在系统中闭式循环,因此水温的升高也是一个需要考虑的问题。

表4-4为几种应用场合中的主要水射流参数。

表4-4　几种应用场合中的主要水射流参数

清洗对象	清洗参数	
炸药	压力	≤70 MPa(大多数情况) 100～160 MPa(个别情况)
固体推进剂	压力	10～50 MPa
	流量	63 L/min
	进给速度	24～88 mm/min
	最大行程	1.5 m
	旋转装置转速	1～12 r/min
	工件直径	60～450 mm
炮弹弹药	压力	35 MPa
	流量	200 L/min

2. 放射性污染的清洗

采用遥控操作的高压水射流装置对放射性污染物进行清洗是一种适宜的工艺,特别适用于反应堆热室等高放射性场合。虽然反应堆热室的环境使人员不宜直接进入其内部进行清洗,但是可参照立式容器的清洗方法,采用配有进给机构的三维旋转喷头对其内表面进行有效的彻底清洗。

此外,核反应堆退役前都需要对沾染放射性的设施进行消除放射性处理。国内曾对某退役反应堆的工艺水池进行高压水射流去污试验。工艺水池内存有大量从堆芯中卸出的燃料元件铝块、工艺管头、控制棒等多种高放射性物件。经过高放射性溶液的浸泡,池壁也变成了高放射性表面。整个水池去污内表面积为 183 m²,容积为 122 m³。为了减少退役反应堆作业人员的受照射剂量,确保工艺水池安全退役,必须对水池进行彻底的清洗去污,试验采用高压水射流装置配以三维旋转喷头(见图4-16)进行去污,去污作业分三格进行,中间穿插放射性取样测量、废液排放和固体废物的收集与清理等工作。试验表明,欲去除

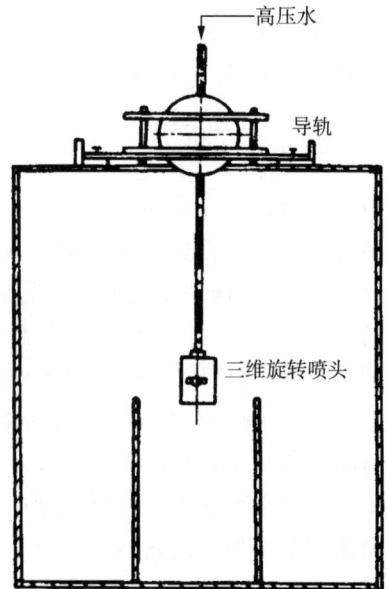

图4-16　高压水射流清洗装置

水池表面的锈垢并露出金属基体,喷射压力不应低于 30 MPa,且喷射点距壁面不能太远。清洗试验的去污效果较好,所产生的废液不含化学剂,不需要进行特殊的化学处理。废液放射性浓度为 4.79×10^4 Bq/L($< 3.7 \times 10^5$ Bq/L),属低放射性废液,可直接排放到天然蒸发池。所产生的固体废物直接收集后,其放射性比活度为 $(1.3 \sim 2.5) \times 10^5$ Bq/kg,属中放射性废物,需装桶存放。高压水射流全自动喷射去污效果好、工效高、作业人员受辐照剂量小、废物易处理,适合工艺水池的清洗去污,有重要的工程应用价值。

4.2.10　市政工程清洗车

1. 市政下水道的清洗

城市排水系统是城市清洁系统的一部分,它充斥着各种污水和液状废弃物。城市排水系统还具有排泄地表雨水、溢流造成的积水的功能。由于各种原因,下水道经常被污泥等堵塞,因此下水道的疏通、维护就成了市政维修部门的一项经常性工作。

高压水射流清洗下水道通常采用一辆配备水箱、内燃机(或由电动机驱动)和高压泵的清洗车或两轮拖车。若清洗装置本身不带水箱,则可直接从消防栓供水,也可由池塘或其他容器供水。

用高压水射流清洗下水道时,将清洗车尾部对着窨井孔,以便放下缠绕在绞盘上的软管。喷头、高压软管从绞盘进入窨井,喷头到达窨井的底部后打开控制阀,喷头就借助射流反冲力的作用自行进入下水道。绞盘的转速、转向是可以控制的,如果喷头到达了下一个窨井,或前进了预期的一段距离,那么可通过改变绞盘的转向来回收软管,回收的速度取决于下水道的清洁程度。对于日常维护的下水道,回收速度为 $15 \sim 25$ m/min,以保证清洗质量。下水道的截面尺寸越大、泥沙沉积物越多,回收软管的速度应越慢。清洗工作完成后,可关闭控制阀,将软管完全回收到绞盘上。在采用高压水射流清洗的整个过程中,操作人员没有必要进入窨井。

2. 下水道清洗车的结构

下水道清洗车广泛用于市政工程下水道清洗、疏通、排污和吸泥。

1) 清洗车

清洗车一般由汽车底盘、水箱、柴油机、泵、绞盘、自进喷头、喷枪等组成,用于清除下水道中沉积的污泥、堵塞物等,分为拖车式与车载式两种。

拖车式指高压泵及其动力源与控制系统置于一拖车上,汽车只是一辆供水车;车载式指高压泵及其动力源同水箱一起安装在汽车底盘上。泵的动力来源可以是柴油机,也可以是汽车发动机。当为后者时,汽车发动机的功率通过动力分动箱和传动轴传给泵。清洗下水道时,高压泵工作压力一般在 30 MPa 左右,额定流量为 $100 \sim 200$ L/min,而水箱容积应满足喷头工作 $30 \sim 60$ min 的需要。

2) 吸泥车

吸泥车一般由泥箱、汽车底盘和吸泥系统、泥水分离系统及排泥系统组成,用于下水道清洗后的污泥抽送、排放及其他排污作业。吸泥系统有两种:一种是压缩空气吸泥,其由空气压缩机、吸泥头组成,吸泥头实际是一种喷射泵,由于压缩空气流量、压力及喷射泵背压均可提高,因此吸泥量比较大,抽吸高度及输送距离也较大;另一种是柴油机驱动正排量罗茨真空泵在泥箱中形成真空,吸入并分离污泥,连续空气流经过100 mm吸入管可抽吸上下水道内的干湿污物。

3)清洗吸泥车

清洗吸泥车将上述两种车的功能合二而一,一车两用。一般情况下,汽车发动机驱动高压泵,为油压驱动;配带柴油机用于驱动真空泵或压缩机。高压泵为双作用活塞泵,它可以使用泥水分离后的污水。而吸泥系统除了上述两种外,可用高压水射流真空吸泥,这样清洗与吸泥共用一台高压泵,更为经济合理。

清洗吸泥车参数与配置:① 高压泵的压力约25 MPa,流量约200 L/min;② 离心压缩机置于车体前部,另配置泥水分离设备、吸泥头;③ 泥箱的容积大于3.5 m³,位于汽车底盘中后部,液压倾斜卸泥;④ 水箱的容积大于4 m³,位于车辆两侧下部;⑤ 底盘选用10 t平头柴油车;⑥ 吸泥摇臂能在180°～270°摆动,并由液压控制其上下、左右移动。

下水道疏通清洗车如图4-17所示,其为一款经典的25 t下水道疏通清洗车,具有冲洗疏通、污泥抽吸和污水循环等功能。

图4-17　下水道疏通清洗车

(1)冲洗疏通。针对城市下水道堵塞情况,利用高压力、大流量的射流产生巨大打击力,将堵塞物冲开,使水流畅通。它配置有85 m疏通管路及三种典型喷头,疏通冲力不仅能将直径为1 m的主下水管道内的沉积物冲走,还能将管壁冲刷得干干净净。

(2)污泥抽吸。其超强的吸污能力可轻易将6 m深窨井底部的污水、泥沙、砖石一并抽吸上来,并在2 min之内装满8000 L的污水罐。吸污系统采用罗茨真空泵,大流量的抽真空气流可进行气力抽吸,极大地增加了抽吸深度。

(3)污水循环。从下水道中抽吸上来的污水经过污水循环系统处理后,送到疏通系统中的高压水泵,再进行疏通作业,充分节约了水资源,提高了工作效率。污水循环采用三级过滤装置,循环过程不需要消耗任何介质,使用成本低。过滤装置设置了高压反冲自清洁功能,连续循环,操作简单。

(4)控制系统。整车配备机电液气一体化控制系统,自动化程度高,能控制冲洗疏通、污泥抽吸和污水循环,既能同时作业,又能独立作业,还能实现各种报警、保护功能。操作系统采用液晶屏控制面板显示,可视化效果好,操作简单直观。

4.2.11　去毛刺机

精密机械零件加工后去毛刺工艺直接影响零部件的功能和性能。精密加工的去毛刺工艺有多种技术被广泛使用,包括滚筒去毛刺、电化学去毛刺、热力去毛刺、水射流去毛刺等。其中,高压水射流去毛刺作为绿色、环保的清洗去毛刺技术,在汽车、航空航天、液压等行业有着广泛的应用。

利用高压水的不间断冲刷可去除零件机加工后残留的切屑及毛刺,同时可达到清洗的目的。通过试验,采用清洗压力 50 MPa、直径 1 mm 的喷嘴,对零件需要去除毛刺的部位进行喷射,并采用数控机床控制,通过计算机编制清洗程序可以保证喷嘴准确对位,保证小孔的清洗及去毛刺的效果。高压水清洗去毛刺设备采用加工中心伺服控制系统,移动速度快,效率高,适用于有清洁度要求的汽车及工程机械液压系统的核心零部件去毛刺。

以汽车制动系统铝合金阀体去毛刺机为例,采用CNC五轴双工位高压水去毛刺清洗机对阀体进行高压水去毛刺的基本过程:上件 → 启动夹紧 → 高压水定位冲洗(六个面所有内孔及表面清洗) → 下件 → 真空干燥。CNC 五轴双工位高压水去毛刺清洗机如图4-18所示。

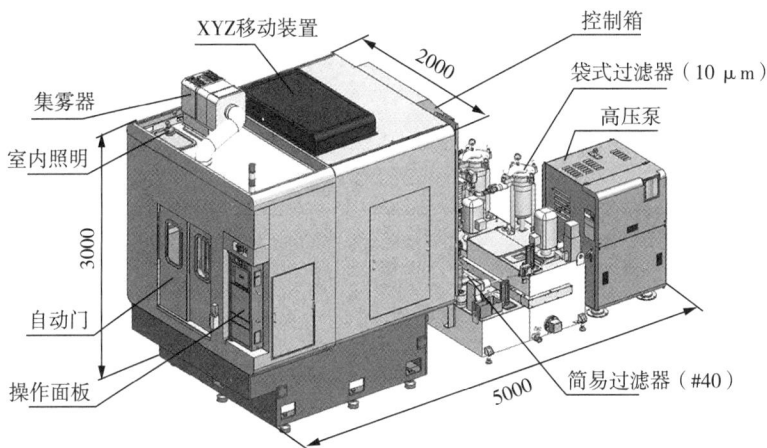

图 4-18　CNC 五轴双工位高压水去毛刺清洗机

高压清洗去毛刺过程的主要参数见表4-5所列。

表 4-5　高压清洗去毛刺过程的主要参数

高压清洗设备的主要参数	
去毛刺方式	双工位双喷嘴高压水去毛刺
清洗压力	30 MPa(最高 50 MPa,可调)
清洗温度	50 ~ 55 ℃
干燥方式	真空干燥(4 kPa)

（续表）

过滤方式	3级过滤:网框、布袋过滤、滤芯
流量	25 L/min
$X/Y/Z$ 移动速度	48 m/min
喷嘴旋转	600 r/min
过滤精度	5 μm

高压水清洗去毛刺设备的主要构成包括高压发生装备、脉冲发生装备（备选）、液压控制系统、过滤系统、水加热系统、装备主机等。

1. 高压水发生装备

50 MPa高压泵机组配合控制系统调压阀,根据特有工况调整应用。一般铝合金精密加工零部件去毛刺推荐水压力为 20 ~ 50 MPa;钢制零部件去毛刺水推荐压力为 40 ~ 100 MPa。去毛刺的程度及参数应根据毛刺状态进行选择,如悬浮毛刺、翻边毛刺;应根据材料特性、毛刺形状特点、冲击时间和喷嘴结构,且具体的压力需要进行试验。

水泵系统一般分为高压泵、供水泵、喷淋清洗泵。

高压泵:50 MPa × 35 L/min × 30 kV·A,用于通过喷嘴的高压定位清洗。

供水泵:0.5 MPa × 200 L/min × 3.5 kV·A,用于回流水箱,经过滤后到干净水箱,作为供高压泵及喷淋泵用水。

喷淋清洗泵:1.5 MPa × 80 L/min × 3.5 kV·A,用于清洗室内喷淋清洗及零件外表面清洗。

2. 脉冲发生装备（备选）

在喷头上集合一个速度调谐的振子,调谐超声波产生高频脉冲高压水射流,以此增加高压水射流对毛刺部位的冲击效果,有效去除固定毛刺及翻边,并可在相同压力下起到比连续高压水射流更好的毛刺去除效果。

3. 液压控制系统

液压控制系统主要包括溢流阀、单向阀、调压阀、稳压容器等。由于复杂零件高压水射流去毛刺设备喷嘴端压力不是唯一的,会根据毛刺特征做出调整,因此需要装备根据程序设置调整压力,液压控制单元需要具备自动化调整功能。通过 PLC 对零件装夹、翻转等进行控制定位,满足不同部位的对位清洗要求。

4. 过滤系统

高压水去毛刺的零件前道工序多为数控精密加工,零件表面内部会残留铝屑,在清洗过程中,毛刺碎片会混入高压水进入下一喷射循环,高压水中微小颗粒导致去毛刺效果不稳定,因此在循环水进入水箱前需要经过多次过滤。一般情况下要经过 30 ~ 50 目的框式过滤网,将清洗室内回流的水粗过滤后,避免清洗过程的铝屑等进入循环水箱,通过供水泵的旋风过滤器、两道 5 ~ 10 μm 的布袋过滤装置及滤芯后,进入干净水箱,供给喷淋泵进行零件外表面清洗。高压泵产生的高压水经循环过滤后进行零件对位定点清洗,可实现在高压冲击去毛刺的同时满足零件清洁度的要求。

5. 水加热系统

水温对去毛刺效果没有明显的影响,特别是水压力在 30 MPa 以上。水温对零部件表面油渍去除效果明显,可在去除毛刺的同时除去零件表面油渍。水加热系统一般采用电加热方式,配置定时器,便于生产准备工作的预先设置,加热温度一般控制在 60 ℃ 以下,温度过高会影响密封消耗件的使用寿命,会导致铝合金等零件表面光亮度变化。

6. 装备主机

高压水射流对人体伤害巨大,装备主机为全封闭式,以杜绝高压水外溢。装备主机内部管路及钣金可承载高压水射流的压力,在设计方面需要保持 20% 以上余地。作为精密度高、长期使用的装备,装备主机必须配备高精高效的数控系统,系统管理一切执行机构完成精准作业。

复杂零件去毛刺需要以五轴为基础的运动机构,保证多方位高压水射流角度。

4.3　煤矿井下压裂泵

4.3.1　水力压裂技术原理

煤层水力压裂技术是利用高压泵组将液体以远远超出煤层吸收能力的排量注入钻井,在井底形成大于井壁附近周向应力和煤岩抗张强度(水平方向或垂直方向)的破裂压力,从而形成网状裂缝;然后在延伸压力下,裂缝向煤层深处延伸,形成长达几十米甚至一百多米的裂缝;最后排水降压,直到煤层水压降至煤表面的吸附气体解吸压力以下,煤层气从煤岩微孔隙表面解吸出来,在煤岩的割理系统和裂缝中扩散和运移,流向井眼并被排采出来。水力压裂煤层增透示意如图 4-19 所示。

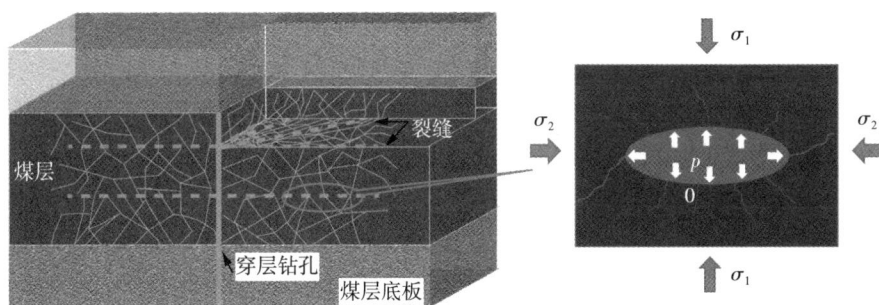

图 4-19　水力压裂煤层增透示意

水力压裂控制坚硬顶板的工作原理:通过向坚硬顶板注入高压水使其开裂形成水压裂缝,从而破坏坚硬顶板的整体性,降低坚硬顶板的强度,弱化坚硬顶板,缩短其破断步距,实现对工作面强矿压显现的控制。通过水力压裂及时切顶及弱化顶板围岩卸压,缩短工作面两侧弧形三角板的悬臂长度,切断采动应力向进风巷方向的传递,尽量使采空区顶板及时且充分垮落,限制顶板覆岩大结构回转下沉,断开或转移工作面大结构回转变形对巷道的影响,减缓进风巷的动压影响,削弱应力集中,达到应力控制的目的。水力压裂卸压示意如图 4 - 20 所示。

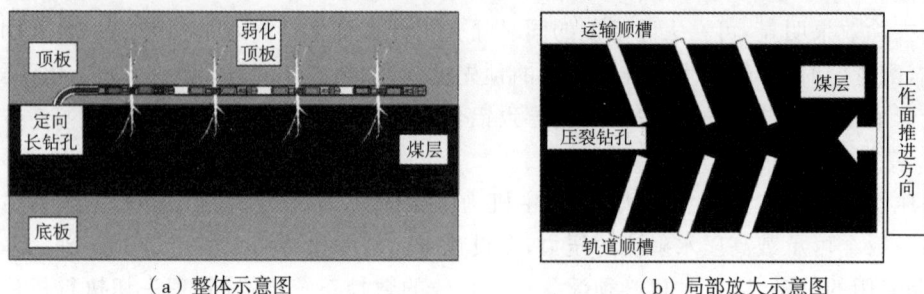

<table>
<tr><td>(a)整体示意图</td><td>(b)局部放大示意图</td></tr>
</table>

图 4 - 20   水力压裂卸压示意

4.3.2   井下压裂泵

压裂泵组是压裂施工作业的主要动力设备。为了实现煤岩体注水碎裂,必须保证一定的注入压力和流量,因此这两个参数是压力泵选型的主要参考。

随着水力压裂技术在煤矿井下的大范围推广应用,井下压裂泵需求量逐年增加。BYW 型压裂泵组额定排量达到 1.45 m^3/min,额定工作压力达到 65 MPa,额定功率为 400 kW,具有远程操控、实时存储压裂相关参数的功能。BRW 型压裂泵组的双泵并联排量达到 0.8 m^3/min,额定工作压力达到 40 MPa,额定功率为 710 kW。YLB 型压裂泵组电机功率为 400 kW,相应的挡位压力为 16.5 ～ 50 MPa,流量为 0.3 ～ 1.175 m^3/min,具有流量大、体积小、智能化程度高等优点。

为了实现压裂裂缝控制,保障压裂效果,导向压裂、脉冲压裂、重复压裂等技术层出不穷,对压裂泵的压力、流量等参数实时监控、自动调节有了新的要求。对此,国内相关单位攻克了泄液回收大流量压裂压力控制技术、变频压裂系统的压力调节技术、智能控制和监测技术等核心技术难题,于 2020 年推出了 BYW40/500B(R) 型煤矿井下智能压裂泵系统,该泵组功率为 500 kW,最大工作压力为 40 MPa,能够实现 0.63 m^3/min 大流量下的全功率输出。整套系统具有结构紧凑、集成度高、环境适应性强的特点。

针对现有煤矿井下压裂泵无法携砂、过砂的难题,"十三五"期间国内相关单位探索了低压端加砂压裂泵组和高压端加砂压裂装置的技术,于 2022 年推出了 BYW(S) - 30/1000 型水力加砂压裂泵组,该泵组由供水系统、混砂系统、泵组系统、远程控制系统等组成,最大工作压力为 70 MPa,最大排量为 1.5 m^3/min,携砂能力达到 20%,砂的粒径不大于 1 mm。整套系统具有排量大、工作压力高、携砂能力强等优点,能够实现低压端加砂、高压端出砂,保障连续加砂作业。

1. 高压注水泵站

BZW200 系列智能化高压注水泵站适用于煤矿采掘工作面各种类型煤层的深孔高压注水、瓦斯排放等,是目前解决低渗透性和高硬度难注水煤层注水问题最为有效的技术手段。它不仅可以减少煤体表面的粉尘扬起,改善工人的劳动条件,还能回收瓦斯,保证安全生产,提高采煤效率,降低煤尘和瓦斯对环境的污染。该泵站除用作煤层注水设备外,也可用作试验泵站,还可用作压力机械的液压源和各种机械设备的清洗用泵。

　　BZW200 系列智能化高压注水泵站由两台 BZW200 系列智能化高压注水泵、一台 SX - 3000 Ⅱ 型水箱、一台 KXJR4 - 127 型矿用隔爆兼本质安全型乳化液泵站用控制箱和一套远程监视系统组成。BZW200 系列智能化高压注水泵站如图 4 - 21 所示。

　　BZW200 系列智能化高压注水泵系卧式五柱塞往复泵,由三相交流卧式四极防爆电动机驱动。该泵技术参数见表 4 - 6 所列。

图 4 - 21　BZW200 系列智能化高压注水泵站

表 4 - 6　BZW200 系列智能化高压注水泵技术参数

参数名称	泵站型号		
	BZW200/45	BZW200/50	BZW200/56
公称压力 /MPa	45	50	56
公称流量 /(L/min)	200		
柱塞直径 /mm	40		
柱塞行程 /mm	64		
柱塞数目 /个	5		
曲轴转速 /(r/min)	551		
传动比	59/22		
泵头外形尺寸 /mm	1320×1100×1080		
泵头重量 /kg	1800		
泵组外形尺寸 /mm	3000×1100×1300	3000×1100×1300	3000×1100×1360
泵组重量 /kg	3900	3900	4000
电机功率 /kW	185	200	220
电压 /V	660/1140		
安全阀开启压力 /MPa	50	55	61
工作介质	中性清水		
配套液箱容积 /L	3000		
吸液过滤精度 /mm	473		

2. 煤层压裂泵站

BYW 型全自动远程控制煤矿井下压裂泵站是专门针对煤矿井下煤层、岩层水力压裂,穿层复合压裂,加砂压裂及高压注水等作业的系统。该泵组结构型式为三缸卧式单作用往复式柱塞泵,结构设计符合《机动往复泵》(GB/T 9234—2018)、《煤矿用乳化液泵站 乳化液泵》(MT/T 188.2—2000)的要求,以 YB2‑400M‑4 型 400 kW 隔爆型电动机为动力,配有 BY610Z 液力变速器,经球笼式同步万向联轴器,通过泵侧挂齿轮箱减速驱动泵运转。该泵最大排出流量为 87.5 m³/h,最高排出压力为 70 MPa,输送介质为清水,泵的液力端经改造后亦可输送强腐蚀性介质。该泵组整体布置在三块矿用平板车上,便于整体组装和汽车运输。为了方便下井,三块平板车可随时分体,待使用时在井下重新连接组装。BYW 型全自动远程控制煤层压裂泵站如图 4‑22 所示,煤层压裂泵组主要技术参数见表 4‑7 所列。

图 4‑22 BYW 型全自动远程控制煤层压裂泵站

表 4‑7 煤层压裂泵组主要技术参数

技术参数	数值
最大工作压力 /MPa	40(BYW 1458/40),50(BYW1100/50),70(BYW 65/400)
最大排量 /(m³/min)	1.1(BYW1100/50),1.458(BYW 1458/40,BYW 65/400)
吸入口径 /mm	120
排出口径 /mm	50
整机外形尺寸(长 × 宽 × 高)/mm	9040 × 1450 × 1850
柱塞行程 /mm	152.4
柱塞直径 /mm	100、115
最高冲数 /min⁻¹	324
额定功率 /kW	400

4.3.3 煤矿压裂泵应用效果

1. 穿层钻孔导向压裂试验

在重庆松藻矿区逢春煤矿＋680N11203 回风巷进行穿层钻孔导向压裂试验。该矿区回采的 M7、M8、M12 煤层原始瓦斯含量分别为 17.67 m³/t、18.58 m³/t、8.19 m³/t。煤层均为优质无烟煤。本试验开展穿层钻孔导向压裂试验、常规水力压裂试验及空白对照试验(普通方式钻孔抽采法)。

本试验的高压水力压裂系统主要由 BZW56/200 型高压泵、水箱、压力‑流量监测系统、智能控制台与监控装置、压力表、高压管、开关及相关装置连接接头等组成。高压泵安装在试验地点压裂钻孔进风侧,压裂孔孔口处高压注水管必须安装高压闸门、卸压阀等。

压裂后,测定初抽单孔浓度、初抽平均单孔纯量(见图 4-23、图 4-24)。采用穿层钻孔导向压裂抽采技术的钻场钻孔初抽浓度为 48% ～ 62%、初抽平均单孔纯量为 0.007 m³/min;采用常规水力压裂抽采技术的钻场钻孔初抽浓度为 18% ～ 38%、初抽平均单孔纯量为 0.004 m³/min;采用普通方式钻孔抽采技术的钻场钻孔初抽浓度为 4% ～ 17%、初抽平均单孔纯量为 0.001 m³/min。由此可见,采用穿层钻孔导向压裂抽采技术的钻孔相对于常规水力压裂抽采技术在初抽单孔浓度上提高了 24～30 个百分点,在初抽平均单孔纯量上提高了 0.75 倍;相对于普通方式钻孔抽采技术在初抽单孔浓度上提高了 44 ～ 45 个百分点,在初抽平均单孔纯量上提高了 6 倍。这说明穿层钻孔导向压裂与常规水力压裂均能对煤层起到较好的增透作用,穿层钻孔导向压裂的定向增透效果要优于常规水力压裂。

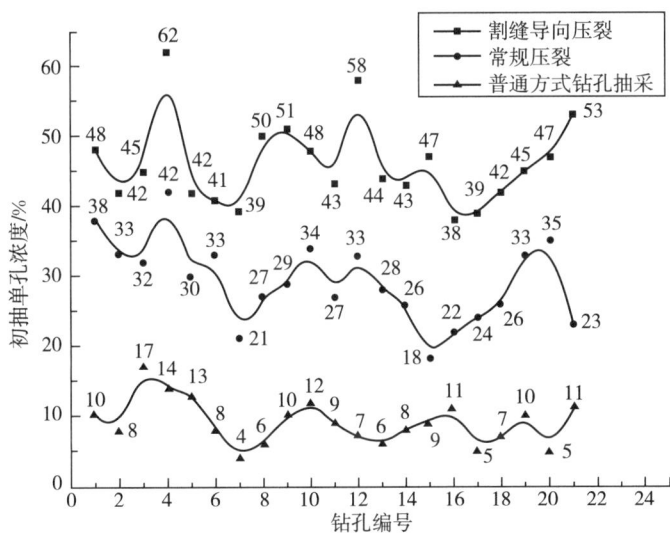

图 4-23　初抽单孔浓度对比

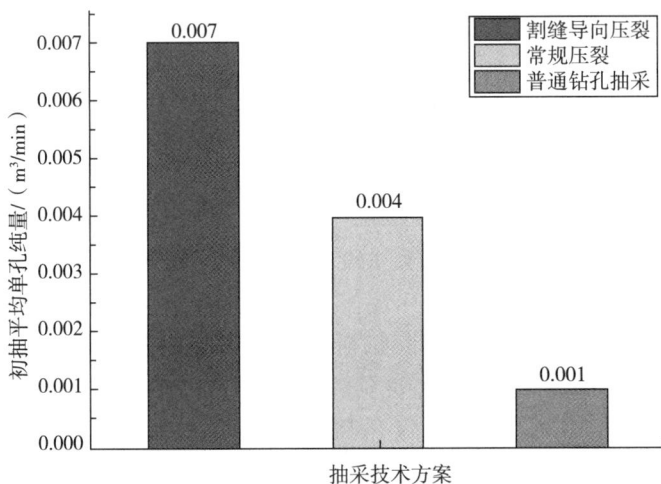

图 4-24　初抽平均单孔纯量对比

2. 顺层钻孔清洁压裂液增透抽采试验

在重庆渝阳煤矿北三采区 N3702 工作面进行顺层钻孔清洁压裂液增透抽采试验,试验的目标煤层作为上保护层开采,采区埋深 700 m 以上,最深达到 900 m,煤层平均厚度为 0.9 m。由一条运输巷与东西两侧两条回风巷组成,每侧工作面长度为 120 m,采用综合机械化采煤工艺,煤层瓦斯含量为 21.2 m^3/t,瓦斯压力为 1.99 MPa,煤层透气性系数为 0.0025 $m^2/(MPa^2 \cdot d)$,煤层坚固性系数为 0.3,属于松软突出煤层,瓦斯抽采困难。本次对比试验选用清洁压裂液和清水两种。

本试验的水力压裂系统装置由煤层注水泵、水箱、操作台、监控系统、高压压裂管、高压连接胶管及相关装置连接接头等组成,选择型号为 BRW200/31.5 乳化泵、SX-1600 水箱,高压软管承压能力为 40 MPa,水箱由 Φ50 mm 供水管保证供应,所有管路密封连接。水力压裂钻孔通常布置在工作面两侧的运输巷和回风巷中,对向布置压裂钻孔,单侧压裂钻孔间距一般按 20 ~ 40 m 布置,实施压裂后,再在工作面两侧巷道布置瓦斯抽采钻孔进行瓦斯抽采。

压裂完成后,打开钻孔抽采管道阀门统计抽采管道瓦斯的抽采纯量和抽采浓度。与清水相比,清洁压裂液作用后煤样瓦斯累计抽采量提高了 26.1%,随着抽采时间的增加,清水压裂后的钻孔瓦斯抽采浓度降低速度较快,而清洁压裂液的煤层钻孔,瓦斯抽采浓度保持在 70% 以上,增加了煤层瓦斯的有效抽采时间,提高了煤层瓦斯抽采效果。清洁压裂液对煤层瓦斯抽采的促进作用主要是清洁压裂液强化了煤层瓦斯的解吸和渗流,清洁压裂液能够提高瓦斯抽采运移通道,增加松软煤层瓦斯的抽采效果。从瓦斯多尺度运移角度分析,清洁压裂液能够代替清水取得更好的抽采效果。

4.4 乳化液泵站

乳化液泵站是用来向煤矿综采工作面液压支架及其他乳化液的液压装置输送乳化液的设备。它是液压支架的动力源,好比人体的心脏,其工作的好坏直接影响液压支架的工作性能和使用效果,关系着整个综采工作面的安全。

液压支架的液压系统是一个封闭系统。与大多数油液压系统不同的是,乳化液泵站构成了水液压系统,它是液压支护系统的动力源。与油不同的是,水不会产生污染,也不会因泄漏而产生危险。

在现代采煤行业中,成百上千个液压缸(400 mm 的直径,数米高)支护着采煤过程的洞顶,大功率水液压泵站(总功率高达 1600 kW)已经作为独立单元得到了应用(见图4-25)。

在水液压系统设计过程中,水的特性也需要考虑,因为压力冲击比油液压更容易发生,而且水不具有润滑性。为了克服水的特性,必须使用特殊的液压阀、缸和泵。

水液压系统的水中加入了特殊的添加物,最常用的添加物为 HFA(液压液体 A)。HFA 中含有油、杀菌剂、腐蚀抑制剂和防泡沫剂等添加剂质,且比例达到了 5%,统称为乳化液。加入防泡沫剂是为了解决乳化液中最关键的一个问题:水雾化会加快泵中所有部件的磨损。乳化液应当尽可能接近纯水,这就意味着添加剂应当尽可能少。乳化液泵通常是三柱塞泵,压力为 50 MPa,既可以用乳化液,也可以用纯水。

图 4-25 煤矿行业所用的乳化液泵站

4.4.1 乳化液泵与液压支架

乳化液泵作为液压支架提供液压的动力,并为支架的升降、推移提供高压乳化液。液压支架如图 4-26 所示。液压支架的运动主要包括升降、推移等。

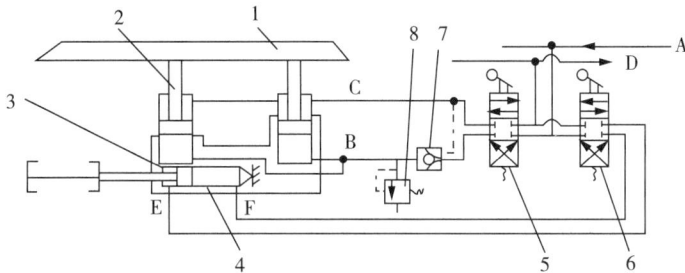

1—顶梁;2—立柱;3—千斤顶活塞杆;4—千斤顶;5—立柱操纵阀;6—推移千斤顶操纵阀;
7—液控单向阀;8—溢流阀;A—主进液管;B、C、E、F—管路;D—主回液管。

图 4-26 液压支架

1. 升降

1)初撑阶段

将立柱操纵阀放到升架位置,由乳化液泵站产生的高压乳化液经主进液管、立柱操纵阀打开液控单向阀,经管路 B 进入立柱下腔。与此同时,立柱上腔的乳化液经管路 C、立柱操纵阀回到主回液管。活塞杆在高压乳化液的作用下伸出,使顶梁升起支撑顶板。顶梁接触顶板后,立柱下腔液体压力逐渐升高,压力达到乳化液泵站供液压力(乳化液泵站工作压力)时泵站自动卸载,停止供液,液控单向阀关闭,立柱下腔的液体被封闭,这一过程称为液压支架的初撑阶段。

2）降架阶段

降架阶段是指支架顶梁脱离顶板而不再承受顶板压力的阶段。当采煤机截割完毕需要移架时，应先使支架卸载，顶梁脱离顶板，再将立柱操纵阀的手柄扳到降架位置，由乳化液泵站产生的高压乳化液经主进液管、立柱操纵阀、管路 C 进入立柱上腔。与此同时，高压乳化液分路进入液控单向阀的液控室，将液控单向阀推开，立柱下腔构成回液通路。立柱下腔液体经管路 B、被打开的液控单向阀、立柱操纵阀流向主回液管路。此时，立柱下降，支架卸载，直至顶梁脱离顶板。

2. 推移

1）移架

支架降架后，将推移千斤顶操纵阀放到移架位置，从泵站来的高压乳化液经主进液管、推移千斤顶操纵阀、管路 E 进入推移千斤顶左腔，其右腔乳化液经管路 F、推移千斤顶操纵阀回到主回液管。此时，推移千斤顶的活塞杆受输送机制约不能运动，所以推移千斤顶的缸体便带动支架向前移动，实现移架。

2）推移刮板输送机

移到新位置的支架重新支撑顶板后，将推移千斤顶操纵阀放到推移位置，推移千斤顶右腔进高压乳化液，左腔回液，因为缸体与支架连接不能运动，所以活塞杆在液压力的作用下伸出，推动刮板输送机向煤壁移动。

4.4.2 乳化液泵的工况

乳化液泵一般处于非密闭的室内、室外和煤矿井下的采掘工作面，环境温度为 0 ～ 45 ℃，输送介质为 5% 乳化液的清水，介质温度一般为 10 ～ 40 ℃。其工作环境中存在甲烷、煤尘等爆炸性气体。

液压支架的工作介质是水包油型乳化液，这种乳化液黏度低、润滑性能差，因此乳化液泵与一般以矿物油为工作介质的液压泵相比，在结构上有如下明显特点。

（1）柱塞密封不能采用传统液压泵的间隙密封，必须采用密封圈密封，密封圈一般采用 PTFE -芳纶材质的盘根。

（2）传动部分与液压部分必须隔开，传动部分使用专用的润滑油，液压部分使用乳化液。

（3）为满足液压支架的需要，乳化液泵站要有很高的出液压力（早期乳化液泵站额定压力要求为 31.5 MPa，近年来随着煤层的增高和远程供液的需求，已将额定压力提升为 40 MPa），而且要有很大的流量（单台乳化液泵站流量要求为 600 L/min 以上）。

（4）泵站需要配置一台或者两台容量很大的乳化液箱，而且因液压支架管路的泄漏，乳化液泵站系统中必须配备能不断配置 5% 左右乳化液的乳化液自动配比装置。

4.4.3 乳化液泵的特点

1. 泵速

乳化液泵的泵速一般都高于普通高压往复泵，为 500 ～ 600 $\min^{-1}$，甚至更高。这是因为泵要下矿井使用，体量小是很重要的指标。随着更大参数、更大功率的泵的使用，煤矿设施条件也在变好,但是小体量泵是一个不变的要求。也就是说,乳化液泵实现了更新换代,它的高泵速这一特点没有改变,而且系列产品的泵速差异也不大。

2. 压力调节

作为液压泵运行,泵的排出压力是个敏感指标,一是要求其稳定不脉动,二是要求其能在额定压力下需要多少即刻调节到多少。要做到这两点,好的卸载阀(又叫作压力调节阀)必不可少。卸载阀采用了液压泵先导式液压阀的原理与结构,即利用阀孔径变化、压力变化的流动途径,灵敏地设定和改变泵的排出压力,以保证泵的预期稳定运行。

4.4.4　乳化液泵站

1. 乳化液泵站的组成

早期乳化液泵站由两台或三台泵组成。采用一台用或两台使用、一台备用的模式运行,通过手动操作隔爆电磁启动器完成乳化液泵的启停。乳化液泵上安装有安全阀和液控的机械卸载阀,根据工作面对乳化液的需要实现乳化液泵站压力的自动调整。根据泵的流量大小配置一台或两台乳化液箱。乳化液箱上安装有高压过滤器、交替阀和蓄能器,以完成两到三台乳化液泵高压液体的过滤和供液回路的自动切换。通过使用浮球阀控制进液管的通断,利用文丘里管的射吸原理来完成乳化油和水的自动混合。

乳化液泵的产品结构大同小异。流量有 80 L/min、125 L/min、200 L/min、315 L/min、400 L/min、500 L/min 等。下面以使用比较广泛的流量为 200 L/min 的泵为例,介绍早期乳化液泵的主要结构。其额定压力为 31.5 MPa,额定流量为 200 L/min,为卧式三柱塞结构,总体上可分为电机、联轴器、泵、卸载阀、底托五个部分。

2. 泵的结构

泵主要由动力端、高压缸套组件、泵头组件、安全阀等组成。

动力端主要由箱体、曲轴、连杆滑块和一级减速齿轮等组成。箱体采用高强度铸铁整体机构,箱内存有润滑油,对运动部件实现飞溅润滑,曲轴采用两端支撑方式。

有一些大流量的泵自吸能力差,在泵的进液端还配有皮带驱动的增压泵,以防泵吸液不足。大功率的乳化液泵还设有利用乳化液冷却的强制压力润滑系统。强制压力润滑系统主要用来润滑曲轴连杆机构。

3. 泵头组件

BRW200/31.5型泵的泵头组件如图4-27所示,泵头主要由柱塞、高压缸套组件和泵头体等组成。泵头体为整体钢锻件,内有吸液阀、排液阀,泵头一侧安装安全阀。

4. 机械卸载阀

机械卸载阀如图4-28所示,卸载阀主要由一个主阀组件和一个机械先导阀组件组成。泵输出的高压乳化液进入卸载阀后,分成四条液路。第一条:冲开单向阀向支架系统供液。第二条:冲开单向阀的高压乳化液,经控制液路到达先导阀顶杆的后腔,给先导阀顶杆一个推力,使先导阀顶杆始终接触先导阀芯。第三条:来自泵的高压乳化液经中间的控制液路及高压过滤器过滤后进入先导阀阀芯左腔,然后通过先导阀体和主阀体的通道进入主阀阀芯的上腔,给主阀阀芯一个向下的推力,使主阀关闭。第四条:经主阀阀口,是高压乳化液的卸载回液液路。当支架停止用液或系统压力升高到超过先导阀的调定压力时,作用于先导阀的高压乳化液开启先导阀,使作用于主阀阀芯上腔的高压液体卸载回零,主阀因失去依托而打开,此时液体经主阀回液箱,同时单向阀在乳化液的压力作用下关闭。单向阀后腔为高压密封腔,从而维持阀的持续开启,实现阀稳定卸载状态,泵处于低压运行。当支架重新用液或系统漏损,单向阀后高压腔压力下降至卸载阀的恢复压力时,先导阀在弹簧力和液压力的作用下关闭,主阀阀芯上腔重新建立起压力,使主阀关闭,恢复泵站供液状态。调节卸载阀的工作压力时,需调节先导阀调压螺钉,即调节先导阀调压弹簧作用力,其调定压力出厂时为泵的公称压力。简单地说,机械先导阀是在系统超出先导阀调定压力时打开先导阀,放空主阀上腔液路,从而使主阀打开,进入卸载状态。

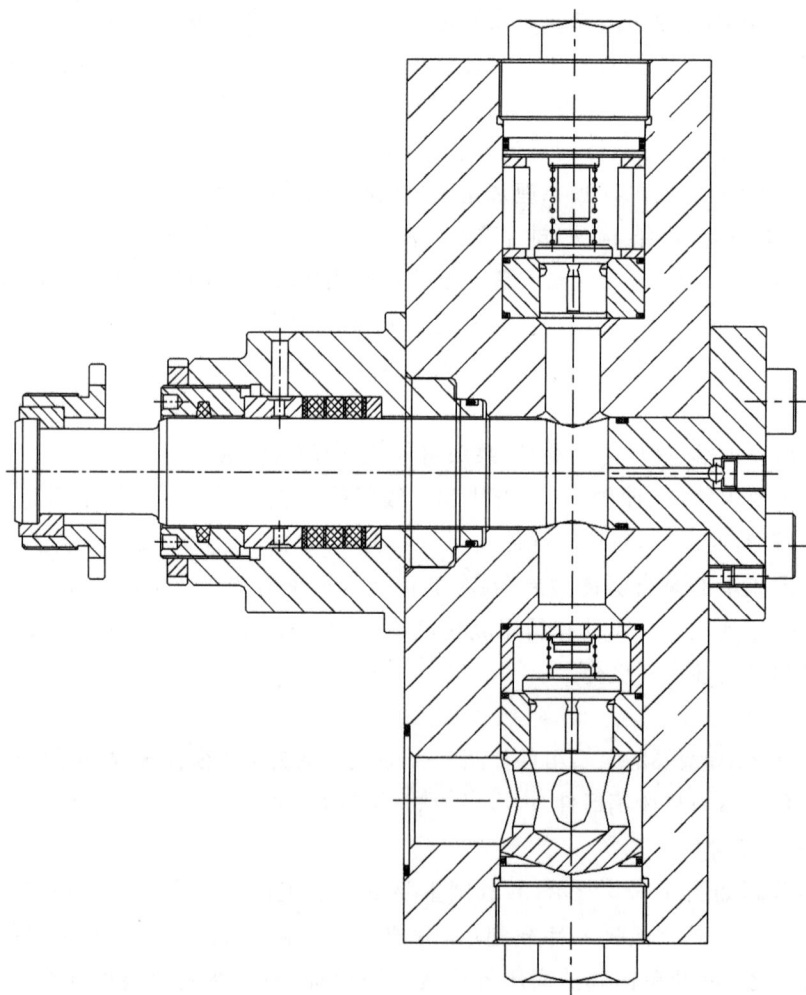

图 4-27　BRW200/31.5 型泵的泵头组件

（a）结构图

（b）原理图

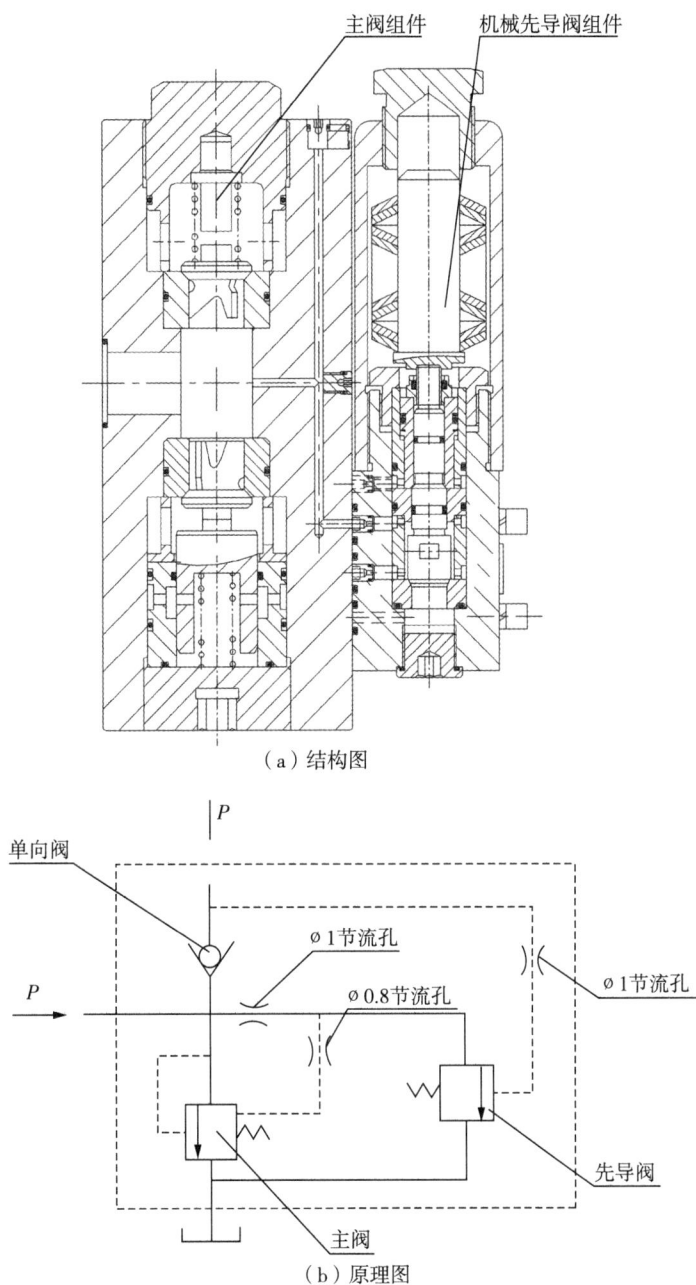

图 4 - 28　机械卸载阀

4.4.5　乳化液泵站的换代产品

1. 乳化液泵站的组成

换代的乳化液泵站一般由四台泵组成(三台使用、一台备用)，配备完善的智能控制系统，根据工作面的需要可实现一台泵到三台泵同时供液，满足综采工作面对乳化液流量大范围变化的需求，增加了整个系统的工作可靠性。

根据单泵流量大小配置一台或两台乳化液箱,同时配备进回液过滤站、反渗透装备、高压过滤站和蓄能站,完成对乳化液的过滤和稳压。

智能控制系统为集散式控制,可实现自动和手动两种运行模式。一台主控箱负责完成对整套泵站的监控和参数设定,并向地面远程通信。乳化液泵和乳化液箱分别装有分控箱,负责监控本台设备并将本体参数传送至主控箱。整套智能控制系统的功能如下:乳化液泵润滑油油位、油温、油压的检测等综合保护;电磁卸载;乳化液自动配比、变频联动、闭锁检修和远程双控等。

换代乳化液泵在早期流量基础上增加了 550 L/min、630 L/min、800 L/min、1000 L/min、1250 L/min 等系列产品,同时把额定压力上升至 37.5 MPa、40 MPa,大流量泵多数采用卧式五柱塞结构。下面以使用比较广泛的流量为 630 L/min 的泵为例,介绍乳化液泵的主要特点。该型泵额定压力为 40 MPa,额定流量为 630 L/min,为卧式五柱塞结构,总体上可分为电机、联轴器、泵体部件、卸载阀、底托五个部分,泵体部件又可分为液力端和动力端两大部分。

2. 液力端

液力端主要由柱塞、高压缸套、导向套、密封圈、支承环、补偿弹簧、弹簧座、阀套、进液阀芯、阀座、排液阀芯、泵头体、连接支架和进液接管等组成。BRW630/40 型泵的液力端如图 4-29 所示。该液力端采用线形分段式结构、平面无间隙密封形式。伞形锥阀与菌形锥阀相结合的方法,解决了传统柱塞泵(采用的"十"字形、"T"形或"L"形结构液力端)因交叉孔部位应力集中而导致泵头疲劳开裂的不足和密封件容易损坏泄漏的缺陷。同时后期维护及更换易损件非常方便(进排液阀阀芯、阀座甚至柱塞和盘根在维修时不需要移动泵头)。

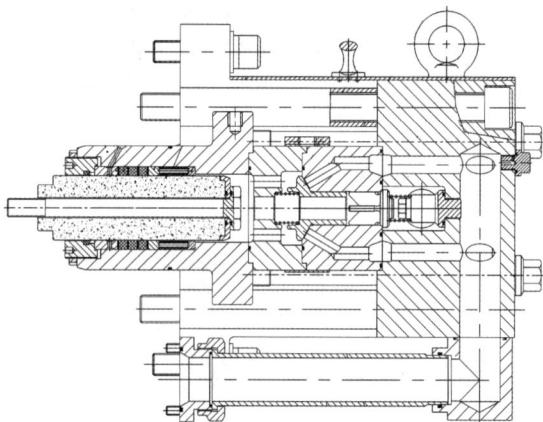

图 4-29　BRW630/40 型泵的液力端

泵头体整体锻造,具有非常好的抗疲劳性。高压缸套、阀套均采用特制的优质合金钢加工制成,进排液阀芯、阀座采用优质不锈钢制成。陶瓷柱塞和高强度 PTFE-芳纶材质的盘根配合,使泵可以大流量、长时间在恶劣工况下工作。整体液力端采用线形布局、积木式结构。泵头内部密封圈少,维修方便。高压缸套内使用多个小弹簧压紧盘根密封,压紧力均衡、密封可靠、寿命长。柱塞采用陶瓷材料,密度较小且耐磨、防锈,有效延长了使用寿命。

3. 动力端

动力端主要由箱体、曲轴组件、小齿轮轴组件、连杆滑块组件、润滑油冷却系统等组成。BRW630/40 型泵的动力端如图 4-30 所示。

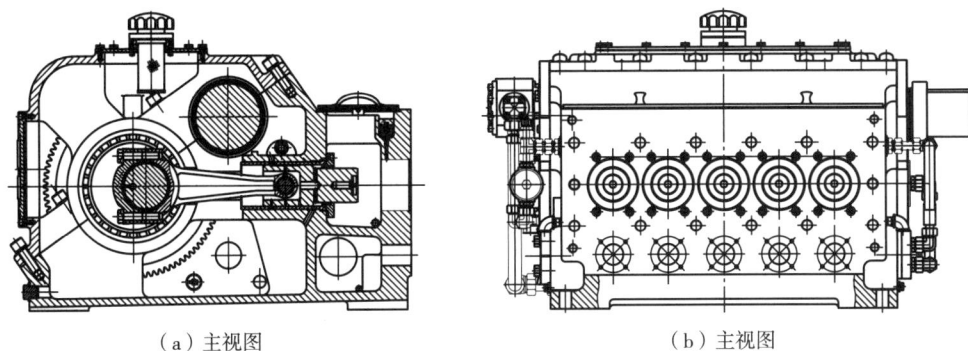

（a）主视图　　　　　　　　　　　　（b）主视图

图 4 - 30　BRW630/40 型泵的动力端

　　箱体为高强度铸铁分体式结构,易于实现多点支撑。曲轴由两端支撑变为四点支撑,增加了曲轴的刚性,提高了曲轴的工作稳定性。双螺旋减速齿轮大大降低了轴向力的存在,延长了泵机械传动的使用寿命。集成化的润滑油冷却系统由小齿轮轴直接带动齿轮泵,将齿轮箱内的油吸入,并形成一定的压力泵出,经过油过滤器过滤后流入油冷却器,用液体进行冷却之后流到曲轴的油孔,通过内回路、曲轴、轴瓦、连杆、滑块轴内的油孔,将润滑油输送到各个运动部件。润滑油冷却采用独立的热交换器,利用水冷方式,满载平衡温度不高于 55 ℃。

　　4. 电磁机械卸载阀

　　电磁机械卸载阀是泵站液压系统较为关键的压力控制元件,直接影响泵站供液系统能否正常工作,决定系统供液压力的大小。电磁机械卸载阀如图 4 - 31 所示。泵站液压系统的卸载阀主要由一个主阀组件、一个机械先导阀组件和一个电磁先导阀组件组成,它有两种压力控制模式,其中一种控制模式为通过压力传感器接收来自液压系统的压力数据,当液压系统的压力达到智能控制系统设定的卸载压力值时,电控系统会控制两位三通电磁阀,使乳化液泵站处于卸荷状态运行。当液压系统的压力低于智能控制系统设定的压力值时,电控系统会控制两位三通电磁阀,使乳化液泵站处于加载状态,向液压系统输出高压液体。如此循环使液压系统维持在一个稳定的压力区间之内。系统的电磁先导阀在通电时正常供液,断电时进入卸载状态。泵站液压系统优先采用电磁先导阀控制,优势在于传统的机械先导阀在卸荷压力与恢复压力之间有一个比值,一般恢复压力是卸荷压力的 75% 左右。采用电磁先导阀控制就可以将该比值提高到 90% ~ 95%,这大大降低了能耗,提高了安全性。当电磁先导阀出现故障无法使用时(往往为电磁先导阀失电状态,即卸载阀一直处于卸载状态,系统无法上压),可通过机械先导阀上的机械切换装置使卸载阀强制进入机械卸载模式。

4.4.6　智能集成乳化液泵站

　　1. 喷雾泵站

　　喷雾泵站是主要为各种采煤机、掘井机提供喷雾灭尘和冷却用水的动力设备。其介质为纯水,一般由 3 台喷雾泵、2 台清水箱组成,与乳化液泵站搭配使用,应用范围广泛,还可用于井下清洗支架。

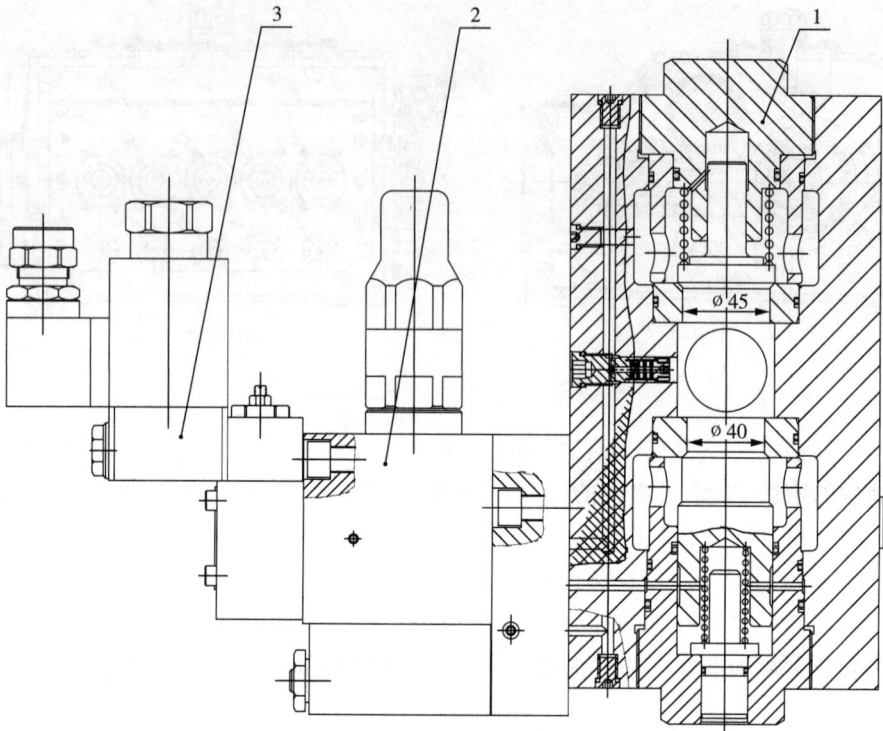

1—主阀组件;2—机械先导阀组件;3—电磁先导阀组件。

图 4 - 31　电磁机械卸载阀

2. 纯水泵站

传统液压支架采用乳化液为工作介质,支架普遍存在跑、冒、滴、漏等现象,造成严重的大面积水体污染。为了绿色开采研发了使用纯水作为工作介质的纯水支架,同时出现了纯水泵站。纯水泵站使用纯水为介质,清洁度极高,无腐蚀,液压件工况好,阀、密封件故障率低,维护工作及配件消耗减少,同时促进了煤矿高效、低耗生产。

3. 智能集成过滤系统

为了形成功能完善的液压系统清洁度保障体系,智能集成过滤系统一般由进液自动反冲洗过滤站、全自动反渗透水装置、高压自动反冲洗过滤站和回液自动反冲洗过滤站组成,过滤系统从粗过滤逐步过渡到精过滤(25 μm),实现对进水、乳化液、高压乳化液、工作面回液等多级闭环过滤。智能集成过滤系统应用范围广泛。

4. 智能永磁变频控制系统

为实现系统压力波动的最小化、系统瞬间供液最大化,也为了减少卸荷阀的使用、降低机械耗损,减少对机械的冲击,降低设备维护量,配置智能永磁变频控制系统的矿井日益增多,配置智能永磁变频控制系统后节能效果显著,实现了乳化液泵站恒压自动智能控制。

5. 远程供液管路系统

为减少工作面安全事故(如冲击地压带来的不稳定性和不确定性),也为了有效解决巷道拥挤、空间狭小、管路安装混乱现象,减少现场人员数量,将泵站和电器控制系统与液压支架分置,移至工作面顺槽偏口以外硐室等地方固定布置,通过特高压管路系统将乳化液、高压喷雾输送至回采工作面,同时保证支架液压系统末端压力、采煤机内外喷雾和支架喷雾满足规定。一般采用硬管和软管相结合的柔性布置方式。

4.5　水刺泵

4.5.1　以水为"针"的纺织技术

非织造布又称为无纺布,它是通过物理或化学方法对高分子聚合物、纤维集合体进行固结而形成的新型柔性材料。相对于"针刺",采用高压水经过水针板形成"水刺"的水射流工艺就叫作"水刺法"。水刺无纺布是将高压微细水流喷射到一层或多层纤维网上,使纤维相互缠结在一起,从而使纤网得以加固而具备一定强力的织物。其纤维原料来源广泛,可以是涤纶、锦纶、丙纶、黏胶纤维、甲壳素纤维、超细纤维、天丝、蚕丝、竹纤维、木浆纤维、海藻纤维等。

水刺技术是 20 世纪 70 年代中期由美国 Dupont 公司和 Chicopee 公司开发成功的。杜邦公司到了 80 年代实现了水刺非织造布的工业化生产。到 1996 年,全球范围内只有 61 条水刺布生产线。近几年,作为卫生材料的水刺无纺布产业实现了跨越式发展。水刺产品无黏合剂、不起毛、不掉毛、不含其他杂质,具有吸湿、柔软、强度高、表观及手感好等特点。

水刺法与针刺工艺相似,但不用针,而是用多股高压微细水射流-水针喷射纤网。水刺头产生高压水针,水针穿透纤维网后,射击到金属网罩输送带上,之后水溅起来,进行第二次穿透纤维网,水针的水四周分溅、扩散,同时带动纤维网底层纤维向上及四周穿透,下一水针又穿刺、扩散,这样连续不断利用水力使纤维互相缠绕,形成高强力、纤维均匀的薄型水刺纤维网。固定的真空抽空轴将水分抽走。第一个水刺圆鼓完成正面水刺,第二个水刺圆鼓完成纤维网的反面水刺,再经脱水轮脱水,将水刺纤维网送至干燥系统。经过多级过滤,水可重复使用。水刺法加固纤网如图 4－32 所示。

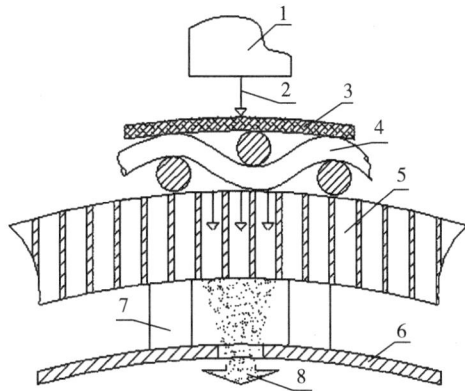

1—水刺头;2—水针;3—纤维网罩;4—托网帘;
5—蜂巢滚筒;6—真空箱;7—真空封口;8—水流。

图 4－32　水刺法加固纤网

水力缠结系统是水刺工艺技术的核心系统,它主要由水力喷射器(水刺头、水针板)、输送帘、抽吸系统、高压泵系统和水处理系统组成。

(1) 水刺头。水刺头是水力缠结系统的核心零部件,由内部带有通水孔道的集流腔体和水针板构成。它的作用就是在集流腔体内把高压水转换成高压柱状多股微细水射流。也就是说,水针穿插纤网,使纤网中的纤维产生位移、穿插、缠结和抱合,从而使纤网得到加固。

（2）输送帘。输送帘多由不锈钢钢丝编织而成，其作用主要是输送纤网。输送帘的不同结构、目数，可使水刺产品形成不同的花纹结构。输送帘的速度接近生产线速度，在其他工艺参数不变的情况下，生产速度（输送帘的速度）越高，纤网中纤维获得的水针能量越小，纤维缠结效果越差，反之，则纤维缠结效果越好。

（3）抽吸系统。抽吸系统由抽吸箱、抽吸风机、抽吸泵组成，其作用就是使受作用后的纤网瞬间脱水并返回水处理系统。靠抽吸风机产生负压，使系统进行负压抽吸。

（4）高压泵系统。高压泵系统是将处理后的洁净水通过预加压泵、高压泵、阻尼球、高压管等，为水刺头提供高压射流水源。高压泵为往复柱塞泵，过流部件采用不锈钢材质，压力为 $0 \sim 15$ MPa 无级调节，流量根据幅宽和喷嘴数量不等，多在 430 L/min 左右。高压泵压力、流量由变频器调速自动控制。

（5）水处理系统。水处理系统由汽浮、动态砂滤、静态砂滤、带式过滤、自清洗和安全过滤网组成，其作用就是过滤掉水中的悬浮物、固体颗粒及其他杂质。水力缠结以水为介质进行能量转换，对水质要求很高。由于水刺非织造布所用原料的不同，水处理系统的要求也不一样，因此必须合理选用和配置水处理循环系统来满足水的净化质量和要求。

4.5.2　水刺泵

水刺生产线中的高压泵称为水刺泵。水刺泵是水刺生产线中最重要的动力设备，全部高压水针的能量都来于此，其工作性能的优劣直接影响水刺机的正常运行与否和水刺非织造布产品质量的好坏。每条生产线根据需要一般配置 $6 \sim 9$ 台水刺泵构成泵站，数条线的泵站组合成泵房，统一控制调节和安排进出水配管系统。水刺生产线与泵站的构成如图 4-33 所示，水刺泵站现场如图 4-34 所示。

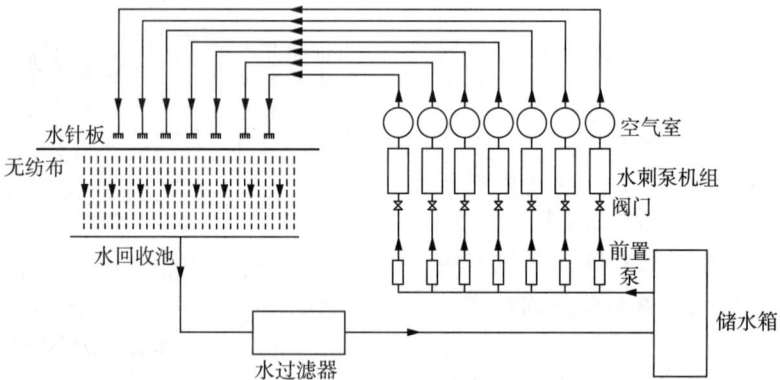

图 4-33　水刺生产线与泵站的构成

水刺泵采用三柱塞往复式高压泵，使用压力为 $5 \sim 20$ MPa，根据生产的产品规格不同，有时候压力会更大，泵站一般采用 3 种机座的泵。水刺泵的工作压力为 $5.0 \sim 13$ MPa，间隔约1.5 MPa 呈梯形布置，使用流量为 $200 \sim 700$ L/min，柱塞直径为 $60 \sim 80$ mm，行程为 $80 \sim 120$ mm，泵速在 500 min^{-1} 以内。个别流量需求较大的生产线也采用更多柱塞的泵，流量可以达到 1000 L/min 以上。水刺泵机组主要由传动端、液力端、电机、联轴器、底座及其他附件等组成。

随着水刺工艺的发展,泵站的高压化态势已经突显,工作压力达到 30 MPa 甚至更高,目的是生产不同的纤维或是得到不同的缠结效果。另外,提高工作压力、减少泵的数量、减小用水流量等工艺改进都直接关乎泵站。

图 4 - 34　水刺泵站现场

1. 传动端

图 4 - 35 为水刺泵的传动端,其为水刺生产线用的三柱塞往复式高压泵的传动端。传动端将减速的齿轮副置于箱内,可最大限度地减小总体尺寸。在两个曲轴轴肩上设置一对相向的斜齿轮组成人字齿轮,动力由主动齿轮轴输入。强制润滑是由主动齿轮轴或曲轴端同轴带动一齿轮油泵,将润滑油经轴内油道送至连杆大头,再经连杆油道送至连杆小头、十字头等部位。这种强制润滑的另一个作用是使油路空冷或水冷降温,对控制传动端温升很有意义。小功率水刺泵为非强制润滑,即飞溅润滑。

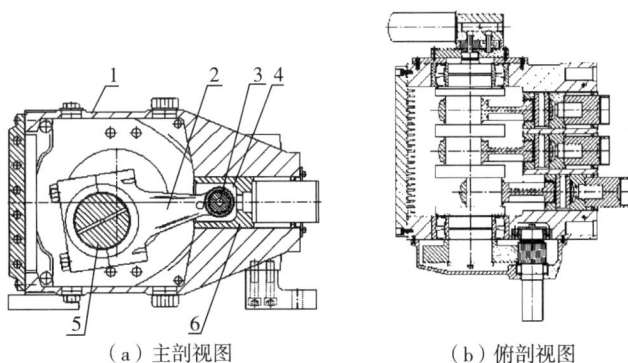

（a）主剖视图　　　　　　　　（b）俯剖视图

1—机身;2—连杆;3—十字头销;4—十字头;5—曲轴;6—滑履。

图 4 - 35　水刺泵的传动端

水刺泵的传动端看似简单,但是由于其对运行可靠性的要求高,因此泵的往复速度、柱塞线速度与主要运动件的关系是至关重要的。一个好的动力端基座一定是经过长期运行考验而完善的,这一点往往不被制造商重视,从而影响产品的整机质量。

2. 液力端

液力端是高压泵的独特之处,技术参数的不同决定了往复密封、进出水阀组的不同,甚至材料选择的不同。图4-36为水刺泵的液力端,其为水刺生产线用三柱塞往复式高压泵的液力端,进出水阀组与柱塞呈垂直布置,阀芯均为锥阀,它靠弹簧预载,保证关闭灵敏。液力端均采用分离泵缸头,一方面便于加工和装拆,另一方面整块用料易保证锻压和热处理。

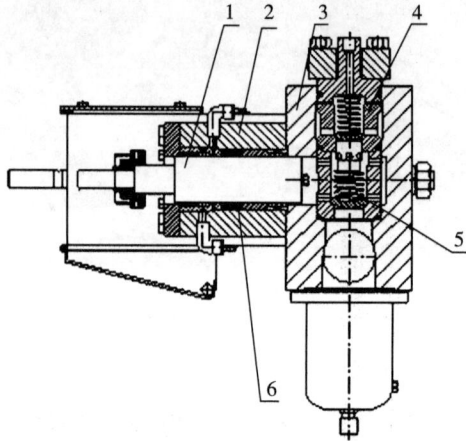

1—柱塞;2—液缸;3—泵体;4—出水阀组;5—进水阀组;6—填料。

图 4-36　水刺泵的液力端

水刺生产线用高压泵通常设有一些辅助功能以保障高压泵的稳定工作。传动箱外部设有油位视窗,传动箱内润滑油油位必须在视窗刻度范围内,以保证传动件的润滑充分,高压泵通常使用运动黏度为 220 mm²/s 的齿轮油。传动箱外部设有冷却箱,通过接入冷却水以达到降低传动箱内油温的目的。传动箱底部油池设有温度传感器,温度传感器可对油温进行实时监测,以防传动箱温度过高对传动件使用寿命造成影响。通常高压泵要求油温不高于 80 ℃。

4.5.3　水刺泵的选型

1. 水刺压力的选择

水刺非织造布是纤维网通过高压水流的多次打击缠结而成的,所以产品克重、生产速度、缠结效果、布面风格都是影响生产线水刺流量和压力的因素。产品克重越高、生产速度越快、缠结效果越好,所需水刺流量和压力越大。平纹、提花、打孔等不同的布面风格也对水刺流量和压力有不同的要求。

一些特殊产品对水刺流量和压力也有不同的要求,需要根据实际需求确定水刺流量和压力。例如,中空纤维需要用 20 ～ 30 MPa 的水刺压力对纤维进行多次打击才能很好地对纤维进行裂解而形成超细纤维;化妆棉则只能用不超过 6 MPa 水刺压力多次打击才能形成既不分层也非常蓬松的布面风格;木浆湿法成网与棉型短纤维网复合同样需要较低压力多次打击才能成布。当工作压力确定之后,泵压力的选择一般是高出 20% 圆整,以利于工艺的调整。

2. 流量的计算

水刺压力根据生产线生产工艺需求确定,水刺生产线用高压泵的流量按照式(4-4)计算:

$$q_v = 2.1u \frac{B}{b} d^2 \sqrt{p} \tag{4-4}$$

式中,q_v 为水刺泵流量(L/min);u 为流量系数,取 0.6;B 为水针板有效宽度(mm);b 为水针板孔间距(mm);d 为水针板孔径(mm);p 为水刺压力(MPa)。

水刺流量与水刺压力的开平方和水流截面积直接成正比,水流截面积与水针板开孔数量和孔径成正比。式(4-4)仅在压力为 5~30 MPa 时适用,流量系数大小需根据不同设备及供水管路系统进行调整。

3. 电机功率的计算

高压泵所需功率与压力和流量直接成正比,即

$$P = K_e \frac{pq_v}{60 \eta \eta_d \eta_d'} \tag{4-5}$$

式中,P 为实际原动机功率(kW);K_e 为功率储备系数,取 1.2;p 为水刺压力(MPa);q_v 为水刺泵流量(L/min);η 为水刺泵效率,一般为 0.6~0.9,凭经验选取;η_d 为泵的传动装置效率,三角皮带传动取 0.9~0.94,齿轮传动取 0.94~0.99;η_d' 为原动机效率,由其出厂说明书给出。

由于水刺泵的压力高,泵的瞬时功率和平均功率差别较大,在选择原动机时,泵的功率储备系数 K_e 一般不小于 1.2。

在电机功率计算过程中必须满足的条件是高压泵额定最大流量正好是 q_v,而在选择高压泵时因考虑水针板针孔的误差、磨损等因素,高压泵额定最大流量必须大于 q_v。

表 4-8 和表 4-9 为水刺泵的技术数据表。

表 4-8　水刺泵技术数据

技术数据	
介质	不含化学添加剂的脱气、除盐水
工作温度 /℃	10~60
工作温度下的蒸汽压力 /MPa	0.012
pH	6.5~7.5
最大含固率 /(mg/L)	20
固体颗粒最大直径 /μm	50
柱塞数量 / 个	3
柱塞直径 /mm	65

(续表)

柱塞行程 /mm	85		
齿轮系传动比	3.727		
工作中进水端压力	3～6		
BP 系列工作点	BP1	BP2	BP3
泵与脉冲阻尼器之间的压力 /MPa	17	20	17.2
脉冲阻尼器压力损失 /MPa	0.5	0.5	0.5
脉冲阻尼器排出压力 /MPa	16.5	19.5	16.7
安全阀动作压力 /MPa	22	22	22
压差 /MPa	16.7	19.7	16.9
流量 /(L/min)	467	354	470
泵速 /min⁻¹	566	429	570
柱塞平均线性速度 /(m/s)	1.61	1.22	1.62
原动机转速 /min⁻¹	2113	1601	2126

表 4 - 9 系列水刺泵技术参数

泵型	150 ARP	185 ARP	250 ARP
原动机功率 /kW	106	131	181
工作压力 /MPa	25		
最大流量 /(L/min)	407	407	476
驱动轴的最大扭矩 /(N·m)	668	776	1133
驱动轴直径 /mm	50		
柱塞行程 /mm	95		
柱塞最高速度 /(m/s)	2.52		
泵送介质吸入口压力 /MPa	0.15～0.5		
泵送介质最高温度 /℃	60		
冷却器水流量 /(L/min)	2.5		
冷却器冷却水温度 /℃	≤45		
冷却水压力 /MPa	0.3～1		

4.5.4　水刺高压泵站

水刺高压泵站包括水刺高压泵、蓄能装置、水循环处理系统等。水刺高压泵产生高压水源,输送至水刺机。稳定的压力对保证水刺非织造布的成品质量至关重要,因此泵站需配置蓄能装置,以稳定系统压力,消除往复式高压泵的压力脉动。控制系统可配置变频器,以调整电机转速,调整所需水刺压力满足不同克重水刺布的生产需要。水循环处理系统一般配备气浮过滤机、砂过滤机和单袋过滤机等组成的多重过滤系统,保证水刺用水品质,减少水针板的堵塞概率。

一般水刺高压泵由变频电动机驱动,并配备了变频器,通过改变电动机输出轴的转速调节水刺高压泵的流量。这也意味着在水刺头上的喷嘴直径和数量不变的情况下,调节了高压水的压力。控制系统中水刺高压泵的自动运行模式一般包括恒压模式和恒速模式。恒压模式是通过设定高压水的压力值,系统自动调节频率,使压力稳定在设定值下进行自动运行的;恒速模式则是通过设定频率值,使水刺高压泵在对应的转速下恒转速运行。

水针板上的喷嘴孔径非常小,若水中有较大颗粒的固体杂质,则可能会造成喷嘴堵塞、水质不清洁,对产品造成污染,对泵的易损件寿命产生不利影响,因此需要严格控制生产用水的水质。同时为了节约用水,需要将回收的水经处理后回收利用,这就需要配备一套水循环处理系统。为了保持生产用水的水质,需每天对砂滤进行反冲洗、更换滤袋、清洗水针板和安全过滤网。显然,水刺泵泵站是一个比较复杂的系统,水刺泵为系统提供高压动力源,系统除了保障流量输出匹配之外,还为水刺泵的可靠运行提供良好的工况条件。协同运行是水刺生产线的特征。

4.5.5　水刺泵可靠性的提升

水刺法非织造布生产线是 24 h 连续运行的。水刺泵是生产线高压供水系统的核心动力设备,要求水刺泵易损件(柱塞密封及阀组)使用寿命不少于 10000 h。泵的可靠性是生产线安全、可靠运行的重要保证,也是国产泵与进口泵的差距所在。提升水刺泵的可靠性必须从以下几个方面进行优化设计。

1. 良好的结构设计参数匹配优化

往复泵的主要结构设计参数有泵速、行程、柱塞直径、缸数等,衍生出来的参数有柱塞平均线速度 $U(U = Sn/30)$。柱塞平均线速度速度对柱塞密封件的寿命有重要影响,允许的最大柱塞平均线速度 U_m 与泵的单缸功率有关。对于 24 h 连续工作的流程泵,在设计时应保证 $U \leqslant U_m$。泵速对吸入性能、阀的冲击载荷和滞后角、阀的寿命有重要影响,行程和柱塞直径对瞬时流量的峰值、柱塞力和惯性力的大小都有重要影响。在泵的缸数一定的条件下,为保证一定的流量,柱塞截面积与泵速、行程的乘积就为常数。从工作可靠性来说,应使 Sn 尽量小,但这将使柱塞截面积也即柱塞直径增加,从而导致柱塞力增大。过大的柱塞力将使动力端尺寸加大,同时加大动力端摩擦副的磨损。因此,这些结构参数必须协调统一、匹配良好,建立良好的动态参数匹配系数,从参数设计上保证易损件寿命和高可靠性的要求。结构设计参数的匹配优化见表 4 - 10 所列,经过优化的水刺泵系列产品主要设计参数见表 4 - 11 所列。

表 4-10　结构设计参数的匹配优化

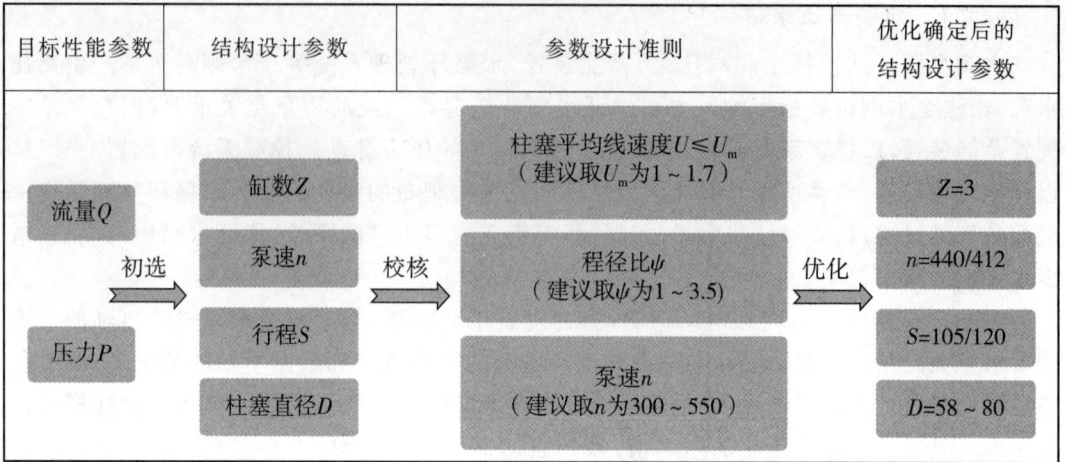

目标性能参数	结构设计参数	参数设计准则	优化确定后的结构设计参数
流量 Q	缸数 Z	柱塞平均线速度 $U \leqslant U_m$（建议取 U_m 为 1~1.7）	$Z=3$
	泵速 n	程径比 ψ（建议取 ψ 为 1~3.5）	$n=440/412$
压力 P	行程 S		$S=105/120$
	柱塞直径 D	泵速 n（建议取 n 为 300~550）	$D=58~80$

初选 → 校核 → 优化

表 4-11　水刺泵系列产品主要设计参数

序号	型号	额定流量/（L/min）	额定排出压力/MPa	柱塞直径/mm	行程/mm	泵速/min^{-1}	减速比	柱塞平均线速度/（m/s）	程径比	轴功率/kW
1	T160	340	5	58	105	440	3.38	1.54	1.81	30
2	T350	476	12	66	120	412	3.61	1.65	1.82	100
3	T350	566	15	72	120	412	3.61	1.65	1.67	152
4	T350	615	15	75	120	412	3.61	1.65	1.6	165
5	T350	700	14	80	120	412	3.61	1.65	1.5	175

2. 往复密封装置结构及密封件材料

水刺泵往复密封包括柱塞密封和滑块导杆密封。柱塞密封装置（见图 4-37）的作用是密封高压水,它是泵中主要的易损件。提升柱塞密封装置可靠性的方法:通过设计合理的密封装置结构、结合间隙密封和填料密封的优点设计组合式高压密封,并在密封装置中引

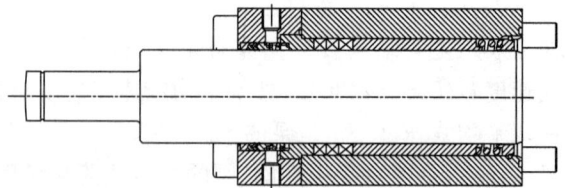

图 4-37　柱塞密封装置

入低压水进行冲洗和冷却,同时设置低压密封来密封冲洗水。柱塞表面材料应选择硬度高、耐磨性好的材料(如陶瓷),并通过精磨和抛光等工艺达到不低于 $Ra0.2$ 的粗糙度等级。填料可采用方形盘根或整体成型的"V"形密封圈。采用方形盘根时必须在装配前用专用的模具压制成型。滑块导杆密封的作用是密封润滑油,滑块与密封件之间需设置卸油

孔,当滑块处于排程时润滑油可以从卸油孔漏回油箱,不至于使密封因受到过大的油压而发生泄漏。密封件一般采用耐磨橡胶制成唇形密封,为了防止外界灰尘、污水等杂质污染润滑油,可以在唇形密封外加一个防尘圈。

　　3. 进排液阀组结构、导向及合适的弹簧

　　进排液阀组也是水刺泵主要的易损件。密封面形式主要有平面密封和锥形密封。若采用锥形阀,则导向必须设置在阀座上,保证密封面与导向孔同轴,这样才能保证阀关闭时密封性能可靠。限制阀芯的下落速度,保证最大接触应力小于材料的允许接触应力。弹簧是保证泵阀可靠工作的重要零件,设计合适的预压力和刚度,并采用抗疲劳性能优良的弹簧丝进行制造,才能满足弹簧本身和阀的高可靠性要求。

　　图4-38所示的进排液阀组是高可靠性水刺泵采用的结构形式。其进液阀和排液阀呈垂直紧密叠放布置,阀座之间、阀座与泵体之间的静密封采用楔形密封垫圈,阀芯为上导向锥形阀结构,这样设计的优点是密封可靠,而且过流面积大,适用于大流量泵。

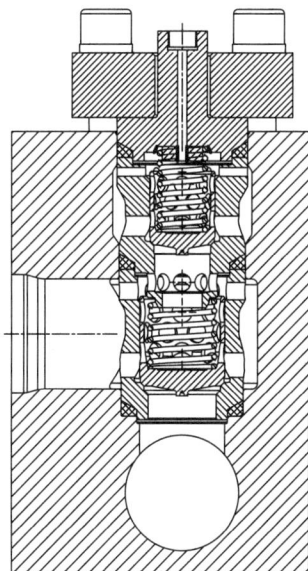

图4-38　进排液阀组

4.6　钢坯除鳞生产线

　　在浇铸成型、钢坯加热及热轧过程高温状态下,热轧钢坯的表面与氧气接触,发生氧化反应产生氧化铁皮,在轧制过程中氧化铁皮会被轧辊压入钢材表面,影响其表面质量,降低钢材的机械性能,残留的氧化铁皮还会加速辊道的磨损,降低辊道的使用寿命。氧化铁皮附着于钢坯表面呈鱼鳞状,因此除去氧化铁皮表层的行业术语叫作除鳞。

　　高压水除鳞是高压水通过喷嘴喷射出扇形水流到高温钢坯表面,高压水的冷却使氧化铁皮龟裂、爆破,在高压水的冲击力作用下氧化铁皮被切割、冲刷、铲除脱离钢坯表面。高压水除鳞主要用于冶金行业的热轧生产线,如热轧板材、带钢、型钢、棒材、线材、管材等。

除鳞要求流量很大,压力上升就会使泵的功率有较大的升级,从而导致泵站体量增大,能耗增大。所以,在高压水除鳞的低压段,泵站会在多级高扬程离心泵和高压往复泵之间考虑体量、投资成本、运行成本、运行可靠性等因素。除鳞又分为热态除鳞和冷态除鳞,后者是对成型材料的表面处理,难度较大,工作压力甚至达到 100 MPa,如对火车轮毂的除鳞。本节主要讲述热态钢坯除鳞生产线。钢坯除鳞生产线是以多台大功率除鳞泵站为主机核心的大型成套装备系统,它的应用是往复泵成套装备的典型案例。

高压水除鳞不仅用于冶金行业热轧生产线,还用于铝材、铜材、钛材等热轧。利用高压水除鳞原理,还可将高压水用于镀锌板、酸洗板等表面的清洗。

4.6.1　高压水除鳞机理

氧化铁皮的主要组成为氧化铁、三氧化二铁和四氧化三铁。氧化铁皮按照形成方式和时间分为一次氧化铁皮和二次氧化铁皮。一次氧化铁皮是钢坯在浇注冷却成型,与空气接触及加热炉加热和保温过程中,钢表面与高温炉气接触发生氧化反应而形成的,主要成分是四氧化三铁,厚度为 1～5 mm,颜色为灰黑色,容易清除。二次氧化铁皮是钢坯从加热炉出来后,经高压水除去一次鳞后,表面氧化铁皮脱落、轧制过程中钢坯表面与水和空气接触而发生氧化反应形成的,主要成分是氧化铁和三氧化二铁,厚度较薄,颜色为暗红色,比较黏,难以清除。高压水除鳞是一个相对复杂的过程,在高压水喷射到钢坯表面时会发生一系列的物理、化学变化。高压水除鳞由机械作用共同完成。高压水除鳞机理示意如图 4-39 所示。

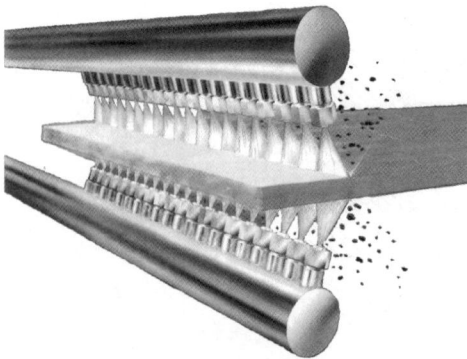

图 4-39　高压水除鳞机理示意

高压水除鳞机理如下。

(1) 高压水到达钢坯表面,钢坯遇水冷却收缩,因氧化铁皮和钢坯机体的收缩比不一致,氧化铁皮收缩快,钢坯机体收缩较慢,产生平行钢坯的剪切力,造成氧化铁皮龟裂,从机体剥离脱落。

(2) 高压水通过喷嘴形成扇形高速水流,产生垂直的冲击力,将氧化铁皮切割形成裂痕,击打破裂。

(3) 高压水通过龟裂、切割、破裂的裂缝透过高温机体表面,高压水急速汽化蒸发,形成爆破的效果,同时少量的水在高温钢坯作用下分解成氢气和氧气,氢气燃烧爆破,将氧化铁皮从机体剥离、脱落。

(4) 高压扇形水流与钢坯的夹角为 75°～85°,产生的水平分力像铲子一样,将剥离的氧化铁皮铲除、冲刷掉。

4.6.2　除鳞生产线

除鳞生产线按照泵的结构分为往复泵除鳞生产线和离心泵除鳞生产线。

往复泵除鳞生产线主要用于除鳞钢坯面小、除鳞时间短、轧线除鳞点少、除鳞所需水量相对较少的场合,一般为炉后一个除鳞点,有的热轧线设置中间坯除鳞或精轧(最后一次轧制)除鳞。系统除鳞流量一般为 $20 \sim 100$ m³/h,除鳞压力为 $18 \sim 42$ MPa。该类生产线主要适用于棒材、线材、型材、管材、窄带等热轧除鳞。

离心泵除鳞生产线主要用于以下情形:除鳞钢坯面大;除鳞时间长;轧线上除鳞点较多,一般为 3 个除鳞点,多的达到 7 个除鳞点;除鳞所需的水量较大,除鳞流量一般为 $80 \sim 1500$ m³/h;除鳞压力为 $18 \sim 42$ MPa。该类生产线主要适用于带钢、板材、H 型钢、轨梁等热轧除鳞。

除鳞生产线按照是否配置蓄能器可以分为带蓄能器的除鳞生产线和不带蓄能器的除鳞生产线。

以下介绍的除鳞生产线为往复泵除鳞生产线,往复式除鳞泵简称为除鳞泵。

1. 带蓄能器的除鳞生产线

带蓄能器的除鳞生产线的显著特点是带有高压蓄能器和除鳞阀,蓄能器到除鳞阀之间的管路始终封闭,处于高压力状态。除鳞时间短,间隔时间长,除鳞点所需水量相对较大。除鳞泵的流量小于各除鳞点的总流量,除鳞时除鳞泵和蓄能器同时向除鳞点供水,或蓄能器单独向除鳞点供水。往复泵的主要作用是在轧线不除鳞时给蓄能器补水。

带蓄能器的除鳞生产线的优点:配置的除鳞泵流量小;电机功率小;系统装机容量小;除鳞所需的主要用水来自蓄能器,泵只补充少量的水;生产线运行比较节能。缺点:生产线配套设备较多,特别是配置了压力容器,管理维护困难。

1) 工艺流程

除鳞用水通常采用低压浊环水,其压力为 $0.2 \sim 0.5$ MPa,需要对水质进行过滤处理,清除大的颗粒和悬浮物,进入高位水箱后再到泵的入口或直接到除鳞泵的入口,经高压除鳞泵加压 $18 \sim 42$ MPa 后进入高压水管路系统,通过喷射阀开闭控制高压水对钢坯除鳞。带蓄能器的除鳞生产线的工艺流程如图 4-40 所示。

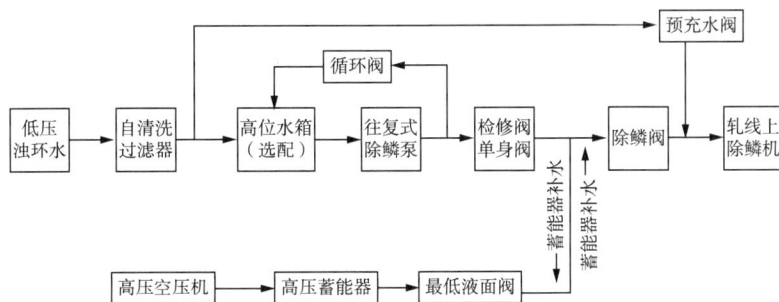

图 4-40　带蓄能器的除鳞生产线的工艺流程

2) 主要设备及工艺布置

带蓄能器的除鳞生产线由机械设备、电气设备及管路系统组成。机械设备主要包括除鳞泵、自清洗过滤器、高位水箱(选配)、进口阀、出口阀、循环阀、高压蓄能器、高压空压机、最低液面阀、除鳞阀及其他必要的检修阀等设备。电气设备主要包括受电柜，软启动柜，PLC控制柜，温度、压力、液位等检测仪表，部分系统还配置了操作台和工控机。管路系统由管夹、支架及高低压管路组成。带蓄能器的除鳞生产线的PID系统原理如图4-41所示。

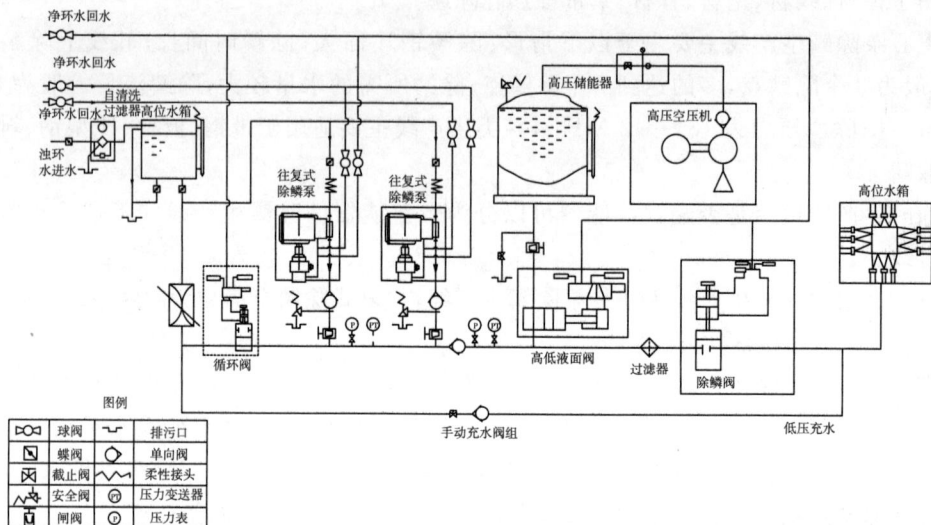

图 4-41　带蓄能器的除鳞生产线的 PID 系统原理

除鳞泵、过滤器、高位水箱、蓄能器、空压机、进口阀、出口阀、蓄能器出口阀等设备布置在除鳞泵房，除鳞箱布置在轧线上，除鳞阀布置在除鳞箱附近，受电柜、PLC 控制柜、软启动柜等电气设备布置在控制室。

2. 不带蓄能器的除鳞生产线

不带蓄能器的除鳞生产线的特点是除鳞点流量相对较小，除鳞泵站只对轧线上一个除鳞点供水，除鳞泵的流量大于除鳞点的流量，除鳞泵直接供水除鳞，除鳞泵多余的流量通过旁路分流或通过变频器降低泵的转速来适应除鳞点的流量，不除鳞时泵到除鳞机之间的管路为低压卸荷状态。

不带蓄能器的除鳞生产线的优点：采用除鳞泵直接给除鳞点供水，设备数量少，控制简单，操作、维护方便，除鳞生产线压力可随钢坯材质变化而调整。由于配置的除鳞泵流量需要大于除鳞点的流量，因此不带蓄能器的除鳞生产线具有除鳞泵流量大、除鳞泵数量多、配套电机功率容量大等特点。

1）工艺流程

除鳞泵进出水原理与带蓄能器的除鳞生产线相同。不带蓄能器的除鳞生产线的工艺流程如图4-42所示。

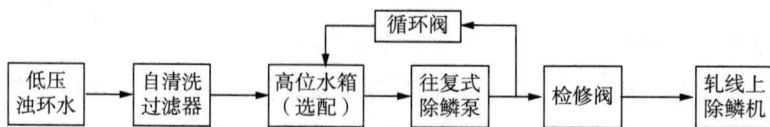

图 4-42　不带蓄能器的除鳞生产线的工艺流程

2) 主要设备及工艺布置

不带蓄能器的除鳞生产线由机械设备、电气设备及管路系统组成。机械设备主要包括除鳞泵、自清洗过滤器、高位水箱(选配)、进口阀、出口阀、循环阀及其他必要的检修阀等设备。电气设备主要包括受电柜,变频控制柜,PLC 控制柜,温度、压力等检测仪表,部分系统还配置了操作台和工控机。管路系统由管夹、支架及高低压管路组成。不带蓄能器的除鳞生产线的 PID 系统原理如图 4-43 所示。

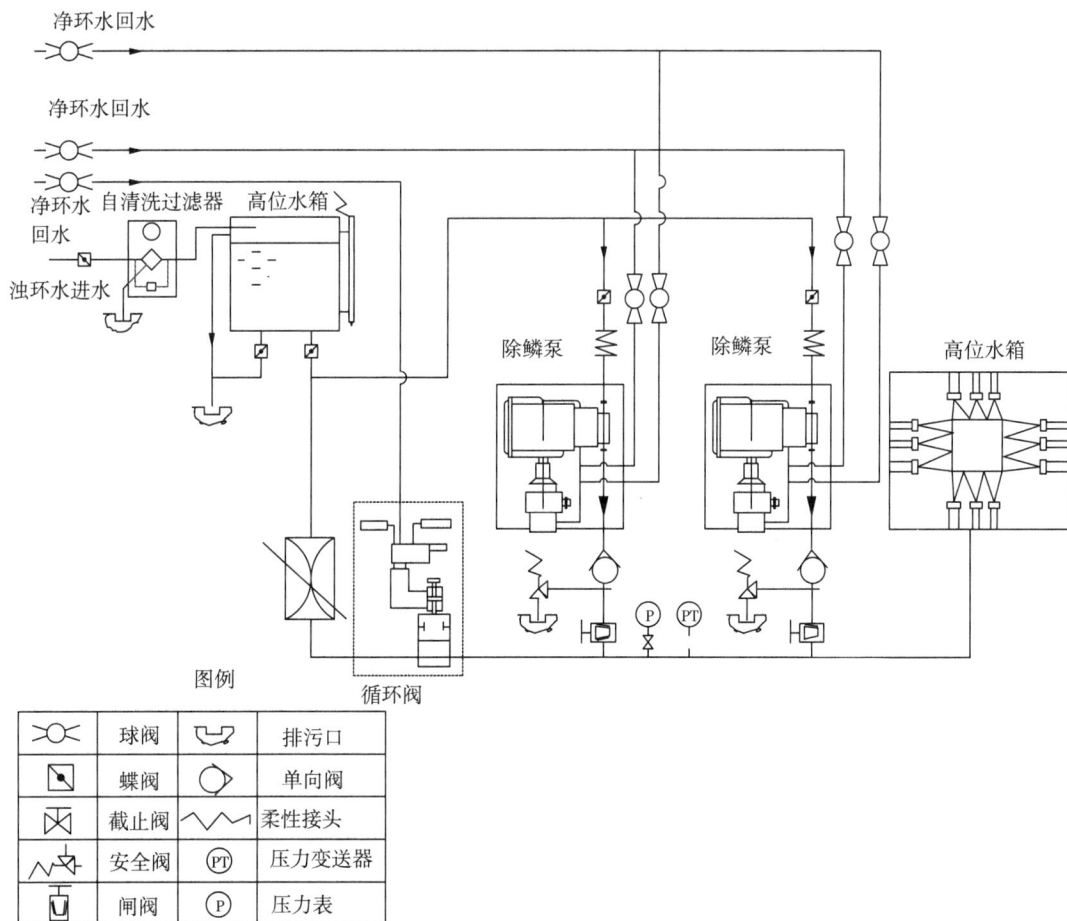

图 4-43　不带蓄能器的除鳞生产线的 PID 系统原理

除鳞泵、过滤器、高位水箱、进口阀、出口阀等设备布置在除鳞泵房,除鳞箱布置在轧线上,受电柜、PLC 控制柜、变频控制柜等电气设备布置在控制室。

3. 系统检测、连锁与控制

这里只对带蓄能器的除鳞生产线的运行予以介绍。

1) 检测仪表

为保证系统正常运行,除鳞泵站配有液位、温度、压力、位置等检测仪表,轧线上配有热金属检测仪等。

(1) 除鳞泵:轴承设有 PT100 温度检测仪表,监控轴承运行、润滑状况;为轴承、齿轮、十字头、连杆供油的润滑系统设有 PT100 温度检测和压力继电器压力检测,分别检测润滑油温度和运行压力,对泵、电机起保护作用,与泵的启停连锁控制。

(2) 自清洗过滤器:过滤器的进出口设有就地显示压力表,在进出口的连通管路设有差压表(用于检测过滤器的堵塞状况),进出口压力差达到设定值时输出开关信号,控制过滤器清洗。

(3) 高位水箱:箱体侧面或顶部安装液位计(用于检测水箱水位状况),可就地显示,同时输出多个 4 ~ 20 mA 模拟信号,控制水箱进水阀的开闭,与除鳞泵启停连锁控制。

(4) 高压蓄能器:高压蓄能器侧面或顶部安装液位计,检测高压蓄能器内部水位状况,可就地显示,同时输出多个 4 ~ 20 mA 模拟信号;在蓄能器的出口管路上设置压力传感器,通过 4 ~ 20 mA 模拟信号检测蓄能器的压力,与循环阀、最低液面阀、除鳞阀连锁控制。

(5) 高压空压机:高压空压机为多级往复结构,在每一级的出口设有 PT100 温度检测和压力继电器压力检测,分别检测各级出口压缩空气温度和压力,对高压空压机起保护作用,与高压空压机的启停连锁控制。

(6) 自动阀:自动阀在开到位和关到位的位置处设有位置开关,检测阀的运行位置,监控阀的开闭状态,起安全保护作用。

(7) 管路系统:泵的进出口管路上设有压力表和压力传感器,检测泵的进出口压力。

(8) 轧线:在轧线上,距离除鳞集管 5 ~ 8 m 位置处的辊道架旁边设有热金属检测仪。当钢坯到达热金属检测仪位置时,检测仪发出开关信号;当钢坯完全通过热金属检测仪时,检测信号消失。控制系统通过钢坯到达发出信号和信号消失来控制除鳞阀、预充水阀的开闭。

2) 控制连锁与报警

(1) 高位水箱液位。高位水箱液位与进水自动阀开闭、除鳞泵的启停连锁,超过控制极限液位报警。

(2) 高压蓄能器液位。高压蓄能器液位与循环阀开闭、最低液面阀开闭、除鳞泵的停止连锁,超过控制极限液位报警。

(3) 高压蓄能器压力。高压蓄能器压力与循环阀、除鳞泵的停止连锁,超过控制极限压力报警。

(4) 除鳞泵轴承温度、润滑油温度、润滑油压力与除鳞泵连锁。当轴承温度高于 60 ℃时系统报警,高于 65 ℃ 时除鳞泵停止运行;润滑油温度高于 55 ℃ 时系统报警;润滑油压力低于 0.2 MPa 时系统报警,低于 0.15 MPa 时除鳞泵停止运行,低于 0.25 MPa 时不能启动除鳞泵,高于 0.6 MPa 时系统报警。

(5) 高压空压机温度、压力。各级温度超过设定值 1 则报警,超过设定值 2 则停机;各级压力超过设定值 1 则报警,超过设定值 2 则停机。

(6) 自清洗过滤器差压计。若自清洗过滤器差压计超过设定值,则开始自动清洗。

(7) 除鳞泵进出口管路压力与泵的连锁。除鳞泵进口压力低于 0.2 MPa 不能启动除鳞泵,低于 0.1 MPa 除鳞泵停止运行;除鳞泵出口压力高于系统最高设定压力时,系统报警。

(8) 自动控制阀位置检测。自动控制阀的开到位、关到位的位置检测信号,只是监控,不参与控制。

(9) 轧线热金属检测仪。当钢坯到达热金属检查位置时,热金属检测仪发出信号给控制系统,钢坯完全通过时,信号消失。控制系统根据热金属检测仪发出信号、失去信号控制充水阀、除鳞阀的开闭。控制系统通过热金属检测仪的位置及钢坯的运行速度,由 PLC 分析计算钢坯到达除鳞集管的时间、通过除鳞集管的时间。钢坯到达除鳞集管前 5 s 开启预充水,钢坯到达除鳞集管前 2 s 开启除鳞阀,钢坯完全通过除鳞集管关闭除鳞阀、预充水阀。

3) 系统保护

除鳞泵是容积式泵,其输出压力与外界压力有关,外界压力越高,系统压力越高。系统在超过设计压力条件下运行,除鳞泵、阀门、蓄能器及管路就会失效,因此对系统的压力保护十分重要。在整个系统中,设置了四重保护,以设计压力为 25MPa 为例,各重保护如下。

循环阀泄压保护:高压蓄能器压力高于 24.8 MPa,循环阀开启泄压;

停止除鳞泵保护:高压蓄能器压力高于 25.2 MPa,停止除鳞泵运行;

泵出口安全阀保护:泵出口管路压力高于 27 MPa,管路安全阀起跳泄压;

蓄能器安全阀保护:高压蓄能器压力高于 27.5 MPa,高压蓄能器安全阀起跳泄压。

四重保护分别为两重电气保护、两重机械保护。当两重电气保护都失效的情况下,启动两重机械保护。这样可减少安全阀的事故起跳,特别是能有效减少高压蓄能器的安全事故起跳,减少安全阀起跳带来的关闭不严、无法复位等失效问题。

4) 系统控制

(1) 首次运行时的运行方式。在系统首次运行时,先将高位水箱加满水。用低压水先将高压蓄能器的水位加到高压蓄能器运行时的最低水位,开启高压空压机给高压蓄能器补气,将高压蓄能器的压力补充到除鳞所需的最低压力后高压空压机停止,关闭高压空压机出口补气阀。启动除鳞泵向高压蓄能器补水,将高压蓄能器的压力补充到最高压力,且不超过最高水位,补水、补气完毕,高压蓄能器系统投入正常使用。

(2) 除鳞时的运行方式。轧线上当钢坯到达除鳞机前的热金属检测仪时,发出信号(或轧线其他检测设备发出信号)到除鳞泵站 PLC 控制系统,PLC 控制系统计算的运行速度,在钢坯到达除鳞集管前 5 s 开启预充水阀,钢坯到达除鳞集管前 2 s(为防止阀门快速开闭,引起管路冲击振动,除鳞阀、预充水阀、循环阀的开启时间通常调整为 2 s)开启除鳞阀,钢坯到达除鳞集管时,除鳞阀已全部开启,高压水通过除鳞阀给除鳞点供水除鳞。若除鳞点需要的流量大于泵的流量,则除鳞阀开启同时循环阀关闭,由高压蓄能器和除鳞泵同时给除鳞点供水。当除鳞点需要的流量小于泵的流量,且蓄能器的压力低于设定压力时关闭循环阀,由除鳞泵给除鳞点供水的同时,多余的流量为高压蓄能器补水。除鳞完毕,关闭除鳞阀、预充水阀。在除鳞阀开启前,将除鳞阀后管路、集管充满水,防止管路的振动。

(3) 高压蓄能器补水时的运行方式。除鳞完毕,除鳞阀关闭,除鳞泵输出的流量全部给高压蓄能器补水,高压蓄能器的液位、压力不断上升。

（4）循环卸荷时的运行方式。当高压蓄能器的压力达到设定最高压力时，PLC 控制系统发出信号打开循环阀，泵出口输出水回水箱或泵入口低压管路，除鳞泵低压（一般为 0.2～0.5 MPa）运行。在泵的转速不变、输出流量不变，泵的水功率只与压力成正比，在循环阀开启泄压后，其压力约为额定压力的 10%，其水功率也约为额定水功率的 10%，除鳞泵低耗、节能运行。

4.6.3 生产线配套的主要设备

1. 除鳞泵

除鳞系统所选用的泵单台流量为 20～120 m³/h，压力为 18～42 MPa，电机配套功率为 90～800 kW，泵速为 150～450 min⁻¹，柱塞直径为 35～115 mm，采用三柱塞或五柱塞结构。除鳞泵组含泵、齿轮减速机构、电机、润滑冷却系统等。除鳞泵作为生产线流程用泵，其运行可靠性是第一位的，因此，泵的设计与制造极为讲究。

2. 自清洗过滤器

自清洗过滤器主要是过滤水中的悬浮物和颗粒，净化水质，以延长除鳞泵站设备和喷嘴的使用寿命。过滤方式为机械拦截过滤，过滤后的水反冲洗滤网。用钢丝或其他滤网材料做成一个圆柱形或圆锥形的滤芯，除鳞浊环水从滤芯内部进入，悬浮物、颗粒杂质被滤芯的滤网拦截，水从滤网间歇通过，达到净化的目的。反洗时，滤芯内部与外界大气压连通形成压差，过滤后的水从滤芯外部进入滤芯内部，将拦截在滤网的悬浮物、杂质颗粒冲去，和反洗水一起排放，达到清洗的目的。

自清洗过滤器的过滤流量应大于泵流量的 2～3 倍，常用的过滤器单台过滤流量为 60～250 m³/h，过滤精度为 50～150 μm。

3. 高位水箱

高位水箱设置在自清洗过滤器后、除鳞泵的入口前，为保证泵正常的吸入、防止泵汽蚀，水箱的安装高度应不低于 2.5 m。由于轧线除鳞不是连续作业，除鳞消耗水量小于泵的流量，因此除鳞泵站设置高位水箱给除鳞泵供水，降低泵站对低压供水系统用水流量的需求。过滤后的水在水箱内存储一段时间，这有利于将水中无法过滤掉的氧化铁皮等杂质沉淀下来，起到一定的净化作用。高位水箱的主要作用是缓冲高峰供水、净化水质。水箱的容积按照泵运行 15～20 min 所需的水量设计，有方形和圆形两种结构。

高位水箱设有液位计、进水自动阀、排污阀、供水管路、回水管路、排污管路等。

4. 高压蓄能器

除鳞生产线选用的高压蓄能器为 Ⅲ 类压力容器，高压蓄能器安装在泵的出口与除鳞阀之间，与泵出口高压主管道并联，主要起供水和缓冲作用。高压蓄能器分为气罐和气水罐，气水罐下部储存除鳞所需的高压水，上部为高压压缩气体，而气罐则全部用来储存气体，有的除鳞系统只设置一个气水罐。高压蓄能器的容积、数量主要依据轧线除鳞用水量、轧制节奏等来确定。

除鳞生产线选用的高压蓄能器为立式安装，高压蓄能器的气罐设有安全阀、进气管路、出气管路、排污阀，气水罐设有安全阀、液位计、进气管路、出水管路及排污阀。水罐设置高压液位计,液位信号与水罐进出水口的最低液面阀连锁,防止高压水跑空。

5. 高压空压机

除鳞系统选用的高压空压机主机为多级单作用活塞式压缩机。高压空压机的主要作用是为高压蓄能器提供高压气体,安装在高压蓄能器旁,通过高压压缩空气管道将高压气体输送至各高压蓄能器。在使用过程中,有少量高压压缩空气溶于水中,气体会逐渐减少,液位逐渐升高,当达到设定值时,系统报警,人工开启高压空压机补气。高压空压机为机电一体化产品,设备自带电控箱,控制高压空压机的启停、温度、压力,保护高压空压机。电控箱可根据要求设计预留远传信号接口,可传输设备运行、报警、故障等信号给除鳞系统 PLC控制柜。

6. 主要阀组

1) 循环阀

循环阀的设置有两种方式:一种是一台泵设置一个循环阀,循环阀安装在泵出口与单向阀之间的旁路管路上;另一种是多台泵只设置一个循环阀,循环阀设置在泵出口汇聚管与高压蓄能器出口管路的旁路上,系统单向阀之前。当系统不需要泵供水时,循环阀打开,泵输出水通过循环阀回到高位水箱或泵进口管路,使泵的出口管路降为低压,起到泄压的作用。

由于循环阀动作频繁,且水中固体颗粒对阀门的冲刷磨损严重,因此循环阀需要针对使用工况专门设计。常用的循环阀为柱塞式滑阀结构,柱塞表面、阀套和阀体内部需要采用表面硬化表面的处理工艺;柱塞密封为软密封,避免阀面硬接触,细小的杂物能融入软密封内,避免杂物对柱塞的划伤、磨损,有效延长使用寿命。阀芯上通水槽错落布置,阀门开闭时水流逐渐变化,避免了水锤和冲击振动。阀芯完全内置,安全可靠。因系统压力高,一般结构开闭所需的动力大,开闭困难,现多采用水力平衡结构,设置平衡腔,将高压水引入平衡腔平衡伸出阀杆截面上的水压作用力,减小驱动气缸(液压缸)的结构尺寸和驱动压力,还具有一定的缓冲作用。循环阀的结构如图 4-44 所示。

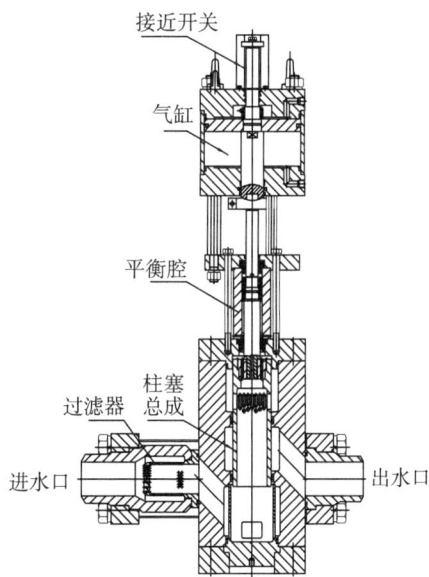

图 4-44　循环阀的结构

2) 最低液面阀

最低液面阀安装在高压蓄能器的出口,其作用是防止高压蓄能器内高压水跑空后,高压压缩空气进入管道或泄漏造成事故。最低液面阀采用气动或液压控制。当液位到达最低液位时,最低液面阀快速关闭。当管路系统出现破裂或因其他原因迅速失压时,高压蓄能器瞬时排放巨大的流量,高压蓄能器与外界管路出现大的压力差,最低液面阀在水力作用下迅速关闭,即在控制信号到达前关闭阀门。这样设置更为安全可靠,可有效防止跑空和严重的事故。最低液面阀是一种先导控制的快速单向阀,阀门设计为单向导通式。最低液面阀为安全保护阀,因此为常闭阀。

最低液面阀在关闭时,由高压蓄能器侧液力(上腔)和弹簧力来保证闭合,关闭的瞬间可借助夹在阀口圆盘和阀座间的液体形成缓冲,以防损坏阀门。阀门打开时,泵侧(下腔)的压力必须提升至接近于高压蓄能器侧(上腔)的压力,才可供助气(液)缸的推力而打开。

3)除鳞阀组

除鳞阀组由除鳞阀、检修阀、过滤器和旁路预充水阀组成。预充水分为高压预充水和低压预充水两种。低压预充水阀组由单向阀、低压自动充水阀、检修阀及过滤器组成;高压预充水阀组由减压装置、高压充水阀组成。高压充水时,由 $18 \sim 42$ MPa 高压水经减压装置减压到 $0.2 \sim 0.5$ MPa,减压装置前后压差大,压力损失严重,能耗高,但是管路冲击很小,不会引起管路振动,安全可靠。低压充水的填充水压力低,压力损失极小,能耗低,但存在单向阀失效后高压水窜入低压管路的安全隐患,管路冲击大,容易引起管路振动,除鳞系统一般为低压预充水。

除鳞阀安装在除鳞泵房和轧线之间、除鳞机附近,其作用是通过除鳞阀开闭控制除鳞作业。除鳞阀开启,高压水通过除鳞阀进入除鳞机集管,从喷嘴喷射到钢坯表面进行除鳞,除鳞完毕,除鳞阀关闭,切断高压水。除鳞阀为控制除鳞作业的阀,为常闭阀。

除鳞阀动作频繁,且工作水质较差,其设计思路、结构原理与循环阀相似。

7. 除鳞机

除鳞机是除鳞生产线的终端设备(执行机构),安装在轧线上。棒材、线材、型钢一般只在加热炉后设置一台除鳞机,轨梁、H 型钢的生产线在精轧机前还设置一台除鳞机。管材一般在加热炉后和定径机前各设置一台除鳞机。窄带的生产线在加热炉后、粗轧机前、精轧机前各设置一台除鳞机,根据热轧工艺、材质、品种要求不一致,除鳞点的设置也不一致。除鳞机的作用是从除鳞集管内将高压水从喷嘴喷射到钢坯表面进行除鳞。

除鳞机外部是除鳞箱体,安装在轧线输送辊道架上。除鳞机通过集管上的喷嘴把高压水喷射到钢坯表面进行除鳞,除鳞机内部设置的挡水装置将除鳞飞溅起来的氧化铁皮和水挡住,防止水溅到除鳞箱外。导向装置可以防止钢坯在辊道上运行时跑偏。

8. 控制系统

控制系统主要由受电柜、软启动柜、变频柜(不带蓄能器的除鳞生产线)和 PLC 控制柜组成,部分系统还设置了操作台和工控机。

受电柜从外部引进电源,柜内配置总进线断路器,为其他电气柜分配电源。

软启动柜内配置软启动器,实现除鳞泵主电机启停控制和运行时的各项保护,通过软启动器的降压启动降低对电网的冲击并保护电机。

变频柜内配置变频器,通过变频器实现除鳞泵电机启停控制和运行时的各项保护。变频器调整电机转速以改变泵转速,实现除鳞泵流量和压力的调整。

PLC 控制柜作为整个系统的控制核心,柜内配置 CPU 模块、IO 模块、继电器、二次仪表等控制元件。PLC 控制柜收集现场压力、温度、液位、热检等系统数据,通过程序控制完成系统的自动化控制并为各设备提供保护。

操作台将各设备操作按钮、选择开关、指示灯等集中布置在面板上,方便观察和操作。

工控机将现场各设备状态、信号、故障报警等集成在系统界面上,方便观察、监控和操作。

4.6.4　除鳞喷嘴的布置

1. 喷嘴的布置形式

喷嘴安装在集管上。安装高度、喷嘴间距、覆盖宽度、喷嘴的喷射角、喷嘴的旋转角、重叠量等参数,在布置设计喷嘴时都需要考虑。喷嘴的布置形式如图 4 - 45 所示。

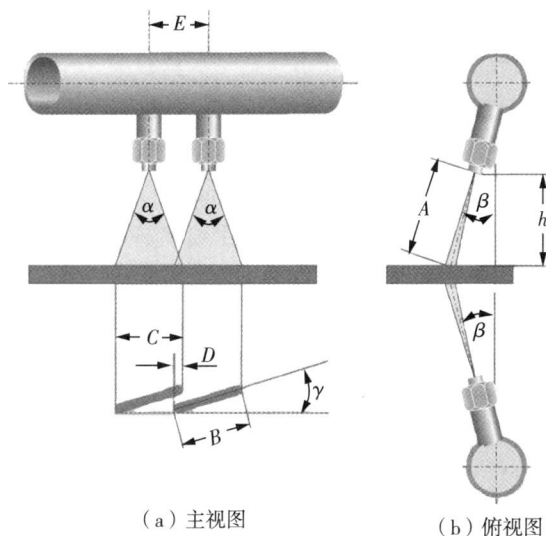

（a）主视图　　　　　　　（b）俯视图

α—喷嘴的喷射角;β—喷嘴的倾斜角;γ—喷嘴的旋转角;A—喷射距离;E—喷嘴间距;
B—喷射宽度;C—覆盖宽度;D—重叠量;h—喷射高度。

图 4 - 45　喷嘴的布置形式

以上参数除了 α 是喷嘴自身固定的,设计时直接选取,其他参数都需要计算。α 是喷嘴喷射出水的散射角,为 $22° \sim 40°$。β 为喷嘴喷射水与钢坯所成的夹角,为 $5° \sim 15°$,使水流产生水平分力,以便铲除钢坯表面的氧化铁皮。γ 是喷嘴喷射水的偏转角,防止相邻喷嘴喷射的水流相互干涉,削弱打击力。因喷嘴喷射水流的边部打击力要弱一些,所有相邻喷嘴水流需要一定的重叠量。

2. 喷嘴布置数据的计算

通过较小水量获得较大的打击力是喷嘴选取、集管设计的关键。喷嘴制造厂会根据喷嘴自身的特性,在实际运用中不断摸索,对喷嘴各个参数进行设置、修正,总结出一套打击力的计算方法,编制出计算软件。以 $200 \ mm \times 200 \ mm$ 的钢坯、除鳞压力为 $25 \ MPa$ 为例,用德国 Lecher 公司的打击力计算软件对除鳞喷嘴的相关数据进行计算。

（1）除鳞系统的压力、最大流量确定,选取最大打击力喷嘴布置。除鳞系统优先确定的是喷嘴的喷射角为 $15°$、喷嘴的旋转角为 $15°$,轧线坯料尺寸是确定的,系统压力为已知,假设系统能提供最大流量为 150 L/min,通过软件计算得出以下结果。

喷射高度:90 mm,打击力:1.21 N/mm²,需要水量:133 L/min;

喷射高度:100 mm,打击力:1.51 N/mm²,需要水量:145 L/min;

喷射高度:110 mm,打击力:1.09 N/mm²,需要水量:133 L/min。

由计算结果可知,在 100 mm 喷射高度时,打击力为 1.51 N/mm²,满足系统水量。需要特别指出的是,在流量、压力确定的情况下,喷射高度越小打击力不一定越大。

(2) 除鳞所需打击力、压力确定,选择除鳞所需最小流量喷嘴布置。除鳞系统优先确定的是喷嘴的喷射角为 15°、喷嘴的旋转角为 15°,轧线坯料尺寸是确定的,系统压力为已知,在除鳞所需的打击力确定的前提下,通过改变除鳞喷射高度满足打击力 1.2 N/mm²,通过软件计算得出以下结果。

喷射高度:90 mm,打击力:1.21 N/mm²,需要水量:133 L/min;

喷射高度:100 mm,打击力:1.20 N/mm²,需要水量:114 L/min;

喷射高度:110 mm,打击力:1.24 N/mm²,需要水量:142 L/min。

由计算结果可知,满足打击力不小于 1.2 N/mm²,在 100 mm 喷射高度时,需要水量最小,为 114 L/min。在压力确定的情况下,通过优化喷嘴选型可以有效降低水量,减小钢坯除鳞时的温降,达到节能、降耗的目的。

通过软件计算,其输出相关数据包括喷嘴型号、喷嘴的喷射角、单个喷嘴的流量、喷嘴的倾斜角、喷嘴的旋转角、喷射高度、喷射宽度、喷嘴间距、总的打击力、平均打击力、总流量及重叠量等。喷嘴参数如图 4-46 所示。

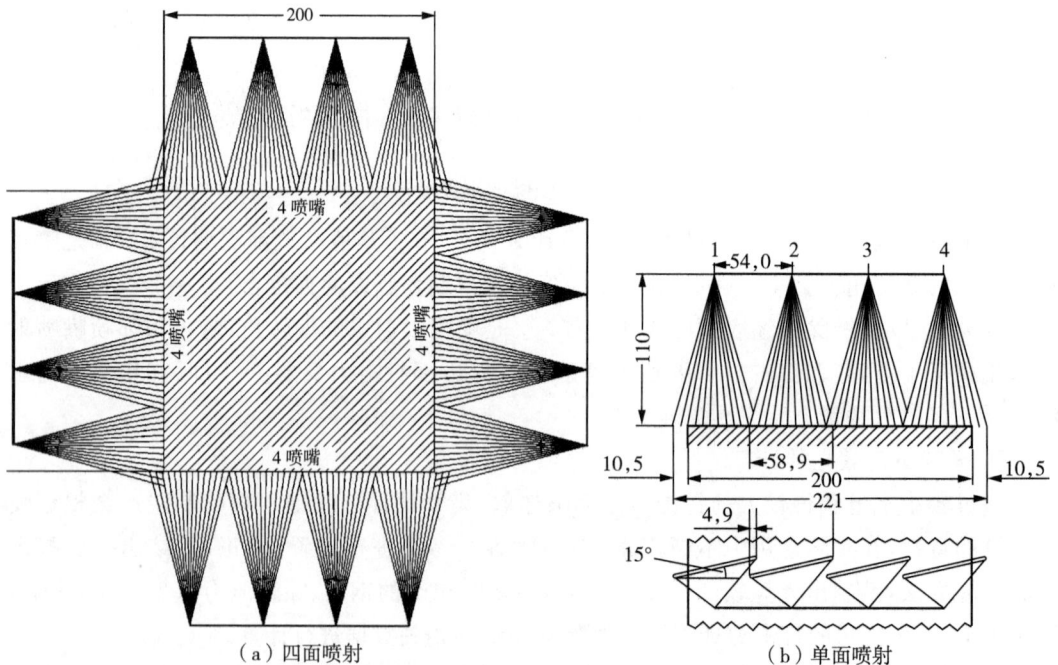

(a) 四面喷射　　　　　(b) 单面喷射

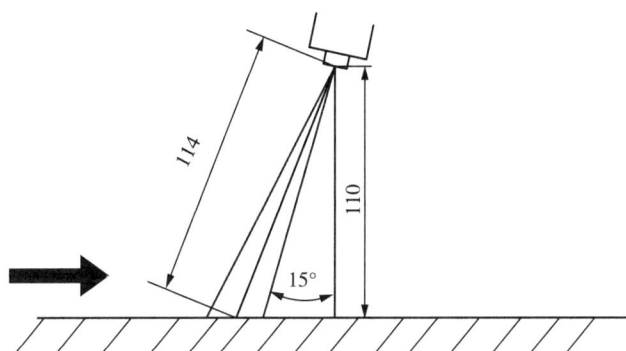

（c）计算结果

图 4 - 46　喷嘴参数

4.7　试压泵

4.7.1　压力试验的工具

压力试验就是将水、油、气等介质冲入容器(或管道、阀门等)内进行慢慢加压,以检验其泄漏、耐压、破坏等的试验。压力容器耐压试验的目的是通过观察承压部件有无明显变形和破裂,检验承压部件的强度,验证压力容器是否具有设计压力下安全运行必需的承压能力。同时通过观察焊缝、法兰等连接处有无泄漏来检验压力容器的严密性或发现容器潜在的局部缺陷。一般情况下,压力容器耐压试验的介质是水,所以又称为水压试验。

水压试验时,首先将容器充满清洁的工业用水,16Mn 钢的试验水温不低于 5 ℃,其他低合金钢的试验水温不低于15 ℃,然后用试压泵向容器内加压,加压前要彻底排除空气,否则会导致压力不稳。

试验压力一般为工作压力的 1.25 ～ 1.5 倍。在升压过程中要分级升压,中间应进行短暂的停压,并对容器进行检查。当压力达到试验压力后,保压一定时间,根据不同的技术要求,一般为 5 ～ 30 min,如给水管道为 10 min,球罐为 30 min。观察是否有落压现象,没有落压则容器合格。而后将压力慢慢降至工作压力,同时对焊缝进行仔细检查,发现焊缝有水珠或潮湿时表示该处不严密,应标注出来,待卸压后进行返修。

水压试验主要包括保压渗漏检测试验、动态恒压试验、压力爆破试验、压力疲劳试验。

水压试验往往要求承压容器在短时间内达到较高的工作压力,往复泵具备工作压力高、流量相对稳定和系统保压的特点。独特结构的往复泵用于液体压力试验时称为试压泵。

随着装备制造技术的发展,对压力试验技术也提出了更高的要求。压力试验由最初简单的建压与卸压发展到需要对压力上升、保持、下降全过程进行有效控制,甚至是按照设定的函数曲线来实现压力曲线。一些特殊压力试验还需要对容器压入介质进行检测,捕捉重要节点压力等。

多样且复杂的功能要求,仅靠一个单独的试压泵是无法完成的,必须辅以自动化控制技术。因此,现在的压力试验设备已经融入多种技术手段,多以系统组合形态出现,试压泵仅仅是其中的压力发生装置。自动化控制技术与往复泵技术的组合应用成为压力试验技术发展的主流。

4.7.2 试压泵的类型及结构特点

鉴于试压泵的应用工况,多数情况下需要高压力、小流量,同时对流量脉动的控制要求并不苛刻。因此,在试压泵产品中,主要有电动试压泵和手动试压泵两类。

试压泵按照液力端柱塞缸数量可分为单缸泵、双缸泵、三缸泵、四缸泵等。柱塞腔数量不同将直接带来试压泵流量输出特性不同,其液力端布局形式也有所不同。

1. 单缸泵

单缸泵结构简单,但流量输出不连续,适合于总流量输出不大的试压工况,在需要微量流量输出的试压工况下是较为理想的选择。一般多用于手动试压泵、气动试压泵、液压缸驱动试压泵、电动缸驱动试压泵。

图 4 - 47 为单缸手动试压泵,其特点是轻便、灵巧,手柄的杠杆运动通过力叉转变为柱塞的往复运动,吸入阀组、排出阀组呈阶梯式布置,控制阀为针阀结构,起卸压作用。

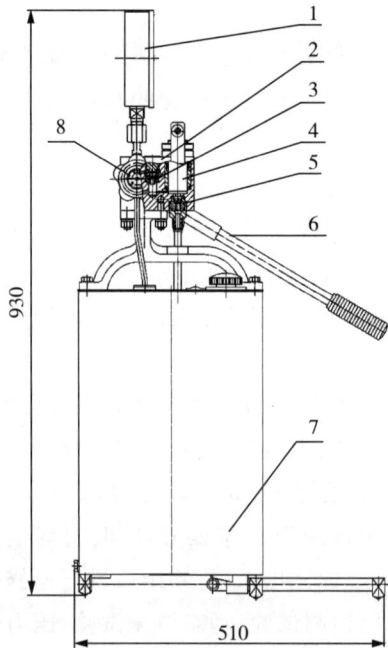

1—压力表;2—泵头;3—排出阀组;4—柱塞;5—吸入阀组;6—手柄;7—水箱;8—卸压阀。

图 4 - 47　单缸手动试压泵

2. 双缸泵

双缸泵一般由两个水平布置于动力端左右两侧的柱塞缸组成。平均输出流量恒定(电动),但流量输出有断点,升压过程中压力波动较大。

电动双缸泵动力端一般采用偏心轴加滑块机构将电机的旋转运动转换为柱塞直线往复运动。气动泵、液压缸驱动泵一般为双缸泵,由气缸或液压缸直接驱动柱塞往复运动。

3. 三缸泵

三缸泵一般为机动泵,动力端采用曲柄连杆将旋转运动转换为直线往复运动。平均输出流量恒定,流量输出无断点,压力波动较双缸泵小。

三缸泵在满足大流量或高压力工况有较强的适应性,也适应较高泵速。其流量脉动相对较小,对各类压力控制阀的扰动小,因此三缸泵已成为试压泵中应用最多的一种类型。和其他类型试压泵不同的是,功率覆盖范围非常宽泛,从几百瓦到一百多千瓦都有应用。

调压阀(见图4-48)用于调节泵的输出压力及恒定系统压力。

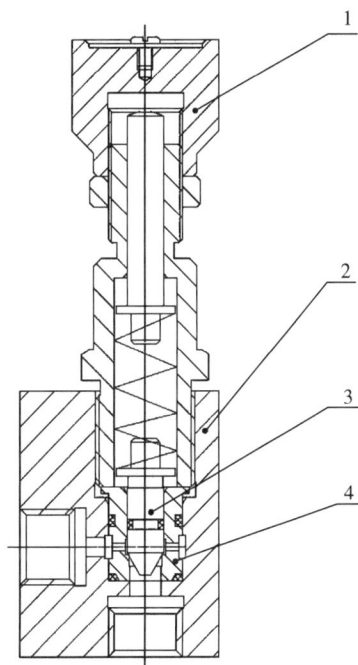

1—调节螺母;2—阀体;3—阀芯;4—阀座。

图4-48　调压阀

止回卸压阀(见图4-49)用于自动截断保压及卸除系统压力。当系统压力达到目标值后,该阀自动将试压管路与泵截断并进行保压。保压结束后,打开泄压阀手轮,即可卸除系统压力。

在泵头上装有溢流阀(安全阀),用于系统超压保护。

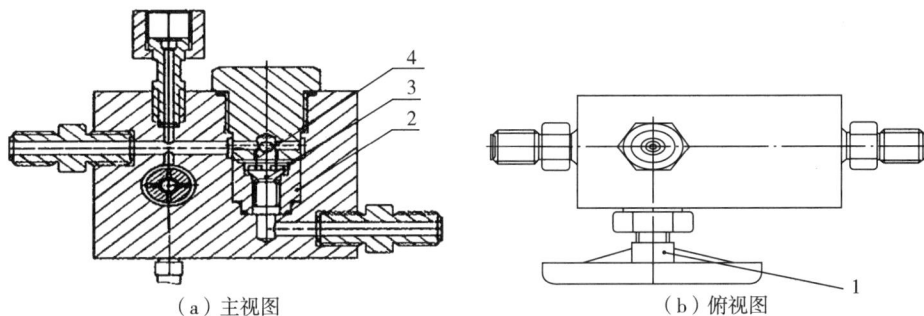

（a）主视图　　　　　　　　　（b）俯视图

1—手轮;2—止回阀座;3—止回阀芯;4—阀簧。

图4-49　止回卸压阀

4. 四缸泵

（1）四柱塞四缸泵。液力端由两个直径较大的低压缸及两个直径较小的高压缸组成，四缸水平垂直布局于偏心轴两侧，两两对置。动力端的传动机构为蜗杆蜗轮副，蜗轮轴两端为偏心轴结构，通过滑块带动四个柱塞往复运动。四柱塞四缸泵如图 4-50 所示。

两个低压缸之间用连通阀连接，达到设定压力后，两个低压缸相互连通，低压缸柱塞不再从进水阀吸入介质，两缸之间的介质基本处于来回置换的状态，低压缸处于低功率消耗状态。此时只有高压缸继续输出流量，总流量输出大幅降低。

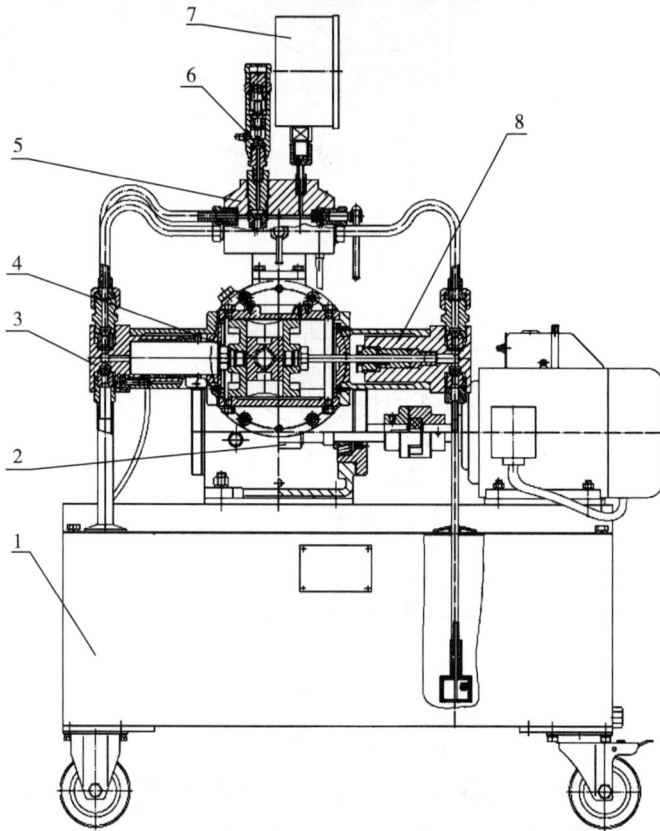

1—水箱；2—减速箱；3—低压水缸；4—传动箱；5—集水器；6—安全阀；7—压力表；8—高压水缸。

图 4-50　四柱塞四缸泵

（2）两阶梯柱塞四缸泵。液力端由两根阶梯柱塞形成两个低压柱塞腔和两个高压柱塞腔，两个低压缸之间用连通阀连接，整体同向布局，结构紧凑。与四柱塞四缸泵液力端相比，在具备相同功能特点的同时，结构更加紧凑，且所有液力端元件为同向布局，动力端可采用曲柄连杆传动，整机效率较四柱塞四缸泵显著提高。两阶梯柱塞四缸泵如图 4-51 所示。

试压的升压过程，在很多情况下需要"低压快，高压慢"，四缸泵是满足这一特点的较为经济的一类泵型。

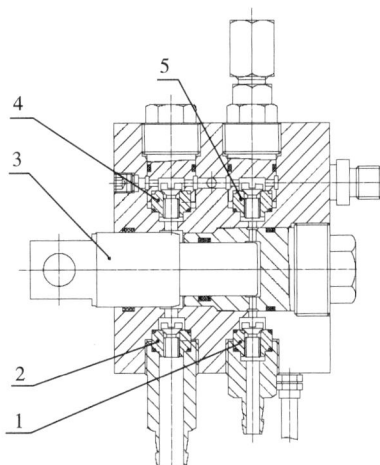

1—高压进水阀组;2—低压进水阀组;3—阶梯柱塞;4—低压出水阀组;5—高压出水阀组。

图 4 - 51   两阶梯柱塞四缸泵

4.7.3   试压泵的关键技术

1. 高压、超高压技术

因为试压泵泵速低、功率小,又是间断运行,所以以水为介质的高压泵、超高压泵都是先在试压泵上取得成功的,然后逐渐推广到大功率泵机组,适应更为苛刻的工况条件。但是,试压泵要求频繁启动,工况稳定,与其他泵的不同点更多体现在"阀"上。

2. 进排液阀组

试压泵的进排液阀组为适应高压、超高压和小流量的要求,阀芯与阀座的接触都设计成锥面对直角的线接触密封,它们的表面有洛氏 5 度的硬度差(一般阀芯比阀座硬),而且,两者要求对研和倒置,采用煤油检验 5 min 不泄漏。

3. 针阀的应用

试压泵的控制阀(调压阀或卸压阀)都采用针阀结构,它的阀芯比泵阀芯还要更细,只有这样,才能灵敏地进行无级调节、卸压和保压。当然,随着试压泵向通用泵靠拢,这一特殊性将会改变。

4.7.4   自控压力试验装置

随着现代装备制造技术的发展,对试压工艺的要求越来越高,精度要求也越来越高,试压过程控制变得更加复杂,采用单独的试压泵作业,在很多情况下已经难以胜任。同时,安全作业规范要求大多数的试压作业,特别是涉及高压、超高压或者是大容器的试压作业,必须实行远程隔离操作。自控压力试验装置的技术与产品的发展很好地解决了这些应用问题。

在试压装置中加入压力传感器,实时采集压力并通过电气自动控制系统控制泵阀动作,以达到对试压过程有效控制的目的,此类装置称为自控压力试验装置。根据试验类型不同,可细分为保压渗漏检测试验装置、压力爆破试验装置、动态恒压试验装置、压力疲劳试验装置。其性能优劣的关键在于,根据试压工艺要求,在相应时间节点上压力控制的精确性。

根据输入被试容器的瞬时流量是否实现可控调节,自控压力试验装置的技术路线分为非控速型和控速型两大类:流量固定的为非控速型,流量可调的为控速型。两者之间压力控制过程的区别是"点控制"和"线控制",控速型装置的控制精度更高,应用范围及适应性更广。

1. 非控速型

图 4-52 为非控速型自控压力试验装置,由高压泵、控制阀组单元、电控单元和压力采集显示部件等组成。

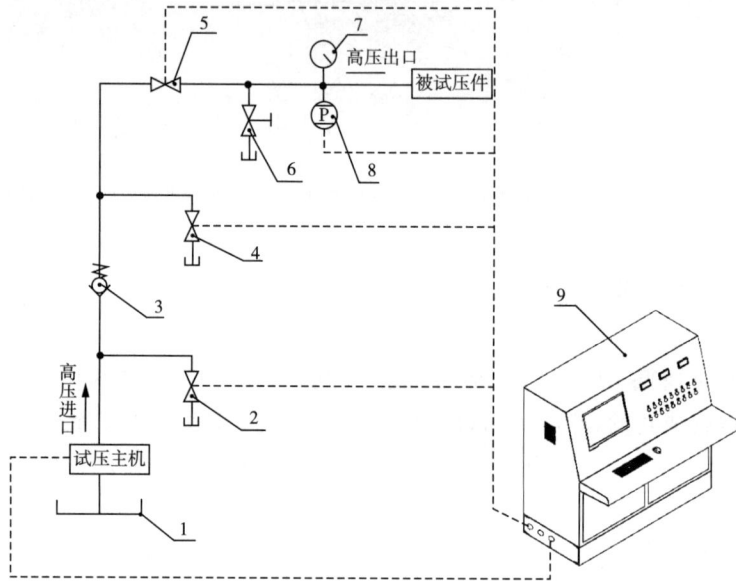

1—储液箱;2—卸荷阀;3—单向阀;4—卸荷阀;5—截止阀;6—卸荷阀;7—压力表;8—压力变送器;9—远程操作控制台。

图 4-52 非控速型自控压力试验装置

在升压过程中,所有的旁路阀均处于关闭状态,此时,泵、管线、被试容器构成的是一个封闭系统,泵的瞬时输出流量即为输入被试容器的瞬时流量,是固定不变的。

过程控制是依据压力参数变化及时间进行的节点控制,即根据压力或时间是否达到设定值来指挥泵、阀动作。升压过程的升压速率不易控制,由主机流量及被试工件容积决定,因此在配置主机时,需要根据被试工件容积大小来确定合适的流量参数,有时也采用变频来改变主机流量,以适应不同容积大小的工件。

卸压过程不可控,卸压速率或时长主要受被试工件容积大小影响。

过程控制的特点是对各关键节点的"点控制",节点之间处于非受控状态。

2. 控速型

通过精确控制输入被试容器的瞬时流量,实现对试压过程压力的实时控制,从而达到对升压速率有效控制的目的。此类装置过程控制的特点是对整个试压过程进行连续控制,即"线控制"。常见的控制方式主要包括变频控制、伺服流量泵控制、旁路溢流控制等。

1)变频控制

通过变频控制压力源主机电机转速,改变瞬时输出流量以达到控制升压速率的目的。

由于存在变频响应速率不高等问题,压力控制精度难以获得理想的效果。

2)伺服流量泵控制

伺服流量泵的输出流量可通过伺服电机进行精确控制。可根据压力反馈精确控制输出流量,从而精确控制过程压力。受制于泵功率难以做大,因此伺服流量泵控制一般仅用于总输入流量不大的试压作业。

3)旁路溢流控制

在泵的输出流量保持不变的情况下,通过旁路溢流调节输入被试容器的瞬时流量,从而达到控制升压速率的目的。

溢流阀可采用气控、液控、伺服电机等方式控制,并根据系统压力反馈控制溢流压力。

与前述两种控制方式相比,采用旁路伺服压力控制阀,具备前者所没有的降压速率控制功能。

4.7.5　各类型试验装置的系统方案选择

各类型试验装置根据压力试验的不同工况,除了需要对主机(试压泵)等参数进行确定外,在系统方案配置上,还需要在非控速型或控速型配置方案上做出选择。

1. 保压渗漏检测试验装置

保压渗漏检测试验是所有压力试验类型中应用最多的一类,主要用于承压元件在制造、装配、检修等环节的密封性能检测或耐压强度测试,还可用于容器承压变形量测试。常用于各类管道、阀门、压力容器等的试压。

根据试压工艺要求,非控速型和控速型技术路线,在此类试验装置上都有采用。

(1)在没有升压、降压速率控制要求时,可采用非控速型配置方案。其特点:可根据设定的试压参数,自动完成多段升压、保压、卸压过程,并根据保压过程压力降自动判别被试工件的保压性能是否合格。卸压过程不可控,卸压速率或时长主要受被试工件容积大小影响。

因为升压速率不可调,所以主机流量参数的选择是重点考虑的对象,主要根据被试工件容积大小、压力等来确定,在避免升压速率过快的同时要兼顾试压工作效率。有时也采用变频来改变主机流量,以适应不同容积大小的工件。

(2)在试压工艺对升压、降压速率均有控制要求时,应采用带伺服压力控制阀的控速型配置方案。其特点:在完全具备非控速型装置功能的基础上,压力控制精度更高,可实现升压和降压速率的有效控制,并基本不受被试件容积大小影响,升压、降压速率可在一定范围内任意设定。由于降压速率是可控的,因此可避免因卸压速度过快造成的压力表损坏等情况发生。

某些高端装备的压力容器,比如用于核工业的大型高压容器、深海载人潜水器等,试压工艺要求比较苛刻,因此需要对升压和降压的速率进行严格控制。针对这种工况,采用带伺服压力控制阀的控速型系统配置,可以说是不二的选择。试压曲线和检测报告可在试验完成时即时输出。

2. 压力爆破试验装置

压力爆破试验是许多承压元件在设计时必不可少的一个试验项目,用于检测元件的液压爆破压力。

　　试验装置采用控速型还是非空速型主要取决于被试件容积的大小。一般来说,被试件容积较小时(如胶管爆破试验)宜采用控速型。

　　压力爆破试验装置与保压渗漏检测试验装置的硬件配置基本相同,只是需要在软件设计上设置爆破压力捕捉功能。压力采集系统应达到足够的采集速率,以保证爆破压力捕捉精度。当被试件容积较小时,主机流量应采用较小配置或者采用控速型配置方案,否则升压过快会影响爆破压力捕捉精度。

　　需要特别注意的是,某些钢制容器的爆破试验需要捕捉材料屈服拐点的压力。当容器材料达到屈服极限时,容器容积会突然显著增加,如果此时输入容器的瞬时流量是保持不变的,整个压力上升曲线会出现一个明显的拐点。因此,这种情况下应该选择非控速型配置方案,始终保持输入容器的瞬时流量不变。

　　3. 动态恒压试验装置

　　与其他试验类型不同,动态恒压试验是在开放回路进行的,即试压介质在设定压力下连续通过被试件固定或变动的节流口,并测试被试件的耐压性能或流量通过特性。其较为典型的应用包括抽油泵漏失量测定、喷嘴参数测试、阀门关闭过程特性测试等。

　　获得较高精度的恒定压力值,特别是在节流口径发生变化甚至是快速变化时依然保持压力恒定,是此类装置的关键所在。

　　鉴于此类试验的特殊性,系统配置只能采用控速型。在恒压时,其升压速率控制为零即可。一般采用变频或旁路伺服压力控制阀两种控制方式。当节流口径发生变化特别是快速变化时,变频方式因响应速度慢,压力容易波动,性能表现不够完美,此时采用伺服压力控制阀控制则是更为理想的方式。

　　4. 压力疲劳试验装置

　　压力疲劳试验(也称为压力循环试验)是检测承压元件液压疲劳寿命的一项重要试验,比如包括氢气瓶在内的各类气瓶,均需要进行压力疲劳试验。其基本特征是压力从峰值到谷值连续周期循环。其常见试验波形主要有梯形波、三角波、正弦波、水锤波等。另外,有一些疲劳试验只需要关注压力峰值和谷值,对波形是不作要求的。当对波形不作要求时,采用非控速型配置即可完成疲劳试验,但频率不易灵活设置,主要由泵流量和被试件容积决定。当对波形有要求或是对压力谷值有设定要求时,应采用配置伺服压力控制阀的控速型配置方案,从而实现波形、峰值、谷值、频率等参数的灵活设置。

　　图4-53为氢气瓶压力疲劳试验装置,其配置了伺服压力控制阀。

图4-53　氢气瓶压力疲劳试验装置

第5章 高速泵

　　高速往复泵是指未经减速直联驱动或泵速在 550 min^{-1} 以上的往复泵。泵的运行转数提高,使泵更加轻量化、专业化。主流往复泵泵速较低,一般在 500 min^{-1} 以下,体量较大也就成为往复泵的一大特点。有些往复泵的技术参数小,无须连续运行,而且产量很大,高速化就成为它们的特点。高速泵已广泛用于移动或手持的农用或清洁作业的工业产品,也用于超高压泵和科学仪器用泵中。由于高速设计存在摩擦生热、泵阀响应等诸多问题,因此高速泵一般只适合 15 kW 以下动力匹配的微小型往复泵。泵的制造采用铝合金压铸、铜锻造、塑料注塑等工艺,以减少重量,同时适合相当大的智能化批量生产。

　　现代往复泵向高速化、轻量化发展是主流方向。原动机的轻量化发展,传动技术、泵阀密封技术的提高都成为泵普遍高速化的基础优势。同时,由于高速泵运行产生的摩擦发热、振动噪声等诸多问题,对产品设计和加工设备精度要求也逐渐增高,因此需要设计优化、材料优化、模型样机验证,从而寻找效率提高的有效途径。

　　本章从以下四类产品介绍高速往复泵及其应用。

　　喷雾机:除了一般的农药喷雾要求外,往往还有衍生的特殊用途,如造雾机等。

　　微型清洗机:一般压力、流量和寿命比较低,追求携带轻便、移动灵活、操作简单,其新型产品有锂电清洗机。

　　小型高压清洗机:对参数的要求较高,且使用次数频繁,使用时间长,所以一般寿命比较长,它还可以配套形成成套设备,如高温清洗机、机器零件清洗机等。

　　超高压直联泵:以 280 MPa 压力、720 min^{-1} 往复次数成为一般应用的水切割主机,极大地简化了水切割机构,降低了机组成本。

5.1　喷雾机

5.1.1　农用喷雾机

　　我国高速往复泵从 20 世纪 80 年代开始在农用喷雾机上使用,然后变异成微小型清洗机,随着后者走进公共商用和家庭市场,逐渐淘汰或改造了喷雾机用泵型。喷雾机的工作原理:动力装置输送动力驱动高压柱塞泵转动(电动机驱动则直联,汽油机或柴油机驱动则减速),常压水经过高压泵内柱塞往复运动加压形成高压水,并通过高压管输送到呈弧线布局的雾化喷嘴或手持喷枪,进而喷射出高压水流进行喷药等作业。农用喷雾机属于农业机械中的植保机械,一般称人力驱动的为喷雾器,动力发动机、电动机驱动的为喷雾机。喷雾机按工作原理分为液力、气力和离心式,按携带方式分为手推式、背负式、肩挎式、踏板式、担架式、推车式、自走式、车载式、悬挂式等。农用喷雾机用泵的工况参数普遍较低,压力仅在数兆帕,又是间断运行,所以,泵的主要零件均采用铸铁(动力端)和铸铜件(液力端),受市场价位影响,这一传统产品基本没有变化。

农用喷雾机的特点是压力低、流量大。其功率为 $2 \sim 4$ kW,工作压力通常为 $2 \sim 6$ MPa,流量为 $5 \sim 100$ L/min,泵速在 3000 $\mathrm{min^{-1}}$ 以下。喷雾机通常用引擎动力带动高速往复泵作业,主要用于防治农作物害虫。除了一般的农用种植行业的喷雾用途外,现逐渐应用于建筑工程降尘、车站及公共场所降温、养殖场清洗消毒或降温等。其工作步骤:药液和普通液体通过高速往复泵进行增压,经喷雾软管输液到喷枪,通过喷嘴喷出,与空气撞击雾化成 $100 \sim 300$ μm 的雾滴。

1. 手推式喷雾机

手推式喷雾机的重要部件高压往复泵大多为高速柱塞泵。

农用喷雾机的喷枪结构基本与商用小型清洗机相同,整机因体积和重量相对较大,大多使用手推或车载进行移动,动力主要由电动和汽油机提供,配有机架对机组进行固定和移动。因为喷雾机喷雾管通常会比较长($30 \sim 100$ m),所以一般都配有卷管轮,以方便进行卷管操作。手推式喷雾机如图 5-1 所示。

2. 背负式动力喷雾机

农作物的病虫害防护中,最常用的是背负式喷

图 5-1　手推式喷雾机

雾机。其有手动式、电动式和汽油机等多种动力形式。手动背负式喷雾机重量比较轻,但是需要通过不断的手压操作液压泵来输送药液,劳动强度大。也有一些背负式喷雾机采用电动机动力,若电动机使用锂电池作为电源,则性能参数受限,功率比较小,使用时间也受到限制。常用的背负式喷雾机大多用汽油机作为动力来源,带动高压柱塞泵进行工作,不需要手动操作,但是这种喷雾机体积和重量比较大,所以引擎动力和高压柱塞泵都需要进行轻量化设计。

常见引擎动力背负式喷雾机工作压力通常为 $0.5 \sim 3$ MPa,流量为 $5 \sim 10$ L/min,动力功率在 2 kW 以下,汽油机转数为 $6000 \sim 8000$ r/min,泵速为 $1000 \sim 2000$ $\mathrm{min^{-1}}$。

引擎动力背负式喷雾机的高压柱塞泵具有结构紧凑、方便拆装、维修方便的要求,常用的为双柱塞往复式柱塞泵(见图 5-2)。工作时,其齿轮减速机构中心偏心轮上的轴承带动同一柱塞进行左右移动,左右两头各有一个独立的缸进行作业。下方是一个进水接口,可对左右两边进行供水,左右两边每个缸都有进水单向阀和出水单向阀。另外,泵右上方设置有调压阀,除左右往复方式以外,其他配置和常规高速柱塞泵基本相同。

背负式喷雾机的体积紧凑,重量较小,一般净重在 10 kg 以内,方便操作者进行背负式移动,水箱上设有农药剂盒,可以调节用药量和浓度,喷雾管和喷枪距离较短,便于背负后手持操作。

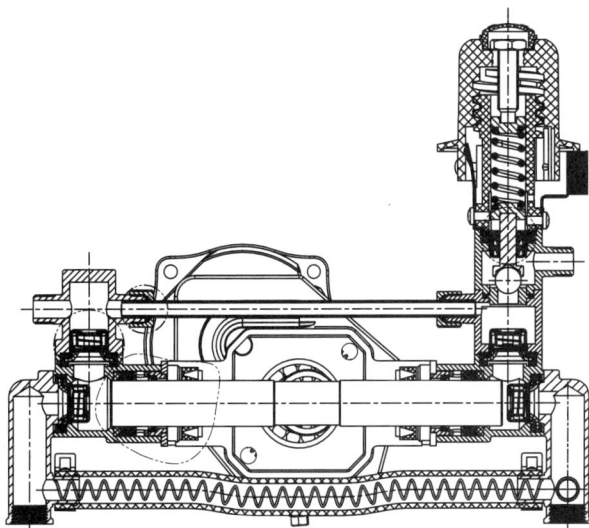

图 5-2　双柱塞往复式柱塞泵

3. 车载式农用喷雾机

图5-3为车载式农用喷雾机,其特点是将泵机组与风机有效结合,实现环状布置喷嘴的大范围均匀雾化射流喷药作业。

在运用农用喷雾机为果树施药前,要根据成分合理配置添加于储水箱中的药液,用水量一定要充裕,以保证打药机散热风扇叶片吹起雾化成型的实际效果,使果树叶片充裕、均匀着药,并使可吸入颗粒物在空间呈悬浮状散发。对于空中的细菌,雾化的药液具备阻止作用,使其缺失沾染和繁殖能力,

图 5-3　车载式农用喷雾机

从而获得防治效果。农用喷雾机的泵可以是高压往复泵,也可以是离心泵,其大流量适用于喷嘴群大面积作业。风送农用喷雾机的柴油发动机一般都是反作用力式启动,要适当提高启动时的力度和速度。

5.1.2　造雾机

1. 高参数的造雾应用

近年来,全国市政工程为治理雾霾天气,常采用一种高参数的车载造雾机,它自带大吨位水箱,以高压往复泵为动力,结合轴流式风机对高压环形射流的轴向加载耦合作用,将高压雾化射流喷射到数十米甚至百米外的高空,以达到驱散雾霾、降解尘粒的作用。这种重力降尘技术,通过高压将水雾化成与粉尘大小相当的颗粒,在风机的作用下,将水雾喷射到高空和远方,在尘源处的上方或周边进行喷雾覆盖,与尘埃颗粒产生接触而变得湿润,被湿润的粉尘颗粒继续吸附其他粉尘,快速凝结成粉尘团,并在自身的重力作用下沉降,从而达到降尘的目的。显然,这是一种不得已而为之的物理降霾方法,在雾霾弥漫的城市里,它至

少能在有限的范围内创造清新的环境。随着造雾机的参数越做越大,压力和流量的同步增加及轴流风机的有效匹配,造雾机已经进入了高水平时期。

然而,造雾机最初应用于水电站工地。重力坝的层层筑造要求层与层之间没有隔层。也就是说,要求每一层混凝土保湿阴干,再继续浇筑下一层混凝土。达到此目标的工艺就是采用一列造雾机在混凝土作业层面高空制造均匀且不下落到地面的悬浮雾滴场,这种工艺喷雾速度快,覆盖面积大,不形成水滴。

造雾机在粉煤场的降尘作用是非常明显的。粉煤场的装车、卸车是大范围的粉尘污染源,这种场合需要高空降尘,将造雾机的圆筒风机和喷头与主泵机组分开安装,前者置于需要的高度,后者置于地面,两者由软管连接,就达到了灵活作业的目的。

2. 造雪机原理

造雪机是造雾机的翻版及其高级应用。也就是说,在一定的低温环境应用造雾机就能造雪。造雪机的工作原理:在适宜的气象条件下,大气中水经过空气冷却形成过冷,空气中的水汽呈现过饱和状态;在低温环境作用下,过冷的微小水滴可形成细小冰晶核,大气中存在的各种颗粒也会形成晶核。随着水蒸气在晶核上的继续成长,低温环境促成了各种各样雪晶的形成。在冰晶融合积聚作用下,雪晶继续长大成为雪晶聚合体,这种聚合体的重量超过空气的浮力后就会"下雪"。

20世纪50年代出现的人工造雪技术,其原理就是模仿自然环境下天然雪的形成过程,不同的是天然雪源于云层里自然形成的雪晶,而人造雪则由喷射到空中的细微水滴组成。雪晶形成的关键因素是温度和空气中的水分,进行人工造雪就是提供技术手段创造这些雪晶形成和生长的条件。表5-1为人工造雪气象条件。总之,寒冷且干燥的气候最适宜人工造雪。造雪机的工作实质就是喷射细微水滴创造晶核,促进晶核生长,有时会在喷射的水滴中添加成核剂。由于人工造雪中水滴从空中下降到地面的时间与自然降雪过程相比较短,因此设计造雪机要考虑的因素较为复杂,如何增加晶核浓度是造雪机技术的关键。

表5-1 人工造雪气象条件

相对温度 100%	20	30	40	50	60	70	80	90	100	雪质
湿球温度/℃	-12.3	-12.0	-11.7	-11.4	-11.1	-10.9	-10.6	-10.3	-10.0	适宜造雪
	-11.5	-11.2	-10.9	-10.6	-10.3	-10.0	-9.6	-9.3	-9.0	
	-10.7	-10.4	-10.1	-9.7	-9.4	-9.0	-8.7	-8.4	-8.0	
	-10.0	-9.6	-9.2	-8.9	-8.5	-8.1	-7.8	-7.4	-7.0	
	-9.2	-8.8	-8.4	-8.0	-7.6	-7.2	-6.8	-6.4	-6.0	
	-8.4	-8.0	-7.6	-7.2	-6.7	-6.3	-5.9	-5.4	-5.0	可以造雪
	-7.7	-7.2	-6.8	-6.3	-5.8	-5.4	-4.9	-4.5	-4.0	
	-6.9	-6.4	-5.9	-5.5	-5.0	-4.5	-4.0	-3.5	-3.0	
	-6.2	-5.6	-5.1	-4.6	-4.1	-3.6	-3.0	-2.5	-2.0	

（续表）

相对温度 100%	20	30	40	50	60	70	80	90	100	雪质
湿球温度/℃	−5.4	−4.8	−4.3	−3.7	−3.2	−2.6	−2.1	−1.5	−1.0	
	−4.6	−4.1	−3.5	−2.9	−2.3	−1.7	−1.1	−0.6	0.0	
	−3.9	−3.3	−2.6	−2.0	−1.4	−0.8	−0.2	0.4	1.0	
	−3.1	−2.5	−1.8	−1.2	−0.5	0.1	07	1.4	2.0	不宜造雪
	−2.3	−1.7	−1.0	−0.3	0.3	1.0	1.7	2.6	3.0	
	−1.6	−0.9	−0.2	0.5	1.2	1.9	2.6	3.3	4.0	
	−0.8	−0.1	0.6	1.4	2.1	2.8	3.6	4.3	5.0	
	−0.1	0.7	1.5	2.2	3.0	3.8	4.5	5.3	6.0	

造雪机的造雪过程:首先由压缩机产生的高压空气送到产生造雪晶核的喷嘴,接着由轴流风机将高压雾化水射流喷射到空中均匀汇聚散开;高压气流将水流分割成微小的粒子并喷射到寒冷的外部空气中,两者一定比例的匹配就产生了雪核,冷空气中的雪核降落就形成了雪花。可见,以高压泵为主进行多学科技术融合,就能产生新的功能和应用。

按照空气与水的混合方式,造雪机分为在喷嘴内部混合和在喷嘴外部混合两种。造雪的水压要求 4 MPa,人造雪的密度约 500 kg/m³,1 m³ 的水可造雪 2 m³。

造雪环境参数:造雪环境温度为 −30～0 ℃,供水温度为 1～5 ℃,造雪环境湿度不小于 60%。

3. 造雾机的构成

造雾机主要由高压泵、喷头总成、风机、摇摆机构、电控箱、移动式机架等组成(见图 5 - 4)。清水经高压泵加压再经特殊雾化喷嘴喷出,形成微细雾粒(粒径不超过 50 μm)。许多喷嘴形成雾团由风机强风沿轴向直线吹送(吹送距离数十米),风机同时做摇摆运动,从而形成半径近 30 m 的扇形面积雾区。

造雾机的技术参数:喷雾射程不小于 30 m(静风、停摆)、喷雾流量为 4～9 L/min;雾粒粒径不超过 50 μm;机组功率为 15 kW;最大外形尺寸为 1850 mm(长)×1000 mm(宽)×1950 mm(高);喷头摆动角度为 88° 与 117° 两档,摆动频率为 3 次/min;使用介质为常温清水;高压泵高压工况连续运行时间不超过 8 h;设备连续运行环境温度不超过 45 ℃。

上述为一款小型造雾机的技术参数,随着高压往复泵压力达到 10 MPa 以上和流量的增加,泵功率可达几十千瓦,用于除霾的大型车载式造雾机射程可达百米,与之配套的风机参数也相应增大。造雾机的喷头直径基本与风机的外径一致,喷嘴的数量和直径的确定以压力和流量为依据计算得出,喷嘴呈圆周或径向布置。喷嘴采用锥形过渡段内植入喷嘴芯、圆柱出口(喷嘴直径)的特殊雾化喷嘴。

造雾机内置风机加热系统和消音风机,可在 −10 ℃ 的恶劣环境下正常工作运转,机身外设置控制操作的电控箱,电控箱可在 100 m 以内无线遥控控制,通过手机或电脑监测喷雾工作。还可设定时间让造雾机自行操作,可设定工作 2 h、停歇 1 h 的全自动式喷雾模式。造雾机不锈钢喷头的喷雾形状和水流量的大小是可以调节的。

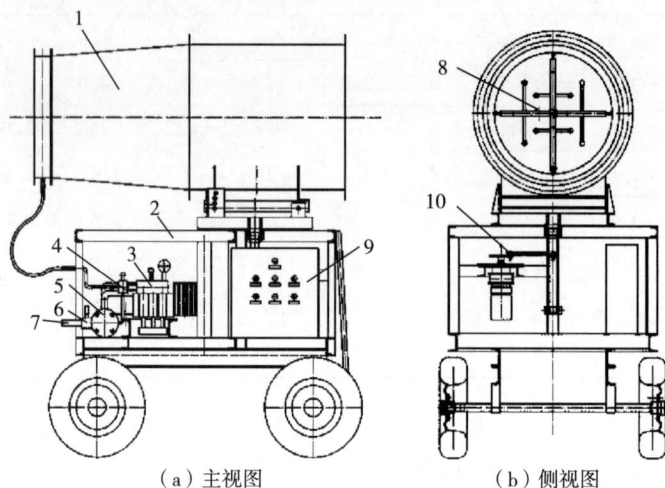

（a）主视图　　　　　　　　　　（b）侧视图

1—风机;2—移动式机架;3—高压泵;4—高压泵调压阀;5—进水过滤器;
6—进水口控制球阀;7—进水接口;8—喷头总成;9—电控箱;10—摇摆机构。

图 5-4　高压射流造雾机总装布置

5.2　微型清洗机

微型清洗机又叫作家用清洗机。家用清洗机对压力、流量的要求相对较低,具有节水、经济、携带轻便、移动灵活、操作简单等特点,主要用于居民庭院、屋顶、墙面、阳台、窗户、泳池等的轻度和中度清洁。

随着经济的发展,人们的生活水平不断提高,消费理念也在逐渐转变,人们不再满足于最基本的生活需要,而是追求更舒适、方便、环保和个性化的生活方式。家用高压清洗机结构紧凑、操作简单、灵活轻便、价格适中,适合大众家庭的日常使用,得到了广泛应用。

家用清洗机输入功率在 3.0 kW 以下,流量为 4～10 L/min,压力为 4～11 MPa。多以电动机驱动为主,亦有汽油机引擎驱动。针对使用频繁开关枪作业的特性,以自动溢流阀设计实现泵与喷枪的有效联动,溢流阀还能满足压力的交替变化,以保证机器的稳定运行。

家用微型清洗机为电动机配套轴向高速柱塞泵,电机功率在 3 kW 以下。电机分为感应异步电机和串励电机。感应电机工作转速为 2800～3600 r/min,电机和泵多为直联;串励电机工作转速为 16000～22000 r/min,大多数通过齿轮减速至 3000～5000 r/min。因为家用微型清洗机主要用于家庭使用环境,所以压力、流量的要求都偏低,使用寿命一般累积在 100 h 左右,通常能满足普通家庭使用 2～3 年。

5.2.1　斜盘式轴向柱塞泵

高速斜盘式轴向柱塞泵结构简单，体积小，超大批量制造时成本低，泵使用效率较高，因此广泛用于家用微型清洗机。这种泵型起源于液压泵，将泵的介质由液压油改为清水，冷却和润滑导致结构上有了变化，其行程短、泵速高的特点适应且满足微型清洗机间断运行的工况。泵零部件的制造采用铝合金压铸、铜锻造、塑料注塑等工艺，在保证有较高强度的同时减小泵的体积和质量。

图 5-5 为斜盘式轴向柱塞往复泵，它是一款电机和高速往复泵连接的斜盘式轴向柱塞往复泵。

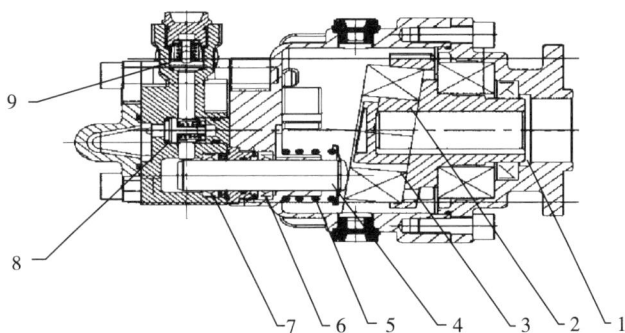

1—传动轴；2—斜盘；3—推力轴承；4—柱塞；5—弹簧；6—油封；7—水封；8—进水单向阀；9—出水单向阀。

图 5-5　斜盘式轴向柱塞往复泵

传动轴带动泵斜盘进行旋转运动（传动轴和斜盘可做成整体，一个零件或分离成两个独立的零件），斜盘上套有推力轴承，推力轴承与柱塞润滑动摩擦带动柱塞上下往复运动，柱塞往复运动带动进水单向阀和出水单向阀进行吸水和压水的过程。柱塞上套有与油箱封油用的油封和套有与高压区密封的水封。同时柱塞在从上止点向下止点回位时用弹簧进行复位。柱塞与斜盘的连接可以是点接触，也可以是卡环连接，后者起到了强制柱塞复位的作用。

柱塞行程由斜盘与泵旋转轴中心线的夹角的正切函数乘以泵三柱塞分度圆中心来计算，确定柱塞行程后可用常用柱塞泵理论流量计算方式进行计算。

5.2.2　微型清洗机的喷枪

由于工作压力和流量都较小，因此微型清洗机的喷枪和卸荷阀结构都比较简单。喷头根据不同清洗需要，分为直线形、扇形、旋转型、直线扇形综合型等。直线扇形综合型喷嘴很有特点，采用整片弹簧钢片冲压而成，在喷头内由调节套强制变形，从而改变喷嘴出口形状，即由正方形小孔改变为长方形薄孔，射流则由圆柱形改变为扇形。推动调节套可改变内喷嘴出水的流向，从而达到高低压转换的目的。图 5-6 为喷枪组件。喷枪的设计说到底是一个开关阀的设计，只是随着压力的不同，设计的受力改变导致结构变得趋于复杂，但阀的原理是杠杆开关原理。家用微型清洗机如图 5-7 所示。

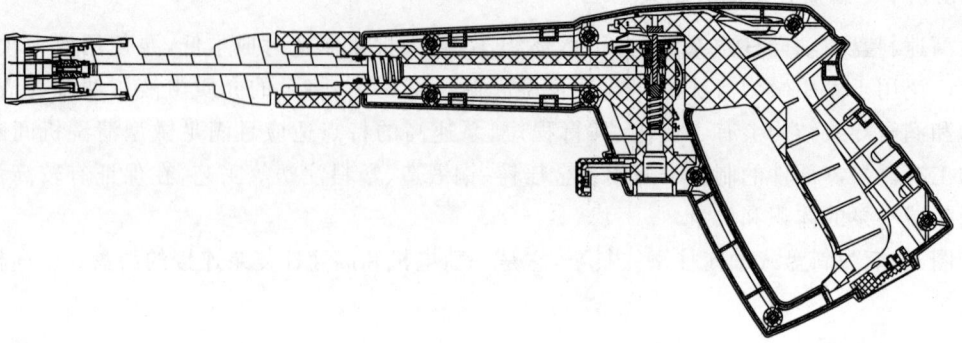

图 5-6 喷枪组件

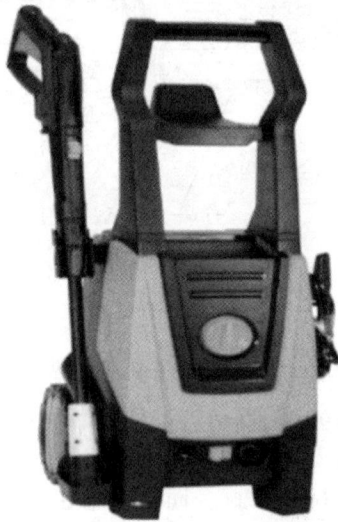

图 5-7 家用微型清洗机

5.3 小型高压清洗机

商用高压清洗机对压力、流量参数要求更为严格,且使用频繁,因此对使用寿命要求更高,一般用于专业汽车清洁美容、建筑物清洗、城市道路清理、公共场所清洁(如医疗机构、娱乐场所、体育场所),以及食品加工场所、养殖场所、基建工程机械的清洗等,可对汽车表面、建筑物、绿化带、路基、管道、加工车间等去除污垢、油渍及特殊表层附着物,达到除垢、消毒、环保的目的。

商用小型清洗机的高速往复泵主要为径向柱塞往复泵,常用的曲轴连杆机构稳定性高。其动力主要有电动机和引擎动力两种。高压往复泵大多与动力进行直接连接,泵速为 $1000 \sim 3600$ min^{-1},由于商用用途的多样性,因此功率参数较高。在高压往复泵上设计调压阀,一般使泵能在 2 MPa 至最大工作压力之间进行无级压力调节。调压阀不仅具有调压功能,还有喷枪单向阀关闭后联动泵进行自动溢流的功能,能满足压力升高和降低的交替变化,以保证机器的稳定运行。

商用小型清洗机根据动力区分有交流电动机动力清洗机和内燃机动力清洗机。商用小型清洗机的工作压力为 10 ~ 50 MPa,流量为 8 ~ 50 L/min,功率为 3 ~ 15 kW。

5.3.1　小型高压往复泵

商用小型清洗机用高速往复泵分为高速斜盘式轴向柱塞泵和高速曲轴连杆式径向柱塞泵。

高速斜盘式轴向柱塞泵结构及装配工艺基本同家用清洗机,泵的体积增大和强度增强,功率在 5 kW 以下,工作压力在 20 MPa 以下,泵使用时间超过 300 h。

曲轴连杆式三柱塞泵如图 5-8 所示,取消了减速器,泵由动力直接驱动,通过直联装配,泵的结构更加小巧,减少了泵的体积和重量,降低了产品成本。泵的转速提高后易损件的寿命会有所降低,噪声也会有所增大,所以泵的加工与装配精度相比低速泵要有所提高。曲轴连杆式三柱塞泵的功率在 15 kW 以下,工作压力在 50 MPa 以下,泵使用时间在 1000 h 以上(500 h 可更换密封件)。

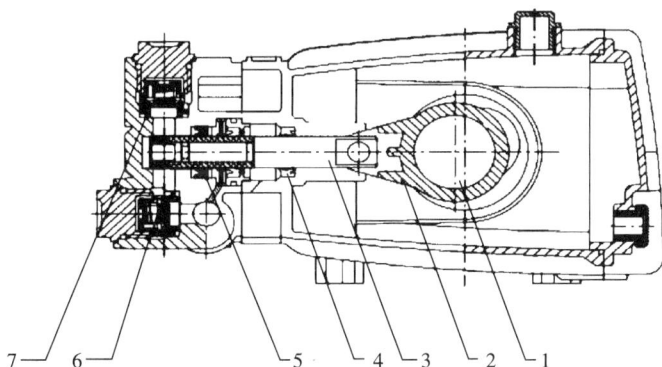

1—曲轴;2—连杆;3—柱塞;4—油封;5—水封;6—进水单向阀;7—出水单向阀图。

图 5-8　曲轴连杆式三柱塞泵

5.3.2　小型高压清洗机

(1)电动机动力小型高压清洗机:交流电动机动力小型清洗机如图 5-9 所示。

(2)内燃机动力小型高压清洗机:内燃机动力高压清洗机由内燃机动力直联带动高速往复泵运行。内燃机动力用汽油发动机或柴油发动机。泵多为径向柱塞泵(曲轴连杆式),内燃机动力功率为 2.175 ~ 11.25 kW,出水压力最高可达 25 MPa,流量最高为 20 L/min。5.25 kW 以下小功率汽油发动机匹配斜盘式柱塞泵,功率为 2.175 ~ 5.25 kW,出水压力最高可达 18 MPa,流量为 10 L/min 左右。内燃机动力清洗机整机外形和产品如图 5-10、图 5-11 所示。

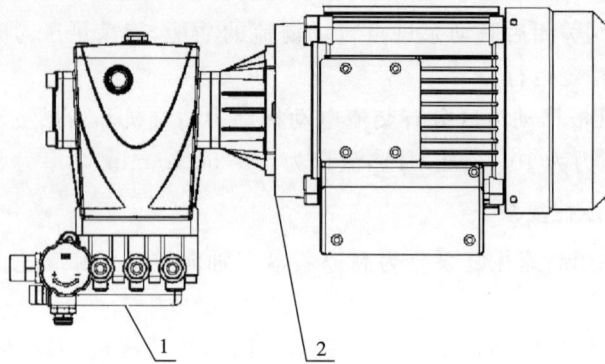

1—高压泵头；2—电机。

图 5-9　交流电动机动力小型清洗机

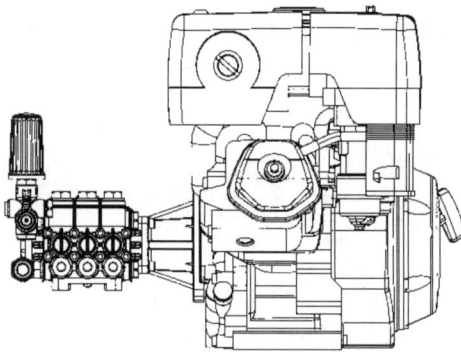

图 5-10　内燃机动力清洗机
整机外形

图 5-11　内燃机动力
清洗机整机产品

（3）高压喷枪：随着压力和流量的不同，小型清洗机与微型清洗机的喷枪结构也不同。喷枪阀体基本用铜或不锈钢制作而成，水管也多以钢材为主。小型清洗机喷枪如图 5-12 所示。

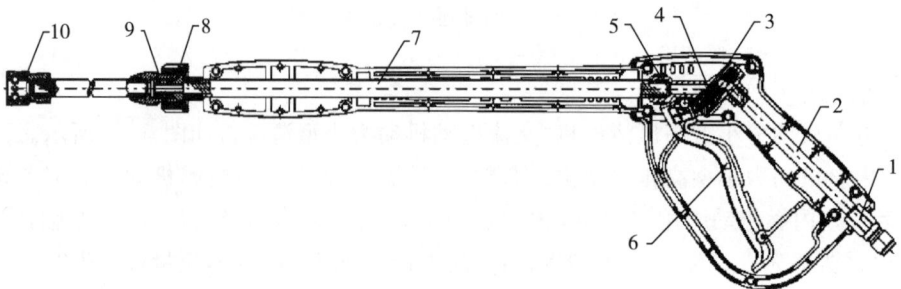

1—进水接头；2—进水管；3—阀总成；4—阀杆；5—接头；6—扳机；7—枪管；
8—枪管外接头；9—枪管内接头；10—喷嘴总成。

图 5-12　小型清洗机喷枪

5.3.3　高温清洗机

高温清洗机是对 $10 \sim 15$ MPa 的高压水射流进行加热(150 ℃ 以内)并加入化学药剂,以提高小型高压清洗机的能力。高温清洗机的机组功率一般不大于5 kW,输出可以是高压冷水、高压热水、高压蒸汽。高温清洗机可以通过喷枪控制按比例自动添加各种清洗剂和防锈剂,是较理想的小型移动式清洗设备。

高温清洗机工作原理如图 5-13 所示。工作时,清水经浮球阀进入水箱,由水箱内的水软化剂软化,再经高压泵升压后进入水加热器按清洗需要加热,继而经高压软管进喷枪,由喷嘴喷出不同形状的水射流,同时通过喷枪控制添加剂的加入。

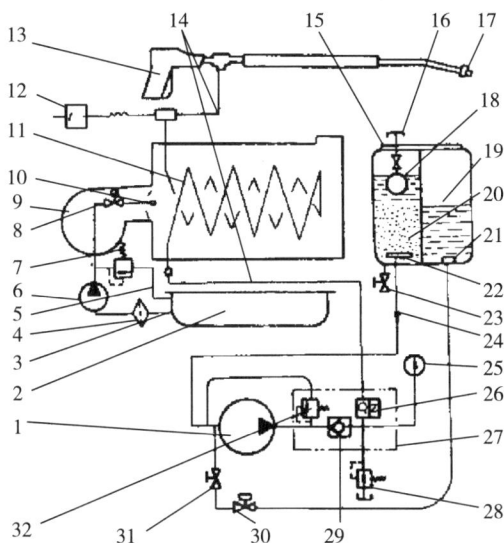

1—高压泵;2—燃油箱;3—进油管;4—滤油器;5—回油管;6—燃油泵;7—油量调节器;8—燃油电磁阀;9—燃油喷射器;10—喷油嘴;11—加热蛇形管;12—温度调节器;13—喷枪;14—高压软管;15—水箱;16—水管接头;17—喷嘴;18—浮球阀;19—化学药剂箱;20—水软化剂;21—药剂过滤器;22—给水管;23—软化控制阀;24—水泵进水管;25—压力表;26—低流量控制器;27—调节组合件;28—安全阀;29—单向阀;30—电磁阀(2DF);31—药剂剂量调节器;32—压力流量调节器。

图 5-13　高温清洗机工作原理

需加热时,燃油泵对燃油箱内的轻柴油进行升压,经过电磁阀控制,送入装有风量调节和自动点火装置的旋风式燃油喷射器,从喷油嘴喷出雾化油,由点火极点火喷入,在二次进风口燃油与气体混合,在水加热器(盘管)内环燃烧加热。

图 5-14 为压力、流量、温度与喷嘴直径的关系曲线。由图可见,当喷嘴直径一定时,压力升高,流量增大,加热温度降低;反之,压力降低,流量减小,加热温度升高。压力流量调节器就起到了合理确定三变量工况的作用。

本机的电气控制自成一体,电源经控制变压器后,24 V 控制电压传至喷枪手柄控制总开关。喷枪总开关又分为三路分开关:一路通过继电器、交流接触器同步控制风机电机、油泵电机和水泵电机,使喷枪处于射流工况;一路通过继电器、输油电磁阀、温度控制器控制水加热器的工作;一路则通过电磁阀定量加药。三路开关分别控制水泵、加热、加药,又可两两相互连锁,实现清水、高温化学的单项或复合清洗作业。

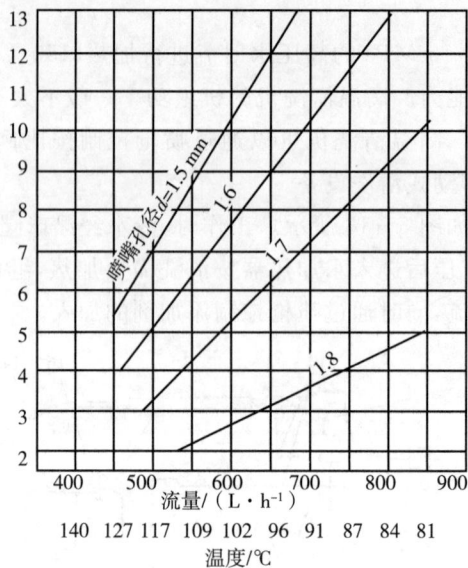

图 5-14　压力、流量、温度与喷嘴直径的关系曲线

药剂通常加水稀释至其质量分数为 20% 时使用,水箱内软化剂为 732 树脂。水泵工作的同时,软化时间显示器累积计时。

自动零件清洗机是小型清洗机和高温清洗机的变形产品。其由高压泵、电加热器、药液箱、清洗室、被清洗零件工作转台、管路系统和 3 个机械自动控制摆动的喷枪组成。药液箱的药液由电加热器自动控制加温,经高压泵形成高压水至 3 个喷头形成摆动射流。高压、高温药液的摆动射流,加上工作台的旋转,完成工件在密闭工作间的清洗工作。清洗液经清洗室流回药液箱,经过滤后重新使用。针对难度小的清洗,则在小型高压泵基础上组成冷水型自动零件清洗机。

5.3.4　低压通过式清洗机

低压通过式清洗机是采用网状输送带传动被清洗的机械零件,具有清洗液喷洗、清水喷淋漂洗、压缩空气吹干等多种功能的连续清洗设备。其主要目的是以水代油,用于机械、汽车行业各种零件的油和污垢的清洗,提高设备的清洁度指标。

该清洗机由清洗液和漂洗液喷淋、清洗液和漂洗液加热、输送带及其传动、压缩空气吹干、排风、油水分离和电气等部分组成。

工作时,被清洗工件置于输送带上,依次通过清洗室、漂洗室和吹干室,完成清洗、漂洗和吹干全过程而出料。清洗液和漂洗液流入回水箱,经油水分离器和过滤处理后循环使用。清洗液与漂洗液喷淋系统配置相同,即分别由单级离心泵、管路及布置在工作室内的环状密集喷嘴组成,喷嘴可在 30° 范围内调整射流方向。

清洗液与漂洗液加热系统有电加热和蒸汽加热两种。电加热采用管状电热元件;蒸汽加热则由蒸汽电磁阀、换热器和可调式恒温疏水阀组成。清洗液与漂洗液加热系统的加热温度由常温至 75 ℃,自动控温。

压缩空气吹干所用喷嘴布置在吹干室的环状喷管上。

图 5-15 为高压通过式水射流清洗流水线,常用于大型工件的清洗和除漆。不难看出,清洗、漂洗、滤除和吹干的全过程采用了自转喷头和机器人相结合的自动化作业,工件只需从降噪密封舱通过即可达到洁净的目的。

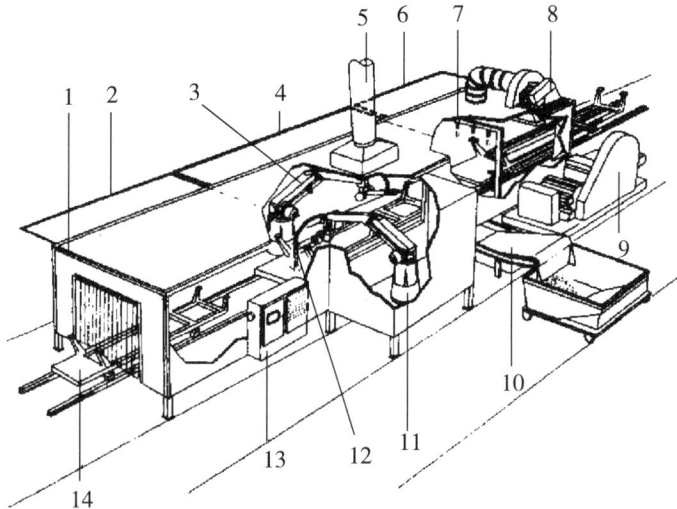

1—降噪密封舱;2—Ⅰ分舱;3—2 号机器人;4—Ⅱ分舱;5—排气管;6—Ⅲ分舱;7—漂洗头;8—鼓风机;
9—高压泵机组;10—滤除器;11—1 号机器人;12—自旋转喷头;13—系统控制柜;14—工件输送车。

图 5-15　高压通过式水射流清洗流水线

5.4　锂电清洗机

由于电动清洗机对电源的依赖性及引擎动力清洗机的体积偏大,因此市场需要一款小巧、便携式清洗机,摆脱电源束缚,适应室内室外多场景冲刷清洁需求。移动便携是锂电清洗机的一大优势,丰富的水型也能实现多方位清洁,节水、环保。锂电清洗机解决了传统清洗设备对电源的依赖,相较于引擎动力,其噪声小,移动方便,适合人员密集场所使用。

锂电多功能清洗机因不受电源限制和拥有压力适中的特性,用途很广,可用于物体清洗、植物浇水喷雾、环境消毒、加湿降尘等。

锂电多功能清洗机的高速往复泵结构不限于轴向柱塞泵和径向柱塞泵,主要追求的是小体积和高效率的特性。其工作压力为 $1 \sim 10$ MPa、流量为 $1 \sim 5$ L/min、最大功率在 2000 W 左右。

锂电清洗机的整机按结构形式分为手持一体式锂电清洗机、机芯和喷枪分离式锂电清洗机。

5.4.1　手持一体式锂电清洗机

手持一体式锂电清洗机把小巧、高效直流电机驱动的泵集成到手持式喷枪里,不再需要烦琐的管路连接,也不再有主机和喷枪之分,整机就是一台一体式的清洗机。其使用简单,非常符合人们追求简洁、轻便、移动使用的需求。随着电池技术的持续发展,这类产品在未来具有较广阔的应用前景。

手持一体式锂电清洗机因结构限制,相对功率偏小,配带的电机为 $120\sim350$ W,压力为 $1\sim2.5$ MPa,主机多为单柱塞曲轴泵,泵速为 $1000\sim2500$ min^{-1},使用时间可达 100 h。

锂电电压为 $20\sim40$ V,锂电容量通常为 2 A·h,使用峰值压力时,可续航 $10\sim20$ min。机组设计紧凑,整体手握,可做到长 45 cm、重量在 1.3 kg 左右,单手握持操作轻巧。喷嘴设计有多种水型,喷水和泡沫模式可通过旋转喷头实现。

手持一体式锂电清洗机通常采用高速单柱塞往复泵,传动形式不限。其与家用微型清洗机或商用小型清洗机的主要区别是此泵不需要设置溢流阀,通过电气来控制电机和泵的启停。手持一体式锂电清洗机结构如图 5-16 所示。

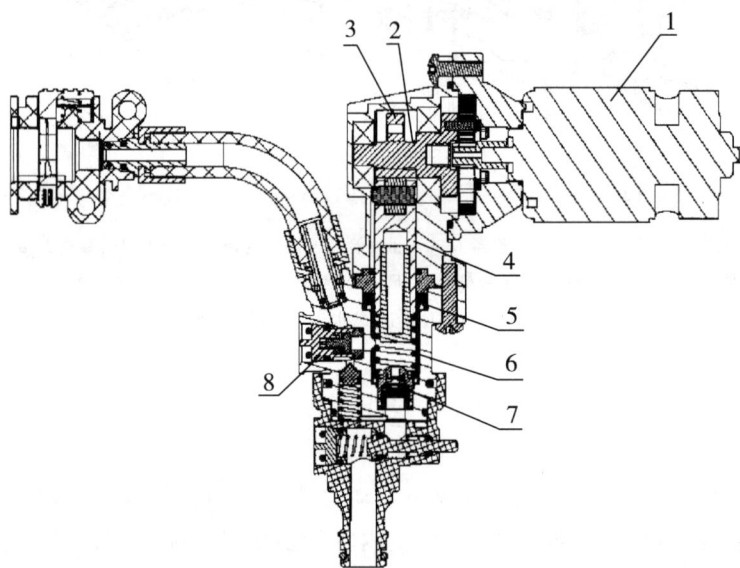

1—电机;2—传动轴;3—凸轮;4—柱塞;5—水封;6—柱塞弹簧;7—进水单向阀;8—出水单向阀。

图 5-16　手持一体式锂电清洗机结构

手持一体式锂电清洗机机芯和喷枪设计成一体化,可手持清洁作业。手持一体式锂电清洗机外形如图 5-17 所示。

图 5-17　手持一体式锂电清洗机外形

5.4.2　机芯和喷枪分离式锂电清洗机

机芯和喷枪分离式锂电清洗机(见图5-18)与手持一体式锂电清洗机相比,功率更大,压力和流量更高。机芯和喷枪分离式锂电清洗机配带的电机为 350 ~ 2000 W,其输出压力为 2.5 ~ 10 MPa,配带的主机多为高速斜盘式柱塞泵,泵速为 2500 ~ 3500 min^{-1},寿命可达 100 h 以上。锂电电压为 36 ~ 60 V,锂电容量通常为 2 ~ 4 A·h,可续航 10 ~ 20 min。

机芯和喷枪分离式锂电清洗机的喷枪同家用微型清洗机的喷枪基本相同,个别机型外观和微型家用清洗机相似。

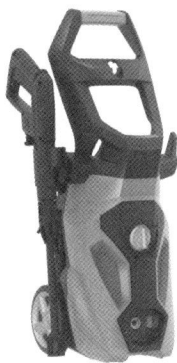

图 5-18　机芯和喷枪
分离式锂电清洗机

5.5　高速泵的共性技术

高速泵需要更高的技术要求。这些技术要解决以下几个方面的问题:泵的发热、泵的振动及噪声、传动箱的刚性、泵的阀组、泵的流道、泵的承压性能、泵的密封性能、泵的经济性等。

5.5.1　泵的发热

往复泵将机械能转化为高压介质(高压泵一般使用的介质为清水)能量,这个能量转化会有一定的机械能损耗,这些损耗大部分会转化为热能。这些热能需要及时向外散发出去,这个过程主要有两种方式:一是与泵表面的空气进行热交换,二是热红外辐射。热散发性能与泵的外表面积大小直接关联。此外,泵对外散发热量需要一个势能,也就是泵与外界空气的温差,温差越大,泵对外散发热量越快。在泵持续工作时,泵内温度升到使泵产生热量与散发热量相等时,才会稳定下来,不再上升。

因为高速泵体积比较小,外表面积也比较小,所以对相同功率的泵来说,高速泵散发热量相对较差。当泵运行温度升高时,泵的润滑油润滑性能变差,机械能损耗加大,泵会继续升高温度,一旦形成这样的恶性循环,会直接导致泵烧坏,所以高速泵设计与制造技术重中之重的任务是控制好泵的温度,因为泵的温度直接影响泵的寿命和经济性。

首先,要控制热源的产生,也就是减少泵的机械能损耗。这就要求设计好泵内润滑方式,减小各摩擦部位的摩擦力;设计好传动箱体的刚性,减少泵工作时的弹性变形;在制造时要提高加工精度等。其次,要设计好热量发散途径,如必要时可以加大散热面积和加装水冷系统等。为了更好地散热,增强传动箱体热传导性能,通常采用铝合金材质制作传动箱体。只要控制好热源产生和热量发散,泵的温度就很好控制。对于高速泵来说,一般泵内油温控制在 90 ℃ 内为宜。

5.5.2　泵的振动及噪声

泵的振动是泵在工作时内部各部件复杂受力产生的,这些力直接导致泵外部部件交替弹性形变,这个形变就引起泵的振动。复杂受力主要包括以下几个方面:三个柱塞交替抽压缸内的水所需的力(这里以三柱塞往复泵为例);柱塞及十字头的往复运动、连杆的摆动加速度和曲轴旋转的向心加速度所产生的力;各阀开闭时的撞击力。这些力的反作用力都会作用在泵的外部部件上,当然这里谈及的振动排除了原动机对泵的影响。对于高速泵来说,由于其重量轻、转速高,因此振动幅度大、频率高。

泵运行中,高频率的振动是噪声构成的一部分。对于 3000 min^{-1} 的泵引发的振动,全部以声波发散形成 50 Hz 的声波,这个声波只是低音频范畴。即便三柱塞增频,也只有150 Hz,也还是低音频范畴。振动产生的噪声不会刺耳,它的能量等级远小于内燃机产生的噪声等级。当高速泵配置的内燃机为原动机时,原动机的噪声会盖住泵的噪声。虽然振动产生的噪声不刺耳,但它的能量是有一定等级的。当高速泵配电机动力时,高速泵的噪声就会比较突出,会比普通泵高一些。泵除了振动产生噪声外,阀开闭撞击、内部滑动摩擦和润滑油高速搅拌等也会产生噪声。对于高速泵来说,有些噪声是避免不了的,但有些通过处理是可以减轻的,如将泵悬空安装(小型高速泵往往将轴与原动机轴直接相连,泵输入轴端法兰直接扣拧在原动机轴端面上,而泵下面不需要任何固定)改为紧固地面或强基础安装,这样可以减轻泵的振动及噪声。此外,加强传动箱体结构、减小运动件的质量、减小旋转体(如曲轴泵的曲轴、斜盘泵的斜盘)重心偏心距,也能很好地减轻泵的振动幅度和噪声。对于阀开闭撞击声,可以加大阀安装基体质量,从而吸收撞击能量,减小噪声。

5.5.3 传动箱的刚性

增强传动箱的刚性,能有效地提高泵的机械转换效率,减小发热、振动和噪声等。有些场合,传动箱刚性差还会导致经常性的漏油和漏水。例如,传动箱与传动箱后盖配合,如果传动箱刚性差,那么工作时传动箱交替变形。这些变形使后盖配合面做间隙变动,若控制不好这个间隙,配合面设置的弹性密封材料又不能及时补偿变动间隙时,则此处极易出现漏油现象。所以,在泵产品设计时需要对关键零部件做数值分析或模拟,确保最优化。一种高速泵在额定工况运行,对三个柱塞分别运动时做受力变形模拟得出,泵传动箱体工作时最大变形量为 0.018 mm,在曲轴轴承安装孔附近最大应力不大于 1.5×10^7 Pa。

5.5.4 泵的阀组

对于往复泵来说,进出水单向阀的开闭频次与泵主轴转速相等。对于高速泵来说,转速提高了,阀的开闭频次就要加快,阀的响应速度也要加快,否则泵的容积效率就会下降,达不到有关标准的要求。为提高阀响应,高速泵不能采用像普通往复泵一样的平面阀,因为平面阀在闭合状态突然打开时,外部的水来不及从接触面边缘缝隙进入平面中间,从而出现黏滞现象,而当阀关闭时,平面阀中间的水被挤出较慢,闭合不严,这样会影响泵的容积效率。高速泵的单向阀最好采用锥面与球面配合,也就是阀座采用锥面,阀芯(阀片)采用球面(与阀座接触部位)(见图5-19)。这样阀芯与阀座接触是一条环形线,当阀关闭并受较大压力差时,阀芯作用在阀座上的力较大。随着泵长时间工作,阀芯高频次撞击阀座,阀芯与阀座接触线(又叫作阀线)处会变形。由于阀芯和阀座大多是采用奥氏体不锈钢制作,因此奥氏体不锈钢有冷作硬化的性能。随着阀芯撞击阀座,这个接触线附近强度越来越高,所以这种阀也能满足泵长时间工作的需求。对于高速泵来说,阀的开闭速度还与阀芯重量和阀芯复位弹簧力息息相关。阀芯太重,就需要更大的弹簧力去推动它及时关闭,打开也需要更大的压力差,所以阀芯往往设计得很薄,有时呈片状,此时就称阀芯为阀片。对于高压力的泵来说,为使阀芯有一定的承压能力和抗撞击能力,阀芯需加厚、加重,加重阀芯需要加大弹簧力,否则会影响容积效率,而加大弹簧力又会影响泵的自吸性能,严重时还会使柱塞缸内吸空,形成空化现象。所以,高速泵阀设计时,在满足阀工作能力的条件下,尽可能减轻阀芯重量,同时把握好自吸性能与容积性能的平衡。

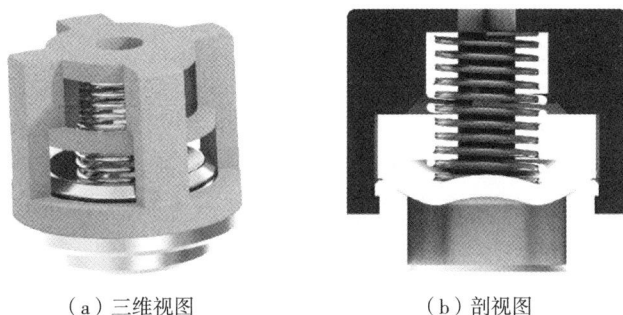

（a）三维视图　　　　　　（b）剖视图

图 5 - 19　一种微型高速单向阀结构

5.5.5　泵的流道

对于高速泵来说,泵头（液力端）的设计尤为重要。由于三柱塞排布比较紧密,会影响进出水阀安放空间和大小,也会影响流道设置,因此高速泵往往设计成小泵大通道,有些还采取内部腔室特定扩大（外口小、内腔大）。同时,高速泵单向阀设计得比较小,但进水通道设计得却较大,只有这样才能确保泵在正常工作时,不至于造成空化现象。对于一些体量较小、转速又特别高的泵,则单向阀设计成工作时需要强制进水,如家用清洗机用泵大多需要有压供水。

5.5.6　泵的承压性能

与普通往复泵相比,高速泵体积虽小,但泵的工作压力并不小,而且泵的内部通道也不小,加上部分泵头内部还要扩腔,所以小泵头需承受极限压力冲击。对于微小型往复泵来说,大多采用截流式关枪方式,在关枪时,泵内需要承受更高压力的瞬时脉冲压力,该压力会达到额定压力的 1.2 ～ 1.4 倍。此外,小型高速泵因经济性和批量生产而出现,其泵头大多采用易加工的铜合金材料,部分微型家用清洗机泵头用铝合金制作而成。用这些材料制作承压件,需要做充分的模拟或试验验证,确保产品能够承受双倍额定压力（静压试验）。

5.5.7　泵的密封性能

确保泵在工作时和工作间隙不出现漏油、漏水现象,其密封可分为油密封和水密封,也可分为静密封和动密封。油密封主要在传动箱体部分,油静密封主要部位有各边盖（含后盖）密封、油窗密封、加油放油螺孔密封和通气油塞密封等,这些部位大多可以采用 O 形圈、异型密封圈和纸垫密封完成。O 形圈,一般采用径向密封和平面密封,异型密封圈一般采用平面密封方式。这些密封圈安装时应能保证密封圈截面直径10%～15%的压缩变形量，各密封圈应设置在相应的密封槽内，密封槽应由需密封的零部件共同构成，密封圈应占槽内80%～95%的空间。油密封有主轴传入旋转油封和柱塞（或十字头）往复油封，需要主轴或柱塞（或十字头）与密封唇口接触部位材质有一定硬度，表面也要有一定的光洁度，且工作时跳动较小。高速泵因工作时油温较高，油的黏度降低，更易飞溅，油也会附壁爬升，所以其密封部位必须注意。通气油塞应设置在不易被油飞溅到的部位，要保证通气口与油飞溅到的部位有一定的距离，而且通气口应有足够的通径。此外，参与油密封的各类密封圈和油封使用的材质应选用耐油的丁腈橡胶（NBR）、氢化丁腈橡胶（HNBR）和氟橡胶（FPM）。动密封的油封与轴或柱塞相互摩擦，接触部位局部温度较高，可采用耐高温性能更好的HNBR和FPM材质做密封件。

水的密封主要在液力端（小型高速泵将液力端各大部件集成于一体，称为泵头），水的静密封也大多采用O形圈。当O形圈用于高压静密封时，要求O形圈挤出方向间隙控制越小越好。对于一些承受较高压力的O形圈或具有交变压力部位的O形圈，应当通过螺纹拧紧方式将其挤出方向间隙挤压为零；对于一些不能消除挤压方向间隙的，则应在O形圈低压侧设置一个聚四氟乙烯挡圈，这里挡圈的作用是保护O形圈。

普通往复泵液力端动密封多采用填料（盘根）密封，其作为易损件需要经常更换，更换需要专业人员操作。而高速往复泵大多用于民用市场，一般不需要经常性更换配件。高速泵液力端动密封一般采用两级密封结构，即采用高压密封和低压密封，高压密封采用成型的夹布橡胶密封件（也称为"主水封"），低压密封采用成型的丁腈橡胶密封件或O形圈（常称作"副水封"）。在主水封与副水封之间要有一个少量存水空间，这个空间一般与泵头进水通道相连，空间里存放少量水可以使柱塞与水封摩擦时得到润滑和冷却，这个空间也可以接收主水封泄漏出来的少量水。水封结构如图5-20所示。

图5-20　水封结构

高速泵因柱塞直径较小，柱塞线速度较大，所以水封与柱塞的摩擦较大。柱塞摩擦部位相对集中，再加上压力越大，水封抱柱塞力也越大，导致水封与柱塞的摩擦力更大。如此大的摩擦力会使柱塞和水封局部温度升高，所以高速泵需要柱塞在水封前后都有水来冷却，这里的水与进水通道中的水或泵头里的水进行交换。一般柱塞往复运动能够引起主副水封窜动，造成主副水封间少量容积变化，这个容积变化加上主水封少量漏水就能实现主副水封间的水与泵头内水交换。

在主水封后方需设置一个用聚四氟乙烯制作的水封挡圈，水封挡圈能有效地保护主水封。当主水封受水压作用时，作用力挤压水封挡圈，其受压后先变形使柱塞与水封挡圈间隙缩小，主水封无法从柱塞与水封挡圈中挤出，水封挡圈也分担主水封密封功能。聚四氟乙烯制作的水封挡圈具有较好的润滑性，也能减轻摩擦发热现象。此外，还可在主水封前设置一个支撑环,这个支撑环可以控制或减缓主水封在柱塞往复运动作用下的窜动量。

5.5.8　泵的经济性

高速泵是批产量极大的生产线装配产品,因此降低生产成本的意义重大,这需从每一个工艺环节做起。采用硅铝压铸成型传动箱体是高速泵最主要的工艺特色,这个工艺得到的传动箱体外形精准可控,易后续机加工,同时可以满足热传导性能,且大幅减轻产品重量。但高速运动下的柱塞磨损和发热是该工艺的主要问题,常用的解决办法是对其表面火焰喷涂硬质粉末合金或采用陶瓷柱塞。柱塞的表面硬化和精磨加工是提高其寿命的有效方法,也是微小型清洗机用泵的工艺特色之一。

5.6　微小型清洗机智能工厂

智能工厂是指在企业研发、生产、管理、供应链、服务等环节深度融合数字孪生、人工智能、大数据、物联网、元宇宙、边缘计算等新一代信息技术的工厂。基于新一代信息技术构建企业大脑,辅助企业生产运营管理和智能决策,驱动业务系统的智能化升级,实现企业的个性化、定制化、精细化的生产和服务。智能工厂在建设过程中应围绕数字化设计、智能化生产、绿色化制造、精益化管理、智慧供应链、高端化产品、个性化定制、网络化协同、服务化延伸、模型化发展等几个方面进行。

对于数以百万计的高速泵及微小型清洗机产品,提高产品质量的一致性和生产效率,进而降低产业成本,实现智能化生产势在必行。

5.6.1　产业化智能工厂实践

微小型清洗机产业链上游主要包括塑料、钢铁、铝合金、铜线等制造业,下游是家用消费终端、汽车行业、建筑业、食品加工行业、公共市政的终端用户。

智能工厂总体建设规划充分参考和借鉴了两化融合、《中国制造 2025》和《国家智能制造标准体系建设指南(2021 版)》,面向产品的全生命周期管理,以新一代信息化技术及高效、节能、环保型智能产品与装备为基础,通过技术融合、产品融合、业务融合、产业衍生,建立企业大脑平台,集中对工厂设备状态、车间工况、运营环境、生产数据、运维服务和管理信息等内部数据进行实时采集和云端汇集,从而构建一个实时、高效、精准、透明的采集系统。将企业大数据融合,通过大数据分析、云计算等技术,进行大数据集成分析,整合内部数据与外部物联数据广泛连接,形成数据大协同、大共享。

5.6.2　智能压铸车间建设

智能压铸车间作为清洗机泵组件毛坯生产的源头车间,是能耗最大、环保要求最高的车间,作为智能化升级的车间,主要以降低能耗、智能生产、绿色环保为目标。

压铸智能化升级总体规划主要包括厂房基建设施改造、智能立体仓储单元、集中融化单元、智能集中供铝单元、智能压铸生产单元、智能搬运单元、智能时效单元、智能保温炉单元、模具智能化更换、集中供应收集管道建设单元模块项目等。

构建压铸智能生产加工及控制系统,采用高效、低耗、健康、环保型智能装备及智能组件,融合新一代信息化技术,组建柔性化、透明化、智能化、模块化的制造单元。

(1)车间物料供应采用自动导向车(AGV)为主的新型搬运方式,由需求端呼叫的模型改变为由 MES 系统智能调配模型,使搬运系统更加智能且 AGV 搬运利用率最大化。通过优化,AGV 数量也由设计前的 22 台变成 15 台,即可满足整体车间的压铸件产品、模具、铝锭、渣包的自动搬运。

(2)集中熔化炉是压铸前端的重要工艺控制设备。新研发的智能集中熔化炉能严格控制熔化炉表面温度,提高燃烧效率,降低能耗,按照年熔化铝 12000 t 计算,可节省 240000 m^3 的天然气。另外,集中熔化模块采用超低氮燃烧机,最大限度地减少氮氧化物的排放量。每天需要的铝锭通过 MES 系统下发到智能立体仓库,由 AGV 搬运到熔化炉上料的指定地点,拆跺机构拆跺后由六轴工业机器人拿取放到投料机构进行上料,整个过程实现无人化操作。

(3)集中供铝单元采用六轴工业机器人搭配自动小车,移动控制精度保证在 2 mm 以内,铝液运送温度损耗平均控制在 2 ℃/m,铝液配送温度保持在 720 ℃±10 ℃,既降低了保温炉的能耗,也确保了压铸产品的质量。铝液配送设计为架空配送,既满足高自由度的配送需求,也满足场地空间的利用,还便于安全防护的实施,整个送料过程无人员参与。

(4)智能压铸单元(见图 5-21)采用六轴工业机器人+智能组件+传感器,实现了机器人喷淋、机器人取件、产品检测、自动风冷、自动去渣包、自动切边、自动去毛刺、机器人码垛、AGV 运输、脱模剂自动回收、产品在线检测、地面废屑自动收集、去毛刺铝屑自动收集、压铸机铝屑收集、压铸机智能清洗等功能,设备生产等数据自动采集、分析,远程监测、反向控制等管理功能,设备异常处理流程自动切换、支持高级排产等功能。通过对模具及压铸工艺的配比,由以前最多1模4穴改为1模8穴,生产效率直接提升1倍。

图 5-21　智能压铸单元

(5)车间配套建设 500 m^2 的智能化立体线边库,配合 AGV 搬运小车等智能化组件,实现铝锭、模具、辅材自动出入库。通过 MES 系统下发指令到 WMS 系统,智能立体仓库将所需的物料通过 AGV 输送到指定地点,并将需要入库的产品、刀具、空托盘等搬运到立体仓库入库口进行自动入库,整个调度作业过程无人员参与。

（6）压铸零部件去毛刺单元（见图 5 - 22）采用两台去毛刺机器人＋电主轴及"360°浮动＋旋转锉刀"组合进行去毛刺。R1 机器人负责把产品从前工序拿取到去毛刺工作站，使用"360°浮动＋旋转锉刀"或"感性电主轴＋铣刀"去除产品合模线毛刺（根据产品预先设定的程序，自动选择合适的去毛刺刀具），去除完成后，转交给 R2 机器人去除剩下的毛刺，整体去除完成后放置在 CCD 相机处进行检测，合格后放入成品箱内，整个检测在 30 s 内完成，不合格的产品在系统记录后，由 R1 机器人放置在安装有 RFID 的不良品箱内。去毛刺单元能够实现多品种、小批量的自由自动去毛刺功能，保证产品去毛刺精度在 0.2 mm 以内，压铸单元能耗降低 30%，中间在制品数量由以前的 300 个到现在的"一个流"作业，实现精益化管理。通过在线检测，产生的不良品直接由机器人放入不良品料箱，通过 AGV 自动搬运到集中熔化炉上料处进行智能配比回炉，整个过程无人员参与。

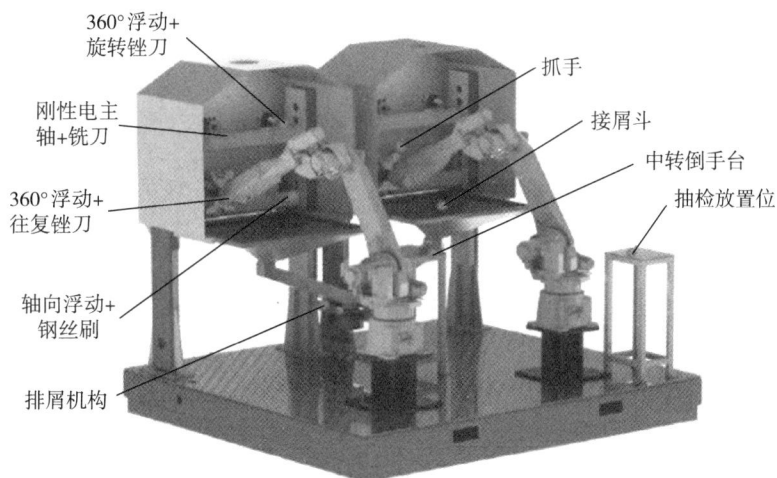

图 5 - 22　去毛刺单元

压铸智能车间建设完成实现 30 s/ 模节拍，效率提升了 50%，一次下线合格率达99.8%，整体能耗降低了 35%，直接场地节省 2200 m²，直接作业人员减少 22 人。

5.6.3　智能机加车间建设

智能机加车间建设分为压铸件、转子件及型材件加工类型，采用不同的智能化装备及智能化组件，组合成柔性化、透明化的加工单元。

压铸件作为清洗机的核心部件，在智能生产方式上采用高精度智能加工中心＋机器人＋在线清洗＋在线检测，组合成柔性化、透明化的加工单元。实现机器人上下料、设备在线清洗、产品在线清洗去毛刺、产品在线检测、刀具在线更换、刀具在线检测、刀具自动补偿等功能，既能满足产品在单个单元加工完成，也能将多个单元组合加工以自由组合的形式应对其他的复杂工艺产品。在批量较少时，能够将工艺整合到一个单元进行加工，满足车间多品种、小批量的加工方式；在产品批量较大时，采用工艺分解的方式进行加工，满足日产能需求。例如，泵体在单个单元的加工节拍是 180 s/ 个，采用两个单元进行组合加工时节拍为 55 s/ 个。加工完成后由机器人拿到在线高压清洗设备，将残留在产品内的毛刺去除干净并能满足产品洁净度要求,通过在线检测设备(接触式与非接触式的组合)实现产品外观和尺寸的检测,满足生产工艺要求。检测的不良品由机器人放置到安装有 RFID 的不良品箱内,由 AGV 搬运到不良品区进行确认处置。加工效率较之前提升了 10%,能耗降低了 5%,做到加工过程无人化管理。

智能加工中心使用的刀具是工艺控制的重要设备。导入刀具管理系统进行装刀,通过线外的智能化装刀系统装刀完成后,送往需要装刀或更换刀具的加工设备处,加工设备通过系统完成每把刀具的对刀,并记录到加工设备刀补上。在加工产品时,设备会根据主轴的电流参数、热补偿传感器、在线对刀仪进行检测,并能自动进行位移、长度补偿。对于损坏的刀具,自动调用备用刀具并发送刀具异常信息给 MES 系统,指令刀具线外装刀后进行更换。通过线外装刀、备用刀具管理系统的融合使刀具损坏异常停线时间降低了 90%,每日可降低异常时间 50 min。

加工车间总体建设完成,实现直接作业人员减少 80 人,仓库使用面积减少 1980 m²,作业效率提高 20%,能耗降低 5%,一次下线合格率 99.8%,设备稼动率达 85%。

5.6.4 智能注塑车间建设

注塑车间作为清洗机零部件的重要车间,以生产清洗机外观件与装饰件为主,生产过程对产品的外观与色差品质控制要求极高。在智能车间升级中,除使用智能注塑设备、智能组件外,材料的智能配比、原料集中供应及产品换色、注塑模具自动更换、自动化去除飞边、在线品质检测尤为重要。智能注塑车间建设以降低能耗、提高品质、无人化作业为目标,直接减少作业人员 50 人,降低能耗 20%。

智能注塑车间生产也采用注塑单元,每个单元搭配 1 台注塑机、2 台机器人、去飞边装置、在线检测组合成高柔性、透明化的生产单元。生产计划通过系统直接下达到注塑设备,原辅材料通过配套建设的立体仓库,由 AGV 小车搬运到集中输料区,烘料完成后经过管道输送到指定的生产设备,原料通过预设好的配比比例,经在线配比完成后,通过注塑设备成型,由 R1 机器人拿出送到 R2 机器人处进行去飞边作业,去除完成后经特殊光源或环境进行在线检测。不合格品经机器人放到粉碎机粉碎后再加工,合格品由机器人放到安装有 RFID 的专用料箱,经 AGV 搬运到立体仓库进行入库。

5.6.5 智能组装车间建设

组装车间采用细胞生产单元与协作机器人组合成为具备柔性化、敏捷化、透明化的组装单元线。针对通用性较强的零部件则采用单机生产单元作为次线生产,泵组件自动化组装单元线、泵老化智能测试单元线、成品组装自动化单元线作为主线,以满足不同产品的自动化组装工艺要求。

泵组件自动化组装单元线分为泵头部件组装部分、连接座组装部分、泵体组装部分。各部分组装完成后,机器人将 3 个组件组合并送往螺丝锁紧工序进行连接锁紧,通过扭力来控制螺丝的锁紧度,锁紧后的产品通过输送线送往泵老化智能测试单元线进行测试,测试合格后流转到成品组装自动化单元线进行总装,不合格产品由机器人拿到不合格传送线,再送到不合格维修区,不良品信息由生产系统进行记录反馈给人工处理区看板,供人工拆解确认后进行返修。组装过程除调试人员外,无直接作业人员参与组装。

产品组装工序全部采用在线检测,每个工序的组装时间、质量状态、生产节拍、生产设备信息都被系统实时记录。整机老化测试是整机生产质量控制的关键,泵老化智能测试单元线采用 MES 关联,通过二维码或 RFID 识别,自动分辨产品规格型号,自动调用测试程序及预设的调试、检验标准,自控系统自动完成加载,所检验的结果自动形成数据,并上传到数据库,全过程无人工参与,实现联机工作。将测试的数据包括产品型号、生产日期、电流、电压、转速、压力、流量、测试设备信息、不良信息等传送到生产、质量数据库,基于云计算及大数据的优化,完善下个周期的生产数据。

组装车间建成后可达到日产 2 万台清洗机,直接作业人员减少 350 人,能耗降低 3%,场地节省 1200 m²,一次下线合格率达 99.8%。

以上智能化车间升级都融合了新一代信息技术与设备互联进行信息交互、系统集成,运用软件技术、互联网技术、自动分拣技术、光导技术、RFID、声控技术等先进的科技手段和设备对物品的进出库、存储、分拣、包装、配送及其信息进行有效的计划、执行和控制,确保产品、物料仓储配送智能化、敏捷化、精益化管控。依托 ERP、MES 等信息化系统集成,建设车间级控制中心,对生产过程、品质、安全、环保等统一进行监控,实现作业文件自动下发与执行、设计与制造协同、制造资源动态组织、生产过程管理与优化、生产过程可视化监控与反馈、生产绩效分析、异常管理,提高生产过程的智能化和可控性。

5.7　超高压直联泵

5.7.1　新型的超高压泵

水切割用的主机超高压泵一直采用以增压器为主的型式,即便使用三柱塞泵,也一定要减速,以低泵速运行来保证可靠性。直联泵的高泵速使超高压泵的体量得以极大地降低。直联泵的直观优势是因排出压力脉动平稳,机组省去了超高压蓄能器,减少了危险点。当然,这一观念上的创新还需要在运行可靠性上下功夫。从应用效果来看,直联泵机组的水切割机已成为新的趋势。

超高压直联泵是指压力在 300 MPa 以上,驱动电机与泵输入轴直接通过联轴器连接的超高压泵。超高压直联泵具有效率高、体积小、噪声低等特点,目前普遍应用于水切割领域。长期以来,三相异步电动机一直是用于超高压泵驱动的主流动力,因各种原因,电机需要通过皮带轮、减速机等装置减速后再与泵连接,这会造成一定的能量损失,还占用很大的空间。于是,以永磁同步电机为代表的高效电机与超高压泵直联的形式得到市场认可,尤其是在水切割机大路产品占有相当大比例的情况下。诚然,直联泵的排出压力与传统增压器相比尚有差距,但是它将超高压泵推到一个高速化的新起点,这将给往复泵各种产品的更新换代带来启示:传统的设计原则不是一成不变的,随着技术水平、加工能力和材料工艺的提高,泵速的提高、泵的显著轻量化不再是可望不及,而是由此产生结构和功能更先进的泵产品。

5.7.2 直联泵机组

超高压直联泵通常采用三柱塞往复泵的形式,其传动端为由曲轴和三个连杆构成的曲柄连杆机构,把驱动电机的旋转运动转化为柱塞的往复运动,同时把驱动电机的机械能传递给被输送液体。图 5-23 为由永磁同步电机驱动的超高压直联泵。

虽然泵的基本结构与传统结构相似,但因泵速的提高,各零部件的静态和动态数字关系有了很大变化,由此产生了狭小空间内润滑和冷却的差异设计,小尺寸零件的精密制造。电机与泵直联,没有减速机构,有效地节约了空间。箱体采用高标铸铁材料,内部飞溅润滑,从曲轴到十字头,均无须强制润滑。十字头通过飞溅润滑产生的油膜而实现动压支撑,从而保证运动精度。

(a)整体外观三维效果图　　　　　　(b)局部透视三维效果图

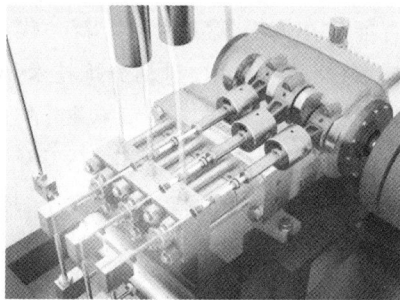

图 5-23　由永磁同步电机驱动的超高压直联泵

5.7.3 泵的液力端

液力端是实现超高压工况的核心所在。超高压直联泵液力端如图 5-24 所示,其为目前主流超高压泵直联的液力端机构,相对传统超高压泵,它有以下特点。

(1)传统往复泵密封以填料函为主,而直联泵则采用超高分子聚乙烯(UPE)密封材料,由内圈和外圈组成一个万向自定心的结构,实现柱塞往复运动的动态往复密封(见图 5-25),密封与柱塞运动产生轻微偏摆随动,从而始终保持与柱塞同心。

(2)传统往复泵柱塞通常为硬质合金材料,而直联泵则采用工业陶瓷(氧化锆、氮化硅等)。

(3)传统往复泵的柱塞导向装置(轴承座)为各类铜合金材料,而直联泵则采用具备自润滑功能的石墨材料。

(4)传统往复泵应用于超高压领域,由于受制于材料与工艺,高压缸体一直是采用多层嵌套工艺,导致往复泵的体积庞大。近年来,我国沉淀硬化不锈钢技术发展迅猛,目前 500 MPa 以下超高压直联泵已普遍采用单层高压缸,有效缩小了整体结构尺寸。

(5)传统往复泵出水阀芯多采用金属整体制作或陶瓷球形式,直联泵则采用塑料(聚醚醚酮)与金属组合,利用聚醚醚酮密度低的特点实现阀芯悬浮,而阀芯运动的平面接触面则采用沉淀硬化不锈钢制作(见图 5-26),这种组合使其寿命大幅提高。

上述特点决定了超高压直联泵成为典型的精密机械产品,它的技术含量已贯穿设计到制造的全过程中。

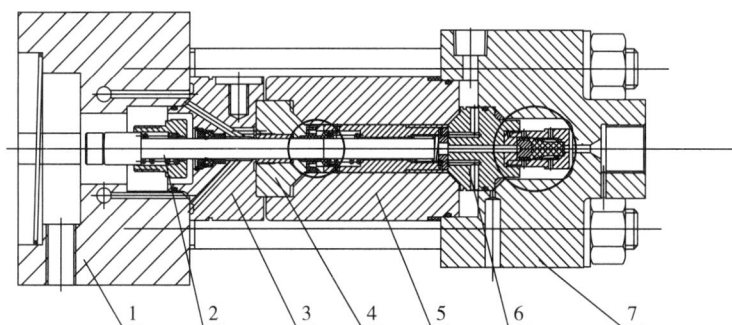

1—连接块;2—柱塞;3—导向套座;4—封圈座;5—高压缸;6—单向阀;7—阀体。

图 5-24　超高压直联泵液力端

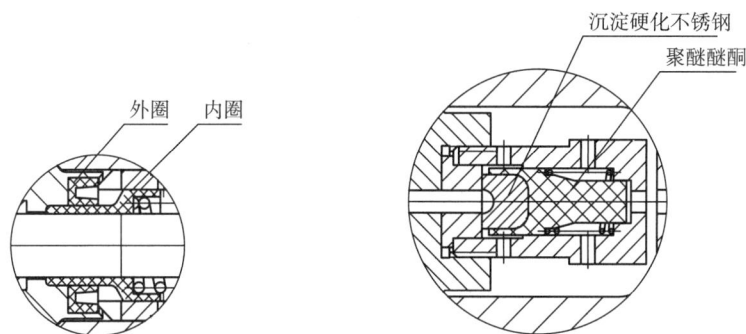

图 5-25　直联泵动态往复密封

图 5-26　直联泵出水阀芯

5.7.4　超高压直联泵与超高压增压器的对比

直联泵传动环节相比增压器简单很多,从而能耗大幅度降低。直联泵的泵速可达 $720~\text{min}^{-1}$,是增压器的 7 倍以上,并且是三缸机动往复泵形式,这样就有效地降低了流量脉动和压力脉动,一般不需要附加蓄能器稳压。增压器的双缸结构只能是左右间歇式运动,必须配备大容量蓄能器来缓解换向间隙造成的压力波动,并且需要通过一套较为复杂的液压系统驱动,能耗损失较大。直联泵在同等工况下与增压器式水切割机做切割速度对比试验,直联泵的切割速度快 20%,而能耗节约可达 50%。增压器和直联泵的主要性能参数对比见表 5-2 所列。

表 5-2　增压器和直联泵的主要性能参数对比

参数	增压器	直联泵
功率 /kW	37	18.5
主电机	三相异步电动机	永磁同步电动机
实际用电量 /(kW·h)	25~35	5~10

参数	增压器	直联泵
压力范围 /MPa	0 ～ 420	0 ～ 380
最大流量 /(L/min)	3.7	4
最高泵速 /min⁻¹	100	720
驱动过程	电机 → 液压站 → 增压器 → 蓄能器	电机 → 直联泵
缸数	2	3
压力波动 /MPa	5 ～ 10	0 ～ 5

5.7.5　永磁同步电机的应用

早期的超高压直联泵多采用三相异步电机通过同步带减速,再连接超高压泵。工作过程中,电机满转速运行,通过高压回路上的溢流阀关闭和打开来实现压力调节,但其在节能和易损件寿命方面并不理想。近年来,采用永磁同步电机以直联方式驱动超高压泵,获得了市场的广泛认可。

永磁同步电机(见图 5-27)以永磁体提供励磁,简化电动机结构,省去了容易出问题的集电环和电刷,提高了电动机运行的可靠性;同时,无需励磁电流,没有励磁损耗,提高了电动机的效率和功率密度。

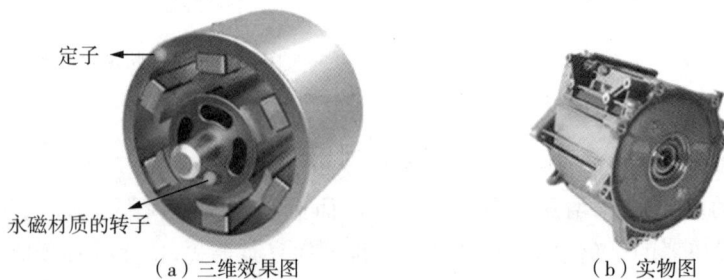

定子

永磁材质的转子

（a）三维效果图　　　　　　　　（b）实物图

图 5-27　永磁同步电机

永磁指的是在制造电机转子时加入永磁体,使电机的性能得到进一步提升。同步指的是转子的转速与定子绕组的电流频率始终保持一致。因此,通过控制电机的定子绕组输入电流频率,电机的转速将最终被控制。目前,直联泵系统通常用变频器来控制电流频率,从而通过调节泵速来控制压力。由此可见,永磁同步电机非常适合各类调速驱动的场景,包括新能源汽车及各类小型往复泵。

5.7.6　超高压直联泵的发展

直联泵系统集成了近年来的各项新技术,在水切割领域应用已经日臻成熟,并以其能耗、效率、噪声等方面的绝对性优势,大幅度占有了原本属于增压器的水切割市场份额。

　　直联泵也已经在印花镍网再生行业普遍应用。用直联泵产生的高压射流清洗印花镍网感光胶,再通过重新制胶,实现镍网的多次重复使用,有效降低了印染行业的成本。

　　超高压直联泵要想替代增压器成为水切割机的主流配置,必须实现高速化和运行可靠性的同步发展,在此基础上才能进一步提高工况参数,更好地发挥其小体量、同等功率大流量和综合性能高的优势。未来直联泵面临着量产和进一步提升压力、流量的新机遇,前者使该产品建立和保有水切割机关键主机的地位,后者则可以提升水切割机的功能,使其突破常规的切割功能进入诸如高难度清洗、破碎和辅助掘进等新的应用工程。

第6章　隔膜泵

6.1　矿浆分隔泵送的隔膜泵

6.1.1　隔膜的泵送

矿浆泵送的往复式活塞隔膜泵(简称隔膜泵)是在往复式活塞泵的基础上,增加隔膜室演变而来的。这类隔膜泵的特点是用大尺寸的隔膜将泵的液力端和动力端分隔开来,以适应高磨蚀固液两相介质的大流量输送,故这类隔膜泵又称为大型隔膜泵。其工作原理与基本结构早在1958年就由法国学者Ballu提出。隔膜泵的结构简单地说就是活塞往复泵与隔膜头的复合,这样既保持了活塞泵的工作压力和坚固、耐用的优点,又改变了活塞泵活塞密封元件易磨损的缺点,将压力工况的矿浆以特殊的隔膜分开,可适应苛刻工作环境的矿山料浆输送。欧洲发达国家在隔膜泵的研制初期,因核心技术没有完全成熟,隔膜泵的连续运转率低,工作可靠性不高,运行成本较其他类型往复泵无明显优势。20世纪70年代末,荷兰HOLTHUTS公司研究出一整套先进、完善的检测控制技术,使隔膜泵的设计理论和方法实现了质的提升,连续运转率(全年工作时间)达到$85\% \sim 95\%$,与同类用途的其他泵相比,其运行成本极大地降低,彻底解决了核心技术问题。于是,隔膜泵成为输送高磨蚀固液两相介质的新一代往复泵,并逐渐替代了其他类型的往复泵。

早在20世纪80年代中期,我国就开始了隔膜泵的国产化研制。先后攻克了检测控制技术、二位二通阀控制技术、橡胶隔膜技术、PLC隔膜位置控制技术、自动化控制技术、消振隔振技术等,拥有完全自主知识产权。隔膜泵输送固液两相介质的流量、压力、温度和耐磨蚀性等技术参数得到了提升,满足了化工、建材、煤炭和电力等行业对高磨蚀固液两相介质输送的工艺要求。由于隔膜泵的自动化程度、连续运转率、运行成本等技术指标超过或明显优于其他往复泵,因此其成为大流量、高压力、高磨蚀矿浆输送工艺系统中的主导产品。具体应用包括氧化铝管道化溶出、合成氨工艺系统中水煤浆输送、尾矿输送、长距离管道输煤等。相关应用行业的迅猛发展也促进了隔膜泵的进一步大型化。

6.1.2　往复泵与隔膜泵

传统用于输送料浆的往复泵包括往复式活塞泵、往复式油隔离泵、往复式水隔离泵、往复式活塞隔膜泵。

1. 往复式活塞泵

往复式活塞泵的特点是流量大、压力不高,适用于大流量、远距离的管道输送。它的工作原理是通过橡胶密封环作为密封的活塞,在活塞缸中做往复直线运动,完成料浆的输送。但是当输送含有固态颗粒或具有腐蚀特性的料浆时,活塞、活塞缸与具备磨砺性、腐蚀性的液体直接接触,极易造成磨损或腐蚀,这样就会导致频繁更换易损件,从而影响连续运转率,有时料浆甚至会在活塞密封环破损后直接进入动力端内,对连杆、十字头、轴、轴承等造成破坏。这类泵的最大弊端是连续运转率低,运行成本高,操作维护劳动强度大,致使整个工艺系统生产效率低、生产成本大。

2. 往复式油隔离泵

往复式油隔离泵示意如图 6-1 所示。往复式油隔离泵是通过在活塞和料浆之间设置中性油隔离层来达到避免料浆与活塞、活塞缸直接接触,从而增加上述两零部件寿命的目的。它的缺点是压力低,当压力高于 4 MPa 时,油隔离层容易消失或隔离层的油大量被混入料浆中带走,此时需要不断补充隔离油。有时一天就需要加入几百升隔离油,运行费用非常高,且维护工作强度比较大,也容易造成料浆的污染。

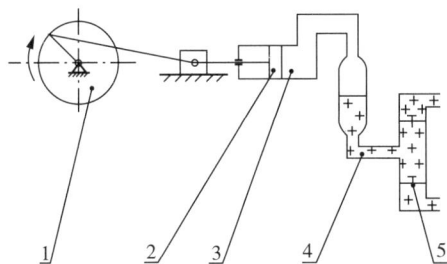

1—曲柄连杆(滑块)机构;2—活塞;3—油;4—料浆;5—进出料阀。

图 6-1　往复式油隔离泵示意

3. 往复式水隔离泵

往复式水隔离泵示意如图 6-2 所示。往复式水隔离泵的工作原理同往复式油隔离泵基本相同,不同之处在于它是在活塞(浮球)与料浆之间不间断地注入水作为力的传递介质。由此可见,其水的消耗量非常大。显然,往复式水隔离泵在经济和环保的角度存在局限性。

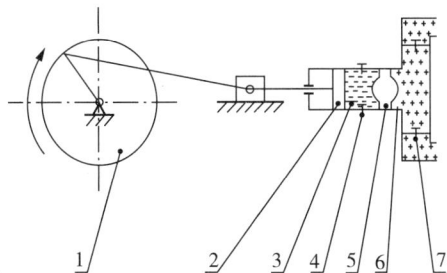

1—曲柄连杆(滑块)机构;2—活塞;3—水;4—进出水阀;5—浮球;6—料浆;7—进出料阀。

图 6-2　往复式水隔离泵示意

无论是油隔离还是水隔离,都很难实现真正的隔离,也就是说"隔离"是相对的,隔离液(油或水)承担着力的传递作用,效率很低而且很容易与料浆混合。

4. 往复式活塞隔膜泵

隔膜泵在活塞泵压力工况的大流量基础上,发挥自身结构简单、完全隔离和耐磨蚀等优点,改变了活塞泵密封件易磨损的不足。大型隔膜泵是由往复式活塞隔膜泵大型化演变而来的。

往复式活塞隔膜泵通过设置橡胶隔膜将泵的活塞、活塞缸等零部件与输送的介质分隔开来,使零部件在清洁的油中工作,保证了这些零部件的使用寿命,而该泵的常备易损件仅为阀零件。与此同时,设计了合理的易损件装配结构,使检修、更换便捷,从而提高了泵的连续运转率,降低了运行成本。隔膜泵具有高效、节能、工作运行平稳、高可靠性及高度自动化等优点,因此成为高连续运转率工艺系统中理想的料浆输送设备。

6.1.3 隔膜泵的工况与参数

1. 工况条件

隔膜泵按活塞的工作形式分为单作用型和双作用型两种。

隔膜泵根据所输送料浆的工况条件和输送介质,主要分为以下三种类型。

Ⅰ类:湿法水泥用,磨蚀性一般,含碱 20 ～ 30 g/L,温度为 30 ～ 50 ℃,质量浓度为45% ～50%。

Ⅱ类:水煤浆用,磨砺性一般,含碱、中性,温度为 30 ～ 50 ℃,质量浓度为65% ～67%。

Ⅲ类:氧化铝矿浆用,具有强磨砺性,含碱200 ～ 230 g/L,温度为60 ～ 95 ℃,质量浓度为 60% ～ 68%。

2. 规格型式

三缸单作用隔膜泵一般应用于压力高于 7 MPa 的工况场合,双缸双作用隔膜泵一般应用于压力低于 7 MPa 的工况场合。依据 7 MPa 分类的方法是一般情况,根据隔膜泵应用行业及工况场合的不同,压力参数并不完全遵循依据 7 MPa 这一分类方法。例如,在矿山行业,三缸单作用隔膜泵也有用于压力为 4 MPa 的情况;在氧化铝行业,双缸双作用隔膜泵也有用于压力为 8 MPa 的情况。

三缸单作用隔膜泵与双缸双作用隔膜泵的比较:① 在活塞力相同的情况下,双缸双作用隔膜泵的流量较大,但是,当活塞力过大时,流量加大的幅度变小;② 隔膜泵的瞬时流量是脉动的,并且双缸双作用隔膜泵的流量变化幅度大于三缸单作用隔膜泵;③ 双缸双作用隔膜泵活塞杆的连接螺纹双向受力,在载荷大的情况下,容易产生疲劳失效,可靠性较三缸单作用隔膜泵差。

3. 技术参数

隔膜泵的技术参数是指基本性能参数和连续运转率等。

基本性能参数是指结构型式、输送介质参数、技术性能参数和易损件寿命。结构型式是指位移单元(活塞)的单作用模式或双作用模式。隔膜泵的结构型式以三缸单作用

(DGMB)、双缸双作用(SGMB)结构为主,还有多缸单作用立式等结构。输送介质参数是指所输送的介质的密度、粒度、黏度、酸碱度、温度、质量浓度等。技术性能参数是指输送的流量、吸入压力、排出压力、活塞直径、活塞行程、电机参数、调速参数、泵的重量和泵的外形尺寸等。易损件寿命是指橡胶件及阀件等的寿命指标。

连续运转率是指考核期内隔膜泵机组的无故障运转时间与总时间的比值。它与易损件寿命指标是相互关联的。运行工况参数涉及隔膜泵选型的经济性和合理性。

隔膜泵的流量可分为理论流量、实际平均输出流量及瞬时输出流量。

1) 理论流量及实际平均输出流量

由隔膜泵的工作原理可知,隔膜排出液体的体积也就是活塞排出液体的体积。因为泵的活塞在每个往复行程中排出的液体体积是相等的,所以隔膜泵的理论平均输出流量是恒定的,其值为

$$Q_{th} = kzAsn\tau/60 \tag{6-1}$$

式中,Q_{th} 为理论平均输出流量(m^3/s);k 为作用数,单作用泵中 $k=1$,双作用泵中 $k=2$;z 为活塞缸数;A 为活塞面积(m^2);s 为活塞行程(m);n 为活塞每分钟的往复次数;τ 为排挤系数,即考虑活塞杆面积 Ad 对流量减少的系数,$\tau = 1 - Ad/2A$。

因泵阀的开启、关闭及液体中含气等原因,泵的实际排出流量要小于其理论平均输出流量。实际的平均输出流量值为

$$Q = Q_{th}\eta = \eta kzAsn\tau/60 \tag{6-2}$$

式中,Q 为平均输出流量(m^3/s);η 为流量系数,取 $0.88 \sim 0.98$。

由式(6-1)、式(6-2)可知,隔膜泵的理论流量及实际平均输出流量与排出压力无关,其决定于泵的活塞直径、活塞行程、活塞每分钟的往复次数(冲次)。

2) 瞬时输出流量

泵活塞往复位移 X 的计算如下:

$$X = R\left(1 - \cos\theta + \frac{\lambda}{2}\sin 2\theta\right) \tag{6-3}$$

式中,θ 为柄转角,$\theta = \omega t$,其中 ω 为曲柄角速度,t 为时间;λ 为连杆比,$\lambda = \dfrac{R}{L}$,其中 R 为曲柄半径,L 为连杆长度。

根据式(6-3),可以推导出单缸单作用隔膜泵的瞬时理论流量 Q_s 为

$$Q_s = Au = AR\omega\left(\sin\theta + \frac{\lambda}{2}\sin 2\theta\right) \tag{6-4}$$

式中,A 为活塞的面积。

由于 $\lambda = \dfrac{R}{L}$ 的值一般很小,可以忽略不计,则式(6-4)可变为

$$Q_s = AR\omega\sin\theta \tag{6-5}$$

显然,单缸单作用隔膜泵的瞬时理论流量是脉动的。双缸双作用隔膜泵、三缸单作用泵的瞬时流量曲线可由单缸单作用隔膜泵的瞬时流量曲线叠加得到。瞬时流量曲线如图6-3所示。对于双缸双作用隔膜泵,两缸活塞的相角差$\theta=90°$,其中取有活塞杆端的面积$A_r=(0.8\sim0.9)A$。对于三缸单作用隔膜泵,三缸的各活塞之间的相角差$\theta=120°$。

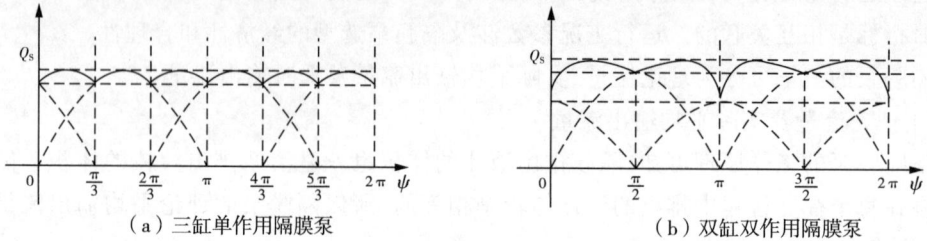

（a）三缸单作用隔膜泵　　　　　　　　　（b）双缸双作用隔膜泵

图6-3　瞬时流量曲线

显然,双缸双作用隔膜泵的流量变化幅度大于三缸单作用隔膜泵。

为表示瞬时流量不均匀程度,引入流量不均匀系数δ_q,其公式为

$$\delta_q = \frac{Q_{smax} - Q_{smin}}{Q_{sm}} \tag{6-6}$$

式中,Q_{sm}为平均流量。

根据伯努利方程,在泵排出管路任一点a,有

$$\frac{P_a}{r} + \frac{V_a^2}{2g} + h_a + \sum S_a = 恒值 \tag{6-7}$$

式中,P_a为a点处的压力;V_a为a点处的流速;h_a为a点处的水柱高;$\sum S_a$为a点处的各种水力损失和惯性损失的总和。

因为$Q_s = AV_a$,代入式(6-7)得

$$\frac{P_a}{r} + \frac{Q_s^2}{2Ag} + h_a + \sum S_a = 恒值 \tag{6-8}$$

由式(6-8)不难看出,流量脉动必然造成压力脉动,并且是二次方放大的关系。

压力脉动由压力不均匀系数δ_p来表示,其公式为

$$\delta_p = \frac{P_{max} - P_{min}}{P_m} \tag{6-9}$$

式中,P_{max}为最大压力;P_{min}为最小压力;P_m为平均压力。

在实际工业生产中,一般压力不均匀系数值为$0.01\sim0.05$,高压时取小值,低压时取大值。为保证往复泵及管路的正常使用,往复泵必须设置进出料补偿装置。进出料补偿装置的形式很多,常用的有圆筒补偿罐及球形空气室、筒式空气室。大多数隔膜泵经过补偿装置后,其压力不均匀系数大多能为$0.01\sim0.05$。但是当流量超过$200\ m^3/h$时,单套补偿装置很难满足要求,需要增加数量。

3）吸入及排出压力

隔膜泵输送液体由吸入、排出两个过程组成。研究吸入压力、排出压力，必须研究在吸入、排出两个过程中，隔膜、活塞表面的压力变化情况。由不稳定流动伯努利方程，推导在吸入、排出两个过程中的隔膜、活塞表面的压力变化情况的公式如下。

吸入过程：隔膜表面的压力公式为

$$\frac{P_g}{\gamma} = \frac{P_a}{\gamma} + H_c - \left(\frac{V^2}{2g} + H_z + H_g + K_z + K_g \right) \tag{6-10}$$

式中，P_g 为隔膜室内隔膜表面的压力；P_a 为大气压力；H_c 为液体表面与隔膜室内隔膜表面的位差；H_z 为外吸入管路及泵内至隔膜室内隔膜表面的管路的沿程阻力水头；H_g 为外吸入管路及泵内至隔膜室内隔膜表面的管路的沿程惯性水头；K_z 为单向阀阻水头；K_g 为单向阀惯性水头；V 为流速；g 为重力加速度；γ 为比重。

活塞表面的压力公式为

$$\frac{P_h}{\gamma} = \frac{P_a}{\gamma} + H_c - \left(\frac{V^2}{2g} + H_z + H_g + K_z + K_g + K_b + K_{gz} \right) \tag{6-11}$$

式中，P_h 为活塞缸内活塞表面的压力；H_c 为液体表面与活塞缸内活塞表面的位差；K_b 为隔膜变形的液体能量损失；K_{gz} 为隔膜及导杆运动惯性水头。

隔膜泵工作时，在吸入过程中，隔膜室内隔膜表面的压力必须大于所输送的矿浆的饱和蒸汽压力，否则会造成矿浆汽化、隔膜与矿浆脱流，引起撞击、噪声、振动及容积效率下降，还会造成隔膜异常变形，进而引起隔膜寿命降低，严重的会造成隔膜瞬间破裂。同时，活塞缸内活塞表面的压力必须大于缸内推进液油的饱和蒸汽压力，否则会造成推进液油的汽化，后果与矿浆汽化大体相同。

通过式（6-10）、式（6-11）及上述的分析，可以得出这样的结论：隔膜泵对最小允许吸入压力的要求高于其他往复泵。对于泵输送不同的介质及工况，最小允许吸入压力也是不同的。在输送系统的工程设计中，应特别注意。

排出过程：活塞表面的压力公式为

$$\frac{P_d}{\gamma} = \frac{P_a}{\gamma} + H_c + \frac{V^2}{2g} + H_z + H_g + K_z + K_g + K_b + K_{gz} \tag{6-12}$$

式中，P_d 为活塞缸内活塞表面的压力；H_c 为液体表面与活塞缸内活塞表面的位差；H_z 为外排出管路及泵内至活塞缸内活塞表面的管路的沿程阻力水头；H_z 为外排出管路及泵内至活塞缸内活塞表面的管路的沿程惯性水头；K_z 为单向阀阻水头；K_g 为单向阀惯性水头；K_b 为隔膜变形的液体能量损失；K_{gz} 为隔膜及导杆运动惯性水头。

通过对隔膜泵吸入、排出过程中压力变化的分析可以看出，吸入压力、排出压力与流量无关，其值取决于泵内、外管路的负载特性。泵的技术参数中的吸入压力是指最小允许的吸入压力，排出压力是指最大允许的排出压力。泵在实际运行中，其吸入压力大于最小允许的吸入压力，排出压力小于最大允许的排出压力，泵就能正常运行。

隔膜泵允许的最高排出压力取决于泵本体的零件结构强度及原动机的功率。由于泵的原动机为电动机,因此其具备调速性能,输出流量可以变化。

4)连续运转率

连续运转率(全年工作时间)是隔膜泵最主要的参数指标。隔膜泵的连续运转率可以达到 93% ~ 95%。同时,隔膜泵单台最大流量可以达到 800 m³/h($n \leqslant 48$ min⁻¹,三缸单作用泵),单台最高压力目前已达到 25 MPa。对于其他各类往复泵,在众多高磨蚀固液两相介质的输送工艺中,像隔膜泵这样同时满足最大流量、最高压力及连续运转率等是不可能的。

综上所述,隔膜泵设计及制造应遵循的基本原则如下。

(1)根据输送矿浆性质(磨蚀性、黏度、温度)、吸入压力,限制泵的冲次为 37 ~ 69 min⁻¹。

(2)隔膜的使用寿命大于 8000 h。根据输送的固液两相介质的磨蚀性,过流件中的阀橡胶的使用寿命为 1000 ~ 1500 h,金属阀锥的使用寿命为 1000 ~ 1500 h,金属阀座的使用寿命为 2000 ~ 3000 h;空气室中橡胶气囊的使用寿命大于 8000 h。

(3)从设计结构上保证阀件、隔膜更换便捷,隔膜更换时间应每组 2 ~ 3 人 3 小时内完成,阀/阀件更换时间应为每组 1 ~ 2 人 1 小时内完成。

(4)泵按高可靠性设计,除易损件更换外,其他部分维护检修量应为零。泵在运行过程中,监控、保护功能应缜密、完善。

(5)吸入、排出流量均匀,压力不均匀系数值应为 1% ~ 5%,高压时取小值,低压时取大值。

(6)低噪声运行(85 dB 以下)。

5)易损件的寿命指标

隔膜泵的易损件寿命直接影响泵的连续运转率。隔膜泵易损件主要有隔膜、阀橡胶、阀锥、阀座、阀球、气囊、活塞密封圈等。隔膜泵应用中的易损件寿命见表 6-1 所列,表中统计了主要应用行业输送不同矿浆的隔膜泵易损件使用寿命数据。

表 6-1　隔膜泵应用中的易损件寿命

零件名称	主要应用行业			
	氧化铝	铁精矿	尾矿	水煤浆
隔膜	≥ 8000 h(8000 ~ 12000 h)			
气囊				
活塞密封圈				
阀橡胶	≥ 1000 h(1000 ~ 1500 h)			≥ 2500 h (2500 ~ 3000 h)
阀锥				
阀座				
阀球	—		≥ 3000 h	

　　显然,隔膜、气囊、活塞密封圈的使用寿命一般大于一年,为定期更换的备件;属于易损件的是阀橡胶、阀锥、阀座、阀球。设计易于更换隔膜、气囊、阀件的结构及采用相应的拆卸工具进行定期更换,才能确保隔膜泵的连续运转率达到设计要求。

6.1.4　隔膜泵的构成

　　隔膜泵由液力端、动力端、液压控制系统、电机减速部装、电控系统和进料压力补偿罐等部分组成。隔膜泵结构示意如图 6-5 所示。

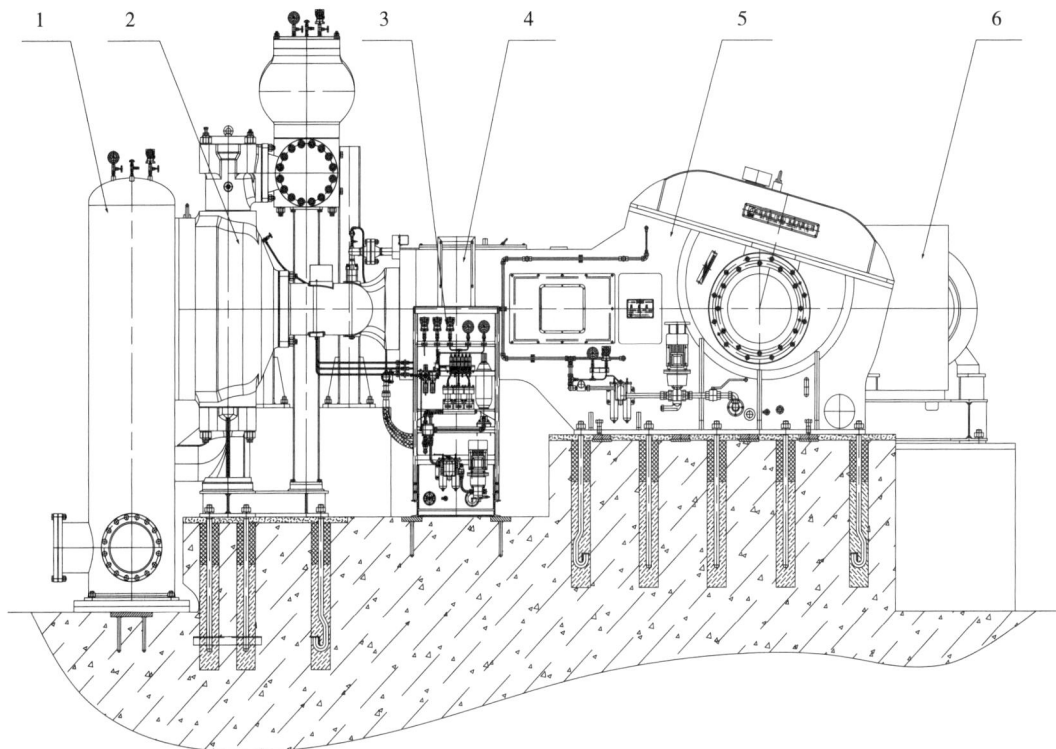

1—进料压力补偿罐;2—液力端;3—液压控制系统;4—电控系统;5—动力端;6—电机减速部装。

图 6-4　隔膜泵结构示意

　　(1)液力端:隔膜泵的液力端是利用活塞的往复直线运动、橡胶隔膜的凸凹运动及进出料阀箱中单向阀的开闭完成料浆输送的。其主要包括进料管、进料阀箱、弯管、隔膜室、出料阀箱、出料氮气包、出料管、腔体及活塞缸、底座等零部件组成。液力端结构示意如图 6-5 所示。

　　以三缸单作用隔膜泵为例。左、中、右三个腔体及活塞缸右侧与动力端相连,左侧与隔膜室连接;隔膜室的进料口通过弯管与进料阀箱连接,出料口与出料阀箱直接连接。在出料管或出料接管处安装 1～3 个出料氮气包,料浆经过出料氮气包进行压力平衡后,从法兰口排出。

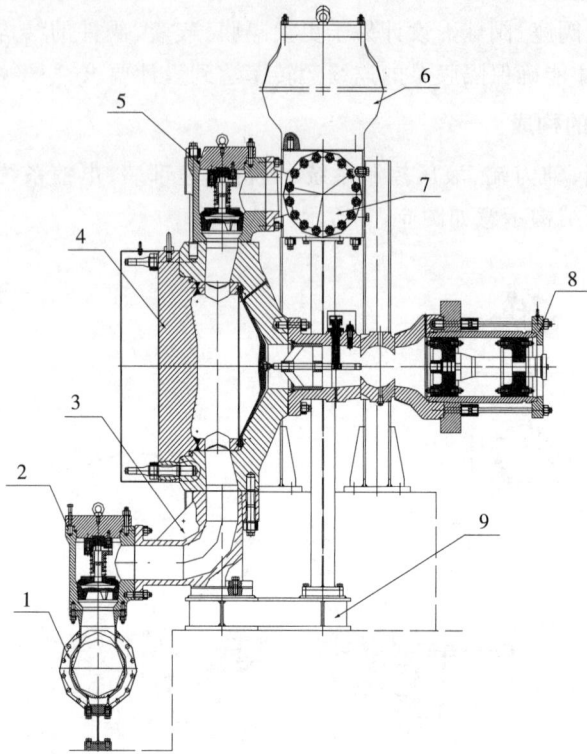

1—进料管;2—进料阀箱;3—弯管;4—隔膜室;5—出料阀箱;6—出料氮气包;7—出料管;8—腔体及活塞缸;9—底座。

图 6-5　液力端结构示意

（2）动力端:隔膜泵的动力端把原动机的旋转运动转换为十字头和活塞的往复直线运动,从而为液力端料浆输送提供动力。动力端结构示意如图 6-6 所示。

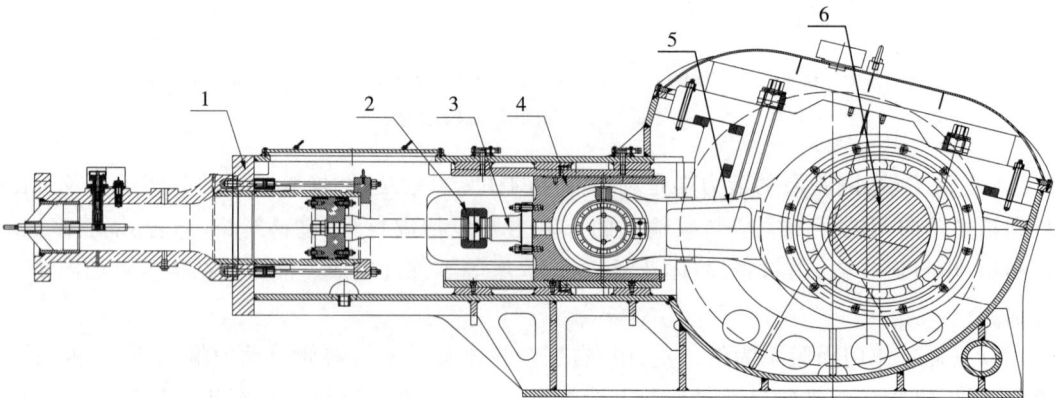

1—动力端箱体;2—卡箍;3—介杆;4—十字头;5—连杆;6—曲轴。

图 6-6　动力端结构示意

动力端箱体采用焊接结构,焊后进行消除应力处理。曲轴由轴承支撑定位,连杆与曲轴之间也由轴承连接支撑。连杆与十字头通过销轴轴承连接支撑,按偏心距推动十字头、介杆、活塞杆做往复直线运动。十字头在导板中滑动,使用充足的冷却润滑液,以保证十字头良好工作。介杆与活塞杆由卡箍锁固,在动力端箱体的两侧设有介杆、十字头与导板的检查口,便于检查、维修。箱盖上设有排气孔。

(3)液压控制系统:液压控制系统主要由推进液系统、润滑及冲洗系统、超压保护及排气系统、控制仪表系统等组成。通过各系统的工作,保证设备的正常运转。

(4)电机减速部装:主电机与减速机安装在焊接结构的底座上。底座的安装表面经机械加工,保证了主电机与减速机、弹性柱销齿式联轴器、鼓形齿式联轴器的同心对中状态。主电机轴与减速机输入轴通过弹性柱销齿式联轴器连接起来,减速机输出轴与动力端主动轴通过鼓形齿式联轴器连接,将动力输入动力端。弹性柱销齿式联轴器和鼓形齿式联轴器安装有安全防护罩,以保证使用人员接近时的安全性。

(5)电控系统:电控系统的控制项目为橡胶隔膜工作位置、最高工作压力、推进液空气压力、推进液油压力等。以上控制项目由 PLC 来实现,并完成各控制系统间的联锁功能。

(6)进料压力补偿罐:一般单台套隔膜泵的进料压力补偿系统由进料管串联一个或两个进料压力补偿罐组成,用来平衡和补充进料压力。

6.1.5　隔膜泵的发展趋势

隔膜泵在工业领域应用及推广迅速,国内外隔膜泵产品向大型化方向发展趋势明显。隔膜泵的大型化有力地推动了氧化铝高温溶出、长距离管道化输送等发展。以氧化铝高温溶出为例,其已由单线产能40万 t/年发展到120万 t/年。各行业的发展在推动隔膜泵大型化的同时也提出了进一步的技术需求。例如,在煤化工行业,对隔膜泵的流量、压力脉动率要求 ±0.05 内;在长距离管道化输送行业,提出了水锤与泵阀关系研究;等等。

国内采用自主研发的三拐四支撑动力端结构,承载能力达到 250 t,三缸单作用泵最大流量达到850 m³/h,双缸双作用泵最大流量达到1000 m³/h。从运行的隔膜泵型号来看,最大流量(三缸单作用泵)达到 750 m³/h,最高压力达到 25 MPa。

图 6-7 为攀钢密地选矿厂尾首泵站,其隔膜泵额定流量为 600 m³/h,额定压力为8.0 MPa,电机功率为1600 kW,年尾矿输送量为760万 t,最大输送尾矿能力为997.98 t/h,最大矿浆量输送能力为 1613.58 m³/h,设计输送浓度为 42% ～ 46%,pH 为 6～7,固体比重 3.326 t/m³,起始标高为 1051.35 m,终端标高为 1350 m,管线长度为 18200 m。

隔膜泵的技术发展方向是高可靠性、高运转率、大型化,具体包括以下几个方面。

(1)承载 200～220 t 力的重载动力端主要有两个发展方向,即承载能力达到 200～220 t 力的三拐四支撑结构曲拐轴、整体铸造机座的设计、工艺技术,三缸单作用曲拐轴的增力降载技术。

(2)隔膜泵的全生命周期、远程运维管理系统。

(3)单台隔膜泵流量、压力脉动率为 ±0.5%,单级、多级泵站的隔膜泵相位角分散与同步耦合串、并联自动化控制技术。

(4)在长距离管道化输送行业,考虑水锤对隔膜泵阀的影响。

(5)大流量隔膜泵主要是指流量为 1000 ~ 1500 m³/h 的隔膜泵,高压力隔膜泵主要是指压力为 16 ~ 25 MPa 的隔膜泵。

图 6 - 7 攀钢密地选矿厂尾首泵站

伟尔矿业荷兰有限公司奇好(GEHO)隔膜泵可处理高温下的磨蚀性、黏稠性、腐蚀性泥浆和淤泥,其固体含量可达 90%,粒径可达 120 mm。

奇好隔膜泵是通过与隔膜连成一体、由金属和非金属构成的导杆来控制隔膜变形。当挠曲过大,隔膜偏离中间平衡位置,向前或向后并超过设计允许值时,通过电磁阀把多余的驱动液油排出去或把缺少的油补充进来,由此来保证隔膜两侧的压力平衡和隔膜的挠曲不超过设计允许值。该产品有多个电磁阀和一套油路系统,对电器元件的灵敏度和操作技能要求较高。

模块式设计让隔膜泵产品具有各种不同规格的动力端、活塞、隔膜及进出料阀。处理腐蚀性料浆可根据需要在隔膜泵中采用双相、超级双相钢或钛材料。衬里处理可以预防微生物腐蚀和高强度磨损。

6.2 隔膜泵的工作原理与结构

6.2.1 隔膜泵的工作原理

三缸单作用隔膜泵工作原理如图 6 - 8 所示。原动机通过减速机驱动曲轴、连杆、十字头,使旋转运动转为直线运动,带动活塞进行往复运动。当活塞向左运动时,活塞借助油介质将隔膜室中的橡胶隔膜吸到左方向,借助料浆喂料压力打开进料阀,吸入料浆充满隔膜室。当活塞向右运动时,关闭进料阀,活塞借助油介质将隔膜室中橡胶隔膜推向右方向,并借助压力开启出料阀将料浆输送到管道。因料浆不接触活塞等运动部件,减少了这些部件的磨蚀。同时,通过设置灵敏、可靠的检测自动化系统(导杆、补排油信号发生器),保证了橡胶隔膜的长使用寿命,使隔膜泵成为料浆管道化输送的理想设备。三缸单作用隔膜泵有3 个隔膜室,每个隔膜室的起始排料相位相隔 120°,可使料浆输送量均匀。

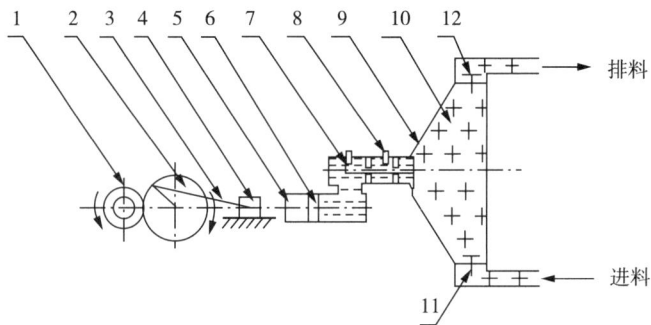

1—原动机;2—曲轴;3—连杆;4—十字头;5—活塞缸;6—活塞;7—导杆;
8—补排油信号发生器;9—橡胶隔膜;10—隔膜室;11—进料阀;12—出料阀。
图 6-8　三缸单作用隔膜泵工作原理

　　吸入冲程工作原理如图 6-9 所示。活塞向右移动并使推进液体减压。隔膜向右移动,隔膜室内产生的低压促使进料阀箱打开,并关闭出料阀箱。料浆通过进料管充满隔膜室。

　　排出冲程工作原理如图 6-10 所示。活塞向左移动并使推进液体增压。隔膜向左移动,隔膜室内产生的高压促使进料阀箱关闭,并打开出料阀箱。料浆通过出料管离开隔膜室。

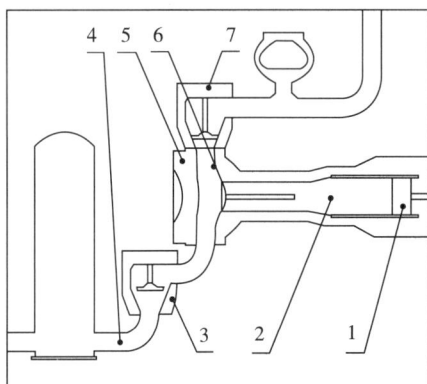

1—活塞;2—液体;3—进料阀箱;4—进料管;
5—隔膜室;6—隔膜;7—出料阀箱。
图 6-9　吸入冲程工作原理

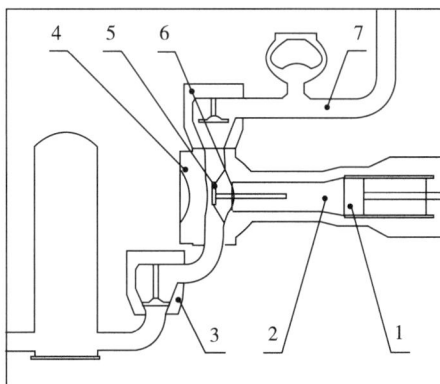

1—活塞;2—液体;3—进料阀箱;4—隔膜室;
5—隔膜;6—出料阀箱;7—出料管。
图 6-10　排出冲程工作原理

双缸双作用隔膜泵的工作原理如图6-11所示。原动机通过减速机驱动小齿轮、大齿轮,大齿轮安装在偏心轮上,偏心轮带动连杆、十字头,使旋转运动转化为直线运动,带动活塞进行往复运动。当活塞向左运动时,活塞借助油介质将左隔膜室中的料浆从左出料阀排出,同时从右进料阀将料浆吸入右隔膜室。当活塞向右运动时,活塞借助油介质将右隔膜室中的料浆以右出料阀排出,同时从左进料阀将料浆吸入左隔膜室。双缸双作用隔膜泵有4个隔膜室,每个隔膜室的起始排料相位相隔90°,可使料浆输送量均匀。

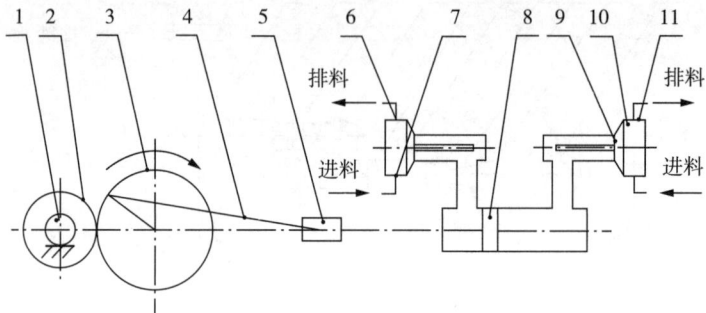

1—原动机;2—小齿轮;3—大齿轮;4—连杆;5—十字头;6—左隔膜室;
7—进料阀;8—活塞;9—橡胶隔膜;10—右隔膜室;11—出料阀。

图6-11 双缸双作用隔膜泵工作原理

6.2.2 隔膜泵的结构

隔膜泵的结构型式是指活塞的单双作用、活塞缸数、活塞的立式及卧式。隔膜泵按活塞的工作型式分为单作用型和双作用型两种系列。同时,根据输送料浆压力和流量的不同,隔膜泵又主要分为三缸单作用和双缸双作用两种作用型式。

从外观上看,大型隔膜泵由液力端、动力端、液压控制系统、传动系统(电机减速机部装)、进料压力补偿系统(含流量补偿罐)、出料压力补偿系统和电控系统等组成。3D140M650/9三缸单作用隔膜泵如图6-12所示,其为典型的三缸单作用隔膜泵,其流量为650 m³/h,压力为9 MPa。下面将从功能的角度对大型隔膜泵的结构组成进行介绍。

图6-12 3D140M650/9三缸单作用隔膜泵

1. 液力端

液力端是指完成矿浆输送的部分，一般由进料补偿系统、进料管、进料阀、弯管、隔膜室、出料阀、出料管、出料补偿系统、液力管、活塞缸、液力端底座等组成。按活塞的作用方式，常用的隔膜泵液力端可分为两类：三缸单作用型、双缸双作用型。

1）三缸单作用型

三缸单作用型的液力端主要由三组弯管、进出料阀箱、隔膜室、腔体、活塞缸和氮气包等组成，并通过进出料补偿系统连接成一套液力装置。其工作流程：被输送料浆经进料管分别进入三个并列安装的进料阀箱，经三个弯管后，进入三个隔膜室，料浆通过隔膜室流入三个出料阀箱，再经出料管将料浆输送出去。料浆进料和出料都是有压力的。

液力端的隔膜两侧形成两个独立运行的部分，即推进液部分和料浆输送部分。推进液部分包括活塞缸、腔体、隔膜室后半部及隔膜位置检测装置，其功能是活塞推动液压油、液压油推动隔膜凹凸变形。推进液部分由推进的液体注满。料浆输送部分包括进料管、进料阀箱、弯管、隔膜室前半部、出料阀箱、出料管等，其功能是通过隔膜的凹凸变形完成矿浆的输送。料浆输送部分也可以称为矿浆端。

(1) 活塞缸及腔体。液力端有三个活塞缸。活塞缸是由活塞、活塞杆、活塞缸体、活塞缸压盖、密封装置、腔体、导杆支撑套、补油信号发生器、排油信号发生器等组成。活塞杆与动力端的介杆连接，以实现活塞的往复直线运动。腔体一端与隔膜室连接，另一端与动力端箱体连接。通过活塞缸内液压油体积变化达到吸料和排料的目的。装配在活塞杆上并用螺母紧固的活塞，在一个可更换的活塞缸里运动。活塞杆和活塞缸均采用合金钢材料，表面经过硬化处理，具有高耐磨性。即使因隔膜破裂造成料浆进入活塞缸内，也不会立即损坏活塞杆和活塞缸。活塞采用带支撑"V"形结构，其密封圈材料具有高强度、高耐磨性。同时活塞上还装有导程环，可以提高活塞与活塞缸的使用寿命。腔体为铸钢件。导杆支撑套的作用是支撑导杆运动。补排油信号发生器发出信号反馈到计算机上，用来检测隔膜位置。

(2) 隔膜室。隔膜室由导杆、隔膜腔、隔膜、隔膜室盖等组成。

隔膜腔和隔膜室盖用高强度螺栓组合后形成的空间作为隔膜行程空间，即吸排料浆和推进液流动的通道。在隔膜室内，料浆流动通道有两个，底部进料口连接进料阀箱，顶部出料口连接出料阀箱。在隔膜室中安装的隔膜把推进液油与料浆分隔开，避免了推进液油与料浆的混合，以保证活塞缸中运动部件在清洁的油液中工作，从而减少易损件的损耗。活塞移动导致推进液压力增减。隔膜把压力转移到进出料阀箱，与之配合吸入或排出料浆。隔膜上装有导杆与信号发生器，两者共同组成隔膜行程检测装置，用于检测隔膜位置，确保隔膜在最佳工作范围内工作。隔膜是一个由"O"形夹紧环预成型的模压橡胶膜片，通过疲劳、揉搓、拉伸、老化等性能试验，以确保使用寿命。隔膜室盖与隔膜室之间有密封结构。

(3) 进出料阀箱。进料阀箱和出料阀箱结构是相同的。锥阀结构如图 6-13 所示，其是典型的"T"形锥形阀结构，由阀箱体、阀锥部装（阀锥体、阀橡胶、阀螺母）、阀座、阀盖、压缩弹簧、阀锥导管、导向套等组成。阀箱内的进出料阀为弹簧加载的锥形阀结构，阀座和阀锥体均由耐磨的合金钢制成，并经过表面硬化处理，耐磨损、抗冲击。阀座与阀箱体配合面为锥面，可以保证其紧密贴合，安装后即可涨紧。阀座与阀锥体之间有锥形阀橡胶密封，通过压力差和弹簧力打开或关闭阀锥体来实现进料、排料的目的。阀座可以由配合面注入高压油进行拆卸。阀箱体侧面设有放料口,用于检修时排放料浆。

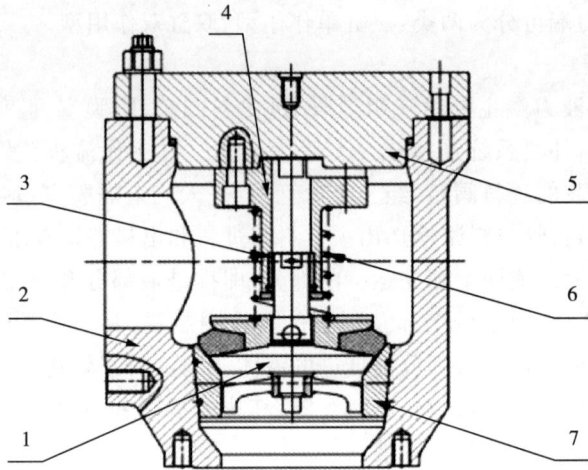

1—阀锥部装;2—阀箱体;3—导向套;4—阀锥导管;5—阀盖;6—压缩弹簧;7—阀座。

图 6-13 锥阀结构

进出料补偿系统有预压式球形空气室(简称空气室)、常压圆筒压力补偿罐(简称压力补偿罐)两种。一般进料补偿系统采用压力补偿罐,出料补偿系统采用空气室。隔膜泵的瞬时流量是随时间按三角函数关系变化的,因流量不均匀,泵的吸入、排出压力会波动。进出料补偿系统的作用是进行流量补偿,确保流量均匀,减小压力波动,进而保证进出料压力稳定。

2) 双缸双作用型

双缸双作用型液力端结构如图 6-14 所示,其结构和工作流程与三缸单作用型液力端基本相同。不同的是,两个进料管位于设备两侧;四组进料阀箱、四组隔膜室分两排布置;四组出料阀箱也分列设备两侧。双缸双作用型液力端还有两组活塞缸、出料管和一组出料补偿系统(出料氮气包)。

活塞缸与隔膜室连接,隔膜室的下方与进料阀箱连接,进料阀箱的下方连接进料管,进料管把四组进料阀箱连接在一起。隔膜室的上方与出料阀箱连接。出料管把四组出料阀箱连接在一起,并与出料氮气包(出料压力补偿系统)连接,料浆经过出料氮气包进行压力平衡后,从出料管法兰口排出。

有时双缸双作用隔膜泵会采用球形阀结构(见图 6-15)的阀箱。阀座由耐磨的合金钢材料制成,并覆有高耐磨橡胶,耐磨损、抗冲击。阀球由铬钢材料制成,耐磨损。阀座与阀球配合面为球形面,可以保证其贴合紧密。球形阀结构简单,互换性强,装拆方便。球形阀的阀球通过自重和液体压力闭合、开启密封阀座口,以实现排料、进料的目的。阀球在运动中伴有旋转运动,磨损均匀。阀球启、闭最大升程靠定位板控制。阀座安装有液压拆卸接头,可以用液压方式进行拆卸,简便易行。阀箱侧面设计有液压拆卸阀座接口和放料口,放料口用于检修时排放料浆。

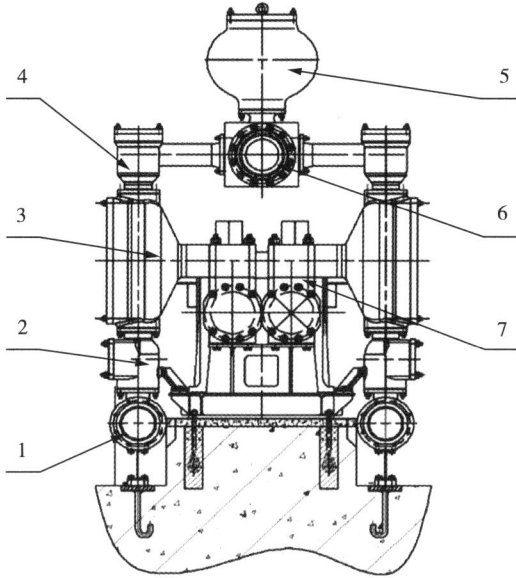

1—进料管;2—进料阀箱;3—隔膜室;4—出料阀箱;5—出料氮气包;6—出料管;7—活塞缸。

图 6-14　双缸双作用型液力端结构

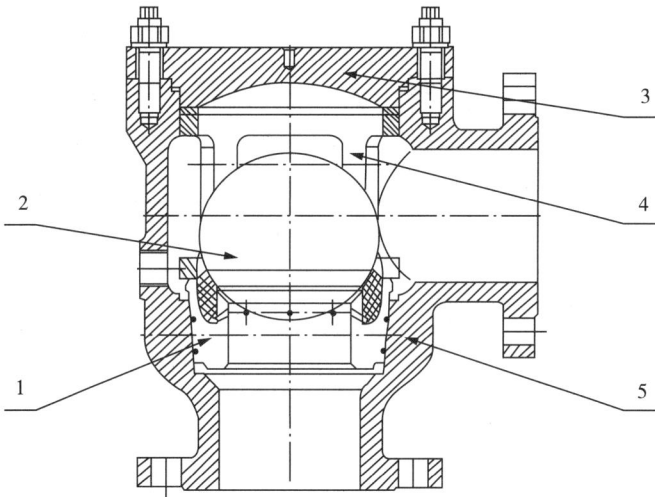

1—阀座;2—阀球;3—阀盖;4—限位套;5—阀箱体。

图 6-15　球形阀结构

　　双缸双作用型液力端有两组活塞缸。与三缸单作用隔膜泵差别较大,三缸单作用隔膜泵中,隔膜室与腔体一端相连,腔体另一端与箱体连接,活塞缸与腔体是两个不同的部件;而双缸双作用隔膜泵中,腔体与活塞缸是同一个部件,一同被称为"活塞缸"。活塞缸的铸造缸体内装有缸套,活塞在缸套里进行往复运动。活塞缸体上方的左右进出油口与隔膜室连接,以实现隔膜室内液压油的供给。活塞缸体与动力端箱体定位相连接,下端把合于活塞缸支架上。活塞杆与动力端十字头直接连接，其间无介杆。每组活塞缸都由活塞、活塞杆、缸套、缸盖和密封装置等组成。

2. 动力端

动力端主要是指将旋转运动转化成直线运动，为活塞提供动力能的曲柄连杆机构。动力端主要由机座、曲拐轴、连杆、十字头、导板、轴承、介杆、排气罩等组成。根据活塞的作用方式不同，常用的隔膜泵动力端可分为两类：三缸单作用型、双缸双作用型。

1）三缸单作用型

根据曲拐轴的结构型式不同，隔膜泵的动力端一般可以分为曲拐轴结构、偏心轮结构两大类。一般的曲拐轴结构动力端有三拐曲轴卧式、两拐曲轴卧式两种常用结构。常用的三缸单作用型动力端是三拐曲轴卧式结构。常用的结构还有三拐四支撑曲轴结构、三拐两支撑曲轴结构两种。图 6-16 为三拐四支撑曲轴三缸单作用动力端结构。所谓三拐四支撑曲轴结构，即曲轴有 3 个曲柄，曲柄错位角为 120°；采用 4 个双列调心滚子轴承支撑定位。其两端支撑轴承通过两个锥形紧固套装配在曲轴上，中间两个支撑轴承通过两组半套装配到曲轴上。

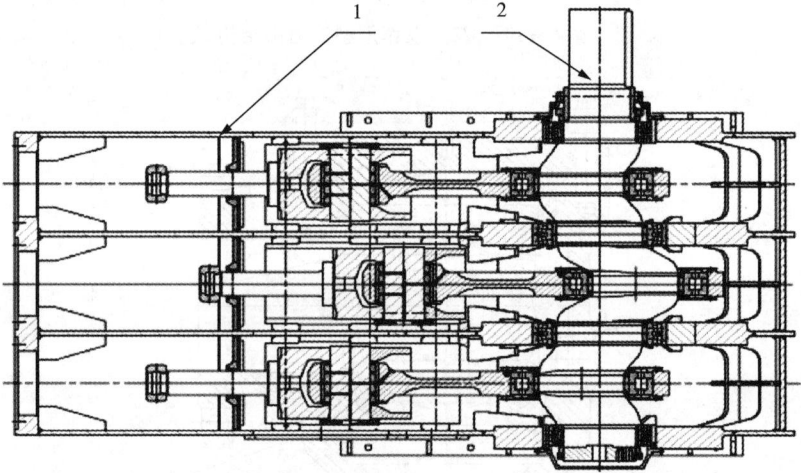

1—箱体；2—曲轴部装。

图 6-16　三拐四支撑曲轴三缸单作用动力端结构

图 6-17 为三拐两支撑曲轴三缸单作用动力端结构。三拐两支撑曲轴结构则只有两端支撑，无中间支撑，输出的活塞力较小，结构更紧凑，其他结构与三拐四支撑曲轴相同。三拐曲轴的输入端通过传动系统的齿式联轴器与减速机连接。三拐曲轴的旋转带动装在曲柄上的连杆往复摆动。连杆是动力端曲柄连杆机构中连接曲柄和十字头的部件。连杆的运动是平面运动。连杆与十字头用销轴连接，十字头在滑道中做往复直线运动，滑道具有导向作用。十字头的另一端用螺栓与介杆连接，介杆与液力端的活塞杆相连，并用卡箍锁固，从而将动力端的动力传递给液力端。介杆上设有挡油盘，可使清洁的冲洗液流回油箱。

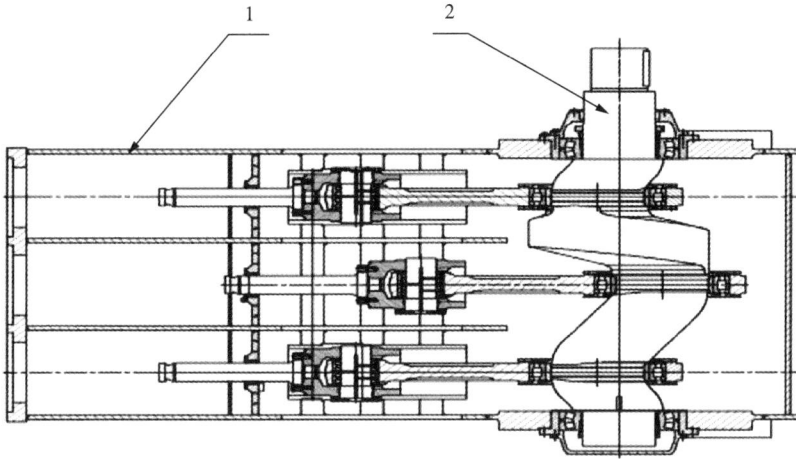

1—箱体;2—曲轴部装。

图 6-17　三拐两支撑曲轴三缸单作用动力端结构

箱体是动力端的主要部件之一,它由下箱体、箱盖、轴承盖等组成。箱体的主要作用是为曲轴提供支撑和定位,为十字头运动提供支撑和导向,为液力端活塞缸、腔体等提供支撑和定位。箱体在工作中承受与传递隔膜泵的作用力和力矩。根据实际需要,箱体毛坯有铸造毛坯和焊接毛坯两种。两种毛坯都需要进行退火处理和渗漏试验。箱体的两侧设有活塞杆、十字头及导板的观察孔,以便于检查、维修。箱盖上设有排气孔。

2）双缸双作用型

双缸双作用动力端有两拐曲轴卧式、偏心轮卧式两种结构,偏心轮卧式结构动力端的承载力要小于两拐曲轴卧式结构动力端。

主动轴部装主要由主动轴、左右旋齿轮、调心滚柱轴承及密封件组成。主动轴由两个单列滚柱轴承支撑定位,轴向可以游动使齿轮啮合处于最佳定位状态。

十字头部装一端与连杆通过销轴连接,并由两组四个单列向心短圆柱滚子轴承支撑,按一定角度摆动;另一端与活塞杆采用螺纹连接,并用螺母锁固。

齿圈和偏心轮轴部装主要由轴、偏心轮、左右齿圈和轴承组成。该轴上的偏心轮系铸造而成,以过盈配合方式固定在轴上。轴由两个双列调心滚子轴承支撑定位。偏心圆盘上均安装滚动轴承作为连杆大端的轴承。齿圈由合金钢制造而成,装配后组成人字齿圈。齿圈与主动轴部装上齿轮啮合作为减速机构组成部分,以接受动力。人字齿圈及连杆的调整定位由上述两种轴承自动完成。

偏心轮轴结构可避免曲拐轴毛坯、加工、热处理、磨削等困难,使工艺简化。该机构加工制造方便,结构紧凑,其刚度和强度均较好,但能承受的活塞力有限。

3. 隔膜位置检测-调整系统

1）常见检测-调整方法

隔膜泵常用的隔膜位置检测及调整方式有两大类:机械位置检测-推进液调整,智能电磁位置检测-推进液调整。机械位置检测-推进液调整是传统的隔膜位置检测及调整方式,在小流量及非连续运转工作制的工况广泛应用,如计量用的小流量隔膜泵。智能电磁位置检测-推进液调整是 20 世纪 70 年代左右出现的,适宜大流量、连续运转工作及工艺系统对连续运转率要求高的工况。随着这类技术的成熟,隔膜使用寿命最短达到 8000 h,最长达到 12000 h。在大流量、连续运转的工艺系统中,采用该技术的隔膜泵得到普遍认可,隔膜已由过去的传统易损件变为定期更换的备件,隔膜泵的连续运转率达到 93% ~ 95%,降低了泵的运行维护成本,整体经济效益显著。

隔膜的智能电磁位置检测-推进液调整系统的工作原理:通过信号发生器的元件检测与隔膜连接的导杆的位置变化,判断隔膜凹凸变形是否处于正常状态;通过调整腔内的推进液体积,使导杆工作在正常位置状态,即隔膜工作在正常的凹凸变形范围内,进而保证隔膜的使用寿命。上述过程是由 PLC 程序控制完成的。推进液的调整系统也可以称为隔膜泵推进液系统。图 6-18 是三缸单作用隔膜泵的智能电磁位置检测-推进液市外调整系统 PID 图。

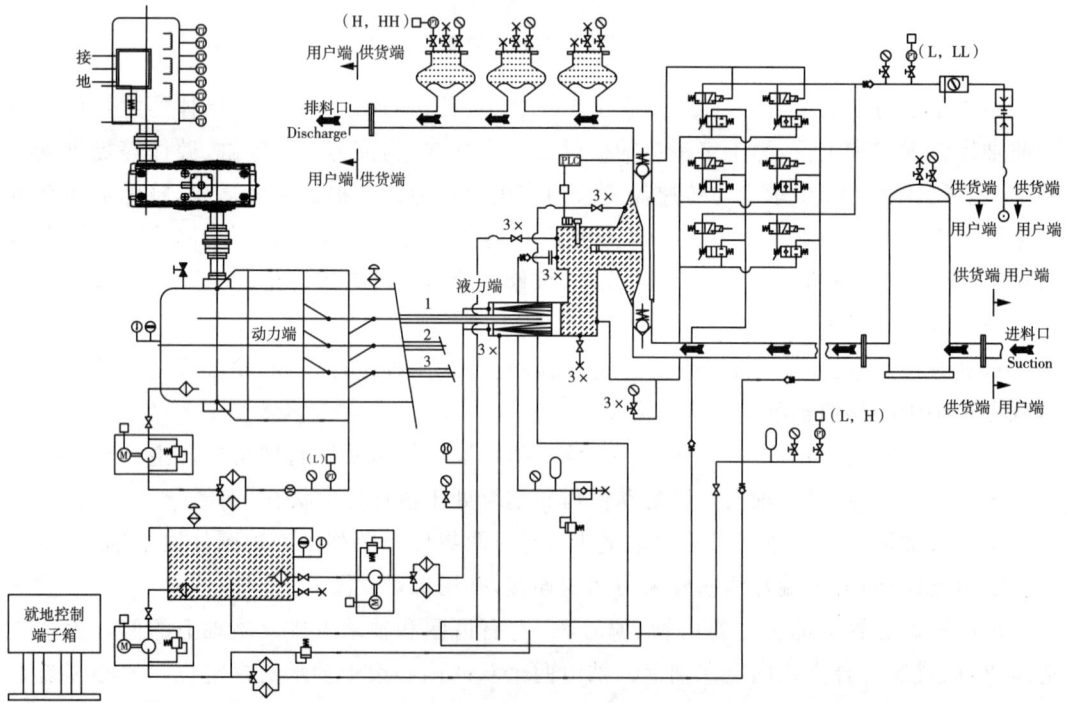

图 6-18 三缸单作用隔膜泵的智能电磁位置检测-推进液调整系统 PID 图

三缸单作用隔膜泵的机械位置检测-推进液调整系统的工作原理如图 6-19 所示。隔膜泵的机械位置检测-推进液调整的工作原理:隔膜变形过程中,与隔膜连接的导杆触碰机械位置机构,接通推进液油路,自动完成推进液油量的调整,进而调整隔膜的位置,使其在正常的位置状态下工作。实践证明,隔膜泵的机械位置检测-推进液调整系统的可靠性、推进液调整的效果与智能电磁位置检测-推进液调整系统相比,是有一定差距的,尤其是在大流量的隔膜泵中,差距明显。

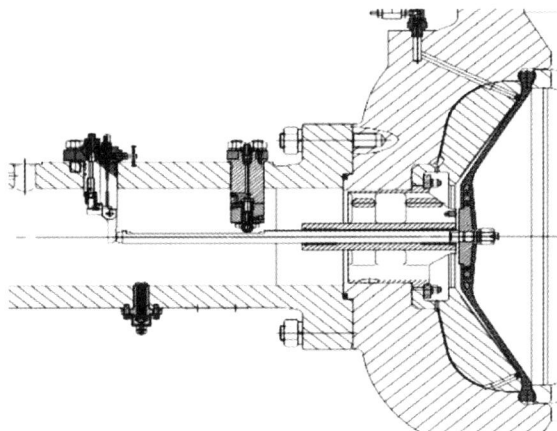

图 6-19　三缸单作用隔膜泵的机械位置检测-推进液调整系统的工作原理

2）推进液系统

推进液系统在隔膜泵中起着非常重要的保障作用，可保证橡胶隔膜在正常的行程空间内运动，能延长隔膜的使用寿命，大幅度提高设备的运转率。系统被设计成一个蓄压系统，通过具有压力的推进液油来进行工作。

推进液系统由供气系统、二位三通电磁气阀、二位二通阀组、蓄能器、油泵电机组及一些液压元件等组成。推进液系统如图 6-20 所示。系统中的压力就是由油泵电机组和蓄能

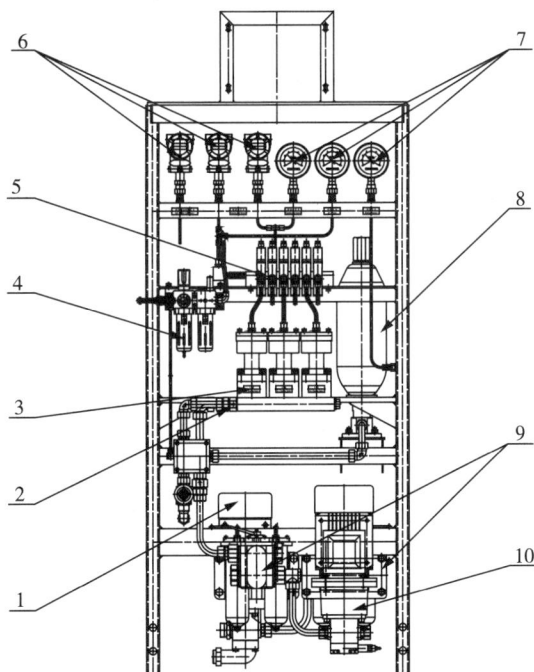

1—冲洗油泵电机组；2—单向阀；3—二位二通阀组；4—气动三联件；5—二位三通电磁气阀；
6—压力变送器；7—耐震压力表；8—蓄能器；9—过滤器；10—推进液油泵电机组。

图 6-20　推进液系统

器产生的。推进液系统的油泵电机组、二位三通电磁气阀及二位二通阀组等均集成安装在箱体侧面的支架上。

二位二通阀组兼具补油、排油、进气和排气的功能,主要由二位二通阀、弹簧、小隔膜、密封块、喷嘴、阀杆和单向阀等组成(见图6-21)。二位二通阀组上方有两个进气孔,将空气存放在小隔膜内,依靠空气压力和弹簧使二位二通阀内的阀杆与喷嘴闭合。

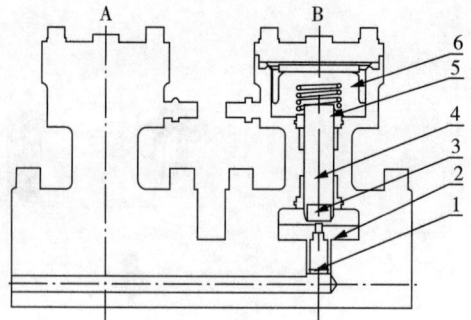

1—单向阀;2—喷嘴;3—密封块;
4—阀杆;5—弹簧;6—小隔膜。

图6-21 二位二通阀结构

蓄能器具有储蓄能量、稳定压力、减少能耗、吸收油压脉冲和缓和冲击等作用。
隔膜泵采用大口径、螺纹连接的囊式蓄能器,使用前需要预充氮气。

推进液系统的补排油工作是机、电、气、液、磁之间相互作用的过程。橡胶隔膜在隔膜室中随推进液压力做往复运动,橡胶隔膜上装有导杆,导杆上有磁环,导杆携磁环随隔膜一起做往复运动。当隔膜室中的油量达到极限时,导杆上的磁环即运动到信号发生器的位置,信号发生器检测到磁力线,会发出补油或排油信号给PLC。供气系统提供的压缩空气经过气动三联件滤清后进入二位三通电磁气阀,PLC控制其动作,使二位二通阀开启或闭合,进行补排油工作。气路上,压力表显示空气压力。正常状态下,二位三通电磁气阀处于开路状态,空气通过二位二通阀的上部进入阀内,压缩小隔膜,使二位二通阀内的阀杆与喷嘴闭合来进行排油。当需要进行补油动作时,二位三通电磁气阀闭合,二位二通阀内空气泄掉,阀杆与喷嘴打开,推进液油经喷嘴、单向阀进入隔膜腔内。由于工作压力高,因此只有在隔膜吸入冲程时才能补油。当隔膜排出冲程时,隔膜腔内油压大于推进液油压,补油无效,但受单向阀的作用,推进液油也无法从腔内溢出。这样,隔膜室中的油量得到补充或排出,经过推进液油量的调整,橡胶隔膜始终处于最佳工作范围,保证吸排料浆的正常进行。

同时,推进液系统通过液压泵站里的吸油管吸油(该系统与冲洗系统共用一个油箱),经过网式过滤器过滤后,将液压油通过单向阀组分别送入二位二通阀组和蓄能器。蓄能器中压力的高低决定推进液系统中油泵电机组的停止和启动。隔膜泵工作过程中,当蓄能器中推进液油的压力低于额定最低值时启动油泵电机,当蓄能器中推进液油的压力达到额定最高值时停止油泵电机,从而保证蓄能器中有一定数量的油随时提供给隔膜室。

推进液系统与控制仪表系统的空气压力开关、推进液压力开关连接,以显示推进液系统的供气压力和推进液系统压力。

4. 液压辅助系统

液压辅助系统主要由润滑及冲洗系统、超压保护及排气系统、控制仪表系统和液压泵站等组成。

1）润滑及冲洗系统

润滑及冲洗系统如图 6-22 所示。吸油管路上的压力表可以显示油压力,压力传感器则负责将油压力值提供给电控系统,实现因压力不足而引起的报警或停机。油泵电机组在液压油箱中吸出液压油,流经流量计及相关输油管路,不间断地进行冲洗和冷却。为了保证润滑及冲洗系统运行可靠,应对双筒网式过滤器进行清洗。

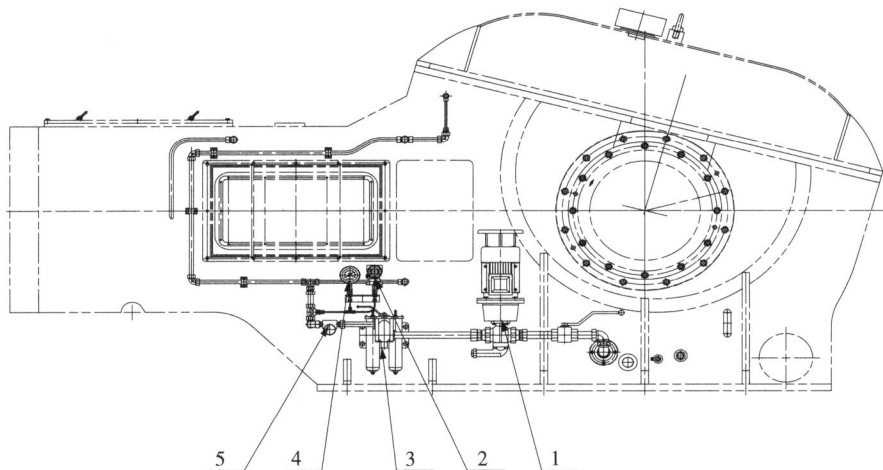

1—油泵电机组;2—压力传感器;3—双筒网式过滤器;4—压力表;5—流量计。

图 6-22　润滑及冲洗系统

（1）润滑系统。动力端润滑系统由油泵电机组、双筒网式过滤器、压力表、分配器、节流阀和高压铰接式三通接头等组成。在动力端箱体两侧分别安装一个分配器,节流阀安装在通往润滑点的管路上,油泵电机组安装在与推进液油泵电机组同一箱体侧面上。

润滑系统的作用主要是为主动轴轴承、被动轴轴承、十字头轴承、连杆轴承、中间支撑轴承、十字头与导板运动副间提供强制润滑。润滑系统不使用液压泵站油箱中的油,而使用箱体中的油。

（2）冲洗系统。冲洗系统主要由油泵电机组、过滤器、油流指示器、三通分配、四通分配器和输油管路等组成。冲洗系统安装在箱体侧面,其主要作用是连续对活塞、活塞杆、介杆进行冲洗、润滑和冷却。

冲洗系统使用油泵电机组在油箱(该系统与推进液系统共用一个油箱)中吸出液压油,液压油通过过滤器、油流指示器、三通分配器、四通分配器和输油管路,不间断地冲洗活塞杆、活塞和介杆,达到冲洗、润滑和冷却的作用,保证活塞在活塞缸中良好运动。由于单缸单作用泵和双缸双作用泵的活塞缸数量不同,因此冲洗点也不同。冲洗系统没有压力要求,只要油流指示器中有油液流动即可。通过油流指示器可以观察油液流动的情况。冲洗系统的输油管路和回油管路形成密封环路进行连续冲洗。

2）超压保护及排气系统

超压保护及排气系统如图 6-23 所示。超压保护及排气系统一般由蓄能器组件、溢流阀(安全阀)、耐震压力表、直通单向阀和手动截止阀等组成。

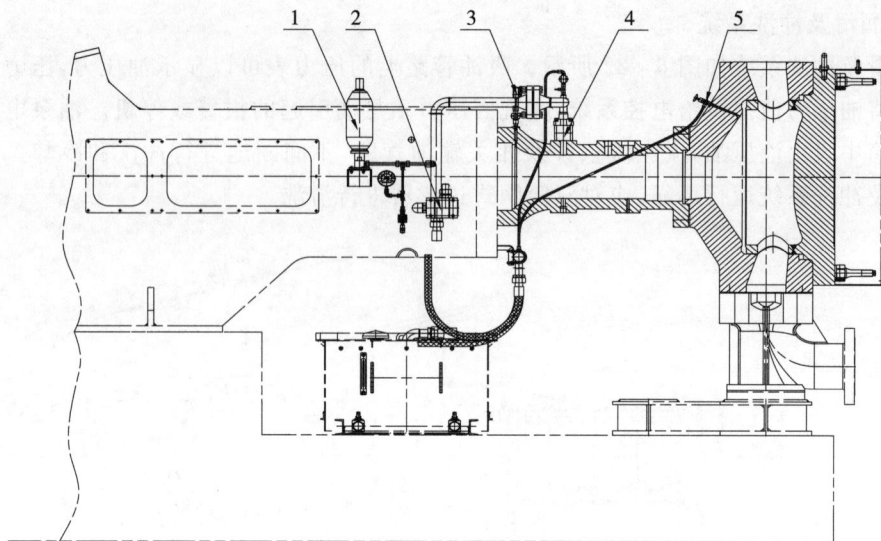

1—蓄能器组件;2—溢流阀(安全阀);3—耐震压力表;4—直通单向阀;5—手动截止阀。

图 6-23　超压保护及排气系统

　　超压保护系统安装在隔膜室上面,一般由电气压力控制保护系统和机械泄压系统两部分构成。

　　超压保护系统的作用:当工作压力超过限定值,在电气压力控制保护系统失灵的情况下,隔膜与活塞之间的推进液泄出;当电气压力控制保护系统工作时,泄掉推进液的峰值压力,保护隔膜泵的零部件不因过载而遭破坏。

　　当出料压力超过溢流阀的设定值时,溢流阀会自动开启并将推进液通过直通单向阀、回油管、溢流阀排出到副油箱中进行卸压。每个隔膜室装有两个单向阀,其目的是防止任意一个单向阀失灵。单向阀在泵内料浆排放过程中单独起作用。

　　正常工作时,隔膜室中推进液的压力可能大于或等于回油管中的压力,从而导致单向阀阀芯产生浮动。这时,可通过手动泵向回油管中充入一定的压力油来消除单向阀阀芯浮动的现象。当耐震压力表的显示值低于设计压力一定倍数时,手动泵通过单向阀向回油管充油;当耐震压力表的显示值为设计压力最高设定值时,手动泵停止向回油管充油。当充入压力油后,回油管中的耐震压力表值不得大于溢流阀的开启压力。当回油管中含有气体时,由手动截止阀和透明管将气体排出。

　　排气系统的作用:调整手动截止阀将推进液油中含有的气体通过排气管排回泵的副油箱中。直通单向阀可阻止气体回流。超压保护系统和排气系统为同一个大系统的不同分系统,两个系统的蓄能器组件、溢流阀(安全阀)、耐震压力表和直通单向阀等均为同一部件。

　　3)控制仪表系统

　　控制仪表系统由控制仪表、PLC、HMI、控制柜构成。控制仪表分别为工作压力开关、空气压力开关、推进液压力开关、压力变送器、压力表开关、针式节流阀等。自动化系统监测、控制功能由 PLC、HMI、控制柜共同完成。监测、控制的范围包括智能电磁检测-推进液调整系统、进出料补偿系统、液压辅助系统、传动系统。

控制仪表系统安装在箱体侧面的支架上。各控制仪表通过管路与工作介质(气体、料浆和推进液等)连通,及时获取并反馈介质工作压力,了解泵的实时工作状态。当压力不正常时,控制仪表系统会及时采取相应措施。

工作压力开关与出料氮气包连接,压力表的数量与出料氮气包数量相同,压力表的显示值即为隔膜泵的工作压力。当其工作压力上升到压力设定值时,工作压力开关传递压力信号,进而发出报警信号;当其工作压力上升到超过压力设定值时,工作压力开关传递压力信号,发出关闭主电机信号。

空气压力开关与推进液系统的二位三通电磁阀连接,其显示的压力值即为供气压力。当供气系统中空气压力低于设定值时,会发出报警信号;当供气系统中空气压力低于更低设定值时,将发出关闭主电机信号。

推进液压力开关也在推进液系统内,该开关显示的压力值即为推进液系统压力。当推进液最小压力低于某设定值时系统会接通推进液泵,当推进液最大压力达到某较高设定值时系统会关闭推进液泵,从而保证推进液系统随时进行补排油。

压力变送器用于输出工作压力模拟信号到主控室。

控制仪表系统中的压力表开关可以连接充气工具,通过管路对出料氮气包内气囊上部补充氮气。

4)液压泵站

液压泵站主要由液压油箱、空气滤清器、温度变送器、电加热器、旋塞阀、液位计等组成。液压泵站安装在箱体下方。

液压泵站主要为推进液系统、润滑及冲洗系统提供液压油。双缸双作用隔膜泵的液压控制系统中不设置独立的液压油箱。为保证液压油箱内的清洁,应定时清理。

5. 进料压力补偿系统

进料压力补偿系统主要由进料压力补偿罐和管路组成。

进料压力补偿罐是一个按照压力容器标准制造的筒式压力罐,安装在接入管路与进料管之间。

每台泵设置一个或两个结构相同的进料压力补偿罐,罐体上安装压力表以显示进料压力。其中一个进料压力补偿罐上安装压力变送器,用于输出进料压力模拟信号到主控室。

进料压力补偿罐可使进料管道内的压力变化最小化,使吸入管道内的料浆流量保持稳定。进料压力补偿罐中空气的容量在隔膜泵运转期间不会降低。当隔膜泵对料浆的吸入度较高时,料浆中含有的空气会分离出来,使进料压力补偿罐中的气体增多,可对进料压力起到平衡和补偿的作用。在进料压力补偿系统中,空气与料浆直接接触。

6. 出料压力补偿系统

隔膜泵的出料压力补偿系统采用球形预压式氮气包形式,主要由氮气包和管路组成,可稳定出料压力和流量。

氮气包由壳体、气囊和压盖等组成,安装在液力端的出料管上。其工作可靠性取决于气囊的质量和使用寿命。

氮气包与进料压力补偿罐的作用相似,可利用气体的压缩和膨胀来储存或放出部分料浆,达到降低管路中流量脉动、减小惯性损失、提高泵的性能和适应工艺流程的目的。

气囊把氮气包分为两部分,即料浆部分和氮气部分。氮气部分是预先充满的,可填充氮气等化学性质稳定的惰性气体,切忌向氮气包充填氧气等化学性质活跃的气体,同时切勿给氮气包加压过高或过低。

双缸双作用隔膜泵的氮气包一般只有一个。由于压力较大,三缸单作用隔膜泵的氮气包一般有 1～3 个,大多为 2 个。氮气包与控制仪表系统的工作压力开关连接,以显示工作压力。

7. 电控系统

电控系统可以对隔膜泵各相关系统的运转进行监测和控制,主要包括 PLC 和 HMI。

电控系统可以对以下项目进行监测和控制:橡胶隔膜位置、最高工作压力、推进液空气压力、推进液油压力等。

基于维护的目的,PLC、HMI 允许推进液体加注和排放阀门的手动操作。

8. 全生命周期运维管理系统

隔膜泵全生命周期运维管理系统用于实时监控泵的运行状态,预测及诊断故障,并可以将信息同步到手机 App。

6.2.3 输送介质及运行工况参数

合理选择输送泵型是保证整个工艺系统可靠、经济运行的关键,应具体考虑如下因素:① 输送介质的重度、粒度、浓度、温度、磨蚀性;② 泵型对管路运行工况变化的适用性;③ 泵的吸入性能及效率;④ 安全可靠性;⑤ 运行的经济性。

对于磨蚀性的表述,需引入磨蚀性系数 —— 米勒数(N_M)的概念。米勒数是指磨损过程中被磨损材料损失(G)与时间(h)的关系曲线,一般具有下列关系:

$$G = Ah^B \tag{6-13}$$

该曲线的损失率为

$$\frac{\mathrm{d}G}{\mathrm{d}h} = ABh^{B-1} \tag{6-14}$$

米勒数为

$$N_M = CAB2^{B-1} \tag{6-15}$$

式中,C 为调整标度的常数。

一般认为,N_M 大于 50 的介质,磨蚀性较强,应使用隔膜泵输送;活塞泵一般适用于 N_M 小于 30 的介质输送。

隔膜泵的正常稳定运行需要考虑的工况因素有矿浆的固体粒度、矿浆温度、矿浆的质量浓度及黏度、吸入压力、吸入和排出的压力脉动、多台泵时的流量峰值叠加等。

隔膜泵对输送的介质的粒度是严格限制的,要求介质的粒度在 1 mm 以内,可以允许有大于 1 mm 的颗粒,但含量要在 2% 以下。其主要原因是隔膜泵的进出料阀件对介质粒度的密封条件是最大粒度为 1 mm。粒度细利于阀的密封,阀件的磨蚀小;粒度粗,阀件的磨蚀大,阀件的寿命缩短,增加更换阀件的次数,增加运行成本,降低连续运转率。当压力大于 4 MPa 时,对粒度要求越细越好。总之,隔膜泵与其他往复泵相比,对粒度及最大颗粒的限制有非常严格的要求,在工程设计中,尤其要注意这一点。

隔膜泵的隔膜允许的最高工作温度是 110 ℃。当矿浆温度为 100 ℃ 时,温度对液力端的结构影响较小,考虑热影响因素也不需要进行较大的结构设计变化,故一般隔膜泵对输送的矿浆温度要求小于 100 ℃。大于 110 ℃ 时,隔膜泵的结构有变化,主要的解决办法是增加冷却装置使隔膜接触的矿浆温度小于 100 ℃。

隔膜泵输送的介质大多为矿浆,其物理性质中的浓度(矿浆的质量浓度应小于 68％)和最大沉降浓度、黏度等指标对介质的输送影响很大,进行泵内管路设计时要充分考虑。进出料横管的管径要考虑临界流速,否则,容易出现进出料横管淤积料浆的现象,加大管路阻力,导致进出料阀出现"卡阀"现象。卡阀一方面会使隔膜工作变形异常,影响隔膜的使用寿命,严重的还会造成隔膜破坏;另一方面,会造成该隔膜室输送不出介质,从而引起泵的流量波动,使泵及外管路急剧振动,噪声加大,严重时还会使泵无法工作。理论上要求隔膜室内的矿浆浓度梯度合理,矿浆浓度变化过大易引起隔膜局部应力加大,造成隔膜寿命降低或被破坏。由于两相流的物理性质很复杂,因此建立相应的理论模型的难度大、准确性差、意义不大。对于这类问题,主要通过工程试验解决。

为避免隔膜泵的活塞缸、隔膜室内出现汽蚀,隔膜泵对输送的矿浆的最小吸入压力有要求。这一要求主要与泵的流量、泵的冲次、矿浆温度、矿浆黏度、矿浆质量浓度有关。从工程经验来看,一般隔膜泵的最小允许吸入压力大多为 $0.12 \sim 0.15$ MPa。当输送的矿浆的质量浓度大于 50％ 时,其输送的矿浆的最小允许吸入压力大多为 $0.25 \sim 0.3$ MPa。当输送的矿浆的浓度再加大时,其输送的矿浆的最小允许吸入压力也相应提高,可达到 $0.5 \sim 0.6$ MPa。一般来说,泵的流量大、冲次高,矿浆的温度高、黏度大、质量浓度大,选大值;反之,选小值。

在隔膜泵站的管路上,存在两种压力脉动,即泵本身的流量脉动引起的压力脉动和外部管路产生的压力脉动。例如,当泵切换时,管路阀门的开闭会产生瞬时压力脉动。因此,隔膜泵应配备进出料补偿装置,抑制压力脉动。一般对于隔膜泵要求压力脉动率为 1％ ~ 5％,并在进料管路上采用压力补偿罐,在出料管路上采用空气包。

多台隔膜泵向同一条管路输送矿浆且转速同步时,可能会出现泵的瞬时流量峰值叠加、流量脉动率增大,造成管路振动加剧。若此时压力补偿装置出现故障,则可能会对整个管路及隔膜泵造成严重损坏,酿成重大事故。所以,在这种工况下,多台隔膜泵之间需采取措施,分散各泵之间的相角。实施最佳相角峰值分散后,多台泵输送的矿浆的流量峰值波动要远小于单台泵。振幅差值(ΔA)与流量不均匀系数(δ_P)见表 6-2 所列。

表 6-2　振幅差值(ΔA)与流量不均匀系数(δ_P)

泵形	ΔA			δ_P		
	单台泵	峰值叠加	峰值分散	单台泵	峰值叠加	峰值分散
双缸双作用泵	35.06	105.18	18.04	30.48％	30.48％	5.23％
三缸单作用泵	12.06	48.24	2.94	14％	14％	0.86％

根据表 6-2 可以得出如下结论:多泵峰值叠加后,其流量不均匀系数与单台泵相同,但振幅差值大幅增加,而最佳相角峰值分散后,其流量不均匀系数及振幅差值较单台泵明显减小。所以,对多台泵实施最佳相角峰值分散,效果是非常明显的。

6.3 隔膜泵的关键技术

隔膜泵是一种体现多学科交叉融合性质的具有高技术含量和高附加价值的产品,综合集成了机械、电气、液压、传感器、仪表、材料等多个专业领域。下面重点介绍几项隔膜泵关键技术。

6.3.1 计算机辅助工程技术

计算机辅助工程(Computer Aided Engineering,CAE)技术将工程分析技术和计算机技术融合,是由计算力学、计算数学、结构动力学、数学仿真技术、工程管理学与计算机技术相结合而形成的一种综合性、知识密集型的信息技术。CAE 的核心技术是有限元理论和数学计算方法。

在设计工作中,可以应用有限元分析软件对隔膜泵的关键部件(曲轴、箱体、连杆、十字头、介杆、活塞杆、腔体、隔膜腔、阀箱和隔膜等)进行线性、非线性或流固耦合等分析来进行辅助设计,进而形成一整套有限元分析的评价体系。例如,在进出料阀的设计中,主要是对阀孔流速、阀隙流速、阀升程、阀落座速度、阀阻力损失等基本参数进行计算分析,对阀零件的强度进行计算分析,使之达到使用寿命指标。因为隔膜泵的运行是连续运转的,所以阀件的寿命指标是隔膜泵的关键指标。由于矿浆的磨蚀性对阀件寿命指标影响较大,因此需要大量的工业运行数据才能形成阀的设计方法及规范。

在进出料补偿设计中,需要对隔膜泵的进出料管路内的流量、压力脉动进行补偿。由于隔膜泵的单台流量为 30～1000 m³/h,因此其补偿装置的容积要求很高。例如,当流量达到 600 m³/h 以上时,需要单个空气(氮气)包的容积为 160 L。同时,应用在工艺流程中,对泵出口的流量、压力脉动有更严格的要求,泵的流量、压力脉动率均应在 1% 以内。因此,需要应用有限元模拟计算分析技术,综合进料管、出料管、进料阀、出料阀、隔膜及活塞的影响因素,计算补偿装置的容积,合理布置其位置,达到流量、压力脉动率的指标要求。

6.3.2 隔膜技术

1. 隔膜的设计要素

橡胶隔膜作为隔膜泵结构的重要部件,其使用寿命直接决定了隔膜泵的连续运转率,因此在隔膜泵制造及控制技术中,隔膜的保护技术与隔膜破损检测技术是隔膜泵技术发展的重中之重。

隔膜的设计是基于隔膜凹凸变形过程中只有弯曲变形,而没有拉伸变形状态下进行的。按弹性薄壳无矩理论,这种弯曲变形产生的内力极其微小,甚至可以忽略不计,这就是隔膜寿命长的根本原因。隔膜使用寿命取决于隔膜材质、几何尺寸和受力状态这几个主要因素。在这几个因素中,隔膜受力状态是较为关键的因素,也是隔膜设计中较复杂的一项。在设计隔膜时要考虑因素很多,这些因素可分为内因、外因。内因是指隔膜形状、厚度和变形等,外因是指隔膜室腔形、阀参数和压力平衡等。

要保证隔膜有较长的使用寿命(大于 8000 h),首要问题是保证隔膜运动过程中隔膜受力处于最佳状态,即在隔膜弯曲变形过程中隔膜承受的应力极其微小。在隔膜运动过程中隔膜与活塞之间的油量变化容易使隔膜承受的应力变大,从而造成隔膜寿命缩短或损坏。隔膜技术很大程度上受材料及检测控制技术的制约,关键在材质和边界尺寸上。

2. 隔膜的材料

隔膜长期在油介质与料浆中运行,不同的工艺系统料浆性质差异较大,其中以氧化铝溶出工艺系统的料浆条件尤其恶劣。隔膜材质配方以丁腈橡胶为主体,并加入炭黑及其他防老化剂。隔膜材料要求耐温 110 ℃,耐矿浆、推进液的腐蚀,对于不同的矿浆特性、矿浆温度、推进液特性,有不同的专用高性能隔膜配方,保证隔膜使用寿命大于 8000 h。第一代技术以定应力为主,按温度、耐碱、耐油形成了三种配方。第二代技术以定应变为主,按温度、耐碱、耐油形成了六种配方。第二代技术采用了特种军工耐油丁腈橡胶,配以辅剂,形成了高性能的专用隔膜配方,适用于各种料浆的工况,各项物理性能指标均达到国外泵隔膜标准。

3. 隔膜及隔膜室腔形的结构和尺寸

隔膜的结构和几何尺寸是影响隔膜受力状态的关键因素,尤其是隔膜边缘几何形状的设计:一方面要防止应力集中;另一方面要考虑其密封性,以避免推进液油与料浆之间的互渗。影响隔膜寿命的关键尺寸总计十个。以定应力为主形成了第一代计算公式,以定应变为主形成了第二代计算公式。此外,隔膜室腔形设计是影响隔膜寿命的另一个关键因素。合理的腔形设计可以避免隔膜运动过程中受到料浆冲刷而磨损。图 6-24 为橡胶隔膜的几何形状,图 6-25 为隔膜外形。此外,隔膜室的腔形及固液两相介质的流变特性对隔膜的使用寿命也有较大的影响。

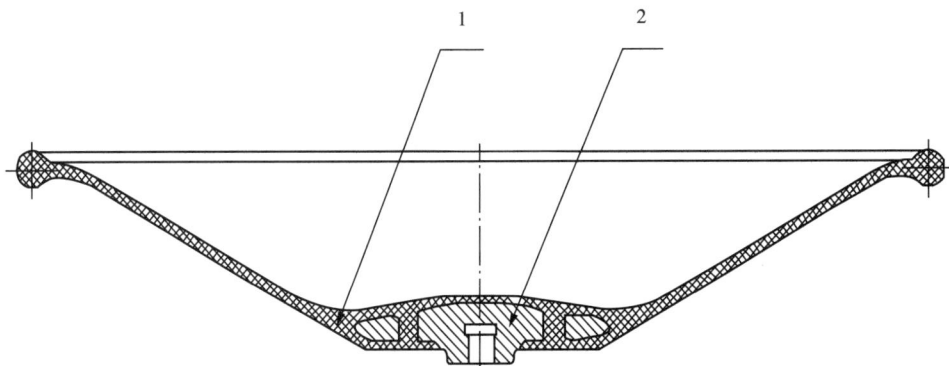

1—隔膜;2—铁芯。

图 6-24　橡胶隔膜的几何形状

隔膜及隔膜室结构如图 6-26 所示。隔膜泵工作时,隔膜变形的压力损失由两部分构成,即隔膜弯曲变形的压力损失和拉伸变形的压力损失。按弹性薄壳无矩理论,隔膜的弯曲变形产生的变形力极其微小,与隔膜拉伸变形产生的变形力相比,可以忽略不计。隔膜泵运行时,隔膜是可以在只有弯曲变形而没有拉伸变形的姿态下工作的。这种情况下,隔膜失效的影响因素只有推进液端的推进液对隔膜的腐蚀、耐疲劳损伤和矿浆端的矿浆冲刷疲劳损伤。采取选择耐腐蚀疲劳损伤的橡胶材料,设计合理的隔膜室腔形,可以使隔膜变形过程中隔膜表面的矿浆冲刷速度微小,从而隔膜寿命就可以得到延长。

图 6-25　隔膜外形

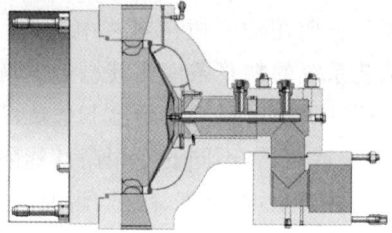

图 6-26　隔膜及隔膜室结构

采用高度复合非线性数值模型-流固耦合有限元分析技术,建立隔膜运行状态的有限元数值模型,研究分析隔膜运行时的应力场和矿浆的流场,从而确定隔膜及隔膜室腔形结构尺寸。

隔膜结构具有三重非线性,即材料非线性、几何非线性和接触非线性。隔膜及隔膜室腔形结构的主要设计如下。

(1)隔膜材料的本构模型及参数:利用有限元分析、试验室测试,确定隔膜材料的基础试验数据,选择合理的材料本构模型,拟合试验数据,获得隔膜材料静态、动态性能的材料参数。

(2)隔膜密封性能及结构:隔膜大径起到隔离推进液与矿浆的作用,利用流固耦合有限元分析技术,确定密封结构尺寸,验证隔膜的密封性能。

(3)隔膜流固耦合的应力场、位移场、矿浆流场:利用流固耦合有限元分析技术,研究隔膜整个工作周期(矿浆的吸入和排出过程中的进出料阀的开启、关闭过程)中的应力及变形规律、矿浆在隔膜室腔内流动的流场压力分布和流速矢量分布,指导隔膜及隔膜室的腔形结构尺寸设计,确定隔膜及隔膜室的腔形结构尺寸。

(4)隔膜的失效准则及设计规范:隔膜凹凸变形过程中,产生的疲劳损伤及破坏符合常规疲劳损伤破坏理论,隔膜的失效判据是隔膜工作时的最大压力小于隔膜材料的疲劳 σ_{-1}(见图 6-27)。

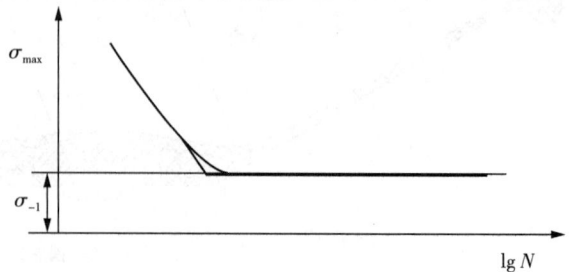

图 6-27　隔膜的 $S-N$ 曲线

隔膜的设计规范：通过三维流固耦合分析，提取隔膜工作过程不同时刻所对应的隔膜行程、最大应力及处于不同行程时进入隔膜腔内推进液的体积，绘制隔膜行程-时间曲线（见图 6-28）、隔膜室腔内推进液体积-隔膜行程曲线（见图 6-29）、隔膜室腔内推进液体积-隔膜最大应力曲线（见图 6-30）、隔膜行程-隔膜最大应力曲线（见图 6-31），满足隔膜的失效判据。

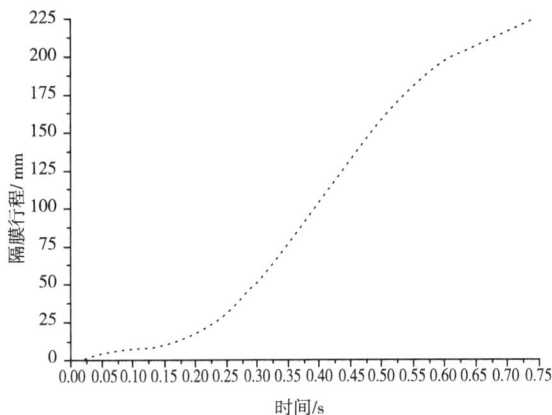

图 6-28　隔膜行程-时间曲线

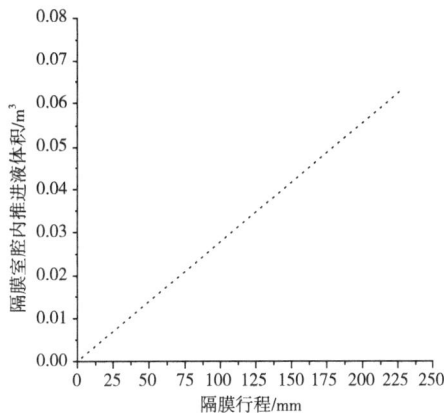

图 6-29　隔膜室腔内推进液
体积-隔膜行程曲线

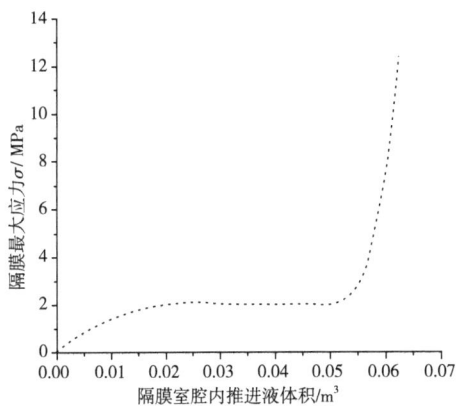

图 6-30　隔膜室腔内推进液
体积-隔膜最大应力曲线

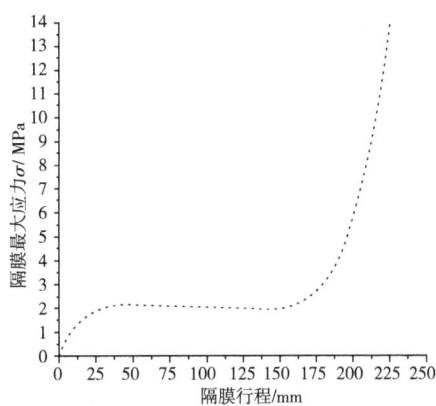

图 6-31　隔膜行程-隔膜
最大应力曲线

4. 隔膜的变形状态控制

隔膜长时间连续工作，隔膜室腔内推进液的体积会出现减少或增加的情况，使隔膜偏离正常工作位置，发生隔膜疲劳损伤、隔膜损坏或使用寿命缩短。隔膜的变形状态控制就是对隔膜位置进行实时检测及快速调整，保证隔膜在正常的位置范围内工作。

隔膜的变形状态控制由隔膜位置检测-推进液系统完成。隔膜泵的隔膜位置检测-推进液系统有两大类：智能电磁位置检测-推进液调整系统、机械位置检测-推进液调整系统。

显然,隔膜技术涉及的领域很多。在设计方面,有隔膜材料的力学性能计算、试验测试,隔膜的受力状态的监测、检测,隔膜与活塞之间的油量液压调整,PLC对检测传感器、液压元件的程序控制。在制造方面,有隔膜的材质配方及制造工艺、检测传感器的精度及可靠性、液压元件的精度及可靠性。无论是设计、制造、元器件的选型,均影响隔膜的使用寿命,从技术角度而言,难度及复杂性都是很高的。

6.3.3　活塞密封技术

活塞密封性能决定了隔膜腔油量的变化程度,密封性越好,油量变化越小,越有利于隔膜处于良好的工作状态。隔膜油量调整动作次数越少,元器件寿命越长,可靠性越高。隔膜泵活塞采用带支撑环和导程环的多组"V"形密封圈结构,其"V"形密封圈有别于目前国内标准的"V"形密封圈,其主要通过唇密封来实现,这样可以减少发热,延长使用寿命,优于其他泵型的大皮碗结构。密封圈材质采用耐油、纯布、高硬度橡胶材料,与之接触的活塞缸采用耐磨合金钢,其内表面采用淬火处理,具有高硬度和高耐磨性。

隔膜泵的活塞是长时间连续工作的,大流量隔膜泵活塞运动的瞬时线速度超过1 mm/s,活塞的密封性能决定了隔膜与活塞之间推进液的变化程度,密封性能越好,推进液变化越小,隔膜的变形状态越稳定,对隔膜的使用寿命影响越小。隔膜泵的活塞密封圈对泄漏率、使用寿命有要求,需要进行专门的设计、制造。

隔膜泵液力端的隔膜室、阀、空气包等采用了矩形橡胶密封圈,属于静密封。矩形橡胶密封圈的规格尺寸需要与相应的零件结构匹配,可用有限元分析技术分析矩形橡胶密封圈的密封性能,优化其结构尺寸,确定失效判据,设计、制造专门的系列矩形密封圈。

6.3.4　补排油控制技术

二位二通阀是补排油控制技术的重要组成部分,其结构和工作原理详见6.2节。其技术难点是二位三通电磁气阀、二位二通阀动作的可靠性,二位二通阀喷嘴孔径及形状,二位二通阀中小隔膜的几何尺寸和使用寿命,密封块的材质,等等。

二位二通阀与二位三通电磁气阀组合使用时,二位三通电磁气阀在常态时是开路的,二位二通阀借助气压封住油路,其密封力非常大,泄漏的可能性几乎为零,这是一般液压执行阀无法做到的。推进液油的清洁程度对密封效果影响较大,避免了一般液压执行阀因油清洁度问题而造成的阀杆卡死、烧坏线圈等故障。在动作执行时,通过二位三通电磁气阀切断气路,动作灵敏可靠,时间短,具有"四两拨千斤"的效果。压力开关可保证补油灵敏、可靠,补油油路中油压可稳定保持在设定值。

6.3.5　液压执行技术

液压执行技术是当PLC隔膜位置控制软件模块发出指令后,对活塞缸油量进行调整操作的技术。该技术的工作可靠性、灵敏度是影响隔膜寿命的关键因素。图6-32为液压执行技术原理,当检测传感器将隔膜位置信号传送给PLC后,经程序处理发出指令,传送给二位三通电磁气阀,二位三通电磁气阀动作,打开二位二通阀,完成补油、排油操作。

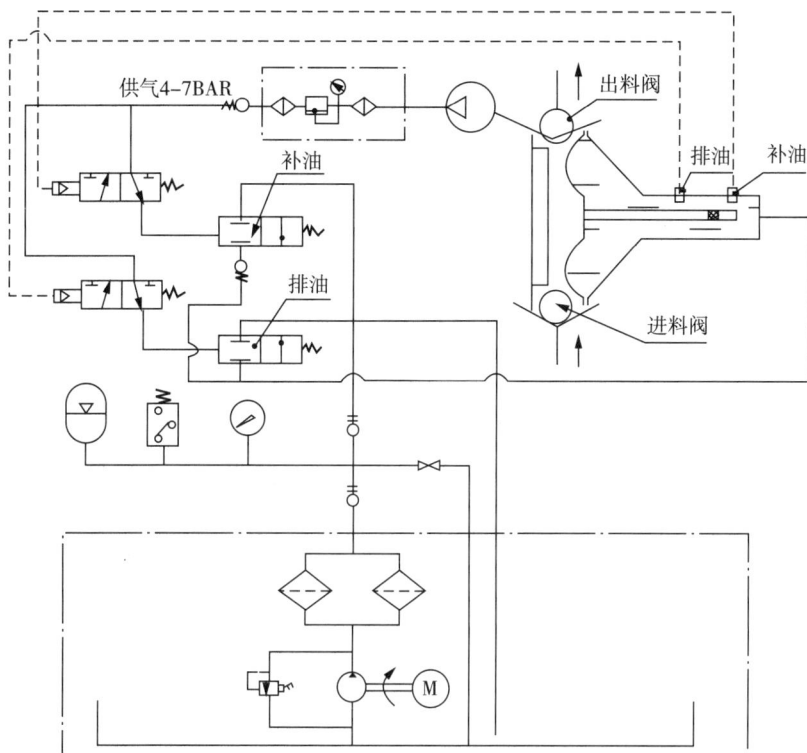

图 6-32　液压执行技术原理

6.3.6　大功率动力端技术

大功率动力端设计及制造技术主要有重载曲轴、动力端箱体、连杆、十字头摩擦副的设计及制造技术。在隔膜泵的应用行业内,动力端承受载荷大多为 $250 \sim 2000$ kN,其工作年限为 $25 \sim 30$ 年,因此,这些关键零件的设计制造非常重要,要重点考虑安全裕度、可靠性。

隔膜泵的曲轴有两种结构:三拐两支撑、三拐四支撑。三拐四支撑结构有超静定的问题。曲轴承受交变载荷,失效形式为疲劳破坏,所以曲轴的设计计算必须应用有限元进行 $360°$ 载荷识别后,对其危险处圆角的应力进行计算分析。对于三拐四支撑曲轴还要考虑超静定因素,按相应的规范进行疲劳破坏的校核。曲拐轴承受交变载荷,毛坯一般为合金钢锻造件,最好采用电渣重熔锻件,在活塞力小于 300 kN 时,也有采用铸造件的,但是其可靠性远不如锻件。三拐四支撑曲轴的偏心距最大为 280 mm,最大承受活塞力为 200 t。三拐两支撑曲轴的偏心距最大为 254 mm,最大承受活塞力为 110 t。

箱体、十字头摩擦副的设计方法及规范与曲轴相同。一般来说,动力端的机座有铸造、焊接两种结构。就安全裕度的整体性能而言,铸造机座优于焊接机座,在活塞力大于 1000 kN 时,两种机座的性能差异较大。承受 1000 kN 以上的焊接箱体存在运行数年后疲劳开裂的现象,因此承受 1000 kN 以上的箱体推荐采用铸造结构,并优化应力集中的部位。典型的三拐四支撑曲轴三缸单作用动力端铸造机座,承受的活塞力为 $180 \sim 2000$ kN,典型的三拐两支撑曲轴三缸单作用动力端铸造机座,承受的活塞力为 $1000 \sim 1100$ kN。

当焊接机座承受1000 kN以上活塞力时,疲劳校核的规范还需进一步完善,并优化应力集中的部位。十字头摩擦副的设计要综合考虑相关部件的强度、刚度,需要进行有限元模拟计算分析、材料摩擦机理的研究,合理确定失效判据,形成整套的设计方法及规范。

为保证隔膜泵的可靠性及连续运转率,动力端的连杆、十字头均为整体结构,轴承一般为滚动轴承,使用寿命要求60000 h,某些工况要求达到100000 h,在活塞力小于300 kN时,考虑经济性,也可采用滑动轴承,但使用寿命要小于滚动轴承。

图6-33为三缸单作用动力端十字头,其为整体结构,承载活塞力为180 kN。十字头摩擦副的设计与动力端的重量、体积直接相关,应综合考虑相关部件的强度、刚度,需要进行有限元模拟计算分析、材料摩擦机理的研究,合理确定失效判据,形成整套的设计方法及规范。

动力端关键零件的制造技术十分重要,尤其是形位公差的保证及检测。这些零件的材料选择、锻造、热处理、机械加工工艺直接影响零件的安全裕度。零件的公差精度等级要求达到5～6级,要有一套完整的工艺方法及规范。

图6-33　三缸单作用动力端十字头

综上所述,通过对曲轴、动力端箱体、连杆、十字头摩擦副等主要零部件的设计制造并掌握关键技术,才能实现大功率动力端的整体设计制造。

6.3.7　液力端矿浆流场研究及参数计算

以隔膜泵液力端内的矿浆、推进液的整个工作周期为研究对象,在矿浆的吸入和排出过程中,模拟进出料阀开启、关闭的整个工作过程,研究整个周期过程中矿浆、推进液的流动、流场压力分布及流速矢量规律,进行相关参数的分析计算。主要内容如下:

(1) 模拟、分析流道内矿浆与推进液的压力场、流速场,优化流道的结构;

(2) 分析、计算整个工作周期内各个时刻的阻力损失,包括阀件的阻力损失、隔膜变形能的阻力损失、流体惯性力的阻力损失、流道的阻力损失等,确定吸入性能的参数值;

(3) 分析、计算隔膜泵的容积效率;

(4) 进行进出料的补偿设计,进出料补偿设计是指对隔膜泵进出料管路内的流量、压力脉动进行补偿。

6.3.8　隔膜的报警与保护

补排油系统中,橡胶隔膜内包含铁芯,铁芯与对橡胶隔膜进行导向的横向金属无磁导杆连接,无磁导杆中安装有永磁铁。相应于永磁铁的横向运动轨迹设置有磁式信号传感器,磁式信号传感器的信号输出端口与PLC的信号输入端口相连,PLC的补排油信号输出端与隔膜室补排油部分的控制信号输入端口相连,磁式信号传感器有两个,沿隔膜腔横向布置。

隔膜腔壁上开有通孔,通孔内设置有信号盒,信号盒通过紧固件与隔膜泵主体相连,磁式信号传感器设置在信号盒内。两个磁式信号传感器中离橡胶隔膜较近的一个为采集隔膜泵运行信号的磁式信号传感器,另一个为采集隔膜泵补油信号的磁式信号传感器。在无磁导杆一个往复周期内,触发采集隔膜泵补油信号的磁式信号传感器时,PLC 发出补油信号,对隔膜室进行补油动作;在无磁导杆的五个往复周期内,既没有触发采集隔膜泵运行信号的磁式信号传感器,又没有触发采集隔膜泵补油信号的磁式信号传感器时,PLC 发出信号对隔膜室进行排油动作。橡胶隔膜的位置如图 6－34 所示。

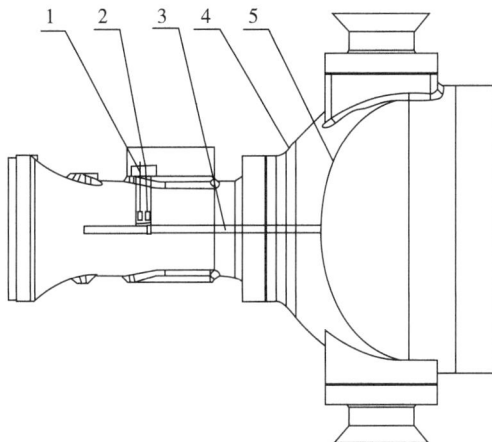

1—采集隔膜泵补油信号的磁式信号传感器;2—采集隔膜泵运行信号的磁式信号传感器;

3—无磁导杆;4—隔膜室;5—隔膜。

图 6－34　橡胶隔膜的位置

橡胶隔膜在液压油的作用下完成一次往复运动,磁式信号传感器检测到磁信号,磁信号在 PLC 中表达成一个形式为“bool”的数字量参数。磁式信号传感器的感应范围具有一定的宽度,其电信号高电平具有一定的时间长度,根据信号时间长度,通过 PLC 计算,得出隔膜室油量的情况。

PLC 检测是否有排油阀的故障信号,若有,则对排油阀故障进行计时,发出声音报警,当计时时间超过 2 min,控制隔膜泵电机停机。PLC 检测是否有排油阀的故障复位信号,若有,则认为排油阀故障解除。PLC 检测排油阀是否打开,若是,则检测排油流量是否大于 0.1 L/min,若是,则排油阀故障处理结束。

PLC 检测是否有补油阀的故障信号,若有,则对补油阀故障进行计时,发出声音报警,当计时时间超过 2 min,控制隔膜泵电机停机。PLC 检测是否有补油阀的故障复位信号,若有,则认为补油阀故障解除。PLC 检测补油阀是否打开,若是,则检测补油流量是否大于 0.1 L/min,若是,则补油阀故障处理结束。

PLC 检测是否有隔膜泵的推进液泵的故障信号,若有,则对隔膜泵的推进液泵故障进行计时,发出声音报警,当计时时间超过 2 min,控制隔膜泵电机停机。PLC 检测是否有隔膜泵的推进液泵的故障复位信号,若有,则认为隔膜泵的推进液泵故障解除。PLC 检测隔膜泵的推进液泵是否运转,若是,则检测补油阀是否开启;若否,且推进液压力小于 0.5 MPa 持续 2 min,则发出推进液泵的故障信号。

排油阀的故障信号通过检测排油过程获得,若未发生排油动作而产生排油流量,则产生排油阀的故障信号。补油阀的故障信号通过检测补油过程获得,若未发生补油动作若而产生补油流量,则产生补油阀的故障信号。推进液泵的故障信号通过检测补油过程获得,若推进液泵运转,但无补油流量,则产生推进液泵的故障信号。

推进液泵是否运转通过以下方法检测:当推进液泵电机接触器 DI 反馈点闭合时,PLC 的 DI 模块得到该"bool"量为"1"的信号;同时,推进液泵电机导线所装配的电流互感器检测到该导线有电流通过。当上述两个条件同时具备时,认为推进液泵正在运转。

隔膜腔内设置有测量隔膜腔内液压油导电能力的橡胶隔膜破损探头,它通过探头信号变送器与 PLC 的检测信号输入端口相连。探头信号变送器的输出电流为 4~20 mA,且随着被测介质电导率的增大而增大。探头信号变送器的输出电流为 4 mA 时对应的电导率为 0%,探头信号变送器的输出电流为 20 mA 时对应的电导率为 100%。当电导率超过 20% 时,PLC 发出报警,并执行停车指令,控制隔膜泵电机停机。

橡胶隔膜破损探头采用去除火花塞侧电极弯头部位的汽车火花塞。橡胶隔膜破损探头通过套筒设置在隔膜泵体上,套筒设置在隔膜腔壁上的通孔内,套筒通过紧固件与隔膜泵体相连。

6.3.9　其他技术

1. 耐压件连接螺栓

耐压件连接螺栓是指隔膜室、阀、活塞缸等部件的连接螺栓。这些螺栓均承受交变载荷,每个螺栓要求均匀受力,对预紧力有严格的限制。由于这些部件的螺栓需要经常拆卸,因此需要设计专门的工装及工具来满足快速更换易损件的要求。由于这些螺栓易疲劳破坏,因此安全裕度的设计及材料、加工工艺技术尤为重要,特别是工作压力大于 12 MPa 时,易造成螺栓因疲劳断裂而飞出的事故,在设计制造时要高度重视。

2. 自动化控制技术

自动化控制技术是指智能电磁位置检测-推进液调整系统、润滑系统、冲洗系统、安全保护、泵速度、油温等控制技术。近几年,自动化控制技术还融入了对泵的运行状态监测、故障诊断及远程运维的管理集成,因此又称为全生命周期远程运维管理系统。自动化控制技术的关键是检测元器件的可靠性、精度,控制程序。

6.4　气动隔膜泵

气动隔膜泵是一种以压缩空气为动力的复杂介质输送的简单机械,复杂介质包括易流动、不易流动的液体,甚至干粉、料浆等。这种泵的特点是产品的功率范围小(0.5~5.5 kW),对置式双隔膜结构,兼具自吸泵、潜水泵、屏蔽泵和杂质泵等输送泵的优点,用途广泛,使用、维护便捷。其是离心泵和往复泵型谱交接的一种量大面广的往复泵产品。

气动隔膜泵在不同行业输送介质的总结如下。

化工业:酸、碱、溶剂、悬浮物、分散体系等;

石化业:原油、稠油、油脂、泥浆、污泥等;

涂料业:树脂、溶剂、着色剂、油漆等;

日化业:洗涤剂、香波、乳液、乳霜、手霜、表面活化剂等;

陶瓷业:泥浆、陶浆、石灰浆、陶土浆等;

采矿业:煤浆、岩浆、泥浆、砂浆、炸药浆、润滑油等;

水处理业:石灰浆、软性沉淀物、污水、化学品、废水等;

食品业:液态半固体、巧克力、盐水、醋、糖浆、菜油、大豆油、蜂蜜、动物血等;

饮料业:酵母、糖浆、浓缩物、气液混合物、葡萄酒、果汁、玉米浆等;

医药业:溶剂、酸、碱、植物提炼液、软膏、血浆等各种药品料液;

造纸业:黏结剂、树脂、油漆、油墨、颜料等;

电子业:溶剂、电镀液、清洗液、硫酸、硝酸、废酸、腐蚀液、抛光液等;

纺织业:染料化学品、树脂、胶膏等;

建筑业:水泥浆、陶瓷瓦黏结剂、岩石浆、天花板面漆等;

汽车业:抛光乳剂、油、冷却剂、汽车底漆、油乳漆、清漆、添加剂、脱脂漆、油漆等;

家具业:黏结剂、清漆、分散体系、溶剂、色剂、白木胶、环氧树脂等;

冶金和铸造业:金属液、氢氧化物和碳化物浆、粉尘洗涤液等。

当然,气动隔膜泵输送的介质不止这些,由于上述介质可分为腐蚀性和非腐蚀性两类,相应的隔膜泵的过流部件也就采用塑料和金属两类材料,参数不变。

气动隔膜泵由气流结构和液流结构两大部分构成,通过两侧膜片完全隔离。气源压力只需大于 0.2 MPa 就能工作。在 0.5~0.8 MPa 工作压力下,气阀室中的高压气体通过气流疏导系统带动连杆轴做左右往复运动,同时,消耗后的低压气体通过排气口快速排出。在两侧高压、低压气体交替作用下,连杆轴带动两侧膜片左右运动,使两边容积腔内气压发生交替变化,从而实现液体的连续吸入与排出。

6.4.1 气动隔膜泵的性能与材质

气动隔膜泵的主要技术参数见表 6-3 所列。

表 6-3 气动隔膜泵的主要技术参数

型号	最大压力 / MPa	最大流量 / (L/min)	输送颗粒直径 / mm	最大吸程 / m	最大空气耗量 / (m³/min)	空压机功率 / kW
NSG - Z15	0.7	57	2.4	4.6	0.6	0.5
NSG - Z25	0.84	150	3.2	5.5	1.35	3
NSG - Z40	0.84	378	6.3	5	2.4	3~4
NSG - Z50	0.84	568	6.3	5	4.2	4~5.5

注:表中型号中数字为进出口口径(mm)。

由表 6-3 可见,相对于大型隔膜泵来说,气动隔膜泵当属微小型泵,它的产品参数范围很受局限。正是因为这样,运行可靠是这种泵的突出优点。

每一种隔膜泵都有塑料和金属泵头两种规格，以适应不同介质的输送。表 6-4 为不同泵头材质的性能。表 6-5 为不同隔膜材质的性能。

表 6-4　不同泵头材质的性能

泵头材质	性能
聚丙烯（PP）	中等的抗磨蚀性，良好的抗化学性，通用性好，特别适合普通的酸碱
聚偏二氟乙烯（PVDF）	较强的抗化学性、抗挤压性、抗磨蚀性，对于酸碱、多种有机溶剂有良好的耐蚀性
铝合金	极强的抗冲击性、耐磨蚀性和耐热性，中等的抗化学腐蚀性，通用性好
不锈钢	极好的耐磨蚀性，适用于水性涂料、黏性流体
铸铁	良好的耐磨蚀性，非常适合压滤机泥浆输出

表 6-5　不同隔膜材质的性能

隔膜材质	性能
特氟龙（PTFE）	良好的抗化学性、抗溶剂性，中等的抗磨蚀性；通用性强，除熔锂、钾、钠、三氟化氯、高温三氟化氧、高流速的液氟外，几乎可用于其他一切介质
三道橡胶（SP）	良好的耐磨蚀性、抗化学性、耐热性，适合普通的酸碱，不适合溶剂，可替代三元乙丙橡胶
丁腈橡胶（NBR）	适用于汽油等其他油类介质，适合常温下使用
三元乙丙橡胶（EPDM）	良好的耐水性、耐化学药品性，耐老化、耐热，不耐油
氟橡胶（FPM）	优良的耐磨蚀性，耐各类酸（包括中浓度氧化性酸）、碱、盐、石油产品等

图 6-35 为气动隔膜泵的安装方式。图 6-36 为气动隔膜泵产品。

泵体的材质分别为聚丙烯、聚偏二氟乙烯、铝合金、304SS、316SS、316L 和铸铁。

泵的隔膜材质分别为特氟龙、三道橡胶、丁腈橡胶、三元乙丙橡胶和氟橡胶。

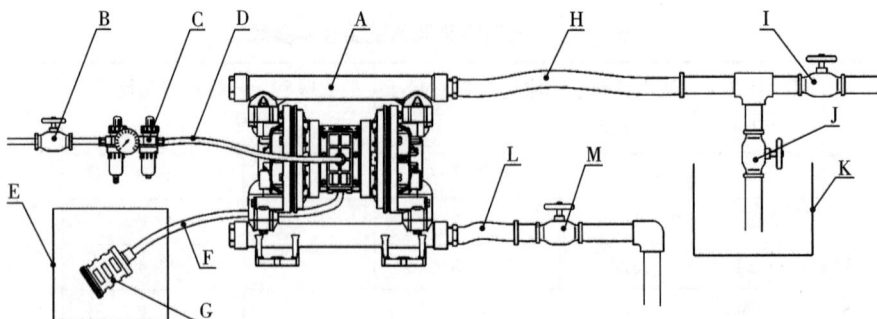

A—气动泵；B—空气截止阀；C—气动三联件；D—进气软管；E—排气用容器；F—排气软管；G—消声器；
H—出液口软管；I—出口调节阀；J—溢流阀；K—溢流用容器；L—进液口软管；M—入口调节阀。

图 6-35　气动隔膜泵的安装方式

（a）塑料泵头

（b）金属泵头

图 6 - 36　气动隔膜泵产品

　　泵的阀座材质分别为聚丙烯、聚偏二氟乙烯、304SS、316SS、316L、三道橡胶、丁腈橡胶和氟橡胶。

　　泵的阀球材质分别为特氟龙、三道橡胶、丁腈橡胶、304SS、三元乙丙橡胶和氟橡胶。

　　泵的连接方式分别为螺纹连接、法兰连接和特殊连接。

　　显然,在泵结构一致的前提下,上述零部件材质等元素的任意组合能产生许多针对不同介质、不同使用场合的泵产品,形成气动隔膜泵家族。

6.4.2　气动隔膜泵的基本结构

　　气动隔膜泵是由压缩空气驱动运行的,压缩空气在泵内部的气体流道之间交换运行,控制内部各组件的往复运动。图 6 - 37 为气动隔膜泵的外形。

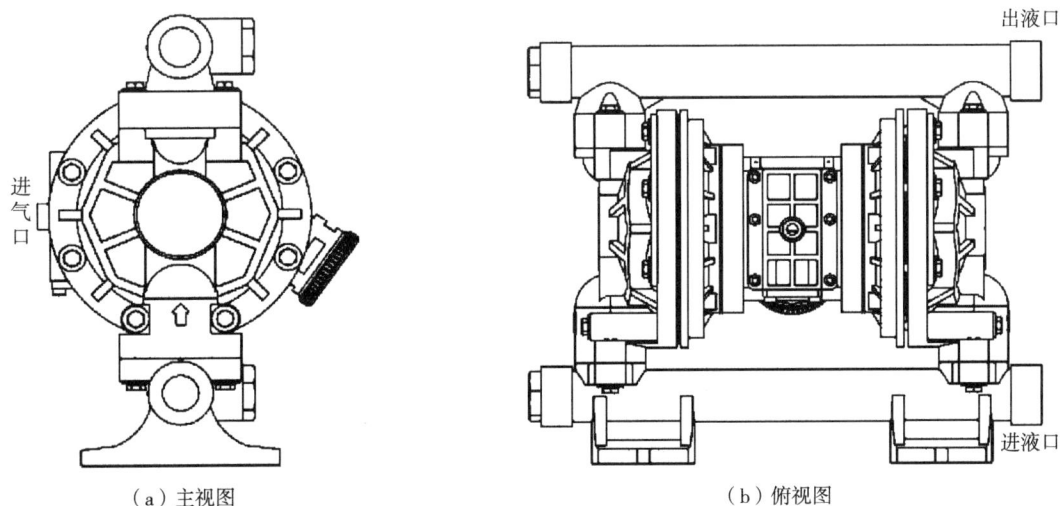

（a）主视图

（b）俯视图

图 6 - 37　气动隔膜泵的外形

气动隔膜泵主要由空气端和液体端两个部分组成。

空气端为其驱动端,主要组成结构为控制隔膜往复运行的换气开关,控制换气开关往复运动的换向开关,具有阻隔空气端与液体端作用及控制换向开关运动的隔膜组件。一个隔膜组件有左、右两张隔膜,两张隔膜通过一根硬质连杆连接。

液体端就是介质进出的部分,主要是左右两个泵头、进液的下盖、出液的上盖及四组单向阀(一般是球阀)。

空气端在两个液体端之间驱动和控制隔膜组件的往复运动。

6.4.3　气动隔膜泵的运行原理

1. 初始状态

初始状态下,气阀体内的换气活塞与滑块在气阀体内靠下的位置。空气端的初始状态如图6-38所示。其中,S腔为进气腔,有压缩空气提供时,该腔一直有压缩空气存在;T腔与换气开关处的B孔一直连通,通过换向开关的控制,会有充气和无压缩空气两种状态;O腔为排气腔,连接排气口,泵往复运行过程中排出的压缩空气都会通过该腔排出。

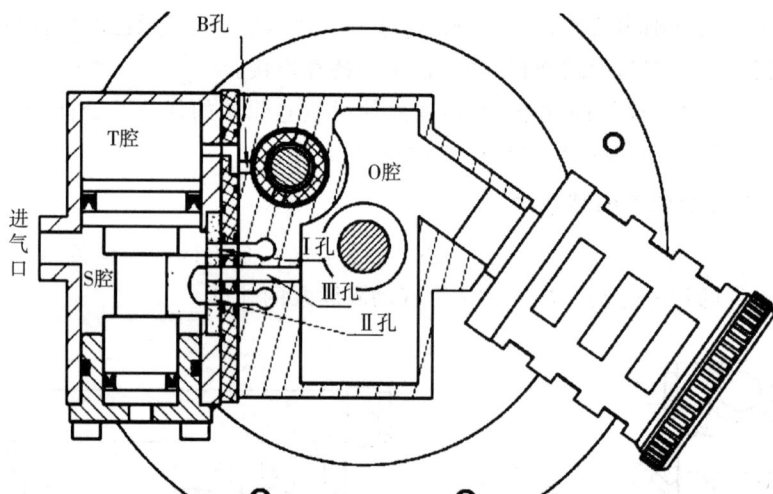

图6-38　空气端的初始状态

隔膜基本处于中间位置,换向开关在靠右的位置。液体端的初始状态如图6-39所示。换向开关上的A孔一直与排气腔(O腔)连通,C孔一直与进气腔(S腔)连通;气阀体的Ⅰ孔通过Ⅰ气道,一直与Ⅰ气腔连通;气阀体的Ⅱ孔通过Ⅱ气道,一直与Ⅱ气腔连通;气阀体的Ⅲ孔一直与O腔连通。

泵头Ⅰ的腔室与Ⅰ气腔被左侧的隔膜隔开,泵头Ⅱ的腔室与Ⅱ气腔被右侧的隔膜隔开,四组单向阀的阀球都落在阀座上,此时泵头Ⅰ与泵头Ⅱ的腔室都是一个密封腔。

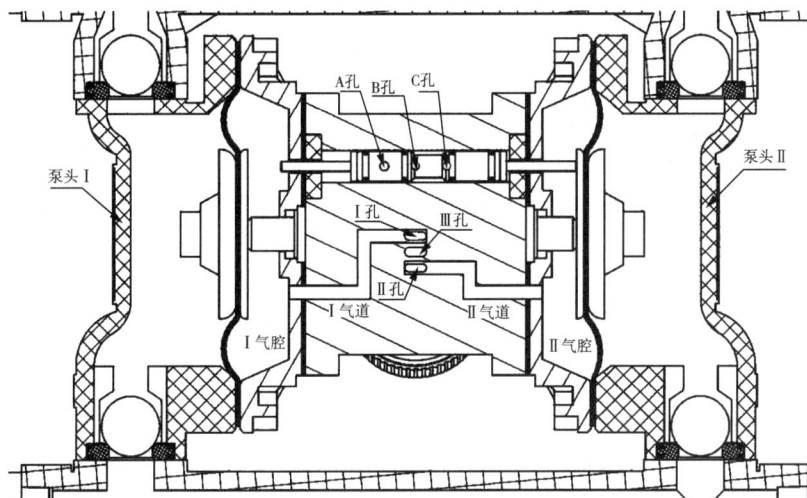

图 6 - 39　　液体端的初始状态

2. 首次冲程运动

压缩空气从进气口进入气阀体。此时，Ⅱ 孔和 Ⅲ 孔被换气开关盖住，换气开关底部"缺口"将这两个孔连通，压缩空气不会进入这两个孔。压缩空气进入气阀体如图 6-40 所示。

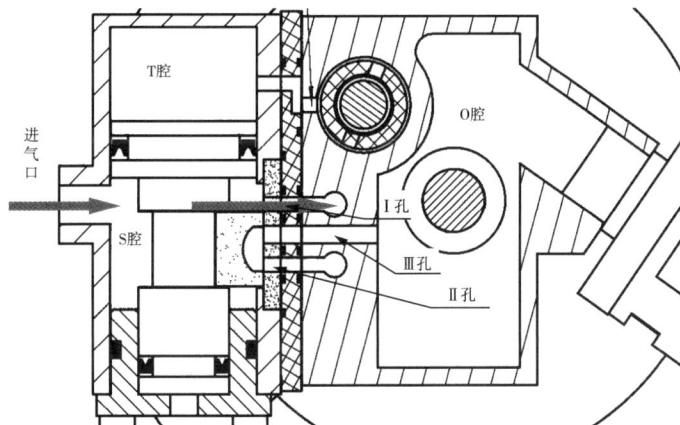

图 6 - 40　　压缩空气进入气阀体

Ⅰ 孔裸露，S 腔内的压缩空气从该孔经过 Ⅰ 气道，进入 Ⅰ 气腔。

左侧隔膜在压缩空气作用下向左鼓起，泵头 Ⅰ 腔室内压力上升，下方阀球保持与阀座贴合的状态，上方阀球在压力作用下向上"跳起"，泵头 Ⅰ 腔室内原有的液体流到上盖，从出液口排出，若原来没有液体则无液体排出。

因为两侧隔膜是由硬质连杆连接的，所以右侧隔膜会被向左拉，泵头 Ⅱ 腔室内压力下降，上方阀球被向下"吸"，保持与阀座贴合的状态，下方阀球在负压作用下向上"跳起"，该负压作用在下盖或进液管中的液体上，液体被吸入泵头 Ⅱ 腔室内，暂时储存。隔膜首次冲程如图 6-41 所示。

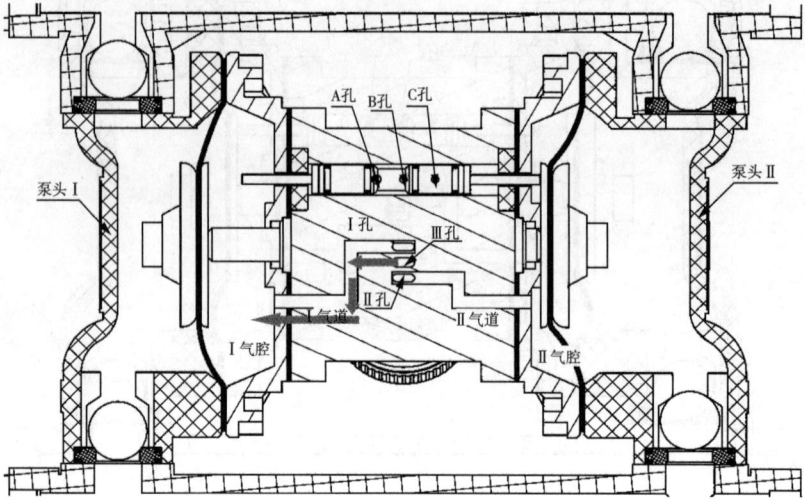

图 6-41　隔膜首次冲程

在隔膜向左进行一次冲程的过程中,换向开关被隔膜的硬质内护块推动着,一起向左运行,换气开关将 A 孔和 B 孔连通。由于 A 孔连接排气腔,B 孔连接气阀体内的 T 腔,因此 T 腔处于无压缩空气状态,换气开关即将进入下一个动作。

3. 换气开关换向至上方极限位置

换气开关在 S 腔气压作用下向上运动。此时,换气开关盖住 I 孔和 Ⅲ 孔,换气开关底部"缺口"将这两个孔连通,I 气腔中的压缩空气经过这两个孔排到排气腔。Ⅱ 孔裸露,S 腔内的压缩空气从该孔经过 Ⅱ 气道,进入 Ⅱ 气腔。换气开关换向至上方极限位置如图 6-42 所示。

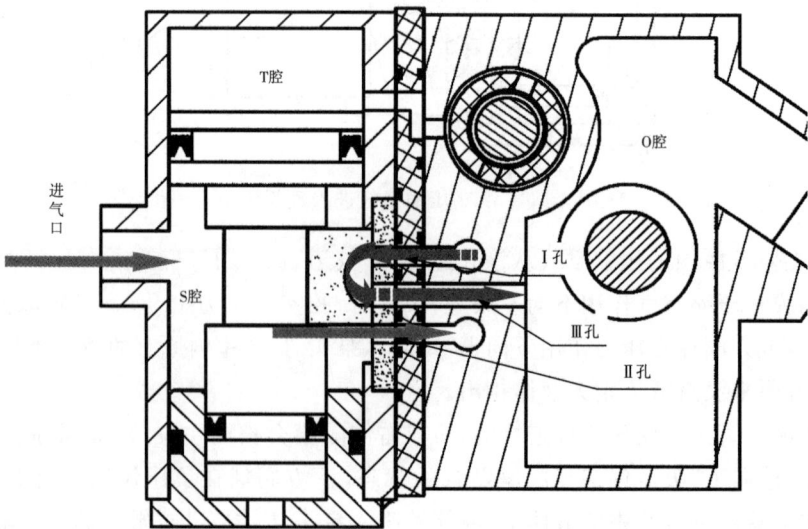

图 6-42　换气开关换向至上方极限位置

4. 隔膜反向第二次冲程

右侧隔膜在压缩空气作用下向右鼓起,泵头 Ⅱ 腔室内压力上升,下方阀球保持与阀座贴合的状态,上方阀球在压力作用下向上"跳起",前面"暂存"在泵头 Ⅱ 腔室内的液体流到上盖,从出液口排出。

左侧隔膜被向右拉,泵头 Ⅰ 腔室内压力下降,上方阀球被向下"吸",保持与阀座贴合的状态,下方阀球在负压作用下向上"跳起",该负压作用在下盖或进液管中的液体上,液体被吸入泵头 Ⅰ 腔室内,暂时储存。隔膜反向第二次冲程如图 6-43 所示。

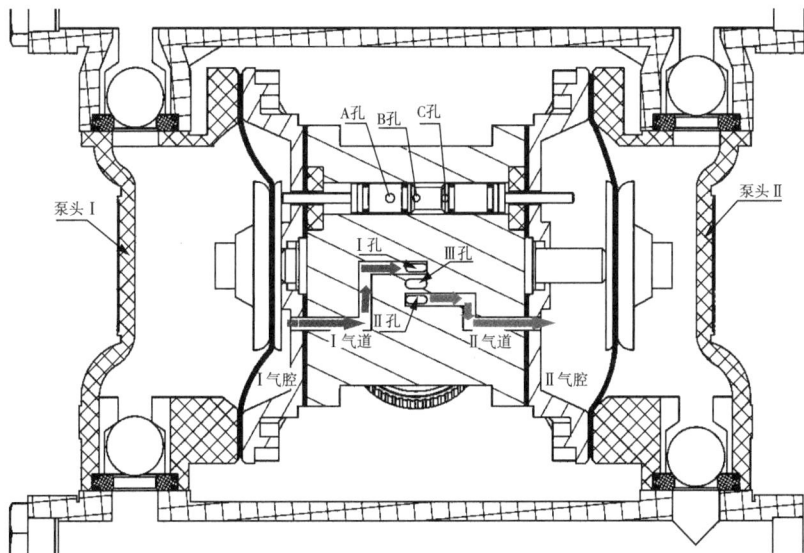

图 6-43　隔膜反向第二次冲程

在隔膜向右进行一次反向冲程的过程中,换向开关被隔膜的硬质内护块推动着,一起向右运行,换气开关将 C 孔和 B 孔连通。由于 C 孔一直与进气腔(S 腔)连通,B 孔连接气阀体内的 T 腔,此时 T 腔处于有压缩空气的"充气"状态,换气开关即将进入下一个动作。

5. 换气开关换向至下方极限位置

换气开关在 T 腔气压作用下向下运动。此时,换气开关盖住 Ⅱ 孔和 Ⅲ 孔,换气开关底部"缺口"将这两个孔连通,Ⅱ 气腔中的压缩空气经过这两个孔排到排气腔。Ⅰ 孔裸露,S 腔内的压缩空气从该孔经过 Ⅰ 气道进入 Ⅰ 气腔。

泵此后的运行就是重复上述步骤的一个往复运动,在实际运行过程中,换气开关、换向开关和隔膜组件是一个联动的运行过程,而不是上述所说的完全分解的。

6.4.4　气动隔膜泵的典型应用

气动隔膜泵自进入市场以来,其因多方面的优势,已成为许多泵类的替代品。

(1)输送污水、煤矿废水、医药废液等含杂质颗粒的介质。由于气动隔膜泵没有叶轮,且抽排介质时阀球与阀座分离,两者之间存在一定的间隙,因此可以用于输送含有颗粒的介质。

（2）输送树脂、乳剂、油漆等黏度较高的介质，吸程较高，无法灌引水的场合。由于气动隔膜泵的液体腔在隔膜、单向阀的阻隔下，具有良好的密封性，因此气动隔膜泵具有比较好的吸力，能够自吸，不需要灌引水，就能把黏度较高的介质抽吸上来。

（3）输送石油、化学药剂等易燃品。气动隔膜泵的隔膜结构不会对介质产生搅动，不会导致介质过热，且由压缩空气驱动，因此可以用于输送易燃、易爆的介质。

（4）需要潜水使用的场所。气动隔膜泵整体结构要求密封，因此，对于有潜水使用需求的场所也能替代其他泵类，且不需要考虑电机防水的问题。

（5）给压滤机输送污泥。气动泵在出液口完全关闭或堵死的情况下，隔膜两侧液体和气体的压力会达到平衡状态，内部结构停止运作，因此不会因停机而导致故障。

第7章 石油矿场往复泵

7.1 石油矿场往复泵的特征

往复泵因具有高压、高效、适应性广的特点,广泛应用于石油矿场钻井、固井、洗井、注水、输油、注醇等工作中。特别在小流量、高压力方面,其泵效率是其他泵产品无法达到的。往复泵在石油矿场领域常常在高压下输送高黏度、大密度和高含砂量的液体,而流量相对较小。

按用途的不同,石油矿场往复泵往往被冠以相应的名称。例如,在钻井工程中,为了携带出井底的岩屑和供给井底动力钻具的动力,用于向井底输送循环钻井液的往复泵,称为钻井泵或泥浆泵;为了固化井壁,向井底注入高压水泥的往复泵,称为固井泵;为了造成油层的人工裂缝,提高原油产量和采收率,用于向井底注入含有大量固体颗粒的液体或酸碱液体的往复泵,称为压裂泵;在采油过程中,用于补充地层能量注水的往复泵,称为注水泵;用于接转集输站点输油的往复泵,称为输油泵。

1901年,美国得克萨斯州斯宾尔托普的第一口井商业石油开采使用了双缸双作用钻井泵。我国的钻井泵由引进美国技术发展起来,三缸系列钻井泵以其冲程长、冲次低的优点满足了油田高压和大排量钻井工艺的要求,功率从 500 hp(1 hp=0.7457 W)到 1600 hp,三缸单作用泵以其体量小、结构简单和可靠性高等特点逐步取代双缸双作用泵,主导钻井泵市场四十年。随着钻井泵功率、排量、压力的逐步增加,五缸泵、六缸泵相继推出。其泵站功率高达 2500 hp,排量大,压力波动小,运行平稳,可靠性和传动效率高,在非常需要由压力平稳的泥浆来传递钻井信号的场合,大有取代三缸泵之势。

压裂泵、固井泵均为车载设备,由于受国家道路交通运输法规的严格管控,其功率一般不超过 3000 hp,且产品设计寿命较短。随着我国大功率电动直驱技术的快速发展,出现了单泵功率超过 5000 hp 的压裂泵,并用于页岩层工厂化压裂平台。三缸泵和五缸泵是压裂泵和固井泵的主导产品,高压超高压是压裂泵的技术特征,减轻泵站重量、增大输入功率一直是压裂泵和固井泵的研发方向。

三缸和五缸柱塞泵也是注水泵的主导型式,常用于"小站系统"和"增压注水"。通过注水井向油层注水补充能量,保持油层压力,这是在依靠天然能量进行采油之后,为提高采收率和采油速度而被广泛采用的一项主要的开发措施。高压往复泵多用于中低渗透率油田或断块油田,通常注水流量小于 50 m³/h,系列注水泵的参数范围:压力为 10 ~ 50 MPa,流量为 1 ~ 100 m³/h。

综上所述,三缸和五缸往复泵是油田生产的主要装备。型式相同、用途不同的泵,其不同点在于随着工质、工况的改变,运行参数要相应改变,如钻井泵、压裂泵、固井泵的往复次数多为 $105 \sim 165 \ \text{min}^{-1}$。同一基座的泵,泵速(冲次)与功率成正比;不同基座的泵,泵速(冲次)与功率成反比,即基座越大,往复次数越低。F 系列三缸钻井泵的基本参数见表 7-1 所列。

表 7-1　F 系列三缸钻井泵的基本参数

型号	F-500	F-800	F-1000	F-1300	F-1600	F-1600HL	F-2200HL
额定功率 /kW(hp)	373 (500)	597 (800)	746 (1000)	969 (1300)	1193 (1600)	1193 (1600)	1640 (2200)
额定泵速 /min⁻¹	165	150	140	120	120	120	105
行程长度 /mm	190.5	228.6	254	304.8	304.8	304.8	356
最大缸套孔径 /mm	170	170	170	180	180	190	230
额定压力 /MPa	27.2	34.5	34.5	34.5	34.5	51.7	51.7
最大流量 /(L/s)	35.67	38.92	40.36	46.54	46.54	51.85	77.65
吸入口法兰 /in	8	10	12	12	12	12	12
排出口法兰 /in	4	5	5	5	5	5	5
阀腔	阀上阀 API5	阀上阀 API6	阀上阀 API6	阀上阀 API7	阀上阀 API7	"L"形布置 API7	"L"形布置 API8
主机重量 /kg	9770	14500	18790	26800	27020	29400	44008

高压甚至超高压、大功率、轻量化、可靠性一直是石油矿场往复泵的发展方向,而这几个要素本身存在矛盾。要形成它们的统一,首先应在满足高压力和大功率功能的基础上通过综合技术的提高,实现往复次数和可靠性的提高。这是一个长期的技术目标,每一时期都会产生阶段性成果。

7.1.1　液缸体的疲劳破坏

随着钻速的提高、井深的增加,泥浆系统的压力越来越高。这就使泵头成为钻井泵的薄弱环节,容易出现破坏。这种破坏除泥浆刺坏外,主要是疲劳破坏。

液缸体发生裂纹的地方,结构、形状都比较复杂,应力分布不均匀。相交圆筒体交界处的应力测点如图 7-1 所示,对于 1、2、3、4、5 点贴应变片,在内压情况下检测表明,两个圆筒交界处 1 的应力比直筒处 5 的应力大 3 倍,这就要求泵头设计在相交圆筒体交界处要有足够的圆角半径,以降低应力集中。以上仅仅是一个小例子,该例子告诉我们,泵头的设计要格外注意开交叉孔、台肩镗边和表面处理等。

泥浆的腐蚀加剧了液缸体的疲劳破坏作用,这些破坏多表现在压力较低的地方,这就引发了一个"工质处理"的问题,即降低泥浆 pH 至 $9 \sim 9.5$。另外,为了应对泥浆腐蚀,采用陶瓷缸套是一个良好的方法,它将基体金属保护起来,不与泥浆接触。

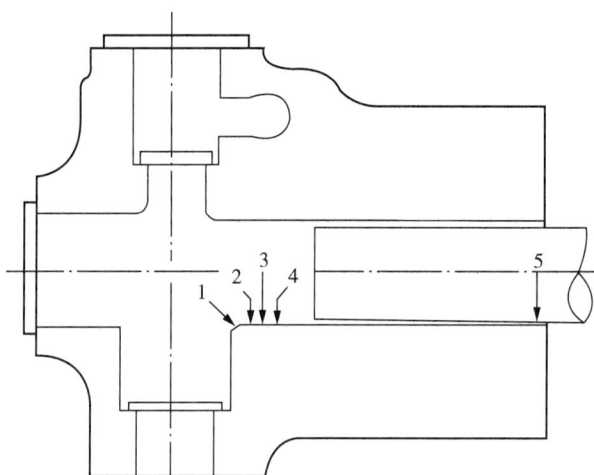

图 7 - 1　相交圆筒体交界处的应力测点

对于高压和超高压液缸体,采用施加预应力法(自增强)一直是提高泵头强度的有效方法,即向密封好的泵缸中注入液体(常为水或油),然后提高液体压力至大大高于工作压力(如 1.5 倍以上),直到超过制造泵缸金属的屈服点。此时,液缸体内发生永久变形,内壁的压应力与外壁的强应力平衡,从而增加了液缸体的强度。

7.1.2　泵阀结构

石油矿场往复泵有一个难以改变的结构,那就是经典的泵阀结构 —— 盘阀及其总成。盘阀根据盘阀和阀座接触面(工作面)的配合形式,又分为两种:一种以平面接触,即平板阀;另一种以锥面接触,即锥阀。锥阀是钻井泵、固井泵、压裂泵的主要阀型式。

在盘阀结构中,阀的密封是靠阀盘和阀座金属面的接触及弹性密封圈与金属面的接触实现的。阀的弹性密封圈除了起到密封作用外,还对阀关闭时的冲击起缓冲作用。阀上弹簧的主要作用是在阀上建立载荷,从而保证阀的及时关闭。为了使阀盘平稳、准确地落在阀座上,以保证阀的良好密封性能,阀还配有导向装置。此外,大多数往复泵中,吸入阀和排出阀的尺寸一样,以利于制造和互换。

1. 阀盘上安装密封圈

大多数往复泵在阀盘上安装有密封圈。钻井泵阀如图 7 - 2 所示。该钻井泵阀为下导翼阀,其阀带有锐角的密封圈,支撑在阀盘的顶面上。压裂泵阀如图 7 - 3 所示,其密封圈由金属压圈和弹性锁环压紧。

上述锥阀结构的一个共同特点:密封圈工作锥面的锥度一般与阀盘或阀座的金属锥面相同。而且密封圈一般突出于阀盘锥面以外,这样,当阀下落时,密封圈首先与阀座接触起到缓冲作用。在阀盘与阀座金属面尚未接触之前便在金属面之间形成"液垫",减小阀最后关闭时的冲击。此外,密封圈锥面高出金属锥面,对泵送含磨砺性固体颗粒的工质十分重要。不难看出,密封圈是泵阀中最易损坏的零件,通过对它的形状、固结和材料进行研究可以解决泵阀的矛盾。

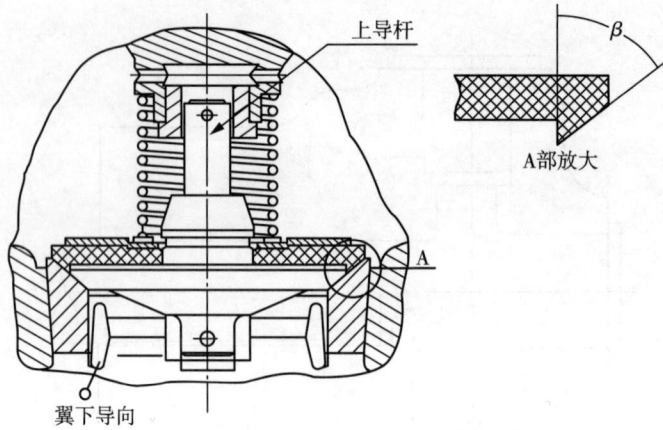

图 7 - 2 钻井泵阀

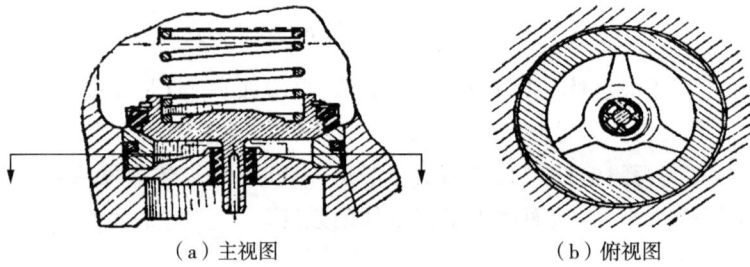

（a）主视图　　　　　　　（b）俯视图

图 7 - 3 压裂泵阀

2. 阀座上安装密封圈

对于压力高于 20 MPa 的泵,为了减小阀盘重量,通常将阀密封圈安装在阀座上(见图 7 - 4)。 减轻阀盘重量对发展高速泵、提高阀寿命都很有意义。

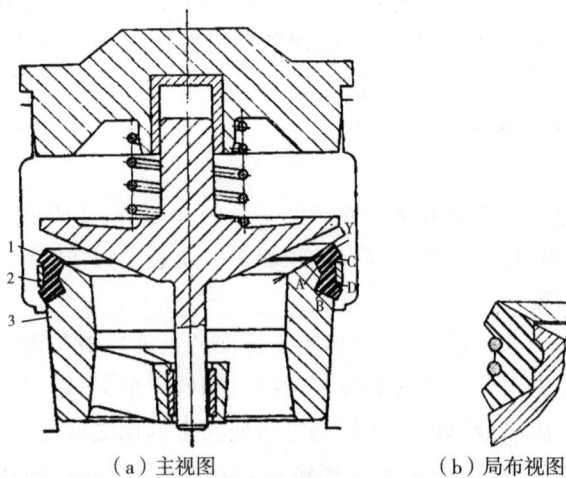

（a）主视图　　　　　　　（b）局布视图

1—密封圈;2—弹性紧固圈;3—阀座。

图 7 - 4 阀密封圈安装在阀座上

密封圈装在阀座上的结构,其主要问题是拆换密封圈比较麻烦,需要拔出阀座。这种泵阀拆换难,且拆后必须更换,所以复合泵阀应运而生(见图 7-5)。复合泵阀是一种阀盘和阀座上均装有密封圈的阀结构。在高压泵上,采用两种物理性能不同的橡胶材料分别硫化在阀盘和阀座上,也可用工程塑料。这种泵阀将刚-弹性材料的撞击改为弹-弹性材料的撞击,大幅度提高了泵阀的寿命。

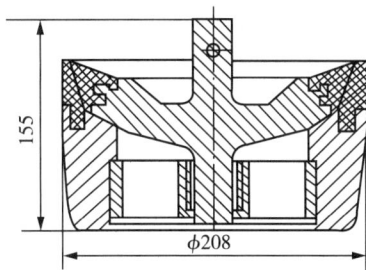

图 7-5　复合泵阀

3. 阀的导向

阀的导向用来保证阀盘沿阀座轴线平稳地上下运动,并平正地下落在阀座上,以获得良好的密封性能。

导向结构设计要解决以下问题:导向对中性能;阀的有效过流面积尽可能大;有合适的导向间隙。

油田泵阀的导向有杆式导向和翼形导向两种。杆式导向有上导式和下导式,而翼形导向只有下导式。翼形导向因尺寸大、对中性能好被广泛采用。杆式导向则可减轻阀盘重量。

由于导杆阀有固体颗粒的在导向间隙中容易出现"卡阀"现象,因此大尺寸的下导翼阀是常用型式。翼形导向一般采用四爪式,不易落座偏斜。当阀工作时,阀盘在液流作用下可略作转动(见图 7-6)。这种阀盘下部有三个叶片式导向翼,当液体在阀座孔内流动时,给叶片一定的推力,从而带动阀盘转动。当阀每次关闭时,随同转动的阀盘以不同的相对位置下落在阀座锥面上,扩大了阀工作锥面的实际被磨损表面积,并形成均匀磨损,从而达到提高阀寿命的目的。

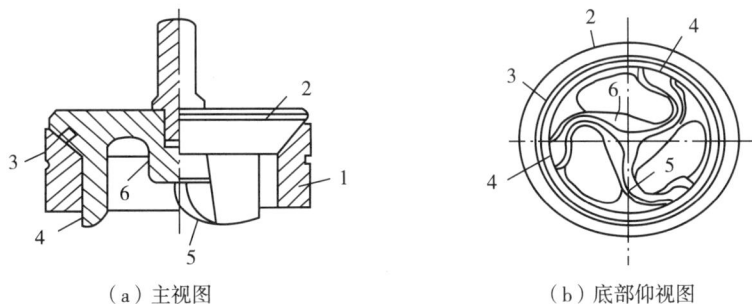

（a）主视图　　　　　　　　　　　　　（b）底部仰视图

1—阀座;2—阀盘;3—密封圈;4—下导翼;5—叶片;6—导流锥。

图 7-6　阀盘工作时可以转动的阀

7.1.3　往复次数的作用

每一类型泵虽然拥有相同意义的基本参数群,但反映其特性的首要特征参数是不同的。例如,超高压泵、水切割机的首要参数应该是压力,因为 300 MPa 和 500 MPa 反映的是不同功能的门限值；计量泵的首要参数是计量精度，准确性决定了它的应用目标；也有的产品首要参数是两者并列，如船舶除锈设备、水力破拆设备等，其产品的水平标志就是压力和流量同时位于高端，前者是实现功能的门限，后者是实现效率的保证。同样的道理，油田用泵 —— 钻井泵、固井泵和压裂泵等，虽然其压力和流量也很重要，但它们有一个共同影响产品的首要参数，那就是泵速，即往复次数。也就是说，油田用泵是往复泵家族中的低速泵。

1. 往复泵次数的现状

从表7-1不难看出，从 500 hp 到 2200 hp 的钻井泵，其泵重量从近 10 t 到 44 t，固井泵和压裂泵也大致如此，这一结果皆因泵速偏低。钻井泵额定泵速为 $105 \sim 165$ min^{-1}，而压裂泵和固井泵的额定泵速为 $75 \sim 165$ min^{-1}，通常工作为 115 min^{-1}。

油田用泵从双缸泵发展到三缸泵、五缸泵，泵速也从约 65 min^{-1} 提高到了现有水平。但是，低速仍然是油田用泵发展的瓶颈，因为泵的体量大就难以装车，而现场要求的泵参数却在提高，因此车载泵在向现场平台固定泵转变。泵速对比见表 7-2 所列。

表 7-2 泵速对比   单位：min^{-1}

中国	宝石机械 F 系列	$105 \sim 165$
美国	NOV P 系列	$105 \sim 165$
	Gardner Danver PZ 系列	$115 \sim 145$
	LEWCO WH 系列	$120 \sim 175$
	LEWCO W 系列	$100 \sim 150$
	EWECO E 系列	$110 \sim 175$
	IDECO T 系列	$120 \sim 165$
德国	WIRTH TRK 系列	$110 \sim 160$

往复次数的影响还在于过长的柱塞行程、过大的柱塞直径、过大的减速比。往复次数一方面为泵的相对可靠运行提供保障，另一方面又限制了油田用泵轻量化的发展。

2. 往复次数的影响

往复次数的增加可以减小柱塞直径，即减小柱塞力，但泵往复运动的惯性力却增加了。当往复次数达到一定值后，惯性力的增值会超过往复力的减值。在流量不变的条件下，柱塞面积和柱塞次数成反比，惯性力和往复次数的关系为一通过原点的直线。图 7-7 为泵功率和流量一定时，柱塞力（F_1）、惯性力（F_2）及其合力（F）与往复次数（n）之间的关系曲线。由图可见，存在一个 n_0 最佳值，此时往复次数、曲柄连杆机构中总的作用力及应力最小，超过此往复次数会使泵动力端工作条件变坏，寿命降低。

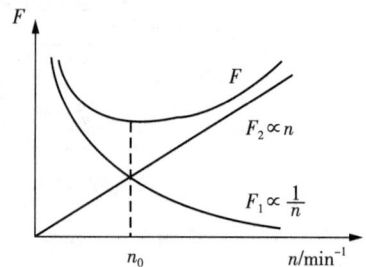

图 7-7　泵功率和流量一定时，
柱塞力、惯性力及其合力与
往复次数之间的关系曲线

最佳往复次数为

$$n_0 = D\sqrt{\frac{58.3P}{rm_n}} \qquad\qquad (7-1)$$

式中,D 为柱塞直径(cm);P 为泵的排出压力(kg/cm²);r 为曲轴半径(cm);n_0 为最佳往复次数(min⁻¹);m_n 为柱塞往复运动部分的质量(kg)。

往复次数对泵阀性能与寿命有明显影响,当泵速提高时,泵在高频撞击之下工作易造成疲劳破坏。此外,高泵速下,由于阀本身惯性的影响,阀开启或关闭的滞后性增大,液体通过阀倒流导致泵容积效率降低。阀关闭滞后现象是阀产生冲击的一个重要原因,它加剧了阀的破坏。

往复次数对泵吸入性能的影响也是明显的,当泵速提高时,吸入管路内液流速度和加速度增大,造成较大的水力损失和惯性损失。如果这种损失增大至泵缸内或吸入管路内的液体压力小于其汽化压力,那么液体中所含气体会析出而产生断流现象,并在柱塞的往复作用下产生水击和极大的压力波动,从而造成容积效率降低和液力端零件(柱塞、阀等)的破坏。

泵速提高后,必须改善泵的吸入性能和阀的冲击问题,比如增加前置泵,提高吸入压力;合理选择阀部件的参数、结构、材料和工艺。

3. 往复次数的改变

缩小泵的体积和重量是泵发展的方向,发展高参数、大功率泵尤为如此。提高往复次数是泵发展的首要措施,但前提是不能以降低泵站运行可靠性为代价。泵的功能和可靠性是其生存和发展的底线。

整体与局部兼顾。油田用泵作为大体量产品,定型后是很难改变的。往复泵的成本高,周期长,应用反馈慢,涉及动参数太多,一旦调整往复次数,动参数随之而变,就会面临整体与局部的兼顾问题。这就需要从局部着手,在大量试验的基础上,再逐渐向整体推开。单泵前后比较,系列泵纵向比较,型谱泵横向比较,国内外泵全盘比较,这样才能达到先进水平。

目标与阶段兼顾。产品设计的目标无非就是两个,即更大参数是市场需求,更大泵速是产品需求。在泵的设计中,有额定泵速和最高泵速两个参数,后者是前者的 3 倍左右。最高泵速在实际产品中仅是期望值。当产品研发以 10% ~ 15% 甚至更高为阶段目标实际推进时,目标值总是可望可期的。这样,就真正实现了每个时期的阶段目标,而且每个阶段可以在泵速稳定可靠运行的基础上再进行其他参数的改变。

先进与传统兼顾。我们一直在传统的油田用泵基础上吸收先进技术、结构、材料、工艺和关联产品技术稳定前进,这是一个长期任务。更好地兼顾先进与传统容易在研发新产品中体现,因为它有最新目标又很少有羁绊,容易实现技术创新。积累一代又一代的传统经验非常重要。

7.1.4　特大型柱塞泵研发与应用

压裂是指采油或采气过程中,利用水力作用使油气层形成裂缝的一种方法,通常又称为水力压裂。其可以提高油气层的渗透能力,增加产油量。目前,水平井＋分段压裂技术的大量使用,大幅提高了单井产量,降低了页岩气开采成本,使得页岩气实现了大规模商业化开采。

一套压裂车组一般包括16～20台压裂车、2台混砂车、2台仪表车、1台管汇车及其他配套设备。在压裂作业中,混砂车将压裂液与支撑剂均匀搅拌后汇入压裂车,压裂车上的压裂泵产生高压,将混合物注入高压管汇入井口,再深入井下的指定位置压开岩层,整个作业流程由仪表车中的中控系统进行控制。

压裂车的规格以水马力来衡量,水马力是指该压裂车在井下能够提供的液体做功功率。由于多台小型压裂车不如一台大型车经济,因此在水平井大规模压裂作业中,各油田偏好于选择较大的压裂车。国内主要采用2500型或3000型的柴油机驱动压裂车进行组合,16台以上同时运转,现场应用中发现有三个方面的突出问题:压裂设备难以满足耐高压、长时间连续作业工况;山区页岩气开采场地平整,设备运输成本高,产量可能不及预期,沉没成本相对较高;经济成本上仍需要继续下降(尤其是压裂成本,要求单口井开采成本从一亿元降到五六千万元),环保和噪声方面也有更高要求。

与三大突出问题相对应,清洁能源页岩气开采带动整个压裂设备行业大发展趋势方向愈加清晰。

趋势一:单机向高压力和大排量方向发展。国内企业在进口2000型压裂机组的基础上,研发出适合我国油气田作业工艺特点的高压、大功率的压裂车,包括2500型、3000型压裂车及5000型、6000型、7000型压裂撬。

趋势二:撬装更加方便,有部分替代车载的趋势。由于受到了井场环境和道路交通的影响(转弯直径可超过20 m,便于拖车运输),通过单一增大台上设备来设计超大功率且具有稳定性能的压裂车已受到限制,因此撬装是伴随水马力加大自然形成的另一趋势。未来大型压裂装备也会朝着整机轻量化和高行驶性能方向发展。

趋势三:油气勘探开发的"电代油"是如今的大趋势。

电驱压裂环保性体现在以下两个方面。一是有效减排。与传统的四冲程柴油机相比,涡轮发动机采用预混合燃烧技术,可以保证空气和天然气配比更均匀,燃烧更充分,从而减少污染气体排放。二是噪声污染显著减弱。常规压裂车单台噪声达115 dB,制约页岩气开采的夜间施工,而通过静音风扇加变频控制,电驱压裂设备噪声仅不到85 dB,这使得日均泵注时长的延长成为可能。

1. 整机设计

针对压裂设备施工噪声大、燃料消耗高、排放污染等问题,开展压裂设备绿色环保关键技术研究与工程应用,攻关7000 hp小体积、大功率电驱压裂设备、高压大功率变频驱动、作业功率自主与自适应控制和低噪音压裂井场等核心技术,提升压裂设备设计、制造、使用等全生命周期的绿色化,实现作业降噪、设备效率提升、零污染物排放。7000 hp压裂泵技术参数见表7-3所列。

表7-3　7000 hp压裂泵技术参数

型号	QPI-7000
额定输入功率/kW(hp)	5220(7000 hp)
行程/mm	279.4

（续表）

型号	QPI - 7000			
额定泵速 /min⁻¹	115			
最高泵速 /min⁻¹	240			
柱塞直径 /in	5″	5 1/2″	6″	6 1/2″
最高排出压力 /MPa	137.9	114.5	96.2	82.0
最大流量 /(L/s)	33.9	41.0	48.8	57.3
最大柱塞力 /N	1754534			
齿轮传动比	6.709∶1			
吸入口	8″			
排出口	3″ - 1502 管接 + 2″ - 1502 管接			
长(mm)×宽(mm)×高(mm)	2550 × 3556 × 1140			
总重量(不含底座)/kg	19000			

2. 关键技术与创新点

5000 hp 至 7000 hp 级特大型压裂泵（见图 7 - 8）的设计与制造包含以下关键核心技术。

（1）大功率／超大功率电动直驱压裂泵技术。直驱电动机组在压裂泵上应用后取消了变速箱等部件，在简化结构、提高效率和降低制造成本的同时，也避免了减速箱等在压裂泵使用过程中润滑产生的油污排放。电动压裂泵具有单机功率大、压裂成本低、清洁、智能、噪声低、对进口产品和技术（尤其是美国）依赖度低等优点。

（2）压裂泵焊接机架绿色制造技术。压裂泵机架因结构复杂，使用了大量高合金钢等焊接性较差的材料。使用自动焊接系统取代传统的人工焊接（劳动强度高，耗材量大，污染严重，危害健康），在提高生产效率的同时，可以实现节能减排及对环境污染的集中化处理。

（3）激光熔覆技术在压裂泵关键易损件修复方面的应用研究。压裂泵的阀箱是十分昂贵的易损件，目前主要采用高强度合金钢和马氏体沉淀强化不锈钢两种材质。高强度合金钢阀箱价格为 20 ～ 60 万元/件，使用寿命为 200 ～ 300 h。激光熔覆是一种新的表面改性技术和再制造技术。它通过在基材表面添加熔覆材料，并利用高能密度的激光束使之与基材表面薄层一起熔凝的方法，既显著改善了

图 7 - 8　QPI - 7000 特大型压裂泵

基层表面的耐磨、耐蚀、耐热、抗氧化等特性,又满足了对材料表面特定性能的要求,还节约了大量的贵金属消耗。

(4) 虚拟装配和试验技术在压裂泵制造过程中的应用研究。虚拟制造技术(Virtual Manufacturing Technology,VMT)是以计算机仿真技术为前提,对设计、制造等生产过程进行统一建模。在产品设计阶段,实时、并行地模拟出产品未来制造全过程及其对产品设计的影响,预测产品性能、制造成本等,继而在三维数字化装配工艺设计、装配过程模拟、试验过程模拟等方面开展深入研究,最终形成实施虚拟装配试验,切实指导现场生产的工作流程,生成可视化作业指导书,建立虚拟装配和试验标准规范体系。

(5) 基于实际流体的动力端润滑系统仿真。考虑润滑油黏温特性、滑动轴承结构尺寸、润滑管线沿程阻力、局部压力损失等因素,运用 AMESim 软件建立动力端润滑系统模型,并反复进行仿真分析和设计优化,最终达到润滑油压力适中、各润滑点油量分配合理、连杆大小头滑动轴承形成动压润滑(理论上达到无限寿命)等效果。与经验设计法或基于理想流体假设的流体计算方法比较,所设计润滑系统更加优化、合理,有利于提高压裂泵动力端的可靠性(润滑效果不良将加速、加剧泵的损坏)。

(6) 压裂机组运行状态在线监测预警系统的研究与应用。压裂机组运行状态在线监测预警系统主要依托振动分析技术、大数据分析技术、工业数据库技术、物联网技术、SaaS 和 PaaS 层应用开发技术等,研究内容较多,性能要求较高、实现难度较大,各系统之间需协调工作。

7000 hp 级特大型压裂泵从原理、结构、材料、工艺等方面研究攻关,形成了一系列创新点。

(1) 提升压裂泵可靠性。在类比分析计算国内外主流压裂泵轴承寿命的基础上,首次提出将轴承和齿轮的设计寿命(满功率)分别提高至 3000 h 和 20000 h,大幅度延长压裂泵大修周期;针对页岩气压裂过程中,压裂泵机架频繁开裂等问题,大量采用 Q460D、Q690D 等高强度结构钢提高机架的强度,最终形成了复杂结构、低合金、高强度、结构钢焊接工艺技术。在曲轴拐角应力集中处进行等离子渗氮处理,形成了超厚层离子渗氮工艺及大型曲轴渗氮变形控制技术,理论上可以提高曲轴疲劳强度 70% 左右。

(2) 正偏置式曲柄连杆机构。从机构原理上进行创新,使十字头中心线向下偏离曲轴中心线一定的距离,与国内外其他采用"曲柄-连杆-滑块"机构的压裂泵比较,正偏置十字头的运动特性几乎没有区别。但是对下导板的正压力减小 25% 左右,滑动副摩擦发热量大幅度减少,十字头和导板烧伤的风险降低,传动效率提高。正偏置式曲柄连杆机构往复泵结构如图 7-9 所示。

(3) 大承载能力连杆小头结构。增大排出行程受力侧面积 A,同时减小吸入行程时非受力侧面积 B;在相同的十字头空间内,可提高连杆小头滑动轴承承载能力 50% 以上。独特的结构设计,使连杆小头轴瓦接触面积增加 30%~50%,承载能力亦相应增加,轴瓦烧伤风险大幅度降低。将连杆小头部分一分为二,降低加工难度。小体积、大承载能力连杆小头结构如图 7-10 所示。

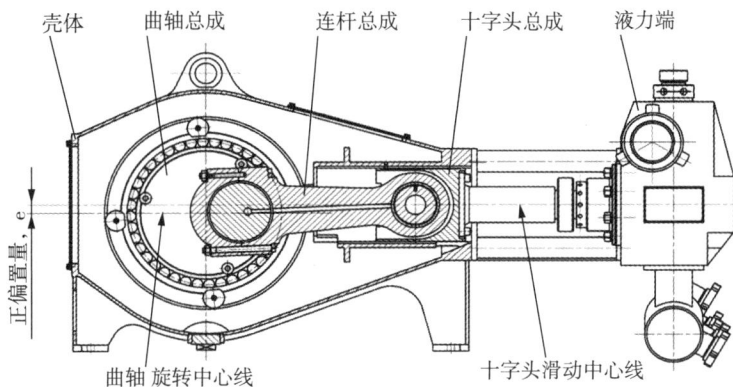

图 7 - 9　正偏置式曲柄连杆机构往复泵结构

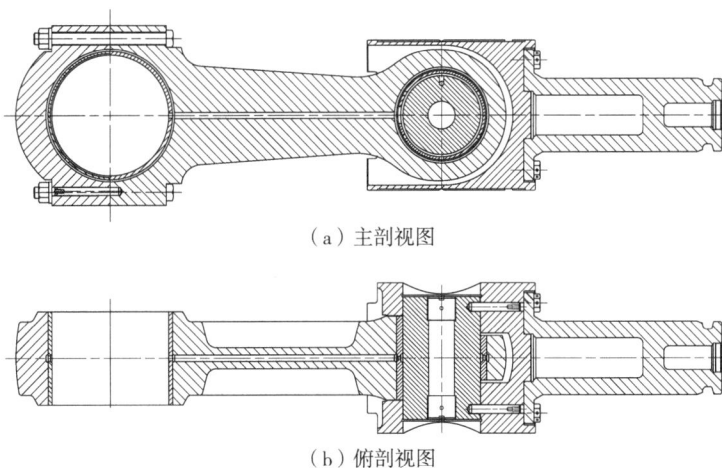

（a）主剖视图

（b）俯剖视图

图 7 - 10　小体积、大承载能力连杆小头结构

　　2022 年 2 月，4 台 QPI - 7000 特大型压裂泵在四川泸州叙永县境内的阳 102H25 平台正式投入商业应用。7000 型电驱压裂橇在最高压力为 137.9 MPa 时，流量可达 2.03 m³/min，泵的额定泵速仅为 115 冲/min，具有高压力、大排量和低冲次输出特性，更能满足 3500 m 深页岩气开发需求。图 7 - 11 为 QPI - 7000 特大型压裂泵现场安装过程。

（a）现场安装中　　　　　　　　　　　（b）现场安装完成

图 7 - 11　QPI - 7000 特大型压裂泵现场安装过程

7.1.5　石油矿场往复泵的共性问题

1. 泵的吸入性能

往复泵的吸入性能是一个非常重要的问题。往复泵吸入不良会使泵组运转不平稳,冲击振动大,对泵的动力端造成伤害。吸入管路属于"粗而短"的管线,沿程阻力损伤和局部阻力损失可以忽略不计,液流的惯性压力损失起主要作用。

在往复泵活塞的吸入行程中,运动速度与曲柄转角之间呈正弦规律变化,其速度由 0 开始增加,增加到最大值后又开始逐渐减小,最后又减速到 0。因此,活塞的运动存在加速度,运动加速度与曲柄转角之间呈余弦规律变化。当某一缸的活塞(柱塞)处于吸入行程的初始点(曲柄转角为零)时,活塞(柱塞)的加速度值最大,此时往复泵吸入管线中液流的运动加速度值也最大,由此在吸入管路内产生液流的惯性压力损失。

吸入管路的惯性压力损失按式(7-2)计算得出:

$$P_g = \gamma l \left(\frac{D}{D_1}\right)^2 A_f R \omega^2 \qquad (7-2)$$

式中,γ 为吸入液的密度(g/cm³);l 为吸入管路中计算段的长度(m);D 为缸套孔径(mm);D_1 为吸入管路中计算段的孔径(mm);R 为曲柄半径(m),即取冲程的一半;ω 为曲柄的角速度,$\omega = \pi n/30$,n 为泵的冲数(r/min);A_f 为吸入加速度系数,支吸入管选用 A_{f1},主吸入管选用 A_{f2};P_g 为吸入管路中计算段的惯性压力损失(kPa)。

对于自吸工况,减少压力损失是主要措施包括降低泵速、加粗吸入管直径、减短吸入管的长度。

上述措施是很有限的,不能从根本上解决问题。理论和实践表明,采用合理的吸入管直径和长度,加装吸入空气包和使用灌注泵,可以有效地解决往复泵的吸入问题。

2. 易损件结构

往复泵的易损件是指缸套、活塞和阀总成,或柱塞、盘根和阀总成。

1)阀总成

根据往复泵应用的不同介质、工作压力和介质温度,阀总成的结构有三种:锥阀、平板阀和球阀。

锥阀的设计原理:金属面承载,橡胶件起密封和缓冲作用。在钻井泵和压裂泵上广泛使用。通孔阀由阀体、阀胶皮和阀座组成,阀体的上部带有导向杆,阀体的下部带有导向爪(四个爪);带筋阀由阀体、阀胶皮、阀螺母和阀座组成,阀体的上部和下部均有导向杆,阀座上带有支承筋(四条筋或三条筋),阀体与阀座之间均有一个支承平面。

平板阀的阀体采用高强度的塑料制品,体积小,重量轻,适用于介质较清洁、高冲次和大流量的场合,在注水泵上应用较多。

球阀的球体与阀座之间为金属密封,特别适合高温介质的输送。在煤化油、煤化气装置用泵中有应用。

2)缸套与活塞

缸套与活塞主要用于钻井泵。常用的是双金属缸套,普通缸套已很少应用。陶瓷缸套在海洋钻井中有广泛的应用。常用的活塞是组装式活塞,整体式活塞的应用相对较少。

3)柱塞与填料

除钻井泵外,柱塞与填料的应用是很普遍的。通常采用喷焊镍基合金的柱塞,也有陶瓷柱塞。填料为"V"形结构,材质为夹布丁腈橡胶或夹布氢化丁腈橡胶,高分子材料已经成为新型填料走向应用。

易损件的使用寿命取决于产品的设计和制造质量,也取决于工作介质、压力、温度和速度(或频率)等。

3. 泵的可靠性

在往复泵运行过程中出现的故障,与产品质量有关,也与使用和维护保养有关。为了确保往复泵的正常运行,在泵上设置传感器构建远程故障诊断系统是十分必要的。

(1)确保动力端润滑良好和温度正常:① 动力端润滑油压力过低,实时报警,并提示纠正措施,设定某个时间后停机;② 油位高度过低,实时报警,并提示纠正措施,严重时(不能保证飞溅润滑)停机;③ 动力端润滑油温度过低或过高,实时报警,并提示纠正措施;④ 动力端油池进水或进入其他有害介质时,实时报警,并提示纠正措施;⑤ 检测各轴承的温度和导板温度,超限时实时报警。

(2)确保液力端正常运行:① 喷淋泵(指缸套活塞的冲洗冷却装置用离心泵)排出压力过低(小于 0.07 MPa)报警,设定某个时间后停机;② 吸入压力过低(小于 20 kPa),实时报警,并提示振动的原因(吸入压力过低,会导致液力端吸入不良,引起往复泵的冲击和振动);③ 当缸套活塞失效或泵阀失效时,能主动提示或报警;④ 排出压力超压报警,直至停机。说明:根据某泵型号和缸套规格设置排出压力极限值。

(3)检测和显示下列参数:① 泵速(min^{-1});② 流量(吸入流量)(L/s);③ 排出压力(MPa);④ 钻井泵的运转时间(h)。

在往复泵上设置远程故障诊断系统,采集往复泵的传感器读数,并对数据进行分析,具备超限报警功能和关键数据超限停机功能;以 4G、5G 通信的方式传输至适用的物联网平台存储;以手机 App 实时监测往复泵的运行参数,从而实现往复泵的可靠运行。

7.2　钻井泵

钻井泵是石油钻机循环系统的重要设备,是石油钻机的"心脏"。钻井泵将高压钻井液(泥浆)输送至井底,其主要作用如下:及时带走岩屑,清洗井底,防止卡钻;平衡地层压力,稳定井壁,防止井塌、井喷和井漏;为井下动力钻具传递动力,协助钻头破碎岩石,提高钻井效率;冷却润滑钻头、钻具等。

钻井泵早期的典型结构是双缸双作用钻井泵,泵的曲轴上有两个曲拐,分别带动两个活塞在液缸中做往复运动。其流量和压力波动大、维护保养困难,在石油钻井作业中已不再应用。

20 世纪 60 年代末诞生了三缸单作用钻井泵,并在 20 世纪 70 年代初得到了应用。三缸单作用钻井泵具有较好的技术经济指标,明显优于双缸双作用钻井泵。三缸单作用钻井泵的每个液缸只有一个吸入阀和一个排出阀,故三缸单作用钻井泵液力端结构比双缸双作用钻井泵液力端简单得多。三缸单作用钻井泵的优点:易损件数量少,可以快速进行检修;体积小,重量轻,流量均匀,压力波动(相对)较小。

随着井深的增加和高压喷射钻井等新工艺的发展,目前市场上主流的三缸单作用钻井泵以大功率为主,一般功率为 746 ~ 1641 kW,设计最高压力为 34.5 MPa 或者 51.7 MPa。

近年来,随着石油开采技术的不断革新和钻井要求的日益提高,又出现了一些新型的钻井泵。钻井泵的缸数由三缸到多缸,如 3000 hp 五缸泵和 2400 hp 五缸泵等。钻井泵发展的总体趋势为大功率、大排量、高泵压和轻量化,并且对可靠性的要求不断提高。

综合分析钻井泵技术发展状况,预计未来几年内钻井泵技术会向着以下趋势发展。

(1)因钻井深度的持续增加及喷射钻井的需要,钻井泵会继续朝着低冲数、长冲程、高泵压、大功率等方向发展。适当增加泵的冲程长度,合理降低泵的冲数,这样既能满足钻井过程中的排量要求,又能确保泵的自吸性能,充分发挥泵的效能。

(2)设计过程中借助软件对钻井泵进行仿真分析和优化,使泵的结构更加科学合理,易损件寿命增加,可靠性水平提高。

(3)钻井泵的设计向着趋于标准化、系列化、通用化的方向发展。

鉴于目前市场上主流的钻井泵为三缸单作用活塞泵,同时考虑钻井泵向五缸泵的方向发展。本节主要围绕 F 系列三缸钻井泵和 QDP 系列五缸钻井泵进行介绍。

7.2.1　钻井泵设计的一般要求

(1)钻井泵的设计工况为连续运转工况。设计最低工作环境温度为 −20 ℃。当工作环境温度低于 0 ℃ 时,钻井泵应采取适当的加热措施;当工作环境温度高于 40 ℃ 时,钻井泵动力端的润滑油应采取适当的冷却措施。

(2)需要考虑动力及传动装置。钻井泵设计时,要考虑既采用柴油机驱动,也能用电机驱动。输入轴既能满足电机顶置链条传动的要求,也能满足后置皮带传动、电机直接驱动的要求。图 7-12 为 F-2200HL 钻井泵。

(a)电机顶置链条传动　　　　　　　　(b)电机直接驱动

图 7-12　F-2200HL 钻井泵

（3）需要考虑使用环境和运输要求。钻井泵不仅要满足陆地、沙漠等环境的除砂要求，还要满足海洋工况的盐雾过滤要求。个别情况还要满足极地钻机的低温要求、沼泽地带要满足直升机吊装要求。

（4）满足相关标准的要求。钻井泵的设计应符合以下国际、国家和行业标准：①《钻井与修井设备》(API Spec 7K)，该标准适用于转盘、绞车、钻井泵零部件等十几种钻井设备，只对钻井泵零部件提出了部分要求，对钻井泵整机无要求；②《石油天然气工业　钻井和修井设备　钻井泵》(GB/T 32338—2015)，该标准是国内唯一的钻井泵完整标准，为用户和制造商签订合同提供了依据；③《钻井泵的安装、使用及维护》(SY/T 7088—2016)，该标准对钻井泵的安装、使用、维护保养做出了规定。

（5）满足 HSE 管理体系的要求。尽量不使用石棉垫等有毒有害的物品；轴承和齿轮等传动件设计时尽可能避免噪声对设备使用者造成伤害；对于所有外露的旋转运动部位及零部件应设置有防护罩；在钻井泵缸套腔上部的机架上应设置防护盖板；液力端排出管线，当连接规格大于 50 mm 或额定压力值大于 34.5 MPa 或连接承受振动或弯曲时，不应采用管线管螺纹连接；液力端经常拆卸的橡胶密封部位应设有密封圈失效后的溢流观察孔，以便于操作者发现各密封处是否泄漏并及时更换密封圈；对于工作压力大于 34.5 MPa 的液力端，溢流观察孔应安装弯头，弯头的排出口宜朝向下方；排出安全阀的放喷管线与水平方向之间应具有不小于 3° 的向下倾角；两端应设置安全链或安全绳，牢固地支撑所有的吸入和排出管线，绝不可因没有足够的支撑而让管线悬挂在泵上；排出空气包内只能充氮气等惰性气体或空气，绝不能充易燃易爆气体。

（6）承压件的静水压试验。每台钻井泵液力端承受排出压力的零部件应进行静水压试验，吸入管的静水压试验压力取 1.6 MPa，其余承压件试验压力应为最大泵压的 1.5 倍。试验介质可以是清水、加入添加剂的水或实际作业中常用的液体。

（7）流量和压力可以调节，以便充分利用功率。钻井泵工作时，泵的排出压力需要随着井深、井身结构及钻具尺寸而变化。因此，当泵的功率恒定时，流量应随泵压力而相应地变化。通常，用更换不同直径缸套的办法分级改变流量和额定压力。

（8）液力端易损件数目尽量少，寿命长，并能快速装拆。

（9）钻井泵应有良好的吸入性能，这样才能保持运转平稳。在泥浆比重较小的条件下，可以采用自吸工况，但应尽量使用小规格的活塞和低泵速。当泥浆的比重较大和黏度较高时，应当采用离心泵作为灌注泵。

（10）排出流量要均匀。由于钻井泵采用曲柄连杆的传动机构，因此其流量和压力是脉动的，这样将引起水龙带摆动、高压管汇强烈振动，从而导致泥浆携带岩屑的能力降低、井壁坍塌或漏失。因此，为了减少钻井泵的流量和压力脉动，钻井泵大多配有预充气排出空气包。

（11）满足石油矿场的一般要求。底座要坚实、耐拖，以适应整拖或吊装的要求；为了便于钻机和井场布置，可在 2～3 个方向安装吸入和排出管路；输入轴两侧均可装皮带轮或链轮或万向轴等；排出管路上应装过滤网，以防活塞、阀等零件损坏后排入井底，堵塞钻头水眼；为了防止钻井泵超负荷运行，排出管路上必须设置安全阀和抗震压力表。钻井泵一般为单方向旋转，在排出冲程时，连杆对十字头的作用力向下，但某些钻机和机泵组传动要求泵能反转,即要使用反转泵。缸套从钻井泵缸套腔的上方取出的泵机架上应配悬臂吊(起重量为 500 kg)。

(12) 体量满足经常搬家和道路运输要求。钻井泵要经常搬家,对重量和外形尺寸有一定的要求。

7.2.2 主要参数的确定

1. 输入功率 N

输入功率 N 的计算公式为

$$N = pQ/\eta \tag{7-3}$$

式中,N 为额定输入功率(kW);Q 为钻井工艺要求的常用流量(L/s);p 为在钻井工艺要求的常用流量时的排出压力(MPa);η 为泵的总效率,它是泵的机械效率和容积效率的乘积,设计计算时,通常选取机械效率 90% 和容积效率 100%,即近似地选取 $\eta \approx 0.90$。

2. 行程 S、额定泵速 n 和活塞平均速度 V

对国内外 500 hp 至 2200 hp 三缸单作用钻井泵的相关参数进行分析,得到 N 与 S、n 和 V 的关系曲线(见图 7-13)。设计时,根据此图,已知 N,可选定 S 和 n,由 S 和 n 可计算得出活塞平均速度 V。

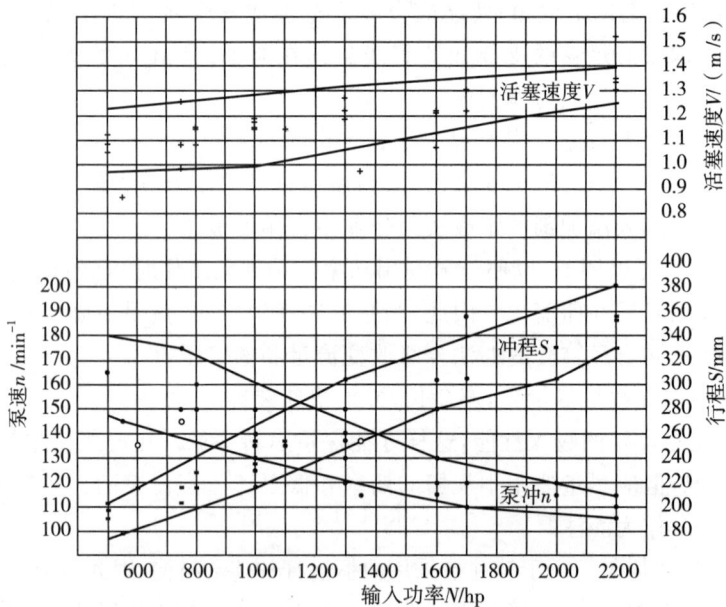

图 7-13 三缸单作用泥钻井的 N 与 S、n 和 V 的关系曲线

S 随 N 的增加而增大,S 为 180 ~ 381 mm,小功率取小值,大功率取大值。n 随 N 的增加而降低,n 为 105 ~ 180 min^{-1},小功率取高值,大功率取低值。V 随 N 增加而略有提高,V 为 0.98 ~ 1.39 m/s,小功率取低值,大功率取高值。

3. 最小缸套孔径、最大缸套孔径

单作用活塞泵的流量 Q 与 S、n 和 D 之间的关系为

$$Q = 1.309 \times 10^{-8} i D^2 S n \qquad (7-4)$$

式中，Q 为流量(L/s)；i 为缸套数，三缸时 $i=3$，五缸时 $i=5$；D 为缸套孔径(mm)；S 为行程(mm)；n 为泵速(min^{-1})。

由钻井工艺要求的最小流量和最大流量，按式(7-3)可算出最小缸套孔径和最大缸套孔径，并进行圆整。

缸套孔径分为公制和英制两种规格。公制缸套孔径应为个位数为零的整数，并以 10 mm 级差增加，公制缸套孔径系列分别为 90 mm、100 mm、110 mm、120 mm、130 mm等。英制缸套孔径等于或大于 152.4 mm 的缸套应以 6.35 mm 级差增加；孔径小于 152.4 mm 的缸套应以 12.7 mm 级差增加。

三缸钻井泵已经形成了完整的系列，按照输入功率分为 500 hp、800 hp、1000 hp、1300 hp、1600 hp、2200 hp，排出压力有 34.5 MPa 和 51.7 MPa。

F-2200HL 三缸钻井泵性能参数见表 7-4 所列。

表 7-4　F-2200HL 三缸钻井泵性能参数

泵速/ min⁻¹	额定输入功率		缸套孔径/mm　额定压力/MPa(psi)										
			230	220	210	200	190	180	170	160	150	140	130
			19.0 (2760)	20.8 (3015)	22.8 (3310)	25.1 (3645)	27.9 (4040)	31.0 (4505)	34.8 (5050)	39.3 (5700)	44.7 (6485)	51.3 (7445)	52.0 (7500)
	kW	hp	流量/(L/s)(GPM)										
*105	*1640	2200	77.65 (1231)	71.05 (1126)	64.73 (1026)	58.72 (931)	52.99 (840)	47.56 (754)	42.42 (672)	37.58 (596)	33.03 (524)	28.77 (456)	24.81 (393)
90	1406	1886	66.56 (1055)	60.90 (965)	55.49 (880)	50.33 (798)	45.42 (720)	40.77 (646)	36.36 (576)	32.21 (511)	28.31 (449)	24.663 (91)	21.26 (337)
80	1250	1676	59.16 (938)	54.13 (858)	49.32 (782)	44.74 (709)	40.37 (640)	36.24 (574)	32.32 (512)	28.63 (454)	25.16 (399)	21.92 (347)	18.90 (300)
70	1094	1467	51.76 (820)	47.36 (751)	43.16 (684)	39.14 (620)	35.33 (560)	31.71 (503)	28.28 (448)	25.05 (397)	22.02 (349)	19.18 (304)	16.54 (262)
60	937	1257	44.37 (703)	40.60 (644)	36.99 (586)	33.55 (532)	30.28 (480)	27.18 (431)	24.24 (384)	21.47 (340)	18.87 (299)	16.44 (261)	14.18 (225)
50	781	1048	36.97 (586)	33.83 (536)	30.83 (489)	27.96 (443)	25.23 (400)	22.65 (359)	20.20 (320)	17.89 (284)	15.73 (249)	13.70 (217)	11.81 (187)

7.2.3　三缸钻井泵

三缸钻井泵主要由动力端和液力端两大部分组成。与液力端相连接的还有排出滤网总成、排出空气包、安全阀及其接管等。

动力端主要包括机架、曲轴总成、输入轴总成、十字头总成、喷淋泵总成、动力端润滑总成及底座等。液力端主要包括液缸、阀体阀座、阀导向器、阀盖、缸盖、缸套、活塞、缸套固定装置、吸入管、排出管、密封、吸入空气包等。

F-1300L/F-1600L 三缸钻井泵的结构如图 7-14 所示,F-1600L 三缸钻井泵的外形(直驱电机)如图 7-15 所示。

动力端齿轮采用人字齿轮传动。液力端采用"阀上阀"结构,由于缸套从缸套腔的机架上方安装或拆卸,因此在机架上设置有吊装架。吊装架按照起吊重量为 500 kg 进行设计,吊装架可 360°旋转,与缸套吊装工具共同使用,用于缸套的安装或拆卸。下阀导向器通过"手持式"插板进行固定。高压流道布置在液缸外,用排出管将每个液缸的排出流道连通。泵液力端采用"L"形设计,更换吸入阀时,不需要拆卸排出阀,操作简单。无排出管设计,即高压流道布置在排出液缸内,液缸之间用法兰连接。

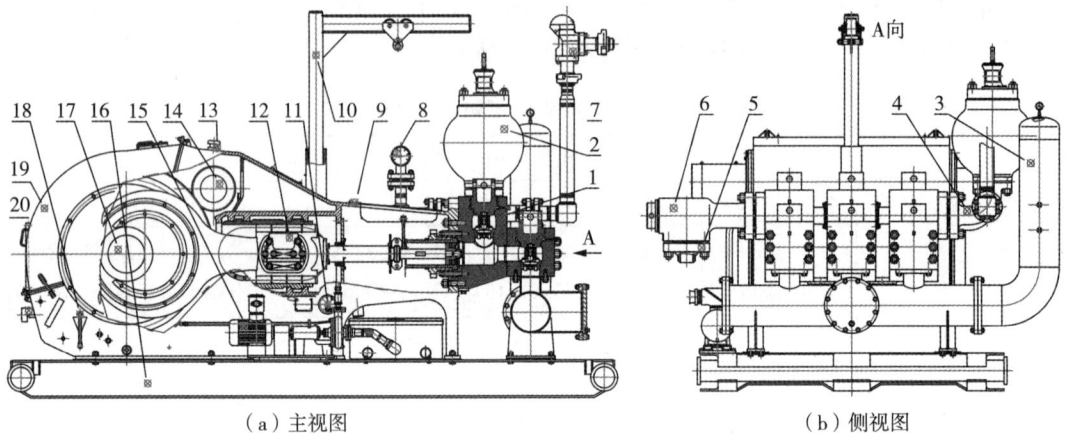

(a)主视图　　　　　　　　　　　　(b)侧视图

1—液力端;2—排出空气包;3—吸入空气包;4—排出弯管;5—排出法兰;6—排出滤网;7—安全阀;
8—压力表;9—盖板;10—吊装架及小吊车;11—排污法兰;12—十字头总成;13—空气过滤器;
14—输入轴总成;15—喷淋泵总成;16—底座;17—曲轴总成;18—油位计;19—机架总成;20—动力端润滑总成。

图 7-14　F-1300L/F-1600L 三缸钻井泵的结构

图 7-15　F-1600L 三缸钻井泵的外形(直驱电机)

1. 三缸钻井泵动力端的结构特点

1）机架的结构特点

机架是曲轴、连杆、十字头、液缸等零部件安装的基础，要求其具有足够的强度、刚性、抗震性等。钻井泵的机架一般由低碳钢或低碳合金钢的钢板焊接而成，并经去应力处理，这样的机架刚性好。机架刚性差不仅会造成齿轮啮合不良，直接影响齿轮传动寿命，还会造成钻井泵振动。为了加强传动轴和曲轴部分的支承刚性，部分钻井泵机架采用输入轴轴承座与曲轴轴承座为一体结构的整体式轴承座。机架主轴承座部位设计了加强筋以增加机架刚性。

机架既要考虑强制润滑时油管通向各润滑点，也要考虑飞溅润滑时布置相应的接油槽和油管。接油槽将飞溅上来的油通过油管引入轴承等部位。机架内腔还应考虑润滑油的沉淀和清洗。

F 系列钻井泵的机架与底座分开，两者之间用螺栓连接，这样不仅便于油池的清理，也便于泵组的配套。还可将钻井泵机架与底座焊成一体，油池沉在底座内。

机架应设置必要的观察窗、透气帽、油位计、铭牌、旋向牌等。

2）曲轴总成的结构特点

三缸钻井泵的曲轴总成如图 7-16 所示。

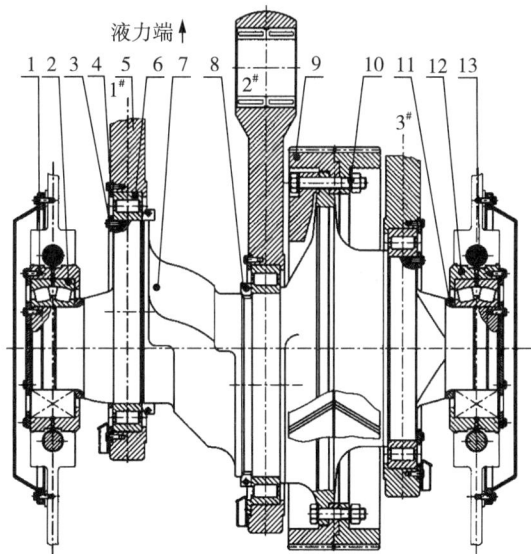

1、12—主轴承套；2—主轴承；3—内挡圈；4—外挡圈；5—连杆；6—连杆大头轴承；7—曲轴；
8—定位环；9—大齿圈；10—锁紧垫圈；11—隔环；13—主轴承螺栓。
图 7-16　三缸钻井泵的曲轴总成

曲轴总成主要包括曲轴、连杆、大齿圈、主轴承、连杆大头轴承、主轴承套、主轴承螺栓等。

F 系列钻井泵的曲轴采用整体铸造空心结构，以减轻重量，其结构较复杂，存在不平衡。

铸造曲轴难以确保铸件质量,容易产生裂纹。某些要求较高的钻井泵采用组合式全加工曲轴,强度和可靠性更高;曲轴的不平衡质量更少,运行中的平稳性更好,有利于减小泵的振动和噪声。

曲轴采用两个双列调心滚子轴承支承。主轴承采用压盖式结构进行紧固,即用螺栓将主轴承压盖与机架连接在一起,方便曲轴总成的安装。但该结构可能出现主轴承螺栓断裂,且必须使用大型液压扭力扳手上紧或拆卸。为此研制了新型主轴承螺栓结构,该结构的优势是主轴承螺栓预紧、防松可靠;螺栓受力均匀,断裂风险低;使用手动扭矩扳手即可,不再需要使用液压扭力扳手上紧,方便在油田现场操作。

连杆大头轴承采用大直径的单列圆柱滚子轴承,三个连杆大头轴承相同。中间轴承加热后,经外偏心轮套进去,因此曲轴弯曲部分应能允许这一装配过程。

连杆采用整体铸钢件,刚性好。在连杆外部的挡圈下部设有油勺,连杆在摆动过程中,油勺将润滑油飞溅到机架上。

大齿圈安装在 2# 和 3# 曲拐的中间位置,利用曲轴的径向台阶和端面定位,用螺栓螺母把大齿圈和曲轴连接起来。为防止螺栓螺母的松动,在接触端面上设置锁紧垫圈。

3)输入轴总成的结构特点

三缸钻井泵的输入轴总成如图 7 - 17 所示。

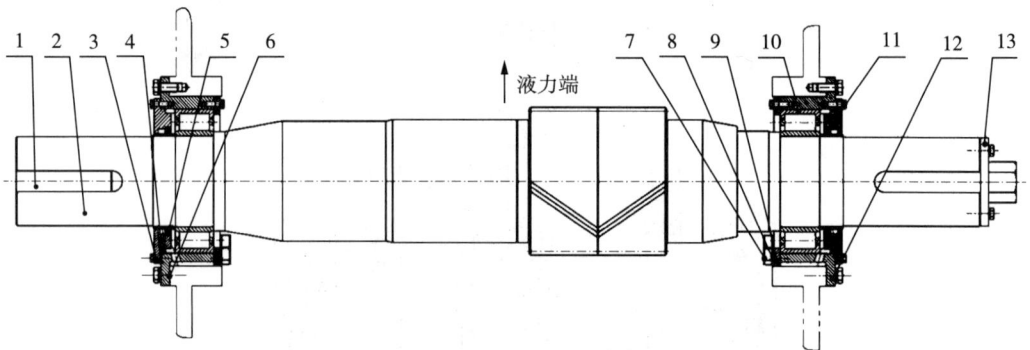

1—键;2—小齿轮轴;3—端盖;4、6、8—密封垫圈;5—耐磨套;7—集油盒;
9—挡圈;10—轴承;11—油封;12—轴承套;13—盘泵法兰。

图 7 - 17 三缸钻井泵的输入轴总成

输入轴总成主要包括小齿轮轴(含小齿轮)、轴承、轴承套、端盖、密封垫圈、盘泵法兰等。

输入轴的强度和刚性必须满足既可单边输入也可双边输入的要求。采用两个单列圆柱滚子轴承支承。左右两侧的轴承相同。

为了保证轴承得到良好的润滑,在轴承内侧的挡圈下方设置集油盒。

输入轴转速相对较高,为保证输入轴轴头不漏油,各轴承套和端盖应设置有合理的回油孔。

输入轴轴端设置有盘泵法兰,在检修泵或更换缸套活塞时使用。

4）十字头总成的结构特点

三缸钻井泵的十字头总成如图 7 - 18 所示。

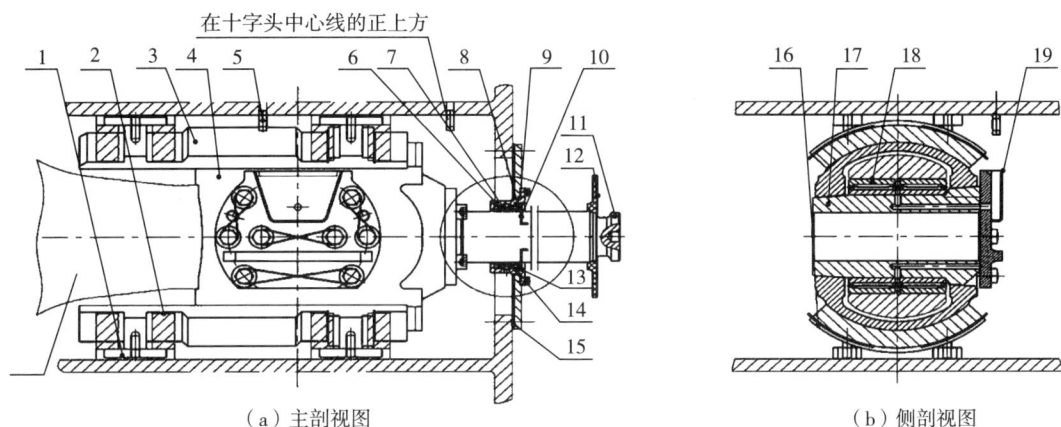

（a）主剖视图　　　　　　　　　　　　　　　（b）侧剖视图

1—固紧板；2—下导板；3—上导板；4—十字头；5—管接头；6—填料盒；7—油封环；8—油封；
9—密封垫；10—锁紧弹簧；11—中间拉杆；12—挡泥板；13、14—O形圈；15—密封垫；
16—垫片组；17—十字头销；18—连杆小头轴承；19—十字头销挡板。

图 7 - 18　三缸钻井泵的十字头总成

十字头总成主要包括十字头、十字头销、十字头销挡板、连杆小头轴承、上导板、下导板、固紧板、中间拉杆、填料盒、油封环、油封、挡泥板等。

十字头通常采用球墨铸铁，具有良好的耐磨性能。十字头均可从缸套腔取出。个别十字头表面进行合金覆层处理，提高了十字头、导板的抗磨性和承载能力，有效避免了导板拉伤问题，提高了导板的使用寿命。

导板采用普通铸铁，可更换，在导板和机架之间加减调整垫来调整同心度。

连杆小头轴承采用双列圆柱滚子轴承，应确保其有充分润滑，润滑流道通常在十字头中心线正上方的机架上设有油管接头，从该接头流下的润滑油滴至十字头销挡板的槽内，再经过十字头销的油孔流至连杆小头轴承。

中间拉杆密封通常采用浮动式密封结构。中间拉杆盘根采用多层密封结构，在填料盒与机架之间、填料盒与油封之间、填料盒与中间拉杆之间均设有密封，其目的是既可防止动力端漏油；也能有效防止液力端的泥浆和水进入动力端润滑油中。新型中间拉杆密封结构采用三个油封，其中一个油封唇口朝向动力端，防止动力端漏油；另外两个油封唇口朝向液力端，防止液力端的泥浆和水进入动力端。两个油封之间开设有泄流孔，即使有少量泥浆或水通过了第一个油封，也可通过泄流孔排掉，不至于再通过第二个油封。改进型中间拉杆密封结构的密封性更好，可确保动力端润滑油和油池的清洁，保护轴承、齿轮等动力端零件。

5）动力端润滑总成的结构特点

F 系列泵设计了内置式齿轮油泵润滑和外置式电动油泵润滑。内置式齿轮油泵润滑采用齿轮飞溅和强制压力润滑的双重润滑系统，油泵是由齿轮箱内的大齿轮带动，结构简单。设置在油箱中的齿轮油泵通过润滑管路将润滑油分别输送到十字头、中间拉杆及各轴承润滑点,从而达到强制润滑的目的。

当钻井泵在较低的泵速下运行时,由于润滑油量不足,因此润滑效果较差。为了提高润滑效果,大部分钻井泵组采用外置式电动油泵润滑,该结构的油泵流量恒定,且在电控上实现该油泵电机与主电机的风机同时启动,确保钻井泵启动前各部位得到良好的润滑。

6) 喷淋冷却总成的结构特点

喷淋冷却总成主要包括喷淋泵、水箱、吸入管线、排出管线、喷淋管、球阀等。活塞在缸套内工作时,喷淋泵将冷却液喷向活塞和缸套部位,一方面对缸套活塞进行冷却和冲洗,以提高缸套活塞的使用寿命;另一方面防止活塞回程吸入过程中产生汽蚀现象,减小振动。

喷淋泵为离心泵,通常采用电动形式。在现场供电紧张的条件下,可采用皮带驱动喷淋冷却,该结构从钻井泵输入轴上获取动力,通过皮带传动驱动喷淋泵,因此喷淋泵的流量受泵冲的影响。

2. 三缸钻井泵液力端的结构特点

三缸钻井泵液力端典型结构通常有下列几种。

1) "I"形液缸、缸套前方装拆结构

"I"形液缸、缸套前方装拆结构如图 7 - 19 所示。

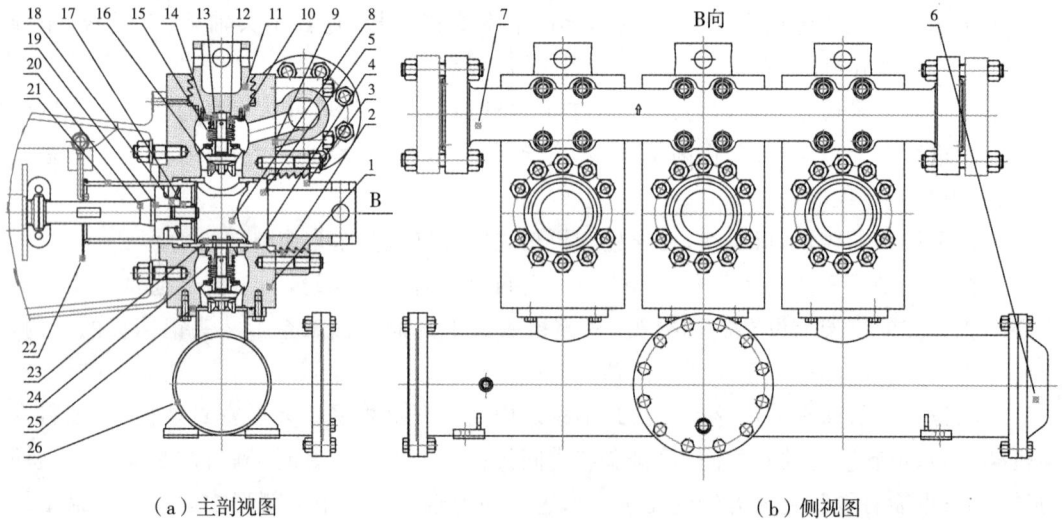

（a）主剖视图　　　　　　　　　　（b）侧视图

1—"I"型液缸;2—缸盖法兰;3—缸盖;4—密封圈;5—缸盖堵头;6—草帽形吸入空气包;7—排出管;8—顶缸器;9、25—O形圈;10—阀盖密封圈;11—阀盖;12—阀杆导向器;13—弹簧导向;14—挡板;15—阀弹簧;16—阀总成;17—锁紧螺母;18—活塞;19—活塞密封圈;20—活塞杆;21—缸套;22—缸套端盖;23—固定卡;24—下阀导向器;26—吸入管。

图 7 - 19　"I"形液缸、缸套前方装拆结构

"I"形液缸、缸套前方装拆结构的液力端通常用于 F - 500、F - 800、F - 1000 三缸钻井泵。"I"形液力端结构更为紧凑,余隙容积较小,吸入流道较短。其与"L"形液力端相比,重量轻、吸入性能好,但拆换缸套操作较困难。这种液力端属于较早的设计结构。

2)"I"形液缸、缸套上方装拆结构

"I"形液缸、缸套上方装拆结构如图 7 - 20 所示。

"I"形液缸、缸套上方装拆结构的液力端通常用于 F - 1300、F - 1600 三缸钻井泵,是"I"形液缸、缸套前方装拆的改进形式,主要有以下变化。

(1) 缸套从机架上方装拆。缸套固紧采用缸套压盖锤击压紧式结构。该结构是缸套法兰通过螺栓与液缸连接在一起,缸套法兰与缸套压盖之间设有螺纹副。安装缸套时,用榔头敲击缸套压盖,缸套压盖向右运动,把缸套顶紧在耐磨盘台肩上,而缸套密封事先装配在耐磨盘端面的密封圈槽内,随缸套一起压紧。拆卸缸套时,用榔头反方向敲击缸套压盖,缸套压盖向左运动,缸套压盖挤压设置在缸套环槽上的缸套锁紧环,缸套锁紧环再挤压缸套,缸套被缓缓带出。用配备的缸套吊装工具将缸套活塞从机架上方取出。此结构更换缸套方便简单。

(2) 缸套与液缸之间有可更换的耐磨盘,以避免缸套密封圈失效导致液缸失效。

(3) 下阀导向器通过"手枪式"插板总成进行固定。

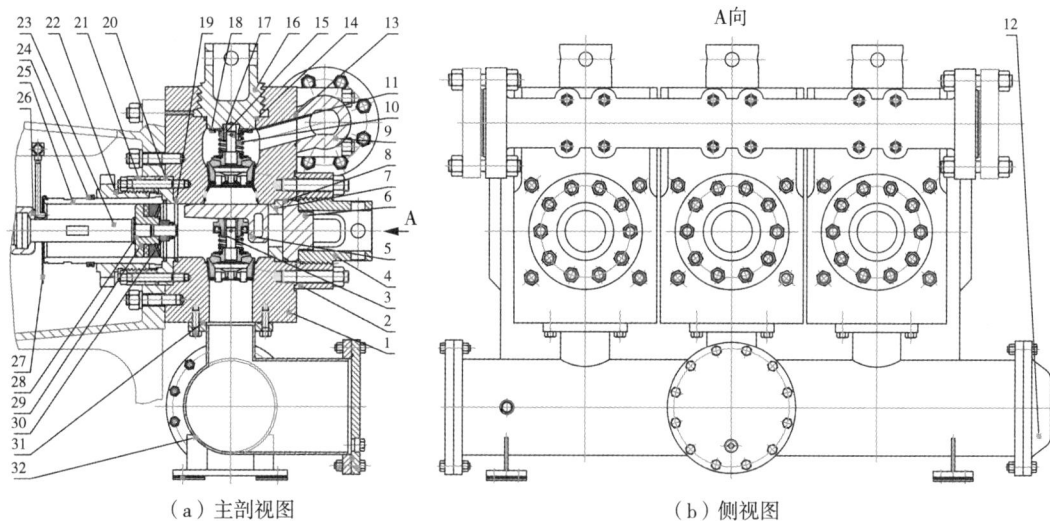

(a)主剖视图 (b)侧视图

1—"I"形液缸;2—缸盖法兰;3—下阀导向器;4—缸盖;5—插板总成;6—缸盖堵头;7—定位盘;8—缸盖密封圈;9—排出管;10—阀弹簧;11—阀总成;12—草帽形吸入空气包;13、31—O形圈;14—阀盖密封圈;15—弹簧导向;16—阀盖;17—阀杆导向器;18—挡板;19—缸套密封圈;20—耐磨盘;21—缸套法兰;22—缸套压盖;23—活塞杆;24—缸套锁紧环;25—缸套;26—卡箍;27—缸套端盖;28—活塞密封圈;29—活塞;30—锁紧螺母;32—吸入管。

图 7 - 20 "I"形液缸、缸套上方装拆结构

3)"L"形液缸、缸套上方装拆结构

"L"形液缸、缸套上方装拆结构的液力端常用于 F - 1600HL、F - 2200HL 三缸钻井泵。"L"形液缸、缸套上方装拆结构如图 7 - 21 所示,排出管位于排出液缸的前方(远离机架一侧),该结构的缺点是当需要拆卸三个排出液缸中的任意一个时,均要拆卸排出管。F - 2200HL 三缸钻井泵的排出管位于排出液缸的后方,这样布置的好处是当需要拆卸三个排出液缸中的任意一个时,不需要拆卸排出管。

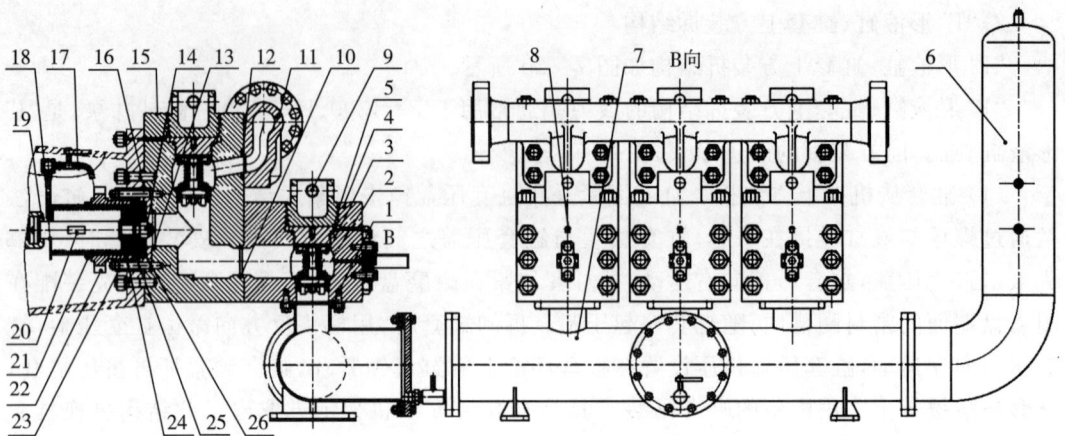

1—O形圈；2—阀总成；3—阀弹簧；4—吸入液缸；5—阀盖密封圈；6—筒状吸入空气包；7—吸入管；
8—弯头；9—阀盖总成；10—液缸密封圈；11—排出管；12—排出管密封圈；13—耐磨盘密封圈；14—锁紧螺母；
15—排出液缸；16—耐磨盘；17—缸套；18—缸套端盖；19—卡箍；20—活塞杆；21—缸套锁紧环；22—缸套压盖；
23—缸套法兰；24—活塞密封圈；25—活塞；26—缸套密封圈。

图7-21 "L"形液缸、缸套上方装拆结构

"L"形布置的液力端与"I"形布置的液力端相比，主要有以下变化。

（1）"L"形布置的液力端，吸入阀和排出阀能单独拆换，互不影响，因此能较好地适应钻井泵因长期连续运转而需对阀进行经常维护这一特点。但其体积和质量较大，吸入流道长，影响了泵的吸入性能。

"L"形液缸、缸套上方装拆结构的液力端由三组完全相同的液缸组成，每一组液缸又分为吸入液缸和排出液缸，吸入液缸和排出液缸之间用液缸密封圈密封。

（2）阀盖的密封结构采用端面密封和径向O形圈组合密封方式。吸入阀盖在工作时因承受交变载荷而容易松动，单靠阀盖的压紧力不能对端面密封起到压紧作用，即使阀盖带着径向O形圈上下窜动，径向密封也能够起到很好的密封作用。

4）剪销式或弹簧复位式安全阀

剪销式或弹簧复位式安全阀的作用是当泵的工作压力超过额定工作压力时，安全阀应剪断安全销并放喷，使泵的液力端及时卸荷，以防钻井泵超载，起保护作用。

5）预压式排出空气包

预压式排出空气包的作用是减少泥浆泵排量的波动，缓冲或平衡泵压，使排出压力趋于平稳。

7.2.4　五缸钻井泵

2010年，针对深井、超深井研发了QDP系列五缸钻井泵。该钻井泵具有压力高、流量大、排量稳定、易损件寿命相对高、体积和质量相对小等优势，大幅度提高了钻井泵的技术水平，满足深井/特深井、高压喷射钻井、大位移水平井、窄压力窗口安全钻井的要求，钻井提速提效、节能减排等效果显著。五缸钻井泵在油田中成功应用，因其排量大和节能效果显著，深受用户欢迎。

1. 五缸钻井泵的技术参数

新型五缸钻井泵型号包括 QDP - 3000、QDP - 2200、QDP - 1600 等,额定压力为 51.7 MPa,其基本技术参数见表 7 - 5 所列。

表 7 - 5　五缸钻井泵基本技术参数

型号	QDP - 1600	QDP - 2200	QDP - 3000
额定功率 /kW(hp)	1193(1600)	1641(2200)	2237(3000)
额定泵速 /min^{-1}	105	117	117
行程长度 /mm	300	300	300
最大缸套孔径 /mm	190	190	190
额定压力 /MPa	51.7	51.7	51.9
额定裏量 /(L/s)	74.43	82.93	85.06
吸入口法兰 /in	12	12	12
排出口法兰 /in	5	5	5
阀腔	J 型布置,API7	J 型布置,API7	J 型布置,API7
泵组重量 /kg	40800	40800	58500

2. 五缸钻井泵的特点

(1) 压力波动小,排量更均匀。五缸钻井泵的理论排量(无空气包时的排量)不均匀度仅为三缸泵的 1/3 左右(见图 7 - 22),具有如下优点:可以不配备空气包,节省成本,减少空气包气囊等易损件维护;节约钻井时间,提高钻井效率;若配备空气包,则流量和压力波动更小,有利于地质导向钻井工艺的实施。

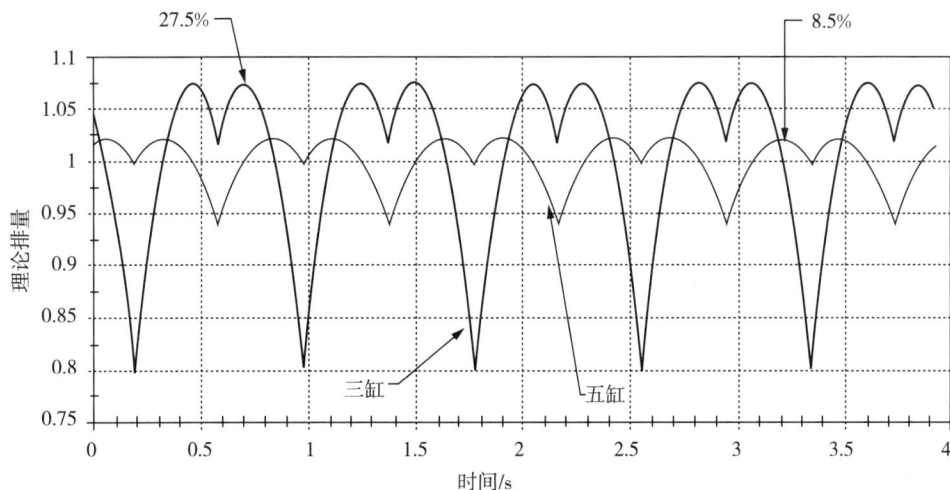

图 7 - 22　三缸、五缸钻井泵理论排量(无空气包时) 对比

（2）流量调节范围更广，缸套规格少。允许钻井泵高于额定泵冲运行，每一级缸套活塞的流量调节范围更宽，大幅度减少了更换缸套活塞规格的次数，甚至只用一种规格的缸套活塞就可以满足整口井的使用要求。其主要原因是动力端曲轴和连杆采用了新的结构形式，泵组结构形式更优，两者均有利于钻井泵在高泵冲下保持平稳。

（3）易损件使用寿命相对提高。由于采用了十字头与中间连杆球铰式连接、缸套内外表面冷却装置、新型高压阀总成等创新设计，因此五缸钻井泵液力端易损件的可靠性和使用寿命得到较大幅度的提高。油田工业性试验表明，与 F-1600HL 钻井泵通用的缸套、活塞、阀总成等相比，五缸钻井泵的使用寿命提高了 30% 左右。

（4）流量大，效率高，作业能力强，节能效果显著。五缸钻井泵最大排量比三缸钻井泵提高 67%，但体积和质量相对较小。采用双电机通过硬齿面齿轮减速器直接驱动曲轴，代替传统的皮带传动和内置一级齿轮减速传动，综合能效提高 7% 左右。实践表明，因排量大，一台 2200 hp 级五缸泵当两台 1600 hp 级三缸泵用，从而可以少开一台柴油机，节能效果显著。

3. 五缸钻井泵的主要构成

五缸钻井泵通常配套成相对比较固定的泵组进行工程应用。五缸钻井泵组主要有两种形式：一种是电机顶置的结构形式（见图 7-23），此种更适用于海洋平台；另一种是电机后置的结构形式（见图 7-24）。两种形式的泵组所配套的五缸钻井泵结构基本相同。

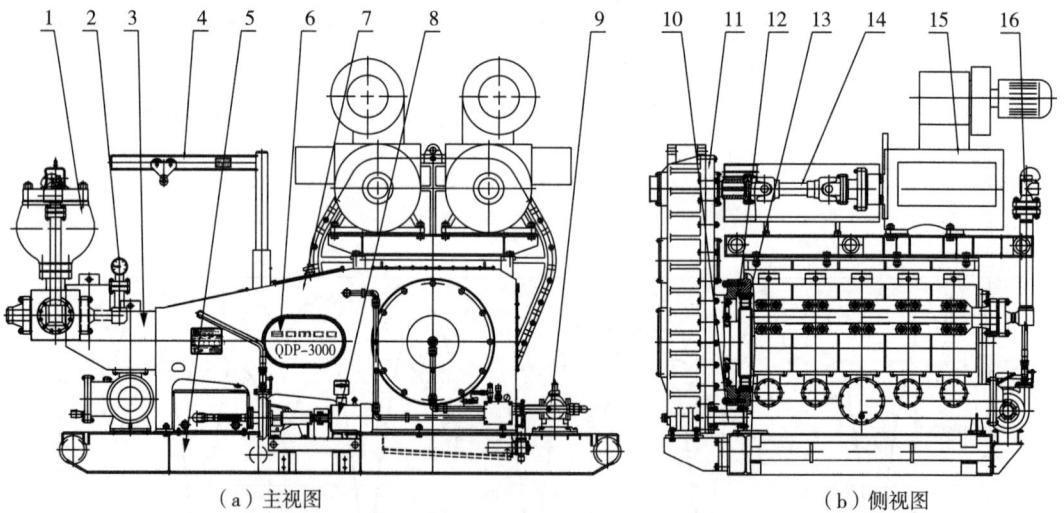

（a）主视图　　　　　　　　　（b）侧视图

1—排出空气包；2—压力表；3—液力端；4—吊装机架及小吊车；5—底座；
6—十字头总成；7—总成；8—喷淋泵总成；9—动力端润滑总成；10—润滑连接装置；
11—减速器；12—O 形圈；13—曲轴总成；14—万向轴；15—电机；16—安全阀。
图 7-23　电机顶置五缸钻井泵组

五缸钻井泵组采用模块化、撬装式的设计思路。泵组主要由三大模块组成：动力装置总成、泵体和底座，动力装置总成与三缸钻井泵组有所不同，其主要由电机、万向轴或联轴器、齿轮减速箱等组成，钻井泵内部设有齿轮减速。

（1）电机顶置五缸钻井泵站的结构特点：两台电机置于机架的上方，通过各自的万向轴把动力传递到同一个齿轮箱，经齿轮箱的减速增扭，将动力传递给曲轴。钻井泵和齿轮箱采用同一个电动润滑油泵进行润滑，且用润滑连接装置将钻井泵的油箱与减速箱箱体连通。

（2）电机后置五缸钻井泵站的结构特点：左右两台电机置于机架的后方，通过各自的联轴器把动力分别传递到左齿轮箱和右齿轮箱，经齿轮箱的减速增扭将动力分别传递给曲轴的两端。

（3）五缸钻井泵液力端的结构特点：五缸钻井泵液力端采用了"J"形液缸。"J"形液缸

图 7 - 24　电机后置五缸钻井泵站

和"L"形液缸看起来相似，但存在显著差异："J"形液缸吸入阀靠近缸套活塞部位，吸入流道短，吸入性能好。因此"J"形布置的液缸兼具"I"形和"L"形布置的液力端的优点，即拆装吸入阀和排出阀方便，而且吸入性能优良。

7.3　压裂泵与固井泵

7.3.1　压裂泵与固井泵的异同点

压裂泵主要用于油气井的压裂作业，即在高压下将压裂液输入井底，使井底附近地层形成裂缝，以提高油气的渗透率，达到增产的目的。它是油气田实施压裂、酸化、加砂等作业的核心设备。压裂液包括混砂液或酸化液。

固井泵主要用于钻井中和完井时的固井作业，即将水泥和清水搅拌成水泥浆，在一定压力下输送到井内套管柱与井壁之间的环形空间，将套管柱紧固在井内。

压裂泵与固井泵虽然功能不尽相同，但它们的型式、体量、结构甚至关键零部件都有着共性。

1. 压裂泵

常规的压裂酸化作业时间一般较短，载荷较轻，要求作业装备具有较高的移运性。压裂泵通常要安装在载重汽车上，与动力机、传动装置、操作控制系统及润滑冷却系统等形成压裂车组。压裂泵具有功率大、压力高、体积小和重量轻等特点。车载式压裂泵的功率一般不超过 3000 hp，为了满足轻量化，其设计寿命一般不长。目前，我国常用的车载式压裂机组为 2300 型和 2500 型，配套使用的压裂泵分别为 2500 hp 和 2800 hp。图 7 - 25 为 2500 hp 型压裂车组。

图 7 - 25　2500 hp 型压裂车组

常规压裂车组作业的大规模压裂平台存在着一些缺陷：① 机组单机功率小，井场设备密度大；② 车载设备进口的底盘、柴油机和变速器等设备的购置、使用和维护费用高，虽然现在已有部分国产化底盘替代了进口底盘，但尚未形成规模化应用；③ 井场多临近村庄，柴油机驱动存在噪音严重超标的问题，影响作业时长。

某地区页岩气压裂成套设备损坏情况统计表 7 - 6 所列。

表 7 - 6　某地区页岩气压裂成套设备损坏情况统计

故障描述	2012 年以前	2012—2018 年 / 次
压裂泵连杆螺栓断裂	无	15
压裂泵动力端壳体裂纹	无	23
压裂泵十字头和十字头销轴裂纹	极少	127
压裂泵传动齿轮和轴承损坏	极少	113
压裂泵排出法兰连接螺栓断裂	极少	7
传动箱损坏	少量	21
润滑油泵轴、轴套、联轴器严重磨损	少	28
台上发动机损坏	无	4

注：2012 年以前主要为常规低渗油田压裂酸化作业，2012—2018 年主要为页岩气压裂作业。

近年来，随着页岩气等非常规油气开采主要技术手段"水平井＋分段压裂"的不断发展，页岩气、致密油等非常规油气得以实现大规模、商业化开采，单口井压裂作业时间大幅增加，出现了工厂化大规模的压裂作业工况。页岩气、致密油等非常规油气压裂作业平台提出加大单机压裂装备的功率储备、提高压裂泵可靠性的需求，促使撬装式大功率电驱压裂泵组技术得到快速发展和应用。国内陆续出现单泵功率超过 5000 hp 的超大功率电动压裂泵组，撬装电驱 7000 hp 压裂泵组如图 7 - 26 所示。

图 7 - 26　撬装电驱 7000 hp 压裂泵组

压裂泵的使用工况逐步由最初的"间歇、轻负荷"作业向"连续、长时间、重载"转变,压裂泵组的型式逐渐由轻量化车载的柴油机驱动向高可靠性的撬装式电机驱动方向发展。

2. 固井泵

固井作业与压裂作业类似,早期的常规固井作业施工压力一般在 25 MPa 以下。随着页岩气勘探与开发,固井压力级别也在不断提升,极限工况固井压力可达到 80 MPa。同时,固井泵车的功率储备也由早期的 600 hp、1200 hp(一机双泵)逐步探索到 2000 hp(采用常规的 2500 型压裂泵进行固井作业配套)。虽然固井泵也在朝着大功率、高压力的趋势发展,但因实际作业工况需求的限制,其发展远不如压裂泵。未来,采用压裂泵替代固井泵进行施工作业可能是较为经济、可行的方案。

通过长期工程实践,固井施工平台对固井泵的选择有了基本原则:固井泵长时间工作,平均工作水马力不超过泵设计最大工作水马力的 45%,最大工作压力不超过最大连杆推力下工作压力的 45%,泵排量不超过最大排量的 80%。固井泵推荐的工作负荷如图 7-27 所示。这些数据可以作为固井泵和压裂泵设计时的参考依据。

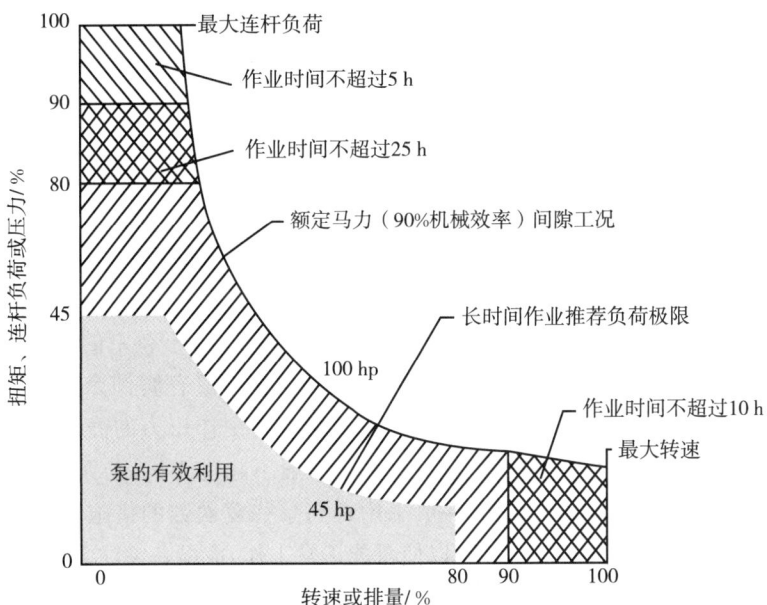

图 7-27　固井泵推荐的工作负荷

7.3.2　压裂泵与固井泵的总体设计原则

1. 兼顾重量和可靠性

兼顾重量和可靠性双重指标,在重量和可靠性之间找到平衡点,对非常规油气压裂泵应以可靠性指标作为设计重点。

压裂泵与固井泵目前的主流设备仍然是车载式,以独立、快速运输为特点,其重量和外形尺寸受汽车载重量和底盘面积的限制。表 7-7 列举了车载式 2500 型压裂泵的重量和外形尺寸。

表 7-7　车载式 2500 型压裂泵的重量和外形尺寸

型号	5ZB2090	JR2800QP	QPI2800A	WQ2700	QWS2800	C2800Q
重量 /kg	9166	9100	8660	8392	9525	8528
总长 /mm	2296	2426	2360	2428	2334	2381
重量指标 /(kg/hp)	3.27	3.25	3.09	3.11	3.40	3.05

泵的重量指标以单位马力重量来衡量。从表 7-7 可以看出,现有主流设备 2500 型压裂车配套的 2800 hp 压裂泵,其重量指标一般为 3～3.5 kg/hp。对于固井泵,由于其功率一般比压裂泵小,因此重量和体积的要求不如压裂泵严格,取值可稍微高一些,一般可取 4～8 kg/hp。

压裂泵设计在考虑轻量化的同时,应重视可靠性。提高压裂泵可靠性主要可从以下几个方面进行考虑。

(1) 加大压裂泵机架的强度和刚性。加大板厚,增加材料的力学性能(建议使用屈服强度不小于 355 MPa 的高强度结构钢),尽可能减少机架的受拉焊缝,加强受拉焊缝的强度。

(2) 加强曲轴的疲劳强度。加大曲拐处的过渡圆角,减少应力集中。曲轴采用表面强化处理工艺,进一步提高疲劳强度。

(3) 曲轴主轴承应当具有足够的承载能力。

(4) 增加连杆轴瓦的接触面积,减少轴瓦比压。优化润滑油路的供油,确保轴瓦的有效润滑。

(5) 采用特殊材料或表面特殊处理的液缸,增加液缸的使用寿命。

(6) 针对压裂作业介质具有强磨砺性(如混砂液或其他支撑剂悬浮液)和腐蚀性(如盐酸液等),同时作业时负荷变化剧烈会造成严重的冲击载荷等,压裂泵的液力端部件设计应考虑足够的安全系数(包括输送腐蚀性介质时,液缸壁厚应留有腐蚀余量)、不同工作介质对应设计不同的高压密封、承压零部件应进行 1.5 倍最高工作压力的静水压试验。

固井泵作业为间歇作业,且一次作业时间较短(一般不超过 4 h),对泵的易损件寿命要求相对不高,为使固井泵获得较小的结构,一般采用提高泵往复次数的措施。同时,为保证在较高的往复次数下泵具有良好的吸入性能,以使泵能正常工作,应配备灌注泵进行灌注。

2. 泵的流量和压力有较大的变化范围,适应性强

压裂、固井泵在作业过程中,由于负荷的变化较大,因此要求泵排量可以进行调节,尽可能充分利用功率,发挥设备的潜力。

泵的适应性指标用调速范围系数(泵的最高泵速 n_{max} 与最低泵速 n_{min} 之比)、变速档次和泵所配备的不同直径柱塞的种类来衡量。

常用的柴油机驱动形式的压裂机组,泵每分钟往复次数(泵速)的变化通过在泵与原动机之间安装变速机构来实现。

从扩大泵的适应范围来说,希望调速范围系数尽可能大,变速档次尽可能多,但这样相应的变速机构则会过于复杂和笨重。因此,常规的柴油机驱动压裂机组通常会配备 2～3种不同直径的柱塞,以满足不同作业工况对泵排量和压力变化的要求。

随着电驱压裂机组的发展,采用交流变频电机可完美解决上述柴油机传动所存在的缺陷,轻松实现无级调速,且在电机与泵之间无须重新设置变速器或变矩器。

3. 提高泵"三化"水平,便于制造加工和现场维护

压裂泵、固井泵通常按照泵的最高工作压力进行分级,每一级对应一种泵的型号,以构成压裂、固井泵系列。一般来说,应使泵在最高压力下获得较大的流量,以减少作业时压裂车和固井车的数量。目前,现有泵型均按照最高工作压力 140 MPa 进行设计。因此,现在更多的是采用功率来进行分级。推荐采用表 7-8 规定的第一系列功率级别。

表 7-8　系列压裂泵制动功率(输入轴功率) 参数

	功率 /kW(hp)
第一系列	447(600)、746(1000)、1119(1500)、1491(2000)、1864(2500)、2088(2800)、2237(3000)、2610(3500)、2983(4000)、3729(5000)、4474(6000)、5220(7000)
第二系列	522(700)、671(900)、1342(1800)、1678(2250)、2013(2700)、2461(3300)

提高压裂泵、固井泵三化水平的措施主要有以下几个方面。

(1)在满足各油田实际需要并考虑今后发展趋势的前提下,泵的型号应尽可能少。

(2)尽量将泵型号相近的两种泵或三种泵,采用同一传动端,但配备不同尺寸的液力端。

(3)液力端内部易损件通用性问题。应考虑规范易损件结构尺寸和形式,充分考虑备件互换性,主要涉及阀体、阀座、液缸锥度、盘根等。

(4)随着固井泵朝着大流量方向的发展,其对压力的要求有所提高,因而应考虑固井泵与压裂泵之间的通用性问题。一般可在压裂泵中采取配备 1 ~ 2 种大直径的柱塞,以代替固井泵。

7.3.3　压裂泵、固井泵主要参数的确定

压裂泵、固井泵一般采用的是三缸或五缸单作用柱塞泵(固井泵多采用三缸结构,压裂泵则多采用五缸结构),其动力端仍然采用常规的曲柄连杆机构将旋转运动转化为柱塞的往复运动。曲柄连杆的结构参数主要包括行程、泵速和柱塞直径。

为了确保产品具有良好的综合性能,常以"长行程、低泵速"为压裂泵、固井泵技术参数设计的基本原则,再结合相关标准和压裂泵、固井泵实际作业工况确定参数。

1. 行程 S 的选定

行程是影响泵长度的关键参数。随着行程加长,泵身长度会相应地加长,泵重也必然要增加。行程加长可以适当地降低泵冲,提高易损件的使用寿命。结合泵的结构型式,行程的选择一般应注意以下几个方面。

(1)行程长度与额定泵速合理匹配。

(2)应选择较小的 $\lambda(\lambda = S/2L)$,以减少十字头对导板的正压力和往复惯性。一般 λ 取 $1/5 \sim 1/3$,λ 太小会导致连杆太长或行程太短。

(3)应充分考虑连杆十字头机构的安装、拆卸和维护。

(4)根据泵或泵组的结构型式,若要求泵长方向为运输的宽度方向,则行程就一定不能过长。

2. 泵速(往复次数)n 的选定

泵每分钟往复次数对泵的整个工作性能有着很大的影响,尤其对阀、柱塞盘根等易损件的使用寿命起着决定性的作用。最高每分钟往复次数 n_{max} 的选择都是以泵阀的无冲击条件为基础,因为冲数超过临界冲数后,吸入系统内的惯性损失过大,柱塞处的吸入压力小于其汽化压力,容易产生水击现象,造成极大的压力波动和振动,甚至造成压裂泵传动部件严重损坏。根据曲柄连杆结构运动分析可知,柱塞平均速度与泵阀工作有着直接关系。

柱塞的平均速度计算公式为

$$v_p = Sn/30 \qquad (7-5)$$

柱塞的最大移动速度为

$$v_{max} \approx 0.0523 Sn_{max}(1+\lambda^2)\sqrt{1-\lambda^2} \qquad (7-6)$$

柱塞的最大加速度为

$$a_{max} \approx 0.00548 Sn_{max}^2(1+\lambda) \qquad (7-7)$$

柱塞移动的速度对柱塞盘根的寿命是有直接影响的,柱塞移动的加速度会对泵的吸入性能造成影响。一般规定,柱塞的平均移动速度 $v_p \leqslant 1.2$ m/s、最大移动速度 $v_{max} \leqslant 2.5$ m/s 为宜。额定每分钟往复次数应设计为 100 左右,最高应不超过 150 次。同时,按额定流量(泵在额定泵速工作时的理论流量)计算,泵总吸入口的流速 $v_{吸} \leqslant 1.2$ m/s,排出孔流速 $v_{排} \leqslant 5$ m/s。表 7-9 为国内外部分压裂泵的 Sn、Sn^2、v_p 取值。

表 7-9 国内外部分压裂泵的 Sn、Sn^2、v_p 取值

压裂泵型号	行程 S/ m	额定泵速 n/ min^{-1}	Sn/ (m·min^{-1})	Sn^2/ (m·min^{-2})	v_p/ (m/s)
SPM – QEM3000	0.2032	97	19.71	1912	0.657
SPM – QWS3500	0.254	96	24.38	2341	0.813
SPM – QWS2500	0.2032	116	23.57	2734	0.786
FMC – WQ3000	0.254	86	21.84	1879	0.728
GD – 3000Q	0.2794	93	25.98	2417	0.866
BOMCO – QPI2800	0.254	77	19.56	1506	0.652
BOMCO – QPI3500	0.254	95	24.13	2292	0.804
BOMCO – QPI7000	0.2794	115	32.13	3695	0.536
JR5000QP	0.254	142	36.07	5122	1.202
JR7000QP	0.2794	143	39.95	5714	1.332
HH6000	0.3048	163	49.68	8098	1.656

最低每分钟往复次数 $n_{\min}$ 一般按照公式 $n_{\min}=\dfrac{n_{\max}}{K}$ 进行设计，K 为 $2.5\sim5$。对于固井压裂通用泵（既用于固井，又用于压裂两种作业的泵），K 取 $4\sim8$。

3. 柱塞直径 D

五缸泵柱塞杆最大负荷的计算公式为

$$F=10.8\times10^{4}\ \frac{N}{Sn}=\pi D^{2}\ \frac{P}{4}\qquad(7-8)$$

式中，N 为泵的输入轴功率（kW）；S 为行程（dm）；n 为额定泵速（$\min^{-1}$）；D 为柱塞直径（mm）；P 为泵的排出压力（MPa）；F 为柱塞杆最大负荷（N）。

三缸泵柱塞杆最大负荷的计算公式为

$$F=18\times10^{4}\ \frac{N}{Sn}=\pi D^{2}\ \frac{P}{4}\qquad(7-9)$$

式中字母的意义同式（7-8）。

由式（7-7）和式（7-8）可知，在柱塞杆最大负荷一定的条件下，D^{2} 与 Sn 成反比。采用增加柱塞直径的方法可以使柱塞平均速度显著减小，从而大幅度提高柱塞盘根、阀总成等易损件的使用寿命。当然，在同样的工作压力下，增大柱塞直径，作用在柱塞上的杆负荷也会增大，连杆十字头、曲轴等动力端为了满足强度要求，也都必须加大尺寸，从而使泵增重。反之，相同功率的泵，柱塞杆负荷越大，其动力端承载能力越强，液力端的易损件寿命也越高。因此，在满足重量和尺寸的要求下，杆负荷应适当加大，从而提高整泵的可靠性。表 7-10 为常用压裂泵的技术参数。

表 7 - 10　常用压裂泵的技术参数

型号		QWS2500 5ZB - 2500 QPI - 2500A	QIS2800 SQP2800 OFM2800	WQ2700	QPI - 2800A	QWS2800	QWS3500 QPI - 3500
功率	hp	2500	2800	2700	2800	2800	3500
	kW	1864	2088	2013	2088	2088	2610
最大排出压力	psi	20000	20000	20000	20000	20000	20000
	MPa	137.9	137.9	137.9	137.9	137.9	137.9
行程	in	8	8	10	10	10	10
	mm	203.2	203.2	254.0	254.0	254.0	254.0
额定泵速	$\min^{-1}$	116	110	76	77	78	95
最高泵速	$\min^{-1}$	330	330	300	300	280	280
额定流量	L/s	12.17	13.63	13.14	13.63	13.63	17.03
最大流量	L/s	34.61	40.88	51.87	53.09	48.92	50.21

（续表）

型号		QWS2500 5ZB - 2500 QPI - 2500A	QIS2800 SQP2800 OFM2800	WQ2700	QPI - 2800A	QWS2800	QWS3500 QPI - 3500
柱塞直径	in	3.5	3.75	4	4	4	4
	mm	88.9	95.25	101.6	101.6	101.6	101.60
柱塞杆 最大负荷	ibs	192026	226800	253232	259200	255877	262611
	N	854174	1008857	1126430	1152979	1138197	1168150

7.3.4 压裂泵与固井泵的型式

1. 泵型式的选择

压裂泵、固井泵一般均采用卧式三缸或五缸单作用柱塞泵。随着固井压裂工艺的不断提升,目前大多数采用五缸单作用柱塞泵来提高流量和减少压力脉动,进而提高泵运行稳定性。这种泵型能适应在高压和较高的泵速下工作,同时泵的重量较轻,体积较小。

由于固井泵的工作压力相对于压裂泵较低,一般在 40 MPa 左右,因此当泵的输入功率较小,且对泵的重量指标要求不高时,也可选用三缸单作用泵。

三缸单作用泵除了结构简单、轻便和易于维护外,与双缸双作用泵相比还可获得较小的流量不均度。卧式结构除了可以获得良好的稳定性外,还便于拆卸和维修。但三缸泵存在着流量相对不高、压力脉动相对较大等问题。

近年来,2000 hp 以上的压裂泵均采用五缸泵。未来,对于七缸泵甚至更多数量多缸泵会有一定的尝试,尤其是液压驱动的形式可以根据需要设置多个缸体,还可将行程设置得很大、泵速设置得很低,这样在满足超大流量需要的同时可以提高液力端易损件的寿命。

2. 压裂泵和固井泵的典型结构

压裂泵由动力端、减速器机构、液力端、润滑系统及底座(安装基础)等部分组成。动力端将柴油机或电机等动力源的动力传递并将旋转动作转化为柱塞的往复动动,液力端通过螺栓紧固在动力端机架上。机架底部设有螺栓孔,穿入地脚螺栓可以将整个泵固装在底座上。

由于压裂泵通常配备有独立的增压加注装置,因此不设置吸入空气包,以减轻泵重量。一般也不设置排出空气包,这是因为压裂泵和固井泵更多地采用了五缸泵,流量和压力脉动较小,不容易造成管路、阀门及高压管汇的破坏,另外也出于减重的考虑。

1) 典型压裂泵的总体结构

随着功率的增加,一般情况下功率 2000 hp 及以下的压裂泵多采用卧式三缸单作用结构;功率 2000 hp 以上的压裂泵一般采用卧式五缸单作用结构。

最高压力为 140 MPa、输入功率为 600 hp 的压裂泵(外置齿轮箱)如图 7 - 28 所示。该泵的最高往复次数为 450 min^{-1},行程长度为 152.4 mm,配备了直径为 $2\frac{1}{2}''$、$2\frac{3}{4}''$、$3''$、

$3\frac{1}{2}''$、$4''$、$4\frac{1}{2}''$ 六种规格的柱塞。由于该泵取消了常用的中间拉杆结构,因此整泵长度非常小,重量很轻,仅为 2300 kg 左右,主要配套在固井车的一机双泵中。

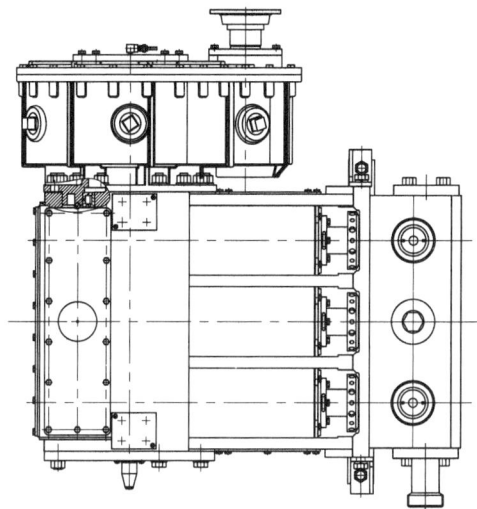

图 7 - 28　最高压力为 140 MPa、输入功率为 600 hp 的压裂泵(外置齿轮箱)

最高压力为 105 MPa、输入功率为 2500 hp 的压裂泵(泵内斜齿轮)如图 7-29 所示。该泵的最高泵速为 330 min^{-1},行程长度为 203.2 mm,配备了直径为 $4''$、$4-1/2''$、$5''$ 三种规格的柱塞。泵体动力端的前部下方装有传动轴,传动轴上加工有左右对称的斜齿轮,与安装在曲轴上的大齿轮啮合,实现泵内减速(速比为 6.353)。大齿轮的结构形式可以为锻件加工而成,也可为焊接加工而成。该传动结构具有整体宽度较小、结构紧凑的特点,但曲轴安装大齿圈为悬臂结构,受力情况较为恶劣,不利于进行大功率泵的设计。

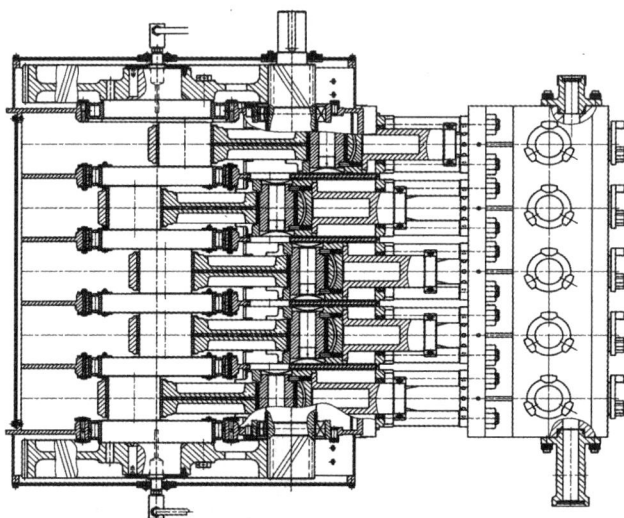

图 7 - 29　最高压力为 105 MPa、输入功率为 2500 hp 的压裂泵(泵内斜齿轮)

最高压力为 140 MPa、输入功率为 2800 hp 的压裂泵,其最高泵速为 300 min⁻¹,行程长度为 254 mm,配备了直径为 4″、4-1/2″、5″、5-1/2″、6″、6-1/2″ 六种规格的柱塞。该泵体外采用行星齿轮减速器机构(速比 6.95),减速器与泵架采用螺栓连接,行星架通过花键驱动压裂泵曲轴。

行星齿轮减速箱主要由平行级和行星级两部分组成。平行级的主要作用在于增加输入输出的中心距,即将动力源输入控制在整泵的中心位置,方便泵在压裂车或撬上的布置安装,国际通用的中心距为 711.2 mm。平行级多采用人字齿轮传动,以消除轴向力。行星级多采用人字齿轮或直齿轮传动。

2) 典型压裂泵和固井泵的动力端结构

压裂泵和固井泵机架是各动力传动的骨架,主要包含曲轴安装腔、导板安装腔和液缸支撑座三部分,其可靠性直接影响整泵的安全性。

机架多采用钢板焊接的结构形式。在采用高强度结构钢进行焊接时,容易产生延迟裂纹,制造时应严格控制预热温度及时间、保温时间、焊接电流等焊接工艺参数。

图 7-30 为"三段式"机架结构。该机架的曲轴安装腔、导板安装腔和液缸支撑座完全分离,并采用 12 个长为 1300 mm 左右螺栓将曲轴安装腔、导板安装腔、液缸支撑座和液缸连接在一起。此结构的优势在于长螺栓结构直接连接在曲轴箱上,长螺栓承受工作压力所施加的拉应力直接传递到曲轴箱上,导板箱和隔离架承受螺栓预紧时的压应力,减少了受拉焊缝,具有较好的受力效果。此结构的缺点在于长螺栓的制造精度难以保证,三段分体而独立的箱体结构很难保证十字头、中间拉杆、柱塞之间的同轴度,对往复运动件的装配和运行精度有一定的影响。

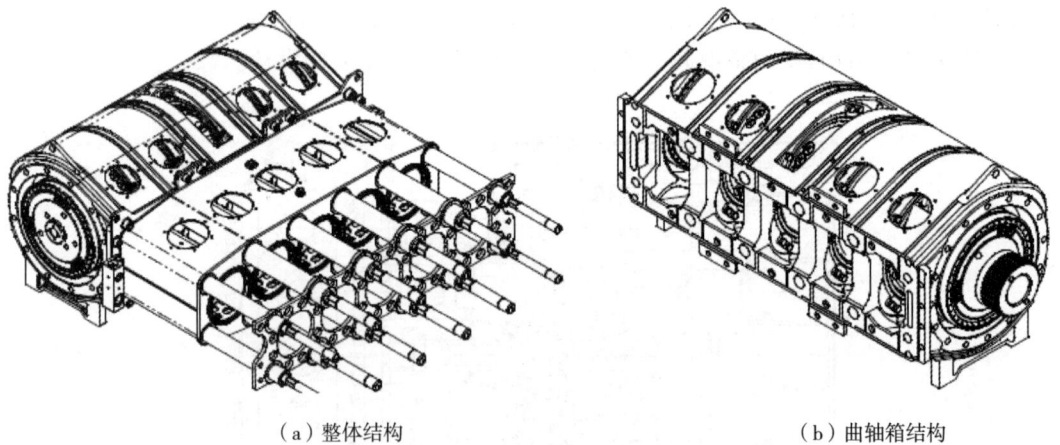

(a) 整体结构　　　　　(b) 曲轴箱结构

图 7-30　"三段式"机架结构

图 7-31 为"两段式"机架结构。该机架将曲轴安装腔和导板安装腔焊接在一体。该结构在国内的压裂泵中应用比较普遍。其优点在于缩短了长螺栓的长度,导板与曲轴箱焊接在一起,整体加工精度较好,但存在一定的受拉焊缝。

332

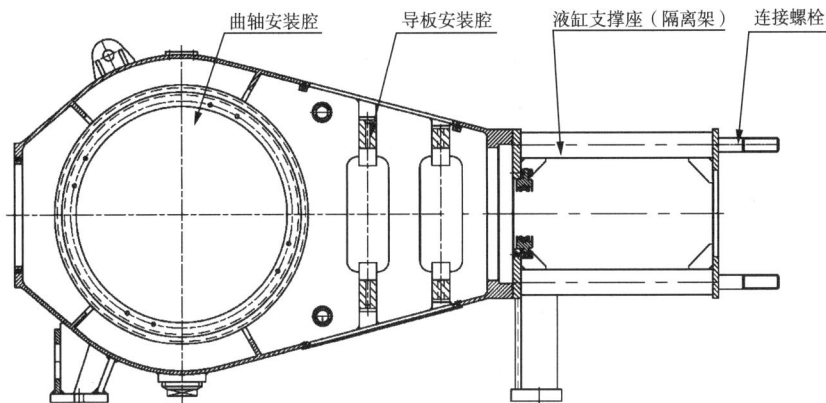

图 7 - 31　"两段式"机架结构

　　图 7 - 32 为"整体式"机架结构。该机架将曲轴安装腔、导板安装腔和液缸支撑座三者焊接为一体。由于液缸与机架的前端连接,因此连接螺栓进一步缩短。其优点在于导板安装孔和液缸安装孔一次加工完成,确保了十字头与液缸的同轴度,提高了柱塞、盘根的使用寿命,可有效提高机架的整体强度和刚度。其缺点在于需要对机架的受拉焊缝进行严格控制,必要时应进行全熔透和超声波探伤检测。

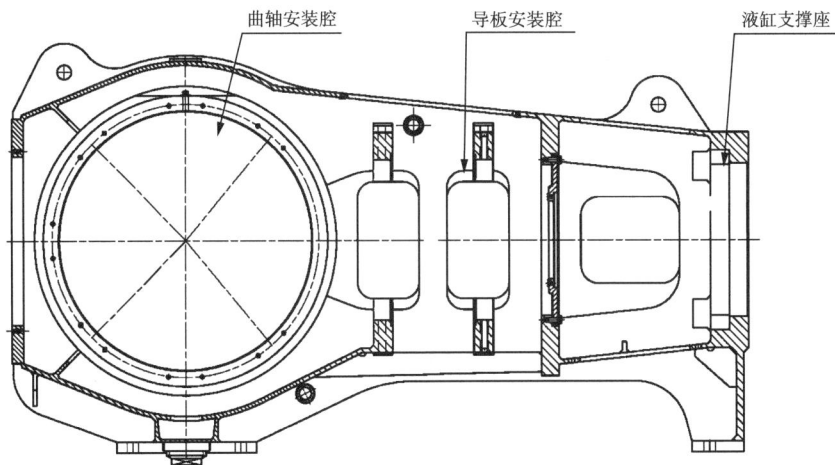

图 7 - 32　"整体式"机架结构

　　压裂泵和固井泵的曲轴总成一般包括曲轴、四支撑或六支撑轴承等。三缸泵采用四支撑轴承,五缸泵采用六支撑轴承。支撑主轴承采用滚动轴承。滚动轴承组采用一副轴承定位,其余轴承为游动形式。滚动轴承设计时应加大直径,减小滚子接触负荷和冲击负荷的影响,提高轴承寿命;应采用高质量的轴承钢抵抗润滑污染物的损害,提高轴承耐久性。

　　曲轴一般采用合金钢锻件。曲轴中轴向和径向设置有润滑油道,用于给曲轴主轴承、连杆大头轴瓦供油。设计制造曲轴时应当采取以下措施。

（1）安装连杆大头滑动轴承的曲拐应经磨削加工（粗糙度 Ra 高于 0.8）和表面强化处理。

（2）对于应力集中最严重的曲拐与曲柄结合处，应采用大圆角过渡，减小应力集中。推荐圆角取值为 $r=0.05D$（D 为曲拐直径）。

（3）曲拐的径向油孔出口与轴颈表面相贯处应倒圆、抛光，以免此处应力集中和降低曲轴疲劳强度。倒圆的圆角半径为油孔直径的一半，径向油孔直径应不大于 $0.05D$。

压裂泵和固井泵的连杆十字头均采用滑动轴承结构，这样可以大幅缩小产品尺寸和重量。剖分式的连杆大头轴承主要包括翻边式铜合金滑动轴承和薄壁轴瓦式连杆大头轴承两种结构形式。其中，翻边式铜合金滑动轴承卡在曲拐的两侧，起到轴向定位连杆杆系的作用，定位处的间隙宜控制在 0.6 mm 以内。连杆小头轴套处可轴向窜动，游动间隙宜控制在 3 mm 以上。薄壁轴瓦式连杆大头轴承可轴向窜动，连杆小头轴承作为限位，在连杆小头轴瓦与十字头之间设置单侧 0.6 mm 以内的间隙。

十字头滑道有导筒式和导板式两种方式。这两种方式在各类型压裂泵中均有应用。导板式可有效压缩固井压裂泵的宽度（缩短缸距），从而减轻整泵重量。导筒式可更好地径向十字头导向，滑动面比压会更小。导筒式一般是在机架上热装铜合金圆筒，因随机架整体加工，同轴度精度更高。导板式为组装形式，组装误差会累积至滑动副的同轴度上。

薄壁轴瓦多为三元合金，钢背材料为 SS400，硬度为 $100 \sim 160$ HBW，$R_{eL} \geqslant 245$ MPa；合金材料为 CuPb24Sn 或其他，硬度为 $40 \sim 60$ HBW；镀覆层为 PbSn10Cu2，厚度为 0.025 mm。推荐轴瓦材料许用比压值见表 7-11 所列。

表 7-11　推荐轴瓦材料许用比压值

材料	比压 /MPa	材料	比压 /MPa
ALSn40	26	PbSn10Ti03 + CuPb22Sn	90
ALSn20	40	PbSn18Cu2 + ALSn6	60
ALSn20、ALZn4、ALZn5	41	CuPb10Sn10 + CuPb30	87
ALSn25	50	CuPb22Sn2 + CuPb50	87
PbSn18Cu2	50	ALSn20Cu	100
PbSn10Ti02	55		

3）典型压裂泵和固井泵的液力端结构

压裂泵整个液力端的寿命均不长，因此液缸的备件也需进行储备。现有的压裂泵的发展没有特别细化的标准进行指导，内部安装形式多样，内部结构形式并不对应特定的压力级别。

压力为 105 MPa 的液力端总成如图 7-33 所示，该液力端内部采用双导向的阀总成结构，阀座与液缸的配合锥度为 1：8。

压力为 140 MPa 的液力端总成如图 7-34 所示，该液力端内部采用单导向的阀总成结构，阀座与液缸的配合锥度为 1：16。

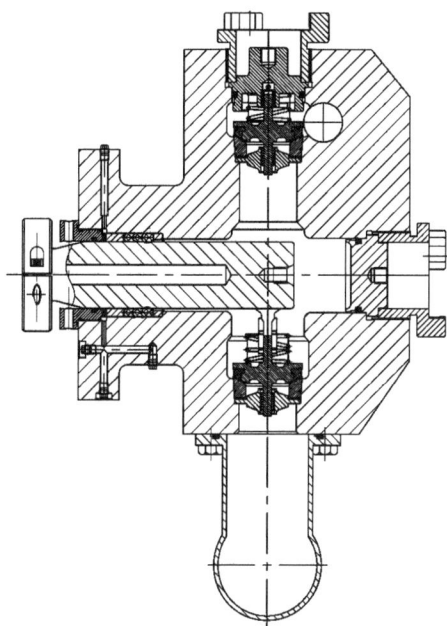

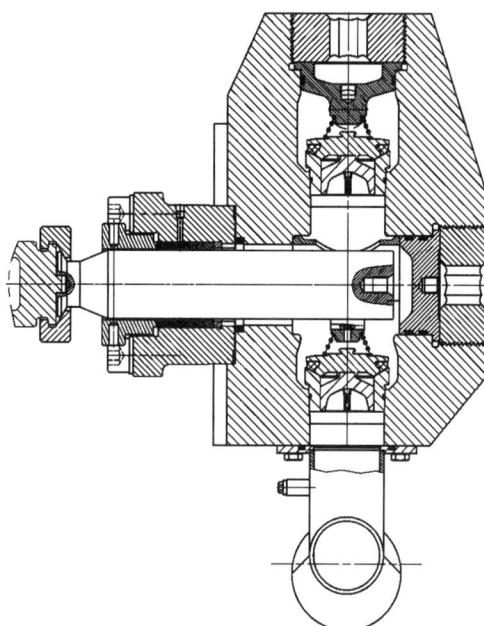

图 7-33　压力为 105 MPa 的液力端总成　　　图 7-34　压力为 140 MPa 的液力端总成

　　液力端中的水平和竖直堵头密封通常采用"O 形圈 + 挡圈"、"D"形圈、"X"形圈等型式。其中，"O 型圈 + 挡圈"结构采用 O 形圈密封，挡圈承压，结构简单，易于安装，但存在着 O 形圈在压力作用下扭转的风险，可靠性不高。"D"形圈和"X"形圈整体结构较复杂，安装不便，相对密封效果较好。

　　柱塞的直径在 4″以下按照 1/4″进行递减，直径在 4″以上按照 1/2″进行递增。通常在柱塞的端部设置有 1″-8UNC 的螺纹，用于拆装柱塞。

　　2500/2800/3500 hp 固井压裂泵盘根结构(1)如图 7-35 所示，盘根外径 $D=d+1″$，宽度 $B \approx 3.5″$，由于柱塞的润滑油孔设置在远离盘根密封处，因此存在润滑效果不良的问题。

　　2500/2800/3500 hp 固井压裂泵盘根结构(2)如图 7-36 所示，盘根外径 $D=d+1″$，宽度 $B \approx 4″$，由于柱塞的润滑油孔较盘根较近，因此其润滑效果较好。

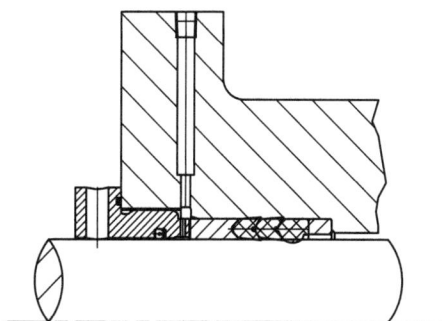

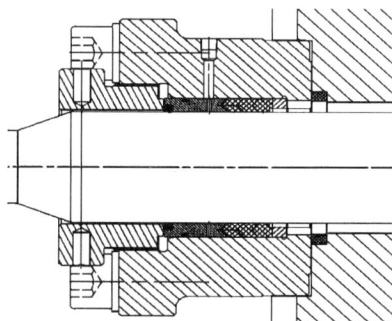

图 7-35　2500/2800/3500 hp
固井压裂泵盘根结构(1)　　　　　　图 7-36　2500/2800/3500 hp
固井压裂泵盘根结构(2)

7.4 注水泵

7.4.1 采油注水泵的特点

油田投入开发后,随着开采时间的增加,油层本身能量不断被消耗,致使油层压力不断下降,黏度增加,油井产量大大降低,甚至会停喷停产,从而造成地下残留大量死油采不出来。另外,为了弥补原油采出后所造成的地下亏空,保持或提高油层压力,实现油田高产稳产并获得较高的采收率,必须对油田进行注水。注水泵就是专门针对油田注水工艺开发的往复泵。往复式注水泵在油田中应用如图 7-37 所示。

图 7-37 往复式注水泵在油田中应用

往复式注水泵主要用于油田二次、三次采油工艺中增压注水,注水、聚合物、二氧化碳、微生物、调剖剂等,已在国内油田实现驱油覆盖率 100%。油田注水需要达到足够的注水压力,将处理合格的水经过注水泵加压,然后通过配水间输送给注水井,经过分层注水等方式,将水注入油层中,实现水驱油的开发效果。

一般注水泵流量都在 500 m^3/h 以下,比较理想的流量在 300 m^3/h 左右。在此状态下,往复式注水泵的运行比较平稳,寿命较长。往复式注水泵的运行特点是小流量、高压力、高效率(在 80% 以上)。

随着往复泵技术水平的不断提升及与工程应用的深度融合,油田注水泵已明显体现出以下特点。

(1)用于油田注水的往复泵的系列化程度明显提高。随着制造业逐渐重视产品系列化的开发工作,产品的系列化程度明显提高。目前国内已可生产注水量为 1 ～ 100 m^3/h、压力为 10 ～ 50 MPa 的高压柱塞泵,其基本上可以满足油田各种工艺对往复泵产品的要求。

（2）产品的适用领域明显扩大。油田用往复泵原来主要用于注水，随着油田注采工艺的变化，各种新型泵类产品应运而生，如输送聚丙烯酰胺的聚合物注入泵、输送黏土胶的隔膜式黏土胶注入泵、黄原胶注入泵、氢氧化钠泵、高进高出的串联增压注水泵、油管清洗除锈的清洗机用高压泵等都得到了较快的发展与应用。

（3）产品易损件寿命显著提高。近年来，由于新型材料的不断发展，国内往复泵产品的易损件寿命有了显著提高。随着碳素纤维、聚四氟乙烯、芳纶等新型填料的出现，编制、浸渍、定型工艺的不断改进与完善，往复泵的填料寿命显著提高，一般可达 3000 h 以上。随着导向材料的改进，柱塞表面处理工艺的改进及新型填料的应用，柱塞的寿命一般可达 3000～4000 h。随着泵阀材料及表面处理工艺和材料应用，非金属泵阀、合金泵阀等使泵阀的寿命显著提高，一般可达 2000 h 以上。

（4）产品的开发能力显著增强，产品更新换代周期明显缩短。随着市场竞争日趋激烈，国内各往复泵生产厂家加大对新产品开发的投入，加强新产品开发的能力，新产品的开发速度明显加快，每年研制和投入生产的新产品均有近百种，较好地适应了市场用户的需求，也替代了部分原依靠进口的产品。随着油田注采工艺的发展，油田用往复泵的更新换代周期明显缩短，往往一个新产品经过 2～3 年就要更新。

7.4.2　注水泵设计的一般要求

（1）油田对注水泵的使用要求：泵性能稳定，流量、压力能达到注水要求；泵运转平稳，振动噪声小；易损件（柱塞、填料、阀）寿命要长；维修方便；产品节能降耗。

（2）注水泵的设计准则：三缸注水泵、五缸注水泵和七缸注水泵选用低线速度泵速，它们的优点是提高了易损件的使用寿命（柱塞、填料、阀），减少了泵阀滞后高度，提高了泵的容积系数，泵运转平稳，振动、噪声小；各受力部位的材料结构及比压值要确保泵的可靠性达到油田的要求；从材料的选择、工艺保证、结构设计来提高易损件寿命；从设计上要使使用者易于判断故障点，便于安装与维修。

（3）往复式注水泵的设计工况：连续运转工况。设计最低工作环境温度为 −20 ℃。当工作环境温度低于 0 ℃ 时，注水泵应采取适当的加热措施；当工作环境温度高于 40 ℃ 时，注水泵动力端的润滑油应采取适当的冷却措施。

（4）往复式注水泵的驱动方式：设计往复式注水泵时，既要考虑能够采用柴油机驱动，也要考虑能够用电机驱动。输入轴既要能满足皮带传动的要求，也要能满足齿轮减速器传动的要求。

（5）往复式注水泵的自吸性能：往复式注水泵一般要求吸入压力为 0.02～0.10 MPa，否则容易发生汽蚀、振动等。当进口压力小于 0.02 MPa 时，应采用离心泵作为灌注泵。

（6）排出流量：排出流量要均匀。由于往复式注水泵采用曲柄连杆的传动机构，因此其流量和压力是脉动的。为减少往复式注水泵的流量和压力脉动，排出管路上大多配有稳压器。

注水泵设计还需满足的要求、承压件静水压试验要求及石油矿场一般要求等与钻井泵相似，此处不再赘述。

7.4.3 往复式注水泵的结构

1. 三缸注水泵的结构

1) 动力端

三缸注水泵动力端的总体结构和组成与钻井泵相同。常见的卧式三缸注水泵为三拐两支承形式,支承点在前后主轴颈上,三拐的曲柄夹角为120°,惯性力和惯性力矩得到较好的平衡,曲柄的加工量较少,缸间距也小,泵总体结构紧凑、尺寸小,为油田中小型泵使用最多的一种形式。

三缸注水泵也有采用三缸四支承的全支承形式(见图7-38),即除了在前、后主轴颈上各设主轴承外,在两个圆形长拐曲柄上又增设轴承作为支承。这种支承方式因支承点多,曲轴受力情况有所改善,最大挠度和主轴颈的偏转角都有一定的减小。这种支承方式不仅改善了连杆大头轴瓦的工作条件,同时可采用偏角较小而承载力较大的双列向心短圆柱滚子轴承,使同样的曲轴承受较大的柱塞力。

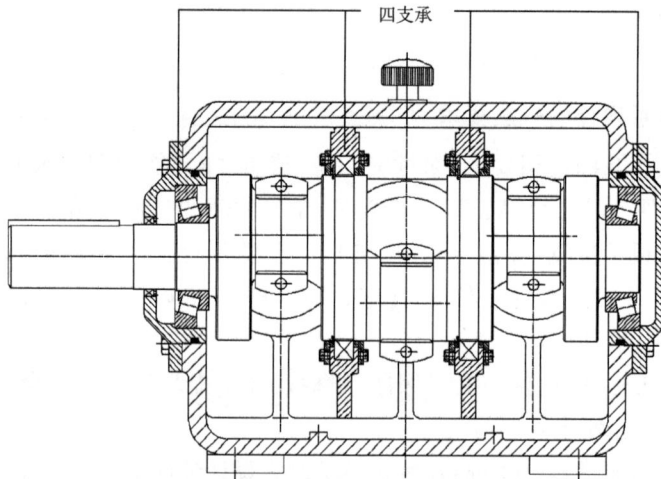

图7-38 三缸四支承示意

曲轴采用高强度合金钢,且由三个曲拐组成。曲轴表面经过热处理后,耐磨性能好,承受比压值高,曲轴及连杆瓦的使用寿命提高。曲轴中心线一般低于三个十字头中心线。

为了可以在不拆卸曲轴及泵体的情况下更换连杆小头衬套和十字头,在设计过程中,机身采用了加大十字头导轨孔的结构。这样不仅使机身维修方便,也降低了十字头和连杆小头衬套的比压值,还提高了十字头和连杆小头衬套的使用寿命。十字头导轨孔有整体式(机身连体式)、导板式等。

十字头与十字头销可采用全浮式结构,促使十字头销均匀磨损,间隙配合安全可靠且便于维修。

为避免轴头漏油,泵曲轴可采用迷宫密封加骨架油封形式,形成双保险。

连接杆的密封设计可设置为浮动式结构骨架油封,内设有回油装置,避免漏油现象的发生。

连杆大头瓦一般采用高锡合金的薄壁瓦,它具有承载能力高,易于更换、维修等特点。

在曲轴非轴伸端机身上设置旋入式圆形油标或油位传感器。

曲轴箱外、底部机身上可设置检测润滑油温的温度计或温度变送器。

2) 液力端

在往复式注水泵上把柱塞从中间杆处脱开一直到泵的进、出口法兰处的部件称为液力端。液力端是泵的过流部分,主要由柱塞、泵体、吸入阀、排出阀、密封函体等组成。

液力端结构形式一定要根据输送介质和工艺流程要求选择。由于往复式注水泵的压力脉动特性和介质腐蚀性等,存在缸体高低压交变压力疲劳和一些强氧化性离子(如氯离子、硫酸根离子等)腐蚀。在液力端结构形式选择方面,要充分论证,合理选择,以保证注水泵运行的可靠性和连续运转。液力端结构形式选择正确与否,对注水泵液力端使用寿命有很大影响。

按泵的吸入阀、排出阀的布置形式,液流通道特性和结构特征,往复式注水泵液力端可分为立式、卧式两种结构。

(1) 立式泵体主要包括"十"字形立式泵体、"T"形立式泵体和"V"形立式泵体。

"十"字形立式泵体:上下阀结构,内部为十字交叉开孔,适用于大流量,中低档压力(小于 16 MPa)。其优点是阀组件垂直安装,启闭灵活,阀孔过流大。其缺点是十字交叉孔应力集中,在交变应力作用下容易产生泵体开裂;位于下位的进液阀拆卸麻烦,需要先抽出柱塞。"十"字形立式泵体如图 7 - 39 所示。

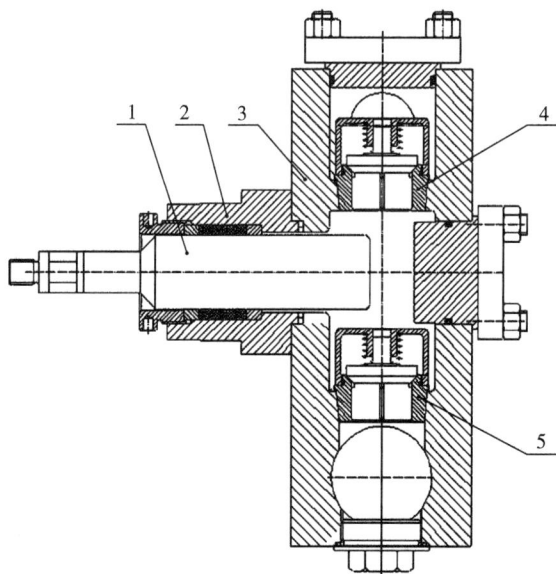

1—柱塞;2—密封函体;3—泵体;4—排出阀;5—吸入阀。

图 7 - 39　"十"字形立式泵体

"T"形立式泵体:"T"形立式泵体如图7-40所示。其采用锥形旋转组合阀,并布置在柱塞腔上部,内部为"T"形开孔。"T"形立式泵体适用于中大流量、中档压力(不大于25 MPa)的场合。其优点是消除了十字交叉开孔的泵体开裂因素,组合阀拆装方便。

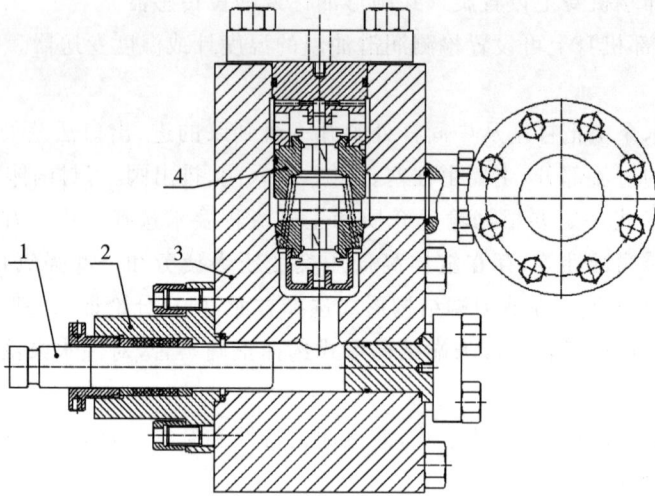

1—柱塞;2—密封函体;3—泵体;4—锥形旋转组合阀。

图7-40 "T"形立式泵体

"V"形立式泵体:"V"形立式泵体如图7-41所示,其与"T"形立式泵体的主要区别是锥形旋转组合阀成一定角度布置在柱塞腔上部。"V"形立体是泵体适用于中大流量、中档压力(不大于25 MPa)的场合。

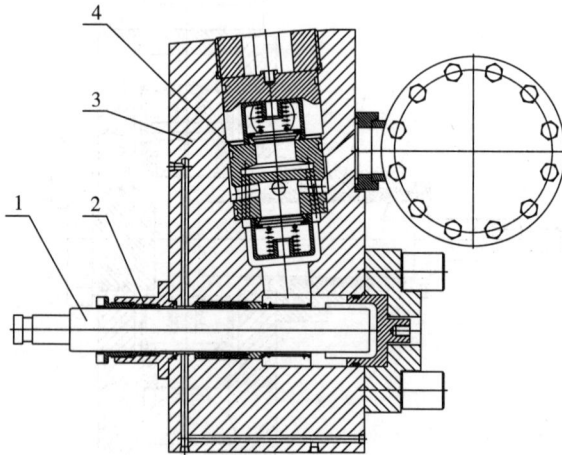

1—柱塞;2—密封函体;3—泵体;4—锥形旋转组合阀。

图7-41 "V"形立式泵体

(2)卧式泵体主要包括卧式组合阀结构、"L"形泵体、分体式泵体等。

卧式组合阀结构:可配装平板组合阀或锥形旋转组合阀。卧式组合阀结构适用于中低流量、高压力(不小于 16 MPa)的场合。水平横孔消除了十字交叉开孔的泵体开裂问题,且组合阀拆装方便(见图 7-42)。

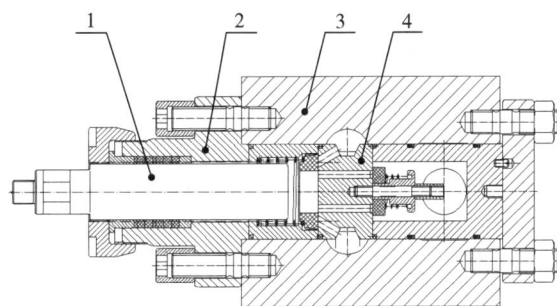

(a)装配了平板组合阀

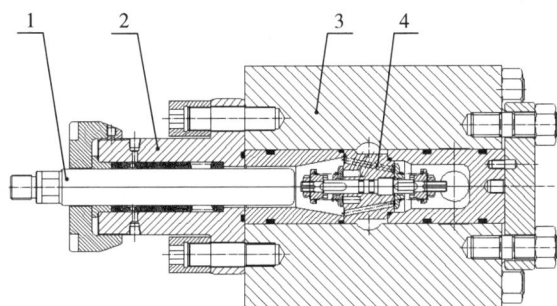

(b)装配了锥形旋转组合阀

1—柱塞;2—密封函体;3—泵体;4—组合阀。

图 7-42　卧式泵体

"L"形泵体:该结构形式为吸入阀卧式布置,排出阀立式布置,一般适用压力为 16 ～ 25 MPa。 其优点是吸入阀和排出阀可独立拆装。"L"形泵体如图 7-43 所示。

分体式泵体:适合大型泵(大功率泵),速度低,泵体容易坏。

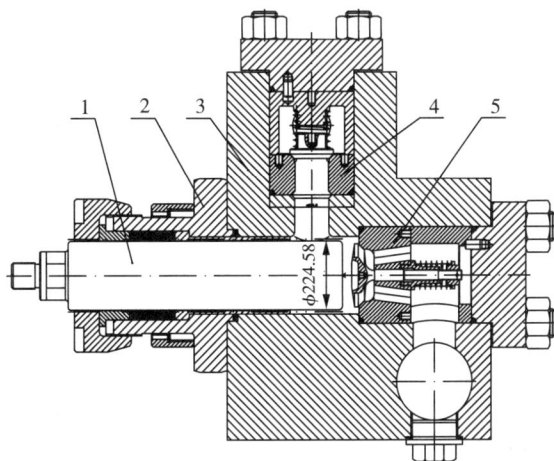

1—柱塞;2—密封函体;3—泵体;4—排出阀;5—吸入阀。

图 7-43　"L"形泵体

3) 泵阀

泵阀是指往复式注水泵液力端的吸入阀和排出阀。泵阀的主要功能是随着柱塞的往复运动,周期性的启闭,从而连通与切断柱塞工作腔与进排管之间的通道,完成泵的吸入和排出过程。往复式注水泵运动规律总体上取决于柱塞工作腔里的压力变化引起的阀体上的载荷。

泵阀通常由阀座、阀板、导向杆、弹簧、升程限制器等零件组成。泵阀主要采用自动阀,只有输送高黏度介质时,才采用强制阀。

泵阀按接触面形状分为球阀、锥形阀、平板阀;按组装方式分为组合阀、单阀;按阀运动方向分为立式阀、卧式阀。

球阀(见图7-44):分整球和半球两种。整球自身能够旋转,磨损均匀,密封面很窄,对固态杂质不太敏感,密封性能较好。其适用于输送黏度较高的液体,如三次采油中的聚合物、黏土胶等,但尺寸不宜过大,多用于流量不大、转速较低的场合。半球属于整球的衍生,其可以减少阀的纵向高度,也可以完成一定角度的旋转,密封性也好。

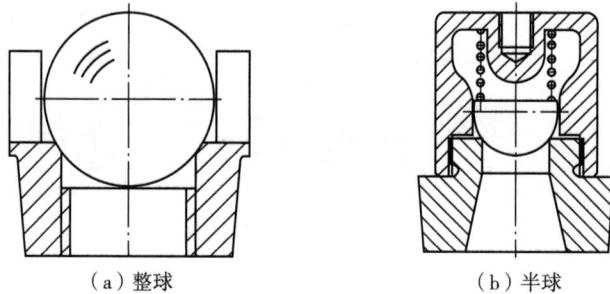

(a)整球　　　　　　　　　(b)半球

图7-44　球阀

锥形阀(见图7-45):分锥形单阀、锥形组合阀及锥形旋转组合阀三种。此类阀刚性好、阀阻力小、过流能力强、流道较平滑,适用于输送油田采出水、含原油、砂杂质等场合,在油田往复泵中使用较多。

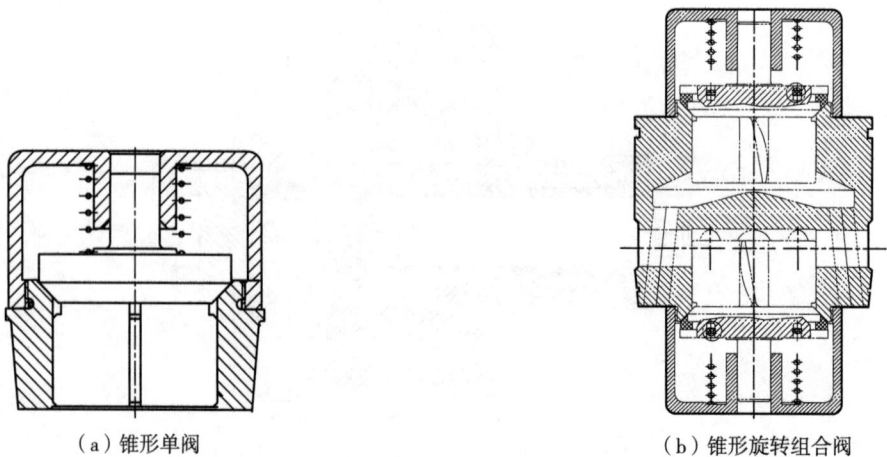

(a)锥形单阀　　　　　　　　(b)锥形旋转组合阀

图7-45　锥形阀

平板阀(见图7-46):分平板单阀和平板组合阀。此类阀结构简单、制造容易,广泛用于输送常温清水、低颗粒杂质或类似于清水的介质。目前,往复式注水泵压力等级在 16 MPa以上的平板阀多采用卧式泵体平板组合阀形式。

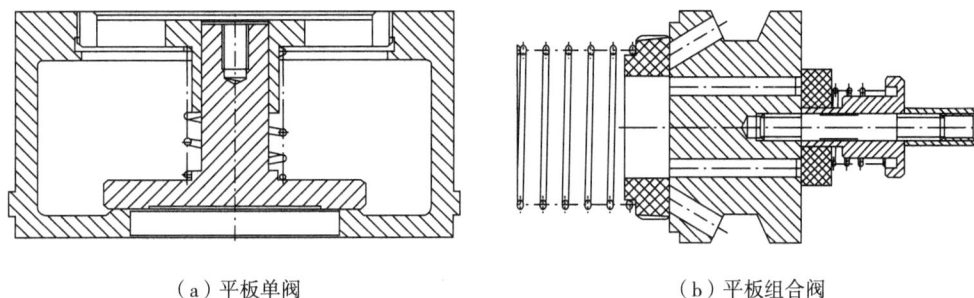

　　　　(a)平板单阀　　　　　　　　　　　　　(b)平板组合阀

图 7-46　平板阀

4)泵的密封函体组件

密封函体内一般装有填料、阻流隔环、导向套等,在柱塞往复运动中起到密封、导向、托起的作用。柱塞采用表面喷焊镍基合金,填料采用碳素纤维填料等。可在柱塞填料密封结构中增设一套密封介质腔,在腔中注入润滑油,使密封介质与输送介质自动隔离,克服柱塞在往复运动期间与填料摩擦副的摩擦功耗。

5)连接

柱塞与中间杆的连接可采用螺纹连接、卡箍连接、调心结构连接等形式(见图7-47)。

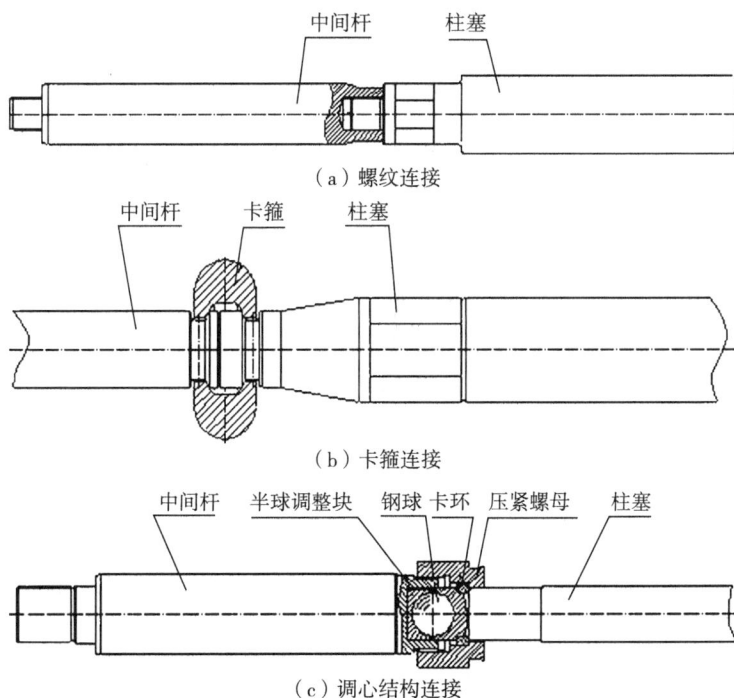

中间杆　柱塞

(a)螺纹连接

中间杆　卡箍　柱塞

(b)卡箍连接

中间杆　半球调整块　钢球　卡环　压紧螺母　柱塞

(c)调心结构连接

图 7-47　柱塞与中间杆的连接形式

6）稳压器

往复式注水泵因结构和工作特点必然会产生流量和压力的脉动,从而降低泵的吸入性能,缩短泵和管路的使用寿命,特别是在排出管路的管径较小、管路较长、系统中没有足够大的背压时,可能因惯性水头过大而冲开泵阀造成实际流量大于理论流量的现象。为改善这种工作条件,最大限度减少脉动对往复式注水泵的工作影响,通常采用在泵上装设稳压器的方法来减少流量和压力的脉动。

稳压器是利用气体的压缩和膨胀来储存或放出一部分液体来达到减小管路中流量不均匀度目的的辅助设备。稳压器可装在泵吸入口附近,也可装在泵排出口附近。配置稳压器可以减小吸入管路的流量不均匀度,减小惯性损失,提高泵的吸入性能;还可以减小排出管路的流量不均匀度,增加流量的均匀程度,避免过流量的产生,以适应工艺流程的需要。油田往复式注水泵常用的有皮囊式蓄能器和球形脉动缓冲器两种。

皮囊式蓄能器由热挤压而成的压力罐、皮囊、气体入口阀和油入口阀等组成。这种皮囊惯性小,反应灵敏,适合用作消除脉动;不易漏气,没有油气混杂的可能;维护容易,附属设备少,安装容易,充气方便。皮囊式蓄能器大部分是安装在泵出口的,也有进出口同时安装的。

球形脉动缓冲器无任何运动部件,不需要充气,不属于压力容器。其借助球形内壁设置的两个反方向耐磨喷嘴,使进入球形体内的第一级液体通过节流、旋转、碰撞后初步消除脉动,再进入第二个喷嘴。第二级液体在喷嘴内继续进行对消平稳,从而达到液体消除脉动的目的。

7）安全阀

在泵出口的上端装有安全阀,当工作压力达到预先调整好的额定工作压力的 $1.05 \sim 1.1$ 倍时,安全阀自动开启警示,报警停机,高压液体形成全回流,此时泵的压力不再升高,以保证往复式注水泵的运行安全。

8）润滑系统

往复式注水泵传动端有飞溅润滑与压力润滑两种不同方式。传动端润滑部位主要有十字头与滑道、十字头销与销套、连杆瓦与曲拐、轴承、曲轴轴头与油封、连接杆与油封等。

飞溅润滑多用于柱塞推力在 5 t 以下(一般泵速不小于 $130 \ min^{-1}$)的注水泵。传动端飞溅润滑主要靠运转中连杆大头甩起的油通过刮油板导入油池对十字头与滑道等运动件进行润滑。泵在正常运行过程中,要做好曲轴箱油位监视,油位应在规定范围内。另外,可配置热交换器进行油温冷却。

对于柱塞力超过 5 t、功率超过 200 kW、频率低于 15 Hz(一般泵速低于 $150 \ min^{-1}$)的注水泵动力端应采用压力润滑,即采用油泵强制把润滑油喷到各运动副处进行润滑。这种润滑方式虽说系统相对复杂,但工作可靠,各润滑部位均可获得足够的润滑油量(有利于形成油膜,可快速、有效地带走摩擦热),润滑油不断地被滤清、冷却(润滑质量好,运动副寿命长)。

对于带压启动的往复式注水泵,应配单独驱动的润滑油泵,在启动注水泵之前,让润滑油泵运转几分钟,使各摩擦副充分润滑,再启动注水泵。

9) 冷却系统

根据用户需求,可以配置冷水或风冷机组,以保证减速机和注水泵的润滑油温控制在正常温度范围内。

10) 减速机构

往复式注水泵根据不同的工况要求对传动部分设有减速机构,油田固定安装用往复式注水泵大部分为皮带轮减速传动。

11) 控制部分

油田往复式注水泵的控制要求:一般需配置启停及保护系统,并具有输入/输出缺相、负载短路、漏电接地、三相不平衡、过电压、欠电压、过电流、电机堵转、电机过载、热过载、进口压力过低、出口压力过高等保护功能。可采用远程控制、自控等达到"无人值守"的目的。

2. 五缸注水泵的结构

五缸注水泵已成为当前油田注水设备的主流,因往复式五缸注水泵的缸间角度为72°,摆角比三缸注水泵小,回转角小,脉动小,启动力矩小,运行平稳,深受油田用户的青睐。流量在 20 m³/h 以上的油田大多选用五缸注水泵,且一般为卧式五柱塞单作用泵。

五缸注水泵动力端组成和三缸注水泵一样。油田常见的卧式五缸注水泵为五拐四支承形式(见图 7-48),支承点在前后主轴颈上和中间轴承两侧,五拐的曲柄夹角为72°,惯性力和惯性力矩得到较好的平衡,曲柄的加工量较少,缸间距也小,泵总体结构形式紧凑,尺寸小。

五缸注水泵液力端结构形式与三缸注水泵相同,在流量选择范围方面更广。

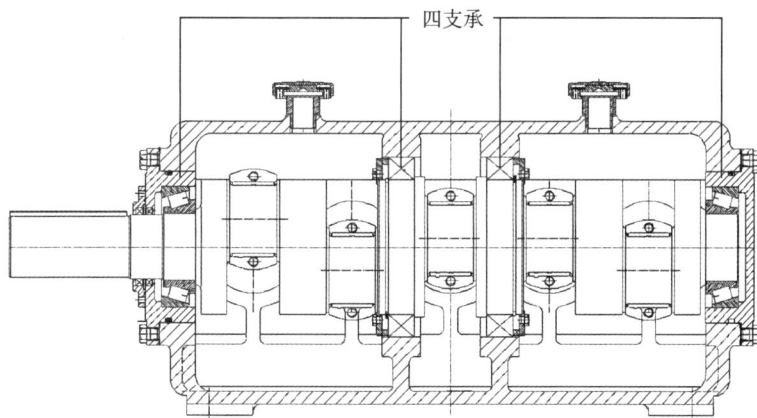

图 7-48　五拐四支承示意

3. 七缸注水泵的结构

七缸注水泵的配套功率达到 1800 kW,可配置永磁耦合直驱电机,七缸注水泵结构如图 7-49 所示。

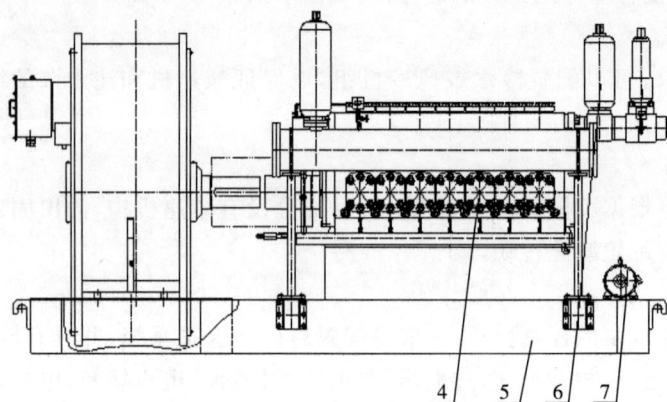

（a）主视图

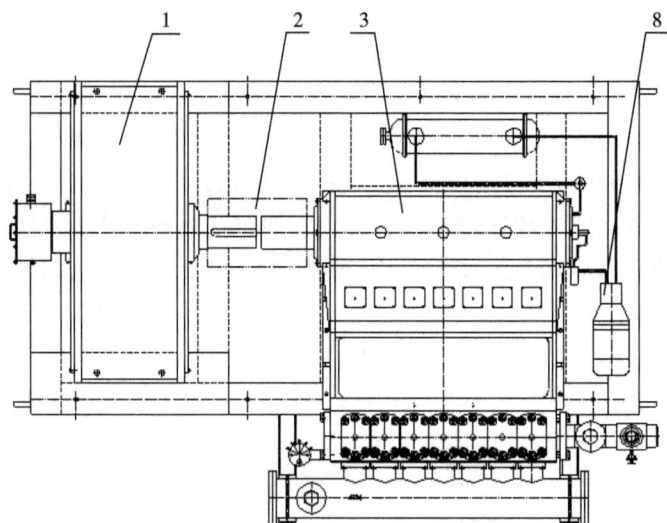

（b）俯视图

1—永磁耦合直驱电机；2—联轴器；3—动力端；4—液力端；5—公共底座；6—稳压器；7—安全阀；8—润滑系统。

图 7 - 49　七缸注水泵结构

7.5　注聚泵

7.5.1　化学驱油 —— 注聚合物

随着我国陆上油田开发的持续，综合含水量续持增高，油气产量递减。20 世纪 90 年代初各油田已开始实施三次采油注氮气、微生物、二氧化碳、黏土胶、纸浆、聚合物等工艺进行保产。大庆油田 1995 年开始采用注聚合物驱油为代表的三次采油技术，经过多年的研究攻关和优化，形成了"集中配制、分散注入"的配注工艺模式。注入站是其中的一个重要环节，它确保了聚合物驱油工程的顺利实施。经不断探索研究，逐步形成两种主要注入工艺，即"单泵单井"注入工艺和"一泵多井"注入工艺。

采用"单泵单井"注入工艺,每台柱塞泵对一口井,柱塞泵配变频调节装置,该工艺具有注入精度高、设备数量多、占地大、投资较高的特点。"一泵多井"注入工艺采用大流量柱塞泵,每台泵对 6～8 口注入井供液,通过单井母液流量调节器对母液进行分配,该工艺大幅度减少了机泵数量、厂房和占地面积,节省了投资,所辖注入井共用母液汇管及注入泵,注入泵总能力调节范围较大,对开发调整适应性强,但同时存在注入精度差、黏损大、井间干扰大等问题。不同稀释水质条件下两种注入工艺聚合物黏损数据见表 7-12 所列。

表 7-12　不同稀释水质条件下两种注入工艺聚合物黏损数据

注入工艺	清配清稀中高分子聚合物	清配污稀中高分子聚合物
"单泵单井"聚合物黏损 /%	7.6	9.9
"一泵多井"聚合物黏损 /%	12.6	14.9
"一缸一井"聚合物黏损 /%	6.6	6.9

化学驱油的基本原理是通过改善驱替介质在油藏中的动力学特性、改善油藏驱替介质与原油之间相互作用的物理化学特性和改善储层的物理化学特性,增加可采储量。聚合物驱油主要是指向水中加入高分子聚合物,以提高注入水的黏度、降低水相流度,从而降低水驱油的流度比,减弱黏性指标,最终达到提高波及系数和采收率、增加油田可采储量的目的。该方法也称作稠化水驱或者增黏水驱。

注聚泵就是用来将分散溶解装置混配并经过熟化后的聚丙烯酰胺母液注入油井内的机械设备。大多数油田应用的注聚泵均为电动往复泵。 注聚泵在油田中的应用如图 7-50 所示。

主流的注聚泵为三缸、五缸单作用柱聚泵,本节只介绍三缸单作用注聚泵(简称"三缸注聚泵")的一般设计要求及主要结构。五缸注聚泵的动力端组成和五缸注水泵相同,液力端结构和阀的形式与三缸注聚泵相同,只是流量更大,本节不再介绍。注聚泵区别于一般往复式柱塞泵的关键点在于其液力端

图 7-50　注聚泵在油田中的应用

的进排液阀组结构。注聚泵采用球阀或蘑菇阀芯,以保证高分子聚合物在增压过程中不出现或少出现黏损现象,即工质在经过阀芯阀隙时其分子链不被切断。向水中注入的聚合物一般是聚丙烯酰胺。

7.5.2　注聚泵设计的一般要求

1. 油田对注聚泵的使用要求

聚合物的保黏率高是注聚泵特有的使用要求,其余的要求与注水泵相同。

注聚泵的设计准则与注水泵类似。

2. 注聚泵设计的关键技术

聚丙烯酰胺水溶液是一种非牛顿黏弹性流体,柔顺的线性碳 — 碳链是它们的高分子骨架。当聚合物柔性长链的高分子所受到的拉伸应力超过高分子所能承受的力时就发生了机械降解。提高注聚泵的保黏率,就是要减少聚合物的机械降解,也就是要减少聚合物在泵缸内流动时的阻力及泵阀对其分子链的剪切。

提高注聚泵保黏率的技术措施主要如下。

(1)尽量降低泵速。泵在一个往复行程中,吸入阀和排出阀各开、闭一次,降低泵速就可以减少泵阀对聚合物分子链的剪切次数,从而减少介质黏度的机械降解。对于注聚泵来说,由于泵阀存在滞后高 h_0,因此泵在吸入和排出过程中,高压聚合物会从阀和阀座之间的微小间隙(h_0)倒流到泵缸或吸入管内。在这微小间隙内,聚合物流速高、阻力大,对聚合物分子链产生巨大的破坏(撕裂)作用,引起机械降解。h_0 越大,被破坏的分子链就越多,黏度也就下降越多。因此,在阀门结构设计合理的前提下,降低泵速可以减少泵阀的滞后角和滞后升高,不仅使回流损失减少,而且提高了泵的容积效率,更重要的是减少了液体通过微小间隙产生的机械降解。

(2)阀门的合理性设计。在保证阀门无撞击的条件下,尽量增大阀门的开启高度,以降低阀隙流速、减少流体阻力。在结构设计上,要尽量降低阀门的关闭速度,因为阀门的关闭速度越大,冲击的能量就越大,久而久之,就会造成泵阀的损坏。对于注聚工艺来说,注聚泵的保黏率需要长期稳定在一定的数值上(允许有少量的偏差),而泵阀的密封性、寿命会直接影响这一稳定性。在满足抗压强度的条件下,尽量减少阀门密封宽度,以提高阀门的密封性能,减少阀门开启阻力;在强度和刚度允许的条件下,尽量减少泵阀的质量,从而提高允许的阀门关闭速度值,使阀门关闭速度在小于允许的阀门关闭速度值下工作,从而提高泵阀的寿命,也有利于泵阀的保黏率长期稳定在注聚工艺所需的数值上。

(3)液缸体组件设计要保证流道圆滑畅通,无急剧放大与收缩,流体无分流,流速变化均匀,总之要减少流体的阻力。与液体接触的材料一律采用 Cr 不锈钢,以消除 Fe^{2+}、Fe^{3+}、Mg^{2+}、Cu^{2+} 对溶液的降黏。

运用上述技术措施研制出的注聚泵经过型式试验和工业性运转考核,保黏率可达 $95\% \sim 97\%$,在工业性运转中取得了可喜的效果。

7.5.3 三缸注聚泵

三缸注聚泵的主要参数及动力端的组成与注水泵相似,在此主要对液力端进行阐述。

三缸注聚泵液力端结构分长方形整体式泵头和长方形泵头接进液支管式两种。排、进液阀采用球阀或锥阀,按照所用介质选用不同的钢材制造。

1. 立式泵体

长方形整体式泵头(见图 7-51):上下阀结构,内部为十字交叉开孔,进液腔在泵头内。其优点是阀组件垂直安装,启闭灵活,阀孔过流大。

长方形泵头接进液支管式(见图 7-52):上下阀结构,内部为十字交叉开孔,进液腔在泵头下方组装。其优点是进液腔流道容积大,适合大流量。

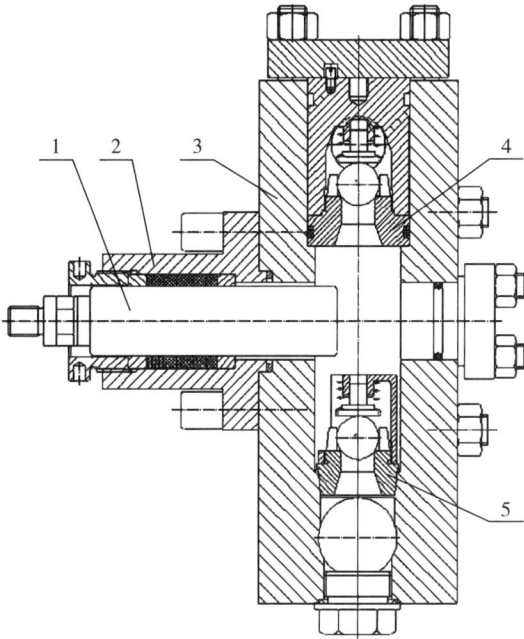

1—柱塞;2—密封函体;3—泵体;
4—排出阀;5—吸入阀。

图 7 - 51   长方形整体式泵头

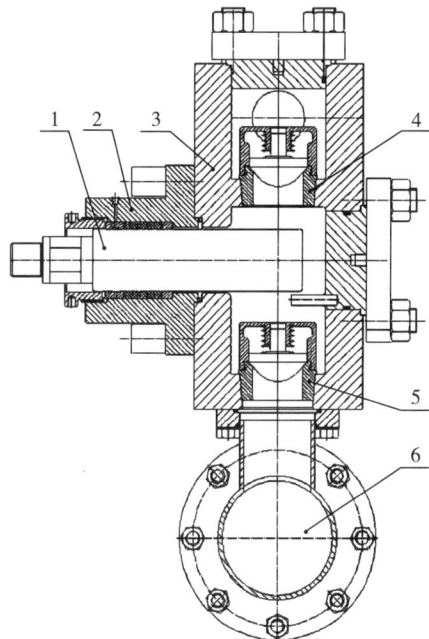

1—柱塞;2—密封函体;3—泵体;
4—排出阀;5—吸入阀;6—进液支管。

图 7 - 52   长方形泵头接进液支管式

2. 泵阀

泵阀是指注聚泵液力端的吸入阀和排出阀,通常由阀座、阀板、导向杆、弹簧、升程限制器等零件组成。泵阀主要是自动阀,只有当输送高黏度介质时,才采用强制阀。

注聚泵一般采用球阀或者蘑菇阀。

球阀分为整球和半球两种,其结构特点与注水泵相同。

蘑菇阀(见图 7 - 53)分为单导向、双导向两种,其阀面、阀杆为一体,阀阻力小,过流能力强,流道较平滑,适用于输送黏度稍低的聚合物。

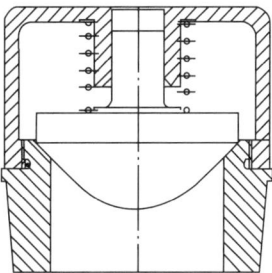

(a)单导向蘑菇阀

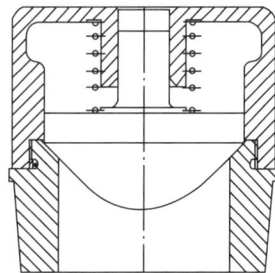

(b)双导向蘑菇阀

图 7 - 53   蘑菇阀

泵其他结构、辅件、润滑系统、减速机构及控制部分见注水泵相关章节。

7.5.4　伺服调量注入系统

在比例调节泵的基础上,通过完善泵的流量调节机理和缸之间的压力变化实现一泵多井。优化结构设计,改变相关零件的结构、材料,配以伺服控制系统,就构成了一种在黏损、流量压力分级稳定性控制等方面具有显著优势的伺服调量注入系统。

1. 伺服调量注入系统的主要技术指标

流量调节在 $0 \sim 100\%$ 内,压力在同功率内实现无级在线调节。

流量脉动率在正常情况下可控制在 $\pm 3\%$ 内,不高于 $\pm 5\%$(可配装容积相当的蓄能器)。

单缸在正常工况下黏损率不高于 2%。

可靠性(包括泵的振动、噪声、效率)、易损件使用寿命与普通注聚泵相当。

流量自动控制可以实现在线控制和远程控制。

2. 流量调节原理

众所周知,往复泵的流量调节可通过速度、行程、柱塞直径和容积系数实现,在实际泵的运行过程中,配用变频调速,调整行程,变更柱塞直径。

为了使注聚泵每个缸的流量都能够实现调节,设想将泵的行程长度分为两部分,即无效行程长度(泵空走的那部分长度)和有效行程长度,一般可采用增装空行程柱塞(泵真正形成排量的那部分行程长度)。这样,就可以通过改变无效行程长度的大小,实现在泵的总行程长度不变的情况下,改变泵的有效行程长度,从而改变泵的流量。

3. 结构设计

液力端设置变量装置分为以下几种。

(1)设置主副柱塞实现缸间调量,即在总功率不变的情况下每缸可自调流量,缸之间不干涉,副柱塞可实现走空行程(关键就在于此),调量为 $0 \sim 100\%$。主副柱塞缸间调量如图 7 - 54 所示。

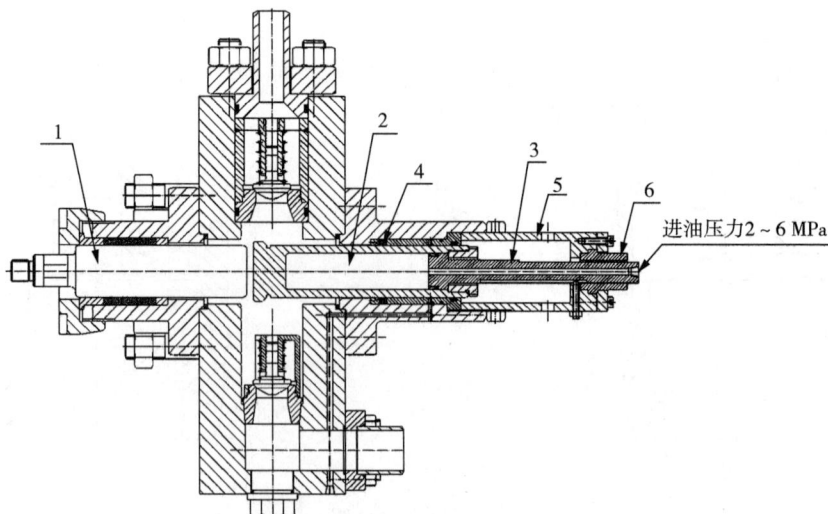

1—主柱塞;2—副柱塞;3—液压活塞;4—密封;5—压帽;6—调节帽。

图 7 - 54　主副柱塞缸间调量

（2）主柱塞、变量柱塞与调节套相结合，调节套可调节分行程。当主柱塞前行，变量柱塞进入调节套时开始变量；当主柱塞全行程，变量柱塞未进入调节套时变量为 0。主柱塞、变量柱塞与调节套组合调节如图 7 - 55 所示。

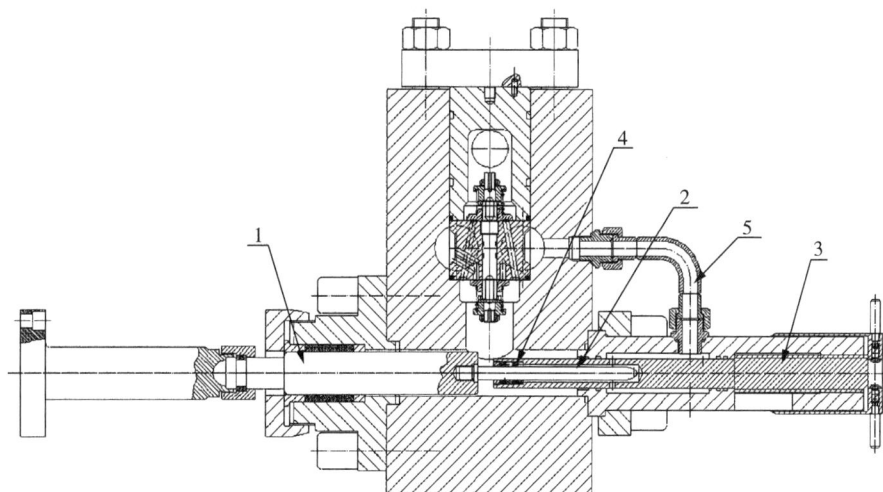

1—柱塞；2—变量柱塞；3—调节套；4—密封；5—回流管线。
图 7 - 55　主柱塞、变量柱塞与调节套组合调节

可调量的往复泵应用范围较广，变量输送高压液体在各领域均可应用。由于聚合物的物理性能特殊，为减少降解的措施之一，就是采用单缸变量的技术，在双缸、三缸、五缸及多缸往复泵上应用，其特点就是创造无效行程，可随柱塞而动态变容、限程变容，从而实现低剪切、调节蓄能。

7.6　增压泵

7.6.1　"高进高出"的增压泵

我国陆上油田开发有许多已进入中后期，出现部分单井注不进去、高压欠注等问题。原有高压注水系统一再升压改造，集中注水站不断增加高压注水泵，注水管网增加敷设高压管道。由于远程传送能耗大、成本高、管道敷设及控制流程复杂，因此采油成本居高不下，更不满足在低油价下降本增效的需要，亟待发展相适应的单井或多井增压注水工艺及设备。

增压注水设备可分为多级离心泵、螺杆泵、液力泵、往复泵。工程应用实践表明，多级离心泵、螺杆泵存在效率低、应用范围窄及技术不太成熟的问题，应用最多的是往复式增压注水泵（见图 7 - 56）。

离心泵扬程（排压）低，多级串联后效率低，横向布置在地面上，占地面积大。例如，潜油泵 QYDB200/1500 - 118(116) 的铭牌效率为 59%，实际运行效率为 49.5%。

单螺杆泵排出压力一般在 10 MPa 以下，在井下水中有坚硬颗粒时磨损快，修复困难，不太适应在高压欠注工况中应用。

图 7-56　往复式增压注水泵在油田中的应用

对部分油井高压欠注的解决方案是采用往复式单井或多井增压注水泵。往复式增压注水泵用于高进高出工况,常用进口压力为 8～20 MPa,常用出口压力为 25～42 MPa,个别出口压力为 50 MPa。

增压泵也属于曲柄连杆机构的柱塞泵,目前市场上主流的增压泵为三缸、五缸单作用柱塞泵,其一般的设计和计算方法请见本书其他章节,本节以三缸单作用增压泵(简称"三缸增压泵")为例,介绍它的一般设计要求及主要结构特点。

7.6.2　增压泵的特点

1. 增压注水泵和高压注水泵的主要区别

1)高压进水工况

增压注水泵的进口有较高的压力,通常为 6～20 MPa,而高压注水泵的进口压力较低,通常为 0.02～0.5 MPa,这是两种泵的根本区别。

2)高压进水的柱塞力变化

高压注水泵在排液过程中,柱塞力作用在连杆大头瓦的前端和连杆小头衬套的后端;在吸液过程中,柱塞力很小,连杆大头瓦的前端和连杆小头衬套的后端分别产生间隙,因此润滑油能很容易进入曲柄连杆机构的间隙中,保证泵的正常运行。

增压注水泵在排液过程中,柱塞力作用点与高压注水泵相同。在吸液过程中柱塞力很大,连杆大头瓦的前端与连杆小头衬套的后端分别与曲轴和十字头销紧紧贴合在一起。也就是说,泵在吸入和排出过程中,工作面始终没有产生间隙,因此润滑油不能进入工作面,以至于工作面呈无油润滑及干摩擦状态,这样很快就会出现高温烧瓦的情况。因此增压注水泵的液力端结构要进行专门的设计。

2. 增压注水泵的结构特点

增压泵采用差动式液力端结构。

柱塞设计成阶梯形(见图 7-57):主柱塞直径为 d_1,副柱塞直径为 d_2,主副柱塞之间的环形为平衡面积;泵的排出口一端与排出管道相连,另一端通过平衡管与密封函体相连。

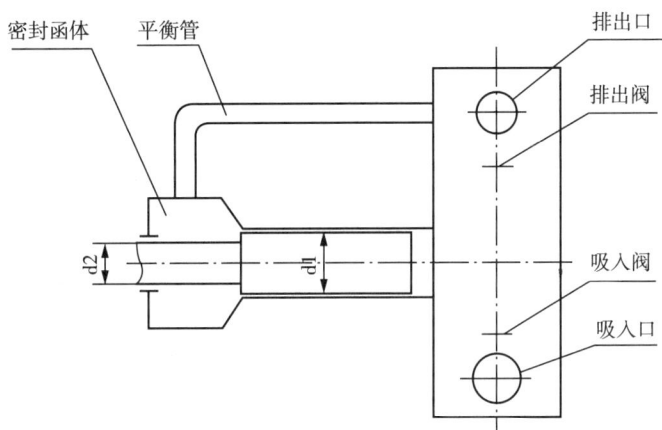

图 7-57 阶梯形柱塞结构

由图 7-58 可见,排出阀上部、平衡管、密封函体内始终处在排出压力($p_{排}$)作用下。

(1)选择合适的 d_1 和 d_2,使泵的吸入过程中柱塞力为零,即达到平衡吸入柱塞力的目的。

吸入过程中,在进口压力($p_{进}$)作用下,液体进入泵体内。此时柱塞所受作用力为 $F_1 = \frac{\pi}{4} p_{进} d_1^2$,方向向左。由于柱塞呈阶梯形,阶梯截面上所受作用力为 $F_2 = \frac{\pi}{4} p_{排}(d_1^2 - d_2^2)$,方向向右。在进口压力、排出压力一定的情况下,我们可以选择合适的 d_1 和 d_2,使 $F_1 = F_2$,两边作用力抵消,柱塞受力为零,这样增压泵就可以像高压泵一样正常工作。

(2)差动式增压泵排出管线流量脉动小,有部分流量排到排出管线,有部分流量返回平衡管线及密封函体。在吸入行程时,返回的液体又被输送到排出管线中。在一个循环中,差动式增压泵在平衡管内的流量分两次向排出管线进行吸液、排液,所以平衡管内的液流温与排出液进行热量交换,排出管线的液流平稳,压力波动很小。

(3)动力端负荷与高压泵相比有所减少。

高压泵柱塞力:

$$p_1 = \frac{\pi}{4} d_1^2 p_{排}$$

差动式增压泵柱塞力:

$$p_2 = \frac{\pi}{4} d_2^2 p_{排}$$

$$\frac{p_2}{p_1} = \frac{d_2^2}{d_1^2}$$

$$p_2 = \frac{d_2^2}{d_1^2} p_1$$

因为 $d_2 < d_1$，所以 $p_2 < p_1$。

（4）差动式增压泵主柱塞的密封两端均处在液体中，润滑、散热性能好，因此有较高的使用寿命。

7.6.3　三缸增压泵的液力端

按泵的吸入阀、排出阀的布置形式，液流通道特性和结构特征，往复式增压泵液力端可分为立式、卧式两种结构。增压泵阀形式、辅件、润滑系统、减速机构及控制部分与注水泵类似。

1. 立式泵体

"十"字形立式泵体（见图 7-58）：上下阀结构，内部为十字交叉开孔，适用于大流量，压差小于 16 MPa。其优点是阀组件垂直安装，启闭灵活，阀孔过流大。其缺点是十字交叉孔应力集中，在交变应力作用下容易产生泵体开裂；位于下位的进液阀拆卸麻烦，需要先抽出柱塞。

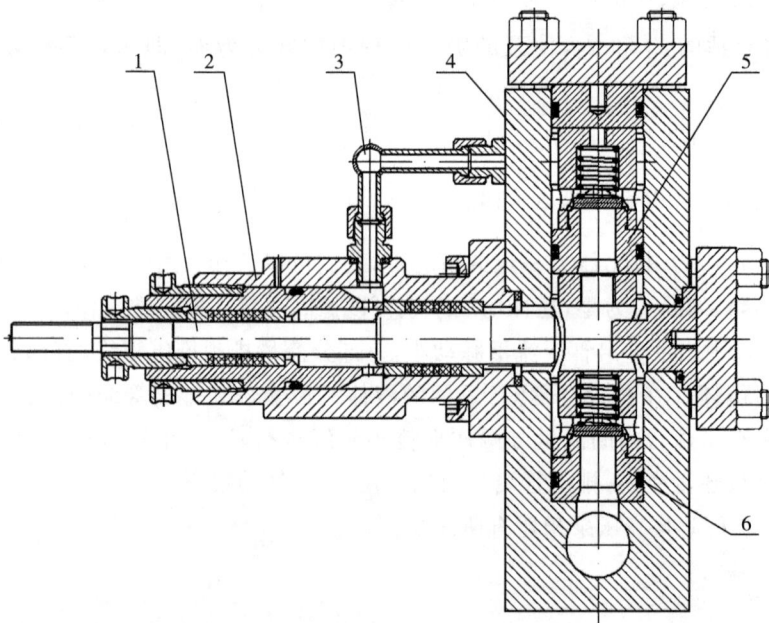

1—柱塞；2—密封函体；3—平衡管；4—泵体；5—排出阀；6—吸入阀。

图 7-58　"十"字形立式泵体

2. 卧式泵体

卧式泵体可配装平板组合阀或锥形旋转组合阀，适用于中低流量，压差不小于 16 MPa。水平横孔消除了十字交叉开孔的泵体开裂因素，组合阀拆装方便。卧式泵体如图 7-59 所示。

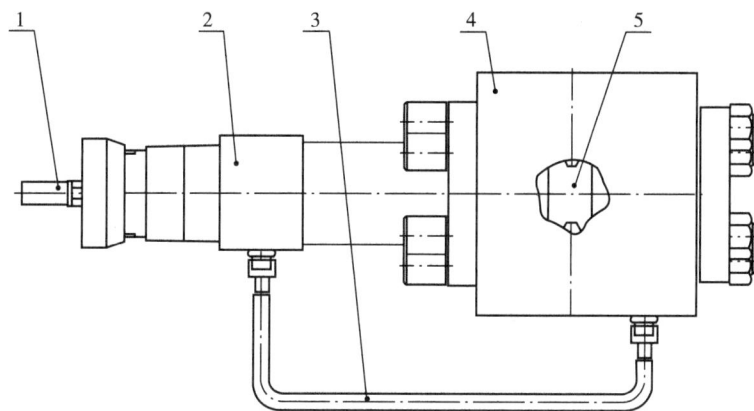

1—柱塞;2—密封函体;3—平衡管;4—泵体;5—组合阀。

图 7-59　卧式泵体

7.7　油气混输泵

7.7.1　问题的提出

据数据统计,一度曾是油气田事业兴旺发达象征的火炬烧掉的天然气一年约有 1.4×10^{11} m^3。这些天然气被排空燃烧,不仅是巨大的资源浪费,还严重污染环境。

鉴于以上现状,国务院印发的《节能减排"十二五"规划》中明确规定要实现油气伴生井天然气回收利用。随后,中石油、中石化与中海油也强调要推广采用先进的油气混输新工艺。

油气混输要求装备同时具备泵与压缩机的功能,这属于世界泵业共同面临的技术难题。尤其是目前国内外存在以下不足:油气混输装备均不具备内压缩功能;油气混输功能不强,难以适应高含气($\geqslant 90\%$)、高压缩比($\geqslant 4$)油气混输工况;内漏多、效率低、密封与易损件寿命短、可靠性差等。这使得油气混输装备成为制约油田伴生气回收的瓶颈。因此,开展高效往复式油气增压输送集成装置关键技术的分析、研究工作,对破解世界泵业共同面临的油气混输技术难题,促进我国泵行业技术进步、增强产品竞争力都具有十分重要的意义。

1. 国外研究现状

20 世纪 80 年代初,随着北海油田等海洋油气田的开发,油气混输装备技术才得到快速发展。近年来,美国、英国、德国、日本、俄罗斯等更是投入巨资加以研究开发,并已开发出各种类型的油气混输泵产品。国外油气混输泵的类型见表 7-13 所列。

表 7-13　国外油气混输泵的类型

美国	英国	德国	日本	俄罗斯
螺杆泵 液环泵 离心泵	螺杆泵 轴流泵	螺杆泵 旋涡泵	离心泵 旋涡泵 螺杆泵	螺杆泵 液环泵

目前应用较为广泛的是螺旋轴流泵和双螺杆泵两种油气混输泵产品。20 世纪 80 年代初,

国际石油巨头法国道达尔公司等提出了著名的"海神计划",该项目将螺旋轴流泵列入研发计划,并于 1985 年取得阶段性研究成果。2008 年,由英国壳牌石油公司、法国道达尔公司、英国石油公司、巴西国家石油公司联合研制了一台多级螺旋轴流多相泵样机,经试验,其产品扬程(压差)高达 15 MPa,并可应用到油田开发工程中。而美国的 Flowserve 公司、德国的 Leistriz 和 Bornemann 公司、英国的 WEIR 等公司着力设计开发双螺杆泵产品,其中 Bornemann 公司最新设计的一台双螺杆泵,试验得到的扬程(压差)达 17.2 MPa。双螺杆泵达到的海下采油深度已超过螺旋轴流多相泵。表 7-14 为国外各种主要混输泵产品的优缺点比较。

表 7-14　国外各种主要混输泵产品的优缺点比较

类型	优点	缺点
双螺杆泵	压力较高,效率较高,排量较大,结构较复杂	油气比范围较小,发热量大,密封易失效,怕砂子,价格高
液环泵	油气比范围较大,不怕砂子,价格低	压力低,效率低,排量小
螺旋轴流泵	排量特别大,结构简单,效率较高	油气比范围极小,随油气比增大性能恶化
离心泵	压力高,排量高大,结构简单,价格低	油气比范围极小、不适用油气工况
旋涡泵	排量大	油气比范围小,效率低,结构复杂

虽然螺旋轴流泵、双螺杆泵等产品已用于油气混输,但因采用的是传统技术方案,仍存在着不具备内压缩功能、油气混输功能不强、压缩比小、效率低、密封与易损件寿命短、可靠性差等不足。

2. 国内研究历程

我国油气混输泵技术发展可分为原理探索、试验研究和技术攻关三个阶段。

1) 原理探索阶段

20 世纪 60 年代初,随着大庆油田、胜利油田的开发,油气混输泵技术被提上日程。北京石油学院(现为中国石油大学)最初在试验室针对油气混输泵技术原理进行过试验研究,后期与大庆油田合作进行工业性试验,并设置了几个油气混输泵试验点进行试验,但均属于原理探索性质。

2) 试验研究阶段

20 世纪 80 年代中期以来,国内众多科研机构和油田合作,研发出了各种油田混输泵样机。这些样机已具备一定的油气混输功能,但在油田进行工业性试验过程中,仍存在适用范围窄、效率低、水力损失较大、密封寿命短、泥砂磨损严重及可靠性差等问题,尚未达到工业性应用程度,仍属于试验研究阶段。

3) 技术攻关阶段

"九五"期间,中国石油天然气总公司(现为中国石油天然气集团有限公司)曾投入1000多万元对油气混输泵技术进行研究和开发。特别是进入 21 世纪以来,国内相关大学、研究院所和泵制造公司针对油气混输泵进行了大量试验研究工作,已开发了以螺杆泵、液环泵为主的系列油气混输泵产品,但仍存在着不具备内压缩功能、效率低、可靠性差等不足。

3. 发展趋势

油气混输泵性能的优劣主要由其含气量、内压缩功能、集成抗气阻特性、压缩比、密封寿命与效率等特性指标来衡量。往复式油气混输泵具有独特的内压缩功能,能更好地适应复杂油气工况,且压缩比大、效率高、密封可靠、寿命长。油气混输泵设计的一般要求与钻井泵相类似。往复式油气混输泵与国内外主要混输泵特性参数比较见表 7 - 15 所列。

表 7 - 15　往复式油气混输泵与国内外主要混输泵特性参数比较

类型	效率 /%	含气量 /%	压缩比 /%	密封寿命 /h	内压缩功能	集成抗气阻特性
单螺杆泵	$\leqslant 60$	$\leqslant 50$	$\leqslant 4$	$2000 \sim 4000$	无	差
双螺杆泵	$\leqslant 70$	$\leqslant 90$	$\leqslant 4$	$\leqslant 4000$	无	差
液环泵	$\leqslant 40$	$\leqslant 80$	$\leqslant 2$	$1500 \sim 3500$	无	差
离心泵	$\leqslant 50$	$\leqslant 40$	$\leqslant 3$	$8000 \sim 16000$	无	差
螺旋轴流泵	$\leqslant 70$	$\leqslant 10$	$\leqslant 3$	$1500 \sim 3500$	无	差
旋涡泵	$\leqslant 40$	$\leqslant 10$	$\leqslant 2$	$2000 \sim 4000$	无	差
往复式油气混输泵	$\leqslant 85$	$\leqslant 100$	$6 \sim 10$	$\geqslant 4000$	有	好

7.7.2　往复式油气混输泵的设计

1. 主要参数的确定

往复式油气混输泵的性能参数包括流量、压力、功率等。

1) 流量计算

额定泵速流量按式(7 - 10)进行计算。

$$Q_{in} = \left[Q_L \left(\frac{\gamma_i}{\gamma} \right)^k + Q_G \right] \frac{n}{n_i} \qquad (7 - 10)$$

式中,Q_{in} 为额定泵速下的体积流量(m^3/h);Q_L 为液体体积流量(m^3/h);γ 为规定气液介质黏度(mm^2/s);γ_i 为试验介质黏度(mm^2/s);k 为黏度系数(当 $\gamma_i \leqslant \gamma$ 时,$k = 0.5$;当 $\gamma_i > \gamma$ 时,$k = 0.25$);Q_G 为进口压力下气体体积流量(m^3/h);n 为额定泵速(min^{-1});n_i 为实测泵速(min^{-1})。

2) 压力计算

(1) 排出压力按式(7 - 11)计算。

$$p_d = G_d + \rho g Z_d \times 10^{-6} \qquad (7 - 11)$$

式中,p_d 为排出压力(MPa);G_d 为出口表压(MPa);ρ 为试验介质密度(kg/m^3);g 为重力加速度(m/s^2);Z_d 为出口压力表中心至泵装置基准面的垂直距离(m)。

当采用压力传感器时,Z_d 为测压点至泵装置基准面的垂直距离;当压力表中心或传感器测试点低于泵装置基准面时,Z_d 为负值。

(2) 进口压力按式(7 - 12)计算。

$$p_s = G_s + \rho G Z_s \times 10^{-6} \qquad (7 - 12)$$

式中,p_s 为进口压力(MPa);G_s 为进口表压(MPa);Z_s 为吸入真空表中心至泵装置基准面的垂直距离(m)。

当采用压力传感器时,Z_s 为测压点至泵装置基准面的垂直距离;当真空表中心或传感器测试点低于泵基准面时,Z_S 为负值。

(3) 压差 p 按式(7-13)计算。

$$p = p_d - p_S = (G_d - G_S) + \rho g(Z_d - Z_S) \times 10^{-6} \qquad (7-13)$$

3) 功率计算

(1) 电机输出功率按式(7-14)计算。

$$N_i = N_m \eta_{mot} \qquad (7-14)$$

式中,N_i 为电机输出功率(kW);N_m 为实测电机输入功率(kW);η_{mot} 为电机效率(%)。

当试验泵速、介质黏度与额定泵速、黏度不同时,输入功率按式(7-15)计算。

$$N = N_i \left(\frac{\gamma}{\gamma_i}\right)^{0.3} \frac{n}{n_i} \qquad (7-15)$$

式中,N 为气液介质额定泵速下的输入功率(kW);N_i 为电机输入功率(kW);γ 为规定气液介质黏度(mm^2/s);γ_i 为试验介质黏度(mm^2/s);n 为额定泵速(min^{-1});n_i 为实测泵速(min^{-1})。

(2) 液体有效功率 N_L 按式(7-16)计算。

$$N_L = \frac{1}{3.6} p Q_L \qquad (7-16)$$

式中,N_L 为进口液体有效功率(kW);p 为压差(MPa);Q_L 为进口液体流量(m^3/h)。

(3) 气体介质功率 N_G 按式(7-17)计算。

$$N_G = \frac{1}{3.6} p_S Q_G \times K_1 K_2 \ln \frac{p_d}{p_S} \qquad (7-17)$$

式中,N_G 为进口气体有效功率(kW);p_S 为进口压力(MPa);Q_G 为进口压力工况下气体流量(m^3/h);K_1 为气体压缩比修正系数,K_1 按式(7-18)计算。

$$K_1 = \frac{p_{1C} \lg r_C}{p_{1R} \lg r_R} \qquad (7-18)$$

式中,p_{1C} 为额定工况进口气体绝对压力(MPa);p_{1R} 为试验工况进口气体绝对压力(MPa);r_C 为额定工况压缩比;r_R 为试验工况压缩比;K_2 为温度修正系数,K_2 按式(7-19)计算。

$$K_2 = 1 + \left(\frac{N_R' - N_R}{N_R}\right)\left(\frac{t_C - t_R}{t_R' - t_R}\right) \qquad (7-19)$$

式中,N_R' 为额定工况轴功率(kW);N_R 为试验工况轴功率(kW);t_C 为额定工况进口温度(℃);t_R 为试验工况进口温度(℃);t_R' 为试验工况出口温度(℃)。

(4) 气液总有效功率 N_h 按式(7-20)计算。

$$N_h = N_L + N_G \qquad (7-20)$$

式中,N_h 为气液总有效功率(kW);N_L 为进口液体有效功率(kW);N_G 为进口气体有效功率(kW)。

2. 往复式油气混输泵的结构

往复式油气混输泵一般为卧式三缸双作用活塞泵,主要由电动机、减速机构、动力端、液力端、抗气阻稳压器、喷射回流系统、进口旋流过滤器、液隔离往复密封系统等组成,其组装在联合底座上,便于运输及安装。往复式油气混输泵基本工作原理与其他往复泵相同,其动力端结构与注水泵基本相同,在此不再阐述。往复式油气混输泵结构如图7-60所示。

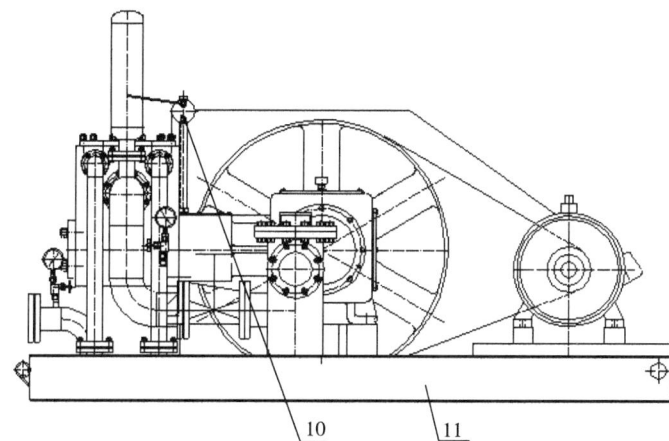

（a）主视图

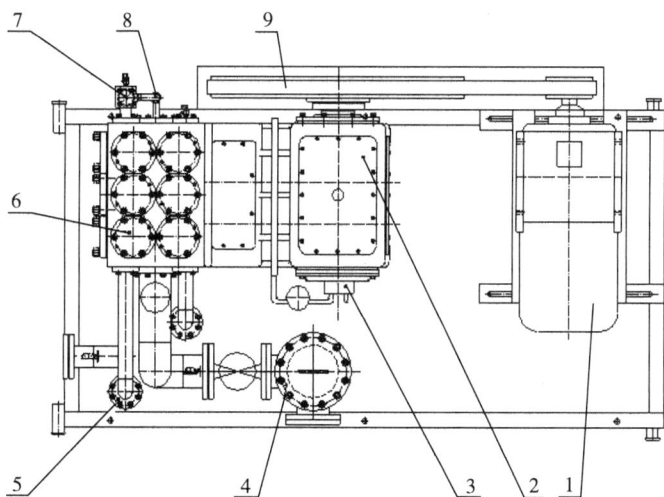

（b）俯视图

1—电动机;2—动力端;3—润滑系统;4—进口旋流过滤器;5—抗气阻稳压器;6—液力端;
7—安全阀;8—喷射回流系统;9—减速机构;10—液隔离往复密封系统;11—公共底座。

图7-60　往复式油气混输泵结构

1）液力端

液力端结构形式一定要根据输送不同气液比和工艺流程充分论证,合理选择,以保证混输泵运行的可靠性和连续运转性能。

按泵的吸入阀、排出阀的布置形式,液流通道特性和结构特征,往复式油气混输泵主要分为立式泵体、卧式泵体两种。

立式泵体如图 7-61 所示,其采用平板组合阀或球形组合阀布置在柱塞腔上部,前后共 6 组阀,适合油气混输中液体占比大的工况。

卧式泵体如图 7-62 所示,其为卧式组合阀结构配装平板组合阀,适合油气混输中气体占比大的工况。

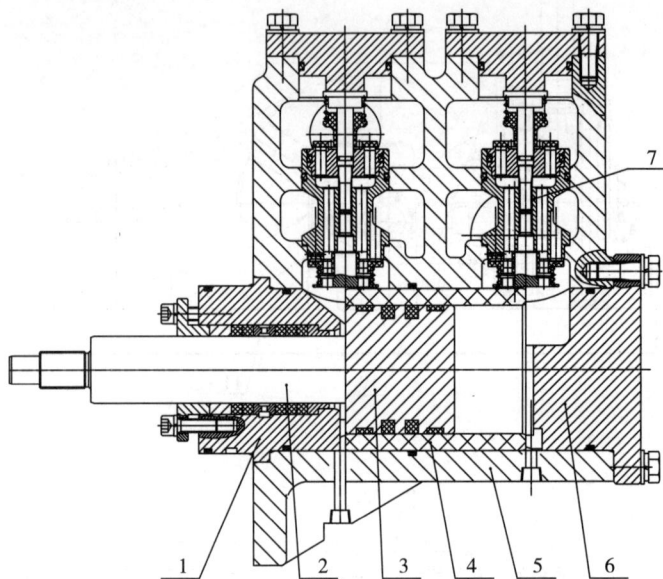

1—密封函体;2—活塞杆;3—活塞;4—缸套;5—泵体;6—缸盖;7—组合阀。

图 7-61　立式泵体

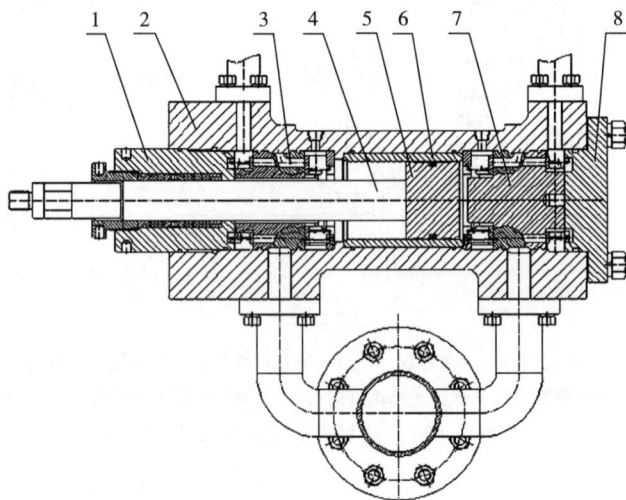

1—密封函体;2—泵体;3—后平板组合阀;4—活塞杆;5—活塞;6—缸套;7—前平板组合阀;8—缸盖。

图 7-62　卧式泵体

2）泵阀

泵阀是指往复式油气混输泵液力端的吸入、排出组合阀。泵阀通常由阀座、阀板（阀球）、弹簧、升程限制器等零件组成。

往复式油气混输泵的泵阀主要为组合阀结构，按接触面形状分为球阀、平板阀，按阀运动方向分为立式阀、卧式阀。泵阀的常见种类结构有球阀和平板阀。

球阀为立式半球组合阀（见图 7-63）。阀球能够旋转，磨损均匀，对固态杂质不太敏感，密封性能较好。球阀适用于输送黏度较高的液体和转速较低的场合。

平板阀分为立式平板组合阀和卧式平板组合阀（见图 7-64）。其结构简单、制造容易，主要用于输送油气混输中气体占比大的工况。

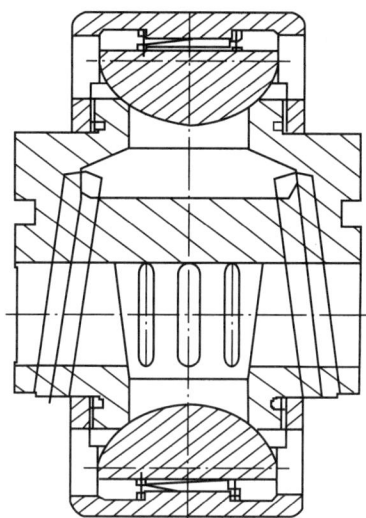

图 7-63　立式半球组合阀

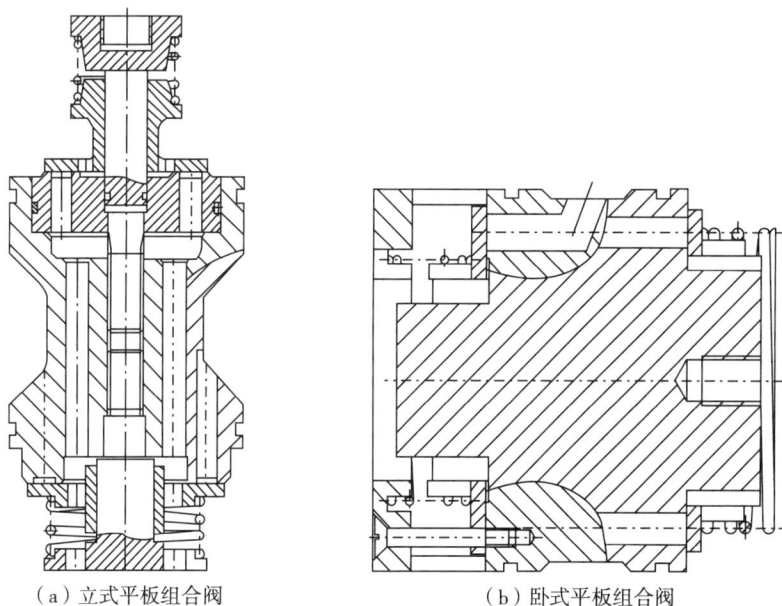

（a）立式平板组合阀　　　　　（b）卧式平板组合阀

图 7-64　平板阀

3）泵的密封函体组件

在活塞杆填料密封结构中增设一套密封介质腔，在腔中注入润滑油，使密封介质与输送介质达到自动隔离状态，克服减少柱塞往复运动期间与填料摩擦副的摩擦功耗。

4）抗气阻稳压器

抗气阻稳压器设置在油气混输泵的出口，其目的是防止气体滞留，形成气阻，导致泵失效;降低流量与压力脉动,确保产品达到混输功能。

5)喷射回流系统

喷射回流装置在泵的出口与泵的活塞缸套、柱塞填料运行腔接通,以介质中的原油回流来进行润滑,可设置手动或自动,防止输气工况对柱塞填料、活塞、缸套的干磨。

6)进口旋流过滤器

在进口设置旋流过滤器,当泵在运行中吸入进口流量与压力脉动时,其可降低振动与噪声,同时防止杂质进入泵内,避免单向阀因失效而影响泵的性能与可靠性。

7)液隔离往复密封系统

在活塞杆往复运动中应设置双道液隔离密封,以控制介质中的气泄漏。用液态介质置换气体介质,改善密封条件,防止往复密封副气体外泄。

油气混输泵的安全阀、润滑系统、冷却系统、减速机构、控制系统等的原理、功能和注水泵相似。

7.8　陶瓷缸套与柱塞

先进陶瓷是有别于传统陶瓷而言的,先进陶瓷也称为高技术陶瓷、精细陶瓷、新型陶瓷、特种陶瓷、工程陶瓷等。先进陶瓷是陶瓷发展史上的一次巨大变革。通常认为,先进陶瓷是采用高度精选的原料,具有能精确控制的化学组成,按照便于结构设计及便于控制的制备方法进行制造、加工,具有优异特性的陶瓷。

往复泵可输送高磨蚀性介质,无论是什么料浆成分,什么浓度范围,泵液缸体内的阀组件、缸套、活塞或柱塞组件等运动件都必须具有高抗蚀、高耐磨性。往复泵可创造高压、超高压液体工况,且泵从间断运行向连续运行发展已成为趋势,这就对不同压力工况和不同运行需求甚至是流程泵需求提出了不同的柱塞耐磨要求。陶瓷柱塞逐渐替代和淘汰传统的表面经硬化和喷涂等工艺处理的金属柱塞,然而,陶瓷零部件也面临着新的技术挑战。

7.8.1　陶瓷原材料

陶瓷缸套、柱塞常见的原料有氧化铝陶瓷、氧化锆陶瓷、氧化锆增韧氧化铝陶瓷、氮化硅陶瓷等,组成不同,制备工艺与使用性能也大不相同。陶瓷原材料化学组成见表7-16所列。

表7-16　陶瓷原材料化学组成

陶瓷名称	含量/%									
	氧化铝	氧化锆	二氧化硅	氧化钙	氧化镁	氧化钠	氧化钇	氧化镧	α-Si₃N₄	烧结助剂
氧化铝陶瓷	98～99.5	—	0.2～1.0	0.2～0.8	0.1～0.2	≤0.1	—	—	—	—
氧化锆陶瓷	0.02～3.2	90～95	—	0.02～0.3			4～6.5		* 氧化钙可替换为氧化镁,含量为0.02～0.1	
ZTA-I	70～76	18～23	0.2～0.8	0.02～1.2	0～0.8		1.0～5.5			

（续表）

陶瓷名称	含量 /%									
	氧化铝	氧化锆	二氧化硅	氧化钙	氧化镁	氧化钠	氧化钇	氧化镧	α-Si_3N_4	烧结助剂
ZTA-Ⅱ	70 ~ 76	18 ~ 23	—	—	—	—	4.0 ~ 6.5	2.0 ~ 5.0	—	—
氮化硅陶瓷	含量（摩尔质量 /%） ＊烧结助剂一般为稀土金属氧化物和金属镁：稀土金属氧化物包括 Y_2O_3、Yb_2O_3、Gd_2O_3、Ce_2O_3、Sm_2O_3、La_2O_3、Tm_2O_3、Lu_2O_3、Nd_2O_3、Er_2O_3 和 Sc_2O_3 中的至少一种；金属镁为单质 Mg								85 ~ 98	2 ~ 15

7.8.2　陶瓷生产工艺

工业陶瓷生产大致工艺：配料 → 细化 → 喷雾造粒 → 混料陈腐 → 成型 → 修坯 → 烧结 → 后加工及装配 → 表面处理。下面就几个主要工序进行说明。

1. 配料

常用的配料计算方法有两种：一种是按化学式计量进行计算，如 $(Ca_{0.85}Ba_{0.15})TiO_3$ 可以看作 $CaTiO_3$ 中有 0.15 mol 的 Ca 被 Ba 取代了；另一种是根据坯料预期化学组成计算，即通过化学分子式来计算各原料的质量比例及各原料的质量百分组成。

由化学分子式可知：物质的质量＝物质的量×摩尔质量。配制任意质量的坯料，先计算出各种原料在坯料中的质量百分比。

2. 细化

细化就是对配料的粉体进行粉碎获得一定细度和表面特性（细度、形貌、粒度分布、团聚状态和相组分等）的细小颗粒，陶瓷缸套和柱塞常用的细化方式有传统球磨、气流磨、砂磨机超细研磨等。

陶瓷缸套、柱塞所用粉体要求形貌为类球形，D50 为 0.2 ~ 0.5 μm，D90 为 0.5 ~ 1 μm，粒度分布近似正态分布。

传统球磨的工作原理：球磨机转动使研磨介质附在筒体衬板上被筒体带走，当研磨介质被带到一定高度时，因重力作用而抛落，将筒体内的物料击碎。砂磨机主要用于陶瓷粉体的湿法研磨。该设备的研磨介质一般为 0.8 ~ 2.4 mm 的氧化锆珠。

3. 喷雾造粒

喷雾造粒是通过向湿磨后的浆料中加入一定量的黏合剂，均匀调和后，借助压力雾化器、热风和离心力的作用，浆料在造粒塔中雾化、快速干燥并团聚成近球形颗粒状粉体，然后通过筛分或气流分级的方式收集，这种颗粒状粉料具有较好的流动性和压延性。

料浆由喷枪喷嘴进入干燥塔。喷雾造粒干燥过程分为三个阶段：料浆雾化、雾粒干燥成球和颗粒粉料卸出。

4. 成型

陶瓷缸套、柱塞的成型方法有冷等静压成型、注浆成型、注射成型和凝胶注模成型等，其中以冷等静压成型最为常见。

冷等静压技术是指在常温下对密封于塑性模具中的物料各向同时均匀施压的一种成型工艺技术，主要用于粉末状的金属或非金属材料的成型，为下一步的密实工序（烧结、锻造、挤压、热压、热等静压等）提供预压压坯。冷等静压成型按粉末装模及其受压形式又可分为湿式等静压和干式等静压两种。冷等静压成型如图 7-65 所示。

粉末冷等静压压制过程具体可分为加压、保压和卸压三个阶段。加压时力求平稳，加压速度适当。在最高成型压力下，适当的保压可以增加粉体颗粒的塑性变形，提高坯体的密度。在冷等静压成型工艺中，卸压速度是一个非常重要的工艺参数。卸压速度过快会使残留在坯体中的受压缩气体迅速膨胀，导致坯体开裂。

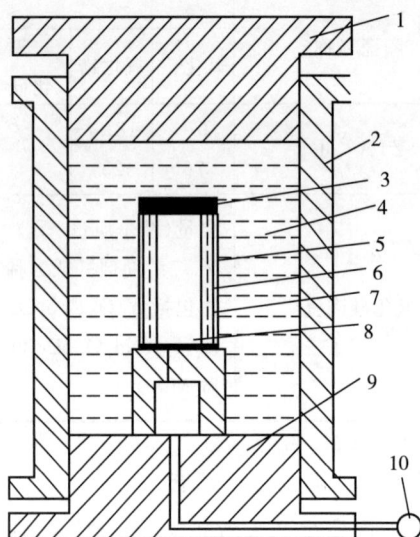

1—缸盖；2—高压缸；3—压盖；4—传压介质；
5—网孔金属筒；6—包套；7—粉末；
8—芯轴；9—缸底；10—泵。

图 7-65　冷等静压成型

5. 修坯

陶瓷的坯体是由陶瓷粉体在橡胶模具中经冷等静压压制而成的，由于橡胶的柔软特性，压出的坯体表面多不平整，特别是在塑性模件与刚性模件接触部位会出现掉块、毛刺等缺陷，因此需要进行修坯处理，才能获得规整的形状。修坯工序通常是车床加工，需要车坯的坯体通常具有较高的强度。

6. 烧结

烧结是使材料获得预期的显微结构，赋予陶瓷缸套、柱塞制品各种性能的关键工序。烧结过程是指在高温条件下，坯体表面积减小、孔隙率降低、机械性能提高的致密化过程。陶瓷缸套、柱塞的烧结方法有多种。氧化物陶瓷一般选择氧化气氛烧结，使用电窑或天然气窑。非氧化物的碳化硅、氮化硅等陶瓷一般选择真空或还原气氛烧结。

1）烧结前期阶段（坯体入炉 ——90% 致密化）

（1）黏结剂等的脱除。例如，PVA 在 450 ℃ 全部燃烧挥发。

（2）随着烧结温度升高，原子扩散加剧，孔隙缩小，颗粒间由点接触转变为面接触，孔隙缩小，连通孔隙变得封闭，并孤立分布。

（3）颗粒间率先出现晶界，晶界移动，晶粒长大。

2）烧结后期阶段

（1）孔隙的消除：晶界上的物质不断扩散到孔隙处，使孔隙逐渐消除。

（2）晶粒长大：晶界移动，晶粒长大。

7. 后加工

为达到陶瓷缸套、陶瓷柱塞高强度和耐磨的特性,实现在高压荷载介质中长期、安全运行的应用质量目标,其外形尺寸和表面要求极高:直径和圆度尺寸公差范围为 0.02 mm,特殊要求必须达到 6 μm 的尺寸精度,表面光洁度为 $Ra0.2$。要解决磨削加工的技术关键,必须通过研磨加工设备的工装设计、加工抛光工序设计及加工操作程序控制,实现制品的表面质量目标。陶瓷缸套、陶瓷柱塞的后加工主要包括外圆磨削、内圆磨抛和端面磨抛工序。

8. 装配

陶瓷-金属构件的装配技术主要针对不同构件采用热装配或硅胶粘接。

考虑陶瓷与金属膨胀系数的不同,对于内陶瓷、外金属的复合缸套采用热装配,即陶瓷与金属间采用过盈配合,当加热到一定温度时利用金属较大热膨胀率来实现陶瓷与金属的配合。对于外陶瓷、内金属的复合柱塞则采用陶瓷金属化黏接、焊接、镶嵌及套接技术组装成一体。

9. 物理特征

与双金属材料的缸套相比,陶瓷金属复合的缸套具有较高的强度和耐磨特性,因而采用陶瓷缸套后,高压泥浆泵液力端的使用寿命可达 4000 h 以上,是金属材料缸套的 $10 \sim 15$ 倍。陶瓷柱塞的使用寿命可达 5000 h 以上,是金属材料柱塞的 $8 \sim 10$ 倍。

陶瓷的物理特征参数见表 7-17 所列。

表 7-17　陶瓷的物理特征参数

材料	氧化铝材质	ZTA 材质	氧化锆材质	氮化硅材质
主要特征	耐磨性较强 硬度高 耐高温 耐腐蚀性好	强度高 断裂韧性高 耐磨性强 硬度大 耐高温 耐腐蚀性好 高温稳定	强度高 断裂韧性高 摩擦系数小 抗击性好 耐腐蚀性好	高温强度高 耐热冲击性强 耐腐蚀性好 具有自润滑特性
体积密度 /(g/cm³)	3.9	4.17	6.0	3.2
维氏硬度 /GPa	13	12	11	11.5
弯曲强度 /MPa	350	480	800	1020
断裂韧性 /(MPa·m¹ᐟ²)	4	5	9	9.0
杨氏模量 /GPa	370	330	200	300
耐磨性 /(min/cm³)	15	35	40	45
线膨胀系数(40 ~ 800 ℃)/(×10⁻⁶/℃)	8.0	8.8	11.0	3.3

材料	氧化铝材质	ZTA 材质	氧化锆材质	氮化硅材质
粗糙度 $Ra/\mu m$	0.3	0.2	0.1	0.06
耐酸性(95% 硫酸,95 ℃)/ $(mg/cm^2 \cdot d)$	0.25	0.2	0.04	0.00
耐碱性(30% 氢氧化钠,80 ℃)/ $(mg/cm^2 \cdot d)$	0.05	0.06	0.08	0.20

7.8.3　陶瓷缸套

1."以瓷代钢"的需求

由于往复泵需输送高磨蚀性介质,因此泵液力端内的阀组件、缸套、活塞组件或柱塞等运动件应具有高抗蚀、高耐磨性。

在石油钻井中,高压泥浆泵是钻井工作平台的心脏,其中缸套是泥浆泵的关键部件。使用过程中,活塞在缸套内做往复高频次运动,缸套要承受高压力、高磨损、强腐蚀、摩擦升温、含砂的工况条件,因此对缸套的使用提出了很高的要求。陶瓷缸套具有耐磨损、耐腐蚀、耐高压、耐高温、高强度、高硬度的特点,使用寿命较双金属缸套提高 5 ~ 10 倍。陶瓷缸套的使用寿命可达 4000 h,适用于石油储层较深、地质结构恶劣的钻采环境及海上石油、天然气开发。陶瓷缸套(见图 7 - 66)多用于石油钻井领域的高压泥浆泵配套以及非开挖定向钻施工、非开挖顶管施工、大口径工程施工的泥浆泵配套中。缸套是最重要的易损部件,所以陶瓷缸套被称为"以瓷代钢"的关键件,应用前景非常广阔。

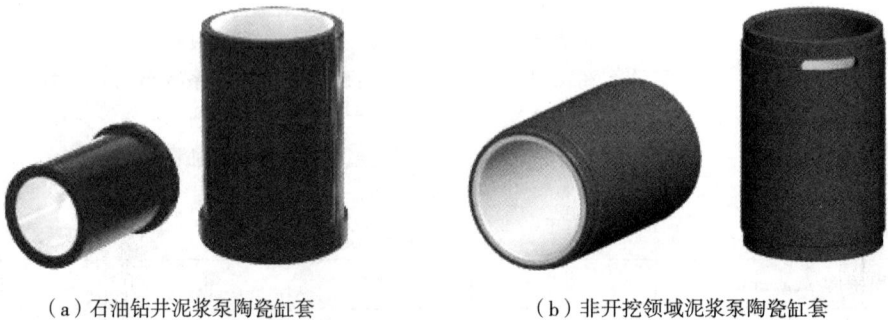

（a）石油钻井泥浆泵陶瓷缸套　　　　　　　　（b）非开挖领域泥浆泵陶瓷缸套

图 7 - 66　陶瓷缸套

2. 陶瓷缸套的特点及其使用寿命

目前,国内外广泛应用的泥浆泵缸套主要是双金属缸套和工程结构陶瓷缸套。两者之间的主要区别是缸套内衬材料不同,因此使用效果和使用寿命也大不相同。双金属缸套内衬为高铬铸铁类金属材料,洛氏硬度 $HRA \geqslant 62$,其耐磨蚀性与陶瓷缸套相比差很多,使用寿命也较低,在复杂地层或深井钻探时需要经常更换,严重影响钻采效率。陶瓷缸套内衬为氧化铝、氧化锆增韧氧化铝或氧化锆结构陶瓷等材料,缸套的外套一般由 45# 钢锻造而成,且内外两层紧密结合形成一个机械性能优越的整体。陶瓷缸套有如下特点。

(1)耐腐蚀、耐高温、耐高压,能够在各种钻井泥浆、非开挖泥浆或其他腐蚀性强的介质中工作。

(2)硬度高(洛氏硬度 $HRA \geqslant 89$),耐磨性好,能抗拒高压泥浆中各种尖锐的或研磨性强的固相颗粒(如岩屑、石英砂、铁矿石、铁屑等)的研磨或冲刷。

(3)陶瓷的微观组织结构均匀,表面光泽度高,工作面粗糙度 $Ra \leqslant 0.3~\mu m$,有利于提高活塞的寿命。

(4)相比于双金属缸套使用寿命提高5倍甚至更高,连续工作可达4000 h以上,并且人工成本、维修成本大大降低。

(5)特别适用于石油储层较深、地质结构恶劣的钻采环境及海上石油、天然气开发。

(6)由于陶瓷比重比金属材料小,因此同等规格缸套重量相对轻,更换时劳动强度低。

3. 陶瓷缸套结构

图7-67为应用于石油钻井泥浆泵的F1300/1600陶瓷缸套,其常用的公制尺寸规格为 φ130 mm ~ φ180 mm,英制尺寸规格为 $5''$ ~ $7''$。显然,这是一个典型的薄壁套结构,长径比大,壁薄且内直径也大,这样的缸套生产全过程都要非常讲究,尤其是在等静压压制、烧结、精磨内外壁和热套嵌套环节应严格按照工艺规程和经验制作,稍有不慎就会产生废品。

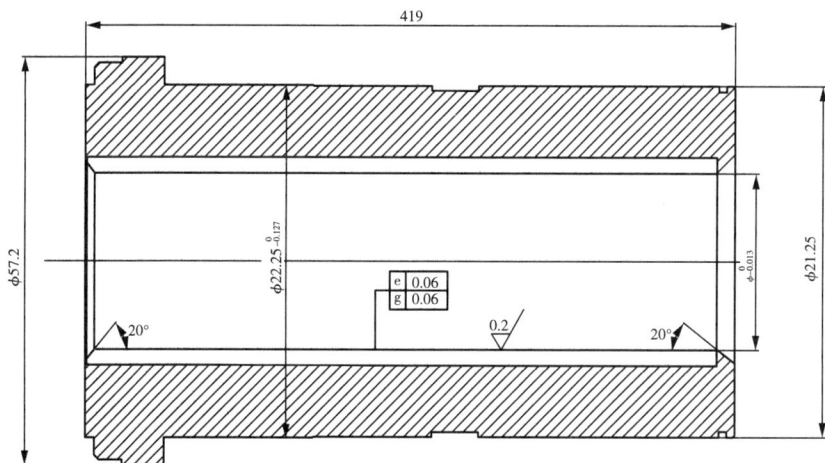

图7-67　应用于石油钻井泥浆泵的F1300/1600陶瓷缸套

1)陶瓷缸套材料的成型

陶瓷缸套基本都是管状结构,这种结构一般采用先进的冷等静压压制成型,压力根据材料不同进行适当调节。

2)陶瓷缸套材料的种类

陶瓷缸套常用的原料体系有氧化铝陶瓷、氧化锆陶瓷、氧化锆增韧氧化铝陶瓷等。

3)陶瓷缸套材料的特性

氧化铝陶瓷硬度高,耐磨损、耐腐蚀性能较好,导热性好,相对来说,韧性和强度会欠缺。

氧化锆陶瓷强度高,耐磨损、耐腐蚀性能好,导热性较氧化铝陶瓷低,因其价格昂贵,性价比相对较低。

当氧化铝中加入氧化锆粒子时,可以使氧化铝晶粒基体细化,氧化锆相变韧化,显微裂纹韧化、裂纹转向、分叉,从而提高材料的韧性。二者有效结合,既保留了氧化铝的硬度,也克服了原有的脆性,提高了韧性和强度,提高产品的安全可靠性,综合性价比高。

7.8.4 陶瓷柱塞

1. 陶瓷柱塞的需求

从输送对象的多样性来看,往复泵早期输送对象为单一的水及其他可流动的液体、气体或浆体,而现在除可输送上述单一对象外还需输送固液混合物、气液混合物、固液气混合物等。不同的输送对象对泵的内部结构要求不同。往复泵的工作压力范围很大。低压微小型泵采用陶瓷柱塞,因为它能适应高速运行,而且大批量的柱塞成型要比热喷涂更容易控制工艺和精磨。中高压泵则大量走向流程应用,其对运行可靠性要求比较高,比如水刺泵压力不高,但在流程上要求一年以上基本无故障运行,这一点已经成了这种泵的技术水平标志,因此除了整体设计的新思路之外,陶瓷柱塞就成了必备的关键零部件。超高压泵因为要使柱塞适应超高水流速的冲击和密封副的磨损,所以将陶瓷柱塞作为首选。诚然,这是一个庞大的柱塞家族,它们以往也都有传统的工艺方法,如选材及其热处理、表面喷涂、渗碳渗氮等,但又都想给陶瓷柱塞应用的机会。尽管现在陶瓷柱塞应用的市场份额还远远不够,它的品种和工艺还有待成熟,但是陶瓷柱塞已经成为一个往复泵的专用名词,深入设计应用的每个节点。

由于陶瓷密度远低于金属,因此同等尺寸时其质量较轻,这一优势在以卧式泵为主的往复运动中非常有利于解决密封副的偏磨问题。另外,直径、长度、单一陶瓷、嵌套结构及各种材料的匹配使柱塞的种类多种多样,所以陶瓷缸套和柱塞不仅仅是新材料的贡献,也是柱塞作为一个产业的创新。

2. 陶瓷柱塞材料的成型、种类、特性和可加工性

1) 陶瓷柱塞材料的成型

陶瓷柱塞的陶瓷部分可分为棒状或管状两大类,基本上都是棒状结构。这种结构一般都是把粉料装进有一定弹性的橡胶模具中,再经过冷等静压机压制成型,也有先用干压机预压后再用等静压制的工艺。对于压力较低且其他要求不高的陶瓷柱塞,也有用热压铸方式成型的。等静压成型时,材料不同,压力也不同。例如,氧化铝一般压力为 $120 \sim 130$ MPa,氧化锆一般压力为 $200 \sim 210$ MPa,碳化硅和氮化硅一般压力为 $150 \sim 200$ MPa,总之成型方式是多样化的,要根据不同的要求选用不同的成型方式。

2) 陶瓷柱塞材料的特性

氧化铝材料硬度高,耐磨损、耐腐蚀性能好,适用于大部分普通柱塞,但是因其硬度较高,相对来说韧性会有所欠缺。因此,对于直径较小或者超长尺寸柱塞及超高压柱塞,不建议使用。氧化铝柱塞如图 7-68 所示。

氧化锆陶瓷密度大于氧化铝陶瓷,与氧化铝材料相比其质地较软,硬度和耐磨性没有

氧化铝陶瓷好,但材料韧性好,适用于直径较小或者长度超长及超高压柱塞。此材料密度较大,所以不适合加工制作大尺寸柱塞。如果尺寸很大,那么产品就会很重,从而影响产品的安装维护。氧化锆柱塞如图 7-69 所示。

图 7-68　氧化铝柱塞

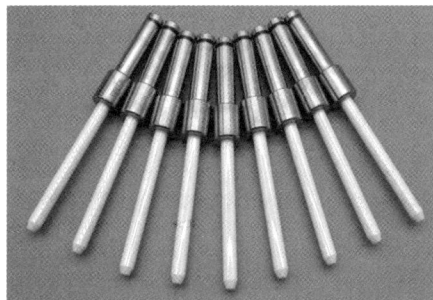

图 7-69　氧化锆柱塞

在氧化铝陶瓷中添加 20% 左右的氧化锆增韧,可以既保留氧化铝的硬度,又克服原有的脆性,还提高韧性,且在常温下具有更高的抗折强度和断裂韧性,因此氧化锆增韧氧化铝陶瓷,具有出色的耐磨性能。根据不同的使用工况要求调整两种材料的具体比例可以提高产品的安全性和可靠性,使应用愈加广泛。氧化锆增韧氧化铝柱塞如图 7-70 所示。

碳化硅硬度很高,耐磨性、耐腐蚀性很好,抗氧化,抗热震,但超硬的特性使其脆性较大,所以不耐冲击,只适合低压柱塞。其因具有自润滑性,适用于加工制造,不易磨损密封件。

氮化硅陶瓷硬度大、强度高、质量轻、晶粒小且具有自润滑性、表面摩擦系数小、耐磨损、弹性模量大、耐高温、膨胀系数小、导热系数大、抗热震性能好,可以很好地抵抗冷热冲击,1300 ℃ 以内其物理性能不受影响,急剧冷却再急剧加热也不会碎裂,特别适用于温差比较大的特殊环境。其缺点是耐氢氟酸相对差一些,材料本身的价格也偏高。氮化硅柱塞如图 7-71 所示。

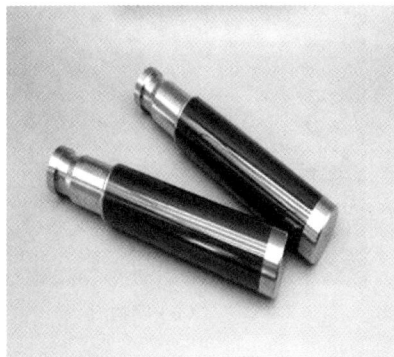

图 7-70　氧化锆增韧氧化铝柱塞

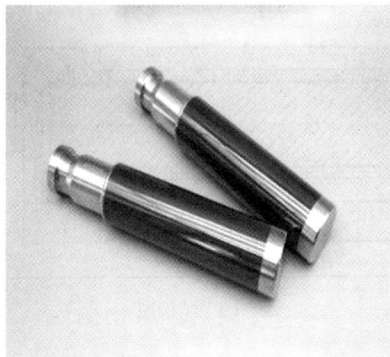

图 7-71　氮化硅柱塞

3) 陶瓷材料的可加工性

上述几种陶瓷材料都具有良好的可加工性。通常采用金刚石砂轮或磨棒对不同的陶瓷材料进行磨削或铣削,并根据不同要求加工制作不同的形状。上述几种陶瓷材料的表面粗糙度都可以做到 $Ra0.3$ 以内,尤其是氧化锆材料,其表面粗糙度可达到 $Ra0.02$ 以内,有效地抵消了材料硬度小、不耐磨的缺点。可以根据不同陶瓷材料的特性,选用不同的加工工具及工艺技术,制成精密陶瓷产品。

3. 陶瓷柱塞的总成结构

陶瓷柱塞采用特种陶瓷材料,利用陶瓷金属化粘接、焊接、镶嵌及套接技术加工装配成型。根据结构形式可划分为整体陶瓷柱塞、穿心式陶瓷柱塞和内螺纹式陶瓷柱塞(见图7-72～图7-74)。此外,陶瓷柱塞烧制温度超过 $1700\ ℃$,并且不与酸碱等各类液体反应,所以具有耐高压、耐高温、耐腐蚀、耐磨损、抗菌抑菌等特性。不同结构形式的陶瓷柱塞适用于不同的使用工况,应结合陶瓷材料的不同性能合理地选用不同形式的陶瓷柱塞。例如,氧化锆材质的细长杆状整体陶瓷柱塞比较适合在腐蚀性一般、常温、超高压的工况下使用。

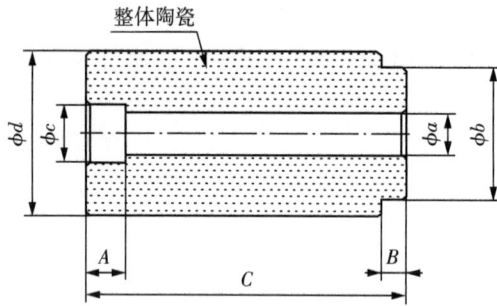

（a）结构图

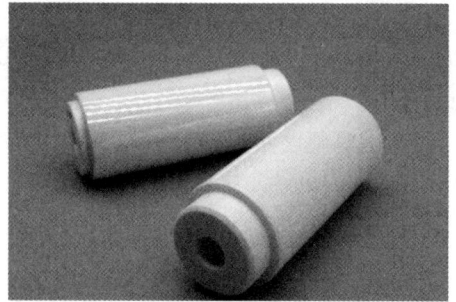

（b）实物图

图 7-72　整体陶瓷柱塞

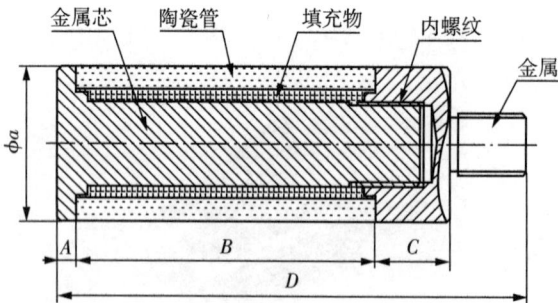

（a）结构图

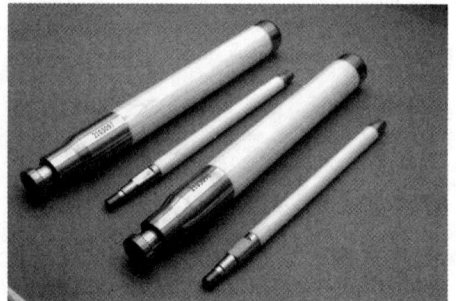

（b）实物图

图 7-73　穿心式陶瓷柱塞

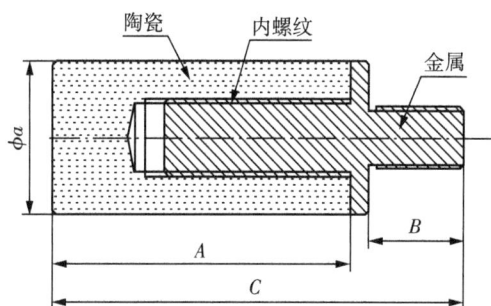

（a）结构图

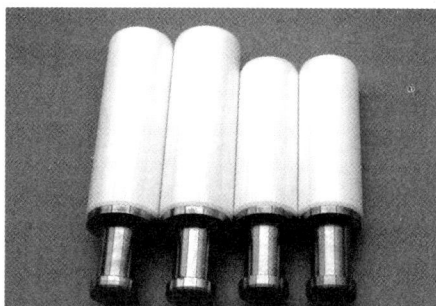

（b）实物图

图 7 - 74　内螺纹式陶瓷柱塞

4. 陶瓷柱塞的失效形式

陶瓷柱塞的推广应用程度还不够,究其原因主要有以下几点。首先,将陶瓷柱塞用于变工况变载荷的往复泵中,制造商和用户双方都在摸索尝试中。用户的期望值过高,希望它能解决所有柱塞问题;制造商很难做到靶向研究,往往试用周期长。其次,虽然说柱塞很简单,但是做一次样件周期仍较长。陶瓷企业大多应变能力跟不上,导致往复泵批量生产受限,所以量产有困难。再次,陶瓷柱塞要求产品的致密度、均质度和产品的批量一致性高,这些基础性研究尚在初期。所以,陶瓷柱塞的生产需要研发、试验、应用并举,制造商要基于应用建立自主的产品试验室,以比实际泵速高的往复次数来检测产品、积累数据,增强市场应变能力,改变基于用户使用的被动局面。

陶瓷柱塞失效形式表现为偏磨引起的表面拉伤,这可从颜色改变直观发现,手触感觉也不一样,这一点金属柱塞亦然;柱塞出现不规则裂纹,这是陶瓷脆性特征使然,更是不允许出现的失效形式。

柱塞表面拉伤是其与密封副相对运动所致。这就要求柱塞和密封副要相互适应。对于柱塞而言,不同的密封副要应对不同的硬度和表面粗糙度;柱塞和密封副应该通过试验达到特定的"偶配"经验关系,双方制约与适应,同时注意柱塞的对中运行。

柱塞表面不规则裂纹的原因很多,如增强材料韧性、减少脆性,陶瓷套与金属芯的贴合程度,柱塞与泵腔轴心的同轴度,泵的可变载荷的变化幅度,介质的腐蚀程度,柱塞芯套的尺寸结构,长时间运行的疲劳寿命,等等。这种现象也会在陶瓷缸套产品中出现,因此,要建立连续运行试验装置防止此类现象发生。

总之,陶瓷缸套和陶瓷柱塞的应用是一件大事,但值得挑战的就是制造商和用户双方密切配合,共同积累经验。

第8章 料浆泵

8.1 固液两相流的泵送

8.1.1 离心泵与往复泵

液体在管路中的输送离不开泵。在石油、煤矿、矿山和基建工业中,固液两相流的输送很常见,目前用于输送固液两相流的主要有泥浆泵、隔膜泵、混凝土泵、固井泵和压裂泵等料浆泵。多年来,料浆泵的不断改进,使得受磨蚀性液体影响的液力端部件有足够长的使用寿命。

离心泵用于输送料浆时只适用于低扬程(压力通常在 0.7 MPa 左右)的短管道。离心泵是将液体流动的速度转换为压力,因此要达到高压,就必须有很高的速度。由于液体和悬浮颗粒会对叶轮等造成侵蚀,磨蚀性液体会对其流经的叶轮和壳体产生破坏作用,因此离心泵只能用于内部流速相对较低的场合。

一般来说,离心泵的优点是具有较高的流量,成本相对较低,所需的空间相对较小。从其典型的压力-流量性能曲线(见图 8-1)可以看到,当它们用于料浆管道输送时,其性能特点往往不利于实际应用。如果因为管道内的流量限制(例如由于固体颗粒的沉淀)导致压力(扬程)增加,那么理想中泵的特性应该是能够增加压力以克服这种限制。然而离心泵的压力增加只能以流量的显著减少为代价,从而导致流速降低。流速降低,则可能不足以使物料保持悬浮状态并使其在管路中流动。与上述性能相反的是,往复泵不管压力如何变化都能保持恒定的流量,从而易于"清除"任何堵塞效应。在项目寿命周期内,通过更有效的能量转换所产生的任何资源节约都是可取的,往复泵的机械效率可达 $85\% \sim 90\%$。

往复泵具有在任何所需流速下保持高容积效率的理想特性。这为系统设计提供了更大的灵活性。正排量和高效率的特点都是应用往复泵的优势。往复泥浆泵的设计使得受泥浆恶化影响的液力端部件可以轻松、快速地更换。其他泵的设计通常需要完全拆卸和大修。

由于双联双作用活塞泵在较低转速下具有较大的固有排量,因此双联双作用活塞泵似乎是"天然的"料浆泵。此类泵在压力高达 28 MPa 的油田钻井行业中已使用多年,当然也可将其应用于具有磨蚀性的泥浆工况。

当单作用柱塞泵引入钻井工业时,冲洗填料函会遇到诸多问题,如钻井平台上没有清洁的冲洗水来源,所以基本上都使用活塞泵。

　　就现在的泥浆概念而言,钻井泥浆本身不是一种磨蚀性液体。典型的钻井泥浆的磨蚀性约为米勒数 10,钻井行业不遗余力地将钻井泥浆的含砂量降至 2% 以下,以获得更长的泵零部件寿命,而在泥浆管道行业中,则希望将固体百分比提高到理想的 99.9%。

　　直接将钻井泥浆泵送与大多数泥浆泵送进行比较是不合适的。因为许多泥浆中含有油和有害的具有腐蚀性的特殊化学品。泥浆泵在相对较高的介质温度(通常为 55 ℃)下运行,化学、腐蚀、高温和高压这些因素共同作用比磨蚀性的危害更大。

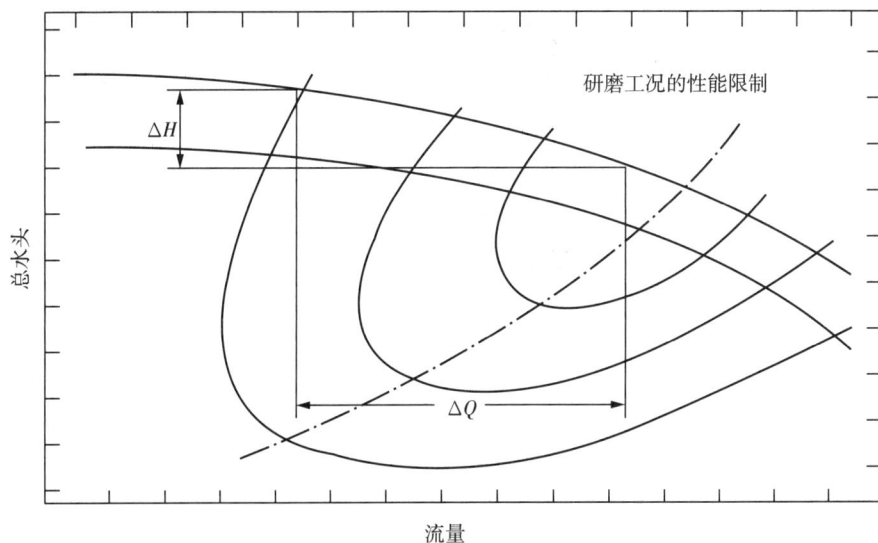

图 8-1　压力-流量性能曲线

8.1.2　填料

　　对于普通的双联双作用活塞泵,需要增加活塞杆的拉伸和压缩强度,该值与泵排出压力的增加成正比。当理论上活塞杆直径变得非常大时,泵实际上接近单作用双联泵,其排量特性非常“脉动”。因此,单作用泵的设计要求三缸、五缸或更多缸。多缸单作用泵本身具有更平稳的流量特性,甚至比小活塞杆双作用泵更平稳。

　　填料的目的是封堵移动柱塞和其相关零件(尤其是填料函)、活塞杆和填料函之间的间隙。一般情况下,填料通过使用弹性较大的材料来实现这一目的。填料的机理为无论密封部件的形状如何,液压(高压)往往迫使密封部件挤出间隙。因此,几乎所有的密封和随后的磨损或挤压都发生在“根部”。

　　单作用柱塞泵的排出行程——填料作用如图 8-2 所示。柱塞泵在排出行程中,根部被“拖”离间隙,从而大大克服了液压产生的力(该力导致间隙受到挤压),有利于在高压工况下使用。双作用活塞式泵的排出行程——填料作用如图 8-3 所示。活塞杆在高压排程运动过程中将填料密封的根部“拖”入间隙,加速填料的磨损。

　　柱塞泵和活塞泵中填料的工作原理相反,在泵送磨料过程中,柱塞泵的效果不如活塞泵好。这是因为填料在柱塞泵的吸入冲程中是松弛的,"脏"的柱塞很容易在填料上加载磨料颗粒,随后充当有效的磨蚀工具。但是这个不利因素可以通过在填料内部加入填充剂来克服,因此当清洗液稀释对工质影响不大时,柱塞泵也适用于泵送料浆。

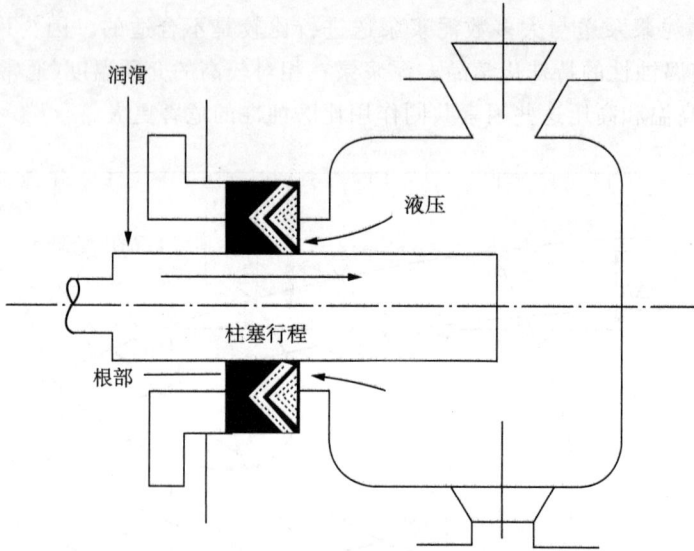

图 8-2　单作用柱塞泵的排出行程 —— 填料作用

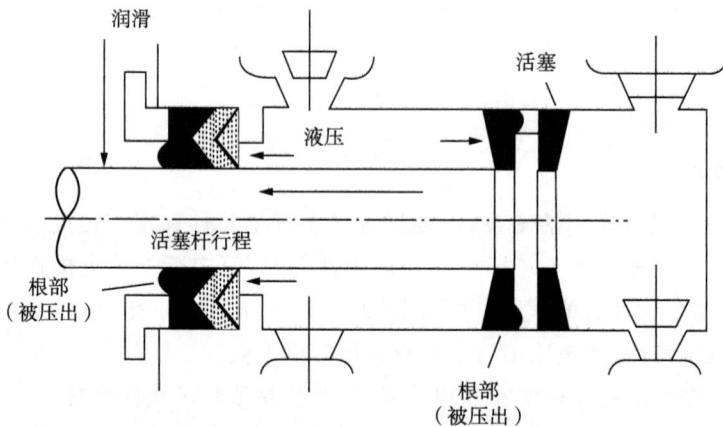

图 8-3　双作用活塞式泵的排出行程 —— 填料作用

8.1.3　柱塞的冲洗方法

针对泥浆工况,通常有两种完全不同的填料冲洗方法:同步冲洗和非同步冲洗。

同步冲洗是正向注入精确体积的清洁冲洗液(见图 8-4),这最好在主泵柱塞的吸入冲程期间进行,并可通过将清洗泵直接连接到主泵曲轴上实现。

非同步冲洗则由独立驱动的泵连续注入一定量的清洁冲洗液(见图 8-5)。

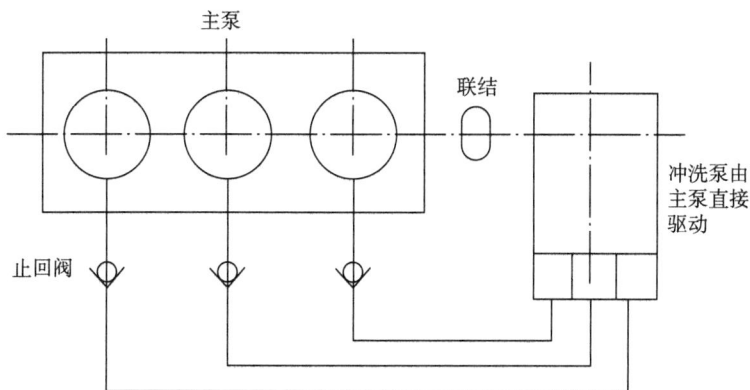

图 8-4　同步冲洗典型连接

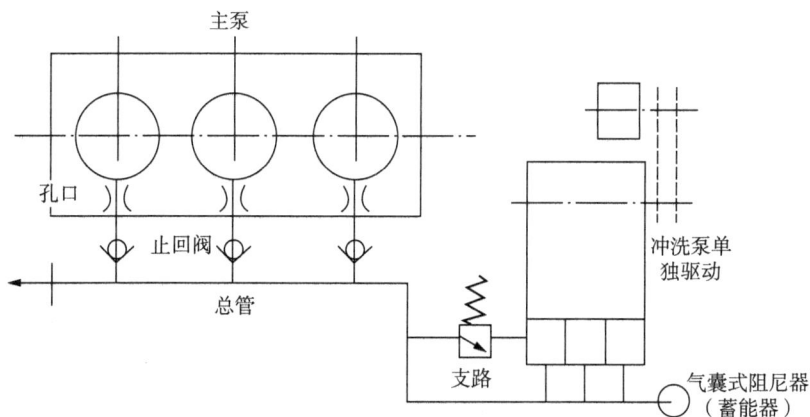

图 8-5　非同步冲洗典型连接

　　泥浆泵的冲洗方法见表 8-1 所列。同步冲洗和非同步冲洗都有多种应用方式,其中使用较广泛的是方法 A 和方法 H。方法 A 在过去最受欢迎,但经验表明它有许多缺点。

表 8-1　泥浆泵的冲洗方法

	方法							
	A	B	C	D	E	F	G	H
同步的[a]	√	√	√	√	√			
非同步的						√	√	√
高压[a]		√	√	√		√		√
低压[a]	√				√		√	
使用孔板			√	√		√		
使用止回阀	√	√		√	√		√	√
在吸入冲程冲洗	√	√			√	√	√	√
在排出冲程冲洗			√	√		√		√

注:a 表示定时变化 —— 通常定时到主泵的全吸入或排出行程。

在目前的技术水平下,如果使用设计合理的冲洗衬套,并且提供充足的供应压力来产生目前需要的 3% 的主泵排量,那么方法 H(高压非同步)显然是最实用和最有效的方法。在任何方法中,冲洗液的清洁度都是至关重要的。通过三缸泵的冲洗系统提供 3% 的流量需要大约 3.5 MPa 的压力。因此,在方法 H 中,需要比主泵工作压力高 3.5 MPa。方法 H 的优点如下。

(1)通过持续冲洗,可最大限度地降低因相位调整而导致冲洗不足的可能性。可以确保在主泵柱塞吸入冲程开始之前和结束之后始终能够实现正冲洗。

(2)在排出行程中进行一些冲洗是为了补偿任何轻微的填料泄漏,如果不冲洗,那么浆料会进入填料空间。

(3)允许在主泵启动和停止前后进行一段时间的冲洗,这能够确保固料在柱塞行程之前很好地被冲洗出填料空间。

(4)单个标准冲洗泵可用于冲洗一个或多个主泵。

(5)通过简单地改变冲洗泵的转速,就可以很容易地实现冲洗速度的改变。

图 8-6(a)为主泵吸入行程同步冲洗。从图中可以看出,由于流量为正,因此冲洗压力不重要。在主泵吸入行程的开始和结束时,冲洗流量已降至零。由于阀门滞后等变化,在主泵排出行程的部分阶段,会出现零冲洗周期。图 8-6(b)为非同步高压冲洗。其允许恒定的流量、主泵吸入冲程期间的最大流量在每一端都有重叠,在排出行程期间甚至有轻微的冲洗,不存在冲洗匮乏期。

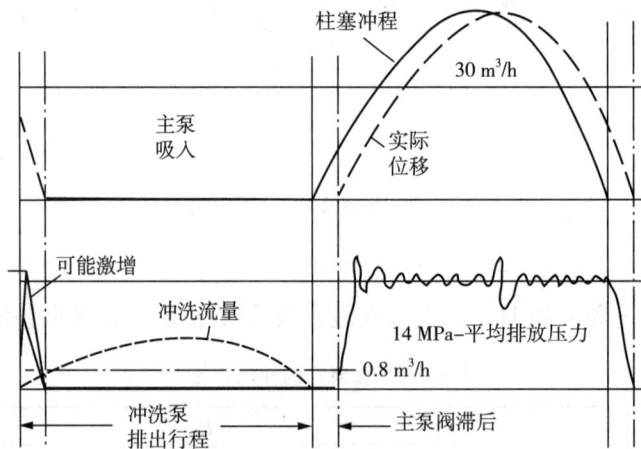

(a)主泵吸入行程同步冲洗

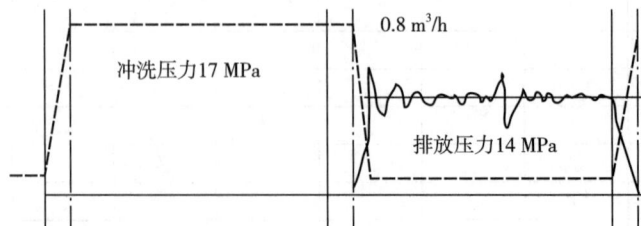

(b)非同步高压冲洗

图 8-6   冲洗分析

为了保证充分冲洗,清洗时需要约 3% 的主泵排量。实际需求量应通过试验确定,"越多越好"这一规则在合理的范围内适用。需要强调的是,冲洗液应尽可能"干净"。

冲洗过的泥浆填料函应具备以下特征:①弹簧加载的主副填料;②水冷式填料函;③柱塞的"润湿"部分不会进入主填料;④紧密贴合的填料函内件选用铸铁或球墨铸铁。

图 8-7 为通用煤浆泵填料箱,其显示了煤浆泵填料函的大致尺寸和总体设计。填料函内件间隙推荐(直螺纹形式)如图 8-8 所示。

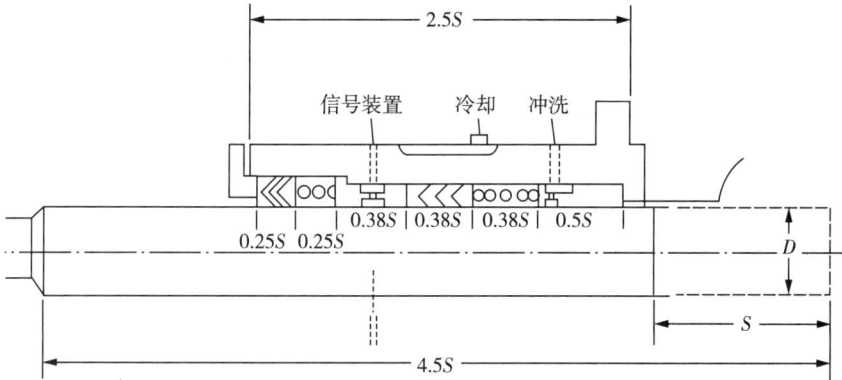

图 8-7　通用煤浆泵填料箱

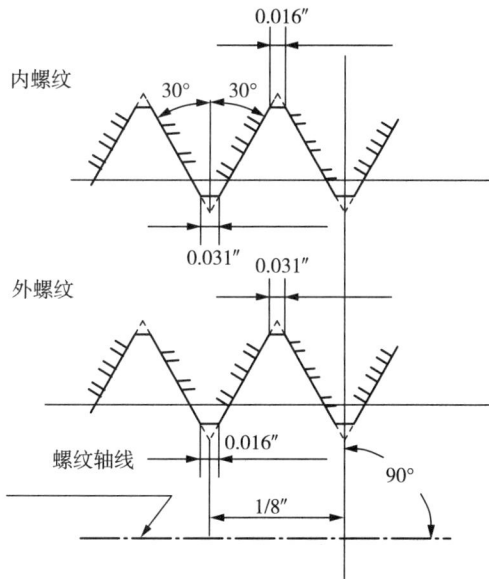

图 8-8　填料函内件间隙推荐(直螺纹形式)

冲洗液速度应取决于冲洗速度和柱塞冲洗衬套的直径间隙。可采用式(8-1)近似求解:

$$V = 172.7 \times \frac{冲洗百分比}{D_b^2 - D_p^2} \times 缸数 \qquad (8-1)$$

式中，D_b 为填料函直径（m）；D_p 为柱塞直径（m）。

冲洗衬套应采用图 8-9 所示的设计，这种设计通过将冲洗液引导到柱塞底部来提供均匀的冲洗。

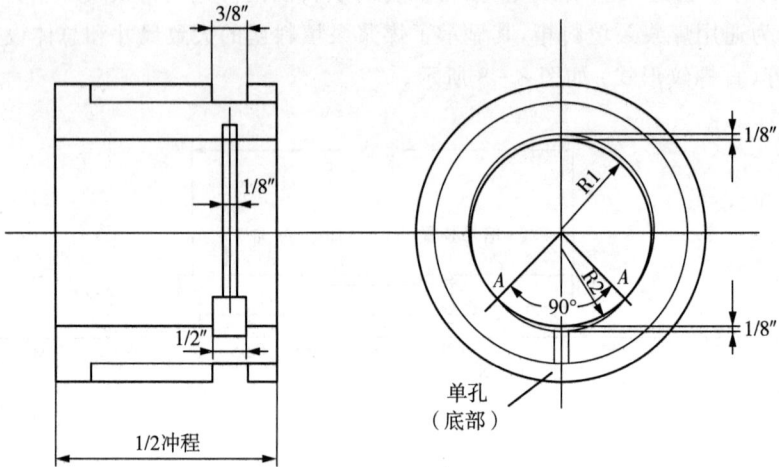

图 8-9　卧式泵的典型冲洗衬套

8.1.4　液体活塞式隔离泵

用于泵送磨蚀性浆体的液体活塞式隔离泵多用于浆体的磨蚀性高于米勒数 50 的工况，浆体的重量浓度可达到 50%。

开关回路泵送是一种采用形成"液体式活塞"的方法，将泵与磨损破坏进行隔离，允许"标准"往复泵在"清洁"的液体环境中运行，从而延长零件（包括阀门）的使用寿命。开关回路泵送如图 8-10 所示。将支路 1 和支路 2 设置为合理的管道长度，无论是"支路"还是"回路"，在定向阀 A 和 C 或 B 和 D 之间具有足够的容积，以允许在切换到另一支路之前有几分钟的合理的浆料泵送时间。

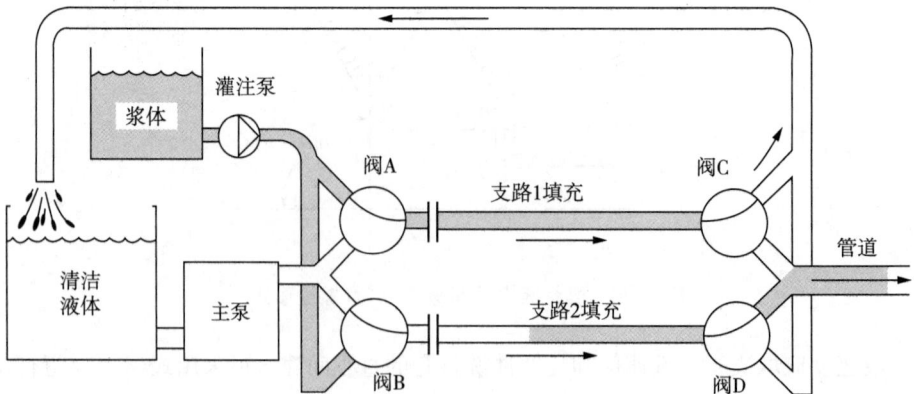

图 8-10　开关回路泵送

从图 8-10 可以看出,运行过程中,通过换向阀 B 和 D"干净"的高压液体将之前注入支路 2 的浆体挤入管道。此时,支路 1 正灌入低压浆体,通过阀门 A 和 C 替换上次高压循环中残留的清洁液体。

定时装置可以使换向阀按预定的周期运行,这样的定时可以允许液体在浆体通过后仍持续通过阀门一段时间,使得阀门可以在清洁液体中关闭。

8.1.5　卧式泵和立式泵

立式柱塞泵比卧式柱塞泵需要更少的柱塞冲洗的说法是基于重力有助于使固体颗粒远离填料的推测。然而,只有大颗粒才能通过重力远离填料。大颗粒比小颗粒对填料和柱塞的磨损要小,填料排除大颗粒比排除小颗粒容易得多。较小的颗粒很容易被携带到填料并嵌入其中,从而对柱塞产生磨蚀。高速柱塞泵的液缸内存在湍流,以至于不可能依靠重力来阻止颗粒远离任何泵的填料。用润滑脂、润滑油等制造"永久性"保护膜的尝试也存在局限性,这一方法在泵的流体和柱塞之间形成一种油屏障,但其只适应泵速非常低的工况。

一般情况下,水平装置的柱塞或活塞往往比垂直装置的柱塞或活塞磨损更大。但没有证据表明,在设计合理的卧式泵中,磨损会集中在柱塞或活塞的底部。所有柱塞的磨损模式都是预期的沙漏形状,沿柱塞圆周磨损均匀,柱塞泵中典型的衬套和直杆在行程两端均表现出类似的磨损。

填料的结构特点使得柱(活)塞重量的影响微不足道。当液压作用在填料上时,它迫使弹性构件抵靠在柱塞的整个圆周上,从而使柱塞在填料函中居中,其作用力远大于相反的重力。在这段行程中,柱塞正经历着由磨损而产生的最大磨损率。

卧式设计有一个独特的优势,即液力端较低,实际吸入水头可增加 1 m 左右。人们普遍认为卧式设计更便于维修。由于阀芯需做垂直运动,因此立式泵必须配备相当长的缓冲支管或弯头,以便阀体可以连接在上面,从而大大增加泵内腔的容积效率。卧式泵的阀芯也是垂直运动,这是一项强制性要求。

8.1.6　料浆泵的吸入压力

料浆泵必须具备"增压"吸入口,通常通过使用前置离心泵或控制下游泵站的管道压力来保证,也可采用其他提高吸入压力的方法。例如,在条件允许的情况下,使用架高的锥形底补给罐。该系统的缺点是,当罐内液位随着抽吸而降低时,吸入水头会急剧下降。

料浆泵要求的吸入压力受液体黏度的影响较大,黏度越大,要求来源与泵入口之间的压降越大。料浆浓度越大,液体加速的损失也越大。由于与料浆泵送装置相关的抽吸系统格外长而曲折,这些损失更加严重,因此需要提升这些泵的吸力,通常是使用前置离心泵。对于黏度很高的浆体,如煤油混合物,可能需要考虑限制泵的最大转速。

由于多种原因,料浆泵需要比一般情况更大的弹簧预载荷的阀组。在阀芯对其阀座几乎完全关闭之前,正在关闭的阀不能利用施加的(排放)压力来实现密封。如果料浆黏度特别高并且固体颗粒相当大,那么导致阀芯的最终关闭延迟,从而导致容积效率降低和泵运转不畅。使用较大预载荷的弹簧有助于克服这些缺陷,然而使用重型阀弹簧的代价是需要更高的吸入压力或吸上高度。

单作用活塞泵通常需要较高的吸入压力,以便在每个吸入行程中更好地填充缸内容积。

经验表明,不是每个料浆泵送应用都需要进行计算或测试吸上高度的,而是应提供至少 0.35 MPa 的吸入压力,或者通过使用合适的离心泵或调节管道泵的上游压力达到该值。

8.2　固液两相流的特征

本书中的隔膜泵、料浆泵和石油矿场往复泵基本上都是用于固液两相流的泵送,只不过它们的工质因配比浓度、颗粒尺寸和颗粒硬度等的不同而分为泥浆、矿浆、砂浆和煤浆等,可把它们统称为料浆(固多液少)或浆料(固少液多)。料浆的磨蚀性主要是硬度和颗粒形状(不规则度)的函数。然而,存在几种不同的磨损形式,其中一种是由流速引起的对金属或弹性体的冲蚀作用,另一种是由机械作用引起的金属或弹性体的磨损反应。在第一种情况下,必须考虑粒径和密度这些附加参数。在第二种情况下,密度几乎对磨损率没有影响。与侵蚀相比,机械磨损是不可预测的,迄今为止可用的数据很少。由此可见,这两种形式产生的磨损与其他形式产生的磨损之间存在着某种普遍的联系。研究人员在这方面已经做了大量的工作,因此已经形成了一种用于测量浆体磨蚀性的标准方法,即 ASTM 标准 G75.82,也被称为米勒数方法。

料浆是固体颗粒与水或其他液体的混合物,该混合物的连续性可以使其像液体一样被泵送。现存最古老的料浆泵送系统是动物血液循环系统,其中容积泵(心脏)通过复杂的管道(静脉)使液体(血清)中的颗粒(血球)浆体循环。

料浆流动的规则不同于"纯净"液体的概念,因为流变性不同。在所有流动问题中,液体的黏度比任何其他性质的影响都大。然而,尽管大多数液体的流动特性类似于水或油,其黏度-流量关系符合牛顿特性,但料浆的特性表现出一种新阶段,即宾汉塑性阶段。摩擦力与惯性力的比值满足式(8-2):

$$f = 144Dg\,\Delta p/2\rho Lv^2 \tag{8-2}$$

图 8-11 为黏度、剪切速率与剪切应力关系,其显示了在浆体输送过程中遇到的各种类型的流动现象(剪切速率与剪切应力之间的关系),每种类型的摩擦系数都不相同。

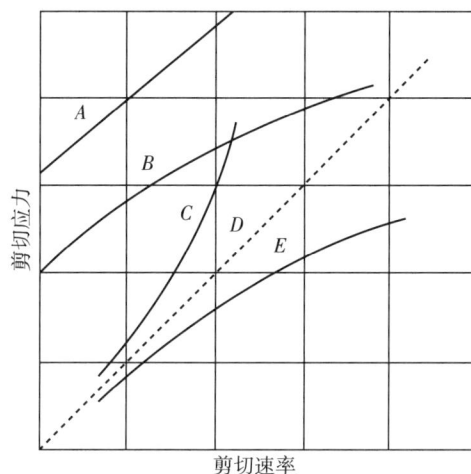

A—宾汉塑性；B—屈服假塑性；C—膨胀；D—牛顿；E—假塑性。

图 8 - 11　黏度、剪切速率与剪切应力关系

8.2.1　煤浆的固体浓度

目前,煤浆中使用最广泛的液相有水、油、甲苯(或其他溶剂)和液态二氧化碳。

人们经常会发出疑问:"可以抽送的煤质固体的最大浓度是多少?"当问题聚焦在泵上时,可以得出一个通用的结论:料浆的流变性是由管道的要求决定的,泵通常可以处理任何可以通过管道输送的物质。

图 8 - 12 为水煤浆黏度,该图表明表观黏度随水煤浆质量浓度的增大而增大。在往复泵中,对于真正的牛顿流体,没有出现黏度高达 1600 mm²/s 的异常工况。从图 8 - 12 中可以看到,在曲线 B 中,当水煤浆质量浓度为 70% 时,表观黏度达到 1600 mm²/s。需要注意的是,当水煤浆质量浓度为 73% 时,混合物已经没有了流动性(呈糊状)。因此,对于那些特定种类的煤,泵可以轻易地输送质量浓度低于 60% 的煤浆。

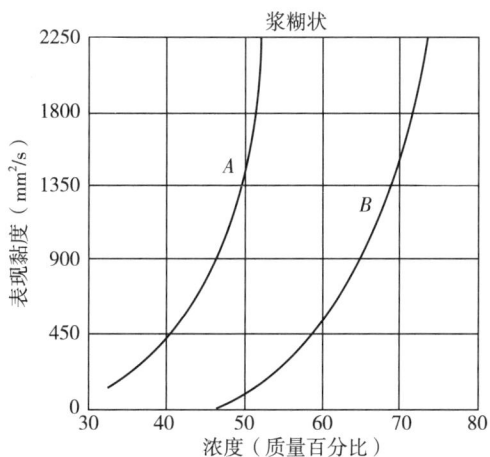

曲线 A:精煤(80% 通过 200 目);曲线 B:粗煤(80% 通过 100 目)。

图 8 - 12　水煤浆黏度

油煤浆的表观黏度随油煤浆质量浓度的增加增长速度更快,且受温度和被混合的油黏度的影响更大。图 8-13 为油煤浆黏度。由图可知,在特定情况下,油煤浆的质量浓度高于 55% 会导致黏度非常高。由此可见,油煤浆的上限浓度只能通过实际试验进行确定。

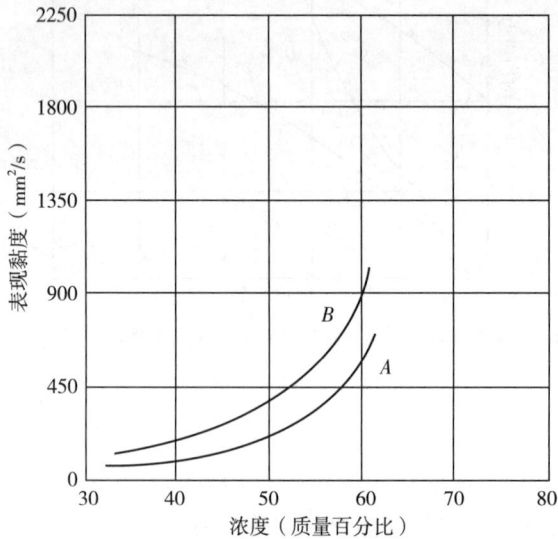

A—200℉;B—160℉。

图 8-13　油煤浆黏度

8.2.2　煤浆粒径

同样,颗粒尺寸与管道要求之间也存在着某种关系,现有的实际煤浆项目经验表明,颗粒尺寸通常并不是泵的限制因素。

在往复式泵中,颗粒的大小只影响阀门的运行。在大容积的泵(阀门更大)中,颗粒达到 8 目时仍不会出现故障(经破碎的煤中大部分粒径低于最大粒径)。研究表明,直径为 $\frac{3}{8}$ in 的煤颗粒已被成功泵送。一般情况下,超过 $\frac{3}{8}$ in 的颗粒的百分比非常小,毫无疑问,泵允许少数大粒径颗粒通过。

不同类型的阀门处理大颗粒的能力不同。弹性密封材料的阀门对于常温条件下的普通水煤浆具有优越的性能。但是由于金属与金属之间及弹性体与金属之间的接触面较大,大颗粒更容易使阀门保持开启状态。这种阀门可以轻松处理最大粒径为 8 目的煤。

试验表明,采用设计合理的球形阀可以处理直径达 $\frac{1}{4}$ in 的煤颗粒。当阀门关闭时,球形阀瓣产生的高负荷很容易压碎边缘之间的颗粒。密封管路两侧的颗粒很容易通过球形阀瓣部分的快速发散形状从密封管路上移开,从而最大限度地降低由大颗粒引起的阀门常开的趋势。球形阀也适用于对弹性密封件有害的高温或化学活性液体的料浆。球形阀不能承受米勒数超过 50 的高磨砺性的料浆。

　　在磨蚀过程中,煤和其他矿物似乎遵循相当一致的粒径分布规律。换句话说,如果一种煤的最大颗粒尺寸小于另一种煤,那么它的"细粒"比例就会更高。这些细粒往往控制着水混合物的表观黏度,而细粒比例较大的浆体,其黏度会高于其他固相质量浓度相同但细粒比例较小的浆体。因此,在不知道某一浓度下的近似表观黏度的情况下,很难预测该浓度下煤浆的可泵送性。

　　当泵速低于额定泵速时,通过阀门开度的流量减少会导致阀门的升程受限,从而可能会限制固体颗粒的通过。泵在显著降低的速度下长时间运行可能会导致固体在泵缸内积聚,从而造成严重的后果。

8.2.3　料浆冲蚀

　　为了便于讨论,采用"料浆"来形容液体(通常是水)中含有固体颗粒而形成的混合物。

　　"料浆冲蚀"被严格定义为当材料暴露于高速料浆流时的磨损或质量损失的情形,无论是材料以一定速度通过料浆还是料浆以一定速度通过材料都属于这一情况。然而,我们还应该考虑处理料浆时遇到的其他形式的磨损,特别是随着适用于压力为 14 MPa 的长距离管道运输矿物(主要是煤和其他固体)的新方法的出现。

　　干磨粒磨损是另一种磨损模式,但它在料浆输送中属于不常见的磨损类型。典型料浆系统中的磨损-腐蚀组合是造成最严重磨损的形式,并且在其他几种重要磨损模式中处于领先地位。

1. 料浆磨损模式

　　图 8-14 为浆体冲蚀磨损模式,这些基本模式中的一些可以扩展为子模式,这取决于以下因素是否处于往复、摆动、循环或连续运动中,油或除水以外的液体,配合件面积比。

　　模式 A:这一模式是指在液体中存在磨料固体的情况下金属对金属的摩擦结果。除了高速冲蚀外,这是输送料浆过程中最具破坏性和最容易被误解的方式。往复泵涉及的典型部件如下:金属对金属的阀门和阀座(每次关闭时),金属活塞部件和金属衬套,金属衬套和柱塞,活塞杆与金属填料函部件,阀内运动零件,等等。当不同的金属材料暴露在料浆中时,这种情况下很明显存在电化学(电解)效应。

　　模式 B_1、B_2、B_3:弹性体与金属之间用磨料摩擦时会发生冲刷磨损,固体颗粒嵌入较软的弹性体或橡胶中,如活塞、填料和阀套。

　　模式 C:金属与金属接触过程中磨料的粉碎和磨蚀。例如,阀门在关闭时为应对困在阀门和阀座之间的固体颗粒反复关闭并对其施加巨大的力。

　　模式 D:虽然不是往复泵泵送料浆中常见的磨损模式,但它可能成为非常具有破坏性的一种。例如,当阀座或活塞磨损到产生轻微泄漏的程度时,料浆通过这个小间隙以极高的速度泄漏可能会导致部件快速发生故障,甚至会导致泵液力端故障。此外,料浆节流阀和下游部件也会经历这种类型的快速磨损。

　　模式 E:通常是一种低速磨损模式,发生在料浆以规则低速流动的地方。在层流管道中,速度分布(抛物线形状)显示管壁附近的速度接近于零,磨损最小。

　　模式 F:在处理大量大于通常粒径的颗粒(实际上是"块")的管道中,会发生跃蚀,这些颗粒往往会沿着管道底部翻滚,导致快速磨损。例如,将磷矿从矿浆坑中运输到加工厂,管道需要频繁转动以分散磨损。

模式 G:汽蚀会导致泵液力端的金属部件损坏,因为在蒸汽泡反复破裂后,对空化区域附近的金属产生微小但强烈的液体压力爆破。

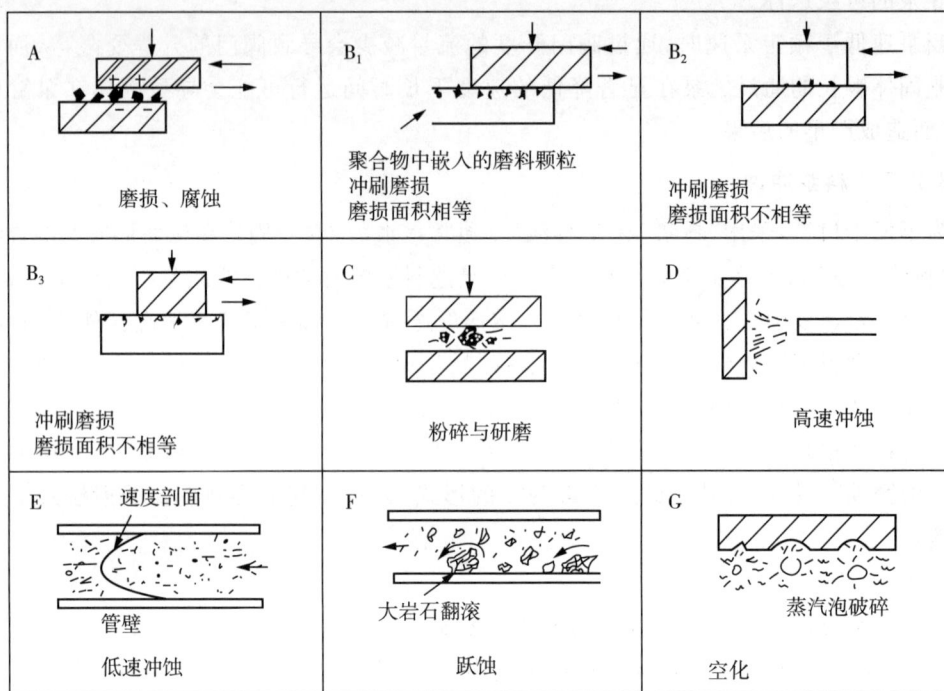

图 8-14　浆体冲蚀磨损模式

2. 磨损的影响

应当注意到固体浓度对磨蚀性存在影响。70 目砂的固体浓度与磨蚀性的关系曲线如图 8-15 所示,当浓度从零增加到 10% 左右,磨蚀性随之快速增大,然后增速逐渐变缓。在石油钻井行业中,被称为"钻井泥浆"的泥浆本身没有磨蚀性,磨蚀性来自钻井过程中产生的碎石或"切屑"的固体颗粒。受污染的泥浆通常通过沉降、筛选、离心等方法进行"清理"。

由图 8-15 可以得到以下结论:钻井泥浆的含砂量必须降低到 2% 以下,才能实现泵部件寿命的有效提高。曲线显示磨蚀性与固体浓度的关系在固体浓度 12% 以下的范围变化较大。

3. 干磨蚀性

为了获得进一步的结果,决定重复进行所有米勒数或 SAR 数试验,其中一组使用"原样"材料,另一组添加 NaOH 溶液将 pH 提高到约 13。因此,通过减少腐蚀效应,可以获得接近干磨蚀性的"数字"。在大多数情况下,通过添加 NaOH 提高浆液的 pH 会减少米勒数或 SAR 数。泥浆磨损性随 pH 变化情况见表 8-2 所列。

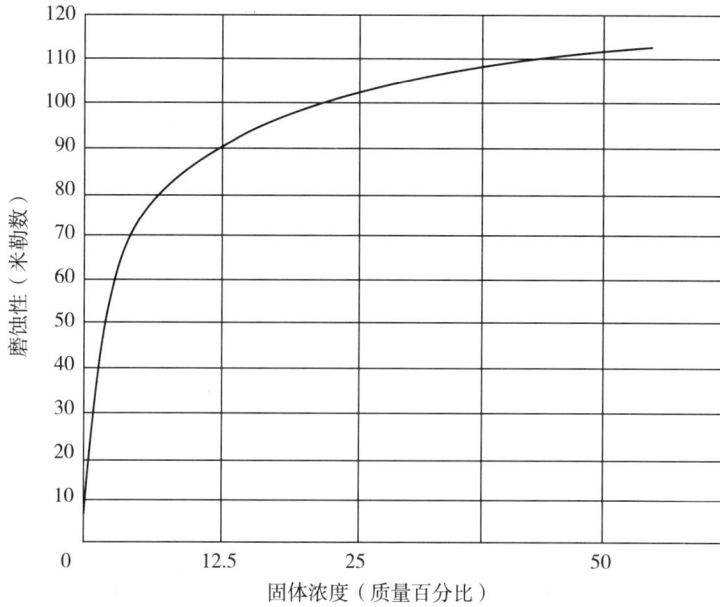

图 8 - 15　70 目砂的固体浓度与磨蚀性的关系曲线

表 8 - 2　泥浆磨损性随 pH 变化情况

A 测试序号	B 料浆	C pH 原始 pH	D 米勒数 原始米勒数	E pH 加碱后 pH	F 米勒数 加碱后米勒数	G 降低的百分数	H 米勒数 / 百分数
651	粉煤灰	9.6	85	13	54	36	2.33
648	粉煤灰	12.4	18	12.5	14	22	0.81
647	尾矿	9	34	12.4	26	24	1.45
602	A	6.5	776	13.2	477	39	20.14
603	B	6.1	825	13.3	576	30	27.33
600	矿井	6	122	12	85	30	4.02
596	C	7.4	17	12.5	15	12	1.45
599	D	7	60	11	50	17	3.60
595	水晶	7.2	0.2	12.1	0.1	50	0.00
593	复合材料	7.8	53	12.7	40	25	2.16
592	复合材料	7.7	48	12.6	39	19	2.56
594	复合材料	8.3	47	12.5	39	17	2.76

(续表)

A 测试序号	B 料浆	C pH 原始 pH	D 米勒数 原始米勒数	E pH 加碱后 pH	F 米勒数 加碱后米勒数	G 降低的百分数	H 米勒数／百分数
563	石灰	11.4	0.9	13.1	4.8	−433	0.00
589	E	8.3	69	12.5	42	39	1.76
548	F	5.7	5.5	12.1	3.1	44	0.13
549	G	4.1	20	12.9	12	40	0.50
561	玄武岩	7.3	249	13.2	131	47	5.25
560	辉绿岩	—	215	12.8	182	15	14.01
543	方镁石	—	68	—	53	22	3.08
541	复合材料	7.6	113	12.2	49	57	2.00
539	冰碛	6.8	81	12	67	17	4.69
540	冰碛	11.8	42	11.8	48	−14	−2.94
537	磷酸盐	7.5	81	12.9	21	74	2.09
502	磷酸盐	6.8	75	12.9	30	60	1.25
525	方镁石	6	100	13	46	54	1.85
523	磷尾矿	7.9	80	12	67	16	4.92
517	H	7.9	86	12	62	28	3.08
518	I	6.5	94	12	82	13	7.36
519	J	7.6	89	12	63	29	3.05
516	灌浆泥	6.1	61	12	49	20	3.10
506	砂	8.6	55	12	51	7	7.56
502	大理石	—	5.5	13	4.2	24	0.23
503	粉煤灰	12.1	11	12.2	13	−18	−0.61
以上均用强碱进行抑制 以下物质用氢氧化钙进行抑制							
601	铜合金	10.4	162	12.2	50	69	2.34
601	铜合金	8.2	560	12.1	55	90	6.21

典型的可泵送料浆具有固有的"表观磨蚀性",必须通过试验来确定,以便预测更换在这些泥浆中运行的泵部件或设备的成本。无抑制的"表观磨蚀性"是多因素协同作用的结果,图8-16为料浆磨蚀性七大因素的协同作用。这种反应或效应称为莫里森-米勒效应(见图8-17):由于所涉及的协同作用复杂,材料(A)在特定料浆(C)中的磨损反应无法为材料(A)在另一个料浆(D)中的反应效果提供参考。同理可得,料浆(C)对材料(A)的影响无法为料浆(C)对材料(B)的影响提供参考。

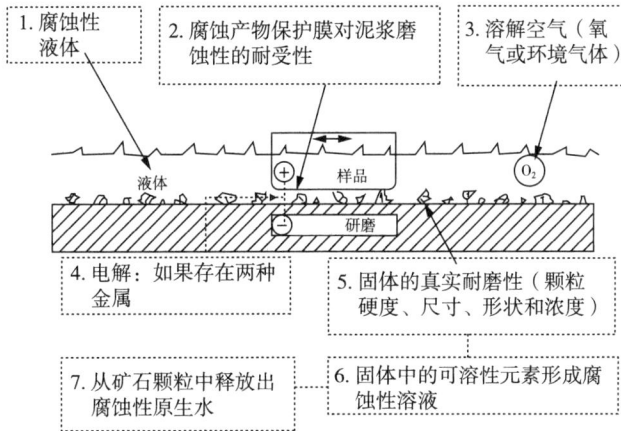

图 8-16 料浆磨蚀性七大因素的协同作用

图8-17的四种组合中所有的反应或影响都是不可预测的,并且在任何一对之间通常没有米勒数或 SAR 值的数值关系,必须单独进行测试。

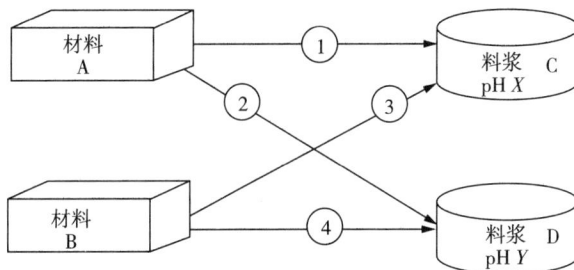

图 8-17 料浆磨蚀性中的莫里森-米勒效应

8.3 料浆磨损试验与应用

8.3.1 米勒数

所有的固体矿物都有一定的硬度,这种硬度使得料浆具有磨蚀性,如果要关注泵的类型及部件和管道的寿命,就必须知道磨蚀性的大小。磨蚀性越大,泵部件和管道的寿命越短。米勒数描述了泥浆的相对磨蚀度,该数值基于 27% 的标准铬铁磨块在特定料浆中运行一段时间后的质量损失得出。

磨损腐蚀效应最好采用一个有意义的整数来表示。整数的范围为 1 到 1000，通过使用比例因子常数 $C=18.18$ 来实现。米勒数的方程式为

$$米勒数 = C \times MLR \qquad (8-3)$$

根据先前确定的 6.14 mg/h 的质量损失率 MLR，则有

$$米勒数 = 18.18 \times 6.14 \approx 111$$

米勒数的概念最初被视为一种用于比较各种可泵送料浆（如石灰石、煤、铝土矿和各种铁精矿）相对磨蚀性的方式。矿物的特性是其中可能含有其他具有更大磨蚀性的"不规则"材料，如煤中的硅灰。为了比较此类大范围材料的相对磨蚀性，有必要选择一个"标准"的金属磨块，该磨块在试验期间会表现出合理的质量损失率。研究表明，27% 的标准铬铁磨块在一定范围内的材料中表现出合理的质量损失，其范围约从莫氏硬度为 1 或 2、米勒数为 1 的情况至莫氏硬度为 9、米勒数为 1000 的情况。然而，在处理莫氏硬度为 2 及以下范围内的材料（如滑石）时，27% 的标准铬铁磨块的质量损失率无法得到一致和可靠的结果。

尽管米勒数系统使用的是摩擦磨损类型，但经验表明，其结果可以用来评估冲击磨损。料浆的磨蚀性是硬度、大小、形状、粒径分布、脆性、浓度等固体颗粒特性的函数。这些因素通过撞击和摩擦都会导致金属磨损。米勒数测试中唯一未显示的缺失特征是比重或密度的影响。然而，从冲击力与 mv 成正比可以看出，质量的影响相当小，尤其是在大多数可泵送料浆中，颗粒相对较小。

米勒数系统通过将现有料浆应用中的米勒数和零件寿命与建议的料浆应用中的米勒数相关联，有助于预测往复泵中的零件寿命。

某些普通矿物中米勒数的变化可能相当大。例如，煤的灰分含量可能为 5% ~ 25%（最具磨蚀性的成分），灰分的类型可能从软钙质到坚硬锋利的石英和黄铁矿不等。表 8-3 列出了典型材料的米勒数。

表 8-3　典型材料的米勒数

材料	米勒数
400 目刚玉	241
200 目刚玉	1058
霰石	7
灰	127
粉煤灰	83,14
铝土矿	9,33,50,76,134
碳酸钙	14
碳	14,16
220 目金刚砂	1284

（续表）

材料	米勒数
黏土	34,36
煤炭	6,10,21,28,47,57
铜精矿	19,37,58,68,111,128
洗涤剂	6,8
高炉灰	57
硬沥青	10
石膏	41
铁矿石（或精矿）	28,37,64,79,122,157,234
瓷土	7,30
褐煤	14
石灰石	22,30,39,43,46
褐铁矿	113
氢氧化镁	4
磁铁矿	64,71,134
花粉粒	76
钻井泥浆	10
镍	31
磷酸盐	68,74,84,134
碳酸钾	1,2
黄铁矿	194
石英岩	99
金红石	10
盐溶液	11
砂和填砂	51,68,85,116,138,149,246
海底	11
页岩	53,59
蛇纹石	134
处理污水	15
未处理污水	25
硫酸钠	4

（续表）

材料	米勒数
纯碱尾矿	27
硫黄	1
尾矿（所有类型）	24,61,91,159,217,480,644
焦油砂	70
镍废料	53
废煤料	22,28

注：应注意部分类型的材料，如煤或铁矿石，它们磨蚀性的范围很广。

8.3.2 SAR 数

为了研究任意料浆的磨蚀性和腐蚀性对标准磨块以外的材料的影响，使用与米勒数相同的测试设备和程序，定义了 SAR 数。材料的 SAR 数是根据材料在任意特定料浆中运行一段时间后磨块的质量损失率（转换为体积损失率）计算的。

SAR 数是用来描述试验进行 2 h 时试样的体积损失率的指标，而体积损失率（VLR）可以用质量损失率（MLR）除以试样材料的比重来计算，即

$$VLR = \frac{MLR}{S} \qquad (8-4)$$

式中，S 为试样材料的比重。

同样使用 27% 的标准铬铁磨块的比重和先前确定的 6.14 mg/h 的质量损失率进行计算：

$$VLR = \frac{6.14}{7.74} \approx 0.793(\mathrm{mL/h})$$

最好采用一个有意义的整数来表示泥浆对试样的磨损腐蚀效应。将这些数字的范围设定为 1～1000，这一范围与表示泥浆磨蚀性的米勒数范围相同。因此，SAR 数的方程式也包括常数 C（取 18.18），使得标准砂泥浆中 27% 的标准铬铁磨块的 SAR 数等于示例中标准砂泥浆的米勒数，即

$$\text{SAR 数} = C_s \times VLR \qquad (8-5)$$

式中，$C_s = 18.18 \times 7.74 \approx 140.7$。

在本例中，标准泥浆中 27% 的标准铬铁磨块的 SAR 数为

$$\text{SAR 数} = 140.7 \times 0.793 \approx 111.6$$

8.3.3 试验设备与结果处理

用于测量各种浆体的相对磨蚀性（米勒数）或确定材料对各种浆体的耐磨性（SAR 数）的设备，通常包括一块标准的 12.7 mm×25.4 mm 的金属耐磨块，以每分钟 48 次往复次数

的速度驱动,行程为 200 mm,位于装有固含量 50%(按质量计)的浆料的托盘底部。金属耐磨块上施加 22.24 N 的自重。对于每个测试,托盘都安装了一块新的氯丁橡胶板作为搭接。

在冲程结束时,将金属耐磨块从搭接处提起 1 mm,以允许新泥浆在金属耐磨块下方流动。金属耐磨块支架和托盘由塑料制成。

在洗涤剂中将金属耐磨块擦洗并干燥后称重至 0.1 mg 精度。将磨块对准置于料浆托盘的固定器中,并开始往复运动。2 h 后,移除、清洗和称重金属耐磨块,并记录金属损失。重复 3 次,共 6 h。同时运行相同的样本,以进行验证并获取平均值。

记录金属耐磨块或试样的质量损失,即典型浆料中两次运行的平均值。试验数据见表 8-4 所列。

表 8-4　试验数据

	重量 /g		损耗 /mg		损耗 /mg
	磨块 1	磨块 2	磨块 1	磨块 2	算术平均值
初始状态	16.4746	16.4069	0.0	0.0	0.0
4 h 后	16.4478	16.3809	26.8	26.0	26.4
8 h 后	16.4274	16.3613	20.4	19.6	46.4
12 h 后	16.4085	16.3427	18.9	18.6	65.2
16 h 后	16.3924	16.3266	16.1	16.1	81.3

由表 8-4 可知,

$$质量损失 = At^B \tag{8-6}$$

式中,t 为时间(h)。

利用最小二乘法计算出 A 和 B 的值,得到试验数据的最佳拟合曲线。在本例中,$A = 8.65$,$B = 0.81$,则方程为

$$质量损失 = 8.65\,t^{0.81} \approx 15.17(\text{mg})$$

米勒数和 SAR 数与试验进行 2 h 时金属耐磨块的质量损失率有关,可使用式(8-6)的一阶导数,并代入 2 h 进行计算,则有

$$MLR = AB2^{B-1} \tag{8-7}$$

即

$$MLR = 8.65 \times 0.81 \times 2^{0.81-1} \approx 6.14(\text{mg/h})$$

8.3.4　料浆浓度、粒径和颗粒形状

米勒数用于比较由构成这些料浆的固体引起的料浆的相对磨蚀性的变化。出于这一

目的,必须采用一定的标准,才具有现实意义。因此,随机选择质量浓度为50％的样品用于米勒数测试 —— 一部分原因是大多数料浆处于该数量级的浓度,另一部分原因是较高的浓度可以减少测量误差。

固体浓度高于某个值时,对米勒数几乎没有影响。当注意到颗粒大小、形状、硬度和分布的影响时,这一点就不难理解了。这些物理量都是影响料浆中固体的相对磨蚀性的因素,并且人们普遍认为,当固体浓度超过某一最低值时,往复泵部件的寿命与浓度的关系不如与前述其他物理量的关系大。例如,必须将钻井过程中的含砂量降低到2％以下,才能显著提高泵部件的寿命。

米勒数试验本质上是一种"高磨蚀性"试验,需要注意的是,当试验浓度从标准的50％降低到12％时,磨蚀性仅仅降低了约32％的相对值。然而,当浓度为零时,磨蚀性突然降至零。因此,存在一个合理的假设:当浓度为0～12％时,相对磨蚀率＝浓度百分比×7×米勒数。例如,浓度为6％、米勒数为110的材料的相对磨蚀率为$0.06 \times 7 \times 110 \approx 46$。因此,在低浓度下进行米勒数测试是无用的。对于矿井水等料浆,最好将固体的浓度设为50％,然后进行上述修正。

8.3.5 腐蚀及其作用

在选择泵的材料时必须考虑腐蚀、磨损的影响。毫无疑问,腐蚀和磨损的结合会导致金属损失大于单独作用的效果。腐蚀的产物通常对金属具有保护作用,但该产物会被磨损迅速清除。这是一个潜在的恶性循环,造成了"干净"的表面进一步被腐蚀,导致损失进一步增大。

用于米勒试验的磨块即27％的标准铬铁磨块本身具有一定的耐腐蚀性,但某些矿石尤其是那些含铜矿石,点蚀会引起大量的金属损失,这是由搅拌产生的溶解空气造成的。然而,这种情况在实际的料浆泵送中是可能发生的,因为料浆在混合过程中会吸收空气。

从某种角度来看,米勒测试可以在不考虑腐蚀的情况下运行。但出于实际考虑,最好尝试将影响因素分离开来。目前已经发现强剂量的NaOH可以极大地抑制腐蚀的影响,其pH约为13。如果疑似存在腐蚀,那么最好使用两种不同的样品进行测试,一种用于混合,另一种用于抑制腐蚀。不同pH样品的米勒数见表8-5所列。

表8-5　不同pH样品的米勒数

样品	pH	米勒数
1号	6.3	92
2号	1.3	553
3号	5.9	117
3号加NaOH抑制剂	13.0	33

8.3.6 固体和泥浆的特性

表8-6～表8-11列出了固体和泥浆的重要特性及相关的计算。

表 8-6 矿物的比重和硬度

矿物	比重	硬度
钠长石	2.6	6～6.5
硬石膏	2.9	3～3.5
磷灰石	3.2	2～3
霰石	2.9	3.5～4
石棉	2.5	1～2.5
蓝铜矿	3.8	3.5～4
重晶石	4.5	2.5～3
铝土矿	2.5	1～3
绿柱石	2.7	7.5～8
方解石	2.7	3
黄铜矿	4.2	3.5～4
煤	1.3	2～2.5
刚玉	4	7～9
蓝晶石	3.6	5～7.3
白云石	2.9	3.5～4
长石	2.7	6～6.5
氟石	3.1	4
方铅矿	7.5	2.5
石榴石	4	6.5～7.5
石膏	2.3	1.5～2
赤铁矿	5.1	5.5～6.5
钛铁矿	4.7	5～6
瓷土	2.6	1～2.5
褐煤	1.3	2～2.5
石灰岩	2.7	3
褐铁矿	3.8	5～5.5
磁铁矿	5.2	5.5～6.5
橄榄石	3.3	6.5～7
磷酸盐	3.2	2～3
钾碱	2.7	3.5～4
黄铁矿	5	6～6.5
石英	2.7	7
金红石	4.2	6～7
硫黄	2	1.5～2.5

表 8－7　一种固体料浆比重的计算

水混合	其他液体
$S_m = \dfrac{1}{1 - C_w(1 - 1/S_s)}$	$S_m = \dfrac{S_l}{1 - C_w(1 - S_l/S_s)}$
$C_w = \dfrac{C_v S_s}{S_m}$	$C_w = \dfrac{C_v C_s}{S_m}$
$C_v = \dfrac{S_m - 1}{S_s - 1}$	$C_v = \dfrac{S_m - S_l}{S_s - S_l}$
C_v = 固体的体积分数 C_w = 固体的质量分数 S_m = 混合物（泥浆）的比重 S_s = 固体比重 S_l = 液体比重	

表 8－8　固体混合物泥浆比重的计算

以质量分数表示	以体积分数表示
$S_m = \dfrac{1}{\dfrac{\text{wt. frac. A}}{S_A} + \dfrac{\text{wt. frac. B}}{S_B} + \cdots}$ 例如： 0.4 wt. frac. A　$S_A = 5.0$ 0.3 wt. frac. B　$S_B = 3.0$ 0.3 wt. frac. C　$S_C = 4.0$ $S_m = \dfrac{1}{\dfrac{0.4}{5.0} + \dfrac{0.3}{3.0} + \dfrac{0.3}{4.0}} = 3.92$	$S_m = \text{vol. frac. A} \times S_A + \text{vol. frac. B} \times S_B + \cdots$ 例如： 0.4 vol. frac. A　$S_A = 5.0$ 0.3 vol. frac. B　$S_B = 3.0$ 0.3 vol. frac. C　$S_C = 4.0$ $S_m = 0.4 \times 5.0 + 0.3 \times 3.0 + 0.3 \times 4.0 = 4.1$

表 8－9　管道每年百万吨料浆的固体质量　　　　　（单位：t）

固体比重	固体与水的质量百分比									
	30	35	40	45	50	55	60	65	70	75
1.1	1482	1264	1101	974	872	789	720	662	611	568
1.2	1447	1230	1066	939	838	755	686	627	577	533
1.3	1418	1200	1037	910	809	725	656	598	547	504
1.4	1393	1175	1012	885	783	700	631	573	522	479
1.5	1371	1153	990	863	762	679	609	551	501	457
1.6	1352	1134	971	844	743	660	590	532	481	438
1.7	1335	1118	954	827	726	643	573	515	465	421
1.8	1320	1103	939	812	711	628	559	500	450	406
1.9	1307	1089	926	799	698	614	545	487	436	393

固体比重	固体与水的质量百分比									
	30	35	40	45	50	55	60	65	70	75
2.0	1295	1077	914	787	686	602	533	475	424	381
2.1	1284	1066	903	776	675	592	522	464	413	370
2.2	1274	1056	893	766	665	582	512	454	404	360
2.3	1265	1047	884	757	656	573	503	445	395	351
2.4	1257	1039	876	749	647	564	495	436	386	343
2.5	1249	1032	868	741	640	557	487	429	379	335
2.6	1242	1024	861	734	633	550	480	422	372	328
2.7	1236	1018	855	728	626	543	474	415	365	322
2.8	1230	1012	849	722	620	537	468	409	359	316
2.9	1224	1006	843	716	615	531	462	404	353	310
3.0	1219	1001	838	711	609	526	457	398	348	305
3.1	1214	996	833	706	604	521	452	393	343	300
3.2	1209	992	828	701	600	517	447	389	339	295
3.3	1205	987	824	697	595	512	443	385	334	291
3.4	1201	983	820	693	591	508	439	380	330	287
3.5	1197	979	816	689	588	504	435	377	326	283
3.6	1193	976	812	686	584	501	432	373	323	279
3.7	1190	972	809	682	581	497	428	370	319	276
3.8	1187	969	806	679	577	494	425	366	316	273
3.9	1184	966	803	676	574	491	422	363	313	270
4.0	1181	963	800	673	571	488	419	360	310	267
4.1	1178	960	797	670	568	485	416	358	307	264
4.2	1175	958	794	667	566	483	413	355	305	261
4.3	1173	955	792	665	563	480	411	352	302	259
4.4	1170	953	789	662	561	478	409	350	300	256
4.5	1168	950	787	660	559	475	406	348	297	254
4.6	1166	948	785	658	556	473	404	345	295	252
4.7	1164	946	783	656	554	471	402	343	293	250
4.8	1162	944	781	654	552	469	400	341	291	248
4.9	1160	942	779	652	550	467	398	339	289	246
5.0	1158	940	777	650	548	465	396	337	287	244
5.1	1156	938	775	648	547	464	394	336	285	242
5.2	1154	937	773	646	545	462	393	334	284	240
5.3	1153	935	772	645	543	460	391	332	282	239

（续表）

固体比重	固体与水的质量百分比									
	30	35	40	45	50	55	60	65	70	75
5.4	1151	933	770	643	542	459	389	331	280	237
5.5	1149	932	769	642	540	457	388	329	279	235
5.6	1148	930	767	640	539	456	386	328	277	234
5.7	1147	929	766	639	537	454	385	326	276	233
5.8	1145	928	764	637	536	453	383	325	275	231
5.9	1144	926	763	636	534	451	382	324	273	230
6.0	1143	925	762	635	533	450	381	322	272	229

注：该表仅适用于水泥事料浆。

表 8-10　料浆混合物中固体的体积分数（C_v）

固体比重	固体与水的质量百分比									
	30	35	40	45	50	55	60	65	70	75
1.1	0.28	0.329	0.377	0.427	0.476	0.526	0.577	0.628	0.68	0.732
1.2	0.263	0.31	0.357	0.405	0.455	0.505	0.556	0.607	0.66	0.714
1.3	0.248	0.293	0.339	0.386	0.435	0.485	0.536	0.588	0.642	0.698
1.4	0.234	0.278	0.323	0.369	0.417	0.466	0.517	0.57	0.625	0.682
1.5	0.222	0.264	0.308	0.353	0.4	0.449	0.5	0.553	0.609	0.667
1.6	0.211	0.252	0.294	0.338	0.385	0.433	0.484	0.537	0.593	0.652
1.7	0.201	0.241	0.282	0.325	0.37	0.418	0.469	0.522	0.579	0.638
1.8	0.192	0.23	0.27	0.313	0.357	0.404	0.455	0.508	0.565	0.625
1.9	0.184	0.221	0.26	0.301	0.345	0.391	0.441	0.494	0.551	0.612
2.0	0.176	0.212	0.25	0.29	0.333	0.379	0.429	0.481	0.538	0.6
2.1	0.169	0.204	0.241	0.28	0.323	0.368	0.417	0.469	0.526	0.588
2.2	0.163	0.197	0.233	0.271	0.313	0.357	0.405	0.458	0.515	0.577
2.3	0.157	0.19	0.225	0.262	0.303	0.347	0.395	0.447	0.504	0.566
2.4	0.152	0.183	0.217	0.254	0.294	0.337	0.385	0.436	0.493	0.556
2.5	0.146	0.177	0.211	0.247	0.286	0.328	0.375	0.426	0.483	0.545
2.6	0.142	0.172	0.204	0.239	0.278	0.32	0.366	0.417	0.473	0.536
2.7	0.137	0.166	0.198	0.233	0.27	0.312	0.357	0.408	0.464	0.526
2.8	0.133	0.161	0.192	0.226	0.263	0.304	0.349	0.399	0.455	0.517
2.9	0.129	0.157	0.187	0.22	0.256	0.296	0.341	0.39	0.446	0.508
3.0	0.125	0.152	0.182	0.214	0.25	0.289	0.333	0.382	0.438	0.5
3.1	0.121	0.148	0.177	0.209	0.244	0.283	0.326	0.375	0.429	0.492

固体比重	固体与水的质量百分比									
	30	35	40	45	50	55	60	65	70	75
3.2	0.118	0.144	0.172	0.204	0.238	0.276	0.319	0.367	0.422	0.484
3.3	0.115	0.14	0.168	0.199	0.233	0.27	0.313	0.36	0.414	0.476
3.4	0.112	0.137	0.164	0.194	0.227	0.264	0.306	0.353	0.407	0.469
3.5	0.109	0.133	0.16	0.189	0.222	0.259	0.3	0.347	0.4	0.462
3.6	0.106	0.13	0.156	0.185	0.217	0.253	0.294	0.34	0.393	0.455
3.7	0.104	0.127	0.153	0.181	0.213	0.248	0.288	0.334	0.387	0.448
3.8	0.101	0.124	0.149	0.177	0.208	0.243	0.283	0.328	0.38	0.441
3.9	0.099	0.121	0.146	0.173	0.204	0.239	0.278	0.323	0.374	0.435
4.0	0.097	0.119	0.143	0.17	0.2	0.234	0.273	0.317	0.368	0.429
4.1	0.095	0.116	0.14	0.166	0.196	0.23	0.268	0.312	0.363	0.423
4.2	0.093	0.114	0.137	0.163	0.192	0.225	0.263	0.307	0.357	0.417
4.3	0.091	0.111	0.134	0.16	0.189	0.221	0.259	0.302	0.352	0.411
4.4	0.089	0.109	0.132	0.157	0.185	0.217	0.254	0.297	0.347	0.405
4.5	0.087	0.107	0.129	0.154	0.182	0.214	0.25	0.292	0.341	0.4
4.6	0.085	0.105	0.127	0.151	0.179	0.21	0.246	0.288	0.337	0.395
4.7	0.084	0.103	0.124	0.148	0.175	0.206	0.242	0.283	0.332	0.39
4.8	0.082	0.101	0.122	0.146	0.172	0.203	0.238	0.279	0.327	0.385
4.9	0.08	0.099	0.12	0.143	0.169	0.2	0.234	0.275	0.323	0.38
5.0	0.079	0.097	0.118	0.141	0.167	0.196	0.231	0.271	0.318	0.375
5.1	0.078	0.095	0.116	0.138	0.164	0.193	0.227	0.267	0.314	0.37
5.2	0.076	0.094	0.114	0.136	0.161	0.19	0.224	0.263	0.31	0.366
5.3	0.075	0.092	0.112	0.134	0.159	0.187	0.221	0.259	0.306	0.361
5.4	0.074	0.091	0.11	0.132	0.156	0.185	0.217	0.256	0.302	0.357
5.5	0.072	0.089	0.108	0.129	0.154	0.182	0.214	0.252	0.298	0.353
5.6	0.071	0.088	0.106	0.127	0.152	0.179	0.211	0.249	0.294	0.349
5.7	0.07	0.086	0.105	0.126	0.149	0.177	0.208	0.246	0.29	0.345
5.8	0.069	0.085	0.103	0.124	0.147	0.174	0.205	0.243	0.287	0.341
5.9	0.068	0.084	0.102	0.122	0.145	0.172	0.203	0.239	0.283	0.337
6.0	0.067	0.082	0.1	0.12	0.143	0.169	0.2	0.236	0.28	0.333

表 8-11　料浆混合物的比重(S_m)

固体比重	固体与水的质量百分比									
	30	35	40	45	50	55	60	65	70	75
1.1	1.028	1.033	1.038	1.043	1.048	1.048	1.058	1.063	1.068	1.073
1.2	1.053	1.062	1.071	1.081	1.091	1.091	1.111	1.121	1.132	1.143
1.3	1.074	1.088	1.102	1.116	1.13	1.13	1.161	1.176	1.193	1.209
1.4	1.094	1.111	1.129	1.148	1.167	1.167	1.207	1.228	1.25	1.273
1.5	1.111	1.132	1.154	1.176	1.2	1.2	1.25	1.277	1.304	1.333
1.6	1.127	1.151	1.176	1.203	1.231	1.231	1.29	1.322	1.356	1.391
1.7	1.141	1.168	1.197	1.227	1.259	1.259	1.328	1.365	1.405	1.447
1.8	1.154	1.184	1.216	1.25	1.286	1.286	1.364	1.406	1.452	1.5
1.9	1.166	1.199	1.234	1.271	1.31	1.31	1.397	1.445	1.496	1.551
2.0	1.176	1.212	1.25	1.29	1.333	1.333	1.429	1.481	1.538	1.6
2.1	1.186	1.224	1.265	1.308	1.355	1.355	1.458	1.516	1.579	1.647
2.2	1.196	1.236	1.279	1.325	1.375	1.375	1.486	1.549	1.618	1.692
2.3	1.204	1.247	1.292	1.341	1.394	1.394	1.513	1.581	1.655	1.736
2.4	1.212	1.257	1.304	1.356	1.412	1.412	1.538	1.611	1.69	1.778
2.5	1.22	1.266	1.316	1.37	1.429	1.429	1.563	1.639	1.724	1.818
2.6	1.226	1.275	1.327	1.383	1.444	1.444	1.585	1.667	1.757	1.857
2.7	1.233	1.283	1.337	1.395	1.459	1.459	1.607	1.693	1.788	1.895
2.8	1.239	1.29	1.346	1.407	1.474	1.474	1.628	1.718	1.818	1.931
2.9	1.245	1.298	1.355	1.418	1.487	1.487	1.648	1.742	1.847	1.966
3.0	1.25	1.304	1.364	1.429	1.5	1.5	1.667	1.765	1.875	2
3.1	1.255	1.311	1.372	1.439	1.512	1.512	1.685	1.787	1.902	2.033
3.2	1.26	1.317	1.379	1.448	1.524	1.524	1.702	1.808	1.928	2.065
3.3	1.264	1.323	1.387	1.457	1.535	1.535	1.719	1.828	1.953	2.095
3.4	1.269	1.328	1.393	1.466	1.545	1.635	1.735	1.848	1.977	2.125
3.5	1.273	1.333	1.4	1.474	1.556	1.647	1.75	1.867	2	2.154
3.6	1.277	1.338	1.406	1.481	1.565	1.659	1.765	1.885	2.022	2.182
3.7	1.28	1.343	1.412	1.489	1.574	1.67	1.779	1.902	2.044	2.209
3.8	1.284	1.348	1.418	1.496	1.583	1.681	1.792	1.919	2.065	2.235
3.9	1.287	1.352	1.423	1.503	1.592	1.692	1.806	1.935	2.086	2.26l
4.0	1.29	1.356	1.429	1.509	1.6	1.702	1.818	1.951	2.105	2.286

（续表）

固体比重	固体与水的质量百分比									
	30	35	40	45	50	55	60	65	70	75
4.1	1.293	1.36	1.434	1.516	1.608	1.712	1.83	1.966	2.124	2.31
4.2	1.296	1.364	1.438	1.522	1.615	1.721	1.842	1.981	2.143	2.333
4.3	1.299	1.367	1.443	1.528	1.623	1.73	1.853	1.995	2.161	2.356
4.4	1.302	1.371	1.447	1.533	1.63	1.739	1.864	2.009	2.178	2.378
4.5	1.304	1.374	1.452	1.538	1.636	1.748	1.875	2.022	2.195	2.4
4.6	1.307	1.377	1.456	1.544	1.643	1.756	1.885	2.035	2.212	2.421
4.7	1.309	1.38	1.46	1.549	1.649	1.764	1.895	2.048	2.227	2.442
4.8	1.311	1.383	1.463	1.553	1.655	1.771	1.905	2.06	2.243	2.462
4.9	1.314	1.386	1.467	1.558	1.661	1.779	1.914	2.072	2.258	2.481
5.0	1.316	1.389	1.471	1.563	1.667	1.786	1.923	2.083	2.273	2.5
5.1	1.318	1.392	1.474	1.567	1.672	1.793	1.932	2.094	2.287	2.519
5.2	1.32	1.394	1.477	1.571	1.677	1.799	1.94	2.105	2.301	2.537
5.3	1.322	1.397	1.48	1.575	1.683	1.806	1.949	2.116	2.314	2.554
5.4	1.324	1.399	1.484	1.579	1.688	1.812	1.957	2.126	2.328	2.571
5.5	1.325	1.401	1.486	1.583	1.692	1.818	1.964	2.136	2.34	2.588
5.6	1.327	1.404	1.489	1.586	1.697	1.824	1.972	2.146	2.353	2.605
5.7	1.329	1.406	1.492	1.59	1.701	1.83	1.979	2.155	2.365	2.621
5.8	1.33	1.408	1.495	1.593	1.706	1.835	1.986	2.164	2.377	2.636
5.9	1.332	1.41	1.497	1.597	1.71	1.841	1.993	2.173	2.389	2.652
6.0	1.333	1.412	1.5	1.6	1.714	1.846	2	2.182	2.4	2.667

图 8-18 为矿物固体的体积特性。其中，A 为基础固体颗粒材料；B 为孔隙率，以颗粒体积的百分比表示（可能是封闭的空气、气体或原生水）；C 为空隙，颗粒间空隙占体积的百分比与颗粒的尺寸、形状、尺寸分布和堆积方式有关；D 为水溶性物质；E 为"外来"材料，如煤中的灰分和石灰石中的二氧化硅。

空隙率与粒径无关。随机粒径的固体导致孔隙率低得多，因为较小的颗粒倾向于填充较大颗粒之间的空隙。

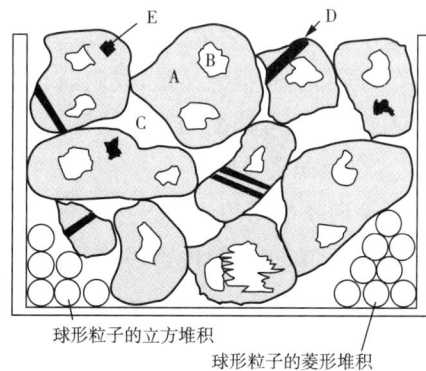

球形粒子的立方堆积

球形粒子的菱形堆积

图 8-18　矿物固体的体积特性

8.4　固料输送的利器——混凝土泵

固料输送以混凝土输送为典型代表,所以固料输送泵统称为混凝土输送泵(简称混凝土泵)。该类泵广泛应用于建筑业的混凝土输送,矿山行业在膏体堆存、采空回填等工程中混凝土、尾矿膏体等高含固、高浓度黏稠膏体的输送,盾构掘进机的固料输送,是我国建筑行业的利器。

8.4.1　混凝土泵车的构成

混凝土泵是一种利用压力将混凝土沿管道连续输送的机械,因具有输送量大、输送速度快、施工效率高、施工成本低等优点,被广泛应用于高楼、桥梁、隧道、矿山等建筑工程项目。将混凝土泵装载在汽车底盘上组成的混凝土泵车是建筑工程项目中常见的混凝土机械设备之一,该类移动式设备提高了混凝土浇筑作业的灵活性,主要类型有拖车式、车载式及带布料杆的混凝土泵车。混凝土泵车也是隧道掘进机输送固体料浆的关键设备。

混凝土泵车采用国 V 底盘,上装采用 199 kW 国 Ⅲ 柴油机,每小时泵送混凝土方量可达100 方,最大泵送混凝土压力为 20 MPa。

1. 动力系统

动力系统装配 WP7 系列电控发动机,智能诊断和应急功能能保证及时排除故障和有效保护发动机。

2. 润滑系统

润滑系统采用同步增压润滑泵,具有工作压力高、堵管少、结构紧凑、噪声低、泵送润滑脂平稳可靠、使用与维护简单等特点。

3. 冷却系统

冷却系统系统回路采用强制风冷散热装置,有效控制系统油温,保障液压系统各部件的正常工作。

4. 电气系统

电气系统使用带总线的工业控制器作为控制核心,可靠性高、功能强大、防护等级高,完全适应工程机械的恶劣工况;采用高清彩色屏,可以随时查看设备运行状态、输入输出指示、故障诊断和实时报警显示,权限认证后可便捷设置系统各项参数;标配有线遥控器,方便远距离操作,也可选配无线遥控器。

5. 冗余换向系统

冗余换向系统采用油缸内接近开关非接触换向,确保换向可靠,且安装有主、辅两套信号检测传感器,在主检测传感器故障的情况下可以立即切换至辅助检测传感器,确保泵送系统正常工作。

冗余换向系统采用柔性换向技术,可以有效降低换向冲击,提高泵送稳定性。

冗余换向系统可以实现设备远程 GPS 定位、远程工况数据监控等功能。

冗余换向系统具备换向行程优化控制功能,能根据主缸行程自动调节主缸的进油量,从而实现泵送最优化控制,确保泵送时保持最佳吸料性,实现高效率泵送。

泵送工作时,冗余换向系统自动匹配发动机工作转速和主泵排量,使其达到最佳节能工作状态;泵送停止后,柴油机会自动降为怠速,以节省燃油。

6. 液压系统

液压系统采用独有的双泵双回路液压系统。泵送液压系统采用大排量开式柱塞泵与主油缸组成独立的泵送油路。分配液压系统采用高性能恒压泵与分配油缸组成独立的分配油路。泵送油路与分配油路相互配合,互不干涉。专门的柔性换向技术使液压冲击更小,系统元件使用寿命更长。双回路设计容易实现逻辑控制,性能可靠,且便于新增更新控制功能升级,使液压系统使用性能最佳。液压系统还融入了主油泵多级保护、高级防乳化及高低压一键切换等技术。

7. 布料

用车载式混凝土泵车输送混凝土,布料是很重要的问题。如果布料不及时,就会发生积料、堆料现象,使泵送压力升高,易发生堵管。一般可用下述方法进行布料。

(1)用溜槽布料。将管道安装得高一些(1.2～1.5 m),在混凝土输送管出口处接一斜溜槽。溜槽可做成可旋转的,使布料面积增大。

(2)用手推车搬运布料。这是一种简易的布料方法,常用于混凝土灌注量不大或某些特殊部位布料杆布料软管达不到的地方。

(3)用布料软管布料。这是应用较多的一种布料方法,尤其在小管径情况下,布料软管重量轻,移动方便,在楼面上布料是很适用的。布料软管的长度有 3 m、5 m 两种,工作时绳子捆住软管出口处,拖到需浇筑的各处,工作时软管最小弯曲半径不得小于 1.5 m。

(4)布料杆布料。采用布料杆布料,可以迅速、方便地进行大范围布料,不容易发生积料、堵管等现象。在施工中通常把布料杆放置在需要浇筑层面的中央,可旋转 360°,可以在布料杆有效范围内任意位置进行布料,这样就可以大大地提高混凝土浇筑施工效率,减轻工人的劳动强度。布料杆是一种较理想的混凝土布料机械。

8.4.2　混凝土泵的其他应用

混凝土泵是液压驱动的一种柱塞泵,主要用于泵送均匀的、浆状的或自由流动的物料,特别适用于泵送机械脱水的污水污泥,如污泥(初沉、沉淀、浮选)、煤泥、金属氧化物泥浆、过滤泥饼和混凝土浆料等。这些能够泵送的物料必须具有如下特点:浆状或自由流动,可以被柱塞固体泵接纳;自由流动可以是被动的,比如由搅拌机或螺旋进料器输送进料;有足够的湿度或本身并不倾向于分离;有润滑的特性,可以润滑泵的柱塞和缸体;温度不能超过70 ℃;脱水后不会趋向于自我堵塞(形成栓塞)。

混凝土泵配套液压泵站、进料装置(搅拌机、旋流器等)、控制系统、输送管路等组成一套完整的高压远距离供料输送系统。双柱塞座阀固体泵结构如图 8-19 所示,双柱塞裙阀固体泵结构如图 8-20 所示。

混凝土泵依靠液压驱动柱塞往复运动与阀组的自动开闭配合来完成膏体、浆体物料的输送作业,可以泵送浓度高达 75% 的固料,单台泵送最远输送距离可达 11 km,最大输送量可达 500 m³/h,其独特的密封设计使得压力越高密封效果越好,且不受物料粗细度的影响,某些时候甚至可达到水密封效果。

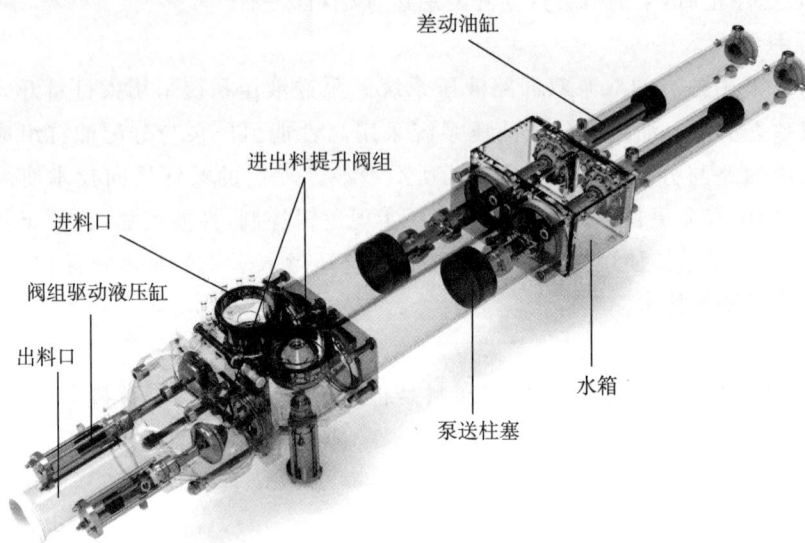

图 8 - 19   双柱塞座阀固体泵结构

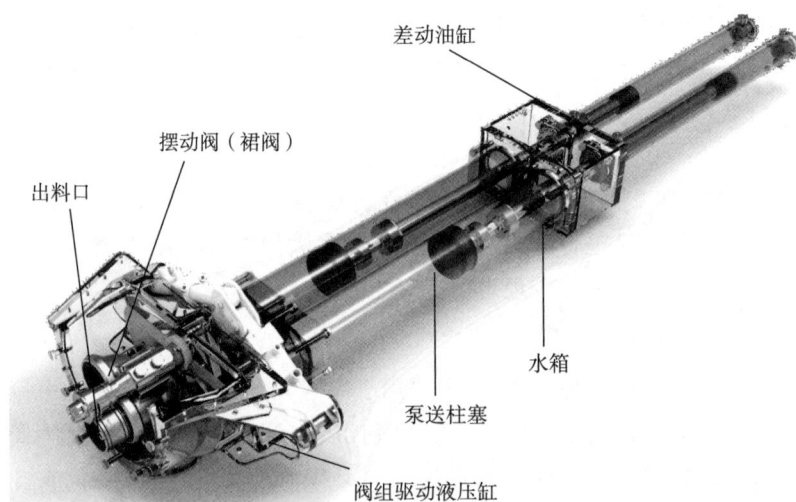

图 8 - 20   双柱塞裙阀固体泵结构

膏体物料的输送可以采用齿轮泵、离心泵、隔膜泵、柱塞固体泵等(见图 8-21)。由此可见混凝土泵涵盖的物料粒度范围最广、膏体浓度最大。

根据矿山尾矿的处理工艺,混凝土泵通过管道系统把尾矿输送到距离很远的尾矿库,或者从开采区输送至地下回填区。

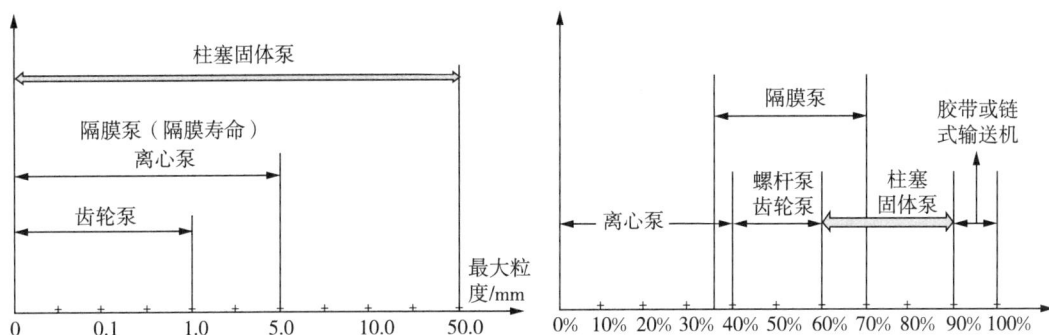

图 8-21　膏体物料粒度、浓度对应不同种类泵

混凝土泵在尾矿泵送至尾矿库的应用中相较于传统方式和工艺具有以下特点:可长距离泵送膏体状尾矿,输送的尾矿含固率高,减少水的用量;膏体尾矿的渗出水量少,环境污染小;尾矿坝垮塌的风险小;膏体状尾矿堆置的稳定性好、建设成本低、占地面积小。

混凝土泵在尾矿泵送回填区的应用中,为实现先进的"充填开采"工艺提供了可能,它不需要设立中间接力泵站,在管道内形成的高压能把回填物料从地面搅拌制备站通过长达10 km 的管道,直接送至井下的回填区域。混凝土泵尾矿泵送回填系统的相关参数和优点如下:排量可达 500 m³/h、运行中的输送压力可达 15 MPa、管道系统设计压力可达25 MPa;可适用于腐蚀性物料;拥有闭式采矿废料系统:矿(开采)——处理(选矿)——矿(回填);采矿作业区的稳定性高;矿料的截止品位高;在绝对密封的管道内输送,工作和运行的安全性高。

混凝土泵在矿业排水应用中,相较于传统的离心泵排水,提供了一种相对经济、抗磨损、可靠、高效的解决办法。其具有如下优点:能够自动、可靠地以每天 24 h、每周 7 天的工况进行连续运行;较低的维护成本和较长的使用寿命;能处理泥沙含量较高的井下废水。

混凝土泵还经常应用于煤泥处理、粉煤灰输送、混凝土和砂浆泵送、浆料喷射中。

(1)煤泥处理:当以烟煤或褐煤为主燃料的电厂使用替代燃料(洗煤厂的煤泥、污水处理厂污泥、燃值合适的工业废料等)时,作为燃煤或泥状组合燃料处理系统的核心输送设备。

(2)粉煤灰输送:将粉煤灰和炉渣以含水较低的膏体形式进行处理,可以减少垮坝的风险,降低渗漏、蒸发的水量损耗,减少粉尘的来源,减小灰场的规模。

(3)混凝土和砂浆泵送、浆料喷射:高压力、长距离输送特性使混凝土泵在与连续搅拌机配置后可用于处理建筑物料,如喷浆、充填和注浆等,这也是最大的应用市场。

8.4.3　混凝土泵的结构分类及工作原理

混凝土泵按结构形式分为液压活塞式、挤压式及水压隔膜式几种类型,目前主要以液压活塞式混凝土泵应用最广。

1. 挤压式混凝土泵和水压隔膜式混凝土泵

挤压式混凝土泵(见图 8-22)利用动力装置驱动行星滚轮回转,碾压挤压胶管,将管内的混凝土挤入输送管并排出。由于泵体内保持一定的真空度,因此挤压胶管被碾压后立即恢复原状并使混凝土加快吸入挤压胶管内。水压隔膜式混凝土泵(见图 8-23)利用水泵将隔膜下方的水经控制阀抽回水箱使隔膜下陷,料斗中的混凝土压开单向阀进入泵体,而当水泵将水箱中的水经控制阀抽回泵体时,隔膜升起,关闭单向阀且将混凝土压入输送管并排出。

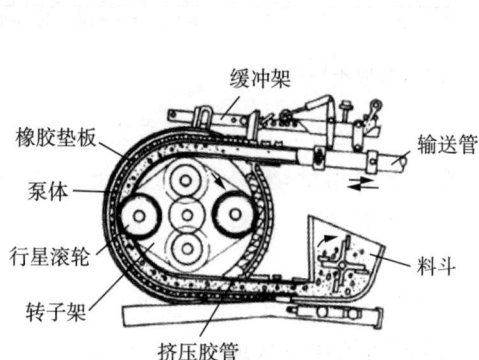

图 8-22 挤压式混凝土泵

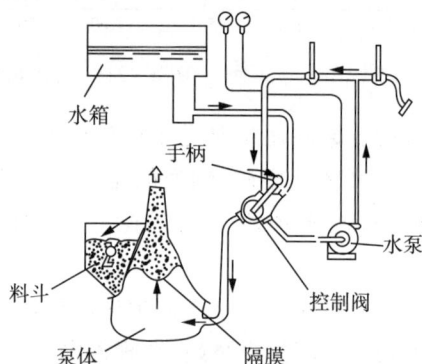

图 8-23 水压隔膜式混凝土泵

2. 液压活塞式混凝土泵

与传统的机械式混凝土泵相比,液压活塞式混凝土泵以其功率密度大、传动平稳、无级调速范围宽、自动化程度高等优点,成为广泛应用的混凝土泵结构形式。液压活塞式混凝土泵按照分配阀的结构可分为"S"管阀、"C"形阀、斜置式闸板阀等形式的混凝土泵。其中,"S"管阀混凝土泵通过活塞的往复直线运动及"S"管阀的来回摆动完成吸料和泵送混凝土,其输送能力强、流道不易堵塞且密封性能好,是应用最多的液压活塞式混凝土泵。液压活塞式混凝土泵(见图 8-24)主要由差动油缸、水箱、泵送柱(活)塞、进出料阀组等组成。

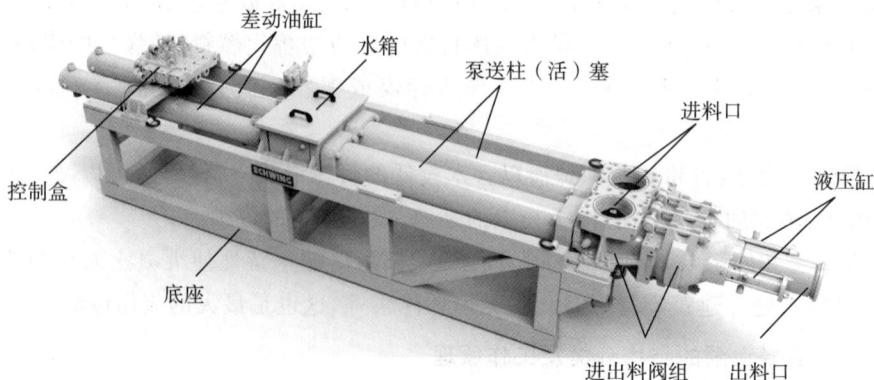

图 8-24 液压活塞式混凝土泵

(1) 差动油缸是混凝土泵的传动端,它将液压泵站产生的液压动力转化为柱塞的往复运动,从而将液压泵站的机械能传递给被输送的膏体,所以它必须具有运行平稳、温升正常、密封严密等特点。

(2) 水箱是柱塞润滑和降温装置,可防止柱塞长时间高压运行时温升过快过高,能够有效减少柱塞的磨损,提高柱塞的使用寿命。

(3) 泵送柱塞是膏体输送的执行端,配合阀组的开关可以实现膏体的高压远距离输送或抽吸,其技术参数的不同决定了应用场合和泵送能力的不同,也决定了进出料阀组的选择。

(4) 进出料阀组是柱塞固体泵的核心机构,位于接料料斗、泵送柱塞和输送管三者之间,是协调各部件动作的分配机构,通过自动化控制的液压缸驱动完成开闭分配动作;针对输送介质颗粒度大小和状态的不同,主要具有三种形式:提升阀(座阀)、摆动阀(裙阀)、球阀。

因物料介质(混凝土、污泥等)的特性,输送管道中阀门是极易磨损的,使用寿命通常都很低。固体柱塞泵的阀组不仅输送介质的浓度更高、粒度更大,更是需要高压作业,因此阀组面对的磨损问题更加严重。摆动阀工作时物料流道如图 8 - 25 所示,摆动阀在两个输送口之间带压切换,物料在进料和出料之间的流动顺畅无阻力,且摆动阀在此过程中并未与流动物料有直接接触,几乎没有磨损,这大大提高了其使用寿命。

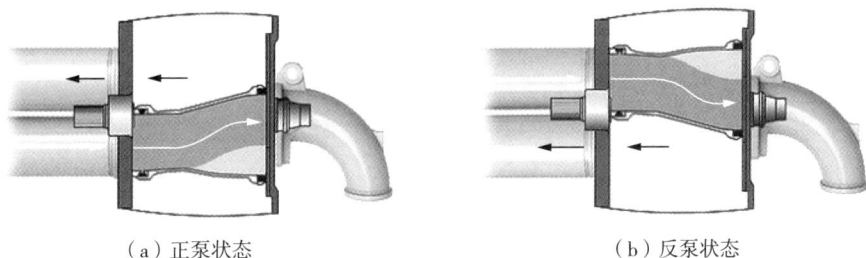

（a）正泵状态　　　　　　　　（b）反泵状态

图 8 - 25　摆动阀工作时物料流道

摆动阀具有流道短、进出料流道变化缓慢、没有死角、泵的容积效率高、压送阻力和吸入阻力较小、摆动阻力较小、避免混凝土在阀门处堵塞等特点,大幅度提升了柱塞固体泵的使用性能。

上述泵送作业为液压活塞式混凝土的正泵状态,当为了疏通泵送管线堵塞而反泵操作时,其会将吸入行程的混凝土输送缸与"S"管分配阀连通,使处在推送行程的混凝土输送缸与料斗连通,从而将管路中的混凝土泵回料斗。

8.4.4　混凝土泵按阀的分类

柱塞固体泵按照进出料阀组的不同,可分为裙阀泵、座阀泵和球阀泵,可用于泵送颗粒度大小不同的膏体;按照泵送柱塞数量的不同,又可分为单柱塞泵、双柱塞泵和三柱塞泵。

双柱塞裙阀泵如图 8 - 26 所示。

(1) 裙阀泵:泵送介质不含直径超过 35 mm(小裙阀)或 65 mm(大裙阀)的固体;石子

或类似的固体材料可以被裙阀碾碎，
更大的固体则必须在接料斗前面设置
筛除；排量为 $10 \sim 500 \ m^3/h$，最大压
力为 13 MPa。

（2）座阀泵：泵送介质不含直径超
过 20 mm（小提升阀）或 40 mm（大提
升阀）的固体，排量为 $10 \sim 250 \ m^3/h$，
最大压力为 15 MPa。

（3）球阀泵：高压输送细微浆料，

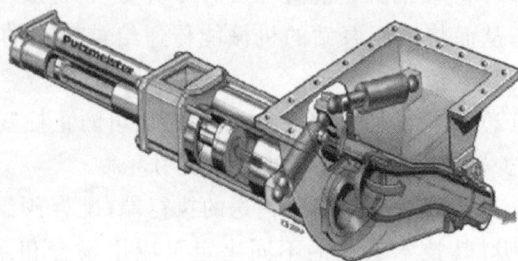

图 8 - 26   双柱塞裙阀泵

如废煤水、尾矿、灰浆和淤泥等；排量为 $0 \sim 50 \ m^3/h$，最大压力为 10 MPa。

8.4.5   混凝土泵的工作原理

以双柱塞座阀泵为例（见图 8-27），两个柱塞反向运动，当一个柱塞进料时，另一个柱塞
向输送管推料，循环往复。其具体工作原理：① 每个泵送柱塞的进料口和出料口都设置有
一个提升阀（座阀）；② 伴随柱塞进料运行，进料提升阀打开，出料提升阀关闭；③ 当柱塞进
料冲程结束时，进料提升阀关闭，出料提升阀打开，柱塞运行换向；④ 伴随柱塞出料运行，进
料提升阀关闭，出料提升阀打开；⑤ 当柱塞出料冲程结束时，提升阀两侧压力相等，进料提
升阀打开，出料提升阀关闭（阻止物料因压力回流到接料料斗，如压力衰减冲击、降低泵送
能力）。

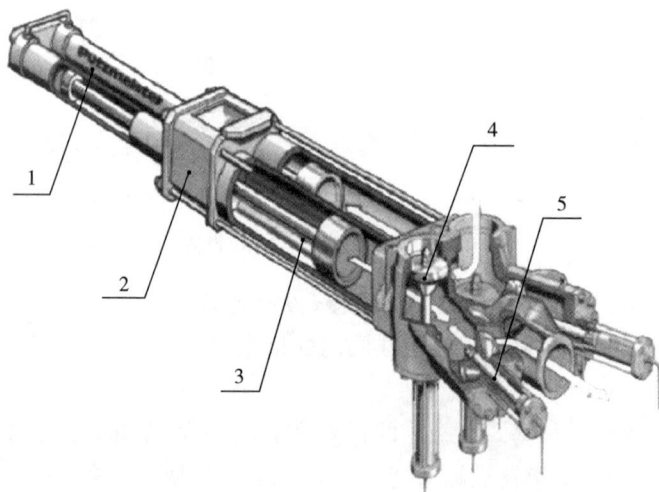

1—差动油缸；2—水箱；3—泵送柱塞；4、5—进出料阀组。

图 8 - 27   双柱塞座阀泵

双柱塞座阀泵提升阀的开闭由液压缸驱动，液压缸由控制阀根据差动缸柱塞的位置自
动控制。当对阀组采取相反的自动控制时，座阀泵的输送功能（正泵）也可变为抽吸功能
（反泵）。这在救援输送管路、更换泵送柱塞时都很必要。

裙阀泵的工作原理类似,裙阀在差动油缸和泵送柱塞的冲程结束后由液压驱动自动换向。当它到达新位置时,泵送柱塞液压换向。工作过程中进料泵送缸和接料料斗连接,出料泵送缸则和输出管路连接,直至该冲程结束开始新的循环冲程。

8.4.6　混凝土泵的关键技术

1. 超高压泵送技术和大排量泵送技术

混凝土泵的泵送能力是由整机功率和出口压力等关键参数决定的,功率是泵送排量的保证,出口压力是泵送高度和泵送距离的保证。目前,随着超高压泵送技术的发展,混凝土泵的出口压力高达 50 MPa;通过采用大口径(直径为 230 mm、260 mm、280 mm)、长行程(2100 mm)的输送缸,并结合高低压切换技术,混凝土泵的最大输送流量可达 180 m³/h。

2. 高效泵送技术

当混凝土泵向更高更远的地方输送混凝土时,应避免造成输送管堵管,及时转换高低压状态进行泵送。为了实现泵送过程中高低压切换,采用将高低压切换回路及其相关控制回路与液压系统主回路、分配阀回路集成在一个油路块中。这样高低压切换操作在一瞬间完成,无须拆管且没有任何泄漏,还能减少液压系统的压力损失和提升作业功率。

液压系统的智能缓冲换向技术是指分析输送缸及摆动机构油缸运动与管道内混凝土运动之间分析的关系,利用高灵敏度传感器采集关键信号,并用计算机拟合出混凝土在管道内的运动状况,进而用专用控制器调节主液压缸的运动方向和速度。此外,液压系统采用大排量、大扭矩搅拌马达,在料差及加高料斗时也能正常搅拌、不被卡死,提高了混凝土泵的吸料性。

3. 分配阀技术

分配阀是混凝土泵的关键部件,其可实现两个输送缸与输送管之间的切换连接,直接影响混凝土泵的性能,因此要求分配阀具有良好的吸排料性、密封性、耐磨性和换向灵活可靠性。S 管阀有变半径和恒半径两种,其采用浮动、自密封橡胶弹簧,依靠混凝土的压力推动切割环自动密封管口,橡胶弹簧可自动补偿间隙,以保证与眼镜板紧密贴合,确保阀内形成泵送高压力。

4. 自动退混凝土泵活塞技术

自动退混凝土泵活塞技术利用液压系统直接将泵活塞退回至泵的水箱内,方便拆卸和安装活塞,可随时查看活塞磨损和润滑情况,更好地维护和延长其使用寿命。为确保工作安全可靠,采用机械液压双保险限位装置保证泵活塞在输送缸内的往复运动,只有在泵送停止并发出泵活塞退出指令时才会实现活塞退出。

5. 易损件耐磨技术

眼镜板、切割环连接强度在 100 MPa 以上,通过应用新工艺和新结构,眼镜板使用寿命达到 5 万方至 8 万方(混凝土),切割环使用寿命达到 2 万方至 4 万方(混凝土)。橡胶活塞需耐压、耐热及耐磨,通过新材料技术的应用,使用寿命可达 2 万方至 4 万方(混凝土)。输送缸通过内层镀铬,硬度达到 HV900 以上,使用寿命可达 10 万方至 14 万方混凝土。

8.5 高温料浆泵

8.5.1 煤制油流程的料浆输送

随着煤清洁化工艺的成熟和发展,高温料浆泵的需求量在稳步增长,同时高温高压油泵、煤浆泵、油渣泵、碳渣泵等系列产品的需求量也将增长。料浆泵在煤化工上又叫作煤浆泵,也就是大量的煤粉浆向煤液化转换过程中的集中泵送装备。

国际上高温高压料浆泵的主要制造商是德国的 URACA 公司、意大利的 Peroni 公司、美国的 Frosewer 公司,它们的产品在国内外的煤化工业占有率达到了80%。这些公司的产品也存在磨损、零部件断裂、柱塞使用时间小于 8000 h 等问题。

煤制油总体流程如下。洗精煤从厂外经皮带机输送至备煤装置并加工成煤液化装置所需的煤粉。催化剂原料在催化剂制备装置中加工成催化剂固体,催化剂固体在煤液化装置与供氢溶剂配制成催化剂煤浆。煤浆及供氢溶剂,在高温、高压、临氢的条件和催化剂的作用下发生裂化反应生成煤液化油并送至加氢稳定装置,反应剩余的煤渣和部分油质组成的油灰渣经油渣成型后作为油渣产品送至热电中心渣场。煤液化油送入加氢稳定装置的主要目的是生产满足煤液化要求的供氢溶剂,同时脱除硫、氮、氧等杂质,从而达到预精制的目的。加氢稳定装置将柴油馏分至加氢改质装置进一步提高油品质量,溶剂返回煤液化装置作为供氢溶剂配制煤浆。各加氢装置产生的含硫气体均经轻烃回收装置回收气体中的液化气、轻烃、氢气,并经脱硫装置进行处理后作为燃料气。同时,加氢稳定产物分馏切割出的石脑油至轻烃回收装置处理后,作为重石脑油与加氢稳定分馏塔侧一、二及部分侧三线馏分油到加氢改质装置进一步处理,已合格的石脑油、航煤、柴油等产品排出装置。各装置产生的酸性水均需在含硫污水汽提装置中处理后,送至酚回收装置回收其中的酚,经处理合格后的脱酚水一部分去加氢稳定装置回用,其余输送到污水处理厂。

8.5.2 高温料浆泵机组

高温料浆泵机组由高温高压高含固输送泵,电机,减速机,润滑装置,进口缓冲器,出口缓冲器,注入泵,三合一油箱,注入、冲洗、密封、蒸汽和冷却等辅助管路系统,电气控制和监测系统,底架和支撑架等组成。该机组的传动方式:电机 → 减速机 → 主泵(三柱塞料浆输送泵) → 注入泵(三柱塞往复泵),其安装示意如图 8-28 所示。

高温料浆泵机组的主要技术参数如下。

介质:油煤浆、渣油、催化剂料浆等,介质具有液态、固态二相,并含有硫化氢、催化剂等腐蚀、磨蚀组分。

工作温度:160 ~ 300 ℃;

进口压力:0.4 ~ 0.6 MPa;

出口压力:15 ~ 25 MPa;

流量:20 ~ 120 m³/h;

泵速:37 ~ 77 min⁻¹。

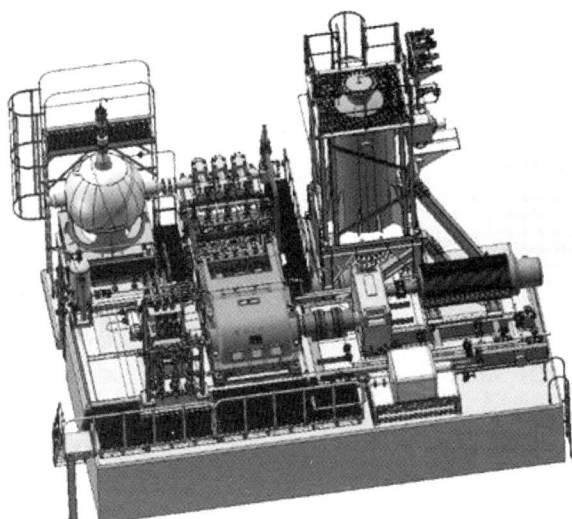

图 8－28　高温料浆泵机组安装示意

　　该机组(含变频控制系统)总的占地面积约 100 m²,总的质量超过 100000 kg,设备的高度超过 7 m,在泵行业属特大型设备。为了可靠地输送料浆,极低泵速是该泵的设计理念,它的柱塞线速度为 0.33～0.77 m/s,因此才有了巨大的体量。高温料浆泵机组主要设备构成见表 8－12 所列。

表 8－12　高温料浆泵机组主要设备构成

序号	名称	规格和参数
1	主泵	行程为 300 mm
2	电机	变频防爆高压
3	减速机	根据要求配不同型号和速比的减速机
4	高压变频系统	含高压变频器
5	注入泵	行程为 100 mm
6	润滑油系统	流量为 4.8 m³/h,压力为 0.4～0.6 MPa
7	注入系统	注入量和压力由具体情况确定
8	冲洗系统	油量为 0.6 m³/h,压力为 0.4～0.5 MPa
9	密封系统	密封油量为 3 L/h,压力为 0.8 MPa
10	吸入缓冲器	1400 mm×4000 mm×25 mm,2.5 MPa
11	出口缓冲器	球型 1450 mm×100 mm,30 MPa
12	安全阀	—
13	组合底架、支架	含泵底架、传动底架、各种仪表支架等
14	操作系统	含启、停等电气系统及仪表自动监控系统等

8.5.3　高温料浆泵的动力端

高温料浆泵为固定排量的往复式泵,按泵的流量要求分别配置大推力三缸或者五缸的动力端,本小节以三缸泵为例加以介绍。

三缸料浆泵的动力端如图 8-29 所示,泵的动力端采用卧式三拐单作用型式,由机座、机盖、曲轴、连杆、十字头及柱塞连接的中间杆等组成。动力端为三拐两支点、30°剖分式结构。曲轴两端采用调心轴承,能起到自动对中的作用。动力端采用倒润滑的压力润滑结构,润滑油由润滑站供油。中间杆与柱塞连接采用平面滚针轴承,此轴承在很小的空间下可获得高的载荷能力和高的刚度。因为动力端是单作用,所以曲轴的旋转方向是固定的。机座与机盖用 M64×4 高强度螺柱由液压拉伸器拉伸后拧紧圆螺母,液压力为 70 MPa。动力端的最大推力达到 45.9 t,行程为 300 mm,主泵工作运行平稳,许用推力富裕量大。

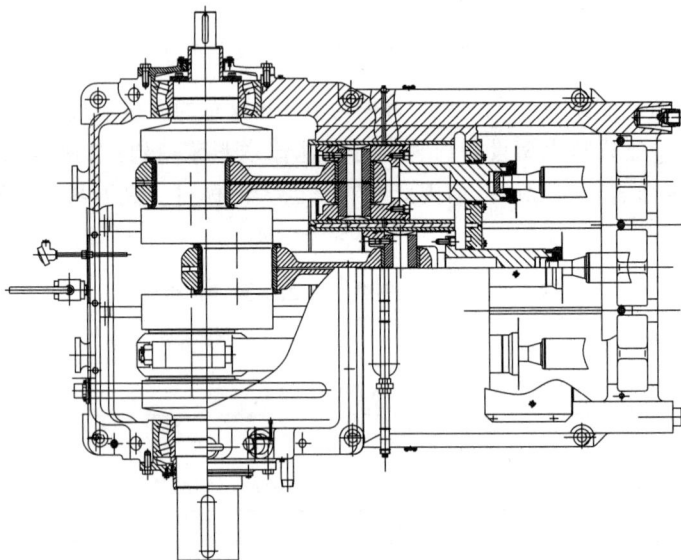

图 8-29　三缸料浆泵的动力端

高温料浆泵动力端的主要零件结构特点如下。

机座采用球墨铸铁铸造成型,保证高的强度及结构刚度。每个主轴承上都有开口,以便装拆曲轴、连杆等部件。为了增加刚性,在机座的内外两侧布置了加强筋。内加强筋板底部开有通孔,便于润滑油流动。机座的下部为油池,储存运动机构部分循环润滑用油。通过机座侧面的油标可以观察润滑油存油量。机座内部有油管与轴承油孔相通。机座上有水平突台,供安装时找正。采用先进的大型龙门加工中心设备加工,确保两主轴承孔的同轴度、十字头孔与主填料函体孔的同轴度及十字头孔与主轴承孔的垂直度。为满足机座的设计要求,需对其进行有限元分析。

机盖采用球墨铸铁铸造成型。机盖内部布置了加强筋,保证刚性。机盖顶部有通气帽,使机座内部与大气相通,以降低机座润滑油气、泡沫的含量。采用先进设备加工,确保两主轴承孔的同轴度。机盖上设有安装监测轴承温度的热电阻的安装孔。

曲轴作为重要零件,采用合金钢锻件,并经热处理及超声波探伤、磁粉探伤,保证强度和使用寿命。曲轴设计成二档主轴颈和三档曲拐颈。曲轴两轴端采用填料密封,便于拆装。

连杆是十字头和曲轴的连接件,它由连杆盖、连杆体、连杆大头轴承和连杆小头轴承、连杆螺栓等组成。连杆采用铸钢件保证强度,同时采用剖分结构,连杆盖与连杆体用连杆螺栓连成一体,连杆螺栓用开口销定位。大头轴瓦为厚壁瓦,连杆小头为铜套。

1. 曲轴的有限元分析

曲轴网格划分可运用 ANSYS 17.0 进行处理,去除几何模型上一些不连续键槽、倒角等结构,去除后不会对计算结果产生影响,符合计算要求。在有限元分析中,三维实体单元每个节点具有 3 个位移自由度:U_x、U_y、U_z,对曲轴计算模型做边界约束。电机与曲轴连接的驱动端主轴颈 1 轴承处位移约束,即 $U_y = U_z = 0$;电机与曲轴非驱动端轴颈 2 轴承处位移约束,即 $U_y = U_z = 0$;计算中避免曲轴轴向移动对主轴颈端面进行全约束,即 $U_x = U_y = U_z = 0$。

驱动端主轴用电机驱动输入,$n=75$ min^{-1},功率 $N=560$ kW,扭矩 $T=72000$ N·m,非驱动端小轴输出小柱塞泵输入扭矩 $T=2400$ N·m。曲轴扭矩载荷如图 8-30 所示。

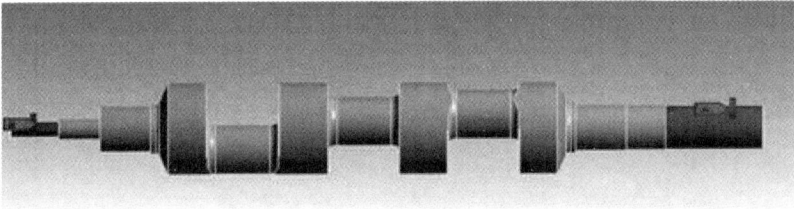

图 8-30　曲轴扭矩载荷

曲轴在设计极限工况下的强度能满足设计上的要求,煤浆泵项目设计参数工况下最小安全系数为 4.73,具有足够的裕量。

2. 泵的润滑系统

良好的润滑是动力端长期、可靠运转的保证。合适的油品、油量,洁净、畅通的油路,一定的油压(保证一定的油流量)是良好润滑的前提。

润滑系统的主要作用是在动力端运动机构各摩擦副表面之间形成一层油膜来减少磨损和摩擦功耗。

润滑系统主要由润滑主轴承、连杆大头轴瓦、连杆小头轴瓦、十字头滑道等组成,以减少摩擦表面的损耗,并带出摩擦产生的热量。

运动机构零件分两路,一路为十字头 → 衬套 → 十字头销 → 连杆 → 轴瓦;另一路为泵内润滑油路,两轴承由泵内润滑油路通过压力油润滑。

为了确保润滑站供油的可靠性,采用双油泵结构,当一个油泵出现故障时,另一个油泵启动,保证润滑站正常供油。

润滑油正常油压为 $0.4 \sim 0.6$ MPa。润滑油压力通过 3 个压力变送器和 1 个差压变送器控制，为了保证油压可靠，变送器采用 3 取 2，低于 0.2 MPa 报警，低于 0.15 MPa 停车。双筒过滤器差压大于 0.1 MPa 报警，应及时切换过滤器。润滑油来自机座底部油池，油池内设有两个电加热器，由热电阻对油温进行控制。当油温不大于 5 ℃ 时，热电阻发出信号，电加热器启动；当油温不小于 30 ℃ 时，电加热器关闭。

8.5.4 高温料浆泵的液力端

高温料浆泵的液力端（见图 8-31）由泵体、柱塞、主填料函、副填料函、进液阀、排液阀、桁架部件、进口集合管、出口总管等组成。液力端是完成泵输送介质的关键部件，也是泵的核心技术。

由于输送介质的特殊性，泵体采用分体式，同时在泵体中安装有特制的输液导管，使得介质和冲洗油分离，从而避免介质进入填料函产生填料的磨损，影响使用寿命。

一般进液阀和排液阀采用的是锥阀或异形阀。为了提高阀的使用寿命，阀座表面采用镀层处理，同时可以双面使用，大大延长了阀的使用寿命。

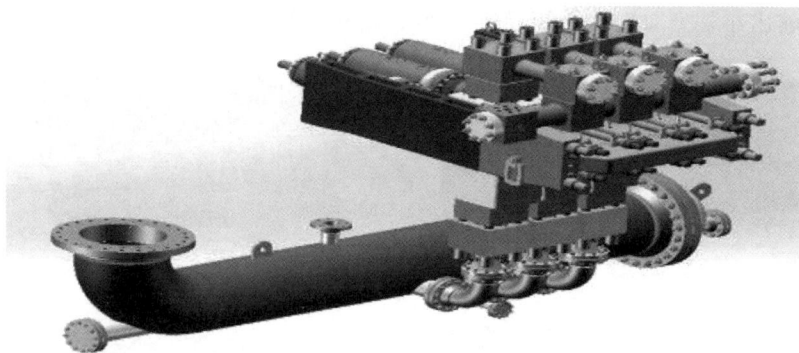

图 8-31　高温料浆泵的液力端

1. 特殊泵体技术

泵体的结构特征（见图 8-32）：每台泵采用分体式泵体，这样使泵体的装拆方便、密封点少，同时可以减少泄漏，降低泵体的锻造成本，更容易加工，流道通畅无淤堵。

针对输送介质为高温、高含固、高黏度、高腐蚀性的特性，采用 06Cr13Ni4Mo 马氏体不锈钢制成锻件泵体，使泵的立间距从常规 360 mm 增大到 410 mm，较大地增加了泵体的内腔容积。这样的泵体具有制造加工方便、抗疲劳强度高、使用寿命长等优点。

泵体内腔与进排液阀腔是同心圆。泵体内腔孔与进排液阀孔采用两侧 30° 圆弧连接，可以使固体颗粒介质在泵体内腔无淤积，保证阀内腔孔介质的流通性。这种特殊设计的泵体内腔能有效提高柱塞与密封件的使用寿命。若介质与注入油隔离的分界面上下波动垂直高度为 H，则分界面的波动最高处和填料柱塞腔之间的距离应不小于 $1/2H$，避免注入隔离油与介质混合后，一部分流动介质转移至柱塞工作腔，从而导致柱塞与密封件的使用寿命降低。

为了解决高温对泵体热变形的影响，泵体在设计时考虑了通蒸汽的通道和接口。用其连接蒸汽，以减少泵体的热变形。

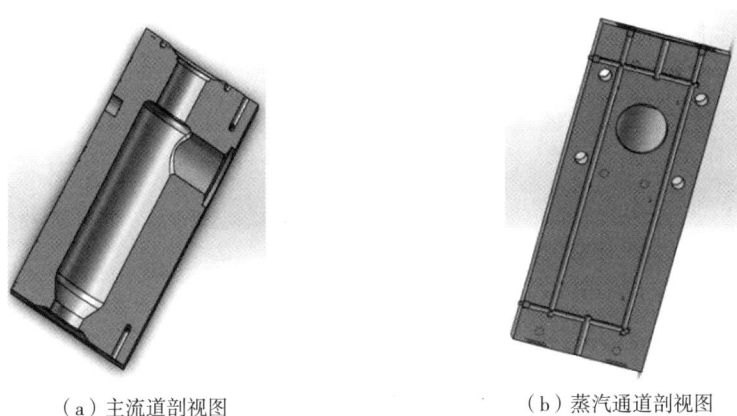

（a）主流道剖视图　　　　　　　　　（b）蒸汽通道剖视图

图 8 - 32　泵体结构

2. 新颖的输液导管

输液导管（见图 8 - 33）安装在泵体内部。泵输送的介质为高温、高含固料浆，为了最大可能地降低介质中固体颗粒进入填料函，在泵体内腔设有输液导管结构。输液导管采用奥氏体不锈钢材质，导管体底部均匀分布 4 个方形孔。经过注入泵后的注入油，一部分进入填料函的注入口，另一部分进入泵体内腔的上部分，用于隔离从吸入总管吸入的含固料浆，确保经进液阀进入泵体内腔的介质从输液导管进入，经排液阀后排出，而不进入填料函，减少固体颗粒介质对填料密封圈和柱塞的破坏。

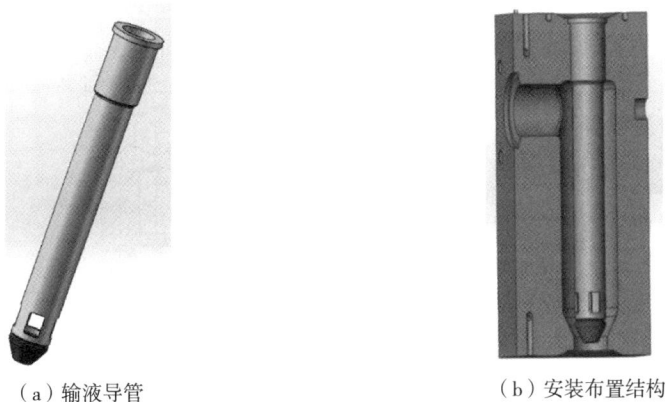

（a）输液导管　　　　　　　　　　（b）安装布置结构

图 8 - 33　输液导管

3. 进排液阀的关键技术

料浆泵的进排液阀（见图 8 - 34）采用球阀结构，进液阀和排液阀结构一样，可以互相通用，进排液阀由阀座、阀套、阀球、阀导套等组成。

由于输送介质为高温、高压、高含固、高黏度的特性，因此泵的进排液阀采用球形阀结构是最合适的。对于有颗粒的高黏度介质，球形阀与阀座是线接触，开启、关闭灵活方便。阀座采用 0Cr18Ni9 等离子堆焊司太立 21 号合金层作为阀线，具有适宜的硬度（阀线硬度达

到 HRC48 ~ HRC52）和韧性，能适应含固体颗
粒的介质。阀座上下两端对称布置阀线，当一端
的阀线出现磨损失效后，可以反向 180° 安装使用
另一端的阀线，这样可以极大地延长阀座的使用
寿命。

进排液阀的阀座和阀球之间的密封采用
0Cr18Ni9 不锈钢材料的透镜垫，球形圆弧面与
20° 斜面密封结构能承受 300 ℃ 高温和 32 MPa
高压的经典结构。

图 8 - 35 为德国 URACA 高温料浆泵的液力端。

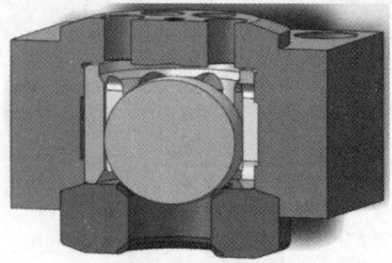

图 8 - 34　进排液阀

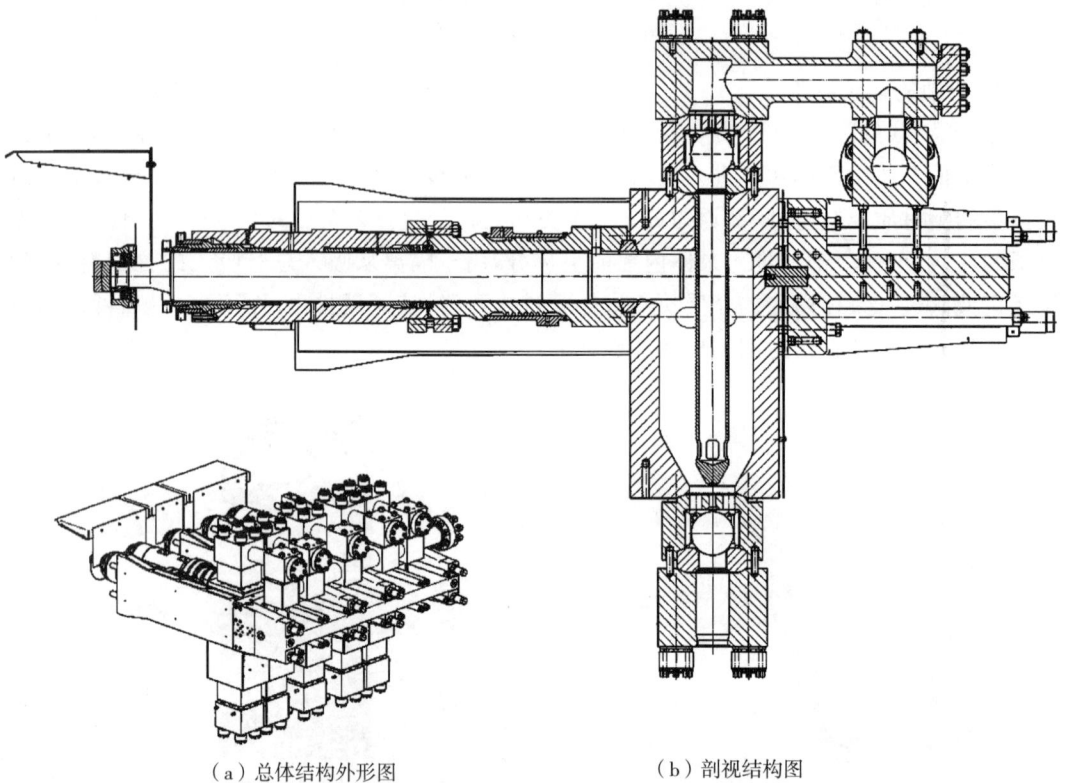

（a）总体结构外形图　　　　　　（b）剖视结构图

图 8 - 35　高温料浆泵的液力端

4. 可靠的桁架定位连接系统

桁架组件（见图 8 - 36）是连接分体式泵体与主副填料函体的主要部件。由于该泵的柱
塞超长（达到 1900 mm），因此柱塞、机座填料函腔、泵体柱塞腔三者之间的同心度就显得非
常重要，而这主要依靠桁架组件来进行定位。

桁架组件由主支撑板、支架、堵头、高强度长螺柱、圆螺母等组成。主支撑板与机座后
端、支架之间通过定位圈定位；支架设有三个定位销孔，支架与泵体通过定位销定位；主支

撑板、支架和机座通过高强度长螺柱连
接,定位精度直接影响柱塞及柱塞密封
的使用寿命。

　　带有蒸汽管路的专用组装式桁架解
决了分体式泵体与填料函定位、泵体内
外温差大等问题,减少了泵体热应力,提
高了泵体使用寿命,使组装式桁架在高
温下避免径向膨胀,同时在轴向方向允
许范围内有一定的膨胀量。

图 8 - 36　桁架组件

　　5. 减少介质淤积的进口集合管

　　进口集合管(见图 8 - 37)由主管和封头法兰等组成。主管上的 3 个吸入口分别与主泵的
弯管法兰相连接。封头法兰侧预留再循环接口,用于提高管内流速,降低管内淤堵。吸入口位
于吸入主管的第四象限,且从主管底部吸入,能有效减缓颗粒介质的沉降与淤积。长时间运行
后,若出现一定淤堵,吸入主管的另一端留有清理淤堵的接口,用于疏通吸入主管。

图 8 - 37　进口集合管

　　由于往复泵通用技术要求及输送介质固体颗粒含量高、颗粒的硬度高、有很强的磨损性,
因此泵进口的流速不能太快。这就要求泵进口前的集合管直径要大,以减少泵的进口流速。
但是,集合管直径太大会造成集合管中介质的流速过慢,而输送的是特别容易淤积的介质,为
了防止介质在进口集合管中淤积,可以从以下几个方面对进口集合管的结构进行改进。

　　(1) 进入泵体的进液口下移,从第一象限下移到第二象限。

　　(2) 增加冲洗接口,有需要时通过冲洗接口可以进行搅拌或连接一台离心泵进行循环
冲洗。

　　(3) 增加再循环接口,这样可以增加进口集合管中的流量,加大集合管中的流速,而不
会加大泵体进口的流速。

　　6. 能满足注入、冲洗、密封三合一的填料函部件

　　主泵的填料函(见图 8 - 38)由柱塞、前填料函体、后填料函体、副填料函体、填料压套、隔
圈、导向套、填料、主调节螺母、副调节螺母、螺纹法兰及紧固件、金属缠绕垫、弹簧等组成。

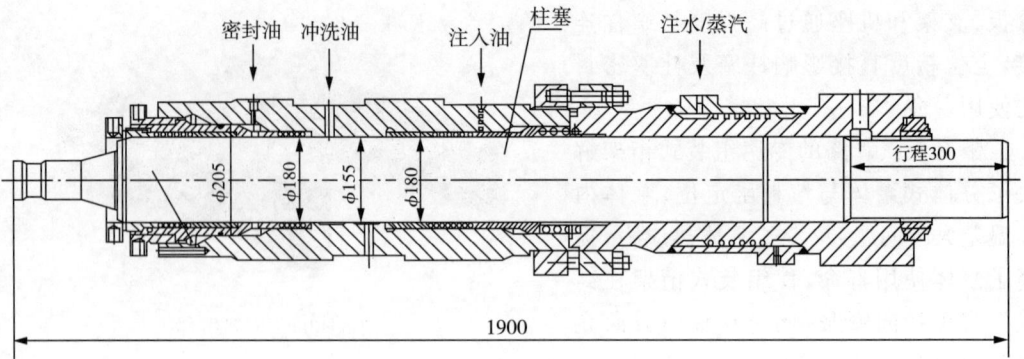

图 8-38 填料函

填料函注入、冲洗、密封三合一的设计,大大降低了高温、高压、高磨蚀悬浮床加氢进料对柱塞填料密封性能的影响。

(1)三合一缓冲器提供的注入油经注入泵将每一腔的压力注入油对应注入主泵柱塞填料函里(注入量为主泵流量的30%),建立油压屏蔽悬浮床加氢进料的保护腔,减少悬浮床加氢进料中固体颗粒与填料密封接触的机会,大大提高了柱塞与填料密封的使用寿命。

(2)三合一缓冲器提供的冲洗油直接进入主泵填料函冲洗接口,冲洗油对填料函的主密封进行冲洗,隔离偶尔进入填料函的悬浮床加氢进料颗粒,减少悬浮床加氢进料颗粒与柱塞填料的接触,保证了柱塞密封件的使用寿命。

(3)柱塞设计采用在不锈钢基体表面超音速喷焊碳化钨硬质合金,表面硬度高,耐磨性好,柱塞使用寿命超过常规的颗粒介质泵。

(4)三合一缓冲器提供的密封油对柱塞低压密封件进行润滑,确保柱塞填料寿命不小于8000 h。

(5)冲洗油返回管路配有检漏的接口,当设备运行一定时间后,可以定期对冲洗油进行油品分析,检测油样中是否有填料成分,从而判定填料是否磨损。

为了降低零件的热应力,设置前填料函带夹套结构。在主泵启动前,向前填料函体的夹套内通蒸汽进行预热,当温度接近95 ℃时,切断加热蒸汽;当进入停泵阶段时,打开冷却水管路与蒸汽管路之间的阀门,通入冷却水对填料函进行降温,快速冷却填料函。

8.5.5　高温料浆泵的辅助管路系统

高温料浆泵是煤化工生产装置中的关键设备,为了充分满足高温料浆泵在高温、高压、含固、高黏度介质下连续生产的工艺要求,在结构设计上充分考虑了输送介质的性质,采取了在高温状态下防止渣浆进入柱塞密封区的措施,提高了柱塞和柱塞填料密封的使用寿命。由于对泵的柱塞和填料采取了密封和冲洗的手段,因此在恶劣工况下工作的高温料浆泵易损件抗磨损性能大大增强。蒸汽及冷凝水、安全阀卸荷及润滑等系统也是保证高温料浆泵正常工作的重要辅助管路。

1. 三合一缓冲器系统

主机辅助系统中,注入、冲洗、密封等管路部分都是围绕着建立液压油屏障、保证柱塞密封的正常使用、减少输送介质的泄漏而展开的,目的是降低泵填料、柱塞的磨损,延长泵的使用寿命。因此从简化结构,充分利用有限的操作空间,以及便于安装和维护并可集中供油的角度出发,采用了注入、冲洗、密封三合一的结构,即三合一缓冲器系统(见图 8 - 39)。三合一缓冲器系统由一个三合一缓冲器(壳体)和进出口配对法兰组成,缓冲器(壳体)设计压力为 2.5 MPa,工作压力为 0.8 MPa,设计温度为 200 ℃,容积为 0.15 m³,工作介质为 100 ~ 120 ℃ 溶剂油。其中,注入油流量为 1.0 ~ 2.1 m³/h,压力为 1 MPa(泵出口压力);冲洗油流量为 0.6 m³/h,工作压力为 0.6 MPa;密封油流量为 3 L/h,工作压力为 0.8 MPa。

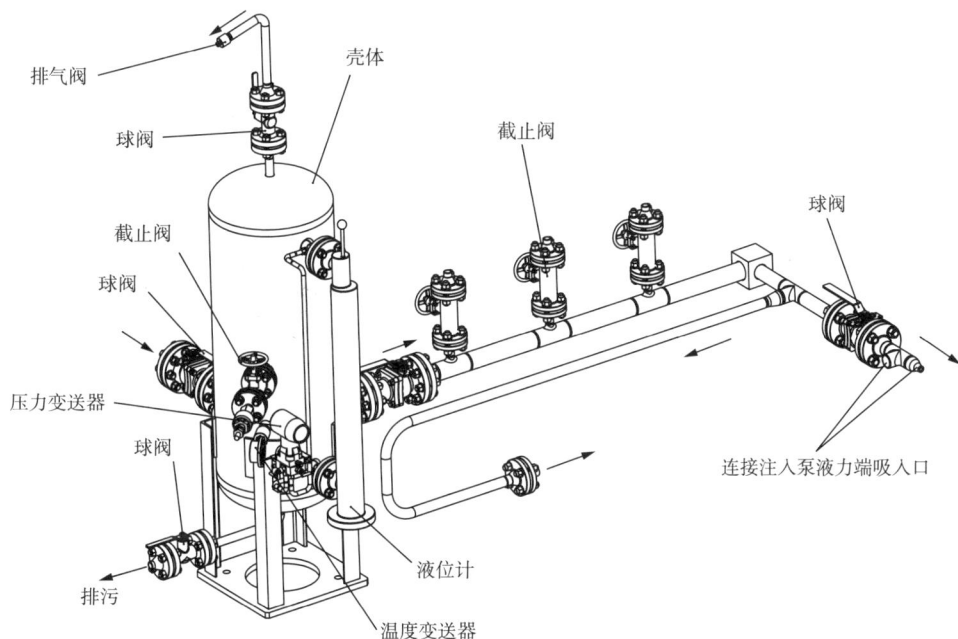

图 8 - 39 三合一缓冲器系统

在三合一缓冲器壳体上,除了大口径进出液配对法兰外,还留有 DN20 蒸汽伴热接口,用于三合一油加热;侧边布置 DN20 放气球阀,用于输送介质的气液分离;侧边布置 DN20 排污阀,用于清理沉积在油罐底部的污垢。此外,为了实时监测油温变化,在油罐的一侧布置了带双金属温度计的分体式温度变送器;在油罐一侧装有远程隔膜压力表;在油罐出口管线三个不同位置上分布有远程隔膜压力变送器,分别对出口管线中的输出工作压力进行数值取样(3 取 2),以达到对三合一供油出口压力进行实时监控的目的。

2. 注入油系统

注入油系统(见图 8 - 40)的作用是把三柱塞注入泵每一腔的压力油对应注入主泵柱塞填料腔里(注入量一般为主泵流量的 3% 左右)。建立液压油隔离,用以屏蔽输送的悬浮床加氢进料,以保护柱塞与柱塞密封不受悬浮床加氢进料颗粒的侵蚀,防止悬浮床加氢进料颗粒进入高压填料后磨损填料。输送注入油的注入泵与主泵,在曲轴曲拐拐颈位置分布上有 180 ℃ 的相位差,确保在主泵吸入回程时注入隔离油。在结构设计上为保证这一情况同步

417

进行,注入泵与主泵轴头连接,运行一致;同时注入油与输送介质一起进入系统。

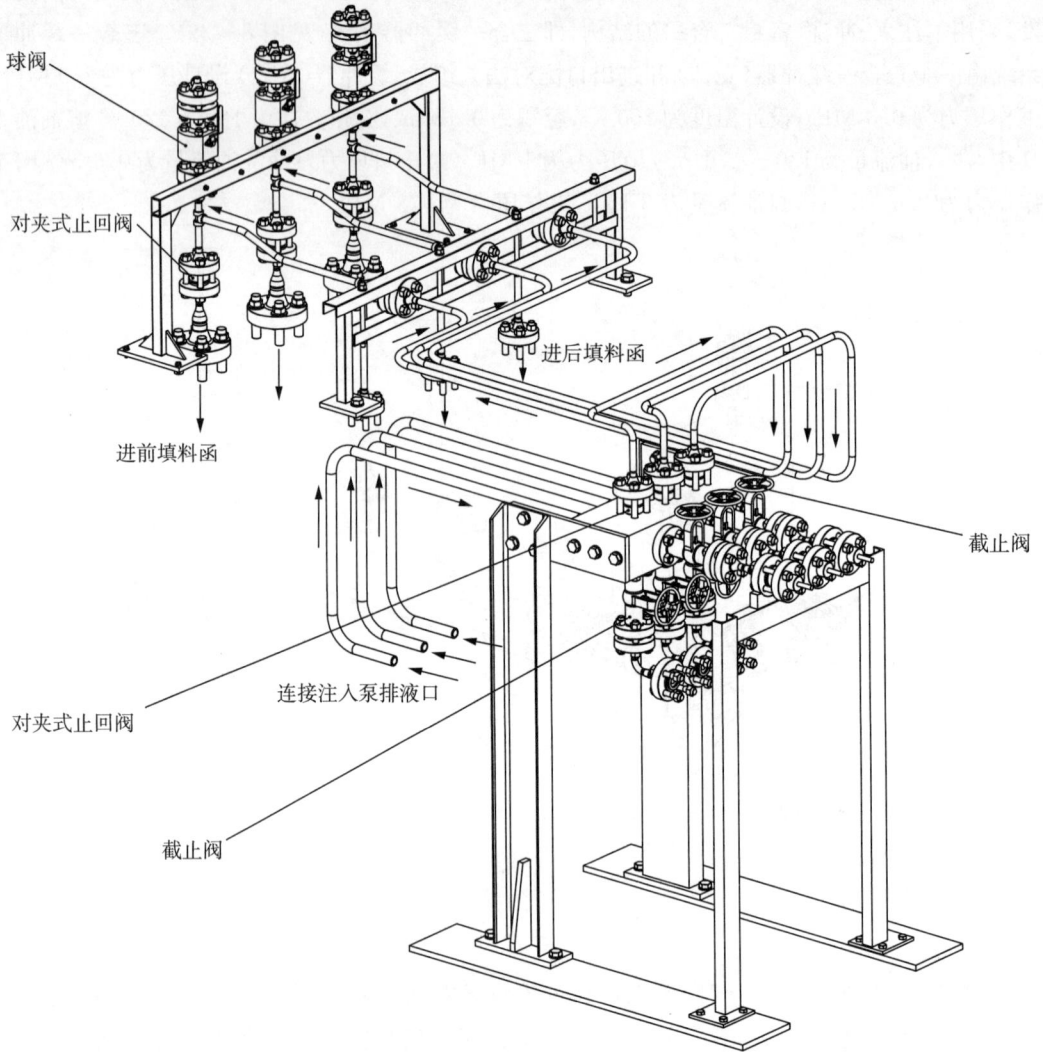

图 8-40　注入油系统

注入油在主泵上的注入点分别位于前填料函体和后填料函体,理论上注入油的工作压力只要大于主泵柱塞回程时的吸入压力即可正常工作,但考虑由于主泵填料密封的泄漏,高压介质会通过密封间隙倒灌渗入注入油管线,因此在注入泵输出排液口设置了两个串联的单向阀作为双保险,确保高压介质不会因反向击穿单向阀而损坏注入泵。同时,在各注入管线上设置了远程隔膜压力变送器和就地隔膜压力表,有效地对注入系统的工作压力进行实时监测。压力变送器和压力表带有对隔膜的油冲洗装置,能使隔膜在测压工作过程中始终处于清洁状态而不影响计量精度。

3. 冲洗及检漏系统

冲洗及检漏系统如图 8-41 所示。冲洗油由三合一供油系统连续不断地提供,最后返回供油池。经三合一油箱出口分路出来的冲洗及检漏系统,通过水冷式油冷却器分成密封和冲洗两部分供油。在冲洗及检漏系统中,冲洗油到达柱塞密封函的后填料函体上部的冲洗油口,对偶尔混入的悬浮床加氢进料颗粒进行冲洗,使主密封的填料始终处于清洁状态,保证柱塞密封件的正常使用。冲洗后的溶剂油(内含少量颗粒悬浮床加氢进料)经后填料函体下部的连接法兰流出,汇总合流到冲洗油返回总管,完成冲洗过程。在冲洗油返回装置中,为了对主填料磨损情况进行检测,设置了两个球阀,以便实行"L"形换向,及时发现冲洗溶剂油中是否夹带着黑色黏稠状的填料损坏物,从而判定填料的损坏情况,以提醒更换。另外,冲洗油返回装置中设置的双金属温度计,能及时发现油温异常升高,间接掌握填料损坏情况。在冲洗油系统中还设置了油流指标器和放气阀,以便清晰地观察到溶剂油的工作情况,及时将管路系统中的气体排出。

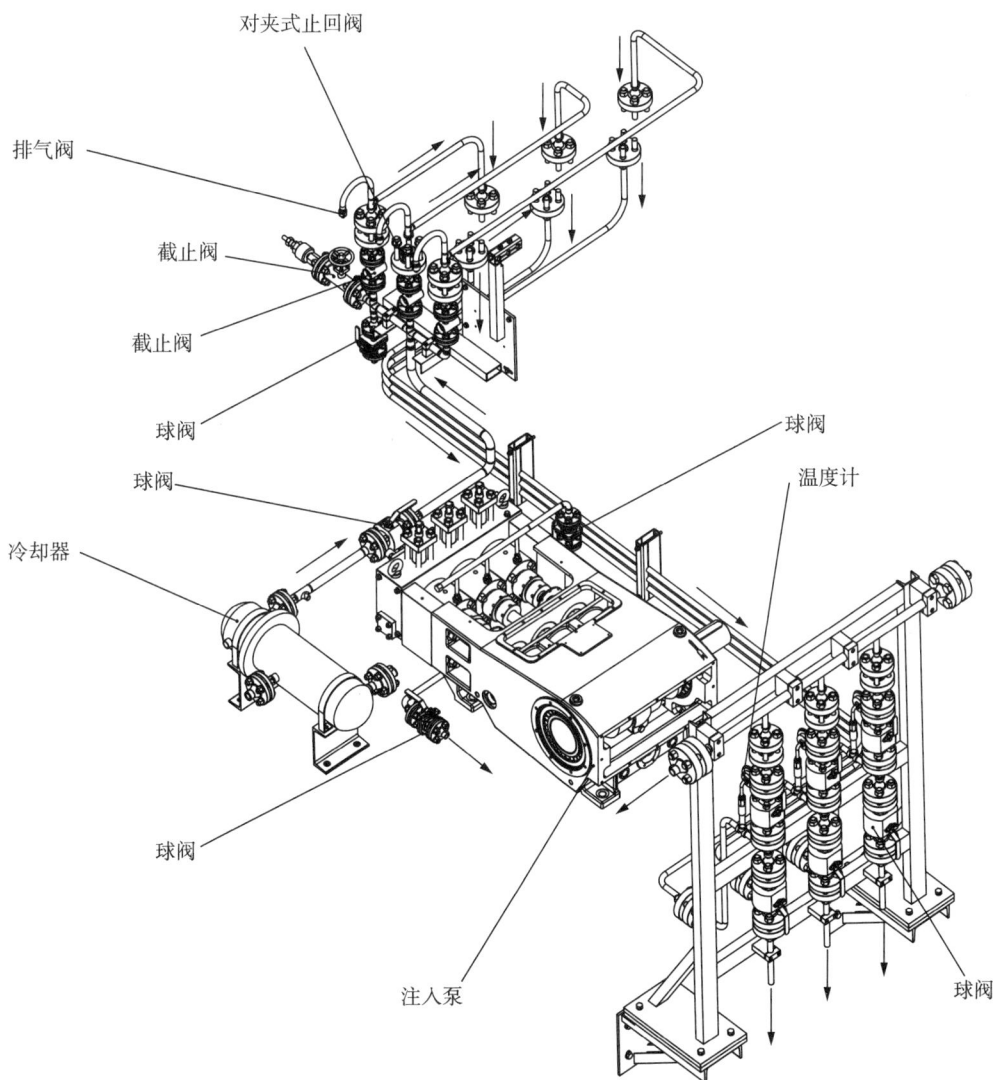

图 8-41　冲洗及检漏系统

4. 密封油系统

密封油系统的作用是对悬浮床加氢进料系统低压填料（副密封）进行冷却和润滑，延长填料的使用寿命。由于密封油压力高于冲洗油压力，因此密封油一部分随冲洗油进入冲洗油返回管路，另一部分从主副调节螺母处滴漏到动力端液力腔。

从三合一缓冲器出口分路出来的冲洗油供油系统，经过冷却器后分成密封油和冲洗油两部分，密封油被分成三路进入后填料函体的三处柱塞密封对柱塞进行润滑，防止柱塞表面产生阻卡、拉毛等情况。

密封油管路系统中，在后填料函体密封油入口前设置了单向阀，以保证密封油的流动顺序，当要更换柱塞密封件或者更换新的柱塞时，可先关闭管线中的三个球阀，切断密封油管路，以便于维护和检修。

5. 蒸汽及冷凝水系统

蒸汽及冷凝水系统（见图 8-42）是这样投入使用的：在启动悬浮床加氢进料泵前，主泵的泵头、注入泵的泵头、前填料函体、进出口缓冲器壳体保温层都需要蒸汽预热，尤其是两种大小泵体和主填料泵体等必须考虑内外高温带来的温差应力。温差应力是二次应力，在很大程度上会影响受压件的安全系数，所以泵体要充蒸汽，以减小泵外表面与内腔的温差应力。

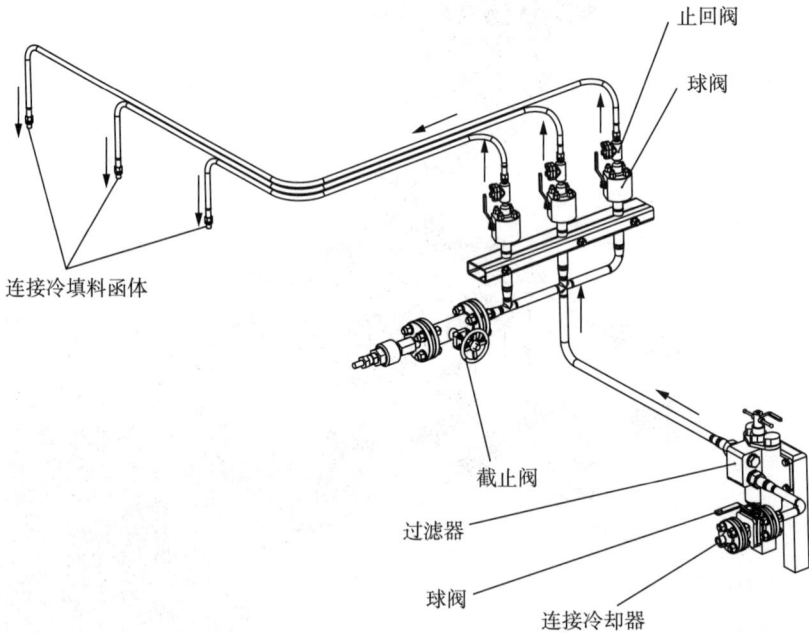

图 8-42　蒸汽及冷凝水系统

在停工紧急检修时需要用冷却水对上述部位进行冷却。桁架在泵体与动力端的机座之间有隔热、散热作用。

在对上述部分进行蒸汽加热和冷却水冷却时，都是在各管线进口位置设置闸阀，相应的出口位置设置止回阀,用以切断管路和防止倒灌,所需的加热蒸汽温度为 250 ℃,所需的冷却器供水压力为 0.5 MPa,进口温度为 30 ℃,最高回水温度为 40 ℃。

6. 冷却水系统

在悬浮床加氢进料泵运行过程中,需向润滑油站的冷却器、减速器及桁架支架提供冷却水,冷却水系统供水压力为 0.5 MPa,进口温度为 30 ℃,最高回水温度为 40 ℃(预测)。

另外,在停工检修前,前填料函体、主泵泵体、注入泵泵体等部位需要用冷却水进行冷却。在蒸汽及冷凝水进出管路有与冷却水管路连接的接管和闸阀,可以在需要冷却水时打开闸阀进行切换。

8.5.6　高温料浆泵的机组电气、检测与控制

高温料浆泵能否安全、可靠、稳定地运行对煤化工工艺流程来说至关重要,因此对配套电控系统就提出了较高的要求,如在正常投入生产运行后要求尽量克服因非真实故障导致设备停车的因素,当其中某一重要功能单元失效时要求具备可切换到其他备份单元的措施。再加上机泵的现场环境也相对较恶劣(防爆区域:Exd Ⅱ CT4,环境温度:- 29 ~ 32 ℃),为此针对高温料浆泵的实际应用在电控系统方面专门做了优化设计,并最终实现了对高温料浆泵的运行、监视、报警、保护、调速等。

配套设计的电控系统各项功能与性能均满足高温料浆泵的现场运行要求,能够为机组的运行提供一个安全、稳定、可靠的操作和控制环境。具体特点说明如下。

(1)电气和自控界面尽量分开,以便电气和仪表分开维护。

(2)主泵电机具有工频和变频两种模式,正常工作选择变频模式。变频模式运行时,发生变频器故障可自动切换到工频运行模式。

(3)主泵电机风机、加热器、润滑油泵电机、润滑油加热器等辅机的供配电由用户低压配电中心(MCC)单独供给而不由高压变频柜引出,尽量减少变频柜回路与辅机回路两者之间的相互影响。

(4)润滑油加热器采用恒温电加热管,润滑油温度由加热器本体集成控制器控制,不受机组控制系统控制,这样不仅可以减少控制系统负担,还便于加热器的检修、维护。

(5)现场压力和温度变送器的表头安装在仪表保温箱内,保证在现场环境为 - 29 ℃ 时也能够正常工作。当检测到控制系统的主润滑油泵出现故障时,可以自动启动备用润滑油泵功能。

(6)机组的关键监控参数通过多点传感器检测来提高监控参数的准确性和可靠性,如主泵电机绕组和轴承配备的温度传感器、主泵入口压力、润滑油压力测量等采用 3 取 2 方式。

(7)机组的控制由用户根据制造商提供的控制逻辑图在中控系统 SIS 和 DCS 中编程实现,SIS 负责实现参与联锁动作的信号逻辑控制,DCS 则负责机组数据的监视。

第9章　增压器与水切割应用

超高压水切割机作为一个新兴技术的应用,在我国已有几十年的历史了,已经得到了社会普遍认可和接受,而且已经实现由以石材玻璃的平面切割为主向复合材料和贵金属材料的三维立体加工(水切割加工中心)转变,我国已成为水切割机制造大国。超高压水切割工艺具有高能、冷态和对材料无选择性的特点,因而它适用于各种材料的切割,且具有不产生分层、无热聚集和影响区、无粉尘和烟尘污染、切缝窄、切割质量可控等优点。超高压水切割作为一种高效、环保的特种非传统工艺,与智能化相结合后,越来越以其独特的功能创造出显著的经济效益和社会效益。

9.1　非传统切割工艺 —— 水切割

20世纪90年代,发达国家的水射流切割机进入国内航空应用研究领域,其以独特的技术优越性得到了国内越来越多的市场认可,很好地解决了石材与玻璃为代表的非金属板材的切割。随着水切割技术由神秘走向国产化,超高压水切割机成为超高压增压器的成套产品目标。同时,增压器彻底改变了传统产品只能以变压器油为介质的单一超高压液压源的属性。以常压清水为介质的压力源极大地拓展了增压器的应用。压力与功率的增大,功能与可靠性的提高,使得增压器成为超高压泵家族极具影响力的系列产品。20世纪90年代后期,我国第一台水切割机研制成功。如今我国数控超高压水切割机的研制与生产在逐步缩小与世界先进企业差距的同时,出现了大路产品引领国内外市场、高端产品"跟跑"国际先进水平的新局面。数控超高压水切割机正逐步成为中国制造领域的新兴行业,其经济效益与社会效益与日俱增,同时在某些技术领域甚至关键技术上,实现了很多技术突破,跨入世界水切割机技术的先进行列,如自动供砂系统、五轴切割刀头及超高压增压器技术等。

20世纪80年代,欧美发达国家在超高压水射流中混入磨料使水射流具有极大的切割能力,实现了超高压水射流工艺切割金属和其他硬质材料。该技术的第一批用户是航空航天工业,因为它是切割军用飞机所用不锈钢、钛和高强度轻型合成材料的理想工具。从那以后,添加磨料的超高压水射流加工方法被广泛应用于石材、大理石、玻璃、喷气发动机、工业钢板、汽车材料和航空材料等的加工。超高压水射流切割机的主机参数经历了250 MPa、300 MPa、380 MPa、420 MPa和500 MPa压力级的发展历程,其中500 MPa压力级设备已成为主流产品,600 MPa压力级产品也已被开发。高参数的超高压水发生器主要以增压器为主,随着增压器结构设计技术、超高压材料、超高压密封技术等的不断进步,欧美超高压发生器技术的先进性代表了当今超高压水切割技术的发展水平。水切割刀头结构设计、自动供砂技术、砂水分离等辅助技术也是先进超高压水切割机技术的重要组成部分。

9.1.1　水切割机的国产化进程

我国在 20 世纪 90 年代由通用院和四川杰特机器厂研发出第一台 250 MPa、2.5 L/min 以超高压泵为发生器的国产水切割机(见图 9 - 1),并通过国家机械工业部组织的技术鉴定。随后国内相继开发出以超高压增压器为发生器的超高压水切割机。几十年的发展,起点虽晚的我国亦步亦趋地跟进了发达国家水切割机产品及其应用的每一个过程,除了技术上的"跟跑"现象,以我国特有的产业化现象堵住了发达国家的产品进口态势,并且广泛出口到发达国家市场。我国的水切割机市场是从石材、玻璃和不锈钢板材等的切割加工起家的,超高压水射流加工从业制造商大多是民营企业,其主流产品工作压力为 300 MPa 左右,标称压力大多为 300 ~ 380 MPa,单泵工作流量为 2.5 ~ 3.7 L/min,机组功率为 22 ~ 55 kW。虽然我国的超高压水切割主机的研制已经具备了相当的技术水平,但与国外相比,尤其在高端产品上,如 500 MPa 压力级的泵机组运行可靠性尚待提高。当然,这也是一个基础工业的综合问题。因此,亟待开展超高压发生器参数结构优化设计研究,攻克超高压材料处理技术及超高压密封设计技术,提高设备的连续可靠性与稳定性,实现超高压泵由间断运行向连续运行的转变,提升超高压水切割机极端参数主机的运行可靠性水平。

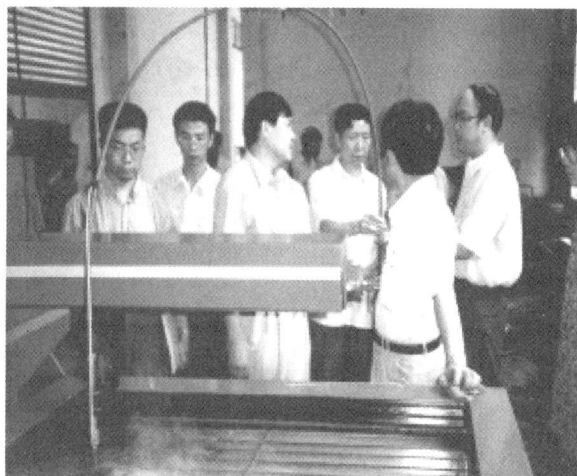

图 9 - 1　1998 年 8 月我国第一台水切割机通过部级技术鉴定(左三为李晓红院士)

水切割的最大优势是对材料的无选择性,即它可以切割任何一种材料,但由于运行成本、切割工艺及质量等诸多因素,我国的水切割及其产品主要用于石材、玻璃等非金属件的切割,市场现状使其无断点切割和切缝无须二次加工的特点发挥到了极致。作为产品,磨料射流切割尚处在小功率机组(单泵为 15 ~ 22 kW)范围,流量为 2 ~ 3 L/min,切割平台则应当时市场要求最大尺寸达到了 4 m×2.5 m。

水切割作为一种冷态切割工艺,不会破坏材料内部组织,并已在炮弹切割处废、核岛容器复合材料切割作业中有所作为。

显然,金属切割将成为超高压水切割的新的应用目标,这就需要工作压力不低于

400 MPa,而且最好将纯水射流切割用于贵重金属薄板作业。纯水射流切割最大的优点是切缝更窄、切割精度更高,而且能钻出微小孔。要想增压器可靠地将 300 MPa 压力提升到 500 MPa 甚至 500 MPa 以上,必须加强对超高强度材料与处理工艺的研究应用。要使所用材料常规化,才能使这一技术不停留在试验室里。纯水射流要摆脱磨料和磨料喷嘴的束缚,除研究更高压力源的可靠性以外,还需研究超高压空化射流的产生与作用,以期尽可能地使低压力的纯水射流形成良好的切割功能。

金属切割的一个重要应用领域是在线切割,即在易燃、易爆、有毒等危险的现场(如石化、燃油装置)切割罐槽、管道,由此产生了靠轨切割装置,如机器人等。还有一个被忽视的作业方式就是最简单而又最难实现的人工手持切割,它随意性强、用途十分广泛,但因靶距不定和震动等因素,需要借助辅助手段才能达到预期效果。

大功率的增压器也是水切割技术需要继续解决的问题。我国已有这类产品问世,但超高压大功率和可靠性这对矛盾,使得 300 MPa、55 ~ 130 kW 的产品通过并联增压器得以实现。这种产品可以带动多切割头作业,也可以实现更大流量射流的切割工程。

近年来,各国对环保要求越来越高,水射流加工虽然对环境影响较小,但噪声和磨料射流中的磨料是两个影响环境的因素。对于噪声的防治,一方面采用帷幕隔断,另一方面采用声发射器发射同强度但相位相反的声波来抵消噪声。当然,最简单的方法就是在水淹没状态下作业。为减少磨料对环境的污染,可采取多种手段。一是回收使用过的磨料,如石榴石,但这样的磨料使用后破碎程度大、粒度小、经济性差。近年来也出现了用铁屑磨料进行切割的试验。二是积极开发新的磨料射流形式,如冰射流,它采用液态二氧化氮或液态氮冷却纯水射流,将其中的细小颗粒作为磨料,对环境无任何污染,因此是一种有发展前景的射流形式。

传统隧道掘进机(TBM)采用滚刀压入式破岩,在超硬岩地层掘进时,常出现掘进效率低、刀具磨损严重等一系列问题。TBM 超高压水力耦合破岩技术创造性地提出了利用超高压水射流技术与传统 TBM 滚刀耦合破岩的理论,其基本原理是将超高压水射流切割系统合理地搭载于 TBM 刀盘上,利用超高压水射流切割和 TBM 滚刀碾压劈裂岩石(见图 9-2),从而显著地提高 TBM 滚刀贯入能力和破岩效率,实现高效掘进。

图 9-2 TBM 超高压
水切割耦合破岩

水切割辅助破岩系统由多组水切割刀头、高压泵站系统及辅助设备等组成,根据掘进机刀盘直径分两层布置若干水切割刀头,高压泵站系统及辅助设备集成于与掘进机相同规格的车厢上,通过高压管路将高压水输送至水切割头。机组的工作压力依据所要破碎岩石的性质确定,一般不小于 100 MPa,流量由水切割刀头的数量及喷嘴孔径计算匹配。

根据现场掘进工程试验数据分析可知,针对不同的岩性条件,在 TBM 设备推力基本保持不变的情况下耦合高压水力辅助破岩,贯入度均值增加 8.4% ~ 39.1%,最高可达 77.4%;代表单滚刀贯入 1 mm 岩石所需推力的场切深指数 FPI 均值下降 4.7% ~ 38.1%;代表单滚刀贯入 1 mm 岩石转动所需滚动力的扭矩切深指数 TPI 均值下降 1.3% ~ 17.7%。采用超高压水切割耦合破岩技术,TBM 掘进效率提高了约 30%,缩短工期 1.5 个月,刀具磨损率降低约 20%。

9.1.2　五轴联动超高压水切割加工平台

超高压水切割加工平台是承载加工工件和负载加工刀头运动的机床。从国内外常见的超高压水射流切割台产品来看,可分为龙门式和悬臂式。两者均为三维坐标、二维联动,即实现一定范围内不同厚度工件的任意图形平面切割,工件装夹平台均为平面格栅板式,一般下设水箱。为了实现工件的三维立体切割加工,出现了以机器人手臂为切割台,加工具有一定规格尺寸和立体形状的工件。因机器人手臂刚性有限,该加工平台在切割规格和切割精度上都有不足之处。此外,出现了大规格龙门台架与机器人技术结合,实现切割头五轴联动进行大型构件的立体切割。超高压水射流切割机床和通用机床的区别在于,超高压水射流切割机床对切割形状有要求的同时对切口形状也有要求。为了达到高精密的无斜度切割、给定斜度切割及做圆锥面、圆弧面、旋转曲面、切斜面、打坡口、倒角等曲面切割,必须使用数控五轴超高压水切割机,即在标准三轴机床的基础上增加两个旋转轴,这是超高压水切割机平台发展的趋势。

航空航天等制造业对数控机床特别是对高档数控机床需求的急剧上升,推动了五轴联动数控机床技术的不断发展。标准加工中心用五轴联动数控系统(如 SIMENS、FUNUC)是利用 CAD/CAM 软件对根据曲面的形状生成的后置处理程序进行加工,加工的形状只由刀具接触点决定。每个接触点刀具角度处于当前点的所在曲面法向上。水切割有两种切割情况:一种情况与标准五轴加工相同,产品只要求形状,对其他没有要求;另一种情况是切割的产品不仅要求控制接触点产生的形状,而且对水射流切透工件所产生的工件侧面截面形状也要进行控制,刀头角度不是处于所在曲面的法向上,而是由水射流切透工件所产生的工件侧面截面形状所决定的,只能由数控系统根据图形的变化和切口调整斜度的要求实时处理。

在超高压水射流行业,美国 FLOW、OMAX、Par 等公司已开发出五轴联动数控水切割机。其水切割刀头可以根据图形的变化而自动改变角度,从而使切口保证垂直。其产品已在许多国家各种行业被广泛采用,但价格昂贵、维修成本高。

五轴联动数控超高压水切割机是一种新型机械装备,加工刀具以水为介质,属于柔性刀具,不同于传统刚性刀具,国内对这种设备的误差补偿技术研究极少。虽然国内也有企业开发五轴联动数控水切割机,但与美国专用于飞机部件加工的水切割机差距较大,无论是尺寸、精度、切割质量、切割速度、曲面与立体类复杂结构适应性,以及切割范围和切割精度都有待于进一步提高。

9.1.3　高精度超高压水射流加工自动化控制技术

超高压水射流加工自动化控制技术主要包括信息处理和机床控制两部分。信息处理是将 CAD/CAM 绘图或其他信息采集手段获取的图像转变为控制系统可以识别的程序代码,并采集超高压水切割主机等设备的特征参数,然后将采集的信息进行处理,包括刀点处理、移刀路径、加工速度和钻孔延时,生成机床运动代码,最后传输给机床执行元件。机床控制以工控系统为中心,读取并处理机床运动代码,对机床各动作部件进行统一控制,对运动过程的各项参数进行处理,以便对机床进行有效的安全控制。国内外超高压水切割系统都有专用的软件系统,集成超高压水切割的信息处理和机床控制,如超高压水切割系统

NEWCAM 软件系统,它以 AutoCAD 绘制切割图形并转换成"DXF"文档形式存入软件系统,在系统中将切割图形分为多个切割群组,并自动产生切割路径和生成加工代码,传输给机床运动部件实现加工图形的切割。

确保切割定位精度和切割精度是超高压水切割机床自动化控制技术的基本要求。由于机床运动部件存在误差(尤其是五轴联动机床部件),旋转轴的运动是非线性的,且具有误差放大效果,因此加工过程中会产生较大的误差。另外,超高压水射流切割是具有能量梯度的发散射流,切割过程中会产生上宽下窄或上窄下宽的切缝,实时调整切割射流角度将有利于弥补切口形状。超高压水切割自动化控制技术先进的标志是将高精度测量系统融入自动化控制系统,实现加工测量一体化,实现加工精度适时检测反馈、自动调整补偿,弥补机械系统固有的精度误差。智能化地控制水切割加工过程是解决工件高精度加工技术问题的重要方法。因此,我国在发展超高压水切割应用过程中,特别是在五轴联动水切割机床自动化控制方面,应朝着高速、高精度、智能化、复合化的方向不断发展。

9.2　超高压水切割机

9.2.1　超高压水切割机的构成

超高压水切割机的问世创造了一个冷态切割的新工艺。超高压水切割机系统包括增压器(或超高压泵)、切割头、安全阀、控制阀、切割平台、磨料系统、微机控制系统、接收器和稳压容器等(见图 9-3)。与高压清洗机相比,其特点是超高压、小流量、细射流。压力的升高带来了诸多材料、工艺与设计的问题,它的商品化矛盾集中反映在可靠性、安全性和造价方面。近年来,机器人水切割机的问世解决了三维空间水切割工艺难题。

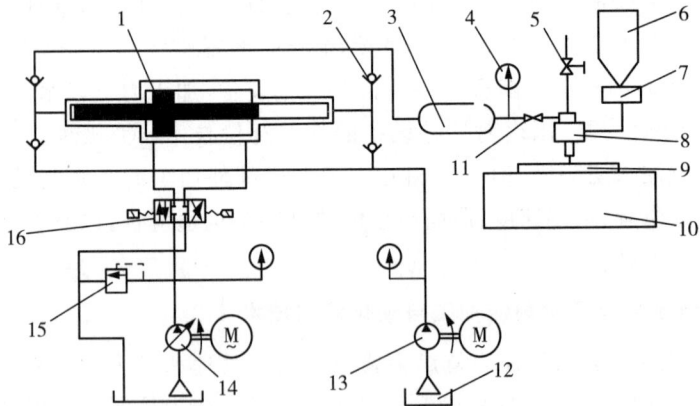

1—增压器;2—单向阀;3—高压容器;4—压力表;5—气控阀;6—砂斗;7—砂阀;
8—切割头;9—工件;10—切割平台;11—高压阀;12—水箱;13—前置泵;
14—柱塞泵;15—溢流阀;16—换向阀。

图 9-3　超高压水切割机系统

与泵相比,增压器的显著优点是能以驱动端油压(低压)的变化控制液力端水压(超高

压),这样的控制容易实现,且安全可靠。但由于增压器往复次数比超高压泵低得多(多在
$100\ \mathrm{min^{-1}}$ 以内),它的出口压力脉动大,必须增设稳压容器。

由于磨料的介入能大幅度降低切割所需的工作压力,因此切割头大多数设计成导流
管、水喷嘴、磨料喷嘴依次排列的结构,由它产生的超高压细射流又称为"水刀"。

切割平台呈 x-y 坐标平面运动,专门为板材切割而设计。微机控制系统的软件指令操
纵切割头相对于静止的平台 x-y 主梁运动或者操纵平台 x-y 主梁相对于静止的切割头运
动。平台还能控制切割头 z 坐标,以调节靶距。

水切割机磨料系统的特点是磨料供给更精确、更均匀。其磨料不同于高压清洗机,采
用石英砂即可,通常采用刚玉、石榴石或金刚砂。不同的磨料对磨料喷嘴的磨损也有所不
同。保证均匀供料的砂阀也要考虑调节开度和压差。

接收器的作用是降噪和接收切割后的浆料。水切割的噪声多在 90 dB(A)左右,这样接
收器的降噪作用就十分明显,因此要求接收器要与切割头保持同步。

稳压容器实际上是一个超高压容器,连接在增压器(或泵)与切割头之间,其作用是将
超高压水流由几乎单脉冲变成基本无脉冲,为切割头形成连续稳定的超高压细射流创造良
好工况。除此之外,水切割机在连接软管、硬管、接头及螺纹连接等细节方面都很讲究。

水切割是高压水射流技术水平的一个标志,技术密集程度、技术附加值及市场占有量
等诸多因素使其一直成为国内外水射流行业的研究热点。这一点在近年来的国际水射流
技术会议上尤为突出,其热度并没有因为水切割机已经商品化而降温,也说明这一新技术
应用领域还有许多待研究的问题。

9.2.2　超高压发生器

超高压发生器是水切割机的核心,是水射流动力产生装置。超高压泵与增压器是超高
压发生设备的两种形式。不同的压力会产生不同的切割效果,压力越高切割速度越快,切
割质量越高;不同的压力会对油泵排量、排水量产生不同的影响,并对喷嘴直径有不同的要
求。所以说,超高压发生器技术先进性在一定程度上代表着水切割技术的发展水平。

为了形成一个超声速(600～900 m/s)的射流流体连续工况,必须在执行机构(如喷嘴)
创造出 400 MPa 以上的超高压条件。双作用式增压器正是将相对低压的液压压力转变成
超高压水压的设备。图 9-4 为双作用式(对置式)超高压增压器系统。

超高压增压器是一种强制流体的正排量泵,其输入能量通过活塞、柱塞机构由工作流
体转变成系统流体。工作流体如液压油,在压力下进入动力缸,推动液压活塞自上死点向
下死点运动。与此同时,与之相连的柱塞使系统液体(如高压缸内的水)增压。水压与油
压之比同液压活塞面积与高压柱塞面积之比一致,这就是所谓的"增压"或"倍加"。也就是
说,水压的增加是通过作用于大面积活塞上的低压油与作用在小面积上的高压水之间的力
平衡实现的,其面积比(增压比)决定了最大油压下的最大排出压力。由于增压器只是转换
固定功率的变换器,因此其输出流量随压力的增加而减少,其梯度同压力增加值相同。

增压器的最简单样式是单作用式,即它有一个液压活塞和与之相连的柱塞。这种单作
用增压器的每次往复运动均包括各自分开的排出行程和吸入行程,因此其动力形成是非连

续的。为了改进输出动力的连续性,在液压活塞的另一端再连接第二个柱塞,这就形成了双作用增压器(见图9-5)。这两个反向柱塞,当一个处于吸入行程时,另一个正好是排出行程,这样便在每次往复运动周期中形成了两次排出行程。

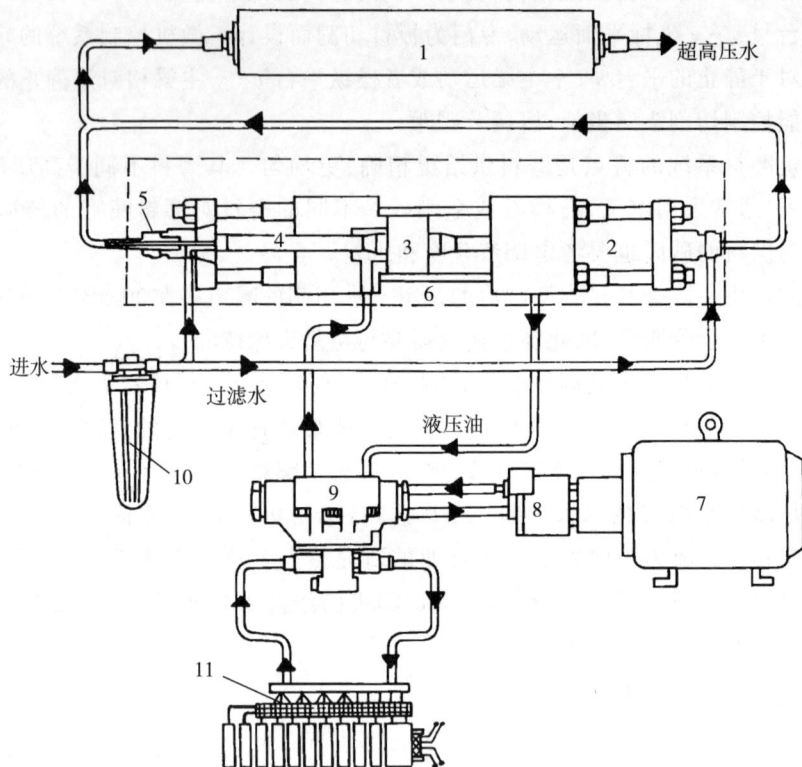

1—稳压容器;2—缸体;3—活塞;4—柱塞;5—进出水阀组件;6—增压器;
7—电动机;8—液压泵;9—换向阀;10—过滤器;11—电气控制/动力负荷控制。

图9-4 双作用式(对置式)超高压增压器系统

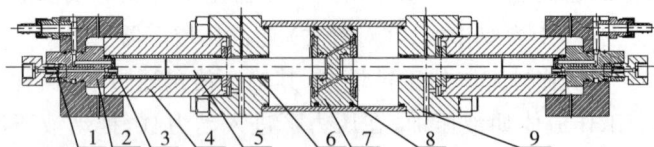

1—出水阀;2—大阀体;3—进水阀;4—高压缸;5—高压柱塞;
6—超高压往复密封组件;7—液压活塞;8—油封组件;9—油缸及缸套。

图9-5 双作用增压器

尽管有了两个柱塞,但双作用增压器仍然在高压工况下表现出排出压力的脉动。究其原因,一是当液压油自液压活塞的一侧换向到另一侧时,柱塞联动运行的反向引起了死点现象;二是系统流体的初始增压没有在排出压力中反映。柱塞运动的死点效应可以通过非常灵敏的止回阀和油换向阀极大地限制,油换向阀的极度灵敏可以使进入增压器的油液保持连续。系统流体的初始增压却不能避免,只能指望在流体压力达到平衡后,排出止回阀迅速打开,由此尽量缩短系统流体的增压时间。

在超高压系统中,由于高压发生装置的行程是固定的,因此必然存在一个换向过程。在换向的瞬间,两侧高压缸体及低压单向阀中高压水流道的承压情况将产生由零至工作压力(如 300 MPa)或者由工作压力到零的压力变化过程,而增压器换向时间一般为 1 s 左右,具有这种大压力波动的高压水射流是不具有实际应用价值的。要提高超高压水射流的切割效能,就必须设法缓解乃至消除这种压力波动。因此,通常在超高压系统中引入超高压蓄能器装置,该装置是一个容积为 1.5 L 左右的储水筒体,将其串联在高压水路中。与采用惰性气体或氮气作为蓄能缓冲介质的油压蓄能器不同的是,超高压蓄能器采用超高压水本身作为储能介质。实践证明,超高压蓄能装置可以将超高压水的压力波动控制在 5% 左右。这样,在增压器系统中,高压缸和单向阀体成为主要承受交变应力的零件,其寿命与其他零件相比要短得多。这种大幅度交变应力的频率在 1 Hz 左右,所以超高压零件的失效通常可认为是由低周期疲劳破坏所致。通常裂纹由材料表面的微观缺陷开始,一旦裂纹形成,将会快速扩展,直至零件失效。

图 9-6 为多增压器并联的动力端,它解决了一台液压泵依次供应并控制数台增压器动力端油压的问题。当给定扭矩驱动呈"工"字形的旋转阀旋转时,阀板上片的孔依次进油,下片的孔依次出油,以此实现多油缸活塞有规律的往复运动。该增压器液压活塞一侧为油,驱动活塞排程;另一侧为气,驱动活塞吸程。液压泵功率为 30 kW,旋转阀最大转速为 150 min^{-1},活塞直径为 30 mm,柱塞直径为 8 mm,面积比为 14∶1,油压为 35 MPa,水压为 420 MPa,压缩氮气压力为 10 MPa。这样,连续的油压和水压基本消除了排出段的压力脉动。

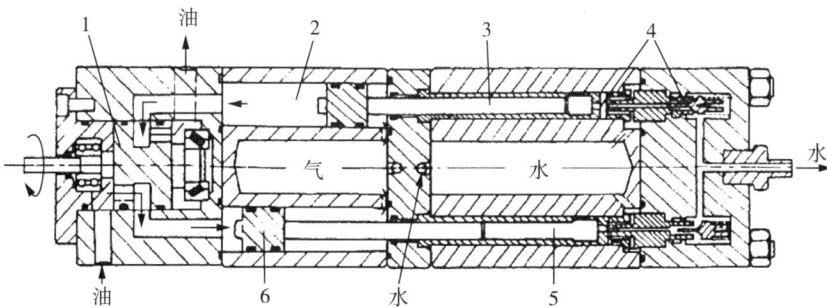

1—旋转阀;2—动力腔;3—柱塞;4—吸、排液阀;5—高压腔;6—动力活塞。

图 9-6　多增压器并联的动力端

1. 300 MPa 超高压发生器

300 MPa 超高压发生器是应用最广泛的水切割机超高压发生器类型,其主要是对陶瓷、玻璃等材料切割。由于其产生压力相对较小,对各种密封材料、超高压密封技术要求相对较低,因此成为目前各制造商的主导超高压发生器机型。但是其相应的切割效率相对较低,不同材料在 300 MPa 压力下的切割速度见表 9-1 所列。

表 9-1　不同材料在 300 MPa 压力下的切割速度

材料	厚度/mm	切割速度/(mm/min)	材料	厚度/mm	切割速度/(mm/min)
大理石	20	300	钢板	2	600
大理石	30	200	钢板	4	400
花岗岩	20	250	钢板	6	300
花岗岩	30	150	钢板	8	200
玻化砖	12	800	钢板	10	120
玻璃	5	1200	钢板	15	75
玻璃	10	500	钢板	20	30
玻璃	20	350	钢板	60	12
夹胶玻璃	10	450	铝板	5	350
发泡玻璃	50	2500	铜板	5	350
海绵	50	5000	玻璃钢	2	1200
泡沫	50	5000	钛棒	18	30
木板	10	1000	钛棒	6	60
木板	50	200	钛棒	8	50
层压板	10	1500	钛棒	14	35

300 MPa 超高压发生器增压形式多为液增液(用液压系统给水加压),油泵最大排量为 90 L/min,最大水排量为 3.0 L/min,最大可用水喷嘴直径为 0.26 mm,配套电机功率为 18.5 kW,电源为 380 V/50 Hz,采用电子换向方式。

2. 380 MPa 超高压发生器

由于 300 MPa 超高压发生器的压力限制,对钢材等金属材料的切割质量及效率达不到理想的效果,因此各水切割机制造企业开始完善 380 MPa 的超高压技术,并在市场上推出产品,实现了比 300 MPa 超高压发生器更高的切割质量和切割速度。表 9-2 给出了 380 MPa 超高压发生器的具体切割参数。

表 9-2　380 MPa 超高压发生器的具体切割参数

材料	切割最大厚度/mm	切割速度/(mm/min)	材料	切割最大厚度/mm	切割速度/(mm/min)
不锈钢板	5	760	大理石	5	5770
不锈钢板	10	345	大理石	10	2600
不锈钢板	20	156	大理石	20	1170
不锈钢板	50	50	大理石	50	409

（续表）

材料	切割最大厚度 / mm	切割速度 / (mm/min)	材料	切割最大厚度 / mm	切割速度 / (mm/min)
铝	5	2380	瓷砖	5	12000
	10	1070		10	5500
	20	480	玻璃	5	6120
	50	170		10	2276
花岗岩	5	3660		20	1240
	10	1650		50	430
	20	740	—	—	—
	50	260			

380 MPa 超高压发生器增压形式多为液增液（用液压系统给水加压），油泵最大排量为 90 L/min，最大水排量为 3.7 L/min，最大可用水喷嘴直径为 0.3 mm，配套电机功率多为 22 kW，电源为 380 V/50 Hz，采用电子换向方式。

9.2.3　水切割加工平台

1. 龙门式平台

龙门式平台由双电机驱动 Y 轴，X 轴有两个支点。其优点是使切割平台更加平稳、精确、安全。龙门式平台适用于材料尺寸较为固定、上下料相对方便或上下料方式较为固定的场合。龙门式平台如图 9-7 所示。

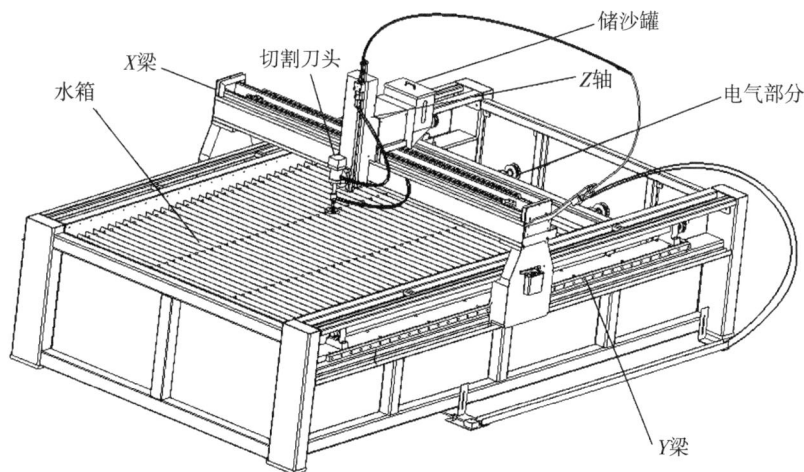

图 9-7　龙门式平台

2. 悬臂式平台

悬臂式平台 Y 轴只有一个电机驱动，X 轴有一个支撑点。其优点是下料方便，成本相对较低。但其调试工作较复杂。其运动机构与切割平台分离，互不影响，尤其适用于材料尺寸不规则、上下料方式不固定的场合。悬臂式平台如图9-8所示。

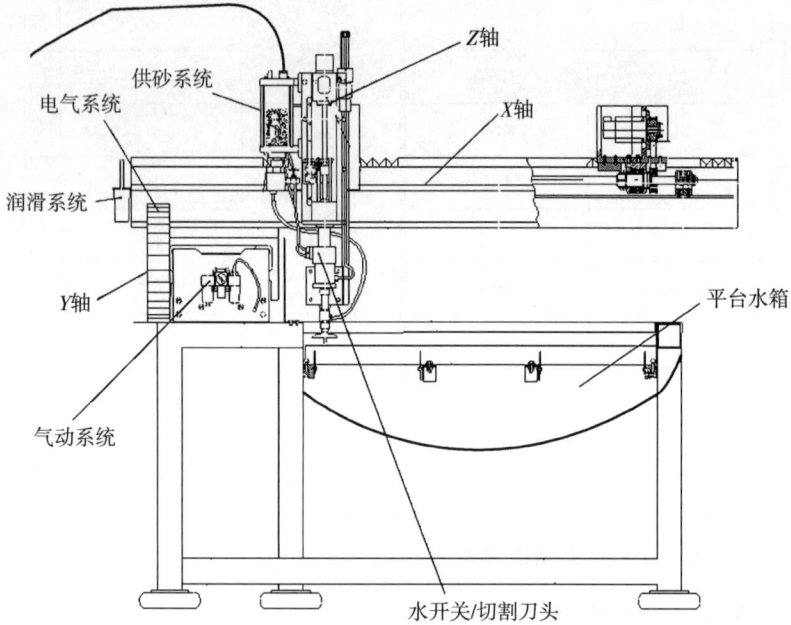

图9-8 悬臂式平台

3. 立式传动平台

立式传动平台是在传统的龙门式平台和悬臂式平台的基础上研制出来的针对大批量、流水线加工方式设计的切割平台。此类型平台上下料方便，能够实现流水线作业，工作效率高，适合大型工件的批量加工，尤其适合大幅面的玻璃、陶瓷加工。但是为保证加工精度，对立式传动平台的结构设计及制造组装精度要求很高。立式传动平台如图9-9所示。

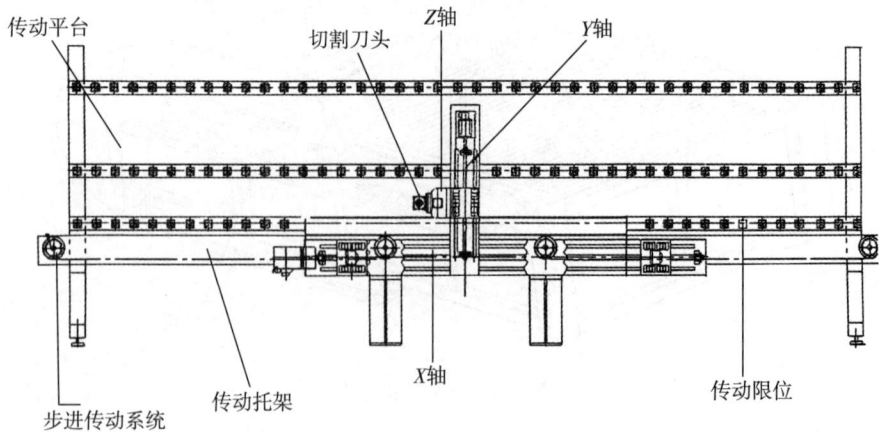

图9-9 立式传动平台

4. 无水槽平台

由于数控超高压水切割机在切割过程中会产生废水与磨料,若不加以处理不仅浪费资源,也会破坏环境,因此要求水切割机配有水收集装置。目前数控超高压水切割机大多采用静态水箱作为水收集装置,但水箱占地面积大,平台挪移不方便,制造成本高。为此,水切割机制造商开发出了无水槽水切割平台,此类型平台采用与切割刀头同步运动的水收集器来代替传动的水箱。水收集器重量轻、体积小,特别适合作业面积狭小的场地。无水槽平台如图 9 - 10 所示。

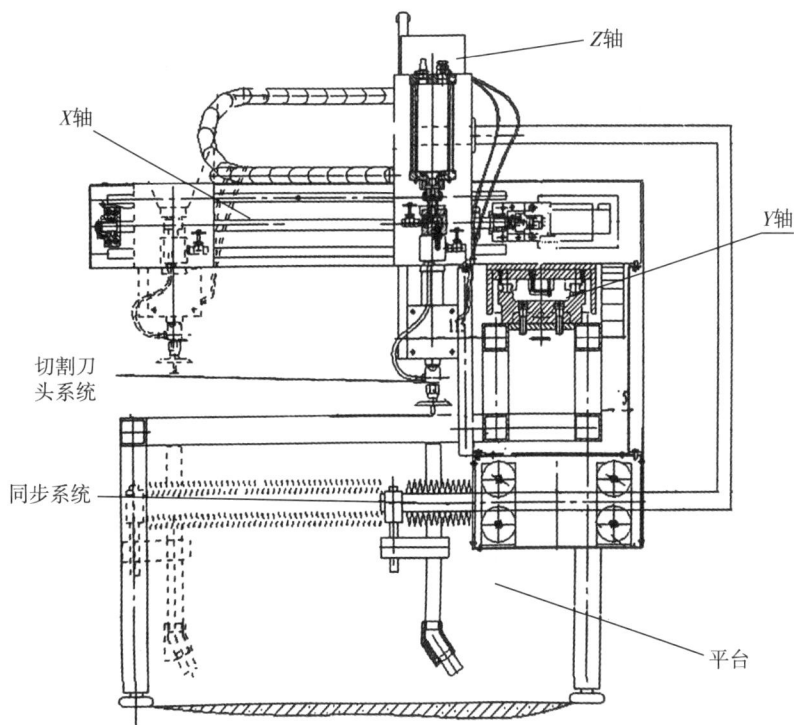

图 9 - 10　无水槽平台

5. 机器人手臂式水切割平台

机器人手臂式水切割平台以其良好的机械结构和刚度、高度的可靠性、较高的精度成为一种新兴的切割平台。其是集机械设计制造、电气控制、软件工程和高压水切割工艺及应用工程于一体的综合性高科技产品。机器人手臂式水切割平台如图 9 - 11 所示。

机器人手臂式水切割平台由矩形框架,横臂的 X 方向运动、Y 方向运动,手抓夹持切割头的 Z 方向运动,α、β 两个手腕的旋转运动构成。X、Y、Z 方

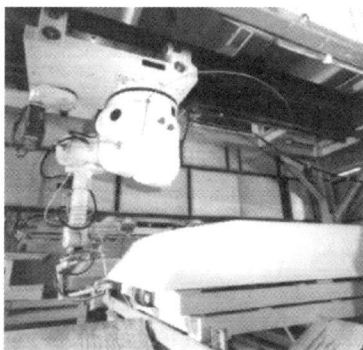

图 9 - 11　机器人手臂式水切割平台

向三个直线运动合成它的包络空间的三维位置矢量,α、β 两个旋转运动完成手腕的姿态变化。

机器人的工作空间包括一个立体。由于手腕 α、β 两轴的运动范围分别为 $0° \sim 360°$ 和 $0° \sim 180°$,加上其独特的结构特点——α、β 两轴的几何中心线交于空间一点,因此它的姿态变化范围构成了空间一球体的上半部,球心即切割点,球半径就是切割头的有效长度加上有效切割距离。机器人工作时水流保持向下喷射,水被收集到移动工作台的水槽内。

6. 多切割刀头平台

多切割刀头平台即一个平台上安装两个或两个以上的切割刀头,此类结构在单刀头平台的基础上配置多条输砂管路、水射流输送管路并安装多个刀头,对多个刀头统一、同步控制。带两个切割头的悬臂式切割平台如图 9 - 12 所示。多切割刀头可以极大地提高切割效率,特别适用于批量加工。但多切割刀头同时作业要求具备足够高的压力和流量来保证切割的正常进行,这就需要更大流量的超高压发生装置或者配备多台超高压发生装置。

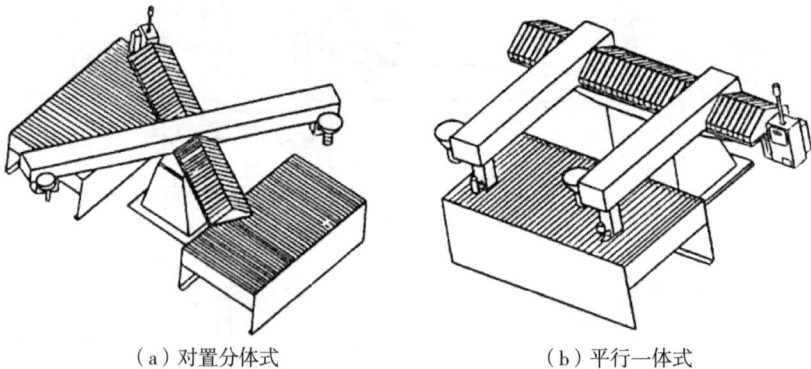

（a）对置分体式　　　　　　　　（b）平行一体式

图 9 - 12　带两个切割头的悬臂式切割平台

7. 复合型切割平台

复合型切割平台是一种喷头与工件均移动的平台,如图 9 - 13 所示。它包括喷头横移装置支撑架及带式输送机构。这种平台由美国 Flow 公司设计,并已获得专利权。两条运动平带中间有一个窄缝,射流可穿透材料进入窄缝。窄缝的位置不变,喷头可沿窄缝横向移动,而滚轴的转动会带动平带移动,从而实现材料的纵向移动。这种结构的主要优点在于射流穿透材料后不受任何阻碍,不会造成反溅,同时材料上下十分方便,易于实现自动化。但带式输送机构结构复杂,因而成本高。可以通过该平台喷头的垂直运动,调整喷嘴靶距,切割不同厚度的工件。这种调整可采用机动或手动完成,范围通常为 $50 \sim 300$ mm。

表征切割平台性能的参数有 X 向最大行程、精度、最大运行速度,Y 向最大行程、精度、最大运行速度,Z 向最大行程及平台承载能力。

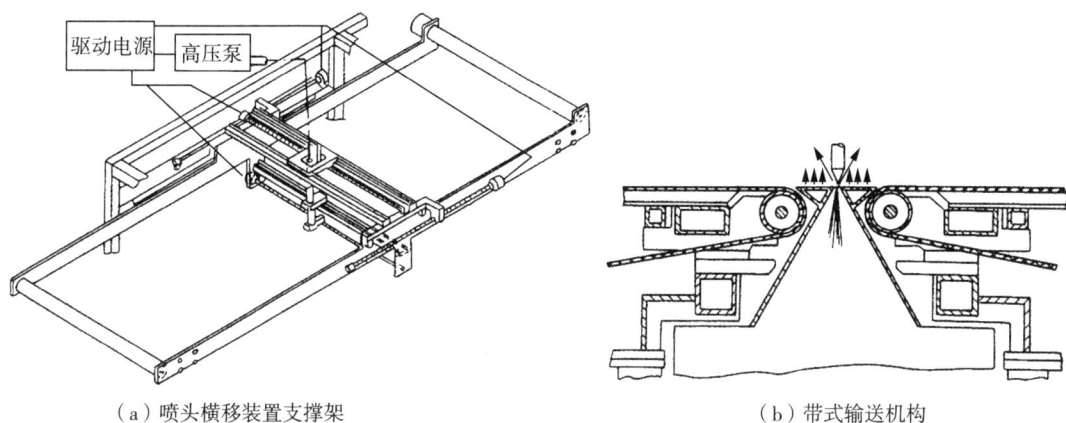

（a）喷头横移装置支撑架　　　　　　　　（b）带式输送机构

图 9 - 13　复合型切割平台

9.3　大尺度曲面超高压水切割加工中心

9.3.1　大尺度曲面复合材料的加工工艺

随着材料科学技术的不断进步,复合材料以质量轻、强度高、加工成型方便、综合性能突出等特点,被广泛应用于航空航天、汽车、家电、能源、国防等领域。尤其是在航空航天领域,复合材料在产品中的使用量逐步提高,以纤维增强复合材料及特种耐高温材料为代表的先进复合材料已成为飞机表面蒙皮、运载火箭壳体、固体火箭发动机特殊结构件等高端制造产品的主导材料。先进复合材料结构件的加工精度已成为评价航空航天高端制造产品竞争力的重要衡量指标。在我国航空航天制造业中,传统机械切削纤维增强复合材料容易产生分层、劈裂等缺陷,以碳陶基复合材料为代表的耐高温材料因硬度大而难以机械加工,致使我国航空航天制造业的先进复合材料结构件难以精密加工。这也成为制约我国高端制造业提升产品国际竞争力和推广新型材料使用的重要因素之一,因此亟待开发这类先进复合材料的非传统加工技术及专用成套装备。

复合材料的精密加工需要加工工艺对材料的适应性强,无热变形现象发生,能解决材料加工过程中分层、劈裂等难题;特种耐高温材料的稳定高效需要加工工艺对零部件具有切削、钻铣、抛光等精密加工能力。针对复合材料及耐高温材料的特性,冷态的超高压水射流加工工艺成为替代传统热态加工工艺并解决复合材料及耐高温材料精密加工的最佳选择。通过开展超高压水射流加工复合材料及耐高温材料机理研究,攻克超高压水射流加工成套装备和核心部件的关键技术,掌握复合材料及耐高温材料典型构件的超高压水射流加工工艺参数,形成加工工艺规范并推广示范应用。

9.3.2　复合材料结构件超高压水射流加工装备与工艺

水射流的压力和流量是复合材料水射流加工工艺两个重要的技术参数,直接决定超高压水射流加工的能力与效率。水射流只有达到一定的压力才能去除材料,在此基础上,水射流的流量越大,去除材料的效率越快。为了获取水射流加工的高质量和高效率,必须以高参数的水射流工况为保障。

1. 碳纤维复合材料磨料水切割机理

1)碳纤维复合材料结构的微观分析

纤维增强复合材料由增强纤维材料与基体材料经过缠绕和复合成型工艺制备而成,性质接近硬脆材料。碳纤维复合材料就是由多层碳纤维纱片构成的三维网络整体结构,力学等综合性能优良。纤维增强复合材料一般分层压制,具有强烈的各向异性,各层组分不同且热熔点不一致,不适合使用传统机械热切割加工。例如,砂轮和锯片加工复合材料会在切口边缘产生分层、撕裂、拉丝、组织变松等现象;激光切割复合材料会使热影响区的纤维与基体脱粘,材料出现焦化和热裂现象。

在光学显微镜 10000 倍和 15000 倍下可见采用传统的刚性接触的机械加工处理的复合材料存在分层问题,但采用超高压水射流加工处理该类复合材料未出现材料的分层问题。

2)磨料水射流切割材料的微观破坏机理

超高压磨料水切割以极小孔径的喷嘴形成高达声速 2 ~ 3 倍的水射流,并混入细磨料颗粒,以高速磨料水射流切割材料。磨料颗粒是射流冲击力作用于材料表面和侵蚀材料的基本单位,当单个颗粒作用于材料表面时,固体颗粒具有的冲量在短暂的时间内减小或者反向,对材料表面产生巨大的打击力、水楔劈裂作用、射流脉冲负荷等,使工件表面材料的结构发生破坏,被切割的材料表面形态主要为条纹、凹陷和裂纹等。对于微观层面的材料破坏机理,不同的材料表现出切割损伤、疲劳损伤和熔化破坏三种破坏方式。在不同的材料破坏过程中,上述三种破坏方式或单一存在,或多种并存,当多种破坏方式都存在时,不同破坏方式所占据的比重不同。仅考虑材料的切割损伤,可以将破坏形式大致分为塑性破坏、脆性破坏,其中塑性破坏是以金属为代表的延性材料在切应力作用下产生的破坏形式,而脆性破坏则是以岩石为代表的脆性材料在拉应力或者应力波作用下产生的破坏形式。还有一些不能被单纯地定义为塑形或者脆性的材料,如复合材料,在其破坏的过程中,塑性破坏和脆性破坏可能会同时发生。

2. 复合材料水切割工况参数及水射流机组设计

1)复合材料水切割工况参数

射流压力和流量是水切割的关键工况参数。超过门限压力才能具备切割材料的能力,但过高的压力会增大水射流机组的制造难度;流量影响着水切割的效率,但过大的流量会引起较大的材料切缝。

目前,碳钢、不锈钢、合金钢等金属材料及石材、玻璃、陶瓷等非金属材料进行水切割作业时,这些传统材料水切割所用的水射流机组压力参数为 200 ~ 380 MPa,流量参数一般为 2 ~ 3 L/min。不同于传统材料的水切割,水射流机组需要产生更高参数的射流工况,才能满足复合材料的水切割应用。也就是说,要以更高流速的磨料颗粒进行磨削和冲击复合材料,并快速切割,避免高压水在复合材料层间短暂淤积而产生水楔劈裂作用。试验表明,航空航天碳纤维复合材料水切割在射流压力为 400 ~ 500 MPa、流量 3 ~ 4 L/min 时,材料切割断面的质量良好,不会发生复合材料层间劈裂、鼓包等缺陷。

2) 超高压、大流量水射流机组的设计

针对飞机碳纤维复合材料蒙皮结构件的精密水切割要求,以及火箭发动机碳陶零部件的水射流加工需求,设计超高压、大流量水射流机组作为超高压水射流加工的射流工况发生装置,为上述需求提供水射流动力。

火箭发动机碳陶零部件水射流加工以超高压、大流量水射流机组为主机,设计参数定为压力 500 MPa 和流量 3.0 L/min。为保证飞机碳纤维复合材料蒙皮结构件精密水切割的效率,将水射流主机的设计参数定为压力 500 MPa 和流量 6.0 L/min。以上述两种超高压、大流量水射流机组设计参数为目标,以结构紧凑、输送稳定、密封可靠为设计原则,先开发出以 500 MPa、3.0 L/min 的高参数增压器为核心部件,配置液压动力系统、软化水进水处理系统、超高压水开关控制阀等配套设备,研究单组及双组高参数增压器的集成匹配技术,再研制出 500 MPa、3.0 L/min 和 500 MPa、6.0 L/min 的超高压水射流机组(见图 9-14),并分别作为火箭发动机碳陶零部件水射流加工和飞机碳纤维复合材料蒙皮结构件精密水切割的主泵机组。

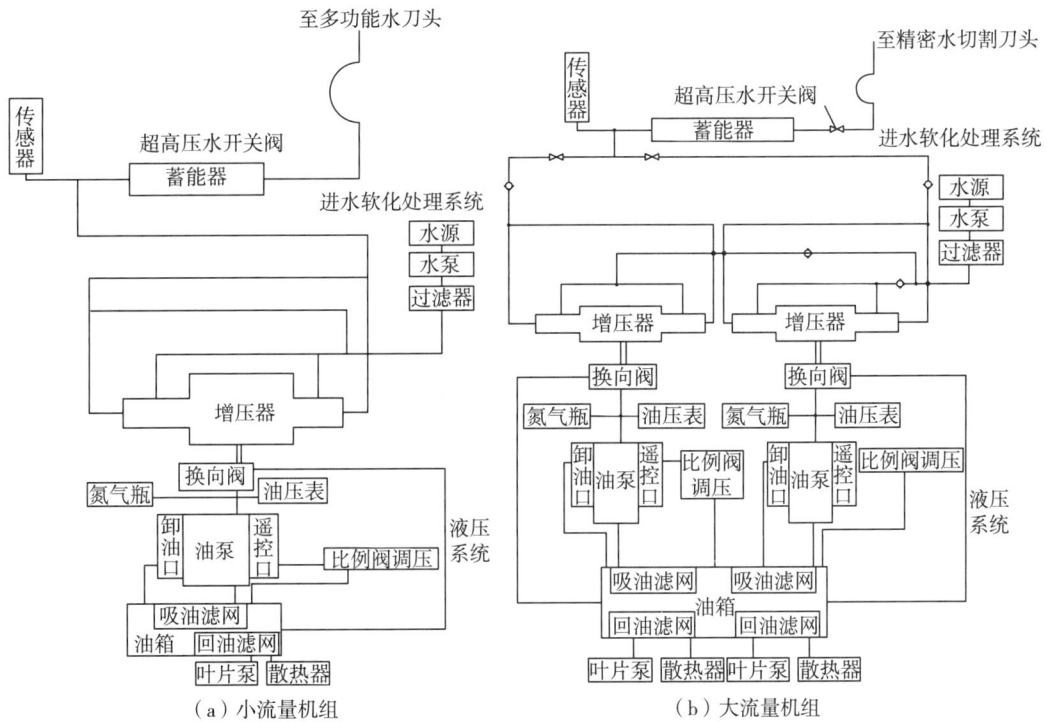

图 9-14 超高压水射流机组的设计原理

3. 高参数增压器的结构设计与制造工艺

增压器的主要参数见表 9-3 所列。

表 9-3 增压器的主要参数

超高压水额定压力 $p_水$/MPa	超高压水理论流量 $Q_水$/(L/min)	高压柱塞直径 d/mm	高压柱塞行程 S/mm	高压柱塞往复次数 n/min^{-1}
500	3.7	22.2	82	59

液压油额定压力 $p_油$/MPa	液压油理论流量 $Q_油$/(L/min)	液压活塞直径 D/mm	增压比 M	增压器输入功率 p_d/kW
16	116	127	31.4	37

1) 双作用增压器的总体结构

双作用增压器用液压油作为工作流体,在液压动力系统的驱动下进入液压缸,推动液压活塞从一侧极限位置向另一侧极限位置运动。与此同时,与之相连接的高压柱塞在高压缸内完成水介质的排液增压过程,活塞另一端连接的高压柱塞完成水介质的吸液过程。当液压活塞反向运动时,双作用增压器将完成另一侧水介质的排液增压和吸液过程,如此往复交替,实现连续输送超高压水。结合液压活塞与高压柱塞的面积比,通过液力平衡达到流体压力倍增的目标,实现水切割及水射流加工的射流工况。

2) 双作用增压器的主要部件

(1) 进出水阀组设计。在双作用增压器的两组高压缸体内各设计了一套结构相同的进出水阀组(见图 9-15),每套进出水阀组中都是单向进水阀芯与进水阀座配合使用、单向出水阀芯与出水阀组配合使用。高压柱塞处于吸液过程时,进水阀芯开启、出水阀芯关闭;高压柱塞处于排出过程时,进水阀芯关闭、出水阀芯开启。进出水阀组材质为沉淀硬化不锈钢,具有高强度、良好的韧性及耐蚀性。

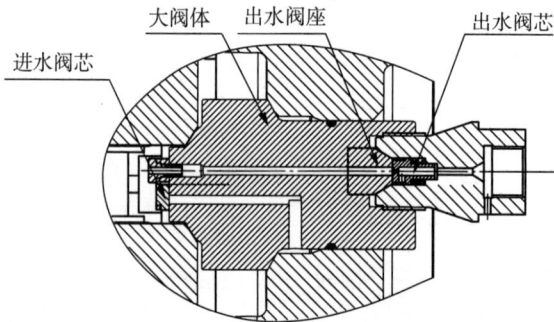

图 9-15　增压器进出水阀组

(2) 高压缸及自增强工艺。高压缸是承载超高压水的工作腔体,其工作容积满足双作用增压器的流量参数要求,并满足与进出水阀组和高压柱塞的装配要求。高压缸材质也为沉淀硬化不锈钢。高压缸制造工艺的设计关乎部件的承压性能。高压缸在粗加工之后,以 2 倍以上的设计压力对高压缸进行自增强工艺,并按时间间隔逐步升压和保压,提高部件的承压性能,然后再进行精加工、内孔珩磨及滚压工艺,确保达到高压缸的装配精度。

(3) 超高压密封设计。可靠的超高压密封是保障双作用增压器稳定运行的重要因素。超高压密封主要包括静密封和动密封。前者为超高压缸体及连接接头处的静态密封,后者为超高压柱塞交替抽吸和排出水介质的往复动密封。500 MPa 超高压密封如图 9-16 所示。

通常来说,超高压静密封会在密封接触面上使用垫圈,利用外力压紧使垫圈产生弹性或塑性变形实现密封。超高压静密封中多采用变形量较好的紫铜垫片,或对加工精度、配合精度要求较高的锥面垫和透镜垫。另外,也利用线密封机理,以密封配合的两个斜面对斜面形成线密封接触或面接触的金属对金属的静密封技术进行密封。双作用增压器的大阀体与高压缸、高压缸与油缸及缸套之间的静密封,采用了线接触及面接触密封原理,并结合良好的加工精度和保持密封配合精度,形成了金属对金属的面密封和线密封。

往复密封一直是往复式容积泵稳定、可靠地抽排介质的关键技术。针对 500 MPa 双作用增压器高压柱塞的超高压往复密封,设计了以一级浮动套筒密封和二级树脂材料密封相结合的高参数往复动密封:超高压流体经过套筒间隙节流降压,高压柱塞与套筒间处于液膜状态形成稳态压力降,进而利用树脂材料阻止密封泄漏,可以实现高可靠性的 500 MPa 超高压往复密封。

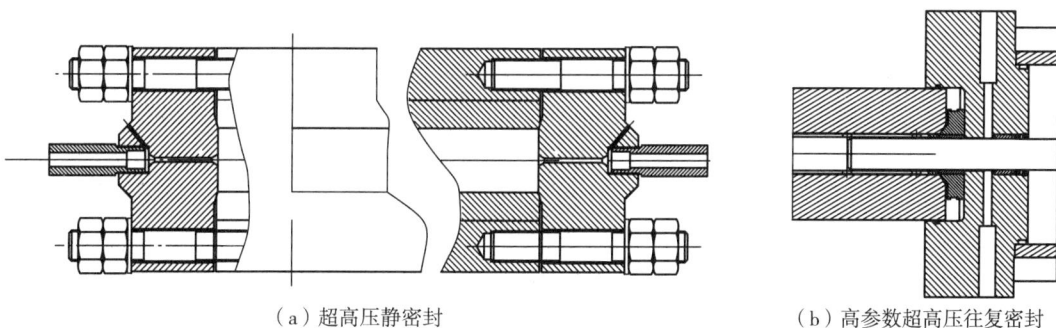

（a）超高压静密封　　　　　　　　　（b）高参数超高压往复密封

图 9 - 16　500 MPa 超高压密封

3）双作用增压器的制造工艺

双作用增压器设计过程中应注意各种硬度材料的选用,500 MPa 增压器的高压材料多采用 17 - 4PH 和 15 - 5PH。主要零件的制造工艺如下。

（1）高压缸:双作用增压器高压缸的加工在材料探伤后,先粗加工,然后采用自增强工艺,最后精加工及内孔珩磨、滚压。经自增强处理的部件,最大的优点是施加工作压力后,其内壁的残余压应力和正常工作时由介质内压产生的应力叠加后,可使应力沿壁厚分布均匀化,内壁平均应力降低(见图 9 - 17),从而大大提高部件的抗疲劳破坏能力。

（2）大阀体:双作用增压器大阀体的

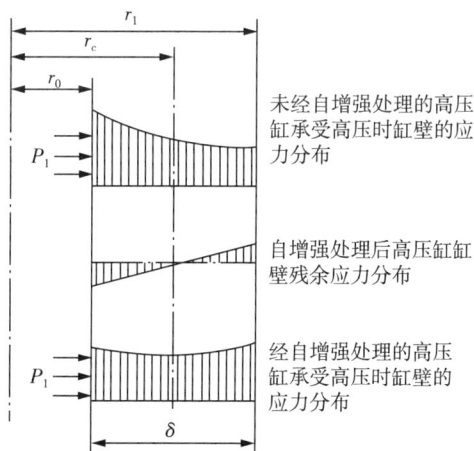

未经自增强处理的高压缸承受高压时缸壁的应力分布

自增强处理后高压缸缸壁残余应力分布

经自增强处理的高压缸承受高压时缸壁的应力分布

图 9 - 17　双作用增压器的高压缸自增强处理前后承受内压时缸壁应力分布示意

加工在材料探伤后,以粗加工车外圆及打孔,再经过精加工及珩磨、滚压完成加工,大阀体采用机械挤压增强。

(3)油缸:双作用增压器油缸的加工选用符合条件的无缝钢管为材料,经过粗车外圆、镗止口等,调质硬度检测后经粗镗、精镗及滚压完成加工。

(4)高压柱塞及密封:双作用增压器的高压密封需要保证良好的密封性,但要保证高压缸的"直线"状态,有利于高压柱塞的陶瓷杆悬浮运动过程中无碰刮。只有在特殊安装工具和严格的工艺条件下,才能保证密封铜环与高压缸的同轴度,最大限度地降低高压密封磨损和陶瓷杆的碰触损伤。同时,高压密封铜环一体化设计制造对保证密封铜环与高压缸的同轴度也有重要作用。

4. 超高压、大流量水射流机组的配套部件设计

为了将双作用增压器作为核心部件形成超高压、大流量的水射流机组,需要为双作用增压器配置提供液压动力的液压系统、软化水进水处理系统、稳定控制超高压水的控制阀等配套部件。

1)双作用增压器的液压系统

双作用液压器的两组高压柱塞由液压活塞驱动实现交替吸液和排液的过程,液压系统为液压活塞的往复运动提供液压动力。图 9-18 为 500 MPa 双作用增压器配套液压系统的原理。

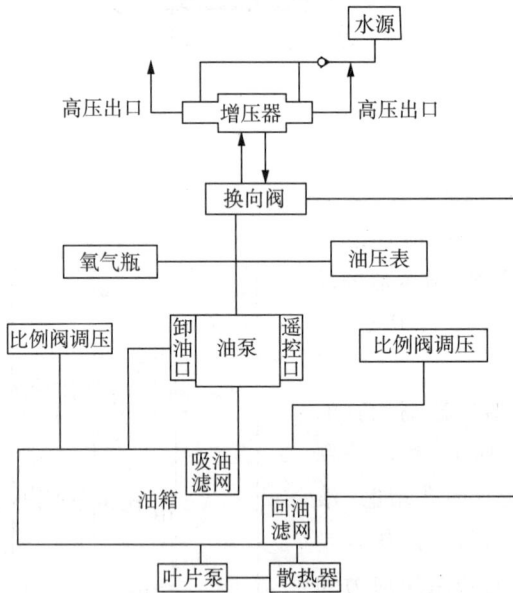

图 9-18 500 MPa 双作用增压器配套液压系统的原理

液压系统主要由变频电机、液压油泵、安全阀、电磁换向阀、调压阀、油箱、过滤器及冷却器等组成。液压油泵将作为工作流体的液压油从油箱中抽取,经过滤器后输送至换向阀,经过换向阀使液压油进入增压器的液压缸,通过对换向阀的反复切向调控,控制增

压器内的液压活塞,实现往复运动,进而驱动高压柱塞实现往复运动,高频切换调控换向阀使双作用增压器反复、交替地在高压缸内完成吸液和排液的过程。液压系统的调压阀控制液压系统压力,对液压系统和高压系统起到超压保护的作用。调节变频电机驱动的液压油泵转速变化将引起液压系统流量的变化,从而控制液压活塞和高压柱塞的往复线速度,进而调节增压器排出水介质的流量,再配合与增压器相匹配的喷嘴,可以实现调节增压器的排液压力,但排液压力不会超过由液压活塞和高压柱塞的面积比转换的增压器最高系统压力。

2)增压器进水处理技术

水质对超高压工况下的设备及部件的运行寿命影响较大,500 MPa 超高压水射流工况更是如此。超高压、大流量水射流机组的进水采用软化处理技术,对提升超高压易损件的使用寿命极具意义。

(1)工艺流程:双作用增压器进水处理设计的工艺流程主要为自来水 → 前置 PP 滤芯 → 前置活性炭滤芯 → 阳树脂软水器(自动再生系统)→ 后置 PP 滤芯 → 软化水箱。

(2)全自动软水处理系统:双作用增压器的软水处理系统采用钠型强酸性阳离子树脂将原水中的钙离子、镁离子置换出去,经软化除盐设备处理后的水可直接作为增压器的供给水,其化学反应为 $2RNa + Ca^{2+}(Mg^{2+}) \rightleftharpoons R_2Ca(Mg) + 2Na^+$。当树脂吸附到一定量的钙离子、镁离子后必须进行再生 —— 用饱和盐水浸泡树脂把树脂里的钙离子、镁离子等置换出来,恢复树脂的软化交换能力,并将废液排出,其化学反应为 $R_2Ca + 2Na^+ \rightleftharpoons 2RNa + Ca^{2+}$。

(3)主要技术指标:进水压力为 0.2 ~ 0.5 MPa,原水硬度小于 6 mmol/L(当原水硬度大于 3 mmol/L 时,应根据不同地域水质做特殊设计),出水硬度小于 0.03 mmol/L[达到《工业锅炉水质》(GB/T 1576—2018)的要求]。

(4)进水处理系统配置:根据额定压力 500 MPa、理论流量 3.7 L/min 的双作用增压器用水要求形成了全自动进水处理系统配置方案(见图 9 - 19)。

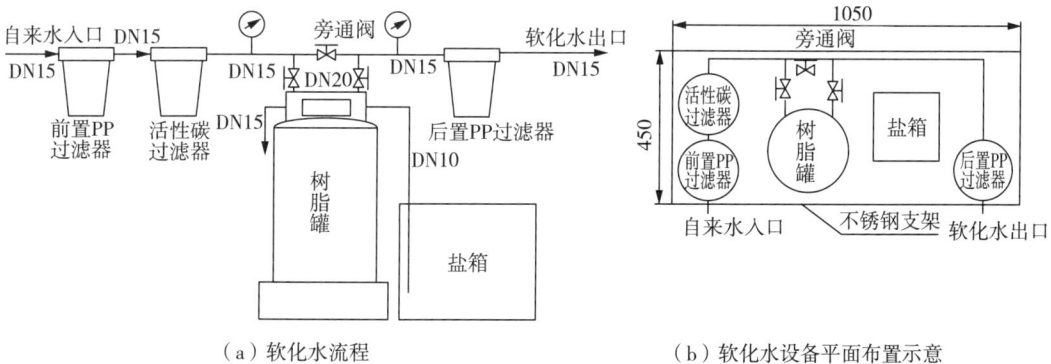

(a)软化水流程　　　　　　　　(b)软化水设备平面布置示意

图 9 - 19　全自动进水处理系统配置方案

上述进水处理系统选用高性能离子交换树脂,工作交换容量大、能耗低、使用寿命长。控制部分全部采用全自动控制阀,保障设备持续、安全运行,设置流量控制、制水控制、失效控制、再生控制(进盐及补水控制)、加盐液控制、盐液稀释自动补水控制等功位控制点。

3)500 MPa超高压水开关控制阀

超高压水切割和水射流加工作业过程中往往会切换加工工位,为使增压器内持续保压,避免增压器重新耗时建立压力,需要在水射流加工刀头与水射流机组输出管线之间设置超高压水开关控制阀(见图9-20),这有利于提高水切割或水射流加工作业的连续性。

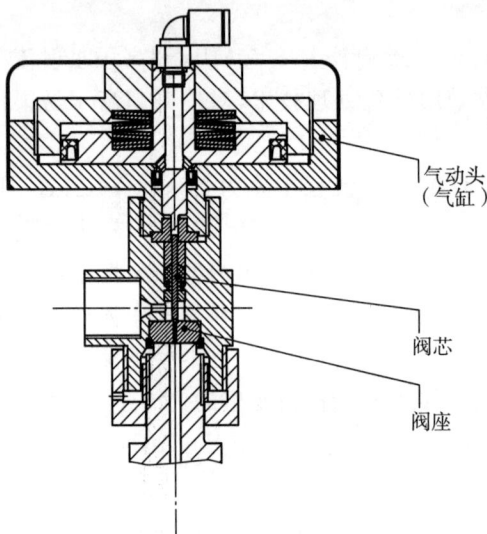

图 9-20 500 MPa超高压水开关控制阀

气动头(气缸)

阀芯

阀座

为了实现500 MPa超高压、大流量水射流机组的稳定运行,超高压水开关控制阀要实现可靠密封。阀门驱动装置的驱动力能克服阀体内介质压力反馈形成的密封力是获得可靠密封的前提条件,这取决于阀芯和过流阀孔的面积差。然而,阀门的驱动力越大,意味着所选取的阀门驱动装置参数和外形尺寸越大。因此,为了选用紧凑的阀门驱动装置,阀芯和过流阀孔的面积差应尽量大。而阀孔的过流通径对过流介质的流态和压力损失影响较大,因此不宜过小。总之,阀芯与阀孔结构尺寸需合理匹配。

由阀门驱动装置驱动力形成的密封力与超高压水开关控制阀的过流阀孔、阀芯直径的关系如下:

$$F \geqslant p \frac{\pi(d_{阀芯}^2 - d_{阀孔}^2)}{4} \qquad (9-1)$$

式中,F为密封驱动力,由阀门驱动装置的驱动力形成(N);p为超高压水压力(MPa);$d_{阀芯}$为阀芯直径(mm);$d_{阀孔}$为过流阀孔直径(mm)。

500 MPa超高压水开关阀的阀孔孔径为0.8 mm,控制阀阀芯直径为1.5 mm,控制阀驱动压缩空气压力为0.4 MPa,驱动装置气缸上缸体活塞直径为63 mm。

在超高压水压力为500 MPa的条件下,控制阀阀芯达到稳定关闭时,控制阀气缸驱动力应满足:

$$F \geqslant p \frac{\pi(d_{阀芯}^2 - d_{阀孔}^2)}{4} = 500 \times \frac{3.14 \times (1.5^2 - 0.8^2)}{4} \approx 631.93(N)$$

选用的控制阀气缸在工作气压时产生的驱动力为

$$F = p_{压缩空气} \frac{\pi D^2_{气缸活塞}}{4} = 0.4 \times \frac{3.14 \times 63^2}{4} \approx 1246.26 \text{（N）}$$

4）双组双作用增压器并联组合使用结构

为了获取更大流量及功率参数的超高压水射流机组，需要通过增大过流通径、柱塞往复次数等关键指标来提高增压器的输出流量，与此同时更需要增加部件几何尺寸和承压裕度来提升增压器的可靠性。双作用增压器的大型化势必会引起运行稳定性差、制造成本增加等问题。

为了应对超高压、大流量水射流主机高参数工况的设计要求，以单组双作用增压器为基础模块，设计双组双作用增压器并联组合使用结构，用于实现超高压、大流量的水切割射流工况。双组双作用增压器并联组合使用结构采用两组同样结构形式的双作用增压器，通过外部超高压管路分别连接双作用增压器两端的输出流量接头，并将两组双作用增压器的输出流量汇入超高压蓄能器，形成双组双作用增压器并联组合使用结构部件（见图 9-21），实现了稳定、可靠地输送大流量超高压水射流的功能目标。

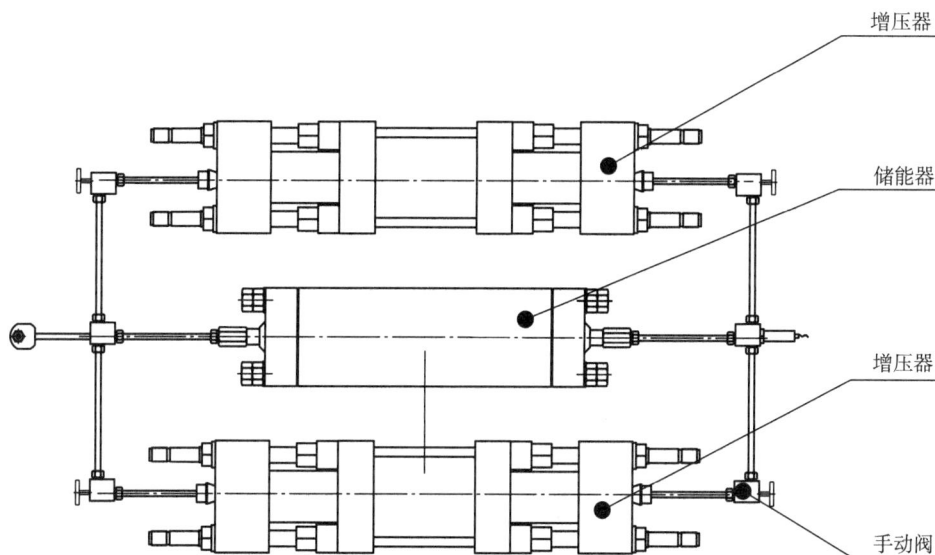

图 9-21　双组双作用增压器并联运行结构

9.3.3　复合材料大型构件五轴联动精密水切割平台

以碳纤维复合材料飞机蒙皮为代表的航空复合材料结构件往往是大尺寸部件，而且多以大型曲面形状的结构件为主。这类航空复合材料大型构件在加工时对切缝要求极高，必须获得精确的切缝轮廓和优良的切割表面质量，才能使飞机蒙皮等航空复合材料结构件实现"无缝"拼接装配。针对航空复合材料大型构件精密水切割的技术要求，切割平台包括五轴联动精密水切割平台主体机床，以及适合复合材料大型曲面构件装夹的浮动点阵柔性托架系统，前者实现对复合材料飞机蒙皮构件的精密水切割作业，后者完成复合材料曲面构件的柔性精确装夹（见图 9-22）。

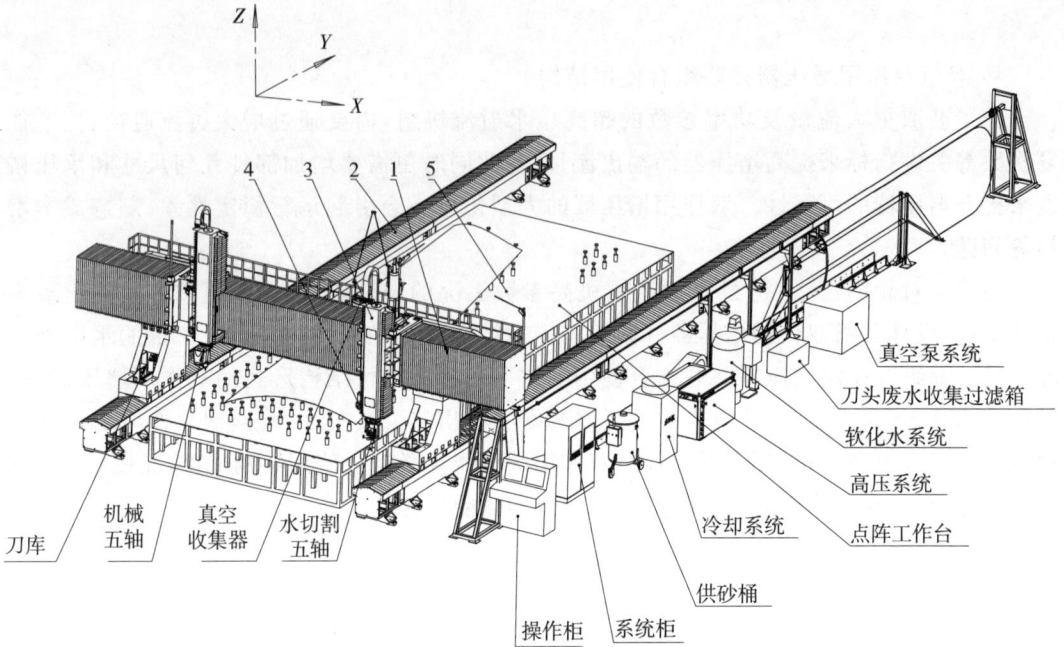

图 9-22　航空复合材料大型构件超高压水射流精密水切割机床主体结构

1. 复合材料大型构件五轴联动精密水切割平台

　　航空复合材料大型构件的精密水切割加工装备（见图 9-23）即大尺度曲面超高压水切割加工中心，以大型机床为基础。国内外研制的复合材料大型构件精密水切割平台主体机床，在加工范围、定位精度、重复定位精度、加工速度、CNC 系统等多个方面，设计技术参数基本相同。复合材料大型构件精密水切割机床国内外设备类似型号的参数对比见表 9-4 所列。

（a）装备总体　　　　　　　　　　（b）五轴水切割头

图 9-23　航空复合材料大型构件的精密水切割加工装备

表 9 - 4　复合材料大型构件精密水切割机床国内外设备的参数对比

序号	项目	分项目	国内	PaR	Flow
1	加工范围	X	5 m	4.5 m	5.0 m
		Y	15 m	15 m	15 m
		Z	1.2 m	1.2 m	1.2 m
		C	370°	370°	±270°
		A	±105°	±105°	±90°(铣刀±110°)
		B(收集器)	370°	370°	
2	定位精度	X	±0.05 mm	±0.05 mm	±0.06 mm
		Y		±0.075 mm	±0.08 mm
		Z		±0.05 mm	±0.06 mm
		C	±60″(机械,±10″)	±14.4″	±60″(机械,±14.4″)
		A		±14.4″	
		B(收集器)	±0.2°	±0.2°	—
3	重复定位精度	X	±0.03 mm	±0.025 mm	±0.04 mm
		Y			±0.06 mm
		Z			±0.04 mm
		C	±30″(机械,±5″)	±7.2″	±30″(机械,7.2″)
		A	±0.2°	—	—
		B(收集器)			
4	加工速度	X	0～10 m/min	0～10 m/min	0～10 m/min
		Y			
		Z			
		C	1 rad/s	1 rad/s	1 rad/s
		A			
		B(收集器)			
5	快移速度	X	40 m/min	30 m/min	15 m/min
		Y			
		Z	20 m/min	20 m/min	15 m/min

序号	项目	分项目	国内	PaR	Flow
6	机械式主轴	连续功率	30 hp	30 hp	16 hp
		转速	18000 r/min	18000 r/min	25000 r/min（15000 r/min）
7	换刀机构	刀库形式	圆盘	转盘	转盘
		换刀数量	24 把	20 把	8 把
		其他	安装对刀仪	刀位传感器	刀位传感器
8	CNC系统	—	用于水切割加工的动态控制，误差补偿及能够控制加工与自动检测的功能切换，含模块搜索图形/程序、修正启用为JOG启用/断点记忆工件原点、I/O诊断数据库、软件/参数备份恢复等	以标准的微软操作系统支持工件编程仿真软件，标准的通用诊断和维护程序，允许CNC机床和运动控制系统的测试，使用多种等直线运算的直线插补，完整的数字和模拟工业I/O控制	CNC数字伺服系统，支持手工输入数据操作，具有英制/公制换算功能，内存零件程序及零件程序编辑，高精密轮廓控制及小高度剖面图操控台

复合材料大型构件精密切割加工平台的主体机床根据大规格机翼蒙皮尺寸设计机床加工尺寸。为满足切割加工要求，尤其是针对复合材料曲面构件的精密加工需求，水切割头的控制方式采用五轴联动，以确保实现水切割头的加工路径和保持水切割头的位置姿态。主体机床上的水切割头与超高压、大流量水射流机组的高压管线连接，主体机床留有空间安装浮动点阵柔性托架系统。

2. 航空复合材料曲面结构件的浮动点阵柔性托架系统

航空复合材料大型结构件多是曲面结构件和连接件，对其进行柔性装夹不仅是完成工件精密水切割加工要求的重要条件，也是确保其水切割断面达到高精度质量的有力措施。设计浮动点阵柔性托架系统作为航空复合材料大型构件五轴联动精密水切割平台的一部分，主要功能是满足对双曲面型方向舵蒙皮等航空复合材料构件的修边、钻孔时的柔性装夹，使其达到航空复合材料大型构件五轴联动精密水切割技术要求。

国内某基本型号浮动点阵柔性托架系统外形尺寸：长15000 mm×宽5000 mm×高1121 mm。

伺服托架电缸（浮动托架支柱）：最大行程600 mm，最大举升速度100 mm/s，吸盘直径100 mm。

伺服托架电缸（浮动托架支柱）数量80个，最小间距150 mm。

浮动点阵柔性托架系统(见图 9-24)为整体式框架结构,在主体框架盖板下按一定间隔设置大量的浮动支柱,配置点阵群的控制系统,根据待加工构件的要求,控制浮动支柱的伸缩顶升高度,调控浮动支柱顶部自由吸附角度,对复合材料曲面结构件进行稳定、柔性装夹。

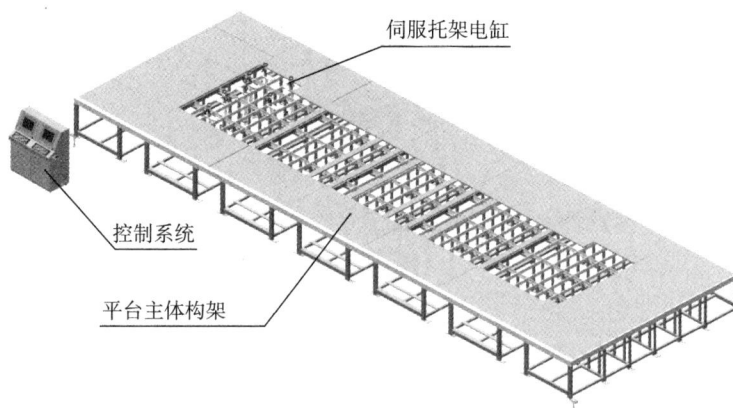

图 9-24　浮动点阵柔性托架系统

3. 精密水切割刀头姿态控制机构

航空复合材料大型构件五轴联动精密水切割平台主体机床的水切割头除 X 轴、Y 轴、Z 轴三向运动,还有 A 轴(摆动轴)、C 轴(绕 Z 轴旋转)、B 轴(收集器跟随轴)。国内某基本型号水切割头 A 轴、C 轴、B 轴的主要性能参数见表 9-5 所列。

表 9-5　水切割头 A 轴、C 轴、B 轴的主要性能参数

性能参数	A 轴	C 轴	B 轴
加工范围	$\pm 90°$	$370°$	$370°$
定位精度	$\pm 60''$(机械,$\pm 10''$)	$\pm 60''$(机械,$\pm 10''$)	$\pm 0.2°$
重复定位精度	$\pm 30''$(机械,$\pm 5''$)	$\pm 30''$(机械,$\pm 5''$)	$\pm 0.2°$
加工速度	1 rad/s	1 rad/s	1 rad/s

水切割头姿态控制机构(见图 9-25)的旋转轴 C 轴与摆动轴 A 轴之间的夹角为 $90°$,水切割头中心线(射流中心线)经过 A 轴与 C 轴的交点且与 A 轴垂直。因此,当水切割头的姿态变化时,A 轴旋转角即为切割头摆角(射流与 Z 轴夹角),C 轴旋转角即为切割头旋转角(射流绕 Z 轴旋转角),射流切入点与 AC 轴交点距离应始终不变(保持切割靶距不变)。收集器(C 形杯)安装在 B 轴上,B 轴与切割头中心线同轴;收集器安装在切割头的下方,并与切割头保持同步;B 轴为独立控制轴,其作用是避免收集器与工件边缘产生干涉。

C轴（旋转轴）

A轴（偏摆轴）

B轴（收集杯跟随轴）

R轴（收集器跟随轴）

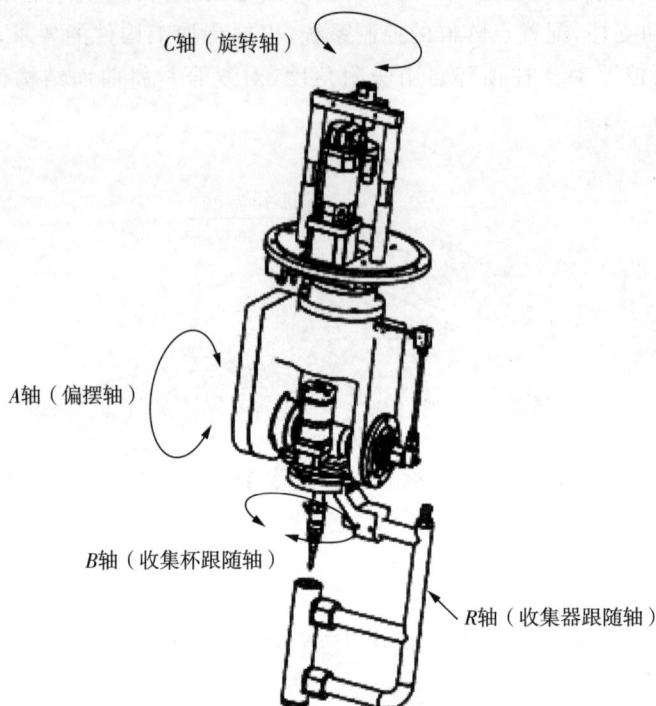

图 9-25　水切割头姿态控制机构

9.4　多功能水切割设备

9.4.1　水切割变为多功能水加工

耐高温材料一般指在 550 ℃ 以上温度条件下能承受一定应力并具有抗氧化和抗热腐蚀能力的材料。以纤维增强碳和碳化硅双基体材料为主的特种耐高温复合材料，又称为碳陶材料，是一种能满足 1650 ℃ 以上使用的新型高温结构材料和功能材料，该材料具有密度低（小于 2 g/cm³）、抗氧化性能好、耐腐蚀、力学性能和热物理性能优异等优点，已成为制造航天器及飞行器承力结构件、发动机壳体及各种形状复杂、用途特殊的零部件的必不可少的材料。但其硬度达到 HRC70 以上，高于常用的硬质合金刀具的硬度，加工时实际上是对传统硬质合金刀具进行磨削，因此加工时刀具磨损严重。耐高温材料的切削温度极高、热传导率较低，加快了刀具的磨损，而且在切削力作用下构件容易产生变形，构件的加工精度难以保证。

为了满足碳陶基特种耐高温材料航天飞行器零部件高效加工的需求，在发挥传统水切割质量高技术优势的基础上，需要拓展水切割机的车削、钻铣及抛光等加工功能，开发能够符合零部件多工位、多工艺加工要求的水射流加工平台。多功能五轴联动水射流加工平台，运用了水射流加工平台实现水射流的切割、钻孔、车削、铣削及抛光等加工功能。

9.4.2　超高压水射流车削、铣削及抛光加工机理

超高压水切割以极小孔径的喷嘴形成高达音速 2～3 倍的水射流,并混入细磨料颗粒,以高速磨料水射流切割材料。不同于机械刀具逐层进给切削材料,水切割技术发挥了磨削及冲击材料的优势,运用流速极高的磨料射流对材料建立入刀口,结合横向进给移动,磨料颗粒从法向和切向对材料表面进行磨削去除,实现一次性去除材料(见图 9-26)。由于被切割材料表面的侧向力小,不会产生任何的变形、裂纹等缺陷,因此水切割材料断面的质量非常高。

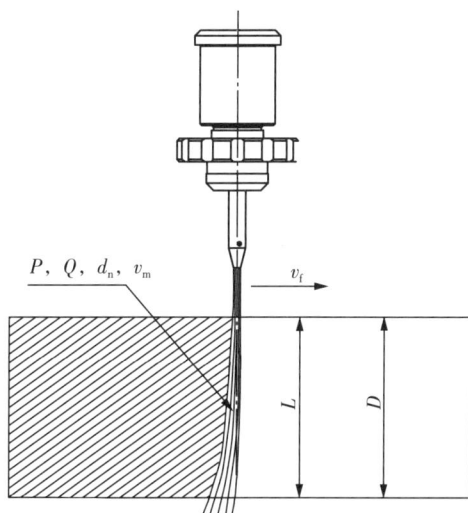

P— 射流压力;Q— 射流流量;d_n— 喷嘴孔径;V— 磨料流速;L— 射流靶距;v_f— 移动速度;d— 工件厚度。

图 9-26　超高压水切割材料原理

由于超高压水切割技术具备高质量切割材料的能力,因此在水切割技术的基础上,通过调控超高压水射流关键工况参数和控制超高压水射流作业形式,可以实现超高压水射流的车削、铣削及抛光等加工功能。

1. 超高压水射流车削加工

超高压水射流车削轴类工件外圆时,轴类工件做旋转运动,水射流加工刀头做直线运动,实现"射流线"接触轴类工件外圆进行水射流车削加工,即"射流线"向工件旋转中心轴线移动。移动量即是轴类工件外圆车削加工的径向"进刀量","射流线"有效边缘与工作旋转中心轴线间的距离即是加工成型后轴的半径,"射流线"沿工件旋转中心的轴向移动距离即是工件加工成型后的轴段长度。超高压水射流车削轴类工件外圆的原理如图 9-27 所示。

超高压水切割工件时,通过提高"射流线"的移动速度,被切割工件不会被切穿且只留下一定深度的切缝,众多切缝组合起来即可在工件上留下一定深度、一定形状的凹槽。应用上述原理,超高压水射流车削法兰端面止口台阶及圆形凹槽时,法兰工件快速旋转并结合水射流刀头做直线往复运动。当水射流刀头自法兰工件轴面外侧向中心相对做直线往复"射流车削"时,可实现法兰止口台阶的车削加工。"射流线"的直线往复移动距离即是法兰止口台阶的宽度,"射流线"向法兰轴向的移动量(切割深度)是法兰止口台阶的高度。当水射流刀头自法兰工件轴面中心向两侧相对做直线往复"射流车削"时,可实现圆形凹槽的

端面车销加工,"射流线"的直线往复移动距离是法兰止口圆形凹槽的直径,"射流线"向法兰轴向的移动量(切割深度)是法兰止口圆形凹槽的深度。超高压水射流车削法兰端面止口及圆形凹槽原理如图 9 - 28 所示。

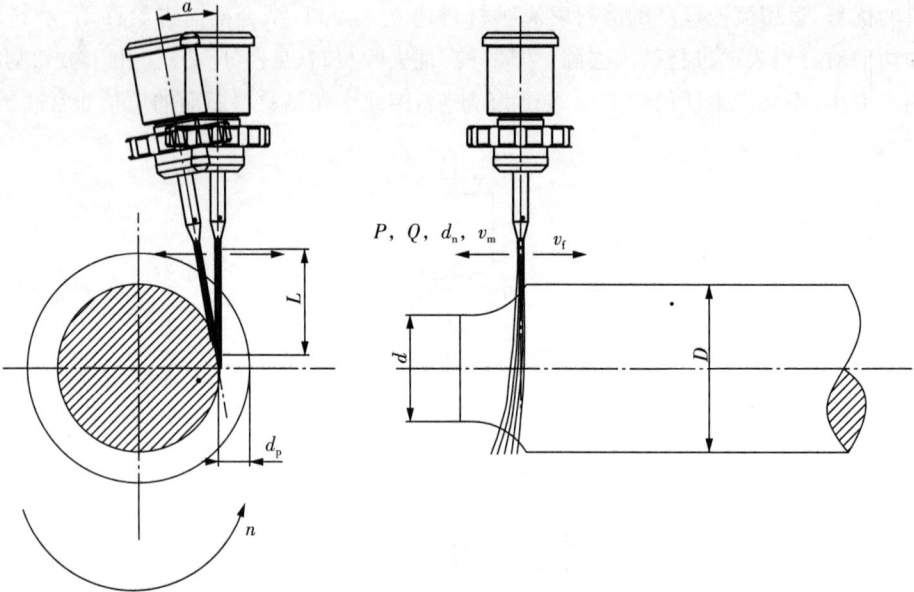

P— 射流压力;Q— 射流流量;d_n— 喷嘴孔径;V_m— 磨料流速;L— 射流靶距;

a— 车削角度;v_f— 移动速度;D— 工件外径;d— 轴直径;d_p— 车削深度;n— 工件转速。

图 9 - 27　超高压水射流车削轴类工件外圆的原理

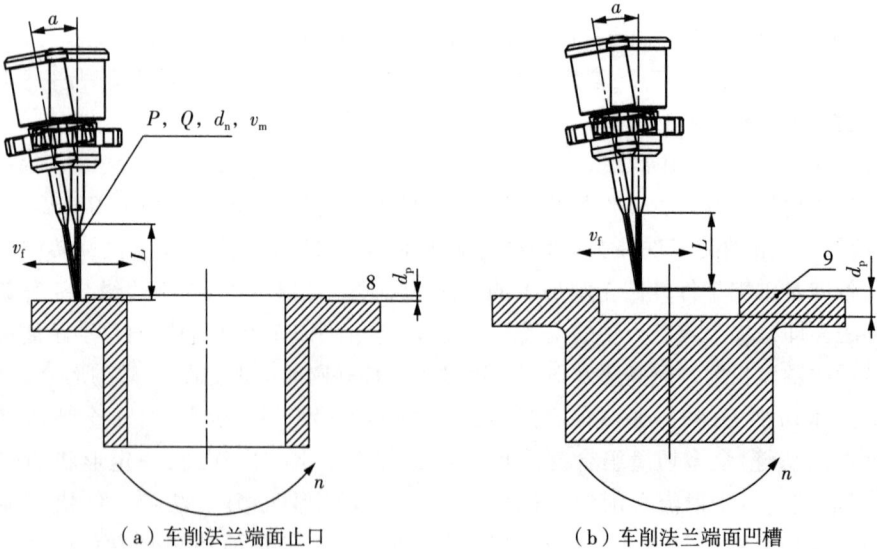

（a）车削法兰端面止口　　　　　　　　（b）车削法兰端面凹槽

P— 射流压力;Q— 射流流量;d_n— 喷嘴孔径;V— 磨料流速;

L— 射流靶距;a— 车削角度;v_m— 移动速度;d_p— 车削深度;n— 工件转速。

图 9 - 28　超高压水射流车削法兰端面止口及圆形凹槽原理

2. 超高压水射流铣削加工

超高压水射流铣削矩形或其他形状凹槽时,工件相对于水射流刀头做符合加工槽型的平面运动,水射流刀头在工件加工槽型范围内相对地反复"射流铣削",完成工件矩形或其他形状凹槽铣削加工。"射流线"的移动区域范围即是工件加工槽型的外形尺寸,"射流线"形成的去除深度即是工件加工槽型的深度。超高压水射流铣削矩形凹槽及抛光原理如图9-29所示。

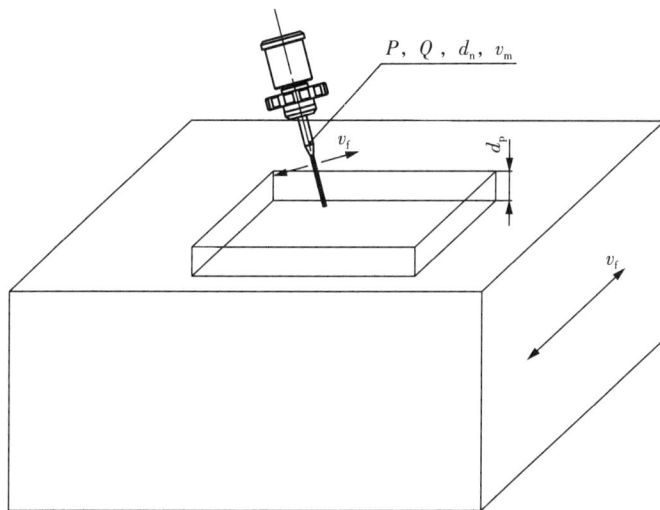

P—射流压力;Q—射流流量;d_n—喷嘴孔径;V—磨料流速;L—射流靶距;v_f—移动速度;d_p—铣削深度。

图9-29　超高压水射流铣削矩形凹槽及抛光原理

3. 超高压水射流抛光加工

对于工件的抛光,类似超高压水射流铣削机理,但要求水射流作业压力应降到合适的压力值,工件往复和旋转运动的速度要快,即可对工件表面实现快速超高压水射流抛光,且不形成明显的切痕。

9.4.3　多功能水射流加工平台与水射流加工刀头

1. 加工平台设计要素

从超高压水射流车削、铣削及抛光加工方法来看,实现上述多种超高压水射流加工用途的平台设计应包括以下关键元素。

(1)高参数的超高压水射流加工刀头。与水切割工艺相同,超高压水射流加工刀头是实现多种加工功能的最终执行部件。

(2)超高压水射流加工刀头的路径及姿态控制。实现对超高压水射流加工刀头移动控制,满足水射流加工刀头原点定位、工件多工位加工的重复定位及工件加工尺寸精度控制等要求。结合工件加工的形状要求,兼顾考虑水射流能量梯度变化等因素,还需实时保持超高压水射流加工刀头的运动姿态。

(3)多种超高压水射流加工形式的实现。从超高压水射流车削等加工原理可以看出,只有超高压水射流加工刀头控制与工件运行状态达到相互匹配时,才能实现特定的超高压水射流加工形式,因此除了对刀头进行调控以外,实现工件高速的旋转、往复运动甚至复合运动是设计多功能超高压水射流加工平台的关键。

2. 加工平台设计方案及设备构成

基于超高压水射流车削、铣削、抛光的加工原理及兼顾上述设计要素,多功能五轴联动水射流加工平台(见图 9 - 30)主要由超高压水射流加工刀头、五轴联动龙门机床及伺服控制工件装夹台组成,其中超高压水射流加工刀头与水射流主机匹配形成超高压工况,五轴联动龙门机床控制水射流加工刀头运动状态,伺服控制工件装夹台负载工件并与水射流加工刀头匹配运动。

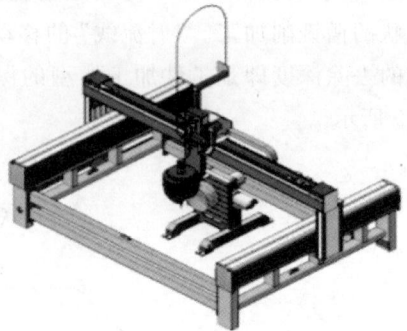

图 9 - 30　多功能五轴联动水射流
加工平台

五轴联动龙门机床主要由 Y 向机床床身、X 向横梁、Z 轴梁及 A、C 轴旋转头等组成。不难看出,其本质与五轴联动水切割机床结构类似。若装载超高压水射流加工刀头,则可以完成基本的工件水切割作业。

多功能五轴联动水射流加工平台的五轴联动龙门机床主体材料为铝合金型材,外形美观,重量轻,强度高,加工变形量小,加工精度容易控制。伺服控制工件装夹台的机架、翻转箱体选用 Q235 材质,综合力学性能良好,焊接性能好;工作平台选用 HT200 材质,加工性能优良、抗震性能好;轴、轴承座作为集中承载零部件,选用 45 钢材质,其经热处理后具有优良的力学性能。多功能五轴联动水射流加工平台的五轴联动龙门机床床身和伺服控制工件装夹台传动部件的安装基准面均为焊接成型后一次性加工完成,最大限度地降低了因装夹、装配误差引起的加工精度问题。

伺服控制工件装夹台主要由支架、翻转驱动装置、旋转工作台及装夹平台等组成,具有翻转、旋转功能,可以实现对工件进行水射流车削、铣削和抛光等多种加工功能。加工时,工件通过装夹台或直接安装在旋转工作台上。伺服控制工件装夹台的减速机选用谐波减速机,与行星减速机对比精度更高。若距回转中心半径 500 mm 处对工件进行切割,则由行星减速机背隙造成的误差为 1.70 mm,而由谐波减速机背隙造成的误差仅为 0.03 mm。此外,同等行星减速机空间体积为 7.4 L,谐波减速机空间体积为 1.8 L,体积仅为行星减速机的 1/4;同级性能参数行星减速机重量为 30 kg,谐波减速机重量为 5 kg,重量仅为行星减速机的 1/6;在选用相同减速比,获得相同输出扭矩的条件下,谐波减速机重量更轻,体积更小,输入端接口更容易与规格小的电机匹配,机架也可以相应设计得更为轻巧,运动更为平稳。因谐波减速机的独特结构,其运行中同时啮合的齿数多,无冲击,噪声小,平台运行更平稳。

多功能水射流加工平台的所有伺服电机均由控制系统调控,待加工工件安装在伺服控制工件装夹台的台面,控制系统根据加工要求控制伺服控制工件装夹台进行工件坐标变换,再根据当前坐标变换结果设定加工轨迹后进行水射流加工。不同于传统水切割机床,多功能五轴联动水射流加工平台配备了伺服控制工件装夹台,具有连续变换工件加工基面的功能,可实现工件一次装夹的多面加工,在保证加工精度的同时提升了加工效率。

3. 多功能超高压水射流加工刀头的研制

多功能五轴联动水刀头整体结构与普通五轴水刀头并无多大差异,在进行切割、车削、钻孔加工时,使用与切割加工完全相同的五轴水刀头即可。但在进行铣削与抛光加工时,普通五轴水刀头的直线射流就不再适宜。

铣削与切割的本质区别:"不切透"与"切透";"必要的切缝宽度"与"尽可能窄的切缝"。若采用水切割加工的直线射流进行水射流铣削加工,为取得"必要的切缝宽度",必须以水切割刀头多次往复横移与进给,这样形成的铣削底面很难获得较好的平面度,且效率低下。为此,对铣削加工,采用产生扇形磨料射流的磨料喷头,既改善了铣削底面的质量,又提高了铣削效率。

9.5　精密五轴联动水切割在航空航天中的应用

9.5.1　航空复合材料大型构件五轴联动水切割装备控制系统

航空复合材料大型构件五轴联动水切割装备是一套复杂的多系统集成装备。装备总控系统设计的基本思路是模块化集成,总控系统集成了机床控制系统、柔性托架控制系统(包括柔性托架支柱系统和真空吸附系统)、水射流控制系统(包括供水系统、高压系统、磨料供给系统、切割液收集系统等)、测量系统、监控系统、刀库系统等。航空复合材料大型构件五轴联动水切割装备总控系统如图 9 - 31 所示。

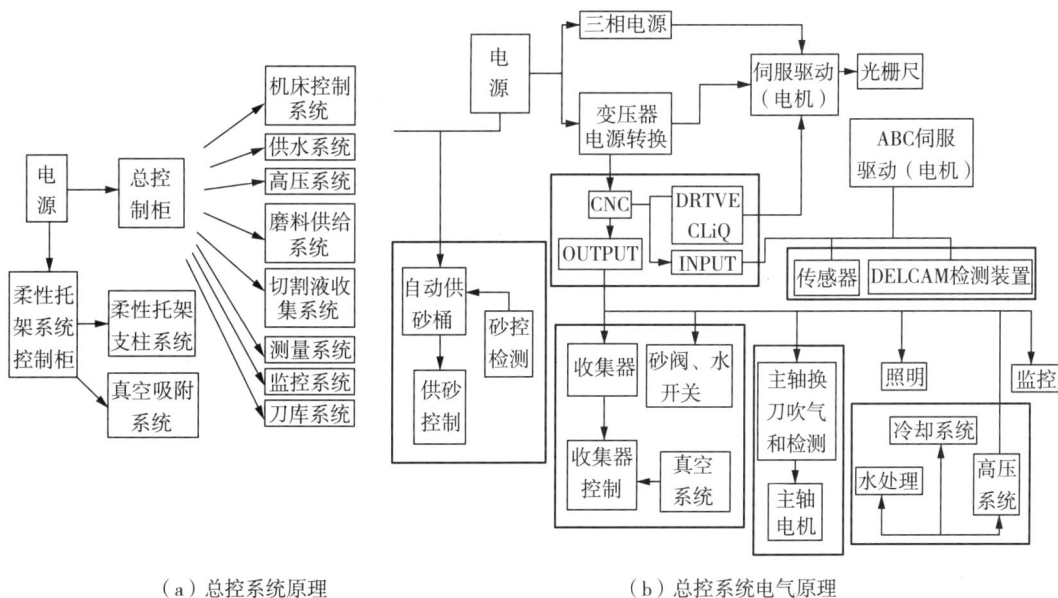

（a）总控系统原理　　　　　　　　（b）总控系统电气原理

图 9 - 31　航空复合材料大型构件五轴联动水切割装备总控系统

　　为实现自动化作业,满足大型曲面构件(机翼、方向舵蒙皮)高效切割加工需求,必须实现一体化控制。其中,柔性托架控制系统相对复杂庞大,因而有相对独立的控制柜,其与总控制柜之间采用总线通信,确保快速响应,其他控制单元则集成于主控制柜模块间,统一采用总线通信。

9.5.2　五轴联动水射流加工误差测量及补偿技术

1. 五轴联动水射流加工误差补偿技术

　　水射流加工存在各类误差,比如机床自有误差、加工定位误差、水射流加工斜度误差等,其中机床自有误差和加工定位误差对工件加工质量影响较大。传统加工方法中,通过控制加工参数,改变水切割方式可以减少加工变形,从而提高加工精度,但是这类方法具有局限性,对操作者加工经验要求高,通用性较差,只适合某一型号零件,不能适用于其他零部件。在现有工艺基础上,通过改变水刀走刀路径实现变形误差补偿是采用较多的一种方法。五轴联动加工中,进给速度还直接影响加工过程中材料的切除率,如果不对这些因素加以约束,那么会影响加工质量。因此,应开展水射流超前补偿控制方法与加工误差补偿算法研究,并进行试验;研究机床动力学、插补精度、刀具速度场及材料切除率等各种约束对进给速度、进给加速度的限制,并给出在综合约束下的最大可行进给速度和进给加速度范围。

　　加工定位误差通过原位测量对实际加工面进行采样测量,拟合得到实际加工面,从而能够计算出各刀位处的加工误差。将根据初始设计面规划的理想刀路进行调整,各刀位处调整量的大小依据镜像原理确定。将现有的规划刀路作为初始的刀位文件,通过比较实际加工面与初始刀位,求得加工出该面的等效刀位,其中分布表示刀尖点位置和刀轴方向。考虑刀具与工件可能发生干涉,以刀具和工件是否发生干涉为边界条件,不断迭代求取等效刀位,得到最终的等效刀位,实现水刀加工误差补偿。依据现有包络面计算方法,根据理想状态下规划出来的水喷嘴线路及水喷嘴参数计算出水喷嘴运动包络面。利用指定刀位处喷嘴与其包络面之间的接触线所在的法平面对喷嘴、实际测量得到的加工面进行切割,将三维空间问题转化为二维平面问题,据此建立非线性约束最优化问题,将其等效为最优的调整参数,并得出等效刀位。

　　AC 双摆头机床的回转几何中心是指 *A* 轴和 *C* 轴的交点,也就是两旋转轴的轴心。几何中心误差是指机床两个旋转轴理论轴心与实际轴心之间存在的偏差,使得水刀的实际运动轨迹和理论的运动轨迹之间出现偏差。在加工过程中表现形式就是刀具和工件的理论与实际相对位置之间出现偏差。众所周知,误差只能尽量减少、无法消除,机床的安装制作多少会有回转轴的轴心偏差存在,所以一般五轴数控机床都存在由两个旋转轴的旋转中心不一致而造成的轴心几何误差,即回转中心几何误差和刀杆长度误差,本书不再详细阐述。

2. 工件的在线检测方法

　　工件在线检测系统由机床、测头系统所组成的硬件系统和 PowerINSPECT 软件系统两大部件组成。采用 Delcam OMV 在机检测软件和雷尼绍 RMP600 高精度无线测头(见图 9-32)。OMV 在机检测软件是一个运行在加工机床上可脱机编程、能自动检测具有自由曲面和几何特征的实体的解决方案。强大的 CAD 数据读入能力，能够读入各种数据格式的三维 CAD 模型数据；智能脱机编程功能，能编辑、检测路径完整的模拟功能；可模拟完整的机床环境，测头系统全方位地碰撞干涉检验系统；可通过模拟检测演示来检查检测路径是否安全。当在机检测过程中发生碰撞干涉时，安全系统将立刻停止机床运动，以确保测头与机床的安全。全面检测包括各种几何特征检测、形位公差检测、自由曲面检测、边缘检测、截面检测。检测报告图文并茂、清晰易懂。

图 9-32　安装在机械五轴上的雷尼绍测头

安装在机械五轴头上的 RMP600 测头根据 Delcam OMV 软件生成的检测程序对加工件的各种几何特征、形位公差、自由曲面和边缘等进行检测。RMP600 测头主要性能参数：传输距离 15 m、重复精度 1.0 μm。

在线检测的具体步骤可以分为 7 个阶段：指定检测零件的加工机床的参数，以便在 PowerINSECT 软件中进行模拟；对齐零件；在想要检测的零件上选择点，以产生测头路径；在 PowerINSPECT 中选中模拟检测序列；将 PowerINSPECT 中选中的测头路径导出到 NC 程序文件中；将 NC 程序文件传到机床控制器中；在加工机床上运行 NC 程序文件，并将结果导入 PowerINSPECT。

9.5.3　航空碳纤维复合材料飞机蒙皮结构件精密水切割加工应用

应用对象为碳纤维复合材料方向舵蒙皮结构件，工件最大外形为 10513 mm × 2519 mm，厚度为 2.1～4.6 mm，结构件为曲面部件。

运用航空复合材料大型构件五轴联动精密水切割装备，通过调入被加工工件的三维模型图和处理生成浮动点阵托架运动的格式文件，设置多组浮动点阵托架电缸的位置及姿态，完成被加工工件的安放及柔性装夹。运用航空复合材料大型构件五轴联动精密水切割装备的控制系统，调入被加工工件三维模型图和生成切割刀头运动路径文件，在模拟和校验工作完成后，正式开始碳纤维复合材料方向舵蒙皮结构件的精密水切割加工，五轴联动水切割刀头在整套装备及控制系统的协调配合下，沿设定加工路径及保持刀头运动姿态，完成方向舵蒙皮结构件的精密切割，切割作业后的废水经"C"形杯回收。碳纤维复合材料方向舵蒙皮结构件超高压水切割工艺应用如图 9-33 所示。整个精密切割加工过程中，水切割参数压力为 435 MPa、速度为 1100 mm/min。

精密切割作业完成后，在航空复合材料大型构件五轴联动精密水切割装备上进行在线测量。测量状态为工件加工完成后保持吸附于柔性托架平台的原状态，测量点的布置依据方向舵蒙皮检验方法，即直边按间隔不超过 100 mm 均布测点、凹边处布置 10 个测点。测量评判的方法：将所有测量点值拟合成一个整体与零件数模对比，所有点与零件边缘的垂直距离即为误差值，误差值不超过 ±0.75 mm 为合格。

以某型方向舵蒙皮切割加工为例，被加工的方向舵蒙皮结构件测量点为 388 个，误差最大值为 0.483 mm,最小值为 −0.501 mm,所有点误差均在 ±0.75 mm 以内。这表明航空复合材料大型构件五轴联动精密水切割装备可以实现大型飞机机翼方向舵蒙皮精确高效切边加工。10.5 m×2.5 m 规格的方向舵蒙皮从切割加工到完成测量检验用时约 4 h,切缝粗糙度达到 Ra3.2,符合相关的加工技术要求。

图 9-33　碳纤维复合材料方向舵蒙皮结构件超高压水切割工艺应用

9.5.4　航空发动机叶轮整体加工

航空发动机及燃气轮机叶轮(又称为叶盘)的整体加工一直是个炙手可热的难题,水切割可以实现对复杂形状零件的加工。

数控铣削加工是传统的比较成熟的整体叶盘叶型加工方法,但存在较多问题难以解决:整体叶盘从盘坯到加工出成型的叶片叶型的材料去除量太大,导致切削加工效率不高、刀具磨损消耗量大;不同材料和不同形状的叶盘要采用不同材料和类型的刀具,特殊刀具要求高且多;在加工超薄叶型时存在明显变形且难于控制的问题。分瓣加工仍然是叶盘(轮)加工的常用工艺。

笔者提出了耐高温材料复杂结构制造新方法:应对航空发动机整体叶盘(轮),采用水切割粗加工完成不低于 80% 加工量后再交由数控铣削进行精加工,这种粗与精两步法,其关键在于水切割粗加工的装备与工艺。水切割的优点是对加工材料没有选择性;为冷态加工,不会改变被加工材料内部组织特性;可以达到数倍提高传统加工效率的目的。水切割的这些优点使得整体叶盘(轮)加工的两步法工艺进入实际应用。

1. 装备的技术指标与现状

装备的技术指标如下:水射流压力为 500 MPa(工作压力不低于 450 MPa),单泵流量为 4.7 L/min,双泵替换作业,主机组功率为 55 kW,耗砂量约 30 kg/h。加工平台:加工精度为 ±0.30 mm,A 轴转动角度为 ±360°,B 轴摆动角度为 ±60°,角度分辨率不大于 0.02°;工作台面尺寸为 2000 mm×2000 mm,机床定位精度为 ±0.08 mm/m,机床重复定位精度为 ±0.04 mm,切割深度(有效射流靶距)200 mm。以水切割、水铣和抛光复合工艺形成整体叶轮粗加工完整新方法,建立新方法全过程节点试验数据库,以数据积累和调整定形粗加工软件。

图 9-34 为粗加工的目标样件,其叶盘直径为 580 mm,叶片垂直厚度为 80 mm,径向进给深度为 185 mm。

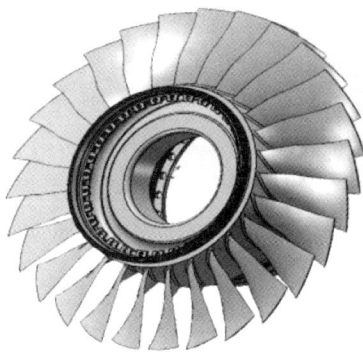

图 9-34　粗加工的目标样件

水切割整体加工叶轮工作一直是国内大型叶轮加工追求的科研目标,因为它摆脱了平面或曲面板材切割的局限,水刀头不再与工件面呈法向运动,而是可以在 90°范围内任意调整角度姿态,达到可以加工复杂零件的高端目标。现有样机已经形成了集成水切割铣(车)削、钻孔、抛光等工艺于一体的超高压水射流多功能加工设备。以五轴联动超高压水切割头与两轴运动工件平台的复合,后者能调节被加工工件的加工面以适应射流方向,两者在运行软件的控制下相对运动,再加上特制的水切割刀头,就构成了适应于特种材料的多功能加工中心,解决特种材料铣(车)削、钻孔、抛光等技术问题。

实现更大的有效切割深度是整体叶盘粗加工的关键,这可以通过将现行产品参数提高到极端参数来达到这一目的。因为已有 500 MPa 的经验,进一步加大流量和提高可靠性成为主要矛盾。为了加工更大直径、更复杂形状的叶轮,可以采用前混合磨料水射流形式(140 MPa,15 L/min)将有效切割深度提高到 200 mm 甚至更高。

2. 成套装备的设计

水射流技术可以通过超高压的水射流集束来切割叶盘(见图 9-35、图 9-36)。水射流技术的优点是可以加工各种难加工材料,且属于冷态加工,加工表面无热影响层,不会产生加工应力。但由于水射流是一把线性刀具,只能用于加工直纹面,因此对于叶盘加工来说不得不留有加工余量。可以通过三维 CAM 软件来加工复杂曲面,从而减少精加工的余量。

图 9-35　水射流切割叶盘毛坯

图 9-36　水射流切割完成的叶盘

水切割装备由七轴五联动数控工作台、CNC 控制系统、超高压泵、水切割头、连续供砂系统、水下切割及除砂系统等组成。

七轴五联动数控工作台床身采用七轴五联动,即 X、Y、Z、A、B、C_1、C_2 轴,床身采用高强度材料整体焊接,并经时效、退火工艺消除应力,由高精度 CNC 加工中心一次性加工所有安装面保证其精度。

床身箱体内的水下回转机构(C_2 轴)可用于安装、检测叶盘,第六轴(C_2 轴)基座与床身一次性加工安装面保证安装后检测精度,解决叶盘加工前定位困难的问题,降低水切割时加工难度,减少叶盘损坏率。

CNC 控制系统支持 STEP 等多种 3D 文件直接导入生成加工代码,有效缩短了编程时间;加工前可实现毛坯轮廓扫描,精准辨别理论尺寸与实际工件的误差;所有加工参数,包括伺服系统参数,均在本系统内进行设置,并可通过云端功能远程操作设备。

9.6　增压器的流程应用

9.6.1　超高压聚乙烯催化剂供料泵

高压聚乙烯因产品密度为 $0.910 \sim 0.935$,又称为低密度聚乙烯,其薄膜制品、电器绝缘材料、注塑 / 吹塑制品、板材、管材在工农业生产和日常生活中得到普遍应用。尽管随着烯烃聚合催化剂的发现与发展,聚乙烯的品种数量和产量有了显著的提升,但高压聚乙烯仍占有重要的地位,是目前产量较大、价格较低、用途广泛的通用塑料之一。

高压聚乙烯的生产以乙烯为原料,经一级压缩和二级压缩至反应所需压力,送入反应器,在有机过氧化物催化剂(引发剂)和 $100 \sim 300$ MPa 高压压缩条件下进行聚合反应。其中,催化剂由催化剂供料泵(引发剂泵)加压到反应压力后注入反应器中。从反应器出来的物料,在高压分离器内将未反应的乙烯和聚合物分离,然后在低压分离器内将未反应的乙烯和聚合物做第二次分离,经分离器除去未反应的乙烯后,聚合物经熔融挤出造粒、干燥、掺和、送去包装,得到各种具有优良性能的高压聚乙烯成品。未反应的乙烯少部分返回乙烯装置,绝大部分根据压力不同分别返回本装置相应部分循环使用,高压聚乙烯生产工艺流程如图 9 - 37 所示。

催化剂供料泵是聚合流程中的关键设备之一,这就要求催化剂供料泵必须运行稳定、安全可靠、无泄漏,且流量控制精度高。其供料不及时或不稳定,将造成反应大幅波动,严重影响装置的平稳生产。

根据反应器的类型,高压聚乙烯反应器分为管式和釜式两种。其中,管式反应器随注入点位置不同,压力一般为 $200 \sim 320$ MPa;釜式反应器随注入点位置不同,压力一般为 $160 \sim 220$ MPa。无论哪种反应器,催化剂均是多点注入,每个注入点对应独立的催化剂供料泵,一条生产线(一套装置)一般配置 $4 \sim 5$ 套泵机组($3 \sim 4$ 开、1 备)(见图 9 - 38、图 9 - 39),每套泵机组配两台超高压增压器泵(互为备用)。一般每套泵机组配一套液压动力系统,但也有一套泵机组的两台增压器泵各自配置一套独立的液压动力系统,仅润滑、冷却等辅助系统共用,这种形式实质上相当于是两台泵机组。

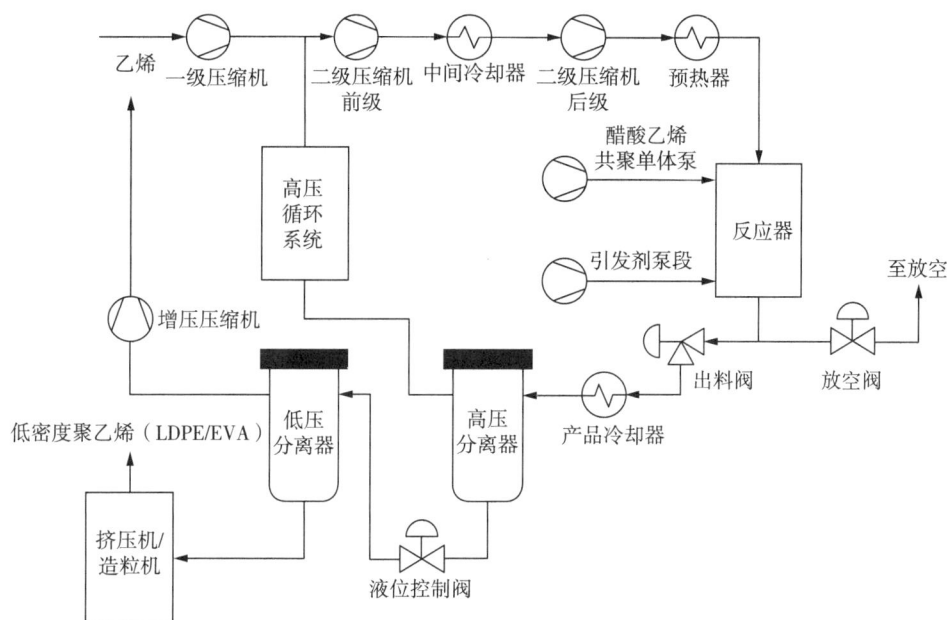

图9-37　高压聚乙烯生产工艺流程

图9-38　某10万t管式反应器
配置的5套催化剂泵机组

图9-39　某6万t釜式反应器
配置的5套催化剂泵机组

　　根据催化剂供料泵系统各模块所起作用的不同,将其划分为增压器泵系统、液压动力系统、辅助系统和控制系统几个部分。

9.6.2　增压器泵系统

　　增压器泵系统包含增压器泵及催化剂进出管路系统等,增压器泵主要由进排液阀、高压缸、往复动密封、过渡连接件、双作用液压缸等部分组成。催化剂供料泵增压器泵系统如图9-40所示。

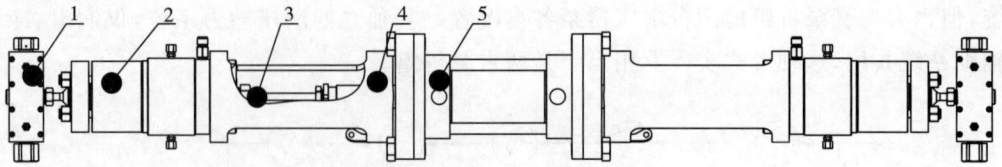

1—进排液阀;2—高压缸;3—往复动密封;4—过渡连接件;5—双作用液压缸。

图 9-40 催化剂供料泵增压器泵系统

催化剂供料泵与超高压水切割机增压器泵结构存在很多不同之处,超高压水切割机增压器泵直接采用活塞杆压缩液体,活塞杆直径一般为 22～26 mm。因此,超高压水切割机增压器泵的特点为大直径、短行程,且行程不可调。同时,超高压水切割机增压器泵不需要考虑渗漏造成的环境和安全方面的影响,高压密封结构简单,有微小的渗漏对切割机切割物体来说影响很小,双作用液压缸侧壁和过渡连接件合二为一(水和液压油的渗漏共用一个渗漏孔)。由于活塞杆即为柱塞,直接压缩液体,因此进一步缩短了整个增压器泵尺寸,降低了生产成本。此外,超高压水切割机增压器泵进排液阀采用的是平板阀与锥阀,制造方便,但可靠性与稳定性相对较低。而催化剂供料泵进排液阀采用的是计量泵普遍采用的两层阀球密封结构,球面密封效果好,且采用了两重相同的结构,起到了双保险的作用,因而催化剂供料泵排出的流量基本无泄漏,流量得到更精确的控制。

催化剂供料泵增压器泵头与液压缸之间设有过渡连接件,在连接件上开有大的观察方孔,便于发现催化剂泄漏,降低催化剂泄漏给环境和安全带来的风险。同时,过渡连接件空间较大,在其上固定的接近开关可以根据现场的实际流量需要进行行程调节。由于催化剂供料泵需要对流量进行精确控制,因此宜采用小直径、大行程的结构。由于活塞杆直径较大,因此需要活塞杆再连接小直径柱塞,导致在同样的排量情况下总体结构尺寸要增加很多。

1. 增压器泵头

增压器泵液力端泵头总装如图 9-41 所示。增压器泵液力端泵头主要由超高压缸端和超高压进排液阀端组成,具体由高压柱塞、往复动密封及导向套、超高压缸、超高压进排液阀组等主要部件组成。

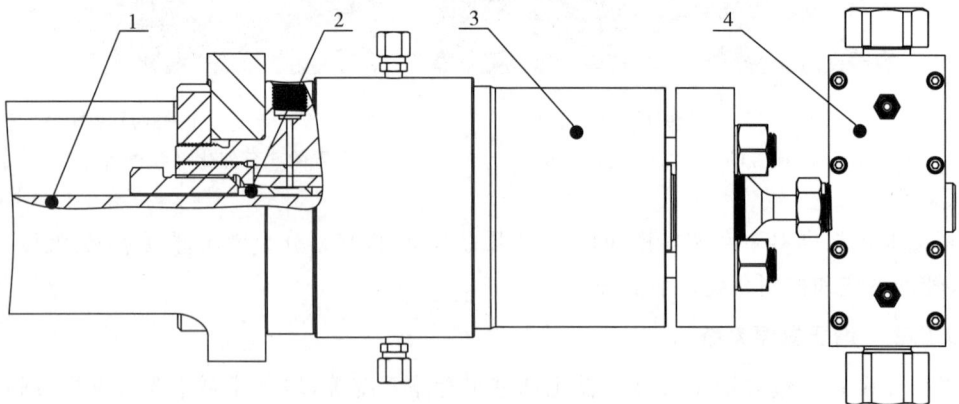

1—高压柱塞;2—往复动密封及导向套;3—超高压缸;4—超高压进排液阀组。

图 9-41 增压器泵液力端泵头总装

2. 超高压进排液阀组

增压器泵的高压柱塞往复运动促成了高压催化剂的吸入和排出过程。吸入过程与排出过程应相对独立,即增压器泵一组高压柱塞处于吸入过程,另一组高压柱塞处于排出过程,前者的吸液与后者的排液过程互不影响,反之亦然。由于催化剂供料泵具有泵速低、流量很小的特点,因此增压器泵头进排液阀端结构设计为自重式球形阀,吸入和排出侧均装设两层球形阀。

9.6.3　液压动力系统

液压动力系统主要包括电机驱动的液压双联泵(液压变量泵串接齿轮泵)、电液换向阀、液压油箱、电加热器、液压阀块及冷却管路系统等。催化剂泵液压动力系统如图 9 - 42 所示。

(1) 液压变量泵主要用于泵送带压液压油,进而驱动液压油缸的往复运动,改变该泵的流量决定液压油缸往复运动的快慢;齿轮泵主要用于完成液压油的内部清洁过滤和冷却。液压油缸上安装有可移动的触碰块,改变触碰块的位置可改变油缸的往复行程。触碰块触发电液换向阀开关使其动作换向,从而改变油路,油路改变引起工作回路中的油液流向,进而改变往复油缸的运动方向。

(2) 液压油箱需配有加热系统,以调节油温。当液压动力系统开始工作时,若液压油温度低于设定值,则恒温控制器开始加热,待液压油温度达到预设值后恒温控制器关闭。

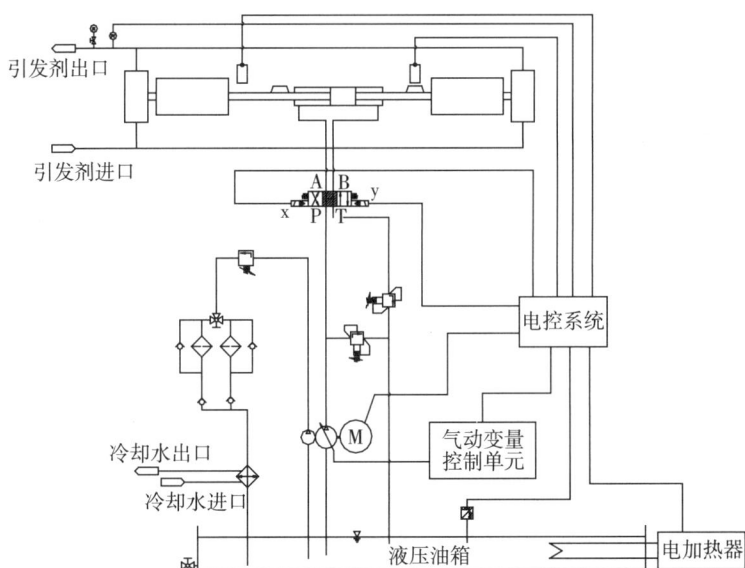

图 9 - 42　催化剂泵液压动力系统

(3) 液压阀块包括调压阀 A、调压阀 B 及限压阀 C。系统中的工作主油路设置调压阀 A,根据液压缸往复运行控制所需设定压力;主油路的回流油路设置调压阀 B,其目的是限定油液的回流压力,使其带压进入油箱(相当于背压阀功能),同时回流管路插入液压油液面之下,进一步保障回流管路中不存在空气(一旦有空气进入会造成液压控制回路控制精度降低)。控制回路设置限压阀 C,其目的是限制齿轮泵输出管路的液压油压力,这部分液压油路是为了满足液压油箱里工作油液的清洁过滤,调节过热油温(设置了油冷却器)。

(4)冷却管路系统的回路油冷器是一个小型管壳式换热器,冷却水走管层,液压油走壳层。在冷却水循环作用下,将液压油温降到合适的温度。

9.6.4 辅助系统

辅助系统包含增压器泵润滑管路系统、增压器泵夹套冷却管路系统等。

1. 增压器泵润滑管路系统

增压器泵润滑管路系统如图 9-43 所示。

润滑单元将润滑油供应到高压泵头、柱塞和密封组件,在长寿命的运行要求下,该循环有着至关重要的作用。从增压器泵头收集的泄漏油液被收集到储罐中,必须定期检查和清空该储罐。

润滑油供给装置由电动机、供油泵、液位监测仪、调压阀、球阀等构成。

调压阀的回流直接接入供油箱。

润滑油的溢流和增压器泵头的渗漏通过管路接入专用污油回收箱,并经处理后再利用。

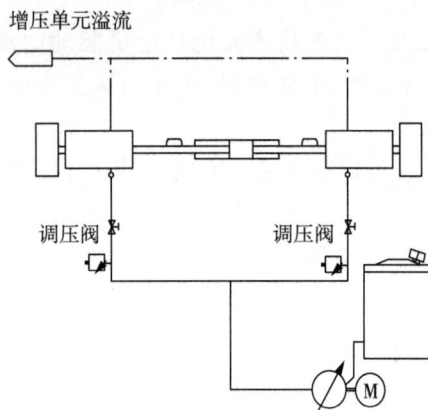

图 9-43 增压器泵润滑管路系统

2. 增压器泵夹套冷却管路系统

增压器泵夹套冷却管路系统如图 9-44 所示。

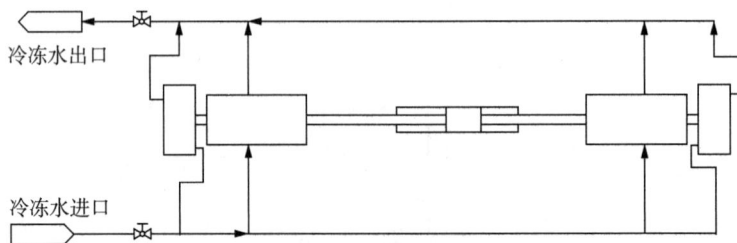

图 9-44 增压器泵夹套冷却管路系统

设置增压器泵夹套冷却管路系统的目的是冷却催化剂的注入温度。保持稳定的催化剂温度对反应釜内聚合反应至关重要。聚合反应时,催化剂先分解,生成游离基(只有其中一小部分能用于聚合反应,其他因各种原因失去活性)。催化剂活性的一个很重要的影响因子就是合适的使用温度,即催化剂活性最好、促使聚合反应效率最高的温度范围。在该温度范围内,聚合生成的聚乙烯的量最大。超过这个温度范围,游离基浓度增大,容易引起一次游离基终止,催化聚合反应效率降低;低于这个温度范围,游离基浓度减少,不足以维持聚合反应的温度。

增压器泵超高压缸和进排液阀的冷冻水回路水温要求:冷却水温度为 $-20 \sim -10\ ℃$,冷却水由含乙二醇的水溶液构成。

9.6.5　控制系统

催化剂泵控制系统的原则是根据反应器内温度确定催化剂泵的流量,相应地催化剂泵的流量取决于反应器内温度。通过调节液压动力系统液压泵的流量改变油缸往复频率,进而调节催化剂泵流量。

反应温度一般控制为 $160 \sim 270\ ℃$,温度超过 $280\ ℃$ 物料就会缓慢分解,生成的聚合物就要被污染。进料温度一般控制为 $30 \sim 60\ ℃$,温度太高或太低均会带来不利的影响,要么造成反应停止,要么造成转化率降低。催化剂注入装置精密控制逻辑关系如图 9 – 45 所示。从图中可以看出,中央控制室的操作人员在观察获取反应釜内的监测点温度实时数值后,通过远程输入某一模拟量数值,催化剂注入装置就可以自适应地完成催化剂排量的相应变化,从而实现操作人员的调控目标,维持釜内的聚合反应温度在某一特定的范围内。

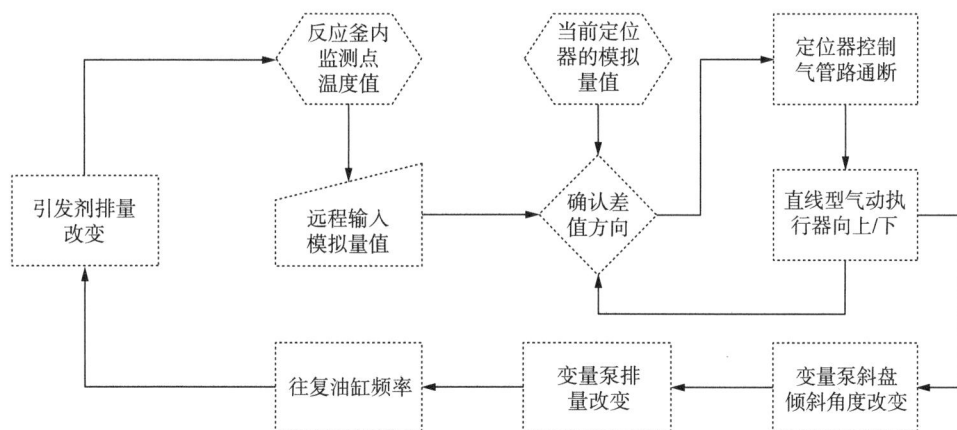

图 9 – 45　催化剂注入装置精密控制逻辑关系

催化剂精确调控系统除增压器泵系统、液压动力系统、辅助系统的各模块外,还包括气动变量泵执行模块、电控系统模块和液压油箱恒温控制模块等。

1. 气动变量泵执行模块

气动变量泵执行模块包括气源处理装置、气动执行器、精密定位器等主要设备。

(1)气源处理装置的作用是对工作气体进行预处理、干燥、润滑,并调节气压和流量。

(2)气动执行器的作用是用气来控制变量液压泵中斜盘倾斜角度的改变,从而调节液压动力系统中液压油的流量,实现变量调节功能。

(3)精密定位器的作用是实现电气信号转换,即远程输入电信号数值($4 \sim 20\ mA$),控制气动执行器工作气源的通断。若输入的数值与当前值有差异,则需接通相应的气管路来驱动往复式活塞缸中的膜片向抵消这一差值的方向移动。膜片的移动带动了活塞杆向上/下移动,从而活塞杆上固定的定位器的驱动杆也跟随移动。活塞杆移动促使斜盘式变量液压泵的斜盘倾斜角度变化,在平衡信号值差异的同时,改变了变量液压泵的排量。排量改变直接影响液压活塞缸(驱动高压增压器泵的动力元件)的往复频率。频率的改变使得催化剂排量改变。催化剂排量改变调控了反应釜中反应环境温度,从而调整聚合反应效率。

2. 电控系统模块

电控系统模块主要包括现场仪器仪表、电控箱及信号远传 DCS 系统等这几个部分。

(1)现场仪器仪表主要有润滑油液位开关、液压油箱液位开关、液压油箱油温传感器、往复油缸次数计数器、数频转换和精密定位器等。

(2)电控箱采用防爆型设计,设有远程/机旁切换开关、往复油缸频率比例调节开关及启停按钮等。

(3)信号远传 DCS 系统主要是将数频转换的模拟量信号(4~20 mA)传到中央控制室的催化剂控制界面中。参考当前的反应釜实际温度,通过输入相应的模拟量值改变或抵消温度的异常变化,控制带定位器的气动执行器的运行。执行器带动伺服阀,改变变量泵的斜盘倾斜角度,进而改变变量泵内柱塞的冲程,以此来调节变量泵的排量。液压油流量的变化改变了往复式液压缸的往复频率,进而改变了催化剂的排量,最终实现催化剂排量的远程、精确控制。

3. 液压油箱恒温控制模块

液压油箱恒温控制模块包括加热器、限温器和温控器等主要设备。

(1)加热器的作用是加热油箱中的液压油。防爆套管插入型加热器加热用的电阻丝与油液隔绝,保证了运行的安全性和可靠性。

(2)限温器也就是温度设定调节器,用以设定温度值。

(3)温控器的作用是触点输出,相当于开关量输出。将其连入电控回路中,就可以实现对加热器的运行/停止的控制。当油箱中的温度低于设定值时,加热器的回路保持联通,加热器持续加热液压油。当油温被加热到设定值时,在温控器的作用下,断开加热器的电控回路,加热器停止加热。这样循环往复工作,就可以实现催化剂注入装置所需的液压油保持在设定温度范围内,这对长期稳定运行有着积极意义。

9.7　水下水切割技术

9.7.1　水下沉船的打捞

随着世界航运业的飞速发展,船舶事故风险不断加大,遇险、遇难的船舶数量逐渐增多,吨位和沉没深度逐渐增大。2002 年 11 月,载有 7.7 万 t 燃油的"威望号"油轮沉没,燃油泄漏后形成一条长 37 km、宽 5 km 的污染带,随海浪漂浮到 250 km 的海岸上,堆积达 0.5~1 m 厚,引起了海洋生物的窒息死亡。2014 年 4 月 16 日,客滚船"SEWOL 号"("世越号")在韩国全罗南道珍岛郡近海失事沉没,沉船共有 9 个油舱,包括 5 个滑油舱、2 个轻油舱和 2 个重油舱,分布在沉船船底的艉部机舱和船舯位置,共约有 171 t 残油有泄漏风险。2018 年 1 月 6 日,巴拿马籍油船"桑吉号"和中国香港籍散货船"长峰水晶号"在上海长江口以东约 160 海里处发生碰撞,导致"桑吉号"油轮全船失火燃烧,在燃烧了 8 天 8 夜之后,"桑吉号"突然发生爆炸,两个小时后沉没。2020 年 8 月 17 日毛里求斯海域日本"若潮号"20 万 t 油轮近海而搁浅,造成印度洋大面积原油泄漏污染重大事件。当船舶发生深水沉船事故时,为了将沉船携带或装载的燃油或危险化学品液体排出回收,通常会针对深海沉船进行开孔、封堵、抽液等应急处置。针对船壁切割开孔的破拆作业是应急处置工程的首要步骤,可为沉船打捞创造一个安全可行的前提条件。

水下破拆装备是水下开孔抽油作业、应急救援、打捞等的基础,破拆方式对破拆工具的结构和操控有很大的影响。破拆方式按照破拆工具与靶体的距离可以分为非接触式和接触式两种,非接触式又可以分为热切割法和冷切割法。冷切割是指通过高压射流产生装置喷射高速射流对靶体进行切割的方法。接触式切割主要是指传统的机械切割,它通过刀具对靶体的切削力使靶体材料产生失效或脆性断裂完成切割。机械切割在非淹没环境下的应用广泛,但切割过程中会产生很大切削力和切削变形,同时机械切割工具传动进给系统较复杂,在淹没环境下密封困难,尤其是在海水中极易产生腐蚀,发生故障。机械切割(如砂轮和其他刀具)对厚钢板作业效率太低,且必须要求有相当大的正压力,这一工艺在水下尤其是深海作业的系统复杂,可靠性差。

高压水射流切割作为一种新型的非接触式冷切割破拆方式,其工作介质主要是海水。高压泵站和特定形状的喷嘴使水从喷嘴喷出后形成高速射流束,射流束具有极高的冲击动能,通过射流束对靶体的累积冲击作用完成切割。高压水射流切割装备本身的工作介质为水,与其他切割方式相比,更适合在水下或易燃易爆环境作业。

9.7.2　水下水切割的分类

根据磨料颗粒混合方式的差异,可以将磨料水射流分为前混合磨料水射流和后混合磨料水射流。由于后混合磨料水射流对设备的要求相对较低,系统的磨损仅限于磨料喷嘴,更具有实用性且技术难度相对较低,因此后混式磨料切割设备近年来被广泛应用于工业加工及制造领域,但后混合磨料水射流的磨料颗粒加速不完全,射流蕴含的冲蚀能量小于前混合磨料水射流磨料颗粒蕴含的冲蚀能量,能量利用率低。前混合磨料水射流中磨料颗粒和水的混合更为充分,能量利用率更高,因此前混合磨料水射流设备更小巧、便携,在应急抢修及受限空间的应用领域具有更加广阔的应用前景。但前混合磨料水射流技术发展时间较晚,尤其在国内,设备研发生产产业化程度较低,亟待提高前混合磨料切割设备的可靠性与稳定性。水下水切割工程是指当今海洋工程的水下破拆作业、切割作业,通常用于海底打捞救援、钻井平台装备破拆、水下船舶作业和其他水下工程,如大坝维护、码头基础作业、礁岩工程等。水下工程的对象大多是钢结构、混凝土结构和它们的复合结构。

水下水切割工程大致可以分成三类:浅水作业装备、深水作业装备、海底作业装备。

(1)浅水作业装备。约 300 m 深度以内,即人工可以下潜作业的深度。对此,水切割设备可以在岸上、船上或平台上,人工下潜持枪作业或安装自动执行机构自行作业。这是难度最小的水下水切割设备,它对设备主机没有特殊要求,只要水下执行机构耐海水腐蚀,水下超高压系统安全运行即可,所以这类设备不在本书讨论范围内。

(2)深水作业设备。约 300 m 深度以外,即人工不可以下潜作业的深度。对此,水切割设备大多可以在岸上、船上或平台上，采用安装自动执行机构自行作业，这类作业大多有执行结构的贴附对象，如海上平台的钢混结构桩柱。

（3）海底作业设备。这类作业的目标是整套水下水切割设备必须沉入数千米深的海底作业，如海底打捞沉船的船体钢制壳体破拆和海底飞机残骸拆找黑匣子工程，深海船体破拆在国内外都是难度极大且必须面对的重大工程。这类设备难度较大，但是，沉船事件屡见不鲜，打捞救援急需针对海底沉船的破拆装备。这类装备颠覆了陆地水切割设备的常规设计，以海水为介质的、以海水为润滑与冷却的"海底泵"机组，需要大幅度降低工作压力。以前混合超高压磨料射流原理设计的水切割系统，需要克服数千米海水围压对射流功能造成的阻滞影响，而且它必须尽可能摆脱外力辅助，与深海机器人协调动作，依靠自身功能独立全过程作业。

由于深海环境条件苛刻，沉船所处的水下深度动辄几百米甚至几千米，工程作业难度较大，对开孔切割破拆作业的短时间效率要求更高，破拆工程装备对深海作业条件的适应性要求更强。水切割技术能够采用海水作为工作介质，尤其是随着水下机器人技术的发展，能够实现协同作业，水切割技术将成为深海沉船破拆打捞的首选技术。2001 年，由荷兰玛姆特公司成功应用于俄罗斯巴伦支海水下约 100 m 的库尔斯克号潜艇破拆打捞，这是最早利用水切割技术给沉船开孔进行打捞的案例，但其属于浅水作业，且成套装备在水面以上运行，潜水员只携带水切割执行机构水下作业。自此，水切割工艺破拆成为沉船打捞的一项关键技术。

9.7.3　水下水切割的技术路线

超高压磨料水切割射流分为前混磨料射流和后混磨料射流。对比两类磨料射流切割形式，从能量角度分析，前混合磨料射流只经过一次能量转换有所损失，而后混合磨料射流需要经过三次显著的能量损失，因此两种混合方式的切割设备在切割相同材料和厚度的试件时，前混合工作压力一般是后混合工作压力的 $1/10 \sim 1/7$，且切割效率更高。从切割适用环境分析，在前混合磨料射流系统中，磨料和水混合后加压，单根管线供应磨料流，直接进入喷嘴喷射作业。喷嘴结构相对比较简单，其更多地用于各类复杂环境的切割作业。在后混合磨料射流系统中，水射流与磨料管线分开供料，磨料常压供应，加注简单，连续作业时间长，但喷头结构相对复杂，在室内工业切割领域应用较广泛。

结合与水下机器人水下协同的动力供应功率限制和对海底淹没条件下切割作业特点，通过对比分析，效率更高、切割喷头相对简单的前混合磨料射流切割系统更适合进行该类作业。因此超高压水切割深海破拆装备优先选用前混磨料超高压水射流的方案，其利于降低超高压海水泵机组（高压发生系统）的功率和压力，利于超高围压淹没环境下超高压磨料的输送。

图 9-46 为前混合磨料射流系统方案，其利用水下机器人液压动力，通过液压系统动力（液压马达或液压缸）驱动超高压海水泵运行，产生超高压工况，最高压力可达 140 MPa。超高压海水泵出水口分两路，一路直接连接到混合阀 V1，另一路旁通到混砂罐 B1 进水口，通过混砂罐 B1 出口连接到磨料混合阀 V1，再通过高压软管连接到喷嘴。最终磨料和水的

混合物通过高压软管输送到喷嘴喷射出去,形成超高压磨料水射流,该射流速度和能量足以克服围压及流体阻力并迅速切透船体外表面。

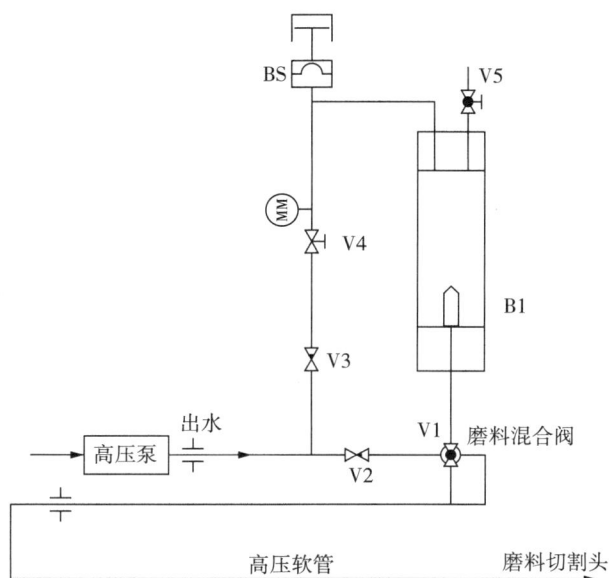

图 9-46 前混合磨料射流系统方案

利用前混磨料射流系统原理和装备总体方案设计,集成超高压海水泵、磨料混合阀、超高压磨料罐、磨料切割头等核心部件,最终实现系统可靠、方便操作的超高压水切割深海破拆装备。

9.7.4 围压对射流流场的影响

1. 不同围压下的流场分布

在不同围压条件下,对射流靶距为 3 mm 处的液固两相流进行分析(见图 9-47),在进口压力大小相同的情况下,随着围压的增大,液固两相的最大速度均减小。在此处,磨料的最高速度均低于水的最高速度。但磨料的高速区与水相比更为集中,其扩散程度比水低。此外,在不同围压条件下,水的射流高速区的范围随着围压的增大逐渐减小,而磨料射流高速区的范围基本一致,这说明磨料本身的惯性对磨料的射流形态影响较大,而围压主要对磨料的最高速度产生较大的影响。 对比进口压力为 140 MPa、60 MPa 和出口压力为80 MPa、0 MPa 的工况,在靶距 $L=3$ mm 处,其液固两相的速度基本一致。这说明在喷嘴出口附近,液固两相流流速主要受到进出口压力差的影响,并进一步证明了在围压较大的情况下可以通过增大喷嘴入口压力保持磨料射流速度不变,以达到预期的作业效果。

对围压为 60 MPa,靶距为 0 mm、1 mm、3 mm 和 5 mm 处的径向速度进行分析(见图9-48),可以看出,在喷嘴出口截面,液固两相流的最大速度仍有一定的差距,随着射流的发展,液固两相流的最大速度逐渐趋于一致。同时,水在射流过程中不断发散,最大速度不断减小,在径向不断扩散;而磨料因惯性扩散速度比水要慢,在射流出口附近更加集中,磨料的最大速度在离出口 0～3 mm 处基本不变,在 3～5 mm 后迅速下降。因此,在切割时,为保证切割速度和效率,靶距不宜选择过大,以不超过 5 mm 为宜,理想靶距为 2～3 mm。实际切割试验也进一步验证了这一结果。

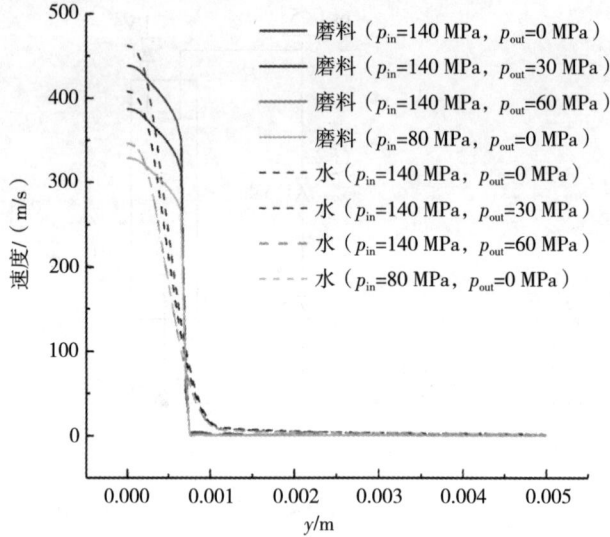

图 9-47　不同围压下喷嘴出口液固两相流流速分布

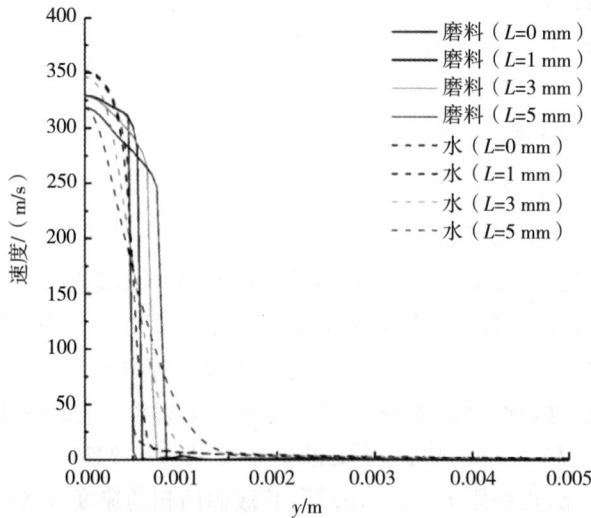

图 9-48　围压为 60 MPa、不同靶距处喷嘴出口液固两相流流速分布

2. 应对围压的对策

显然,围压就是水射流实现目标必须逾越的"墙"。围压对磨料水射流的凝聚和水射流速度的衰减均造成了影响,围压越大,这个影响也越大,甚至会对水射流的功能造成破坏。这里有两大难题:首先,解决整体装备下水,克服因下水时的无油润滑(干摩擦)给超高压工

况可靠运行与控制带来的困难;其次,克服 60 MPa 围压对水射流造成的破坏,保证水射流能像地面一样实现应有的功能。对于 6000 m 深度海水介质,这是一个世界性难题,没有任何应用甚至试验室成果的报道。

众所周知,随着下水深度的增加,围压对水射流的凝聚和速度的破坏越来越大。要应用水射流,就必须克服超高围压的危害。解决这一问题最直接、有效的方法就是提高水射流工况参数,以极端工况应对超高围压。采取的具体方法:以 1∶1 的量级关系将水射流压力提高 60 MPa,即将地面前混合磨料射流工作压力由 60～70 MPa 提高到 130 MPa。考虑连接损失和垂面切割、曲线切割等因素对工作压力造成的损失,最终将工况最高工作压力确定为 140 MPa。

工作压力的成倍提高,为成套装备系统的设计研发带来了很多研究方向:研发超高压大流量的水下海水泵机组,研发超高压大容器磨料罐,研发依靠高压水回流自动启闭的磨料球阀及回路,研发水下插拔运行的磨料水射流切割头。这一切都是原创性的设计制造,它们与水下机器人的匹配协同实现了深海切割 16 mm 船板的工程目标。

9.7.5 超高压海水泵

稳定、连续的射流工况是磨料水切割的质量保证,压力和流量是直接影响射流工况的两个重要参数。超高压海水泵作为射流工况的发生设备,是超高压前混磨料水切割机组的核心设备。针对深海作业环境,从材料和自平衡结构入手研制了适用于水下环境的超高压海水泵,保证泵的承压和承围压、润滑、耐腐蚀性能和动力供给方式等,最终设计开发出满足各项性能指标(尤其是适应深海运行环境)的产品。

1. 超高压海水泵设计

曲轴连杆海水往复泵研制的关键技术难点是适应深海环境。全泵机组为水下暴露式运行,液力端按适应海水介质设计制造,动力端以现有的成熟动力箱体为基础,浸入水中箱体内外连通无压差且箱内充满水,动力端轴承采用水润滑轴承。达到基本性能参数后,在自制专用水箱中试验,验证机组水下运行工况特性后,再用耐海水材质制造动力端与其配套。泵的动力端、运动副部件的润滑因结构限制,已无法采用常规的油脂润滑,尤其是连杆轴瓦部位。最简便的解决方案是采用海水润滑。

水润滑轴承因工作介质为纯水,不需要油封及密封机构,且可以直接浸泡在水中,不需要额外的冷却系统。其结构简单,性能与油润滑轴承基本相当,可以取代传统油润滑轴承。对于水润滑摩擦副,由于水的黏度极低,水膜不易形成,难以得到流体润滑,很有可能在非流体润滑状态下运行,容易产生轴瓦和轴之间的相互接触。因此必须保证水润滑摩擦副间的供水和相对滑动速度,以避免发生无水润滑和出现干摩擦。

根据水润滑的特点,水润滑摩擦副不仅要求材料具有高的承载能力,强的减磨性,良好的自润滑性、耐磨性及耐腐蚀性等,还要求材料具有良好的弹性和吸振性等。通常总是要求轴承材料比转轴材料软一些,这样一方面保证了摩擦副间的磨合性;另一方面使磨损发生在轴承而不是转轴,以保证机械工作可靠性、制造经济性及拆装简易性等。目前常用作水润滑轴承的材料有金属材料、塑料材料、陶瓷材料和复合材料等。轴承通过使用不同的材料,以达到在海水润滑条件下具有良好的耐磨性。

水润滑轴承的缺点:承载能力与运行可靠性成反比。设计的准则是在实现功能的基础上提高运行可靠性。同时,对于非深水应用,尽可能降低压力参数,从而降低泵的体量和轴承承载能力。最终设计开发出曲轴连杆往复机构的超高压海水泵,其整体结构与传统往复泵相似。

海水泵的动力端滑动轴、轴瓦考虑采用以下方式:① 滑动轴承(铜基合金曲轴轴瓦、主轴承;不锈钢 MoS 连杆轴承);② 海水润滑轴承、轴瓦(PEEK 工程塑料);③ 陶瓷轴承;④ 带固体润滑剂的纤维增强复合材料轴瓦。

金属材料的弹性系数和硬度均较高,耐磨性好,运行中水润滑轴承的间隙稳定,在高负荷、低转速的边界润滑条件下得到较多的应用,但其对负荷的缓冲性很差,难于形成水膜。对于开式轴承系统而言,因金属轴承的嵌藏性差、抗磨粒磨损性能差、易于磨损,不宜在混有杂物的场合下使用。金属与水反应形成的氧化物对润滑有不良影响,为了提高自润滑性能需加入固体润滑剂等材料。对于金属摩擦副而言,异种金属接触易产生电化学腐蚀,轴面需进行护面处理,故用金属摩擦副作为水润滑轴承的较少。用作水润滑轴承的金属多为青铜、高强度黄铜和铝青铜等,常用的金属材料有巴氏合金、铜基合金、铝基合金、锌基合金及铜基、铁基合金等粉末烧结轴承材料。

塑料具有良好的自润滑性能,摩擦因数低,塑性、磨合性好,还有良好的对异物埋没性,尤其适宜在有磨粒或杂质存在的恶劣条件下工作。但塑料有耐热性能差、水溶胀和易发生老化等缺陷。其力学性能和尺寸稳定性受温度影响非常明显,水溶胀会影响精度问题,亲水性较差不易形成水膜。对于塑料的这些缺陷,可以通过添加一些助剂改善,也可以在结构上进行优化设计使之满足特定的性能要求。

陶瓷是一种良好的摩擦材料,具有耐磨性高、摩擦因数低、耐腐蚀性能好、耐高温、强度高、刚度高、导热性好、热膨胀系数小且尺寸稳定等特点,特别适用于高温、高速和腐蚀性环境等特殊场合,以及海水等特殊介质中工作。陶瓷也可用作水润滑轴承材料,但其质脆、抗震性差、承受冲击的能力差、对磨粒的嵌藏性能差、容易造成轴颈与轴承表面之间严重的磨损、加工制造比较困难、成本高等问题,使应用受到了很大程度的限制。因此,陶瓷适用于冲击小、运转平稳、工作环境中无异物渗入的水润滑轴承,尤其适合在温度较高的场合下使用。

带固体润滑剂的纤维增强复合材料是一种高弹性材料。其吸振性和加工工艺性好,有良好的耐磨性和嵌藏性,非常适合作为水润滑轴承材料。带固体润滑剂的纤维增强复合材料的弹性较好、内阻较大,能有效地防止或减缓冲击、降低噪声。复合材料具有弹性变形性能,易于形成水膜;能产生弹流润滑;能顺应、减缓由轴线跳动和偏移而引起的轴系振动;能减小因安装误差而产生的附加载荷;有自动调位的能力;具有良好的异物埋没性;对泥沙不敏感;有良好的抗磨粒磨损性能,摩擦因数低。

曲轴轴承设计为滚动轴承,滚动轴承设计为"不锈钢滚动轴承+填充润滑脂+油封"的形式,并在密封腔安装压力平衡器,抵消水下密封腔内外的压力,并通过最终试验确定最优组合,从而实现水下海水泵的稳定运行。

2. 超高压海水泵的轴承试验

水润滑轴承尤其是重载荷水润滑轴承国内外均没有成熟产品。研究者先后使用锡青铜、PEEK、陶瓷、带固体润滑剂的纤维增强复合材料等材料对泵进行了水箱淹没运行试验（见图 9-49）。海水泵水润滑关键部件试验情况见表 9-6 所列。

表 9-6　海水泵水润滑关键部件试验情况

部件名称	材料	泵参数		试验结果
		压力／MPa	流量／(L/min)	
轴瓦	锡青铜基合金	30	15.2	累计运行 8 h,无异常
		60	15.1	累计运行 8 h,有一组磨损约 0.3 mm,更换
		100	14.9	累计运行 4 h,有两组磨损约 0.4 mm,更换
		140	10.2	累计运行 3 h,有一组磨损约 0.45 mm,更换;最长一组运行 15 h,磨损约 0.3 mm
	复合材料	140	10.2	累计运行 50 h,磨损约 0.1 mm
曲轴轴承	锡青铜基合金	30	15.2	累计运行 8 h,无异常
		60	15.1	累计运行 8 h,一端磨损约 0.15 mm,更换
		100	14.9	累计运行 4 h,一端磨损约 0.2 mm,更换
		140	10.2	累计运行 3 h,一端磨损约 0.25 mm,更换;最长另一端运行 15 h,磨损约 0.3 mm
	复合材料	140	10.2	累计运行 50 h,磨损约 0.15 mm
连杆衬套与滑履	锡青铜基合金	30	15.2	累计运行 8 h,无异常
		60	15.1	累计运行 8 h,无异常
		100	14.9	累计运行 4 h,无异常
		140	10.2	累计运行 15 h,最大一组磨损约 0.2 mm,更换;其余磨损均不超过 0.15 mm

图 9-49　超高压海水泵进行水箱淹没运行试验

PEEK 高分子材料摩擦系数非常低,具有优越的摩擦性能,适合作为滑动轴承材料,但其材料配方成熟、成型工艺技术含量高,精加工难度大。滑动轴承材料具有高硬度、水介质自润滑、摩擦系数低、耐磨损、高 PV 值等性能特点。改进的滑动轴承材料的配方由四部分组成:特种工程塑料、润滑剂、耐磨剂、增强纤维,后三者是填充改性剂,分别起着提高自润滑性,降低摩擦系数,提高耐磨性(硬质颗粒)和表面硬度,提高抗载荷性、PV 值等作用。特制了一组轴承、轴瓦配对组合,但经过考查对比等试验工作发现,在高载荷情况下,PEEK 磨损率高,不能长时间运行。PEEK 轴瓦如图 9-50 所示。

新型陶瓷以其高硬度、高强度、抗腐蚀、低密度、优异的化学稳定性和高温下优良的力学性能等优点,正在逐渐被人们认识。其作为耐磨损、抗腐蚀的水润滑滑动轴承材料,有着传统金属轴承无法比拟的优势。以 Si3N4、SiC 两种陶瓷作为滑动轴承的使用材料,但是其加工非常困难,尤其是轴瓦因要进行分半制造更是难上加难。经过大量工作和反复试验,虽然能克服轴瓦分半的难题,但经过试验在大负荷时陶瓷易造成应力不均,从而导致碎裂。陶瓷轴瓦如图 9-51 所示。

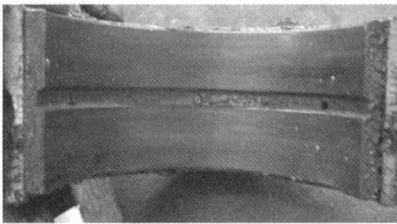

图 9-50　PEEK 轴瓦　　　　　　　图 9-51　陶瓷轴瓦

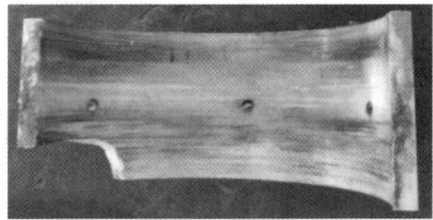

由于以上三种材料不能完全应对所有轴承要求,特别是轴瓦,目前选定了一种添加有固体润滑剂,并通过纤维增强的复合材料作为轴瓦的材料(见图 9-52)。其经过 50 h 的高载荷运行,运行情况良好。

(a)使用前　　　　　　　　　　(b)经 50 h 高载荷运行

图 9-52　复合材料轴瓦

通过四组材料对比,最终海水泵轴瓦的制作材料选用添加有固体润滑剂,并通过纤维增强的复合材料;连杆衬套与滑履选用铜基合金材料;曲轴轴承选用"不锈钢滚动轴承＋填充润滑脂＋油封"的形式。

3. 增压器型式海水泵

根据现有水下机器人只能为深海海水高压泵提供有限液压动力源(最大压力为 21 MPa,最大流量为 70 L/min) 的情况和大多数非深海应用需求,应用于深海海水泵的优选方案是增压器型式的直动往复泵。受液压动力源的限制,增压器型式海水泵设计参数确定为压力 100 MPa、流量 15 L/min。由此,泵机组体重得到极大的降低,同时其运行可靠性得到极大的提高。

图 9-53 为增压器型式海水泵的外形结构。图 9-54 为活塞与柱塞总成。高压发生段如图 9-55 所示,高压出水段如图 9-56 所示。超高压设备设计过程中很注意各种硬度材料的选用,无腐蚀环境中高压材料多采用 15-5PH。

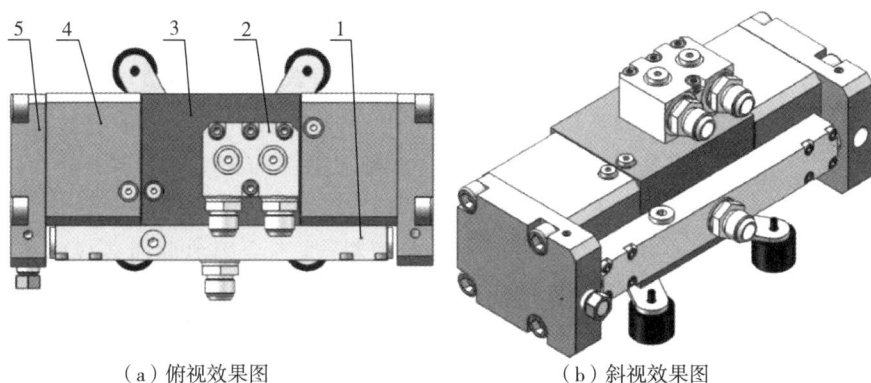

（a）俯视效果图　　　　　　　　　（b）斜视效果图

1—进水块;2—进油块;3—液压油缸;4—高压缸安装块;5—高压出水块。

图 9-53　增压器型式海水泵的外形结构

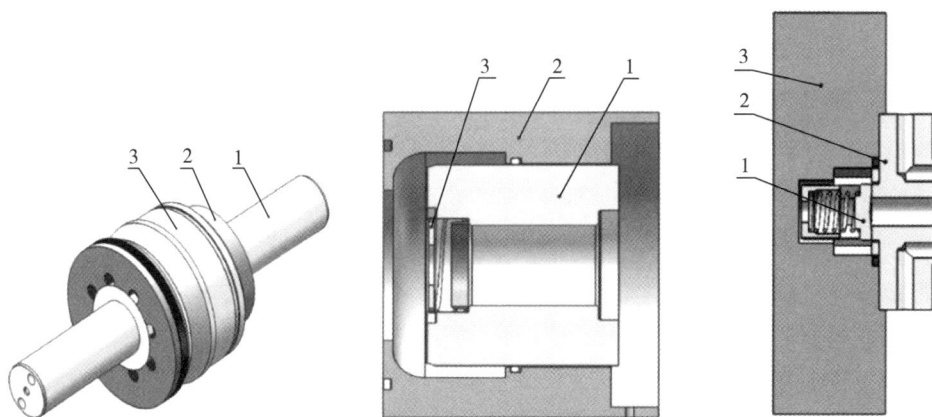

1—柱塞;2—活塞;3—活塞套。

图 9-54　活塞与柱塞总成

1—高压缸;2—高压缸安装块;
3—进水阀。

图 9-55　高压发生段

1—出水阀;2—出水阀座;
3—高压出水块。

图 9-56　高压出水段

考虑增压器型式海水泵输送的是海水,而海水具有腐蚀性,因此选用 2205 双相不锈钢作为增压器型式海水泵过流部件的材料。

通过试验验证发现传动曲轴连杆机动往复泵与液压驱动增压器型式直动往复泵均能满足要求使用,且互为补充。在使用液压动力作为泵的动力源时,因增压器型式为液压杆直驱柱塞,其与液压马达通过联轴器带动高压泵旋转驱动柱塞运动相比,效率更高,泵整体使用寿命更长,但目前其设计最高压力为 100 MPa,在较大围压情况下切割效率比液压马达驱动高压往复海水泵低。而曲轴连杆机动往复泵压力范围更大,最高压力可达 140 MPa,更适合动力源充足且高围压情况作业。

4. 磨料混合阀、超高压磨料罐的研制

1) 磨料混合阀

磨料混合阀是控制浆料输出,混合水与浆料的关键设备。磨料混合阀的结构关系到输送到切割头磨料射流的质量好坏,影响切割效率和质量。100 ～ 140 MPa 的浆料和高压水通过混合阀后输送至切割喷嘴,因此需要考虑阀芯和阀座的磨损。可以从结构、材料和压力平衡等方面入手研制混合阀,消除因高压和磨料对混合阀的磨损而造成的密封失效。由于承压达到 150 MPa 的磨料阀高压密封困难、使用寿命短,因此可根据前混磨料系统的原理和结构特点,设计压力平衡密封结构的磨料混合阀(见图 9 - 57)。压力平衡密封结构如图 9 - 58 所示。原理:被阀芯和阀座接触密封隔开的两股流体(高压水和高压磨料流)因压力相等,密封处基本无压力差,能很好地打开和关闭磨料流,不会因泄漏而造成阀芯、阀座磨损,密封失效,大大增加了阀芯和阀座的使用寿命。

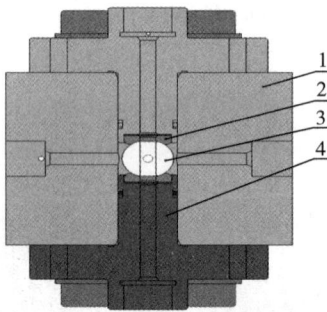

1—阀体;2—阀座;3—阀芯;4—阀塞。

图 9 - 57　磨料混合阀

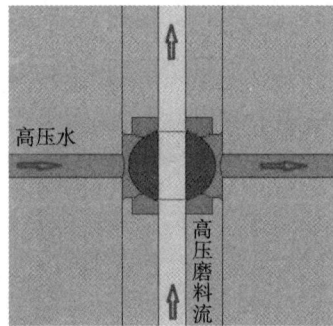

图 9 - 58　压力平衡密封结构

两股流体通过阀后最终又汇合一处混合成切割所需浓度的高压磨料混合流,再通过高压软管被输送至前混磨料切割头处。

考虑水下作业环境,混合阀的开关控制也是一个难题。在水下机器人提供的液压可能没有预留控制接口的情况下,根据液压原理设计了一种利用高压水提供动力的执行阀开关的动作执行机构。利用高压水的压力实现由往复运动变回转运动的执行机构,从而实现与高压泵同步的自动切换,该机构更换方便,在水下机器人有条件的情况下,也可更换成液压控制的执行机构(见图 9 - 59)。

图 9-59　带水压执行机构的混合阀

2) 超高压磨料罐

为了保证整体耐海水和耐压要求，超高压磨料罐采用 2205 双相不锈钢材料。依据超高压容器的设计方法，综合多方因素，最终确定超高压磨料罐采用整体锻造厚壁容器，具体如下。首先在钢坯中穿孔，加热后在孔心穿一心轴，锻造成所需尺寸的圆筒体，再进行机械加工。容器顶部和底部采用锻件机械加工后，以螺纹连接于筒体上（见图 9-60）。技术参数及材料性能如下。

工作压力：$P_w = 140$ MPa；

设计压力：$P_s = 150$ MPa；

工作温度：$T_w = 20$ ℃（外表面温度）；

设计温度：$T_s = 50$ ℃（外表面温度）；

工作介质：海水与石榴石磨料混合物；

内径：$d = 200$ mm；

外径：$D = 410$ mm；

径比：$K = 2.03$；

标准筒体长度：$L = 1672$；

标准有效容积：$V = L$；

腐蚀余量：$C = 1$ mm；

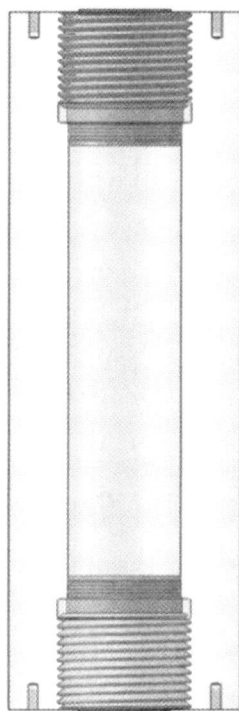

图 9-60　超高压磨料罐

使用寿命：10 年；

循环次数：2 万次；

主要受压元件材料：022Cr23Ni5Mo3N Ⅳ 。

按《承压设备用不锈钢和耐热钢锻件》（NB/T 47010—2017）的规定制造的 022Cr23Ni5Mo3N Ⅳ 锻件经热处理后的横向力学性能（常温）如下：

$R_{p0.2} \geqslant 500$ MPa；

$R_m \geqslant 700$ MPa；

$Z \geqslant 25\%$；

$A \geqslant 25\%$。

5. 磨料切割头

为适应海底作业,切割头的安装需靠水下机器人机械臂来完成,设计时应考虑带有把手结构,方便水下机器人机械臂抓取。依据水下机器人机械臂操作特点,提出插拔固定插头方案,即切割头与导轨的连接是通过插入插头并用磁铁锁紧机构锁定位置来实现的,喷头处有一个万向脚轮保证喷嘴始终与切割板有 3 mm 距离,同时切割头带有简单的弹簧避让功能,以适应切割表面的不平整。可插拔磨料切割头结构如图 9-61 所示。磨料切割头水下切割近景如图 9-62 所示。

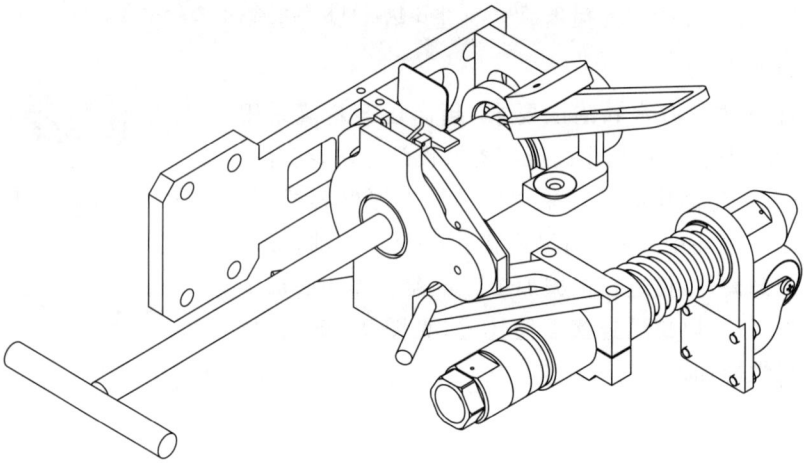

图 9-61　可插拔磨料切割头结构

图 9-62　磨料切割头水下切割近景

6. 超高压水切割深海破拆装备集成

根据前混磨料切割系统原理和装备总体方案，综合安全、调节、罐料等因素，集成超高压海水泵、磨料混合阀、超高压磨料罐、磨料切割头等核心部件，成套出超高压水切割深海破拆装备(见图9-63)。

图9-63　超高压水切割深海破拆装备

9.7.6　海底试验

海底试验作业平台为"深潜号"打捞船。为保证设备海底试验的顺利进行，设备试验前，需在甲板经过预调试好后进行水下试验，预调试需与水下机器人设备一起通电、通液连接调试，发现问题及时解决。超高压水切割试验所用的试样材料为船用钢板，厚度为16 mm。

海底试验考核项目及指标见表9-7所列。

表9-7　海底试验考核项目及指标

考核项目	考核指标
切割厚度	≥15 mm
环切能力	切块脱落
连续运行能力	试验过程无故障
水切割头与移动导轨配合	移动导轨牢固、稳定带动水切割头作业
作业深度	300 m海底

两次试验规划的切割路径均为方形路径，第一次路径为100 mm×100 mm方形轨迹，第二次路径为115 mm×115 mm方形轨迹。第一次试验切割过程中通过水下机器人控制

室屏幕观察发现有三次砂雾现象,最终通过出水后的切割质量检查,发现有三个微小粘接点,切割钢板在简单外力下完全脱落。第二次试验切割过程中没有发现任何砂雾现象,最终通过出水后的切割质量检查,发现切割钢板位置已经发生移动,实现完全切透。两次试验的试件切割质量如图 9-64 所示。装备下水和船上监控如图 9-65 所示。两次重复试验均满足深海海底水下切割船用钢板的工程要求。

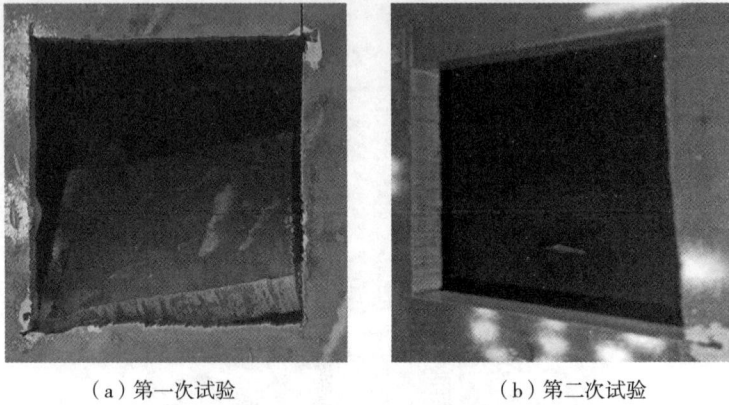

（a）第一次试验　　　　　　　　（b）第二次试验

图 9-64　两次试验的试件切割质量

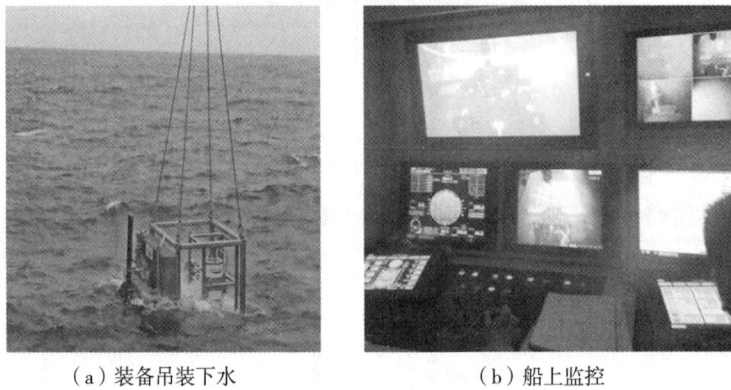

（a）装备吊装下水　　　　　　　（b）船上监控

图 9-65　装备下水和船上监控

第10章　超高压泵站及其应用

本章将比较完整地介绍超高压泵站及其应用,这些应用都是难度和规模较大的工程应用,涉及氧化铝管道除疤、船舶除锈等工程。上述工程应用的泵站工作压力为 $100 \sim 300$ MPa,流量为 $20 \sim 220$ L/min,泵机组由电机或柴油机驱动,它们或为撬装,或为箱装,或为车载。不管设备千变万化,超高压泵站的结构与特性是共通的。

10.1　漫话超高压泵

10.1.1　压力界限

我国超高压泵的工作压力在 100 MPa 以上,然而,欧美的一些发达国家对这一界限有着不同的数值。虽然他们没有相应的产品标准(国家或国际)甚至企业标准,但是,美国水射流技术协会约定俗成超高压界限为 140 MPa,德国有的企业定为 200 MPa。当然,它们的超高压界限提高是基于这样的共识:超高压的特征越显著,泵的设计、材料、工艺、安全系数、相关技术等就会更加集中,就可以精准应用。笔者认为,我国基于压力容器的工作压力划分超高压界限更为合适。首先,泵专业不是孤立的,尤其是泵的成套设备往往离不开容器与管道;其次,对超高压范围再稍作细分就不难精准把握其各项特征;最后,100 MPa 的高压水压力释放的危害性很大,如它能破碎路桥混凝土道面。所以,我国标准的规定是偏于安全的。

笔者自 20 世纪 80 年代开始一直从事超高压泵站及其成套设备的产品研发,第一台是压力 100 MPa、功率 22 kW 用于大流量的试压泵,在此基础上继续研发 55 kW 用于水射流作业的泵。诚然,对超高压的敬畏来自一次次的失败,在技术和条件都很简陋的 20 世纪八九十年代,经历过铸件机身因柱塞力太大而断裂和因超高压钢管接头螺纹脱落而弹出等偶发事件。可以说,随着产品的不断问世和换代,随着产品不断创造出当时的极端参数,写入产品标准的每一个数据和每一项条款都是经验的积累和进步的足迹。

10.1.2　极端参数

超高压技术的研究,总在挑战当时的极端参数。这种现象是因为压力是实现功能的参数,创造压力是创造功能的门限。因此,水切割机产品有了从压力 250 MPa 到 500 MPa、船舶除锈设备有了从 200 MPa 到 300 MPa 的过程。压力的提升,意味着技术新目标的突破,意味着应用新功能和新质量的突破。与此同时,还必须在不断地创造压力的基础上提升流量参数。因为流量是实现效率的参数,流量越大,效率越高。水射流是凭借其打击力做功的,也就是说其能耗创造了这个打击力。所以,赢得压力和流量的亦步亦趋,相向提高,这就是超高压泵的研究方向。如水力除锈的流量从 30 L/min 到 40 L/min,再到50 L/min,这绝不是泵的体量放大。在压力基数已经很大的前提下,每上一个流量台阶就意味着作业效率(除锈速度)接近和达到了工程目标,就意味着要重新组构泵的动态参数群。这一点,高压泵和超高压泵不仅工作量不同,技术风险也不同,前者从型式到结构实现的办法较多,而后者往往必须突破很多泵外的约束条件。经历了这些,超高压泵的设计者就成了杂家。

所以说每一个压力流量组构的新台阶都会创造相当时间的极端参数和新水平,引领着新的工法和装备方向。从道路标志线清除到机场跑道除胶、水力破拆,再到氧化铝管道除疤,可以看到流量的提升改变了应用功能,也就是说每一种工程应用必须有一个共同认可的效率目标,而实现这一系列的目标,关键要在泵站上下功夫。超高压泵站的功能应用比较如图 10 - 1 所示。

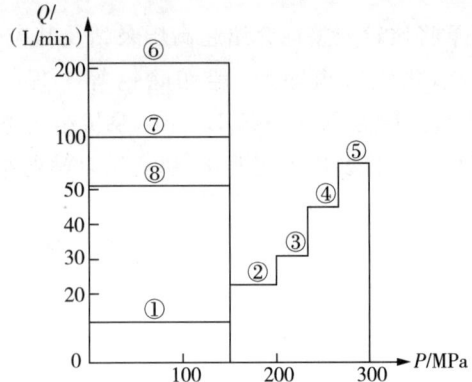

①—深海水下切割(前混合磨料射流);②—道路标志线清除;
③④⑤—船舶除锈的发展阶段;⑥—氧化铝管道除疤;
⑦—水力破拆、机场跑道除胶;⑧—工业清洗。

图 10 - 1　超高压泵站的功能应用比较

水射流设备消耗很大的能量才能创造很大的射流打击力,做功才能超出常规。因此,极端参数的实现除了需要技术之外,还需要市场期待。设备制造和运行成本高,都是实现极端参数的障碍。水切割进入机床领域,一定是做复合材料、贵金属或者复杂形状的加工,非传统工艺只能做非传统的工作,否则就没有经济优势,这就是小众市场发展的局限性。因此,攻克一个个极端参数产品才能解决极端工程问题,而且,极端参数将占据行业制高点,引领一系列先进产品的应用。

10.1.3　可靠性

从超高压小流量泵到超高压大流量泵,再到高可靠性的超高压大流量泵,这是超高压泵经历的三部曲。有了它,就有了成套装备及其工程应用。可靠性是供需双方共同期待的,从实现功能到相应的易损件长寿命有个过程。随着压力的提高,这个过程或许较长,但都希望泵从间断运行过渡到连续运行。然而,越是创造超高压工况,其运行可靠性越低,任何指标都是相对性的。各项产品标准给出了相应的可靠性指标,这些都是产品制造经验、市场应用期待和国际先进水平相互妥协的结果。随着时代的发展,可靠性指标也在发展,这就是标准的修订工作。

显然,超高压工况与连续运行时间成反比,与除锈质量和除锈速度成正比。用纯水除锈无疑好处很多,但要保持很高的压力和流量又是很难的事。在极高流速的流体环境下,喷嘴要磨损,运动副会磨损,阀线也会损坏。摩擦磨损造成的破坏程度是必然的和非并发的,应科学地制定相应的指标,而不是一刀切。有了预期,就能指导应用。这些预期随着技术的进步在不断提高,未卜先知与应用期待尽可能高度一致。

10.1.4　可靠性判据

可靠性指标不难制定,但是,光有指标没有判据是无法执行的。我国的相关标准开创性地提出了一项不是专利的专利,那就是可靠性判据。

可靠性判据构建了两层内容:首先,建立起点,由此参照计算,这一点非常重要,否则就是毫无意义;其次,以压力下降 10% 为依据进行排他性判别。

受经验系数、计算圆整和加工误差等因素的影响,喷嘴直径与泵额定工况相匹配的实际值和理论值便出现了偏差,这就形成了所谓的"初始工况"。对这种偏差的控制也就是对初始工况的限制。标准规定,水射流设备的初始工况应符合下列要求中的一种:在设备工作期间,泵的溢流阀(或其他阀)无泄流,其初始排出压力为额定排出压力的 90% ~ 105%;在设备工作期间,泵的排出压力达到额定排出压力,其溢流阀(或其他阀)的初始溢流量不大于额定流量的 10%。符合这一初始工况的水射流设备,其性能参数被认定为合格。对于一个给定的喷嘴,尽管理论上压力和流量的变化梯度不一样,但是这样的规定直观明确。对压力上限的限制是为了限制喷嘴的最小直径。

系统可靠性研究的主要对象是易损件,如柱塞、密封、阀组和喷嘴等。相关标准按压力等级对这些易损件提出了不同的更换期(寿命)指标,上述每个易损件的寿命都关系到整机运行寿命,每个零件的缺陷都将影响整机的性能。因此,相关标准提出易损件的寿命应以整机性能的变化为依据,即当整机运行中排出压力比初始工况下降 10%,首先应更换合格的喷嘴,再检测整机性能数据。若更换喷嘴后,系统恢复至初始工况,则原喷嘴判废,否则应检查其他易损件,如密封副等。因此,整机性能参数较初始工况下降 10% 即为易损件寿命的判据。

整机性能参数下降 10% 的依据是初始工况,也就是说,整机性能参数较初始工况下降10% 以上则为不正常运行,必须检查喷嘴、密封副和阀组等的判废和更换。

简单点说就是两个 10%,第一个是初始工况的裕度范围,也就是整机匹配区间;第二个是判废依据,无论是压力还是流量,其中一个参数降低 10% 对射流打击力的影响是可以接受的,基本无损于射流功能。这项规定也是水射流设备系列产品标准的"魂",它用极简单的方法解决了莫衷一是的问题,达成了供需双方的共识。

10.1.5　流量

超高压泵大多用于水射流行业,流量是射流作业效率的参数,所以极为重要。

《往复泵分类和名词术语》(GB/T 7785—2013)中对泵的理论流量、泵的流量等进行了规定。

泵的理论流量:不考虑任何容积损失,按泵的主要结构参数和泵速计算的流量。

泵的流量:单位时间内从泵的出口排到管路中去的流体体积,包括液体及液体中夹带的气体,在特殊情况下还包括液体中夹带的固体颗粒。

泵的额定流量:在额定工况下,设计规定泵在正常运行时应从泵出口排出来的流量公称值。

容积系数:在额定条件下,泵的流量与理论流量的比值,用百分数表示。

往复泵用于流程泵,必须满足流程的需要,这就有了额定流量。先定流量,再来设计结构参数,使理论流量保障额定流量。但是,水射流设备(如清洗机、水切割机、除锈设备等)是一种间断运行的作业泵,它首先必须满足功能的需要。实现这个功能第一要达到门限压力,第二要以最佳流量实现作业效率。中外行业通用的做法是用理论流量加以圆整来表示泵的特征。由此,它的流量值就相对较高。也正是如此,对初始工况和可靠性判据做出了相应规定。统一在理论流量加以圆整的概念下确定流量,使得不同厂家的高压泵、超高压泵的流量都趋于一致,便于比较和管理。这也是往复泵两类用途在流量概念上的区别。

超高压泵的流量检测都是通过创造额定压力工况,收集溢流量而得到。但是,由于压力很高,流量会飞溅、损失,因此必须通过管路中采用变径引流、稳流手段创建收集溢流量的良好条件。

10.1.6　噪声

对于连续运行的流程泵和间断运行射流作业的泵来说,噪声也是一个重要的指标。相关标准虽然对它们的各类产品基本都以功率为依据做出规定,但是噪声指标往往会超出环境要求。对于流程泵来说,机组噪声基本囿于动力噪声,尤其是以柴油机为动力的机组。而水射流设备就不一样了,尤其是超高压、大流量泵机组,这一指标更高,而且从设计制造方面难以直接控制。实际应用中给出了很多有效的办法:首先,这类机组的作业大都在相对大的空间独立运行,噪声的影响受到局限;其次,容易实现隔离噪声。对要求高的场合采用淹没射流作业可以极大地降低了噪声;船舶除锈等一系列大面积连续性作业都采用了真空腔平面清洗器来收集和隔离射流,通过降噪来消除射流的负面影响。所以说,超高压泵成套设备的噪声并不可怕,其独特的应用功能和运行可靠性才是第一位的。

当然,还要继续加强对噪声的限制和研究,尤其是要收集作业现场实际情况(如单泵和泵群的区别、夜间和白天的差异、机组参数对噪声的增长梯度、控制方法对噪声的消除梯度等),以达到更好的应用目标。

10.1.7　反冲力

泵机组的高压、超高压工况流体经过喷嘴形成水射流,水射流造成了两种力:喷射到作业面上形成的射流打击力和射流反冲力。这两种力方向相反,属性不同。

实现射流功能,关注打击力;实现射流安全作业,关注反冲力。射流功率表明了机组体量。同等压力下,功率越大,效率越高;同等流量下,功率越大,功能越强。

经验表明,当射流反冲力小于 150 N 时,所有成人均可手持喷枪作业;当射流反冲力为 150～250 N 时,手持喷枪作业应当借助肩托或双重安全控制(保证溢流泄压);当射流反冲力大于 250 N 时,其射流作业必须安装在机械装置上,即必须依靠专业执行机构作业。这是因为一个成年男人的体重约 75 kg,他所承受的反冲力不得大于其体重的 1/3。由此得出结论:凡超高压、大流量水射流设备都应借助专业执行机构作业。

有人认为并联两支甚至三支喷枪可以分散流量,当人工作业时可以避害,其实这种观点是错误的。因为并联喷枪作业无法准确保障同步时间点,一旦一支喷枪关闭,其喷枪操作者将无法承受反冲力,仅靠溢流阀理论独立控制是不足以保证安全的。

为了降低甚至消除反冲力,对管道、管束的管程清洗、除疤,采用多孔、多方向喷头设计是一个安全、高效的方法。

船舶除锈等作业都采用多喷嘴旋转射流法向作业,这种作业必须采用爬壁机器人或者其他执行机构搭载的平面清洗器承受强大的射流反冲力。

10.2　超高压泵站与泵

本节以纯水射流船舶除锈为工程目标,解读超高压泵站与泵。因为该泵属于 300 MPa 压力级的极端参数,所以其可作为典型产品。

工作条件如下:① 大气压力为 99.8 ～ 103 kPa;② 环境温度为 -10 ～ 45 ℃;③ 相对湿度为 20% ～ 100%,平均湿度为 80%;④ 电源为 3 ～ 380 V(±10%),频率为 50 Hz(±2%);⑤ 介质为常温清水。

主要技术指标如下:① 额定排出压力为 300 MPa,流量为 52 L/min;② 无故障运行时间 1000 h 以上;③ 易损件寿命 500 h 以上。

10.2.1　泵型及总体结构型式选择

超高压泵站是水射流船舶除锈成套设备中的"心脏",其产生的超高压水通过高压软管输送到除锈器的喷嘴,由喷嘴将高压水转换成高速射流进行除锈作业。超高压泵站主要由底座、集装箱、超高压泵、变频电机、联轴器、油冷却器、气动卸荷阀、离心增压泵、过滤器、水箱、变频控制柜等组成(见图 10-2)。

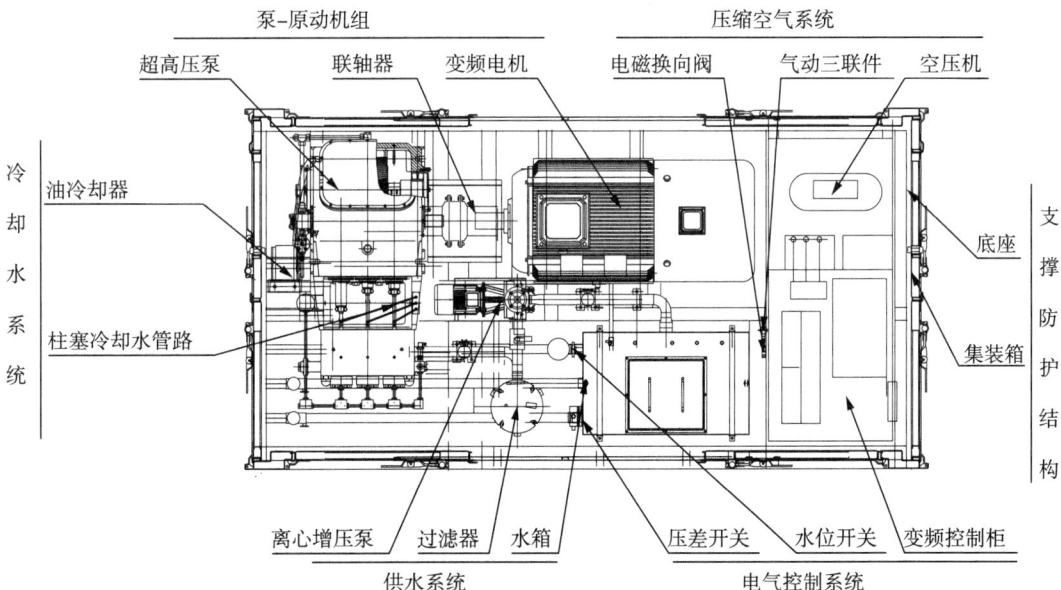

图 10-2　超高压泵站

1. 泵

本节泵型确定为行业主流的卧式三柱塞单作用式往复泵。

卧式的超高压泵动力端、曲轴箱与减速箱一体化成为主流,不采用传统的外带减速箱或皮带轮减速。液力端高压缸(柱塞缸套)与进排液阀都呈"一"字形布置。柱塞密封结构虽有间隙密封加填料密封的结构型式,但仍以填料密封结构为主,所有的密封结构特别注重冷却与润滑的设计。

为了满足超高压泵的可靠性,设计控制柱塞的线速度不大于 2 m/s,以此目标优化泵的转速、行程等参数。

2. 电动机

为满足调压需求,采用变频器调节电机转速实现不同压力和流量的调节,设计上更加操作简便、便于维修。315 kW 变频电机带有空间加热器,型号为 YVF2-355L-4,变频电机变频控制柜可以进行进水低压力保护、过滤器压差保护、水润滑冷却保护、油压保护、油温保护等。

3. 气动卸荷阀

气动卸荷阀(又称为"溢流阀")的主要功能是控制高压水系统的高压与常压切换,由气缸执行开关动作,由电磁阀控制气缸。

超高压系统中,在正常作业需要卸压、发生意外情况或需要检查、调整系统中的某个部件时,带压作业因为危险而不允许,降压停泵又很麻烦,况且有些情况下来不及停泵,通过电控按钮就能实现系统的卸荷降压,操作方便;同时,通过控制溢流阀可以实现高压水系统的自动保护。

4. 底座

刚性底座是泵机组的基础,所有设备、部件固定在底座上,一般采用槽钢焊接,具有足够的强度和刚度,保证泵机组的稳定运行。

固定式底盘总成尺寸:4000 mm × 2126 mm(带叉车孔)。

5. 动力端

由电机驱动高速齿轮轴与装在曲轴上的人字齿轮相啮合,将转矩传给曲轴,再由曲轴带动连杆、十字头-中间杆总成,将旋转运动转换为直线往复运动。动力端润滑采用强制润滑,由高速齿轮轴带动油泵供油,使曲轴连杆瓦、轴承、连杆销轴、十字头滑道、各运动副润滑充分,减少磨损,延长使用寿命。

6. 联轴器

联轴器用于连接超高压泵和驱动机,选用 LMS 双法兰型梅花形联轴器。这种联轴器可以在不移动半联轴器的情况下更换弹性元件,以保持泵和电动机的对中性,检修方便,使用寿命长。组装时会特别注意驱动机轴和高压泵轴的对中性,良好的对中性是保证高压泵机组稳定运行的基础,联轴器上方设置防护罩。

7. 强制润滑系统

强制润滑系统是在泵高速轴端加装一个小型的齿轮油泵,当高速轴运转时,带动齿轮油泵,将箱体内润滑油吸入油泵,通过加压将润滑油注入曲轴的润滑油通道,对连杆的轴瓦进行强制润滑,保证曲轴连杆可靠地传动。同时,通过过滤器对润滑油进行过滤。泵运转过程中产生的热量,通过外部的油冷却器进行冷却,保证动力端温度不至于过高而损坏。

强制润滑系统中配有压力表,测量润滑油经过滤后的油压。当过滤后出油压力低于0.2 MPa时应停机,及时清理过滤器并更换润滑油。

8. 进水系统

进水系统用于为超高压泵提供有压、洁净的进水。进水系统的主要部件包括前置泵、高精度过滤器、过渡水箱及管道阀门等。系统设备材质均为不锈钢,保证进水洁净,延长超高压水系统过流部件的使用寿命。

机组设置进水缓冲水箱并配有自动控制液位的浮球阀,向水箱中补水的流量不小于超高压泵的设计流量。超高压泵在作业时对水质要求较高,压力越高,过滤越细。在进入泵前设置三道过滤:进水箱前的“Y”形过滤器,阻隔颗粒物进入水箱,过滤精度为 $60\ \mu m$;棒式过滤器采用三芯棒式过滤方式提升水质;布袋式过滤器的过滤精度为 $10\ \mu m$ 和 $5\ \mu m$。

9. 控制系统

控制系统包括对全套设备的操作控制、监测保护及主要参数指标显示等。其所有功能集成在同一个控制箱内,控制箱减震安装在泵机组底座上。

操作控制功能:泵机组的启动、停止;泵机组工作压力的调节(依靠调节电动机的转速实现);气动卸荷阀的开、关。

监测保护功能:泵机组进水压力过低报警停机;泵机组出水超压报警停机;超高压泵动力端油温过高报警停机;超高压泵动力端油压过低报警停机;水箱水位过低报警停机。(注:报警和停机保护可通过软件选择,若设置为报警挡位,则当出现故障时,会报警并使系统自动降为常压;若设置为停机保护挡位,则当出现故障时,会在报警的同时使系统先降为常压,再停机保护。先降压再停机,有效防止了带载荷停机对设备的冲击损坏)

显示功能:超高压泵进水压力的显示;超高压泵出水压力的显示;故障报警信息的显示。

10.2.2　液力端结构设计

液力端是介质过流部分,通常由液缸体、柱塞及其密封装置(填料函)、进液阀和排液阀组件、缸盖、吸入集液器等组成。液力端的结构选择应遵循下述基本原则:

(1)为保证过流性能好,水力阻力损失小,液流通道应力求短而直,尽量避免拐弯和急剧的断面变化;

(2)液流通道应利于气体排出,不允许有死区,造成气体滞留;

(3)余隙容积应尽可能小,尤其是对高压短行程泵或当泵输送含气量大、易挥发介质时,更应力求减小余隙容积;

(4)易损件寿命长,更换方便;

(5)制造工艺性好。

卧式三柱塞往复泵的液力端按进排液阀的布置、液流通道特性和结构特征可分为直通式、阶梯式、直角式、"一"字形通道组合阀式等。高压泵液力端为了检修方便,一般进液阀与排液阀分开设置,进液阀与排液阀布置在同一垂直的通道内时为直通式液力端,垂直布置在相互错开一定距离的两个垂直通道内为阶梯式液力端,进液阀水平布置而排液阀垂直布置时为直角式液力端。超高压泵的压力大于100 MPa,流量一般比较小,为了避免液力端内部形成"十"字形、"T"形等复杂通道,造成在通道开孔相交处受介质超高压作用而产生较大的应力集中,使液缸体发生应力疲劳破坏,可以设计成一体的进排液组合阀,水平布置在"一"字形通道内,结构较为紧凑,液流通道简单。介质的高压作用于阀体上不直接作用于液缸体,增加了超高压泵的可靠性。

"一"字形通道组合阀式液力端结构是国内外超高压泵常采用的结构。超高压泵液力端结构1如图10-3所示,其特点是液缸体体积小,主要用作组合阀的阀室和进排液的腔体,液缸体直接承受介质的高压作用;柱塞的工作腔和密封位置在液缸体的外部,有较长的套筒作为间隙密封,柱塞密封没有采用盘根形式,而是采用整体成形的非金属"V"形圈;组合阀结构紧凑,进排液阀均为锥阀,共用一个锥形弹簧。

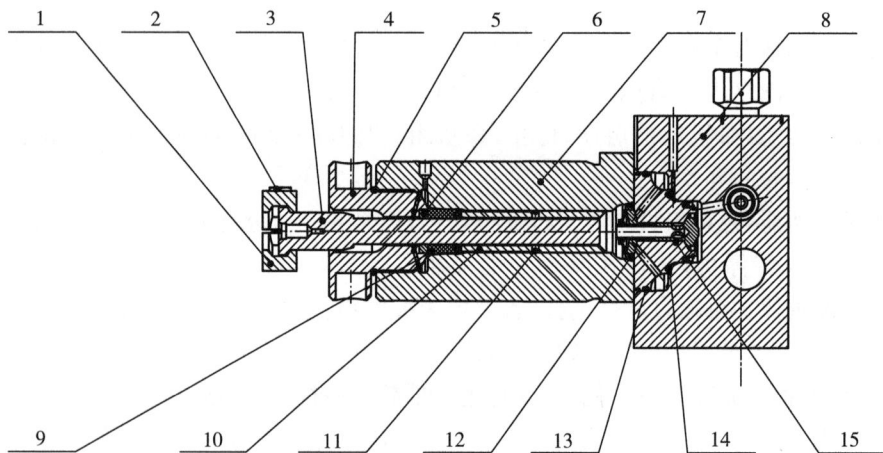

1—柱塞接头;2—螺栓;3—柱塞;4—压盖螺母;5、11、13、14—O形圈;6—导套;7—填料函体;8—液缸体;
9—柱塞密封;10—套筒;12—组合密封圈;15—组合阀。

图10-3　超高压泵液力端结构1

超高压泵液力端结构2如图10-4所示,其特点是液缸体体积小,主要用作组合阀的阀室和进排液的腔体,液缸体直接承受介质的高压作用;柱塞的工作腔和密封位置在液缸体的外部,基本只依靠套筒作为间隙密封,没有采用填料密封形式;组合阀结构紧凑,进排液阀均为锥阀,通过阀座孔导向,进液阀簧和排液阀簧均采用螺旋弹簧。

超高压泵液力端结构3如图10-5所示,其特点是液缸体体积比较大,将组合阀、柱塞工作腔都收纳在其内部,介质的高压力直接作用在阀座和阀体上,不直接作用在液缸体上,每个工作腔的高压介质在液缸体外部通过高压管路汇合;柱塞密封采用填料密封形式,没有采用间隙密封;进排液阀均为平板阀,进液阀没有导向,排液阀导向不在阀座上,进液阀簧和排液阀簧均采用螺旋弹簧。

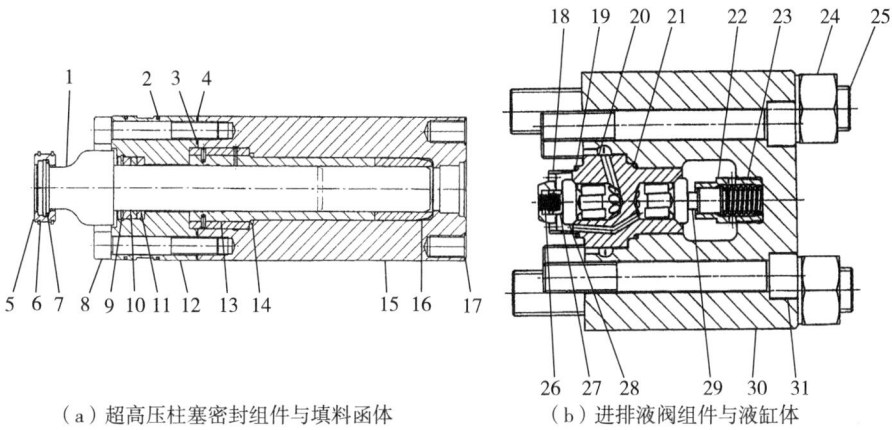

（a）超高压柱塞密封组件与填料函体　　　　（b）进排液阀组件与液缸体

1—柱塞；2、3、4、7、17—O形圈；5—柱塞接头；6—卡簧；8—螺栓；9—挡圈；10—格莱圈；11—支撑环；
12—法兰；13—套筒；14—密封环；15—填料函体；16—套筒；18—进液阀弹簧座；
19—密封环；20—阀座；21—密封环；22—弹簧罩；23—排液阀弹簧；24—六角螺母；25—螺栓；
26—进液阀弹簧；27—弹簧罩；28—进液阀板；29—排液阀芯；30—液缸体；31—螺栓。

图 10 - 4　超高压泵液力端结构 2

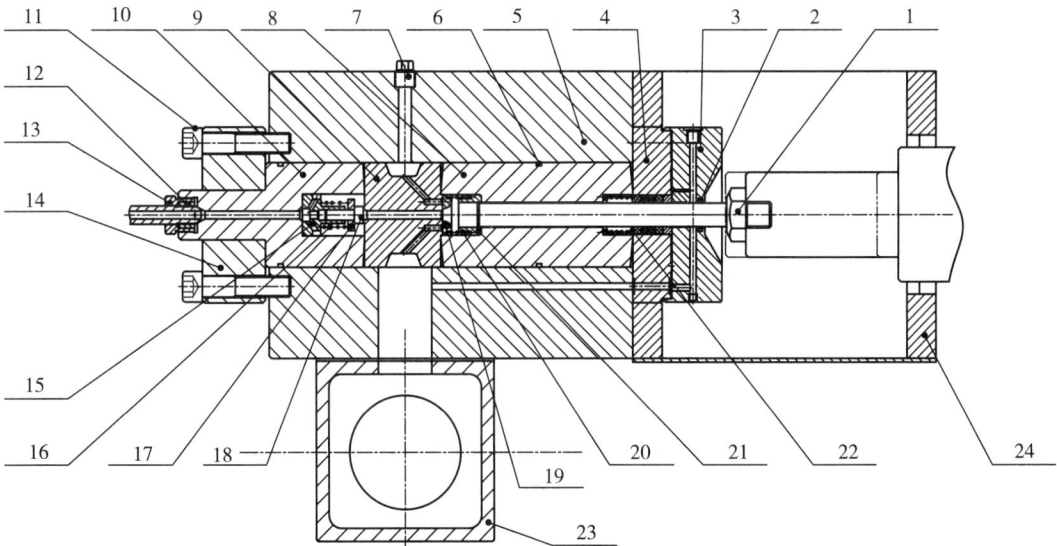

1—柱塞；2—格莱圈；3—填料压盖；4—填料函体；5—液缸体；6—O形圈；7—堵头；8—进液阀箱；9—阀座；
10—进液阀箱；11—螺钉；12—活接螺套；13—活接螺母；14—缸盖；15—排液阀弹簧座；16—排液阀弹簧；
17—排液阀弹簧压板；18—排液阀芯；19—进液阀板；20—进液阀弹簧；21—进液阀弹簧座；
22—柱塞密封组件；23—进液箱；24—中间架。

图 10 - 5　超高压泵液力端结构 3

　　综合上述三种国外超高压泵液力端的结构特点可知,结构 1 和结构 2 都采用尺寸较小的液缸体、较长的填料函组件悬在液缸体外部。这种结构方便检修,但液力端的整体性和柱塞与腔体的同心性不如结构3,但结构3的缺点是液缸体尺寸比较大,组合阀的尺寸也较大,没有采用间隙密封,进排液阀的导向不好。结构2只采用金属间隙密封,密封效果好,易损件少,但一般只用于立式泵,如果卧式泵采用的话,那么柱塞的自重作用可能会产生柱塞和套筒的偏磨,影响密封的效果和寿命。另外,柱塞和套筒的加工精度要求高、工艺难度大,因此设计了结构4(见图10-6)。结构4保持了结构3整体性较好的特点,同时对进排液阀进行了改进:采用锥阀的结构,设计了较好的导向形式,柱塞密封采用间隙密封和填料密封组合的形式增加了柱塞密封的可靠性。

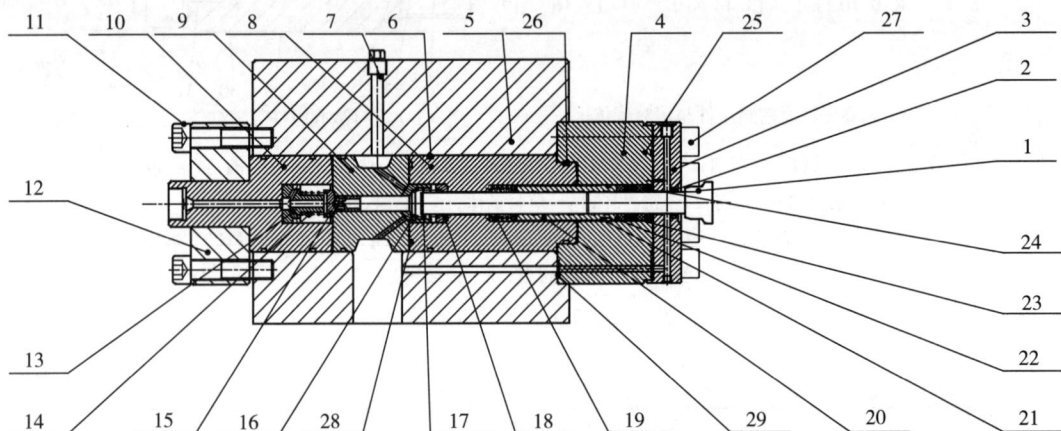

1—柱塞;2—格兰圈;3—填料压盖;4—填料函体;5—液缸体;6、21、25、26、28、29—O形圈;7—堵头;8—进液阀箱;9—阀座;
10—进液阀箱;11—螺钉;12—缸盖;13—排液阀弹簧座;14—排液阀弹簧;15—排液阀芯;16—进液阀板;
17—进液阀弹簧;18—进液阀弹簧座;19—弹簧;20—套筒;22—支撑环;23—填料圈;
24—导向套;27—螺钉。

图10-6　超高压泵液力端结构4

10.2.3　总体设计

本节细化设计,目的是提供一个完整简洁的实例。

根据要求达到的流量 Q、排出压力 p 等指标,经过计算初步确定泵的主要结构参数。泵的排出压力额定值仅取决于结构强度、液力端密封质量及原动机的额定功率,而与流量几乎无关。泵的结构参数主要由流量决定。往复泵的流量计算公式如下:

$$Q=Q_t\eta_v=\frac{ASnZ}{60}\eta_v=\frac{\pi D^2SnZ}{240}\eta_v=\frac{\pi D^2u_mZ}{8}\eta_v=\frac{\pi D^3\psi nZ}{240} \qquad (10-1)$$

式中,Q 为泵的实际流量(m^3/s);Q_t 为泵的理论流量(m^3/s);η_v 为泵的容积效率;A 为柱塞截面积(m^2),$A=\pi D^2/4$;D 为柱塞直径(m);S 为柱塞行程长度(m);n 为泵速(曲轴转数或柱塞的每分钟往复次数)(min^{-1});Z 为泵的缸数(或柱塞数);u_m 为柱塞平均速度(m/s),$u_m=Sn/30$;$\psi=S/D$ 为程径比。

由公式可知,在泵总体结构已经确定为三柱塞单作用情况下,泵的缸数已确定为3,决定流量 Q 的主要结构参数是泵速 n、行程 S、柱塞直径 D,而相同的流量下这三个参数可以有不同的组合。这三者的组合对总体设计有重要影响,与总体结构型式密切相关。由此可知,主要结构参数选择的任务就在于结合泵型和总体结构选择来确定 n、S、D 组合的最佳方案。

由往复泵的设计实践经验得知,为了确定 n、S、D 组合的最佳方案,一般应从选择合适的 u_m 入手,再确定 n,进而再比较 ψ,由此逐步确定组合的最佳方案。

1. 泵的容积效率 η_v 的计算分析

取柱塞直径 $d = 20$ mm 时,行程容积为

$$V_s = \frac{\pi}{4} d^2 S = \frac{\pi}{4} \times 20^2 \times 140 \approx 43982.3 (\text{mm}^3)$$

余隙容积为

$$V_c = \frac{\pi}{4} \times 12.8^2 \times 61.2 + \frac{\pi}{4} \times 11.5^2 \times 6.7 - \frac{\pi}{4} \times (12.7^2 - 8.1^2) \times 21 + \frac{\pi}{4} \times 26^2 \times 9.5$$

$$+ \frac{\pi}{4} \times (32^2 - 24^2) \times 24$$

$$\approx 7875.2 + 695.92 - 1578 + 5043.83 + 8444.6$$

$$= 20481.55 (\text{mm}^3)$$

相对余隙为

$$C = V_c / V_s = 0.47$$

水在常温 300 MPa 下的压缩率为

$$\beta_{tp} \approx 0.107$$

由介质的压缩造成的容积损失率为

$$\Delta \eta_{v1} = C \frac{\beta_{tp}}{1 - \beta_{tp}} = 0.47 \times \frac{0.107}{1 - 0.107} = 0.056 \approx 5.6\%$$

阀在关闭时滞后造成的容积损失率为 $\Delta \eta_{v2}$,由阀关闭不严通过密封面泄漏造成的容积损失率为 $\Delta \eta_{v3}$,通过柱塞泄漏造成的容积损失率为 $\Delta \eta_{v4}$。$\Delta \eta_{v2} + \Delta \eta_{v3} + \Delta \eta_{v4}$ 约为 $2\% \sim 10\%$,预估为 4.4%,则总的容积损失 $\eta_v = \Delta \eta_{v1} + \Delta \eta_{v2} + \Delta \eta_{v3} + \Delta \eta_{v4} = 5.6\% + 4.4\% = 10\%$。

2. 柱塞平均速度 u_m 的选择

u_m 的大小直接影响泵各运动副零部件的摩擦和磨损,特别是对柱塞及其密封这一对运动副的影响尤为显著。

u_m 不应选择过大。u_m 过大,摩擦和磨损严重,特别是当柱塞及其密封一旦严重磨损,泄漏就将增加,流量就将下降,排出压力也不能达到额定值。

u_m 不能选取过小。要获得一定的 Q 值,u_m 一经确定,D 即为确定值。u_m 选取过小,D 值就必然较大。这样一来,不仅使液力端径向尺寸增加,而且因柱塞力与 D^2 成正比,动力端受力也随之骤增,从而会使泵的总体尺寸和重量增大。

超高压泵的 u_m 选择应较低。超高压泵多采用金属间隙柱塞密封,而且密封力大,因此容易摩擦发热,造成磨损。

u_m 的大小主要与折合成单缸单作用泵的有效功率 N_{ez} 有关,即

$$u_m = K_t N_{ez}^{0.4} \tag{10-2}$$

式中, u_m 为柱塞平均速度(m/s); K_t 为统计系数,化工用三柱塞机动泵(一般介质)的取值范围为 $0.18 \sim 0.8$; N_{ez} 为折合成单缸单作用泵的有效功率(kW)。

$$N_{ez} = \frac{pQ}{60Z} = \frac{300 \times 52}{60 \times 3} \approx 86.7 \text{(kW)}$$

取 $K_t = 0.3429$,则

$$u_m = K_t N_{ez}^{0.4} = 0.3429 \times 86.7^{0.4} \approx 2.04$$

由流量公式可知:

$$D = \sqrt{\frac{8Q}{\pi u_m Z \eta_v}} = \sqrt{\frac{8 \times 52 \times 10^{-3}/60}{\pi \times 2.04 \times 3 \times 0.9}} \approx 0.02 \text{(m)}$$

取柱塞直径 D 为 20 mm。

3. 泵速 n 和柱塞行程长度 S 的选择

Q 为一定值时,当提高 n 时,可使行程容积 V_s 减小。换言之,即可减小柱塞直径 D ,又可减小行程长度 S 。减小直径 D 不仅可减小液力端径向尺寸,还减小了柱塞力,使动力端受力减小,从而使动力端尺寸也减小;减小 S ,也就是减小了曲柄半径,从而使泵的轴向尺寸也减小了。由此可见,提高 n 是减小泵的尺寸和重量的最有效的途径,现代往复泵设计都力求使 n 得到提高,以期获得尺寸小、重量轻的效果。但是不能一味地提高泵速 n ,限制 n 提高的主要原因是液缸内的空化(或汽蚀)和易损件寿命。

一般用卧式三柱塞单作用机动泵 n 的取值范围为 $300 \sim 550$ 。拟选用四级异步电机驱动,其额定转速为 $n_0 \approx 1490$ r/min,动力端根据传统的减速比系列选择减速比 $i = 3.39$,则泵速 $n = n_{0i} = 1490/3.39 \approx 440$ 。

4. 程径比 $\psi = S/D$ 的选取和行程长度的确定

根据已经确定的 $D = 20$ mm、 $n = 440$ min⁻¹ 和流量 $Q = 52$ L/min,可以计算出柱塞行程长度为

$$S = \frac{240Q}{\pi D^2 n Z \eta_v} = \frac{240 \times 52 \times 10^{-3}/60}{\pi \times 0.02^2 \times 440 \times 3 \times 0.9} \approx 0.14 \text{(m)}$$

取 $S = 140$ mm。

为了进一步比较 n 、 S 、 D 的组合方案,还应进一步比较程径比 ψ 值。 ψ 值在直观上反映了 S 与 D 的关系,实质上却反映了泵机组总体宽度和长度的关系: ψ 值大,则总体窄而长; ψ 值小,则总体宽而短。可见, ψ 值选择得当,会使泵长宽适称,外形美观且可得到尺寸小、重量轻的综合效果。

经计算 $\psi = S/D = 140/20 = 7$。

对于超高压泵一般取大值,所以 ψ 取 7 是适宜的。

理论流量:$Q_t = 3 \times \dfrac{\pi}{4} d^2 L n_1 = 3 \times \dfrac{\pi}{4} \times 0.2^2 \times 1.4 \times 440 = 58 (\text{L/min})$;

实际流量:$Q = Q_t \eta_v = 58 \times 0.9 = 52.2 (\text{L/min})$,满足设计要求。

5. 原动机的选择

电动机驱动相较于柴油机驱动具有使用方便、振动噪声低等优点,因此确定采用电动机作为驱动泵运转的原动机。同时,为了方便泵的调速、调压和节能的要求,采用变频电动机,配合变频器和相应的控制柜进行变频调速。

泵的有效功率 N_e 为

$$N_e = \frac{pQ}{60} = \frac{300 \times 52}{60} = 260 (\text{kW})$$

电动机输出功率 N_d 可按以下公式进行计算:

$$N_d = \frac{N_e}{\eta \eta_d} \tag{10-3}$$

式中,N_e 为泵的有效功率(kW);N_d 为电动机的输出功率(kW);η 为泵效率,取 $\eta = 0.9$;η_d 为齿轮传动效率,取 $\eta_d = 0.96$。

则电动机的输出功率 N_d 为 $N_d = \dfrac{260}{0.9 \times 0.96} = 301 (\text{kW})$。

N_d' 可按以下公式进行计算:

$$N_d' = K_c N_d \tag{10-4}$$

式中,N_d' 为配带电动机额定功率(kW);K_c 为储备系数,取 $K_c = 1.15$。

配带电动机额定功率为 $N_d' = 1.15 \times 301 \approx 346 (\text{kW})$。

由此驱动高压泵的电动机选择额定功率为 355 kW 的变频调速三相异步电动机,极数为 4 极。

6. 主要技术参数

工作压力:$p = 300$ MPa;

额定流量:$Q = 52$ L/min;

行程:$S_3 = 140$ mm;

曲柄半径:$r = 70$ mm;

连杆长:$L = 330$ mm;

十字头长:$L_1 = 80.5$ mm;

中间杆长:$L_2 = 200$ mm;

曲轴中心到箱体端面距离:$L_0 = 505$ mm;

前死点处中间杆端到箱体端面距离:$L_q = r + L + L_1 + L_2 - L_0 = 175.5 (\text{mm})$;

后死点处中间杆端到箱体端面距离:$L_h = L_q - 2r = 35.5 (\text{mm})$;

曲柄半径与连杆长之比：$\lambda = r/L = 70/330 \approx 0.2 \leqslant 1/4$；

柱塞平均速度：$u_{\mathrm{m}} = \dfrac{Sn}{30} = \dfrac{140 \times 440 \times 10^{-3}}{30} = 2.05\,(\mathrm{m/s})$；

程径比：$\psi = \dfrac{S}{D} = \dfrac{140}{20} = 7$。

10.3 立式超高压泵

立式超高压泵相比卧式超高压泵，具有以下特征：立式安装占地小；进出水阀组呈上下布置，易于装拆；往复密封以套筒为主，价格昂贵；泵中心偏高会使振动问题突出；液力端位置高，装拆较难。

10.3.1 整体布局

以 HDP304 系列为例进行分析，其基本参数见表 10－1 所列。

表 10－1 HDP304 系列基本参数

流量 $Q/$ (L/min)	配带功率 /kW						柱塞直径 / mm	转速	
	110	132	160	200	250	300		$n_1/(\mathrm{r/min})$	$n_2/(\mathrm{r/min})$
	运行压力 /MPa								
35/33*	165	195	250*	320*				1500	411
42/39*	135	165	195	250*	320*		17.5	1500/1800	493
51/47*	115	135	165	230*	260*	320*		1800/2150	591
46/42*	125	150	185	250*	280*			1500	411
55/51*	105	125	150	190	240*	280*	20	1500/1800	493
66/62*	90	105	130	160	200*	260*		1800/2150	591

注：n_1 为电动机 / 柴油机转速；n_2 为曲轴转速（r/min）；* 为超高压产品，其超高压以 200 MPa 为界。

表 10－1 中的系列泵以同级柱塞力为依据，柱塞力为 88 kN，柱塞行程为 75 mm。这样，柱塞平均线速度分别为 1.02 m/s、1.23 m/s、1.48 m/s。

超高压泵的高速化是一个显著的特点。柱塞的平均线速度远远超过了传统观念对超高压泵的界定（0.4 m/s），这说明精密加工技术的应用带来了往复泵的技术进步，其将泵的重量下降至 1070 kg。

当然，实现超高压大流量是不容易的，上述参数也是样本理论值。而且，这种超高压泵的连续运行周期和寿命都是要不断完善的。作为应用产品，推荐泵速不超过 500 min^{-1}。

图 10－7 为立式超高压泵外形。立式泵的排出口侧向布置，吸入口与排出口呈 90° 布置，且在泵头下部正中位置。

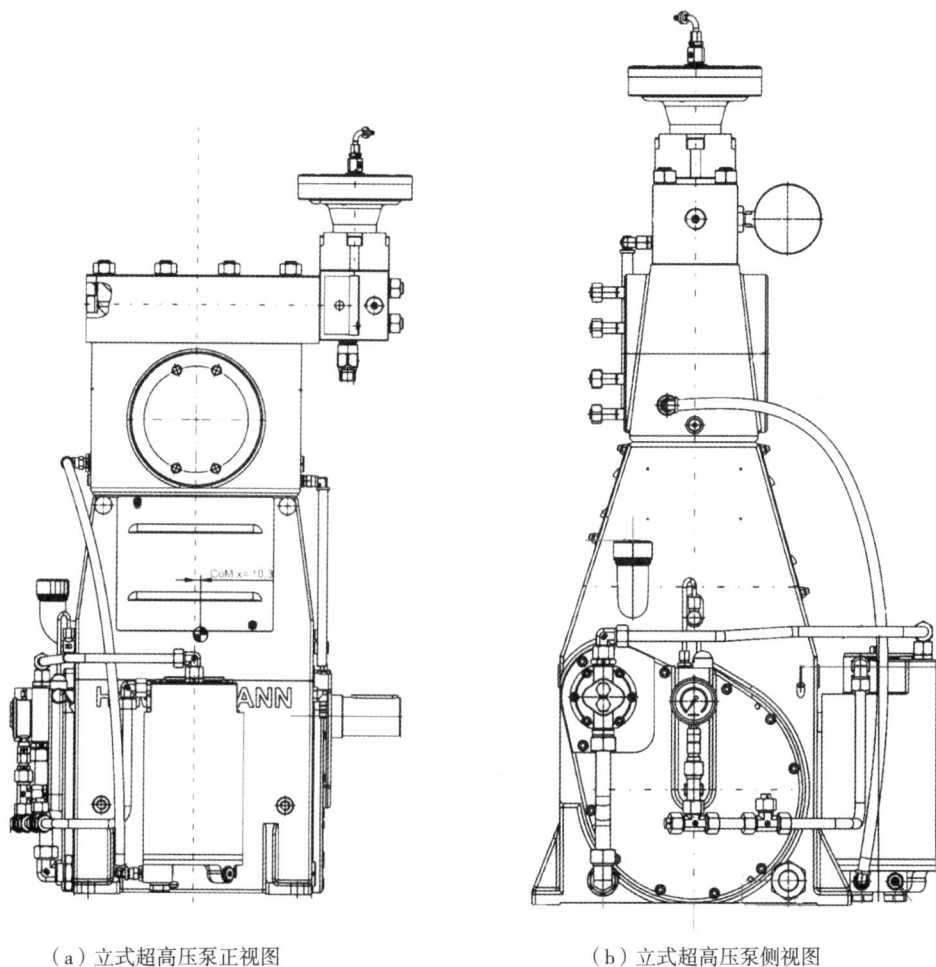

<table>
<tr><td>（a）立式超高压泵正视图</td><td>（b）立式超高压泵侧视图</td></tr>
</table>

图 10 - 7　立式超高压泵外形

10.3.2　传动端（动力端）设计

图 10 - 8 为立式超高压泵传动端。动力自斜齿轮构成的人字齿轮输入，箱内一级减速。

为了适应超高压高速运行，强制润滑是一大特点。承受重载的曲轴由韧性好、硬度高的锻钢制作而成。螺旋齿轮安装在曲柄轴的左右两边，连杆两端装有滑动轴承，两个滚珠轴承支撑于轴端。密封式的润滑油系统（见图 10 - 9）包括油泵、油过滤器、油压表和油冷却器。高压润滑油经曲轴内油道形成回路将油输送到曲柄轴内的油槽润滑连杆轴承，通过管道油路输送到十字头和滑履。理想的油压应为 0.3 ～ 0.6 MPa，当油压低于0.2 MPa 时，泵将自动关闭。1000 h 工作后首次进行油更换。4000 h 工作后或至少一年进行一次油更换。

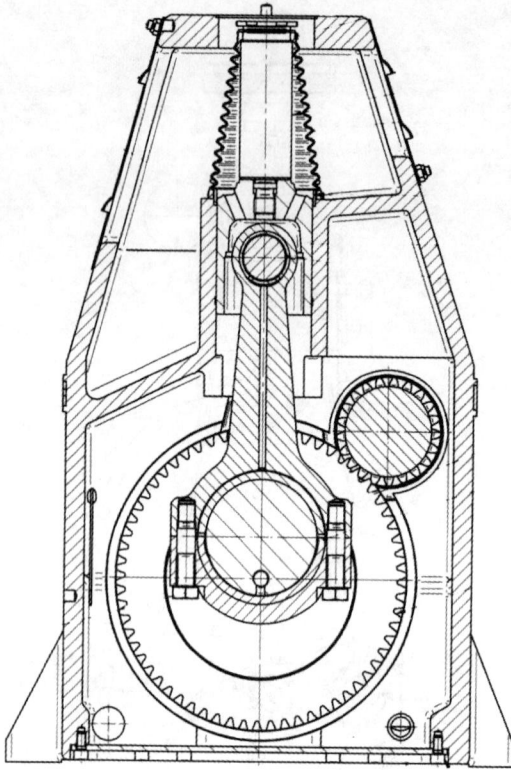

图 10 - 8　立式超高压泵传动端

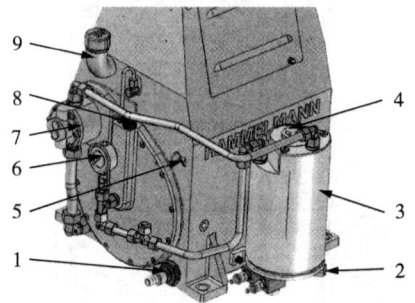

1—排油阀;2—排油销;3—油过滤冷却器装置;
4—六角螺钉销;5—测油尺;6—油压表;
7—油泵;8—油压调节器;9—油过滤器颈。

图 10 - 9　润滑油系统

　　泵采用立式波纹管保护动力端与液力端的连接杆和滑履腔体,这是卧式泵没有的结构,波纹管一年更换一次。

10.3.3　液力端阀组

　　泵头设计的原则是无交变应力,阀组布置形式为与泵头吸入通道正交三个或五个进排液阀组。当柱塞向上行程时,进液阀关闭,压力上升到大于排出管内压力和阀的开启阻力之和时,排液阀打开,水从排液管流出;当柱塞向下行程时,排液阀关闭,压力下降到小于吸入管内压力和阀的开启阻力之和时,进液阀打开,水从进水腔吸进来。

　　图 10 - 10 为泵进排液阀组的结构。阀座环既是进液阀的阀座,也是排液阀的阀座。进排液阀位于阀座环的上、下两端。为了灵敏启闭,它们都有各自的导向和弹簧预载。经过计算的阀升程在轴向限制。进液阀为大直径的平板阀,为保证其密封,端面上有刻槽;排液阀为小直径的锥形阀,其弹簧预载在下端,阀面为锥环形。为了减小接触面积,阀芯与阀座的角度刻意有所差别,而且阀芯与阀座从硬度上一般有一个差值,通常阀芯较硬。立式布

置的进排液阀组与卧式布置的进排液阀组的差异较大。

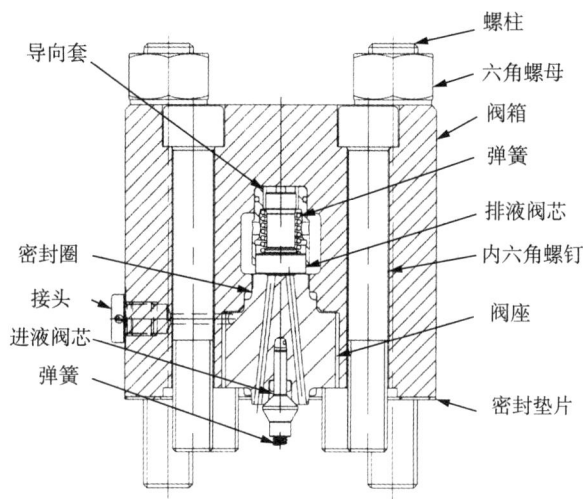

图 10－10　泵进排液阀组的结构

10.3.4　柱塞密封副

柱塞密封副(见图 10－11)是泵的关键所在,也是立式泵区别于卧式泵的特色结构。

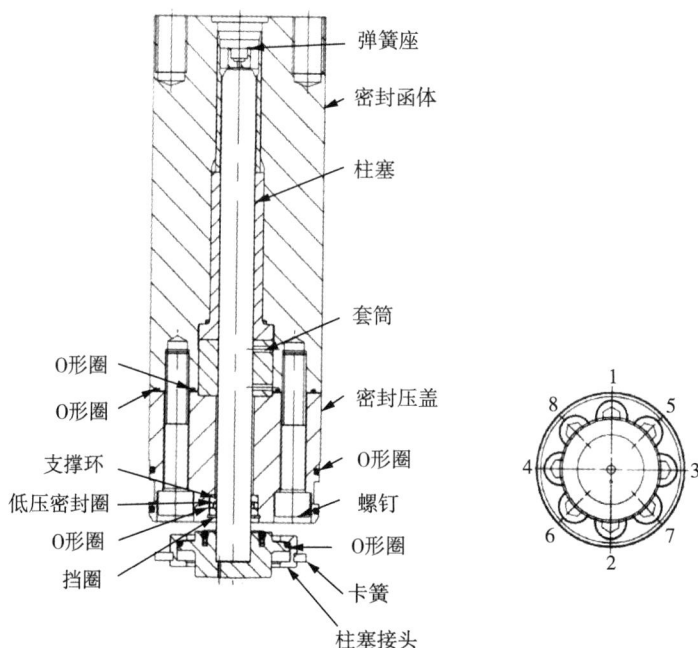

图 10－11　柱塞密封副

495

由于其是超高压且趋于连续运行,因此密封形式为套筒结构,材料为铜合金。其是一个长径比较大的精密件,端面定位,且分为两段接续,前一段刚好为柱塞行程,套筒与缸体、套筒与柱塞的间隙需要刻意设计。在内外压力的合力作用下,套筒产生弹性变形,以形成难以加工的轴向间隙进行节流密封。套筒内有迷宫式环状槽,它将密封轴裁为若干节,并逐步降压、贮水形成润滑与冷却的"水膜"。这种金属对金属的密封特别适合高压和超高压工况。

柱塞是直杆形的,结构简单,便于精磨。超高压泵的柱塞材料常为硬质合金,也有用陶瓷制作的。其表面光洁,致密度和硬度都很高。柱塞由于长径比过大,因此金属芯和陶瓷筒层的结合很讲究。为了保证柱塞与套筒的对中性,柱塞与动力端的连接采用卡环浮动连接,且法兰压盖与缸体的螺柱连接必须按次序和规定扭矩连接,所有的柱塞与套筒都必须编号,不得混用。

同样的道理,泵头与泵体也采用按次序和规定扭矩连接。图 10-12 为泵头螺柱连接的技术要求。

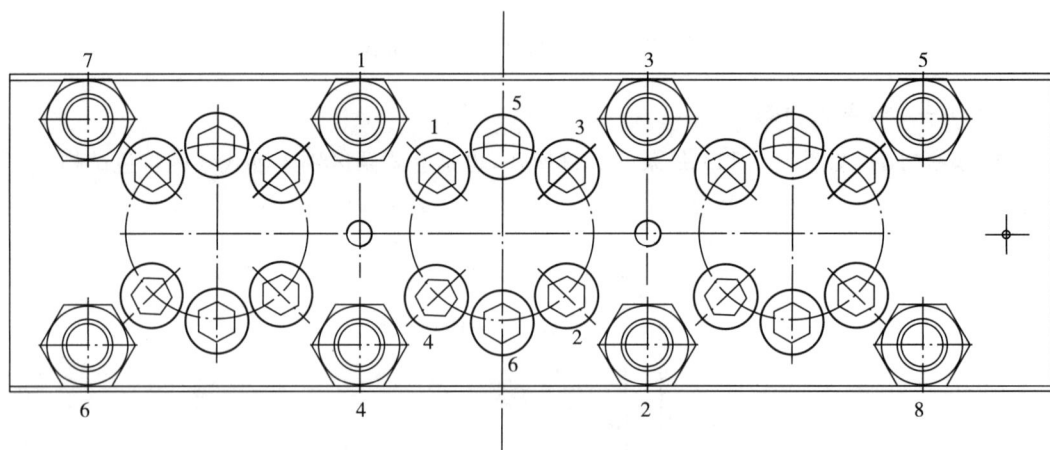

图 10-12　泵头螺柱连接的技术要求

10.3.5　泵的附件

泵的各种附件是保障泵安全运行的必装部件,它是立式泵、卧式泵的共同附件,虽有不同但异曲同工。

1. 压力调节旁通阀

压力调节旁通阀(见图 10-13)是一个通过气压调节来控制旁通泄流的气动阀。压力调节旁通阀又叫作调压溢流阀。工作原理:通过气控薄膜气缸开关,装置发出电子信号使气缸加压,关闭旁通,水随之加压,信号消失时(扳机释放)释放的气压使旁通打开,允许水无压时通过旁通管流出。调压溢流阀作为第一道安全阀安装在泵出口端。

压力调节旁通阀的主要技术参数:① 控制介质为空气／润滑油;② 最大控制压力为1 MPa;③ 在泵最大工作压力下旁通阀的最小控制压力为 0.6 MPa;④ 泵最大工作压力为

320 MPa；⑤ 泵最大流量为 50 L/min。

由于流量越大，流速越大，因此该阀的最大过流量为 50 L/min，这就限制了泵的最大流量。

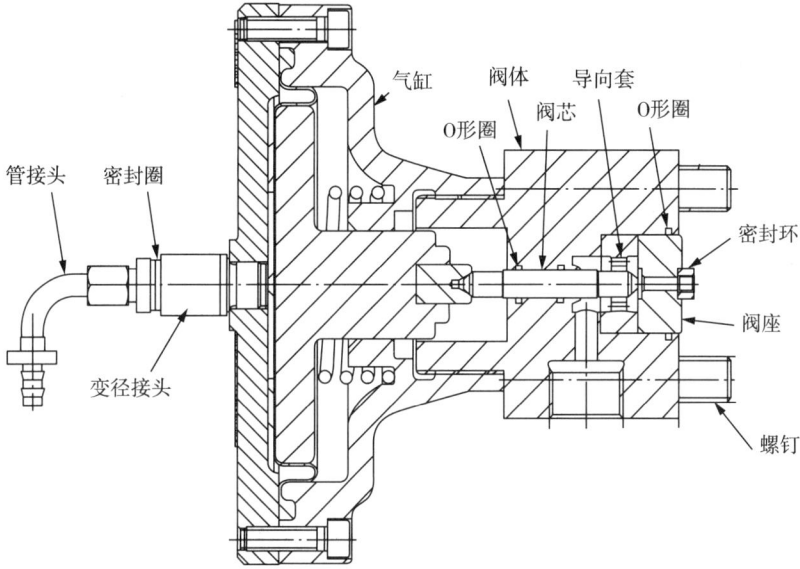

图 10-13　压力调节旁通阀

2. 爆破膜安全阀

爆破膜安全阀（见图 10-14）也是安装在泵出口端的安全装置，其可以防止泵负载的压力过大。由于通道受堵等原因会造成泵的超压现象，所以设计了爆破膜来防止超压，当安装的爆破膜所承受的压力超过最大工作压力的规定系数时，膜片就会自动爆裂，水压会立即降低至最小（输入）压力。

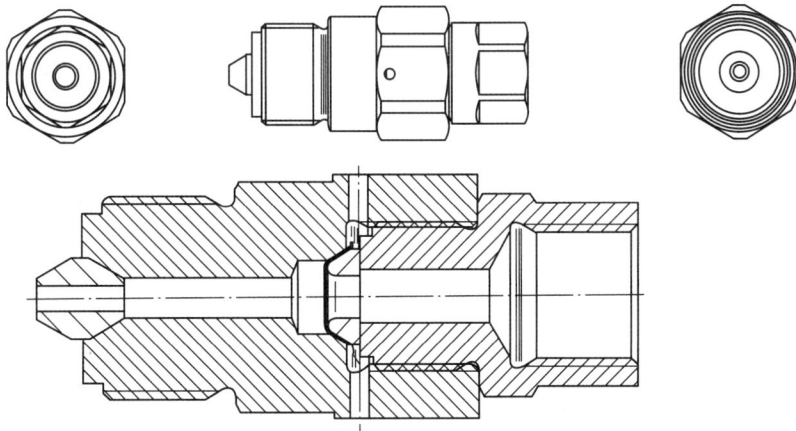

图 10-14　爆破膜安全阀

每个不同的爆破膜安全阀上都标明了其准确的爆破压力,这是泵的第二道安全阀。

3. 柱塞冷却系统

立式泵是金属对金属的套筒间隙密封,专门设置的柱塞冷却系统可以对每个柱塞进行冷却和润滑,还可以从外部测量每个柱塞的温度。这些读数可以得出有关运行状态和柱塞磨损的结论,以便进行预防性维护。

4. 超高压电子压力传感器

超高压电子压力传感器测量压力区间为 $0 \sim 400$ MPa,精度不大于 $\pm 0.5\%$,反应时间不大于 1 ms,为超高压特殊设计,安装在泵出口端,将偏转膜片的压力变化转化为成比例的电信号,这种压力传感器是不可维修的。

5. 低压电子压力传感器

低压电子压力传感器测量压力区间为 $0 \sim 1.6$ MPa,反应时间不大于 3 ms。该传感器用于压力油系统、进水过滤器系统的压力检测。

6. 电子温度传感器

电子温度传感器的测量温度区间为 $0 \sim 100$ ℃,电阻压力为 4 MPa,环境温度为 $-40 \sim 85$ ℃,精确度不大于 $\pm 0.1\%$,升温时间不大于 3.3 s。半导体零件将介质的温度转换为电信号,也是一次性使用配件。

10.4 承压件的材料工艺与可靠性

超高压泵液力端的零件在结构上以排液阀为界分为两部分。排液阀前的零件如阀座、进液阀箱、填料函体等(有的液力端结构将进液阀箱与填料函体设计为一个整体,统称为填料函体),承受介质从吸入压力到排出压力交替变化的循环载荷,其内部的交变应力峰值高、幅值大,疲劳问题突出。排液阀后的零件如排液阀箱、液缸体等虽然承受排出压力,但一般情况下三缸单作用、五缸单作用结构的超高压泵排出压力脉动很小,对零件疲劳作用相对较小。因此,这里所述的是前种情况的阀座、进液阀箱、填料函体等筒体形零件。承压件因疲劳开裂而失效的问题是超高压泵比较常见的故障,对泵的可靠性影响很大,也是提高超高压泵参数的重要技术瓶颈。承压件的材料选择、制造工艺是提高其抗疲劳性能、使用寿命的基本保证。

超高压泵液力端承压件如图 10-15 所示。在没有对承压件采取特殊的材料和工艺设计的情况下,经初期试验,承压件在 8 h 左右发生开裂,即循环寿命为 2.112×10^5 h 左右。承压件开裂的情况如图 10-16 ～ 图 10-18 所示。

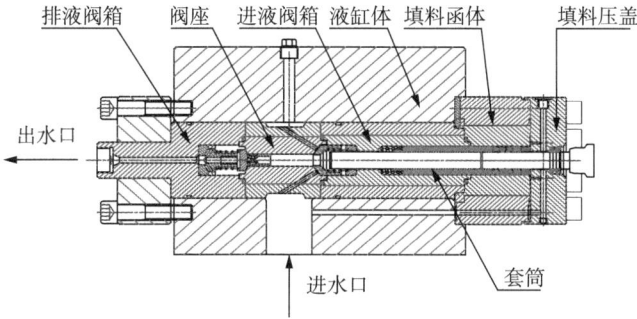

图 10-15　超高压泵液力端承压件

图 10-16　发生疲劳
开裂的阀座

图 10-17　发生疲劳
开裂的进液阀箱

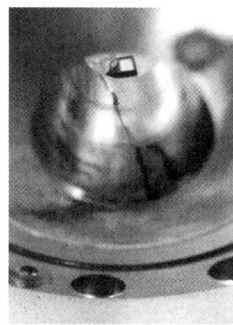

图 10-18　发生疲劳
开裂的填料函体

10.4.1　承压件的疲劳强度影响因素分析

影响结构件静强度的因素同样也影响其疲劳强度或疲劳寿命,但影响的程度有所差别。此外,还有很多对静强度几乎没有影响的因素但对疲劳强度或疲劳寿命却有着明显的影响。归纳起来主要有工作条件、零件状态、材料本质等。影响疲劳强度的因素见表 10-2所列。

表 10-2　影响疲劳强度的因素

工作条件	零件状态	材料本质
载荷特性 加载频率 服役温度 环境介质	缺口效应 尺寸效应 零件热处理 表面粗糙度 表面热处理 残余应力应变	化学成分 金相组织 纤维方向 内部缺陷分布

1. 应力集中的影响

在循环载荷作用下，当名义应力小于屈服应力时，局部已进入塑性，零件的疲劳强度取决于局部的应力应变状态，因此应力集中部位是结构的疲劳薄弱环节，其决定了结构的疲劳寿命。缺口应力集中的严重程度用理论应力集中系数 K_T 表示。其定义为

$$K_T = \frac{\text{最大局部弹性应力 } \sigma_{max}}{\text{名义应力 } \sigma_0} \tag{10-5}$$

另一个描述应力集中对疲劳强度影响的系数是疲劳缺口系数 K_f，其也称为疲劳应力集中系数或疲劳强度下降系数。其定义为

$$K_f = \frac{\text{光滑试件的疲劳强度 } S_e}{\text{缺口试件的疲劳强度 } S_N} \tag{10-6}$$

试验研究表明，材料的塑性是影响 K_f 的主要原因之一。塑性好的材料，K_f 远小于 K_T，即疲劳强度对缺口不敏感；脆性材料的 K_f 接近 K_T，即疲劳强度对缺口敏感。为此引入缺口敏感系数 q：

$$q = \frac{K_f - 1}{K_T - 1} \tag{10-7}$$

q 的变化范围介于 0 和 1 之间，即 $0 \leqslant q \leqslant 1$，它是 K_f 和 K_T 一致性的量度。$K_f = 1，q = 0$，表示材料无缺口效应；$K_f = K_T，q = 1$，表示材料对缺口非常敏感。因此 K_f 的限制范围为 $1 \leqslant K_t \leqslant K_T$。

2. 尺寸的影响

试验研究表明，试验件尺寸越大，疲劳强度就越低。疲劳尺寸系数 ε 的定义：在相同加载条件及试件几何相似条件下，大尺寸试件的疲劳强度 S_L 与小尺寸试件的疲劳强度 S_S 的比值，即

$$\varepsilon = \frac{S_L}{S_S} \tag{10-8}$$

导致大、小试件疲劳强度有差别的主要原因有两个方面：对处于均匀应力场的试件，大尺寸试件比小尺寸试件含有更多的疲劳损伤源；对处于非均匀应力场中的试件，大尺寸试件疲劳损伤区中的应力比小尺寸试件更加严重。

3. 表面状态的影响

疲劳裂纹通常萌生于试件表面，这是因为表面的应力水平往往最高，表面的缺陷往往也最多，另外，表面层材料的约束小，滑移带最易开动。因此，零部件的表面状态对其疲劳强度有着显著的影响，这种影响程度用表面敏感系数 β 来描述。其定义为

$$\beta = \frac{\text{某种表面状态试件的疲劳强度}}{\text{标准光滑试件的疲劳强度}} \tag{10-9}$$

表面状态主要包含表面加工粗糙度 β_1、表层组织结构 β_2 和表层应力状态 β_3，而且 $\beta = \beta_1\beta_2\beta_3$。

4. 载荷的影响

疲劳是指在变动应力作用下,材料(零部件或结构)的失效行为。大小和方向随时间而变化的载荷叫作变动载荷,或称为循环载荷。在变动载荷作用下,结构和零部件内部所受的应力称为交变应力或疲劳应力。一般情况下,变动载荷应力与时间的关系如图 10-19 所示。应力循环的参数关系可表示为

$$\sigma_m = \frac{\sigma_{max} + \sigma_{min}}{2} \tag{10-10}$$

$$\sigma_{alt} = \frac{\sigma_{max} - \sigma_{min}}{2} \tag{10-11}$$

$$R = \frac{\sigma_{min}}{\sigma_{max}} \tag{10-12}$$

式中,σ_{max} 为循环期间的最大应力值(代数值);σ_{min} 为循环期间的最小应力值(代数值);σ_m 为平均应力;σ_{alt} 为交变应力幅(全应力范围 σ_c 的一半);R 为应力比(双称不对称系数或循环特性)。

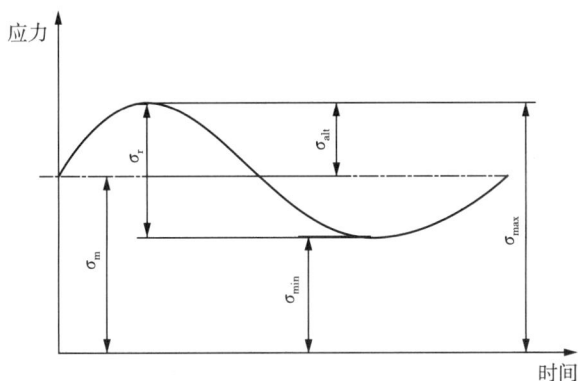

图 10-19　变动载荷应力与时间的关系

使用上述各参数可以把任一等幅变动应力分解为平均应力 σ_m 和交变应力幅 σ_{alt}。前者表示变动应力的不变部分,后者表示变动应力中的变动部分(或称为交变部分)其中,常见的应力循环形式有对称循环($R=-1$)、脉动循环($R=0$)、不对称循环($R<1$)和静载荷($R=1$)。R 表示变动应力的不对称程度。超高压泵承压件的承载过程属于脉动循环。

10.4.2　疲劳寿命分析

确定疲劳寿命的分析法是依据材料的疲劳性能,对照结构所受到的载荷历程,按分析模型来确定结构的疲劳寿命。任何一个疲劳寿命分析方法都包含有三部分的内容:材料疲劳行为的描述;循环载荷下结构的响应;疲劳累积损伤法则。疲劳寿命分析模型如图 10-20 所示。

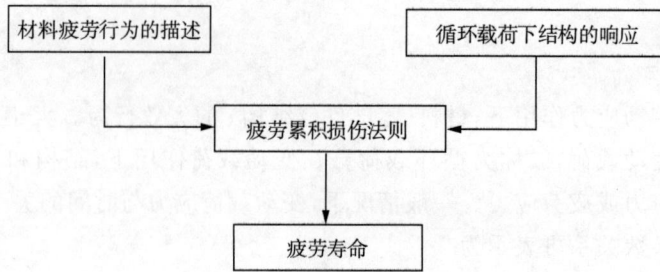

图 10 - 20 疲劳寿命分析模型

材料对循环载荷的激励做出响应,若外载荷接近材料的疲劳极限,则每一个循环都对材料造成一定的损伤,损伤累积到材料的疲劳寿命时,疲劳破坏发生,材料失效。这就是疲劳累积损伤法则,其中应用最广泛的是线性疲劳累积损伤理论(Miner 理论)。

(1)一个循环造成的损伤:

$$D = \frac{1}{N} \qquad (10-13)$$

式中,D 为损伤;N 为对应于当前载荷水平 S 的疲劳寿命。

(2)等幅载荷下,n 个循环造成的损伤

$$D = \frac{n}{N} \qquad (10-14)$$

变幅载荷下,n 个循环造成的损伤:

$$D = \sum_{i=1}^{n} \frac{1}{N_i} \qquad (10-15)$$

式中,N_i 为对应于当前载荷水平 S_i 的疲劳寿命。

(3)临界疲劳损伤 D_{CR}:若是等幅循环载荷,当循环的次数 n 等于其疲劳寿命 N 时,疲劳破坏发生,即 $n = N$ 时,$D_{CR} = 1$。

(4)外加应力与疲劳寿命的关系(S-N 曲线):为了评价和估算疲劳寿命或疲劳强度,需要建立外载荷与寿命之间的关系。反映外加应力 S 和疲劳寿命 N 之间关系的曲线叫作 S-N 曲线(见图 10 - 21)。一条完整的 S-N 曲线可分为三段:低周疲劳区(LCF)、高周疲劳区(HCF)和亚疲劳区(SF)。$N = 1/4$,即静拉伸对应的疲劳强度为 $S_{max} = S_b$;N 为 $10^6 \sim 10^7$,对应的疲劳强度为疲劳极限 $S_{max} = S_e$;在 HCF 区,S-N 曲线在对数坐标系上几乎是一条直线。

承压件材料及热处理工艺确定的情况下,材料的疲劳性能是确定的。材料的疲劳性能可由 S-N 曲线表示,而外载荷可由载荷谱表示,因此将两个谱线绘制在一张图上便可以表现出材料对外载荷的响应和预期疲劳寿命(见图 10 - 22)。

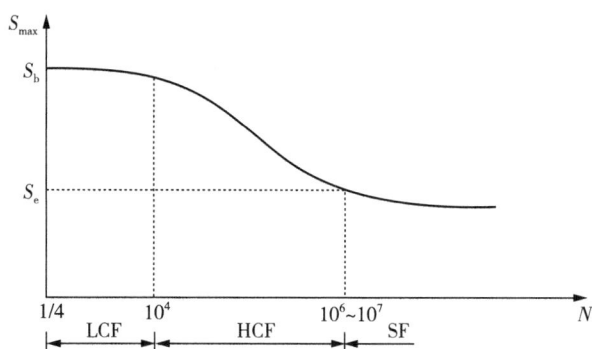

图 10 - 21　典型的 S - N 曲线

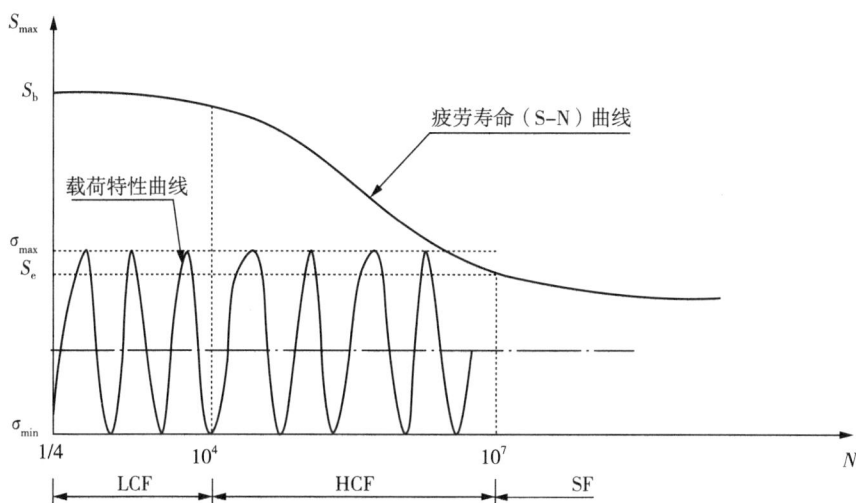

图 10 - 22　承压件对外载荷的响应

承压件所采用的高强度钢的抗拉强度 $S_b = 1000$ MPa,根据经验公式,疲劳强度为 $S_e = 0.5$,$S_b = 500$ MPa,但受材料表面粗糙度、应力集中等因素的影响,一般情况下疲劳强度比经验公式估算得要小,在高应力幅的情况下,$S_e = 350$ MPa。额定排出压力为 300 MPa 左右的超高压泵,承压件内壁最大应力 σ_{max} 接近或超过 350 MPa。

由图 10 - 22 可以看出,在没有采取特殊工艺的情况下,承压件的循环载荷最大应力与材料的疲劳极限接近,承压件的预期寿命处于 LCF 或 HCF 区间,寿命大约为 10^4 到 10^7,甚至于小于 10^4。

由图 10 - 22 还可以得出,提高承压件的寿命可以从提高材料疲劳强度或降低承压件内壁应力水平两方面入手。

10.4.3　提高承压件疲劳寿命的措施

1. 提高材料疲劳强度的措施

超高压泵的承压件在工作中承受 $250 \sim 300$ MPa 水压作用,同时进排液交替工作时阀组内的水压为脉动循环载荷,这就要求承压件材料有较高的抗疲劳性能,且有一定的耐腐蚀性能。因此,承压件必须选用超高强度的不锈钢材料制造。承压件材料的性能:机械强度高、塑性和冲击韧性好、断裂韧性值高、疲劳强度高、可锻性好、淬透性好。

1) 细化晶粒

钢材成分中添加微量合金元素、细化晶粒是改善高强度钢抗疲劳性能的经济而有效的方法。钢的晶粒越细,疲劳极限越高,疲劳寿命越长。钢材中加入微量铌即可细化晶粒,较大幅度地提高钢的抗拉强度、屈服强度、循环屈服强度和疲劳裂纹起始门槛值,因而也大幅度地延长疲劳裂纹的起始寿命。

在钢的各种微合金化元素中,铌是最有效的微合金化元素。在钢中加入 $0.01\% \sim 0.1\%$ 的铌,就足以改变钢的力学性能。例如,当加入 0.1% 的合金化元素时,提高钢的屈服强度依次为铌(118 MPa)、钒(71.5 MPa)、钼(40 MPa)、锰(17.6 MPa)、钛(0)。实际上,钢中只需加入 $0.03\% \sim 0.05\%$ 的铌,钢的屈服强度便可提高 30% 以上,而钢的成本每吨仅增 1 美元。例如,普通中碳钢的屈服强度一般为 250 MPa,加入微量铌可使强度提高为 $350 \sim 800$ MPa。

铌作为微合金化元素加入钢中并不会改变铁的结构,而是与钢中的碳、氮、硫结合,改变钢的显微结构。铌对钢的强化作用主要是细晶强化和弥散强化,铌能和钢中的碳、氮生成稳定的碳化物和碳氮化物,还可以使碳化物分散并形成具有细晶化的钢。铌还可以通过诱导析出和控制冷却速度,实现析出物弥散分布、在较宽的范围内调整钢的韧性水平。因此,加入铌不仅可以提高钢的强度,还可以提高钢的韧性、抗高温氧化性和耐蚀性,降低钢脆性转变温度,获得好的焊接性能和成型性能。

承压件材料一般选用沉淀硬化型不锈钢,如 05Cr17Ni4Cu4Nb(17 - 4PH) 或 05Cr15Ni5Cu4Nb(15 -5PH)。05Cr15Ni5Cu4Nb 是在 05Cr17Ni4Cu4Nb 基础上发展的马氏体沉淀硬化不锈钢。其除具有高强度特性外,还具有较高的横向韧性和良好的可锻性。

2) 改善冶炼质量

材料内部起缺口作用的夹杂物处会出现大的应力集中点。交变应力时,这些应力集中点上最初以微小范围开始疲劳,然后以巨大范围疲劳。据推断,当钢材所含的夹杂物缺陷大于壁厚的 3% 时,其疲劳强度将下降 33%,而对于椭圆或球形夹杂物尤其应加以注意。在空气中冶炼的钢的破裂始于夹杂物处,因为夹杂物处的断裂韧性差,容易产生裂纹。采用真空熔炼冶金技术可以减少钢中夹杂物数量,并减小夹杂物颗粒尺寸,提高材料抗疲劳和断裂的性能。因此承压件所用钢材应经真空熔炼,并通过电渣重熔或真空自耗电极重熔提高断裂韧性。

3) 承压件毛坯采用锻件

锻造可以消除材料的内部缺陷和细化晶粒,提高强度和韧性,从而提高疲劳极限。

4) 热处理

为了防止早期断裂,常选择与强度和韧性有良好匹配的热处理。一方面选择淬透性好的钢材,另一方面热处理前粗车外圆并粗镗内孔,使零件在精加工去除表层后的零件表面仍保持优良的机械性能。严格按热工艺进行热处理,提高热处理质量。承压件必须先进行

1050 ℃×1 h 的固溶处理,再进行时效强化处理。固溶处理使钢材中的过剩相充分溶解到固溶体中后快速冷却,以得到过饱和固溶体,改善钢材的塑性和韧性。严格控制时效处理的温度和硬度,防止硬度过高导致钢材的脆性增大、抗疲劳性能降低。

5）采用形变热处理

形变热处理是将加热、塑性变形和淬火冷却结合起来,利用锻后余热进行热处理的一种复合处理工艺。其与普通淬火相比,可使产品的抗拉强度提高 3％ ～ 10％、延伸率提高 10％ ～ 14％、冲击韧性提高 20％ ～ 30％。

6）消除应力集中

在高压介质接触的位置,承压件结构上设计的台阶、沟槽必须倒圆角过渡,不能有尖角等导致应力集中的结构存在。

7）提高与高压介质接触表面的光洁度,改善表面质量

结构件的表面状态是影响疲劳裂纹起始寿命的重要因素,也是影响疲劳裂纹扩展门槛值和近门槛区疲劳裂纹扩展速率的重要因素。提高表面光洁度可以消除零件表面凹凸不平的环向沟槽结构。采用滚压加工表面强化工艺,可以使承压孔内表面粗糙度达到 $Ra0.1$,大大提高零件的疲劳寿命。

2. 降低承压件内壁应力水平的措施

采用单层厚壁筒体结构的承压件对提高材料本身的抗疲劳性能是有一定限度的,随着强度的提高,一般韧性会变差。承压件在内压作用下,内孔壁面所产生的应力很大,但应力的分布沿着厚度方向是极不均匀的,离开内壁稍远的位置$\left(如 \frac{2}{5} 壁厚处\right)$应力降低很多,外壁的应力更小。在较高压力作用下,内壁有很高的应力,以至于有可能发生屈服,而外壁应力仍然很低。如果单纯增加壁厚,那么零件在非弹性范围内工作,这样更易发生疲劳破坏,从而影响承压件的寿命。

为了提高承压件的承载能力和抗疲劳性能,比较合理而有效的办法是使零件内壁产生预应力,利用结构本身的预应力抵消一部分工作应力,从而降低内壁的应力水平。常用的做法:一是自增强处理,二是采用缩套结构。

1）自增强处理

自增强处理是使厚壁圆筒产生预应力的方法之一,其具体做法:在承压件使用以前,先在圆筒内壁施加一个内压,使内壁发生屈服,屈服层材料产生径向扩大的残余变形,然后卸除压力。外层材料的弹性收缩使已塑性变形的内层材料在弹性恢复后受到外层的弹性压缩而产生压缩应力,进而使外层材料产生拉伸应力。

大量试验证明,整体锻造自增强筒体与不进行自增强处理的筒体相比较有如下优点:若圆筒材料与尺寸相同,可提高耐压程度;若圆筒材料与内压相同,可减小筒体壁厚及重量;自增强处理时对筒体是一次耐压检查,保证使用的安全可靠;筒壁的平均应力较低,大大提高了疲劳寿命。

2）采用缩套结构

使厚壁筒体产生预应力的另一个方法是采用缩套结构,即用两个或两个以上的同心圆

筒,加热外层套入内层后冷却(或深冷内层把外层套入内层)使之紧缩在一起,使内筒产生压缩预应力达到加强的目的。采用双层缩套结构时要注意,在缩套前应对套合面进行精确的机械加工,保持设计的过盈量,套合温度不能超过材料的热处理温度,控制套合工艺确保理论的套合应力。

采用缩套结构的一个特点是充分发挥了材料的各自特性,往往采用高强度的材料制作内筒,用强度稍低而塑性较好的材质制作外筒。采用缩套结构的另一个特点是可以采用不同结构和不同的材质满足不同的要求。例如,可用特殊耐磨的高强度材料或耐腐蚀材料制成薄的衬筒作为双层或多层圆筒的内筒,以防止筒体发生磨损或腐蚀,也可以用这些材料制成厚壁筒体作为缩套结构的内筒,以防止磨损和腐蚀,并承受部分由内压引起的筒壁上的拉应力。

10.4.4　承压件设计实例 —— 双层缩套筒体

超高压泵填料函体为承受泵内脉动循环载荷的厚壁容器。当柱塞处于吸程时,排液阀关闭,进液阀打开,填料函体内壁承受的进水压力为低压(0.5 MPa 左右);当柱塞处于排程时,进液阀关闭,排液阀打开,填料函体内壁承受的出水压力为设计压力(300 MPa)。因压力脉动,填料函体内壁承受的最大瞬时压力会升高,这会使填料函体在非弹性范围内工作,从而影响填料函体的使用寿命,更易发生疲劳破坏。为了保证填料函体在弹性范围内工作,可以用高强度的材料来制造填料函体,但随着材料强度的提高,其塑性、韧性就会下降,反而更安全。

本实例的设计压力达到 300 MPa,比较各种方法的技术特点和工艺实现的方便性,采用双层缩套筒体结构(见图 10 - 23)。

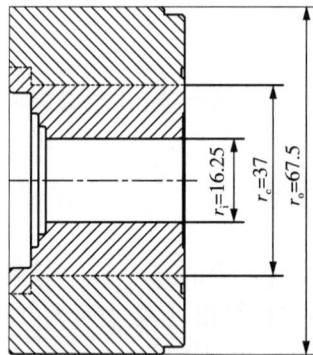

图 10 - 23　双层缩套筒体结构

10.5　超高压泵阀组件

一般将往复泵的进液阀、排液阀、阀座、弹簧、弹簧座等组合在一起的组件称为泵阀组件(简称泵阀组)。超高压泵阀组在工作中应承受 250 ～ 300 MPa 的水压作用,同时因吸排液交替工作时,阀组内的水压为脉动的交变载荷,因此阀组材料应有较高的抗疲劳性能和一定的耐腐蚀性能。超高压泵阀组的性能要求如下:机械强度高、塑性和冲击韧性好、断裂韧性值高、疲劳强度高、可锻性好、淬透性好。显然,难以通过材料达到超高压泵阀组的全部要求,这就需要以合理的结构和工艺来弥补,再以复杂和苛刻的连续试验来验证和修改完善。这一过程,是超高压部件可靠性的共性。

10.5.1　超高压泵阀组的结构形式

随着压力进入数百兆帕的超高压段,泵阀组(无论立式泵还是卧式泵)明显的改变是流道直径越来越小,阀组的接触由环形平板变为锥形直至线形。此外,也有的将进排液阀组设计成刚性接触,即进排液阀芯的开合是强制的和排他的,而且这一点在精心设计的进、排液弹簧作用下是可以保证的。当然囿于加工难度,大多还是分开设计。超高压泵阀组的结构组成如图 10 - 24 所示。

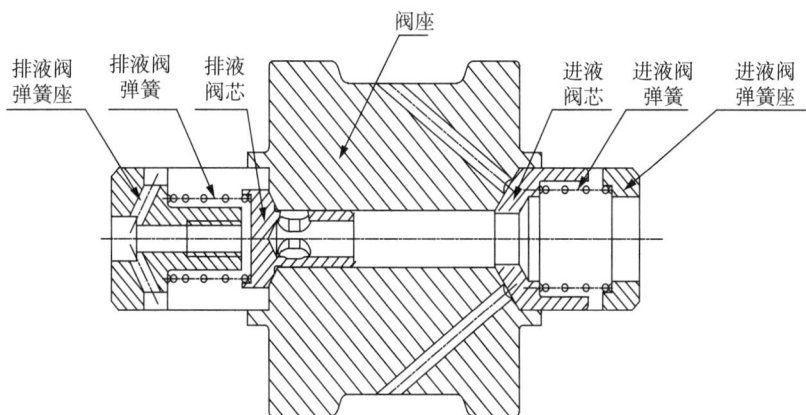

图 10 - 24　超高压泵阀组的结构组成

泵阀大多为自动阀,其在结构上分为盘形阀和自重阀两种。自动阀靠阀上、下液体压差开启,靠阀上载荷(弹簧力和自重)关闭。根据阀板与阀座密封面形式,盘形阀又可分为两种:一种是以平面接触的,称为平板阀;另一种是以锥面接触的,称为锥形阀。平板阀广泛用于输送常温清水、低黏度油或类似于清水的介质,尤其适宜用在较大流量、较低压力的泵上。平板阀结构较简单、制造较容易,但密封性能不如锥形阀。锥形阀较平板阀在制造上略复杂,但流道较平滑、流量系数大、水力阻力小、过流能力强、密封性能好,不论黏度较高或黏度较低的介质都比较适宜,而且因阀芯刚度较大,通常用于高压和超高压泵上。

图 10 - 25(a)所示的超高压泵阀组进液阀和排液阀都为锥形阀,图 10 - 25(b)所示的超高压泵阀组进液阀和排液阀都为平板阀,图 10 - 25(c)所示的立式超高压泵阀组进液阀为锥形阀、排液阀为平板阀,图 10 - 25(d)所示的立式超高压泵阀组进液阀和排液阀都为锥形阀。

（a）进液阀和排液阀都为锥形阀1　　　　　　（b）进液阀和排液阀都为平板阀

（c）进液阀为锥形阀、排液阀为平板阀　　　　　（d）进液阀和排液阀都为锥形阀2

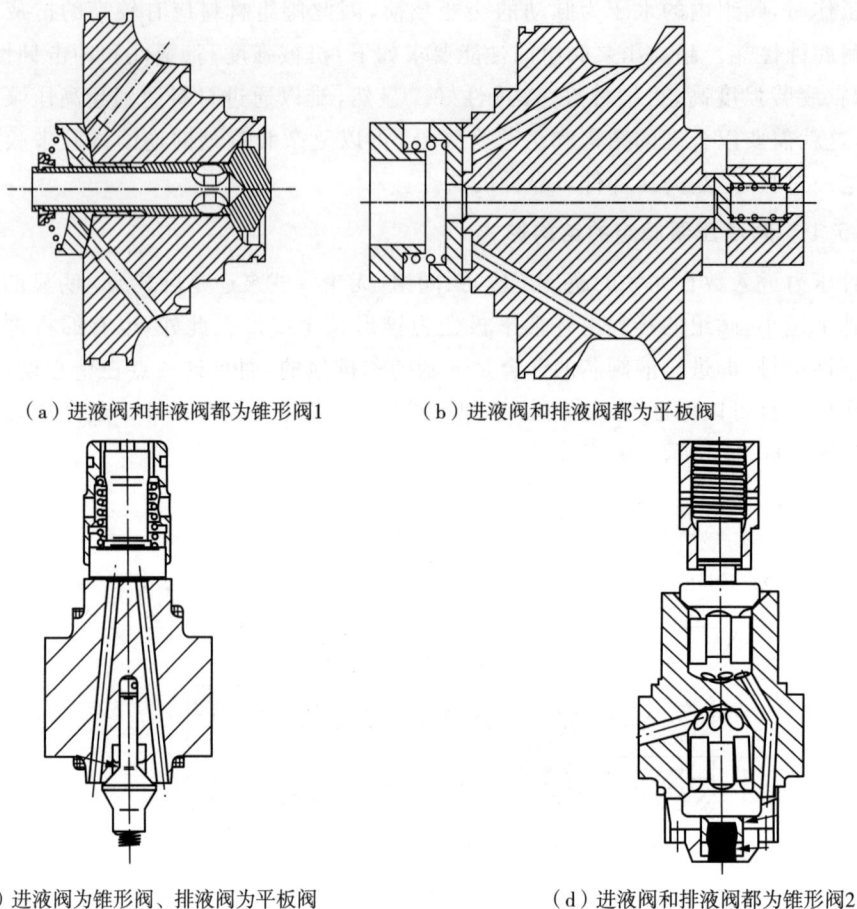

图 10-25　超高压泵阀组的结构形式

10.5.2　超高压泵阀组设计的特点

超高压泵一般情况下排出压力高,流量比较小,泵速较高,因此必须采用有压进水,进水压力一般为 0.3～0.6 MPa。在泵阀组的设计上,超高压泵相对于普通往复泵有一定的特殊性,具体如下。

(1) 阀座孔最大瞬时流速 V_{kmax} 一般按经验选取。流速过大,阻力损失大,影响泵的吸入性能;流速选取过小,泵阀尺寸过大,泵阀质量也增大。对于普通往复泵,V_{kmax} 为 100～300 cm/s,但超高压泵因采用有压进水、一般为间断性工作,可取 V_{kmax} 为 300～600 cm/s。

由最大瞬时流速 V_{kmax} 确定阀座孔径 d_k($d_k = 2\sqrt{\dfrac{Q_{tf}}{V_{kmax}}}$,其中 Q_{tf} 为通过一个阀的理论平均流量)。

(2) 由于泵阀经常启闭,工作频率很高,因此泵阀不仅要满足静压强度校核,而且要特别注意关闭速度。泵阀关闭速度和其质量形成的动能,在阀板关闭瞬间会造成冲击。如果阀板(阀芯)质量一定,那么关闭速度越大、冲击的能量也越大。久之,就造成泵阀的损坏。因此阀的允许关闭速度应作为弹簧设计的重要控制条件之一。通常阀的允许关闭速度可取$[u_f]$为 5 ～ 12 cm/s，但若进液阀采用环形双密封面，则关闭速度可取$[u_f]$为 10 ～ 18 cm/s。

（3）阀板（阀芯）的最大升程。阀板（阀芯）的最大升程由允许关闭速度和泵的角速度共同决定，即$h_{max}=\dfrac{[u_f]}{\omega}$。超高压泵的泵速一般较大，角速度$\omega$较大，所以最大升程一般较小。一般情况下进液阀关闭速度取得比排液阀大一些，所以进液阀的升程也稍大一些。排液阀应取h_{max}/d_k为 0.1 ～ 0.25，进液阀可取h_{max}/d_k为 0.1 ～ 0.35。比值过大，流量系数较低；比值过小，流量系数可能处在不稳定值，泵阀运动也将处于不稳定状态。

（4）阀座承受介质的循环载荷作用，内壁产生较大的交变应力，容易造成疲劳失效，因此应采用具有优良抗疲劳性能的材料和工艺制作，保证其具有较长的使用寿命。

10.5.3　排液阀设计实例

限于篇幅，本节仅给出排液阀设计。

1. 阀座孔径

阀座孔径为

$$d_k=2\sqrt{\dfrac{Q_{tf}}{V_{kmax}}}\qquad(10-16)$$

式中，Q_{tf}为通过一个阀的理论平均流量（cm³/s）；V_{kmax}为阀座孔最大瞬时流速（cm/s）；A为柱塞截面积（cm²）；S为柱塞行程（cm）；n为柱塞每分钟往复次数。

取$d=1.8$ cm、$S=13$ cm、$n=422$，则有

$$A=\frac{\pi d^2}{4}=\frac{\pi\times1.8^2}{4}\approx2.5447(cm^2)$$

$$Q_{tf}=\frac{ASn}{60}=\frac{2.5447\times13\times422}{60}\approx232.67(cm^3/s)$$

因为超高压泵的吸入口前设置了增压泵，吸入口压力约为 0.3 MPa，为灌注式进液，所以V_{kmax}可以取大值。根据经验，取$V_{kmax}=568$ cm/s，则计算如下：

$$d_k=2\sqrt{\frac{Q_{tf}}{V_{kmax}}}=2\sqrt{\frac{232.67}{568}}\approx1.28(cm)$$

2. 密封面接触宽度

密封面接触宽度应在满足静压强度条件下，尽可能取较小值。宽度过大，阻力损失大、加工（研磨）困难、密封效果差；宽度太小，不能满足静压强度和抗关闭冲击的需要。一般密封面接触宽度范围是 0.2 ～ 0.6 cm，并按下式选定：

$$b=0.2\sqrt{d_k}$$

式中，b为实际阀板与阀座接触的密封面宽度，取$b=0.23$ cm。

采用蘑菇头锥形阀，阀座上加工的锥面宽度b_0要取大值，按经验取$b_0=0.47$ cm，锥面半角$\alpha=60°$。

3. 阀板直径

当阀座孔径 d_k、阀座锥面宽度 b_0、密封面锥面半角 α 确定后,阀板直径 d_f 实际已经确定,即

$$d_f = d_k + 2b_0\sin\alpha = 1.28 + 2 \times 0.47\sin 60° \approx 2.1(\text{cm})$$

4. 允许关闭速度

严格地讲,阀板的允许关闭速度与阀板质量、密封面接触宽度、阀板和阀座材料机械性能、接触面硬度、阀的结构及输送介质的理化性质等因素有关,实际上较难准确确定。以往对允许关闭速度,只限制 $[u_f]$ 为 $6 \sim 6.5$ cm/s。实际上,这并没有考虑阀板质量等影响。采用阿道尔夫的试验结果确定泵阀的允许关闭速度,即

$$[u_f] \leqslant \frac{k_\beta A_j}{\sqrt{m_f}} \tag{10-17}$$

式中,$[u_f]$ 为允许关闭速度(cm/s);A_j 为阀板与阀座密封接触面面积(cm²),$A_j = \pi d_z b/\sin\alpha$,其中 d_z 为密封面平均直径,$d_z = (d_f + d_k)/2 = (2.1 + 1.28)/2 = 1.69(\text{cm})$,$A_j = \pi d_z b/\sin\alpha = \pi \times 1.69 \times 0.23/\sin 60° \approx 1.41$ cm²;m_f 为泵阀质量(kg),根据结构设计,排液阀芯质量为 $m_f = 0.024$ kg。

$$[u_f] \leqslant \frac{k_\beta A_j}{\sqrt{m_f}} = \frac{1.3 \times 1.41}{\sqrt{0.024}} \approx 11.84(\text{cm/s})$$

式中,K_β 为阿尔道夫试验系数($\sqrt{\text{kg}}/\text{cm}\cdot\text{s}$),$K_\beta$ 为 $1.26 \sim 1.35$,平均取 $K_\beta = 1.3$。

当计算的允许值 $[u_f]$ 较小时,可在强度和刚度允许条件下,减小阀板质量来提高允许值 $[u_f]$,但不要采取过分加宽密封面的途径来提高允许值。b 值过大,阻力会大大增加,且密封效果较差。若密封失效,则会产生关阀泄漏,造成冲蚀,也会影响泵阀的使用寿命。另外,当 $[u_f]$ 过大时,即使不会很快损坏,也会产生撞击噪声。为此,允许值 $[u_f]$ 通常为 $5 \sim 12$ cm/s。只有当阀板质量确实较小时,才可取较大值。所以经计算 $[u_f] \leqslant 11.84$ cm/s 是较合适的。

5. 阀板最大升程

阀板最大升程的计算公式为根据已知,可得

$$h_{\max} = \frac{[u_f]}{\omega} \tag{10-18}$$

$$\omega = \frac{\pi n}{30} = \frac{\pi \times 422}{30} \approx 44.19(\text{rad/s})$$

则有

$$h_{\max} = \frac{[u_f]}{\omega} = \frac{11.84}{44.19} \approx 0.27(\text{cm})$$

比较 $h_{\max}/d_k = 0.27/1.28 \approx 0.21$,在 $0.1 \sim 0.25$ 的推荐范围内。

6. 当量系数

当量系数的计算公式为

$$\xi_1 = \left(\frac{4h_{\max}\sin\alpha}{d_k}\right)^2 \xi_{tj} \qquad (10-19)$$

式中，$h_{\max}$ 为阀板最大行程（cm）；α 为锥形阀锥面半角，取 $\alpha = 60°$；d_k 为阀座孔径（cm）；ξ_{tj} 为巴哈系数。

巴哈系数 ξ_{tj} 与泵阀结构形状、阀板与阀座密封面接触宽度 b、阀板直径 d_f 与阀座孔直径比 d_f/d_k、阀体通流内径 D_{sh}、阀座孔径比 D_{sh}/d_k 及流道形状等因素有关。若 ξ_{tj} 已知，则当量系数可按式（10-19）换算。对于自行测定的 ξ_{tj}，可按巴哈常数（或系数）方法整理，即

$$\xi_{tj} = \frac{2gA_kF_{\max}}{\rho_j Q_{fmax}^2} \qquad (10-20)$$

式中，A_k 为阀座孔截面积（cm²）；g 为重力加速度（cm/s²）；ρ_j 为输送介质密度（g/cm³），Q_{fmax} 为通过一个吸入阀或排出阀的最大瞬时流量（cm³/s），$Q_{fmax} = \pi Q_{tf} = 232.67\pi \approx 731(\text{cm}^3/\text{s})$；$F_{\max}$ 为阀上最大载荷（恢复力）（g）。

阀上最大载荷在泵阀升程最大时产生，即

$$F_{\max} = F_0 + C h_{\max} + \left(1 - \frac{\rho_j}{\rho_f}\right)G_f \qquad (10-21)$$

式中，F_0 为弹簧初始力（预装力）（g）；C 为弹簧刚度（g/cm）；$h_{\max}$ 为阀板最大升程（cm）；G_f 为阀板及板上可动件质量（g）；ρ_j 为输送介质密度（g/cm³）；ρ_f 为阀板及可动件材料密度（g/cm³）。

泵阀为水平方向布置，式（10-21）中等号右边第 3 项为 0，即

$$F_{\max} = F_0 + C h_{\max} \qquad (10-22)$$

对于截锥阀：

$$d_f/d_k = 2.1/1.28 \approx 1.64$$

$$h_{\max}/d_k = 0.27/1.28 \approx 0.21$$

排液阀体的流通内径：D_{shd} 为 3.2 cm，则 $D_{shd}/d_k = 3.2/1.28 = 2.5$。

查图 10-26 所示的截锥阀的 $\zeta_1(d_f/d_k = 1.2)$ 可知，排液阀取 $\zeta_1 = 0.67$。

7. 计算系数

计算系数的计算公式为

$$k_3 = \frac{\xi_1 \pi \rho_j (SD^2)^2}{512 G_j d_k^3 \sin^2\alpha}$$

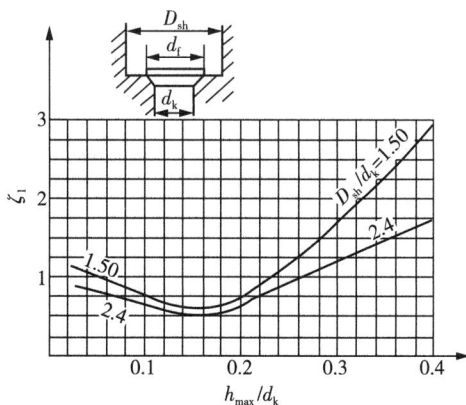

图 10-26　截锥阀的 $\zeta_1(d_f/d_k = 1.2)$

式中，ξ_1 为当量系数；ρ_1 为介质密度（g/cm³）；S 为柱塞行程（cm）；D 为柱塞直径（cm）；G_j 为阀板及可动件重量（g），略去弹簧重量；d_k 为当量阀座孔直径（cm）；α 为锥形阀的锥角的一半（°），取 $\alpha = 60°$。

则有

$$k_3 = \frac{\xi_1 \pi \rho_j (SD^2)^2}{512 G_j d_k^3 \sin^2 \alpha} = \frac{0.67\pi \times 1 \times (13 \times 1.8^2)^2}{512 \times 24 \times 1.28^3 \times \sin^2 60°} = \frac{3734.23}{19327.35} \approx 0.193$$

8. 计算 k_1 和弹簧初始安装力 F_0

k_1 的计算公式为

$$k_1 = 0.684 k_h k_3 \left(\frac{d_k}{h_{\max}}\right)^2 \tag{10-23}$$

式中，$k_h = \dfrac{\sqrt{2(1+2\lambda^2+\sqrt{1+8\lambda^2})^3}}{(1+\sqrt{1+8\lambda^2})^2} = \dfrac{\sqrt{2(1+2\times 0.2^2+\sqrt{1+8\times 0.2^2})^3}}{(1+\sqrt{1+8\times 0.2^2})^2} = \dfrac{4.706}{4.618} \approx$ 1.02。

当 $\lambda \leqslant 1/4$ 时，$k_h \approx 1.03$，本节取 $\lambda = 0.2$，经计算取 $k_h = 1.02$。

则有

$$k_1 = 0.684 k_h k_3 \left(\frac{d_k}{h_{\max}}\right)^2 = 0.684 \times 1.02 \times 0.193 \times \left(\frac{1.28}{0.27}\right)^2 \approx 3.026$$

弹簧初始安装力的计算公式为

$$F_0 = \left[\frac{d_k \omega^2}{g} K_1 - \left(1 - \frac{\rho_j}{\rho_f}\right)\right] G_f \tag{20-24}$$

因为泵阀为水平安装，弹簧初始安装力应扣除阀板及可动件重量，所以 F_0 就按式（10-25）计算：

$$F_0 = \frac{d_k \omega^2}{g} K_1 G_f \tag{10-25}$$

式中，ω 为曲柄角速度（rad/s），$\omega = \dfrac{\pi n}{30} = \dfrac{\pi \times 422}{30} = 44.19$（rad/s）；$G_f$ 为阀板及可动件重量（g），$G_f = 24$ g；F_0 为弹簧初始预装力（g·f）。

则有

$$F_0 = \frac{d_k \omega^2}{g} K_1 G_f = \frac{1.28 \times 44.19^2}{9.8 \times 100} \times 3.026 \times 24 \approx 185.23 \text{（g·f）}$$

换算成力的单位：$F_0 = 185.23$ g·f/1000 = 0.185 kg·f = $0.185 \times 9.8 = 1.8$（N）。

9. 计算 k_4 和弹簧刚度 C

$$k_4 = 0.410 k_h^4 k_3 \left(\frac{d_k}{h_{\max}}\right)^3 + 1 = 0.410 \times 1.02^4 \times 0.193 \times \left(\frac{1.28}{0.27}\right)^3 + 1 \approx 10.126$$

$$C = \frac{G_f \omega^2}{g} k_4 = \frac{24 \times 44.19^2}{9.8 \times 100} \times 10.126 \approx 484.25 (\text{g} \cdot \text{f/cm})$$

10. 弹簧最大工作力

$$F_1 = F_0 + Ch_{max} = 185.23 + 484.25 \times 0.27 = 316(\text{g} \cdot \text{f})$$

换算成力的单位：$F_1 = 316\ \text{g} \cdot \text{f}/1000 = 0.316\ \text{kg} \cdot \text{f} = 0.316 \times 9.8 = 3.1(\text{N})$。

11. 阀上最大载荷

阀上最大载荷应在 h_{max} 处产生，即

$$F_{max} = F_1 + \left(1 - \frac{\rho_j}{\rho_f}\right) G_f$$

本设计泵阀为水平安装，阀上载荷不包括阀板重量，即

$$F_{max} = F_1 = 3.1(\text{N})$$

12. 阀板厚度 δ 的确定

按经验公式，对于锥形阀有

$$\delta = \left(\frac{1}{7} \sim \frac{1}{4}\right) d_k = \left(\frac{1}{7} \sim \frac{1}{4}\right) \times 1.28 = 0.18 \sim 0.32(\text{cm})$$

13. 导向杆直径 d_g 的确定

按经验公式，则有

$$d_g = (0.15 \sim 0.2) d_k = (0.15 \sim 0.2) \times 1.28 = 0.19 \sim 0.256(\text{cm})$$

本设计按导向孔即为阀座孔计算，即 $d_g = d_k = 1.28\ \text{cm}$。

10.6　超高压往复密封

10.6.1　往复密封的形式

往复泵中柱塞与往复密封组件组成一对动密封副。往复密封组件是往复泵中主要易损件之一，直接影响着泵的性能和可靠性。往复密封组件常用的类型有压紧式填料密封、自封式密封和间隙密封等。

压紧式填料密封（见图 10 - 27）多采用将多个方截面的填料圈、隔圈、导向套安装在填料函体内，用填料压盖压紧填料，使其与柱塞表面和填料函体内孔表面紧密接触，从而达到密封的目的。其属于接触型密封，利用外力预紧产生的压紧力进行密封的密封形式，一般用于压力不大于 100 MPa 的往复泵。压紧式填料通常先用植物纤维、石棉纤维、玻璃纤维、碳素纤维及芳纶纤维等编织、填充或浸渍不同性质的润滑剂，再压制成方形或矩形断面形状的带状品，安装前根据柱塞尺寸将带状填料盘根缠绕在与柱塞直径相同的钢轴上成 30°斜刀切割成填料圈。安装时，各填料圈的切口位置相互错开 120°，并在安装前涂以适当的润滑剂。

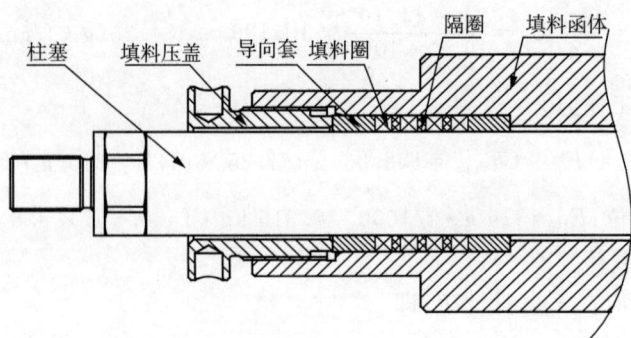

图 10-27　压紧式填料密封

　　压紧式填料密封的泄漏量与压紧力的平方成反比,摩擦力与压紧力成正比。对于超高压泵的柱塞密封,因介质压力高,要达到良好的密封效果,压紧力必须非常大,以至于摩擦力也大,导致填料很快被磨坏,寿命无法达到要求。

　　自紧式密封也是接触型密封,其填料函结构组成也和压紧式填料函大体相同。但它的密封作用主要是靠输送液体的压力使密封圈唇部张开,并与柱塞表面和填料函内壁紧密接触而密封。虽然也有相应的填料压盖或其他压紧填料的装置,但这种压紧不同于压紧式密封,它只起到密封圈磨损后的补偿作用。自紧式密封又分为"V"形、"U"形和"Y"形等不同形式。其中"V"形密封结构(见图 10-28)最为常用。"V"形圈大多用合成橡胶或多层涂胶织物压制而成,因此也称为夹布橡胶制"V"形圈。夹布及涂胶应根据输送介质和使用条件选择合适的材料。超高压密封也有用UMWPE 制成的"V"形圈。

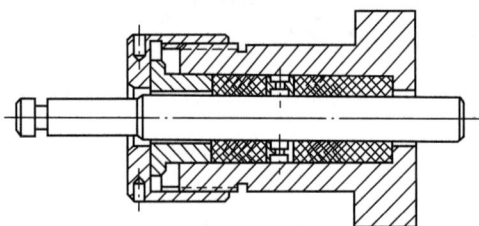

图 10-28　自紧式"V"形密封结构

　　采用套筒间隙密封可以说是设计和试验的密切配合,因为它有许多不可知因素。随着工作压力的提高,间隙的加工难以保证,我们希望套筒能够在高压工况下弹性变形,即产生"难以测量出来的间隙",这一间隙仍能实现节流降压的无接触密封,压力降取决于这样的收敛间隙。套筒间隙密封与往复密封的不同之处在于,其套筒外层也是有压液体,这样就形成了图 10-29 所示的压力分布。由套筒内、外压力分布并合成可见,作用在套筒外表面的密封压力 p_1 和作用在密封间隙内的稳定衰减压力 $p(x)$ 之间的压力差产生作用在套筒上的压力载荷,如果柱塞和密封具有所需的自由度,那么套筒将会自动对中。通过合理设计,就可以利用这种合成压力的作用,在运行中使套筒产生弹性变形,形成难以加工的所需间隙(这个间隙形状应该趋于合成压力图的形状),从而取得间隙节流降压的效果。这种间隙可以是平行的,也可以是沿压力降方向呈楔形,以产生对中效应。

　　图 10-30 为套筒间隙密封结构,节流套筒的外形具有特殊的形状,它接近于能形成直线锥形间隙所要求的厚壁形状。与平行厚壁的套筒密封相比,它明显具有较好的对中作

用,还能够装入一个压缩弹簧,在泵启动时或减压再启动时阻止套筒脱开。该泵柱塞表面喷涂镍基合金,套筒材料为高弹性的 QBe2.4,介质一般要求含 3% 的乳化液。套筒低压端与球面支撑呈镜面搭接,泄流液体由低压端溢流孔排出。

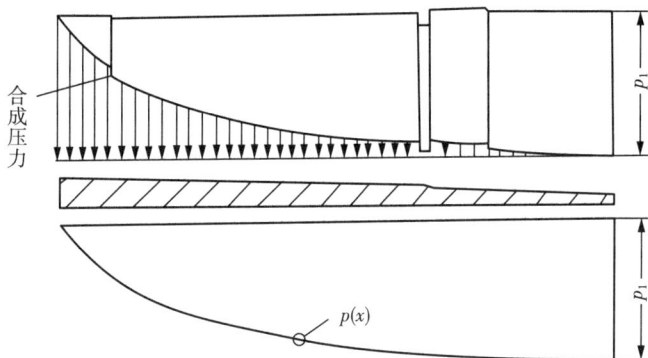

图 10 - 29　间隙密封原理

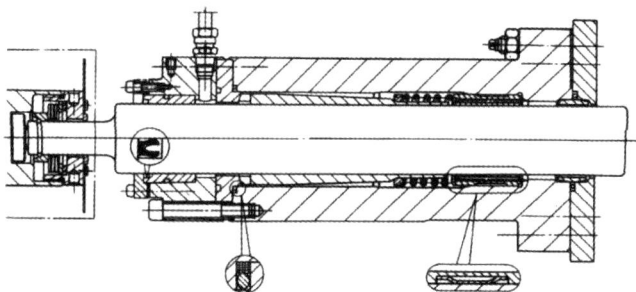

图 10 - 30　套筒间隙密封结构

经验表明,套筒内径与套筒长度比为1∶4,密封间隙与柱塞直径比为1∶1400左右,对密封 100 MPa 的稀液(如乳化液和水)效果较好。

间隙密封有许多并存的矛盾现象:对于低黏度流体来说,必须用极为精密的加工方法来加工出"刚好能测量出来"的微小间隙,为了实现间隙的均匀分布,要使套筒相对柱塞"浮动"起来,因此套筒两端均无径向定位。由于在极限偏心(偏心量/间隙高度=1)情况下泄漏量是同心运行情况下的 2.5 倍,因此在泵送非润滑介质时就出现了往复密封元件的对中问题。为了解决对中问题,设计中希望套筒相对柱塞随机调心。套筒低压端部的镜面搭接和球面垫与支承球的线接触搭接就是为了解决对中与调心问题,间隙、浮动、对中、调心这一组矛盾的动态出现使间隙密封得以实现。当然,好的间隙密封还需要从工况、介质等方面配合。像旋转密封一样,套筒的分段沟槽对产生浮动效应也是有意义的。

10.6.2　超高压组合式往复密封结构设计

组合式密封也就是间隙密封与填料密封的组合,即利用套筒间隙密封的间隙节流降压作用将超高压工况降至高压工况,再由自紧式填料进行密封。为了保证套筒密封段压力降的形成,我们希望把泄漏稳定地控制在许可的范围内。

组合密封应考虑硬密封件(套筒)与软密封件(填料)的接触形式。若硬密封件与软密封件的端面呈全接触,会出现两种可能:一是套筒所承受的轴向高压液流作用力会直接传递到软密封件上,使软密封件过早失效(塑性变形或碎裂);二是在紧填料压盖时,填料压紧力通过填料直接作用在套筒上,一方面填料受力不均匀,降低其使用寿命,另一方面影响套筒的对中性。因此,硬密封件与软密封件的接触形式最好为间接接触,互不直接传递作用力。

实现超高压往复密封功能很难,而实现其运行可靠性即达到一定的易损件寿命指标更难。面对工作压力达到 300 MPa、流量达到 52 L/min 的极端参数超高压泵,超高压往复密封技术是最重要的关键技术。本节给出了独具特色的自紧式密封和间隙密封相结合的组合式密封方案,并经过反复的试验和改进,对密封结构和材料进行优化,最终达到了优良的密封可靠性和较长寿命的设计要求。

超高压组合式往复密封装置(见图 10-31)是由迷宫式间隙密封和"V"形圈自封式密封的组合、润滑冷却水腔和低压同轴组合密封圈共同组成的。

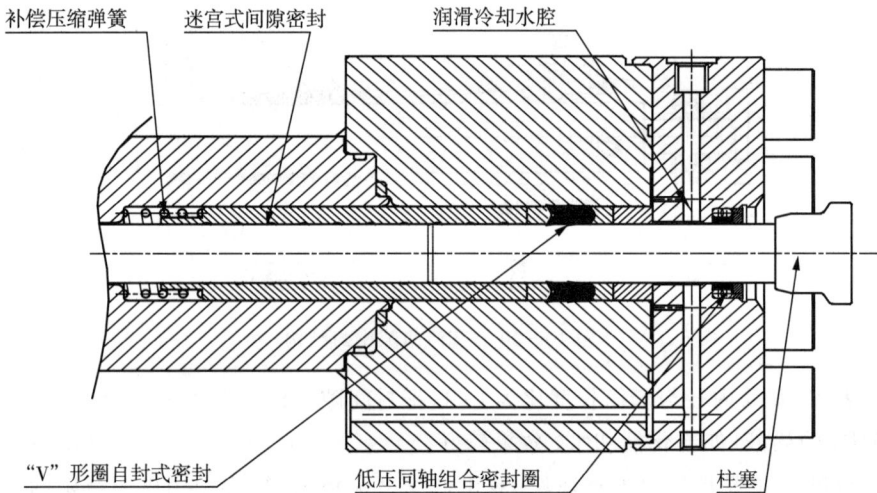

图 10-31 超高压组合式往复密封装置

迷宫式间隙密封属于间隙或节流密封的一种型式。其密封原理:节流套筒与内壁车有若干凹槽,与柱塞表面形成一系列节流间隙和膨胀空腔;当泄漏流体流经节流间隙时,其部分压力能转化为速度能;该速度能随即在膨胀空腔中,因湍流涡旋耗散为热能而不能恢复为压力能;这样使通过的流体产生节流与热力学效应,泄漏流体的压力逐渐降低而达到密封效果。如果没有这些凹槽,那么因套筒的长径比很大,间隙的加工和质量都很难保证。而设计了这些凹槽,就相当于将长长的套筒分截成若干短套筒,这样既有利于外部压力施压使其内缩弹性变形,又有利于内部流量节节降低。

套筒间隙密封因为与柱塞不直接接触,在密封副之间保持很小的间距,所以没有摩擦损耗,允许有一些泄漏。其作为超高压往复密封副的第一级密封,减轻了后一级接触式密封的负担。套筒间隙密封是用于高压乃至超高压旋转密封和往复密封的基本密封形式,最初它用于液压油密封,即在径向间隙形成油膜,集密封、润滑和冷却于一体。由此,形成了液压"油膜"(又叫作"油楔")理论。当介质改为水的时候,还能形成"水膜"吗?油膜理论能否继续支持超高压水间隙密封的结构设计?事实上,在间隙中形成连续的"水膜"只是理论上的理想状态,因为水的黏性远远低于液压油,所以高压乃至超高压工况下,密封油比密封水要容易得多。不管水膜是否形成,都只能将间隙油膜理论用于水间隙的设计,然后由试验去检验和完善这一看似简单的套筒间隙密封。

"V"形圈自封式密封为超高压往复密封装置的第二级密封,其由两个"V"形圈、支承环、压环、导向套和补偿压缩弹簧等组成。泄漏的高压水经第一级迷宫式间隙密封节流降压后通过"V"形圈自封式密封进一步进行密封。"V"形圈在上下唇分别与填料函内孔和柱塞配合并有一定的过盈量,在补偿弹簧的弹性力作用下产生径向压力,提供初始的密封力。高压泵在高压工况下,介质推动套筒对"V"形圈形成挤压力,在支承环的作用下"V"形圈的唇口向外张开,径向密封力增大,使"V"形圈与填料函体、"V"形圈与柱塞的间隙得以密封,介质压力越大,密封力也越大。导向套用于支承柱塞往复运动,并保持良好的对中性,以保证柱塞、套筒及"V"形圈不会偏磨,提高密封性能和使用寿命。"V"形圈采用芳纶基体复合高分子材料模压成型。当然,即使密封圈材料再好,没有套筒间隙降压是不行的;反之,第二级密封空间有限,没有相当的硬度、弹性、自润滑和锐角唇边等内在特性也是不行的。

润滑冷却水腔的作用是从高压泵进口将低压水引入高压密封的背面,保持柱塞与密封之间的润滑,并将摩擦产生的热量带走,防止密封件因高温而损坏,同时保证密封件内外侧间隙都与润滑冷却水腔相通,微量的泄漏通过冷却水腔排出,保持良好的密封工作状态。

低压同轴组合密封圈是聚氨酯或 PTFE 密封环和弹性体环的组合体。聚氨酯或 PTFE 密封环具有润滑性能好、摩擦力低、无黏着和良好的耐热性,但聚氨酯或 PTFE 材料具有弹塑性变形和较高的弹性模量,不能仅依靠径向挤压整体聚氨酯或 PTFE 密封环来产生和柱塞之间的密封接触压力。因此,需要在其上叠加一个具有良好弹性变形性能的弹性体环,通过挤压弹性体环向柱塞传递径向载荷,从而达到密封的目的。

10.6.3　往复密封设计计算分析

柱塞与减压套筒间隙中介质的流动为同心环缝隙流动,属于层流范畴(实际上超高压工况都是紊流状态)。缝隙中液体产生运动的原因有两种:一种是由压差而产生的流动,这种流动称为压差流;另一种是组成缝隙的壁面因具有相对运动而使缝隙中的液体流动,这种流动称为剪切流。柱塞密封间隙中介质的这两种流动都有,因此这种流动称为压差-剪切流。

1. 平行平板间缝隙流动

要分析同心环缝隙流动,需要先分析平行平板间缝隙流动。平行平板间缝隙流动如图 10-32 所示,两平行平板长度为 l,宽度为 b,缝隙高度为 δ,下平板运动速度为 U;平板缝隙两端的压力分别为 p_1、p_2,且 $p_1 > p_2$,$\Delta p = p_1 - p_2$;沿缝隙压降方向为 x,平板宽度方向为 y,

缝隙高度方向为 z，建立直角坐标系。

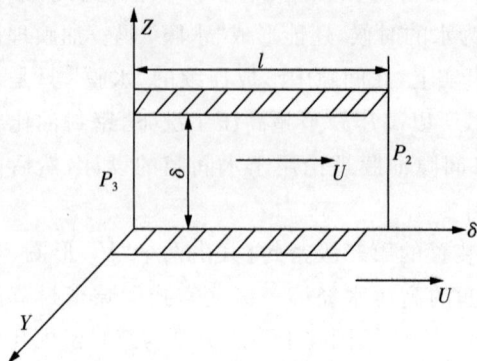

图 10-32　平行平板间缝隙流动

假设 $b \gg \delta, l \gg \delta, u_x = u, u_y = u_z = 0$，$\dfrac{\partial u}{\partial x} = 0$。由连续性方程可得，组成缝隙的平板 y 向的尺寸较大，$\dfrac{\partial u}{\partial y}$ 则很小，可以忽略不计。

对于不可压缩流体，忽略质量力时，$N\text{-}S$ 方程可简化为

$$\begin{cases} -\dfrac{1}{\rho}\dfrac{\partial p}{\partial x} + \nu\dfrac{\partial^2 u}{\partial z^2} = 0 \\[2mm] -\dfrac{1}{\rho}\dfrac{\partial p}{\partial y} = 0 \\[2mm] -\dfrac{1}{\rho}\dfrac{\partial p}{\partial z} = 0 \end{cases} \tag{10-26}$$

由式(10-26)可以看出，压力 p 仅沿 x 方向变化，并且 u 仅是 z 的函数。由于平板缝隙大小沿 x 方向是不变的，因此 p 在 x 方向的变化率是均匀的，则有

$$\frac{\partial p}{\partial x} = \frac{\mathrm{d}p}{\mathrm{d}x} = -\frac{p_1 - p_2}{l} = -\frac{\Delta p}{l} \tag{10-27}$$

$$\frac{\partial^2 u}{\partial z^2} = \frac{\mathrm{d}^2 u}{\mathrm{d}z^2} \tag{10-28}$$

于是方程第一式为

$$\frac{\mathrm{d}^2 u}{\mathrm{d}z^2} = \frac{1}{\mu}\frac{\mathrm{d}p}{\mathrm{d}x} = -\frac{\Delta p}{\mu l} \tag{10-29}$$

对 z 积分两次得

$$u = -\frac{\Delta p}{2\mu l}z^2 + C_1 z + C_2 \tag{10-30}$$

由边界条件：

$$\begin{cases} z = 0, u = U \\ z = \delta, u = 0 \end{cases} \tag{10-31}$$

得

$$\begin{cases} C_1 = \dfrac{\Delta p}{2\mu l}\delta - \dfrac{U}{\delta} \\[2mm] C_2 = U \end{cases} \tag{10-32}$$

于是

$$u = \frac{\Delta p}{2\mu l}(\delta - z)z + U\left(1 - \frac{z}{\delta}\right) \tag{10-33}$$

式(10-33)等号右侧第一项是由压强差造成的流动,沿间隙高度其速度呈抛物线分布,称为压差流;第二项是由下平板运动造成的流动,间隙中的流速呈线性分布,称为剪切流。缝隙中压差流的速度分布如图 10-33(a) 所示,剪切流的速度分布如图 10-33(b) 所示。

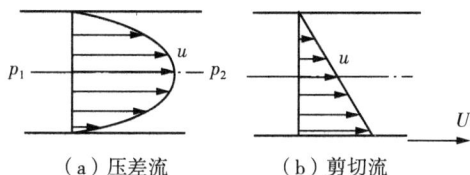

（a）压差流　　　（b）剪切流

图 10-33　缝隙中压差流与剪切流的速度分布

压差流的速度方向与压差 Δp 的方向相同,剪切流的速度方向与平板移动速度 U 的方向相同,以压差 Δp 的方向为正,当 U 的方向与 Δp 相同时为正,相反时为负,则式(10-31)可表示为

$$u = \frac{\Delta p}{2\mu l}(\delta - z)z \pm U\left(\frac{z}{\delta}\right) \tag{10-34}$$

缝隙中可能的速度分布如图 10-34 所示。

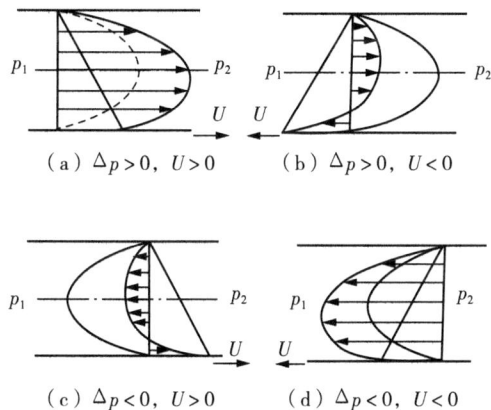

（a）$\Delta p > 0,\ U > 0$　　　（b）$\Delta p > 0,\ U < 0$

（c）$\Delta p < 0,\ U > 0$　　　（d）$\Delta p < 0,\ U < 0$

图 10-34　缝隙中可能的速度分布

通过整个平板间隙的流量 q_V 为

$$q_V = \int_0^\delta ub\,\mathrm{d}z \tag{10-35}$$

得

$$q_V = \frac{b\delta^3}{12\mu}\frac{\Delta p}{l} \pm \frac{b\delta}{2}U \tag{10-36}$$

泄漏流量也是由两种运动造成的,当压差流动和平板运动方向一致时取"＋"号,相反时取"－"号。

2. 同心环缝隙流动

两同心圆柱面形成的缝隙,内圆柱直径为 d_1,外圆柱直径为 d_2,间隙高度为 $\delta = (d_2 - d_1)/2$。

由于缝隙尺寸 δ 很小,我们可以把同心环缝隙近似地看作宽度为 πd_1 的平行平板缝隙,因此缝隙中的流速分布可以按平行平板公式计算。

通过缝隙中的流量可以将 $b = \pi d_1$ 代入平行平板缝隙流量公式,得

$$q_V = \frac{\pi d_1 \delta^3}{12\mu} \frac{\Delta p}{l} \pm \frac{\pi d_1 \delta}{2} U \qquad (10-37)$$

即

$$q_V = \frac{\pi d_1 \delta}{2} \left(\frac{\delta^2 \Delta p}{6\mu l} \pm U \right) \qquad (10-38)$$

泄漏流量也是由两种运动造成的,当压差流动和圆柱面运动方向一致时取"＋"号,相反时取"－"号。

3. 柱塞与套筒缝隙流动

柱塞与套筒缝隙流动近似于同心环缝隙流动。柱塞与套筒间缝隙如图 10-35 所示,柱塞与套筒之间形成同心环缝隙,柱塞直径为 d_1,柱塞与套筒半径间隙为 δ,工作腔压力为 p_1,冷却腔压力为 p_2。超高压泵的冷却腔与进水口连通,进水口压力为 p_0,冷却腔压力等于进水口压力,即 $p_2 = p_0$。

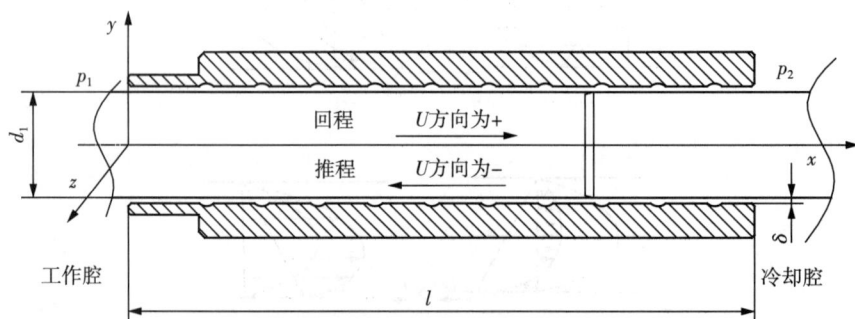

图 10-35　柱塞与套筒间缝隙

根据结构设计,各参数取值如下:① 柱塞直径 $d_1 = 20$ mm;② 半径间隙 $\delta = [(20 + 0.024) - (20 - 0.013)]/2 = 0.0185$;③ 工作腔最高压力 $p_1 = 300$ MPa;④ 冷却腔压力 $p_2 = 0.5$ MPa;⑤ 进水口压力 $p_0 = 0.5$ MPa;⑥ 泵速 $n = 440$ min^{-1};⑦ 行程 $s = 140$ mm;⑧ 柱塞线速度 $U = ns/30 = 440 \times 140/30 \approx 2053$（mm/s）$\approx 2.05$（m/s）;⑨ 套筒长度 $l = 111$ mm。

1）柱塞处于吸程时缝隙流动分析

柱塞处于吸程时,柱塞从工作腔向冷却腔移动,剪切流的方向为正,吸入阀打开,$p_1 = $

$p_2 = p_0, \Delta p = p_1 - p_2 = 0$，则压差流泄漏量为 0，由式（10-38）得泄漏流量为

$$q_V = \frac{\pi d_1 \delta}{2} U \qquad (10-39)$$

计算得 $q_V = \frac{\pi \times 20 \times 0.0185}{2} \times 2053 \approx 1193.2 (\text{mm}^3/\text{min}) \approx 0.0012 (\text{L/min})$。

2）柱塞处于排程时缝隙流动分析

柱塞处于排程时，柱塞从冷却腔向工作腔移动，剪切流的方向为负，排出阀打开，工作腔处于高压状态，压差流方向为正，$\Delta p = p_1 - p_2 = 300 - 0.5 = 299.5 (\text{MPa})$。此时泄漏流量由式（10-38）得

$$q_V = \frac{\pi d_1 \delta}{2} \left(\frac{\delta^2 \Delta p}{6\mu l} - U \right) \qquad (10-40)$$

在压力为 0.101325 MPa、温度为 20 ℃ 的条件下，水的动力黏度为

$$\mu_0 = 1.01 \times 10^{-3} (\text{Pa} \cdot \text{s})$$

当压力为 300 MPa 时，水的动力黏度为

$$\mu = \mu_0 e^{\alpha p} = 1.01 \times 10^{-3} \times e^{300/432} \approx 2.02 \times 10^{-3} (\text{Pa} \cdot \text{s})$$

式中，$\alpha = 1/432$。

将数据代入式（10-38）得

$$q_V = \frac{\pi \times 20 \times 0.0185}{2} \times \left(\frac{0.0185^2 \times 300 \times 10^6}{6 \times 2.02 \times 10^{-3} \times 111} - 34.2 \right) \times 10^{-6} \times 60 \approx 2.66 (\text{L/min})$$

4. "V" 形圈自封式密封设计及计算

1）"V" 形圈自封式密封工作原理及部件设计

"V" 形圈截面为 "V" 形，也是一种唇形密封圈。"V" 形密封组件由支承环、密封圈、压环等部件组成。

（1）超高压 "V" 形圈。标准 "V" 形圈[见图 10-36（a）]一般唇口夹角为 90°，厚度小，比较单薄。超高压 "V" 形圈[见图 10-36（b）]将唇口的夹角增大到 120° 左右，加大厚度使其内外径都增加一个圆柱段，增加超高压 "V" 形圈强度、刚度、稳定性和耐压能力使其在超高压下不会被高压水冲破。

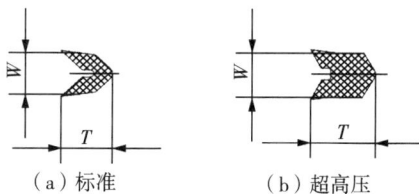

（a）标准　　　　（b）超高压

图 10-36 "V" 形圈截面形状

在自由状态下，"V" 形圈的唇部外径大于填料函的内径，唇部内径小于柱塞外径，即有一定的过盈量。过盈量大则摩擦阻力大，过盈量小则密封效果不好。为了保证可靠的密封并不至于摩擦力过大，密封圈过盈量应达公称截面宽度的 10% ~ 14%，设计过盈量为内外直径方向分别为 0.8 mm。这样，装配后便有一定的变形。由于支承环的作用，这种变形只发生在唇的尖端，并在其接触部位产生压力，即使不施加压紧力，唇口也能封住一定的内

压。因为唇有"自封"作用,当介质工作压力升高时,唇尖改变接触形状和加大接触应力,唇部与被密封面贴合得更紧密,实现密封作用,介质压力升高,接触压力相应升高。超高压泵一般将两个"V"形圈组合使用,介质压力通过支承环和压环施加压紧力将两个"V"形圈组合成一个整体,介质压力越高压紧力越大。泄漏介质即使通过了第一道"V"形圈,压力也会大为降低,通过第二道"V"形圈的唇部泄漏压力将损失殆尽,泄漏被阻止或只有极其微量的泄漏介质通过。

"V"形圈内外唇倾斜角度一般为 5°～9°,内外唇口都为过盈配合,外圆柱段也为过盈配合,内圆柱段为间隙配合。这样既能减小摩擦阻力,又能保证唇部对密封面的预压力。采取这种改进措施有利于提高"V"形圈密封性能和使用寿命。

(2)支承环。支承环是支撑"V"形圈的重要部件,其断面厚而结实、尺寸精确、凸形角与"V"形圈相同或稍大,使密封圈安放稳定。支承环对"V"形圈的位置起决定性作用。同时支承环可以保护密封圈,维护密封唇的机能。由于支承环的形状和尺寸精度直接影响密封唇的工作性能,因此必须对它精加工。支承环与密封圈的角度相同。为了充分发挥"V"形密封唇的功能,让介质压力更好地作用于密封圈,使其充分张开,支承环不但不给过盈,而且要小于公称截面宽的 2%～5%。这样其外径就小于唇的外径,内径就大于唇的内径,其间就有了一定间隙。

(3)压环。压环的作用是给"V"形圈形成一个初始压缩量,使其与被密封面充分接触,同时对密封圈起定位作用。通常它的凹部与密封圈角度相同,也需精加工。压环的外径与填料函内孔有一定的过盈量或为过渡配合,对柱塞为间隙配合。

2)"V"形圈受力分析及密封力计算

由前文计算可知,介质经过密封套筒节流降压后仍有一部分泄漏量,需要通过由"V"形密封圈、支承环、压环组成的自封式密封组件进一步进行密封。自封式密封组件受力分析如图 10 - 37 所示。

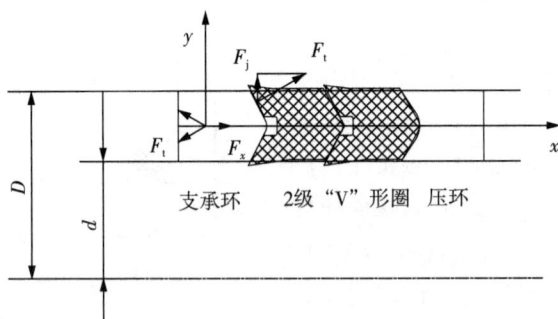

图 10 - 37   自封式密封组件受力分析

弹簧预紧力 $F_1 = 300$ N。

高压水作用力为

$$F_2 = \frac{\pi}{4}(D^2 - d^2)p \qquad (10-41)$$

式中,D 为密封腔内径;d 为柱塞直径;p 为密封腔最高工作压力。

取 $D=32$ mm、$d=20$ mm、$p=300$ MPa 代入式(10-41),得 $F_2=\dfrac{\pi}{4}(32^2-20^2)\times300\approx$ 147027(N),则密封件的轴向最大压紧载荷为

$$F_x=F_1+F_2=300+147027=147327(\text{N})$$

以支承环为分析对象,$2F_t\cos30°=F_x$,则支承环对"V"形圈唇口的垂直挤压力为 $F_t=$ $\dfrac{F_x}{2\cos30°}\approx\dfrac{147327}{1.732}\approx73663.5(\text{N})$。

以"V"形圈为分析对象,将垂直挤压力 F_t 分解为轴向力 F_a 和径向接触压力 F_j,则径向接触压力 $F_j=F_t\sin30°=73664.5\times0.5=21832(\text{N})$;唇口处密封面圆周长度 $L=\pi D=20\pi\approx$ $62.8(\text{mm})$;唇口载荷为 $f=F_j/L=21832/62.8\approx347.6(\text{N/mm})$;初始唇口载荷为 $f_0=$ $F_1/L=\dfrac{F_1\sin30°}{2\cos30°}/62.8\approx1.38(\text{N/mm})$。

因此在最大压力 300 MPa 时,"V"形圈唇口与填料函体及柱塞的接触压力为 21832 N。在此压力下"V"形圈唇口将紧紧贴在填料函体内孔和柱塞外壁上,防止高压水泄漏。但这也要求"V"形圈材料的耐磨性好、有足够的硬度和弹性模量,普通的软填料、橡胶和夹布橡胶等软质材料不能满足要求。

10.6.4　关键零件材料及加工工艺

1. 节流套筒材料及加工工艺

节流套筒是迷宫式间隙密封的关键零件,其材料应具有优良的耐磨性、弹性、高强度。经过分析对比我们选择铍青铜 QBe2 作为节流套筒的制作材料。QBe2 的力学性能见表 10-3 所列。

表 10-3　QBe2 的力学性能

密度 ρ/ $(\text{g}\cdot\text{cm}^{-3})$	弹性模量 E/ GPa	抗拉强度 σ_b/ MPa	屈服强度 $\sigma_{0.2}$/ MPa	断后伸长率 δ/ %	疲劳极限 σ_{0-1}/ MPa
8.2	133	1200	1000	2.5	200

铍青铜 QBe2 的优良性能需要通过热处理强化才能体现出来,其热处理工艺:固溶处理,在氨分解气或酒精裂解气等保护介质中加热到 790 ℃,加热 10 min;时效处理,325 ℃,3 h,硬度为 395HV0.2。

2. "V"形圈材料及加工工艺

超高压"V"形圈采用芳纶纤维布、NBR 橡胶和黏结剂,加热加压后模压成型,其具有较高的硬度、刚性和致密性,优良的耐磨性和稳定性。芳纶纤维全称为"芳香族聚酰胺纤维",是一种新型高科技合成纤维,具有超高强度、高模量、耐高温、耐酸耐碱、重量轻等优良性能:其强度是钢丝的 5~6 倍;模量为钢丝或玻璃纤维的 2~3 倍;韧性是钢丝的 2 倍;重量仅为钢丝的 1/5 左右,在 560 ℃ 的温度下,不分解,不融化。芳纶纤维具有良好的绝缘性和抗老化性能。芳纶纤维的发现,被认为是材料界一个非常重要的历史进程。

10.6.5　密封的失效

密封是高压往复泵可靠性的主要标志之一,任何失效的密封都应及时更换,否则就不能保证泵的功能。

高压静密封(密封圈、密封环、密封垫等)是以其材料的弹性变形、塑性变形或弹塑性变形来达到密封作用的。因此,一般的高压静密封一经拆卸,便认为其已经失效,需予以更换。例如,对于"O"形密封圈,虽然它在高压流体作用下产生弹性变形实现密封,但运行一段时间后,高压流体的静压和冲刷使其表面产生了缺陷(如压痕、脱层等),加之拆卸过程中的划擦,就不宜再重新安装使用。又如,依靠塑性变形得以密封的紫铜垫和依靠弹性变形得以密封的透镜垫、三角密封环等,高压下运行所产生的表面变形已经不同程度地破坏了其密封面,加之这些密封件本身成本低廉,拆卸却并不容易,因此一经拆卸即应予以更换。也就是说,高压静密封的失效除了目视泄漏予以更换外,凡高压零部件一经拆卸,一般都认定相关的高压静密封件为失效,而不必再去检查它的表面质量。

高压动密封的失效却是一个复杂的问题,必须慎重对待。众所周知,密封是相对的,高压、超高压密封尤为如此。因此,动密封失效的判据就显得很重要。也就是说,在认定一致的判据下,密封和寿命才显得有意义,单说密封寿命达到了多少小时则缺乏可比性。

相关标准对易损件寿命(包括密封副)都做了规定,而这一寿命指标应该是累计运行时间。超高压的动密封寿命是可以在试验室测得的。

影响高压泵性能的因素很多,如密封失效、阀组失效等,而各种失效的形式都表现在设备性能的降低(压力和流量的降低)。因此,在压力与流量两个变量中,保持其一,另一个变量的下降值作为易损件失效的判据,再由密封(阀组)进行排他性检查予以确认。具体做法:将喷嘴或别的高压水输送装置与泵的合理匹配规定为初始工况,压力或流量之一相对于初始工况下降10%为失效判据。如果更换合格喷嘴后仍然比初始工况下降10%,而进出水阀组又可正常工作,那么此时判定密封失效,并可明显测得密封的泄漏量。也就是说,开始运行到此的时间即为该动密封的寿命,应予以更换新的密封件。这一判据表征明显,容易在500 h连续运行试验中测得(对于较低压力的高压泵则应在实际运行中累积)。

密封失效后必须更换密封件,一般首先更换非金属填料,并观察柱塞磨损情况。对于超高压的往复动密封多采用以金属套筒与柱塞偶配密封副为主的密封形式,这种密封一旦失效应予偶配更换,单独更换某一密封件是没有意义的。往复动密封的判据对旋转动密封同样适用,只是旋转密封因转速较高,寿命值相对较小。不同的是旋转密封往往用在相对独立的旋转喷头上,它的失效不至于影响成套设备的性能,因此对其寿命也就不太苛刻。

10.7　等静压机

等静压技术是超高压技术的一种应用,通常把产生与维持超高压的一系列技术称为超高压技术。等静压技术最早是用于粉末冶金技术领域,至今已逾百年历史。传统的粉末冶金通常使用机械压力成型技术,这种技术往往存在着压力不均和由此引起的产品致密度不均匀等问题。等静压技术的出现为克服这类问题和制作性能更佳的产品开辟了新的途径。等静压技术发展之初主要是用于粉料的成型和固结。近几十年来,随着科学技术的进步,特别是热等静压技术的发展,等静压技术不再局限于粉末冶金领域,它的应用已经扩大到原子能工业、铸造工业、陶瓷工业、食品工业、工具制造等领域。随着应用范围的日益扩大,等静压技术的作用和经济效益不断凸显,越来越受到人们的重视。

10.7.1　等静压技术的原理

根据帕斯卡原理,在一个封闭的容器内,作用在静态液体或气体上的外力所产生的静压力将均匀地在各个方向上传递,在其所作用的表面上所受到的压力与表面的面积成正比。其中,静态液体或气体均属于普通的流体。在等静压技术中,作为传递压力的介质,必须与被压工件的外轮廓有个互不渗漏的分界面。只有在这个分界面存在的条件下,采用等静压技术才能达到成型与固结密实的目的。由此可见,液体或气体介质各向同时均等的传递压力是等静压技术的基础,而建立被压物料与压力介质之间互不渗漏的分界面是等静压技术应用的关键。

将密封于弹性包套中的被压物料或已具备密闭外壳的工件置于充满压力介质的高压缸中,利用高压设备对缸中的压力介质施加一定压力,通过压力介质将压力各向均等地传递到弹性包套或工件界面上(界面上所受压力的大小与面积成正比),使被压物料或工件在等静压力的作用下发生一定的体积形变,从而实现等静压制。如果被压制的物料为粉末状物质,当压力均等地通过弹性包套作用于物料时,包套内的粉末将均匀地被同时压缩并致密化,而其外形小于和相似于弹性包套的型腔。图 10 - 38 为等静压压制的原理示意。

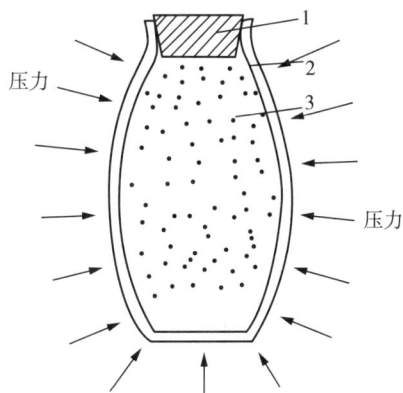

1—密封塞;2—包套;3—被压粉末。

图 10 - 38　等静压压制的原理示意

等静压压制在生产中的基本工艺步骤:被压物料准备 → 装入弹性包套 → 包套抽真空并密封 → 进行等静压制 → 包套剥离 → 压坯检验。

10.7.2　等静压技术的分类

等静压技术按其成型和固结时温度的高低,通常可分为冷等静压(Cold Isostatic Pressing,CIP)、温等静压(Warm Isostatic Pressing,WIP)、热等静压(Hot Isostatic Pressing,HIP)。等静压技术分类见表 10 - 4 所列。从表 10 - 4 可以看出,因实施等静压的温度不同,这三种等静压技术各自采用了相应的设备、压力、介质和包套模具材料。

表 10-4　等静压技术分类

等静压技术分类	设备	压制温度	常用压制压力	常用压力传导介质	包套模具材料
冷等静压	冷等静压机	常温	80～400 MPa	油或水乳液	橡胶、塑料等
温等静压	温等静压机	80～120 ℃	80～400 MPa	油	橡胶、塑料等
热等静压	热等静压机	900～2200 ℃	100～300 MPa	气体	金属、玻璃等

1. 冷等静压技术

冷等静压是在常温下实现等静压制的技术,通常以橡胶或塑料等弹性体作为包套模具材料,以液体或弹性体(塑料、橡胶等)作为压力传导介质。当压力传导介质为液体时称为液等静压。其中,以含有防锈剂的水为压力传导介质的称为水等静压;以油为压力传导介质的称为油等静压。压力传导介质为弹性体(如塑料、橡胶等)时称为均衡压制、厚壁模压制或软模压制。冷等静压技术基本原理如图 10-39 所示。

一般情况下,液体的体积压缩系数很小,因此在常温常压下通常认为液体是不可压缩流体。但冷等静压的压制力就是来自对高压缸内液体压缩而获得的压强,因此液体的压缩量越大,其产生的压强就越大,能够实现等静压制机的工作压力也就越大。其产生的压力通过传导介质最终作用于被压物料,从而实现

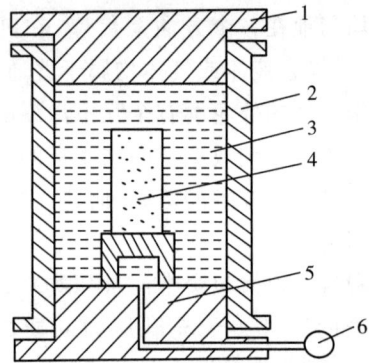

1—上封盖;2—高压缸;3—液体压力介质;
4—被压粉末制品;5—下封盖;6—泵(或其他高压源)。

图 10-39　冷等静压技术基本原理

压制成形的目的。对于一般液体而言,其在常温下体积与压强的变化关系如下:

$$K = 1/k = \Delta P \times V_{\circ}/\Delta V \tag{10-42}$$

式中,K 为液体的体积弹性模量;k 为液体的压缩系数;ΔP 为液体压缩前后的压强差;$V_{\circ}$ 为液体压缩前的体积;ΔV 为液体的体积压缩量。

冷等静压主要用于粉末状物料的成型压制,为后续进一步烧结、锻造或热等静压等工序提供预成型坯料。根据所采用成型模具的不同,冷等静压又可分为"湿式"(也可称为"自由"模式)等静压和"干袋式"(也可称为"固定"模式)等静压,与之对应的设备称为湿袋式等静压机和干袋式等静压机。

2. 温等静压技术

温等静压技术实际上是在冷等静压的基础上对其工作液体进行一定的加温处理。温等静压一般在 80～120 ℃下进行(也有在 250～450 ℃下进行的)。温等静压使用特殊的液体(如油等)作为压力传导介质,一般使用的压力为 300 MPa 左右(也有使用更高压力的),使用的设备与湿袋式等静压机大致相同,一般使用油作为压力传导介质较为常见。介质可在高压缸外(供油罐中)加热。当要求精确控制温度时,也可以在高压缸内置入发热体

加热,一般将已在供油罐中加热的油抽入高压缸内,用发热体使油温保持在一个基本稳定的温度水平上,或根据工艺要求进行升温和降温。与冷等静压相比,温等静压要增加热源装置来调节工作温度。

3. 热等静压技术

热等静压技术是一种在高温和高压同时作用下使物料经受等静压制的工艺技术。它不但用于粉末体的固结,使传统粉末冶金工艺的成型与烧结两步骤合并为一,还用于工件的扩散粘结、铸件缺陷的消除和复杂形状零件的制作等。在热等静压过程中,一般采用惰性气体(氩、氦等)作为压力传导介质,也可采用液体金属或固体颗粒作为压力传导介质,此时也可称为均衡压制。在热等静压工艺中,包封待压物料用的包套通常用金属或玻璃制备而成。实现热等静压的主要设备是热等静压机,其基本原理是在冷等静压机的基础上增加加热装置。

根据理想气体状态方程:

$$PV = nRT \tag{10-43}$$

式中,P 为气体的压强(Pa);V 为气体体积(m^3);n 为气体的物质的量(mol);R 为常量[$J/(mol \cdot K)$];T 为气体的热力学温度(K)。

当对密闭容器中一定量的气体进行升温时,其压强与温度成正比(压强随着温度的升高而增大)。在热等静压机实际工作中,升温的初始阶段有一定压力的气体不断补充到高压缸内,以使高压缸内获得一定需要量的气体和合理的初始压力。

热等静压机曾为热壁式结构,但因为高压缸受热容易产生蠕变,所以在一定程度上限制了温度和压力的极限值不能太高,温度一般在 1000 ℃ 以下,压力也不超过 100 MPa。现如今,世界上大多数热等静压机均采用冷壁式结构,即将加热器安放在高压缸内。其工作温度一般为 900 ~ 2200 ℃,采用石墨为发热体时,其最高工作温度可达 2600 ℃;工作压力通常为 100 ~ 300 MPa;试验装置的最高压力可达 1000 MPa。

10.7.3　等静压技术的主要应用

等静压工艺的先进性和产品的优异特性使等静压技术的应用领域不断扩大,其常见应用领域简要介绍如下。

1. 粉料成形

利用等静压机代替传统粉末压力机,可将粉状物料成型为具有一定形状、尺寸和性能的压坯,为材料进一步制备和加工(如烧结、浸渍、锻造和挤压等)提供预制坯料。图 10-40 为锆瓷粉料等静压成形的压坯。

2. 制作粉末冶金产品

热等静压工艺可取代粉末冶金通常使用的压制和烧结,将粉状物料直接制备成粉末冶金产品。热等静压粉末冶金产品的密度可达到或接近

图 10-40　锆瓷粉料等静压成形的压坯

理论密度。目前,已具备工业生产规模的有粉末高速钢、硬质合金、高温合金和铍等的制件,而粉末钛合金、难熔金属、陶瓷和电子材料的制件也发展迅速。

3. 铸件处理

铸件尤其是一些大型铸件内部都存在因冷却速度不均匀而造成的孔洞、疏松、偏析和夹杂等缺陷(见图10-41)。这些缺陷会降低材料的性能和成形件的可靠性。利用热等压技术,能够在不破坏铸件本身的情况下,消除铸件内部的上述缺陷,使铸件性能特别是断裂韧性和使用寿命显著提高。也可用热等静压技术处理因使用到寿命期而内部出现裂纹的铸件,使铸件的性能恢复并重新投入使用(见图10-42)。

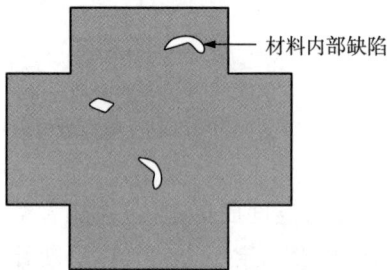

图 10-41 热等静压处理前
材料内部存在的孔洞

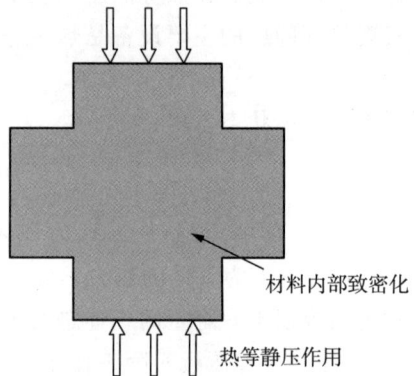

图 10-42 热等静压处理后
材料内部孔洞消除

4. 材料粘结

材料粘结是等静压技术(主要是热等静压技术)的最原始应用之一,曾获美国焊接学会的认可。在热等静压工艺条件下,同种材料或两种以上的异种材料能牢固、可靠地粘结在一起,成为一个整体。我国的国家重大科技基础设施 EAST 全超导托卡马克装置(也称为"东方超环"),有"人造太阳"之称的可控核聚变试验装置,外围的散热耐高温材料的制造便采用了热等静压技术。"两步热等静压扩散焊接"实现了钨铜异种材料复合组件高质量的无缝衔接。

5. 新型结构材料的制造

利用冷等静压成型制作的透气钢是一种新型多孔金属材料,具有高强、高韧、耐腐蚀和可透气等优点。制得的新型多孔金属材料在模具上使用能迅速将模腔内空气和塑料挥发的气体排出,消除因排气不良而造成的缺陷。类似的还有一些等静压高分子过滤材料(陶瓷、金属等微孔制品),广泛应用于煤化工、核工业和多晶硅等领域。

6. 生物药物制备

由于超高压技术条件对蛋白质、生物酶及物质分子的非共价键等有一系列影响,因此利用等静压技术的液体静压力可以创造一些生产或制备条件,从而加快新型生物制品或新药物的研发。目前,在新剂型理论探索的药物研究中正在尝试某些应用。

7. 超高压静压环境模拟测试

利用等静压技术模拟超高压环境。例如,在对海底电缆的测试中,需要创造一个类似深海的高压环境,以测试电缆在深海环境中的密封可靠性、耐压性等工作性能指标。等静压技术为此创造了等效模拟环境。

8. 武器弹药工程

等静压炸药装药工艺是一种全新的精密压药工艺,改变药柱的受力方式和受力环境,可以使装在模套中的炸药在液体环境中均衡受力。这不仅可以提高装药的密度及均匀性,还可以改善装药的内在质量、尺寸稳定性和力学性能,从而满足新型战斗部装药结构的设计需求,提高武器弹药的毁伤效应和发射安全性。

10.7.4　等静压机的主要结构组成

由于等静压技术是超高压技术的一种应用,因此不论是何种形式的等静压机,其都需要有超高压发生装置、承压构件(如高压缸和承力框架等)、控制系统及其他装置等。

1. 超高压发生装置

超高压发生装置是产生等静压机的核心装置之一,也是其必不可少的组成部分。根据等静压机的不同,采用的超高压发生装置也有所不同。冷等静压(或温等静压)机主要采用超高压往复泵或增压器装置(或称超高压倍增器)实现所需的工作压力。而热等静压机主要是采用压气泵及加热装置使密闭容器内一定体积量的气体膨胀产生所需的工作压力。

以冷等静压机为例,当采用超高压往复泵时(见图10-43),其优点是设备整体构成较为简单,直接由泵组液力端产生并将超高压液体输入高压缸中实现等静压压制。其压力上升快速,调节泵的压力即可达到需要的工作压力。但是其缺点也很显而易见,即超高压泵组一般都较为庞大,工作时噪声较大,对系统参数的调节比较单一,同时对泵组本身的可靠性要求较高,设备整体结构不够紧凑,尤其是一些较大的设备,其泵组本身及后续维修维护成本比较高。不过在一些特殊要求的场合,也还有用此类结构的冷等静压机。另外,现今也有一些试验室用小型冷等静压机时,会采用手动高压泵或小型电动高压泵来作为其超高压发生装置。

图 10-43　采用超高压往复泵作为超高压发生装置的冷等静压机

采用增压器装置的冷等静压机(见图10-44和图10-45)是当今市场的主流,其优点是设备结构紧凑,占地面积相对较小,对泵的要求较低(可通过调节增压比来获得需要的输出压力),工作时可靠性高,设备的功能及可扩展性较强,设备便于模块化制造,整体设备制造成本较低,后续维修、维护都比较方便,尤其是一些大型设备上,其成本经济性更为突出。一般增压器增压形式按照其活塞运动方式分为单向增压和双向增压。

图10-44　采用增压器作为超高压发生装置的冷等静压机

图10-45　冷等静压机配套的增压器

热等静压机的超高压发生装置主要是通过压气泵(主要有柱塞式、螺杆式等)向高压缸中输入一定量的气体,利用气体在密闭容器中升温后产生所需等静压压力,并结合其高温高压环境实现等静压制。

2. 承压构件

无论是何种形式的等静压机,由于其涉及超高压力,因此其工作部分都有承压构件。

作为工作部分的高压缸,工作时主要承受径向高压。在等静压技术发展的早期,高压缸的轴向密封装置一般采用螺纹形式连接,高压缸也同时承受轴向拉力。但是由于采用螺纹结构与高压缸直接连接,一方面螺纹长时间承受工作压力,影响高压缸寿命和安全性;另一方面使高压缸的尺寸有局限性,同时增加了高压缸的制造难度。现如今的等静压机多采用钢丝缠绕预应力框架的结构来承载其轴向力(通过上下封盖传递轴向力到框架),其具有制造简单、极限承载能力强、安全可靠性高、便于维护、使用寿命长等诸多优点。

承压构件材料一般采用兼具高强度、高韧性的超高强度合金钢或不锈钢(抗拉强度一般都在 800 MPa 以上,并且有较高的屈强比),常用的有 35CrMoA、40CrNiMoA、34CrNi3MoA、30CrNi5MoVA、17-4PH、15-5PH 等,这些材料作为承压构件时往往还要通过热处理实现其使用性能,一些较大的构件还采用锻造加工等。

预应力缠绕钢带材料采用 65Mn 冷轧回火态扁钢带,截面尺寸一般为 $1.5 \sim 5$ mm,抗拉强度不小于 1620 MPa,延伸率不小于 2.5%,其金相组织主要以回火索氏体为主。随着科学技术的不断进步,诸如碳纤维等新型材料应用于承力构件的预应力缠绕也在研究和实践中。

工作时,高压缸内产生等静压力,其径向力被高压缸本身及其预应力钢丝承载,其轴向力则通过上下封盖传递到框架上下半圆梁,并最终传递到缠绕于框架的预应力钢带上。高压缸与框架的工作状态及承力情况如图 10-46 所示。

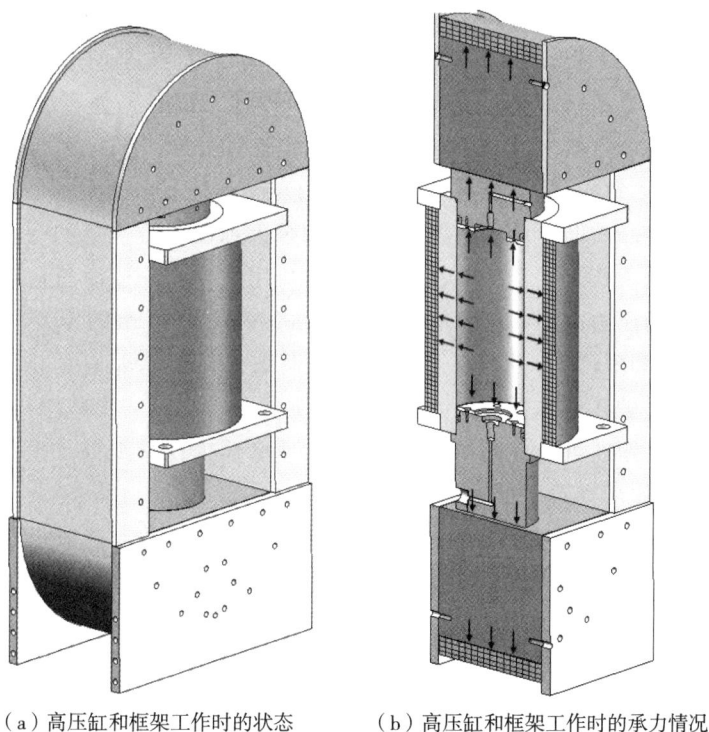

（a）高压缸和框架工作时的状态　　　（b）高压缸和框架工作时的承力情况

图 10-46　高压缸与框架的工作状态及承力情况

3. 控制系统及其他装置

现代主流的等静压机都是机、电、液高度集成的一体化设备,其设备自动化程度高,工作可靠性和安全性等都较以往纯机械式控制的设备有了大幅度提升,因此一般都会引入各类传感器和控制系统。等静压机常用的传感器有压力变送器、温度传感器、液位传感器、流量传感器及光电开关等。等静压机常用的控制系统主要采用 PLC 或计算机等实现控制。

10.7.5 等静压食品保鲜技术

1. 等静压食品保鲜技术的历程

超高压食品已经走进我们的生活。早在1899年,美国化学家 BertHite 首次发现鲜牛奶在 450 MPa 高压下能延长保存期。1914年,美国物理学家 Bridgman 因发现蛋白质在高静水压下发生变性、凝固而获得了1946年的诺贝尔物理学奖。此后的几十年里,限于技术瓶颈,超高压技术再未引起食品界的足够重视。

1991年4月,首批超高压食品——草莓酱、苹果酱、猕猴桃酱和高压米饭于日本问世。因其风味独特,食品超高压技术引起了欧美发达国家政府部门、科研机构和食品企业的高度重视。随着研究的深入,欧美先后推出了超高压食品。

2. 超高压食品加工

超高压食品是指采用超高压技术加工和处理过的食品,有人称超高压食品为"食品工业的一场革命"。超高压技术主要适用于含有液体成分的固态或液态食物,如水果、蔬菜、奶制品、鸡蛋、鱼、肉、禽、果汁、酱油、醋、酒类等。

食品超高压处理技术(又称为高静压加工技术),英文全称为 High Hydrostatic Pressure(缩写为 HPP)或 Ultra-high Pressure(缩写为 UHP)。简而言之,其是将软包装的食品物料封闭于超高压容器中,以液体为介质(通常是食用油、甘油、油与水的乳液),在一定压力(通常为 400~600 MPa,也有 1000 MPa 的)下加工适当时间(视具体食材及加压温度而定),从而改善食品功能性质,同时达到钝酶和杀灭细菌等微生物的一种新型食品加工技术。食品超高压灭菌就是在密闭的超高压容器内,用水作为介质对软包装食品等物料施以 400~600 MPa 的压力或用高级液压油施加以 100~1000 MPa 的压力,从而杀死其中几乎所有的细菌、霉菌和酵母菌,并且不会像高温杀菌那样造成营养成分破坏和风味变化。超高压灭菌的机理是破坏菌体蛋白中的非共价键使蛋白质高级结构破坏,从而导致蛋白质凝固及酶失活。超高压还可造成菌体细胞膜破裂,使菌体内化学组分产生外流等多种细胞损伤,这些因素综合作用导致了微生物死亡。

食物主要是由蛋白质、淀粉、脂类、核酸和水组成的立体结构。超高压技术只对食物中的非共价键结合起作用,而共价结合的氨基酸、维生素、色素和风味物质等低分子化合物几乎不会受到破坏。

基于这个效能,超高压技术可以最大限度地保持食品的色泽、风味、质地,保持食品原有的品质和营养价值,同时改变了食品的凝固点、熔点、浓度等物理性质,改善了食料生物大分子的组成状态和结构属性,简化了食品加工工艺,提高了原料利用率,也节约了能源。图 10-47 为超高压食品加工生产线,图 10-48 为超高压加工处理过程。

图 10 - 47　超高压食品加工生产线

图 10 - 48　超高压加工处理过程

3. 超高压食品保鲜技术

超高压食品加工设备对材料选择、结构设计、结构密封、运行寿命、安全性等方面提出了严苛要求,对密封筒体和密封系统(包含往复密封和超高压阀)等关键零部件要求也很高。例如,1000 L 超高压筒体在 600 MPa 压力下安全系数不低于 2,寿命不低于 50 万次。显然,超高压食品保鲜最大的问题是食品保鲜专业要针对不同食材属性要明确目标和工艺(主要为处理压力和保压时间),而超高压专业要采用新材料、新技术努力实践达标。工业化推广的超高压灭菌设备压力是 100 ~ 600 MPa,超高压容器介质为水;部分试验型的可达到 1000 MPa 或更高,高压腔工作介质是油。

在超高压增压器实现大工况的基础上,大容积筒体(超高压容器)是成套设备的关键。在发达国家,超高压食品保鲜技术趋于成熟,产业化进程推进迅速。然而,超高压技术装备的生产能力和规模均较小,压力容器容积多为几十升至几百升。如何解决 400 MPa、500 MPa 甚至 600 MPa 工作压力的特大容积容器问题,笔者认为应从以下三点入手:一是采用新材料,采用碳纤维复合材料缠绕式容器,达到国外现役容器目标;二是化整为零,将大容积容器改为多个小容积容器串联达到工艺要求;三是多泵一体化,将多台增压器并联形成特大流量工况,满足产业化需要。总之,我国的超高压技术是有能力应对食品保鲜的苛刻要求和国外生产现状水平的,对此,我们应充满期待。

10.8　除锈除层应用

10.8.1　船舶除锈应用

1. 绿色修船首当除锈

除锈是一个基本的要求 —— 钢质表面要涂装就必须除锈,否则就不能实现涂装;除锈是一种古老的工艺 —— 自有除锈要求以来就离不开人工繁重的作业;除锈是一项污染的事业 —— 要除锈必须付出污染的沉重代价,甚至危及人的健康。由此可见,除锈又是一项大有可为的事业,这是一种迫切的、量大面广的社会需要。

除锈的标准术语叫作“表面预处理”,主要应用范围是船舶表面除锈,飞机、机车表面除漆,流程工业大型釜罐、储罐表面处理,大型船闸除锈层,等等。其中,最具代表性的就是船舶表面除锈,因为其特点是锈层厚实、大面曲壁、除至本体、不得返锈等。这一切看似必需的要求恰恰综合了各类表面预处理的所有要求,因而船舶表面除锈最具代表性,往往是除锈应用的代名词。

我国正在由修造船大国走向强国,而修船的市场更是远远大于造船市场。修船业的迅猛发展为超高压水射流除锈技术提供了广阔的天地。

船舶工业是为我国航运业、海洋开发及国防建设提供技术装备的综合性产业,对钢铁、石化、轻工、纺织、装备制造、电子信息等重点产业发展和扩大出口具有较强的带动作用。同时,随着海洋油气开采时代的到来,国内大型船舶修造业也正在加速发展海工制造产业,我国已拥有全球海工装备市场 15% 的份额,逐渐成为全球海工装备市场的后起之秀。据2023 年统计数据显示,全国共有规模船坞近 600 多座。船舶除锈是船舶涂装施工的第一步,只有对船体表面进行良好的前处理,才能使涂层达到预期的保护效果。其目的都是使涂装船壁表面光滑、清洁、增加涂料与被涂面的附着力,充分发挥涂料的抗腐蚀性能,以此延长船舶的寿命。传统的除锈方法主要包括手工除锈、化学除锈和机械除锈三大类。手工除锈劳动强度大、效率低、环境恶劣,且除锈效果不佳;化学除锈主要是利用无机稀酸溶液喷涂于基体表面,与金属表面的氧化层发生化学反应,溶解锈蚀层以达到除锈目的;机械除锈主要形式为喷砂除锈,作业过程中的砂粒和粉尘飞溅不易密封,会造成粉尘污染,严重影响操作工人的健康,且形成的固体废物处理麻烦,需要采用土地掩埋,造成严重的土地污染。

事实上,我国很早就提出了水射流除锈的湿式除锈工艺与装备,这一点与发达国家是同步的。20 世纪 90 年代初期,70 MPa 的磨料射流除锈在船厂的成功试验就坚定了湿式除锈工艺的研究方向。随着与国际先进技术的接轨,研发超高压纯水射流及其成套设备,提高功效向超高压大流量泵机组突破,研发智能化执行机构取代人工作业并且向除锈速度和质量发展已成为趋势。一路走来,尽管已经基本达到了堵住进口、全面推广和深度应用的期望目标,但是这一过程本该无须如此漫长,皆因受修船市场和传统工艺的制约。喷砂除锈的技术和工艺是成熟的,其除锈质量既满足了涂装要求,也成了国内外除锈标准的等级依据。然而,环境污染成为这一工艺的要害,在船厂,乌烟瘴气、不见天日的地方一定是喷砂除锈现场。如果不是环保一票否决,人们对水射流除锈总会不断地出现诘问,如超高压射流太危险、投资成本高、船东不接受、表面潮湿返锈、功效不显著、表面粗糙度影响涂装等。显然,改变并替代传统工艺的阻力很大,湿式除锈工艺与装备也正是在这种长期不断的诘问中发展、成熟、推广和完善的。水射流除锈将成为船舶除锈乃至其他钢结构表面处理应用的主流工艺。

2. 水射流船舶除锈工艺技术的发展

1) 磨料水射流除锈工艺

湿式除锈替代干式除锈首先要解决的问题就是根据锈层的力学特性确定水射流的打击力(打击力与流量、压力的平方根成正比)。20 世纪 80 年代,我国基本与世界同步在各大船厂建起了单机容量约 160 kW 的大型高压泵站。每个泵站 3～4 台泵机组,泵一律采用双联六柱塞泵,工作压力为 35 MPa,流量大,以至于反冲力使喷枪操作比较困难。后续再采用这一技术原理研发,整体机组很容易实现 70 MPa 以下的工作压力(泵、阀、密封和喷嘴等都容易做到),而且流量也不需要太大,射流反冲力可控制在 200 N 以内。在水射流中混入磨料颗粒,即磨料与水射流均匀混合,以相同的速度形成磨料水射流,因磨料具有颗粒的锐角和材质的硬度,大大提高了同等参数工况下的水射流做功效率,因高压水射流的高速特性(流速与压力的平方根成正比,在超高压 300 MPa 工况下,流速可达到 770 m/s 左右,故又称为高速水射流),必然在变径空腔处形成真空,从而具有引射功能。利用这一特点,采用最简单的磨料 —— 石英砂,依据引射式喷射器的抽吸混合原理,将磨料颗粒引入液体射流中,依靠高速液体射流给磨料颗粒加速形成磨料射流。图 10 - 49 为人工手持磨料水射流喷枪除锈作业,磨料为 80 目左右的石英砂。这样的磨料射流系统的除锈效果可以达到喷砂除锈水平,似乎除锈问题就此得到解决。

然而,这一技术很快在实际应用中被淘汰,因为船舶除锈是贴壁高空作业,磨料的干燥、输送及筛选都是实际现场中难以解决的问题。尤其是磨料的输送,若再引入空气动力,则有压系统太复杂,也不安全;若单凭高速水射流真空引入,则砂桶必须随操作者在高空斗车上,这样不但影响操作,而且耗砂量随时填装的要求得不到满足,供砂不可靠,容易造成停工。仅对磨料均匀度和干燥度的苛刻要求就会令使用者头痛。另外,除锈后难以避免磨料附着于作业表面,水除锈后会有很多返锈,当时曾用电加热吹风烘干,但这样又多了一道

图 10 - 49 人工手持磨料水射流喷枪除锈作业

麻烦工序。当然,这种工艺可以在小型除锈需求中应用,毕竟与喷砂除锈相比较,它有很大的进步。成也磨料,败也磨料,磨料极大地降低了射流工况压力,却带来了一系列难以接受的问题,尤其是排放问题。

与这种后混合磨料射流几近同期研究的还有前混合磨料射流,即在磨料进入喷嘴前就经混合装置与水形成浆料。前混合磨料射流的特点是混合均匀、压力参数低,但复杂的混合更难以应用于船舶除锈。

2) 超高压纯水射流除锈工艺

应对磨料射流种种缺陷的最好办法是不用磨料,然而,不用磨料就又回到了纯水射流。要想用纯水射流除锈,必须大幅度地提高压力至超高压,几乎只有超高压水射流才能弥补磨料的功能;反之,磨料的作用也正是为了降低水射流压力,两者既能互补又不能取代。

大量试验表明,纯水射流用于除锈作业的工作压力为 200 ~ 250 MPa,作为商业化的设备,泵的最高压力设计在 280 MPa,这是为了留有适量余地。水射流的功率为压力与流量的乘积,提高压力或提高流量都能使除锈的质量和效率提高,但也会造成系统功率增大。目前为了保证系统的可靠性,除锈作业的压力一般稳定在 250 MPa 左右,这样则相当于牺牲了除锈的质量。

泵压力的提高绝对不仅仅是数字的变化,其中蕴含着难度很大的技术信息和多专业综合。这里有四大难点:其一是水作为介质,它没有油的黏性和润滑特性,随着超高压的实现,紊流理论、密封、控制等都是新的盲点;其二是连续运行,创造超高压工况不难,难的是运行可靠性即寿命,研究的目的在于应用,应用的要求必须安全可靠;其三是机组功率,千万不要以为有过创造超高压水工况的成功业绩,就等同于实现了超高压大功率机组,功率的增大不是简单的相似原理可以解释的,大功率机组的高投入、高风险,可靠性的高要求对任何人都是一项新的技术挑战;其四是相关技术,随着超高压与大功率的同步实现,不能人工持枪作业,执行机构及其智能化控制都必须建立在机组工况参数的基础上,许多相关专业在超高压领域并不成熟。

从理论上来说,由于超高压工况的紊流特性、温升特性、可压缩特性、旋转射流特性,与高压射流和磨料射流相比,它要考虑的变量参数更多。从工程上来说,由于上述四点的要求,它涉及的技术问题更复杂。如同水除锈一样,水力切割也走了同样的应用路线,虽然以 $250 \sim 300$ MPa 小功率机组($15 \sim 22$ kW)就能够很好地切割各种金属与非金属板材,但人们仍在追求同等功率下 400 MPa 以上压力的纯水射流切割,因为这一量变引起的质变使切缝宽度从 1 mm 下降到了近乎于零切缝。

压力在 200 MPa 以上、功率在 110 kW 以下的高压泵(流量小于 30 L/min)作业的执行机构为喷枪。手持喷枪作业受机组功率所限,高空作业、水射流反冲力、超高压的伤害作用都会使操作者容易疲劳。因此,这一阶段的研究适用于结构件、线型作业(如焊缝除锈)和小面积作业,但它为进一步的自动化、智能化发展奠定了基础。

在能够达到良好的除锈质量的前提下,自动化作业、提高作业效率就成为新的追求。除锈作业效率为喷头平移速度与宽幅的乘积,因此提高平移速度和宽幅成为关键问题。将功率提高到 160 kW 以上,要平衡随着功率的提高,成本也将大幅度提高的问题,因此提高功率的依据首先是对除锈效率的要求。另外,实现爬壁清洗器作业能够解决因反冲力而不能高空作业的问题。图 10 - 50 为高空作业车搭载平面清洗器水射流除锈作业,其除锈宽度为 $400 \sim 500$ mm,更新型的甚至在清洗器上附传感器的智能化控制系统,从而操控清洗器的运行方向、速度和附壁效果。

图 10 - 50　高空作业车搭载平面
清洗器水射流除锈作业

为了解决除锈后容易形成返锈的问题,在超高压水射流除锈设备中引入了真空技术,利用水加压后的 $80 \sim 90$ ℃ 的高温,将清洗过的表面进行"烘干",实现了即除即干的效果,同时真空系统的负压抽吸作用还能实现水及废料的回收。

综上所述,船舶除锈工艺经过干气喷砂除锈、磨料水射流除锈、超高压纯水射流除锈几个阶段的发展,从船舶修造行业对环保与职业健康、自动化高效作业的要求及国内外除锈技术发展趋势等方面来看,超高压纯水射流除锈成为今后船舶除锈的主流工艺技术是一个用户必须接受、制造商必须完善的常用常新的课题。

超高压纯水射流船舶除锈技术说到底就是超高压泵站和爬壁机器人的问题。尤其是前者总在挑战当时的泵的极端参数,而且这是一项综合设计与试验的技术。当突破了250 MPa、280 MPa和300 MPa额定压力之后,就需要跟进流量,压力实现了除锈质量,流量则实现了期望的除锈效率继而达到更高的除锈效率,于是 30 L/min、40 L/min 和 50 L/min 流量的泵应时而生。尽管每一步都很难,但是全部国产化的 300 MPa、52 L/min 极端参数的三柱塞往复式超高压泵(功率 315 kW)处于领跑世界的先进水平,其泵速已经接近 450 min^{-1},柱塞线速度远远超过了超高压泵的经验值。如果继续增大流量,就应该借助五柱塞泵了。

10.8.2　除锈成套装备总体方案

1. 系统组成及基本参数

超高压水射流船舶除锈成套装备(简称"除锈设备")一般由超高压泵机组(简称"泵机组")、除锈喷头、执行机构(爬壁机器人、大臂作业车、坞底作业车、喷枪等)、真空回收机组等组成。超高压水射流爬壁除锈成套设备如图 10-51 所示,除锈设备在船坞的布局如图 10-52 所示。

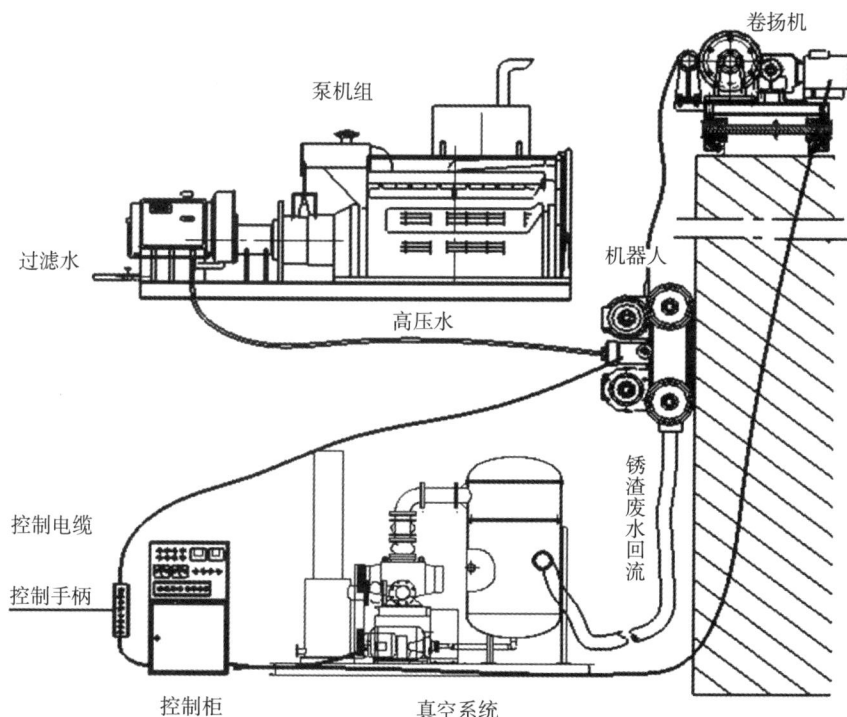

图 10-51　超高压水射流爬壁除锈成套设备

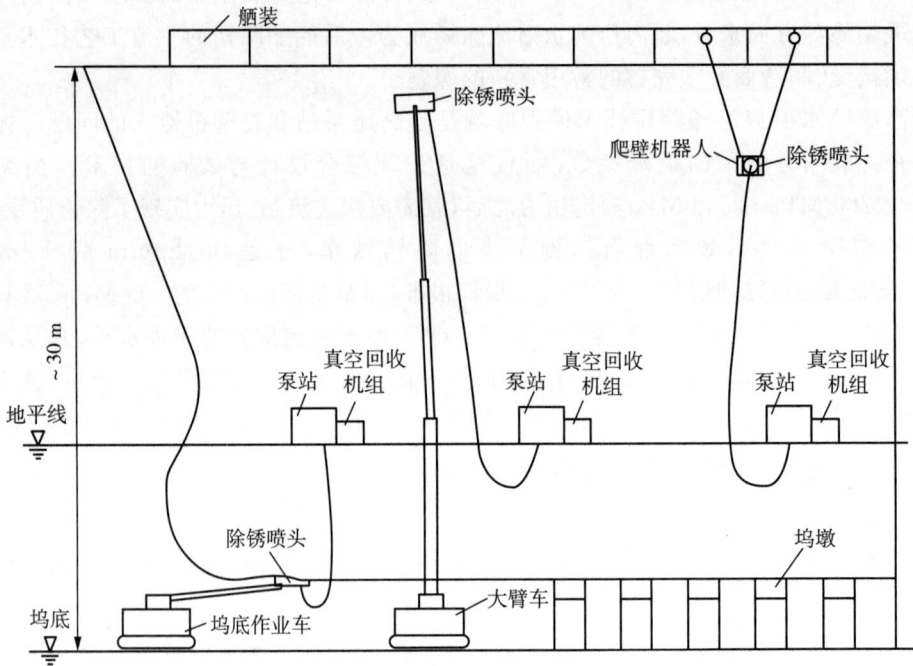

图 10-52　除锈设备在船坞的布局

　　船舶除锈成套设备的技术参数是实现船舶除锈功能和满足作业效率的根本保证。超高压泵的压力决定了水射流对船舶表面油漆和锈层的冲击剥除能力,超高压泵的流量决定了除锈作业的工作效率。同时提高流量和压力,泵的功率将会很高,受限于船坞供配电能力,单台泵机组的功率不超过 315 kW,即压力为 300 MPa、流量为 52 L/min 是一个约束条件。平面清洗器的除锈宽度是影响工作效率的重要指标。真空回收系统的真空度、风量等是影响回收能力的重要指标。典型的除锈成套设备主要技术参数见表 10-5 所列。

表 10-5　典型的除锈成套设备主要技术参数

子系统	参数名称	额定值
高压泵机组	设计压力 /MPa	300
	工作压力 /MPa	270
	流量 /(L/min)	40
	电机功率 /kW	250
除锈喷头(平面清洗器)	工作压力 /MPa	260～280
	流量 /(L/min)	40
	除锈宽度 /mm	≥350
	工作转速 /(r/min)	600～1000
	旋转驱动形式	气动或自旋转
	喷嘴数量	4～16

(续表)

子系统	参数名称	额定值
真空回收系统	真空压力 /MPa	$-0.06 \sim -0.04$
	真空泵风量 /(m³/h)	$\geqslant 1000$
	电机功率 /kW	$18.5 \sim 22$

2. 除锈成套设备的主要技术要求

1) 性能要求

(1) 除锈成套设备的初始工况应符合下列两种工况之一:① 在除锈成套设备工作期间,当泵机组的排出压力为额定压力时,除锈喷头喷射流量不低于额定流量的 90%;② 在除锈成套设备工作期间,当除锈喷头喷射流量为泵机组额定流量时,泵机组的排出压力为额定压力的 90% ~ 105%。

除锈成套设备的初始工况是指泵机组匹配除锈喷头出厂时的流量和压力工况。

(2) 除锈成套设备的除锈效率在满足除锈处理等级为 Wa2.5 时应符合表 10 - 6 的规定,表中的除锈效率是对醇酸树脂涂料涂装的船体表面、高压软管长度不小于 80 m 时的要求。当除锈处理等级低于 Wa2.5 时,除锈效率应相应提高。

表 10 - 6　除锈效率

机组功率 /kW	除锈效率 /(m²/h)
160	$\geqslant 30$
200	$\geqslant 40$
250	$\geqslant 50$
315	$\geqslant 60$

(3) 真空回收系统的性能参数应与泵机组额定参数相匹配,在泵机组额定工况参数下,真空回收系统应能将平面清洗器内的污水全部回收并应能满足不低于 30 m 回收管路的抽吸要求。

2) 运行可靠性要求

(1) 除锈装备平均无故障运行时间不低于 100 h。

(2) 易损件寿命应符合表 10 - 7 的规定。易损件寿命考核时工作介质应达到国家生活饮用水指标要求,考核时间可累积。

表 10 - 7　易损件寿命

额定压力 /MPa	易损件寿命 /h			
	喷嘴	超高压泵阀往复密封	超高压泵阀组	喷头旋转密封
$\leqslant 250$	$\geqslant 200$	$\geqslant 300$	$\geqslant 500$(允许修复)	$\geqslant 150$
$250 \sim 300$	$\geqslant 100$	$\geqslant 250$	$\geqslant 300$(允许修复)	$\geqslant 100$

3. 超高压泵机组

超高压泵机组是水射流船舶除锈成套设备的"心脏",其产生的超高压水通过高压软管输送到除锈器的喷嘴,由喷嘴将高压水转换成高速射流进行除锈作业。起高压泵机组主要由底座、集装箱、超高压泵、变频电机、联轴器、油冷却器、气动卸荷阀、离心增压泵、过滤器、水箱、变频控制柜、管路及其他附件等组成(见图 10-53)。

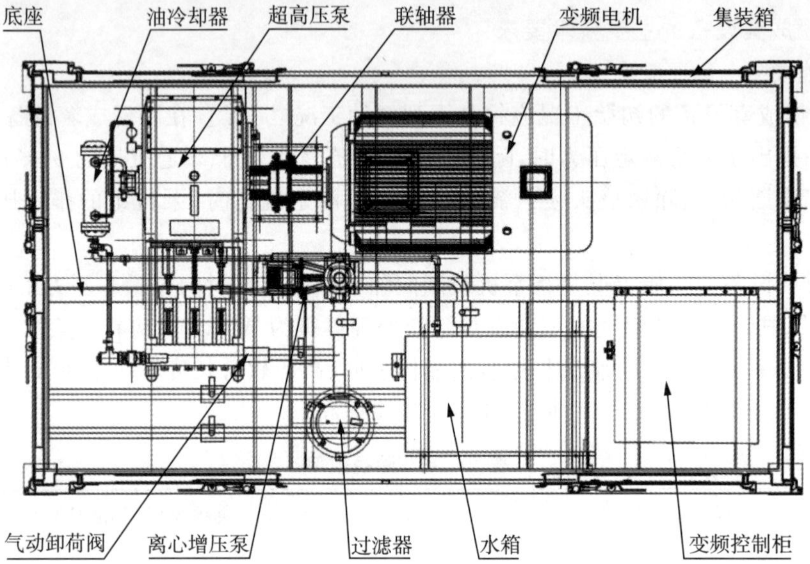

图 10-53 超高压泵机组

超高压泵机组的基本参数见表 10-8 所列。

表 10-8 超高压泵机组的基本参数

泵机组功率 /kW	额定压力 /MPa			
	200	250	280	300
	额定流量 /(L/min)			
160	40	30	—	—
200	45	40	35	32
250	60	48	42	40
315	75	60	55	52

注:泵机组功率为超高压泵配带原动机的功率。

10.8.3 爬壁机器人

爬壁机器人(见图 10-54)属于自动化的除锈执行机构,其体积小、重量轻、行驻灵活,易于实现自动化作业,可大大减轻工人的劳动强度,是水射流除锈执行机构的发展方向,也是执行机构的最终目标。

图 10-54　爬壁机器人

爬壁机器人主要解决以下几个问题:行走、附壁和射流。

行走:采用电(气)动马达驱动机构,该机构将机器人的两组驱动轮分别由两台马达通过减速机驱动。当两台马达转向与转速都一致时,机器人清洗器做直线往复运动;当两台马达造成速差(降低其中一台马达速度)时,机器人清洗器做转向动作,从而实现"之"字形换行。这里要求马达的输出扭矩要足以克服机器人重力、真空吸附力、摩擦力等。

附壁:机器人靠磁吸和真空附壁,要求真空吸力与磁吸力之和产生的附壁扭矩大于机器人本身因其重量、拖带物重量(水管、气管、管内水重量)和真空吸力产生的滚动摩擦力矩共同构成的倾覆力矩。

射流:机器人作为执行机构安装有超高压旋转接头和由 2～4 个布置有数个喷嘴的喷杆组成的旋转喷头,喷头的旋转运动由喷嘴射流的反冲力形成的扭矩驱动实现。旋转接头凭借平板间隙密封使喷头做到超高压自旋转稳定可靠。同时,调整喷嘴(杆)的安装角度可以调节喷头的旋转速度。

智能行走、旋转射流除锈和真空吸附排渣这几项功能是同步复合的。所谓爬壁,是由于磁力和真空吸附作用和行走功能使其贴壁面动作;所谓机器人,是依靠指令输入通过改变马达的转速以保证机器人的直行、横行、斜行等。在大型曲壁面动作主要体现在直行和换行上,所以爬壁机器人的技术难度主要在机械结构设计上。

机器人旋转喷头所处的真空腔与壁面弹性接触,腔缘的真空实现了机器人附壁和抽吸锈屑、污水的目标。为了安全起见,在机器人上部必须设置防坠器,钢丝绳只起到保险作用,不能拖带爬壁机器人运动。由于被清洗对象无论是垂直曲面还是水平顶面,都是大面积的平面,因此该机器人搭载的旋转清洗装置又叫作平面清洗器。

爬壁机器人的行走可以是轮式或履带式。

除此之外,还有其他除锈执行机构。图 10-55 为机械臂夹持清洗器,图 10-56 为船底除锈车。

图 10-55 机械臂夹持清洗器

图 10-56 船底除锈车

爬壁机器人的主要技术要求如下。

(1) 爬壁机器人在安装平面清洗器后的最大负载重量应不小于 50 kg。额定工况下,爬壁机器人除锈作业最大行走速度不小于 4 m/min;非除锈作业工况下,最大行走速度不小于 8 m/min;越障高度不小于 10 mm。爬壁机器人应配置不少于两个防坠器。机器人整机防护等级不低于 IP65,电控柜防护等级不低于 IP67。机器人无线遥控距离不小于 50 m。

(2) 爬壁机器人应具有人机交互功能。机器人遥控器应具有设定机器人的行走速度、转弯速度、加速度和减速度、作业轨迹重合度等参数的功能。机器人遥控器应具有运行速度和报警监控功能。

(3) 爬壁机器人在竖直平面作业时,应具有垂直姿态和水平姿态的自动调整功能,姿态偏差应在 ±0.5° 内。

(4) 爬壁机器人应具有一键自动换道功能,单次换道时间应不大于 20 s,前后两道轨迹之间的重合度可动态调整。

平面清洗器搭载于爬壁机器人上,与爬壁机器人集成为具有可行走、换行、移动速度和方向可控等功能的直接除锈作业单元,用于清理船舶侧面及底面大面积的平面及曲率较小的圆弧面作业区域。

平面清洗器是船舶除锈作业中最主要的除锈工具。它因喷头的旋转,在平移清洗的路径上形成较大宽度的清洗带,大大提高了除锈的工作效率。根据旋转喷头驱动方式,平面清洗器可分为自旋转平面清洗器和强制旋转平面清洗器两种。

10.8.4 真空回收系统

真空回收系统有两大功能:确保机器人附壁,及时抽吸锈屑与废水。

显然,真空泵的真空度与抽气量的选择:首先,必须满足机器人附壁的要求;其次,抽气量要与射流流量和剥除锈屑速度相适应。因超高压工况下流体的可压缩性,水由常压下的常温达到超高压下的 $84 \sim 90 \, ℃$,加之旋转射流的雾化,在真空腔内形成了均匀的高温场。在真空作用下,锈屑与废水被及时抽吸,高温场就使部分废水汽化蒸发,造成水射流除锈即除即干的效果。这正是人们多年追求的目标 —— 用水除锈不返锈。当然,这一切必须在一个密封可靠的真空腔内进行。抽吸后的锈屑与废水再经过过滤分离达到可排放标准。

10.8.5　外壁除锈工艺实践

外壁除锈工艺是一种利用超高压水射流的打击力清除船舶外壁金属表面上的锈蚀层和涂层的湿式除锈工艺。常温清水经过超高压泵或其他高压设备加压后,通过喷嘴以较高的速度喷射而出,形成的超高压水射流通过执行机构作用于船体表面的锈蚀层和涂层并使其剥离,作业产生的含渣废水经真空回收系统过滤、分离后,分别输送到固体和液体废物集中处理系统进行处理,实现水射流除锈作业工艺过程。该除锈过程即除即干不返锈,对金属基体无损伤,无二次污染,自动化程度高。

1. 除锈工艺参数

超高压水射流除锈工艺参数主要包括压力、流量、靶距、除锈宽幅与喷头移动速度。各工艺参数分别按以下原则进行选择确定。

(1)压力与流量的选择:应根据钢板初始表面状态和需要达到的除锈处理等级,合理地选择除锈工艺参数,以获得最佳工作效率。不同除锈处理等级的水射流工艺参数按表10-9进行选择。

表 10-9　不同除锈等级的水射流工艺参数

除锈处理等级	工作压力 /MPa	流量 /(L/min)
Wa1	≥180	
Wa2	≥200	≥25
Wa2.5	≥220	
Wa3	≥240	

(2)靶距的选择:自动作业的水射流靶距宜为 $5 \sim 20$ mm;喷枪除锈作业的水射流靶距应控制在 150 mm 以内。

(3)除锈宽幅与喷头移动速度的选择。除锈宽幅与喷头移动速度的确定应满足以下要求。对于所有除锈处理等级,旋转喷枪除锈作业效率不应低于 8 m^2/h;平面清洗器作业效率不应低于 20 m^2/h。平面清洗器的除锈宽幅宜为 $0.25 \sim 0.6$ m。额定工况下,爬壁机器人除锈作业最大行走速度不小于 4 m/min;非除锈作业工况下,最大行走速度不小于 8 m/min。额定工况下,大臂作业车作业最大行走速度不小于 4 m/min;非除锈作业工况下,最大行走速度不小于 8 m/min。坞底作业车作业最大行走速度不小于 4 m/min;非除锈作业工况下,最大行走速度不小于 8 m/min。

2. 除锈作业比率的制定

由工程主管与甲方(业主或船东)共同进行工程勘验。对施工区域选取 4 个以上部位,每个部位 1 m^2 以上,按相关分级标准测量锈蚀的面积占总面积的比率,进行汇总,取平均值后得到最终的施工区域除锈作业比率。

勘验时应注意,部分锈蚀的锈包表面状态目测良好,需要用尖头锤子敲击锈包,根据底层的锈蚀状况制定工程除锈作业比率。

根据甲方(业主或船东)的质量要求制定相应除锈处理等级,一般采用 Wa1、Wa2、

Wa2.5、Wa3 或组合方式制定除锈作业比率。若除锈区域最终需要统涂油漆,则所制定除锈等级的除锈作业比率之和应是100％。

除特别约定,除锈作业比率应不低于20％,不足20％的锈蚀面积按20％除锈作业比率计算,超过20％的除锈作业比率按实际计算。

3. 除锈作业施工区域面积的确定

对于船舶除锈,依据船体布置(见图10-57)和表10-10中的方法确定船舶外板(船壳)的除锈作业施工区域面积。

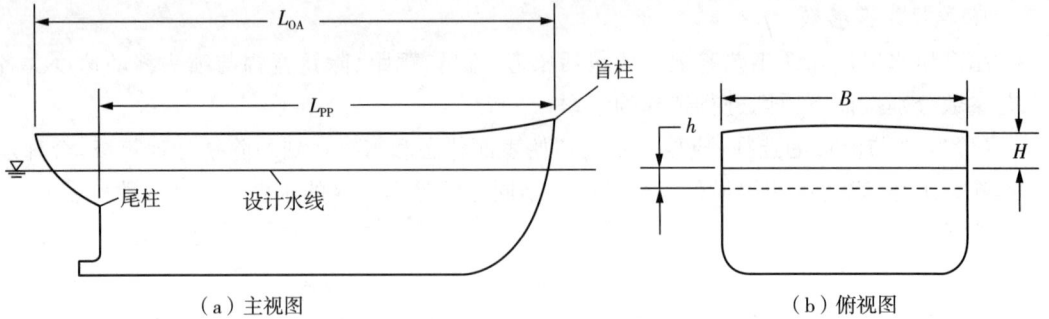

(a) 主视图　　　　　　　　(b) 俯视图

图 10-57　船体布置

表 10-10　船舶除锈作业施工区域面积的计算公式

船底及舷侧水线以下部分 $A = [(2 \times d) + B] \times L_{PP} \times P$	d:重载线的最大吃水深度	
	B:船的最大宽度	
	L_{PP}:两柱间长度	
	P:造船系数	大油轮:0.90
		散货船:0.85
		干货船:0.70～0.75
舷侧水线以上部分 $A = 2 \times H \times (L_{PP} + 0.5 \times B)$	H:水线高度	
	L_{PP}:两柱间长度	
	B:船的最大宽度	
干舷(结构吃水至上甲板) $A = 2 \times H \times (L_{OA} + 0.5 \times B)$	H:干舷的高度	
	L_{OA}:船的全长	
	B:船的最大宽度	

4. 除锈作业执行机构的选用

对舷侧大面积区域除锈,宜采用爬壁机器人或大臂作业车搭载平面清洗器作业。

对船底大面积区域除锈,宜采用专用坞底作业车或短臂作业车等搭载平面清洗器作业。

对船舶艏艉曲面区域除锈,宜采用大臂作业车搭载小直径(200 mm 以下)平面清洗器或使用旋转喷枪作业。

10.9　超高压水射流专用技术

10.9.1　机场跑道除胶车

往复泵成套设备往往都是以专用逐渐走向通用,实现量产。其中车载成套设备是很大一类。本节介绍一种技术比较全面、应用也比较高端的机场跑道除胶车,它涉及汽车增速减速、柴油机与泵站耦合、执行机构遥控、水箱连续运行、液压动力和程序控制等。

1. 共性技术

飞机起降时,特别在降落过程中,轮胎与跑道表面间会发生剧烈的摩擦,致使飞机轮胎局部热脱胶并在跑道表面形成一层橡胶沉积物。这种橡胶沉积物牢牢附于跑道表面,并逐渐增厚,造成跑道摩擦力降低,加大飞机滑行距离,使飞机易于冲出跑道。胶层的不均匀性也加剧了飞机滑行的振动。此外,这种橡胶沉积物覆盖了跑道起降标志线,严重影响飞机的安全起降,必须予以清除。以往采用人工刷洗和化学清洗的方法,但存在效果不理想、成本高、易污染、不适应沥青道面等缺点。20 世纪 80 年代后期,国外机场道面除胶开始采用高压水射流技术很好地解决了这一问题,保证了跑道表面摩擦系数不低于 0.5。多功能机场跑道除胶车如图 10 - 58 所示,除胶车正在作业的场景如图 10 - 59 所示。

图 10 - 58　多功能机场跑道除胶车

高压水射流除胶设备是由各相关设备和子系统组成的一个完整系统,一般由汽车底盘及设备方箱、清水箱、柴油机驱动变速高压往复泵机组、卸荷阀、高压软管、平面清洗器、柴油机驱动真空机组、污水箱、控制系统等组成。

系统工作原理:柴油机驱动高压往复泵工作,常温清水由水箱经前置泵加压过滤后进入高压往复泵加压;经高压软管输送至平面清洗器;通过平面清洗器上安装的喷头,形成高压水射流;借助高速射流对垢层的冲击、剥层、破碎

图 10 - 59　除胶车正在作业的场景

等破坏作用,完成对道面的清洗除胶作业。同时,柴油机分出的部分功率带动液压油泵,经过液压油管输送至平面清洗器上安装的液压马达,带动旋转马达驱动喷头旋转,从而达到均匀一致的清洗效果。在配有真空除污装置的系统中,真空泵使真空罐形成一定程度的真空,真空罐与平面清洗器由真空管连接,将射流除下的胶屑与污水抽吸至真空罐,再通过离心泵排至拖车污水箱,污水箱中设有过滤分离装置,将胶屑与污水分离。

各种除胶车的共同设备如下。

(1)柴油机驱动高压往复泵机组:采用独立的柴油机驱动高压泵机组。针对混凝土道面和沥青道面不同的要求,除胶工作压力为 $70 \sim 100$ MPa,机组功率为 110 kW(单清洗盘机组)~ 350 kW(大功率除胶车)。动力柴油机通过离合器、变速器驱动高压泵。柴油机、离合器、变速器、高压泵、燃油箱等均装备在一个减震底座上。

(2)水箱:在跑道进行除胶作业时,机组用水可以通过水车或机组自带大容积水箱来提供,采用机组自带水箱居多,其容积应能保证机组作业 1 h 左右的用水量,而水车可用于往返跑道和水源之间为机组运水。水箱应用不锈钢材料制造而成,并配有合适的隔板、液位计和出口阀,具有水位最大、最小控制报警和警戒水位报警指示,具有温度监测装置。为了延长连续作业时间,尽量不用太大功率的泵机组,超高压小流量泵机组是不错的选择。当然,系统超高压的应用会产生成本和可靠性等新问题,也催生了平面清洗器的新结构。

(3)前置泵及过滤器:柴油机分动力驱动的前置离心泵给高压泵提供必要的吸入压力和流量,高压泵吸入压力为 $0.2 \sim 0.3$ MPa;高压泵进水口前配备精密过滤器,过滤精度为 $10 \ \mu m$。

(4)压力控制与调整装置:可通过调整动力变速器的变速挡位和柴油机的转速来实现无级调整,从运行经济性和可靠性出发一般不采用溢流调压。过载保护装置通过压力传感器限压保护开关、高压泵安全阀、高压泵液力端爆破膜等来提供多道安全防护措施。

(5)控制系统:电气、液压和气动元件的控制,机组工作状态、运行参数的显示和控制,通过安装在驾驶室内的一控制面板来操作。控制系统的功能包括工作压力、泵单元柴油机的转速、工作时间、油温、油压、充电电流、燃油油位、水箱水位等监测,高压水供给的开、关,泵单元柴油机的启动、停止控制,泵单元柴油机的转速控制与高压射流压力的调节等,平面清洗器的升降控制,卡车的前进、后退的选择和控制。卡车运行时可以通过控制系统将工作速度锁定在低速状态。作业时驾驶员还可根据道面性质(混凝土或沥青)、结胶情况、除胶效果调整工作速度,以达到最佳除胶效果并不至于损伤道面。清洗除胶作业控制屏安装在驾驶室内,全部作业方式可由驾驶员一人独立完成。

(6)射流喷嘴:喷头包括喷杆与喷嘴、集束喷头,在 4 个喷杆端部设置一个扇形喷嘴,其特点是打击力集中,专为不易损伤的混凝土跑道除胶设计。雾化喷头在 2 个喷杆后约 2/3 部位合理密置 10 多个喷嘴,共设置数十个喷嘴,多喷嘴密集的雾化射流效果专用于沥青跑道除胶,在彻底清除橡胶垢层的同时基本不损伤道面,这种喷头也可很有效地用于混凝土道面除胶。集束喷头的喷嘴为不锈钢体与碳化钨芯的组合,喷射扇形集束射流;雾化喷头的喷嘴则由不锈钢体、宝石芯片组成。

(7)安全保护装置:系统配备压力传感器、高压安全阀、爆破膜等多道安全措施保证系统安全运行;驾驶室内控制屏配备工作状态指示装置,确保驾驶人员按工作性质选择合适的系统工作参数;当发动机水温过高、油压过低时,过载安全保护会自动停机;当水箱水位过高、过低时,会自动报警;当高压泵油压过低、进水压力过低时,系统会报警或停机。

2. 单一功能的除胶车

图 10-60 为机场跑道除胶车的组成。1 台 285 kW 的柴油机直接驱动 1 台高压泵机组,其压力为 100 MPa、流量为 120 L/min(欧美发达国家的机场跑道除胶车泵组压力为 70～140 MPa,实际使用 100 MPa 就足够了)。气动控制阀自动卸荷溢流。清水箱净容积为 8000～10000 L,清水箱的水经泵形成高压水到达平面清洗器。平面清洗器实际上是大直径二维旋转喷头,即在 4 个喷杆上装有多个扇形或雾化喷嘴,喷头旋转速度可控,其工作宽度为 2000 mm。平面清洗器喷头的旋转动力为液压马达,平面清洗器的升降动力为液压缸,液压马达和液压缸的控制由液压系统完成。污水、胶屑在负压作用下通过平面清洗器上的污水回收口回收至污水箱中,平面清洗器中的负压由真空泵机组提供。控制台在驾驶室,它直接控制柴油机、高压泵、真空泵、平面清洗器、液压系统的所有动态参数,除胶作业均在此进行。根据需要,除胶车上也可只载一套高压泵机组,真空泵机组单独另外配置。除胶车的平面清洗器稍作改装,将分散的射流集中起来,就可用于筑路前的旧路面破碎、桥面维修等。除胶车只用于破碎作业时,机组功率和压力还要更大。

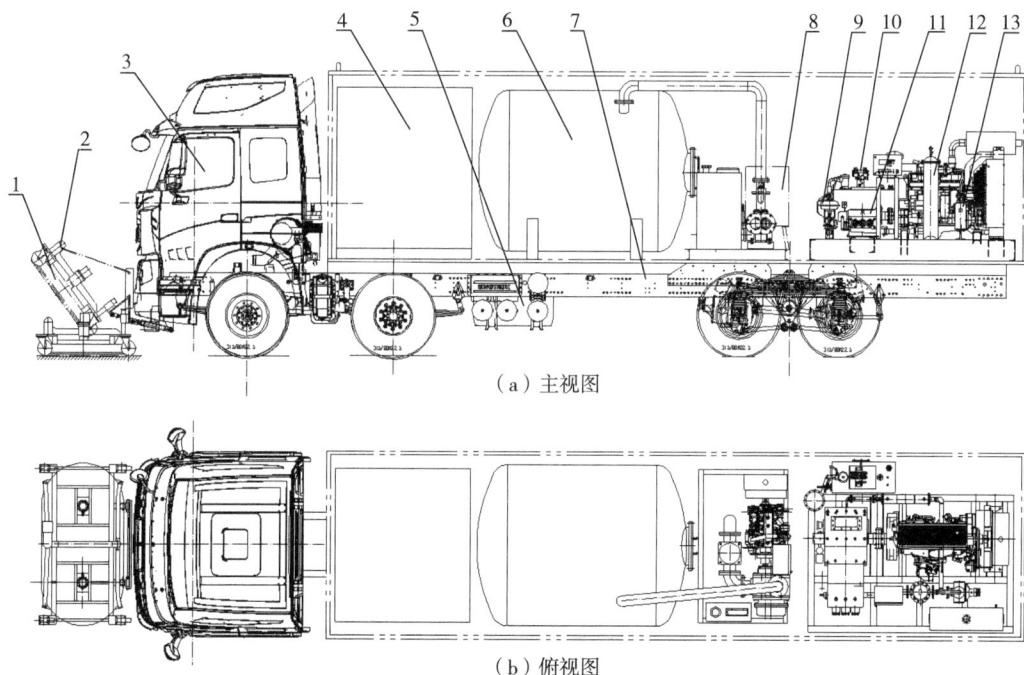

(a) 主视图

(b) 俯视图

1—平面清洗器;2—污水回收口;3—控制台;4—清水箱;5—辅助变速器;
6—污水箱;7—底盘;8—真空泵机组;9—气动控制阀;10—液压系统;
11—高压泵机组;12—进水过滤器;13—增压泵。

图 10-60　机场跑道除胶车的组成

3. 多功能除胶车

多功能除胶车的三种喷头如图 10-61 所示,多功能机场跑道除胶车的组成如图 10-62 所示。

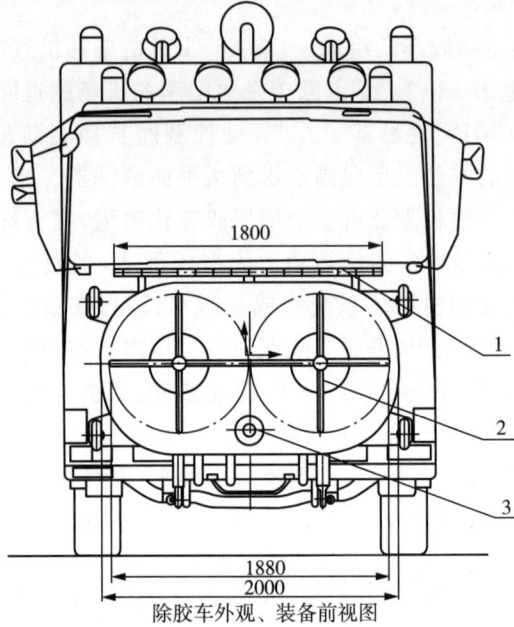

1—清洗油污用列式喷头;2—除胶用高压旋转喷头;3—除标志线用超高压旋转喷头。

图 10-61　多功能除胶车的三种喷头

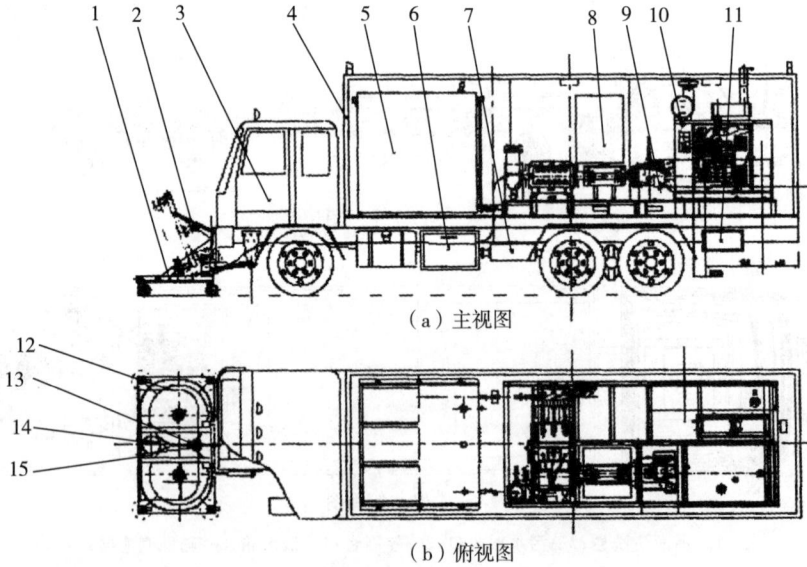

(a) 主视图

(b) 俯视图

1—平面清洗器;2—升降液压缸;3—汽车底盘;4—车厢;5—清水箱;6—工具/备件箱;

7—辅助变速器;8—液压系统;9—控制箱;10—高压泵机组;11—进水过滤器;12—高压软管;

13—分配阀;14—除标志线清洗器;15—超高压软管。

图 10-62　多功能机场跑道除胶车的组成

所谓多功能除胶车是以除胶为主,以除标志线、除油污为辅的成套设备。为了在一台设备上实现这几种功能,主机采用变速泵,即在柴油机和泵之间连接一个既可气控又可手控的变速箱,从而实现在功率基本相等的同时改变泵的压力与流量工况参数。

除胶作业时采用高速挡,压力为 $80 \sim 120$ MPa,流量为 $80 \sim 120$ L/min,由液压马达驱动雾化旋转喷头进行高质量快速除胶作业,双盘清洗器的除胶宽度为 2000 mm,除胶速度为 $1000 \sim 1500$ m²/h。

除油污作业采用高速挡,压力为 35 MPa,流量为 180 L/min,采用列式喷头,作业宽度达到 2 m 以上。

除标志线作业采用低速挡,压力为 $170 \sim 210$ MPa,流量为 $50 \sim 100$ L/min,超高压旋转射流直径为 300 mm 左右。可以彻底清除机场、高速公路和市政道路特有的附着力很强的热溶漆标志线,以便重新画线。

将三种喷头机构组合成一个平面清洗器,再由液压系统自动升降作业。

一般除胶车除胶或清除标志线后的污水和固体残渣都遗留在跑道上,整个作业结束后用水冲刷至跑道两边的空地或采取扫地车清扫回收。随着环保法规的日益严格和对作业程序要求的简便化,机场用户对除胶作业产生的污水杂物的及时清除回收提出了要求。为满足这种要求,可以在除胶车主要机组外再加装一套真空回收除污系统。该系统主要包括驱动柴油机的真空泵、回收吸盘(通常利用除胶清洗盘外罩)、真空管路、污水箱、排污装置等。真空回收装置用来回收除掉的胶渣和污水,作业时直接把清洗器冲刷下来的污水和固体颗粒抽至后面的污水箱中。真空回收系统可以和除胶机组一起安装在一辆汽车底盘上,也可以单独安装在另一辆汽车底盘或拖车上。比较好的形式是除胶机组单独安装在一辆汽车底盘上,形成一个独立的作业单元。清水箱和污水箱均由不锈钢板制成,并在水箱内部设有隔板,以缓冲由车辆惯性而引起的冲击。

当然,多功能除胶车也带来了新的问题:兼顾功能,就会产生烦冗的矛盾,如跑道除胶要求慢速,油污清洗要求快速,而除标志线则要求慢而窄(人工机动),这些难统一的矛盾就造成了泵和车的改造难度。解决这一问题的办法是"分而治之",即在每一个技术功能上做得更完美。

4. 带横移式平面清洗器的除胶车

横移式平面清洗器除了用于除胶外,较多地考虑清除不同宽度的废弃标志线。在这种机组中往往选择超高压、小流量往复泵作为主机,工作压力可达 250 MPa 或以上,机组功率为 $180 \sim 250$ kW,流量为 $30 \sim 50$ L/min。其主要特点是由一个小直径超高压旋转喷头产生超高压水射流来清除橡胶垢层和废弃标志线。该小直径超高压旋转喷头安装在车辆前部的一个横向进给支架上,在液压或电气装置的驱动下可按所设定的速度垂直于车辆前进方向做横移往复运动(X 方向),同时除胶车辆也按所设定的前进速度向前移动(Y 方向)。这样就产生了一个在清洗平面沿 X、Y 两个方向进给的小型超高压旋转水射流,设计时在 X 方向的最大移动距离一般不超过 2000 mm,实际工作时可根据现场需要清洗宽度进行限位。在工作中当除胶车辆向前行走 Y 距离时,即可对 $X \times Y$ 的一块矩形面积进行彻底的除胶或清除标志线作业。机组工作时的射流压力可根据除胶作业和清除标志线作业的不同要求设定。清洗器除了沿 X、Y 方向的移动外,还必须使其能够沿竖直方向(Z 方向)进行移动,以便调整射流靶距和在非工作状态行走时抬起清洗器。这种清洗作业方式的关键是合理匹配清洗器横向进给和车辆的前进速度,在避免漏洗的同时提高清洗效率。通常横向进给速度是连续可调的,车辆行进速度可采用连续前进清洗或步进式分段清洗。这种作业方式在超高压水射流应用于混凝土破碎工程中也经常采用。

横移式平面清洗器及移动机构如图 10 - 63 所示。横移式机场跑道除胶车如图 10 - 64 所示。

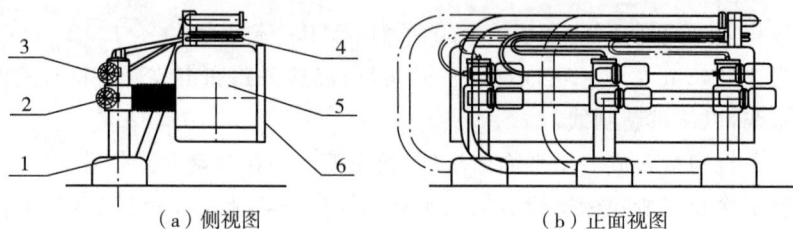

（a）侧视图　　　　　　　　　　　（b）正面视图

1—平面清洗器;2—喷头升降机构;3—喷嘴靶距调节机构;4—高压水管、液压管、污水回收管及其固定座;
5—喷头横向移动与纵向补偿机构;6—安装固定板。

图 10 - 63　横移式平面清洗器及移动机构

图 10 - 64　横移式机场跑道除胶车

10.9.2　道路清除标志线的应用

1. 标志线清除的传统方法

因交通管理技术指导文件改变等,常需要将原有的道路标志线清除掉。如果原有标志线清除不彻底,那么在夜间灯光下或潮湿的环境下,很容易让驾驶员认为旧的标志线依然存在,这对行车安全和交通管制非常不利。另外,传统标志线清除方法虽然可以将标志线去除干净,但会对路面造成损坏,增加了道路养护成本。

（1）打磨清除法。打磨清除法的原理是合金打磨刀头高速旋转,同时实现刀头与路面标志线充分接触打磨,清除标志线。打磨型标志线清除机是传统主流产品。

（2）铣刨清除法。铣刨清除法是利用铣刨刀片与地面接触进行路面铣刨作业，以达到清除标志线的效果。路面铣刨机在作业的同时通常会造成路面损伤且刨机痕迹明显。

（3）抛丸清除法。抛丸清除法是通过抛丸机实现作业的。抛丸机叶轮将丸料（钢丸或砂粒）以很高的速度和一定的角度抛射到工作表面上，让丸料冲击工作表面，以达到清理路面的目的。然后在机器内部通过配套的吸尘器的气流清洗，将丸料和清理下来的杂质灰尘分开回收，回收的丸料被重复循环抛射。

（4）刷擦清洗法。刷擦清除机是通过动力带动钢丝刷盘，使其剔除工作表面的附着物。其根据配备装置的不同分为加热式、触变式和往返式三种。加热式刷擦清除是在作业之前先对原有标志线进行加热处理，待标志线软化后再用钢丝刷盘将其清除。触变式刷擦清除是在作业之前，在标志线表面刷上一层化学触变脱漆剂，然后再用钢丝刷盘对标志线进行清除。

（5）喷砂清除法。喷砂清除法是通过喷管以压缩机形成的磨料射流来清理表面标志线的方法。喷砂型路面标志线清除机通过控制喷砂种类和粒径可以达到不同的清除效果，对于清除常温标志线及粗糙路面凹槽中的标志线比较有效。

（6）天然气燃烧法。天然气燃烧法是采用天然气火枪对准标志线将其燃烧掉，从而达到清除效果的方法。其施工速度非常慢，且不是所有的标志线均能被很好地清除掉。通常对较厚的热熔标志线清除效果较好。

综上所述，强制接触打击几乎是清除标志线的有效方法，如此造成对道路的损伤、对环境的污染一直是标志线清除的顽疾。由此可以看出，清除道路标志线久而有之，人们也想了很多办法，但是污染、效率低、伤害路面等问题一直存在。

2. 高压水射流清除法

随着世界各国对环境保护意识的增强，标志线清除对环保的要求也越来越高，因此高压水射流清除法应运而生，并成为近年来欧美国家比较青睐的一种标志线清洗方法。高压水射流清除法主要施工机械为高压水射流清洗机。高压水射流清洗机利用增压系统使水由喷嘴射出，这种旋转水射流具有极强的冲击力和切削力，可直接深入沥青孔隙中对线漆进行清除。被清洗过的路面不但没有任何线漆的残留，同时不会有任何损害，整个路面还会变得非常干净。它是解决传统工艺缺陷的新工艺、新装备。

随着社会的发展，相关部门在选择道路标志线清除方法时，从过去单纯地考虑经济性，到综合考虑对道路交通的影响和对施工人员安全、环保方面的要求。

道路标志线对维持道路交通秩序、保证道路交通安全具有不可替代的作用。伴随着交通管制方案的改变，必然会对原有道路的标志线进行清除。

显然超高压水除线机相比于其他传统型除线机更高效、更彻底，且自带回收残渣功能，可以使打磨后的路面整洁，同时不会损伤路面。其属于物理清洗，能顺应市场发展，符合国家环保要求，已然成为主场主流。

1）高效

超高压水除线机是利用高压水射流原理，将普通水源通过高压泵瞬间增压到 $120 \sim 210$ MPa 的出水压力，并经过专用执行结构（清洗小车）（图 $10-65$）直接冲击标志线涂层

（冷喷漆、热熔、双组分等），破坏涂层和道路间的附着力，逐层清除，无损伤、无扬尘。此方法又称为"物理清洗"，可以完美地完成道路标志线的清洗、清除工作。选用高压水除线设备清除后的路面，无须进行二次洁净处理，其自带的回收系统可将打击下来的残渣、废物、废水一次性回收，可以做到边清洗边清理，两个流程一次完成。清洗路面及清除废物的效率总计可以比原机械打磨的方式快几倍到十几倍。

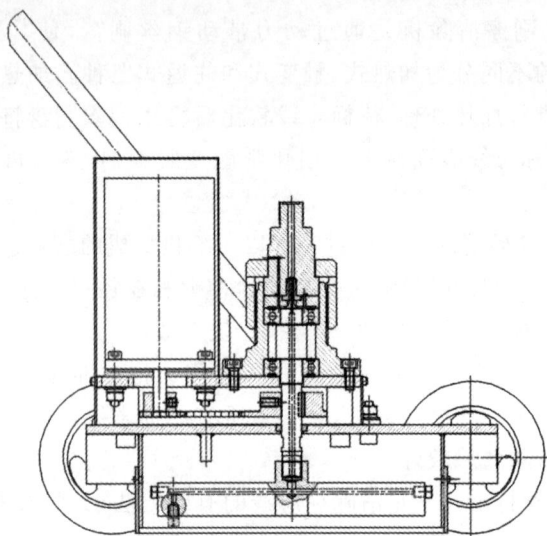

图 10-65　手动平面清洗器形成超高压旋转水射流

2）环保

以清水为介质的高压水射流设备在清洗过程中，无毒、无味、射流喷射瞬间即会雾化，同时降低作业区的空气粉尘浓度，可使大气粉尘由 80 mg/m³ 降低到国家规定的安全标准 2 mg/m³，因此不会造成任何环境污染。该方法既避免了喷砂抛丸及简单的机械清洗时产生大量粉尘、污染大气环境、损害人体健康，也避免了化学清洗时产生大量废液污染河道、土质和水质，完全取代了传统的火烧、锤敲、手磨机打磨等清除方法。因此，该清除方法得到了各地交管、城管、路政部门领导的高度认可。

3）节能

高压水射流使用的介质是常温水，来源容易，普遍存在。在清洗过程中，由于能量强大，不需要加任何填充物及洗涤剂即可清洗干净，故清洗成本低。另外，高压水射流清除法与消防用水炮不同，属细射流喷射，所用的喷嘴耗水量不到 30 L/min，所用动力的功率为 120 kW。

4）自动化

设备由柴油发电机组提供动能，并将所有结构部件集成在同一钢制底盘上，便于吊装，可随时装载于工程车辆上执行路面清洗任务。全自动操控面板，只需要调节柴油机转速即可实现设备各压力等级的输出，以达到不同的清洗效果。

5）应用广

高压水射流清除法能清洗各种形状和涂料复杂的路面，能在空间狭窄复杂和操作环境较差的条件下进行清洗,对路面材质、特性、形状及垢物种类均无特殊要求,故其应用十分广泛。其配以不同的执行机构,如高压手持枪、旋转喷头、毛刷手臂、液压悬臂等可实现标志牌、小广告、高速公路围栏、马路护栏、隔离栏等的清洗。

3. 超高压清除标线机(车)

同 10.9.1 节的原理相同,超高压水射流清除标线机(车)也是由车载超高压泵站和手推平面清洗器、手持喷枪等组成,不同的是后者参数更小,产品更通用。由于作业大都人工手推平面清洗器(打面)或手持喷枪(补点),所以,作业现场往往是车驻而射流位移,灵活机动。图 10-66 为超高压清除标线机(车)成套装备泵站。

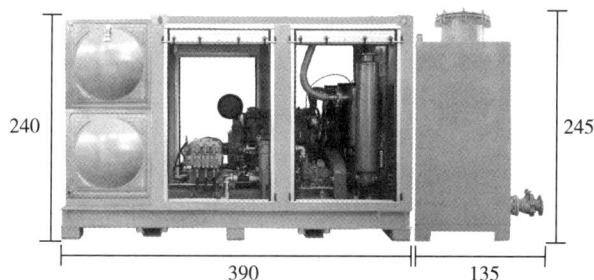

图 10-66　超高压清除标线机(车)成套装备泵站

1)技术参数

专用于道路标志线清除的成套设备主机基本有两组技术参数(见表 10-11)。

表 10-11　专用于道路标志线清除的成套设备主机技术参数

压力 /MPa	140	210
流量 /(L/min)	29	23
机组功率 /kW	120	

泵机组为柴油机驱动。

2)技术特征

实际上,道路清除标线机(车)与机场跑道除胶车原理是一样的,都是车载泵站、水射流作业清除表面并回收污物,但是,两者的不同点也很明显。首先是技术参数,前者机组功率明显小于后者,且压力高、流量小,应对的是小面积、附着力强的涂层;后者压力低、流量大,应对的是大面积、附着力强的胶层。由此,前者普遍将泵车与执行机构分开,这样既灵活机动,可以慢速甚至反复作业,无须对汽车变速进行改装;而后者采用泵车与执行机构一体化设计,以便适应宽幅一次性作业,大多需要对汽车进行减速及其离合改装。其次,前者基本是白天作业,随着涂层变化需要人工适时变化,人的主动要求高,而后者是夜间作业,受特定环境限制,整体装备匀速位移,自动化要求更高。两者的共同点都是将涂层清除干净且不许伤害道面,所以在作业期间,射流工况参数控制很重要。另外,道路清除标线机(车)之所以如此称谓,是因为"车"与"机"是可分可合的。不改装车、不固定加载专用执行机构,

"机"也就不长久占用"车",所以"机"和"车"分别都是通用的,合体又是专用的。

3) 装备构成

超高压水射流清除标线成套装备共分为三个系统,即超高压泵站系统(包括泵前水处理系统)、路面行走机构、真空抽吸系统等。

由于交通标志线的工作地点为道路表面,为了使装备运输方便,提高工作效率,方便柴油机与风机连接,将风机系统集成到集装箱内。在集成过程中更要注意以下几点。

(1) 由于集装箱体积有限,各子系统应紧密、合理地布局,同时需要保证各子系统的功能完成性。

(2) 系统中管路众多,包括硬度很大的高压水管和真空回收管等,不同水管的弯曲程度不同,并且都有相关规定。因此要考虑各管路的安装、布置等问题,防止管路出现弯折过度、断裂等情况的发生。

(3) 系统在工作过程中会发热,而且各设备布局紧凑,为了保证装备在工作过程中不出现异常,需要在集装箱内设置通风和降温设备。

装备配置超高压柱塞泵、120 kW 柴油机、两个电瓶、冷却系统、过滤系统、真空系统、水箱。水箱的有效容积为 3 m³,由不锈钢制作而成,外形为长方形。真空回收箱设有进水口、出水口、排水口、球阀和溢流口。泵流量为 29 L/min,水箱系统在无水补充的情况下可以工作的时间约为 100 min。

4. 清除标志线应用

根据国家相关规定,绘制交通标志线所使用油漆的标线材料应符合国家标准或行业标准的要求,并应具有与路面附着力强、干燥迅速,以及良好的耐磨性、耐候性、不粘污性、抗滑性等特性。

按照国家标准,交通标志线按照标线材料种类可分为溶剂型涂料标线、热熔型涂料标线、水性涂料标线、双组分涂料标线、预成型标线带标线等。其中常温溶剂型路标涂料耐久性差,对环境污染大,主要用于交通量小的道路和车辆较少行驶到的道路外侧线。热熔型路标涂料耐久、快干,夜间反光能见度高,对环境污染小,对交通阻碍小,综合费用低。加热溶剂型路标涂料有关性能及费用介于两者之间,但由于其施工机械复杂、产品质量等因素影响,在我国未能广泛使用。在这三种路标涂料中,热熔型路标涂料因其独有的特点得到了广泛的应用。

此外,交通标志线厚度也是交通标志线的一个重要指标。厚度过小,易磨损,厚度过大,会严重影响交通行车的安全性,因此,国家相关部门对交通标志线的厚度有严格规定(见表 10-12)。

表 10-12　交通标志线厚度规定

标线种类	标线厚度	备注
溶剂型涂料标线	0.3～0.8 mm	湿膜
热熔型涂料标线	0.7～2.5 mm	干膜

（续表）

标线种类	标线厚度	备注
水性涂料标线	0.3～0.8 mm	湿膜
双组分涂料标线	0.4～2.5 mm	干膜
预成型标线带标线	0.3～2.5 mm	

不同标志线清洗参数与效率见表 10-13 所列。

表 10-13　不同标志线清洗参数与效率

热熔地标线	主要由合成树脂、添加剂等组成，黏性相对较高，清洗速度慢，8 h 可清洗 200 m²，清洗压力为 100～130 MPa
震荡地标线	树脂含量较高，黏性相对大，清洗速度慢，8 h 可清洗 200 m²，清洗压力为 100～130 MPa
冷漆地标线	采用特种道路专用冷涂料，清洗速度慢，8 h 可清洗 180 m²，清洗压力 180～220 MPa

作业中的水射流清除标线机（车）如图 10-67 所示，清除效果完全满足技术要求，即完全清除漆层，不伤道面。

图 10-67　作业中的水射流清除标线机（车）

10.9.3　氧化铝管道除疤

工业清洗工程最难的是氧化铝的管道化结疤清洗，说是清洗，实际上就是岩石破碎。对于内径为 4 寸的长管道，其硬度堪比花岗岩的垢层，甚至几乎能堵满整个管道，所以，行业一直称其为氧化铝管道结疤的清除。创造超高压大流量的连续作业工况，要采用大直径软管及其相应大尺寸执行结构，要研究大难度的各种喷嘴喷头和控制阀等。可以准确地说，清除了氧化铝管道结疤，工业清洗工程便再无难事。

1. 氧化铝管道结疤与除疤

目前我国氧化铝的生产工艺主要包括烧结法、拜尔法和拜尔-烧结混联法。氧化铝生产过程中出现设备结疤情况最多的是高压溶出工段，用于高压溶出工段的典型设备是管道化和压煮器。

氧化铝设备结疤造成了传热效率降低、能耗增加的危害,所以对氧化铝生产设备的结疤进行定期、有效的清理是十分必要的。随着高压水射流技术的发展及人们对其认知程度的提高,目前国内各大氧化铝厂基本采用了高压水射流清理结疤的工艺,而在此之前只能依赖强酸腐蚀和火烧结合的无奈举措。

氧化铝结疤的主要成分为 Al_2O_3、SiO_2、Na_2O 等,其特点是逐层结疤、附着力强、硬度高、结疤量大、具有一定的脆性。高压溶出设备结疤的化学成分见表 10-14 所列。

表 10-14　高压溶出设备结疤的化学成分

成分	Al_2O_3	SiO_2	TiO_2	Fe_2O_3	CaO	MgO	Na_2O	烧碱
含量 /%	33.22	31.27	2.25	4.75	0.79	0.26	20.20	7.26

工业清洗所涉及的难清洗结疤主要是高温溶出过程中形成的结疤。对某氧化铝厂高温溶出段结疤进行分析,其主要成分是钙钛矿,并且钙钛矿的形成与温度有很大的关系,在 260 ℃ 的溶出段钙钛矿的含量最高,这就是为什么高温溶出段是清洗的难点。

管道化是氧化铝高压溶出的一个重要生产工段,仅年产 20 万 t 氧化铝的溶出管道长度就达到 8000 m(需要定期清理的就有 5000 m),每根管道的长度约 200 m,呈"U"形安装,一般采用 4″ 钢管(直径为 108 mm)。通常氧化铝装置的年产量在 70 万 t/ 年左右。为了最大限度地提高生产效率、降低成本,管道中物料运行的温度为 270 ℃ 左右,高温高压物料长期运行,导致管道内壁的结疤厚度为 6 ～ 15 mm,甚至更加严重,大约每两个月就要清理一次,由此可见清除结疤的工作量非常大。

采用高压水射流清除氧化铝管道结疤,在水射流附件方面需要注意以下几个问题。

第一,管道长,所需的高压软管很长(大约需要 200 m),整个软管的重量约为 420 kg。一般采用高压软管收放器来完成软管的展开和回收,这样既降低操作者的劳动强度又容易实现自动化。另外,对于长距离、大流量的高压软管而言,管径选择的是否合适直接影响压力损失的大小。一般氧化铝除疤作业中使用的高压软管通径为 20 mm,工作压力为 140 MPa。

第二,清洗喷头要具有足够的自进力,并要求喷嘴具有射流效率高、使用寿命长的特点。喷头需要带动 100 m 长的高压软管在管道内进行结疤清除作业,必须有足够的推进力。因为为了操作的安全、方便,不可能加装额外的推进装置,所以只能依靠水射流自身的反冲力作为喷头的推进动力,喷嘴侧后向射流中心线与喷头中心线之间的夹角为 45°～60°。同时,清除下来的疤层碎块全是靠它推出管道而不堆堵。

清除结疤的高压水射流最终是通过喷嘴形成的。现在普遍采用喷嘴嵌装在喷头体上这一形式。因为喷嘴为单独体,所以从结构、材料、处理工艺等方面都方便设计和制造。为了使喷嘴射流效率更高,在喷嘴入口处需要做较为特殊的结构设计,常见的有收缩锥形和导流栅形,这样总成喷头的射流效率可达到 85%～90%。另外,喷孔段的长度和粗糙度对喷嘴的效率和使用寿命影响也很大。

　　清除脱落的结疤经常会反射到喷头体上,再加上喷头体和管道内壁的摩擦,所以喷头体的磨损也是不容忽视的问题。实际应用中曾经出现过喷头体因受到结疤反射打击和磨损与喷嘴黏结成一体,导致无法更换磨损喷嘴的情况。喷嘴报废则喷头也跟着报废,从而大大增加了使用成本。这种情况比较常见的处理方法是采用喷头体表面高频淬火或喷涂硬质合金来提高喷头体表面的硬度,进而提高其耐磨性。由于整体淬火会增加喷头体的脆性,使喷头体易开裂,因此一般不予采用。

　　第三,采用旋转喷头进行管道结疤的清除作业。采用旋转喷头会大大提高作业效率和质量,因为旋转喷头能很好地创造出射流剪切力。但使用时需要注意两个问题:其一,旋转喷头的总体尺寸不能太长,否则无法通过"U"形管道的拐弯处,这是刚性约束条件;其二,转速不能太快,而且要求性能稳定,因为高转速会引起射流的雾化,从而影响射流的打击力。应用于氧化铝结疤清除的旋转喷头已经成为成熟的产品,该种喷头的轴向长度为 90 mm 左右,最慢转速可以控制在 20 r/min,最高工作压力为 140 MPa。虽然旋转喷头的成本高于固定喷头,但其作业效率高。从总体的性价比来看,旋转喷头用于结疤清除是具有优势的。因此,旋转喷头应用于氧化铝结疤清除是未来的发展趋势。

　　2. 超高压大流量泵机组

　　采用高压水射流清除氧化铝设备的结疤时,超高压大功率泵机组是产生超高压水的发生设备,均采用三柱塞或五柱塞往复泵的结构形式。应用于氧化铝结疤清除的泵机组具有以下几个特点。

　　1) 超高压、大流量

　　如前所述,氧化铝结疤坚硬,与设备的附着力很强,与其说是清理、清除,不如说是破碎。采用高压水清除结疤的工作压力为 130 ～ 150 MPa,这一参数是清除掉结疤的门限压力,在此前提下,流量越大,效率越高,而且流量至少在 160 L/min 以上。

　　泵机组的流量是作业效率的指标。对于典型的结疤设备 —— 管道化和压煮器,结疤量都非常大,而且停车检修的时间是有限的。另外,受设备现场环境及设备开孔情况的限制,不能多台泵机组同时作业,所以单台机组的大流量便成了氧化铝结疤清除的要求。一般清除结疤用泵机组流量为 160 ～ 210 L/min。在以上压力和流量下的超高压泵机组的功率为 400 ～ 600 kW。超高压泵机组一般做成车载式,便于在厂区内移动,整个泵机组用隔音方箱罩起来,以减小作业时的设备噪声(见图 10 - 68)。

图 10 - 68　带隔音方箱的车载式高压泵机组

2）操作简便，控制、保护功能完善

操作简便是用户接受泵机组的先决条件。泵机组的使用者对其结构及原理往往不是很了解，所以操作必须简单而直观。比较先进的泵机组的控制系统一般采用触摸屏界面和数据显示，最大程度地方便操作者。

一般来说，氧化铝结疤清除的现场距离泵机组放置的位置较远。高压与卸荷切换的要求是由结疤清除的操作者提出的，而最终实现这一动作的元件是安装在泵机组上的卸荷阀，结疤清除的操作者与泵机组操作者因距离较远，彼此直接沟通非常困难。在此情况下，一般是在高压管路上、靠近结疤清除操作者的位置设置一个由电信号控制的脚踏阀。

高压水射流作业具有一定的危险性，除了操作者必须通过安全作业培训取得资格证书外，设备控制、保护功能完善是保障机组及操作者安全的有效途径。一般情况下，泵机组具有以下控制保护功能：柴油机组的高水温、低油压自动报警停车；超高压泵进水压力过低报警停车；泵机组上安装自动卸荷阀和爆破膜式安全阀；高压管路上靠近结疤清除操作者的位置设置一个由电信号控制的脚踏阀；在离合器合闭之前无法对系统升压；等等。

3. 清洗装备选型

1）泵站选型

因为氧化铝结疤的特殊性，所以泵机组参数大多是功率在 500 kW 以上、流量在为 200 L/min 左右、压力在 150 MPa 以上，这样的大流量、高压力的泵对人工直接操作有较大的难度和较大的安全隐患，所以氧化铝结疤的清除要研发不同的清洗执行机构取代人工作业，向清洗工程自动化发展，尽可能避免人为因素。

氧化铝结疤清洗泵型流量压力参数组合：220 L/min-160 MPa、180 L/min-220 MPa、160 L/min-166 MPa、212 L/min-129 MPa、122 L/min-220 MPa、105 L/min-200 MPa、88 L/min-250 MPa、97 L/min-140 MPa；120 L/min-120 MPa。其中小参数泵机组为半机械化机动收尾作业。220 L/min-160 MPa 立式超高压泵移动泵站如图 10-69 所示。250 MPa 的泵如图 10-70 所示。

图 10-69　220 L/min-160 MPa 立式超高压泵移动泵站

图 10 - 70　250 MPa 的泵

2）执行机构

（1）盘管器（见图 10 - 71）。盘管器将高压泵出来的高压水经旋转动密封转换接头送入高压管。此设备具有径向和轴向同时旋转的功能，无须再用人工盘管和送管，因此使用此设备清洗更安全、更精准、效率更高。此设备前端喷头可根据不同的管径长度自由选择，特别适合氧化铝套管高温溶出段清洗。

盘管器利用动力（液压或电力）强制推进送出前置喷头的超高压软管，虽然软管可以有射流反冲力自进，但强制推进相结合是应对高难度管道除疤的有力"武器"。这里有两个关键技术：旋转密封、实现软管的径向与轴向旋转。前者对超高压大流量工况是很有难度的，进水管的不转动和旋转轴的转动之间采用端面或套筒间隙密封，也可用好的填料密封或复合应用，还要附加引流回水。后者的结构很简单，就是将转动辊子偏置安装，其进管很自然地保障了喷头的旋转进给。当然，这里的设计计算还是很精准的，就像舞蹈演员舞动的长长的红绸，一定要有这种长距离旋转进给的效果。

图 10 - 71　盘管器

（2）送管器。送管器具有轴向收放功能，其与自旋转喷头配合使用能够高效、均匀地清洗管内的结垢。此设备适用于低温段和部分高温易于脱离的管内结疤清洗，远程遥控操作,很安全。送管器因作业对象难度一般,简单地将喷头直送直出即可。

(3)摇管器。摇管器的作用主要是不让长距离软管随地拖曳,而是高架通畅。其是仿人手动作而做的机械手,主要优势是没有前两个设备的动密封旋转接头,使用成本相对较低,但长距离管道清洗的高压管摆布需要人来持管,从安全操作的角度来说不提倡使用。

(4)三枪自动进给器。三枪自动进给器是一套由两个主动气动马达为动力的同步驱动三个刚性喷枪垂直进给的专用蒸发器管程执行机构。气动马达的作用是强制滚轮相对转动,夹挤各带喷头的三根高压硬管同步清洗换热器管束,它们同进同退,极大地提高了清洗效果。在这个核心技术基础上,辅以二维移动平台,实现精准的点阵对位、程序控制,保证喷头自动找管不重复、不遗漏。这种氧化铝蒸发器三枪自动化清洗的执行机构专用于氧化铝蒸发器清洗,实现了高效、高除垢率、高安全性,大大缩短了清洗时间。图 10-72 为三枪自动进给器作业现场。

图 10-72　三枪自动进给器作业现场

(5)单枪自动进给器。同三枪自动进给器一样,更多的情况会使用单枪自动进给器。单枪自动进给器也是采用夹挤进给的原理,只不过其是将全软管直连喷头的执行机构,将软管盘起放送,再由气动或点动强制夹挤软管进给。单枪自动进给器的特点是机动灵活,由摇臂自找目标定位,软管喷头(柔性枪)有利于盘转。单枪自动进给器作业现场如图 10-73 所示。

图 10-73　单枪自动进给器作业现场

3）工程经验

（1）套管清洗。氧化铝溶出套管的清洗有高温段和低温段的区别，高温段的结疤成分主要是钙钛矿，这类垢清洗临界压力（门限压力）常要达到 160 MPa 才能剥离下来；低温段的结疤在 120 MPa 就可以剥离下来。氧化铝套管清洗现场如图 10-74 所示，其设备区与作业区对峙，显然，清洗工程是一个长期、稳定的工程，要生产就离不开管道除垢。高温段清洗（盘管器＋多孔喷头）如图 10-75 所示，低温段清洗（送管器＋旋转喷头）如图 10-76 所示。

（2）蒸发器清洗。蒸发器的清洗已经发展为高效三枪自动化清洗技术，各氧化铝厂都在以机械化（至少半机械化）取代传统的人工清洗，三枪自动化清洗的特点表现为高效、高除垢率、高安全性。

（3）压煮器清洗。压煮器清洗常用的工艺：第一步，用柴油将结疤加热烧焦；第二步，用三维旋转喷头大流量清洗。压煮器清洗的除垢率在 90％ 以上。

压煮器的清洗难度和工作量很大，专用工具的研发意义重大，这种立式且密集的管程与壳程要实现半机械化向全机械化的过渡。

图 10-74　氧化铝套管清洗现场

图 10-75　高温段清洗（盘管器＋多孔喷头）

图 10-76　低温段清洗（送管器＋旋转喷头）

　　(4) 沉降槽和分解槽清洗。沉降槽的清洗方法还是比较传统的用吊篮人工手持风镐的方法,效率较低,这也是水射流应用开发的未来领域。分解槽清洗常用的工艺:第一步,用高压水清洗槽壁;第二步,用微挖机将积垢清理出槽外。这种工艺清洗分解槽的效率比较高。

　　以上大型槽式清洗采用高压大流量机组配以简单工装即可完成。

10.10　超高压均质机

10.10.1　均质 —— 高端液态的品质

　　均质是指悬浮或乳化液通过均质设备的破碎作用,达到体系中的分散物质微粒化、均匀化的一种单元操作。

　　均质的目的在于将液态的混合物料中粗大的脂肪球或较大的颗粒破碎细化,提高均细度,防止或延缓物料分层,使其成为液相均匀、稳定的混合物。

　　均质的主要作用:提高产品的均匀度和稳定性;延长保质期;减少反应时间,从而节省大量催化剂或添加剂;改变产品的稠度、改善产品的口味和色泽等。例如,均质后的食品在口感、外观及消化吸收率等方面均有所提高。

　　均质广泛应用于食品、乳品、饮料、制药、精细化工和生物技术等领域的生产、科研和技术开发。

　　我们目前大多采用机械的方法进行切割、粉碎、研磨加工材料形成细粉,这些方法取得的细粉可以达到 0.01 mm,俗称 1/7 的头发丝级。再精细的加工方法便是采用氧化锆陶瓷珠在液态环境中进行撞击研磨处理,这种方法最高可以使材料粒径达到 0.1 μm。此方法工艺复杂,在材料制备后还需脱液并清除因磨料损耗生成的杂质,很难达到纯净,因此此方法对待加工材料有所限制,如对引入杂质敏感的材料即不可使用此方法。

超高压均质法是将制备好的待加工材料溶入中性介质中(一般采用纯净水),达到一定的固液比,采用超高压泵将此液态物质进行增压,并通过管路将超高压溶液输送到另一个腔体内进行喷射、高速撞击、瞬间失压空爆等物理过程,材料在多种力学条件的共同作用下破碎,之后再去除液态介质即可取得纯净的纳米级原材。通过高压均质法破碎后的原材粒径通常由材料本身性质、系统压力、均质头的类型而定,好的可以达到 50 nm。若能继续提升系统压力以提高射流的撞击速度及空爆前后的压力差,则会有更好的破碎效率。

10.10.2　工作原理及构成单元

1. 超高压均质机的工作原理

超高压均质机主要由超高压均质头和增压机构构成。超高压均质头的内部具有特别设计的几何形状。在增压机构的作用下,高压溶液快速地通过均质腔,物料会同时受到高速剪切、高频震荡、空穴现象和对流撞击等机械力作用并产生相应的热效应,机械力及热效应可诱导物料大分子的物理、化学及结构性质发生变化,最终达到均质的效果。

因此,超高压均质头是设备的核心部件,其内部特有的几何结构是决定均质效果的主要因素。增压机构为流体物料高速通过均质头提供了所需的压力,压力的高低和稳定性也会在一定程度上影响产品的质量。

超高压均质机工作原理如图 10 - 77 所示。

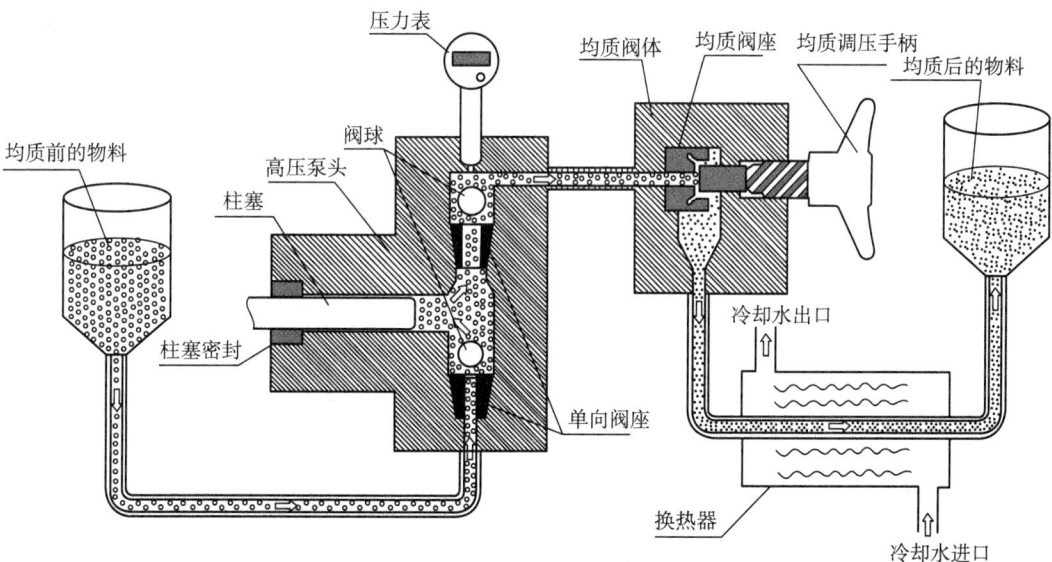

图 10 - 77　超高压均质机工作原理

均质前的物料被注入增压机构的型腔内，增压到设定压力值后，输送到超高压均质头中，在超高压均质头中受到均质作用后输出，经过降温冷却后得到均质后的物料。

2. 均质机的构成

1）增压机构

市面上常见的增压机构分为两种：一种是多柱塞往复式的直驱泵（往复泵标准分类术语：机动往复泵俗称直驱泵均质机、三联泵均质机），另一种是液压往复式的增压机构（俗称增压器均质机、单作用泵或双作用泵）。

由于单作用泵的吸入阀和排出阀均装在柱塞的一侧，吸液时就不能排液，因此排液不连续。由于柱塞由连杆和曲轴带动，因此柱塞在左右两点之间的往复运动不是等速度。所以，排液量也就随着柱塞的移动而有相应的起伏［见图 10-78（a）］。为了改善单作用泵的不均匀性，多采用双作用泵或三缸泵。双作用往复泵在活塞两侧的泵体内部装有吸入阀和排出阀，无论活塞向哪一边运动，总有一个吸入阀和一个排出阀打开，即在活塞往复一次中，吸液和排液各进行两次，使吸入管路和排出管路总有液体流过，从而达到送液连续，但流量曲线仍有起伏［见图 10-78（b）］。为保持排出液的连续且均匀，通常采用三联泵。三联泵的实质是由三台单动泵并联构成，通常又称为三柱塞泵，其流量曲线如图 10-78（c）所示。

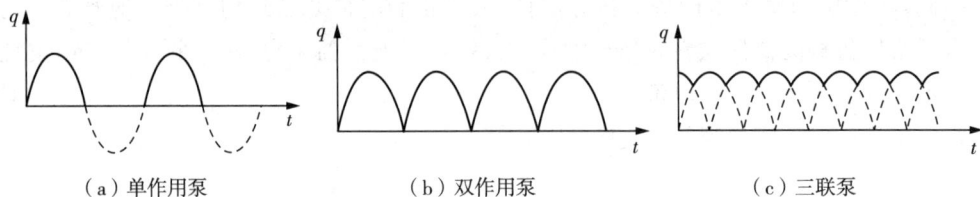

（a）单作用泵　　　　（b）双作用泵　　　　（c）三联泵

图 10-78　往复泵排液量曲线

2）均质阀

一般在均质操作中设有两级均质阀（见图 10-79），第一级压力为 20～25 MPa，主要作用是使脂肪球均匀分散，经过第一级后的流体压力下降至 3.5 MPa。

由于高压物料的高速流动，阀座与阀芯（又称阀盘或均质头）的磨损相当严重，因此均质阀一般多由含有钨、铬、钴等元素的耐磨合金钢经精细的研磨加工制造而成。

3. 影响均质效果的因素

1）温度

当温度升高时，饱和蒸汽压也升高，均质时易形成空穴，因此为了提高均质效果，

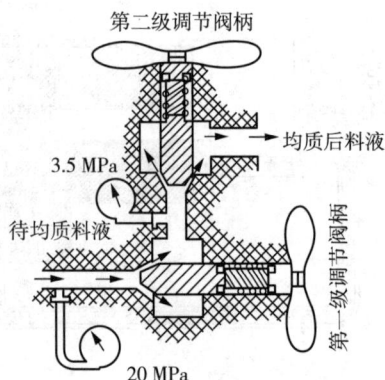

图 10-79　均质阀的工作原理

在保证质量不变的条件下,温度可适当高一些,这样可促使脂肪球进一步粉碎和分散。但温度过高易导致空穴腐蚀及液料变质、焦化,且不利于热稳定性。常利用冷却措施,按不同的物料进行相应的调整。如牛奶均质温度一般为 50 ~ 70 ℃,超过 70 ℃ 易产生气窝。

2)压力

压力直接关系到空穴、撞击、剪切效应的程度,是比较重要的指标。一般均质压力越大,物料粉碎粒径越小。物料粉碎粒径越小,所需能量越大,碎粒变小的速率随之减慢,即使使用了很高的压力,均质机粉碎的细度并不是无限度的。

3)物料粒径

物料初始粒径的大小和粒径的均匀度是影响均质质量的重要因素之一。原始物料粒径不均匀很难获得高质量的产品。

4)物料特性

混合液中油脂的含量同样是决定其质量的重要因素之一。实验证明,在某一范围内,油脂比例的减少也是增加均质效果的途径之一。

5)均质头

均质头的结构是影响均质质量的重要因素之一。其结构通常包含 Y 通道挤出式、撞壁式、对撞式等。

10.10.3　增压机构 —— 超高压泵

直驱式高压泵典型技术参数:最高出水压力 400 MPa,最大出水流量 9 L/min。

1. 分类

1)按结构分类

直驱式高压泵按结构分为立式整体型均质机和卧式组合型均质机。前者一般适用于中小型设备(功率在 45 kW 以下),后者适用于大型设备(功率在 45 kW 以上)。目前国内大多数厂家生产的都是立式整体型均质机。这种均质机结构紧凑,外形美观,占地面积小。但对于大型设备而言,稳定性就成了主要问题。所谓卧式组合型均质机是指电机、减速箱、曲轴箱、润滑站等相对独立成块,并分布在同一水平面上,通过皮带(轮)、联轴器、油管等连成一体,整机重心低、运转平稳、检修方便。

2)按柱塞每分钟的往复次数分类

直驱式高压泵按柱塞每分钟的往复次数分为普通型均质机和低速型均质机。美国Gaulin 公司将柱塞每分钟往复次数在 145 次以下的称为低速型均质机,在 145 次以上的称为普通型均质机。显然,低速型均质机更适合长时间使用的场合。

3)按控制方式分类

直驱式高压泵按控制方式可分为手动控制式、手调液力控制式和自动液压控制式。目前,手动控制式在市场上占主导地位。如果整条生产线都是自动控制的,那么可选用全自动控制均质机。

4) 按使用情况分类

直驱式高压泵按使用情况可分为生产用均质机和实验型均质机。实验型均质机具有以下特点:采用柱塞水平运动结构,与柱塞垂直(上下)运动的实验机相比,其柱塞处可喷淋冷却水,从而延长柱塞密封圈的使用寿命;物料泄漏后不会进入油箱;立方体形的整体造型美观且操作方便,并可加轮子方便搬运。

5) 按均质机在生产线上的位置分类

直驱式高压泵按均质机在生产线上的位置可分为上游均质机和下游均质机。一般在灭菌前使用的均质机称为上游均质机,在灭菌后使用的均质机称为下游均质机。前者常采用一般的均质机,而后者要采用无菌均质机。所谓无菌均质机,就是将均质机柱塞处的动密封泄漏点和进出口的静密封处的泄漏点通过蒸汽(或过热水)与大气隔绝,这样的均质机可作为无菌设备在杀菌后使用。

2. 系统原理

超高压均质机的系统原理如图 10-80 所示,超高压均质机的内部结构如图 10-81 所示,其主要包括框架总成、传动总成、介质管路总成、冷却回路总成、张紧轮组件和变频器等。

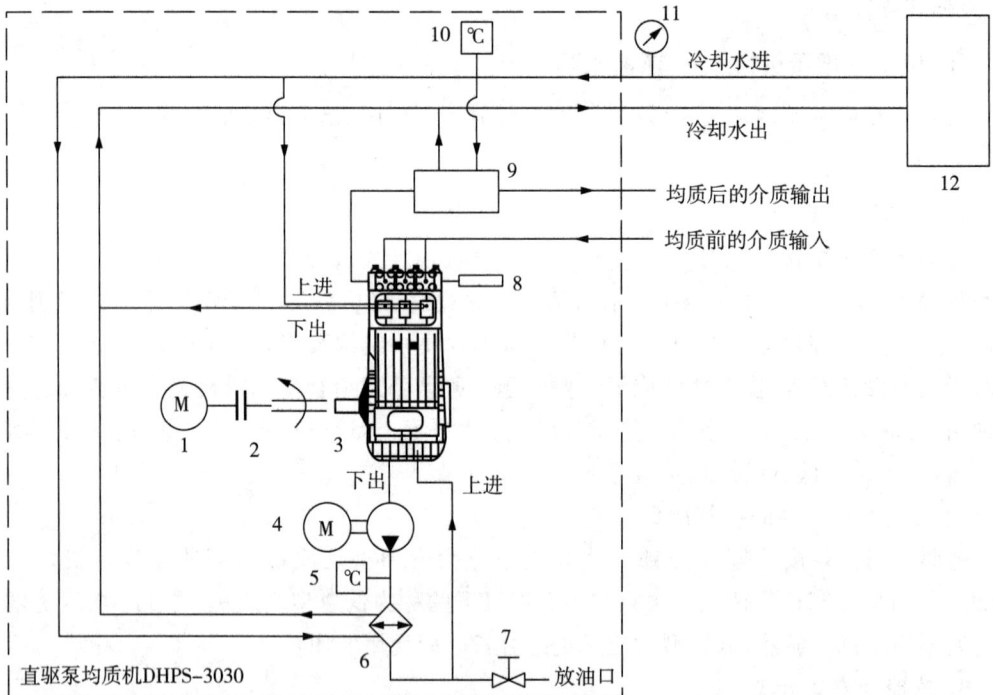

直驱泵均质机DHPS-3030

1—变频电机;2—皮带传动套件;3—直驱式高压泵;4—冷却油泵;5—温度传感器;6—热交换器;
7—球阀;8—压力变送器;9—均质头部件;10—温度传感器;11—水压表;12—水冷机。

图 10-80 超高压均质机的系统原理

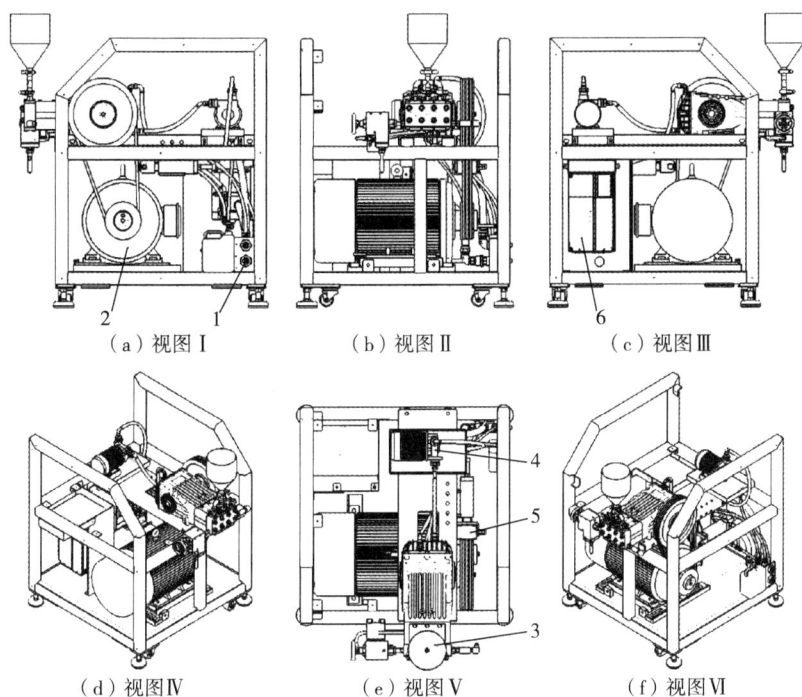

（a）视图Ⅰ　　　　　（b）视图Ⅱ　　　　　（c）视图Ⅲ

（d）视图Ⅳ　　　　　（e）视图Ⅴ　　　　　（f）视图Ⅵ

1—框架总成；2—传动总成；3—介质管路总成；4—冷却回路总成；5—张紧轮组件；6—变频器。

图 10-81　超高压均质机的内部结构

10.10.4　增压机构 —— 增压器

1. 构成

增压机构主要由流体传动部分、增压器、压力指示部件等部分组成。

1）流体传动部分

流传动部分由油泵电机组、液压阀集成块组件、油管和接头、介质管路和接头等组成。电机带动油泵运行（从油箱吸油经油泵增压）产生液压传动动力。液压阀集成块组件接受液压油，通过电信号驱动液压阀动作，以推动增压器往复运动。介质管路将均质前的物料注入增压器中转变成高压物料。

2）增压器

增压器低压端的活塞带动高压端的柱塞，在液压油的推动下，按电信号的控制做往复运动。增压器高压端完成吸料、增压过程，然后输送到超高压均质头。

3）压力指示部件

压力指示部件通常用于超高压传感器、触摸屏的数值显示。为防止压力表使用中失控而损坏设备，常常配有压力继电器同时监控。

2. 分类

按增压器数量，增压机构一般分为单增压器型（试验型）、双增压器型、多增压器型（生产型）。增压器式均质机内部结构组成如图 10-82 所示。

策[J]. 流体机械,2004(3):58-61.

[96] 陈贝,陈惠芬,王泽民.17-4PH 不锈钢的研究现状及发展趋势[J]. 上海应用技术学院学报(自然科学版),2016,16(1):81-87.

[97] 姚世卫,孔祥纯,李雷,等. 不同处理工艺下 17-4PH 不锈钢电化学腐蚀性能研究[J]. 液压气动与密封,2015,35(7):15-17.

[98] 彭新元,周贤良,华小珍.15-5PH 不锈钢的时效硬化行为及耐蚀性能[J]. 中国有色金属学报,2017,27(5):988-996.

[99] 吴凡,王忠建,张文露,等.15-5PH 不锈钢深孔加工试验研究[J]. 机床与液压,2016,44(17):134-137.

[100] 唐群国,白宗,孙旭东,等. 基于 AMESim 的高压水射流切割系统压力流量稳定特定分析[J]. 液压与气动,2014(4):31-33+37.

[101] 曾永龙,陈奎生. 液压驱动往复增压器射流系统压力流量稳定性分析[J]. 液压与气动,2015(5):130-134.

[102] 张玲珑. 船用油压驱动海水往复泵的研制[D]. 兰州:兰州理工大学,2010.

[103] 董辉跃,朱灵盛,章明,等. 飞机蒙皮切边的螺旋铣削方法[J]. 浙江大学学报(工学版),2015,49(11):2033-2039+2102.

[104] 彭玉海,侯红玲,张晖,等. 激光切割对飞机蒙皮材料力学性能的影响分析[J]. 机械强度,2015,37(3):435-439.

[105] 王艳青,仲高艳,常永标,等. 大型五轴联动加工中心横梁结构设计[J]. 机床与液压,2012,40(13):114-117.

[106] 马志涛,李初晔,索小娟. 回转工作台五轴联动机床有限元结构分析[J]. 航空制造技术,2013(10):75-78.

[107] 黄社华,李炜. 粘性流中刚性颗粒非恒定运动的附加质量力[J]. 武汉大学学报:工学版,2002(4):13-17.

[108] 王明波,王瑞和. 磨料水射流中磨料颗粒的受力分析[J]. 中国石油大学学报:自然科学版,2006(4):47-49.

[109] 李宝玉,郭楚文,林柏泉. 用于安全切割的磨料水射流喷嘴设计理论和方法[J]. 煤炭学报,2005(2):251-254.

[110] 龙新平,刘琦,阮晓峰,等. 后混式磨料射流喷嘴内部流场模拟及分析[J]. 排灌机械工程学报,2016,36(8):686-692.

[111] 陈林,雷玉勇,郭宗环,等. 基于 FLUENT 的后混合磨料水射流喷嘴内流场的数值模拟[J]. 润滑与密封,2012,37(4):66-69.

[112] 潘峥正,万庆丰,雷玉勇,等. 基于后混合式磨料水射流磨料颗粒运动研究[J]. 机床与液压,2014,42(9):109-112.

[113] 杨国来,李强,陈俊远,等. 磨料喷嘴内磨料颗粒加速机理分析[J]. 机床与液压,2011,39(19):54-57.

[114] 张滕飞,邓松圣,陈晓晨,等. 后混磨料射流颗粒运动仿真和实验分析[J]. 重庆理工

大学学报:自然科学版,2015,29(2):57-60+97.

[115] 刘敬彬.高压磨料水射流喷头内部流场研究[D].秦皇岛:燕山大学,2015.

[116] 曾强,张志森,肖辉进.基于 VERICUT 五轴联动数控加工仿真研究[J].科学技术与工程,2012,12(4):914-917+925.

[117] 许健,王辉,倪雁冰,等.一种新型五轴联动机床的运动控制研究[J].机械设计,2015,32(1):51-56.

[118] 耿聪,于东,张函.五轴联动刀轴矢量平滑插补算法[J].机械工程学报,2014,49(3):180-185.

[119] 郑焱.复杂曲面五轴联动数控加工的进给率规划[D].上海:上海交通大学,2011.

[120] 杨堂勇,冯景春.面向五轴联动高速加工的等距双 NURBS 刀具路径光顺方法[J].机械工程学报,2013,24(11):1479-1483.

[121] 赵鹏,楼佩煌,刘明灯,等.五轴联动数控加工的刀具路径优化方法研究[J].中国机械工程,2012,23(2):146-149.

[122] 刘新山,周宝庆,王冠群,等.一种双摆工作台式五轴联动机床动态精度的标定方法[J].组合机床与自动化加工技术,2014(5):19-22.

[123] 留成源.加工分子泵涡轮转子的高速五轴联动加工中心结构研究[D].重庆:重庆大学,2014.

[124] 张小军,谢明红,颜国霖.五轴联动水切割机床回转中心几何误差分析[J].机床与液压,2014,40(21):59-62.

[125] 李晓丽.面向多体系统的五轴联动数控机床运动建模及几何误差分析研究[D].西安:西南交通大学,2008.

[125] 梁海靖.复杂曲面五轴联动数控加工与轮廓误差检测分析[D].南宁:广西大学,2014.

[127] 赵鹏,楼佩煌,刘明灯,等.五轴联动数控加工的装夹误差动态补偿方法[J].组合机床与自动化加工技术,2012(3):34-36.

[128] 王伟.高压磨料水射流切割碳纤维复合材料的试验研究[D].哈尔滨:哈尔滨理工大学,2015.

[129] 任启乐,庞雷,张的,等.冷态钢材的旋转磨料水射流除鳞除锈能耗研究[J].冶金动力,2013(2):62-64+72.

[130] 张腾飞,邓松圣,张世峡,等.高压磨料水射流切割 Q235 钢的切深预测模型[J].煤矿机械,2015,36(12):82-84.

[131] 陈晓晨,邓松圣,郭联欢,等.便携式磨料水射流系统切割 X60 钢的试验研究[J].机床液压,2016,44(9):100-103.

[132] 赵宏伟,关砚聪,孙艳斌,等.磨料水射流切割微晶复合材料的工艺参数对光滑区粗糙度的影响[J].硬质合金,2016,33(5):350-355.

[133] 陈正文,任启乐,鲁飞,等.多功能超高压水射流加工装备的研制[J].流体机械,2019,47(6):34-39.

[134] 薛胜雄,陈正文,任启乐,等.深海水力破拆工程的对策[J].流体机械,2018,46(11):45-48+27.

[135] 赵寿元,李勇,高军伟,等.水下切割技术的研究[J].机械研究与应用,2007,20(5):26-27+37.

[136] 王俭辛,朱青,黎文航,等.水下切割研究现状及发展趋势[J].江苏科技大学学报,2018,32(2):180-185+207.

[137] 康旭.淹没式磨料水射流切割装置设计及实验研究[D].大连:大连海事大学,2017.

[138] 姚粟,邓松圣,管金发.淹没水射流切割技术研究进展[J].煤矿机械,2018,39(1):35-36.

[139] 王超,刘作鹏,陈建兵,等.250 MPa磨料射流内切割套管技术在我国海上弃井中的应用[J].海洋工程装备与技术,2015,2(4):258-263.

[140] 陈建兵,王超,刘贵远,等.磨料射流切割套管技术研究及在海上弃井中的应用[J].石油钻探技术,2013,41(5):46-51.

[141] 周灿丰,焦向东,高辉.磨料水射流技术及其在水下结构物切割中的应用[J].焊接,2015(5):1-6+68.

[142] ALBERDI A,SUÁREZ A,ARTAZA T,et al.Composite cutting with abrasive water jet[J].Procedia Engineering,2013(63):421-429.

[143] BALZ R,MOKSO R,NARAYANAN C,et al.Ultra-fast X-ray particle velocimetry measurements within an abrasive water jet[J].Experiments in fluids:Experimental Methods&Their Applications to Flow,2013,54(3):1-13.

[144] VUNDAVILLI P R,PARAPPAGOUDAR M B,KODALI S P,et al.Fuzzy logic-based expert system for prediction of depth of cut in abrasive water jet machining process[J].Knowledge-Based Systems,2012(27):456-464.

[145] ZOHOOR M,NOURIAN S H.Development of an algorithm for optimum control process to compensate the nozzle wear effect in cutting the hard and tough material using abrasive water jet cutting process[J].The International Journal of Advanced Manufacturing Technology,2012,61(09-12):1019-1028.

[146] 董志勇.射流力学[M].北京:科学出版社,2005.

[147] 崔谟慎,孙家骏.高压水射流技术[M].北京:煤炭工业出版社,1993.

[148] XUE S X,et al. Research on the equipment for oil pipes inner and outer surfaces cleaning[C]//Proceedings of the 9th American Water jet Conference. Dearborn, USA,1997:555-560.

[149] 薛胜雄.组合密封在高压往复试压泵上的应用[J].流体工程,1987(3):15-20+65.

[150] 薛胜雄,黄汪平,陈正文,等.300 MPa切割系统执行机构的设计[J].流体机械,1997(11):27-31.

[151] 薛胜雄,黄汪平,陈正文,等,300 MPa超高压往复密封的试验研究[J].流体机械,1994(10):5.

[152] 薛胜雄,王乐勤,王永强,等. 高压水射流技术在石化设备清洗、除锈中的应用[J]. 流体机械,2004(8):28－30＋13.

[153] 左伟芹. 前混合磨料射流磨料加速机理及分布规律[D]. 重庆:重庆大学,2012.

[154] 李宝玉,郭楚文. 用于煤矿安全切割的前混合磨料射流加速机理研究[J]. 中国安全科学学报,2005(4):52－55＋115.

[155] 雷向阳. 高围压下前混合磨料射流的切割机理及实验研究[D]. 重庆:重庆大学,2003.

[156] 萨凯,邵荷生. 金属磨损原理[M]. 煤炭工业出版社,1980.

[157] 丁毓峰,尤晨庆. 前混合磨料射流喷嘴磨损机理及结构优化[J]. 矿山机械,1998(6):65－68,7－8.

[158] 李宝玉,郭楚文,林柏泉. 用于安全切割的磨料水射流喷嘴设计理论和方法[J]. 煤炭学报,2005(2):251－254.

[159] 王明波,王瑞和. 磨料水射流中磨料颗粒的受力分析[J]. 中国石油大学学报(自然科学版),2006(4):47－49.

[160] 董星. 前混合式磨料水射流磨料颗粒运动的理论分析[J]. 黑龙江科技学院学报,2001(3):4－6＋26.

[161] 杨国来,李强,陈俊远,等. 磨料喷嘴内磨料颗粒加速机理分析[J]. 机床与液压,2011,39(19):54－57.

[162] 崔俊奎,赵军,李国威,等. 前混合式磨料水射流喷嘴外流场仿真与实验[J]. 煤炭学报,2009,34(3):410－414.

[163] 胡贵华,俞涛,刘小健. 前混合磨料水射流喷嘴内液固两相流的数值模拟[J]. 机电一体化,2005(6):20－23.

[164] 张腾飞,邓松圣,张世峡,等. 高压磨料水射流切割Q235钢的切深预测模型[J]. 煤矿机械,2015,36(12):82－84.

[165] 向文英,李晓红,卢义玉,等. 淹没磨料射流的岩石冲蚀实验研究[J]. 中国矿业大学学报,2009,38(2):240－243.

[166] 陈晓晨,邓松圣,郭联欢,等. 便携式磨料水射流系统切割X60钢的试验研究[J]. 机床液压,2016,44(9):100－103.

[167] 侯国荣. 磨料水射流切割性能和喷嘴内外流场的仿真研究[D]. 济南:山东大学,2006.

[168] 薛胜雄,陈正文,陈波,等. 超高压水切割多功能特征解析[J]. 流体机械,2017,45(11):17－21.

[169] 薛胜雄,王乐勤,彭浩军,等. 超高压水射流除锈机理试验研究[J]. 中国机械工程,2004(20):4.

[170] 薛胜雄. 2001年国际水射流技术纵览[J]. 流体机械,2002(1):32－36.

[171] 鲍君华,郑卓颖,何卫东,等. 高压往复泵齿轮传动系统设计及其受力分析[J]. 大连交通大学学报,2013,34(1):40－43＋75.

[172] 覃维献. 往复泵曲柄连杆机构动力学建模与分析[J]. 机械传动,2012,36(3):70-73.

[173] 张霞,王新荣,牛国玲,等. 水润滑轴承的研究现状与发展趋势[J]. 装备制造技术,2008(1):101-102.

[174] 王优强,杨成仁. 水润滑橡胶轴承研究进展[J]. 润滑与密封,2001(2):65-67.

[175] 王海宝,杨大壮,吴光洁. 水润滑轴承材料设计[J]. 润滑与密封,2002(3):82-84.

[176] 陈战. 水润滑轴承的摩擦磨损性能及润滑机理的研究[D]. 重庆:重庆大学,2002.

[177] 刘建华,贾焕丽,赵万勇. 水润滑轴承的材料研究[J]. 通用机械,2011(10):26-29.

[178] 熊永强,尹忠慰,彭颖红. 轴瓦的力学性能对水润滑塑料轴承润滑性能的影响[J]. 润滑与密封,2011,36(2):9-11+21.

[179] 余江波,王家序,田凡,等. 水润滑塑料合金轴承的润滑机理[J]. 农业机械学报,2007(3):160-163.

[180] 张玲珑. 船用油压驱动海水往复泵的研制[D]. 兰州:兰州理工大学,2010.

[181] 翁武钏,吴万荣,周现奇. 新型液压驱动往复泵泵阀运动规律的仿真研究.[J]. 计算机仿真,2011,28(10):411-414.

[182] 刘长年. 一种新型液压式高压柱塞泵[J]. 液压与气动,2003(7):38-39.

[183] XUE S X, et al. Formulation of The Standard Super High Pressure Water Cutting Machine[C]// The 16th International Conference on Water Jetting, Aix-en-Provence, France, 2002: 133-138.

[184] 李静明,邓海顺. 液压缸结构及设计[J]. 煤矿机械,2009,30(9):52-54.

[185] 张安裕. 双活塞串联液压缸的理论研究与设计[D]. 武汉:武汉科技大学,2014.

[186] 邵国华. 超高压容器设计[M]. 上海:上海科技出版社,1984.

[187] 李建斌,龚秋明,刘斌. 隧道掘进机辅助智能化施工技术[M]. 北京:科学出版社,2020.

[188] 李建斌. 掘进机未来技术[M]. 北京:人民交通出版社,2020.

[189] 周鹏,田军兴,郭菁菁. 全断面硬岩掘进机刀具系统与破岩机理[M]. 北京:知识产权出版社,2019.

[190] 王瑞和,倪红坚. 高压水射流破岩机理研究[J]. 石油大学学报(自然科学版),2002(4):118-122.

[191] XUE S X, et al. Research and applications of high pressure water jet for rust removal processing[C]//Proceeding of WJTA 1992 Taiwan, The Third Pacific Rim International Conference on Water Jet Technology. Taiwan, 1992:341-348.

[192] 黄汪平,陈正文. 高压水射流清洗与除锈[J]. 水泵技术,1994(3):27-32.

[193] 鲁飞,苏吉鑫,巴胜富,等. 大型移动式静音型超高压泵站的设计研究[J]. 流体机械,2017,45(4):38-42.

[194] FRENZEL L. A comparison of surface preparation for coatings by water jetting and abrasive blasting[C]//10th American Waterjet Conference, Houston, US, 1999:

645－660.

[195] 薛胜雄,王乐勤,彭浩军,等. 超高压水射流除锈机理和试验研究[J]. 中国机械工程, 2004(20):4.

[196] 马福康. 等静压技术[M]. 北京:冶金工业出版社,1992.

[197] 史玉升. 复杂金属零件热等静压整体成形技术[M]. 武汉:华中科技大学出版 社,2018.

[198] 陈复生. 食品超高压加工技术[M]. 北京:化学工业出版社,2005.

[199] 张守勤,等. 超高压生物技术及应用[M]. 北京:科学出版社,2012.

[200] 孙建. 等静压炸药技术发展与应用[J]含能材料. 2012,20(5):638－642.

[201] 任启乐,苏吉鑫,巴胜富,等. 水射流爬壁除锈实验平台的设计与试验[J]. 流体机械, 2010,38(8):10－13.

[202] 薛胜雄,王乐勤,彭浩军,等. 超高压水除锈技术及其阶段性方程[J]. 高压物理学报, 2004(3):283－288.

[203] XUE S X,WANG L Q,PENG H J,et al. UHP Waterjet Remove Rust Technology and Its Stage Equations[J]. Chinese Journal of High Pressure Physics,2004,18(3): 283－288.

[204] VIJAY M M，et al. Removal of hard coatings from the interior of ships using pulsed waterjets[C]//Results of Field Trials, 10th American Waterjet Conference, Houston，US, 1999:677－694.

[205] 陈正文,薛胜雄,王永强,等. 机场停机坪油污水射流清洗车[J]. 流体机械,2006(9): 28－30.

[206] XUE S X, CHEN Z W, PENG H J, et al. Development of airport runway rubber glue removing vehicle in China[C]//Proceedings of the 2003 WJTA American Waterjet Conference, Houston, Texas, USA, 2003:465－481.

[207] 王永强,薛胜雄,韩彩红,等. 船舶除锈用水作业新工艺研究[J]. 中国修船,2011,24 (4):11－14.

[208] 中国机械工程学会. 中国机械史图志卷[M]. 北京:中国科技出版社,2014.

[209] 杨维增. 天工开物[M]. 北京:中华书局,2021.

[210] 陈芳译. 后汉书[M]. 北京:中华书局,2016.